Die Pumpen

Hellmuth Schulz

Die Pumpen

Arbeitsweise Berechnung Konstruktion

13., neubearbeitete Auflage

Mit 349 Abbildungen

Springer-Verlag Berlin Heidelberg New York 1977

Dr.-Ing. Hellmuth Schulz

ehem. Dozent für Strömungsmaschinen
an der Staatlichen Ingenieurschule Kiel

Die 12. Auflage, von H. Schulz bearbeitet, erschien unter dem Titel „Fuchslocher/Schulz, Die Pumpen".

ISBN-13:978-3-540-08098-5 e-ISBN-13:978-3-642-93054-6
DOI: 10.1007/978-3-642-93054-6

Library of Congress Cataloging in Publication Data

Schulz, Hellmuth. Die Pumpen. Twelfth ed. (1967) by E. Fuchslocher and H. Schulz. Bibliography: p. Includes index.
1. Pumping machinery. I. Fuchslocher, Eugen. Die Pumpen.
II. Title. TJ 900. F8 1977 621.2'52 77–6685

2060/3020–543210

Vorwort zur dreizehnten Auflage

Die stetig fortschreitende Entwicklung auf dem Gebiete der Flüssigkeitsförderung führte zu einer neuerlichen Überarbeitung des Buches, das nach der in der neunten Auflage von mir vorgenommenen Neugestaltung und Erweiterung bisher unter dem Titel „Fuchslocher/Schulz, Die Pumpen“ erschienen ist.

Zahlreiche Abschnitte wurden ergänzt, umgearbeitet und in Wort und Bild dem heutigen Stand der Technik angepaßt, andere sind neu hinzugekommen.

So hat auf dem Gebiete der „Kreiselpumpen“ die bislang nur kurz behandelte Wasserringpumpe eine ausführliche Darstellung erfahren. Obwohl diese Bauart für die Flüssigkeitsförderung von untergeordneter Bedeutung ist, und ihre eigentliche Verwendung als Vakuumpumpe das hier vorliegende Stoffgebiet nicht unmittelbar betrifft, erschien mir eine eingehende Behandlung dieser Pumpe trotzdem wünschenswert, weil ihr als Entlüftungseinrichtung mittelbar selbstansaugender Kreiselpumpen eine wichtige Aufgabe zukommt.

Aus der Zahl der im Bereich der Kreiselpumpen neu bearbeiteten Teile seien ferner genannt: Die Saugverhältnisse, der Achsschubausgleich, die Druckzahl der Axialpumpe, die Normpumpe, die Kesselspeisepumpe, die Seitenkanalpumpe sowie die Freistrompumpe.

Das Kapitel „Hubkolbenpumpen“ wurde u.a. durch Ausführungen über Volumenstromschwankungen und Kolbenbeschleunigungen, über die Halteenergie sowie die wegabhängige Steuerung ergänzt. Ausgewählte Beispiele zeigen die praktische Ausführung von Steuerungen dieser Art. Weitere Abschnitte betreffen die bisher nicht behandelte Membranpumpe und das pulsationsfreie Fördern mit Hubkolbenpumpen ohne Windkessel.

In der Gruppe „Pumpen mit umlaufendem Verdränger“ haben die Drehkolbenpumpe, die Zahnradpumpe und die mittels Schleppströmung fördernde Einspindelschraubenpumpe (Gewindepumpe) besondere Beachtung gefunden.

Die im Kapitel „Strahlpumpen“ eingefügten Diagramme erleichtern die Berechnung der Wasserstrahlpumpe.

Durch die Vermehrung des Stoffes hat sich auch die Zahl der Rechenbeispiele erhöht. Wie bisher wurde auf eine sorgfältige Durchführung des Rechnungsganges besonderer Wert gelegt.

Zur Wahrung der Übersichtlichkeit und zur Begrenzung des Umfanges erwies es sich als geboten, den ständig wachsenden Wissensstoff auf das Wesentliche und die zahlenmäßig kaum überschaubaren Ausführungsmöglichkeiten auf typische und praktisch wichtige Bauarten zu beschränken. Ausführungen über weitergehende Einzelheiten und über Vorgänge und Erscheinungen, die das behandelte Gebiet nur mittelbar betreffen, sind durch kleineren Druck kenntlich gemacht.

An die Stelle der in den früheren Auflagen und in der technischen Literatur bisher allgemein benutzten Formelzeichen sind die in DIN 1304 (Nov. 1971) festgelegten neuen Zeichen getreten. Außerdem wurden die Begriffe, Formelzeichen und Einheiten nach DIN 1944 (Abnahmeversuche an Kreiselpumpen, Okt. 1968) und nach DIN 24260 (Kreiselpumpen und Kreiselpumpenanlagen, Juni 1971) berücksichtigt, soweit sie dem bereits in der 12. Auflage eingeführten Internationalen und heute in der Bundesrepublik gesetzlichen Einheitensystem entsprechen. Diese Änderungen hatten die Erneuerung zahlreicher Abbildungen zur Folge.

Das Schrifttumsverzeichnis des Anhangs wurde durch Zugänge aus den letzten Jahren ergänzt. Es beschränkt sich auf die deutschsprachige Literatur. Einige ältere Arbeiten sind nicht mehr aufgeführt.

Dem Springer-Verlag danke ich für die Berücksichtigung besonderer Wünsche.

Kiel, im Juli 1977

Hellmuth Schulz

Vorwort zur neunten Auflage

Das ursprünglich von Prof. Matthiessen und Dipl.-Ing. Fuchslocher verfaßte und später von Dipl.-Ing. Fuchslocher allein bearbeitete Buch hat sich in den interessierten Kreisen großer Beliebtheit erfreut. Obwohl fast jede Neuauflage textlich durch Einfügung neuer Abschnitte ergänzt und durch Austausch veralteter gegen zeitgemäße Konstruktionen verbessert wurde, erwies sich jetzt eine gründliche Überarbeitung als unumgänglich. Auf Veranlassung von Herrn Fuchslocher wurde mir im Herbst 1953 vom Verlag die Neubearbeitung des Buches übertragen. Die nun vorliegende neunte Auflage ist mit Rücksicht auf die schon in der Vorkriegszeit im Pumpenbau eingetretene Entwicklung völlig neu gestaltet und beträchtlich erweitert worden.

Unter den Fördereinrichtungen für Flüssigkeiten hat die Kreiselpumpe in den letzten Jahrzehnten eine stetig zunehmende Verbreitung gefunden und eine überragende Bedeutung im Wirtschaftsleben erlangt. Diese Tatsache machte eine eingehendere Behandlung dieser vielgestaltigen Pumpengattung und eine entsprechende Vergrößerung des ihr zufallenden Stoffgebietes notwendig. Unter Beachtung der inzwischen neu gewonnenen Erkenntnisse wurde nicht nur der theoretische Teil vertieft, sondern auch Berechnung und Konstruktion unter Heranziehung zahlreicher Ausführungsbeispiele aus der Praxis stärker betont. Neu aufgenommen ist die bisher in Theorie und Berechnung nicht behandelte Axialpumpe.

Die Kolbenpumpe großer Leistung ist heute aus der Fabrikation fast ganz verschwunden. Die Produktion der einschlägigen Industrie beschränkt sich hauptsächlich auf Kolbenpumpen kleiner und mittlerer Leistung unter Bevorzugung von Arbeitsgebieten, auf denen die Kolbenpumpe der Kreiselpumpe gegenüber wettbewerbsfähig oder dieser überlegen ist. Trotz des zahlenmäßigen Rückgangs wird die Kolbenpumpe — wenngleich auf Einzelgebiete beschränkt — ihre Stellung als Fördereinrichtung auch in Zukunft behaupten. Es ist deshalb der Umfang des bisherigen Stoffes im ganzen beibehalten, im einzelnen jedoch ebenfalls neu gestaltet und dem Fortschritt der Technik angepaßt.

In neuerer Zeit sind auch auf dem Gebiet der Strahlpumpen beachtliche Fortschritte in Theorie und Berechnung zu verzeichnen. Sofern Treib- und Fördermittel den gleichen Aggregatzustand haben, ist die Strahlpumpe heute einer exakten Berechnung zugänglich, während bei unterschiedlichem Aggregatzustand der rechnerischen Erfassung noch erhebliche Schwierigkeiten entgegenstehen. Die praktische Ausführung ist im letzteren Falle im wesentlichen auf empirische Erkenntnisse angewiesen. Mit Rücksicht auf die dieser Einführung dem Umfange nach gesteckten Grenzen mußte eine eingehende theoretische Behandlung dieser Pumpengattung vorläufig zurückgestellt und der interessierte Leser auf die vorliegende einschlägige Literatur verwiesen werden.

Aus dem gleichen Grunde ist auf die Besprechung solcher Pumpenarten verzichtet worden, die im Wirtschaftsleben nur von untergeordneter Bedeutung oder seltener anzutreffen sind. Das Buch erhebt daher keinen Anspruch auf Erfassung des Gesamtgebietes des Pumpenbaus. Es will vielmehr nur die Grundkenntnisse vermitteln, die für die Berechnung und Konstruktion der wichtigsten Pumpenarten notwendig sind.

In allen Teilen wurde auf eine möglichst anschauliche Darstellung Wert gelegt und der dargebotene Stoff durch eine Reihe sorgfältig durchgearbeiteter Beispiele belebt. Für das Verständnis ist neben einer mathematischen Vorbildung die Kenntnis der Grundlehren der Hydraulik erforderlich.

Möge das Buch auch in seiner neuen Gestalt dem angehenden wie dem praktisch tätigen Ingenieur von Nutzen sein!

Den Firmen, die mich freundlicherweise durch Überlassung von Konstruktionszeichnungen und anderem Bildmaterial unterstützten, sei auch an dieser Stelle herzlich gedankt. In gleicher Weise gilt mein Dank dem Verlag für die gute Ausstattung des Buches und die Bereitwilligkeit, mit der er meinen besonderen Wünschen entgegengekommen ist.

Kiel, im Juni 1955

HELLMUTH SCHULZ

Inhaltsverzeichnis

Erläuterungen zur Anwendung des MKS-Systems

In den Gleichungen der Physik und der Technik sind physikalische Größen miteinander verknüpft. Größen sind meßbare Eigenschaften physikalischer Objekte, Vorgänge oder Zustände wie Länge, Masse, Energie, Geschwindigkeit, Zeit, Temperatur usw. Eine physikalische *Größe* enthält stets zwei Aussagen: Eine qualitative Aussage, *die Einheit*. Sie kennzeichnet die Art der Größe. Ferner eine quantitative Aussage, den *Zahlenwert*, der ihre Ausdehnung angibt. Schreibt man beispielsweise $l = 10$ m, so hat die Größe l die Einheit Meter und den Zahlenwert 10. Der Zahlenwert ist hiernach die Zahl, mit der man die Einheit vervielfachen muß, um die Größe zu erhalten. Man kann deshalb definieren:

$$\text{Größe} = \text{Zahlenwert} \times \text{Einheit}.$$

Der Begriff „*Einheit*" ist nicht zu verwechseln mit dem Begriff „*Dimension*". Die Dimension unterscheidet die Größen in anderer Weise. So hat in unserm Beispiel die Größe l die Einheit Meter und die Dimension einer Länge. Die Größe $v = 5$ m/s hat die Einheit Meter/Sekunde und die Dimension einer Geschwindigkeit. Bildet man das Produkt aus einer Kraft und einem Weg, so liefert dieses die Dimension einer Energie.

Bestimmte, voneinander unabhängige Grundeinheiten bilden ein Einheitensystem, z.B. das Technische Einheitensystem mit den Grundeinheiten Meter (m), Kraft (kp) und Sekunde (s). Den Gleichungen in dieser Auflage liegt das Internationale Einheitensystem[1] zugrunde, das in seinem die Mechanik betreffenden Teil als MKS-System bezeichnet wird. Seine Grundeinheiten sind

das Meter (m) als Einheit der Länge,
das Kilogramm (kg) als Einheit der Masse,
die Sekunde (s) als Einheit der Zeit.

Die Krafteinheit, das Newton (N), wird aus den Grundeinheiten abgeleitet. Das Newton ist die Kraft, die der Masse 1 kg die Beschleunigung 1 m/s² erteilt:

$$1\,\text{N} = 1\,\text{kg m/s}^2.$$

Aus den drei Grundeinheiten lassen sich weitere *kohärente* Einheiten ableiten. Man versteht darunter Einheiten, die so aufeinander abgestimmt sind, daß in den sie verbindenden Gleichungen keine Umrechnungsfaktoren auftreten, die von der Zahl 1 abweichen. Derartige Gleichungen sind allgemeine Größengleichungen. Diese zeich-

[1] Gemäß Gesetz über Einheiten im Meßwesen vom 2. Juli 1969 (Bundesgesetzblatt I, S. 709) mit der Ausführungsverordnung vom 26. Juni 1970.

nen sich also dadurch aus, daß sie außer den Formelzeichen für die Größen keine Umrechnungszahlen zwischen verschiedenen Einheiten (z.B. km und m, t und kg, h und s) enthalten, sondern lediglich solche Zahlenwerte, die durch mathematische Operationen (z.B. Differenzieren oder Integrieren) oder auch durch Versuch in Gestalt von dimensionslosen Kennzahlen entstehen.

In der folgenden Tabelle sind kohärente Einheiten des MKS-Systems, die aus Grundeinheiten gebildet sind, zusammengestellt.

Größe	Formelzeichen	Einheit Einheitenzeichen	Name
Fläche	A, S	m^2	
Querschnitt, Querschnittsfläche	S, q	m^2	
Volumen	V	m^3	
Volumenstrom	Q, $\dot{V}$	m^3/s	
Frequenz	f	Hz (1 Hz = 1/s)	Hertz
Geschwindigkeit	c, w, u, v	m/s	
Beschleunigung	a	m/s^2	
Fallbeschleunigung	g	m/s^2	
Winkelgeschwindigkeit	ω	rad/s	
Winkelbeschleunigung	α	rad/s^2	
Dichte $= \frac{\text{Masse}}{\text{Volumen}}$	ϱ	kg/m^3	
Impuls	p	kgm/s	
Kraft Gewichtskraft	F G	N (1 N = 1 kgm/s^2)	Newton
Drehmoment	M	Nm	
Druck (Spannung)	$p(\sigma)$	Pa (1 Pa = 1 N/m^2)	Pascal
Dynamische Viskosität	η	Ns/m^2 (1 Ns/m^2 = 1 Pas)	Pascalsekunde
Kinematische Viskosität	ν	m^2/s	
Arbeit, Energie Wärmemenge	A, E, W	Nm (1 Nm = 1 kgm^2/s^2) J (1 J = 1 Nm) Ws (1 Ws = 1 J = 1 Nm)	Newtonmeter Joule Wattsekunde
Spezifische Arbeit	Y	Nm/kg = J/kg = m^2/s^2	
Leistung	P	W (1 W = 1 Nm/s = 1 J/s)	Watt

Ergeben sich bei Verwendung kohärenter Einheiten sehr große oder sehr kleine Zahlenwerte, so können durch Vorsätze vor den Einheiten kleinere oder größere Einheiten gebildet werden. Die Vorsätze sind dezimale Teile oder Vielfache der kohärenten Einheiten. Da die verkleinerten oder vergrößerten Einheiten nicht aus Grundeinheiten mit dem Zahlenfaktor 1 bestehen, sind sie nicht kohärent und gehören nicht zum Internationalen System.

Die Benennung der Vorsätze und ihre Kurzzeichen sind im Gesetz über Einheiten im Meßwesen sowie in DIN 1301 festgelegt und aus der folgenden Tabelle ersichtlich.

Teile der kohärenten Einheit	das 10^{-12}fache	10^{-9}fache	10^{-6}fache	10^{-3}fache	10^{-2}fache	10^{-1}fache
Vorsatz Vorsatzzeichen	Piko- p	Nano- n	Mikro- μ	Milli- m	Zenti- c	Dezi- d

Vielfache der kohärenten Einheit	das 10^{1}fache	10^{2}fache	10^{3}fache	10^{6}fache	10^{9}fache	10^{12}fache
Vorsatz Vorsatzzeichen	Deka- da	Hekto- h	Kilo- k	Mega- M	Giga- G	Tera- T

Hiernach sind beispielsweise

$$2630 \text{ Newton (N)} = 2{,}63 \cdot 10^3 \text{ N} = 2{,}63 \text{ Kilonewton} = 2{,}63 \text{ kN},$$
$$1\,270\,000 \text{ Watt (W)} = 1{,}27 \cdot 10^6 \text{ W} = 1{,}27 \text{ Megawatt} = 1{,}27 \text{ MW},$$
$$0{,}0000062 \text{ Meter (m)} = 6{,}2 \cdot 10^{-6} \text{ m} = 6{,}2 \text{ Mikrometer} = 6{,}2\ \mu\text{m}.$$

Zur Erleichterung der Einarbeitung in das MKS-System wird empfohlen, möglichst mit allgemeinen Größengleichungen zu arbeiten und dabei Grundeinheiten und daraus abgeleitete kohärente Einheiten zu verwenden. Es sei aber bemerkt, daß allgemeine Größengleichungen unabhängig von der Wahl der Einheiten gültig sind, also im Gegensatz zu Zahlenwertgleichungen einen Wechsel der Einheiten zulassen. Dabei ist allerdings zu beachten, daß sich das Produkt aus Zahlenwert und Einheit nicht ändert. Wählt man also eine zehnmal so große Einheit, so verkleinert sich der Zahlenwert auf den zehnten Teil.

Zahlenwertgleichungen sind Gleichungen, in denen die Formelzeichen Zahlenwerte bedeuten, welchen bestimmte Einheiten zugeordnet sind. Gleichungen dieser Art erfordern stets eine Einheitenerläuterung.

Beispiele allgemeiner Größengleichungen:

1. Gleichung für die Nutzleistung P_n einer Pumpe mit dem Volumenstrom Q, der Förderhöhe H und der Dichte ϱ der Flüssigkeit.

Mit der spezifischen Arbeit $Y = gH$ (g = Fallbeschleunigung) ist

$$P_n = Q\varrho gH = Q\varrho Y.$$

Unter Verwendung kohärenter, aus den Grundeinheiten abgeleiteter Einheiten erhalten wir die Nutzleistung in der Einheit

$$\frac{\text{m}^3}{\text{s}} \frac{\text{kg}}{\text{m}^3} \frac{\text{m}}{\text{s}^2} \text{m} = \frac{\text{kg m}}{\text{s}^2} \frac{\text{m}}{\text{s}} = \frac{\text{Nm}}{\text{s}} = \text{Watt}.$$

2. Gleichung für den theoretischen Volumenstrom einer einfach wirkenden Tauchkolbenpumpe mit dem Kolbenquerschnitt A, dem Hub s und der auf die Zeiteinheit bezogenen Drehzahl n.

Es ist

$$Q = A s n.$$

Wählen wir als Längeneinheit das Meter und beziehen n auf die Sekunde, so erscheint Q in der Einheit

$$\mathrm{m^2\,m}\,\frac{1}{\mathrm{s}} = \mathrm{m^3/s}.$$

Da die allgemeine Größengleichung keine bestimmten Einheiten vorschreibt, kann als Längeneinheit auch das Dezimeter und als Zeiteinheit die Minute benutzt werden. Dann ergibt sich als Einheit des Volumenstroms

$$\mathrm{dm^3/min} = l/\mathrm{min}.$$

Beispiel einer Zahlenwertgleichung:

Für die Ermittlung des Drehmomentes M eines Motors aus der Leistung P und der Drehzahl n wird vielfach die dem Technischen Einheitensystem entstammende Gleichung

$$M = 716{,}2\,\frac{P}{n}$$

verwendet.

Hier bedeuten die Formelzeichen Zahlenwerte, denen die nichtkohärenten Einheiten kpm für das Drehmoment, PS für die Leistung und 1/min für die Drehzahl zugeordnet sind. Die erforderlichen Umrechnungszahlen sind in der Vorzahl 716,2 zusammengefaßt.

Bei einer Zahlenwertgleichung dieser Art sind also stets Angaben darüber notwendig, für welche Einheiten die Zahlenwerte einzusetzen sind und für welche Einheit der errechnete Zahlenwert gültig ist.

Die entsprechende allgemeine Größengleichung lautet

$$M = \frac{P}{\omega} = \frac{P}{2\pi n},$$

wobei sich im MKS-System für das Drehmoment die Einheit

$$\frac{\mathrm{W}}{1/\mathrm{s}} = \mathrm{Ws} = \mathrm{Nm}$$

ergibt.

Häufig liegen die Größen in nichtkohärenten Einheiten vor. In diesem Falle empfiehlt es sich, unter Beibehaltung allgemeiner Größengleichungen die Einheiten vor Beginn der Zahlenrechnung in kohärente Einheiten umzurechnen, z. B.: $1\,\mathrm{t} = 10^3\,\mathrm{kg}$; $1\,\mathrm{bar} = 10^5\,\mathrm{N/m^2}$; $1\,\mathrm{mbar} = 10^2\,\mathrm{N/m^2}$; $1\,\mathrm{kW} = 10^3\,\mathrm{W}$.

Eine Umrechnung ist immer erforderlich, wenn die Einheiten dem Technischen Einheitensystem entstammen. Sie läßt sich leicht durchführen, wenn man beachtet, daß die technische Krafteinheit $1\,\mathrm{kp} = \mathrm{g}_n\mathrm{N}$ ist. $\mathrm{g}_n = 9{,}80665\,\mathrm{m/s^2}$ bezeichnet die Normfallbeschleunigung. Mit dem aufgerundeten Zahlenwert 9,81 erhält man

$$1\,\mathrm{kp} = 9{,}81\,\mathrm{N} = 9{,}81\,\mathrm{kg\,m/s^2}.$$

An Hand dieser Beziehung sind in der nachstehenden Tabelle Einheiten des Technischen Einheitensystems in kohärente Einheiten des MKS-Systems umgerechnet.

In den Gleichungen dieses Buches finden sich Einheitenangaben vielfach auch dann, wenn es sich um Größengleichungen handelt, wenn also Angaben über die Einheiten nicht erforderlich sind. Die Beifügung der Einheiten soll dazu dienen, den an das Technische Einheitensystem Gewöhnten mit den neuen Einheiten vertraut zu machen und ihm die Umstellung auf das MKS-System zu erleichtern.

Größe	Formelzeichen	Zahlenwert 1 und Einheit im Technischen Einheitensystem	Zahlenwert und kohärente Einheit im MKS-System
Masse	m, M	1 kp s²/m	9,81 kg
Massestrom	$\dot{M}$	$\frac{1\ \text{kps}^2}{\text{m}} \Big/ \text{h} \left(= \frac{1}{3600}\ \text{kps/m}\right)$	$\frac{1}{3600}\ 9{,}81\ \text{kg/s}$
Volumenstrom	Q, $\dot{V}$	$1\ \text{m}^3/\text{h} \left(= \frac{1}{3600}\ \text{m}^3/\text{s}\right)$	$\frac{1}{3600}\ \text{m}^3/\text{s}$
Kraft	F	1 kp	9,81 N
Gewichtskraft	G	1 kp	9,81 N
Wichte $= \frac{\text{Gewichtskraft}}{\text{Volumen}}$	γ, $\varrho \cdot g$	1 kp/m³	9,81 N/m³
Dichte $= \frac{\text{Masse}}{\text{Volumen}}$	ϱ	1 kp s²/m⁴	9,81 kg/m³
Energie, Arbeit, Wärme	E, A, W	1 kp m	9,81 Nm = 9,81 J = 9,81 Ws
Leistung	P	1 kp m/s	9,81 Nm/s = 9,81 J/s = 9,81W
		1 PS (= 75 kp m/s)	75 · 9,81 Nm/s = 736 W
		1 kW (= 101,94 kp m/s)	101,94 · 9,81 Nm/s = 1000 W
Impuls	p	1 kp s	9,81 Ns = 9,81 kg m/s
Massenträgheitsmoment	J	1 kp s² m	9,81 kg m²
Drehzahl[1]	n	1 1/min	$\frac{1}{60}$ 1/s
Drehmoment	M	1 kp m	9,81 Nm
Druck, Spannung	$p(\sigma)$	1 kp/m² = 1 mm WS	9,81 · N/m² = 9,81 Pa
		1 kp/cm² = 1 at	9,81 · 10⁴ N/m² (= 0,981 bar)
		$1\ \text{Torr} = \frac{1}{760}\ \text{atm}$	1,3332 · 10² N/m²
Dynamische Viskosität	η	1 kp s/m²	$9{,}81 \frac{\text{kg}}{\text{m s}} = 9{,}81 \frac{\text{Ns}}{\text{m}^2} = 9{,}81\ \text{Pa s}$
Kinematische Viskosität	ν	1 m²/s	1 m²/s

[1] Im Gesetz über Einheiten im Meßwesen und in der Ausführungsverordnung findet sich das Wort „Drehzahl" nicht. Es wird hier weiter verwendet mit den Einheitenzeichen 1/min und 1/s.

Allgemeines über die Förderung von Flüssigkeiten

Pumpen sind Einrichtungen zur Förderung von Flüssigkeiten von einem Zustand niederen auf einen solchen höheren statischen Druckes. Dieser Zweck kann auf verschiedene Weise erreicht werden:

1. *Durch Einwirkung einer Druckkraft auf die Förderflüssigkeit* mittels eines hin- und hergehenden oder eines rotierenden Kolbens oder auch ohne Benutzung eines Übertragungsgliedes durch unmittelbare Druckwirkung hochgespannten Gases oder Dampfes unter gleichzeitiger Verdrängung des Fördermittels. Hierher gehören die Kolbenpumpen mit hin- und hergehendem, die Flügelpumpen mit schwingendem Kolben, ferner die Zahnradpumpen, die Drehflügel-, Schraubenspindel- und Kreiskolbenpumpen mit rotierendem Verdränger und schließlich die Gasdruck- und die Dampfdruckpumpen (Pulsometer). Während die Pumpen mit rotierendem Verdränger einen kontinuierlichen Volumenstrom[1] liefern, ist die Arbeitsweise der Kolbenpumpen mit hin- und hergehendem oder schwingendem Kolben, ebenso auch diejenige der Gas- und Dampfdruckpumpen durch eine hubweise unterbrochene Förderung gekennzeichnet. Die dabei fortgesetzt auftretenden Beschleunigungen und Verzögerungen des Fördermittels machen zur Vermeidung unzulässig großer Massenkräfte vielfach die Anordnung besonderer Ausgleichbehälter, der Windkessel, notwendig.

2. *Durch Übertragung mechanischer Arbeit auf das Fördermittel* mit Hilfe eines Schaufelrades unter Ausnutzung der Massenträgheit der Flüssigkeit. Hierbei äußert sich die Energieübertragung teils in einer Druckerhöhung infolge Fliehkraftwirkung bzw. Umlenkung, teils in einer Zunahme der kinetischen Energie der Flüssigkeit, die nachträglich ebenfalls in Druckenergie umgewandelt wird. In diese Gruppe fallen alle Bauarten der Kreiselpumpen. Es entsteht ein ununterbrochener, gleichmäßiger Volumenstrom.

3. *Durch Impulsaustausch.* Das mit größerer Geschwindigkeit strömende Treibmittel mischt sich mit der langsamer strömenden Förderflüssigkeit und gibt dabei einen Teil seiner Strömungsenergie an die letztere ab. Die Druckerhöhung des Fördermittels entsteht durch Impulswirkung sowie durch Umwandlung von Geschwindigkeitsenergie in Druckenergie. Auch diese Arbeitsweise liefert einen ununterbrochenen Volumenstrom. Die Druckerzeugung durch Impulswirkung ist kennzeichnend für alle Strahlpumpen.

4. *Durch Zumischen von Druckluft zum Förderwasser* in der Weise, daß der eine Schenkel eines kommunizierenden Rohres Wasser, der andere ein Wasser-Luft-Gemisch enthält. Infolge der Relativbewegung der Luft gegenüber dem Wasser stellt

[1] Der Volumenstrom ist das in der Zeiteinheit geförderte Flüssigkeitsvolumen.

sich eine Höhendifferenz ein, die eine kontinuierliche Wasserförderung ermöglicht. Eine in dieser Weise arbeitende Pumpe ist als „Mammutpumpe“ bekannt geworden.

5. *Durch die Stoßwirkung einer in ihrer Bewegung gehemmten Wassersäule* unter Druckanstieg und gleichzeitiger Förderung eines Teiles des abgebremsten Wassers. Nach diesem Prinzip arbeitet der Stoßheber.

6. *Durch Ausnutzung der Zähigkeit des Mediums* unter Verwendung eines *Fördergewindes* oder eines *schaufellosen Laufrades*, das aus einer Anzahl paralleler, durch Distanzstücke miteinander verbundener Kreisringscheiben besteht.

Aus den auf unterschiedlichen Arbeitsweisen beruhenden Bauarten der Pumpen treten — im Hinblick auf die Häufigkeit ihrer Verwendung — zwei besonders hervor: Die Verdrängerpumpen und die Kreiselpumpen.

Unter den ersteren nimmt die Kolbenpumpe mit hin- und hergehendem Kolben eine bevorzugte Stellung ein. Sie zeichnet sich durch einen guten Wirkungsgrad aus, der — von kleinen Einheiten abgesehen — Werte von 85···90% erreichen kann. Infolge der intermittierenden Arbeitsweise und der dadurch bedingten Massenwirkungen ist sie an verhältnismäßig kleine Drehzahlen gebunden. Das macht bei schnellläufigen Antriebsmaschinen ein Vorgelege oder Untersetzungsgetriebe erforderlich und führt außerdem zu großen Abmessungen und Gewichten. Anschaffungskosten und Kapitaldienst — einschließlich der erforderlichen Gebäude — fallen daher bei größeren Hubkolbenpumpen ziemlich hoch aus, wodurch die Gesamtwirtschaftlichkeit der Anlage beeinträchtigt wird.

Bei Kreiselpumpen liegen die Wirkungsgrade im allgemeinen etwas niedriger als bei Kolbenpumpen. Durch Verbesserungen strömungstechnischer Art arbeiten aber heute bereits einige Bauarten mit Nutzeffekten, die denen der Kolbenpumpe nicht nachstehen. Freilich sind hierbei die Arbeitsbereiche — Druckhöhe und Volumenstrom — vielfach unterschiedlich. Als Strömungsmaschine beansprucht die Kreiselpumpe eine möglichst große Drehzahl. Sie zeichnet sich daher durch kleine Abmessungen und einen geringen Platzbedarf aus. Sie ist zudem einfach im konstruktiven Aufbau und verhält sich deshalb hinsichtlich Anschaffungskosten und Kapitaldienst günstiger als die Kolbenpumpe. Hierin sind die Gründe für die außerordentliche Verbreitung zu suchen, welche die Kreiselpumpe in den letzten Jahrzehnten gefunden hat.

I. Kreiselpumpen

A. Wirkungsweise und Bauarten

Die Kreiselpumpe ist eine Strömungsmaschine. Das Kennzeichnende ihrer Arbeitsweise ist daher die Druckgewinnung unter dem Einfluß eines kontinuierlichen Strömungsvorganges. In der radialen Bauart (Abb. 1) überträgt ein mit Schaufeln besetztes rotierendes Laufrad mechanische Arbeit auf die in den Laufradkanälen befindliche Flüssigkeit, die dabei durch Fliehkräfte aus dem Laufrad verdrängt wird. Die Energieübertragung ist beendet, sobald die Flüssigkeit die Laufradkanäle verläßt. Sie hat eine Erhöhung des Druckes und eine Zunahme der Geschwindigkeit des Fördermittels verursacht. Die Druckerhöhung im Laufrad ist eine Folge der Wirkung

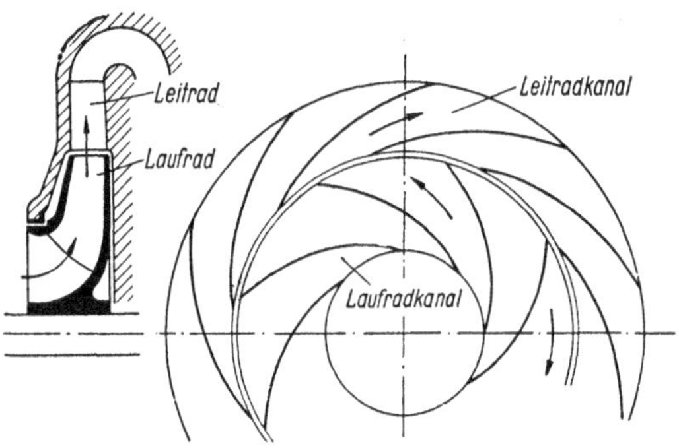

Abb. 1. Schema einer Pumpenstufe

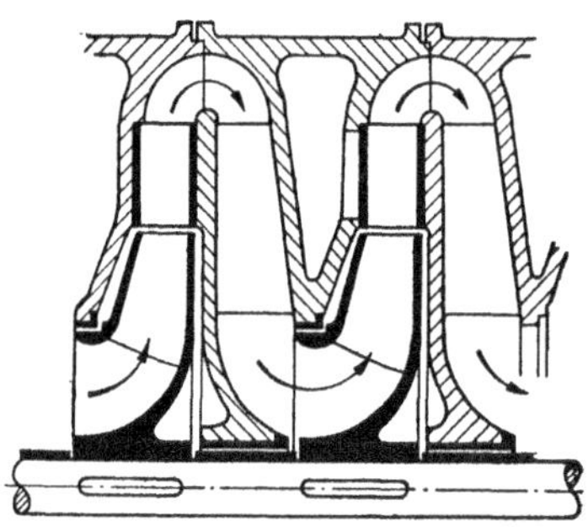

Abb. 2. Mehrstufige Kreiselpumpe

der Fliehkräfte und gegebenenfalls auch der verzögerten Relativströmung in den Laufradkanälen. Die gleichzeitige Zunahme der Absolutgeschwindigkeit des Fördermittels bildet eine unerwünschte Begleiterscheinung, weil in der Pumpe lediglich eine Erhöhung des Druckes angestrebt wird. Die überschüssige Geschwindigkeitsenergie muß deshalb nachträglich in Druckenergie umgewandelt werden. Das geschieht in einem System fest stehender, sich allmählich erweiternder Kanäle, die das Laufrad ringförmig umschließen (Abb. 1) — dem Leitrad — oder auch in einem schaufellosen Ringraum bzw. in einem Spiralgehäuse — Vorrichtungen —, die ebenfalls geeignet sind, Geschwindigkeitsenergie in Druckenergie umzuwandeln. Lauf- und Leitrad bilden zusammen eine Stufe. Durch die Saugwirkung der aus dem Laufrad verdrängten Flüssigkeit tritt ein gleiches Volumen durch den Saugstutzen wieder in die Pumpe ein, so daß während der Drehung des Laufrades eine kontinuierliche Strömung aufrechterhalten bleibt.

Die sehr verschiedenen Anforderungen, die hinsichtlich Förderhöhe und Volumenstrom an die Kreiselpumpe gestellt werden, führen im Verein mit dem Bestreben, die Pumpe stets unter dem Gesichtspunkt bester Wirtschaftlichkeit auszulegen, zu ebenso unterschiedlichen Bauarten.

Für geringe Förderhöhen kommt die einstufige Pumpe zur Anwendung, die bis zu Höhen von 20 m als Niederdruckpumpe bezeichnet wird. Darüber hinaus bis etwa 50 m Förderhöhe spricht man von Mitteldruckpumpen, während für Pumpen mit noch größerer Förderhöhe die Bezeichnung Hochdruckpumpen üblich ist. Die angegebenen Zahlen können nur als Richtwerte gelten. Eine strenge Abgrenzung hinsichtlich der Förderhöhe gibt es nicht.

Große Druckhöhen erfordern im allgemeinen eine mehrstufige Ausführung (Abb. 2). Mehrere gleichartige Lauf- und Leiträder (Stufen) sind hintereinandergeschaltet und werden der Reihe nach vom Fördermittel durchströmt. Der erzielte Enddruck ist gleich der Summe der Stufendrücke. Abgesehen von der Förderhöhe wird die Stufenzahl in hohem Maße auch durch die Drehzahl der Pumpe und die Größe des Volumenstromes bestimmt, so daß sich bei gleichen Förderhöhen sehr unterschiedliche Stufenzahlen ergeben können.

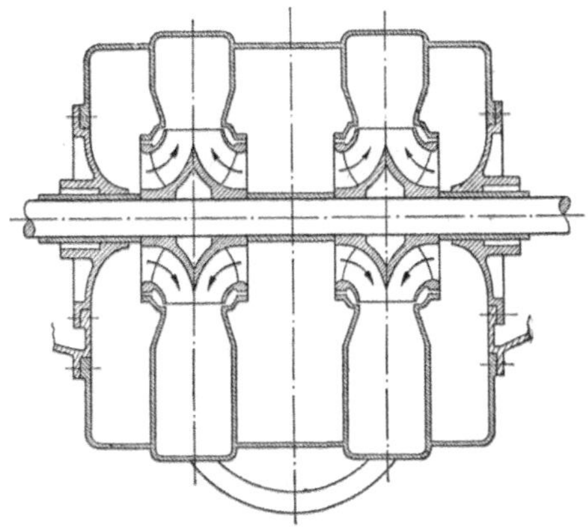

Abb. 3. Mehrströmige Kreiselpumpe

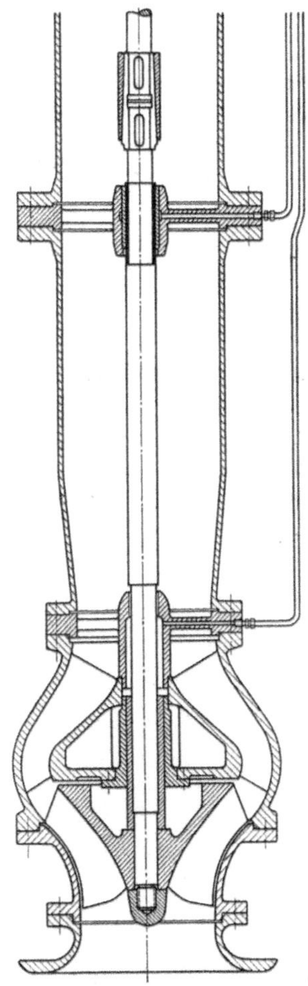

Abb. 4. Halbaxialpumpe (Halberg)

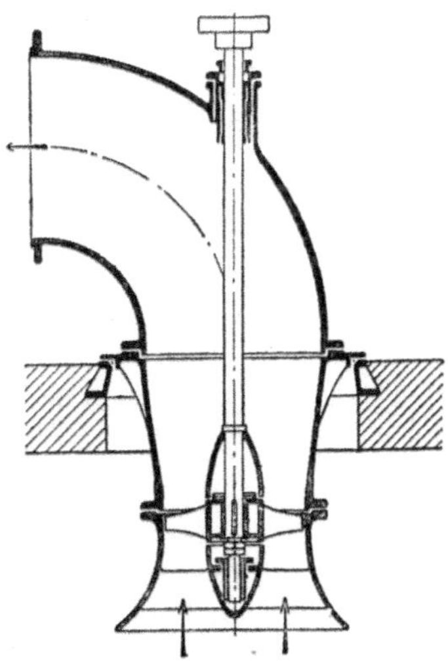

Abb. 5. Axialpumpe

Um bei kleinen Höhen, aber großen Volumenströmen die für die Wasserführung erforderliche Länge des Schaufelkanals verwirklichen zu können, muß der Schaufelanfang in den Saugmund des Laufrades hineingezogen werden. Man erhält dadurch eine Laufradform, die dem Francisrade bei Wasserturbinen entspricht. Das kennzeichnende Element dieser Bauart ist die räumlich gekrümmte, also verwundene Schaufel des Laufrades (Abb. 16.4), während bei größerer Förderhöhe die einfach gekrümmte, sogenannte Zylinderschaufel vorherrschend ist (Abb. 15.4).

Die weitere Vergrößerung des Volumenstromes bei klein bleibender Förderhöhe zwingt zur Anwendung der mehrströmigen Ausführung, bei der mehrere Laufräder parallelgeschaltet sind. Zwei Einzelräder werden zu einem Radpaar mit doppelseitigem Wassereintritt vereinigt, wovon wieder mehrere auf einer Welle angeordnet werden können (Abb. 3). Mehrströmige Pumpen findet man z. B. als Kühlwasserpumpen für Kondensationsanlagen.

Die Vergrößerung des Volumenstromes im Einzelrade bei kleiner Förderhöhe führt weiter zur halbaxialen Bauart, bei der die axial eintretende Flüssigkeit nur noch eine geringe Umlenkung nach der radialen Richtung erfährt. Für diese Bauart ist auch die Bezeichnung „Schraubenpumpe" gebräuchlich (Abb. 4). Sie ersetzt heute vielfach die mehrströmige Ausführung und bildet den Übergang von der Radial- zur Axialpumpe (Propellerpumpe, Abb. 5). Die letztere eignet sich zur Bewältigung sehr großer Volumenströme bei Höhen von nur wenigen Metern und findet daher besonders als Schöpfwerkspumpe Verwendung.

B. Theoretische Grundlagen und Berechnung der Radialpumpe

1. Ermittlung der spezifischen Förderarbeit und der Förderhöhe

Als spezifische Förderarbeit[1] einer Kreiselpumpe bezeichnen wir den Zuwachs an potentieller und kinetischer Energie, den 1 kg der austretenden Flüssigkeit in der Pumpe erfahren hat, ausgedrückt in Nm/kg = J/kg = m²/s².

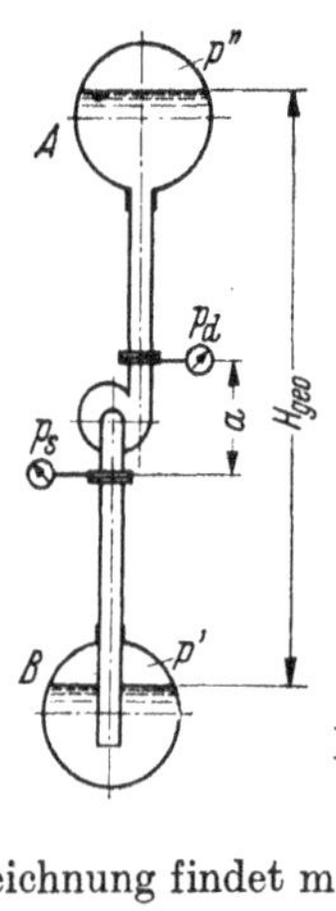

Abb. 1.1. Schema zur Förderhöhenermittlung

[1] An Stelle dieser Bezeichnung findet man auch den Ausdruck „spezifische Stutzenarbeit".

An der *in Betrieb befindlichen Pumpe* bestimmt man die spezifische Förderarbeit durch Messung bzw. Errechnung folgender Größen:

1. des Überdrucks p_d N/m² im Druckstutzen (Abb. 1.1);
2. des Überdrucks p_s bzw. des Unterdrucks $-p_s$ im Saugstutzen in N/m²;
3. des Höhenunterschiedes a dieser beiden Meßstellen in m, der positiv ist, wenn die Meßstelle von p_d höher liegt als diejenige von p_s;
4. der kinetischen Energie der Flüssigkeit im Druck- und Saugstutzen.

Bezeichnen ϱ die Dichte der Förderflüssigkeit in kg/m³, g die örtliche Fallbeschleunigung in m/s² und c_d bzw. c_s m/s die mittleren Geschwindigkeiten in den Rohrquerschnitten der Druckmeßstellen, so beträgt die spezifische Förderarbeit

$$Y = \frac{p_d - p_s}{\varrho} + g a + \frac{c_d^2 - c_s^2}{2} \qquad \mathrm{Nm/kg} = \mathrm{J/kg}. \tag{1,1}$$

Faßt man Y als Energie der Lage von 1 kg Flüssigkeit mit der Gewichtskraft g N/kg auf, so läßt sich auch schreiben

$$Y = gH,$$

wobei H die Förderhöhe der Pumpe in m bezeichnet. Somit erhält man aus Gl. (1,1) als Förderhöhe

$$H = \frac{p_d - p_s}{g\varrho} + a + \frac{c_d^2 - c_s^2}{2g}. \tag{1,2}$$

Werden die Drücke p_d und p_s in bar gemessen, so ist mit 1 bar = 10^5 N/m²

$$H = \frac{p_d - p_s}{g\varrho} 10^5 + a + \frac{c_d^2 - c_s^2}{2g} \qquad \mathrm{m}, \tag{1,3}$$

oder wenn für die Dichte die Einheit kg/dm³ verwendet wird,

$$H = \frac{p_d - p_s}{g\varrho} 10^2 + a + \frac{c_d^2 - c_s^2}{2g}. \tag{1,4}$$

Für den Fall, daß g mit g_n[1] identisch ist, erhält man

$$H = \frac{p_d - p_s}{\varrho} 10{,}2 + a + \frac{c_d^2 - c_s^2}{2g}. \tag{1,5}$$

Handelt es sich um Förderung von kaltem Wasser, so ist mit $\varrho = 1$ kg/dm³

$$H = (p_d - p_s)\, 10{,}2 + a + \frac{c_d^2 - c_s^2}{2g}. \tag{1,6}$$

Mitunter sind die Rohrquerschnitte an den Druckmeßstellen gleich. Dann ist $(c_d^2 - c_s^2)/2g = 0$ und die Förderhöhe für kaltes Wasser

$$H = (p_d - p_s)\, 10{,}2 + a. \tag{1,7}$$

Bei Unterdruck im Saugstutzen ist p_s mit negativem Vorzeichen einzusetzen. Ferner ist bei Verwendung der Druckeinheit at in den Gln. (1,5), (1,6) und (1,7) der Zahlenfaktor 10,2 durch den Zahlenfaktor 10 zu ersetzen.[2]

---

[1] $g_n = 9{,}8067$ m/s² = Normfallbeschleunigung.

[2] Infolge der Druckeinheiten bar bzw. at sind Gln. (1,3) bis (1,7) Zahlenwertgleichungen.

Für eine *zu entwerfende Pumpe* sind die spezifische Förderarbeit und die Förderhöhe in anderer Weise zu ermitteln:

Die Pumpe fördere die Flüssigkeit aus dem Saugbehälter B mit dem Überdruck p' oder dem Unterdruck $-p'$ N/m² in den Druckbehälter A mit dem Überdruck p'' N/m² (Abb. 1.1).

Die geodätische Förderhöhe, d.i. der Höhenunterschied zwischen Saug- und Druckwasserspiegel, sei H_{geo} m, die spezifische geodätische Förderarbeit also $Y_{geo} = gH_{geo}$ Nm/kg, ferner sei die Geschwindigkeit im Saugbehälter c', im Druckbehälter c'' m/s und der Energieverlust durch Geschwindigkeitserzeugung und Strömungswiderstände in der Saug- und Druckleitung $Y_v = gH_v$ Nm/kg, wobei H_v die Verlusthöhe in m bezeichnet. Dann ist die spezifische Förderarbeit mit der Dichte ϱ in kg/m³

$$Y = \frac{p'' - p'}{\varrho} + Y_{geo} + Y_v + \frac{c''^2 - c'^2}{2} \quad \text{Nm/kg} = \text{J/kg}. \tag{1,8}$$

c' und c'' sind meist vernachlässigbar klein, so daß man erhält

$$Y = \frac{p'' - p'}{\varrho} + Y_{geo} + Y_v. \tag{1,9}$$

Mit $Y = gH$ ergibt sich als Förderhöhe in m

$$H = \frac{p'' - p'}{g\varrho} + H_{geo} + H_v. \tag{1,10}$$

Rechnet man mit p in bar und mit ϱ in kg/dm³, so erhält man für $g = g_n$

$$H = \frac{p'' - p'}{\varrho} 10{,}2 + H_{geo} + H_v \quad \text{m}. \tag{1,11}$$

Die Verlusthöhe H_v in der Rohrleitung ist also dem Druckhöhenunterschied in den Behältern A und B sowie der geodätischen Förderhöhe hinzuzurechnen, da sie auch von der Pumpe aufgebracht werden muß.

Bei Förderung von kaltem Wasser ist mit $\varrho = 1$ kg/dm³

$$H = (p'' - p')\, 10{,}2 + H_{geo} + H_v. \tag{1,12}$$

Herrscht im Saugbehälter Unterdruck, so erhält p' ein negatives Vorzeichen. Ferner tritt für die Druckeinheit at in den Gln. (1,11) und (1,12) an die Stelle des Zahlenfaktors 10,2 der Zahlenfaktor 10.

Häufig sind A und B offene Behälter. Dann wird der erste Summand in Gl. (1,12) ungefähr gleich Null, und es verbleibt

$$H = H_{geo} + H_v. \tag{1,13}$$

Die Förderhöhe H läßt keinen unmittelbaren Schluß auf den erzeugten Druck zu, weil die Dichte ϱ des Fördermittels wechselt. Man erhält als Druck

$$p = g\varrho H = Y\varrho \quad \frac{\text{N}}{\text{m}^2} = Y\varrho \quad \text{Pa} = \frac{Y\varrho}{10^5} \quad \text{bar},$$

wobei ϱ die Einheit kg/m³ hat.

2. Die Geschwindigkeitsverhältnisse am Laufrad

Bei der Strömung einer Flüssigkeit durch die Kanäle des rotierenden Laufrades ist zwischen absoluter und relativer Bewegung zu unterscheiden. Als absolut bezeichnet man die Bewegung der Flüssigkeitsteilchen, die ein außerhalb des Laufrades befindlicher Beobachter wahrnimmt, relativ heißt die Bewegung einem Beobachter gegenüber, der die Drehung des Laufrades mitmacht.

Allgemein wird die Absolutgeschwindigkeit der Flüssigkeitsteilchen mit c, die Relativgeschwindigkeit mit w und die dem jeweiligen Abstand von der Drehachse zugeordnete Umfangsgeschwindigkeit der Laufradschaufeln mit u bezeichnet.

c bildet mit der positiven Umfangsrichtung den Winkel α, w mit der negativen Umfangsrichtung den Winkel β (Abb. 2.1).

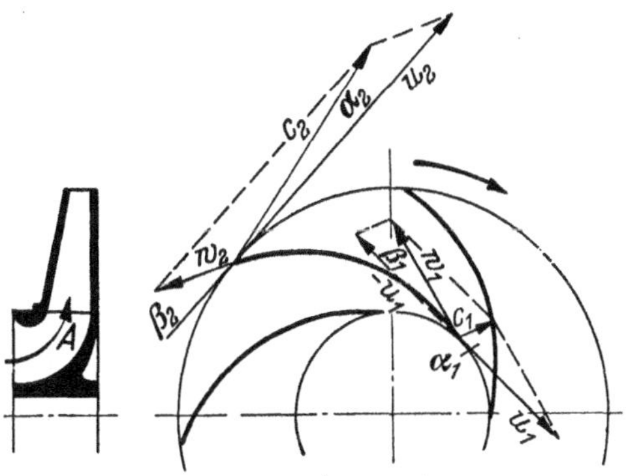

Abb. 2.1. Die Geschwindigkeitsverhältnisse am Laufrad

Alle Größen erhalten
den Zeiger 0 für den Zustand im ungestörten Zustrom kurz vor dem Eintritt in die Schaufelkanäle,
den Zeiger 1 für den Zustand unmittelbar nach dem Eintritt in die Schaufelkanäle,
den Zeiger 2 für den Zustand unmittelbar vor dem Austritt aus den Schaufelkanälen,
den Zeiger 3 für den Zustand im ungestörten Abstrom kurz nach dem Austritt aus den Schaufelkanälen.

Die Flüssigkeit erreicht die Schaufeleintrittskante bei A mit der Absolutgeschwindigkeit c_0, die unmittelbar dahinter infolge der Querschnittsverengung durch die endliche Dicke der Schaufeln auf den Betrag c_1 anwächst. An dieser Stelle hat sie relativ zur umlaufenden Schaufel die Geschwindigkeit w_1. Zur Bestimmung der Richtung und Größe von w_1 denkt man sich den Bezugspunkt — einen Punkt der Schaufeleintrittskante — stillstehend und weist die unterdrückte Umfangsgeschwindigkeit u_1 desselben dem mit c_1 strömenden Flüssigkeitsteilchen zu, aber in entgegengesetztem Richtungssinn. Aus c_1 und $-u_1$ ergibt sich als Resultierende die Relativgeschwindigkeit w_1. Letztere muß, damit ein Stoß gegen die Schaufelfläche vermieden wird, tangential zum Schaufeleintritt verlaufen. Das ist allerdings nur für den Nennvolumenstrom möglich und nur bei unendlich großer Schaufelzahl genau erreichbar.

Beim Durchströmen des Schaufelkanals nimmt die Relativgeschwindigkeit im allgemeinen ab. Unmittelbar vor dem Austritt aus den Schaufelkanälen hat die Flüssigkeit die Relativgeschwindigkeit w_2 und, da sie die Bewegung des Schaufelkanals mitmacht, außerdem die Umfangsgeschwindigkeit u_2. Aus beiden ergibt sich als Resultierende die absolute Austrittsgeschwindigkeit c_2, die infolge der durch die Schaufeln übertragenen Energie wesentlich größer als c_1 ist. Die Umwandlung der überschüssigen Geschwindigkeitsenergie in Druckenergie ist Aufgabe des nachgeschalteten Leitrades. An Stelle der Aufzeichnung der Parallelogramme der Geschwindigkeiten begnügt man sich praktisch mit der Angabe der Geschwindigkeitsdreiecke (Abb. 2.2).

Abb. 2.2. Geschwindigkeitsdreiecke für den Ein- und Austritt

3. Die Druckerzeugung im Lauf- und Leitrad
Die spezifische Schaufelarbeit Y_{Sch_∞}. Die theoretische Förderhöhe H_{th_∞}

Die im Laufrad an das Fördermittel übertragene Arbeit wird teils unmittelbar durch die Wirkung der Fliehkräfte, teils mittelbar durch Geschwindigkeitsverlangsamung im Lauf- und Leitrad in Druckenergie umgewandelt.

Der Anteil des Laufrades an der Druckgewinnung wird hervorgerufen durch die Arbeit der Fliehkräfte bei der Steigerung der Umfangsgeschwindigkeit von u_1 auf u_2 und durch die Umwandlung eines Teiles der relativen Geschwindigkeitsenergie infolge Querschnittszunahme.

Der auf das Leitrad entfallende Anteil ergibt sich aus der Umwandlung der überschüssigen absoluten Geschwindigkeitsenergie am Laufradaustritt, ebenfalls durch Querschnittserweiterung.

Bei den folgenden Betrachtungen soll angenommen werden, daß alle Flüssigkeitsteilchen der Bahn der Laufradschaufeln folgen, daß also längs konzentrischer Kreise um die senkrecht angeordnete Radachse die Strömungsverhältnisse, d.h. Druck und Geschwindigkeit, jeweils gleich sind. Diese Bedingung wird durch die Annahme unendlich vieler und unendlich dünner Schaufeln erfüllt. Ferner sei vorausgesetzt, daß in den Schaufelkanälen die Umwandlung der Geschwindigkeitsenergie in Druckenergie verlustfrei vor sich geht, daß die Eintrittsgeschwindigkeit in die Leitkanäle gleich der Austrittsgeschwindigkeit c_2 ist, und daß schließlich die Austrittsgeschwindigkeit der Flüssigkeit aus der Leitvorrichtung mit der absoluten Eintrittsgeschwindigkeit c_0 unmittelbar vor den Laufradkanälen übereinstimmt.

a) Die Druckerzeugung im Laufrad

Unter Beibehaltung der Relativströmung im rotierenden Rade denken wir uns das Laufrad stillstehend und bringen die durch die Drehung verursachten Kräfte als Hilfskräfte an der Flüssigkeitsmasse an. Als solche kommen in Frage die radial nach außen gerichtete Fliehkraft und die Corioliskraft, die Ergänzungskraft der Relativbewegung. Letztere hat allerdings auf die Druckerzeugung keinen Einfluß, da sie senkrecht zur Relativgeschwindigkeit gerichtet ist und demnach keine Komponente in der Strömungsrichtung hat. Der Druckgewinn im Laufrad ergibt sich lediglich aus der Arbeit der Fliehkräfte und der Verlangsamung der Relativgeschwindigkeit.

α) *Aus der Arbeit der Fliehkräfte*

Längs des Kreises mit dem Radius r (Abb. 3.1a) betrage der absolute spezifische Flächendruck p N/m², längs des Kreises vom Radius $r + dr$ sei er $p + dp$.

Wir betrachten nun ein Masseteilchen, das durch die Mantelfläche zweier Zylinder mit den in m gemessenen Radien r und $r + dr$, sowie zwei benachbarte Schaufeln und die Radwände eingegrenzt wird. Mit den Bezeichnungen der Abb. 3.1a und der Dichte ϱ in kg/m³ hat das Teilchen die Masse $df\,dr\,\varrho$ kg und erzeugt mit der Winkelgeschwindigkeit ω des Laufrades die Fliehkraft $df\,dp = df\,dr\,\varrho\,r\omega^2$ N, also die Druckerhöhung $dp = \varrho\,\omega^2 r\,dr$ N/m².

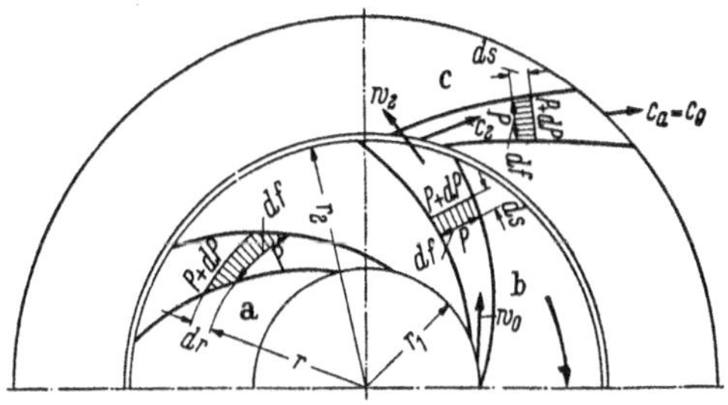

Abb. 3.1a—c. Druckerzeugung im Lauf- und Leitrad

Schreibt man

$$\frac{dp}{\varrho} = \omega^2 r\,dr = dY'_\infty,$$ [1]

so bezeichnet dieser Ausdruck die Arbeit der Fliehkraft je 1 kg Flüssigkeit auf dem Wege dr. Insgesamt wird von der Fliehkraft die Arbeit

$$Y'_\infty = \frac{1}{\varrho}\int_{p_0}^{p_\infty} dp = \frac{p_\infty - p_0}{\varrho} = \omega^2 \int_{r_1}^{r_2} r\,dr = \frac{u_2^2 - u_1^2}{2}$$

geleistet. Ihre Einheit ist Nm/kg = J/kg = m²/s². Mit der Fallbeschleunigung g m/s² stellt der Ausdruck

$$\frac{Y'_\infty}{g} = \frac{p_\infty - p_0}{g\varrho} = \frac{u_2^2 - u_1^2}{2g}$$

die durch die Fliehkraft erzeugte Druckhöhe in m dar.

β) *Aus der Verlangsamung der Relativgeschwindigkeit*

Mit den Bezeichnungen der Abb. 3.1b folgt für das Masseteilchen $df\,ds\,\varrho$ nach dem dynamischen Grundgesetz

$$df\,dp = -df\,ds\,\varrho\,\frac{dw}{dt}$$ [2]

[1] Das Fußzeichen ∞ soll bedeuten, daß die betreffende Größe nur für die gedachte unendlich große Schaufelzahl gültig ist.

[2] dw ist negativ, weil w mit steigendem Druck abnimmt.

oder mit

$$\frac{ds}{dt} = w, \quad dp = -\varrho w\, dw.$$

Auf dem Wege ds wird je kg Flüssigkeit in Druckenergie umgewandelt die Arbeit

$$\frac{dp}{\varrho} = -w\, dw = dY''_\infty$$

und auf der ganzen Kanallänge

$$Y''_\infty = \frac{1}{\varrho}\int_{p\infty}^{p_p\infty} dp = \frac{p_{p\infty} - p_\infty}{\varrho} = -\int_{w_0}^{w_2} w\, dw = \frac{w_0^2 - w_2^2}{2}.$$

Dieser Arbeit entspricht die Druckhöhe

$$\frac{Y''_\infty}{g} = \frac{p_{p\infty} - p_\infty}{g\varrho} = \frac{w_0^2 - w_2^2}{2g}$$

Somit entsteht im Laufrad bei unendlich großer Schaufelzahl theoretisch die Druckhöhe

$$\frac{p_{p\infty} - p_0}{g\varrho} = H_{p\infty} = \frac{u_2^2 - u_1^2 + w_0^2 - w_2^2}{2g}. \qquad (3,1)$$

$H_{p\infty}$ wird als potentielle Druckhöhe oder auch als Spaltdruckhöhe bezeichnet.

b) Die Druckerzeugung im Leitrad

Unter Beachtung der Abb. 3.1c ergibt sich für die Umwandlung der Geschwindigkeitsenergie im Leitrad entsprechend

$$df\, dp = -df\, ds\, \varrho \frac{dc}{dt}, \qquad \frac{dp}{\varrho} = -c\, dc = dY'''_\infty,$$

also

$$Y'''_\infty = \frac{1}{\varrho}\int_{p_{p\infty}}^{p_{2\infty}} dp = \frac{p_{2\infty} - p_{p\infty}}{\varrho} = -\int_{c_2}^{c_0} c\, dc = \frac{c_2^2 - c_0^2}{2}$$

und daraus die Druckhöhenzunahme

$$\frac{Y'''_\infty}{g} = \frac{p_{2\infty} - p_{p\infty}}{g\varrho} = \frac{c_2^2 - c_0^2}{2g}.$$

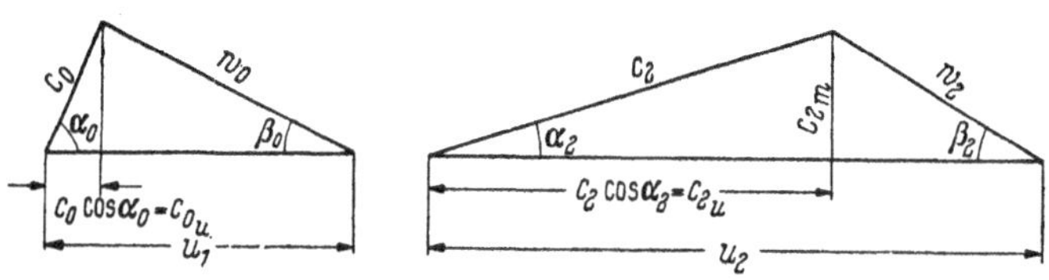

Abb. 3.2. Geschwindigkeitsdreiecke

Die gesamte an 1 kg Förderflüssigkeit theoretisch übertragene Arbeit ist bei unendlich großer Schaufelzahl die Summe $Y_{\mathrm{Sch}\infty} = Y'_\infty + Y''_\infty + Y'''_\infty$. Wir bezeichnen sie als spezifische Schaufelarbeit bei unendlich großer Schaufelzahl und erhalten in der Einheit Nm/kg = J/kg = m²/s²

$$Y_{\mathrm{Sch}\infty} = \frac{p_{2\infty} - p_0}{\varrho} = \frac{u_2^2 - u_1^2 + w_0^2 - w_2^2 + c_2^2 - c_0^2}{2}. \tag{3,2}$$

Die im Gebrauch unbequeme Schreibweise der Gl. (3,2) läßt sich vereinfachen, wenn man die Relativgeschwindigkeiten unter Benutzung der Geschwindigkeitsdreiecke (Abb. 3.2) eliminiert. Es ist

$$w_2^2 = u_2^2 + c_2^2 - 2\,u_2 c_2 \cos\alpha_2; \quad \text{oder} \quad u_2^2 + c_2^2 - w_2^2 = 2\,u_2 c_2 \cos\alpha_2,$$

$$w_0^2 = u_1^2 + c_0^2 - 2\,u_1 c_0 \cos\alpha_0; \quad \text{oder} \quad -u_1^2 - c_0^2 + w_0^2 = -2\,u_1 c_0 \cos\alpha_0.$$

Damit folgt als spezifische Schaufelarbeit bei unendlich großer Schaufelzahl in Nm/kg = J/kg = m²/s²

$$Y_{\mathrm{Sch}\infty} = \frac{p_{2\infty} - p_0}{\varrho} = u_2 c_2 \cos\alpha_2 - u_1 c_0 \cos\alpha_0. \tag{3,3}$$

Dividiert man $Y_{\mathrm{Sch}\infty}$ durch die Fallbeschleunigung g m/s², so erhält man die theoretische Förderhöhe bei unendlich großer Schaufelzahl in m

$$H_{\mathrm{th}\infty} = \frac{Y_{\mathrm{Sch}\infty}}{g} = \frac{1}{g}\,(u_2 c_2 \cos\alpha_2 - u_1 c_0 \cos\alpha_0) \quad \text{(Eulersche Gleichung)}. \tag{3,4}$$

Mit $c_0 \cos\alpha_0 = c_{0u}$ und $c_2 \cos\alpha_2 = c_{2u}$ (Abb. 3.2) kann man auch schreiben

$$H_{\mathrm{th}\infty} = \frac{1}{g}\,(u_2 c_{2u} - u_1 c_{0u}). \tag{3,5}$$

Die Benutzung der theoretischen Förderhöhe $H_{\mathrm{th}\infty}$ an Stelle der spezifischen Schaufelarbeit $Y_{\mathrm{Sch}\infty}$ ist für den praktischen Gebrauch anschaulicher. Es ist aber zu beachten, daß $H_{\mathrm{th}\infty}$ hier im Gegensatz zu dem gleichlautenden Zeichen im Technischen Einheitensystem keine Arbeit, sondern eine von der örtlichen Fallbeschleunigung g abhängige Längenabmessung darstellt. Praktisch wird man im allgemeinen mit dem konstanten Wert $g = 9{,}81$ m/s² rechnen können.

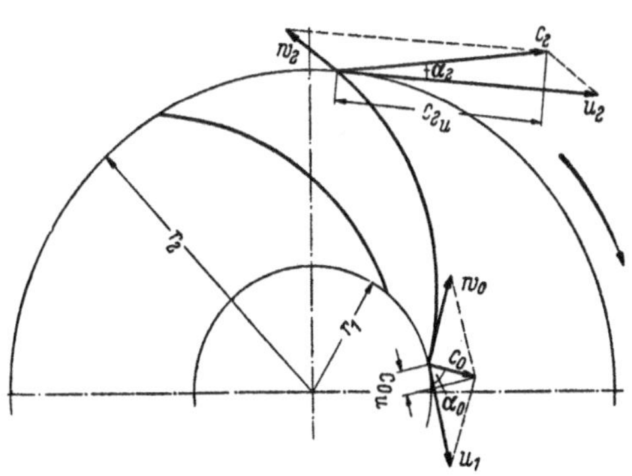

Abb. 3.3. Die Geschwindigkeiten am Ein- und Austritt der Laufradschaufel

Will man auf den Einblick in die inneren Zusammenhänge verzichten, so läßt sich Gl. (3,3) einfacher mit Hilfe des Drallsatzes ableiten. Auf den vorliegenden Fall angewendet lautet dieser:

Das von den Schaufeln je kg/s Flüssigkeit übertragene Drehmoment M ist gleich der zeitlichen Änderung des Dralls, d.h. des Momentes der Bewegungsgröße, wobei diese aus der sekundlichen Flüssigkeitsmasse 1 kg/s und der Umfangskomponente der Absolutgeschwindigkeit am Ein- bzw. Austritt zu bilden ist.

Mit den Bezeichnungen der Abb. 3.3 ist $M = r_2 c_{2_u} - r_1 c_{0_u}$. Hieraus erhält man durch Multiplikation mit der Winkelgeschwindigkeit ω des Laufrades

$$M\omega = Y_{\mathrm{Sch}_\infty} = gH_{\mathrm{th}_\infty} = u_2 c_{2u} - u_1 c_{0u}.$$

Es zeigt sich, daß die spezifische Schaufelarbeit $Y_{\mathrm{Sch}\,\infty}$ und somit auch die theoretische Förderhöhe $H_{\mathrm{th}\,\infty}$ nur durch die Geschwindigkeiten am Laufrad bestimmt wird, unabhängig davon, ob die Flüssigkeit reibungsfrei ist oder nicht. Da die spezifische Masse in der Gleichung für $Y_{\mathrm{Sch}\,\infty}$ bzw. $H_{\mathrm{th}\,\infty}$ nicht vorkommt, sind diese Größen — ausgedrückt in Nm/kg bzw. m — auch unabhängig von der Art der Flüssigkeit. Sie sind also für alle Flüssigkeiten unter sonst gleichen Verhältnissen stets die gleichen.[1]

Sind für den Eintritt der Flüssigkeit in das Laufrad keine besonderen Führungsschaufeln vorgesehen, was die Regel bildet, so kann c_0 als senkrecht zur Umfangsrichtung angenommen werden. Damit wird $c_0 \cos \alpha_0 = 0$, mithin

$$Y_{\mathrm{Sch}_\infty} = gH_{\mathrm{th}_\infty} = u_2 c_2 \cos \alpha_2 = u_2 c_{2_u}.$$

Für die späteren Berechnungen ist es zweckmäßig, an Stelle des absoluten Austrittswinkels α_2 den relativen Austrittswinkel β_2 einzuführen, weil dieser zu den Laufradabmessungen gehört und deshalb unmittelbar in Erscheinung tritt. Mit der Meridiankomponente c_{2_m} (Abb. 3.2) ist $c_2 \cos \alpha_2 = u_2 - c_{2_m} \cot \beta_2$, also

$$Y_{\mathrm{Sch}_\infty} = gH_{\mathrm{th}_\infty} = u_2^2 - u_2 c_{2_m} \cot \beta_2. \qquad (3,6)$$

4. Der Schaufelwinkel β_2

Theoretisch ist der Austrittswinkel β_2 in ziemlich weiten Grenzen frei wählbar. Ein Winkel $\beta_2 < 90°$ führt zu rückwärts gekrümmten Schaufeln (Abb. 4.1a), bei $\beta_2 = 90°$ endigen die Schaufeln radial (Abb. 4.1b), während $\beta_2 > 90°$ vorwärts gekrümmte Schaufeln zur Folge hat (Abb. 4.1c).

Nach Gl. (3,6), Abschn. 3, ist die spezifische Schaufelarbeit und die theoretische Förderhöhe um so größer, je größer β_2 ist. Vorwärts gekrümmte Schaufeln liefern also große Druckhöhen. Aus Abb. 4.2 geht hervor, daß großen Winkeln β_2 zugleich große Absolutgeschwindigkeiten c_2 entsprechen, die im Leitrad in Druckhöhe umgewandelt werden müssen. Erfahrungsgemäß ist aber die Umwandlung von Geschwindigkeits- in Druckenergie in der verzögerten Strömung des ruhenden Leitkanals infolge des Grenzschichteinflusses mit einem beachtlichen Verlust verbunden. Es empfiehlt sich deshalb, den Anteil des Leitrades an der Druckgewinnung zu beschränken, also c_2 klein zu halten. Das führt zu rückwärts gekrümmten Schaufeln ($\beta_2 < 90°$). In diesem

[1] Dies gilt nicht für die spezifische *Förderarbeit* und die *wirkliche* Förderhöhe, für welche die auftretenden Verluste von Bedeutung sind. Letztere wechseln mit der Zähigkeit der Flüssigkeit, sind also von der Reynoldsschen Zahl abhängig (Abschn. 38).

Fall verhält sich außerdem das Laufrad hinsichtlich der Geschwindigkeitsumwandlung günstiger als das Leitrad. Im rotierenden Laufradkanal läuft die Grenzschicht mit der vollen Umfangsgeschwindigkeit u des Rades um, während die Flüssigkeitsströmung im Kanal die absolute Umfangskomponente c_u hat. Da für $\beta_2 < 90°$ $u > c_u$ ist, unterliegt die Grenzschicht größeren Fliehkräften als die Durchflußströmung und wird deshalb abgeschleudert. Somit versprechen rückwärts gekrümmte Schaufeln einen besseren hydraulischen Wirkungsgrad als vorwärts gekrümmte.

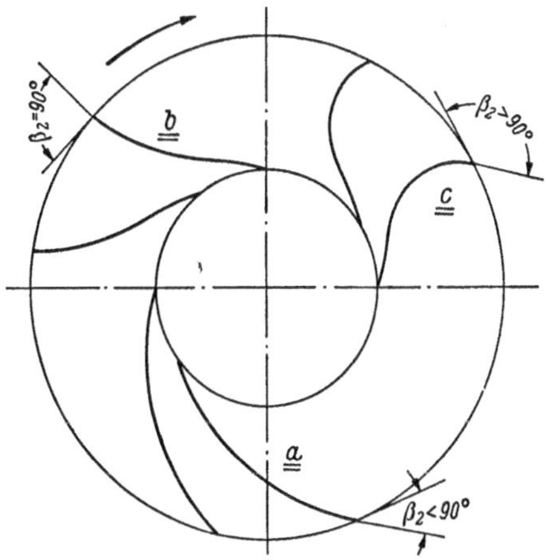

Abb. 4.1. Formen der Laufradkanäle bei verschiedenen großen Austrittswinkeln β_2

Was die Kanalform anbelangt, so ergeben kleine Winkel β_2 schlanke Kanäle mit geringer Krümmung, die zwar einen längeren Reibungsweg bedingen, im ganzen aber für die Strömung günstig sind. Demgegenüber zeigt ein Kanal mit großem Austrittswinkel erhöhte Krümmung und eine starke Erweiterung in der Strömungsrichtung. Derartige Erweiterungen haben Ablösungserscheinungen zur Folge, so daß sich unter Umständen keine stabile Strömung ausbilden kann.

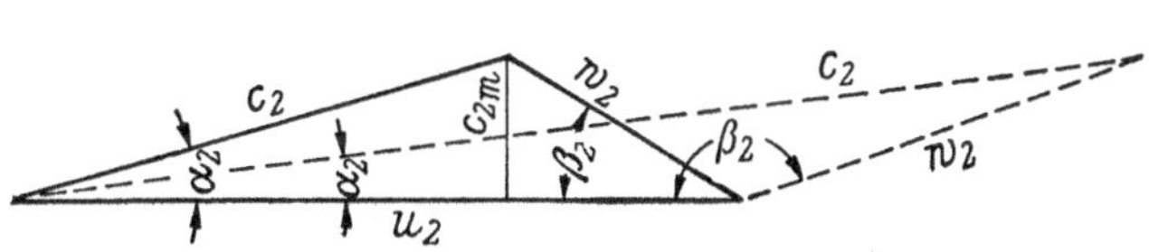

Abb. 4.2. Geschwindigkeitsdreiecke für den Austritt

Andererseits bringt ein kleiner Winkel β_2 auch Nachteile mit sich. Er erfordert bei gleicher Förderhöhe eine größere Umfangsgeschwindigkeit und verursacht damit größere Radreibungsverluste und infolge des höheren Spaltdruckes auch größere Spaltwasserverluste. Diese Nachteile vermögen aber den Vorteil des besseren hydraulischen Wirkungsgrades nicht auszugleichen. Aus diesen Gründen findet man bei Kreiselpumpen nur rückwärts gekrümmte Schaufeln, d.h. kleine Austrittswinkel β_2. Praktisch bewährt haben sich Schaufelwinkel $\beta_2 = 20 \cdots 30 \cdots 40°$.

5. Einfluß der endlichen Schaufelzahl auf die spezifische Schaufelarbeit und die theoretische Förderhöhe

Berechnet man ein Kreiselrad mit *endlicher* Schaufelzahl auf Grund der Gl. (3,3 bzw. 3,4), Abschn. 3, unter Benutzung eines Wirkungsgrades, der aus Leistungsversuchen an ähnlichen Rädern bestimmt ist, so entspricht das ausgeführte Laufrad nicht den gestellten Erwartungen. Die spezifische Schaufelarbeit ist kleiner als diejenige, die sich nach Gl. (3,3) ergibt. Diese Gleichung ist daher für ein Kreiselrad mit endlicher Schaufelzahl nicht ohne weiteres gültig. Die Gründe für die Abnahme der spezifischen Schaufelarbeit bei *endlicher* Schaufelzahl werden durch folgende Überlegungen anschaulich.[1]:

Die Arbeitsübertragung der Schaufeln auf das Fördermittel ist nur dadurch möglich, daß von diesen Druckkräfte auf die durchströmende Flüssigkeit ausgeübt werden. Das setzt aber voraus, daß der Flächendruck auf der Vorderseite der Schaufel größer ist als auf der Rückseite. Der im Laufrad theoretisch in Druckenergie umgewandelte Teil der spezifischen Schaufelarbeit $Y_{\text{Sch}\infty}$ errechnet sich für schaufelkongruente Strömung aus Gl. (3,1), Abschn. 3, durch Multiplikation mit g zu

$$\frac{p_{p\infty} - p_0}{\varrho} = \frac{u_2^2 - u_1^2 + w_0^2 - w_2^2}{2}.$$

Verfolgt man die Druckzunahme im Laufradkanal längs einer Stromlinie, so gilt für einen beliebigen Punkt mit der Umfangsgeschwindigkeit u und der Relativgeschwindigkeit w

$$p - p_0 = \frac{\varrho}{2}(u^2 - u_1^2 + w_0^2 - w^2)$$

oder

$$p + \varrho\frac{w^2}{2} - \varrho\frac{u^2}{2} = p_0 + \varrho\frac{w_0^2}{2} - \varrho\frac{u_1^2}{2} = \text{const}.$$

Längs eines zum Laufradumfang konzentrischen Kreises ist $u^2/2$ konstant, mithin gilt hier

$$p + \varrho\frac{w^2}{2} = \text{const}.$$[2]

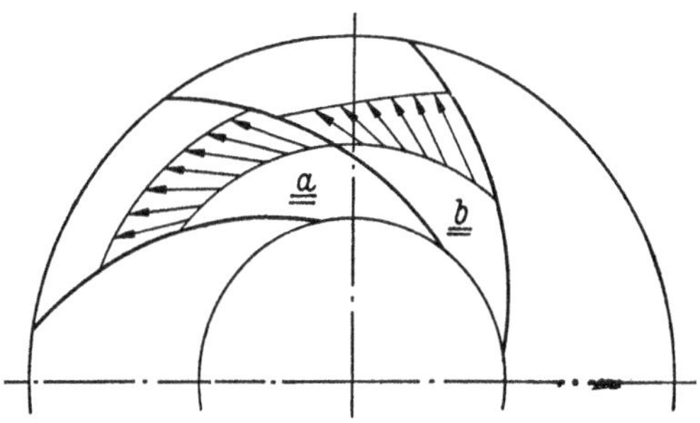

Abb. 5.1. Verteilung der Relativgeschwindigkeit im Laufradkanal. a) bei unendlich großer Schaufelzahl, b) bei endlicher Schaufelzahl

[1] Eine eingehende Behandlung dieser Frage findet sich bei C. Pfleiderer: Die Kreiselpumpen für Flüssigkeiten und Gase, 5. Aufl., Berlin, Göttingen, Heidelberg: Springer 1961.

[2] Längs eines Kreises um eine waagerechte Drehachse müßte streng noch die unterschiedliche Ortshöhe der Flüssigkeitsteilchen beachtet werden.

Danach entspricht einem größeren statischen Druck eine kleinere Relativgeschwindigkeit. Bei gleichem u ist daher die Relativgeschwindigkeit auf der Schaufelvorderseite kleiner als auf der Rückseite. Die Kennzeichen des Laufrades mit unendlich großer Schaufelzahl — der unendlich kleine Schaufeldruck und die gleichbleibenden Druck- und Geschwindigkeitsverhältnisse längs konzentrischer Kreise (Abb. 5.1a) — sind also beim Laufrad mit endlicher Schaufelzahl nicht mehr vorhanden (Abb. 5.1b).

Die ungleichmäßige Geschwindigkeitsverteilung läßt sich nach Pfleiderer auch mit Hilfe des relativen Kanalwirbels erklären. In einem um die Laufradachse rotierenden geschlossenen Schaufelkanal, der mit reibungsfreier Flüssigkeit gefüllt ist, führen alle Flüssigkeitsteilchen infolge Fehlens jeglicher Schubkräfte relativ zum Kanal eine Drehbewegung mit der negativen Winkelgeschwindigkeit des Laufrades um eine gemeinsame Drehachse aus (Abb. 5.2). Dieser relative Kanalwirbel bleibt auch — mit einer gewissen Änderung — bei einem beiderseits offenen Kanal bestehen. Ihm überlagert sich die Durchflußströmung. Auf der Schaufelvorderseite sind Wirbelströmung und Durchflußströmung entgegengesetzt gerichtet, so daß hier kleine Geschwindigkeiten entstehen. Auf der Schaufelrückseite sind sie gleichgerichtet, weshalb dort große resultierende Geschwindigkeiten zu erwarten sind. Es ergibt sich somit wieder die in Abb. 5.1b dargestellte Geschwindigkeitsverteilung.

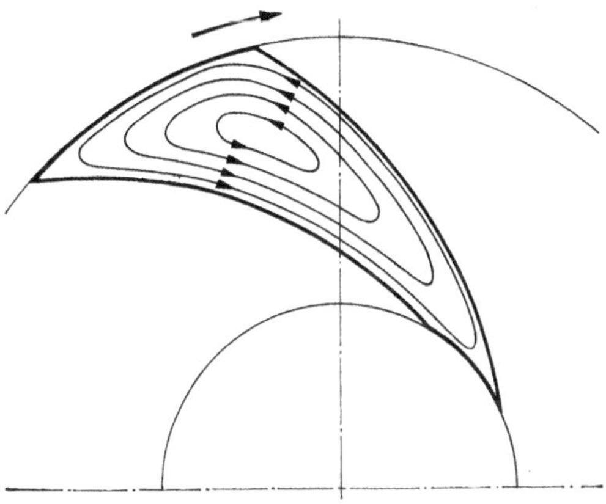

Abb. 5.2. Relativer Kanalwirbel

Die Folge des endlichen Abstandes der Laufradschaufeln und der dadurch hervorgerufenen Geschwindigkeitsunterschiede zwischen Schaufelvorder- und -rückseite ist eine Ablenkung der Stromfäden, besonders am Ein- und Austritt des Laufrades, und zwar entgegengesetzt zur Drehrichtung. Die Eintrittsablenkung hat nur Bedeutung für die Vermeidung des Eintrittsstoßes. Sie wird praktisch vernachlässigt. Die Austrittsablenkung hat zur Folge, daß die Flüssigkeitsteilchen den Schaufelkanal nicht unter dem Schaufelwinkel β_2, sondern unter kleineren Winkeln verlassen. Sie bewirkt eine Verkleinerung der Umfangskomponente der absoluten Austrittsgeschwindigkeit und somit eine Verringerung der übertragenen Arbeit, bedeutet aber keineswegs einen Verlust im Sinne einer Wirkungsgradverschlechterung.

Die bei einer wirklichen Flüssigkeit vorhandene Reibung verändert indes das für die ideale Flüssigkeit zu erwartende Strombild wesentlich. Die in Abb. 5.1b angedeutete Geschwindigkeitsverteilung ist nur auf einer Anlaufstrecke am Laufradeintritt vorhanden. Darüber hinaus wird eine Sekundärströmung wirksam, die das Geschwindigkeitsmaximum von der Schaufelrückseite (Saugseite) nach der Schaufelvorderseite (Druckseite) verlagert[1]. Die Ursache für das Entstehen einer Sekundärströmung ist die Zähigkeit des Fördermittels. Innerhalb des Schaufelkanals unterliegen die in unmittelbarer Nähe der Seitenwandungen strömenden Teilchen stärkeren Reibungseinflüssen als die in der Kanalmitte befindlichen. Hier ist deshalb die Relativgeschwindigkeit und die dieser proportionale Zusatzkraft der Relativbewegung, die Corioliskraft, größer als an den Seitenwänden. Die über die Kanalbreite unterschiedlichen Umfangskomponenten der Zusatzkräfte befördern die an der Schaufelsaugseite schnell strömenden Flüssigkeitsteilchen zur Schaufeldruckseite, während die hier befindlichen, langsamer strömenden zur Schaufelsaugseite abgedrängt werden.

In Abb. 5.3a, die einen in die Ebene abgewickelten Zylinderschnitt durch das Laufrad darstellt, ist die sich einstellende Sekundärströmung angedeutet. *s* bezeichnet die Saugseite, *d* die Druckseite der Schaufel.

Abb. 5.3b gibt die durch Messung bestimmte, über die Radbreite gemittelte wirkliche Verteilung der Relativgeschwindigkeit im Laufradkanal für den Strömungszustand des besten Wirkungsgrades wieder. Auf der Anlaufstrecke, die im vorliegen-

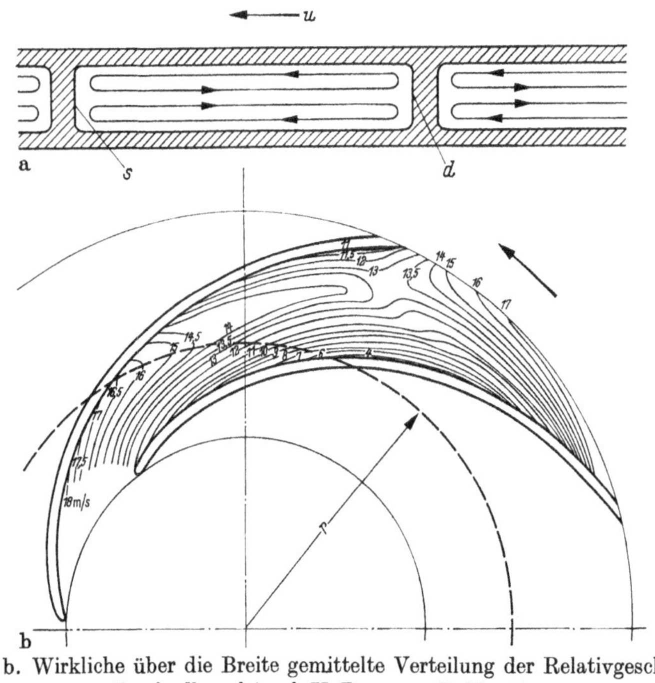

Abb. 5.3a u. b. Wirkliche über die Breite gemittelte Verteilung der Relativgeschwindigkeit im Laufradkanal (nach U. Domm u. P. Hergt)

den Fall etwa durch den Eintrittskreis und den Kreis mit dem Halbmesser *r* begrenzt wird, tritt die größte Geschwindigkeit längs konzentrischer Kreise um die Radachse an der Schaufelsaugseite auf — in Übereinstimmung mit Abb. 5.1b. Über *r* hinaus ver-

[1] Petermann, H.: Der Strömungsverlauf in und hinter Laufschaufelkanälen von radialen Kreiselpumpen und Verdichtern. VDI-Z. 103 (1961) Nr. 17, S. 748—752; ferner Domm, U.; Hergt, P.: Die Energieverteilung in drei Radialrädern verschiedener Breite. KSB Techn. Berichte, 1963, H. 6, S. 12—21.

lagert sich das Geschwindigkeitsmaximum in den Bereich zwischen Schaufelsaug- und -druckseite und erreicht in der Nähe des Kanalsaustritts die Druckseite der Schaufel. Hier hat sich also die Geschwindigkeitsverteilung völlig umgekehrt. Die Geschwindigkeit der austretenden Flüssigkeitsteilchen weist über eine Laufradteilung hinweg sowohl der Größe als auch der Richtung nach erhebliche Unterschiede auf. Im Mittel tritt aber auch hier eine Abnahme der Umfangskomponente der Absolutgeschwindigkeit, also eine Verringerung der auf die Förderflüssigkeit übertragenen Arbeit ein.

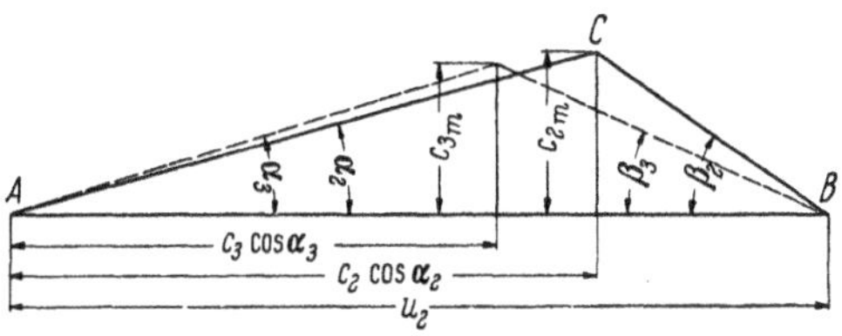

Abb. 5.4. Austrittsdiagramme unmittelbar vor dem Austritt ohne Ablenkung (β_2) und unmittelbar hinter dem Austritt mit Ablenkung (β_3)

Abb. 5.5. Zugeschärftes Schaufelende

Der Mittelwert der relativen Austrittswinkel der Flüssigkeitsteilchen kurz hinter den Schaufelenden sei β_3. Er ist nach dem Vorhergehenden kleiner als der Schaufelwinkel β_2 und werde als wirksamer Austrittswinkel bezeichnet. Die Austrittsablenkung bewirkt eine Änderung des Austrittsdiagramms (Abb. 5.4), das sich jetzt also auf die mittleren Verhältnisse kurz hinter den Schaufelenden bezieht. Unverändert bleibt die Umfangsgeschwindigkeit u_2. Da die Laufschaufeln nun eine endliche Dicke haben, verringert sich bei gleichbleibendem Durchflußvolumen die Meridiankomponente von c_{2_m} unmittelbar vor dem Austritt aus den Schaufelkanälen auf c_{3_m} kurz hinter den Schaufelenden. Vielfach werden jedoch die Schaufelenden beiderseitig zugeschärft (Abb. 5.5), eine Maßnahme, die bei Verwendung von Leitschaufeln und bei kleinem Spalt zwischen Lauf- und Leitschaufeln immer zu empfehlen ist. In diesem Falle kann praktisch $c_{3_m} = c_{2_m}$ gesetzt werden. Mit der Verringerung des relativen Austrittswinkel β_2 auf den wirksamen Austrittswinkel β_3 ermäßigt sich die Umfangskomponente der Absolutgeschwindigkeit $c_2 \cos\alpha_2$ auf $c_3 \cos\alpha_3$. Für endliche Schaufelzahl ergibt sich hiernach gemäß den Gln. (3,3) und (3,4) die spezifische Schaufelarbeit Y_{Sch} bzw. die theoretische Förderhöhe H_{th} aus

$$Y_{\text{Sch}} = gH_{\text{th}} = u_2 c_3 \cos\alpha_3 - u_1 c_0 \cos\alpha_0 \tag{5,1}$$

oder für $\alpha_0 = 90°$ entsprechend Gl. (3,6) aus

$$Y_{\text{Sch}} = gH_{\text{th}} = u_2 c_3 \cos\alpha_3 = u_2^2 - u_2 c_{3_m} \cot\beta_3 . \tag{5,2}$$

Ferner gilt für zugeschärfte Schaufelenden

$$Y_{\text{Sch}} = gH_{\text{th}} = u_2^2 - u_2 c_{2_m} \cot\beta_3 . \tag{5,3}$$

Die Gln. (5,1), (5,2) und (5,3) lassen ohne weiteres erkennen, daß der Übergang von der unendlich großen zur endlichen Schaufelzahl eine Verringerung der spezifischen Schaufelarbeit und damit auch der theoretischen Förderhöhe zur Folge hat.

Die rechnerische Ermittlung des wirksamen Austrittswinkels β_3 auf Grund der mehrdimensionalen Strömungsvorgänge, die sich im Schaufelkanal endlicher Breite einstellen, scheitert an ihrer Kompliziertheit. Pfleiderer[1] schlägt deshalb vor, die Laufradberechnung auch für endliche Schaufelzahl auf Grund der eindimensionalen Theorie, also schaufelkongruenter Strömung, unter Benutzung der Gl. (3,3) bzw. (3,6), Abschn. 3, durchzuführen und die Minderarbeit durch Einführung eines Berichtigungsfaktors zu berücksichtigen, indem man schreibt

$$\frac{Y_{\mathrm{Sch}\infty}}{Y_{\mathrm{Sch}}} = \frac{H_{\mathrm{th}\infty}}{H_{\mathrm{th}}} = a. \tag{5,4}$$

Unter der Annahme gleichbleibenden Schaufeldruckes über die ganze Schaufellänge ergibt sich als Berichtigungsfaktor für den Volumenstrom stoßfreien Eintritts in das Laufrad

$$a = 1 + \frac{\chi\left(\frac{D_2}{2}\right)^2}{zS}. \tag{5,5}$$

Hierin bedeuten:

χ eine Erfahrungszahl, welche die Abweichungen des tatsächlichen Verlaufes des Schaufeldruckes von dem angenommenen sowie andere Einflüsse berücksichtigen soll,
D_2 den äußeren Laufraddurchmesser,
z die Schaufelzahl des Laufrades,
S das statische Moment des mittleren Stromfadens im Meridianschnitt, bezogen auf die Laufradachse.

Für die radiale Schaufel ist

$$S = \int_{r_1}^{r_2} r\,dr = \frac{1}{2}(r_2^2 - r_1^2) = \frac{1}{8}(D_2^2 - D_1^2).$$

Mit dem häufig verwendeten Durchmesserverhältnis $D_2/D_1 = 2$ (Abb. 13.1) wird $S = 3(D_2/2)^2/8$, somit

$$a = 1 + \frac{8\chi}{3z}. \tag{5,6}$$

Gl. (5,6) gilt auch für lange Radialschaufeln, also solche mit einem Durchmesserverhältnis $D_2/D_1 > 2$, die erfahrungsgemäß keine Verringerung der Minderarbeit gegenüber $D_2/D_1 = 2$ aufweisen.

Dieser für praktische Zwecke sehr geeigneten Berechnungsweise von Y_{Sch} bzw. H_{th} haftet die Schwierigkeit der einwandfreien Vorausbestimmung von χ an, für welche noch nicht genügend Versuchsmaterial vorliegt. Bislang haben Versuche an Radialpumpen mit einfach und räumlich gekrümmten Schaufeln und normaler Schaufelzahl nach Pfleiderer ergeben:

$$\text{Für das beschaufelte Leitrad } \chi = 0{,}6\left(1 + \frac{\beta_2^0}{60}\right), \tag{5,7}$$

$$\text{für das Spiralgehäuse } \chi = (0{,}65\cdots0{,}85)\left(1 + \frac{\beta_2^0}{60}\right), \tag{5,8}$$

$$\text{für den glatten Leitring } \chi = (0{,}85\cdots1{,}0)\left(1 + \frac{\beta_2^0}{60}\right). \tag{5,9}$$

[1] Pfleiderer, C.: Zit. S. 20.

Die Gleichungen gelten für den Fall, daß jede der drei Leitvorrichtungen für sich allein verwendet und der Winkel β_2 in grd eingesetzt wird. Kurze Radialschaufeln haben einen größeren χ-Wert. Das gleiche gilt für Pumpen mit beschaufelten Leiträdern und großem Raum zwischen Lauf- und Leitschaufeln, wie er z.B. durch Ausdrehen des Laufrades entsteht (Abschn. 36). Die Minderarbeit des glatten Leitrings ist vom absoluten Austrittswinkel α_3 abhängig. Hier ist χ um so größer zu wählen, je kleiner α_3 ist.

Die Schwankungen des χ-Wertes in den Gln. (5,8) und (5,9) wirken sich weit weniger aus, als es zunächst den Anschein hat, weil der prozentualen Änderung von χ eine erheblich verkleinerte Änderung der spezifischen Schaufelarbeit und der Förderhöhe entspricht.

6. Die spezifische Förderarbeit. Die wirkliche Förderhöhe

Die von den Laufradschaufeln an die Flüssigkeit übertragene Arbeit $Y_{\text{Sch}} = gH_{\text{th}}$ in Nm/kg = m²/s² wird nur zu einem Teil in Druckenergie umgewandelt. Der Rest geht größtenteils verloren. Im einzelnen wird der Verlust hervorgerufen durch Reibung in den Lauf- und Leitkanälen, durch Richtungs- und Querschnittsänderungen sowie durch Stoß. Praktisch erfaßt man die Energieverluste summarisch durch Einführung des hydraulischen oder Schaufel—Wirkungsgrades

$$\eta_h = \frac{Y}{Y_{\text{Sch}}} = \frac{H}{H_{\text{th}}}. \tag{6,1}$$

H ist die wirkliche „Förderhöhe". In Anlehnung an diesen Ausdruck bezeichnen wir $Y = gH$ als „spezifische Förderarbeit", d.i. der Zuwachs an potentieller und kinetischer Energie, den 1 kg der aus dem Druckstutzen austretenden Flüssigkeit in der Pumpe erfahren hat (Abschn. 1).

η_h ist von der Formgebung und der Größe der Lauf- und Leitkanäle, von der Rauhigkeit der Wandungen sowie von der Zähigkeit der Flüssigkeit abhängig. Von wesentlichem Einfluß ist ferner der Umstand, welchen Anteil das Leitrad an der Druckerzeugung hat. Hier handelt es sich um die Umwandlung von Geschwindigkeitsenergie in Druckenergie, die erfahrungsgemäß stets mit größeren Verlusten verbunden ist. Gute hydraulische Wirkungsgrade werden daher in erster Linie bei Pumpen zu erwarten sein, deren Leitvorrichtung nur in geringem Maße an der Druckerzeugung beteiligt ist. Das sind Pumpen mit großem Reaktionsgrad, also hoher spezifischer Drehzahl (vgl. Abschn. 7). Je nach dem Maße, in dem die Voraussetzungen für günstige Strömungsverhältnisse erfüllt sind, werden bei Pumpen mittlerer Größe und guter Konstruktion im Bestpunkt Wirkungsgrade

$$\eta_h = 0{,}8 \cdots 0{,}85 \cdots 0{,}9$$

erreicht.

7. Die spezifische Drehzahl

Die spezifische Drehzahl — auch als Radformkennzahl bezeichnet — dient zur Kennzeichnung der Schnelläufigkeit einer Pumpe. Jeder Laufradform ist eine andere spezifische Drehzahl eigentümlich, deren Kenntnis besonders beim Entwurf einer

Pumpe von Nutzen ist. Bei gegebenem Q, n und Y, wobei sich Q auf *eine* Radseite und Y auf *eine* Stufe bezieht, ermöglicht sie die Bestimmung der Laufradform und somit die Abschätzung des zu erwartenden Wirkungsgrades oder läßt bei angenommener Laufradform Rückschlüsse auf die anzuwendende Betriebsdrehzahl zu.

Man definiert die spezifische Drehzahl n_{qy} als die Drehzahl einer der vorliegenden Pumpe in allen Einzelheiten geometrisch ähnlichen Ausführung, die bei der auf *eine* Stufe bezogenen spezifischen Förderarbeit $Y_1 = gH_1 = 1$ Nm/kg den Volumenstrom $Q_q = 1\ \mathrm{m^3/s}$ liefert. Die spezifische Drehzahl ist hiernach die Drehzahl des ,,Einheitsrades" einer gegebenen Laufradform. Ihre Bestimmung läuft also darauf hinaus, die Umfangsgeschwindigkeit und die Abmessungen eines gegebenen Pumpenlaufrades unter Einhaltung der geometrischen Ähnlichkeit so zu verändern, daß die ursprüngliche spezifische Förderarbeit $Y = gH$ auf 1 Nm/kg und der ursprüngliche Volumenstrom Q auf $1\ \mathrm{m^3/s}$ reduziert wird.

Unter Beibehaltung der Abmessungen, der Stoßfreiheit und des Schaufelwirkungsgrades η_h verändern wir zunächst die sekundliche Drehzahl n in diejenige Drehzahl n_1, bei der die Pumpe gerade die spezifische Förderarbeit $Y_1 = 1$ Nm/kg und einen Volumenstrom Q_1 liefert. Dann gilt, da sich die spezifische Förderarbeit quadratisch, der Volumenstrom linear mit der Drehzahl ändert (vgl. Abschn. 27)

$$n_1^2/n^2 = Y_1/Y, \quad \text{oder mit} \quad Y_1 = 1\ \mathrm{Nm/kg}, \quad n_1 = n/\sqrt{Y}, \tag{7,1}$$

ferner

$$\frac{Q_1}{Q} = \frac{n_1}{n}; \quad Q_1 = Q\frac{n_1}{n} = \frac{Q}{\sqrt{Y}}. \tag{7,2}$$

Wir verändern jetzt die Abmessungen der Pumpe unter Einhaltung der geometrischen Ähnlichkeit so, daß der Volumenstrom $Q_q = 1\ \mathrm{m^3/s}$ wird. Da aber die spezifische Förderarbeit $Y_1 = 1$ Nm/kg bestehen bleiben soll, muß die Umfangsgeschwindigkeit beibehalten, mithin die Drehzahl geändert werden. Ist D_q der neue Raddurchmesser und n_{qy} die zugehörige Drehzahl, so ist

$$n_{qy}D_q = n_1 D; \quad n_{qy} = n_1\frac{D}{D_q}. \tag{7,3}$$

Bei unveränderter Umfangsgeschwindigkeit bleiben auch die Durchflußgeschwindigkeiten dieselben. Dagegen haben sich die Querschnitte im Verhältnis der Quadrate der Längenabmessungen geändert. Somit ist

$$\left(\frac{D}{D_q}\right)^2 = \frac{Q_1}{Q_q},$$

oder mit $Q_q = 1\ \mathrm{m^3/s}$

$$\frac{D}{D_q} = \sqrt{\frac{Q_1}{Q_q}} = \sqrt{Q_1} = \frac{\sqrt{Q}}{\sqrt[4]{Y}}. \tag{7,4}$$

Setzt man die Gln. (7,1) und (7,4) in Gl. (7,3) ein, so folgt

$$n_{qy} = n\frac{\sqrt{Q}}{\sqrt[4]{Y^3}}. \tag{7,5}$$

Für die mehrstufige Pumpe bedeutet in dieser Gleichung Y die spezifische Förderarbeit *einer* Stufe in Nm/kg, für die mehrströmige Pumpe Q den Volumenstrom einer Radseite in m^3/s, jeweils bezogen auf den Punkt besten Wirkungsgrades. Der Ausdruck für n_{qy} wird dimensionslos, wenn kohärente Einheiten verwendet werden, wenn also n wie Q auf die Sekunde bezogen wird.

Neben der auf den Volumenstrom $1\,m^3/s$ bezogenen spezifischen Drehzahl n_{qy} kann in Anlehnung an den Gebrauch bei Wasserturbinen auch die auf die Nutzleistung 1 kW bezogene spezifische Drehzahl n_{sy} benutzt werden. Aus $Q_s Y_1 \varrho/1000 = 1\,\text{kW}$ folgt für $Y_1 = 1\,\text{Nm/kg}$, $Q_s = 1000/\varrho$. Durch Einführung dieses Wertes in Gl. (7,4) an Stelle von $Q_q = 1$ erhält man

$$n_{sy} = \sqrt{\frac{\varrho}{1000}}\, n \frac{\sqrt{Q}}{\sqrt[4]{Y^3}}. \tag{7,6}$$

n_{sy} ist im Gegensatz zu n_{qy} von der Dichte der Flüssigkeit abhängig. Mit $\varrho = 1000\,\text{kg/m}^3$ gilt für kaltes Wasser

$$n_{sy} = n\sqrt{Q}/\sqrt[4]{Y^3}.$$

In diesem Sonderfall stimmt n_{sy} mit n_{qy} überein. n_{sy} ist aber nicht dimensionsfrei.

Zwischen der früher üblichen Zahlenwertgleichung $n_q = n\sqrt{Q}/\sqrt[4]{H^3}$ (mit n in U/min, Q in m^3/s und H in m) und der dimensionslosen Form $n_{qy} = n\sqrt{Q}/\sqrt[4]{Y^3}$ (mit n in U/s, Q in m^3/s und Y in Nm/kg) besteht die Beziehung

$$n_q = 333\, n_{qy} = 333\, n \frac{\sqrt{Q}}{\sqrt[4]{Y^3}}^{1} = \frac{1}{3} n_{qy} \cdot 10^3 \tag{7,7}$$

oder

$$n_{qy} = 3\, n_q \cdot 10^{-3}.$$

Für n_{qy} ergeben sich sehr kleine Zahlenwerte. Es empfiehlt sich deshalb, den Zahlenwert mit 1000 zu multiplizieren und den wahren Wert durch den Faktor 10^{-3} wiederherzustellen, also beispielsweise an Stelle von

$$n_{qy} = 0{,}06$$

zu schreiben

$$n_{qy} = 60 \cdot 10^{-3}.$$

[1] Um bei der Berechnung der spezifischen Drehzahl mit den SI-Einheiten keine Änderung der Zahlenwerte gegenüber denen der bisher gebräuchlichen Zahlenwertgleichung $n_q = n\sqrt{Q}/\sqrt[4]{H^3}$ eintreten zu lassen, wird in DIN 24260 (Kreiselpumpen und Kreiselpumpenanlagen, Begriffe, Zeichen, Einheiten) nur der Ausdruck $n_q = 333\, n\sqrt{Q}/\sqrt[4]{Y^3}$ gemäß Gl. (7,7) angeführt. In dieser Form kann n_q, wenn die in der Vorzahl 333 verborgenen Dimensionen unbeachtet bleiben, zwar auch als dimensionsfrei angesehen werden, es handelt sich aber nicht um eine kohärente Einheit. Aus diesem Grunde und wegen des einfachen Zusammenhanges behalten wir im folgenden n_{qy} neben n_q bei. Wo Zahlenangaben auftreten, werden die Werte für n_{qy} und n_q gleichzeitig genannt.

Eine weitere mitunter verwendete Kennzahl ist die Schnellaufzahl[1]

$$\sigma = 2\sqrt{\pi}\, n \frac{\sqrt{Q}}{\sqrt[4]{(2Y)^3}} = \sqrt{\pi}\,\sqrt[4]{2}\, n_{qy} = 2{,}108 n_{qy}. \tag{7,8}$$

Da sie sich von der spezifischen Drehzahl n_{qy} nur durch einen Zahlenfaktor unterscheidet, ist sie ebenfalls dimensionsfrei.

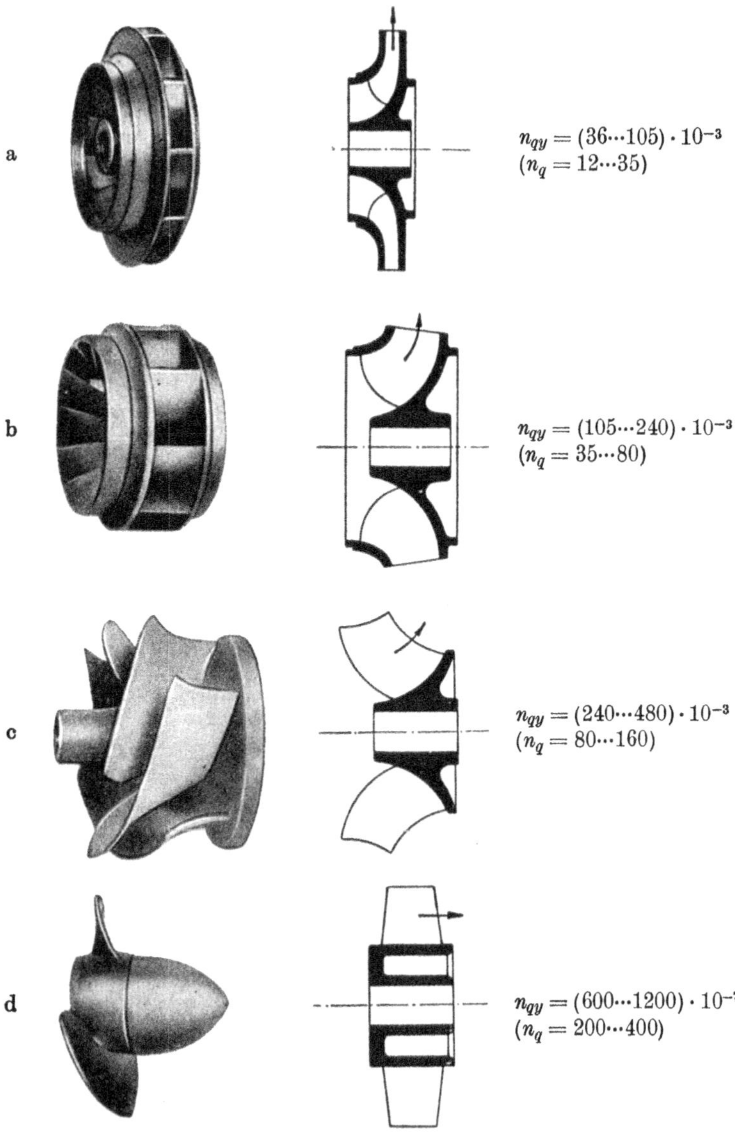

Abb. 7.1a—d. Bauformen der Laufräder von Kreiselpumpen

[1] Keller, C.: Axialgebläse vom Standpunkt der Tragflügeltheorie. Diss. Zürich 1934.

Bei gleichbleibender Betriebsdrehzahl n ist die spezifische Drehzahl von der spezifischen Stufenarbeit bzw. von der Stufenförderhöhe und dem Volumenstrom abhängig. Je nachdem die eine oder die andere Größe mehr oder weniger vorherrschend ist, haben sich sehr unterschiedliche Bauformen der Laufräder entwickelt (Abb. 7.1a bis d). Bei überwiegender Förderhöhe ergeben sich kleine spezifische Drehzahlen. Hochdruckräder — gekennzeichnet durch große radiale Erstreckung des Schaufelkanals bei kleiner Kanalbreite — sind demnach Langsamläufer (Abb. 7.1a). In dem Maße wie bei unveränderter Betriebsdrehzahl der Volumenstrom wächst und die spezifische Förderarbeit abnimmt, also die radiale Kanallänge kleiner und die Radbreite größer wird, erhöht sich die spezifische Drehzahl[1]. Niederdruckpumpen mit Laufradformen nach Art der Francis- und Schraubenräder (Abb. 7.1b u. c) fallen also in das Gebiet der Schnelläufer. Einen Extremfall bildet die Axialpumpe, die sich bei sehr großem Volumenstrom und sehr kleiner spezifischer Förderarbeit durch eine besonders große Schnelläufigkeit auszeichnet (Abb. 7.1d). Die Zahlenangaben für n_{qy} und n_q in Abb. 7.1 beziehen sich jeweils auf den Punkt besten Wirkungsgrades.

Die spezifische Drehzahl hat einen erheblichen Einfluß auf den Wirkungsgrad der Pumpe. Sieht man von den weniger bedeutsamen mechanischen Verlusten — hervorgerufen durch Lager- und Stopfbuchsreibung — sowie von den Lässigkeitsverlusten ab, so wird der Pumpenwirkungsgrad durch die hydraulischen Verluste im Lauf- und Leitrad und den Radreibungsverlust (Abschn. 10) bestimmt. Letzterer ist bei gleichbleibender Drehzahl von der 5. Potenz des Laufraddurchmessers abhängig. Große radiale Erstreckung des Schaufelkanals, das Kennzeichen des Langsamläufers, wird also neben vermehrter Kanalreibung auch entsprechend großen Radreibungsverlust zur Folge haben. Von den hydraulischen Verlusten überwiegt der Leitradver-

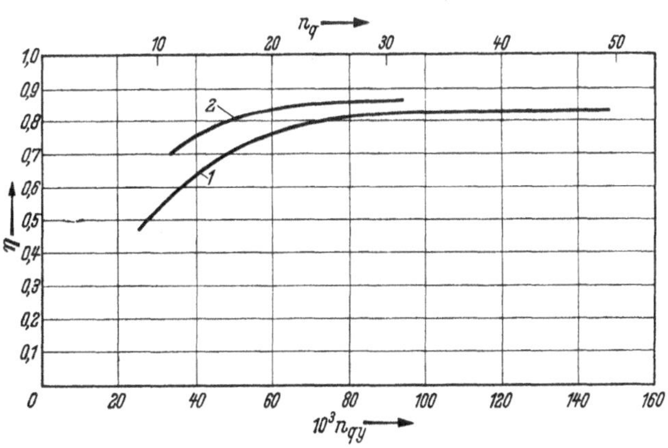

Abb. 7.2. Abhängigkeit des Pumpenwirkungsgrades von der spezifischen Drehzahl. Kurve 1: ausgeführte Pumpen mit Spiralgehäuse. Kurve 2: ausgeführte Pumpen mit Spiralgehäuse und Leitrad (nach Krisam, KSB)

[1] Neben der Laufradform hat auch die Art und die Ausbildung der Leitvorrichtung Einfluß auf die spezifische Drehzahl, da sie Förderarbeit und Volumenstrom mitbestimmt. Vgl. hierzu Krisam, F.: Einfluß der Leitvorrichtung auf die Kennlinien von Kreiselpumpen. VDI-Z. 94 (1952) 319—322.

lust. Er tritt besonders bei großem Anteil des Leitrades an der Druckerzeugung hervor. Das trifft ebenfalls auf den Langsamläufer zu. Kleine spezifische Drehzahlen lassen daher nur einen mäßigen Pumpenwirkungsgrad erwarten. Soll ein guter Gesamtwirkungsgrad erreicht werden, so ist die spezifische Drehzahl entsprechend hoch zu wählen. Vergrößerung derselben ist möglich durch Heraufsetzung der Betriebsdrehzahl und Verkleinerung der Stufenförderhöhe, also Erhöhung der Stufenzahl.

In welchem Maße der Pumpenwirkungsgrad η von der spezifischen Drehzahl n_{qy} abhängt, geht aus Abb. 7.2 hervor. Den Kurven liegen Leistungsmessungen an einstufigen Pumpen mittlerer Größe zugrunde. Um den störenden Einfluß der Wandrauhigkeit möglichst auszuschalten, sind nur Laufräder etwa gleicher Größenabmessungen herangezogen worden. Kurve *1* bezieht sich auf Pumpen mit einem Spiralgehäuse als Leitvorrichtung, während die Pumpen nach Kurve *2* außerdem noch mit einem Austrittsleitrad ausgerüstet sind. Mit wachsender Schnelläufigkeit nimmt der Wirkungsgrad besonders bei Pumpen ohne Leitbeschaufelung zunächst schnell, dann immer langsamer zu und nähert sich schließlich in beiden Fällen einem Grenzwert. Die Abbildung läßt zugleich erkennen, daß es bei kleiner spezifischer Drehzahl im Hinblick auf den Wirkungsgrad vorteilhaft ist, neben dem Spiralgehäuse ein Austrittsleitrad vorzusehen.

Zu beachten ist, daß der im Einzelfall erreichte Wirkungsgrad nicht nur von der Schnelläufigkeit, sondern auch von der Größe der Pumpe sowie von der Güte der Konstruktion und der Ausführung abhängt.

Der Verbesserung des Wirkungsgrades mit zunehmender spezifischer Drehzahl steht eine Verschlechterung der Saugfähigkeit der Pumpe gegenüber, so daß sich mit Einsetzen der Kavitation (Abschn. 34b) für die spezifische Drehzahl eine natürliche Grenze ergibt[1].

8. Der Reaktionsgrad. Gleichdruck- und Überdruckwirkung

Die Umwandlung der spezifischen Schaufelarbeit $Y_{\mathrm{Sch}\infty}$ Nm/kg in Druckenergie geht teils im Laufrade, teils im Leitrade vor sich. Nach Abschn. 3 werden im Laufrad $Y'_\infty + Y''_\infty$ umgewandelt, der Anteil des Leitrades ist Y'''_∞. Für das Verhältnis des Laufradanteils zur gesamten spezifischen Schaufelarbeit $Y_{\mathrm{Sch}\infty}$ einer Stufe hat sich in Anlehnung an den Gebrauch bei Turbinen die Bezeichnung Reaktionsgrad eingeführt. Dieser beträgt also bei *unendlich großer Schaufelzahl*

$$\varrho = \frac{Y'_\infty + Y''_\infty}{Y_{\mathrm{Sch}\infty}} = \frac{Y_{\mathrm{Sch}\infty} - Y'''_\infty}{Y_{\mathrm{Sch}\infty}} = 1 - \frac{Y'''_\infty}{Y_{\mathrm{Sch}\infty}}\,.$$

Setzt man $Y'''_\infty = (c_2^2 - c_0^2)/2$ und für senkrechten Laufradeintritt ($\alpha_0 = 90°$)

$$Y_{\mathrm{Sch}\infty} = u_2 c_2 \cos\alpha_2,$$

so ist auch

$$\varrho = 1 - \frac{c_2^2 - c_0^2}{2\,u_2 c_2 \cos\alpha_2}\,.$$

[1] Krisam, F.: Die Grenze der Verwendbarkeit der Kreiselpumpen. Technik 3 (1948) 305f.

Ferner sei $c_{2m} = c_0$[1], dann ist nach Abb. 3.2 $c_2^2 - c_0^2 = (c_2 \cos \alpha_2)^2$, mithin $\varrho = 1 - c_2 \cos \alpha_2 / 2u_2$ oder mit $c_2 \cos \alpha_2 = u_2 - c_{2m} \cot \beta_2$,

$$\varrho = 1 - \frac{u_2 - c_{2m} \cot \beta_2}{2u_2},$$

$$\varrho = 1 - \frac{1}{2}\left(1 - \frac{c_{2m}}{u_2} \cot \beta_2\right) = \frac{1}{2}\left(1 + \frac{c_{2m}}{u_2} \cot \beta_2\right). \qquad (8{,}1)$$

Abb. 8.1 veranschaulicht die Zusammenhänge zwischen ϱ, β_1 und c_{2m}/u_2.

Für $\beta_2 = 90°$ ist $\varrho = 1/2$, d.h. Lauf- und Leitrad sind mit gleichen Beträgen an der Druckerzeugung beteiligt.

Für $0 < \beta_2 < 90°$ ist $\varrho > 1/2$. Die Druckerzeugung geht zum größten Teil im Laufrad vor sich.

Der Reaktionsgrad 1 würde erreicht für $c_{2m} \cot \beta_2 / u_2 = 1$ oder für $c_{2m}/u_2 = \tan \beta_2$. Dann würde allerdings laut Gl. (3,6), Abschn. 3, die spezifische Schaufelarbeit und die theoretische Förderhöhe gleich Null.

Für $90° < \beta_2 < 180°$ ist $\varrho < 1/2$. ϱ wird gleich Null für $c_{2m}/u_2 = -\tan \beta_2$. In diesem Falle würde im Laufrad keine Druckerhöhung entstehen. Die ganze Schaufelarbeit dient nur zur Erhöhung der Geschwindigkeitsenergie, die im Leitrad in Druckenergie umzuwandeln ist. Laufradein- und -austritt stehen unter dem gleichen Druck.

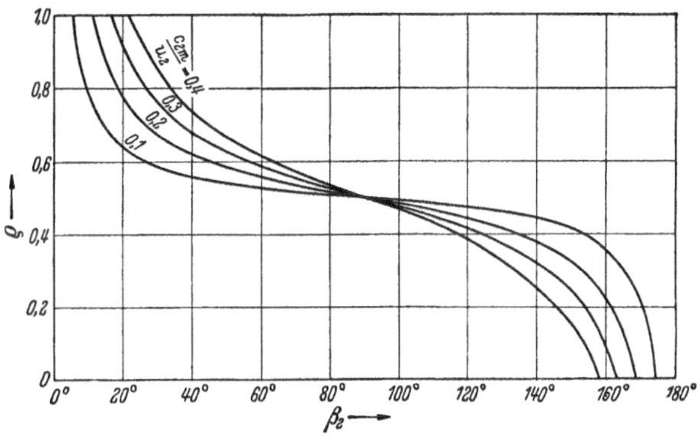

Abb. 8.1. Der Reaktionsgrad ϱ in Abhängigkeit von β_2 und c_{2m}/u_2

Man spricht daher von Gleichdruck- oder Aktionswirkung. Gleichdruckschaufeln, also vorwärtsgekrümmte Schaufeln, sind allerdings — wie in Abschn. 4 ausgeführt — bei der Kreiselpumpe nicht verwendbar. Die Laufradschaufeln sind stets nach rückwärts gekrümmt. Es ergibt sich daher immer am Laufradaustritt ein größerer Druck als am Laufradeintritt. Diese Arbeitsweise der Pumpe bezeichnet man als Überdruck- oder Reaktionswirkung.

Für $\beta_2 < 90°$ vergrößern nach Abb. 8.1 abnehmender Winkel β_2 und zunehmendes Verhältnis c_{2m}/u_2 den Reaktionsgrad.

Die obigen Ausführungen beziehen sich auf eine verlustfreie Strömung und ein Laufrad mit unendlich vielen Schaufeln. Tritt an die Stelle des letzteren ein solches mit endlicher Schaufelzahl, so verringert sich der Austrittswinkel β_2 auf den wirk-

[1] Diese Beziehung kann für $\alpha_0 = 90°$ praktisch ohne wesentlichen Fehler als zutreffend angenommen werden.

samen Austrittswinkel β_3. Der Übergang von der unendlich großen zur endlichen Schaufelzahl muß daher zu einer Vergrößerung von ϱ führen. In dem gleichen Sinne wirkt sich die Berücksichtigung der Zähigkeit der Flüssigkeit aus, weil die anteilmäßigen Verluste im Leitrad größer sind als im Laufrad.

Bezeichnen wir den Reaktionsgrad für endliche Schaufelzahl und reibungsbehaftete Flüssigkeit mit $\mathfrak{r}$, ferner die auf Lauf- und Leitrad für die Energieumwandlung entfallenden Anteile der spezifischen Förderarbeit mit Y_p bzw. Y_{dyn}, so ist für $\alpha_0 = 90°$

$$\mathfrak{r} = \frac{Y_p}{Y} = \frac{Y - Y_{\text{dyn}}}{Y} = 1 - \frac{Y_{\text{dyn}}}{Y} = 1 - \frac{\frac{c_3^2 - c_0^2}{2}\,\eta_{hl}}{u_2\,c_{3u}\,\eta_h},$$

wobei η_{hl} den hydraulischen Wirkungsgrad der Leitvorrichtung, η_h denjenigen der Pumpe bezeichnet (Abschn. 6). Unter der Voraussetzung, daß für $\alpha_0 = 90°$ $c_0 = c_{3m} = c_{2m}$ gesetzt werden kann, folgt nach Abb. 5.4

$$\mathfrak{r} = 1 - \frac{c_{3u}^2}{2\,u_2\,c_{3u}}\,\frac{\eta_{hl}}{\eta_h} = 1 - \frac{c_{3u}}{2\,u_2}\,\frac{\eta_{hl}}{\eta_h}, \tag{8,2}$$

oder unter Berücksichtigung des Berichtigungsfaktors

$$a = Y_{\text{Sch}\infty}/Y_{\text{Sch}} = c_{2_u}/c_{3_u} \quad \text{und für} \quad c_{2_u} = u_2 - c_{2_m}\cot\beta_2,$$

$$\mathfrak{r} = 1 - \frac{u_2 - c_{2m}\cot\beta_2}{a\,2\,u_2}\,\frac{\eta_{hl}}{\eta_h} = 1 - \frac{\eta_{hl}}{2\,a\,\eta_h}\left(1 - \frac{c_{2m}}{u_2}\cot\beta_2\right). \tag{8,3}$$

Der Vergleich mit Gl. (8,1) zeigt, daß endliche Schaufelzahl eine Vergrößerung des Reaktionsgrades zur Folge hat. Das gleiche trifft auch für zähe Flüssigkeiten zu, da η_{hl} im allgemeinen kleiner ist als η_h.

Für mittlere Verhältnisse bewegt sich der Reaktionsgrad bei Radialpumpen im Punkt besten Wirkungsgrades etwa in den Grenzen

$$\mathfrak{r} = 0{,}65\cdots 0{,}75.$$

Mit $c_{3u} = Y_{\text{Sch}}/u_2 = Y/\eta_h u_2$ schreibt sich Gl. (8,2)

$$\mathfrak{r} = 1 - \frac{Y_{\text{Sch}}}{2\,u_2^2}\,\frac{\eta_{hl}}{\eta_h} = 1 - \frac{Y}{2\,u_2^2}\cdot\frac{\eta_{hl}}{\eta_h^2}. \tag{8,4}$$

Hierin sei nach Gl. (7,5) Abschn. 7

$$Y = \frac{n^{4/3}\,Q^{2/3}}{n_{qy}^{4/3}}$$

Der Volumenstrom Q m³/s ist für gleiche spezifische Drehzahl, also für gleiche Radform, und für unveränderten Wirkungsgrad proportional $n\,D_2^3$, wenn n die sekundliche Drehzahl und D_2 m den Laufraddurchmesser bezeichnen. Setzen wir $Q = knD_2^3$, so folgt

$$Y = \frac{k^{2/3}\,n^2 D_2^2}{n_{qy}^{4/3}} = \frac{k_1\cdot u_2^2}{n_{qy}^{4/3}}$$

mit $k_1 = k^{2/3}/\pi^2$. Die Faktoren k und k_1 sind von der Radform abhängig. Die Einführung des Ausdrucks für Y in Gl. (8,4) ergibt

$$\mathfrak{r} = 1 - \frac{k_1}{2\, n_{qy}^{4/3}} \cdot \frac{\eta_{hl}}{\eta_h^2}. \tag{8,5}$$

Hiernach wächst der Reaktionsgrad $\mathfrak{r}$ mit zunehmender spezifischer Drehzahl. Schnelläufer haben einen höheren Reaktionsgrad als Langsamläufer. Einschränkend ist jedoch zu sagen, daß der in n_{qy} enthaltene Volumenstrom Q den Reaktionsgrad nicht beeinflußt, da Q in der Ausgangsgleichung (8,4) nicht vorkommt. Sein Einfluß wird durch den Faktor k_1 eliminiert.

9. Die Druckzahl

Für senkrechten Wassereintritt ($\alpha_0 = 90°$) errechnet sich die spezifische Förderarbeit einer Kreiselpumpe nach Gl. (5,2), Abschn. 5, in Verbindung mit Gl. (6,1), Abschn. 6, zu

$$Y = g\,H = u_2\, c_3 \cos\alpha_3\, \eta_h.$$

Diese Gleichung läßt sich auch in der Form

$$Y = g\,H = 2\,\eta_h \frac{c_{3u}}{u_2} \frac{u_2^2}{2}$$

oder

$$Y = g\,H = \psi \frac{u_2^2}{2} \tag{9,1}$$

schreiben. Der dimensionslose Ausdruck

$$\psi = 2\,\eta_h \frac{c_{3u}}{u_2} = \frac{Y}{u_2^2/2} = \frac{H}{u_2^2/2\,g} \tag{9,2}$$

heißt Druckzahl. Für geometrisch ähnliche Pumpen mit gleichem hydraulischem Wirkungsgrad ist er konstant und kann somit für bestimmte Bauarten versuchsmäßig ermittelt werden. Dem Konstrukteur ist die Druckzahl insofern nützlich, als sie ihn in die Lage versetzt, sich bei gegebener Umfangsgeschwindigkeit schnell einen Überblick über die zu erwartende spezifische Förderarbeit und die Förderhöhe zu verschaffen. Das ist besonders bei der Festlegung der Stufenzahl mehrstufiger Pumpen wertvoll.

Führt man aus Gl. (8,2), Abschn. 8, den Ausdruck $c_{3u}/u_2 = (1 - \mathfrak{r})\; 2\,\eta_h/\eta_{hl}$ in Gl. (9,2) ein, so erhält man

$$\psi = 4\,(1 - \mathfrak{r}) \frac{\eta_h^2}{\eta_{hl}}. \tag{9,3}$$

Hiernach ist ψ u.a. eine Funktion des Reaktionsgrades $\mathfrak{r}$, und zwar nimmt die Druckzahl mit wachsendem Reaktionsgrad ab.

Andererseits führt die Einsetzung des Ausdrucks für den Reaktionsgrad $\mathfrak{r}$ nach Gl. (8,5) zu dem Ergebnis

$$\psi = 2\, \frac{k_1}{n_{qy}^{4/3}}. \tag{9,4}$$

Somit ist die Druckzahl auch von der spezifischen Drehzahl abhängig. Schnelläufige Pumpen haben kleinere Druckzahlen als langsamläufige. Jedoch hat der in n_{qy} enthaltene Volumenstrom Q keinen Einfluß auf die Druckzahl ψ. Dieser wird durch den mit der Radform veränderlichen Faktor k_1 eliminiert.

Bei Radialpumpen mit $\beta_2 \approx 30°$ und $D_2/D_1 \approx 2$ (Abschn. 13), also bei Pumpen mit geringer spezifischer Drehzahl ($n_{qy} \approx 75 \cdot 10^{-3}$; $n_q \approx 25$), kann man für den Punkt besten Wirkungsgrades etwa mit folgenden Druckzahlen rechnen:

Pumpen mit Austrittsleitrad	$\psi = 1{,}0 \cdots 1{,}1$,
Pumpen mit Spiralgehäuse	$\psi = 0{,}9 \cdots 1{,}0$,
Pumpen mit Leitring	$\psi = 0{,}85 \cdots 0{,}95$.

Schnelläufer, insbesondere die Axialpumpen, weisen erheblich kleinere Druckzahlen auf (Abb. 23.1).

10. Verluste und Wirkungsgrade der Kreiselpumpe. Der Kraftbedarf

a) Hydraulische Verluste. Hydraulischer Wirkungsgrad

Von den Schaufeln des Laufrades wird an die Masseeinheit der Förderflüssigkeit die Arbeit $Y_{\text{Sch}} = g H_{\text{th}}$ übertragen. Von dieser Arbeit dient aber nur ein Teil zur Energieerhöhung, der Rest verwandelt sich in Wärme, geht also verloren. Im einzelnen wird der Verlust durch Reibung in den Lauf- und Leitkanälen, durch Richtungs- und Querschnittsänderungen sowie durch Stoß hervorgerufen. Ist Y der wirkliche Zuwachs an potentieller und kinetischer Energie beim Austritt der Flüssigkeit aus dem Druckstutzen und H die diesem Energiezuwachs entsprechende Förderhöhe, so bezeichnet man — wie schon im Abschn. 6 ausgeführt —

$$\eta_h = \frac{Y}{Y_{\text{Sch}}} = \frac{H}{H_{\text{th}}} \tag{10,1}$$

als hydraulischen oder Schaufel-Wirkungsgrad. η_h ist von der Zähigkeit der Flüssigkeit, von der Formgebung und der Größe der Kanäle, von der Oberflächenrauhigkeit, insbesondere aber auch von der spezifischen Drehzahl abhängig. Vergrößerung der Schnellläufigkeit bedeutet im allgemeinen eine Verbesserung des hydraulischen Wirkungsgrades, weil das unter ungünstigen Strömungsverhältnissen arbeitende Leitrad dann weniger an der Druckerzeugung beteiligt wird. Sieht man von Kleinpumpen ab, so bewegt sich der hydraulische Wirkungsgrad im Bestpunkt etwa in den Grenzen $\eta_h = 0{,}8 \cdots 0{,}85 \cdots 0{,}9$.

b) Spaltverluste. Liefergrad

Zwischen den umlaufenden und fest stehenden Teilen der Pumpe befindet sich eine Anzahl konstruktiv bedingter Undichtigkeitsstellen in Gestalt von Ringspalten, durch welche ein Teil des Fördermittels vom Raum höheren Druckes in den des niederen abströmt. Derartige Undichtigkeitsstellen sind vorhanden an den Durchtrittsöffnungen der Welle durch die Gehäusewandung, den Stopfbuchsen, ferner am äußeren Umfang der Scheibe für den Ausgleich des Achsschubes. Weitere Ringspalten entstehen in jeder Stufe infolge des Durchtritts der Welle durch die Leitradwandung und beim Übergang der Lauf- in die Leitkanäle und umgekehrt. Die durch die letzteren bedingten Undichtigkeitsverluste treten nicht nach außen, sondern rufen kreisende Strömungen im Innern der Pumpe hervor. In jeder Stufe entstehen nach Abb. 10.1 zwei derartige Strömungen, von denen die eine das Laufrad, die andere das Leitrad — bei Druckausgleichsöffnungen in der Laufradwandung auch noch das Laufrad — durchsetzt.

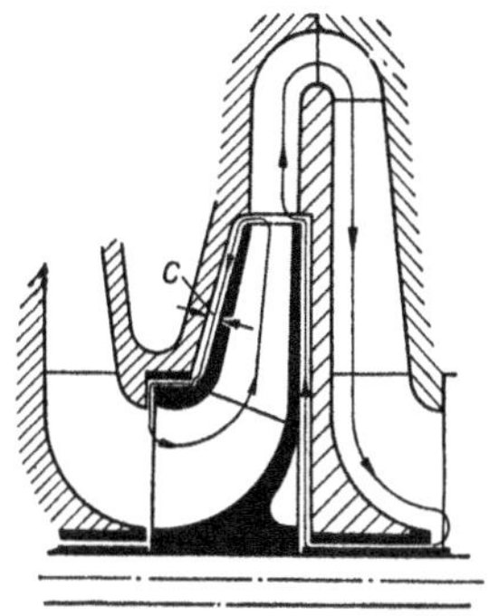

Abb. 10.1. Kreisende Strömungen innerhalb des Lauf- und Leitrades infolge Spaltundichtigkeiten

Jede der inneren Strömungen passiert nach Abb. 10.1 zwei Zylinderspalte zwischen Leit- und Laufrad bzw. Welle, von denen in erster Linie jeweils der auf dem kleineren Durchmesser liegende für die Abdichtung, also für die Kleinhaltung des Spaltstromes von Bedeutung ist. Das gilt besonders für den saugseitigen Spalt (Abb. 10.2). Diesem liegt mitunter — besonders bei einstufigen Pumpen — zum Zweck des Achsschubausgleichs auf der Rückseite des mit Bohrungen versehenen Laufrades ein gleicher Spalt gegenüber (Abb. 46.1, 46.4), wodurch sich der Spaltverlust entsprechend vergrößert. Maßgebend für die Größe des Spaltverluststromes sind die Abmessungen (Spaltweite e, Zylinderdurchmesser D_{sp} und Spaltlänge l_{sp}),

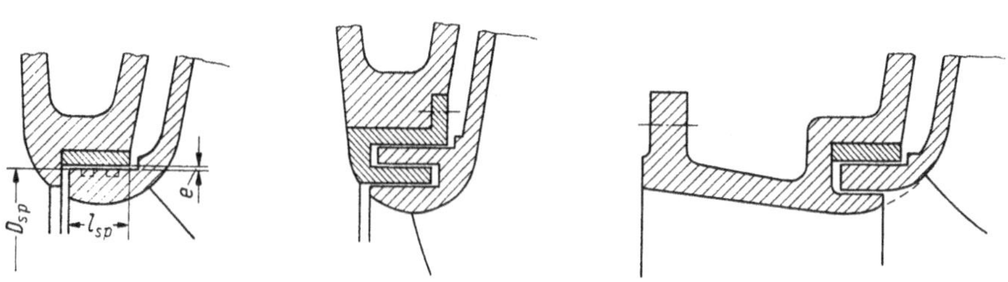

a b c

Abb. 10.2a—c. Formen des saugseitigen Laufradspaltes

die Druckdifferenz und die Umfangsgeschwindigkeit u des inneren Zylinders. Ist die Drehzahl klein und die Spaltströmung laminar, so wird der Spaltstrom bei wachsender Drehzahl bis zu einer bestimmten Reynoldszahl $Re_u = 2\,e\,u/\nu$ von u nicht beeinflußt, verringert sich aber darüber hinaus beträchtlich. In diesem Zustand treten längs des Spaltes regelmäßige, abwechselnd links- und rechtsdrehende Wirbel mit ringförmigen in Umfangsrichtung verlaufenden Achsen auf (Taylorwirbel), die den Durchtrittswiderstand erhöhen. Ist jedoch die Spaltströmung bei sehr kleinem Re_u bereits turbulent, so entstehen bei wachsender Umfangsgeschwindigkeit zwar ebenfalls Taylorwirbel, sie erhöhen aber den Strömungswiderstand nicht.

Die Anordnung rechteckiger Nuten im rotierenden Zylinderteil, wie in Abb. 10.2a angedeutet, vergrößert den Durchtrittswiderstand gegenüber dem des glatten Spaltes, aber nur dann, wenn die aus der axialen Komponente c der Strömungsgeschwindigkeit im Spalt gebildete Reynoldszahl $Re_c = 2ec/\nu > 400$ und die aus der Umfangsgeschwindigkeit u gebildete Reynoldszahl $Re_u = 2eu/\nu > 6000$ ist. Unterhalb dieser Grenzen setzen Nuten den Durchtrittswiderstand herab. Derartig kleine Reynoldszahlen kommen allerdings praktisch kaum vor. Nachteilig ist, daß Nuten die zentrierende Wirkung des glatten Spaltes vermindern, die durch hydrostatische Kräfte (Lomakin-Effekt) und bei zähen Flüssigkeiten auch durch hydrodynamische Schmierkräfte hervorgerufen wird. Die Lagerwirkung glatter Spalten ist besonders für das Schwingungsverhalten des Läufers mehrstufiger Pumpen von Bedeutung.[1]

Der nutfreie einfache Spalt (Abb. 10.2a) wird bei geringen bis mittleren Stufendrücken verwendet. Mit den Bezeichnungen der Abbildung kann seine Länge etwa mit $l_{sp} = (0{,}1 \cdots 0{,}25)\, D_{sp}$ angenommen werden. Die untere Grenze der Spaltweite e ist von der elastischen Formänderung (Durchbiegung) der Welle abhängig. Für unterkritische, sog. starre Wellen, kann man

$$e = 0{,}6\,\frac{D_{sp}}{1000} + 0{,}15 \text{ mm}$$

als unteren Grenzwert ansehen, wobei D_{sp} in mm einzusetzen ist.

Sehr hohe Stufendrücke, wie sie beispielsweise bei Kesselspeisepumpen auftreten, erfordern eine größere Spaltlänge in Gestalt eines Mehrfachspaltes (Abb. 10.2b) Häufig wird auch e so weit verkleinert, wie die elastische Verformung der Welle es zuläßt.

In den Ausführungen nach Abb. 10.2a u. b ist der Spaltverluststrom mit einer gewissen Umfangskomponente quer zum eintretenden Volumenstrom gerichtet. Durch den Aufprall des Spaltstromes löst sich die Grenzschicht von der äußeren Radwand ab, was eine Verschlechterung des Wirkungsgrades zur Folge hat. Außerdem erhält die Hauptströmung durch die Umfangskomponente des Spaltstromes einen Drall in Drehrichtung des Laufrades, der gem. Gl. (5,1) die spezifische Schaufelarbeit verkleinert. Beide Einflüsse können zu einer beachtlichen Abnahme der spezifischen Förderarbeit und der Förderhöhe führen. Das läßt sich größtenteils vermeiden, wenn die Richtung des Spaltstromes der des Hauptstromes angeglichen wird (Abb. 10.2c).[2]

Durch Fortlassen einer oder beider Radscheiben entstehen halboffene oder beiderseitig offene Laufräder mit seitlichen Spalten zwischen den Schaufeln und der Gehäusewand. Beiderseitig offene Räder findet man bei Kleinpumpen, z.B. den Seitenkanalpumpen (Abb. 52.19), halboffene bei Pumpen großer Schnelläufigkeit, insbesondere den Halbaxialpumpen (Abb. 16.6a). Ebenso weisen Axialpumpen keine äußere

---

[1] Petermann, H.; Pekrun, U.: Spaltverlust, Radreibung und Achsschub bei radialen Kreiselpumpen. VDI-Z. 114 (1972) Nr. 8, S. 571–575. Näheres über die Berechnung des Spaltverlustes bei Weber, D.: Experimentelle Untersuchungen an axial durchströmten kreisringförmigen Spaltdichtungen für Kreiselpumpen. Konstruktion 24 (1972) Nr. 6, S. 506–510.

[2] Petermann, H.: Der Sekundäreinfluß des Spaltverlustes bei radialen Kreiselpumpen und Verdichtern mit Deckscheibe. VDI-Z. 101 (1959) Nr. 11, S. 430–432.

Wandbegrenzung auf (Abb. 19.1). Der Spaltverlust dieser Bauarten entsteht durch den Druckunterschied zwischen Schaufelvorder- und Schaufelrückseite. Er äußert sich hier nicht nur in einem Volumen- sondern auch in einem Druckverlust. Letzterer macht sich besonders bei den offenen Laufrädern der Kleinpumpen bemerkbar. Die seitlichen Spalte sollen deshalb möglichst klein gehalten werden.

Vorteilhaft wirkt sich die notwendige Bearbeitung der anschließenden Gehäusewände aus, weil sie den Reibungsverlust verringert. Dieser ist hier außerdem nicht von der Relativgeschwindigkeit sondern von der bei schnelläufigen Rädern meist kleineren Absolutgeschwindigkeit der Flüssigkeit abhängig. Hinzu kommt, daß die Schaufeln die Ausbildung von Grenzschichtanhäufungen an der Seitenwand verhindern. Schließlich verkleinert sich der Verlust durch Radseitenreibung. Schmale, beiderseits offene Laufräder mit geringem seitlichem Spalt haben deshalb häufig einen besseren Wirkungsgrad als vergleichbare geschlossene Räder.

Die Spaltverluste vermindern den nutzbaren Volumenstrom der Pumpe, worauf bei Bemessung der Kanalquerschnitte Rücksicht zu nehmen ist.

Ist Q der nutzbare Volumenstrom und Q_{sp} die Summe der Spaltverluste einer Stufe zuzüglich des nach außen tretenden Verlustes, so ist

$$\eta_l = \frac{Q}{Q + Q_{sp}} \tag{10,2}$$

der Liefergrad oder volumetrische Wirkungsgrad der Pumpe.

Bei Niederdruckpumpen mit großem Volumenstrom ist der Spaltverlust offenbar nur von geringer Bedeutung, während er bei großer Förderhöhe und kleinem Volumenstrom mehr ins Gewicht fällt.

Praktisch kann man für den Bestvolumenstrom setzen

$$\eta_l = 0{,}98 \cdots 0{,}95 \cdots 0{,}85 .$$

c) Innere Leistungsverluste. Innerer Wirkungsgrad

Hierzu gehört in erster Linie der Verlust durch Radseitenreibung der Laufräder. Er besteht darin, daß die an den Laufradseiten wirksamen Reibungskräfte auf die zwischen den Lauf- und Leitradwandungen befindliche Flüssigkeit Bewegungsenergie übertragen, die durch Reibung an den Leitradwandungen aufgezehrt, also in Wärme verwandelt wird. Näherungsweise läßt sich der Leistungsverlust in Watt nach der Gleichung

$$P_r = \frac{\beta}{10^3} u_2^3 D_2^2 \varrho \tag{10,3}$$

ermitteln, wobei die Umfangsgeschwindigkeit u_2 in m/s, der Austrittsdurchmesser D_2 in m und die Dichte ϱ der Flüssigkeit in kg/m³ zu messen sind. Der dimensionslose Beiwert β ist von der Rauhigkeit der Lauf- und Leitradwandungen, von der Reynoldsschen Zahl und dem Verhältnis c/D_2 abhängig, wenn c den Abstand der Laufrad- von der Leitradwandung bedeutet (Abb. 10.1). Neben der Glätte der Wandungen erfordern kleine Werte β ein kleines Abstandsverhältnis — etwa $c/D_2 = 0{,}02 \cdots 0{,}05$.

Von Einfluß ist auch der in die Räume beiderseits des Laufrades mit einem Drall eintretende Spaltverluststrom, da er die Winkelgeschwindigkeit der Flüssigkeit in diesen Räunen verändert. Ein Durchfluß von außen nach innen (saugseitiger Raum, Abb. 10.1) vergrößert die Winkelgeschwindigkeit der Flüssigkeit zur Radnabe hin und vermindert dadurch das vom Laufrad übertragene Reibungsmoment. Eine Bewegung der Spaltflüssigkeit von innen nach außen, die im druckseitigen Raum der Laufräder mehrstufiger Pumpen ohne Achsschubausgleich des Einzelrades auftritt (Abb. 10.1), führt zu einer Verringerung der mittleren Winkelgeschwindigkeit im Seitenraum und vergrößert hier das Reibungsmoment zwischen Radscheibe und Flüssigkeit.

Wegen dieser schwer erfaßbaren und in jedem Einzelfall anders wirksamen Einflüsse sind genaue und allgemein gültige Angaben für β nicht möglich. Bei Wasser als Fördermittel liegen in der Regel Reynoldszahlen $Re_u = u_2 D_2/2\nu \geqq 10^6$ vor. In diesem Bereich kann nach Petermann und Pekrun für glatte ebene Rad- und Gehäusewände sowie geringen Durchfluß in den Seitenräumen näherungsweise mit der Erfahrungszahl

$$\beta = 0{,}8\left(\frac{10^6}{Re_u}\right)^{1/6}$$

gerechnet werden. Für rauhe Rad- und Gehäusewände verringert sich β im Bereich hoher Reynoldszahlen weniger stark. Der Exponent 1/6 ist dann durch 1/7 bis 1/9 zu ersetzen.

Zähe Flüssigkeiten führen vielfach zu Reynoldszahlen $Re_u = u_2 D_2/2\nu < 10^6$. Nach Maßgabe der Zähigkeit erhöht sich in diesen Fällen der Exponent 1/6 auf 1/5 bis 1/3.

Führt man an Stelle von u_2 die sekundliche Drehzahl n ein, so erhält man — ebenfalls in Watt —

$$P_r = \frac{\beta}{10^3}\, 31{,}0\, n^3 D_2^5\, \varrho . \tag{10,3a}$$

Hiernach hat der Durchmesser D_2 einen überragenden Einfluß auf den Radreibungsverlust. Kleinhaltung dieses Verlustes erfordert daher bei gegebener Umfangsgeschwindigkeit möglichst kleine Raddurchmesser bei entsprechend großer Drehzahl.

Schließlich entsteht noch ein Leistungsverlust durch Geschwindigkeitsaustausch am Radumfang, da die Flüssigkeitsteilchen das Laufrad mit sehr unterschiedlicher Geschwindigkeit verlassen[1]. Ein weiterer Austauschverlust wird durch Rückströmen der Grenzschicht aus der Leitvorrichtung in das Laufrad verursacht. Letzterer tritt hauptsächlich im Teillastgebiet auf, während sein Einfluß im Bereich der Nenn- und Überlast gering ist. Diese Austauschverluste, die wir mit P_{au} bezeichnen wollen, haben neben einem zusätzlichen Leistungsbedarf eine Druckerhöhung zur Folge (Abschn. 32). Ihre rechnerische Erfassung ist nicht möglich, weshalb sie meistens unberücksichtigt bleiben.

Die vorstehend aufgeführten Verluste entstehen alle im Innern der Pumpe. Sie bestimmen zusammen mit der Nutzleistung

$$P_n = Q\,\varrho\, Y \tag{10,4}$$

[1] Petermann, H.: Der Strömungsverlauf in und hinter Laufschaufelkanälen von radialen Kreiselpumpen und Verdichtern. VDI-Z. 103 (1961) Nr. 17, S. 748—752.

den inneren Leistungsbedarf

$$P_i = (Q + Q_{sp})\,\varrho Y_{Sch} + P_r + P_{au}. \tag{10,5}$$

Das Verhältnis beider liefert den inneren Wirkungsgrad η_i. Unter Vernachlässigung von P_{au} für die Nennlast erhält man

$$\eta_i = \frac{P_n}{P_i} = \frac{Q\,\varrho Y}{(Q + Q_{sp})\,\varrho Y_{Sch} + P_r} = \frac{1}{\frac{Q + Q_{sp}}{Q}\,\frac{Y_{Sch}}{Y} + \frac{P_r}{P_n}}.$$

Mit $P_n = P_i \cdot \eta_i$ ist

$$\eta_i = \frac{1}{\frac{1}{\eta_l}\,\frac{1}{\eta_h} + \frac{1}{\eta_i}\,\frac{P_r}{P_i}}$$

oder

$$\frac{\eta_i}{\eta_l \cdot \eta_h} + \frac{P_r}{P_i} = 1,$$

folglich

$$\eta_i = \eta_h \eta_l \left(1 - \frac{P_r}{P_i}\right). \tag{10,6}$$

d) Äußere Leistungsverluste. Mechanischer und Gesamt-Wirkungsgrad

Weiterhin tritt noch ein Verlust durch mechanische Reibung in den Lagern und Stopfbuchsen auf. Ist P die von der Pumpe an der Kupplung aufgenommene Leistung, so ist

$$\eta_m = \frac{P_i}{P} \tag{10,7}$$

der mechanische Wirkungsgrad. Er erreicht bei Kreiselpumpen mit

$$\eta_m = 0{,}96 \cdots 0{,}99$$

für den Bestvolumenstrom ziemlich hohe Werte. Aus η_i und η_m folgt der Gesamtwirkungsgrad der Pumpe

$$\eta = \eta_i \eta_m = \eta_h \eta_l \eta_m \left(1 - \frac{P_r}{P_i}\right).$$

oder mit $P_i = P\eta_m$

$$\eta = \eta_h \eta_l \left(\eta_m - \frac{P_r}{P}\right). \tag{10,8}$$

Längs der Drosselkurve der Pumpe ist der Gesamtwirkungsgrad η veränderlich (Abb. 49.2). Sein Bestwert liegt bei der Leitschaufelpumpe und der Spiralgehäusepumpe im allgemeinen in der Nähe des Volumenstroms für stoßfreien Eintritt in das Lauf- und Leitrad. Durch Verkleinerung oder Vergrößerung der Eintrittsweite a_4 der Leitkanäle bzw. des Endquerschnitts der Spirale verlagert er sich jedoch zu kleineren oder größeren Volumenströmen, wobei sich gleichzeitig sein Zahlenwert ändert (Abb. 14.11 u. 14.13).

Die größte Abweichung des Bestwirkungsgrades vom Volumenstrom des stoßfreien Eintritts zeigt sich bei der Leitringpumpe. Im allgemeinen entspricht dem Volumenstrom stoßfreien Eintritts ein verhältnismäßig kleiner Eintrittswinkel α_4 in den Leitring (Abb. 14.1). Ist außerdem die radiale Erstreckung des Leitrings genügend groß, so stellt sich der Bestwert des Wirkungsgrades erst bei einem größeren Eintrittswinkel, d.h. im Überlastgebiet ein (Abschn. 14a u. Abb. 14.2).

Der hydraulische Wirkungsgrad η_h ist für jeden Volumenstrom größer als der Gesamtwirkungsgrad. Sein Maximum liegt deshalb in der Nähe des Bestwertes des letzteren, und zwar bei einem etwas kleineren Volumenstrom.

Die Spaltverluste Q_{sp} ändern sich längs der Drosselkurve etwa proportional mit $\sqrt{Y}$. Der Verlust durch mechanische Reibung in den Lagern und Stopfbuchsen ist nur in geringem Maße vom Volumenstrom abhängig, während der Radreibungsverlust P_r im ganzen Verlauf der Drosselkurve fast unverändert bleibt.

e) Kraftbedarf

Die aufgenommene Leistung oder der Kraftbedarf der Pumpe beträgt

$$P = \frac{Q\varrho Y}{\eta} \mathrm{W} = \frac{Q\varrho Y}{1000\,\eta} \mathrm{kW} = \frac{Q\varrho Y}{736\,\eta} \mathrm{PS}, \tag{10,9}$$

wobei Q den Volumenstrom in m³/s, $Y = gH$ die spezifische Förderarbeit in Nm/kg und ϱ die Dichte der Förderflüssigkeit in kg/m³ bezeichnen.

Führt man den Volumenstrom Q in m³/h und die Dichte ϱ in kg/dm³ ein, so gilt entsprechend

$$P = \frac{Q\varrho Y}{3{,}6\,\eta} \mathrm{W} = \frac{Q\varrho Y}{3600\,\eta} \mathrm{kW} = \frac{Q\varrho Y}{2648\,\eta} \mathrm{PS}. \tag{10,10}$$

11. Die Zahl der Laufradschaufeln

Zahlreiche Schaufeln gewährleisten eine gute Wasserführung, verringern den Schaufeldruck und damit die Minderarbeit und die Kavitationsempfindlichkeit der Pumpe, soweit diese vom Schaufeldruck abhängt. Gleichzeitig erhöhen sie aber den Reibungsverlust in den Kanälen, vergrößern infolge ihrer endlichen Dicke, die aus gießtechnischen Gründen an eine untere Grenze gebunden ist, die Verengung am

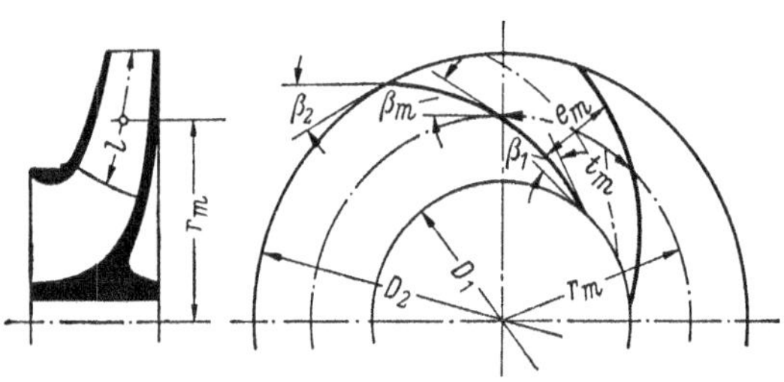

Abb. 11.1. Laufradkanal

Kanaleintritt und verringern damit wieder die Saugfähigkeit der Pumpe. Erfahrungsgemäß nimmt der Wirkungsgrad der Pumpe ab, sobald man über eine gewisse Schaufelzahl hinausgeht. Das gleiche ist der Fall, wenn diese Schaufelzahl unterschritten wird. Vom Standpunkt des Wirkungsgrades liegen die günstigsten Verhältnisse offenbar dann vor, wenn die Schaufelzahl gerade so groß ist, daß bei möglichst großem

Kanalquerschnitt eine gute Wasserführung erreicht wird. Bei der Bestimmung der Schaufelzahl gehen wir deshalb davon aus, daß die Länge l des mittleren Wasserfadens im Meridianschnitt (Abb. 11.1) in einem bestimmten Verhältnis zur mittleren Kanalweite e_m stehen soll. Wir setzen $l/e_m = 2$. Nehmen wir ferner an, daß sich der Winkel β längs der Schaufel linear von β_1 in β_2 ändert, so ist die Schaufel auf dem mittleren Kreise vom Radius r_m um $\beta_m = (\beta_1 + \beta_2)/2$ gegen die negative Umfangsrichtung geneigt. Mit der zugehörigen Teilung t_m und der Schaufelzahl z ist dann angenähert

$$e_m = t_m \sin\beta_m = \frac{2\, r_m \pi}{z} \sin\beta_m, \quad \text{somit} \quad l = \frac{4\,\pi\, r_m}{z} \sin\beta_m$$

und die Schaufelzahl

$$z = \frac{4\,\pi\, r_m}{l} \sin\beta_m. \tag{11,1}$$

Bei Radialschaufeln ist $r_m = (D_1 + D_2)/4$ und $l = (D_1 - D_2)/2$ (Abb. 11.1). Damit wird

$$z = 2\,\pi \frac{D_1 + D_2}{D_2 - D_1} \sin\beta_m. \tag{11,2}$$

Hiernach ist die Schaufelzahl von der Größe des Rades unabhängig. In den äußeren Abmessungen geometrisch ähnliche Räder erhalten die gleiche Schaufelzahl.

Innerhalb der bei Kreiselpumpen üblichen Austrittswinkel $\beta_2 = 20 \cdots 30°$ stehen bei Radialrädern die nach Gl. (11,2) ermittelten Schaufelzahlen hinsichtlich des Wirkungsgrades der Pumpe in guter Übereinstimmung mit der Erfahrung.

12. Die axiale Eintrittsgeschwindigkeit c_A

Als Ausgangsgröße für die Bestimmung der axialen Eintrittsgeschwindigkeit c_A des Nennvolumenstromes (Abb. 12.1)[1] benutzen wir den Winkel β_0, den die Relativgeschwindigkeit unmittelbar vor dem Anfang der Laufradschaufel mit der (negativen) Umfangsgeschwindigkeit bildet. Im Meridianschnitt des Laufrades ist die Eintrittskante der einfach gekrümmten Schaufel (Zylinderschaufel) entweder parallel zur Radachse gerichtet (Linie *ab*, Abb. 12.1), oder sie ist ein wenig in den Radeinlauf hineingezogen (Linie *ac*). In beiden Fällen ist der Relativwinkel β_0 über die Länge der Eintrittskante — gute Ausrundung des Kanaleinlaufs vorausgesetzt — nur wenig veränderlich. Bei der Zylinderschaufel werde daher der Relativwinkel β_0 auf den Schnittpunkt der Schaufeleintrittskante mit der mittleren Stromfläche *e f* bezogen. Dieser Schnittpunkt liegt auf dem Kreise mit dem Durchmesser D_1, der je nach der Lage der Schaufelkante etwas größer oder kleiner als der Einlaufdurchmesser D_A sein kann.

Bei der Radialschaufel höherer Schnelläufigkeit muß die Eintrittskante der Schaufel, wie durch die Linie *a'd* angedeutet, weiter in den Radeinlauf hineingezogen werden. Als Folge davon wächst der Relativwinkel β_0 nach der Radmitte zu erheblich an,

[1] c_A ist mitunter nicht mit der Eintrittsgeschwindigkeit in den Saugstutzen c_s identisch (vgl. Abb. 50.4).

so daß die Schaufel eine räumlich gekrümmte Gestalt erhält (Francisschaufel). Ähnlich liegen die Verhältnisse bei der Schaufel des Axialrades. Wegen der Veränderlichkeit von β_0 beziehen wir bei den beiden letztgenannten Bauarten den Relativwinkel β_0 auf den äußersten Punkt a' der Schaufelkante, der bereits im zylindrischen Teil des

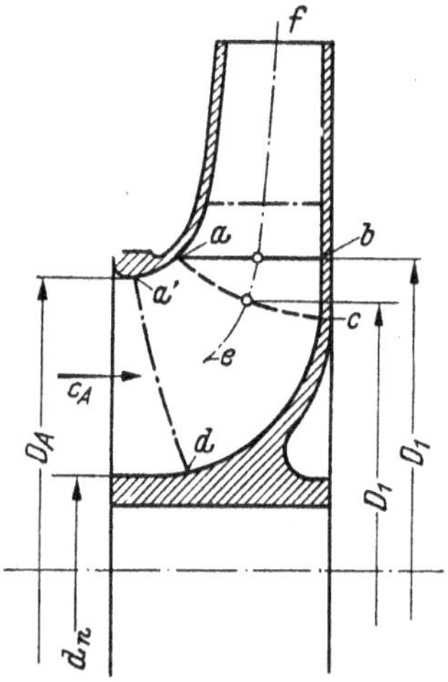

Abb. 12.1. Meridianschnitt des Radialrades

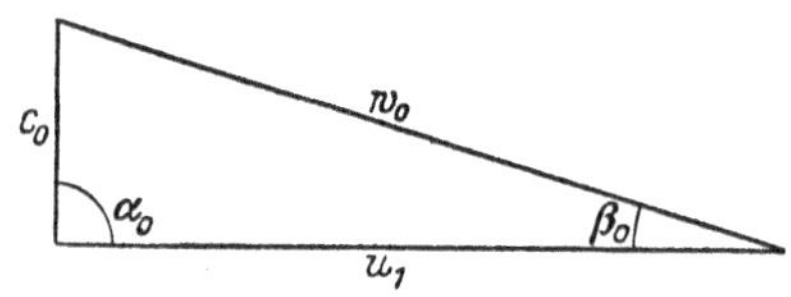

Abb. 12.2. Geschwindigkeitsdreieck unmittelbar vor dem Schaufelanfang

Radeinlaufs liegt. Damit wird hier $D_1 = D_A$. Beachtet man weiter, daß den verschiedenen Lagen des Bezugspunktes auf der Schaufelkante auch unterschiedliche Relativwinkel entsprechen, so sind die folgenden Ausführungen sowohl auf die Zylinderschaufel als auch auf die räumlich gekrümmte und die Axialschaufel anwendbar.

Mit Bezug auf die Zylinderschaufel gilt nach Abb. 12.2 für senkrechten Wassereintritt, also $\alpha_0 = 90°$

$$\tan\beta_0 = \frac{c_0}{u_1} = \frac{c_0}{D_1 \pi\, n}, \tag{12,1}$$

wenn c_0 die mittlere absolute Wassergeschwindigkeit unmittelbar vor der Schaufel, u_1 die Umfangsgeschwindigkeit des Bezugspunktes und n die sekundliche Drehzahl bezeichnet. c_0 ist häufig etwas größer als c_A. Setzen wir $c_0 = \tau\, c_A$ und ferner $D_1 = \sigma\, D_A$, so ist

$$\tan\beta_0 = \frac{\tau\, c_A}{\sigma\, D_A \pi\, n} \tag{12,2}$$

oder

$$c_A = \frac{\sigma D_A \pi\, n \tan\beta_0}{\tau}. \tag{12,3}$$

Der Durchmesser D_A ergibt sich aus der Kontinuitätsbedingung

$$\frac{\pi}{4}(D_A^2 - d_n^2) = \frac{\pi}{4} D_A^2 \left[1 - \left(\frac{d_n}{D_A}\right)^2\right] = \frac{Q'}{c_A},$$

wenn d_n der Nabendurchmesser (Abb. 12.1) und Q' der um den Spaltwasserverlust vermehrte sekundliche Volumenstrom einer Radseite ist. Mit $1 - (d_n/D_A)^2 = k$ folgt

$$D_A = \sqrt{\frac{4\,Q'}{\pi\,k\,c_A}}. \tag{12,4}$$

Die Einführung von Gl. (12,4) in Gl. (12,3) liefert

$$c_A = \sqrt[3]{\frac{4\pi\,\tan^2\beta_0\sigma^2}{k\,\tau^2}\,Q'n^2} = A\sqrt[3]{Q'n^2} \tag{12,5}$$

mit $A = 2{,}325\sqrt[3]{\tan^2\beta_0\sigma^2/k\tau^2}$. Hiernach ist die Einlaufgeschwindigkeit c_A für gleichbleibende Vorzahl A von der Betriebsdrehzahl n und dem Volumenstrom Q' abhängig, mithin auch von der spezifischen Drehzahl, soweit diese durch die genannten Größen bestimmt wird. Führt man in Gl. (12,5) an Stelle von n die spezifische Drehzahl $n_{qy} = n\sqrt{Q'}/\sqrt[4]{Y^3}$ ein, so ergibt sich

$$c_A = A\sqrt{Y}n_{qy}^{2/3}, \tag{12,6}$$

wobei unter Y die auf *eine* Stufe bezogene spezifische Förderarbeit zu verstehen ist. Der Schnelläufer erfordert daher bei gleichem Y eine größere axiale Eintrittsgeschwindigkeit als der Langsamläufer. Da die Halteenergie (Abschn. 34) mit wachsender Eintrittsgeschwindigkeit zunimmt, so ist aus Gl. (12,5) gleichzeitig zu entnehmen, daß die Drehzahl der Pumpe bei gegebenem Volumenstrom mit Rücksicht auf die Saugfähigkeit bzw. die Vermeidung der Kavitation nach oben hin begrenzt ist. Praktisch kann man die Betriebsdrehzahl der Pumpe so festlegen, daß sich bei geringem bis mittlerem Volumenstrom mit diesem wachsend eine Eintrittsgeschwindigkeit $c_A = 2\cdots4$ m/s ergibt, während bei großem Volumenstrom, also besonders bei der Propellerpumpe und der Speicherpumpe, Eintrittsgeschwindigkeiten bis 5 m/s und mehr angewendet werden müssen, allerdings auf Kosten der Saugfähigkeit.

Die Vorzahl A wird von Größen bestimmt, die im allgemeinen nur geringen Änderungen unterliegen. Der Relativwinkel β_0 kann etwa gleich $12\cdots22°$ gesetzt werden. Bei der räumlich gekrümmten in den Radeinlauf vorgezogenen Schaufel sowie der Axialschaufel ist β_0 auf den äußersten Punkt der Schaufelkante bezogen. Da der Relativwinkel mit der Annäherung an die Radnabe erheblich zunimmt, sind hier hauptsächlich kleine Winkel β_0 am Platze. Die größeren Werte von β_0 bleiben der Zylinderschaufel vorbehalten, die für die Verhältnisse auf der mittleren Stromfläche ausgelegt wird.

Es muß aber besonders betont werden, daß β_0 nicht mit dem Schaufelwinkel β_1 zu verwechseln ist, der wegen der Querschnittsverengung durch die endliche Dicke der Laufschaufeln stets größer als β_0 ist.

Die Verhältniszahlen σ und τ sind für die räumlich gekrümmte und die Axialschaufel gleich 1, für die Zylinderschaufel ist τ häufig etwas größer als 1, etwa gleich $1{,}05\cdots1{,}1$, während sich σ je nach der Lage der Eintrittskante etwa zwischen 0,9 und 1,1 bewegt.

Der Verengungsfaktor k schwankt mit dem Wellendurchmesser, der seinerseits von der elastischen Formänderung der Welle, besonders also vom Lagerabstand, mithin der Stufenzahl abhängt. Im Mittel kann man etwa setzen $k = 0{,}75 \cdots 0{,}85$. Hierbei kommt der untere Grenzwert für die vielstufige Pumpe in Frage.

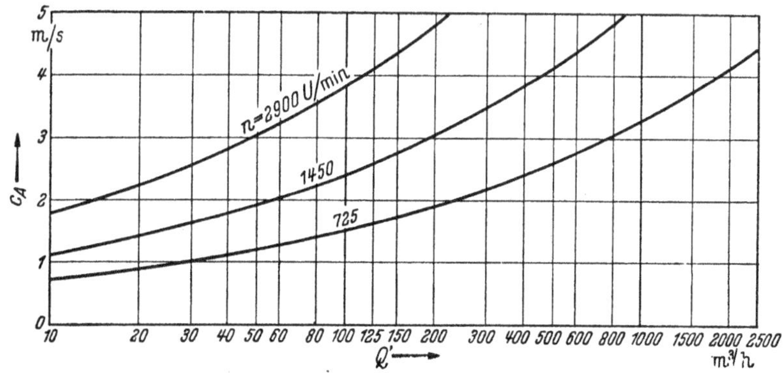

Abb. 12.3. Die axiale Eintrittsgeschwindigkeit in Abhängigkeit von Volumenstrom und Drehzahl

Abb. 12.3 veranschaulicht die Beziehungen zwischen c_A, Q' und n nach Gl. (12,5) für eine einströmige Radialpumpe mit einfach gekrümmter Laufschaufel. Die Vorzahl A ist aus den Werten $\beta_0 = 15°$, $\sigma = 0{,}9$, $\tau = 1{,}05$ und $k = 0{,}76$[1] ermittelt. Aus Gründen der Darstellung hat die Abszissenachse eine logarithmische Teilung erhalten. Unter der Voraussetzung, daß die spezifische Förderarbeit jeweils die Ausführung einer einfach gekrümmten Radialschaufel gestattet, würde sich im vorliegenden Falle beispielsweise bei einem Volumenstrom $Q' = 100$ m³/h sowohl die Drehzahl $n = 2\,900$ 1/min (48,3 1/s) mit $c_A = 3{,}84$ m/s als auch eine kleinere Drehzahl mit entsprechend herabgesetzter Axialgeschwindigkeit verwirklichen lassen. Verringerung der Drehzahl bedeutet Verbesserung der Saugfähigkeit, gleichzeitig aber auch Verschlechterung des Wirkungsgrades und Erhöhung der Baukosten.

Der Einlaufdurchmesser D_A des Laufrades ergibt sich aus Gl. (12,4).

13. Entwurf der einfach gekrümmten Radialschaufel

Voraussetzung für die Ausführbarkeit der einfach gekrümmten Schaufel ist ein Mindestwert ihrer radialen Erstreckung, der für $\beta_2 \leqq 30°$ etwa durch das Verhältnis $D_2/D_1 > 1{,}4$ gegeben ist. Hierin bedeutet D_1 den Eintritts-, D_2 den Austrittsdurchmesser des Laufrades auf der Schaufelmittellinie im Meridianschnitt (Abb. 13.1). Zugleich soll aber auch die Radbreite b_2 am Austritt einen Größtwert nicht überschreiten, um ein Abreißen der Strömung und das damit verbundene Absinken der spezifischen Förderarbeit und des Wirkungsgrades zu vermeiden. Diese Bedingung verlangt eine Radbreite $b_2 < 0{,}35\,(D_2 - D_1)$.

---

[1] Es ist hier davon abgesehen, daß der Verengungsfaktor mit dem Volumenstrom, der Drehzahl und schließlich auch mit der Stufenzahl veränderlich ist.

Für die Ausführung der Schaufel schreibt die Rechnung (Abschn. 15) — abgesehen von der Stärke s am Ein- und Austritt — nur die Durchmesser D_1 und D_2 sowie die Relativwinkel β_1 und β_2, also die kennzeichnenden Größen des Schaufelanfanges und des Schaufelendes vor. Über den dazwischen liegenden Teil sagt die Stromfadentheorie nichts aus. Offenbar ist aber die Schaufelform keineswegs gleichgültig, weil sie den Querschnittsverlauf des Schaufelkanals und somit die hydraulischen Verluste, die Reibungs- und Umsetzungsverluste, bestimmt.

Gehen wir bei der Ermittlung des Kanalverlaufs davon aus, daß auf konzentrischen Kreisen um die Radachse ein gleicher Strömungszustand herrscht, daß also im Laufradkanal eine schaufelkongruente Strömung vorliegt, so läßt sich die Schaufelform dadurch festlegen, daß man einen geeigneten Verlauf des Schaufelwinkels β oder der Relativgeschwindigkeit w in Abhängigkeit vom Halbmesser r vorschreibt und die Schaufel nach den in den Abschn. 16bβ u. γ für die räumlich gekrümmte Schaufel angegebenen Verfahren ermittelt. Letztere sind auch für die Aufzeichnung der einfach gekrümmten, der Zylinderschaufel, verwendbar, wenn an Stelle von Δx die radial gerichtete Differenz Δr gesetzt wird. Die Aufgabe beschränkt sich dann auf die Ermittlung einer einzigen Strombahn im Grundriß. Sie stellt die Mittellinie dar, von der aus die Schaufelstärke s je zur Hälfte nach beiden Seiten abgetragen wird.

Das zeichnerische Verfahren nach Abschn. 16bβ beruht auf der Festlegung des β-Verlaufs der Schaufelmittellinie, deren winkel- und längentreue Abbildung zwischen dem Eintrittshalbmesser r_1 und dem Austrittshalbmesser r_2 analog der Abb. 16.5a—c aus der Ebene in den Grundriß übertragen wird.

Die rechnerische Methode nach Abschn. 16bγ bestimmt die Schaufelmittellinie durch die Polarkoordinaten r und ϑ. Für die Zylinderschaufel mit den Grenzen r_1 und r_2 geht dabei Gl. (16,2) in

$$\vartheta^\circ = \frac{180}{\pi} \sum_{r_1}^{r_2} \frac{\Delta r}{r \tan\beta} \tag{13,1}$$

über. Der Rechnungsgang ergibt sich aus Zahlentafel 2 des dem Abschn. 16bγ angefügten Beispiels, wobei sinngemäß Δx durch Δr zu ersetzen und demnach β sowie alle weiteren vorkommenden Größen in Abhängigkeit von r darzustellen sind. Wird an Stelle von β der Verlauf der Relativgeschwindigkeit w vorgeschrieben, so ist β nach Gl. (16,3) zu berechnen, die mit $s' = s$ für die Zylinderschaufel

$$\sin\beta = \frac{s}{t} + \frac{c_{m_0}}{w} \tag{13,2}$$

lautet.

Dem über dem Radius r als geradlinig angenommenen β-Verlauf entspricht eine nach unten durchgebogene w-Linie. Die Schaufel verkürzt bzw. verlängert sich, wenn die β-Linie nach oben bzw. nach unten durchgebogen wird. Eine entsprechende Änderung der w-Linie hat die umgekehrte Wirkung.

Vielfach ist ein einfacheres, in der Praxis gut bewährtes Verfahren zur Bestimmung der Schaufelform gebräuchlich, dem ein Laufrad mit endlicher Schaufelzahl zugrunde liegt. Bei Pumpen der hier behandelten Art ist der Austrittsquerschnitt des

Schaufelkanals stets größer als der Eintrittsquerschnitt. Es handelt sich also um einen erweiterten, diffusorartigen Kanal mit Umsetzung von Geschwindigkeits- in Druckenergie. Obwohl die Flüssigkeitsströmung im rotierenden Laufradkanal von der Strömung im ruhenden Diffusor abweicht, sind die an den Diffusor zu stellenden Forderungen im wesentlichen auch für den Laufradkanal gültig. Lange Kanäle ergeben große Reibungsverluste, kurze ziehen die Gefahr der Ablösung der Strömung nach sich. Vorteilhaft erscheint demnach ein mäßig langer Kanal, dessen Querschnitt stetig und allmählich zunimmt. Unter diesem Gesichtspunkt wird die Schaufelmittellinie im Radialschnitt (Abb. 13.1) aus zwei Kreisbögen[1] gebildet, deren Radien so bestimmt werden, daß ein günstiger Querschnittsverlauf des Kanals entsteht, und zugleich der Ein- und Austrittswinkel der Schaufel eingehalten wird.

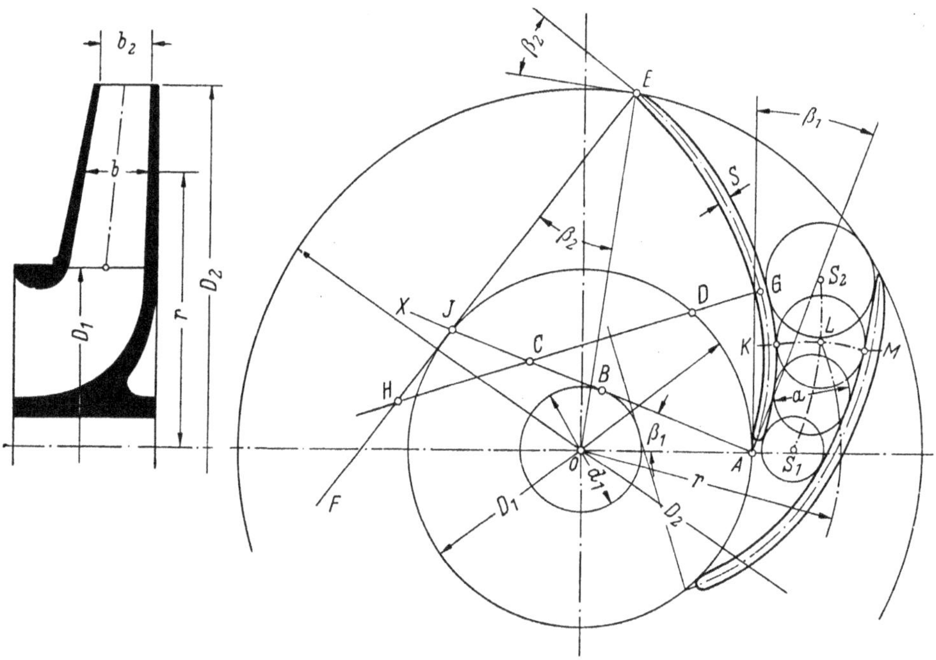

Abb. 13.1. Entwurf der einfach gekrümmten Radialschaufel

Man verfährt in folgender Weise:

Nach Auftragen des Eintrittskreises mit dem Durchmesser D_1 (Abb. 13.1), des Austrittskreises mit dem Durchmesser D_2 sowie eines dritten Kreises vom Durchmesser $d_1 = D_1 \sin \beta_1$ teilt man den Eintrittskreis (D_1) entsprechend der Schaufelzahl in z gleiche Teile und zieht von den Teilpunkten Tangenten an den Kreis vom Durchmesser d_1, z.B. die Tangente AX. Dann ist der Winkel OAX gleich β_1. Der Mittel-

[1] Die im Schrifttum zu findende Angabe, daß die Verwendung von zwei Kreisbögen wegen des unstetigen Überganges von einem Krümmungshalbmesser zum anderen infolge Grenzschichtansammlungen zusätzliche Verluste verursache, kann praktisch allgemein nicht bestätigt werden. Zumindest sind diese Verluste bei nicht zu großen Unterschieden der Krümmungshalbmesser (Abb. 13.1) sehr gering, wie die mit derartigen Schaufeln erreichten recht guten Pumpenwirkungsgrade beweisen, z.B. Abbn. 14.2; 30.1; 30.2. Außerdem dürfte bei der Herstellung des Schaufelmodells eine sprunghafte Änderung des Krümmungshalbmessers kaum entstehen.

punkt des Eintrittskreisbogens AG der Schaufelmittellinie liegt auf der Tangente AX, und zwar außerhalb von AB, etwa bei C. Sollte die spätere Nachprüfung der Kanalquerschnitte einen ungünstigen Querschnittsverlauf ergeben, so ist eine Korrektur durch Verlegung von C auf der Tangente AX vorzunehmen.

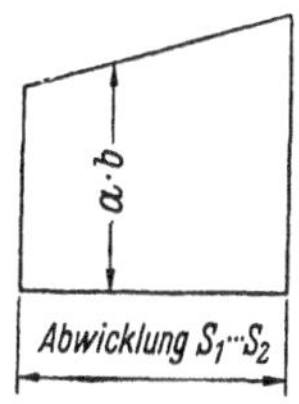

Abb. 13.2. Querschnittsverlauf des Schaufelkanals längs des mittleren Stromfadens

Der zweite Kreisbogen, durch den der Austrittswinkel β_2 festgelegt wird, hat seinen Mittelpunkt auf der Verlängerung der Geraden CG durch den Teilpunkt D. Sein Halbmesser läßt sich konstruktiv oder rechnerisch bestimmen. Am einfachsten findet man ihn auf folgende Weise:

Man zeichnet auf Transparentpapier den Kreis vom Durchmesser D_2, zieht einen Halbmesser OE und trägt daran den Winkel β_2 mit dem freien Schenkel EF an (Abb. 13.1). Der Kreis auf dem Transparentpapier wird nun auf der Zeichnung um den Mittelpunkt O so gedreht, daß $EH = GH$ wird. Dann ist H der Mittelpunkt des Kreisbogens für den Schaufelaustritt.

Zur Erlangung einer günstigen Schaufelform ist anzustreben, daß das Verhältnis der Krümmungshalbmesser $< 2:1$ bleibt (Abb. 13.1).

Aus der obigen Konstruktion folgt ohne weiteres, daß es auch möglich ist, Ein- und Austrittswinkel durch einen einzigen Kreisbogen festzulegen. In diesem Falle müßte das Transparentpapier so gedreht werden, daß $AJ = EJ$ wird. Dann liegt die Schaufelmittellinie allerdings unveränderlich fest, so daß der Querschnittsverlauf des Kanals nur noch durch eine veränderliche Schaufelstärke s und die Radbreite b beeinflußt werden kann. Vorteilhaft ist hier die gleichbleibende Schaufelkrümmung.

Nach Festlegung der Schaufelmittellinie für zwei benachbarte Schaufeln ist die Schaufelstärke s einzuzeichnen, die im allgemeinen unveränderlich ist. Die Schaufeln werden am Eintritt leicht verjüngt und abgerundet, am Austritt vielfach beiderseitig zugeschärft.

Da der Halbmesser des Eintrittskreisbogens mehr oder weniger willkürlich gewählt wurde, ist eine Nachprüfung des Querschnittsverlaufs des Kanals notwendig. Durch Einzeichnen einer Anzahl tangierender Kreise mit dem veränderlichen Durchmesser a ermittelt man zunächst den mittleren Stromfaden S_1S_2 (Abb. 13.1). Zwei weitere Stromfäden in der Zeichenebene des Kanals werden durch die Schaufelbegrenzungen gebildet. Eine Kurve, die alle Stromfäden senkrecht schneidet — z.B. die Kurve KLM —, bezeichnet man als Normallinie. Die Länge dieser Kurve ist etwa gleich dem Durchmesser a des um L beschriebenen tangierenden Kreises. Der auf den Punkt L des mittleren Stromfadens bezogene Kanalquerschnitt ergibt sich nun als Produkt der Normallinie $KLM = a$ und der im Abstande $r = OL$ von der Drehachse gemessenen Kanalbreite b, die strenggenommen ebenfalls als Normallinie zu den Stromfäden im Meridianschnitt zu bestimmen ist. Bei radial verlaufender Schaufel genügt es, die Kanalbreite b in axialer Richtung zu messen. In dieser Weise werden längs des mittleren Stromfadens eine Anzahl Querschnitte $a \cdot b$ ermittelt und in beliebigem Maßstab über dem gestreckten Stromfaden S_1S_2 aufgetragen (Abb. 13.2). Hierbei soll sich eine stetig ansteigende Kurve, am besten eine gerade Linie ergeben. Zeigt die Kurve zwischen den Endpunkten einen Extremwert, so ist der Schaufelkanal durch entsprechende Verlegung des Punktes C bzw. Änderung der Kanalbreite b oder der Schaufelstärke s zu verbessern.

14. Die Leitvorrichtungen

Im Abschn. 8 ist gezeigt worden, daß nur ein Teil der Arbeit, die von den Schaufeln an die Flüssigkeit übertragen wird, im Laufrad selbst zu einer Druckerhöhung führt, während der Rest eine Zunahme der Geschwindigkeit des Fördermittels zur Folge hat. Da nur eine Vergrößerung des Druckes angestrebt wird, ist die kinetische Energie der Flüssigkeit nachträglich in Druckenergie umzuwandeln. Diesem Zweck dienen die Leitvorrichtungen.

Die Umwandlung der Geschwindigkeitsenergie kann erreicht werden durch ein System von ringförmig nebeneinander angeordneten, allmählich erweiterten Kanälen — ein Leitrad —, durch einen schaufellosen glatten Ringraum, der auch als Leitring oder als Diffusor bezeichnet wird, und schließlich durch ein Spiralgehäuse, welchem zur weiteren Geschwindigkeitsumwandlung meistens ein konischer Stutzen angeschlossen ist.

a) Der Leitring

Dieser stellt die einfachste Form der Leitvorrichtungen dar. Er besteht aus einem Ringkanal mit parallelen glatten Wänden (Abb. 14.1). Zur Vermeidung des Kantenstoßes wird die Eintrittsbreite b_3 etwas größer als die Austrittsbreite b_2 des Laufrades ausgeführt. Die Wirkungsweise des Leitrings ist folgende:

Ein Flüssigkeitsteilchen verlasse das Laufrad unter dem Winkel α_3 mit der absoluten Geschwindigkeit c_3[1]. Diese läßt sich in die Umfangskomponente $c_{3_u} = c_3 \cos \alpha_3$ und die Meridiankomponente c_{3_m} zerlegen (Abb. 5.4). Nach dem Eintritt in den Leitring ermäßigt sich c_{3_m} infolge der Kanalverbreiterung auf $c_{4_m} = c_{3_m} b_2/b_3$, mithin auch der Austrittswinkel α_3 auf α_4 gemäß $\tan \alpha_4 = \tan \alpha_3\, b_2/b_3$.

Gelangt das Flüssigkeitsteilchen auf seinem Wege durch den Leitring vom Kreise mit dem Radius r_4 auf den Kreis mit dem Radius r_4', so verringert sich die Meridiankomponente bei parallelen Wänden nach dem Kontinuitätsgesetz auf

$$c_{4m}' = c_{4m} \frac{r_4}{r_4'}. \tag{14,1}$$

Die Umfangskomponente befolgt in einer reibungsfreien Strömung den Drall- oder

[1] Nach neueren Untersuchungen verlassen die Flüssigkeitsteilchen den Laufradkanal mit sehr unterschiedlicher Absolutgeschwindigkeit sowohl der Größe als auch der Richtung nach. Als Folge davon findet in einer Ringzone hinter den Laufschaufeln zunächst ein mit Druckanstieg verbundener Impulsaustausch statt, bevor sich eine ausgeglichene Strömung einstellt. Vgl. hierzu Petermann, H.: Der Strömungsverlauf in und hinter Laufschaufelkanälen von radialen Kreiselpumpen und Verdichtern. VDI-Z. 103 (1961) Nr. 17, S. 748—752.

Flächensatz (Satz vom konstanten Drall $c_u \cdot r = \text{const}$), demnach ist

$$c'_{4u} = c_{3u} \frac{r_4}{r'_4}. \qquad (14,2)$$

Auf der Bahn des Flüssigkeitsteilchens verringern sich also bei parallelen Wänden Meridian- und Umfangskomponente in demselben Verhältnis, der Winkel α_4 bleibt daher unverändert. Diese Eigenschaft der Bahnkurve ist zugleich ein Kennzeichen der logarithmischen Spirale. Bei reibungsfreier Bewegung beschreiben also die Flüssigkeitsteilchen im parallelwandigen Leitring die Bahn von logarithmischen Spiralen (Abb. 14.1).

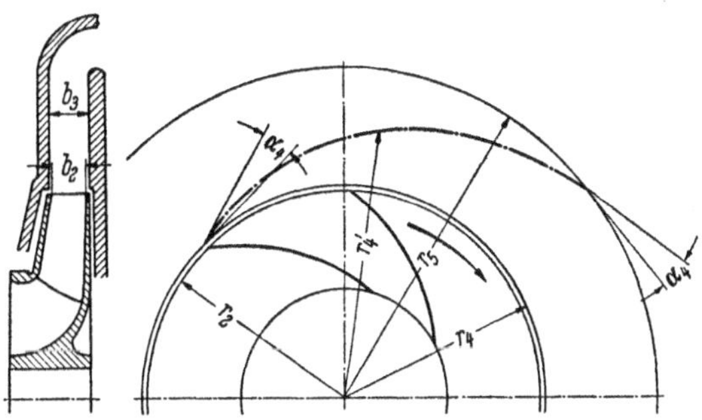

Abb. 14.1. Bahnkurve eines Flüssigkeitsteilchens im Leitring

Nach den Gln. (14,1) und (14,2) sind beide Komponenten von c'_4 um so kleiner, je größer r'_4 ist. Weitgehende Umsetzung von Geschwindigkeit in Druck ist daher nur bei großer radialer Erstreckung des Leitrings zu erwarten. Diese Feststellung bedarf aber praktisch einer gewissen Einschränkung.

Es war bislang vorausgesetzt, daß die Strömung im Leitring reibungsfrei vor sich geht. Die in Wirklichkeit auftretende Reibung bewirkt, daß die Umfangskomponente stärker als dem Drallsatz entsprechend abnimmt, und demnach auch die Bahn der Flüssigkeitsteilchen von der logarithmischen Spirale abweicht. Die Reibung fällt um so mehr ins Gewicht, je länger die Bahn der Flüssigkeitsteilchen ist, mit anderen Worten: je kleiner der Austrittswinkel α_4 und je größer die radiale Ausdehnung des Leitringes ist. Der Versuch zeigt, daß es bei kleinem Austrittswinkel α_4 nachteilig ist, den Durchmesser des Leitringes über ein gewisses Maß zu vergrößern. So wird z.B. für $\alpha_4 = 4°$ die beste Energieumwandlung bei einem Radienverhältnis $r_5/r_4 \approx 1{,}6$ erreicht (Abb. 14.1)[1].

Der bei Leitringpumpen häufig anzutreffende mäßige Wirkungsgrad hat seine Ursache meistens in dem zu kleinen Austrittswinkel bzw. der zu geringen radialen Ausdehnung. Wie sehr der Wirkungsgrad der Leitringpumpe bei hinreichend großem Leitringdurchmesser vom Austrittswinkel α_4 abhängt, geht auch daraus hervor, daß der Höchstwert des Wirkungsgrades nicht etwa im Auslegezustand, also beim Volumenstrom stoßfreien Eintritts in das Laufrad vorhanden ist, sondern bei einem wesentlich größeren Volumenstrom, dem also auch ein größerer Austrittswinkel α_4 und ein verkürzter Reibungsweg entspricht (Abb. 14.2). Hierdurch kommt das eigentüm-

[1] Schrader, H.: Messungen an Leitschaufeln von Kreiselpumpen, Würzburg-Aumühle: Konrad Triltsch 1939.

liche Verhalten des Leitrings zum Ausdruck, daß der durch ihn verursachte Reibungsverlust trotz des größeren Durchflusses abnimmt. Bemerkenswert ist, daß offenbar der Laufschaufelstoß nur einen geringen Einfluß auf den Wirkungsgrad der Pumpe hat[1].

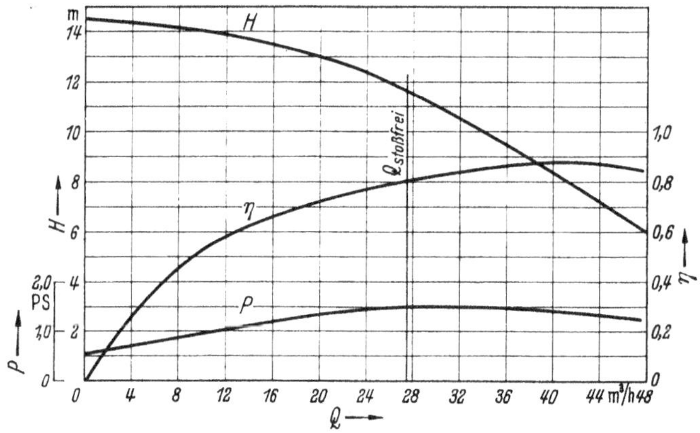

Abb. 14.2. Kennlinien einer Kreiselpumpe mit Leitring. Saughöhe stetig ansteigend von H_s = 0,45 m bei Q = 0 auf H_s = 2,9 m bei Q_{max} (EDUR-Pumpenfabrik)

Nach Versuchen von Stewart[2] ergibt sich die Erklärung für diese Erscheinung aus folgendem: Weicht der Volumenstrom von dem des stoßfreien Eintritts ab, so sucht er sich so einzustellen, daß ein möglichst geringer Durchgangswiderstand entsteht. Durch Rückwirkung des Laufrades auf die zuströmende Flüssigkeit nimmt diese, wenn vor dem Laufrad störende Einbauten fehlen, eine Drehbewegung an, und zwar bei Teillast einen Gleichdrall, der eine Verkleinerung des Anströmwinkels α_0 zur Folge hat, bei Überlast einen Gegendrall, dem eine Vergrößerung von α_0 entspricht. In beiden Fällen nähert sich dadurch die Anströmrichtung der des stoßfreien Eintritts.

Während die Umfangskomponente c'_{4u} nur vom Radius abhängig ist, wird die Meridiankomponente c'_{4m} auch von der Breite des Leitrings bestimmt. Durch allmähliche Verbreiterung des Leitrings nach außen ist daher noch eine weitergehende Umsetzung der Meridiankomponente möglich. Da diese aber nur einen Bruchteil der Umfangskomponente ausmacht und der erzeugte Druck dem Quadrat der Geschwindigkeit verhältnisgleich ist, bleibt der Anteil der Meridiankomponente an der Druckerzeugung klein. Somit ist schon theoretisch nur ein sehr geringer Erfolg von der Verbreiterung zu erwarten. In Wirklichkeit wirkt sich diese aber als Nachteil aus, weil die zusätzliche Abnahme der Meridiankomponente eine Verlängerung des Reibungsweges der Flüssigkeit zur Folge hat.

Allgemein ist zu sagen, daß der parallelwandige Leitring unter Beachtung der geschilderten Gesichtspunkte $-\alpha_4 > 15°$ und hinreichende radiale Erstreckung — hinsichtlich des Wirkungsgrades durchaus befriedigt und dem Leitrad keineswegs nachsteht. Er liefert neben einer flach verlaufenden Drosselkurve auch eine flache Wirkungsgradkurve.

[1] Vgl. auch Varley, F. A.: Effects of Impeller Design and Surface Roughness on the Performance of Centrifugal Pumps. Instn. mech. Engs., Proc. 175 (1961) Nr. 21, S. 955—989. Auszug daraus in Konstruktion 15 (1963) H. 7, S. 282—284.

[2] Stepanoff, A. J.: Radial- und Axialpumpen. Deutsche Übersetzung der 2. Aufl. von A. Haltmeier, Berlin, Göttingen, Heidelberg: Springer 1959, S. 31.

b) Das Leitrad

Ordnet man in einem parallelwandigen Leitring Leitschaufeln in der Weise an, daß die Zwischenräume Kanäle bilden, die sich stetig und allmählich erweitern, so entsteht ein Leitrad. Aus Sicherheitsgründen und zur Geräuschminderung verbleibt zwischen Leit- und Laufschaufeln ein Zwischenraum von einigen Millimetern. Große Zwischenräume sind zu vermeiden, weil sie — besonders bei Teillast — ein Abnahme von Förderhöhe und Wirkungsgrad verursachen.

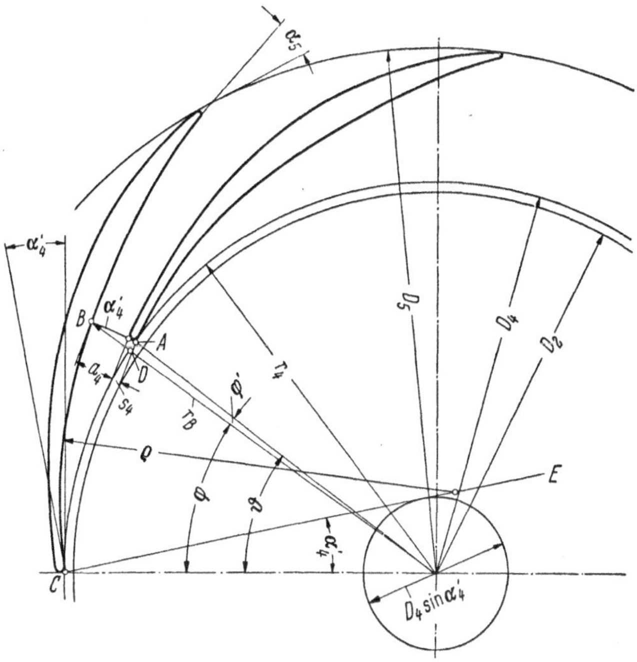

Abb. 14.3. Zur Bestimmung der Kanalweite a_4 des Leitrades

Nach Verlassen der Laufradkanäle beschreiben die Wasserteilchen — wie bereits im vorhergehenden Abschnitt nachgewiesen — bei reibungsfreier Strömung die Bahn von logarithmischen Spiralen, so daß der absolute Austrittswinkel unverändert erhalten bleibt, wenn der Einlaufbogen CB der Schaufel im sogenannten Schrägabschnitt CBA des Schaufelkanals (Abb. 14.3) als logarithmische Spirale ausgebildet wird. Allerdings hat sich die Meridiankomponente c_{3m} wegen der Verbreiterung des Leitkanals auf $c_{4m} = c_{3m}\, b_2/b_3$ verringert, was gemäß $\tan\alpha_4 = \tan\alpha_3\, b_2/b_3$ auch eine Verringerung des Austrittswinkels α_3 auf α_4 zur Folge hat.

Beim Eintritt des Wassers in die Leitkanäle verengt sich der Querschnitt durch die endliche Dicke der Leitschaufeln. Eine weitere Verkleinerung des nutzbaren Durchtrittsquerschnitts wird durch eine Sekundärströmung hervorgerufen. Messungen an Leitkanälen haben ergeben, daß der Druckanstieg im Leitkanal zum größten Teil im Schrägabschnitt, d.h. im Raum ABC (Abb. 14.3) vor sich geht[1]. Die aus dem

[1] Schrader, H.: Zit. S. 49. Auf den im Schrägabschnitt festgestellten beträchtlichen Druckanstieg hat neben dem Impulsaustausch durch Rückströmen auch der in der Fußnote S. 48 erwähnte Geschwindigkeitsaustausch am Radumfang Einfluß.

Laufrad mit einer gewissen kinetischen Energie austretenden Flüssigkeitsteilchen unterliegen verschieden starken Reibungseinflüssen. In der Grenzschicht an den Seitenwänden werden die Flüssigkeitsteilchen durch Reibungskräfte stark abgebremst, so daß hier der Druckanstieg geringer ist als in der Kanalmitte. Dadurch verstärkt sich die Grenzschicht. Es kommt auf beiden Seiten des Schrägabschnitts zu einem Rückströmen der Wasserteilchen aus dem Leitrad in das Laufrad (Abb. 14.4)

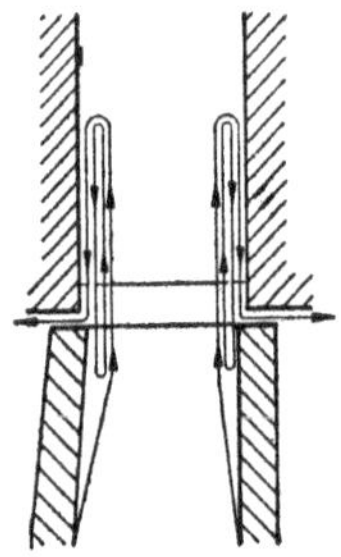

Abb. 14.4. Rückströmen von Totwasser aus dem Schrägabschnitt des Leitrades in das Laufrad

Die Rückstrombreite der Grenzschicht ist vom Volumenstrom abhängig. Sie nimmt mit kleiner werdendem Volumenstrom zu, bis sie bei Nullförderung schließlich die ganze Breite des Schrägabschnitts ausfüllt. Auch beim Nennvolumenstrom ist ein gewisses Rückströmen vorhanden, so daß der Durchtrittsquerschnitt eingeengt wird. Die durch die Schaufelverengung sowie durch das Rückströmen hervorgerufene Verkleinerung des wirksamen Eintrittsquerschnitts bei AB berücksichtigen wir dadurch, daß wir den Leitschaufeleintrittswinkel von α_4 auf α_4' vergrößern gemäß

$$\tan\alpha_4' = \tan\alpha_4 \xi \mu . \tag{14,3}$$

Hierin bedeuten $\xi = t_4 / \left(t_4 - \frac{s_4}{\sin\alpha_4'}\right)$ den Verengungsfaktor[1], μ eine Erfahrungszahl, die neben dem Rückströmen auch eine gewisse Strahleinschnürung sowie die Unausgeglichenheit der Strömung beim Eintritt des Wassers in die Leitkanäle berücksichtigen soll. Sie ist nach Versuchen Hansen[2] für den Punkt besten Wirkungsgrades etwa gleich 1,2···1,6 zu setzen, wobei μ mit zunehmender Laufschaufelzahl und größer werdendem Austrittswinkel β_2 wächst.

Gehen wir von einer logarithmischen Bahn der Wasserteilchen aus, so läßt sich die erforderliche Eintrittsweite a_4 des Leitkanals wie folgt ermitteln:

Die Kurve CB in Abb. 14.3 sei eine unter dem Tangentenwinkel α_4' verlaufende logarithmische Spirale, die Kurve AB ebenfalls eine solche Spirale, welche die erstere im Punkt B senkrecht schneidet, also unter dem Tangentenwinkel $90° - \alpha_4'$ verläuft. Dann ist der Winkel ABD gleich α_4'. Mit den Bezeichnungen der Abb. 14.3 gilt für das Kurvenstück CB

$$\widehat{\varphi} = \frac{\ln \frac{r_B}{r_4}}{\tan\alpha_4'},$$

[1] Der Verengungsfaktor errechnet sich aus den Abmessungen des Kanaleintritts. Vgl. hierzu Abb. 15.2.

[2] Hansen, O.: Untersuchungen über den Einfluß des endlichen Schaufelabstandes in radialen Kreiselrädern, Diss. Techn. Hochschule Braunschweig 1936.

entsprechend für das Kurvenstück AB

$$\widehat{\varphi}' = \frac{\ln \frac{r_B}{r_4}}{\cot \alpha_4'} = \tan \alpha_4' \ln \frac{r_B}{r_4}.$$

Ist $\widehat{\vartheta}$ der dem Bogen AC, also der der Teilung entsprechende Zentriwinkel und z_l die Leitschaufelzahl, so erhält man durch Addition

$$\widehat{\vartheta} = \widehat{\varphi} + \widehat{\varphi}' = \frac{2\pi}{z_l} = \left(\frac{1}{\tan \alpha_4'} + \tan \alpha_4'\right) \ln \frac{r_B}{r_4}.$$

Mit

$$\frac{1}{\tan \alpha_4'} + \tan \alpha_4' = \frac{\cos \alpha_4'}{\sin \alpha_4'} + \frac{\sin \alpha_4'}{\cos \alpha_4'} = \frac{1}{\sin \alpha_4' \cos \alpha_4'}$$

folgt

$$\frac{2\pi}{z_l} = \frac{1}{\sin \alpha_4' \cos \alpha_4'} \ln \frac{r_B}{r_4} = \frac{2}{\sin 2\alpha_4'} \ln \frac{r_B}{r_4},$$

somit

$$r_B/r_4 = \exp\left(\frac{\pi}{z_l} \cdot \sin 2\alpha_4'\right) \qquad \text{und} \qquad r_B - r_4 = r_4 \left[\exp\left(\frac{\pi}{z_l} \sin 2\alpha_4'\right) - 1\right].$$

Da α_4' bzw. φ' bei Kreiselpumpen stets kleine Winkel sind, kann der Winkel ADB als rechter angesehen werden. Man erhält dann ohne merklichen Fehler

$$AB = a_4 + s_4 = \frac{r_4}{\cos \alpha_4'} \left[\exp\left(\frac{\pi}{z_l} \sin 2\alpha_4'\right) - 1\right]. \tag{14,4}$$

Dieser Ausdruck läßt sich durch Reihenentwicklung der Potenz und Einführung der Teilung $t_4 = 2 r_4 \pi / z_l$ auch in der Form

$$a_4 + s_4 = t_4 \sin \alpha_4' \left(1 + \frac{\pi}{2 z_l} \sin 2\alpha_4'\right)^{1} \tag{14,5}$$

schreiben.

Die richtige Bemessung der Eintrittsweite a_4 ist wichtig. Versuche zeigen, daß sich für ein gegebenes Laufrad der erreichbare Bestwert des Wirkungsgrades nur bei einer bestimmten Eintrittsweite einstellt. Sie bestimmt zugleich den dem Bestwert zugeordneten Volumenstrom. Eine Abweichung des ausgeführten Eintrittswinkels von dem für die Berechnung von a_4 nach Gl. (14,4) bzw. (14,5) zu verwendenden Wert α_4' ist von geringerer Bedeutung. Der Eintrittswinkel der Leitschaufeln kann auch

---

[1] $$\exp\left(\frac{\pi}{z_l} \cdot \sin 2\alpha_4'\right) = 1 + \frac{\frac{\pi}{z_l} \sin 2\alpha_4'}{1!} + \frac{\left(\frac{\pi}{z_l} \sin 2\alpha_4'\right)^2}{2!} + \cdots$$

$$= 1 + \frac{\pi}{z_l} \sin 2\alpha_4' \left(1 + \frac{\pi}{2 z_l} \sin 2\alpha_4'\right)$$

Die Reihe kann nach 3 Gliedern abgebrochen werden, weil der Exponent stets beträchtlich kleiner als 1 ist. Es ist somit

$$a_4 + s_4 = \frac{r_4}{\cos \alpha_4'} \cdot \frac{2\pi}{z_l} \sin \alpha_4' \cos \alpha_4' \left(1 + \frac{\pi}{2 z_l} \sin 2\alpha_4'\right) = t_4 \sin \alpha_4' \left(1 + \frac{\pi}{2 z_l} \sin 2\alpha_4'\right).$$

auf α_4 verringert werden oder einen zwischen α_4 und α_4' liegenden Wert annehmen. Ebenso kann auf die Ausbildung des Kurvenstücks BC als logarithmische Spirale verzichtet werden. Es läßt sich durch einen Kreisbogen ersetzen, dessen Mittelpunkt auf dem Schenkel CE des Eintrittswinkels liegt und dessen Radius ϱ so bestimmt wird, daß der Kreisbogen die Punkte C und B trifft. Daneben sind unter Einhaltung des Eintrittswinkels auch andere geeignete Kurven möglich.

Durch Einzeichnen der Schaufelstärke, die sich am Eintrittsende allmählich auf $s_4 = 2 \cdots 4$ mm verjüngt, kann nun der Eintrittsverlauf des Leitkanals festgelegt werden. Die weitere Formgebung erfolgt so, daß sich der Kanal bei möglichst geringer Krümmung gleichmäßig erweitert, wobei der Erweiterungswinkel an keiner Stelle den Betrag $\varepsilon = 7 \cdots 10°$ übersteigen soll. Zu große Erweiterungswinkel führen zum Ablösen der Strömung und damit zu einem schlechten Wirkungsgrad der Leitvorrichtung. Das gleiche gilt für zu lange Kanäle. Unter Einhaltung des zulässigen Erweiterungswinkels ist für den Endquerschnitt das 1,5- bis 1,8fache des Eintrittsquerschnitts ausreichend. Am Austrittsende wird die Leitschaufel, wie aus Abb. 14.3 ersichtlich, auf der konvexen Seite allmählich verjüngt.

Da die Strömung im Leitkanal verzögert ist, muß die Wandreibung möglichst klein gehalten werden. Aus diesem Grunde werden für die Beschaufelung meistens besondere halboffene Leitschaufeleinsätze vorgesehen, die der Bearbeitung zugänglich sind. Als Werkstoff dient für Wasserförderung Gußeisen, bei hochwertigen Pumpen Bronze, zumindest werden die Leitschaufelanfänge aus diesem Werkstoff hergestellt.

Für die Wahl der Leitschaufelzahl z_l ist einerseits eine gute Wasserführung, andererseits die Kleinhaltung des Reibungsverlustes maßgebend. Diesen Forderungen genügt am besten ein quadratischer Eintrittsquerschnitt bei AB (Abb. 14.3). Ein solcher ergibt sich angenähert, wenn man die Leitschaufelzahl aus

$$z_l = \frac{D_4 \pi \sin \alpha_4'}{b_3 + s_3} \tag{14,6}$$

errechnet.

Einschränkend ist allerdings zu sagen, daß die Zahl der Leitschaufeln bei kleinem Spalt zwischen Lauf- und Leitrad nicht viel größer als die der Laufschaufeln sein soll. Es soll also der Laufradkanal nicht durch mehrere Leitkanäle überdeckt werden, weil die Austrittsgeschwindigkeit c_3 zwischen zwei Laufschaufelenden sehr unterschiedliche Werte aufweist, solange kein Ausgleich durch Impulsaustausch eingetreten ist. Das trifft erst in einigem Abstand vom Laufradumfang zu.

Bei mehrstufigen Pumpen muß das aus dem Leitkanal austretende Wasser umgelenkt und dem nachfolgenden Laufrade zugeführt werden. Um die dadurch verursachten Strömungsverluste klein zu halten und dem Wasser die gewünschte Eintrittsrichtung zu geben, werden Rückführschaufeln angeordnet. In der Regel verbleibt zwischen Leit- und Rückführschaufeln ein schaufelloser Ringraum. In diesem Falle sind die Leitschaufeln schlank auszubilden. Verläßt das Wasser den Leitkanal auf dem Durchmesser D_5 unter dem Winkel α_5 (Abb. 14.3)[1], so würde dieser nach erfolgter Umlenkung zugleich auch der Eintrittswinkel in die Rückführkanäle sein,

[1] Es sei hier davon abgesehen, daß der tatsächliche Abströmwinkel infolge der endlichen Leitschaufelzahl geringfügig kleiner ist als der Leitschaufelaustrittswinkel α_5. Ebenso kann bei zu geschärften Leitschaufelenden deren Einfluß auf α_5 vernachlässigt werden.

wenn reibungsfreie Strömung, vernachlässigbare Schaufelstärke und gleichbleibende Kanalbreite b_3 vorausgesetzt wird, und wenn ferner $D_6 = D_5$ ist (Abb. 14.5). Der tat-

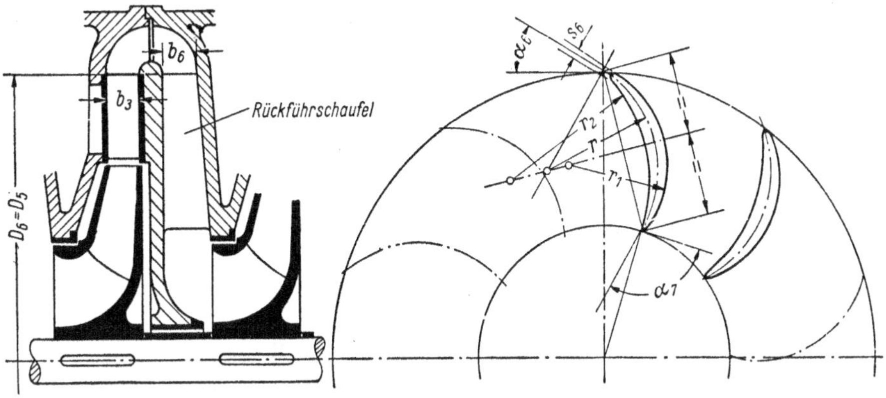

Abb. 14.5. Anordnung der Rückführschaufeln

sächliche Eintrittswinkel ist jedoch ein anderer. Zunächst hat die Wandreibung eine Verringerung der Umfangskomponente c_{5u} und die endliche Dicke der Rückführschaufeln eine Vergrößerung der Meridiankomponente c_{5m} zur Folge. Beide Einflüsse bewirken eine Vergrößerung des Eintrittswinkels. Häufig ist die Kanalbreite vor dem Eintritt in die Rückführkanäle auf b_6 vergrößert (Abb. 14.5), wodurch die Meridiankomponente herabgesetzt wird. Berücksichtigt man die Reibung durch eine Erfahrungszahl μ, die Schaufelstärke durch den Verengungsfaktor $\xi = \dfrac{t_6}{t_6 - \dfrac{s_6}{\sin \alpha_6}}$, so errechnet sich der tatsächliche Eintrittswinkel für $D_6 = D_5$ aus

$$\tan \alpha_6 = \mu \xi \frac{b_3}{b_6} \tan \alpha_5 . \qquad (14,7)$$

Die Zahl μ kann etwa gleich 1,2 gesetzt werden[1]. ξ ist zunächst zu schätzen und nach vorläufiger Berechnung von α_6 zu berichtigen.

In der Regel soll das Wasser die Rückführkanäle unter dem Winkel $\alpha_7' = 90°$ verlassen. Da die Strömung der Schaufelkrümmung nur unvollkommen folgt und den Schaufelkanal mit möglichst geringer Umlenkung zu passieren sucht, ist der Austrittswinkel der Rückführschaufeln größer als 90°, etwa $\alpha_7 = 95 \cdots 100°$ auszuführen.

Unter Einhaltung der so bestimmten Ein- und Austrittswinkel kann die Rückführschaufel als Kreisbogenschaufel gemäß der Konstruktion der Laufradschaufel (Abschn. 13) ausgebildet werden, wobei wie bei dieser darauf zu achten ist, daß der Kanal einen stetigen Verlauf nimmt. Häufig ist es möglich, mit einem einzigen Kreisbogen auszukommen, wenn gleichzeitig die Schaufelstärke veränderlich gemacht wird (Abb. 14.5). Die Schaufeln werden am Eintritt abgerundet und laufen am

[1] Arbeiten die Rückführschaufeln in Verbindung mit einem Leitring, so ist an Stelle des Austrittswinkels α_5 aus den Leitkanälen der für den Eintritt in den Leitring gültige Winkel α_4 zu setzen. Infolge des längeren Reibungsweges des Wassers verringert sich hier die Umfangskomponente in stärkerem Maße, weshalb μ entsprechend größer anzunehmen ist.

Austritt schlank aus. Sie bilden zusammen mit dem Leitradkörper *ein* Gußstück. Ihre Zahl ist etwa gleich der der Leitschaufeln.

Will man einen bestimmten Verlauf des Schaufelwinkels α oder der Absolutgeschwindigkeit c vorschreiben, so läßt sich die Rückführschaufel unter der Annahme schaufelkongruenter Strömung rechnerisch nach dem im Abschn. 16 bγ für die räum-

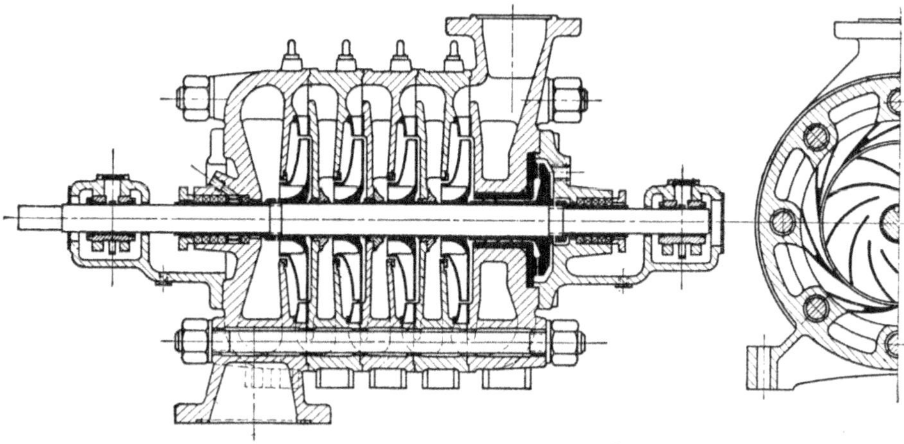

Abb. 14.6. Pumpe mit zusammenhängenden Leit- und Rückführschaufeln

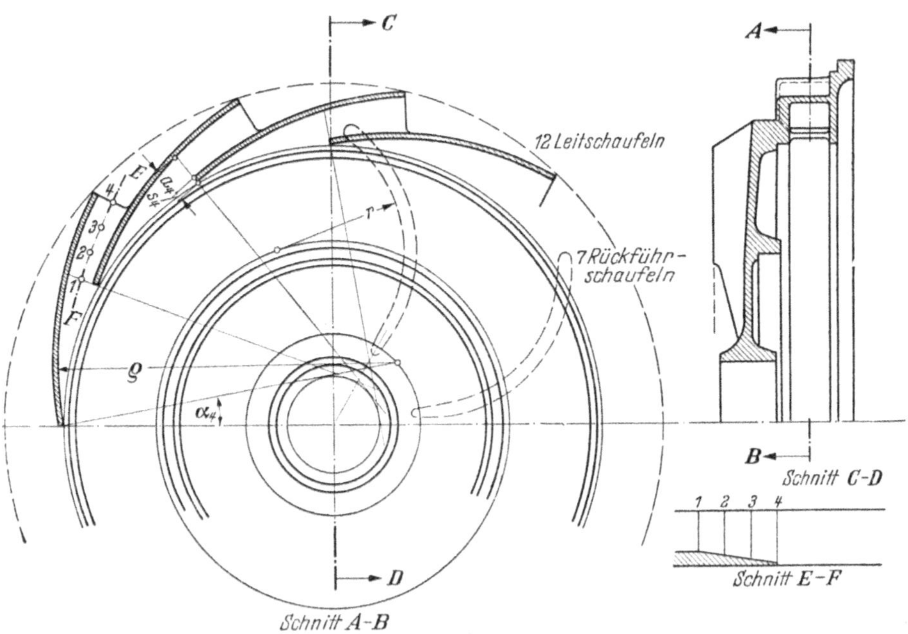

Abb. 14.7. Leitradeinsatz zur mehrstufigen Pumpe nach Abb. 49.1 (KSB, Frankenthal)

lich gekrümmte Laufschaufel angegebenen Verfahren ermitteln, das entsprechend abzuwandeln ist. Da es sich um eine einfach gekrümmte radiale Leitschaufel handelt, tritt an die Stelle von Δx die radial gerichtete Differenz Δr. Ferner werden die relativen Größen β und w durch die absoluten Größen α und c ersetzt, so daß man mit den Grenzen r_6 und r_7 im Bereich α_6 bis α_7 an Stelle von Gl. (16,2) erhält

$$\vartheta^\circ = \frac{180}{\pi} \sum_{r_6}^{r_7} \frac{\Delta r}{r \tan \alpha} \qquad (14,7\,\mathrm{a})$$

und an Stelle von Gl. (16,3) mit $s' = s$ für die Zylinderschaufel

$$\sin \alpha = \frac{s}{t} + \frac{c_{m_0}}{c}. \qquad (14,7\,\mathrm{b})$$

Die Aufgabe beschränkt sich hier auf die Ermittlung einer einzigen Strombahn im Grundriß mit Hilfe der Polarkoordinaten r und ϑ. Die entstehende Kurve stellt die Mittellinie der Rückführschaufel dar, von der aus die Schaufelstärke s, die wie in Abb. 14.5 veränderlich sein kann, je zur Hälfte nach beiden Seiten abgetragen wird.

Der Rechnungsgang ergibt sich aus Zahlentafel 2 des dem Abschn. 16bγ angefügten Beispiels, wobei sinngemäß Δx durch Δr, β durch α, w durch c zu ersetzen und ferner alle Größen in Abhängigkeit von r darzustellen sind. Wird der c-Verlauf zwischen den Grenzwerten c_6 und c_7 vorgeschrieben, so ist der α-Verlauf zunächst mit Hilfe der Gl. (14,7b) zu bestimmen.

Neben der getrennten Ausführungsform von Leit- und Rückführschaufeln findet man auch Konstruktionen, bei denen die Leitschaufel kontinuierlich in die Rückführschaufel übergeht. Die Schaufel ist dann in ihrem mittleren Teil so verstärkt, daß die dem Zusammenhalt der einzelnen Stufen dienenden Ankerbolzen durch sie hindurchgeführt werden können (Abb. 14.6, Seitenbild). Es ergibt sich dadurch eine äußerlich geschlossene Form der Pumpe, allerdings unter größerem gießtechnischem Aufwand.

Die bisherigen Darlegungen gehen davon aus, daß der Leitkanal im Meridianschnitt eine konstante Breite b_3 hat, die Querschnittserweiterung also in der senkrecht dazu liegenden Radialebene erfolgt. Es finden sich auch Ausführungen, bei denen die Kanalbreite b nach außen hin zunimmt, die Querschnittserweiterung also in zwei Ebenen vor sich geht (Abb. 14.7, ferner Abb. 46.4, 46.7, 49.3)[1]. In jedem Falle genügt es, den Endquerschnitt des Kanals innerhalb der Schaufelbegrenzungen auf das 1,5···1,8fache des Eintrittsquerschnitts anwachsen zu lassen, weil der größte Teil des Druckanstiegs bereits im Schrägabschnitt erfolgt. Wesentlich ist aber, daß sich die Strömung nicht ablöst. Der Erweiterungswinkel in jeder der beiden Ebenen soll deshalb 7···8° nicht überschreiten. Die Rückwand der Leiträder mehrstufiger Pumpen, also solcher, bei denen eine Umlenkung des Fördermittels zur nächsten

[1] Nach Untersuchungen von Schramek im Institut für Strömungsmaschinen der Techn. Hochschule Braunschweig (Pfleiderer: Kreiselpumpen, 5. Aufl., S. 359) erweist sich zunehmende Kanalbreite b als nachteilig. Diese Feststellung wird anderweitig durch die günstigen Wirkungsgrade von Pumpen, die mit derartigen Leiträdern ausgerüstet sind, nicht bestätigt (Abb. 46.5, 49.2, 49.4).

Stufe notwendig ist, kann — wie aus Abb. 14.7 ersichtlich — am äußeren Umfang dem Verlauf der Leitschaufel entsprechend sägenförmig ausgeschnitten werden. Dadurch wird erreicht, daß die Umlenkung der Flüssigkeit bereits auf einem kleineren Durchmesser einsetzt, die radiale Ausdehnung des Leitrades also verringert wird.

c) Das Spiralgehäuse

Das Spiralgehäuse kann als ein einziger, das ganze Laufrad umschließender Leitkanal aufgefaßt werden, wobei die Spirale lediglich dem Schrägabschnitt und der angeschlossene konische Stutzen dem eigentlichen Leitkanal entspricht (Abb. 14.8). Leitvorrichtungen dieser Art findet man vorwiegend bei einstufigen Pumpen, daneben auch in der letzten Stufe von mehrstufigen Pumpen. In der Regel ist die Spirale unmittelbar um das Lauftrad angeordnet. In besonderen Fällen kann es aber vorteilhaft sein, zwischen Laufrad und Spirale ein Leitrad einzuschalten.

Die Grundforderung bei der Bemessung des Querschnittsverlaufs der Spirale ist die der Axialsymmetrie der Strömung. Das bedeutet, daß in der Spirale längs konzentrischer Zylinderflächen um die Laufradachse jeweils gleiche Strömungsverhältnisse, also gleicher Druck und gleiche Geschwindigkeit nach Größe und Richtung herrschen sollen. Von dem Grad der Verwirklichung dieser Forderung hängt nicht nur der Wirkungsgrad der Leitvorrichtung, sondern — wegen der Rückwirkung auf das Laufrad — auch der der ganzen Pumpe ab.

Vollkommene Axialsymmetrie ist praktisch nicht erreichbar. Setzt man zunächst voraus, daß das Wasser nach Verlassen des Laufrades den Charakter einer freien Strömung hat, so befolgt es bei gleichzeitig angenommener Reibungsfreiheit den Satz vom konstanten Drall $c_u \cdot r = \text{const}$. In diesem Falle ist die Strömung im Spiralquerschnitt achsensymmetrisch, wenn die seitliche Begrenzung der Spirale durch Rotationsflächen gebildet wird. Die Praxis verwendet jedoch aus Herstellungsgründen meistens die Kreisform als Querschnitt der Spirale, die der gestellten Forderung nur unvollkommen genügt.

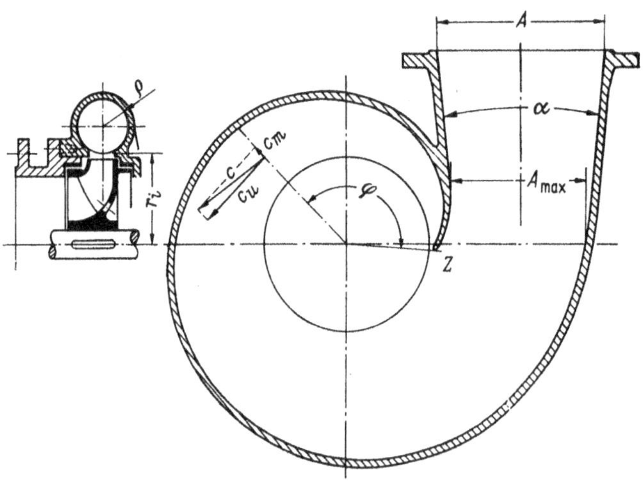

Abb. 14.8. Spiralgehäuse mit kreisförmigem Querschnitt der Spirale

In Wirklichkeit ist die Strömung nicht reibungsfrei, wodurch eine weitere Abweichung verursacht wird. Die in der Grenzschicht der Seitenwandungen der Spirale strömenden Wasserteilchen werden durch Reibungskräfte abgebremst. Dadurch entstehen Druckunterschiede, die Unterströmungen zur Folge haben. Diese überlagern sich der Hauptströmung und verändern somit das Strombild. Schließlich wird eine empfindliche Störung der Achsensymmetrie durch den Beginn der Spirale, die Zunge Z, hervorgerufen.

Nach Versuchen von Broer[1] ergibt sich für die runde Querschnittsform die beste Axialsymmetrie, wenn die Querschnitte der Spirale ohne Berücksichtigung der Reibung nach dem Drallsatz berechnet werden. Auf dieser Grundlage errechnet sich nach Pfleiderer für Pumpen ohne Leitrad der Halbmesser des Spiralquerschnitts zu

$$\varrho = \frac{\varphi^\circ}{C} + \sqrt{2 r_i \frac{\varphi^\circ}{C}} \quad \text{mit} \quad C = \frac{720\,\pi K}{Q}. \tag{14,8}$$

Gemäß Abb. 14.8 bezeichnen hierin φ° den vom Beginn der Spirale bis zum betrachteten Querschnitt durchlaufenen Zentriwinkel in Grad, r_i den Halbmesser des Kreises, der die Kreisquerschnitte der Spirale auf ihrer Innenseite berührt und durch die Zungenlage gegeben ist, Q den sekundlichen Volumenstrom im Auslegepunkt und $K = r_2 c_{3u}$ den Drall der Flüssigkeit beim Austritt aus dem Laufrad. Führt man $K = r_2 c_{3u}$ und $Q = 2 r_2 \pi b_2 c_{3m}$ in den Ausdruck für C ein, so ist auch

$$C = \frac{360\, c_{3u}}{b_2 c_{3m}} = \frac{360}{b_2 \tan \alpha_3}\,.$$

Nach Gl. (14,8) läßt sich für beliebige Zentriwinkel φ° der zugehörige Querschnitt der Spirale berechnen. In der Nähe des Beginns der Spirale ist er allerdings wegen seiner Kleinheit nicht kreisförmig ausführbar. Der anfänglich mehr rechteckig oder elliptisch geformte Querschnitt geht nach hinreichender Vergrößerung stetig in den runden über. Dabei soll die Neigung der Zungenspitze etwa dem Austrittswinkel α_3 entsprechen.

Zu beachten ist ferner, daß der Endquerschnitt der Spirale ($\varphi = 360°$) durch die endliche Dicke der Zunge etwas eingeengt wird, so daß hier r_i um die Zungenstärke vergrößert werden muß (vgl. dazu das Berechnungsbeispiel in Abschn. 18).

Das Spiralgehäuse ohne Leitrad ist besonders bei Niederdruckpumpen, d.h. bei Pumpen mit kleiner Förderhöhe und großem Volumenstrom, also nicht zu kleiner spezifischer Drehzahl angebracht. Es ist dann als günstig zu bezeichnen, wenn der Endquerschnitt $A_{\max}$ der Spirale so groß ausfällt, daß er mit einer mäßigen konischen Erweiterung ($\alpha \leqq 10°$) in den Querschnitt A der Druckleitung übergeht. Mit $\varphi = 360°$ errechnet sich nach Gl. (14,8) der Halbmesser des Endquerschnittes aus

$$\varrho_{\max} = b_2 \tan \alpha_3 + \sqrt{2 r_i b_2 \tan \alpha_3}. \tag{14,9}$$

Hiernach ist der Endquerschnitt von r_i, b_2 und vom absoluten Austrittswinkel α_3 abhängig. Ein kleiner Austrittswinkel führt zu einem engen Endquerschnitt und Druckstutzen, der ein konisches Übergangsstück zur Druckleitung erforderlich macht. In diesem Fall ist die Vorschaltung eines Leitrades oder eines Leitringes zu erwägen. Beim Leitring vergrößert sich der absolute Austrittswinkel allerdings nur geringfügig

[1] Broer: Strömung im Pumpenspiralgehäuse, Diss. Techn. Hochschule Hannover 1939.

in dem Maße wie die Umfangskomponente c_u infolge der Reibung abnimmt, so daß eine Vergrößerung von $\varrho_{\max}$ nur durch eine große radiale Ausdehnung des Leitrings, d.h. eine entsprechende Zunahme von r_i erreicht werden kann. Als wesentlich wirksamer erweist sich die Anwendung eines Leitrades. Hier tritt an die Stelle von α_3 der größere Austrittswinkel α_5 der Leitschaufeln[1] (Abb. 14.3), wobei sich zugleich r_i dem Außendurchmesser des Leitschaufelkranzes entsprechend vergrößert.

Unmittelbar hinter dem Austritt aus den Leitkanälen — auf dem Radius r_5, Abb. 14.3 — beträgt der Drall $K = r_5 c_{5u}$, ferner ist $Q = 2 r_5 \pi b_3 c_{5m}$. Daraus errechnet sich die bei Verwendung eines Leitrades gültige Konstante nach Gl. (14,8) zu

$$C = \frac{360}{b_3 \tan \alpha_5}.$$

Neben der häufig anzutreffenden runden Querschnittsform finden sich auch Ausführungen, bei denen die Spirale seitlich durch beliebig geformte Rotationsflächen begrenzt wird (Abb. 14.9). In diesem Falle lassen sich die Abmessungen der Spirale mit Hilfe eines rechnerisch-zeichnerischen Verfahrens ermitteln.

In einem beliebigen um den Zentriwinkel $\varphi°$ (Abb. 14.8) vom Beginn der Spirale entfernten Querschnitt betrachten wir den sehr schmalen Flächenstreifen $b\,dr$ mit dem Abstand r von der Radachse (Abb. 14.9). Senkrecht zum Flächenstreifen beträgt die Geschwindigkeit $c_u = K/r$, so daß der Volumenstrom $dQ_\varphi = c_u b\,dr = K(b/r)\,dr$ hindurchtritt. Durch den ganzen Querschnitt, der innen durch den Zungenabstand r_i, außen durch den Radius R begrenzt wird, strömt somit

$$Q_\varphi = K \int_{r_i}^{R} \frac{b}{r}\,dr.$$

Dieses Flüssigkeitsvolumen stimmt überein mit dem Volumenstrom, der aus dem Laufrad auf dem zum Zentriwinkel $\varphi°$ gehörenden Umfangsteil austritt, nämlich

$$Q_\varphi = \frac{\varphi°}{360} Q,$$

wenn Q der gesamte sekundlich in die Spirale übertretende Volumenstrom ist. Durch Gleichsetzen folgt

$$\varphi° = \frac{360}{Q} K \int_{r_i}^{R} \frac{b}{r}\,dr. \tag{14,10}$$

Das Integral dieser Gleichung lösen wir zeichnerisch. Wir ermitteln zu diesem Zweck für eine größere Anzahl Zylinderschnitte um die Radachse, die in gleichem radialem Abstand voneinander durch die seitlichen Rotationsflächen gelegt sind — z.B. AB — den Quotienten $y = b/r$ und tragen diesen in einem rechtwinkligen Achsenkreuz über dem Radius r auf, wobei dessen obere Grenze zunächst unbestimmt bleibt (Abb. 14.9). Die zwischen dem so entstandenen Kurvenzug und der r-Achse liegende Fläche zerlegen wir in schmale Streifen von der Breite Δr und der mittleren Höhe $y_m = (y + y')/2$

---

[1] Von der meist geringfügigen Abweichung des Abströmwinkels der Flüssigkeit von dem Austrittswinkel α_5 der Leitschaufeln infolge der endlichen Leitschaufelzahl ist hier abgesehen.

also dem Flächeninhalt $y_m \Delta r$. Bildet man, von Flächenstreifen zu Flächenstreifen fortschreitend, die Summe $\sum_{r_i}^{r} (y_m \Delta r)$ und trägt den Summenwert über dem jeweiligen Radius r auf, so ergibt sich angenähert die Kurve des Integrals $\int_{r_i}^{r} \frac{b}{r}\,dr$. Durch Multiplikation der Ordinaten dieser Kurve mit dem konstanten Faktor $360\,K/Q$ erhält man die Kurve der Funktion $\varphi = f(r)$, welche bei entsprechender Ausdehnung für jeden Zentriwinkel φ der Spirale, d.h. im Bereich zwischen 0° und 360°, den zugehörigen Radius R, also den Abstand der äußeren Begrenzungslinie CD von der Radachse abzulesen gestattet.

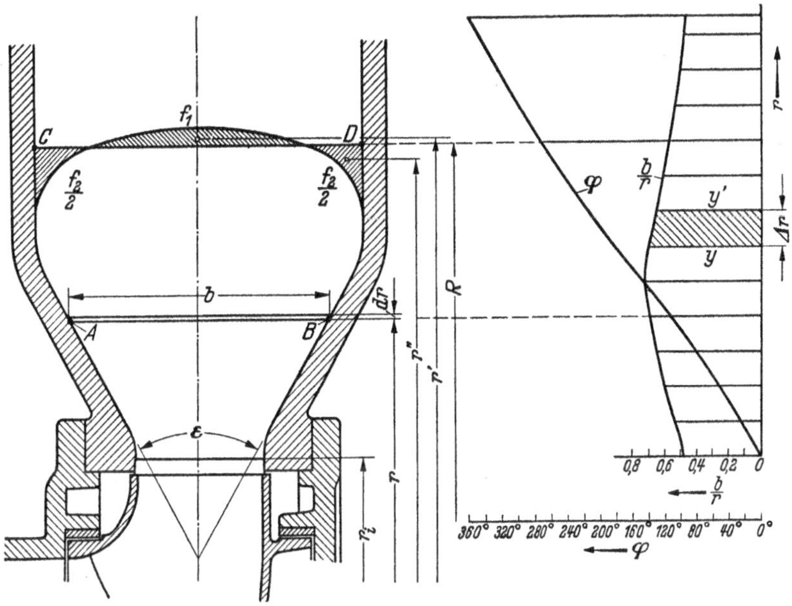

Abb. 14.9. Meridianschnitt durch eine Spirale mit beliebig geformten Rotationsflächen als Seitenbegrenzung

Jeder Meridianschnitt der Spirale wird hiernach in radialer Richtung durch eine gerade Linie begrenzt. Praktisch führt man die äußere Begrenzung aus Festigkeitsgründen nicht geradlinig, sondern — wie in Abb. 14.9 für einen Querschnitt angedeutet — gewölbt aus. Die Flächenteile f_1 und f_2 innerhalb und außerhalb der vermittelnden Geraden CD müssen dabei mit Rücksicht auf die vorausgesetzte Drallströmung so bestimmt werden, daß $f_1/f_2 = r'/r''$ ist, wenn r' und r'' die Schwerpunktabstände dieser Flächen von der Radachse sind. Die Verengung des Endquerschnitts der Spirale ($\varphi = 360°$) durch die Zunge läßt sich dadurch ausgleichen, daß für diesen Querschnitt die Begrenzungsgerade etwa um die Zungenstärke nach außen verlegt wird, wobei natürlich ein stetiger Übergang zu den vorhergehenden Querschnitten hergestellt werden muß. Der Endquerschnitt der Spirale geht unter mäßiger und allmählicher Vergrößerung stetig in den runden Austrittsquerschnitt des Druckstutzens über.

Der Erweiterungswinkel ε hat beim Spiralquerschnitt nicht die Bedeutung wie beim Schaufelkanal des Leitrades, weil er nur die relativ kleine Meridiankomponente der Austrittsgeschwindigkeit, nicht aber die Umfangskomponente beeinflußt, auf deren Umsetzung es hier hauptsächlich ankommt. Es sind deshalb verhältnismäßig große Erweiterungswinkel anwendbar, ohne daß sich die Geschwindigkeitsumwandlung merklich verschlechtert[1].

Für einen Rechteckquerschnitt, also für $b = \text{const}$ (Abb. 14.10) läßt sich Gl. (14,10) integrieren. Mit $b = b_4$ erhält man

$$R = r_i \exp\left(\frac{Q}{360\,K\,b_4}\,\varphi^\circ\right)$$

und durch Subtraktion von r_i

$$R - r_i = r_i\left[\exp\left(\frac{Q}{360 K b_4}\varphi^\circ\right) - 1\right].$$

Bei parallelen Wänden ist die äußere Begrenzung im Radialschnitt eine logarithmische Spirale.

Die Berücksichtigung der Reibung durch entsprechende Verringerung der Umfangskomponente, also Vergrößerung der Spiralquerschnitte hat nach Broer bei der Pumpenspirale nicht zu dem gewünschten Erfolg geführt, vielmehr haben sich die in dieser Weise berechneten Spiralquerschnitte als zu groß erwiesen. Das darf aber nicht zu dem Schluß verleiten, daß die Reibung trotz der hier vorliegenden verzögerten Strömung vernachlässigbar sei. Die Ursache ist vielmehr darin zu suchen, daß die Grenzschichten des Spiralgehäuses in das Laufrad zurückströmen, hier von neuem beschleunigt werden und nach ihrem Wiederaustritt belebend auf die Spiralgehäuseströmung wirken.

Die günstigste Axialsymmetrie einer Spirale ist immer nur bei einem bestimmten Volumenstrom vorhanden. Bei abweichendem Volumenstrom verschlechtert sie sich, und zwar mit abnehmendem Volumenstrom mehr als im umgekehrten Fall. Bei unsicheren Förderverhältnissen ist es daher günstiger, die Spirale zu eng als zu weit auszuführen. Die Ursache für diese Erscheinung ist wieder in der Unterströmung zu suchen, deren Wirkung bei der Pumpenspirale offenbar auf eine Querschnittsverkleinerung hinstrebt.

Entgegen anderweitigen Beobachtungen, nach denen sich gleichgute Wirkungsgrade an Spiralgehäusen ergaben, die teils nach dem Drallsatz, teils unter Zugrundelegung einer gleichbleibenden mittleren Geschwindigkeit über die ganze Länge der Spirale berechnet waren, haben eingehende Untersuchungen von Bergen[2] die Gültigkeit des Drallsatzes als Berechnungsgrundlage bestätigt. Den Versuchen, die an einem verstellbaren Spiralgehäuse mit *hydraulisch glatten Wänden* durchgeführt wurden (Abb. 14.10), liegen drei Querschnittsformen zugrunde:

a) ein offener Rechteckquerschnitt (ohne die Einsätze (1) und (2));
b) ein geschlossener Rechteckquerschnitt mit Einsätzen (1);
c) ein Trapez-Rechteckquerschnitt mit Einsätzen (2).

[1] Nach Bergen läßt sich der durch die graphische Integration bedingte Zeitaufwand verkürzen und die Genauigkeit erhöhen, wenn für den Entwurf der Spirale Hilfsdiagramme verwendet werden. Bergen, J.: Entwurf von Spiralgehäusen mit Hilfsdiagrammen für das Drallsatzverfahren. BWK 22 (1970) Nr. 11, S. 512–518.

[2] Bergen, J.: Untersuchungen an einer Kreiselpumpe mit verstellbarem Spiralgehäuse. Diss. TU Braunschweig 1969.

Die Veränderlichkeit des Querschnittsverlaufs wurde durch ein stetig verstellbares Stahlband mit dichtender Gummiauflage (3) ermöglicht. Die mit dem gleichen Laufrad vorgenommenen Versuche führten u.a. zu folgenden Ergebnissen:

Für alle drei Querschnittsformen ergaben sich die höchsten Wirkungsgrade und eine gute Übereinstimmung der zugehörigen Förderwerte (Förderhöhe und Volumenstrom) mit den der Berechnung zugrunde liegenden Werten, wenn der Querschnitts-

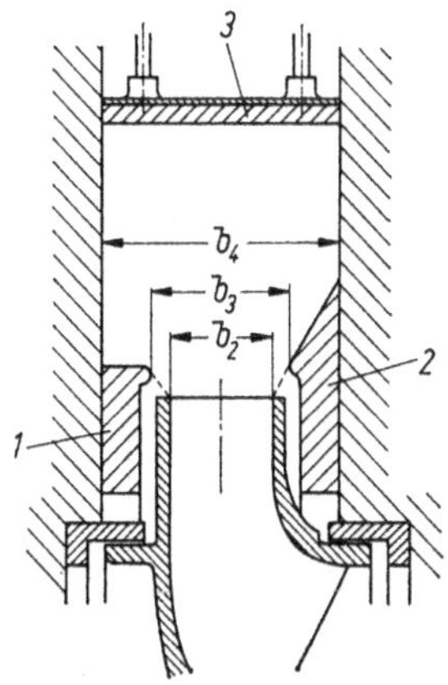

Abb. 14.10. Spiralgehäusequerschnitte

verlauf der Spirale ohne Berücksichtigung der Reibung nach dem Drallsatz ermittelt wurde. Dabei wichen die Förderwerte der drei Querschnittsformen im Bestpunkt nur wenig voneinander ab. Sie bewegten sich in den Grenzen:

$$H = (13{,}0 \cdots 13{,}1)\ \text{m}; \ Q = (0{,}0335 \cdots 0{,}0330)\ \text{m}^3/\text{s};$$

$$\eta_{\max} = 0{,}823 \cdots 0{,}819 \text{ bei } n_{qy} \approx 120 \cdot 10^{-3}\ (n_q \approx 40).$$

Der *offene* rechteckige Querschnitt — Ausführung a) — erwies sich auch bei großer Breite ($b_4 = 2{,}5\,b_2$) als günstig, weil die Grenzschichten des Spiralgehäuses in die Radseitenräume abströmen können, dort erneut mit Energie beladen und am Laufradaußenumfang in das Spiralgehäuse zurückgeschleudert werden.

Geschwindigkeits- und Druckmessungen bestätigten, daß in der Spirale beim Volumenstrom besten Wirkungsgrades eine Drallströmung vorliegt. Abweichungen vom Gesetz des konstanten Dralles traten nur in Wandnähe infolge der Reibung und im Endquerschnitt der Spirale wegen des Zungeneinflusses auf.

Demgegenüber lieferte ein für gleichbleibende mittlere Geschwindigkeit berechneter Querschnittsverlauf in allen drei Fällen geringere Bestwirkungsgrade und eine mangelhafte Übereinstimmung der zugehörigen Werte von Förderhöhe und Volumenstrom mit den rechnungsmäßigen Förderwerten. Außerdem konnte eine in jedem Punkt dieser Spiralgehäuse konstante mittlere Geschwindigkeit nicht festgestellt werden. Vielmehr herrschte im Bestpunkt ebenfalls eine Drallströmung, also eine mit zunehmendem Radius abfallende Geschwindigkeit.

Den Abstand der Zungenspitze Z vom Laufradumfang (Abb. 14.8) wählt man mit Rücksicht auf die anzustrebende Axialsymmetrie wesentlich größer als bei der Leitschaufel. Als Mindestwert wird $r_2/30$ angegeben. Der auszuführende Abstand wächst mit zunehmender Schnelläufigkeit. Ein kleiner Zwischenraum verbessert häufig die Saugfähigkeit der Pumpe, ist aber zugleich mit vermehrtem Strömungsgeräusch verbunden.

Neben dem tangential angeordneten konischen Stutzen mit gerader Mittellinie (Abb. 14.8) findet man vielfach Stutzen mit gekrümmter Achse und radialem Austritt (Abb. 14.12). Nach den vorliegenden Erfahrungen haben sich aus der Krümmung der Konusachse merkliche Nachteile nicht ergeben.

Beim Spiralgehäuse ist noch zu beachten, daß Teil- und Überlast eine Störung der Axialsymmetrie und damit eine ungleichmäßige Druckverteilung über den Laufradumfang verursacht. Dadurch kann eine beachtliche Radialkraft F_r entstehen, welche die Welle und die Lager zusätzlich beansprucht. Nach Stepanoff[1] ist für gleichbleibende mittlere Geschwindigkeit längs der Spirale

$$F_r = k \varrho Y D_2 B_2 . \qquad (14,11)$$

Man erhält die Radialkraft in der Einheit N, wenn die Dichte ϱ in kg/m³, die spezifische Förderarbeit Y in Nm/kg, der äußere Raddurchmesser D_2 und die Austrittsbreite B_2 des Laufrades (einschließlich Breite der Radscheiben) in m eingesetzt werden. k ist ein dimensionsloser Faktor, der vom Volumenstrom abhängt, und zwar ist

$$k = 0{,}36\,[1 - (Q/Q^*)^2] . \qquad (14,12)$$

Q bezeichnet den veränderlichen Volumenstrom, Q^* den Volumenstrom im Auslegepunkt. Hiernach wird F_r für $Q = Q^*$ gleich Null.

Versuche von Faschallegg[2] ergaben für den k-Wert durchweg kleinere Vorzahlen als 0,36, im übrigen aber eine gute Übereinstimmung mit dem Kurvenverlauf $k = f(Q)$ nach Gl. (14,12). Die von Agostinelli, Nobles und Mockridge[3] angegebene Abhängigkeit des k-Wertes von der spezifischen Drehzahl konnte nicht bestätigt werden, da augenscheinlich auch das Zusammenwirken von Laufrad und Spiralgehäuse, also die konstruktive Ausführung, insbesondere die Größe und der Verlauf des Querschnitts des Spiralgehäuses von Bedeutung ist.

Die Radialkraft F_r wechselt bei $F_r = 0$ das Vorzeichen. Im übrigen ist jedoch ihre Richtungsgerade im Gegensatz zu den Angaben von Agostinelli vom Volumenstrom weitgehend unabhängig.

Versuche von Hergt und Krieger[4], die an Pumpen mit rechteckigem Querschnitt des Spiralgehäuses und trapezförmigem Übergang zum Laufrad vorgenommen wurden, bestätigen die Feststellung Faschalleggs, daß die Richtungsgrade der Radialkraft vom Volumenstrom praktisch unabhängig ist. Die Radialkraft verschwindet in der Nähe des Auslegestromes und kehrt darüber hinaus ihre Richtung um. Aus den Versuchen geht weiter hervor, daß der k-Wert nicht nur vom Volumenstrom sondern

[1] Stepanoff, A. J.: Radial- und Axialpumpen. Deutsche Übersetzung der 2. Aufl. von A. Haltmeier, Berlin, Göttingen, Heidelberg: Springer 1959.

[2] Faschallegg, E.: Radialkräfte und Rückenschaufeln in Spiralgehäusepumpen. Maschinenmarkt 75 (1969) H. 2, S. 30—32.

[3] Agostinelli, A.; Nobles, A.; Mockridge, C. R.: Versuche über die Radialkraft in Zentrifugalpumpen. Bericht hierüber in „Konstruktion“ 13 (1961) H. 3, S. 123/124.

[4] Hergt, P.; Krieger, P.: Hydraulische Kräfte und Momente, die auf den Läufer von Spiralgehäusepumpen einwirken. KSB Techn. Berichte (1973) H. 16, S. 10—16.

auch vom mittleren Spiralenwinkel α abhängig ist, d.h. von dem Winkel, welchen die auf dem Radiusvektor im Spiralenschnittpunkt errichtete Senkrechte mit der Tangente an die Spirale bildet. Die versuchsmäßig ermittelte Abhängigkeit des Faktors k von Q und α weist jedoch erhebliche Unstetigkeiten auf, so daß zuverlässige Angaben über die jeweilige Größe von k nicht möglich sind. Hinzu kommt, daß sich die Versuche nur auf eine bestimmte Querschnittsform des Spiralgehäuses beziehen. Unter Verzicht auf Berücksichtigung des Einflusses von α muß daher vorerst noch Gl. (14,12) als Berechnungsgrundlage beibehalten werden.

Nach Gl. (14,11) ändert sich die Radialkraft proportional mit der spezifischen Förderarbeit, demnach quadratisch mit der Betriebsdrehzahl.

Das Entstehen einer Radialkraft kann durch Anwendung einer Doppelspirale, deren Zungen um 180° versetzt sind, verhindert werden. Wegen der symmetrischen Anordnung beider Spiralen heben sich die auch hier vorhandenen Radialkräfte praktisch auf.

Eine exzentrische Lage des Laufrades zum Gehäuse kann eine merkliche Änderung der Radialkraft gegenüber der Kraft bei zentrischer Anordnung hervorrufen, selbst wenn die Exzentrizität nur wenige Promille des Laufraddurchmessers beträgt. Dabei verschwindet die Radialkraft auch beim Auslegestrom nicht. Die Größe der Änderung hängt von der Größe und der Richtung der Exzentrizität ab.

Auch in Pumpen mit beschaufelten Leiträdern wird der Läufer durch eine Radialkraft belastet, wenn er in exzentrischer Lage im Gehäuse rotiert[1]. Die Kraft ist vom Volumenstrom abhängig und nimmt mit wachsender Exzentrizität zu. Sie wird durch eine über den Laufradumfang ungleiche Verteilung der Druck- und Impulskräfte verursacht und kann in mehrstufigen Pumpen mit hohem Stufendruck schon bei einer Exzentrizität von nur wenigen Zehntel Millimetern eine sehr beachtliche Größe erreichen.

Über die Bedeutung der Leitvorrichtung läßt sich allgemein — d.h. mit Einschluß des Leitrades und des Leitringes — sagen, daß sie den Wirkungsgrad der Pumpe in hohem Maße beeinflußt. Beste Wirkungsgrade sind nur dann zu erwarten, wenn die Leitvorrichtung geeignet ist, die kinetische Austrittsenergie des Laufrades weitgehend in Druckenergie umzuwandeln.

Hinsichtlich der Strömungsverluste ist die Leitvorrichtung allerdings dem Laufrad von Natur aus unterlegen, weil die Grenzschicht in der verzögerten Strömung des ruhenden Kanals die Geschwindigkeitsumwandlung ungünstig beeinflußt. Im rotierenden Laufradkanal liegt zwar auch eine verzögerte Strömung vor, jedoch werden hier Grenzschichtanhäufungen durch Fliehkräfte abgeschleudert, da die Grenzschicht mit der vollen Umfangsgeschwindigkeit des Rades umläuft, während sich die Flüssigkeitsströmung im Kanal mit der kleineren absoluten Umfangskomponente c_u bewegt. Abgesehen von anderen Ursachen weisen deshalb Pumpen mit geringem Anteil der Leitvorrichtung an der Druckerzeugung, also Pumpen mit hohem Reaktionsgrad (Schnelläufer), einen besseren Wirkungsgrad auf als Langsamläufer.

Die Leitvorrichtung hat ferner auf den Verlauf der Kennlinien (Abschn. 27) einen erheblichen Einfluß. Wie dieser sich beim Leitrad auswirkt, geht beispielsweise aus Abb. 14.11 hervor. Sie gibt die durch Versuch ermittelten Kennlinien einer ein-

[1] Hergt, P.; Krieger, P.: Radialkräfte in Leitradpumpen. KSB Techn. Berichte (1973) H. 16, S. 32—39.

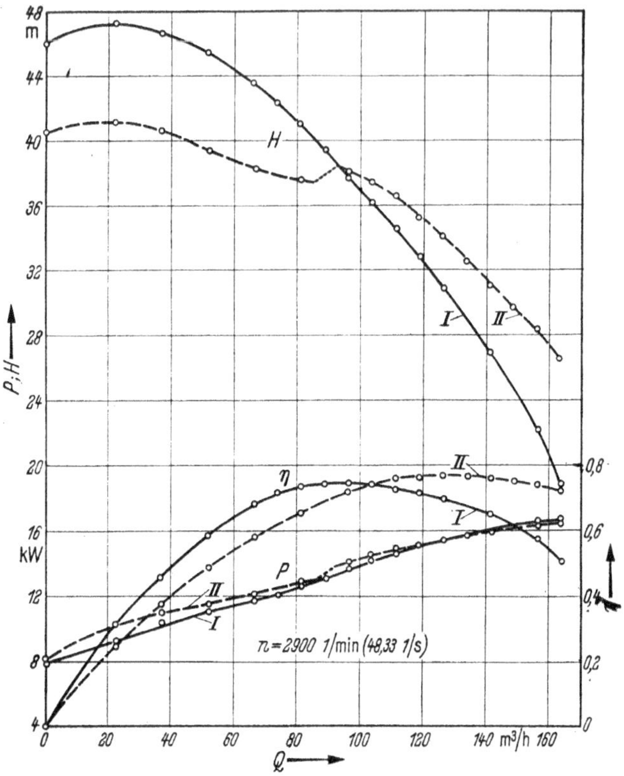

Abb. 14.11. Kennlinien einer einstufigen Leitschaufelpumpe für zwei unterschiedliche Leitbeschaufelungen (EDUR-Pumpenfabrik)

stufigen Pumpe wieder, bei welcher das gleiche Laufrad mit zwei verschiedenen Leitkränzen arbeitete. Die ausgezogenen Kurven *I* entsprechen der Leitbeschaufelung *I* mit den Daten: $b_3 = 17$ mm, $a_{4I} = 15{,}4$ mm, $\alpha_{4I} = 10°$, $z_{LI} = 9$. Den gestrichelten Kurven *II* liegt die Leitbeschaufelung *II* mit den Werten $b_3 = 17$ mm, $a_{4II} = 16{,}5$ mm $\alpha_{4II} = 15°\ 30'$ und $z_{LII} = 13$ zugrunde.

Die Vergrößerung der Eintrittsweite a_4 und der Zahl der Leitkanäle z_L, also die Zunahme des gesamten Eintrittsquerschnitts der Leitkanäle, sowie die Vergrößerung des Eintrittswinkels α_4 verlagern den Punkt stoßfreien Eintritts in die Leitkanäle

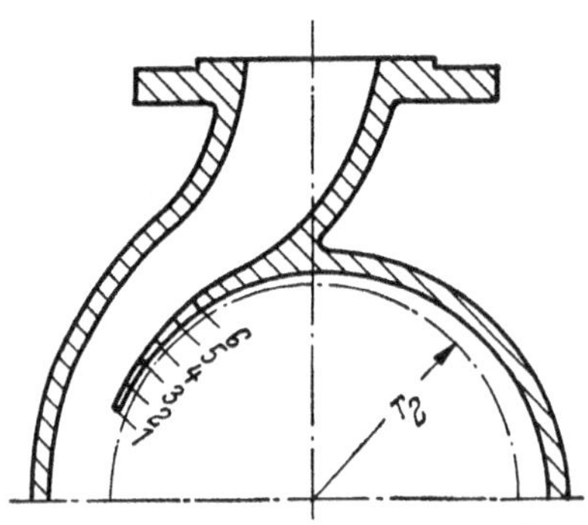

Abb. 14.12. Spiralgehäuse mit veränderter Zungenlänge

und somit auch den des Wirkungsgradbestwertes nach einem größeren Volumenstrom. Für große Volumenströme verringern sich dadurch die Stoßverluste der Leitbeschaufelung, während sie für kleine Ströme zunehmen. Die Folge ist ein flacherer und weiter nach rechts ausholender Verlauf der Drosselkurve. Während der Volumenstrom des Bestpunktes gewachsen ist, hat sich die zugehörige Förderhöhe verkleinert.

Beim Versuch war der Eintrittswinkel β_1 des Laufrades auf die Leitbeschaufelung *I* abgestimmt. Es muß daher bei Verwendung der Leitbeschaufelung *II* ein Laufschaufelstoß erwartet werden. Dieser hat aber aus den im Abschn. 14a angeführten Grund offenbar keinen nennenswerten Einfluß, weil der Bestwirkungsgrad nicht ab-, sondern sogar zunimmt.

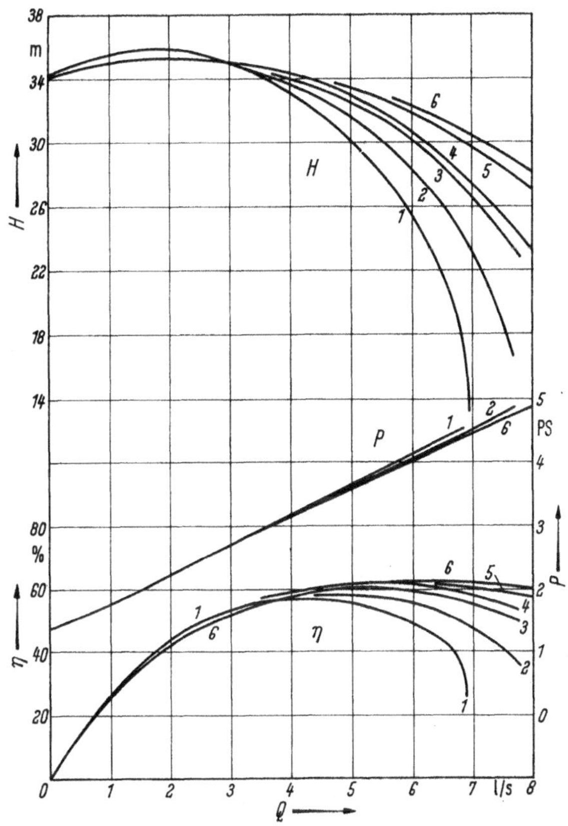

Abb. 14.13. Änderung der Kennlinien einer Spiralgehäusepumpe geringer Schnelläufigkeit durch schrittweises Verkürzen der Zunge (nach Rütschi)

Die Kennlinien der Leistungsaufnahme weichen nur geringfügig voneinander ab.

Die Drosselkurve *II* hat im Teillastbereich eine Unstetigkeitsstelle. Beim Übergang vom Volumenstrom des besten Wirkungsgrades zu kleiner werdenden Strömen fällt die Förderhöhe ziemlich plötzlich ab, steigt danach aber mit weiter absinkendem Volumenstrom wieder an. Eine solche Erscheinung, die bei Radialpumpen selten, bei Axialpumpen dagegen fast immer beobachtet wird (Abschn. 33), ist auf ein Abreißen der Strömung an den Lauf- oder Leitschaufeln zurückzuführen. In unserem

Falle liegt ein Abreißen der Strömung an den Leitschaufeln vor. Es tritt ein, wenn der Winkel zwischen der Richtung der Zuströmung zur Leitschaufel und der des stoßfreien Eintritts einen gewissen Wert überschreitet. Die Möglichkeit dazu ist hier durch den verhältnismäßig großen Eintrittswinkel α_{4II} gegeben.

Durch Vergrößern oder Verkleinern des Eintrittsquerschnitts der Leitkanäle ändert sich nach dem Vorhergehenden der Volumenstrom des besten Wirkungsgrades im gleichen, die zugehörige Förderhöhe im umgekehrten Sinn. Gleichzeitig ändert sich jedoch auch der zugehörige Bestwert des Wirkungsgrades, der seinen Höchstbetrag bei einem bestimmten Eintrittsquerschnitt erreicht.

Wie das Leitrad beeinflußt auch das Spiralgehäuse die Gestalt der Pumpenkennlinien. Neben der Ausbildung der Spirale ist vor allem die Größe des Endquerschnitts maßgebend, der für die Spirale eine ähnliche Bedeutung hat, wie der Eintrittsquerschnitt $b_3 \cdot a_4$ der Leitkanäle für das Leitrad. Der Endquerschnitt läßt sich durch die Entwicklung der Spirale oder durch Verkürzen bzw. Verlängern der Zunge vergrößern oder verkleinern. Durch schrittweises Kürzen der Zunge einer langsamläufigen Pumpe nach Abb. 14.12 erhielt Rütschi die aus Abb. 14.13 ersichtlichen Kennlinien[1]. Wird die Zungenlänge und somit der Umschlingungswinkel der Spirale genügend groß ausgeführt, so ist es hiernach möglich, durch Kürzen der Zunge den Volumenstrom der Pumpe zu vergrößern.

15. Bestimmung der Hauptabmessungen und Entwurf des Lauf- und Leitrades einer Radialpumpe mit einfach gekrümmter Laufschaufel. Beispiel

Vorgeschrieben sei

die Förderhöhe

$$H = 80\,\text{m}\ (Y = gH = 785\,\text{Nm/kg})\,[2]$$

und der Volumenstrom

$$Q = 135\,\text{m}^3/\text{h} = 0{,}0375\,\text{m}^3/\text{s}.$$

Die Pumpe fördere reines, kaltes Wasser und werde durch einen Drehstrommotor mit $n = 1450$ 1/min (24,17 1/s) angetrieben.

I. Laufrad

a) Laufradeintritt

Zunächst ist der Nabendurchmesser des Laufrades auf Grund ähnlicher Ausführungen oder durch vorläufige Berechnung des Wellendurchmessers zu bestimmen. Wählen wir den letzteren Weg, so ist von der Leistungsaufnahme der Pumpe auszugehen.

Bei Verwendung von Austrittsleitschaufeln ist ein hydraulischer Wirkungsgrad $\eta_h = 0{,}82$ zu erwarten. Ferner werde der Liefergrad mit $\eta_l = 0{,}96$, der mechanische Wirkungsgrad mit $\eta_m = 0{,}98$ und der anteilmäßige Radreibungsverlust für glatte Radseiten, kleines Abstandsverhältnis c/D_2 und geringen Durchfluß in den Seitenräumen mit $P_r/P = 0{,}06$ in Rechnung gestellt.

[1] Siehe auch Krisam, F.: Einfluß der Leitvorrichtung auf die Kennlinien von Kreiselpumpen. VDI-Z. 94 (1952) S. 319—322.

[2] Als Fallbeschleunigung wird stets $g = 9{,}81\,\text{m/s}^2$ gesetzt.

Dann ist nach Gl. (10,8), Abschn. 10, der Gesamtwirkungsgrad

$$\eta = \eta_h \, \eta_l \left(\eta_m - \frac{P_r}{P}\right) = 0{,}82 \cdot 0{,}96 \cdot (0{,}98 - 0{,}06) = 0{,}724.$$

Der Nennleistungsbedarf beträgt daher

$$P = \frac{Q \varrho Y}{\eta} = \frac{0{,}0375 \cdot 1000 \cdot 785}{0{,}724} = 40\,660 \text{ W} = 40{,}66 \text{ kW}.$$

Vor dem Entwurf ist die Gewichtsbelastung und Länge der Welle unbekannt. Letztere kann deshalb zunächst nur überschläglich unter alleiniger Berücksichtigung der Drehbeanspruchung berechnet werden. Späterhin ist noch eine Nachprüfung der Durchbiegung der Welle an den Durchführungsstellen der Leiträder sowie der Lage der kritischen Drehzahl erforderlich. Um die Biegung von vornherein schätzungsweise zu berücksichtigen, rechnen wir mit der sehr geringen Torsionsspannung $\tau_t = 120$ bar $= 120\ da$N/cm².

Für die Nennlast beträgt das Drehmoment

$$M = \frac{P}{\omega} = \frac{P}{2\pi n} = \frac{40\,660}{2\pi \cdot 24{,}17} = 267{,}7 \text{ Nm} = 26\,770 \text{ Ncm}.$$

Damit folgt der Wellendurchmesser aus

$$d^3 = \frac{16\, M}{\pi \tau_t} = \frac{16 \cdot 26\,770}{\pi \cdot 120 \cdot 10} = 113{,}6 \text{ cm}^3$$

zu $d = 4{,}84$ cm $= 48{,}4$ mm.

Bei der Bemessung des Wellendurchmessers muß berücksichtigt werden, daß die Welle infolge der Laufradbefestigung durch zwei gegenüberliegende Paßfedern geschwächt wird, ferner daß der Motor wegen möglicher Überlastung der Pumpe stärker auszulegen ist und sein Anlaufmoment unter Umständen das zweifache Normalmoment erreicht. Es werde deshalb der Wellendurchmesser auf $d = 58$ mm und — bei Ausführung des Rades in Bronze — der Nabendurchmesser auf $d_n = 70$ mm festgesetzt.

Der Durchflußstrom des Laufrades ist um die Spaltverluste größer als der nutzbare Volumenstrom. Mit $\eta_l = 0{,}96$ ist das in die Rechnung einzuführende Durchflußvolumen

$$Q' = \frac{0{,}0375}{0{,}96} = 0{,}0391 \text{ m}^3/\text{s}.$$

Die axiale Eintrittsgeschwindigkeit in das Laufrad ermitteln wir nach Gl. (12,5), Abschn. 12. Hiernach ist für $\beta_0 = 13°$, $k = 0{,}8$, $\tau = 1{,}1$ und $\sigma = 0{,}95$ bei etwas in den Saugmund vorgezogener Eintrittskante sowie für $\alpha_0 = 90°$

$$c_A = 2{,}325 \sqrt[3]{\frac{\tan^2 \beta_0 \, \sigma^2}{k \, \tau^2} Q' n^2} = 2{,}325 \sqrt[3]{\frac{0{,}2309^2 \cdot 0{,}95^2}{0{,}8 \cdot 1{,}1^2} \cdot 0{,}0391 \cdot 24{,}17^2} = 2{,}43 \text{ m/s}.$$

Mit $c_A = 2{,}4$ m/s liefert die Stetigkeitsgleichung nunmehr den Eintrittsquerschnitt

$$\frac{D_A^2 \pi}{4} = \frac{Q'}{c_A} + \frac{\pi d_n^2}{4} = \frac{0{,}0391}{2{,}4} + \frac{\pi \cdot 0{,}07^2}{4} = 0{,}02014 \text{ m}^2$$

und den saugseitigen Durchmesser $D_A = 0{,}160$ m $= 160$ mm.

Zur Verbesserung der Saugfähigkeit und Erhöhung der Stabilität der Drosselkurve ziehen wir die Eintrittskante der Laufschaufel etwas in den Saugmund hinein, wodurch sich ein mittlerer Eintrittsdurchmesser $D_1 = \sigma D_A = 0{,}95 \cdot 160 \approx 150$ mm ergibt (Abb. 15.1). Streng genommen müßte nun eine räumlich gekrümmte Schaufel ausgeführt werden, weil die Geschwindigkeiten c_0 und u_1 längs der Schaufeleintrittskante veränderlich sind. Die Erfahrung lehrt aber, daß ein mäßiges Vorziehen der Schaufel unter Beibehaltung der Zylinderform keinerlei Nachteile bringt, was offenbar damit zusammenhängt, daß sich c_0 und u_1 längs der Schaufelkante gleichsinnig ändern.

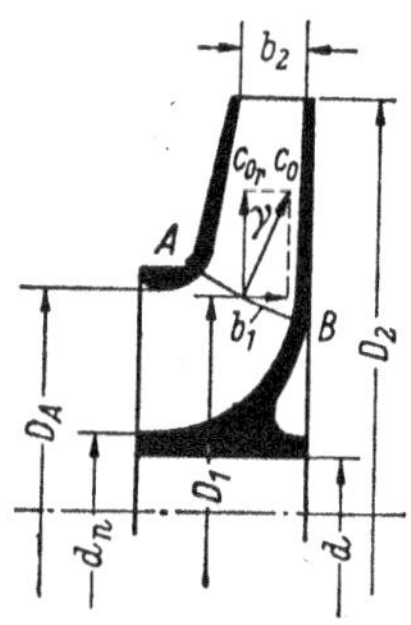

Abb. 15.1. Meridianschnitt des Laufrades

Die mittlere Geschwindigkeit c_0 vor den Schaufeln ist gleich c_A oder ein wenig größer anzunehmen.

Mit $c_0 = \tau c_A = 1{,}1 \cdot 2{,}4 \approx 2{,}6$ m/s ergibt sich die Länge der Normallinie AB (Abb. 15.1), die in unserem Falle mit der Schaufeleintrittskante identisch sei, für senkrechten Wassereintritt zu

$$b_1 = \frac{Q'}{D_1 \pi c_0} = \frac{0{,}0391}{0{,}15 \cdot \pi \cdot 2{,}6} = 0{,}03191 \text{ m} \approx 32 \text{ mm}.$$

Soll die Schaufel als Zylinderschaufel ausgeführt werden, so ist für die Bestimmung des Eintrittswinkels β_{1_r} die Radialkomponente c_{0_r} maßgebend (Abb. 15.1). Diese beträgt nach dem Entwurf des Laufradeintritts

$$c_{0_r} = c_0 \cos \gamma = 2{,}6 \cos 26° \, 24' = 2{,}33 \text{ m/s}.$$

Beim Eintritt in die Schaufelkanäle erhöht sich c_{0_r} infolge der endlichen Dicke der Schaufeln auf $c_{1_r} = c_{0_r} \cdot \xi$. Der Verengungsfaktor ξ errechnet sich aus den Abmessungen des Kanaleintritts.

Nach Abb. 15.2 ist

$$\xi = \frac{t_1 \sin \beta_{1_r}}{t_1 \sin \beta_{1_r} - s} = \frac{t_1}{t_1 - \dfrac{s}{\sin \beta_{1_r}}}.$$

Da die Teilung t_1 und der Relativwinkel β_{1_r} noch unbekannt sind, muß ξ zunächst geschätzt und später berichtigt werden.

Für $\xi = 1{,}2$ folgt $c_{1_r} = 1{,}2 \cdot 2{,}33 = 2{,}8$ m/s.

Mit $u_1 = D_1 \pi n = 0{,}15 \cdot \pi \cdot 24{,}17 = 11{,}39$ m/s und senkrechtem Wassereintritt ist sodann (Abb. 15.3) $\tan \beta_{1r} = \frac{c_{1r}}{u_1} = \frac{2{,}8}{11{,}39} = 0{,}246$, somit vorläufig $\beta_{1r} \approx 13° 48'$.

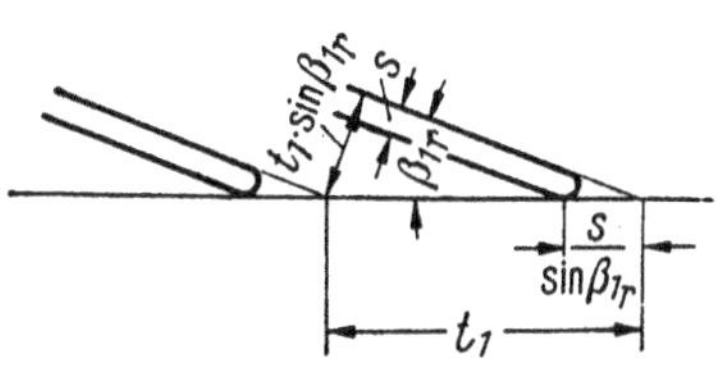

Abb. 15.2. Verengung des Schaufelkanals durch die endliche Dicke der Schaufeln

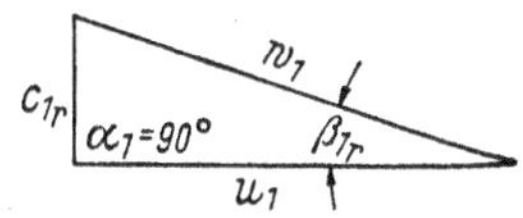

Abb. 15.3. Eintrittsdiagramm

Nach Festlegung der Schaufelstärke s und der Schaufelzahl z kann ξ nachgeprüft und β_{1r} endgültig bestimmt werden. Bei Ausführung des Rades in Bronze sei $s = 3$ mm.

Gl. (11,2), Abschn. 11, liefert die Schaufelzahl

$$z = 2\pi \frac{D_1 + D_2}{D_2 - D_1} \sin \frac{\beta_{1r} + \beta_2}{2},$$

Für $\beta_2 = 30°$ und $D_2 = 2\,D_1$ ist $z = 2\pi \cdot 3 \cdot \sin 21° 54' = 7{,}03$. Ausgeführt werden $z = 7$ Schaufeln. Nunmehr ist

$$t_1 = \frac{D_1 \pi}{z} = \frac{150 \cdot \pi}{7} = 67{,}3\,\text{mm}; \quad \frac{s}{\sin \beta_{1r}} = \frac{3}{0{,}2385} = 12{,}6\ \text{mm},$$

also

$$\xi = \frac{67{,}3}{67{,}3 - 12{,}6} = 1{,}23;$$

damit wird endgültig

$$c_{1r} = 1{,}23 \cdot 2{,}33 = 2{,}86\ \text{m/s} \quad \text{und} \quad \tan \beta_{1r} = \frac{2{,}86}{11{,}39} = 0{,}2511, \text{ also } \beta_{1r} = 14° 6'\,[1].$$

An der Eintrittskante wird die Schaufel etwas verjüngt und abgerundet.

Der für stoßfreien Eintritt errechnete Winkel β_{1r} ist als Kleinstwert anzusehen. Wie die Erfahrung zeigt, ist es zur Verbesserung der Saugfähigkeit und des Wirkungsgrades der Pumpe zweckmäßig, den Eintrittswinkel etwas größer — etwa $\beta_{1r} = 16 \cdots 18°$ — auszuführen. Der dadurch entstehende Eintrittsstoß hat bei fehlenden Einbauten vor dem Laufrad aus dem im Abschn. 14a angeführten Grund nur geringe Bedeutung.

b) Laufradaustritt

Aus der verlangten Förderhöhe läßt sich schließen, daß die Pumpe mehrstufig ausgeführt werden muß. Es ist daher zunächst die Stufenzahl zu bestimmen. Günstige Strömungsverhältnisse im Schaufelkanal setzen eine bestimmte radiale Erstreckung der Schaufel voraus. Sehr lange Kanäle verursachen große Reibungsverluste sowohl im Schaufelkanal selbst als auch an den Radseiten, während sehr

---

[1] Der Eintrittswinkel der Strömung ist entsprechend $\tan \beta_1 = \xi\, c_0/u_1$ etwas größer.

kurze Kanäle zum Abreißen der Strömung und zur Totraumbildung führen können. Für die einfach gekrümmte Schaufel hat sich ein Durchmesserverhältnis $D_2/D_1 = 1{,}6 \cdots 2{,}0$ als zweckmäßig erwiesen. Setzen wir vorläufig $D_2 = 2\,D_1 = 0{,}3$ m, so ist bei Verwendung von Austrittsleitschaufeln gemäß Gl. (9,1), Abschn. 9, überschläglich *je Stufe* eine spezifische Förderarbeit

$$Y = g\,H = \psi \frac{u_2^2}{2} = 1{,}05 \frac{520}{2} = 273 \text{ Nm/kg}$$

bzw. eine Förderhöhe

$$H = 273/9{,}81 = 27{,}83 \text{ m}$$

zu erwarten. Demnach sind drei Stufen erforderlich, so daß auf jede Stufe die spezifische Arbeit

$$Y = 785/3 \approx 262 \text{ Nm/kg}$$

entfällt. Unsere Aufgabe besteht jetzt darin, die zur Erzeugung der spezifischen Förderarbeit Y erforderliche Umfangsgeschwindigkeit u_2 zu bestimmen. Wir benutzen dazu die für unendlich große Schaufelzahl gültige Eulersche Gl. (3,6)

$$Y_{\text{Sch}_\infty} = g\,H_{\text{th}_\infty} = u_2^2 - u_2\,c_{2_m} \cot \beta_2 .$$

Zur Ermittlung von Y_{Sch_∞} bilden wir zunächst für endliche Schaufelzahl $Y_{\text{Sch}} = Y/\eta_h$ und erhalten daraus mit dem Berichtigungsfaktor

$$a = 1 + \frac{\chi \left(\frac{D_2}{2}\right)^2}{z\,S}$$

$$Y_{\text{Sch}_\infty} = Y_{\text{Sch}}\,a = \frac{Y a}{\eta_h}.$$

Für die Radialschaufel beträgt das statische Moment des mittleren Stromfadens $S = \frac{1}{8}(D_2^2 - D_1^2)$. Setzen wir vorbehaltlich späterer Berichtigung vorläufig $D_1 = \frac{D_2}{2}$, so ist $S = \frac{3}{8}\left(\frac{D_2}{2}\right)^2$, mithin $a = 1 + \frac{8\chi}{3z}$.

Gemäß Gl. (5,7), Abschn. 5, ist mit dem Austrittswinkel $\beta_2 = 30°$

$$\chi = 0{,}6\left(1 + \frac{\beta_2^0}{60}\right) = 0{,}6\left(1 + \frac{30}{60}\right) = 0{,}9, \quad \text{somit} \quad a = 1 + \frac{2{,}4}{z} = 1 + \frac{2{,}4}{7} = 1{,}343$$

und

$$Y_{\text{Sch}_\infty} = \frac{262 \cdot 1{,}343}{0{,}82} = 429{,}1 \text{ Nm/kg}.$$

Wir lösen die Eulersche Gleichung nach u_2 auf und erhalten

$$u_2 = \frac{c_{2m} \cot \beta_2}{2} + \sqrt{Y_{\text{Sch}_\infty} + \left(\frac{c_{2m} \cot \beta_2}{2}\right)^2}$$

Die Meridiankomponente c_{2_m} wählt man $\leqq c_0$. Mit $c_{2_m} = 2{,}2$ m/s folgt

$$u_2 = \frac{2{,}2 \cdot 1{,}732}{2} + \sqrt{429{,}1 + \left(\frac{2{,}2 \cdot 1{,}732}{2}\right)^2} = 22{,}71 \text{ m/s}.$$

Daraus ergibt sich

$$D_2 = \frac{u_2}{\pi\,n} = \frac{22{,}71}{\pi \cdot 24{,}17} = 0{,}299 \text{ m} \approx 300 \text{ mm}.$$

Das Ergebnis entspricht rein zufällig der Annahme $D_2 = 2\,D_1$, so daß sich eine Berichtigung des Faktors a erübrigt. Bei größerer Abweichung, d.h. nur für $D_2 < 2\,D_1$, hätte der errechnete Durchmesser D_2 in den Ausdruck für a eingeführt und die Rechnung wiederholt werden müssen. Ebenso wäre für $D_2 \neq 2\,D_1$ eine Nachprüfung der Schaufelzahl erforderlich gewesen.

Am Austrittsende werden die Laufschaufeln beiderseitig auf etwa 1 mm zugeschärft, so daß die Verengung durch die Schaufeln vernachlässigbar ist. Somit beträgt die Austrittsbreite des Laufrades für $\xi = \dfrac{t_2}{t_2 - s/\sin\beta_2} \approx 1$

$$b_2 = \frac{Q'\xi}{D_2\,\pi\,c_{2_m}} = \frac{0{,}0391}{0{,}3\cdot\pi\cdot 2{,}2} = 0{,}01886\ \mathrm{m}\,^{1}.$$

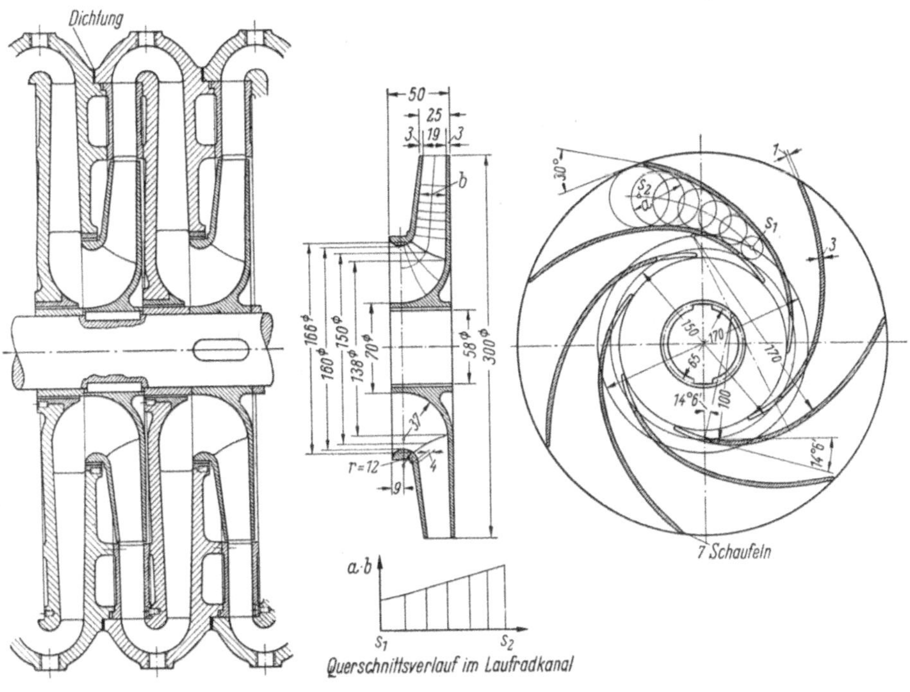

Abb. 15.4. Schnitt durch die Lauf- und Leitkanäle und Entwurfszeichnung des Laufrades

Wird $b_2 = 19$ mm ausgeführt, so ermäßigt sich c_{2m} unwesentlich auf 2,18 m/s.

Mit der Umfangsgeschwindigkeit $u_2 = 22{,}78$ m/s und der spezifischen Förderarbeit $Y = 262$ Nm/kg je Stufe errechnet sich die Druckzahl

$$\psi = \frac{2Y}{u_2^2} = \frac{2\cdot 262}{22{,}78^2} = 1{,}01.$$

[1] Für nicht zugeschärfte Schaufelenden ergibt sich mit $\xi = 1{,}047$ die Austrittsbreite $b_2 = 0{,}01886\cdot 1{,}047 \approx 0{,}01975$ m, ferner die Meridiankomponente unmittelbar hinter den Schaufelenden $c_{3_m} = c_{2_m}/\xi = 2{,}1$ m/s.

Dieser ist die spezifische Drehzahl

$$n_{qy} = n \frac{\sqrt{Q}}{\sqrt[4]{Y^3}} = 24{,}17 \frac{\sqrt{0{,}0375}}{\sqrt[4]{262^3}} \approx 72 \cdot 10^{-3} \; (n_q = 24)$$

zugeordnet.

Der Verlust durch Radseitenreibung des Einzelrades ergibt sich nach Gl. (10,3) mit

$$\beta = 0{,}8 \left(\frac{10^6}{Re_u} \right)^{1/6} = 0{,}8 \left(\frac{10^6}{2{,}6 \cdot 10^6} \right)^{1/6} = 0{,}682 \quad \text{und} \quad \varrho = 1000 \text{ kg/m}^3$$

für kaltes Wasser zu

$$P_r = \frac{\beta}{10^3} u_2^3 D_2^2 \varrho = \frac{0{,}682}{10^3} \cdot 22{,}78^3 \cdot 0{,}3^2 \cdot 10^3 = 726 \text{ W} = 0{,}726 \text{ kW}.$$

Demnach beträgt der Anteil der Radseitenreibung am Nennleistungsbedarf für die drei Räder

$$\frac{3 \cdot 0{,}726}{40{,}66} = 0{,}0536 \approx 5{,}4\%.$$

Abb. 15.4 zeigt den Entwurf der Lauf- und Leitkanäle und die konstruktive Ausbildung des Laufrades.

II. Leitrad

Die Leitradbreite sei $b_3 = b_2 + 1$ mm $= 20$ mm. Unmittelbar hinter den Schaufelenden des Laufrades beträgt die Umfangskomponente der Absolutgeschwindigkeit für $\alpha_0 = 90°$ gemäß Gl. (5,2), Abschn. 5,

$$c_3 \cos \alpha_3 = c_{3_u} = \frac{Y_{\text{Sch}}}{u_2} = \frac{Y}{\eta_h u_2} = \frac{262}{0{,}82 \cdot 22{,}78} = 14{,}03 \text{ m/s (Abb. 15.5)}.$$

Wegen der Zuschärfung der Laufschaufeln bleibt die Meridiankomponente c_{2_m} unmittelbar hinter den Schaufelenden praktisch unverändert, folglich ist hier mit $c_{3m} \approx c_{2m}$

$$\tan \alpha_3 = \frac{c_{3m}}{c_{3u}} = \frac{2{,}18}{14{,}03} = 0{,}1554$$

und der absolute Austrittswinkel $\alpha_3 = 8°\ 50'$.

Beim Eintritt in das Leitrad verringert sich die Meridiankomponente infolge der Kanalverbreiterung auf

$$c_{4_m} = c_{3_m} \frac{b_2}{b_3} = 2{,}18 \frac{19}{20} = 2{,}07 \text{ m/s},$$

damit wird

$$\tan \alpha_4 = \frac{c_{4m}}{c_{3u}} = \frac{2{,}07}{14{,}03} = 0{,}1476 \quad \text{und} \quad \alpha_4 = 8°\ 24'.$$

Schätzen wir den Verengungsfaktor zu $\xi = 1{,}1$ und setzen $\mu = 1{,}3$, so ist

$$\tan \alpha_4' = \tan \alpha_4 \, \xi \, \mu = 0{,}1477 \cdot 1{,}1 \cdot 1{,}3 = 0{,}2112, \quad \text{also} \quad \alpha_4' = 11°\ 56'.$$

Der Eintrittsdurchmesser des Leitrades sei $D_4 = 305$ mm, die Zahl der Leitschaufeln $z_l = 10$ und die Schaufelstärke am Eintritt $s_4 = 2$ mm. Hiermit ergibt die Nachprüfung des Verengungsfaktors $\xi = \dfrac{t_4}{t_4 - s_4/\sin\alpha_4'} = 1{,}11$. Das geschätzte ξ kann beibehalten werden. Nunmehr ist nach Gl. (14,5), Abschn. 14,

$$a_4 + s_4 = \frac{D_4\,\pi\,\sin\alpha_4'}{z_l}\left(1 + \frac{\pi\sin 2\alpha_4'}{2\,z_l}\right) = \frac{305\cdot\pi\cdot 0{,}2068}{10}\left(1 + \frac{\pi\cdot 0{,}4046}{20}\right) = 21{,}07\,\mathrm{mm}.$$

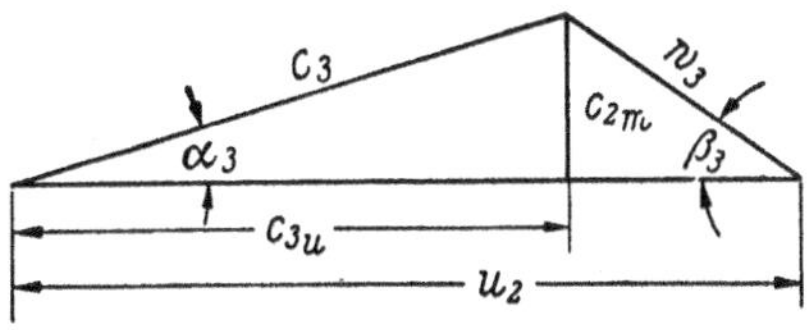

Abb. 15.5. Geschwindigkeitsdiagramm für den Zustand unmittelbar hinter den Laufschaufelenden

Der Leitkanal erhält eine Eintrittsweite $a_4 = 19$ mm. Die weitere Formgebung des Kanals ist auf dem Reißbrett durchzuführen. Die dabei einzuhaltenden Gesichtspunkte sind im Abschn. 14b erläutert.

Abb. 15.6 gibt den Entwurf des Leitrades mit α_4 als Eintrittswinkel wieder. Hiernach endigen die Leitschaufeln auf dem Kreise mit dem Durchmesser $D_5 = 420$ mm unter dem Winkel $\alpha_5 = 24°$. Die Rückführschaufeln beginnen auf einem Kreise glei-

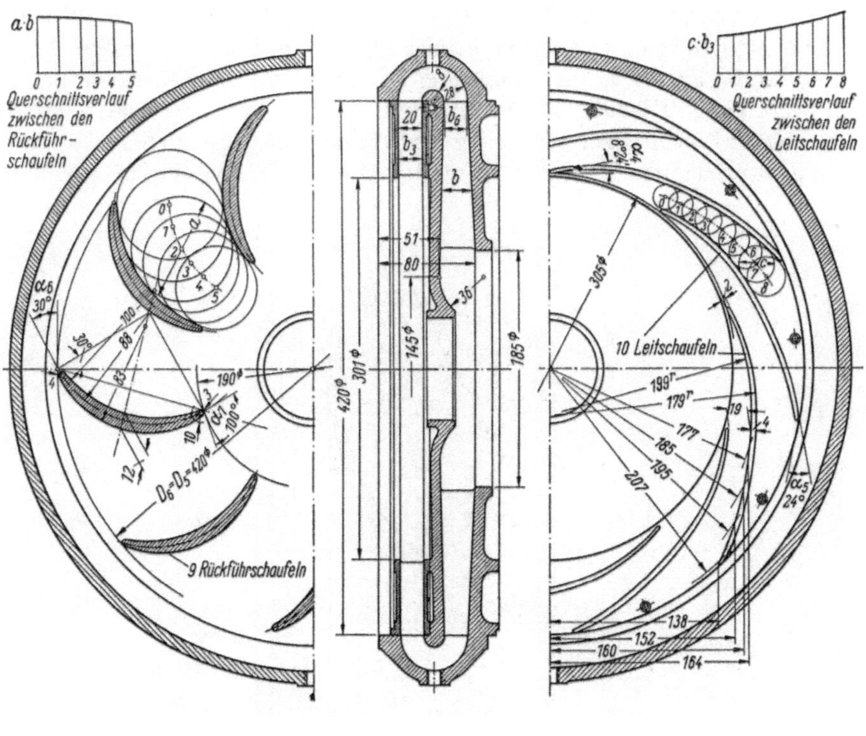

Abb. 15.6. Entwurfszeichnung des Leitrades

chen Durchmessers. Wird auch die Eintrittsbreite $b_6 = b_3$ ausgeführt und von der Austrittsablenkung im Leitkanal abgesehen, so muß der Eintrittswinkel α_6 der Rückführschaufeln bei reibungsfreier Strömung und Vernachlässigung der Querschnittsverengung durch die Leit- und Rückführschaufeln mit dem Austrittswinkel α_5 der Leitschaufeln übereinstimmen. In Wirklichkeit verursacht aber die Reibung eine Verringerung der Umfangskomponente c_{5u}, während die Meridiankomponente c_{5m} infolge der größeren Dicke der Rückführschaufeln auf c_{6m} anwächst. α_6 ist daher in Wirklichkeit größer als α_5. Schätzungsweise sei $\alpha_6 = 30°$.

Die Rückführschaufeln bilden wir als Kreisbogenschaufeln aus, deren mittlerer Krümmungsradius gemäß Abschn. 13 gefunden und deren veränderliche Stärke so bemessen wird, daß das Produkt aus der jeweiligen Kanalweite a und der zugehörigen Breite b einen stetigen und allmählichen Querschnittsverlauf längs des mittleren Stromfadens ergibt (Abb. 15.6). Sie endigen mit einer leichten Winkelübertreibung unter dem Winkel $\alpha_7 = 100°$.

16. Berechnung und Entwurf des Laufrades mit räumlich gekrümmter Schaufel

a) Allgemeine Gesichtspunkte

Bei kleinem Durchmesserverhältnis D_2/D_1, das für Niederdruckpumpen mit großem Volumenstrom kennzeichnend ist, wird die radiale Erstreckung der einfach gekrümmten Laufschaufel und damit die Kanallänge ebenfalls klein. Das hat erhöhten Schaufeldruck, verschlechterte Saugfähigkeit und bei relativ großer Radbreite Abreißen der Förderung von der Schaufel und Rückströmen mit Herabsetzung des Wirkungsgrades zur Folge. In gewissen Grenzen können diese Nachteile durch mäßiges Vorziehen des Schaufeleintritts in den Saugmund des Laufrades unter Beibehaltung der einfach gekrümmten Schaufelform wettgemacht werden. Im allgemeinen muß aber die Schaufeleintrittskante zur Erlangung der erforderlichen Schaufellänge bis in die Krümmung des Saugmundes vorverlegt werden (Abb. 16.1), wodurch sich sehr unter-

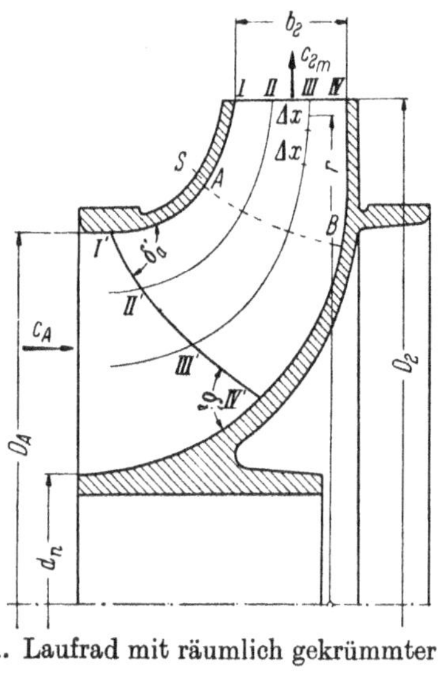

Abb. 16.1. Laufrad mit räumlich gekrümmter Schaufel

schiedliche Umfangsgeschwindigkeiten längs der Eintrittskante ergeben. Zur Vermeidung des Eintrittsstoßes muß dann der Eintrittswinkel β_1 veränderlich, die Schaufel also räumlich gekrümmt ausgeführt werden.

Für die Entwicklung der räumlich gekrümmten Schaufelform benutzen wir wie bei der Zylinderschaufel die eindimensionale Theorie und gehen davon aus, daß auf konzentrischen Kreisen um die Radachse ein gleichbleibender Strömungszustand herrscht, daß also im Laufradkanal eine schaufelkongruente Strömung vorliegt.

Solange der Austrittsdurchmesser D_2 gegenüber dem Einlaufdurchmesser D_A so groß bleibt, daß sich das Fördermittel längs der äußeren Radscheibe S mit einer sanften Krümmung von der axialen in die radiale Richtung überführen läßt, kann die achsparallele Lage der Austrittskante $I\,IV$ im Meridianschnitt und ein über die ganze Breite b_2 unveränderlicher Austrittswinkel β_2 beibehalten werden.

Die Fläche der in Zirkularprojektion dargestellten räumlich gekrümmten Schaufel wird bestimmt durch die Gesamtheit der Strombahnen, die durch die Eintrittskante $I'\,IV'$ gelegt werden können. Für den Entwurf der Schaufel kann man sich allerdings auf die Ermittlung einiger weniger Strombahnen beschränken. Wir bedienen uns dabei der vereinfachenden Annahme, daß die Bahnen der Flüssigkeitsteilchen auf Rotationsflächen liegen, den Stromflächen, deren erzeugende Linien in Abb. 16.1 die Stromkurven $I'\,I \cdots IV'\,IV$ sind. Zur Bestimmung der Stromflächen bzw. der Stromkurven denkt man sich das Laufrad in eine Anzahl konzentrischer Teilräder zerlegt, von denen jedes den gleichen Volumenstrom liefert. Der Aufteilung legt man eine über den ganzen Eintrittsquerschnitt $(D_A^2 - d_n^2)\,\pi/4$ gleichbleibende axiale Eintrittsgeschwindigkeit c_A zugrunde. Ebenso kann im allgemeinen auch ohne erheblichen Fehler mit einer über die Austrittsbreite b_2 konstanten Meridiankomponente c_{2m} gerechnet werden. c_{2m} wird gleich c_0 oder ein wenig kleiner gewählt. Für die Festlegung der Laufradwandungen ist von Bedeutung, daß einerseits möglichst kleine Krümmungen, also möglichst große Krümmungsradien verwendet werden, um die Geschwindigkeitsänderung längs einer Normallinie — z.B. AB — klein zu halten. Andererseits soll der Eintrittsquerschnitt stetig — ohne dazwischen liegenden Extremwert — in den Austrittsquerschnitt übergehen. Das Letztere gilt sowohl für das ganze Rad als auch für die Teilräder. Man geht dabei von der üblichen, allerdings nur angenähert zutreffenden Annahme aus, daß die Meridiankomponente längs einer Normallinie konstant ist.

Über die Lage der Eintrittskante $I'\,IV'$ im Meridianschnitt ist folgendes zu sagen:

Zunächst muß die Schaufel eine ausreichende Länge haben, da von dieser die Wasserführung und der spezifische Schaufeldruck, also auch der Wirkungsgrad und die Saugfähigkeit der Pumpe abhängen. Ferner soll die Eintrittskante so verlaufen, daß am Laufradaustritt in allen Stromflächen annähernd gleiche spezifische Förderarbeiten und gleiche Förderhöhen entstehen. Unterschiedliche Förderhöhen haben Unterströmungen innerhalb der Laufradkanäle zur Folge, welche Förderleistung und Wirkungsgrad herabsetzen. Unter den getroffenen Voraussetzungen — achsparallele Austrittskante und unveränderlicher Austrittswinkel β_2 — ist die spezifische Schaufelarbeit und die theoretische Förderhöhe in jeder Stromfläche offenbar von dem statischen Moment $\Sigma(\Delta x \cdot r)$ der zugehörigen Stromkurve abhängig. Sieht man den hydraulischen Wirkungsgrad in allen Stromflächen als konstant an, so trifft das auch für die spezifische Förderarbeit und die wirkliche Förderhöhe zu. Hiernach muß die Eintrittskante so gelegt werden, daß innerhalb der Schaufelfläche das statische Moment aller Stromkurven annähernd gleich ist. Schließlich soll die Eintrittskante die Radwandungen möglichst senkrecht treffen, so daß sich also die Winkel δ'_a und δ'_i einem rechten nähern. Verläuft die Eintrittskante im Grundriß radial (Abb. 16.4c), was anzustreben ist, so stimmen δ'_a und δ'_i angenähert mit den Winkeln δ_a und δ_i überein, welche die Schaufelfläche an diesen Stellen mit den Radwandungen bildet[1]. Kleine Winkel zwischen Schaufel und Radwand müssen vermieden werden, weil sie den Reibungsverlust erhöhen. Senkrechtes Anlaufen der Eintrittskante an die Radwände und gleiches statisches Moment aller Stromkurven ist allerdings im allgemeinen nicht zu erreichen, so daß zwischen beiden Forderungen vermittelt werden muß.

Bei weitgetriebener Schnelläufigkeit, also einem Durchmesserverhältnis D_2/D_A, das sich dem Wert 1 nähert, kann die achsparallele Lage der Austrittskante mit Umlenkung des Flüssigkeitsstromes in die radiale Richtung nicht mehr eingehalten werden. Für ein solches Rad würde die Krümmung der äußeren Wandung zu groß und die äußere Stromkurve gegenüber der inneren zu kurz. Den verschieden großen Umfangsgeschwindigkeiten u_1 längs der Eintrittskante $I'\,IV'$ entsprechen ferner sehr unterschiedliche Relativgeschwindigkeiten w_1, während die Relativgeschwindigkeit w_2 entlang der Austrittskante — wenn vom Einfluß der Krümmung abgesehen wird — keine Änderung erfährt. Als Folge davon nimmt bei sehr kleinem Durchmesserverhältnis D_2/D_A die Relativgeschwindigkeit in der äußeren Strombahn ab, in der inneren dagegen zu. Der Laufradkanal muß sich also teils erweitern, teils verengen, was für den Wirkungsgrad offenbar nachteilig ist.

Aus diesen Gründen erhalten Laufräder von großer Schnelläufigkeit eine im Meridianschnitt schräg liegende Austrittskante (Abb. 16.2). Dadurch werden die Unterschiede im Verlauf der Relativgeschwindigkeiten zwar nicht beseitigt, aber doch wesentlich gemildert. Außerdem wird die axial eintretende Strömung nur wenig in die radiale Richtung umgelenkt, also die Krümmung der äußeren Stromkurve verringert und ihre Länge vergrößert. Es entsteht ein „halbaxiales" Laufrad, das wegen der Ausbildung der Laufradschaufeln nach Art einer Schraubenfläche auch als „Schraubenrad" bezeichnet wird. Zur Verminderung der Radseitenreibung und der Reibung im Schaufelkanal selbst wird die äußere Laufradscheibe S vielfach fortgelassen, so daß sich die Schaufeln mit einem geringen Spiel von einigen zehntel Millimetern gegenüber der glatt bearbeiteten Gehäusewand bewegen.

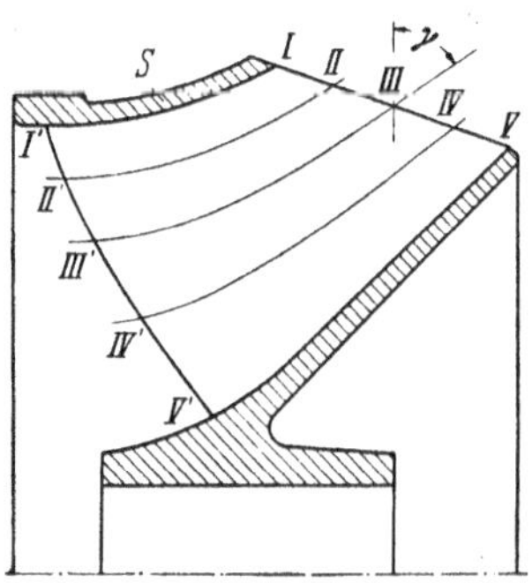

Abb. 16.2. Halbaxiales Laufrad

[1] Es besteht die Beziehung $\tan \delta = \tan \delta'/\cos \beta_1$, wenn β_1 den relativen Eintrittswinkel bezeichnet. Da dieser im allgemeinen klein ist, so ist δ angenähert gleich δ'.

Hinsichtlich des Reibungsverlustes im Laufradkanal liegt der Vorteil dieser Maßnahme besonders darin, daß an die Stelle der an der Außenwand herrschenden großen Relativgeschwindigkeit die Absolutgeschwindigkeit tritt, welche bei hohem Reaktionsgrad wesentlich kleiner als die Relativgeschwindigkeit ist. Außerdem verhindern die an der Gehäusewand vorbeistreichenden Schaufeln hier die Ausbildung von Grenzschichtansammlungen. Der entstehende Spaltverlust macht sich bei den meist vorliegenden großen Volumenströmen praktisch kaum bemerkbar.

Als Leitvorrichtung kann bei mäßiger Schnelläufigkeit ein Spiralgehäuse verwendet werden. Für große Schnelläufigkeit kommt nur ein axiales Leitrad in Frage (Abb. 17.1), wodurch die radiale Ausdehnung der Pumpe verhältnismäßig klein ausfällt. Diese Eigenschaft der Halbaxialpumpe mit Leitrad bestimmt mitunter ihre Verwendung auch in solchen Fällen, wo strömungstechnisch noch die rein radiale Bauart möglich wäre. Das trifft bei den Tiefbrunnenpumpen zu, für welche die radiale Ausdehnung meistens eng begrenzt ist (Abb. 51.2).

Infolge der Schräglage der Austrittskante ergibt sich für jeden ihrer Punkte eine andere Umfangsgeschwindigkeit. Trotzdem muß an jeder Stelle die gleiche spezifische Förderarbeit, also die gleiche Förderhöhe entstehen. Das ist nur durch eine entsprechende Änderung des Austrittswinkels β_2 möglich, der wegen der Schräglage nicht senkrecht zur Radachse, sondern in der Stromfläche zu messen ist. Aus dem Austrittsdreieck (Abb. 3.2) folgt

$$\tan\beta_2 = \frac{c_{2m}}{u_2 - c_{2u}}. \tag{16,1}$$

Wegen der geringen Umlenkung der Strömung ist die Krümmung der Stromkurven längs der Austrittskante im allgemeinen klein und wenig veränderlich. In diesem Falle ist es auch beim Halbaxialrade zulässig, eine über die ganze Austrittsbreite[1] konstante Meridiankomponente c_{2m} anzunehmen. Die Umfangskomponente beträgt für senkrechten Eintritt $c_{2u} = Y_{\mathrm{Sch}\,\infty}/u_2 = Y_{\mathrm{Sch}}a/u_2$. Mit dem hydraulischen Wirkungsgrad η_h, der trotz der unterschiedlichen Relativgeschwindigkeiten für alle Strombahnen als gleichbleibend angesehen werde, erhält man schließlich

$$c_{2u} = \frac{Ya}{\eta_h u_2} \quad \text{und} \quad \tan\beta_2 = \frac{c_{2m} u_2 \eta_h}{u_2^2 \eta_h - Ya}. \tag{16,1a}$$

Im allgemeinen ist der Berichtigungsfaktor a für die einzelnen Stromkurven mit dem Austrittsdurchmesser D_2 veränderlich. Durch Anpassung des statischen Momentes S, also durch Änderung der Eintrittskante der Schaufel, läßt sich a annähernd konstant halten. Einfacher ist es jedoch, die Veränderlichkeit von a durch den Austrittswinkel β_2 gemäß Gl. (16,1a) zu berücksichtigen.

Nach Gl. (16,1a) nimmt der relative Austrittswinkel β_2 für gleichbleibende spezifische Förderarbeit mit der Annäherung des Austrittspunktes an die Radachse zu. Die Konstanz der Förderhöhen für alle Strombahnen gilt allerdings nur für den Nennvolumenstrom. Für größere oder kleinere Volumenströme ergeben sich unterschiedliche Förderhöhen, weil jeder Strombahn infolge abweichender Werte für β_2 und u_2 eine andere Drosselkurve (Abschn. 33) entspricht. Alle diese Drosselkurven haben beim Nennvolumenstrom einen gemeinsamen Schnittpunkt. Bei Teil- und Überlast weichen sie um so mehr voneinander ab, je größer die Änderung von β_2 bzw. u_2 ist.

---

[1] Senkrecht zu den Stromkurven gemessen.

Unterschiedliche Förderhöhen haben Rückströmen und schließlich Totraumbildung mit schnellem Absinken des Wirkungsgrades zur Folge. Man wird daher die Schräglage der Austrittskante nach Möglichkeit beschränken.

Neben der Anwendung der räumlich gekrümmten Schaufel bei großen spezifischen Drehzahlen, wo also das kleine Durchmesserverhältnis D_2/D_A zur Ausführung dieser Schaufelform zwingt, findet man die räumlich gekrümmte Schaufel auch in Fällen verwendet, für welche hinsichtlich der Förderleistung die einfach gekrümmte (Zylinder-)Schaufel ausreichend ist. Hier sind andere Gründe maßgebend. Es hat sich gezeigt, daß durch Vorziehen der Schaufel in den Saugmund, also Vergrößern der tragenden Schaufelfläche die Stabilität der Drosselkurve, der Wirkungsgrad, insbesondere aber die Saugfähigkeit der Pumpe verbessert werden (Abschn. 30 u. 34).

b) Entwurf der Schaufelfläche

α) Ermittlung des Strombahnenanfangs im Grundriß mit Hilfe von Kegelmänteln. Beispiel

Unter Zugrundelegung schaufelkongruenter Strömung bestimmen wir die Schaufelfläche nach dem Vorhergehenden durch einige ausgewählte Strombahnen, die durch die Eintrittskante EF der Schaufel (Abb. 16.3a) verlaufen. Sie liegen auf Rotationsflächen (Stromflächen), welche innerhalb des Laufrades gleiche Teilströme abgrenzen. Die Zirkularprojektionen der Strombahnen im Meridianschnitt sind die Stromkurven. Eine solche Stromkurve sei die Linie $P'Q$ (Abb. 16.3a). Sie ist nach dem Gesagten identisch mit der Projektion der Strombahn im Aufriß. Zur eindeutigen Bestimmung der Strombahn ist noch ihre Darstellung im Grundriß erforderlich. Durch die Berechnung sind nur der Ein- und der Austrittswinkel der Strombahn bekannt.

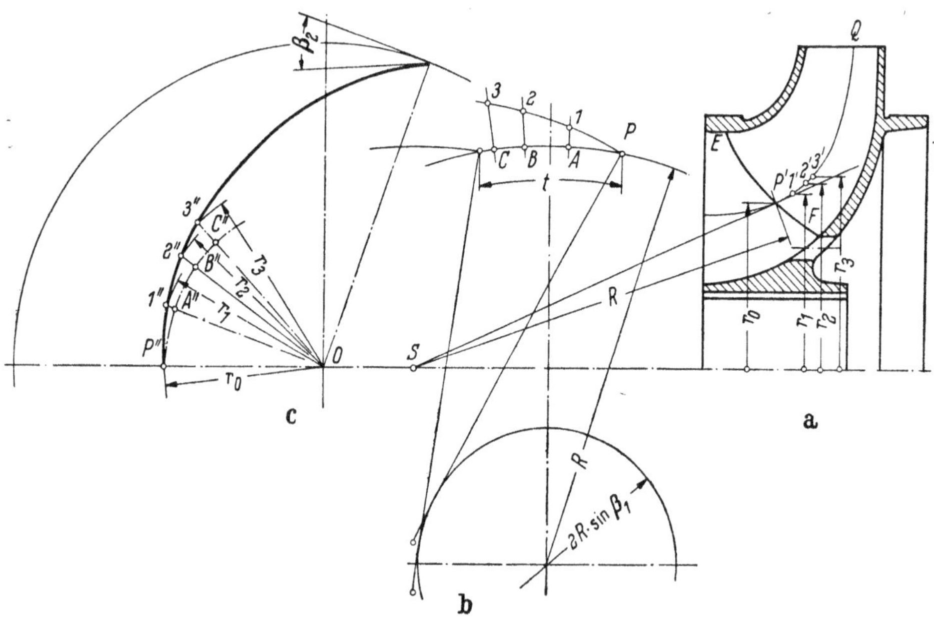

Abb. 16.3a—c.
Entwurf der Strombahn im Grundriß mit Hilfe der Abwicklung eines Kegelmantels

Gehen wir von der Schaufeleintrittskante aus, so macht die Aufzeichnung des Strombahnbeginns im Grundriß zunächst seine Auftragung auf der Stromfläche notwendig, die zu diesem Zweck in die Ebene abgewickelt werden müßte. Da das nicht möglich ist, ersetzen wir sie durch die Mantelfläche eines Kegels. Wir nehmen damit eine gewisse Verzerrung des Strombahnanfangs in Kauf, die um so größer wird, je weiter sich Stromfläche und Kegelfläche voneinander entfernen. Wir legen deshalb den Kegel so, daß seine Mantellinie $P'S$ die Stromkurve $P'Q$ im Punkt P' der Schaufelkante oder in dessen Nähe berührt. Verläuft die Stromkurve im Berührungspunkt parallel zur Radachse, so geht die Kegelfläche in eine Zylinderfläche über, die ebenfalls abwickelbar ist.

Bei der Abwicklung der Kegelfläche in die Ebene wird die Mantellinie $P'S$ zwischen Kegelspitze S und Berührungspunkt P' zum Radius R des Kreisbogens, auf dem die zugehörige Schaufelteilung $t = 2\pi r_0/z$ aufzutragen ist. Die Aufzeichnung des Strombahnanfangs wird nun unter Einhaltung des errechneten Eintrittswinkels β_1 in der gleichen Weise wie in Abschn. 13 für die einfach gekrümmte Schaufel beschrieben, vorgenommen, wobei allerdings die Strombahn und somit der Krümmungsradius nicht auf die Schaufelmitte, sondern auf die Schaufelvorderseite (Druckseite der Schaufel) bezogen wird (Abb. 16.3b). Bei der Abwicklung einer Zylinderfläche geht der Kreisbogen in eine gerade Linie über.

Aus der Abwicklung wird nun der Strombahnanfang punktweise zunächst auf die Stromkurve $P'Q$ (nicht Mantellinie) im Aufriß übertragen, so daß z.B. die Strecke $A1 =$ Bogen $P'1'$, Strecke $B2 =$ Bogen $P'2'$ und Strecke $C3 =$ Bogen $P'3'$ wird. Sodann erfolgt die Übertragung in den Grundriß, wobei zu beachten ist, daß die Bogenteile PA, AB und BC im Grundriß von P'' aus auf dem Kreise mit dem Halbmesser r_0 abgetragen werden müssen. Es ist also $\widehat{PA} = \widehat{P''A''}$, $\widehat{AB} = \widehat{A''B''}$ und $\widehat{BC} = \widehat{B''C''}$. $1''$, $2''$, $3''$ sind die Projektionen der Punkte $1'$, $2'$ und $3'$ im Grundriß (Abb. 16.3c).

Ist der Anfang der Strombahn in dieser Weise in den Grundriß übertragen, so wird der weitere Verlauf derselben schätzungsweise unter Beachtung des Austrittswinkels β_2 eingezeichnet. Dabei soll die entstehende Kurve stetig und allmählich vom Schaufelanfang zum Schaufelende übergehen, ohne daß sie übermäßig lang oder kurz wird. Endigt die Stromkurve im Meridianschnitt senkrecht zur Radachse (Punkt Q), so erscheint der Austrittswinkel β_2 im Grundriß in seiner wahren Größe. Bildet sie dagegen mit der Senkrechten zur Radachse den spitzen Winkel γ (Abb. 16.5a), so endigt die Projektion der Strombahn im Grundriß unter einem kleineren Winkel, der sich aus $\tan\beta_2' = \tan\beta_2 \cos\gamma$ errechnet. Die weiteren Einzelheiten des Entwurfs der Gesamtfläche der Schaufel ergeben sich aus dem folgenden Beispiel:

Eine Kühlwasserpumpe mit Spiralgehäuse als Leitvorrichtung soll bei der Förderhöhe $H = 22$ m ($Y = 215{,}8$ Nm/kg) einen Volumenstrom $Q = 900\ \text{m}^3/\text{h} = 0{,}25\ \text{m}^3/\text{s}$ liefern und mit $n = 1450$ 1/min (24,17 1/s) betrieben werden. Das Laufrad der Pumpe ist zu entwerfen.

Da die Pumpe nur *eine* Stufe erhält, beträgt die spezifische Drehzahl bei einströmiger Ausführung

$$n_{qy} = n\frac{\sqrt{Q}}{\sqrt[4]{Y^3}} = 24{,}17\frac{\sqrt{0{,}25}}{\sqrt[4]{215{,}8^3}} = 214{,}6 \cdot 10^{-3}\ (n_q = 71{,}5).$$

Gemäß Abb. 7.1 kommt als Laufrad ein Francisläufer in Frage. Der Gesamtwirkungsgrad der Pumpe errechnet sich nach Gl. (10,8), Abschn. 10, aus

$$\eta = \eta_h \eta_l \left(\eta_m - \frac{P_r}{P}\right).$$

Auf Grund der Leistungsgröße, der spezifischen Drehzahl und der Anordnung eines Spiralgehäuses als Leitvorrichtung kann $\eta_h = 0{,}86$ angesetzt werden. Ferner sei $\eta_l = 0{,}98$, $\eta_m = 0{,}97$ und $P_r/P = 0{,}02$. Dann ist

$$\eta = 0{,}86 \cdot 0{,}98 \cdot (0{,}97 - 0{,}02) = 0{,}8.$$

Damit ergibt sich ein Nennleistungsbedarf

$$P = \frac{Q \varrho Y}{\eta} = \frac{0{,}25 \cdot 1000 \cdot 215{,}8}{0{,}8} = 67\,438 \text{ W} = 67{,}438 \text{ kW}$$

und ein Drehmoment

$$M = \frac{P}{\omega} = \frac{P}{2\pi n} = \frac{67\,438}{2\pi \cdot 24{,}17} = 444{,}1 \text{ Nm} = 44\,410 \text{ Ncm}.$$

Mit der sehr geringen Torsionsspannung $\tau_t = 120$ bar $= 120$ daN/cm^2, welche die zunächst unbekannte Biegungsbeanspruchung und die dadurch hervorgerufene elastische Formänderung mitberücksichtigen soll, folgt der Wellendurchmesser aus

$$d^3 = \frac{16 M}{\pi \tau_t} = \frac{16 \cdot 44\,410}{\pi \cdot 120 \cdot 10} = 188{,}5 \text{ cm}^3$$

zu

$$d = 5{,}73 \text{ cm} = 57{,}3 \text{ mm}.$$

Mit Rücksicht auf die Schwächung der Welle durch Nuten werde der Wellendurchmesser auf $d = 64$ mm und ferner der Nabendurchmesser des Laufrades, das in Bronze ausgeführt werde, auf $d_n = 80$ mm festgesetzt. Späterhin ist der Wellendurchmesser in bezug auf die Lage der kritischen Drehzahl nachzuprüfen.

Bei einströmiger Ausführung beträgt der Durchflußstrom

$$Q' = \frac{Q}{\eta_l} = \frac{0{,}25}{0{,}98} = 0{,}255 \text{ m}^3/\text{s}.$$

Die axiale Eintrittsgeschwindigkeit c_A errechnet sich nach Gl. (12,5), Abschn. 12, für $\beta_0 = 11°$, $k = 0{,}85$, $\sigma = 1$ und $\tau = 1$ sowie für $\alpha_0 = 90°$ zu

$$c_A = 2{,}325 \sqrt[3]{\frac{\tan^2 \beta_0 \sigma^2}{k \tau^2} Q' n^2} = 2{,}325 \sqrt[3]{\frac{0{,}1944^2}{0{,}85} \cdot 0{,}255 \cdot 24{,}17^2} = 4{,}37 \text{ m/s}.$$

Die einströmige Anordnung führt zu einer verhältnismäßig großen Eintrittsgeschwindigkeit. Im Interesse einer möglichst guten Saugfähigkeit ist es daher angebracht, die Pumpe doppelströmig auszuführen. Gleichzeitig wird dadurch die zu erwartende geringe radiale Erstreckung der Laufradschaufel vergrößert. Die axiale Eintrittsgeschwindigkeit verringert sich nunmehr auf

$$c_A = 4{,}37 \cdot \frac{1}{\sqrt[3]{2}} = 3{,}47 \text{ m/s}.$$

Mit $c_A = 3{,}5$ m/s errechnet sich gemäß

$$\frac{D_A^2 \pi}{4} = \frac{Q'}{2 c_A} + \frac{d_n^2 \pi}{4} = \frac{0{,}255}{2 \cdot 3{,}5} + \frac{0{,}08^2 \pi}{4} = 0{,}0415 \text{ m}^2$$

der Eintrittsdurchmesser $D_A = 0{,}23 \text{ m} \mathrel{\hat{=}} 230$ mm.

Da das Laufrad in seinen Abmessungen noch nicht vorliegt, das statische Moment S der mittleren Stromkurve also nicht bestimmbar ist, schätzen wir den Berichtigungsfaktor a vorbehaltlich späterer Änderung auf Grund ähnlicher Ausführungen. Es sei $a = 1{,}35$. Damit ist

$$Y_{\text{Sch}_\infty} = \frac{Y}{\eta_h} a = \frac{215{,}8 \cdot 1{,}35}{0{,}86} = 338{,}8 \text{ Nm/kg}.$$

Mit $\beta_0 = 20°$ und $c_{2_m} = 3{,}5$ m/s folgt aus Gl. (3,6), Abschn. 3, also für $\alpha_0 = 90°$

$$u_2 = \frac{c_{2_m} \cot \beta_2}{2} + \sqrt{Y_{\text{Sch}_\infty} + \left(\frac{c_{2_m} \cot \beta_2}{2}\right)^2} = \frac{3{,}5 \cdot 2{,}747}{2} +$$

$$+ \sqrt{338{,}8 + \left(\frac{3{,}5 \cdot 2{,}747}{2}\right)^2} = 23{,}83 \text{ m/s},$$

mithin

$$D_2 = \frac{u_2}{\pi n} = \frac{23{,}83}{\pi \cdot 24{,}17} = 0{,}314 \text{ m} \mathrel{\hat{=}} 314 \text{ mm}.$$

Es zeigt sich, daß die doppelströmige Ausführung zu geeigneten Radabmessungen führt. Trotz der nun verringerten Schnelläufigkeit werde der Wirkungsgrad der einströmigen Ausführung beibehalten, da die für beide Radhälften gemeinsame Leitvorrichtung die gleiche bleibt und sich die Verluste durch Radseitenreibung, Spaltwasser und mechanische Reibung praktisch nicht ändern.[1]

Werden die Laufradschaufeln am Austrittsende zugeschärft, so beträgt die Austrittsbreite *einer* Radseite für $\xi = \dfrac{t_2}{t_2 - s/\sin \beta_2} \approx 1$, also für $c_{3_m} \approx c_{2_m} = 3{,}5$ m/s

$$b_2 = \frac{Q' \xi}{2 D_2 \pi c_{2_m}} = \frac{0{,}255}{2 \cdot 0{,}314 \cdot \pi \cdot 3{,}5} = 0{,}037 \text{ m} \mathrel{\hat{=}} 37 \text{ mm}.$$

Der Umfangsgeschwindigkeit $u_2 = 23{,}83$ m/s entspricht die Druckzahl

$$\psi = \frac{2 Y}{u_2^2} = \frac{2 \cdot 215{,}8}{23{,}83^2} = 0{,}76 \quad \text{bei} \quad n_{qy} = 151{,}7 \cdot 10^{-3} \; (n_q = 50{,}6).$$

Durch D_A, D_2, d_n und b_2 sind die äußeren Abmessungen einer Radseite vorläufig festgelegt. Hiervon ausgehend zeichnen wir — und zwar unter Benutzung des Schwindmaßstabes für den vorgesehenen Werkstoff — schätzungsweise die inneren und äußeren Laufradbegrenzungen $IV\,D$ und $I\,D'$ in der Weise auf, daß die axiale Stromrichtung unter stetiger, aber möglichst kleiner Krümmung, also mit möglichst großen Krümmungsradien, in die radiale übergeht, wobei gleichzeitig auf einen günstigen Querschnittsverlauf zu achten ist (Abb. 16.4a).

[1] Daß bei gleichen Förderverhältnissen der Wirkungsgrad der doppelströmigen Pumpe trotz verringerter Schnelläufigkeit mit dem der einströmigen praktisch übereinstimmt, geht auch aus einer Betrachtung von H.-D. Duchmann hervor: Wirkungsgrade von doppelflutigen Pumpen. KSB Technische Berichte H. 12 (1967) S. 49.

Für die Bestimmung der Schaufelfläche werden vier Stromkurven als ausreichend angesehen, von denen zwei im Aufriß (Abb. 16.4a) mit der inneren und äußeren Radbegrenzung identisch sind. Die beiden anderen gewinnen wir dadurch, daß wir eine Radseite in drei Teilräder aufteilen, von denen jedes den gleichen Volumenstrom liefert. Das Einzeichnen der Stromkurven in den Aufriß erfolgt zunächst schätzungsweise, wobei jedoch Eintritts- und Austrittsverlauf von vornherein rechnerisch genau festgelegt werden können. Senkrecht zu den Stromkurven zeichnen wir sodann in annähernd gleichen Abständen eine Anzahl Normallinien (Abb. 16.4a). Bevor die genaue Abgrenzung der Teilräder durch Stromkurven bzw. Stromflächen vorgenommen wird, ist es zweckmäßig, die Begrenzungen des ganzen Rades — also den Querschnittsverlauf des Ringkanals *D' I IV D* — nachzuprüfen und gegebenenfalls zu

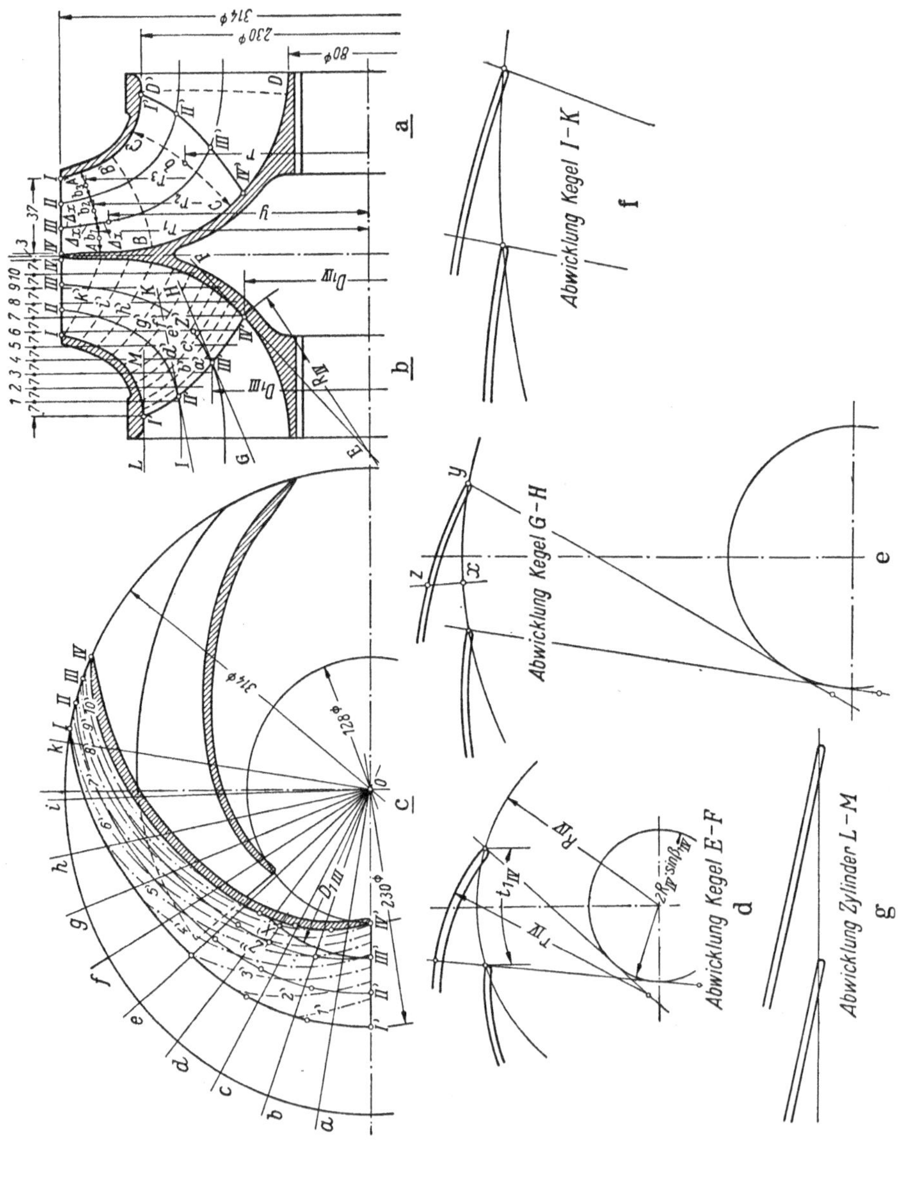

Abb. 16.4.a—g Entwurf eines Laufrades mit räumlich gekrümmter Schaufel

berichtigen. Wir gehen dabei von der üblichen (nur annähernd zutreffenden) Annahme aus, daß die Meridiangeschwindigkeit längs einer Normallinie konstant ist. Da gemäß der Annahme $c_A = c_{2_m}$ Eintritts- und Austrittsquerschnitt des Ringkanals gleich sind, muß auch für jede Normallinie das Produkt $2\pi r b$ bzw. $r \cdot b$ (Abb. 16.4a) konstant sein[1]. Sind die Radbegrenzungen dieser Bedingung entsprechend berichtigt, so macht es keine Schwierigkeiten mehr, den genauen Verlauf der übrigen Stromkurven aus der Forderung $r_1 b_1 = r_2 b_2 = r_3 b_3$ zu ermitteln.

Nach Festlegung der Begrenzungen des ganzen Rades und der Teilräder, die allerdings entsprechend der für den Berichtigungsfaktor a getroffenen Annahme immer noch als vorläufig anzusehen sind, kann die Lage der Schaufeleintrittskante im Aufriß bestimmt werden. Sie muß der Forderung nach gleicher Förderarbeit für alle Teilräder genügen. Bei gleichem hydraulischem Wirkungsgrad der Teilräder muß daher das statische Moment $S = \Sigma(\Delta x \cdot y)$ aller durch die Schaufelkanten im Meridianschnitt abgegrenzten Stromkurven gleich sein. Außerdem sollen die Radwandungen von der Eintrittskante möglichst senkrecht geschnitten werden. Beide Bedingungen lassen sich nur angenähert verwirklichen.

Wir ermitteln zunächst das statische Moment, das zur Erfüllung unserer Annahme $a = 1{,}35$ erforderlich ist. Mit $\chi = 0{,}664\left(1 + \frac{\beta_2^0}{60}\right) = 0{,}664\left(1 + \frac{20}{60}\right) = 0{,}885$ und $z = 7$ ist nach Gl. (5,5), Abschn. 5,

$$S = \frac{\chi\left(\frac{D_2}{2}\right)^2}{z\,(a-1)} = \frac{0{,}885 \cdot 0{,}157^2}{7 \cdot 0{,}35} = 0{,}0089\ \mathrm{m}^2.$$

Trägt man $S = \Sigma(\Delta x \cdot y)$ schrittweise am äußeren Umfang beginnend auf den Stromkurven ab, bis der Betrag $S = 0{,}0089\ \mathrm{m}^2$ erreicht ist, so zeigt sich, daß eine Schaufel mit diesem statischen Moment durchaus verwirklicht werden kann. Während für die Stromkurve $I'\,I$ das statische Moment genau eingehalten ist, sind die Momente der übrigen Stromkurven mit Rücksicht auf die Führung der Eintrittskante geringfügig erhöht. Die auf der Annahme $a = 1{,}35$ beruhenden Radabmessungen können daher beibehalten werden. Hätte das statische Moment $S = 0{,}0089$ eine ungünstige Schaufelform ergeben, so wäre nach Ermittlung des ausführbaren Momentes eine Wiederholung der Rechnung notwendig gewesen.

Nachdem die Schaufel im Aufriß endgültig festgelegt ist, muß zu ihrer eindeutigen Bestimmung der Grundriß aufgezeichnet werden. Zu diesem Zweck sind zunächst die Eintrittswinkel β_1 der die Schaufelfläche bestimmenden Strombahnen zu ermitteln. Für die Strombahn $I'\,I$ ist $u_{1_I} = D_1 \pi n = 0{,}23 \cdot \pi \cdot 24{,}17 = 17{,}46$ m/s. Mit dem vorläufig angenommenen Verengungsfaktor $\xi = 1{,}2$ ist $c_{1_I} = c_0\,\xi = 3{,}5 \cdot 1{,}2 = 4{,}2$ m/s, mithin $\tan \beta_{1_I} = \frac{4{,}2}{17{,}46} = 0{,}2405$, also vorläufig $\beta_{1_I} = 13^\circ\,31'$. Die Schaufelstärke sei $s = 3{,}5$ mm[2]. Der hiermit berichtigte Verengungsfaktor $\xi = 1{,}17$

[1] r ist der Schwerpunktsabstand der Normallinie b von der Drehachse. Sind Ein- und Austrittsquerschnitt unterschiedlich, so müssen sie stetig, ohne dazwischenliegenden Extremwert, ineinander übergehen.

[2] Die in Rechnung zu stellende Schaufelstärke wird durch die Schnittfläche zwischen Stromfläche und Schaufel bestimmt. Da beide sich nicht genau senkrecht schneiden, müßte strenggenommen mit einem etwas größeren Wert gerechnet werden.

liefert endgültig $\beta_{1_I} = 13° 12'$. In gleicher Weise ergeben sich die Eintrittswinkel der übrigen Strombahnen zu $\beta_{1_{II}} = 15° 24'$, $\beta_{1_{III}} = 18° 42'$, $\beta_{1_{IV}} = 23° 6'$. Obwohl die Schaufelkante nicht mit einer Normallinie zusammenfällt, ist die Absolutgeschwindigkeit c_0 im vorliegenden Beispiel wegen des gleichbleibenden Querschnitts für alle Strombahnen gleich. Bei veränderlichem Querschnitt ist c_0 für jede Strombahn nach der Kontinuitätsbedingung zu ermitteln.

Die Aufzeichnung der Projektionen der Strombahnen im Grundriß unter Einhaltung der errechneten Eintrittswinkel macht die Auftragung der Schaufelanfänge auf den Stromflächen, d.h. den durch die Stromkurven erzeugten Rotationsflächen notwendig, die wir durch Kegel- bzw. Zylinderflächen ersetzen, um sie in die Ebene abwickeln zu können. In die abgewickelten Mantelflächen werden die Schaufelanfänge unter Einhaltung des jeweiligen Eintrittswinkels in der unter 16bα beschriebenen Weise eingezeichnet, wobei die Krümmungsradien nicht auf die Schaufelmitte, sondern auf die Schaufelvorderseite (Druckseite) bezogen werden (Abb. 16.4d bis g). Bei der Abwicklung einer Zylinderfläche gehen die Kreisbögen in gerade Linien über (Abb. 16.4g).

Im Grundriß wird die Schaufeleintrittskante $I'\,IV'$ (Abb. 16.4c) gradlinig und radial angenommen. Aus den Abwicklungen werden nun die Vorderseiten der Schaufelanfänge punktweise zunächst auf die Stromkurven (nicht Mantellinien) im Aufriß übertragen, so daß z.B. Strecke $x\,z$ = Bogen $III'\,Z'$ wird (Abb. 16.4e u. b). Sodann erfolgt die Übertragung in den Grundriß, wobei zu beachten ist, daß der Bogen xy im Grundriß von III' aus auf dem Kreise mit dem Durchmesser $D_{1_{III}}$ abgetragen werden muß. Es ist also $\widehat{III'\,X'} = \widehat{yx}$ (Abb. 16.4c u. e) und Z'' die Lage des Punktes Z' im Grundriß.

Sind die Anfänge der Strombahnen auf diese Weise in den Grundriß übertragen, so wird der weitere Verlauf derselben schätzungsweise unter Einhaltung des vorgeschriebenen Austrittswinkels β_2, der im Grundriß in seiner wahren Größe erscheint, eingezeichnet. Um die Längen der äußeren und inneren Strombahnen einander anzugleichen, legen wir die Austrittskante der Schaufeln nicht senkrecht, sondern unter einem Winkel von 45° zur Umfangsrichtung. Wir zeichnen die Austrittsenden der Strombahnen zunächst auf durchscheinendes Papier, das wir auf der Zeichnung um Punkt 0 so bewegen, daß sich ein stetiger und allmählicher Verlauf aller Strombahnen zwischen Anfang und Ende herstellen läßt, ohne daß die Schaufel übermäßig lang oder kurz wird.

Die zum Teil willkürliche Festlegung der Strombahnen im Grundriß macht noch eine Nachprüfung der Stetigkeit der Schaufelfläche notwendig. Zu diesem Zweck legen wir im Grundriß in gleichen Abständen die Axialschnitte a bis k (Abb. 16.4c). Durch Übertragung in den Aufriß mit Hilfe der Strombahnen entstehen dort die Schnittlinien a' bis k'. Zeigen sich im Verlauf oder in den Abständen dieser Kurven voneinander Unregelmäßigkeiten, so sind diese durch Berichtigung der Strombahnen im Grundriß zu beseitigen.

Einer weiteren Kontrolle und zugleich der Modellherstellung dienen die sogenannten Schreinerschnitte. Es handelt sich hierbei um die Radialschnitte *1* bis *10*, die im Aufriß in gleichbleibendem Abstand von 7 mm gelegt sind und mit Hilfe der Axialschnitte und Stromkurven leicht in den Grundriß übertragen werden können. Nach den im Grundriß erscheinenden Kurven *1'* bis *10'* hat der Modellschreiner Brettchen von 7 mm Stärke auszuschneiden und entsprechend aufeinander zu leimen. Die dadurch entstehende treppenförmig geschichtete Fläche liefert nach Wegarbeiten der vorspringenden Kanten die gesuchte Schaufelfläche einer Radseite. Die Schaufelfläche der anderen Seite ist ihr Spiegelbild.

β) Winkel- und längentreue Übertragung der Strombahnen aus der Ebene auf die Stromflächen. Beispiel

Es liege eine beliebige Stromfläche, also eine Rotationsfläche vor, die beispielsweise durch Drehung der Stromkurve *PQ* (Abb. 16.5a) um die Radachse entsteht. In dieser Stromfläche sei die auf der Vorderseite (Druckseite) einer Laufschaufel liegende Strombahn bekannt. Wird nun auf der Stromfläche eine Ebene (ohne Gleiten und ohne Drehung um eine zur Ebene senkrechte Achse) so abgewälzt, daß der Berührungspunkt zwischen Stromfläche und Ebene stets auf der Strombahn verbleibt, so bildet die ununterbrochene Folge der Berührungspunkte auf der Ebene eine winkel- und längentreue Abbildung der Strombahn (Abb. 16.5b).

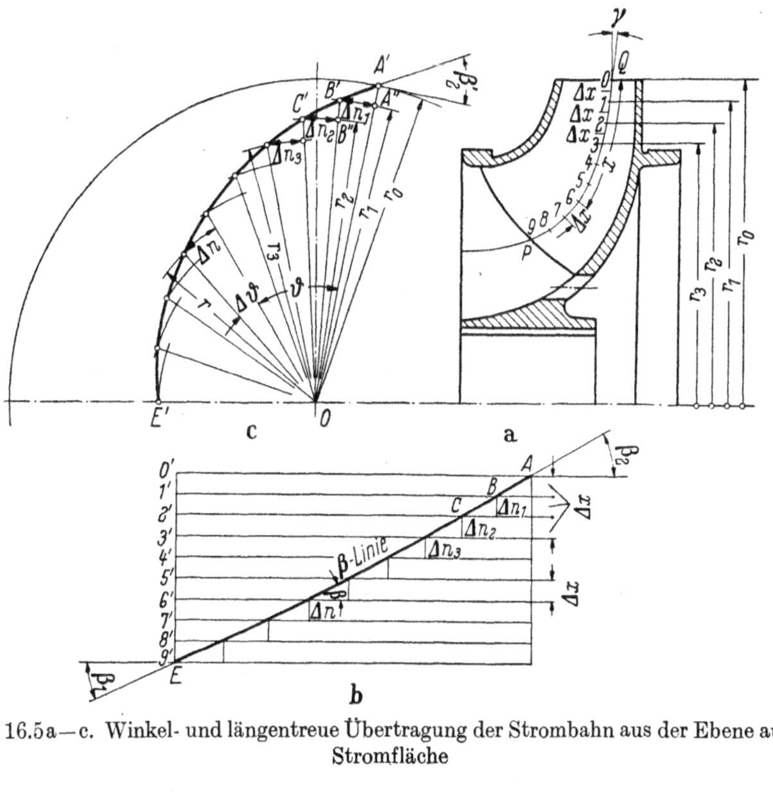

Abb. 16.5a—c. Winkel- und längentreue Übertragung der Strombahn aus der Ebene auf die Stromfläche

Umgekehrt läßt sich eine hinsichtlich des β-Verlaufs festgelegte ebene Kurve winkel- und längentreu auf die Stromfläche übertragen. Die praktisch erreichbare Übereinstimmung ist um so besser, je größer die Zahl der übertragenen Punkte und je größer die Zeichengenauigkeit ist. Im allgemeinen kann man sich jedoch auf verhältnismäßig wenig Punkte beschränken und in folgender Weise verfahren:

Man unterteilt die erzeugende Stromkurve PQ der Stromfläche in eine beliebige Anzahl kleiner Teilstücke von der gleichen Länge Δx (Abb. 16.5a) und zieht in der Ebene der Zahl der Teilstücke entsprechend parallele Gerade im Abstande Δx. In die so entstandene Geradenschar (Abb. 16.5b) trägt man unter Einhaltung des Austrittswinkels β_2 und des Eintrittswinkels β_1 die ebene Abbildung der Strombahn ein, wobei darauf zu achten ist, daß ein stetiger und allmählicher Übergang zwischen Austritts- und Eintrittswinkel vorhanden ist und die Strombahn nicht übermäßig lang oder kurz wird. Die so festgelegte ebene Strombahn ist nun mit Hilfe der Schnittpunkte $A, B, C \cdots$ mit der Geradenschar auf die Stromfläche zu übertragen und im Grundriß darzustellen. Der Aufriß liegt durch die Zirkularprojektion PQ bereits vor. Zur Aufzeichnung des Grundrisses zieht man zunächst durch die Schnittpunkte $A, B, C \cdots$ Senkrechte zur Geradenschar. Dadurch entstehen Flächenabschnitte nach Art rechtwinkliger Dreiecke mit der gleichbleibenden Kathete Δx und der veränderlichen Kathete Δn. Jeder der zu übertragenden Punkte $A, B, C \cdots$ wird auf der Stromfläche durch einen Radialschnitt mit den Radien $r_0, r_1, r_2, r_3 \cdots$ und einen Axialschnitt bestimmt. Die gegenseitige Lage der Axialschnitte ergibt sich aus den Längen der Katheten Δn, die jeweils auf dem Umfang der Schnittkreise abzutragen sind.

Die Aufzeichnung beginnt im Punkt A' des äußeren Radumfanges (Abb. 16.5c). Man zieht $A'O$,schlägt mit r_1 um O einen Kreisbogen, trägt auf diesem vom Schnittpunkt A'' aus Δn_1 ab und erhält den Punkt B'. Sodann zieht man $B'O$, schlägt mit r_2 einen Kreisbogen um O und trägt darauf von B'' aus Δn_2 ab, wodurch sich der Punkt C' ergibt, usf., bis schließlich der Punkt E' erreicht ist. Die Verbindungslinie der gefundenen Schnittpunkte $A', B', C' \cdots$ liefert den Grundriß der gesuchten Strombahn. Endigt die Stromkurve PQ am Radumfang senkrecht zur Radachse, so erscheint der Austrittswinkel β_2 im Grundriß in wahrer Größe. Bildet sie dagegen bei Q mit der Senkrechten zur Radachse den spitzen Winkel γ, so verkleinert sich der Austrittswinkel im Grundriß auf β_2', gemäß der Beziehung $\tan \beta_2' = \tan \beta_2 \cos \gamma$.

Dem Verfahren liegt eine schaufelkongruente Strömung im Laufradkanal zugrunde.

Beispiel. Es ist das Laufrad einer Niederdruckpumpe mit Austrittsleitschaufeln für folgende Verhältnisse zu entwerfen: Volumenstrom $Q = 750\ \mathrm{m^3/h} = 0{,}2083\ \mathrm{m^3/s}$; Förderhöhe $H = 14\ \mathrm{m}$ ($Y = 137{,}3\ \mathrm{Nm/kg}$); Drehzahl $n = 1450\ \mathrm{1/min}$ ($24{,}17\ \mathrm{1/s}$); Fördermittel reines kaltes Wasser.

Nach der Aufgabenstellung erhält die Pumpe *eine* Stufe. Wird sie außerdem einströmig ausgeführt, so beträgt ihre spezifische Drehzahl

$$n_{qy} = n \frac{\sqrt{Q}}{\sqrt[4]{Y^3}} = 24{,}17 \frac{\sqrt{0{,}2083}}{\sqrt[4]{137{,}3^3}} = 275 \cdot 10^{-3}\ (n_q = 91{,}7).$$

Nach Abb. 7.1 kommt hierfür eine halbaxiale Ausbildung des Läufers in Frage. Auf Grund der Pumpengröße und der spezifischen Drehzahl kann mit einem hydraulischen Wirkungsgrad $\eta_h = 0{,}88$ gerechnet werden. Ferner werde $\eta_l = 0{,}98$, $\eta_m = 0{,}96$ und — mit Rücksicht auf das halboffene Laufrad — $P_r/P = 0{,}01$ gesetzt. Damit ergibt sich ein Gesamtwirkungsgrad

$$\eta = \eta_h \eta_l (\eta_m - P_r/P) = 0{,}88 \cdot 0{,}98 \cdot (0{,}96 - 0{,}01) = 0{,}82$$

und ein Nennleistungsbedarf

$$P = \frac{Q \varrho Y}{\eta} = \frac{0{,}2083 \cdot 1000 \cdot 137{,}3}{0{,}82} = 34878 \text{ W} = 34{,}878 \text{ kW}.$$

Daraus errechnet sich ein Drehmoment

$$M = \frac{P}{\omega} = \frac{P}{2\pi n} = \frac{34878}{2\pi \cdot 24{,}17} = 229{,}67 \text{ Nm} = 22967 \text{ Ncm},$$

das wir, da die Lagerung der Welle noch unbekannt ist, zur Bestimmung des Wellendurchmessers benutzen. Er ist nach dem Entwurf der Pumpe hinsichtlich der Lage der kritischen Drehzahl nachzuprüfen.

Mit der sehr geringen Torsionsspannung $\tau_t = 120$ bar $= 120$ daN/cm^2 errechnet sich der Wellendurchmesser aus

$$d^3 = \frac{16\,M}{\pi \tau_t} = \frac{16 \cdot 22967}{\pi \cdot 120 \cdot 10} = 97{,}47 \text{ cm}^3 \quad \text{zu} \quad d = 46{,}0 \text{ mm}.$$

Da die Welle durch Nuten geschwächt wird, vergrößern wir den Wellendurchmesser in der Laufradnabe auf $d = 52$ mm und legen bei Verwendung von Bronze für das Laufrad als Nabendurchmesser $d_n = 70$ mm fest.

Zur Bestimmung des Eintrittsdurchmessers D_A des Laufrades ermitteln wir die axiale Eintrittsgeschwindigkeit c_A nach Gl. (12,5), Abschn. 12, für $\beta_0 = 12°$, $k = 0{,}9$, $\sigma = 1$, $\tau = 1$ und $Q' = Q/\eta_l = 0{,}2083/0{,}98 = 0{,}2126$ m^3/s sowie für $\alpha_0 = 90°$. Es ist

$$c_A = 2{,}325 \sqrt[3]{\frac{\tan^2\beta_0\,\sigma^2}{k\,\tau^2}\,Q'\,n^2} = 2{,}325 \sqrt[3]{\frac{0{,}2126^2}{0{,}9} \cdot 0{,}2126 \cdot 24{,}17^2} = 4{,}28 \text{ m/s}.$$

Mit $c_A = 4{,}3$ m/s errechnet sich aus

$$\frac{D_A^2 \pi}{4} = \frac{Q'}{c_A} + \frac{d_n^2 \pi}{4} = \frac{0{,}2126}{4{,}3} + \frac{0{,}07^2 \pi}{4} = 0{,}05329 \text{ m}^2$$

der Eintrittsdurchmesser $D_A = 0{,}2605 \text{ m} \approx 260$ mm.

Es ist nun zu prüfen, ob der so bestimmte Eintrittsdurchmesser in einem geeigneten Verhältnis zum Austrittsdurchmesser steht. Da dieser bei schrägliegender Austrittskante für die einzelnen Strombahnen unterschiedlich ist, betrachten wir zunächst die Mitte der Austrittskante. Für die Berechnung der spezifischen Schaufelarbeit setzen wir voraus, daß der hydraulische Wirkungsgrad für alle Strombahnen gleich ist, was in Wirklichkeit nur angenähert zutrifft. Nehmen wir ferner, da eine Berechnung noch nicht möglich ist, den Berichtigungsfaktor für die Schaufelmitte zu $a = 1{,}35$ an, so beträgt die spezifische Schaufelarbeit bei unendlich großer Schaufelzahl

$$Y_{\mathrm{Sch}\,\infty} = \frac{Y\,a}{\eta_h} = \frac{137{,}3 \cdot 1{,}35}{0{,}88} = 210{,}6 \text{ Nm/kg}.$$

Mit $\beta_{2_m} = 25°$ im Punkt S_2 — gemessen in der zugehörigen Stromfläche, also nicht senkrecht zur Radachse (Abb. 16.6a) — und $c_{2_m} = 4{,}3$ m/s folgt für $\alpha_0 = 90°$ aus Gl. (3,6), Abschn. 3, die mittlere Umfangsgeschwindigkeit der schräg liegenden Austrittskante

$$u_{2_m} = \frac{c_{2_m} \cot \beta_2}{2} + \sqrt{Y_{\mathrm{Sch}_\infty} + \left(\frac{c_{2_m} \cot \beta_2}{2}\right)^2} = \frac{4{,}3 \cdot 2{,}145}{2} + $$

$$+ \sqrt{210{,}6 + \left(\frac{4{,}3 \cdot 2{,}145}{2}\right)^2} = 19{,}84 \text{ m/s},$$

mithin der mittlere Austrittsdurchmesser

$$D_{2_m} = \frac{u_{2_m}}{\pi n} = \frac{19{,}84}{\pi \cdot 24{,}17} = 0{,}2613 \text{ m};$$

ausgeführt werde $D_{2_m} = 262$ mm.

Das Verhältnis des mittleren Austrittsdurchmessers D_{2_m} zum Einlaufdurchmesser D_A beträgt daher $D_{2_m}/D_A = 262/260 = 1{,}0077$.

Die Austrittsbreite b_2 des Laufrades ermitteln wir längs der Normallinie, die durch den Endpunkt S_2 der Schaufelmittellinie (Durchmesser D_{2_m}) verläuft. In diesem Bereich kann auch bei der halbaxialen Bauweise die Krümmung der Stromkurven klein gehalten werden. Es ist daher zulässig, mit einer gleichbleibenden Meridiankomponente c_{2_m} längs der Normallinie zu rechnen. Werden die Laufradschaufeln am Austrittsende zugeschärft, so beträgt die Austrittsbreite für $\xi \approx 1$, also für $c_{3_m} \approx c_{2_m} = 4{,}3$ m/s

$$b_2 = \frac{Q' \xi}{D_{2_m} \pi c_{2_m}} = \frac{0{,}2126}{0{,}262 \cdot \pi \cdot 4{,}3} = 0{,}0601 \text{ m}.$$

Ausgeführt werde $b_2 = 60$ mm.

Die Umfangsgeschwindigkeit $u_{2_m} = 19{,}89$ m/s liefert eine Druckzahl

$$\psi = \frac{2\,Y}{u_{2_m}^2} = \frac{2 \cdot 137{,}3}{19{,}89^2} = 0{,}694$$

bei einer spezifischen Drehzahl $n_{qy} = 275 \cdot 10^{-3}$ ($n_q = 91{,}7$).

Mit den Abmessungen d_n, D_A, D_{2_m} und b_2 kann der Laufradkörper im Meridianschnitt unter Beachtung des Schwindmaßes für den zu verwendenden Werkstoff entworfen werden. Aus dem Durchmesserverhältnis $D_{2_m}/D_A = 1{,}0077$ ergibt sich sofort, daß eine brauchbare Radform nur dann zu erzielen ist, wenn die Austrittskante *I V* schräg gelegt wird. Die Schräglage halten wir allerdings aus dem in Abschn. 16a angeführten Grunde so klein wie möglich. Gleichzeitig legen wir mit Hilfe von Normallinien[1] — wie im vorhergehenden Beispiel ausführlich beschrieben — die innere und äußere Radbegrenzung fest, wobei darauf zu achten ist, daß der Eintrittsquerschnitt stetig in den Austrittsquerschnitt übergeht (Abb. 16.6a). In unserem Beispiel muß der Querschnittsverlauf, da $c_{2_m} = c_A$ ist, längs des ganzen Ringkanals unverändert bleiben. Wir gehen dabei von der vereinfachenden Annahme aus, daß die c_m-Komponente auf der ganzen Länge einer Normallinie konstant ist. Sodann teilen wir das Laufrad in eine Anzahl Teilräder, von denen jedes den gleichen Volumenstrom liefert. Es sind vier Teilräder vorgesehen, so daß einschließlich der Radbegrenzungen

[1] Diese sind in Abb. 16.6 der besseren Übersichtlichkeit wegen fortgelassen.

die fünf Stromkurven $I'\,I \cdots V'\,V$ entstehen. Da das Laufrad mit einem axialen Leitrad arbeiten soll, ist auf einen stetigen Übergang der Stromkurven aus dem Laufrad in das Leitrad zu achten.

Die Schaufeleintrittskante $I'\,V'$ im Meridianschnitt nehmen wir schätzungsweise an, jedoch so, daß sie die Radbegrenzungen unter möglichst steilem Winkel trifft. Gleichheit der statischen Momente der Stromkurven $I'\,I \cdots V'\,V$ ist bei schräg liegender Austrittskante nicht erforderlich, weil die Forderung nach gleicher spezifischer Förderarbeit in allen Stromflächen auch durch den hier veränderlichen Austrittswinkel β_2 erfüllt werden kann. In unserem Beispiel ist allerdings Gleichheit der statischen Momente unter geringer Veränderung der Austrittskante angestrebt wor-

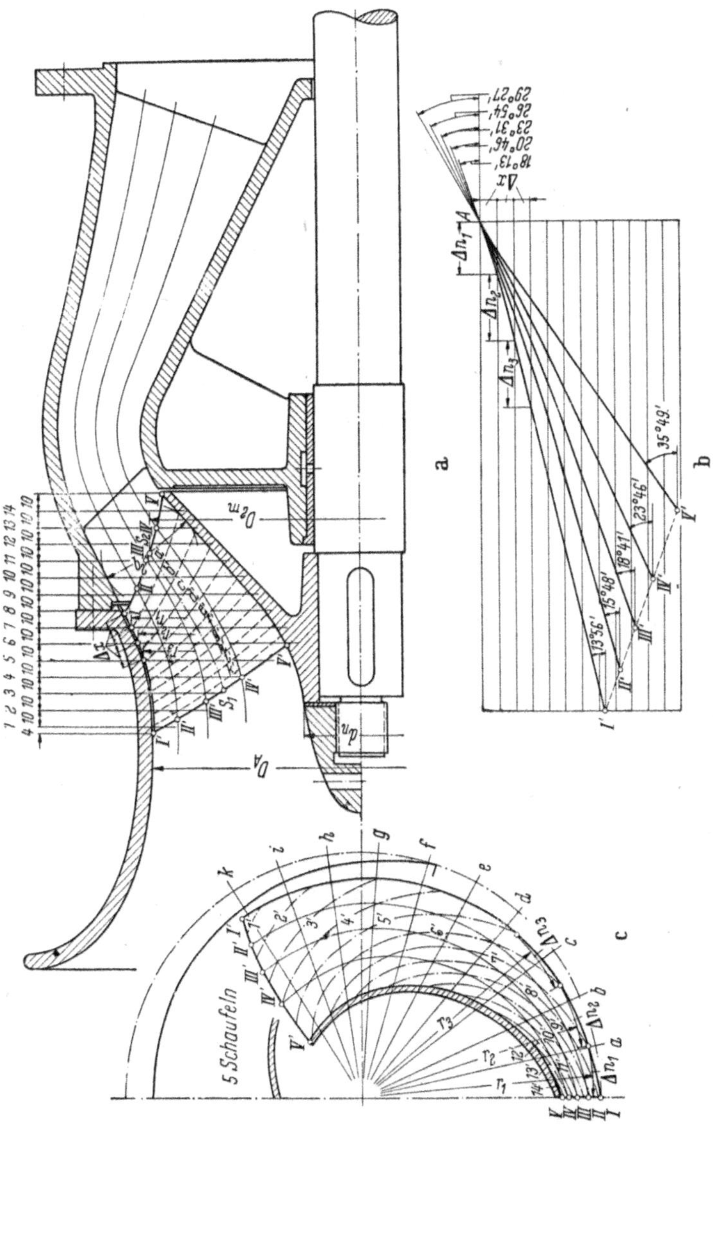

Abb. 16.6a—c. Entwurf des Laufrades einer Halbaxialpumpe

den. Für die einzelnen Stromkurven wurden folgende statische Momente ermittelt:

Stromkurve	$I'\,I$	$II'\,II$	$III'\,III$	$IV'\,IV$	$V'\,V$
Stat. Moment S	0,0101	0,0101	0,0102	0,010	0,0099 m².

Zur Bestimmung der Schaufelzahl gehen wir von den Verhältnissen auf der mittleren Stromkurve $III'\,III$ aus. Im Punkt III' der Eintrittskante beträgt die Umfangsgeschwindigkeit $u_{1_{III}} = D_{1_{III}} \pi n = 0{,}193 \cdot \pi \cdot 24{,}17 = 14{,}65$ m/s. Ferner ist für $c_0 = c_A$ und mit dem geschätzten Verengungsfaktor $\xi = 1{,}15$ die absolute Eintrittsgeschwindigkeit $c_1 = c_0 \xi = 4{,}3 \cdot 1{,}15 = 4{,}95$ m/s, folglich für senkrechten Wassereintritt $\tan \beta_{1_{III}} = 4{,}95/14{,}65 = 0{,}338$, also $\beta_{1_{III}} = 18^\circ\,41'$. Setzen wir näherungsweise $\beta_{2_{III}} = \beta_{2_m} = 25^\circ$, so errechnet sich nach Gl. (11,1), Abschn. 11, die Schaufelzahl

$$z = \frac{4\pi r_m}{l} \cdot \sin \frac{\beta_{1_{III}} + \beta_{2_{III}}}{2} = \frac{4 \cdot \pi \cdot 0{,}1095}{0{,}094} \sin 21^\circ\,50' = 5{,}44.$$

Ausgeführt werden $z = 5$ Schaufeln.

Wir sind jetzt in der Lage, den bei der Berechnung angenommenen Berichtigungsfaktor nachzuprüfen. Setzen wir mit Rücksicht auf einen vergrößerten freien Raum zwischen Lauf- und Leitschaufel $\chi = 0{,}66\left(1 + \frac{\beta_2^0}{60}\right) = 0{,}66\left(1 + \frac{25}{60}\right) = 0{,}935$ und als Mittelwert $S = 0{,}0101$, so ergibt sich

$$a = 1 + \frac{\chi \left(\frac{D_{2_m}}{2}\right)^2}{z S} = 1 + \frac{0{,}935 \cdot 0{,}131^2}{5 \cdot 0{,}0101} = 1{,}318.$$

Der geschätzte Wert $a = 1{,}35$ ist um $2{,}4\%$ zu groß. Will man die mit diesem gefundenen Radabmessungen unter dem Gesichtspunkt eines Sicherheitszuschlages nicht bestehen lassen, so ist eine Anpassung an die tatsächlichen Verhältnisse durch Änderung von S möglich. Einfacher ist es jedoch, den Einfluß des etwas zu großen Berichtigungsfaktors auf die spezifische Förderarbeit bei der endgültigen Festlegung des veränderlichen Austrittswinkels β_2 zu berücksichtigen. Nach Gl. (16,1) ist $\tan \beta_2 = \frac{c_{2_m}}{u_2 - c_{2_u}}$ mit $c_{2_u} = \frac{Y a}{\eta_h u_2}$ für senkrechten Wassereintritt. Im vorliegenden Fall werde a für alle Stromflächen als gleichbleibend angesehen[1]. Legen wir $a = 1{,}32$ und $\eta_h = 0{,}88$ zugrunde, so folgt zunächst für die Stromfläche $I'\,I$

$$u_{2_I} = D_{2_I} \pi n = 0{,}294 \cdot \pi \cdot 24{,}17 = 22{,}32 \text{ m/s},$$

ferner

$$c_{2_{u_I}} = \frac{Y a}{\eta_h u_{2_I}} = \frac{137{,}3 \cdot 1{,}32}{0{,}88 \cdot 22{,}32} = 9{,}23 \text{ m/s},$$

mithin

$$\tan \beta_{2_I} = \frac{c_{2_m}}{u_{2_I} - c_{2_{u_I}}} = \frac{4{,}3}{22{,}32 - 9{,}23} = 0{,}329 \quad \text{und} \quad \beta_{2_I} = 18^\circ\,13'.$$

[1] Obwohl S konstant ist, muß a wegen der Veränderlichkeit von D_2 und β_2 (in χ enthalten) genau genommen für jede Stromfläche gesondert ermittelt werden. Die Einflüsse der beiden letzteren heben sich jedoch teilweise auf.

In gleicher Weise erhält man für die übrigen Stromflächen

$$\beta_{2_{II}} = 20^\circ\, 46'; \quad \beta_{2_{III}} = 23^\circ\, 31'; \quad \beta_{2_{IV}} = 26^\circ\, 54', \quad \beta_{2_V} = 29^\circ\, 27'.$$

Zur Entwicklung der Schaufelfläche sind weiterhin die relativen Eintrittswinkel β_1 auf den Stromflächen zu bestimmen. Mit dem Eintrittsdurchmesser $D_{1_I} = D_A = 0{,}26$ m gilt für die Stromfläche $I'\,I$

$$u_{1_I} = D_{1_I} \pi n = 0{,}26 \cdot \pi \cdot 24{,}17 = 19{,}74 \text{ m/s},$$

ferner mit dem geschätzten Verengungsfaktor $\xi_I = 1{,}15$, $c_{1_I} = 4{,}3 \cdot 1{,}15 = 4{,}95$ m/s. Demnach ist für $\alpha_{1_I} = 90^\circ$ $\tan \beta_{1_I} = \dfrac{c_{1_I}}{u_{1_I}} = \dfrac{4{,}95}{19{,}74} = 0{,}2508$, also $\beta_{1_I} = 14^\circ\, 5'$. Mit diesem Winkel wird der angenommene Verengungsfaktor $\xi = t_{1_I} \sin\beta_{1_I}/(t_{1_I} \sin\beta_{1_I} - s')$ berichtigt. Unter Zugrundelegung der Schaufelstärke $s = 5$ mm $\approx s'$[1] bei Ausführung des Laufrades in Bronze findet man $\xi_I = 1{,}14$ und hiermit endgültig $\beta_{1_I} = 13^\circ\, 56'$. Für die übrigen Strombahnen ergibt sich entsprechend

$$\beta_{1_{II}} = 15^\circ\, 48'; \quad \beta_{1_{III}} = 18^\circ\, 41'; \quad \beta_{1_{IV}} = 23^\circ\, 46'; \quad \beta_{1_V} = 35^\circ\, 49'.$$

Nachdem die Ein- und Austrittswinkel ermittelt sind, kann die Abbildung der Strombahnen in der Ebene entworfen werden. Wir tragen zu diesem Zweck im Meridianschnitt — an der Schaufelaustrittskante beginnend — kleine unter sich gleiche Teilstrecken Δx auf allen Stromkurven ab (Abb. 16.6a) und ziehen in der Ebene den Teilpunkten entsprechend eine Schar paralleler Geraden mit dem gleichen Abstand Δx (Abb. 16.6b). Sodann zeichnen wir von dem gemeinsamen Punkt A aus die ebene Abbildung der Strombahnen auf. Wir haben dabei zu beachten, daß sich jede Kurve genau über die Zahl ihrer Teilstrecken Δx ausdehnt, daß sie unter dem vorgeschriebenen Winkel β_2 beginnt und unter dem zugehörigen Winkel β_1 endigt sowie weder übermäßig lang noch kurz wird. Damit bei der Übertragung auf die Stromflächen eine einwandfreie Schaufelfläche entsteht, müssen die Kurven des so entstandenen Büschels in ihrem Verlauf und in den Abständen voneinander stetig und regelmäßig sein, ferner müssen ihre Endpunkte I', $II' \cdots V'$ auf einer stetigen Kurve liegen. Weiterhin ist bei der Aufzeichnung der ebenen Strombahnen folgendes zu beachten:

Zur Vermeidung spitzer Winkel zwischen Schaufel und Radwand soll ein radialer Verlauf der Schaufeleintrittskante $I'V'$ im Grundriß angestrebt werden (Abb. 16.6c). Das hat zur Folge, daß die Strombahn AI' um ein bestimmtes Stück länger sein muß als die Strombahn AV'[2]. Es ist deshalb zweckmäßig, zunächst diese beiden Strombahnen in den Grundriß zu übertragen. Bei unbefriedigender Lage der Eintrittspunkte I' und V' ist eine Korrektur der ebenen Abbildung vorzunehmen. Die Übertragung der ebenen Strombahnen in den Grundriß geht wie eingangs beschrieben in der Weise vor sich, daß auf den Kreisbögen mit den Radien r_1, r_2, $r_3 \ldots$ der Reihe nach die waagerechten Teilstrecken Δn der ebenen Strombahn abgetragen werden. Die Verbindungslinie der so gefundenen Punkte liefert den Grundriß der Strombahn.

[1] Da sich Schaufelfläche und Stromfläche nicht genau senkrecht schneiden, müßte streng genommen mit dem etwas größeren Wert s' gerechnet werden.

[2] Falls die Austrittskante, wie hier, in einer Axialebene liegt.

Die Gesamtheit der Strombahnen, die wir hier als auf der Schaufelvorderseite (Druckseite) liegend betrachten, bildet die gesuchte Schaufelfläche. Zur Nachprüfung ihres stetigen und gleichmäßigen Verlaufs legen wir im Grundriß die Axialschnitte $a \cdots k$, die wir mit Hilfe der Strombahnen in den Aufriß übertragen. Die Schnittkurven $a' \cdots k'$ müssen in ihrem Verlauf und in den Abständen voneinander stetig und gleichmäßig sein. Zeigen sich Unregelmäßigkeiten, so ist an den betreffenden Stellen der Kurvenverlauf in den Abb. 16.6b u. c. entsprechend zu ändern.

Der Herstellung des Schaufelmodells dienen die Schreinerschnitte *1⋯14* (Abb. 16.6a). Nach den im Grundriß erscheinenden Schnittkurven *1'⋯14'* werden Brettchen in der angegebenen Stärke ausgesägt, welche — treppenförmig aufeinander geleimt — nach Wegarbeiten der vorspringenden Kanten die Vorderseite (Druckseite) der Schaufel entstehen lassen. Die Schaufel wird auf der Eintrittsseite schlank gerundet, auf der Austrittsseite beiderseitig schlank auslaufend zugeschärft.

In der vorliegenden Konstruktion ist die äußere Radwandung fortgelassen, das Laufrad also halboffen ausgebildet. Die Laufradschaufeln haben gegenüber der glatt bearbeiteten Gehäusewandung ein Spiel von 0,3 mm. Diese Bauweise hat bei der Halbaxialpumpe trotz eines gewissen Mengen- und Druckverlustes durch den Spalt beachtliche Vorteile, weil sowohl die Radseitenreibung als auch die Kanalreibung verringert wird. Die letztere fällt beim geschlossenen Laufrad an der unbearbeiteten äußeren Wandung wegen der dort herrschenden großen Relativgeschwindigkeit besonders ins Gewicht, während beim offenen Rad mit hohem Reaktionsgrad die kleinere Absolutgeschwindigkeit für die Reibung an der glatten Gehäusewand maßgebend ist.

γ) *Rechnerische Bestimmung der Strombahnen. Beispiel*

Die unter β) für schaufelkongruente Strömung behandelte rein zeichnerische Übertragung einer ebenen Strombahn (β-Linie) in den Grundriß läßt sich in ein im wesentlichen rechnerisches Verfahren abwandeln, das darauf hinausläuft, die Projektion der Strombahn im Grundriß punktweise durch ihre Polarkoordinaten r und ϑ zu bestimmen. Nach Abb. 16.5b ist $\tan\beta = \frac{\Delta x}{\Delta n}$. Aus Abb. 16.5c folgt $\Delta n = r\,\Delta\vartheta$. Mithin ist

$$\tan\beta = \frac{\Delta x}{r\,\Delta\vartheta} \quad \text{oder} \quad \Delta\vartheta = \frac{\Delta x}{r\tan\beta}.$$

Durch Summenbildung (Integration) längs der Stromkurve ergibt sich

$$\vartheta = \sum_0^x \frac{\Delta x}{r\tan\beta},$$

wobei x und ϑ vom Schnittpunkt der Strombahn mit dem Laufradumfang gemessen werden (Abb. 16.5a u. c). Soll ϑ im Gradmaß erscheinen, so ist die rechte Seite der Gleichung mit $180/\pi$ zu multiplizieren. Man erhält

$$\vartheta^\circ = \frac{180}{\pi}\sum_0^x \frac{\Delta x}{r\tan\beta}. \tag{16,2}$$

Zur Ermittlung von ϑ° zeichnet man zunächst die Funktion $\beta = f(x)$ aus den errechneten Anfangs- und Endwerten β_1 und β_2 und bildet aus β und den Abständen $r_0, r_1, r_2 \cdots$ der Teilpunkte 0, 1, 2, 3 ⋯ von der Radachse (Abb. 16.5a) die Kurve der

Funktion $\frac{1}{r \tan \beta} = f(x)$. Werden die Ordinaten der hierzu gehörigen Summenkurve (Integralkurve) mit $180/\pi$ multipliziert, so liefern sie in Verbindung mit $r = f(x)$ die gesuchte Beziehung zwischen ϑ° und r.

An Stelle von β kann auch der Verlauf der Relativgeschwindigkeit, also die Funktion $w = f(x)$ zugrunde gelegt werden. Zwischen β und w besteht die Beziehung $\sin \beta = \frac{c_m}{w}$, wenn c_m die Meridiankomponente mit Berücksichtigung der Querschnittsverengung durch die Schaufeln bedeutet. Ist c_{m_0} die Meridiankomponente im Laufrad mit der Schaufelstärke Null, so gilt $c_m = c_{m_0}\xi = c_{m_0} t \sin \beta/(t \sin \beta - s')$. s' bezeichnet die Schnittstärke der Schaufel in der Stromfläche gemessen. Durch Einführung des Ausdrucks für c_m in die obige Gleichung erhält man

$$\sin \beta = \frac{c_{m_0}}{w} \frac{t \sin \beta}{t \sin \beta - s'}$$

oder nach kurzer Umformung

$$\sin \beta = \frac{s'}{t} + \frac{c_{m_0}}{w}. \tag{16,3}$$

Die mit dem Radius r und der Radbreite b veränderliche Meridiankomponente folgt aus

$$c_{m_0} = \frac{Q'}{2 r \pi b}.$$

Hierbei ist b längs einer Normallinie zu messen.

Beispiel. Eine Spiralgehäusepumpe soll $Q = 150\ \mathrm{m^3/h}$ ($0{,}0417\ \mathrm{m^3/s}$) Heißwasser von $t = 90\,^\circ\mathrm{C}$ umwälzen. Ihre Förderhöhe beträgt $H = 6{,}5$ m ($Y = 63{,}77$ Nm/kg). Mit Rücksicht auf geräuscharmen Lauf ist als Antriebsmaschine ein Drehstrommotor mit niedriger Drehzahl ($n = 945$ 1/min $= 15{,}75$ 1/s) vorzusehen. Das Laufrad der Pumpe ist zu entwerfen.

Förderhöhe und Volumenstrom lassen auf eine einstufige und einströmige Ausführung der Pumpe schließen. Somit errechnet sich eine spezifische Drehzahl

$$n_{qy} = n \frac{\sqrt{Q}}{\sqrt[4]{Y^3}} = 15{,}75 \frac{\sqrt{0{,}0417}}{\sqrt[4]{63{,}77^3}} = 142{,}5 \cdot 10^{-3}\ (n_q = 47{,}5).$$

Nach Abb. 7.1 erhält das Laufrad räumlich gekrümmte Schaufeln (Francis-Schaufeln).

Wegen der geringen Viskosität des Heißwassers kann bei sorgfältiger Ausführung des Läufers und der Spirale ein hydraulischer Wirkungsgrad $\eta_h = 0{,}88$ angenommen werden; ferner sei $\eta_l = 0{,}97$, $\eta_m = 0{,}96$ und $P_r/P = 0{,}03$. Damit ergibt sich ein Gesamtwirkungsgrad

$$\eta = \eta_h \eta_l (\eta_m - P_r/P) = 0{,}88 \cdot 0{,}97 \cdot (0{,}96 - 0{,}03) = 0{,}794$$

und ein Nennleistungsbedarf

$$P = \frac{Q \varrho Y}{\eta} = \frac{0{,}0417 \cdot 965 \cdot 63{,}77}{0{,}794} = 3232\ \mathrm{W} = 3{,}232\ \mathrm{kW}.$$

Das Laufrad wird fliegend auf der in einem Lagerbock durch Wälzlager geführten Welle angeordnet. Auf Grund ähnlicher Ausführungen schätzen wir vorbehaltlich späterer Nachprüfung den Wellendurchmesser zwischen den Lagern zu $d = 35$ mm. Er wird in der Laufradnabe auf $d_1 = 26$ mm abgesetzt, so daß sich bei Ausführung des Laufrades in Gußeisen ein Nabendurchmesser $d_n = 46$ mm ergibt.

Zur Bestimmung des Eintrittsdurchmessers D_A (Abb. 16.7) ermitteln wir zunächst die axiale Eintrittsgeschwindigkeit c_A nach Gl. (12,5) und erhalten für $\beta_0 = 20°$[1], $k = 0{,}9$, $\tau = 1$, $\sigma = 1$ sowie für $\alpha_0 = 90°$ und mit $Q' = Q/\eta_l = 0{,}0417/0{,}97 = 0{,}0430\ \mathrm{m^3/s}$

$$c_A = 2{,}325 \sqrt[3]{\frac{\tan^2 \beta_0 \sigma^2}{k \tau^2} Q' n^2} = 2{,}325 \sqrt[3]{\frac{0{,}364^2 \cdot 0{,}0430 \cdot 15{,}75^2}{0{,}9}} = 2{,}70\ \mathrm{m/s}.$$

Mit diesem Wert errechnet sich aus

$$\frac{D_A^2 \pi}{4} = \frac{Q'}{c_A} + \frac{d_n^2 \pi}{4} = \frac{0{,}0430}{2{,}7} + \frac{0{,}046^2 \pi}{4} = 0{,}017588\ \mathrm{m^2}$$

der Eintrittsdurchmesser $D_A = 0{,}1496\ \mathrm{m} \approx 150$ mm.

Da die weiteren Abmessungen des Laufrades noch unbekannt sind, das statische Moment des mittleren Stromfadens also nicht bestimmbar ist, schätzen wir vorläufig den Berichtigungsfaktor zu $a = 1{,}38$. Dann ist

$$Y_{\mathrm{Sch}\,\infty} = \frac{Y a}{\eta} = \frac{63{,}77 \cdot 1{,}38}{0{,}88} = 100\ \mathrm{Nm/kg}.$$

Dieser Schaufelarbeit entspricht für $\alpha_0 = 90°$, $\beta_2 = 30°$ und $c_{2_m} = 1{,}9$ m/s die Umfangsgeschwindigkeit

$$u_2 = \frac{c_{2_m} \cot \beta_2}{2} + \sqrt{Y_{\mathrm{Sch}\,\infty} + \left(\frac{c_{2_m} \cot \beta_2}{2}\right)^2} = \frac{1{,}9 \cdot 1{,}732}{2} + \sqrt{100 + 2{,}71} = 11{,}78\ \mathrm{m/s},$$

mithin der Austrittsdurchmesser

$$D_2 = \frac{u_2}{\pi n} = \frac{11{,}78}{\pi \cdot 15{,}75} = 0{,}2381\ \mathrm{m};$$

ausgeführt werde $D_2 = 240$ mm.

Legen wir eine Schaufelstärke $s = 4$ mm und eine später nachzuprüfende Schaufelzahl $z = 6$ zugrunde, so errechnet sich für nicht zugeschärfte Schaufelenden mit $c_{3_m} = c_{2_m}/\xi$ und mit

$$\xi = \frac{t_2}{t_2 - s/\sin \beta_2} = \frac{125{,}7}{125{,}7 - 4/0{,}5} = 1{,}07$$

die Austrittsbreite

$$b_2 = \frac{Q' \xi}{D_2 \pi c_{2_m}} = \frac{0{,}0430 \cdot 1{,}07}{0{,}24 \cdot \pi \cdot 1{,}9} = 0{,}0321\ \mathrm{m} \approx 32\ \mathrm{mm}.$$

Die Druckzahl der Pumpe beträgt

$$\psi = \frac{2\,Y}{u_2^2} = \frac{2 \cdot 63{,}77}{11{,}88^2} = 0{,}904 \quad \text{bei} \quad n_{qy} = 142{,}5 \cdot 10^{-3}\ (n_q = 47{,}5).$$

---

[1] β_0 ist hier größer als üblich angesetzt. Es soll dadurch verhindert werden, daß c_A wegen der geringen Drehzahl einen unnötig kleinen Wert annimmt, was zu einem ungünstigen Verhältnis D_2/D_A führt.

Mit den bekannten Abmessungen d_n, D_A, D_2 und b_2 kann nun der Meridianschnitt des Laufrades unter Benutzung des Schwindmaßstabes für Gußeisen entworfen werden (Abb. 16.7a). Zu beachten ist, daß die axiale Stromrichtung mit möglichst kleiner Krümmung, also mit möglichst großen Krümmungsradien, in die radiale übergeht, was bei dem vorliegenden Durchmesserverhältnis $D_2/D_A = 240/150 = 1{,}6$ ohne Schwierigkeit möglich ist. Wir sehen hier allerdings am Laufradaustritt einen geringen parallelen Verlauf der Radwände vor, um das Rad auch für kleinere Förderhöhe verwenden zu können, ohne daß sich beim Abdrehen die Radbreite ändert.

Die innere und äußere Radbegrenzung im Meridianschnitt legen wir so fest, daß der Eintrittsquerschnitt des Rades stetig und allmählich in den Austrittsquerschnitt übergeht. Zur Entwicklung der Schaufelfläche zerlegen wir das Laufrad in drei Teilräder, von denen jedes den gleichen Teilstrom liefert. Dazu ziehen wir, wie im Beispiel des Abschnitts 16 b α im einzelnen ausgeführt, im Meridianschnitt (Abb. 16.7a) eine Anzahl Normallinien und nehmen zur Vereinfachung der Rechnung an, daß die Meridiankomponente c_{m_0} (für die Schaufelstärke Null) längs einer Normallinie konstant ist. Somit ist der Kanalquerschnitt auf einer Normallinie flächengleich zu unterteilen. Durch die Aufteilung in drei Teilräder entstehen einschließlich der Laufradbegrenzungen die vier Stromkurven $I' I$ bis $IV' IV$.

Es läßt sich jetzt die Eintrittskante der Schaufel ermitteln und somit nachprüfen, ob der Faktor a zweckmäßig und die Schaufelzahl z richtig gewählt ist.

Mit den angenommenen Zahlenwerten $a = 1{,}38$ und $z = 6$ sowie unter Verwendung der Erfahrungszahl $\chi = 0{,}7\left(1 + \frac{\beta_2^0}{60}\right) = 0{,}7 \cdot 1{,}5 = 1{,}05$ muß das statische Moment jeder Stromkurve innerhalb der Schaufelfläche lt. Gl. (5,5) Abschn. 5 den Wert

$$S = \frac{\chi\left(\frac{D_2}{2}\right)^2}{z(a-1)} = \frac{1{,}05 \cdot 0{,}0144}{6(1{,}38-1)} = 0{,}006632 \text{ m}^2$$

haben. Trägt man — am Radumfang beginnend — $S = \Sigma(\Delta x \cdot r)$ schrittweise auf jeder Stromkurve ab, bis das Moment $S = 0{,}006632$ m² erreicht ist, so zeigt sich, daß das errechnete Moment zu einer geeigneten Schaufelform führt. Bei der Festlegung der Schaufeleintrittskante ist allerdings zu beachten, daß diese im Grundriß radial verlaufen und die Laufradwandungen im Meridianschnitt unter annähernd rechten Winkeln schneiden soll (Abschn. 16a). Da sich diese Forderung und die Einhaltung des errechneten Momentes zusammen nicht verwirklichen lassen, muß zwischen beiden vermittelt werden. In Abb. 16.7a ist die Eintrittskante so gelegt, daß sich folgende Momente ergeben:

Stromkurve	$I' I$	$II' II$	$III' III$	$IV' IV$
$S =$	0,00636	0,00686	0,00696	0,00686 m².

Für die Nachprüfung der Schaufelzahl legen wir die Verhältnisse auf dem mittleren Stromfaden $M'M$ zugrunde. Nach Gl. (11,1) Abschn. 11 ist

$$z = (4\pi r_m/l) \cdot \sin(\beta_1 + \beta_2)/2 .$$

Aus der Zeichnung entnehmen wir $r_m = 0{,}0793$ m, $l = 0{,}0847$ m und ermitteln β_1 für den Punkt M' überschläglich aus $\tan \beta_1 = \xi c_0/u_1 = \xi c_{m_0}/u_1$. Mit dem geschätzten

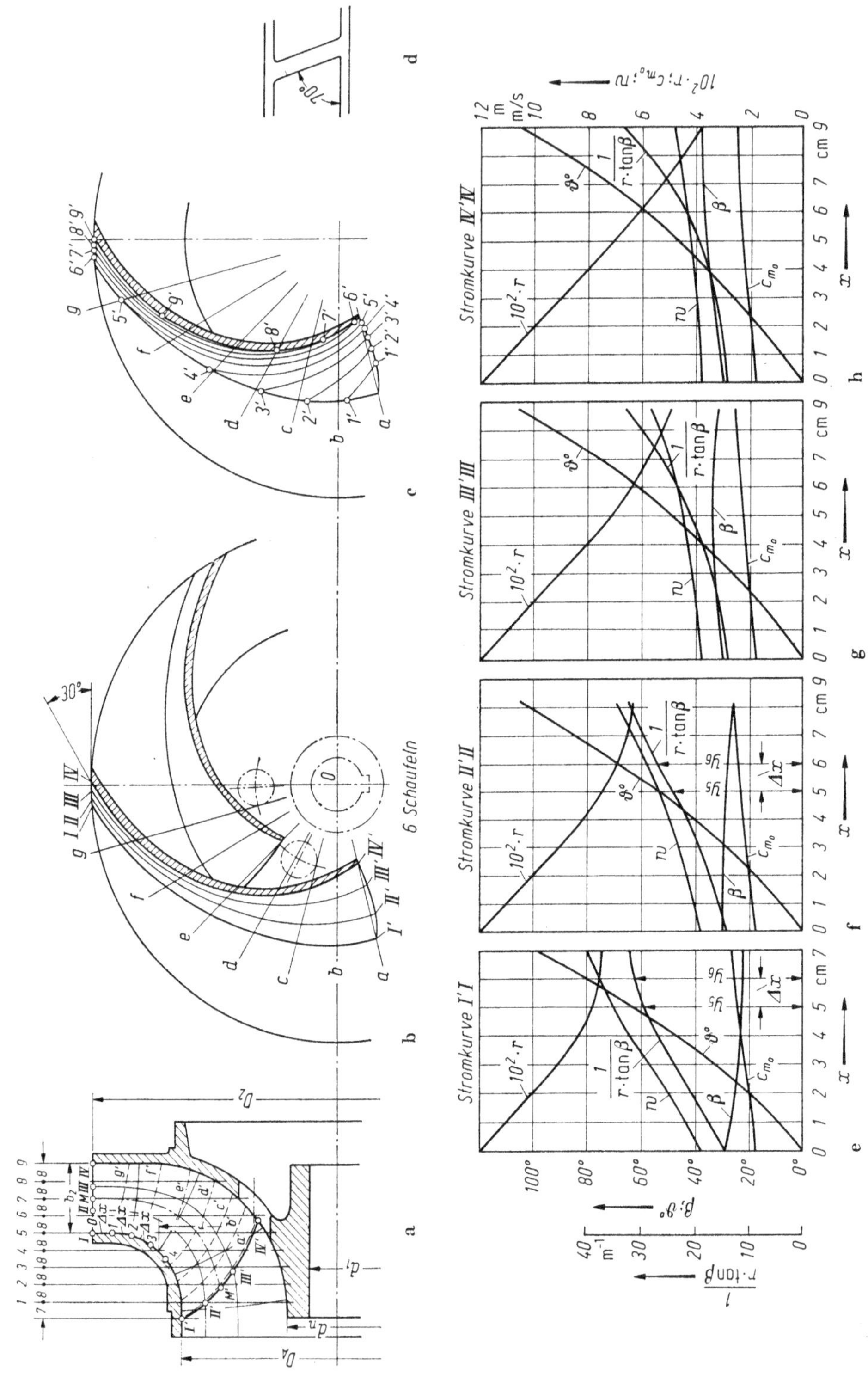

Abb. 16.7a—h. Entwurf eines Laufrades mit punktweise errechneter, räumlich gekrümmter Schaufel

Wert $\xi = 1{,}15$, der Meridiankomponente $c_{m_0} = 2{,}58$ m/s und der Umfangsgeschwindigkeit $u_1 = 5{,}59$ m/s ist

$$\tan\beta_1 = 1{,}15 \cdot 2{,}58/5{,}59 = 0{,}531, \quad \text{also} \quad \beta_1 \approx 28° \quad \text{und} \quad (\beta_1 + \beta_2)/2 = 29°.$$

Mit diesen Werten ergibt sich

$$z = \frac{4\pi \cdot 0{,}0793}{0{,}0847} \cdot 0{,}4848 = 5{,}704.$$

Die geschätzte Schaufelzahl $z = 6$ kann beibehalten werden. Damit liegt die Schaufel im Aufriß endgültig fest. Zur Aufzeichnung des Grundrisses sind zunächst die Eintrittswinkel β_1 der in der Schaufelfläche liegenden Strombahnen bei senkrechtem Wassereintritt zu bestimmen.

Für jede Stromkurve errechnen wir mit Hilfe der Kontinuitätsbedingung die längs der Schaufelkante veränderliche Meridiangeschwindigkeit c_{m_0} und mit dem geschätzten Verengungsfaktor ξ' die absolute Eintrittsgeschwindigkeit $c_1' = \xi' c_0 = \xi' c_{m_0}$. Aus dieser und der zugehörigen Umfangsgeschwindigkeit u_1 ergibt sich der vorläufige Eintrittswinkel β_1', den wir zur Korrektur des geschätzten Verengungsfaktors benutzen. Zur Vereinfachung der Rechnung setzen wir bei der Ermittlung des wirklichen Faktors ξ die im Schnitt mit der Stromfläche zu messende Schaufelstärke $s' \approx 4$ mm und erhalten aus $\tan\beta_1 = \xi c_0/u_1 = \xi c_{m_0}/u_1$ den endgültigen Eintrittswinkel β_1.

Der besseren Übersicht wegen wird die Rechnung tabellarisch durchgeführt (Zahlentafel 1).

Zahlentafel 1

Stromkurve	D_1 m	u_1 m/s	c_{m_0} m/s	ξ' geschätzt	c_1' m/s	$\tan\beta_1'$	β_1'
I' I	0,15	7,42	2,69	1,15	3,09	0,416	22,6°
II' II	0,1268	6,27	2,63	1,15	3,02	0,482	25,7°
III' III	0,0983	4,86	2,53	1,15	2,91	0,599	30,9°
IV' IV	0,077	3,81	2,44	1,15	2,81	0,738	36,4°

Zahlentafel 1 (Fortsetzung)

Stromkurve	t_1 mm	$\sin\beta_1'$	$s/\sin\beta_1'$ mm	ξ	c_1 m/s	$\tan\beta_1$	β_1
I' I	78,5	0,3843	10,4	1,153	3,10	0,418	22,7°
II' II	66,4	0,4337	9,2	1,161	3,05	0,486	25,9°
III' III	51,5	0,5135	7,8	1,178	2,98	0,613	31,5°
IV' IV	40,3	0,5934	6,7	1,199	2,93	0,769	37,6°

Mit Hilfe der relativen Ein- und Austrittswinkel kann der β-Verlauf längs jeder Stromkurve festgelegt werden. Vom Umfang des Laufrades aus tragen wir zunächst auf jeder Stromkurve gleiche Teilstrecken $\Delta x = 1$ cm ab (Abb. 16.7a), zeichnen jeweils über der gestreckten Länge der Stromkurve die bekannten Grenzwerte β_2 und

β_1 ein und verbinden diese durch eine stetige Linie (Abb. 16.7e—h). Der gewählte β-Verlauf bestimmt die Projektion der Strombahn im Grundriß. Wir ermitteln sie punktweise nach Gl. (16,2) durch ihre Polarkoordinaten r und $\vartheta°$. Für jeden Teilpunkt der Stromkurve im Aufriß bestimmen wir seinen Abstand r von der Wellenmitte und den zugehörigen Relativwinkel β nach Abb. 16.7e—h. Der Rechnungsgang zur Ermittlung von $\vartheta°$ ergibt sich aus dem nachfolgenden Schema (Zahlentafel 2), das für die Stromkurve $I'\,I$ durchgeführt ist. Dabei ist folgendes zu beachten:

Zur Vermeidung spitzer Winkel zwischen Schaufel und Radwand soll neben einer zweckmäßigen Ausbildung der Eintrittskante $I'\,IV'$ im Aufriß auch ein radialer Verlauf dieser Kante im Grundriß angestrebt werden. Das bedeutet, daß sich die Projektion aller Strombahnen im Grundriß über den gleichen Zentriwinkel $\vartheta°$ erstrecken muß, sofern die Schaufelaustrittskante senkrecht zur Umfangsrichtung steht. Diese Forderung ist bei geradlinigem β-Verlauf im allgemeinen nicht zu erfüllen, weil der Summenwert $\vartheta°$ jeweils von unterschiedlichen Werten β und r sowie auch von der Zahl der Teilstrecken, also der Länge der Stromkurve abhängig ist. Da letztere und der Radius r unveränderlich festliegen, kann der Summenwert $\vartheta°$ nur durch den β-Verlauf zwischen den ebenfalls festliegenden Grenzwerten β_1 und β_2 beeinflußt werden. Verkleinerung der Zwischenwerte, also Krümmung der β-Linie nach unten, führt zu einer Vergrößerung, Krümmung nach oben zu einer Verkleinerung von $\vartheta°$. In unserem Beispiel ist die β-Linie der Stromkurve $I'\,I$ leicht nach unten, die der übrigen leicht nach oben gekrümmt.

Zahlentafel 2

Teilpunkt	0	1	2	3	4	5	6	7
$\beta°$	30	27,3	25,9	24,8	24	23,4	23	22,7
$\tan\beta$	0,5774	0,5161	0,4856	0,4621	0,4452	0,4327	0,4245	0,4183
r m	0,12	0,11	0,10	0,091	0,0837	0,0783	0,0758	0,075
$y = \frac{1}{r\tan\beta}$	14,43	17,61	20,59	23,78	26,84	29,52	31,08	31,88
$\Delta A = \frac{y_n + y_{n+1}}{2}\Delta x$	0	0,1602	0,191	0,222	0,2531	0,2818	0,303	0,3148
$\Sigma\Delta A = \vartheta$	0	0,1602	0,3512	0,5732	0,8263	1,1081	1,4111	1,7259
$\vartheta° = \frac{180}{\pi}\vartheta$	0	9,18	20,12	32,84	47,34	63,49	80,85	98,89
c_{m_0} m/s	1,79	1,87	1,99	2,15	2,32	2,46	2,60	2,69
$\sin\beta$	0,50	0,4586	0,4386	0,4195	0,4067	0,3971	0,3907	0,3859
s' mm	4	4	4	4	4	4	4	4
t mm	125,7	115,2	104,7	95,3	87,7	82,0	79,4	78,5
s'/t	0,0318	0,0347	0,0382	0,042	0,0456	0,0488	0,0504	0,051
$\sin\beta - s'/t$	0,4682	0,4239	0,4004	0,3775	0,3611	0,3483	0,3403	0,3349
w m/s	3,82	4,41	4,97	5,70	6,42	7,06	7,64	8,03

Zur Veranschaulichung der Ergebnisse und zugleich zur Kontrolle der Rechnung sind in Abb. 16.7e sowohl die Ausgangswerte als auch die errechneten Größen über der gestreckten Stromkurve $I'\,I$ aufgetragen. Für die drei weiteren Stromkurven sind die Ergebnisse aus den Abb. 16.7f—h ersichtlich.

Die gefundenen Polarkoordinaten r und ϑ° liefern die Projektion der Stromkurven im Grundriß, die wir als auf der Schaufelvorderseite (Druckseite) liegend betrachten.

Als weitere Maßnahme zur Gewinnung einer annähernd radialen Eintrittskante sind in Abb. 16.7b die Projektionen der Strombahnen so um Punkt 0 verschoben, daß die gerade Austrittskante der Schaufel nicht senkrecht zur Umfangsrichtung steht, sondern unter einem Winkel von 70° geneigt ist (Abb. 16.7d). Die Gesamtheit der Projektionen bildet die gesuchte Schaufelfläche im Grundriß.

Obwohl die Stetigkeit der Schaufelfläche durch den stetigen Verlauf der β-Linien und der Schaufelaustrittskante genügend gewährleistet ist, sind im Grundriß noch die Axialschnitte $a \cdots g$ gelegt und diese mit Hilfe der Strombahnen in den Aufriß übertragen worden. Die hier erscheinenden Schnittkurven $a' \cdots g'$, die in ihrem Verlauf und in ihren Abständen voneinander stetig sein müssen, lassen angenähert die Winkel erkennen, welche die Schaufelfläche und die Wandungen miteinander bilden. Sie ermöglichen ferner mit den Stromkurven die Übertragung der Schreinerschnitte *1 ⋯ 9* in den Grundriß. Die hier entstehenden treppenförmig geschichteten Schnittkurven *1′ ⋯ 9′* dienen zur Herstellung des Schaufelmodells (Abb. 16.7c).

Das rechnerische Verfahren macht es auch möglich, den Verlauf der Relativgeschwindigkeit w im Laufkanalrad längs der Stromkurve zu verfolgen, wenn — wie hier vorausgesetzt — eine schaufelkongruente Strömung vorliegt. Nach Gl. (16,3) ergibt sich

$$w = c_{m_0}/[\sin\beta - s'/t].$$

c_{m_0} ist die längs der Stromkurve veränderliche Meridiankomponente der Absolutgeschwindigkeit bei der Schaufelstärke Null. Durch die Festlegung der Radbegrenzungen im Meridianschnitt liegt der c_{m_0}-Verlauf auf der Schaufelmittellinie bereits vor. Da c_{m_0} voraussetzungsgemäß über eine Normallinie hinweg konstant ist, läßt er sich auch für alle Stromkurven leicht ermitteln.

Die Berechnung des Verlaufs der Relativgeschwindigkeit auf der Stromkurve *I′ I* ist ebenfalls in Zahlentafel 2 durchgeführt und der w-Verlauf für alle Stromkurven in Abb. 16.7e—h eingetragen.

17. Berechnung und Entwurf des Leitrades mit räumlich gekrümmten Schaufeln. Beispiel

Die im Abschn. 16b unter β) und γ) für den Entwurf der Laufschaufel behandelten Verfahren auf der Grundlage schaufelkongruenter Strömung können auch für die Aufzeichnung der räumlich gekrümmten Leitschaufel benutzt werden. Besonders geeignet ist das rechnerische Verfahren, weil es mit seiner Hilfe möglich ist, im Leitkanal den Verlauf der Absolutgeschwindigkeit zu verfolgen, deren stetige und allmähliche Verringerung Aufgabe des Leitrades ist. In den Gln. (16,2) und (16,3) sind lediglich die relativen durch die absoluten Größen zu ersetzen, so daß nun zu schreiben ist

$$\vartheta^\circ = \frac{180}{\pi} \sum_0^x \frac{\Delta x}{r \tan\alpha} \tag{17,1}$$

und

$$\sin\alpha = \frac{s'}{t} + \frac{c_{m_0}}{c}. \tag{17,2}$$

Beispiel. Entwurf des Leitrades einer Halbaxialpumpe.

Für die Bemessung des Leitrades legen wir die Verhältnisse des im Abschn. 16b, β entworfenen Laufrades zugrunde. Da die Laufschaufelenden beiderseits zugeschärft sind, verläßt das Wasser das Laufrad mit der über die Normallinie durch S_2 (Abb. 16.6a) als gleichbleibend angenommenen Meridiankomponente $c_{3_m} \approx c_{2_m}$, die beim Übertritt des Wassers in das Leitrad gleich der Meridiankomponente c_{m_0} des Leitrades mit der Schaufelstärke Null ist. In unserm Beispiel hat das Leitrad im wesentlichen die Gestalt eines axial verlaufenden Ringkanals, der mit geringer Krümmung, also großen Krümmungsradien in einen vollen nur durch die Laufradwelle durchbrochenen Kreisquerschnitt übergeht (Abb. 17.1a). Unter Benutzung des Schwindmaßstabes bei der Aufzeichnung wird der Querschnittsverlauf des Ringkanals mit Hilfe von Normallinien[1] so bemessen, daß sich die Meridiankomponente, die unmittelbar hinter dem Laufradaustritt $c_{3_m} = c_{m_0} = 4{,}3$ m/s beträgt, stetig und allmählich verringert. Im ringförmigen Endquerschnitt mit dem äußeren Durchmesser $D = 300$ mm ergibt sich eine mittlere Axialgeschwindigkeit $c = 3{,}04$ m/s. Den Übergang zum Druckrohr, das einen Durchmesser $D = 400$ mm erhält, bildet ein konisches Zwischenstück, so daß sich die mittlere Wassergeschwindigkeit unter Druckgewinnung weiter auf $c = 1{,}68$ m/s vermindert.

Nach Festlegung der äußeren und inneren Begrenzung wird der Ringkanal des Leitrades in bekannter Weise durch Stromflächen so aufgeteilt, daß diese jeweils gleiche Teilströme abgrenzen. In Abb. 17.1a sind der Laufradaufteilung entsprechend fünf Stromkurven eingezeichnet. Für den Entwurf der Schaufelfläche beschränken wir uns jedoch auf die drei Stromkurven $I'\,I$, $III'\,III$ und $V'\,V$.

Weiterhin sind im Meridianschnitt der Beginn und das Ende der Leitschaufel zu bestimmen. Die Austrittskante der Leitschaufel kann etwa dem Verlauf einer Normallinie angepaßt werden. Was die Eintrittskante betrifft, so hat es sich bei den hier vorliegenden großen Austrittswinkeln α_3 als vorteilhaft erwiesen, den Spalt zwischen Lauf- und Leitrad zu vergrößern. Wir legen deshalb die Eintrittskante der Leitschaufel weiter zurück, so daß ein größerer freier Ringraum zwischen Lauf- und Leitschaufel entsteht. Erfahrungsgemäß bewirkt auch der freie Ringraum bei großen Austrittswinkeln α_3 eine recht gute Geschwindigkeitsumwandlung, sofern der Strömungsverlauf zu einer Drallabnahme führt. Die Eintrittskante wird deshalb nur so weit zurückverlegt, als sich stromabwärts der Abstand aller Strombahnen von der Drehachse noch hinreichend vergrößert.

Im freien Ringraum befolgt die Umfangskomponente der Absolutgeschwindigkeit bei angenommener Reibungsfreiheit den Drallsatz. Auf der Strombahn $I'\,I$ beträgt sie unmittelbar hinter dem Laufradaustritt für $\alpha_0 = 90°$ $c_{3_{u_I}} = \dfrac{Y}{u_{2_I}\eta_h} = \dfrac{137{,}3}{22{,}32 \cdot 0{,}88} =$ 7,0 m/s und verringert sich unmittelbar vor dem Leitschaufelanfang (Abb. 17.1a) auf $c_{4_{u_I}} = c_{3_{u_I}} \dfrac{r_{2_I}}{r_{4_I}} = 7{,}0 \dfrac{0{,}147}{0{,}1733} = 5{,}94$ m/s. Mit der an der gleichen Stelle herrschenden Meridiankomponente $c_{4_{m_I}} = 4{,}27$ m/s ergibt sich aus $\tan \alpha_{4_I} = \dfrac{c_{4_{m_I}}}{c_{4_{u_I}}} = \dfrac{4{,}27}{5{,}94} = 0{,}719$

[1] In Abb. 17.1a nicht dargestellt.

der Absolutwinkel $\alpha_{4_I} = 35° \, 43'$. Der auf der Strombahn $I' \, I$ wirklich auszuführende Eintrittswinkel α'_{4_I} ist größer als α_{4_I}. Er errechnet sich aus $\tan \alpha'_{4_I} = \mu \, \xi_I \tan \alpha_{4_I}$. μ berücksichtigt die Verringerung der Umfangskomponente durch Reibung in der freien Strömung zwischen Lauf- und Leitschaufeln, ferner eine gewisse Querschnittsverminderung des Leitkanaleinlaufs durch Rückströmen von Flüssigkeit aus dem Leitrad in das Laufrad (Abschn. 14b), ξ_I die Querschnittsverengung durch die endliche Dicke der Leitschaufeln. Querschnittsverkleinerung hat ein Anwachsen der Meridiankomponente zur Folge. Setzen wir $\mu = 1{,}1$[1] und vorläufig $\xi_I = 1{,}1$, so ist $\tan \alpha'_{4_I} = 1{,}1 \cdot 1{,}1 \cdot 0{,}719 = 0{,}870$, also vorläufig $\alpha'_{4_I} = 41° \, 1'$.

Mit diesem Wert berichtigen wir den Verengungsfaktor $\xi_I = t_I \sin \alpha'_{4_I} / (t_I \sin \alpha'_{4_I} - s')$. s' ist die Leitschaufelstärke im Schnitt mit der Stromfläche gemessen. Für $z = 8$ Schaufeln und die Schaufelstärke $s = 6$ mm $\approx s'$ erhalten wir $\xi_I = 1{,}07$, somit $\tan \alpha'_{4_I} = 1{,}1 \cdot 1{,}07 \cdot 0{,}719 = 0{,}8463$ und $\alpha'_{4_I} = 40° \, 14'$. Entsprechend ergibt sich für die Strombahnen $III' \, III$ und $V' \, V$ $\alpha'_{4_{III}} = 36° \, 26'$ und $\alpha'_{4_V} = 32° \, 5'$. Der Faktor μ ist für diese Strombahnen kleiner, und zwar gleich 1,075 bzw. 1,05 angenommen worden, weil die Reibungswege kürzer sind, und außerdem die Schaufelwinkel α und somit die Kanalquerschnitte unmittelbar hinter der Leitschaufeleintrittskante stärker anwachsen (Abb. 17.1e u. f).

Die Leitschaufeln endigen auf allen Strombahnen unter dem Winkel $\alpha_5 = 90°$. Soll axiales Abströmen des Wassers erreicht werden, so ist der Austrittswinkel etwas größer als 90°, etwa 95···100° auszuführen, weil die Strömung der Schaufelfläche nur unvollkommen folgt. Andererseits ist eine gewisse Drehbewegung des Wassers für die weitere Geschwindigkeitsumwandlung in dem anschließenden diffusorartigen Rohrstück günstig, wenn dieses von störenden Einbauten frei bleibt.

In Abb. 17.1c ist für die drei Strombahnen der gewählte α-Verlauf über den zugehörigen Stromkurven aufgetragen, nachdem diese vorher in kleine unter sich gleiche Teilstücke Δx geteilt worden sind. Die Auftragung ist so vorgenommen, daß die α-Linien einen gemeinsamen Ausgangspunkt am Leitschaufelende haben. Zur Vermeidung spitzer Winkel zwischen Leitschaufel und Wandung muß die α-Linie am Schaufelanfang um so steiler verlaufen, je näher die zugehörige Stromfläche der Drehachse liegt.

Die Projektionen der Strombahnen im Grundriß errechnen wir punktweise nach Gl. (17,1). Für jeden Teilpunkt der Stromkurve im Aufriß (Abb. 17.1a) bestimmen wir seinen Abstand r von der Wellenmitte und den zugehörigen Winkel α nach Abb. 17.1d bis f. Der weitere Rechnungsgang zur Ermittlung von $\vartheta°$ ergibt sich aus dem nachfolgenden Schema (Zahlentafel 3), das für die Strombahn $I' \, I$ durchgeführt ist.

Die rechnerische Behandlung der Aufgabe ermöglicht es, den für schaufelkongruente Strömung gültigen Verlauf der absoluten Geschwindigkeiten c längs der Stromkurven zu ermitteln. Nach Gl. (17,2) ist $c = c_{m_0} / (\sin \alpha - s'/t)$. Die längs der Stromkurven veränderliche Meridiankomponente ist bei der Bemessung des Ringkanals bereits festgelegt worden. Voraussetzungsgemäß ist sie auf einer Normallinie konstant und kann somit für die Teilpunkte aller Stromkurven leicht ermittelt wer-

[1] Der Faktor μ ist hier kleiner als üblich angesetzt, weil bei Nennlast das Rückströmen des Wassers aus dem Leit- in das Laufrad wegen des großen Zwischenraumes gering sein dürfte.

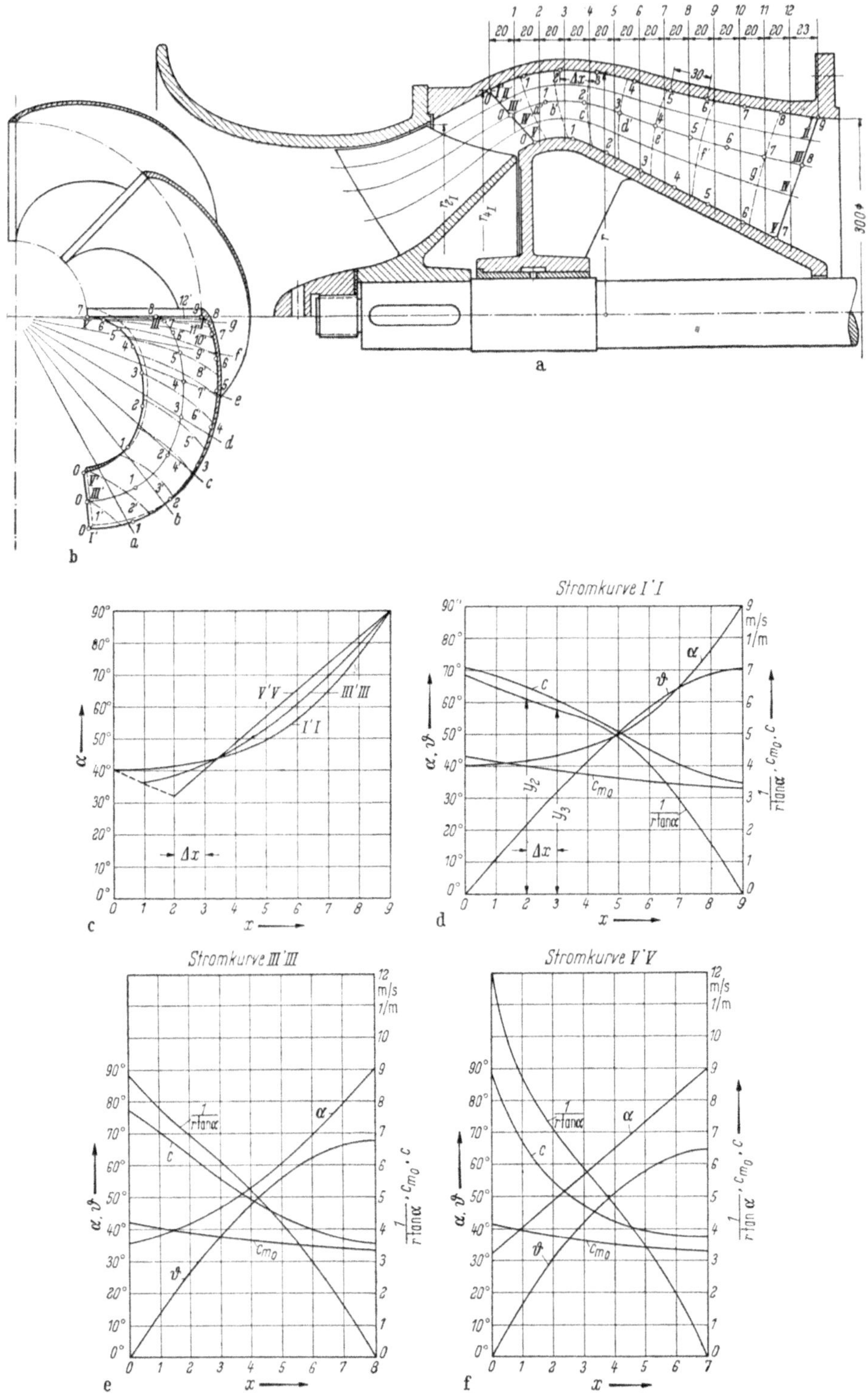

Abb. 17.1a—f. Entwurf des Leitrades einer Halbaxialpumpe

den. Da die im Schnitt mit den Stromflächen zu messende Schaufelstärke s' im allgemeinen nicht wesentlich von der wahren Schaufelstärke s abweicht, setzen wir hier zur Vereinfachung der Rechnung $s' = s$. Die Ermittlung des c-Verlaufs ist ebenfalls in Zahlentafel 3 durchgeführt. Zur Veranschaulichung der Ergebnisse und zugleich zur Kontrolle der Rechnung sind in Abb. 17.1d sowohl die Ausgangswerte als auch die errechneten Größen über der Stromkurve $I'\,I$ aufgetragen. Für die Stromkurven $III'\,III$ und $V'\,V$ sind die Ergebnisse aus den Abb. 17.1e u. f ersichtlich.

Zahlentafel 3

Teilpunkt	0	1	2	3	4	5	6	7	8	9
α^0	40,23	40,3	41,2	42,9	45,5	49,5	55,9	64,7	76,0	90
$\tan\alpha$	0,8460	0,8481	0,8754	0,9293	1,018	1,171	1,477	2,116	4,011	∞
r m	0,1733	0,184	0,1882	0,1862	0,1793	0,1722	0,1651	0,1591	0,1549	0,150
$y = \dfrac{1}{r\tan\alpha}$	6,82	6,42	6,07	5,78	5,48	4,96	4,10	2,97	1,61	0
$\Delta A = \dfrac{y_n + y_{n+1}}{2}\Delta x$	0	0,1986	0,1874	0,1778	0,1689	0,1566	0,136	0,1061	0,0687	0,0242
$\Sigma\Delta A = \vartheta$	0	0,1986	0,3860	0,5638	0,7327	0,8893	1,0253	1,1314	1,2001	1,2243
$\vartheta^\circ = \dfrac{180}{\pi}\vartheta$	0	11,38	22,12	32,3	42,0	50,95	58,75	64,82	68,76	70,15
c_{m_0} m/s	4,27	4,13	4,0	3,89	3,76	3,64	3,54	3,45	3,35	3,30
$\sin\alpha$	0,6459	0,6468	0,6587	0,6807	0,7133	0,7604	0,8281	0,9041	0,9703	1,0
s' mm	6	6	6	6	6	6	6	6	6	6
t mm	136,1	144,5	147,8	146,2	140,8	135,2	129,7	125,0	121,7	117,8
s'/t	0,0441	0,0415	0,0406	0,0410	0,0426	0,0444	0,0463	0,0480	0,0493	0,0509
$\sin\alpha - s'/t$	0,6018	0,6053	0,6181	0,6397	0,6707	0,7160	0,7818	0,8561	0,9210	0,9491
c m/s	7,1	6,82	6,47	6,08	5,61	5,08	4,53	4,03	3,64	3,48

Mit Hilfe der Polarkoordinaten r und ϑ können nun die Projektionen der Strombahnen im Grundriß aufgezeichnet werden. Ihre gegenseitige Lage in bezug auf die Wellenmittellinie als Drehachse legen wir so fest, daß die Austrittskante der Schaufelfläche radial verläuft. Die Schaufelstärke s ist streng genommen je zur Hälfte beiderseits der durch die Strombahnen bestimmten Schaufelfläche abzutragen. Zur Vereinfachung der Darstellung tragen wir jedoch die Schaufelstärke so an, daß die ermittelte Schaufelfläche in der Blickrichtung auf den Grundriß als Oberfläche, d.h. dem Beschauer zugewandte Fläche der Schaufel erscheint. Bei der Aufzeichnung des Grundrisses ist der gegenseitige Richtungssinn von Lauf- und Leitschaufel zu beachten.

Eine Nachprüfung der Stetigkeit der Schaufelfläche durch Übertragung der Radialschnitte $a \cdots g$ (Abb. 17.1b) in den Aufriß (Kurven $a' \cdots g'$) ist bei dem rechnerischen Verfahren an sich nicht erforderlich, da die Stetigkeit der Schaufelfläche durch den stetigen Verlauf der α-Linien bereits genügend gewährleistet ist. Die Schnittkurven $a' \cdots g'$ lassen aber angenähert die Winkel erkennen, die Schaufelfläche und Wandungen miteinander bilden. Für die Herstellung der Schaufel sind schließlich noch die Schreinerschnitte $1 \cdots 12$ einzuzeichnen und in den Grundriß zu übertragen.

In der Ausführung wird die Eintrittskante der Leitschaufel schlank gerundet, die Austrittskante auf der konvexen Schaufelseite auf etwa halbe Stärke zugeschärft.

18. Berechnung und Entwurf einer Spirale mit kreisförmigem Querschnitt. Beispiel

Der zu entwerfenden Spirale legen wir die Abmessungen des im Abschn. 16bα behandelten Laufrades mit räumlich gekrümmter Schaufel zugrunde. An Hand der vorgeschriebenen Daten $H = 22$ m ($Y = 215{,}8$ Nm/kg), $Q = 0{,}25\ \text{m}^3/\text{s}$ und $n =$ 1450 1/min (24,17 1/s) hat die Berechnung des doppelströmigen Laufrades ergeben:

$D_2 = 314$ mm, $u_2 = 23{,}83$ m/s, ferner die Austrittsbreite unmittelbar hinter dem Laufrad $b_2 = 2 \cdot 37 + 3 = 77$ mm[1].

Damit errechnet sich die Meridiankomponente am Laufradaustritt für den Nennvolumenstrom

$$c_{3_m} = \frac{Q}{D_2 \pi b_2} = \frac{0{,}25}{0{,}314 \cdot \pi \cdot 0{,}077} = 3{,}29\ \text{m/s},$$

ferner aus

$$Y_{\text{Sch}} = \frac{Y}{\eta_h} = \frac{215{,}8}{0{,}86} = 251\ \text{Nm/kg}$$

die Umfangskomponente

$$c_{3_u} = \frac{Y_{\text{Sch}}}{u_2} = \frac{251}{23{,}83} = 10{,}53\ \text{m/s},$$

somit

$$\tan \alpha_3 = \frac{c_{3_m}}{c_{3_u}} = \frac{3{,}29}{10{,}53} = 0{,}3124; \quad \alpha_3 = 17°\ 21'.$$

Zur Beantwortung der Frage, ob ein Spiralgehäuse mit unmittelbarem Anschluß an das Laufrad zweckmäßig ist, ermitteln wir zunächst den Radius des Endquerschnitts der Spirale. Für diesen Querschnitt ist der Halbmesser r_i des Berührungskreises (Abb. 14.8) vergrößert. Er wird bestimmt durch den Zungenabstand r_z von der Radachse und die Zungenstärke s (Abb. 18.1), und zwar sei hier $r_i = r_z + s = 0{,}166 + 0{,}006 = 0{,}172$ m. Dann ist nach Gl. (14,9)

$$\varrho_{\max} = b_2 \tan \alpha_3 + \sqrt{2 r_i b_2 \tan \alpha_3}$$
$$= 0{,}077 \cdot 0{,}3124 + \sqrt{2 \cdot 0{,}172 \cdot 0{,}077 \cdot 0{,}3124} = 0{,}115\ \text{m}.$$

An den Spiralquerschnitt $A_{\max} = \varrho_{\max}^2 \pi$ schließt sich ein konischer Stutzen an. Legen wir seine Länge mit $l = 400$ mm und den Radius des Austrittsquerschnitts mit $r = 150$ mm fest, so folgt der Kegelwinkel des Stutzens (Abb. 14.8) aus $\tan \frac{\alpha}{2} = \frac{150 - 115}{400} = 0{,}0875$ zu $\alpha = 10°$. Dieser Winkel liegt an der höchstzulässigen Grenze, ist also noch brauchbar. Im Austrittsquerschnitt des Druckstutzens beträgt dann die Wassergeschwindigkeit

$$c_d = \frac{Q}{A_d} = \frac{0{,}25}{0{,}3^2 \pi/4} = 3{,}54\ \text{m/s}.$$

Nimmt man diese etwas große Austrittsgeschwindigkeit in Kauf, so läßt sich die Spirale in der vorgesehenen Form, d.h. ohne Zwischenschaltung eines Leitrades, ausführen. Wird eine längere Druckleitung angeschlossen, so müßte deren Durch-

[1] Durch die Mittelwand vergrößert sich hier die Gesamtbreite b_2 um 3 mm.

messer allerdings unter Zwischenschaltung eines kegeligen Übergangsstückes auf 400 mm vergrößert werden, wodurch sich die Wassergeschwindigkeit in der Leitung auf $c = 1{,}99$ m/s ermäßigt.

Der Querschnittsverlauf der Spirale folgt nun unmittelbar aus Gl. (14,8), wenn man die Halbmesser ϱ der Kreisquerschnitte für eine größere Zahl Zentriwinkel — etwa von 15° zu 15° fortschreitend — ermittelt. Der Radius r_i des Berührungskreises ergibt sich mit Ausnahme der letzten Querschnitte aus r_2 und dem Abstand a der Zunge vom Laufradumfang (Abb. 18.1). Im vorliegenden Beispiel ist $a = 9$ mm zugrunde gelegt, so daß auf dem größten Teil des Radumfangs $r_i = r_z = 0{,}166$ m beträgt. Eine Ausnahme machen die letzten Querschnitte der Spirale. Um eine Querschnittsverengung infolge der endlichen Dicke s der Zunge zu vermeiden, muß für $\varphi = 360°$ und die Zungenstärke $s = 6$ mm $r_i = r_z + s = 0{,}166 + 0{,}006 = 0{,}172$ m ausgeführt werden, was entsprechend dem Kurvenstück cd (Abb. 18.1) in diesem Teil der Spirale eine stetige Vergrößerung von r_i erforderlich macht.

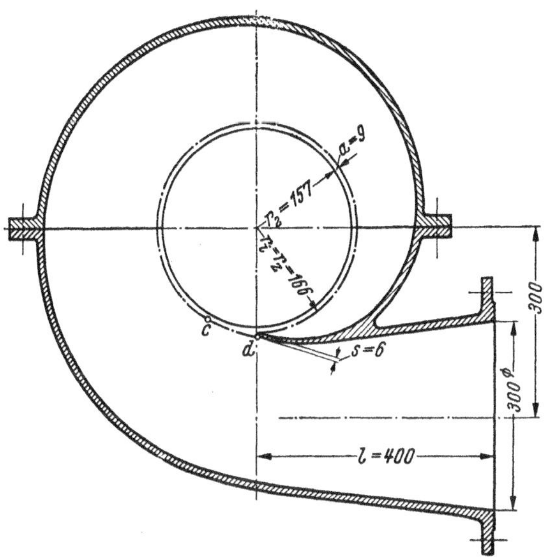

Abb. 18.1. Spirale mit kreisförmigem Querschnitt zum Laufrad nach Abschn. 16bα

Die Entwicklung der Spiralquerschnitte längs des Laufradumfangs ist aus Abb. 18.2 ersichtlich. Dazu ist folgendes zu bemerken:

Da die Spirale auf ihrer Innenseite in einen zylindrischen Ringraum einmündet, können die angrenzenden Teile der Spiralquerschnitte nicht kreisförmig ausgebildet werden. Damit der errechnete Querschnitt in seiner Wirkung möglichst nicht verändert wird, verschieben wir den Querschnittskreis jeweils so nach der Radachse, daß die auf die Gerade AB bezogenen Flächenteile f_1 und f_2 gleich werden. Der Abstand r_z der Bezugsgeraden AB von der Radachse ist für die einzelnen Querschnitte mit dem in der Rechnung verwendeten und am Ausgang der Spirale veränderlichen Halbmesser r_i identisch. Wir lassen bei dieser Korrektur außer acht, daß den Flächenteilen f_1 und f_2 verschieden große Radien zugeordnet sind, also der Drallsatz nicht streng erfüllt ist. Durch die Verschiebung verkleinert sich ferner der rechnungsmäßige

Halbmesser r_i in den jetzt von Querschnitt zu Querschnitt veränderlichen Radius r_i'. Das macht eine erneute Durchrechnung der Spirale erforderlich. Da die Abweichung jedoch meistens gering ist, sehen wir von einer nochmaligen Durchrechnung ab und beschränken uns lediglich auf die Herstellung der Flächengleichheit zwischen berechnetem und ausgeführtem Querschnitt. Das gilt besonders für die Anfangsquerschnitte der Spirale, deren Durchmesser kleiner als die Eintrittsbreite b_3 sind. Die anfänglich gestreckte Querschnittsform geht allmählich in die runde über. Dabei soll die Zungenspitze unter dem Austrittswinkel α_3 gegen die Umfangsrichtung geneigt sein. Zur Verminderung der Stoßverluste bei Teil- und Überlast wird sie gut abgerundet. Der Anschluß der Spirale an den konischen Stutzen erfolgt so, daß sich der Durchflußquerschnitt der kegeligen Erweiterung entsprechend stetig vergrößert. Die in dieser Weise ermittelte Spirale des Pumpengehäuses ist aus Abb. 18.1 ersichtlich.

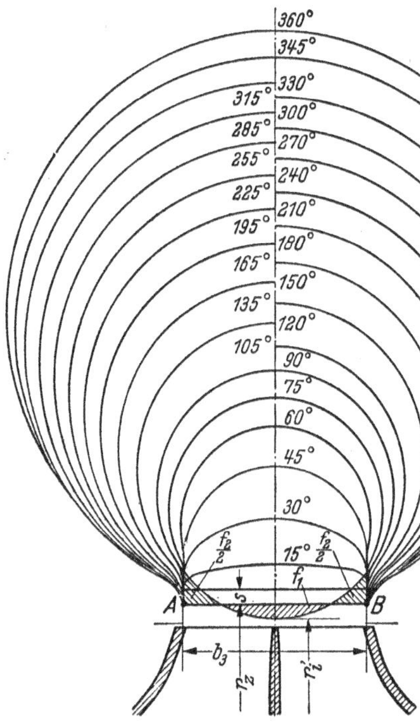

Abb. 18.2. Entwicklung der Spiralquerschnitte längs des Laufradumfangs

C. Theoretische Grundlagen und Berechnung der Axialpumpe

19. Überleitung

Der Eintrittsdurchmesser D_A des Laufrades der einstufigen Kreiselpumpe radialer Bauart ist im wesentlichen vom Volumenstrom, der Austrittsdurchmesser D_2 im wesentlichen von der spezifischen Förderarbeit bzw. von der Förderhöhe abhängig. Zunehmender Volumenstrom hat eine Vergrößerung von D_A, abnehmende Förderhöhe eine Verkleinerung von D_2 zur Folge. Bei sehr großem Volumenstrom, aber kleiner Förderhöhe müssen daher Eintritts- und Austrittsdurchmesser in ein Mißverhält-

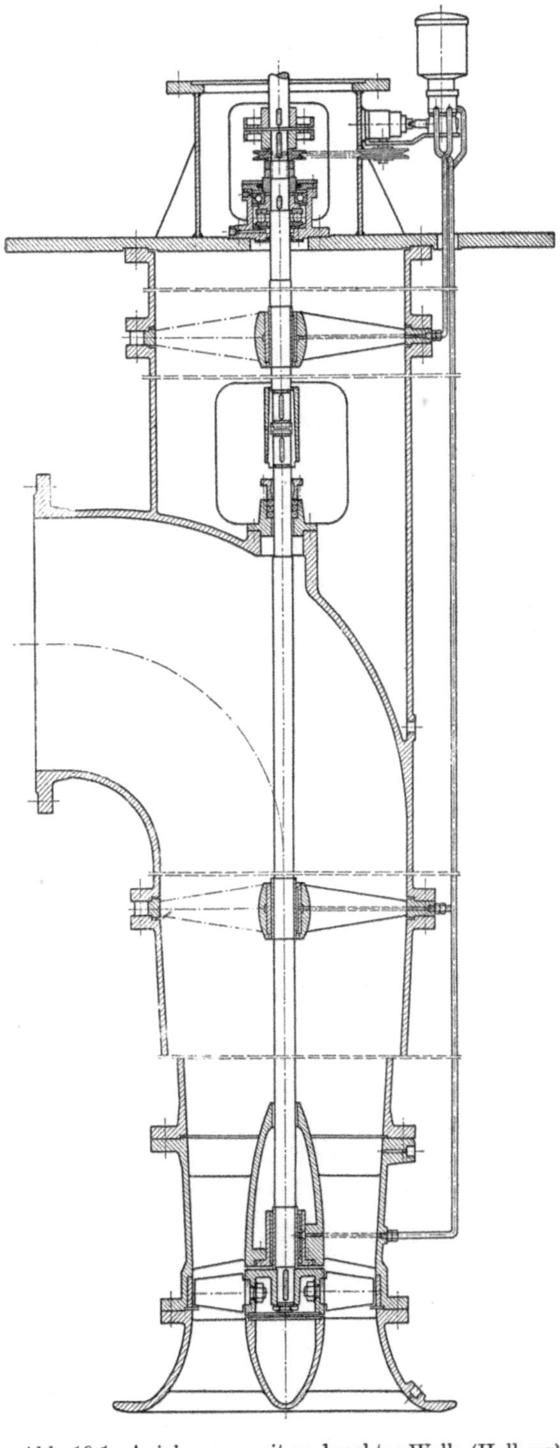

Abb. 19.1. Axialpumpe mit senkrechter Welle (Halberg)

nis zueinander geraten. Dieser Schwierigkeit kann man in manchen Fällen durch Anwendung der mehrströmigen Bauweise begegnen. Sie erfordert aber einen erhöhten Bauaufwand.

Ist bei großem Volumenstrom eine Förderhöhe von nur wenigen Metern zu überwinden — eine Forderung, die z.B. bei Schöpfwerken vorliegt — so ist es angezeigt, von der radialen zur axialen Bauweise überzugehen. Die Axialpumpe (Abb. 19.1) zeichnet sich durch Einfachheit der Konstruktion und durch einen guten Wirkungsgrad aus, solange der Betriebszustand nicht wesentlich vom Auslegezustand abweicht. Der Kreisel besteht hier aus einem Flügelrade mit radial gestellten Schaufeln nach Art der Schiffsschraube. Das Leitrad kann dem Kreisel vor- oder nachgeschaltet werden. Letztere Anordnung ist bei Kreiselpumpen die gebräuchlichere. Lauf- und Leitrad werden vom Fördermittel in axialer Richtung durchströmt.

Denkt man sich durch das Schaufelrad einen koaxialen Zylinderschnitt gelegt und diesen ohne Unterbrechung in die Ebene abgewickelt, so entsteht ein geradliniges endloses Schaufelgitter (Abb. 19.2). Im allgemeinen ist der Abstand von Schaufelschnitt zu Schaufelschnitt — die Teilung t — groß im Verhältnis zur Schaufeltiefe l. Bei einem solchen weitgeteilten Schaufelgitter können die Schaufelzwischenräume offenbar nicht mehr als Schaufelkanäle im üblichen Sinne angesehen werden. Dann ist auch die bisherige auf der „Stromfadentheorie" beruhende Berechnungsweise bei der Axialpumpe nicht mehr anwendbar. An ihre Stelle tritt ein Berechnungsverfahren, das sich auf die Kraftwirkungen stützt, denen ein Tragflügel in einer gleichförmigen ausgedehnten Strömung unterliegt.

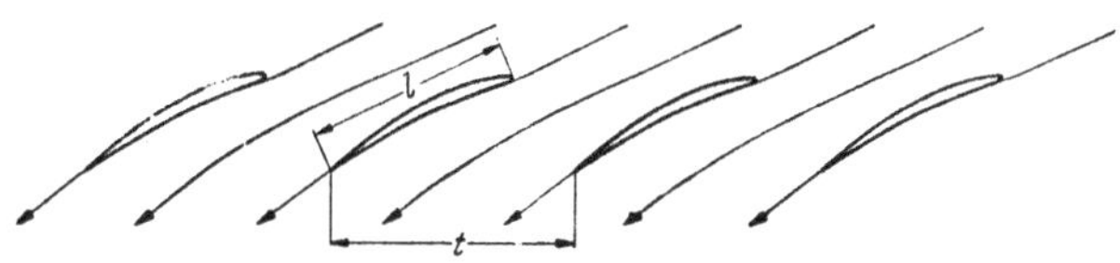

Abb. 19.2. Schaufelgitter

20. Der Einzelflügel in der unbegrenzten gleichförmigen Strömung

Ein Tragflügel von der Tiefe l und der endlichen Länge b — senkrecht zur Zeichenebene gemessen — werde unter dem Winkel δ von einem gleichförmigen Luftstrom mit der Geschwindigkeit w_∞ angeblasen (Abb. 20.1). δ ist der „Anstellwinkel", der aus der Richtungsgeraden von w_∞ und einer besonders festgelegten Bezugsgeraden des Tragflügelprofils gebildet wird. Bei gekrümmten Profilen der Aerodynamischen Versuchsanstalt zu Göttingen dient dazu die Gerade, welche die konkave Profilseite in zwei Punkten berührt. w_∞ ist die vom Flügel unbeeinflußte, also in einer gewissen Entfernung vor dem Flügel vorhandene Geschwindigkeit des Luftstromes der Größe und Richtung nach. Die in unmittelbarer Nähe des Flügels herrschenden Geschwindigkeiten weichen hiervon unter Umständen erheblich ab. Infolge der Umströmung des Profils wächst die Geschwindigkeit auf der konvexen Seite, wodurch hier ein Unterdruck entsteht. Auf der konkaven Seite nimmt die Geschwindigkeit ab, was einen Überdruck zur Folge hat[1]. Die etwa in Flügelmitte bei einem bestimmten An-

[1] Die ungleichmäßige Geschwindigkeitsverteilung am Tragflügel entsteht durch das Zusammenwirken einer reinen Durchfluß- und einer Zirkulationsströmung um das Profil, deren geometrische Addition auf der konvexen Seite zu einer Erhöhung, auf der konkaven zu einer Erniedrigung der Geschwindigkeit gegenüber w_∞ führt.

stellwinkel senkrecht zu w_∞ herrschende Druckhöhenverteilung gegenüber der Druckhöhe in der ungestörten Strömung geht aus Abb. 20.1 hervor. Die Größe und der Verlauf der Druckhöhenänderungen hängt vom Anstellwinkel δ und von der Profilform ab. Im allgemeinen ist, wie Abb. 20.1 erkennen läßt, die Druckhöhenänderung auf der Saugseite erheblich größer als auf der Druckseite. Am Flügelkopf und Flügelende sind Druckhöhen und Geschwindigkeiten beiderseitig wieder ausgeglichen.

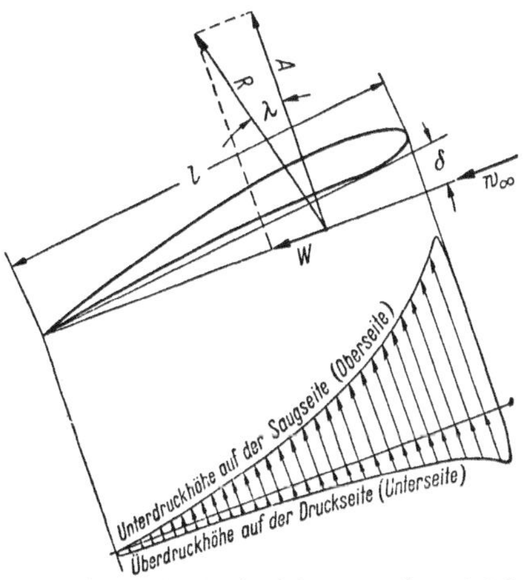

Abb. 20.1. Die Kraftwirkungen der gleichförmigen Strömung auf den Einzelflügel

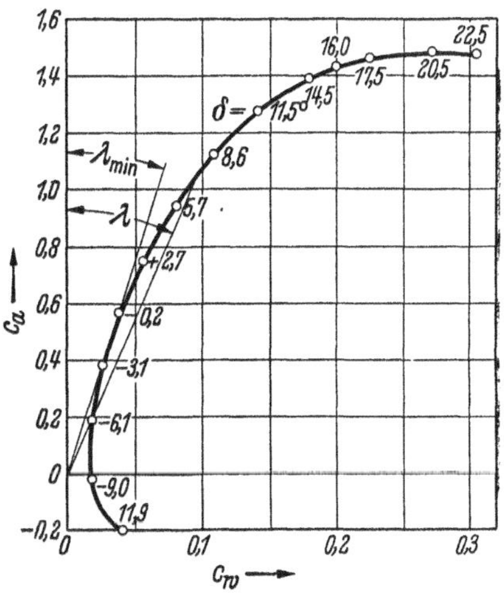

Abb. 20.2. Polardiagramm des Göttinger Profils Nr. 625

Die Folge der unterschiedlichen Druckhöhen auf der Ober- und Unterseite des Tragflügels ist eine Auftriebskraft A, die senkrecht zu w_∞ gerichtet ist. Gleichzeitig entsteht in Richtung von w_∞ eine Widerstandskraft W. Beide Kräfte sind von der Geschwindigkeit w_∞, der Dichte ϱ des strömenden Mittels und den Abmessungen des Tragflügels abhängig, und zwar ist

$$A = c_a \varrho \frac{w_\infty^2}{2} b\, l \tag{20,1}$$

und

$$W = c_w \varrho \frac{w_\infty^2}{2} b\, l. \tag{20,2}$$

Die Auftriebszahl c_a und die Widerstandszahl c_w sind dimensionslose Kennzahlen, die von der Profilform und dem Anstellwinkel δ abhängig sind. Sie geben Aufschluß über das Verhalten des Tragflügels im Luftstrom und sind für eine sehr große Zahl verschiedenartigster Flügelprofile versuchsmäßig ermittelt worden[1]. Mit Gültigkeit für einen begrenzten Bereich kann allgemein gesagt werden, daß zunehmende Dicke der Profile bei gleicher Wölbung den Höchstwert der Auftriebszahlen vergrößert. Gleichzeitig wächst aber auch die Widerstandszahl. In ähnlicher Weise vergrößert zunehmende Wölbung bei gleicher Profildicke das Maximum des Auftriebs und den Widerstand.

---

[1] Ergebnisse der Aerodynamischen Versuchsanstalt Göttingen, 1. bis 4. Lfg., München u. Berlin: R. Oldenbourg 1935.

Zur graphischen Darstellung von c_a und c_w dient meistens das Polardiagramm (Abb. 20.2), in welchem c_a als Funktion von c_w und dem jedem Wertepaar zugeordneten Anstellwinkel δ aufgetragen ist. Wegen der Kleinheit der Widerstandszahl ist der Maßstab für c_w vergrößert. Die so entstandene Kurve bezeichnet man als Polare. Der jedem Anstellwinkel zugeordnete Quotient $c_w/c_a = \varepsilon = \tan\lambda$ ist das Gleitverhältnis, λ der Gleitwinkel. Dieser entspricht dem Neigungswinkel der Flugbahn beim Gleitflug des Flügels. Ein Tragflügelprofil ist um so günstiger, je kleiner das Gleitverhältnis ist. Der Kleinstwert von ε für ein gegebenes Profil liegt offenbar für den Punkt vor, in welchem die vom Pol gezogene Tangente die Polare berührt (Abb. 20.2).

Bei der Übertragung der am Tragflügel gemessenen Kraftwirkungen auf die Verhältnisse der Kreiselpumpe ist zu beachten, daß den Versuchswerten eine endliche Tragflügellänge b zugrunde liegt. An den Enden des Flügels findet daher ein Druckausgleich zwischen Ober- und Unterseite des Flügels statt, so daß die Druckverteilung über die Flügellänge nicht gleichmäßig ist. Bei der Kreiselpumpe wird die Schaufel einerseits durch die Radnabe, andererseits durch die Gehäusewandung begrenzt. Sieht man von dem Einfluß der Radnabe und des notwendigen Ringspaltes zwischen Laufschaufel und Gehäusewandung ab, so sind die Strömungsverhältnisse am Pumpenflügel denen des unendlich lang gedachten Tragflügels, also einer ebenen Strömung vergleichbar.

Weiterhin ist eine Übertragung der mit Luft gewonnenen Ergebnisse auf die Strömung einer Flüssigkeit nur bei gleicher Reynoldsscher Zahl $Re = w_\infty \cdot l/\nu$[1] zulässig. Den Tragflügelmessungen liegen in der Regel Zahlenwerte $Re \approx 4 \cdot 10^5$ zugrunde. In diesem „überkritischen" Bereich ist eine Abhängigkeit der Auftriebs- und Widerstandszahlen von der Re-Zahl praktisch nicht mehr vorhanden. Für $Re < 10^5$ (unterkritischer Bereich) nimmt die Auftriebszahl mit sinkendem Re um so mehr ab, je größer das Dickenverhältnis d/l ist (Abb. 20.5). Gleichzeitig wächst die Widerstandszahl. Im unterkritischen Bereich verhalten sich Blechschaufeln im allgemeinen günstiger als Profilschaufeln. Für Wasserförderung hat nur der überkritische Bereich ($Re > 10^5$) Bedeutung. Die weiteren Ausführungen beziehen sich daher nur auf diesen Bereich.

Für $Re \gtreqless 4 \cdot 10^5$ lassen sich nun nach Prandtl[2] — auch mit Gültigkeit für die Flüssigkeitsströmung — die am Tragflügel endlicher Länge gewonnenen Kennzahlen

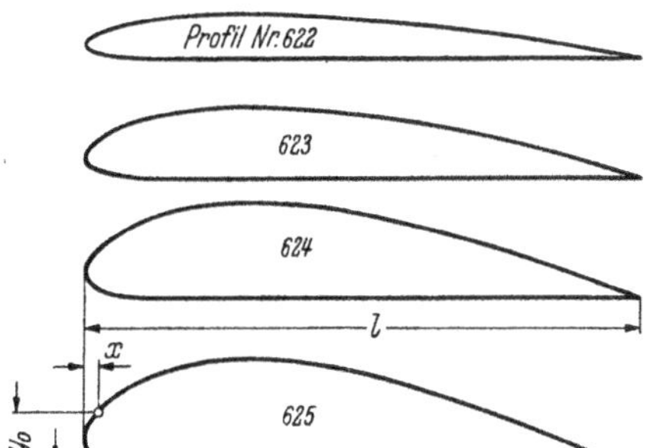

Abb. 20.3.
Profile Nr. 622 bis 625 der Aerodynamischen Versuchsanstalt Göttingen

[1] $\nu = \eta/\varrho$ = kinematische Zähigkeit in m^2/s; η = dynamische Zähigkeit in kg/ms; ϱ = Dichte in kg/m^3.

[2] Ergebnisse der Aerodynamischen Versuchsanstalt Göttingen, 1. Lfg., 4. Aufl., München u. Berlin: R. Oldenbourg 1935.

auf Tragflügel anderer Länge, somit auch auf den unendlich langen Tragflügel umrechnen, und zwar beträgt bei dem letzteren für die Auftriebszahl $\zeta_a = c_a$

$$\text{die Widerstandszahl } \zeta_w = c_w - \frac{1}{\pi} c_a^2 \frac{l}{b}$$

und

$$\text{der Anstellwinkel } \delta'^\circ = \delta^\circ - \frac{1}{\pi} c_a \frac{l}{b}\, 57{,}3.$$

Im allgemeinen liegt den Tragflügelkennzahlen ein Spannweitenverhältnis $l/b = 1/5$ zugrunde. Dann wird

$$\zeta_w = c_w - \frac{c_a^2}{15{,}7}; \quad \delta'^\circ = \delta^\circ - 3{,}65\, c_a.^{1} \tag{20,3}$$

Beispielsweise sind hiernach die Kennzahlen der Göttinger Profile Nr. 622 bis 625 (Abb. 20.3), deren Aufmaße aus der Zahlentafel 4 hervorgehen, auf unendliche Flügellänge umgerechnet. In Abweichung von der üblichen Darstellung im Polardiagramm gibt Abb. 20.4 ζ_a und ζ_w sowie das Gleitverhältnis $\varepsilon = \zeta_w/\zeta_a$ als Funktion des Anstellwinkels δ' wieder. Hiernach besteht im Bereich günstigen Gleitverhältnisses, also $\delta' \approx 0 \cdots 5^\circ$, eine fast lineare Abhängigkeit zwischen Auftriebszahl und Anstellwinkel, so daß man mit Gültigkeit für diesen Bereich ohne merklichen Fehler schreiben kann:

Profil-Nr. 622, 623 und 624

$$\zeta_a = 4{,}0 \frac{y_{\max}}{l} + 0{,}092\, \delta'^\circ, \tag{20,4}$$

Profil-Nr. 625

$$\zeta_a = 3{,}8 \frac{y_{\max}}{l} + 0{,}08\, \delta'^\circ. \tag{20,5}$$

Hierin ist $y_{\max} = y_{0\,\max}$, bei den Profilen 622···625 zugleich die größte Profildicke (Zahlentafel 4).

Innerhalb des angegebenen Bereiches ist es zulässig, durch verhältnisgleiches Ändern der Ordinaten y_0 und y_u des Profils nach Zahlentafel 4 und somit auch des Wertes $y_{\max}$ die Auftriebszahl ζ_a in gewissen Grenzen zu vergrößern oder zu verkleinern[2]. Da die Laufschaufel der Pumpe, wie später gezeigt werden wird, eine ver-

[1] Nach Weinig: VDI-Z. 1936, S. 299—300, ist es richtiger, die Umrechnung der Meßergebnisse an Tragflügeln endlicher Länge auf die Verhältnisse der ebenen Strömung in anderer Weise vorzunehmen, und zwar ist im Bereich der linearen Änderung des Auftriebs mit dem Anstellwinkel bei einem Spannweitenverhältnis $l:b = 1:5$ zu setzen

$$\zeta_a = \frac{c_a}{0{,}85}; \quad \delta'^\circ = \delta^\circ - 3{,}1\, c_a; \quad \zeta_w = c_w - \frac{c_a^2}{15{,}1}.$$

Hiernach ergeben sich bei gleichen Anstellwinkeln δ'° etwas größere Auftriebszahlen ζ_a und kleinere Widerstandszahlen ζ_w. Im Hinblick auf die bei Kreiselpumpen vorliegende verzögerte Strömung und auf die gegenseitige Beeinflussung der Profile im Gitterverband soll aber die obige Umrechnungsweise beibehalten werden.

[2] Mit der Verdickung bzw. Verdünnung des Profils ändert sich auch die Widerstandszahl, und zwar hat zunehmende Profilstärke ein Anwachsen, abnehmende Profilstärke eine Verringerung von ζ_w zur Folge. Im Gebiet günstigen Gleitverhältnisses kann jedoch die Änderung der Widerstandszahl meistens vernachlässigt werden.

änderliche, von der Radnabe nach dem Schaufelende abnehmende Auftriebszahl aufweisen muß, ist es unter Umständen möglich, über die ganze Schaufellänge nur ein einziges, in der besprochenen Weise stetig geändertes Profil zu verwenden. Über ein Dickenverhältnis $y_{\max}/l = 0{,}2$ hinauszugehen, ist allerdings nicht zu empfehlen.

Neben den vorstehend genannten „Göttinger Profilen" können auch beliebige, nach einer Skelettlinie ABC (Mittellinie) geformte Tragflügelprofile verwendet werden (Abb. 20.5). Die Skelettlinie ist meistens ein Parabel- oder ein Kreisbogen. Als Bezugsgerade für den Anstellwinkel δ' dient die Verbindungslinie der Endpunkte A und C, die Skelettsehne, deren Richtung von der früher als Tangente definierten Bezugsgeraden im allgemeinen geringfügig abweicht. Kennzeichnende Größen sind ferner das Wölbungsverhältnis f/l, das Rückenverhältnis x_f/l und das Dickenverhältnis d/l (Abb. 20.5). Hierbei bezeichnet f die größte Pfeilhöhe der Skelettlinie, x_f den Abstand der Pfeilhöhe f von der Profilnase, d die größte Dicke des Profils und l die Länge der Profilsehne.

Die Auftriebszahl eines solchen beliebigen Profils läßt sich angenähert errechnen. Man geht dabei von der Erkenntnis aus, daß zwischen der Auftriebszahl ζ_a und dem

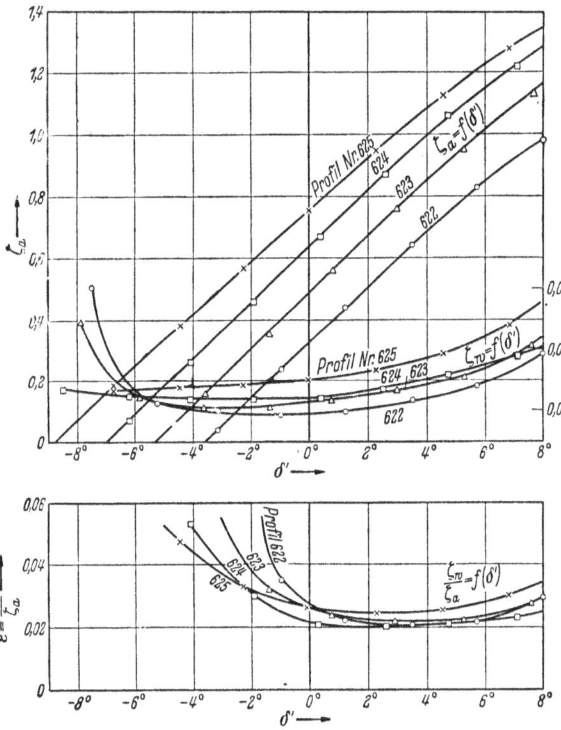

Abb. 20.4. Auftriebszahl, Widerstandszahl und Gleitverhältnis der Göttinger Profile Nr. 622 bis 625, umgerechnet auf unendliche Flügellänge

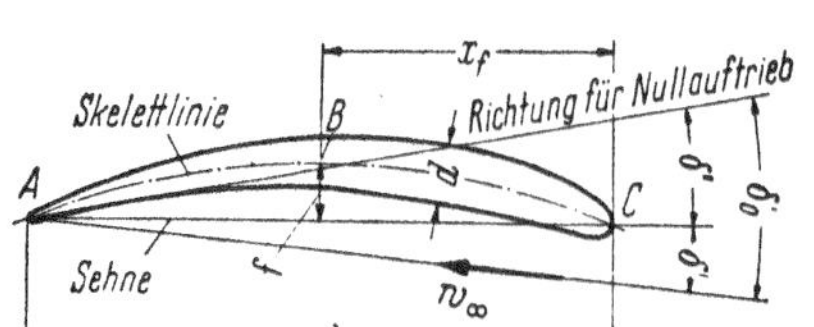

Abb. 20.5. Beliebiges, nach einer Skelettlinie geformtes Profil

Anstellwinkel δ' aller Profile, deren Wölbungs- und Dickenverhältnis sich in mäßigen Grenzen hält, in dem praktisch verwendbaren Bereich eine nahezu lineare Abhängigkeit bei gleichem Steigungsverhältnis $\Delta\,\zeta_a/\Delta\,\delta'$ besteht. So lassen sich beispielsweise in Abb. 20.4 die ζ_a-Kurven der Profile 622, 623 und 624 in ihrem linearen Bereich durch Parallelverschiebung praktisch zur Deckung bringen. Lediglich das Profil 625 weist eine gewisse Abweichung auf, die auf sein großes Dickenverhältnis zurückzuführen ist. Bestimmt man nun für jedes der drei Profile auf dem negativen Teil der Abszisse (Abb. 20.4) den Winkel δ'' zwischen $\delta' = 0°$ und dem Schnittpunkt der Auftriebsgeraden mit der Abszisse, also die Anströmrichtung für den Auftrieb Null, so läßt sich die Auftriebszahl durch die einfache Beziehung

$$\zeta_a = k\,(\delta' + \delta'') = k\,\delta_0' \tag{20,6}$$

angeben (Abb. 20.5). Im vorliegenden Fall ist $k = 0{,}092$. Allgemein kann gesetzt werden $k = 0{,}092\cdots 0{,}1$. k wächst mit abnehmenden Werten von d/l und x_f/l, ferner mit abnehmender Rauhigkeit der Oberfläche.

Der zugehörige Winkel δ'' in *grd* zwischen der Nullauftriebsrichtung und der Skelettsehne läßt sich nach Pfleiderer auf Grund einer großen Zahl von Messungen an Profilen verschiedener Dicke und Wölbung nach der empirischen Formel

$$\delta'' = \left[82 + \frac{100}{1 + 5\,d/l}\left(\frac{x_f}{l}\right)^2\right]\frac{f}{l} \tag{20,7}$$

bestimmen[1].

Zahlentafel 4. Aufmaße der Göttinger Profile Nr. 622 bis 625 für $l = 100$

Profil Nr.	x	0	1,25	2,5	5,0	7,5	10	15	20
622	y_0	2,40	3,75	4,50	5,45	6,15	6,60	7,30	7,70
	y_u	2,40	1,45	1,05	0,60	0,35	0,25	0,15	0,05
623	y_0	3,25	5,45	6,45	7,90	9,05	9,90	10,95	11,55
	y_u	3,25	1,95	1,50	0,90	0,35	0,20	0,10	0,05
624	y_0	4,00	7,15	8,50	10,40	11,75	12,85	14,35	15,30
	y_u	4,00	2,25	1,65	0,95	0,60	0,40	0,15	0,05
625	y_0	5,50	9,00	10,80	13,30	14,95	16,35	18,25	19,30
	y_u	5,50	3,30	2,35	1,25	0,75	0,40	0,15	0,10

Profil Nr.	30	40	50	60	70	80	90	95	100
622	8,00	7,80	7,10	6,15	5,00	3,55	1,95	1,15	0,20
	0,00	0,00	0,00	0,00	0,00	0,00	0,00	0,00	0,00
623	12,00	11,70	10,65	9,15	7,35	5,15	2,80	1,60	0,30
	0,00	0,00	0,00	0,00	0,00	0,00	0,00	0,00	0,00
624	16,00	15,40	14,05	12,00	9,50	6,60	3,55	2,00	0,50
	0,00	0,00	0,00	0,00	0,00	0,00	0,00	0,00	0,00
625	20,00	19,05	17,35	15,05	12,10	8,60	4,75	2,75	0,65
	0,00	0,00	0,00	0,00	0,00	0,00	0,00	0,00	0,00

[1] Bei den Profilen Nr. 622 bis 624 (Abb. 20.3) ist der Anstellwinkel δ' nicht auf die Skelettsehne (Abb. 20.5), sondern auf die Profiltangente bezogen. Aus diesem Grunde erscheint δ'' nach Abb. 20.4 etwas größer als nach Gl. (20,7), während δ' für gleiche Auftriebszahl um denselben Betrag verringert ist.

Nach Gl. (20,7) ist es möglich, den Winkel δ'' durch verhältnisgleiches Verkleinern von d/l und f/l der von der Nabe zum Schaufelende stetig abnehmenden Auftriebszahl anzupassen, wobei sich Schaufelstärke und -wölbung nach außen hin kontinuierlich verringern. An der Radnabe sollte aber das Dickenverhältnis $d/l < 0{,}2$ bleiben.

Besteht die Skelettlinie aus einem Kreisbogen, so ist $x_f/l = 0{,}5$. Dann wird

$$\delta'' = \left(82 + \frac{25}{1 + 5\,d/l}\right)\frac{f}{l}\,.$$

Die mit dem Wölbungs- und Dickenverhältnis veränderliche Widerstandszahl ζ_w ist zunächst unbekannt. Da es sich jedoch bei ζ_w für den Bereich günstiger Anstellwinkel δ', also etwa für $\delta' = 0\cdots5°$, um relativ kleine Werte handelt, genügt es im allgemeinen, den Gleitwinkel λ bzw. das Gleitverhältnis ε für den genannten Bereich aus der ebenfalls empirisch gewonnenen Faustformel

$$\varepsilon = \tan\lambda = \zeta_w/\zeta_a = 0{,}012 + 0{,}02\,d/l + 0{,}08\,f/l \tag{20,8}$$

zu ermitteln. In dieser Gleichung kommt zum Ausdruck, daß zunehmendes Dicken- und Wölbungsverhältnis den Gleitwinkel vergrößert. Somit wächst die Widerstandszahl stärker als die Auftriebszahl.

Neben der Dicke und Wölbung ist auch die Glätte der Oberfläche von Bedeutung. Entscheidend für die Größe der Widerstandszahl ist aber der Umstand, ob die Grenzschicht laminar oder turbulent strömt. Es ist deshalb anzustreben, die laminare Grenzschicht am Tragflügel möglichst lange zu erhalten, also die Stelle, an welcher die laminare Strömung der Grenzschicht in die turbulente übergeht, — den Umschlagpunkt — möglichst weit stromabwärts zu verlegen. Da der Umschlag in der Nähe des Druckminimums eintritt, muß die größte Profildicke nach hinten — etwa bis zur Mitte der Profillänge ($x_f/l = 0{,}5$) — verschoben werden. Derartige symmetrisch und mit gerader Skelettlinie ausgeführte Profile sind unter der Bezeichnung „Laminar-Profile" bekannt geworden (Abb. 20.6). Die Verringerung des Widerstan-

Abb. 20.6. Laminar-Profil mit gerader Skelettlinie

des durch den „Laminareffekt", der nur bei glatter Oberfläche zu erwarten ist, beträgt im Bereich $Re = 2\cdot10^6\cdots3\cdot10^7$ etwa 30…50% des Widerstandes normaler Profile[1]. Für sehr große Reynoldszahl rückt aber der Umschlagpunkt am Profil plötzlich nach vorn, so daß hier der Laminareffekt verlorengeht.

Laminarprofile lassen sich auch mit gekrümmter Skelettlinie verwenden.

21. Das Schaufelgitter

Ordnet man Tragflügel gleichen Profiles in geradliniger Folge so nebeneinander an, daß die Flügel bei gleichen Abständen gegeneinander nur parallelverschoben, dagegen nicht verdreht sind, so entsteht ein Flügelgitter. Bei der Axialpumpe erhält man das Bild eines entsprechenden Schaufelgitters, wenn man einen koaxialen Zylinderschnitt des Propellers in ununterbrochener Folge in die Ebene abrollt (Abb. 19.2).

Für die Strömung durch ein Gitter ist gegenüber der Strömung um den freistehenden Tragflügel folgendes zu beachten:

---

[1] Schlichting, H.: Grenzschichttheorie, 3. Aufl., Karlsruhe: G. Braun 1958.

Der einzelne Tragflügel erzeugt in seiner Umgebung eine Veränderung des Strombildes gegenüber dem der ungestörten Strömung. Daraus ist zu schließen, daß sich die in einem Gitterverband angeordneten Flügel gegenseitig beeinflussen, und zwar um so mehr, je kleiner der Flügelabstand ist. Als Folge davon ändert die Polare eines Tragflügelprofils ihre Gestalt mehr oder weniger, wenn das Profil im Gitterverband arbeitet.

Zur Berücksichtigung des Gittereinflusses auf die Polare sind in mehreren theoretischen Arbeiten zwei Wege beschritten worden. Der eine hat zum Ziel, das neue Verhalten des unveränderten Profils im Gitter zu ermitteln, Zweck des anderen ist es, das Profil so abzuändern, daß der Gittereinfluß aufgehoben wird. Diese Arbeiten beziehen sich auf die reibungslose Flüssigkeit, berücksichtigen also die Zähigkeit nicht. Da aber gerade die Zähigkeit in der verzögerten Strömung des Pumpengitters von ausschlaggebender Bedeutung ist, liefern die theoretischen Untersuchungen keine sichere Grundlage für die Berechnung.

Hinzukommt, daß sich im Schaufelgitter einer Kreiselpumpe gewisse Randeinflüsse bemerkbar machen, die durch die Begrenzung an der Radnabe und durch den Spalt zwischen Laufrad- und Gehäusewandung entstehen. Schließlich rufen Schaufeldruck, Fliehkraft- und Zähigkeitswirkungen Nebenströmungen hervor, die allerdings im normalen Betriebszustand von untergeordneter Bedeutung sind.

Obwohl alle diese Einflüsse beträchtliche Änderungen der Polare hervorrufen können, hat nun aber die Erfahrung gezeigt, daß die Eigenschaften *weitgeteilter, niedrig belasteter umlaufender Gitter*, wie sie für Kreiselpumpen in Frage kommen, nicht wesentlich von denen des Einzelprofils abweichen. Solange das Verhalten des Tragflügels im Gitterverband nicht genügend geklärt ist, soll daher bei der Berechnung der Axialpumpe unter der Voraussetzung hinreichend *weiten Schaufelabstandes und geringer Druckzahl* hinsichtlich ζ_a und ζ_w zwischen Einzelprofil und Gitter nicht unterschieden werden.

Die auf obiger Vereinfachung aufgebaute Berechnungsweise hat praktisch zu guten Ergebnissen geführt. Die für die Kraftwirkungen auf den *Einzelflügel* gültigen Gleichungen (20,1) und (20,2) sind auf eine Geschwindigkeit w_∞ bezogen, die in einiger Entfernung vor dem Flügel in der von diesem unbeeinflußten Strömung vorhanden ist. Vor und hinter dem *Schaufelgitter* der Kreiselpumpe hat die Strömung die Geschwindigkeiten w_0 bzw. w_3, die nach Größe und Richtung verschieden sind. Es wird nachfolgend gezeigt, daß der aus w_0 und w_3 gebildete vektorielle Mittelwert der Geschwindigkeit w_∞ gleichgesetzt werden kann, so daß die genannten Gleichungen auch auf das Pumpengitter anwendbar sind.

22. Die Berechnung des Axialrades

Aus der radialen Anordnung der Schaufeln ergibt sich, daß Umfangsgeschwindigkeit und Teilung mit dem jeweiligen Abstande von der Drehachse veränderlich sind. Wir fassen im folgenden die Strömung in einem koaxialen Hohlzylinder von dem Halbmesser r und der Breite dr ins Auge. Durch Abwicklung eines solchen Hohlzylinders in die Ebene entsteht ein ebenes Schaufelgitter, das sich mit der Umfangsgeschwindigkeit u in der in Abb. 22.1 angegebenen Richtung bewegt und gleichzeitig von der Förderflüssigkeit durchströmt wird. Die Absolutgeschwindigkeiten in einigem Abstand vor und hinter dem Gitter seien c_0 und c_3, die zugehörigen Relativgeschwindigkeiten w_0 und w_3. Ist t die Teilung des Gitters, so folgt zunächst aus der Kontinuitätsbedingung

$$t\,dr\,c_0 \sin\alpha_0 = t\,dr\,c_3 \sin\alpha_3\,; \quad c_0 \sin\alpha_0 = c_3 \sin\alpha_3 = c_A\,.$$

Ein- und Austrittsdreieck haben die gleiche Höhe, lassen sich also zu *einer* Figur vereinigen (Abb. 22.2).

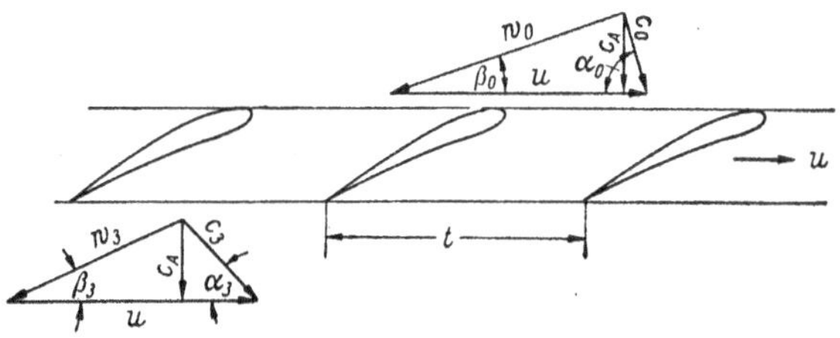

Abb. 22.1. Geschwindigkeitsverhältnisse am ebenen Schaufelgitter

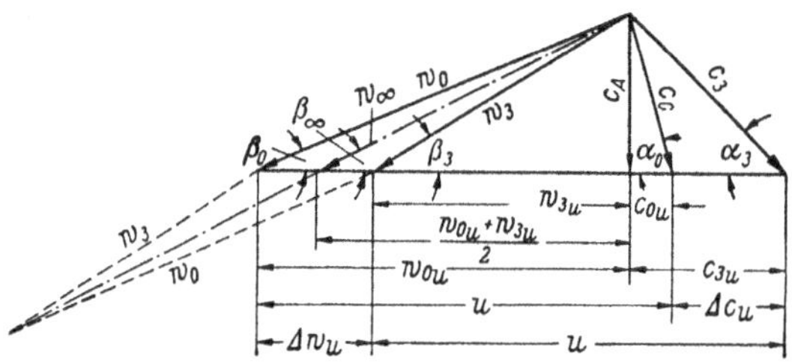

Abb. 22.2. Geschwindigkeitsdreiecke

An Hand des Geschwindigkeitsdiagrammes und unter Beachtung des Umstandes, daß für den betrachteten Zylinder die Umfangsgeschwindigkeiten am Ein- und Austritt gleich sind, schreibt sich die Eulersche Gleichung für die Axialpumpe

$$Y_{\mathrm{Sch}} = g\,H_{\mathrm{th}} = u\,(c_3 \cos\alpha_3 - c_0 \cos\alpha_0) = u\,(c_{3_u} - c_{0_u}) = u\,\Delta c_u\,. \qquad (22{,}1)$$

Der weitere Rechnungsgang erfordert zunächst Antwort auf die Frage, welche Richtung die Auftriebskraft A gegenüber der strömenden Flüssigkeit hat. Von dem Reibungswiderstand sehen wir vorläufig ab. Die auf das einzelne Schaufelelement wirkende längs des Radius veränderliche Auftriebskraft dA (Abb. 22.3) ist die Resultie-

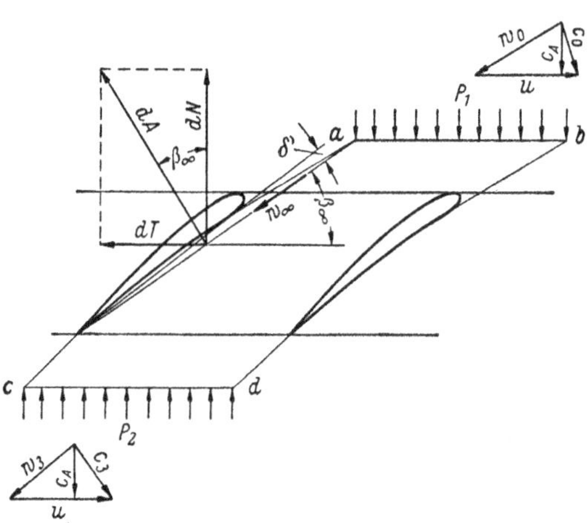

Abb. 22.3. Geschwindigkeiten und Kräfte am Schaufelgitter bei reibungsfreier Strömung

rende aus der Umfangskraft dT und der Normalkraft dN. Zur Bestimmung von dT benutzen wir den Impulssatz[1]. Wir denken uns einen Kanal $a\,b\,d\,c$ (Abb. 22.3) von der Breite der Teilung so abgegrenzt, daß er seitlich von zwei Stromlinien eingeschlossen ist. Damit ist festgelegt, daß in seitlicher Richtung keine Masse ein- oder austritt. In axialer Richtung durchströmt den Kanal sekundlich die Masse $dm = \varrho\, t\, dr\, c_A$, die in der Umfangsrichtung relativ zur Schaufel die Geschwindigkeitsänderung $w_{3_u} - w_{0_u}$ erfährt. Somit übt das Schaufelelement auf die Flüssigkeit die Kraft

$$dT = \varrho\, t\, dr\, c_A\, (w_{3_u} - w_{0_u})$$

aus, während die gleich große Gegenkraft, d.h. die Kraftwirkung der Flüssigkeit auf das Schaufelelement, der Gleichung

$$dT = \varrho\, t\, dr\, c_A\, (w_{0_u} - w_{3_u})$$

genügt.

Mit den Bezeichnungen der Abb. 22.3 gilt ferner für die Begrenzungen $a\,b$ und $c\,d$ nach Bernoulli

$$p_1 + \varrho \frac{w_0^2}{2} = p_2 + \varrho \frac{w_3^2}{2}, \quad p_2 - p_1 = \varrho \frac{w_0^2 - w_3^2}{2}.$$

Damit errechnet sich die Normalkraft zu

$$dN = (p_2 - p_1)\, t\, dr = \frac{\varrho}{2} (w_0^2 - w_3^2)\, t\, dr.$$

Der Quotient aus Normalkraft und Umfangskraft beträgt

$$\frac{dN}{dT} = \frac{w_0^2 - w_3^2}{2\, c_A\, (w_{0_u} - w_{3_u})}.$$

Nun ist nach Abb. 22.2

$$w_0^2 - w_3^2 = c_A^2 + w_{0_u}^2 - (c_A^2 + w_{3_u}^2) = w_{0_u}^2 - w_{3_u}^2,$$

somit

$$\frac{dN}{dT} = \frac{(w_{0_u} + w_{3_u})/2}{c_A} = \cot \beta_\infty.$$

Das bedeutet, daß die Auftriebskraft dA wie beim Einzelflügel senkrecht auf einer Geschwindigkeit w_∞ steht (Abb. 22.3), deren Richtung nach Abb. 22.2 aus der geometrischen Summe von w_0 und w_3 folgt, und deren Größe gleich der halben geometrischen Summe dieser Geschwindigkeiten ist.

Bei reibungsbehafteter Strömung wirkt auf das Schaufelelement außer dA noch die Widerstandskraft dW (Abb. 22.4), die in die Richtung von w_∞ fällt. Aus beiden ergibt sich mit λ als Gleitwinkel die resultierende Kraft

$$dR = \frac{dA}{\cos \lambda}, \quad \text{oder mit} \quad dA = \zeta_a\, \varrho \frac{w_\infty^2}{2}\, l\, dr$$

$$dR = \zeta_a\, \varrho \frac{w_\infty^2}{2} \frac{l\, dr}{\cos \lambda}.$$

[1] **Impulssatz**: Die zeitliche Änderung des Impulses (der Bewegungsgröße) ist gleich der Resultierenden der an der Masse angreifenden Kräfte.

In die Bewegungsgerade des Gitters fällt die Komponente

$$\begin{aligned} dT' &= dR \cos [90^\circ - (\beta_\infty + \lambda)] \\ &= \zeta_a \varrho \frac{w_\infty^2}{2} l\, dr \frac{\sin (\beta_\infty + \lambda)}{\cos \lambda}. \end{aligned}$$

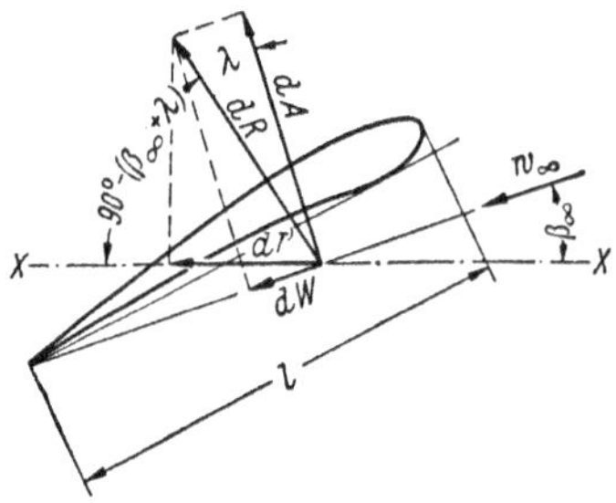

Abb. 22.4. Schaufelkräfte mit Berücksichtigung der Reibung

Ihre Gegenkraft ist die Kraft, die von dem Schaufelelement auf die Flüssigkeit ausgeübt wird. Ist u die zugehörige Umfangsgeschwindigkeit und z die Zahl der Schaufeln, so wird von dem Schaufelgitter des gedachten sehr dünnen Hohlzylinders die Leistung $dP = u z\, dT'$ übertragen, die der Leistung in der gehobenen Flüssigkeit $dP = \varrho\, dQ\, Y_{\text{Sch}} = \varrho\, 2 r \pi\, dr\, c_A Y_{\text{Sch}}$ gleichzusetzen ist.

Somit folgt

$$2 r \pi c_A Y_{\text{Sch}} = z u \zeta_a \frac{w_\infty^2}{2} l \frac{\sin (\beta_\infty + \lambda)}{\cos \lambda},$$

oder mit $\frac{2 r \pi}{z} = t$

$$Y_{\text{Sch}} = g H_{\text{th}} = \zeta_a \frac{u}{c_A} \frac{w_\infty^2}{2} \frac{l}{t} \frac{\sin (\beta_\infty + \lambda)}{\cos \lambda}. \tag{22,2}$$

Im Gebiet günstigen Gleitverhältnisses (Abb. 20.4) ist λ so klein, daß ohne merklichen Fehler $\cos \lambda = 1$ gesetzt werden kann. Dann ist

$$Y_{\text{Sch}} = g H_{\text{th}} = \zeta_a \frac{u}{c_A} \frac{w_\infty^2}{2} \frac{l}{t} \sin (\beta_\infty + \lambda). \tag{22,3}$$

Diese Gleichung ist theoretisch auf jeden Zylinderschnitt anzuwenden. Praktisch begnügt man sich wie bei der räumlich gekrümmten Radialschaufel mit der Berechnung einiger weniger Schnitte und ermittelt die dazwischenliegenden durch Interpolation.

Für alle Zylinderschnitte wird Y_{Sch} und c_A als konstant angenommen. Dann liegt längs des Radius eine Strömung gleichen Energieinhaltes vor, für welche der Flächensatz $c_u \cdot r = \text{const}$ gilt. c_A ist die Axialgeschwindigkeit vor und hinter den Schaufeln, bezieht sich also nicht auf den durch die Schaufeln verengten Querschnitt. Mit Rücksicht auf die Schnelläufigkeit der Axialpumpe wird sie verhältnismäßig groß, im Mittel zu etwa 4···5 m/s gewählt (Abschn. 12). Aus dem — meist vorgeschriebenen — Volumenstrom Q und der Axialgeschwindigkeit c_A ergibt sich der Raddurchmesser D. Die Drehzahl der Pumpe ist auf Grund der spezifischen Drehzahl $n_{qy} = n \sqrt{Q}/Y^{3/4}$ festzulegen, die für Propellerpumpen etwa mit $n_{qy} = (600 \cdots 1200) \cdot 10^{-3}$ $(n_q = 200 \cdots$

400) angenommen werden kann. Bei Antrieb durch Drehstrommotor muß die ausführbare Motordrehzahl beachtet werden.

Für den einzelnen Zylinderschnitt ist u aus r und n berechenbar, während sich w_∞ und β_∞ an Hand des Geschwindigkeitsdiagramms (Abb. 22.2) bestimmen läßt, und zwar ist

$$w_\infty^2 = c_A^2 + \left(u - \frac{\Delta w_u}{2} - c_{0_u}\right)^2$$

oder

$$w_\infty^2 = c_A^2 + \left(u - \frac{\Delta c_u}{2} - c_{0_u}\right)^2, \tag{22,4}$$

ferner

$$\tan\beta_\infty = \frac{c_A}{\dfrac{w_{0_u} + w_{3_u}}{2}} = \frac{c_A}{u - \dfrac{\Delta c_u}{2} - c_{0_u}}. \tag{22,5}$$

Für den Fall der bei Kreiselpumpen üblichen Anordnung Laufrad—Leitrad steht c_0 senkrecht zur Umfangsrichtung. Dann ist $c_{0_u} = 0$ und es wird

$$w_\infty^2 = c_A^2 + \left(u - \frac{\Delta c_u}{2}\right)^2 \tag{22,6}$$

und

$$\tan\beta_\infty = \frac{c_A}{u - \dfrac{\Delta c_u}{2}}. \tag{22,7}$$

Δc_u ergibt sich aus Gl. (22,1).

Der Gleitwinkel λ ist im Bereich günstigen Gleitverhältnisses $\varepsilon = \tan\lambda$, wie auch aus Abb. 20.4 hervorgeht, sehr klein. Er kann — solange das zu verwendende Profil nicht bekannt ist — zu $\lambda \approx 1\cdots2°$ geschätzt werden.

Abgesehen von ζ_a und l/t sind nun alle auf den Zylinderschnitt bezogenen Größen der Gl. (22,3) festgelegt. Zur gegenseitigen Abschätzung und endgültigen Bestimmung dieser beiden veränderlichen Größen ist es zweckmäßig, die Schreibweise der Gl. (22,3) zu ändern in

$$\zeta_a\left(\frac{l}{t}\right) = \frac{2Y_{\text{Sch}}\dfrac{c_A}{u}}{w_\infty^2 \sin(\beta_\infty + \lambda)}. \tag{22,8}$$

Mit Rücksicht auf hinreichend großen Schaufelabstand soll l/t stets <1 sein. Durch die Festlegung von l/t ist ζ_a und damit das zu verwendende Profil bestimmt. Es muß nun folgendes beachtet werden:

Mit wachsendem Abstand von der Drehachse nimmt der Zahlenwert des Produktes $\zeta_a(l/t)$ ab. Diesem Umstand kann man dadurch Rechnung tragen, daß man ζ_a oder l/t oder auch beide Größen verkleinert. Verkleinerung von ζ_a führt zu dünnen und flachen Profilen, Verkleinerung von l/t zu schmalen Schaufeln. Da die Auftriebskraft hauptsächlich durch die Ausbildung eines Unterdruckgebietes auf der gewölbten Profilseite entsteht, ist es zur Erreichung einer gewissen Saughöhe bzw. zur Vermeidung von Kavitation vorteilhaft, die Auftriebszahl mit wachsender Umfangsgeschwindigkeit, also auch wachsender Relativgeschwindigkeit w_∞ stetig zu verkleinern, dagegen zur Erzielung großer benetzter Flächen einen hinreichend großen Wert l/t beizubehalten. Diese Maßnahme führt zu einer Verkleinerung der Profilstärke und -wölbung mit zunehmendem Abstande von der Drehachse und entspricht damit auch der Forderung, die vom Standpunkt der Festigkeit an die Schaufel gestellt werden muß. Für die Pumpenschaufel eignen sich demnach besonders Profile, deren Auftriebszahl sich durch Änderung der Profilstärke und der Wölbung stetig abwandeln läßt. In jedem Falle ist ein ζ_a-Wert zu verwenden, der einem günstigen Gleitverhältnis entspricht.

Bei der Festlegung von l/t bzw. ζ_a für die einzelnen Teilzylinder ist ferner darauf zu achten, daß die Schaufelbegrenzung einen stetigen und zweckmäßigen Verlauf nimmt. Die Zahl der Schaufeln beträgt etwa $z = 3 \cdots 5$. Wegen der Abhängigkeit der Auftriebszahl von der Reynoldsschen Zahl ist es wichtig, daß ein hinreichend großer Wert $Re = w_\infty\, l/\nu$ erreicht wird. Re-Zahlen $<10^5$ sind zu vermeiden. Für $Re \gtreqless 4 \cdot 10^5$ wird ζ_a im Gebiet günstigen Gleitverhältnisses von der Reynoldsschen Zahl unabhängig. Dieser Zustand ist nach Möglichkeit für alle Teilzylinder zu verwirklichen.

Die Bezugsgerade des zum jeweiligen Schaufelschnitt ermittelten Profils bildet mit der Umfangsrichtung den Winkel $\beta_\infty + \delta'$.

Der hydraulische Wirkungsgrad, welcher der Berechnung der spezifischen Schaufelarbeit Y_{Sch} bzw. der theoretischen Förderhöhe H_{th} zugrunde liegt, kann für alle Zylinderschnitte gleich groß angenommen werden. Er bewegt sich etwa in den Grenzen $\eta_h = 0{,}85 \cdots 0{,}93$.

23. Kleinster Nabendurchmesser. Die Druckzahl

Mit der Annäherung an die Radnabe nimmt die Teilung t, die Umfangsgeschwindigkeit u und die Relativgeschwindigkeit w_∞ fortgesetzt ab, während der Relativwinkel β_∞ und die Auftriebszahl ζ_a gleichzeitig wachsen. Dadurch ergeben sich bei kleinem Nabendurchmesser ungünstige Schaufelprofile und ein geringer Schaufelabstand. Ferner vergrößert sich bei kleiner werdendem Nabendurchmesser der Umlenkwinkel $\beta_3 - \beta_0$ und damit die Abnahme der Relativgeschwindigkeit w_0 auf w_3, so daß es auf der Schaufelsaugseite zur Ablösung der Strömung kommen kann. Schließlich führt die zwischen Lauf- und Nachleitrad bestehende Drallströmung bei sehr kleinem Nabendurchmesser zur Ausbildung eines Totwasserkernes, der auf das Laufrad zurückwirkt und dessen Leistung herabsetzt. An der Radnabe soll deshalb bei einstufigen Axialpumpen und Verwendung eines Nachleitrades das Geschwindigkeitsverhältnis $c_A/c_{3u_n} = c_A/\Delta c_{u_n} \geqq 0{,}8$ sein.

Aus den genannten Gründen ist es angezeigt, einen kleinsten Nabendurchmesser d_n oder — mit D als Laufraddurchmesser — ein größtes Durchmesserverhältnis D/d_n festzulegen, das auch an der Radnabe noch hinreichend günstige Verhältnisse gewährleistet. Als Kriterium hierfür soll die Forderung gelten, daß der relative Austrittswinkel β_{3_n} an der Radnabe wesentlich kleiner als 90° bleibt. Das bedeutet, daß auch die Druckzahl $\psi_n = \dfrac{Y}{u_n^2/2}$ an der Radnabe einen Höchstwert nicht überschreiten darf.

Im folgenden erhalten alle nur für den Zylinderschnitt an der Nabe gültigen Größen das Fußzeichen n.

Bezeichnet Q' den um den Spaltverlust erhöhten Volumenstrom in m³/s, c_A die axiale Eintrittsgeschwindigkeit in m/s, so gilt auf Grund der Kontinuität

$$\frac{D^2\pi}{4} - \frac{d_n^2\pi}{4} = \frac{d_n^2\pi}{4}\left(\frac{D^2}{d_n^2} - 1\right) = \frac{Q'}{c_A}.$$

Daraus folgt

$$\left(\frac{D}{d_n}\right)^2 = 1 + \frac{4\,Q'}{c_A d_n^2 \pi} = 1 + \frac{4\pi\,Q'\,n^2}{c_A\,d_n^2\pi^2 n^2} = 1 + \frac{4\pi\,Q'\,n^2}{c_A\,u_n^2}\;;$$

n ist die sekundliche Drehzahl. Mit der für die Radnabe zulässigen Druckzahl ψ_n ist nach Gl. (9,1), Abschn. 9, $u_n^2 = \dfrac{2\,Y}{\psi_n}$ m²/s², mithin

$$\frac{D}{d_n} = \sqrt{1 + \frac{2\pi\,\psi_n\,Q'\,n^2}{c_A\,Y}}. \tag{23,1}$$

Zur Festlegung von ψ_n gehen wir von dem relativen Austrittswinkel β_{3_n} aus. Dieser errechnet sich unter der Annahme senkrechten Wassereintritts in das Laufrad, also für $\alpha_0 = 90°$, gemäß Abb. 22.2 zu

$$\tan\beta_{3_n} = \frac{c_A}{u_n - \Delta c_{u_n}}. \tag{23,2}$$

Nach Gl. (22,1), Abschn. 22, in Verbindung mit Gl. (6,1), Abschn. 6, und Gl. (9,1). Abschn. 9, ist die spezifische Förderarbeit

$$Y = u_n\,\Delta c_{u_n}\,\eta_h = \psi_n\frac{u_n^2}{2}, \quad \text{also} \quad \Delta c_{u_n} = \frac{\psi_n}{2\,\eta_h}\,u_n.$$

Durch Einführung des Ausdrucks für Δc_{u_n} in Gl. (23,2) ergibt sich

$$\tan\beta_{3_n} = \frac{c_A}{u_n\left(1 - \dfrac{\psi_n}{2\,\eta_h}\right)} \tag{23,3}$$

und hieraus

$$\psi_n = 2\,\eta_h\left(1 - \frac{c_A}{\tan\beta_{3_n} u_n}\right). \tag{23,4}$$

Für $\beta_{3_n} = 90°$ wird hiernach $\psi_n = 2\,\eta_h$. Nach der eingangs genannten Forderung soll aber β_{3_n} stets erheblich unter diesem Wert bleiben und demgemäß $\psi_n < 2\,\eta_h$ sein. Wir setzen $\psi_n = 0{,}85$ und erhalten unter Zusammenfassung der Konstanten in Gl. (23,1) als größtes Durchmesserverhältnis

$$\frac{D}{d_n} = \sqrt{1 + 5{,}34\,\frac{Q'\,n^2}{c_A\,Y}}. \tag{23,5}$$

Nach Festlegung des Nabendurchmessers d_n läßt sich der zugehörige Relativwinkel β_{3_n} aus Gl. (23,2) oder (23,3) leicht ermitteln.

Führt man in Gl. (23,5) den Ausdruck $c_A = 2{,}325\sqrt[3]{\dfrac{\tan^2\beta_0}{1 - \left(\dfrac{d_n}{D}\right)^2}\,Q'\,n^2}$ gemäß

Gl. (12,5), Abschn. 12, mit $\tau = 1$ und $\sigma = 1$ ein, so ergibt sich nach Zwischenrechnung und mit Zusammenfassung der Zahlenwerte die Beziehung

$$\left(\frac{D}{d_n}\right)^3 - \frac{D}{d_n} = \frac{3{,}48}{\tan\beta_0} \cdot \frac{n^2 Q'}{Y^{3/2}} = \frac{3{,}48}{\tan\beta_0} n_{qy}^2. \tag{23,6}$$

Abb. 23.1 gibt das Durchmesserverhältnis D/d_n als Funktion der spezifischen Drehzahl und des Eintrittswinkels β_0 nach Gl. (23,6) wieder. Es gilt als größtes Durchmesserverhältnis, wenn man vorschreibt, daß das Fördermittel drallfrei zuströmt und die Druckzahl an der Radnabe den Wert $\psi_n = 0{,}85$ hat. In Übereinstimmung mit Gl. (23,5) und Gl. (12,5) bezieht sich n_{qy} hier auf den Volumenstrom Q'. β_0 ist der relative Eintrittswinkel am Laufradumfang. Da der Relativwinkel nach der Radnabe hin beträchtlich zunimmt, sind kleine Winkel β_0 (10°···15°) am Platze.

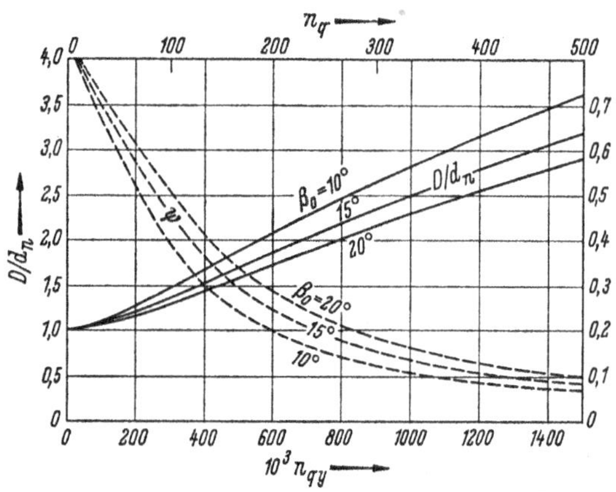

Abb. 23.1. Das größte Durchmesserverhältnis D/d_n und die Druckzahl ψ der Axialpumpe in Abhängigkeit von der spezifischen Drehzahl und dem Eintrittswinkel β_0 am Laufradumfang, gültig für drallfreien Wassereintritt und die Druckzahl $\psi_n = 0{,}85$ an der Radnabe

Das Durchmesserverhältnis nimmt mit wachsender spezifischer Drehzahl und abnehmendem Eintrittswinkel β_0 zu. Eine kleine spezifische Drehzahl hat auch ein kleines Durchmesserverhältnis, also einen großen Nabendurchmesser und ungünstig kurze Schaufeln zur Folge. Axialpumpen sind deshalb nur dann vorteilhaft, wenn die spezifische Drehzahl genügend hoch liegt, etwa für $n_{qy} > 400 \cdot 10^{-3}$ ($n_q > 133$).

Die an der Radnabe mit $\psi_n = 0{,}85$ festgelegte Druckzahl nimmt nach dem Schaufelende hin der wachsenden Umfangsgeschwindigkeit entsprechend ab, weil innerhalb der von den Schaufeln bestrichenen Kreisfläche in jedem Abstand von der Radachse die gleiche spezifische Förderarbeit entstehen muß. Beträgt auf dem Kreise mit dem Durchmesser $D_x > d_n$ die Umfangsgeschwindigkeit u_x und die Druckzahl ψ_x, so gilt also

$$Y = \psi_n \frac{u_n^2}{2} = \psi_x \frac{u_x^2}{2},$$

mithin

$$\psi_x = \psi_n \left(\frac{u_n}{u_x}\right)^2 = \psi_n \left(\frac{d_n}{D_x}\right)^2$$

Die Druckzahl ψ der Axialpumpe wird wie die der Radialpumpe auf den Außendurchmesser D des Laufrades bezogen. Man erhält somit

$$\psi = \psi_n \left(\frac{d_n}{D}\right)^2. \tag{23,7}$$

Hiernach ist die Druckzahl vom Durchmesserverhältnis D/d_n abhängig, also wie dieses eine Funktion der spezifischen Drehzahl und des relativen Eintrittswinkels β_0. Sie ist mit dem Grenzwert $\psi_n = 0{,}85$ an der Radnabe ebenfalls in Abb. 23.1 eingetragen. Es zeigt sich, daß die Druckzahl mit wachsender spezifischer Drehzahl und kleiner werdendem Eintrittswinkel β_0 abnimmt. Innerhalb des praktisch bevorzugten Bereiches $n_{qy} = (600 \cdots 1200) \cdot 10^{-3}$ ($n_q = 200 \cdots 400$) ergeben sich kleine Druckzahlen, die nur einen Bruchteil der mit langsamläufigen Radialpumpen erreichten Werte darstellen (Abschn. 9).

24. Das Leitrad

Das Leitrad erhält wie das Laufrad eine axiale Beschaufelung (Abb. 19.1, 48.1, 48.2), unter Zugrundelegung schaufelkongruenter Strömung. Dabei ist es theoretisch gleichgültig, ob es dem Laufrad vor- oder nachgeschaltet wird.

Bei Verwendung eines Eintrittsleitrades wird dem Wasser in den Leitkanälen ein Gegendrall $-\, r c_{0_u}$ erteilt, der so bemessen ist, daß die Austrittsgeschwindigkeit c_3 aus dem Laufrad senkrecht zur Umfangsrichtung steht, also drallfrei ist (Abb. 24.1)

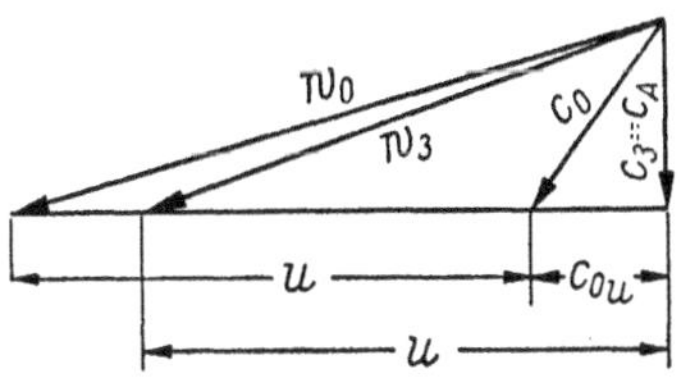

Abb. 24.1. Geschwindigkeitsverhältnisse bei Verwendung eines Eintrittsleitrades

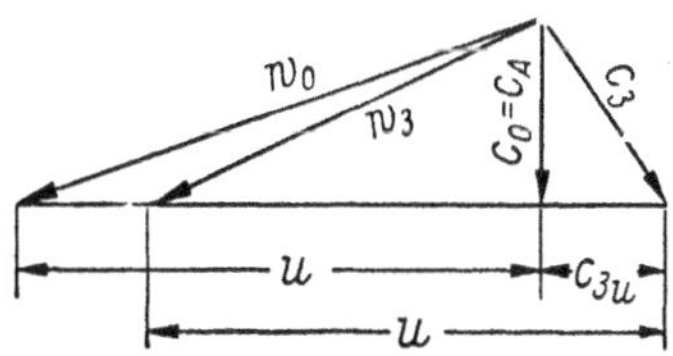

Abb. 24.2. Geschwindigkeitsverhältnisse bei Verwendung eines Austrittsleitrades

Beim Austrittsleitrad hingegen strömt das Wasser dem Laufrad drallfrei zu, während der Austrittsdrall des Laufrades $r c_{3_u}$ im Leitrad aufgehoben wird (Abb. 24.2).

Praktisch hat die verschiedenartige Zu- und Abführung des Wassers folgende Auswirkungen:

Die Eintrittsleitschaufeln bewirken eine Gleichrichtung des zuströmenden Wassers. Die Wasserbewegung verläuft beschleunigt, das Eintrittsleitrad arbeitet daher mit gutem Wirkungsgrad. Es verursacht aber eine Drucksenkung, welche die Kavitationsgefahr erhöht und im nachfolgenden Laufrad wieder ausgeglichen werden muß. Der Gegendrall vergrößert die Relativgeschwindigkeit, wodurch sich die Kavitationsempfindlichkeit weiter erhöht und die Laufradverluste zunehmen. Ferner wächst der Reaktionsgrad, also auch der Achsschub, was Vergrößerung der Reibung im Drucklager zur Folge hat.

Das Austrittsleitrad arbeitet in einer verzögerten Strömung und weist deshalb einen schlechteren Wirkungsgrad als das Eintrittsleitrad auf. Im übrigen beeinflußt es die Strömungsverhältnisse günstiger als das Eintrittsleitrad.

Vom Standpunkt des Gesamtwirkungsgrades aus gesehen sind beide Bauweisen etwa gleichwertig, jedoch vergrößert das Eintrittsleitrad die Kavitationsempfindlichkeit der Pumpe.

In den Schaufelkanälen des Austrittsleitrades muß die Geschwindigkeit c_3 unter stetiger Geschwindigkeitsabnahme in die axiale Geschwindigkeit des Druckrohres überführt werden. Ist α_3 der Austrittswinkel der Absolutgeschwindigkeit aus dem Laufrad auf einem gegebenen Zylinderschnitt, so folgt der zugehörige Eintrittswinkel in das Leitrad aus

$$\tan \alpha_4 = \xi \tan \alpha_3, \tag{24,1}$$

wobei $\xi = \dfrac{t_4}{t_4 - \dfrac{s}{\sin \alpha_4}}$ den Verengungsbeiwert bezeichnet.

Die Spaltweite x zwischen Laufrad und nachgeschaltetem Leitrad kann größer als bei der Radialpumpe ausgeführt werden, weil α_3 hier ebenfalls größer ausfällt, so daß der Reibungsweg verkürzt wird. Als günstigste Spaltweite hinsichtlich Förderhöhe und Wirkungsgrad empfiehlt Aschenbrenner[1] $x = (0{,}05 \cdots 0{,}1)\, l$, sofern nicht Fremdkörper eine größere Weite erforderlich machen. l ist die mittlere Profiltiefe der Laufschaufel. Erhält das Leitrad profilierte Schaufeln, so ist es nach Versuchen von Möhle[2] an Axialgebläsen vorteilhaft, das Dickenverhältnis nicht über $d/l = 0{,}08$ anwachsen zu lassen. Dicke Profile haben zusätzliche Verluste an Wirkungsgrad und Förderhöhe zur Folge, die vermutlich auf ein Abreißen der Strömung an der Leitschaufel zurückzuführen sind. Sie lassen sich durch geringe Spaltweite $x = (0{,}02 \cdots 0{,}03)\, l$ verringern.

Um im Druckrohr völlige Drallfreiheit zu erreichen, ist eine gewisse Winkelübertreibung am Leitradaustritt notwendig, also der Austrittswinkel größer als 90°, etwa zu $\alpha_5 = 95 \cdots 100°$ auszuführen. Da jedem Zylinderschnitt ein anderer Eintrittswinkel α_4 entspricht, so ist auch die Leitschaufel räumlich gekrümmt. Die Zahl der Leitschaufeln wird durch die Wasserführung bestimmt und ist etwa 2···3mal so groß wie die der Laufschaufeln.

Mit zunehmender Schnelläufigkeit, also abnehmendem Δc_u (Abb. 22.2) wird der Unterschied zwischen c_3 und c_A immer kleiner. Das gilt hauptsächlich für die in der Nähe des Radumfanges liegenden Schaufelteile. Es gibt daher eine Grenze, bei der die Umwandlung der Umfangskomponente c_{3_u} nicht mehr lohnend oder zweckmäßig ist, weil die Flächen der Leitvorrichtung ihrerseits wieder einen Druckverlust durch Reibung hervorrufen. Man verzichtet dann ganz auf das Leitrad und beschränkt sich auf die Umwandlung eines Teiles der Axialkomponente c_A, die durch eine schlanke konische Erweiterung auf die Rohrgeschwindigkeit reduziert wird. Erfahrungsgemäß ist bei dieser Umwandlung ein gewisser Drall vorteilhaft. Der konische Teil muß daher von störenden Einbauten freibleiben, das untere Lager also vor dem Laufrad angeordnet werden (Abb. 5).

25. Der Reaktionsgrad

Wir setzen voraus, daß die Absolutgeschwindigkeiten vor dem Eintritt in die Beschaufelung und nach dem Austritt aus der Beschaufelung der Pumpe gleich sind. Wegen der veränderlichen Querschnittsverengung durch die Leitradnabe sowie wegen des Überganges des Gehäusedurchmessers auf den anschließenden Rohrdurchmesser

---

[1] Aschenbrenner, A.: Einfluß des Abstandes zwischen Lauf- und Leitrad auf das Betriebsverhalten einstufiger Axialpumpenbeschaufelungen. Konstruktion 18 (1966) H. 8, S. 336—345.

[2] Möhle, H.: Untersuchungen über den Einfluß des Abstandes zwischen Lauf- und Leitrad auf das Betriebsverhalten von einstufigen axialen Strömungsmaschinen. Konstruktion 13 (1961) H. 6, S. 213—222.

(Abb. 19.1) trifft das vielfach nicht zu. Von dieser Abweichung soll hier abgesehen werden. Unter obiger Voraussetzung läßt sich der Reaktionsgrad, also das Verhältnis des theoretisch im Laufrad in Druckenergie umgewandelten Teiles $Y_{p_{\text{th}}}$ der spezifischen Schaufelarbeit zu der gesamten spezifischen Schaufelarbeit der Pumpe Y_{Sch}, ausdrücken durch

$$\varrho = \frac{Y_{p_{\text{th}}}}{Y_{\text{Sch}}} = \frac{Y_{\text{Sch}} - \frac{c_3^2 - c_0^2}{2}}{Y_{\text{Sch}}} = 1 - \frac{c_3^2 - c_0^2}{2\,Y_{\text{Sch}}}.$$

Mit $Y_{\text{Sch}} = u\,(c_{3_u} - c_{0_u})$ und $c_3^2 - c_0^2 = c_{3_u}^2 - c_{0_u}^2 = (c_{3_u} - c_{0_u})\,(c_{3_u} + c_{0_u})$ (Abb. 25.1) ist

$$\varrho = 1 - \frac{c_{3_u} + c_{0_u}}{2\,u}. \tag{25,1}$$

Beim Austrittsleitrad ist $c_{0_u} = 0$ und $c_{3_u} = Y_{\text{Sch}}/u$, mithin

$$\varrho = 1 - \frac{c_{3_u}}{2\,u} = 1 - \frac{Y_{\text{Sch}}}{2\,u^2}. \tag{25,2}$$

Entsprechend ist beim Eintrittsleitrad $c_{3_u} = 0$ und $c_{0_u} = -\frac{Y_{\text{Sch}}}{u}$. c_{0_u} ist der Umfangsgeschwindigkeit entgegengesetzt gerichtet und daher negativ. Somit gilt hier

$$\varrho = 1 - \frac{c_{0_u}}{2\,u} = 1 + \frac{Y_{\text{Sch}}}{2\,u^2}. \tag{25,3}$$

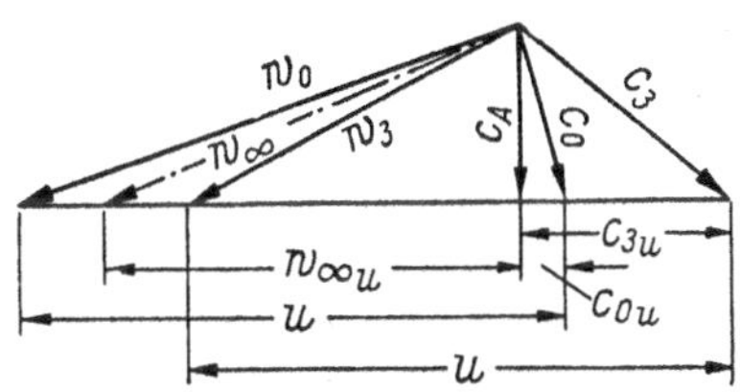

Abb. 25.1. Geschwindigkeitsdiagramm

Hiernach nimmt der Reaktionsgrad, mithin auch der Spaltdruck, beim Austrittsleitrad von der Radnabe nach den Schaufelenden hin zu, während beim Eintrittsleitrad das Gegenteil zutrifft. Bemerkenswert ist, daß das Eintrittsleitrad einen Reaktionsgrad >1 verursacht. Das Laufrad muß hier eine Druckhöhe hervorbringen, die um die Druckhöhensenkung im Leitrade größer ist als die Förderhöhe der Pumpe.

Ohne die Anordnung des Leitrades beachten zu müssen, läßt sich auf Grund der Gl. (25,1) noch ein sehr einfacher Ausdruck für den Reaktionsgrad angeben, wenn man die Bezeichnungen der Abb. 25.1 benutzt. Es ist

$$\varrho = \frac{2\,u - c_{3_u} - c_{0_u}}{2\,u} = \frac{(u - c_{0_u}) + (u - c_{3_u})}{2\,u} = \frac{\frac{w_{0_u} + w_{3_u}}{2}}{u} = \frac{w_{\infty_u}}{u}.$$

Beim Eintrittsleitrad ist $w_{\infty_u} > u$, da hier c_{0_u} in die negative Richtung der Umfangsgeschwindigkeit fällt (Abb. 24.1).

Das tatsächliche Verhältnis der spezifischen Arbeiten und somit auch der Druckhöhen $\mathfrak{r} = Y_p/Y = H_p/H$ weicht von ϱ etwas ab, weil die hydraulischen Wirkungsgrade der Pumpe (η_h) und des vor- und nachgeschalteten Leitrades (η_{hl}) nicht gleich sind, und zwar gilt für das nachgechaltete Leitrad

$$\mathfrak{r} = 1 - \frac{c_{3_u}\,\eta_{hl}}{2\,u\,\eta_h} = 1 - \frac{Y\,\eta_{hl}}{2\,u^2\,\eta_h^2},$$

und für das vorgeschaltete Leitrad

$$\mathfrak{r} = 1 - \frac{c_{0_u}\,\eta_{hl}}{2\,u\,\eta_h} = 1 + \frac{Y\,\eta_{hl}}{2\,u^2\,\eta_h^2}\,.$$

Der längs der Laufradschaufel veränderliche spezifische Druck im Spalt zwischen Lauf- und Leitrad sowie die an der Radnabe wirkenden Druckunterschiede rufen einen nach der Saugseite gerichteten Achsschub hervor, der durch ein Drucklager aufgenommen werden muß (Abschn. 45).

26. Berechnungsbeispiel

Eine Entwässerungszwecken dienende Propellerpumpe soll $Q = 4000\ \mathrm{m^3/h}$ ($1{,}11\ \mathrm{m^3/s}$) Wasser gegen eine manometrische Höhe $H = 3{,}5$ m fördern ($Y = 34{,}33$ Nm/kg). Für den Antrieb steht Drehstrom zur Verfügung. Lauf- und Leitradbeschaufelung sind zu berechnen und die Laufschaufel zu entwerfen.

a) Laufrad

Gehen wir von einer spezifischen Drehzahl $n_{qy} = 900 \cdot 10^{-3}$ ($n_q = 300$) aus, so würde dieser eine Pumpendrehzahl

$$n = n_{qy} \frac{Y^{3/4}}{\sqrt{Q}} = 900 \cdot 10^{-3} \frac{34{,}33^{3/4}}{\sqrt{1{,}11}} = 12{,}12\ 1/\mathrm{s}\ (727\ 1/\mathrm{min})$$

entsprechen. Bei 50periodischem Drehstrom beträgt die nächstliegende Motordrehzahl $n = 725$ 1/min (12,08 1/s), welcher die spezifische Drehzahl $n_{qy} = 897 \cdot 10^{-3}$ ($n_q = 299$) entspricht. Nach Gl. (12,5), Abschn. 12, ermitteln wir für $\beta_0 = 11°$, $k = 0{,}84$, $\sigma = 1$, $\tau = 1$, $\alpha_0 = 90°$ sowie für den Liefergrad $\eta_l = 0{,}95$ als axiale Eintrittsgeschwindigkeit

$$c_A = 2{,}325 \sqrt[3]{\frac{\tan^2 \beta_0\, \sigma^2}{k\,\tau^2}\, Q'\, n^2} = 2{,}325 \sqrt[3]{\frac{0{,}1944^2}{0{,}84} \cdot 1{,}168 \cdot 12{,}08^2} = 4{,}58\ \mathrm{m/s}.$$

Mit dem abgerundeten Wert $c_A = 4{,}5$ m/s errechnet sich das größte Durchmesserverhältnis nach Gl. (23,5) zu

$$\frac{D}{d_n} = \sqrt{1 + 5{,}34 \frac{Q'\, n^2}{c_A\, Y}} = \sqrt{1 + 5{,}34 \frac{1{,}168 \cdot 12{,}08^2}{4{,}5 \cdot 34{,}33}} = 2{,}625.$$

Es sei $D/d_n = 2{,}5$ oder $d_n/D = 0{,}4$; nunmehr folgt der Laufraddurchmesser aus

$$\frac{D^2 \pi}{4} - \frac{d_n^2 \pi}{4} = \frac{Q'}{c_A} \text{ oder } \frac{D^2 \pi}{4} = \frac{Q'}{c_A \left[1 - \left(\frac{d_n}{D}\right)^2\right]} = \frac{1{,}168}{4{,}5 \cdot 0{,}84} = 0{,}309\ \mathrm{m^2}$$

zu $D = 0{,}6272$ m; es sei $D = 625$ mm, dann ist $c_A = 4{,}53$ m/s und $d_n = 0{,}4\,D = 250$ mm.

Wir bestimmen die Laufschaufel durch sechs Zylinderschnitte, so daß die Schnittflächen einen Abstand von 37,5 mm voneinander haben. Für alle Zylinderschnitte werden als gleichbleibend angenommen:

1. die Axialkomponente $c_A = 4{,}53$ m/s;
2. der hydraulische Wirkungsgrad $\eta_h = 0{,}88$, mithin $Y_{\text{Sch}} = Y/\eta_h = 34{,}33/0{,}88 = 39{,}01$ Nm/kg;
3. senkrechter Wassereintritt ins Laufrad, also $c_0 = c_A$, womit gleichzeitig festgelegt ist, daß das Leitrad hinter dem Laufrad angeordnet wird.

Mit diesen Werten ist nach Gl. (23,2)

$$\tan \beta_{3_n} = \frac{c_A}{u_n - \Delta c_{u_n}} = \frac{4{,}53}{9{,}49 - 4{,}11} = 0{,}842,$$

also der relative Austrittswinkel an der Radnabe $\beta_{3_n} = 40°\ 6'$. Ihm entspricht nach Gl. (23,4) die Druckzahl an der Radnabe

$$\psi_n = 2\eta_h \left(1 - \frac{c_A}{\tan \beta_{3_n} u_n}\right) = 2 \cdot 0{,}88 \left(1 - \frac{4{,}53}{0{,}842 \cdot 9{,}49}\right) = 0{,}762.$$

Zylinderschnitt an der Radnabe

Hier ist $u = d_n \pi n = 0{,}25 \cdot \pi \cdot 12{,}08 = 9{,}49$ m/s, ferner nach Gl. (22,1)

$$\Delta c_u = \frac{Y_{\text{Sch}}}{u} = \frac{39{,}01}{9{,}49} = 4{,}11 \text{ m/s},$$

nach Gl. (22,6)

$$w_\infty^2 = c_A^2 + \left(u - \frac{\Delta c_u}{2}\right)^2 = 4{,}53^2 + 7{,}435^2 = 75{,}80 \text{ m}^2/\text{s}^2,$$

$$w_\infty = 8{,}71 \text{ m/s},$$

nach Gl. (22,7)

$$\tan \beta_\infty = \frac{c_A}{u - \dfrac{\Delta c_u}{2}} = \frac{4{,}53}{7{,}435} = 0{,}6093,$$

$$\beta_\infty \approx 31°\ 20'.$$

Schätzen wir $\lambda = 1°$, so ist nach Gl. (22,8)

$$\zeta_a \left(\frac{l}{t}\right) = \frac{2\, Y_{\text{Sch}} \dfrac{c_A}{u}}{w_\infty^2 \sin(\beta_\infty + \lambda)} = \frac{2 \cdot 39{,}01 \cdot 0{,}477}{75{,}80 \cdot 0{,}5348} = 0{,}918.$$

Die Benutzung der Auftriebszahlen des Einzelflügels setzt großen Schaufelabstand, also ein Längenverhältnis $l/t \leqq 0{,}8$ voraus. Es sei $l/t = 0{,}8$; damit ist $\zeta_a = 0{,}918/0{,}8 = 1{,}148$. Diesem Wert genügt nach Abb. 20.4 das Profil-Nr. 625 bei $\delta' = 5°$.

Um von vornherein einen stetigen Verlauf der Schaufelbegrenzung in den einzelnen Zylinderschnitten sicherzustellen, ist es notwendig, die Zylinderschnitte nicht einzeln, sondern in gegenseitigem Zusammenhang tabellarisch durchzurechnen, wie es in Zahlentafel 5 geschehen ist. Hiernach nimmt das Produkt $\zeta_a\,(l/t)$ mit wachsendem Abstand von der Drehachse ab und liefert — über dem Durchmesser aufgetragen — eine stetige Kurve (Abb. 26.1). Eine stetige Schaufelbegrenzung ist offenbar nur dann zu erwarten, wenn auch l/t einen stetigen Verlauf nimmt. Unter diesem Gesichtspunkt sind die übrigen l/t-Werte angenommen und daraus ζ_a errechnet. Hier-

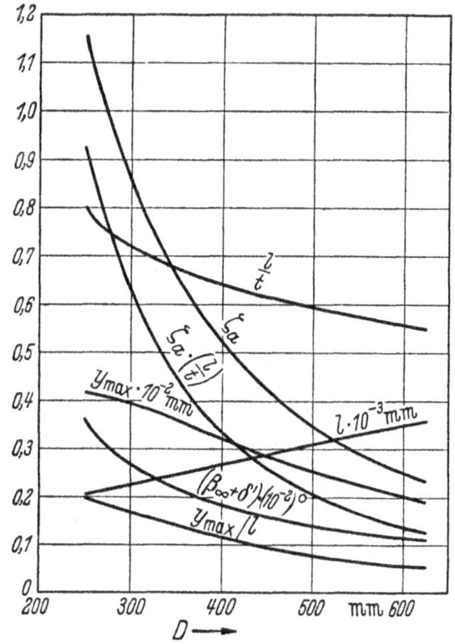

Abb. 26.1. Kurven zur Schaufelberechnung

bei sowie bei der Auswahl der geeigneten Profile ist allerdings darauf zu achten, daß die erforderlichen Auftriebszahlen in einem Gebiet günstigen Gleitverhältnisses liegen. Für unser Beispiel sind durchweg Profile der Abb. 20.3 zugrunde gelegt, teils unter Änderung der Auftriebszahlen durch Verstärkung oder Verjüngung des Profils gemäß Gl. (20,4). Abb. 26.1 gibt den endgültigen Verlauf der Rechnungsgrößen $\zeta_a(l/t)$, l/t, ζ_a, $y_{\max}/l$, $\beta_\infty + \delta'$, l und $y_{\max}$ über dem Durchmesser wieder[1]. Der Teilung t liegen $z = 3$ Schaufeln zugrunde.

Die Nachprüfung der *Re*-Zahlen ergibt Werte, die weit innerhalb des Konstanzgebietes liegen, so daß eine Änderung der Auftriebszahlen nicht zu befürchten ist (Zahlentafel 5).

An der Laufradnabe ergibt sich ein Geschwindigkeitsverhältnis $c_A/c_{3u_n} = c_A/\Delta c_{u_n} = 4{,}53/4{,}11 = 1{,}1$, das nach Abschn. 23 $\geqq 0{,}8$ sein soll, um schädliche Ablösungserscheinungen an der Radnabe infolge Bildung von Kerntotwasser zu vermeiden.

Von Bedeutung ist ferner die Nachprüfung der Saugfähigkeit der Pumpe. Nach Gl. (34,9), Abschn. 34, beträgt die Halteenergie

$$Y_H = g H_H = \left(\frac{n^2 Q'}{k S_y}\right)^{2/3};$$

[1] In der Rechnung sind die Gleitwinkel λ etwas zu klein angenommen, so daß die Auftriebszahlen ζ_a geringfügig zu hoch erscheinen. Diese Abweichung mag aber als erwünschte Sicherheit in der Rechnung bestehen bleiben.

mit der Saugzahl $S_y = 0{,}223$ und dem Verengungsfaktor $k = 1 - (d_n/D)^2 = 0{,}84$ folgt

$$Y_H = \left(\frac{12{,}08^2 \cdot 1{,}168}{0{,}84 \cdot 0{,}223}\right)^{2/3} = 93{,}9\ \mathrm{m^2/s^2} \text{ und die Haltedruckhöhe } H_H = 9{,}57\ \mathrm{m}.$$

Zahlentafel 5. Berechnung der Schaufelschnitte

Schaufelschnitt	1	2	3	4	5	6
d mm	250	325	400	475	550	625
u m/s	9,49	12,33	15,18	18,03	20,88	23,72
Δc_u m/s	4,11	3,16	2,57	2,16	1,87	1,64
w_∞^2 m²/s²	75,80	136,08	213,59	307,82	418,32	544,93
$\tan \beta_\infty$	0,6093	0,4214	0,3260	0,2673	0,2271	0,1978
β_∞	31° 20′	22° 50′	18° 2′	14° 57′	12° 47′	11° 11′
λ	1°	1°	1°	1°	1°	1°
$\zeta_a\left(\frac{l}{t}\right)$	0,918	0,5213	0,3343	0,2317	0,1698	0,1296
$\frac{l}{t}$	0,8	0,695	0,641	0,608	0,5795	0,549
ζ_a	1,148	0,750	0,5215	0,381	0,293	0,236
Gewähltes Profil	625	624	623	622	622	622
Verstärkungsfaktor	1,0	1,0	1,0	1,119	0,844	0,666
$y_{\max}/l$	0,20	0,16	0,12	0,0895 [1]	0,0675 [1]	0,0533 [1]
δ'	5°	1° 12′	20′	15′	15′	15′
$\beta_\infty + \delta'$	36° 20′	24° 2′	18° 22′	15° 12′	13° 2′	11° 26′
l mm	209,4	236,5	268,5	302,4	333,8	359,3
$y_{\max}$ mm	41,9	37,8	32,2	27,1	22,5	19,15
$Re = \frac{w_\infty l}{\nu}\left[\begin{array}{c}\nu = 1{,}31\cdot 10^{-6}\ \mathrm{m^2/s}\\ \text{bei } 10\,^\circ\mathrm{C}\end{array}\right]$	$1{,}39\cdot 10^6$	$2{,}11\cdot 10^6$	$3{,}0\cdot 10^6$	$4{,}05\cdot 10^6$	$5{,}21\cdot 10^6$	$6{,}40\cdot 10^6$
Reaktionsgrad $\varrho = 1 - \frac{Y_{\mathrm{Sch}}}{2u^2}$	0,783	0,872	0,9154	0,94	0,9553	0,9653

Wie zu erwarten, kann der Pumpe keine Saughöhe zugemutet werden. Sie muß vielmehr in das Unterwasser eintauchen.

Die sehr hohe spezifische Drehzahl $n_{q_y} = 897 \cdot 10^{-3}$ ($n_q = 299$) führt zu einer entsprechend niedrigen Druckzahl der Pumpe

$$\psi = \frac{2\,Y}{u^2} = \frac{2 \cdot 34{,}33}{23{,}72^2} = 0{,}122.$$

An Hand der Zahlentafel 5 sind die Abwicklungen der sechs auszuführenden Schaufelschnitte unter Beachtung des jeweiligen Längenmaßstabes und gegebenenfalls der geänderten Profilstärke errechnet und in Abb. 26.2a dem vorgesehenen Drehsinn sowie der axialen Strömungsrichtung gemäß aufgetragen. Zur Herstellung des Schaufelmodells ist dabei der für den gewählten Werkstoff gültige Schwindmaßstab zu benutzen.

Im Betrieb wird die Schaufel durch die Fliehkraft auf Zug und durch die Druckkraft des Wassers auf Biegung und Drehung beansprucht. Auf Grund der Querschnittsverhältnisse der Profilschaufel und bei Verwendung eines geeigneten Werkstoffs lassen sich die durch die genannten Kräfte verursachten Spannungen im allgemeinen sicher beherrschen.

[1] Errechnet nach Gl. (20,4).

Wichtig ist die Lage der Schaufelachse. Unter alleiniger Berücksichtigung der Fliehkraft müßte sie mit der Schwerachse der Schaufel zusammenfallen. Sollen die

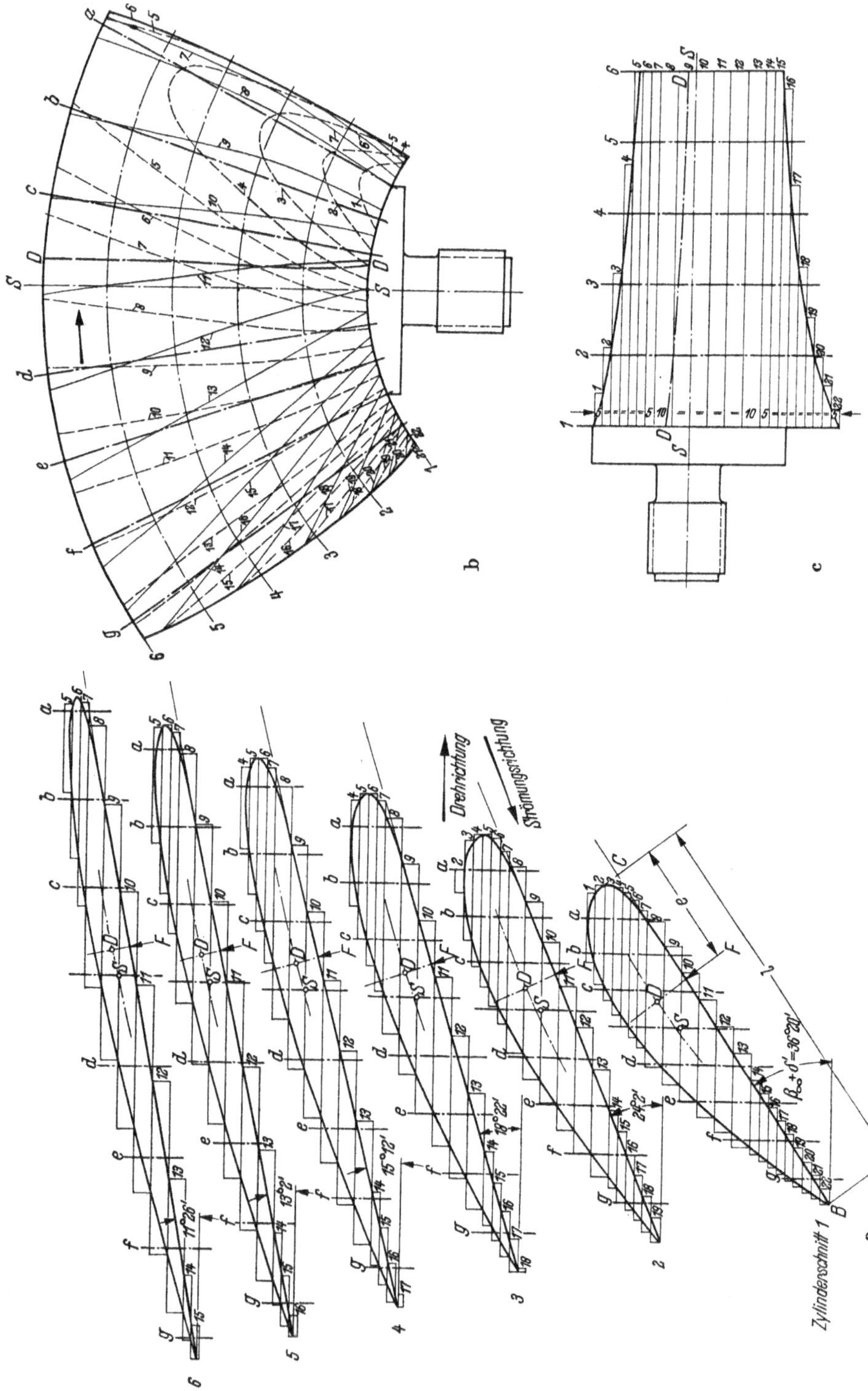

Abb. 26.2a – c. Abwicklungen der Schaufelschnitte und Aufbau des Schaufelmodells

Schaufeln verstellbar angeordnet werden, so ist darauf zu achten, daß das Verstellmoment klein bleibt. Die Drehachse ist dann so zu legen, daß sie in jedem Zylinderschnitt von der Wirkungslinie der resultierenden Normalkraft F auf der Flügeltangente (Bezugsachse $B\,C$, Abb. 26.2a) nur einen geringen Abstand hat. Zur Ermittlung der Lage dieser Kraft benutzen wir die Momentengleichung des Tragflügels

$$M = c_m \varrho \frac{w_\infty^2}{2} b\,l \cdot l,$$[1]

die im Aufbau der Gl. (20,1) für die Auftriebskraft A angeglichen ist. Die Momentenzahl c_m ist so bestimmt, daß C als Drehpunkt und die Profiltiefe l als Hebelarm der das Moment erzeugenden Kraft dient. Die Normalkraft F auf der Bezugsachse $B\,C$ unterscheidet sich nur geringfügig von der Auftriebskraft A, so daß näherungsweise $F = A$ gesetzt werden kann. Mit dem Hebelarm e (Abb. 26,2a) ist daher auch

$$M \approx A\,e = c_a \varrho \frac{w_\infty^2}{2} b\,l \cdot e.$$

Durch Gleichsetzen der rechten Seiten der beiden Gleichungen für M erhält man

$$e = l\,\frac{c_m}{c_a}.$$

c_m und c_a können aus den Göttinger Profilbüchern entnommen werden. Eine Umrechnung auf unendliche Flügellänge ist nicht erforderlich.

Unabhängig vom Seitenverhältnis l/b und der Wahl der Profils ist c_m eine lineare Funktion von c_a, die der Gleichung

$$c_m = a + b\,c_a$$

genügt. Mit guter Annäherung kann dabei

$$b = 0{,}243 \quad \text{und} \quad a = \left(3{,}2\,\frac{x_f}{l} + 0{,}7\right)\left[1 - 4{,}9\left(\frac{d}{l}\right)^2\right]\frac{f}{l}$$

gesetzt werden[2]. Die Bedeutung der Größen x_f, d und f geht aus Abb. 20.5 hervor, in welcher — abweichend von den Göttinger Profilen — die Skelettsehne die Bezugsachse ist. Diese Darstellung wird heute bevorzugt.

Mit Hilfe der Momentenzahl c_m und der Auftriebszahl $c_a = \zeta_a$ ist für jeden Schaufelschnitt unseres Beispiels die Lage der Wirkungslinie der Normalkraft F ermittelt worden. Sie trifft die Skelettlinie des Profils jeweils im Punkt D, den wir als den Druckpunkt, den Angriffspunkt der Kraft F ansehen wollen. Ferner wurde für jeden Schaufelschnitt die Lage des Schwerpunktes S bestimmt. Bei verstellbar angeordneten Schaufeln soll die Drehachse die Profilflächen in der Nähe der Druckpunkte D, hier etwa zwischen D und S schneiden. Dazu ist folgendes zu bemerken:

Bei festliegender Schaufelstellung ändern sich mit dem Volumenstrom der Anstellwinkel δ' sowie die Beiwerte c_a und c_m, und zwar nimmt das Verhältnis c_m/c_a mit sinkendem Volumenstrom, also wachsendem Anstellwinkel ab, mit wachsendem Volumenstrom dagegen zu. Daraus ergibt sich, daß die Lage der Druckpunkte D im Betriebe gewisse Schwankungen aufweist, wenn sich Volumenstrom und Anstell-

---

[1] Ergebnisse der Aerodynamischen Versuchsanstalt zu Göttingen, 1. Lfg., 4. Aufl., München u. Berlin: R. Oldenbourg 1935.

[2] Pfleiderer, C.: Strömungsmaschinen, Berlin, Göttingen, Heidelberg: Springer 1952.

winkel für eine gegebene Schaufelstellung ändern. Soll die Verstellstange in der Hohlwelle der Pumpe (Abb. 48.1) nur auf Zug beansprucht werden, so müssen die Wirkungslinien der Kräfte F bei ihrer Lageänderung auf der gleichen Seite der Drehachse verbleiben.

Ferner muß der Durchmesser der Laufradnabe so groß gehalten werden, daß der Verstellmechanismus (Abb. 48.1) in die Nabe eingebaut werden kann. Eine weitere Forderung ist die kugelförmige Ausbildung der Nabe und des Schleißringes im Pumpengehäuse, soweit sich diese Teile auf den axialen Bereich der Laufschaufeln erstrecken.

In der vorliegenden Ausführung sind die Schaufeln mit Rücksicht auf den kleinen Nabendurchmesser feststehend angeordnet (Abb. 26.3), wobei die Schaufelachse SS durch die Schwerpunkte S der Schaufelschnitte gelegt ist (Abb. 26.2).

Zur Herstellung des Schaufelmodells wird die Schaufel treppenförmig aus einer Anzahl schmaler Brettchen (1 bis 22) aufgebaut, deren seitliche Ausdehnung durch die Konturen der sechs Schaufelschnitte bestimmt wird. Mit Hilfe der Radialschnitte a bis g und unter Benutzung der Zirkularprojektion der Schaufel (Abb. 26.2c) werden die Begrenzungen der Brettchen auf den Zylinderschnitten in den Seitenriß (Abb. 26.2b) übertragen, aus welchen die Abmessungen der einzelnen Schichten und ihre gegenseitige Lage unmittelbar entnommen werden können. Durch Aufeinanderleimen der Teile und Wegarbeiten der beiderseits vorspringenden Kanten entsteht die verwundene Schaufel.

Die Linien DD in den Abb. 26.2b u. c sind die Verbindungslinien der Druckpunkte D in den einzelnen Zylinderschnitten.

Das hier dargestellte Verfahren erfordert große Zeichengenauigkeit und ist deshalb nur bei großen Ausführungen am Platze. Bei kleinen Schaufeln wird das Modell besser durch unmittelbare Übertragung der Schaufelschnitte auf die zugehörigen Zylinderringteile entwickelt.

b) Leitrad

Abb. 26.3 gibt einen Schnitt durch das Pumpengehäuse mit der Lauf- und Leitbeschaufelung wieder. Die vor dem Laufrad angeordnete feststehende Nabenkappe ist mit der Saugglocke durch ebene radiale Halteschaufeln verbunden, die gleichzeitig die axiale Zuführung des Wassers zum Laufrad sichern.

Der Übergang vom Nabendurchmesser d_n des Laufrades auf den Wellendurchmesser bzw. vom Außendurchmesser D auf den Durchmesser der anschließenden Rohrleitung wird durch schlanke konische Zwischenstücke vollzogen (Abb. 26.3). In dem entstehenden Ringraum werden die Leitschaufeln angeordnet, die wegen der unterschiedlichen Geschwindigkeitsverhältnisse wie die Laufschaufeln räumlich gekrümmt sind. Da ihre Länge auf der Eintrittseite mit der der Laufschaufeln übereinstimmt, legen wir für die Bestimmung der Eintrittswinkel der Leitschaufeln die Verhältnisse der Teilzylinder des Laufrades zugrunde.

Für den Zylinderschnitt an der Laufradnabe folgt der Austrittswinkel der Absolutgeschwindigkeit c_3 des Laufrades aus

$$\tan \alpha_3 = \frac{c_A}{\Delta c_u} = \frac{4{,}53}{4{,}12} = 1{,}1$$

zu

$$\alpha_3 = 47° \, 44'.$$

Der Eintrittswinkel ins Leitrad errechnet sich nach Gl. (24,1) aus

$$\tan \alpha_4 = \xi \tan \alpha_3 .$$

Der Verengungsfaktor $\xi = \dfrac{t_4}{t_4 - \dfrac{s}{\sin \alpha_4}}$ wird zunächst näherungsweise ermittelt und späterhin berichtigt. Mit $z_l = 8$ Leitschaufeln beträgt die Teilung

$$t_4 = \frac{d_n \pi}{z_l} = \frac{250 \cdot \pi}{8} = 98{,}2\,\text{mm}.$$

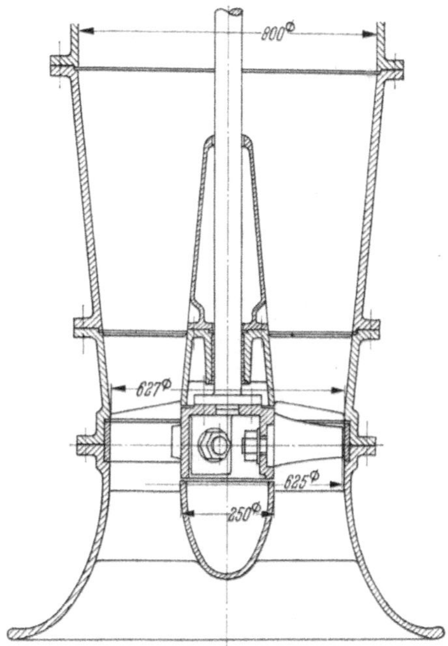

Abb. 26.3. Längsschnitt durch Lauf- und Leitrad

Die Schaufelstärke $s = 10$ mm ergibt näherungsweise

$$\frac{s}{\sin \alpha_4} \approx \frac{s}{\sin \alpha_3} = \frac{10}{0{,}740} = 13{,}5\,\text{mm};$$

somit ist angenähert

$$\xi = \frac{98{,}2}{84{,}7} = 1{,}16$$

und

$$\tan \alpha_4 = 1{,}1 \cdot 1{,}16 = 1{,}276; \quad \alpha_4 = 51^\circ\, 55'.$$

Mit diesem Wert für α_4 errechnet sich der berichtigte Verengungsbeiwert zu $\xi = 1{,}15$ und der endgültige Eintrittswinkel zu $\alpha_4 = 51^\circ\, 40'$. Die Abweichung ist so gering, daß hier auf die Berichtigung verzichtet werden kann. In gleicher Weise ist bei den übrigen Zylinderschnitten zu verfahren. Die Ergebnisse sind in Zahlentafel 6 zusammengestellt.

Zahlentafel 6. Laufschaufelaustrittswinkel α_3 und Leitschaufeleintrittswinkel α_4

Schaufelschnitt	1	2	3	4	5	6
d mm	250	325	400	475	550	625
α_3	47° 44′	55° 6′	60° 25′	64° 30′	67° 33′	70° 6′
α_4	51° 40′	57° 44′	62° 15′	65° 48′	68° 34′	70° 52′

Der Leitschaufelaustrittswinkel α_5 kann auf der ganzen Schaufellänge praktisch als gleich angenommen werden. Er ist, wenn axiales Abströmen des Wassers erreicht werden soll, etwas größer als 90° auszuführen. Ein leichter Drall des aus den Leitkanälen strömenden Wassers wirkt indes günstig auf die weitere Geschwindigkeitsumsetzung in dem anschließenden konischen Teil, wenn dieser von störenden Einbauten frei ist.

Beim Entwurf der Leitradbeschaufelung, die sinngemäß nach dem im Abschn. 16 bzw. 17 angegebenen Verfahren vorgenommen werden kann, ist die gegenseitige Lage von Leit- und Laufschaufel zu beachten.

D. Betriebliches Verhalten

27. Die Drosselkurve. Das Affinitätsgesetz (Newtonsches Ähnlichkeitsgesetz)

Während die spezifische Förderarbeit der Kolbenpumpe bei freiem Ausfluß aus dem Druckrohr nur durch den geodätischen Höhenunterschied und die Energieverluste in der Rohrleitung bestimmt wird, vom Volumenstrom bzw. der Drehzahl aber unabhängig ist, ändert sich bei der Kreiselpumpe die spezifische Förderarbeit mit diesen Größen in weiten Grenzen. Hält man die Drehzahl konstant, so liefert die Beziehung $Y = f(Q)$ im Koordinatensystem eine Kurve, die als Kennlinie, $Q - Y$-Kurve oder auch als Drosselkurve bezeichnet wird. Die letztgenannte Bezeichnung rührt daher, daß die Abhängigkeit der spezifischen Förderarbeit vom Volumenstrom auf dem Prüfstande durch Drosseln der Druckleitung, d.h. stufenweises Verengen des Durchtrittsquerschnitts des Druckschiebers ermittelt wird. Jeder Drehzahl entspricht eine andere Drosselkurve.

Im praktischen Gebrauch pflegt man an Stelle der spezifischen Förderarbeit Y die Förderhöhe $H = Y/g$ zu verwenden, weil sie der Anschauung besser zugänglich ist. Im folgenden soll deshalb die Drosselkurve unter der Annahme der konstanten örtlichen Fallbeschleunigung $g = 9{,}81\ \mathrm{m/s^2}$ stets durch die Funktion $H = f(Q)$ dargestellt werden (Abb. 27.1).

Treten die Zähigkeitskräfte gegenüber den Massenkräften weitgehend zurück, handelt es sich also um Flüssigkeiten mit geringer Zähigkeit, so bestehen bei gleicher Schieberstellung zwischen Volumenstrom, Förderhöhe und aufgenommener Leistung[1] einerseits und der Drehzahl andererseits näherungsweise folgende als Affinitätsgesetz bezeichnete Beziehungen

$$\begin{aligned} Q_2:Q_1 &= n_2:n_1, \\ H_2:H_1 &= n_2^2:n_1^2, \\ P_2:P_1 &\approx n_2^3:n_1^3, \end{aligned} \qquad (27{,}1)$$

[1] Da die aufgenommene Leistung Verluste enthält, die sich nicht mit der 3. Potenz der Drehzahl ändern, ist es richtiger, die Nutzleistung zu verwenden.

wobei sich der Zeiger 1 auf den Ausgangszustand beziehen soll. Diese Gesetzmäßigkeiten lassen sich praktisch nachweisen, wenn die geänderte Drehzahl n_2 nicht allzusehr von der Auslegedrehzahl n_1 abweicht. Wieweit das bei Wasserförderung zutrifft,

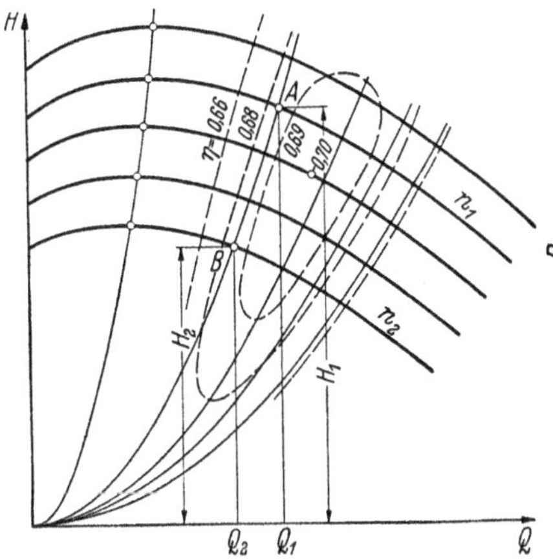

Abb. 27.1. Drosselkurven

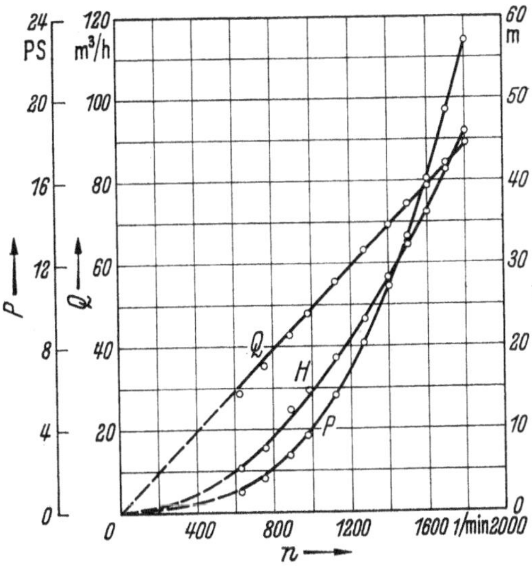

Abb. 27.2. Nachweis des Affinitätsgesetzes an einer zweistufigen Pumpe

zeigt beispielsweise Abb. 27.2 für eine zweistufige Radialpumpe mit dem Ausgangszustand $n_1 = n_N = 1500$ 1/min und $Q_1 = 1{,}13\, Q_N = 74{,}5$ m³/h. In die theoretischen Kurven sind die Meßwerte eingetragen. Mit Hilfe des Affinitätsgesetzes ist es möglich, aus einer gegebenen Drosselkurve mit bekannter Drehzahl n_1 diejenige für eine andere Drehzahl n_2 zu errechnen, wobei allerdings Gebiete, in denen Kavitation auftreten kann, auszuschließen sind. Da sich die Abszissen linear, die Ordinaten quadratisch mit der Drehzahl ändern, liegen zugeordnete Punkte der verschiedenen Drosselkurven auf Parabeln, die ihren Scheitel im Koordinatenursprung haben (Abb. 27.1)[1]. Alle Punkte einer solchen Parabel sind durch geometrisch ähnliche Geschwindigkeitsverhältnisse gekennzeichnet. In bezug auf die Anströmung der Schaufeleintrittskante spricht man daher von Parabeln gleichen Stoßzustandes. Aus der genannten Eigenschaft der Parabeln müßte man schließen, daß auch der Wirkungsgrad längs dieser Parabel konstant sei. Das trifft allerdings nur unvollkommen zu. Als Linien gleichen Wirkungsgrades liefert der Versuch an Stelle der Parabeln in sich geschlossene ellipsenförmige Kurven (Abb. 27.1). Der Grund für die Abweichung ist darin zu suchen, daß der innere Wirkungsgrad der Pumpe mit der Reynoldszahl veränderlich ist (Abschn. 37), und daß der Gesamtwirkungsgrad Leistungsverluste enthält, die sich nicht mit der 3. Potenz der Drehzahl ändern. Der Bestwert von η_i wächst bis zu einer gewissen *Re*-Zahl $u_2 D_2/\nu$ und nimmt darüber hinaus wieder ab.

---

[1] Aus den Meßwerten H_1 und Q_1 (Punkt A, Abb. 27.1) der bekannten Drosselkurve mit der Drehzahl n_1 errechnen sich die Koordinaten des zugeordneten Punktes B der neuen Drosselkurve mit der Drehzahl n_2 aus $Q_2 = Q_1\, n_2/n_1$; $H_2 = H_1\,(n_2/n_1)^2$. Die in dieser Weise ermittelten Drosselkurven sind mit der gemessenen deckungsgleich.

Die theoretische Drosselkurve der Radialpumpe stellt für unendlich große Schaufelzahl und $\beta_2 < 90°$ eine von links nach rechts abfallende gerade Linie dar, wie sich aus der Gleichung

$$H_{\mathrm{th}\infty} = Y_{\mathrm{Sch}\infty}/g = \frac{u_2^2}{g}\left(1 - \frac{c_{2m}}{u_2}\cot\beta_2\right) \quad \text{für} \quad \alpha_0 = 90°$$

ohne weiteres ergibt, wenn man beachtet, daß c_{2m} dem Volumenstrom Q proportional ist. Auch bei endlicher Schaufelzahl kann die theoretische Drosselkurve angenähert als geradlinig angenommen werden. Die Abweichung ihrer wirklichen Gestalt vom theoretischen Verlauf ist im wesentlichen zurückzuführen auf Druckhöhenverluste durch Reibung, die besonders bei größeren Volumenströmen ins Gewicht fallen, auf unvollkommene Umsetzung von Geschwindigkeitsenergie in Druckenergie, vor allem bei Teillast, auf Stoßverluste an den Lauf- und Leitschaufeln bzw. zusätzliche Verluste im Leitring und auf die besonders bei Teillast vorhandene Druckhöhensteigerung durch Geschwindigkeitsaustausch (siehe Abschn. 32).

28. Der Betriebspunkt der Pumpe. Parallelbetrieb

Die von der Pumpe zu überwindende Förderhöhe setzt im allgemeinen sich aus einem statischen und einem dynamischen Teil zusammen. Die statische Förderhöhe — H_{stat} — ist gegeben durch den Höhenunterschied von Unter- und Oberwasserspiegel. Fördert die Pumpe aus einem geschlossenen Saugbehälter in einen Druckkessel, so ist der Druckhöhenunterschied in diesen Behältern hinzuzurechnen. Die dynamische Förderhöhe — H_{dyn} — ist gleich den Druckhöhenverlusten in der Rohrleitung. Diese ändern sich annähernd quadratisch mit der Wassergeschwindigkeit. Da der Volumenstrom der Geschwindigkeit in der Rohrleitung proportional ist, liefert die Beziehung $H_{\mathrm{dyn}} = f(Q)$ eine parabelähnliche Kurve, die Kennlinie der Rohrleitung. Der Schnittpunkt B dieser Kurve mit der Drosselkurve (Abb. 28.1) kennzeichnet den augenblicklichen Betriebszustand der Pumpe. Die Kennlinie der Rohrleitung verläuft um so steiler, je größer die Widerstände sind. Es zeigt sich somit, daß bei gleichbleibender statischer Förderhöhe der Volumenstrom der Pumpe weitgehend durch die Widerstände in der Rohrleitung beeinflußt wird. Das ist besonders beim Parallelbetrieb von Pumpen mit einer gemeinsamen Druckleitung zu beachten. Ein solcher Fall liege beispielsweise in Abb. 28.2 vor. Die Kurven *1* und *2* seien die Kennlinien zweier nebeneinander angeordneter Radialpumpen, die gleichzeitig auf das gleiche Netz arbeiten. Die gemeinsame Kennlinie *3* für Parallelbetrieb erhält man durch Addition der zur jeweiligen Förderhöhe H gehörenden Volumenströme beider Pumpen. Von A bis C fällt die Kennlinie *3* mit der Kennlinie *2* zusammen, weil Pumpe *1* wegen ihrer tiefer liegenden Drosselkurve gar nicht in der Lage ist, die Förderhöhe der Pumpe *2* zu erreichen. Die größere Förderhöhe der Pumpe *2* drückt das Rückschlagventil der Pumpe *1* zu und schaltet diese von der Rohrleitung ab. Die Pumpe *1* arbeitet also im Leerlauf. Sie kann sich erst an der Förderung beteiligen, wenn die Förderhöhe der Pumpe *2* auf den höchsterreichbaren Betrag der Pumpe *1* abgenommen hat (Punkt C). Von hier ab addieren sich die Volumenströme beider Pumpen. Der Schnittpunkt B_3 der gemeinsamen Drosselkurve *3* mit der Kennlinie der Rohrleitung ist der Betriebspunkt der beiden zusammenarbeitenden Pumpen. Der gemeinsame Volumenstrom ist Q_3. Würde jede Pumpe für sich allein auf das Netz arbeiten, so würde Pumpe *1* den Volumenstrom Q_1' (Betriebspunkt B_1), Pumpe *2* den Volumenstrom Q_2' (Betriebspunkt B_2) liefern. Es zeigt sich also, daß parallelarbeitende Kreiselpumpen gemeinsam nicht die Summe der Volumenströme erreichen können, die sich ergeben würde, wenn jede Pumpe für sich allein auf das Netz arbeitet. Die Ursache ist das Anwachsen der dynamischen Förderhöhe bei gemeinsamer Förderung.

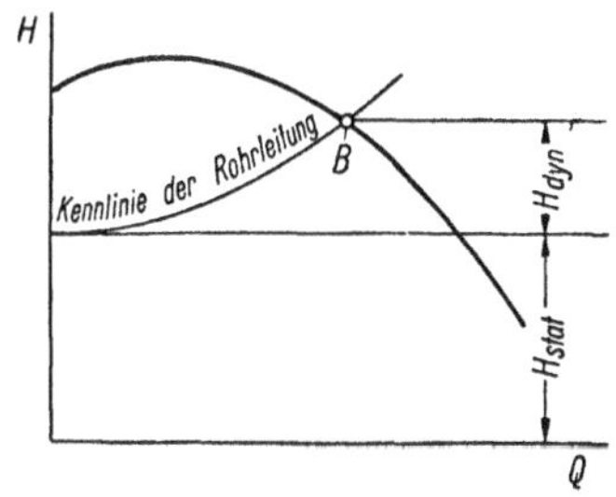

Abb. 28.1. Kennlinie der Rohrleitung

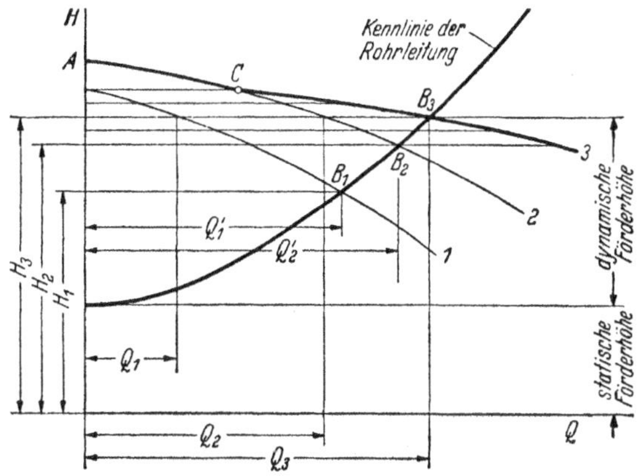

Abb. 28.2. Parallelbetrieb zweier Kreiselpumpen

29. Labiler Zweig der Drosselkurve

Wird auf dem Prüfstande der Druckschieber einer langsamläufigen Radialpumpe bei unveränderter Drehzahl von großen Volumenströmen ausgehend allmählich geschlossen, so beobachtet man vielfach bei abnehmendem Volumenstrom zunächst ein Ansteigen der Förderhöhe auf einen Höchstwert H_{max} und daran anschließend ein Absinken der Förderhöhe bis auf die Leerlaufhöhe H_L bei Nullförderung. Ein solcher im positiven Förderbereich liegender Verlauf der Drosselkurve ist aus Abb. 29.1 ersichtlich. Die Kurve ist hier aber noch über den Volumenstrom Null hinaus als gestrichelte Linie ins negative Gebiet erweitert worden. Den negativen Teil der Drosselkurve kann man sich dadurch entstanden denken, daß auf die mit gleichbleibender Drehzahl und unveränderter Drehrichtung arbeitende Pumpe vom Druckstutzen her eine Druckhöhe H_x einwirkt, die bei entsprechend geöffnetem Druckschieber und fehlendem Rückschlagventil eine Umkehr der bisherigen Durchflußströmung, also einen negativen Volumenstrom $-\ Q_x$ hervorruft. Wegen der hemmenden Wirkung des Rückströmens wird der Zweig *C G* als Bremskurve bezeichnet.

Fassen wir zunächst den positiven Teil *CAF* der Drosselkurve ins Auge, so ist zu sagen, daß eine Pumpe mit einer solchen Charakteristik unter bestimmten Betriebsverhältnissen auf dem Zweig *A C* oder einem Teil davon nicht arbeiten kann. Das ist der Fall, wenn die Druckleitung einen Energiespeicher enthält, etwa in Gestalt einer langen, elastisch verlegten Druckleitung, eines Hochbehälters oder eines Druckkessels, d.h. Einrichtungen, die ein Anwachsen der veränderlichen statischen Förderhöhe bis auf den Scheitelpunkt *A* der Drosselkurve ermöglichen. Ist die Entnahme aus dem Energiespeicher sehr gering, so hat die Pumpe das Bestreben, ihn aufzufüllen. Das ist aber nur so lange möglich, als sie die statische und dynamische Widerstandshöhe zu überwinden vermag. Während des Auffüllens des Speichers wächst die statische Förderhöhe. Der Betriebspunkt B, der Schnittpunkt der Rohrleitungskennlinie mit der Drosselkurve, wandert auf dieser aufwärts, bis schließlich die Rohrleitungskennlinie im Punkt D die Drosselkurve beim Volumenstrom Q_D gerade noch berührt. Ist Q_D immer noch größer als die Entnahme, so müßte der Druck im Speicher weiter steigen. Das ist aber nicht möglich, weil die Pumpe eine größere Widerstandshöhe nicht überwinden kann. Als Folge davon setzt die Förderung plötzlich aus. Der Betriebspunkt springt auf den negativen Teil der Drosselkurve über. Es kommt bei fehlendem Rückschlagventil zu einem Rückströmen der Flüssigkeit durch die Pumpe. Ist die Speicherdruckhöhe auf den Kleinstwert H_E im negativen Bereich der Drosselkurve gesunken, so springt der Betriebspunkt auf den positiven Teil AF der Drosselkurve zurück. Die Förderung setzt mit dem der Förderhöhe H_E entsprechenden Volumenstrom wieder ein. Dieses Spiel wiederholt sich mit kürzeren oder längeren Abständen zwischen Rückströmen und Förderung so lange, wie die Entnahme aus dem Speicher kleiner als Q_D bleibt. Es entstehen also Schwingungen der Wassermasse, deren Frequenz von der Größe des Energiespeichers abhängt.

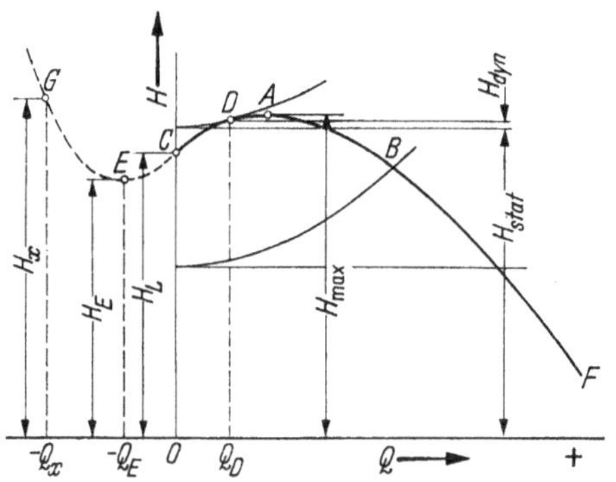

Abb. 29.1. Labiler Zweig AC der Drosselkurve

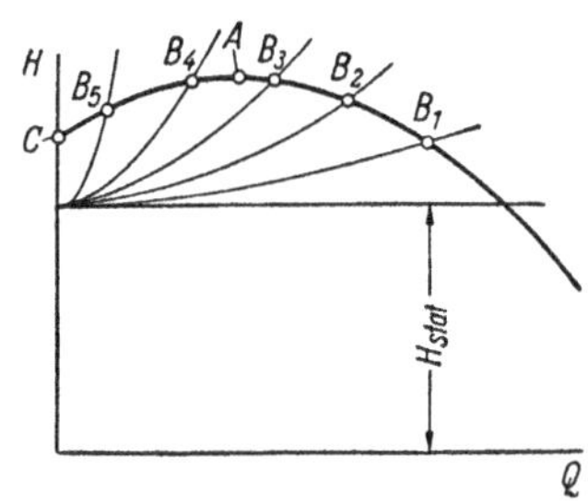

Abb. 29.2. Wandern des Betriebspunktes auf der Drosselkurve bei allmählichem Schließen des Druckschiebers

Die Lage des Punktes D auf der Drosselkurve ist offenbar von der dynamischen Förderhöhe abhängig. Fehlt letztere ganz, so wird die Förderung bereits im Punkt A aussetzen. Auf dem Zweig AC der Drosselkurve zeigt die Pumpe also ein labiles Verhalten, das sich auch auf den negativen Bereich bis zum Punkt E erstreckt[1]. Der Teil AC der Drosselkurve ist unter den vorausgesetzten Betriebsbedingungen unbrauchbar.

Grundsätzlich anders liegen die Verhältnisse, wenn die statische Förderhöhe so begrenzt ist, daß ihr Höchstwert kleiner bleibt als die Leerlaufhöhe H_L. Kommt nun

[1] Daß das Kurvenstück AE bei Verwendung eines Energiespeichers einen labilen Charakter hat, ergibt sich auch aus folgender Betrachtung: Im Punkt D der Drosselkurve seien Widerstandshöhe und Förderhöhe und ebenso Entnahme und Zuförderung im Gleichgewicht. Erhöht sich nun der Verbrauch, so verringert sich die Druckhöhe im Speicher. Die Anpassung des Volumenstroms der Pumpe an den Verbrauch hat dagegen gemäß ihrer Drosselkurve eine Zunahme der Förderhöhe zur Folge. Da sich Widerstandshöhe und Förderhöhe voneinander entfernen, kann sich kein neuer Gleichgewichtszustand ausbilden. Umgekehrt bewirkt eine Abnahme des Verbrauchs eine Vergrößerung der Druckhöhe im Speicher, während eine entsprechende Verringerung der Zuförderung zu einer Verkleinerung der Förderhöhe führt. Auch in diesem Fall stellt sich kein Gleichgewichtszustand ein. Das ist nur für die außerhalb des Kurvenstücks AE liegenden Teile der Drosselkurve möglich.

zu der statischen noch eine veränderliche dynamische Förderhöhe hinzu, so ist die Drosselkurve offenbar über das ganze Betriebsgebiet brauchbar, weil sich die dynamische Druckhöhe stets so einstellt, daß Gleichgewicht zwischen der Förderhöhe der Pumpe und der Widerstandshöhe besteht. Ein solcher Fall liegt auf dem Prüfstande vor. Hier ist die statische Förderhöhe meist sehr klein. Die Widerstandshöhe wird hauptsächlich dynamisch, d.h. durch Verengen des Austrittsquerschnitts erzeugt, wobei der Betriebspunkt gemäß der ständig veränderten Rohrleitungskennlinie über den Zweig AC hinweg wandert (Abb. 29.2). Die Drosselkurve ist deshalb über das ganze Betriebsgebiet meßbar, ohne daß ein Aussetzen der Förderung eintritt.

30. Maßnahmen zur Erzielung stabiler Drosselkurven

Nach dem Vorhergehenden wird die Verwendungsfähigkeit einer Radialpumpe mit labilem Zweig der Q-H-Kurve nicht beeinträchtigt, wenn die Druckleitung starr ist, also ein elastisches Glied, z.B. einen Druckkessel nicht enthält, und die statische Förderhöhe stets kleiner bleibt als die Leerlaufhöhe. In allen anderen Fällen muß die Pumpe zur Vermeidung von Störungen eine stabile Kennlinie aufweisen. Aber auch bei Vorliegen der genannten Voraussetzungen können sich Verhältnisse ergeben, welche die Verwendung einer Pumpe mit stabiler Drosselkurve notwendig machen. Das trifft z.B. zu, wenn mehrere Pumpen im Parallelbetrieb auf das gleiche Netz arbeiten sollen.

Stabile Kennlinien lassen sich durch konstruktive Maßnahmen verwirklichen, von denen der Sicherheit halber möglichst mehrere gleichzeitig anzuwenden sind. Aus Gl. (3,6), Abschn. 3, läßt sich zunächst schließen, daß die Drosselkurve für $\beta_2 < 90°$ um so steiler verläuft, je kleiner β_2 und je größer beim Nennvolumenstrom c_{2_m}/u_2 ist. Zugleich ist damit eine Verkürzung des labilen Zweiges verbunden. Allerdings erfordert die steilere Drosselkurve für gleiche Werte H und Q eine größere Umfangsgeschwindigkeit. Die Druckzahl nimmt also ab.

Erfahrungsgemäß liefert der Leitring eine ausgesprochen flache Kennlinie, die sich dadurch auszeichnet, daß der Unterschied zwischen größter Förderhöhe und Leerlaufhöhe wesentlich kleiner ist als bei Verwendung eines Leitrades. Abb. 30.1 läßt an einem Beispiel erkennen, in welcher Weise sich die Drosselkurve ändert, wenn die Leitschaufeln fortgelassen werden.

Als sehr wirksames Mittel zur Erzielung stabiler Kennlinien hat sich — auch bei einfach gekrümmten Schaufeln — das Vorziehen der Schaufeln in den Saugmund des Laufrades erwiesen. In Abb. 30.2 sind die Kennlinien zweier in ihren Abmessungen völlig gleicher Niederdruckpumpen mit einfach gekrümmten Laufschaufeln und Leitring wiedergegeben. Sie unterscheiden sich — wenn von geringfügigen Abweichungen der Ein- und Austrittswinkel der Laufschaufeln abgesehen wird — nur durch das Vorziehen der Schaufeln bei der Pumpe *b*. Während die Kennlinie der Pumpe *a* noch einen labilen Teil aufweist, ist die Kennlinie der anderen Pumpe auf ihrer ganzen Länge stabil.

Stabile Drosselkurven lassen sich auch durch Anwendung kleiner Schaufelzahlen erreichen. Da hierdurch aber die Wasserführung in den Schaufelkanälen leidet, ist diese Maßnahme gleichzeitig mit einer Abnahme des hydraulischen Wirkungsgrades verbunden.

Ein gewisses Anheben des labilen Zweiges ist ferner möglich durch einen geringen Spalt zwischen Laufradumfang und Leitrad, so daß nur ein kleiner Teil des aus dem Leitrad zurücktretenden Totwassers durch den Spalt (Abb. 14.4) entweichen kann (vgl. Abschn. 32).

Als weitere Maßnahme zur Verbesserung des Kennlinienverlaufs im Teillastbereich gilt die Anordnung von Leitschaufeln vor dem Laufradeintritt oder — bei mehrstufigen Pumpen — das Vorziehen der Rückführschaufeln bis in die Nähe des Laufradsaugmundes. Dadurch wird verhindert, daß im Teillastbereich ein Gleichdrall der Zuströmung entsteht, welcher die Förderhöhe verkleinert. Die Aufhebung des Dralles durch Leitschaufeln erhöht aber die Kavitationsgefahr.

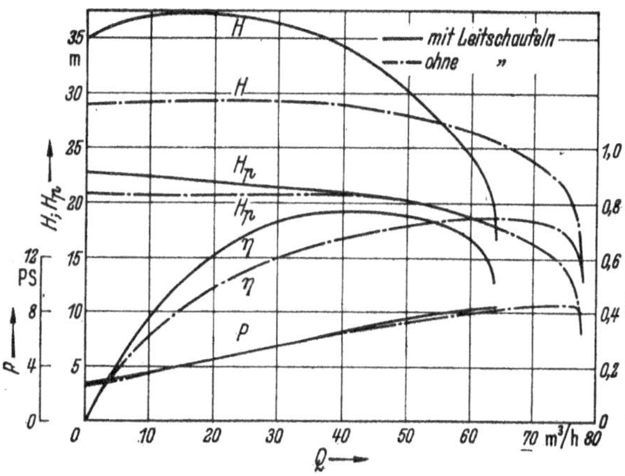

Abb. 30.1. Kennlinien der gleichen Kreiselpumpe mit und ohne Leitschaufeln. Saughöhe $H_s = 6$ m WS für $Q > 15$ m³/h (EDUR-Pumpenfabrik)

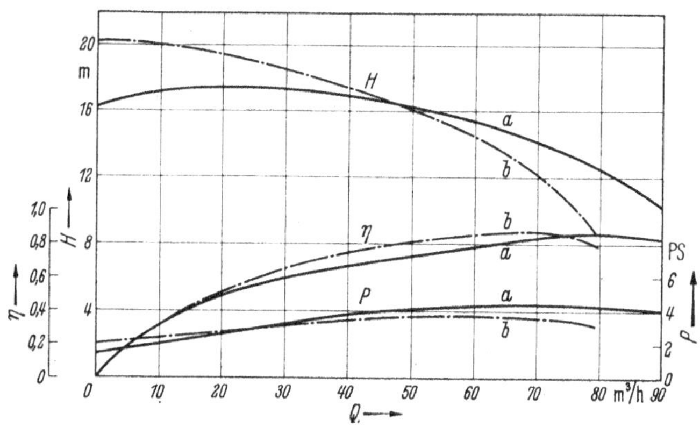

Abb. 30.2. Kennlinien zweier Niederdruckpumpen mit Leitring, gleichen Abmessungen und gleicher Drehzahl.
a) Schaufeleintrittskante im Meridianschnitt fast waagerecht,
b) Schaufeleintrittskante in den Radeintritt vorgezogen.
$H_s = 4$ m WS für $Q > 20$ m³/h (EDUR-Pumpenfabrik)

Allgemein nimmt die Stabilität der Kennlinie mit wachsender spezifischer Drehzahl zu. Für Schnelläufer mit räumlich gekrümmten Schaufeln ist deshalb die stabile Drosselkurve kennzeichnend (Abschn. 33).

Stabile Kennlinien finden sich auch bei den Seitenkanalpumpen und anderen Radialpumpen mit geringem hydraulischem Wirkungsgrad.

31. Kennlinien mit dimensionslosen Koordinaten

In manchen Fällen ist es zweckmäßig, das Betriebsverhalten einer Kreiselpumpe durch Kennlinien mit dimensionslosen Koordinaten darzustellen. Die Verwendung derartiger Kennlinien hat den Vorzug, daß innerhalb eines Bereiches, in welchem das Affinitätsgesetz gültig ist, alle Drossel- und Nutzleistungskurven für die verschiedenen Drehzahlen in je *eine* Linie fallen. Da die Kennzahlen keine Dimension haben, sind sie unabhängig von dem jeweils benutzten Einheitensystem. Man erhält also sowohl im Technischen als auch im Internationalen *MKS*-System oder auch im Britischen Einheitensystem stets gleiche Zahlenwerte, sofern für die Größen Q, Y, H, n, D, ϱ und g kohärente Einheiten benutzt werden. Man versteht darunter Einheiten, die so aufeinander abgestimmt sind, daß in den sie verbindenden Gleichungen keine Umrechnungsfaktoren auftreten.

Um dimensionslose Kennzahlen zu erhalten, setzt man an die Stelle der dimensionsbehafteten Größe das Verhältnis zweier diese Größe kennzeichnenden Ausdrücke mit gleicher Dimension. So tritt an die Stelle des Volumenstroms Q die Durchfluß- oder Lieferzahl φ als Verhältnis einer charakteristischen Geschwindigkeit des Fördermittels zu einer charakteristischen Geschwindigkeit des rotierenden Laufrades. Als Geschwindigkeit des Fördermittels können u.a. benutzt werden:

Die axiale Eintrittsgeschwindigkeit des Nutzvolumenstroms in den Saugstutzen $c_A = \frac{Q}{(D_A^2 - d_n^2)\,\pi/4}$, bei der Radialpumpe die absolute Eintrittsgeschwindigkeit in die Laufradkanäle $c_0 = \frac{Q}{D_1 \pi b_1}$ oder die auf die Kreisfläche mit dem Laufraddurchmesser D_2 bezogene Geschwindigkeit $c = \frac{Q}{D_2^2\,\pi/4}$.[1]

Die jeweils zugeordnete Geschwindigkeit des Laufrades ist die den Durchmessern D_A bzw. D_1 oder D_2 entsprechende Umfangsgeschwindigkeit. Für Kreiselpumpen der normalen Bauart ist es sinnvoll, die axiale Eintrittsgeschwindigkeit $c_A = \frac{Q}{(D_A^2 - d_n^2)\,\pi/4}$ und die auf den Durchmesser D_A bezogene Umfangsgeschwindigkeit $u_A = D_A\,\pi\,n$ mit n als sekundlicher Drehzahl zugrunde zu legen. Bei der Axialpumpe ist D_A mit dem Außendurchmesser D des Laufrades identisch. Es ist sodann die

$$\text{Durchflußzahl oder Lieferzahl}\quad \varphi = \frac{c_A}{u_A} = \frac{Q}{u_A\,(D_A^2 - d_n^2)\,\pi/4}. \qquad (31,1)$$

An die Stelle der spezifischen Förderarbeit bzw. der Förderhöhe tritt die

$$\text{Druckzahl}\quad \psi = \frac{Y}{u_2^2/2} = \frac{H}{u_2^2/2g} \qquad (31,2)$$

[1] Breh, K.; Marcinowski, H.: Dimensionslose Kennzahlen für Strömungsmaschinen. BWK 12 (1960) Nr. 3, S. 102–105.

als Verhältnis der spezifischen Förderarbeit Y zu der der Umfangsgeschwindigkeit des Laufrades entsprechenden spezifischen Energie $u_2^2/2$ oder als Verhältnis der Förderhöhe H zur Geschwindigkeitshöhe $u_2^2/2g$ (Abschn. 9).

Dividiert man die Nutzleistung $Q\varrho Y$ bzw. die an der Kupplung zugeführte Leistung $Q\varrho Y/\eta$ durch das Produkt der Nenner aus Gl. (31,1) und (31,2) sowie durch ϱ, so erhält man an Stelle der Nutzleistung die

$$\text{Nutzleistungszahl } \lambda_n = \frac{2QY}{u_2^2 u_A (D_A^2 - d_n^2)\,\pi/4} = \varphi\,\psi, \tag{31,3}$$

an Stelle der zugeführten Leistung die

$$\text{Leistungszahl } \lambda = \lambda_n/\eta = \varphi\,\psi/\eta. \tag{31,4}$$

Für die Axialpumpe ist $u_2 = u_A = u$, also gleich der Geschwindigkeit des Laufrades am äußeren Umfang.

32. Drucksteigerung durch Impulsaustausch

Neben der durch den Schaufeldruck, also die Drallzunahme erzeugten Förderhöhe wird bei der Kreiselpumpe der radialen Bauart noch eine weitere Druckhöhensteigerung beobachtet, die auf dem Impulsaustausch von Flüssigkeitsteilen beruht, die mit verschieden großer Geschwindigkeit strömen. Im Abschn. 14b ist dargelegt, daß infolge von Zähigkeitswirkungen Flüssigkeitsteile der Grenzschicht aus dem Schrägabschnitt des Leitkanals in das Laufrad zurückströmen, wo sie von neuem beschleunigt und auf die Austrittsgeschwindigkeit gebracht werden. Durch den Aufprall von Flüssigkeitsteilen höherer Geschwindigkeit auf solche von geringerer Geschwindigkeit entsteht eine Drucksteigerung, die infolge des unelastischen Stoßes zugleich aber auch einen Leistungsverlust mit sich bringt. Es handelt sich hier um einen ähnlichen Vorgang, wie er in der Mischdüse einer Strahlpumpe stattfindet. Der Impulsaustausch tritt nicht nur im Leitrad, sondern auch im Leitring auf, hier allerdings in geringerem Maße. Er hat seinen Größtwert bei Nullförderung, nimmt mit zunehmendem Volumenstrom ab und verschwindet bei großen Volumenströmen ganz. Er tritt also besonders bei Teillast in Erscheinung, ist aber auch noch beim Nennvolumenstrom vorhanden.

Wird durch Vergrößerung der Spalte (Abb. 14.4) ein Teil des Totwassers abgesaugt, das Rückströmen in das Laufrad also verringert, so läßt sich bei Teillast eine Förderhöhenminderung deutlich wahrnehmen. Wie groß die Drucksteigerung bei Nullförderung ist, geht aus Abb. 30.1 hervor[1]. Da in diesem Betriebszustand in der Leitvorrichtung keine Geschwindigkeitsumwandlung stattfindet, müßte die gesamte Förderhöhe H der Pumpe gleich der im Laufrad erzeugten Druckhöhe H_p sein. In Wirklichkeit besteht aber ein beträchtlicher Unterschied. Die Druckhöhenzunahme hinter dem Laufrad kann nur durch den Impulsaustausch erklärt werden. Nach Versuchen von Rütschi[2] an einer zweistufigen Leitschaufelpumpe wurde bei Nullförderung im Schrägabschnitt des Leitkanals eine Druckhöhensteigerung von 22 auf etwa 32 m WS gemessen, während im übrigen Teil des Leitkanals die Druckhöhe

[1] Vgl. hierzu Schrader: Messungen an Leitschaufeln von Kreiselpumpen, Würzburg-Aumühle: Konrad Triltsch.

[2] Rütschi, K.: Der Einfluß der Leitvorrichtungen auf Leistung und Wirkungsgrad von Kreiselpumpen. Schweiz. Bauztg. 79 (1961) 233—240.

unverändert blieb. Daraus folgt, daß sich der Impulsaustausch bei der Leitschaufelpumpe nur auf den Schrägabschnitt des Leitkanals erstreckt (Abb. 32.1).

Ein weiterer auf der Impulswirkung beruhender Druckhöhenanstieg hat seine Ursache in den Geschwindigkeitsverhältnissen am Laufradumfang. Hier sind Größe und Richtung der Absolutgeschwindigkeit längs der Laufradteilung sehr unterschiedlich. In einer Ringzone um das Laufrad kommt es durch Vermischung zu einem Geschwindigkeitsaustausch, der neben einem Energieverlust ebenfalls einen Druckanstieg zur Folge hat.

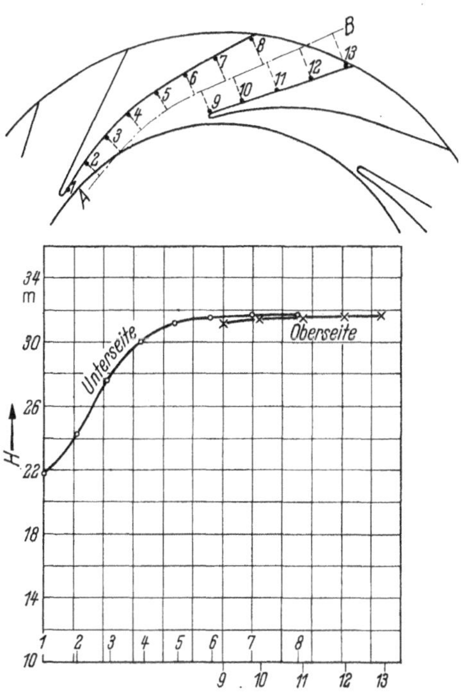

Abb. 32.1. Druckhöhenverlauf auf der Leitschaufelunter- und -oberseite bei Nullförderung, aufgetragen auf der Abwicklung des mittleren Wasserfadens AB (nach Rütschi)

Durch den Impulsaustausch wird verständlich, weshalb sich die Druckgewinnung des Leitrades hauptsächlich im Schrägabschnitt des Leitkanals vollzieht.

Für die Kreiselpumpe bedeutet die Druckerhöhung durch Geschwindigkeitsaustausch — energiemäßig gesehen — einen Verlust, weil diese Art der Druckerzeugung mit einem schlechten Wirkungsgrad behaftet ist. Der Druckhöhengewinn muß daher durch erhöhten Leistungsaufwand erkauft werden. Betrieblich ist der Geschwindigkeitsaustausch im Teillastgebiet insofern von Bedeutung, als er die Stabilität der Drosselkurve erhöht.

Eine zahlenmäßige Erfassung der durch Geschwindigkeitsaustausch zu erwartenden Förderhöhenzunahme ist nicht möglich.

33. Die Kennlinien der schnelläufigen Kreiselpumpe

Die parabelförmige Drosselkurve mit einem labilen Zweig im Teillastgebiet ist für die Kreiselpumpe der normalen Bauart mit geringer bis mittlerer spezifischer Drehzahl kennzeichnend. Für diese ist das Verhältnis des Austritts- zum Einlaufdurchmesser der Laufräder — D_2/D_A — verhältnismäßig groß. Die Laufschaufeln sind einfach gekrümmt, und ihre Austrittskante verläuft parallel zur Radachse.

Mit wachsender spezifischer Drehzahl verkleinert sich das Verhältnis D_2/D_A. Es kann schließlich so klein werden, daß eine Umlenkung der Flüssigkeit aus der axialen in die radiale Richtung unter Einhaltung günstiger Strömungsverhältnisse nicht mehr möglich ist. Das führt zur halbaxialen Bauweise, bei der die Meridiangeschwindigkeit c_m am Laufradaustritt eine mehr oder weniger große axiale Komponente hat. Damit ist eine Schräglage der Schaufelaustrittskante verbunden, so daß längs dieser die Umfangsgeschwindigkeit verschieden groß ist.

Die weitere Steigerung der Schnelläufigkeit führt zu einer Bauweise mit rein axialem Durchfluß, der Propellerpumpe, für welche der Austrittsdurchmesser D_2 gleich dem Eintrittsdurchmesser D_A wird.

Fassen wir zunächst diese Pumpe ins Auge, so ist auch hier jedem Punkt der Austrittskante eine andere Umfangsgeschwindigkeit zugeordnet. Trotzdem soll für den Nennvolumenstrom die spezifische Förderarbeit auf der ganzen Länge der Austrittskante gleich sein. Das gilt auch für die spezifische Schaufelarbeit, wenn für alle Strombahnen ein gleicher c_m-Wert und gleicher hydraulischer Wirkungsgrad angenommen wird.

Denken wir uns das Laufrad durch Zylinderschnitte in eine große Anzahl Teilräder mit dem gleichen Teilvolumenstrom ΔQ zerlegt, so gilt bei drallfreiem Eintritt für jedes Teilrad

$$Y_{\mathrm{Sch}} = u\,c_3 \cos\alpha_3 = u\,(u - c_m \cot\beta_3) = u^2 - \frac{u \cot\beta_3}{\Delta A}\,\Delta Q,$$

wobei ΔA der für alle Teilräder gleiche axiale Austrittsquerschnitt ist. Hiernach ergibt die Kurve der Funktion $Y_{\mathrm{Sch}} = f(\Delta Q)$ im Koordinatensystem eine gerade Linie, welche die Ordinatenachse ($\Delta Q = 0$) im Punkt $Y_{\mathrm{Sch}} = u^2$, die Abszissenachse ($Y_{\mathrm{Sch}} = 0$) im Punkt $\Delta Q = \dfrac{u\,\Delta A}{\cot\beta_3}$ schneidet. Die Y_{Sch} — ΔQ-Geraden der Teilräder haben daher eine unterschiedliche Neigung und eine jeweils andere Lage im Koordinatensystem. Durch entsprechende Wahl des Relativwinkels β_3 läßt sich aber erreichen, daß die Geraden bei dem dem Nennvolumenstrom Q_n zugeordneten Teilstrom ΔQ_n einen gemeinsamen Schnittpunkt P, also die gleiche spezifische Schaufelarbeit Y_{Sch_n} haben. In Abb. 33.1 sind die Kenngeraden von drei Teilrädern a, b und c dargestellt, von denen a unmittelbar an der Radnabe, c am Außenrand des Rades und b etwa in der Mitte zwischen diesen liegen möge (Abb. 33.2). Gleichheit der Teilströme, d.h. gleichmäßige Beaufschlagung der Schaufelaustrittskante, ist

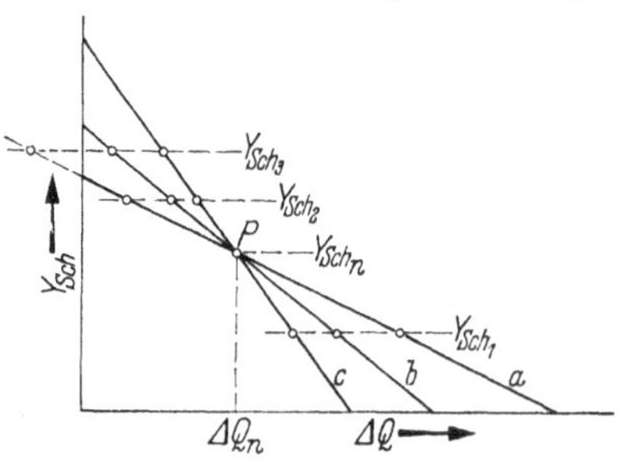

Abb. 33.1. Kenngeraden der Teilräder

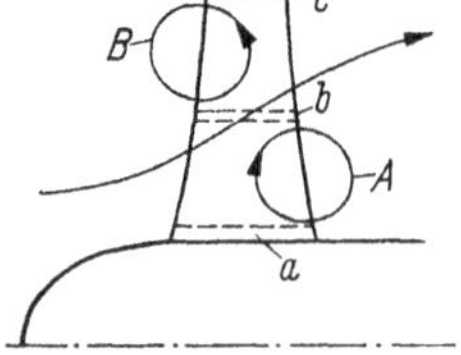

Abb. 33.2. Die Ringwirbel A und B im Teillastbetrieb der Axialpumpe

nur für den Nennteilstrom ΔQ_n und die spezifische Schaufelarbeit Y_{Sch_n} vorhanden. Im Überlastgebiet, wo alle Teilräder beispielsweise die spezifische Schaufelarbeit Y_{Sch_1} aufbringen müssen, fördert das Teilrad a mehr als die Teilräder b und c. Die Meridiangeschwindigkeit c_m nimmt also längs der Austrittskante nach der Radnabe hin zu.

Im Teillastbereich, der im folgenden allein betrachtet werden soll, zeigt sich die umgekehrte Erscheinung. Bei der spezifischen Schaufelarbeit Y_{Sch_2} bringen die Teilräder einen um so kleineren Volumenstrom hervor, je näher sie der Radachse liegen. Wächst schließlich die spezifische Schaufelarbeit auf Y_{Sch_3} an, so wird der Volumenstrom für die Teilräder in unmittelbarer Nähe der Radnabe sogar negativ, d.h. die Flüssigkeit strömt hier aus der Leitvorrichtung in das Laufrad zurück.

Diese zunächst nur theoretisch für die reibungsfreie Flüssigkeit veranschaulichte Erscheinung zeigt sich auch in der wirklichen Flüssigkeit. Das Rückströmen in das Laufrad erfolgt jeweils nur in der Nähe des Rückens (der Saugseite) der Schaufel. Die eingeströmte Flüssigkeit verläßt den Schaufelkanal auf der Vorderseite (der Druckseite) der nächstfolgenden Schaufel, und zwar auf einem größeren Radius als beim Eintritt. Es entsteht der Ringwirbel A (Abb. 33.2). Da die Flüssigkeitsteile des Wirbels in der Drehrichtung des Rades fortschreiten, ist die in der Projektion als geschlossene Kurve gezeichnete Wirbellinie in Wirklichkeit eine Schraubenlinie.

Neben dem Wirbel A auf der Austrittsseite des Laufrades tritt im Teillastbereich noch ein weiterer Ringwirbel B auf, der sich auf den äußeren Teil der Eintrittskante der Laufschaufeln erstreckt und dessen Entstehen sich aus den nachfolgend beschriebenen Vorgängen erklären läßt.

Mit abnehmendem Volumenstrom verkleinert sich der Anströmwinkel β_0. Dadurch vergrößert sich der Anstellwinkel, so daß schließlich die Strömung auf der Saugseite der Schaufel abreißt. Das Abreißen tritt bevorzugt an den Schaufelenden auf und beschränkt sich zunächst auf eine oder zwei Stellen, die aber nicht stationär sind, sondern relativ zum Laufrad entgegen der Drehrichtung mit einer gewissen Winkelgeschwindigkeit umlaufen. Man spricht von einer rotierenden Abreißströmung[1]. Die Ursache für diese Erscheinung liegt darin, daß sich die Strömung vor der durch Totwasser verengten Abreißstelle aufstaut und nach den benachbarten Schaufelkanälen abgedrängt wird. Dadurch kommt in dem einen Nachbarkanal die abgerissene Strömung wieder zum Anliegen, während in dem andern die bislang anliegende Strömung nun abreißt.

Mit weiter abnehmendem Volumenstrom reißt schließlich die Strömung mit mehr oder weniger plötzlichem Druckabfall an sämtlichen Schaufeln ab[2]. Nach Beobachtungen von Scheer[3] tritt das Abreißen und die plötzliche Ausbildung des Wirbels B

---

[1] Im englischen Sprachgebiet als „rotating stall“ bezeichnet.

[2] Das Abreißen der Strömung beschränkt sich nicht allein auf das Laufrad, sondern wird ebenso auch beim Nachleitrad beobachtet. Es beginnt hier aber nicht am äußeren Umfang, sondern an der Leitradnabe, weil sich im Teillastbetrieb die Flüssigkeitsförderung nach dem äußeren Umfang der Laufradaustrittsseite hin verlagert (Abb. 33.2). Das Abreißen im Nachleitrad tritt im allgemeinen früher ein als das Abreißen an den Laufschaufeln. Es bewirkt eine Verringerung des Förderhöhenanstiegs. Abreißerscheinungen zeigen sich — meistens in abgeschwächter Form — vereinzelt auch an Radialpumpen von geringer bis mittlerer Schnelläufigkeit (Abb. 14.11). Besonders gefährdet sind Laufschaufeln mit kurzer radialer Erstreckung.

[3] Scheer, W.: Untersuchungen und Beobachtungen über die Arbeitsweise von Axialpumpen unter besonderer Berücksichtigung des Teillastbereiches. BWK 11 (1959) Nr. 11, S. 503–511. Auszug aus der 1958 von der TH Braunschweig genehmigten Dissertation.

stets gleichzeitig auf. Es ist deshalb ein ursächlicher Zusammenhang zu vermuten. In dem nach dem Abreißen der Strömung durch das Totwasser verengten Teil der Kanäle wird der zum Durchströmen erforderliche Druck nicht erreicht, weshalb es hier zum Rückströmen und zur Wirbelbildung kommt.

Durch das Rückströmen wird das Totwasser in eine starke Drehung in Richtung der Umfangsgeschwindigkeit versetzt. Die dadurch hervorgerufenen Fliehkräfte haben zur Folge, daß bei geringer Teillast der Druck im freien Raum vor dem Laufrad an der Wandung des Eintrittsstutzens höher ist als in Stutzenmitte. Beim Messen der Förderhöhe ist deshalb darauf zu achten, daß die saugseitige Druckmeßstelle in einiger Entfernung vor dem Laufrad angebracht wird.

Die beiden Ringwirbel *A* und *B* zwingen der Durchgangsströmung radiale Geschwindigkeitskomponenten auf. Der Durchfluß ist deshalb im Teillastbereich nicht mehr axial, sondern schräg nach auswärts gerichtet (Abb. 33.2).

Das Abreißen der Strömung hat neben betrieblichen Störungen einen nachteiligen Einfluß auf den Verlauf der Drosselkurve. An den von der Ablösung der Strömung betroffenen Schaufelteilen wird die Schaufelzirkulation unterbunden, so daß wesentliche Teile des Laufrades nicht mehr an der Druckerzeugung beteiligt sind. Die Folge ist ein Abfall der spezifischen Förderarbeit und der Förderhöhe (Abb. 33.3, Kurve *1*).

Mit fortschreitender Verkleinerung des Volumenstroms vergrößert sich der mit dem Abreißen der Strömung plötzlich entstandene Wirbel *B* stetig und erstreckt sich immer weiter in das Saugrohr hinein. Gleichzeitig wächst auch der Wirbel *A*. Bei geschlossenem Druckschieber erfüllen beide Wirbel den ganzen Pumpenraum (Abb. 33.4). Da nun keine Durchströmung mehr stattfindet und damit auch die Schaufelzirkulation fehlt, müßte die spezifische Schaufelarbeit auf Null zurückgehen. Das ist aber nicht der Fall, im Gegenteil wird vielfach nach dem Druckabfall beim Abreißen der Strömung mit abnehmendem Volumenstrom bis zur Nullförde-

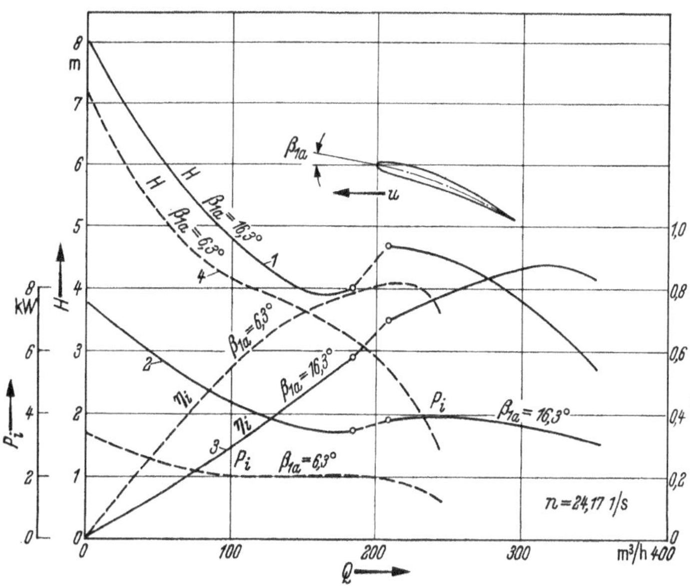

Abb. 33.3. Kennlinien einer Axialpumpe bei verschiedener Schaufelstellung. β_{1a} ist der Eintrittswinkel am Laufradumfang (nach Scheer)

rung ein starkes Wiederansteigen der spezifischen Förderarbeit und der Förderhöhe beobachtet. Das gilt besonders, wenn vor dem Laufrad radiale Leitschaufeln angeordnet werden. Dadurch wird der im Saugraum kreisende Wirbel *B* aufgerissen und somit der Gleichdrall der Zuströmung, welcher die Förderhöhe herabsetzt, aufgehoben (Abb. 33.3). Gleichzeitig ist ein lebhafter Impulsaustausch zwischen den Wirbeln und der zur Druckseite strömenden Flüssigkeit wirksam, dem der steile Anstieg der Förderhöhe bei kleinem Volumenstrom zugeschrieben werden muß. Eintrittsleitschaufen erhöhen die Gefahr der Teillastkavitation.

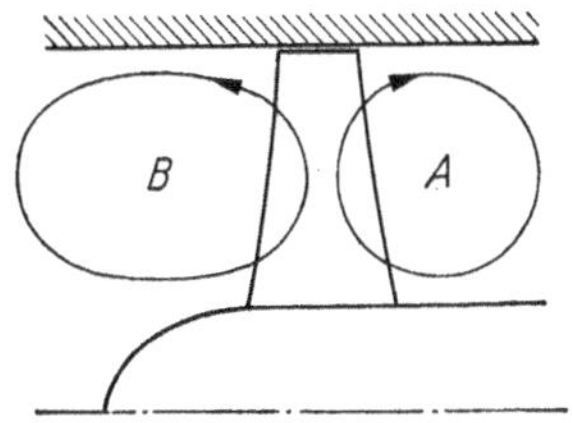

Abb. 33.4. Die Ringwirbel *A* und *B* bei geschlossenem Druckschieber

Daß der Impulsaustausch mit erheblichen Verlusten verbunden ist, ergibt sich aus dem großen Leistungsbedarf[1] im Teillastgebiet. Während für Kreiselpumpen mit geringer spezifischer Drehzahl der Leistungsbedarf im Teillastbereich abnimmt und bei Nullförderung den Kleinstwert erreicht, wächst er bei schnelläufigen Kreiselpumpen im allgemeinen um so mehr an, je kleiner der Volumenstrom ist (Abb. 33.3, Kurve *2*). Als Folge davon zeigt sich ein schnelles Absinken des Wirkungsgrades mit abnehmender Förderung (Kurve *3*).

Nach dem Abreißen, das meistens zwischen 70 und 80% des Bestvolumenstroms eintritt, hat die Laufradströmung einen instabilen Charakter. Er äußert sich in Druckschwankungen, Geräuschen, einem unruhigen Lauf der Pumpe und ist häufig mit Kavitation verbunden. Für den praktischen Betrieb ist deshalb der im Abreißgebiet liegende Teil der Drosselkurve im allgemeinen nicht brauchbar. Durch bestimmte Maßnahmen lassen sich allerdings die mit dem Abreißen verbundenen Nachteile vermindern.

Das wirksamste Mittel ist die Verkleinerung des Schaufelwinkels β_1. Versuche zeigen, daß sich das Abreißen um so schwächer auswirkt, je weniger steil die Schaufeln gestellt werden. Aus Abb. 33.3, Kurve *4*, ist ersichtlich, daß für die vorliegende Pumpe bei dem Winkel $\beta_{1_a} = 6{,}3°$ am Laufradumfang, ein Förderhöhenabfall nicht mehr eintritt. Die Drosselkurve hat lediglich einen Wendepunkt. Daraus läßt sich aber nicht schließen, daß der ablösungsfreie Strömungscharakter über den ganzen Förderbereich hinweg erhalten bleibt. Es tritt vielmehr auch hier ein Abreißen der Strömung mit einem geringen Förderhöhenabfall ein, der aber durch einen Druckhöhengewinn infolge Impulsaustausch überdeckt wird.

Ein Nachteil der Winkelverkleinerung ist die beachtliche Abnahme des Volumenstroms und auch der spezifischen Förderarbeit, was bei Einhaltung gleicher Leistungsdaten eine Vergrößerung der Pumpenabmessungen bedeutet.

Als weitere Maßnahme zur Stabilisierung der Drosselkurve ist vorgeschlagen worden[2], auf dem Umfang des Strömungskanals unmittelbar vor den Laufschaufeln

---

[1] In Abb. 33.3 ist die innere Leistung P_i, d.h. die vom Laufrad an das Fördermittel übertragene Leistung angegeben. Hierauf bezieht sich auch der Wirkungsgrad η_i.

[2] Patentanmeldung J. M. Voith, G.m.b.H., Heidenheim/Brenz. Auslegeschrift 1164481, ausgelegt 16. 1. 1964.

mehrere radiale, in Richtung der Laufradachse verlaufende Leitschaufeln von der halben Länge der Laufschaufeln anzuordnen, welche die Ausbildung der rotierenden Abreißströmung und des Ringwirbels erschweren sollen.

Unter Verzicht auf die Herstellung einer in ihrem ganzen Bereich stabilen Drosselkurve kann das Teillastgebiet der Axialpumpe weitgehend dadurch ausgenutzt werden, daß die Pumpe mit einer Regelung durch Laufschaufelverstellung (Abb. 35.3) oder mit einer Vordrallregelung (Abb. 47.1) ausgerüstet wird.

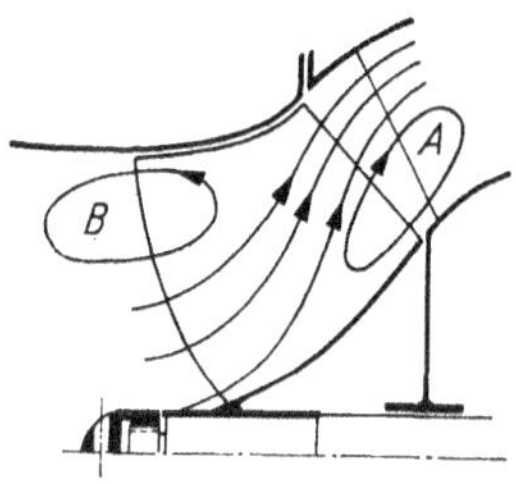

Abb. 33.5. Die Ringwirbel A und B im Teillastbetrieb der Halbaxialpumpe

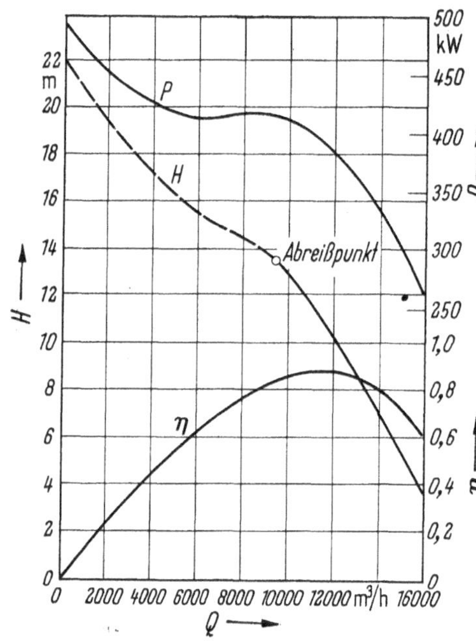

Abb. 33.6. Kennlinien einer Rohrschraubenpumpe, $n_{qy} = 450 \cdot 10^{-3}$ ($n_q = 150$), $n = 485$ 1/min (8,09 1/s) (KSB Bremen)

Die zweite Gruppe der schnelläufigen Kreiselpumpen umfaßt die Halbaxialpumpen oder Schraubenpumpen mit schräg liegender Ein- und Austrittskante der Laufschaufel (Abb. 16.6). Die Kennlinien dieser Pumpengruppe ähneln im wesentlichen denen der Propellerpumpe. Wie aus Abb. 33.5 ersichtlich, treten auch hier im Teillastbereich die beiden Ringwirbel A und B auf, die eine Vergrößerung der radialen Komponente der Durchflußströmung verursachen. Ebenso kommt es nach Unterschreiten eines Mindestvolumenstroms zum Abreißen der Strömung, was bei genügend großer Schnelläufigkeit zunächst eine Abnahme der spezifischen Förderarbeit und der Förderhöhe nach sich zieht. Häufig ist jedoch ein Förderhöhenabfall nicht erkennbar. So weist die Drosselkurve nach Abb. 33.6, welche die Kennlinien einer Rohrschraubenpumpe mit der spezifischen Drehzahl $n_{qy} = 450 \cdot 10^{-3}$ ($n_q = 150$) wiedergibt, lediglich einen Wendepunkt auf. Der gestrichelte Teil der Drosselkurve, der das Abreißgebiet kennzeichnet, ist für den Betrieb nicht zulässig. In diesem Bereich der Q-H-Linie arbeitet die Pumpe instabil, was sich in Druckschwankungen, starken Kavitationsgeräuschen und mehr oder weniger heftigen Erschütterungen äußert. Die Druckmessung ist nur näherungsweise möglich. Dieses „Abreißverhalten" des Schnelläufers ist stark von der spezifischen Drehzahl abhängig. Es tritt um so mehr zurück, je kleiner n_{qy} (n_q) wird, je mehr sich also die Schraubenpumpe der Radialpumpe nähert.

Im vorliegenden Fall wächst die Förderhöhe nach dem Abreißen der Strömung mit abnehmendem Volumenstrom weiterhin stark an und übertrifft bei geschlossenem Druckschieber den Wert im Punkt besten Wirkungsgrades erheblich. Der steile Anstieg der Förderhöhe im Teillastgebiet hat eine entsprechende Zunahme des Leistungsbedarfs zur Folge, der bei Nullförderung seinen Höchstwert erreicht.

Im Bereich kleiner Volumenströme erstreckt sich auch bei der Halbaxialpumpe der Wirbel B in das Saugrohr hinein, wenn hindernde Einbauten fehlen. Bei Druckmessungen ist es deshalb zur Vermeidung von Meßfehlern ratsam, die saugseitige Meßstelle in einiger Entfernung vor dem Laufrad anzuordnen.

34. Die Saugverhältnisse der Kreiselpumpe

a) Die spezifische Saugarbeit. Die größte erreichbare Saughöhe

Die Ursache der Saugfähigkeit der Kreiselpumpe ist der auf dem Spiegel der Saugflüssigkeit lastende absolute Druck, bei offenem Saugbehälter also der atmosphärische Luftdruck. Letzterer ist von der Höhenlage des Aufstellungsortes der Pumpe und von atmosphärischen Einflüssen abhängig. Er beträgt in Meereshöhe für die Normfallbeschleunigung im Mittel $p_A = 101\,325\ \text{N/m}^2 \triangleq 1{,}01325\ \text{bar} \triangleq 1{,}03323$ ata und entspricht dem Druck einer Quecksilbersäule von 760 mm (0°C) oder einer Wassersäule von 10,3323 m (4°C). Würde die Druckenergie durch Erzeugung von Geschwindigkeitsenergie nicht vermindert, und wäre Wasser eine ideale Flüssigkeit, so müßte bei mittlerem Luftdruck in Meereshöhe die spezifische Druckenergie des Wassers von 4°C $p_A/\varrho = 101{,}325$ Nm/kg die Pumpe befähigen, eine gleich große spezifische Saugarbeit $Y_s = g_n H_s$ Nm/kg zu leisten und im Normschwerefeld der Erde eine Saugsäule $H_s = 10{,}332$ m zu überwinden. Die wirklich erreichte Saughöhe H_s und damit auch die wirkliche spezifische Saugarbeit Y_s sind aber stets erheblich geringer. Die Ursachen sind folgende:

Alle wirklichen Flüssigkeiten scheiden gesättigte Dämpfe aus, deren absoluter Druck eine Funktion der Temperatur der Flüssigkeit ist. Im höchsten Punkt der Saugsäule kann daher der Druck nur bis auf den temperaturabhänigen Dampfdruck sinken. Bei der Kreiselpumpe kommt hinzu, daß sich die Flüssigkeit in der Saugleitung in Bewegung befindet. Die hierbei auftretenden Verluste an Druckenergie müssen von der spezifischen Energie der unter einem absoluten Druck stehenden Flüssigkeit bestritten werden.

Die Energieverluste in der Saugleitung machen es notwendig, zwischen einer „geodätischen spezifischen Saugarbeit" $Y_{s\,\text{geo}} = g H_{s\,\text{geo}}$ Nm/kg[1] und einer „gesamten spezifischen Saugarbeit" $Y_s = g H_s$ Nm/kg zu unterscheiden, wobei $H_{s\,\text{geo}}$ die „geodätische Saughöhe" und H_s die „gesamte Saughöhe" in m ist. Als geodätische Saug-

[1] Die örtliche Fallbeschleunigung wird hier wie im folgenden der Normfallbeschleunigung praktisch gleichgesetzt.

höhe bezeichnet man den Höhenunterschied zwischen dem Flüssigkeitsspiegel im Saugbehälter und einer Parallelebene innerhalb der Pumpe, die bei waagerechter Pumpenwelle durch deren Mittellinie (Abb. 34.1), bei senkrechter Welle durch den höchsten Punkt der Eintrittskante der Laufschaufel gelegt ist. Die gesamte Saughöhe[1] ist die Höhe der Flüssigkeitssäule, die dem Druckunterschied zwischen dem flüssigkeitsfreien Raum des Saugbehälters und dem Saugstutzen der Pumpe entspricht, bezogen auf Wellenmitte bzw. Schaufeleintrittskante. Bei offenem Saugbehälter und waagerechter Welle ist H_s also die auf Wellenmitte bezogene aus dem gemessenen Unterdruck im Saugstutzen errechnete Höhe der Flüssigkeitssäule.

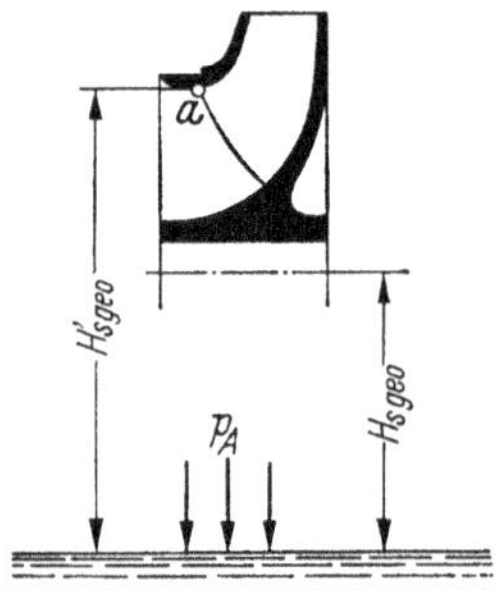

Abb. 34.1. Geodätische Saughöhe $H_{s\,\mathrm{geo}}$ nach DIN 1944 und wirkliche geodätische Saughöhe $H'_{s\,\mathrm{geo}}$ einer Radialpumpe mit waagerechter Welle

Setzen wir im folgenden voraus, daß sich die Flüssigkeit im Saugbehälter nicht im Siedezustand befindet, und daß der Behälter offen ist, und bedeuten ferner $Y_{vs} = g H_{vs}$ in Nm/kg die Summe aller Energieverluste in der Saugleitung infolge Rohrreibung, Richtungs- und Querschnittsänderung, H_{vs} die zugehörige Verlusthöhe und c_s in m/s die mittlere Geschwindigkeit im Meßquerschnitt des Saugstutzens für den Zustand stoßfreien Eintritts, so besteht die Beziehung

$$Y_s = Y_{s\,\mathrm{geo}} + Y_{vs} + \frac{c_s^2}{2}$$

[1] Nach DIN 1944 (3. Ausgabe, April 1952) kurz als „Saughöhe“ bezeichnet. In neuerer Zeit ist vorgeschlagen worden, den Begriff der Saughöhe H_s nicht mehr zu verwenden, insbesondere zur Kennzeichnung der Saugfähigkeit einer Kreiselpumpe nur die weiter unten behandelte Haltedruckhöhe H_H, nicht aber die Saughöhe H_s bzw. deren Höchstwert $H_{s\,\max}$ zu benutzen, weil dieser wegen seiner Abhängigkeit vom Druck auf den Wasserspiegel, vom Dampfdruck und der Dichte des Fördermediums sowie vom Querschnitt des Saugstutzens für eine allgemein gültige Beurteilung der Saugfähigkeit nicht geeignet sei. In DIN 1944 (4. Ausgabe, Okt. 1968) und DIN 24260 (Juni 1971) ist der Begriff der Saughöhe nicht mehr enthalten. Dazu ist folgendes zu sagen:

Die Saughöhe H_s ist durch Messung des Druckhöhenunterschiedes zwischen dem flüssigkeitsfreien Raum des Saugbehälters und dem Saugstutzen der Pumpe, reduziert auf Wellenmitte bzw. Schaufeleintrittskante, leicht feststellbar. Sie enthält neben der geodätischen Saughöhe $H_{s\,\mathrm{geo}}$ die Widerstandshöhe in der Saugleitung und wird in der Praxis zur Ermittlung dieser Widerstandshöhe benutzt. Der im Zustand des Kavitationsbeginns gemessene Höchstwert $H_{s\,\max}$ liefert ferner bei Verwendung kalten Wassers in offenem Saugbehälter und unter Beachtung des herrschenden Luftdrucks hinreichend genaue Werte zur Beurteilung der Saugfähigkeit der Pumpe. Unter Einhaltung der genannten Voraussetzungen wird in der Praxis von dieser Art der Prüfung der Saugfähigkeit weitgehend Gebrauch gemacht. Andererseits bietet die Kenntnis von $H_{s\,\max}$, falls eine genauere Bestimmung der Saugfähigkeit — auch bei anderen Betriebsbedingungen — erwünscht ist, die Möglichkeit, die Haltedruckhöhe H_H der Pumpe an Hand der Gl. (34,7) zu bestimmen.

Aus diesen Gründen ist es berechtigt und notwendig, neben dem Begriff der Haltedruckhöhe H_H auch den der Saughöhe H_s weiterhin zu verwenden.

oder

$$gH_s = gH_{s\,\mathrm{geo}} + gH_{vs} + \frac{c_s^2}{2}\ \mathrm{Nm/kg}.$$

Bei waagerecht gelagerter Welle ist zu beachten, daß sich die größte spezifische Saugarbeit nicht für die Wellenmitte, sondern für den höchsten Punkt a der Saugkante der Laufschaufel ergibt (Abb. 34.1). Die auf diese Stelle bezogene Saugarbeit sei mit $Y'_{s\,\mathrm{geo}}$ bzw. Y'_s bezeichnet. Es ist entsprechend

$$Y'_s = Y'_{s\,\mathrm{geo}} + Y_{vs} + \frac{c_s^2}{2}.$$

Der höchstzulässige Betrag für $Y'_{s\,\mathrm{geo}}$ bzw. Y'_s ist erreicht, wenn der absolute Druck am Eintritt in die Schaufelkanäle — bei a — bis auf den Siededruck p_D N/m² der Förderflüssigkeit abgenommen hat. Ist nun p_A N/m² der absolute Druck auf den Flüssigkeitsspiegel im Saugbehälter, bei offenem Behälter der atmosphärische Luftdruck, so folgt zunächst

$$\frac{p_A}{\varrho} = Y'_{s\,\max} + \frac{p_D}{\varrho} = Y'_{s\,\mathrm{geo}\,\max} + Y_{vs} + \frac{c_s^2}{2} + \frac{p_D}{\varrho}.$$

Hiernach errechnet sich eine verhältnismäßig große spezifische Saugarbeit $Y'_{s\,\mathrm{geo}\,\max}$ bzw. $Y'_{s\,\max}$. Entsprechend groß sind die Saughöhen $H'_{s\,\mathrm{geo}\,\max}$ und $H'_{s\,\max}$. Die wirklich mit der Pumpe erreichbare spezifische Saugarbeit ist aber meistens erheblich kleiner. Daraus läßt sich schließen, daß außer den angeführten Einflüssen noch weitere Ursachen vorliegen müssen, welche die Saugarbeit herabsetzen. Bezeichnet man die zusätzliche Verminderung der spezifischen Saugarbeit mit $Y_{H\,\mathrm{stat}} = gH_{H\,\mathrm{stat}}$, so erhält man berichtigt

$$\frac{p_A}{\varrho} = Y'_{s\,\max} + \frac{p_D}{\varrho} + Y_{H\,\mathrm{stat}} = Y'_{s\,\mathrm{geo}\,\max} + Y_{vs} + \frac{c_s^2}{2} + \frac{p_D}{\varrho} + Y_{H\,\mathrm{stat}}.$$

Abweichend von früherer Darstellung faßt man heute die Summe $Y_{H\,\mathrm{stat}} + c_s^2/2$ zu $Y_H = gH_H$, zusammen, so daß also der Summenwert Y_H den Unterschied zwischen der spezifischen Gesamtenergie im Saugstutzen der Pumpe und dem kleinsten Betrag der spezifischen Druckenergie im Laufradkanal — auf gleiche Höhenlage bezogen — darstellt. Die Einbeziehung der Geschwindigkeitsenergie in die Energiedifferenz Y_H hat den Vorteil, daß letztere von der Lage des Meßquerschnitts am Saugstutzen unabhängig wird, wenn man von geringfügigen Unterschieden des Reibungsverlustes absieht. Somit ist

$$Y'_{s\,\mathrm{geo}\,\max} = \frac{p_A - p_D}{\varrho} - (Y_{vs} + Y_H) \tag{34,1}$$

und

$$Y'_{s\,\max} = \frac{p_A - p_D}{\varrho} - \left(Y_H - \frac{c_s^2}{2}\right)\ \mathrm{Nm/kg}. \tag{34,2}$$

Auf Wellenmitte bezogen erhält man mit $Y'_{s\,\mathrm{geo}} = Y_{s\,\mathrm{geo}} + g\,D_A/2$ (Punkt a, Abb. 34.1)

$$Y_{s\,\mathrm{geo}\,\max} = \frac{p_A - p_D}{\varrho} - \left(Y_{vs} + Y_H + g\frac{D_A}{2}\right) \tag{34,3}$$

und

$$Y_{s\,\max} = \frac{p_A - p_D}{\varrho} - \left(Y_H - \frac{c_s^2}{2} + g\frac{D_A}{2}\right). \tag{34,4}$$

Die Verbindung der Gln. (34,3) und (34,4) führt zu der Beziehung

$$Y_{s\,\max} = Y_{s\,\mathrm{geo}\,\max} + Y_{v_s} + \frac{c_s^2}{2}. \tag{34,5}$$

Die auf Wellenmitte bezogene höchstzulässige Saughöhe beträgt mit $p_A/g\,\varrho = H_A$ und mit $p_D/g\,\varrho = H_D$, beide in m FlS

$$H_{s\,\mathrm{geo}\,\max} = H_A - H_D - \left(H_{vs} + H_H + \frac{D_A}{2}\right) \tag{34,6}$$

bzw.

$$H_{s\,\max} = H_A - H_D - \left(H_H - \frac{c_s^2}{2g} + \frac{D_A}{2}\right) \text{ m FlS}. \tag{34,7}$$

Ferner ist

$$H_{s\,\max} = H_{s\,\mathrm{geo}\,\max} + H_{vs} + \frac{c_s^2}{2g}. \tag{34,8}$$

Aus Gl. (34,2) folgt $Y_H = \left(\frac{p_A}{\varrho} - Y'_{s\,\max}\right) + \frac{c_s^2}{2} - \frac{p_D}{\varrho}$. $Y_H = g H_H$ heißt „spezifische Halteenergie" oder „spezifische Mindestzulaufenergie", d. i. der Mindestbetrag, um den die spezifische Gesamtenergie $\left(\frac{p_A}{\varrho} - Y'_{s\,\max}\right) + \frac{c_s^2}{2}$ im Saugstutzen der Pumpe größer sein muß, als die temperaturabhängige, dem Dampfdruck p_D entsprechende Energie p_D/ϱ. Hiernach ist die Halteenergie der Mindestwert des Energieunterschiedes zwischen der spezifischen Gesamtenergie im Saugstutzen und der spezifischen statischen Druckenergie am Ort des kleinstmöglichen statischen Druckes im Laufradkanal, auf gleiche Höhenlage bezogen.

H_H ist die „Haltedruckhöhe"[1] oder „Mindestzulaufhöhe", also die der Halteenergie Y_H entsprechende Höhe der Flüssigkeitssäule in m.

Der Mindestbetrag Y_H wird auch als „Halteenergie der Pumpe" bezeichnet, im Gegensatz zur „Halteenergie der Anlage" Y_{HA}. Man versteht darunter den im Einzelfalle tatsächlich vorhandenen, über Y_H hinausgehenden Energieüberschuß über der Energie des Dampfdrucks p_D/ϱ. Die Halteenergie der Anlage Y_{HA} und ebenso die zugehörige Haltedruckhöhe der Anlage H_{HA} sind daher größer als Y_H bzw. H_H. Aus betrieblichen Gründen (s. auch Abschn. 50) ist im allgemeinen ein solcher Energieüberschuß $Y_{HA} > Y_H$ vorzusehen[2]. Das trifft besonders dann zu, wenn der Betriebspunkt über einen weiten Bereich der Kennlinie wandert.

Abgesehen von Y_H, c_s und D_A ist die höchsterreichbare spezifische Saugarbeit nach Gl. (34,4) sowie die zugehörige Saughöhe nach Gl. (34,7) noch von dem auf dem Flüssigkeitsspiegel lastenden absoluten Druck, bei offenem Behälter also vom atmosphärischen Luftdruck, abhängig. Es ist zu beachten, daß dieser um etwa 5% um

---

[1] In den USA als NPSH (Net Positive Suction Head) bezeichnet.

[2] Eine Ausnahme macht die Kondensatpumpe, bei welcher die nachfolgend besprochene Kavitation zur Selbstregelung benutzt wird. Daß hier die Kavitation im allgemeinen weniger schädlich ist als in anderen Fällen, hat seine Ursache darin, daß die Kondensatpumpe für eine sehr kleine Haltedruckhöhe, also für einen geringen Abstand des Gesamtdrucks im Saugstutzen vom Dampfdruck ausgelegt wird. Erfahrungsgemäß macht sich der Werkstoffangriff durch Kavitation um so weniger bemerkbar, je kleiner das Druckgefälle zwischen dem Druck in der ungestörten Strömung vor den Schaufeln und dem Dampfdruck ist.

seinen auf Meereshöhe bezogenen Mittelwert schwankt und außerdem mit wachsender Höhenlage des Aufstellungsortes abnimmt. Ist p_{A_0} der Luftdruck in Meereshöhe, p_A der Luftdruck in beliebiger Höhenlage über dem Meeresspiegel, so beträgt der relative Luftdruck p_A/p_{A_0} für die Höhenlage

$h =$	0	500	1000	2000	3000 m
$p_A/p_{A_0} =$	1,000	0,942	0,887	0,784	0,692.

Einfluß hat ferner der Dampfdruck p_D, der mit steigender Temperatur des Fördermittels zunimmt und deshalb besonders bei Heißwasserpumpen von Bedeutung ist. Wird $Y_{s\,\mathrm{geo\,max}}$ und damit auch $H_{s\,\mathrm{geo\,max}}$ negativ, so muß das Fördermittel der Pumpe zulaufen. $Y_{s\,\mathrm{geo\,max}}$ und $H_{s\,\mathrm{geo\,max}}$ gehen damit in eine geodätische Zulaufenergie $Y_{z\,\mathrm{geo\,min}}$ bzw. in eine geodätische Zulaufhöhe $H_{z\,\mathrm{geo\,min}}$ über. Im Siedezustand der Flüssigkeit wird $p_D = p_A$, somit nach den Gln. (34,3) und (34,6)

$$-Y_{s\,\mathrm{geo\,max}} = Y_{z\,\mathrm{geo\,min}} = Y_{vs} + Y_H + g\frac{D_A}{2}$$

und

$$-H_{s\,\mathrm{geo\,max}} = H_{z\,\mathrm{geo\,min}} = H_{vs} + H_H + \frac{D_A}{2}.$$

Entsprechend folgt für die gesamte spezifische Saugarbeit und die gesamte Saughöhe aus den Gln. (34,4) und (34,7)

$$-Y_{s\,\max} = Y_{z\,\min} = \left(Y_H - \frac{c_s^2}{2}\right) + g\frac{D_A}{2}$$

und

$$-H_{s\,\max} = H_{z\,\min} = \left(H_H - \frac{c_s^2}{2g}\right) + \frac{D_A}{2}.$$

Abb. 34.2 gibt die höchsterreichbare Saughöhe einer Kreiselpumpe geringer Schnellläufigkeit in Abhängigkeit von der Temperatur des Förderwassers für den Betriebspunkt besten Wirkungsgrades wieder. Hierbei ist angenommen, daß die Pumpe bei $t_w = 0\,°\mathrm{C}$ Wassertemperatur und einem Luftdruck $p_A = 0{,}981 \cdot 10^5\,\mathrm{N/m^2} = 0{,}981$ bar = 1 ata eine Saughöhe $H_{s\,\max} = 7{,}0$ m hat, welcher eine spezifische Saugarbeit $Y_{s\,\max} = 68{,}7$ Nm/kg entspricht. Mit steigender Wassertemperatur nimmt die Saughöhe und die spezifische Saugarbeit stetig ab und geht bei $t_w = 89{,}8\,°\mathrm{C}$ in eine Zulaufhöhe und eine Zulaufenergie über. Für $t_w \gtreqless 99{,}1\,°\mathrm{C}$ bzw. $p_D \gtreqless 0{,}981 \cdot 10^5\,\mathrm{N/m^2} \gtreqless 0{,}981$ bar $\gtreqless 1$ ata ergibt sich der gleichbleibende Mindestwert $-H_{s\,\max} = H_{z\,\min} \approx 3$ m und $-Y_{s\,\max} = Y_{z\,\min} \approx 29{,}43$ Nm/kg.

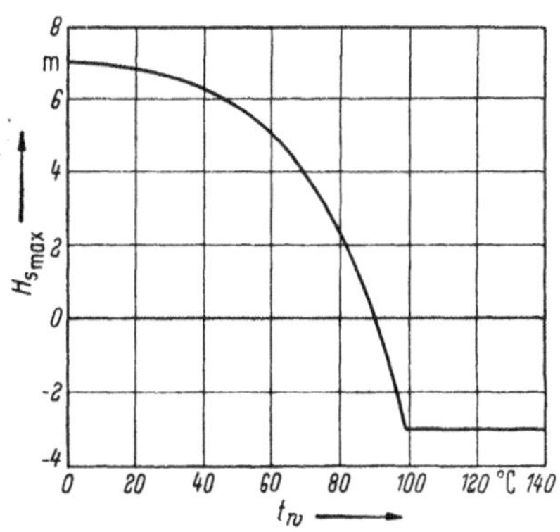

Abb. 34.2. Die höchsterreichbare Saughöhe einer Kreiselpumpe mit geringer Schnelläufigkeit im Betriebspunkt besten Wirkungsgrades in Abhängigkeit von der Wassertemperatur

Beispiel. Eine Kreiselpumpe mit waagerechter Welle soll aus einem offenen Behälter reines Wasser von $t_w = 80\,°\mathrm{C}$ ansaugen. Nennvolumenstrom $Q = 150\,\mathrm{m^3/h} = 0{,}0417\,\mathrm{m^3/s}$; Druckhöhenverlust in der Saugleitung beim Nennvolumenstrom infolge Rohrreibung, Saugkorb, Fußventil, Saugschieber und Krümmer $H_{vs} = 2{,}7\,\mathrm{m}$ ($Y_{vs} = 26{,}49\,\mathrm{Nm/kg}$); Haltedruckhöhe beim Nennvolumenstrom $H_H = 2{,}1\,\mathrm{m}$ ($Y_H = 20{,}6\,\mathrm{Nm/kg}$); lichter Durchmesser des Saugstutzens $D_s = 150\,\mathrm{mm}$, hier identisch mit D_A. Aufstellungsort der Pumpe 1000 m über NN. Die höchstzulässige Saughöhe sowie die höchstzulässige geodätische Saughöhe beim Nennvolumenstrom sind zu bestimmen.

Nach Gl. (34,4) errechnet sich die höchstzulässige gesamte spezifische Saugarbeit, bezogen auf Wellenmitte, aus

$$Y_{s\,\max} = \frac{p_A - p_D}{\varrho} - \left(Y_H - \frac{c_s^2}{2} + g\frac{D_A}{2}\right).$$

In 1000 m Höhe beträgt der mittlere Luftdruck $p_A = 1{,}01325 \cdot 0{,}887 = 0{,}89875\,\mathrm{bar} = 0{,}89875 \cdot 10^5\,\mathrm{N/m^2}$; ferner ergibt sich für $t_w = 80\,°\mathrm{C}$ der Dampfdruck $p_D = 0{,}4736\,\mathrm{bar} = 0{,}4736 \cdot 10^5\,\mathrm{N/m^2}$ und die Dichte $\varrho = 971{,}6\,\mathrm{kg/m^3}$. Die mittlere Wassergeschwindigkeit im Saugstutzen folgt aus

$$c_s = \frac{Q}{D_s^2\pi/4} = \frac{0{,}0417}{0{,}01767} = 2{,}36\,\mathrm{m/s}.$$

Damit ist

$$Y_{s\,\max} = \frac{(0{,}89875 - 0{,}4736) \cdot 10^5}{971{,}6} - (20{,}6 - 2{,}78 + 0{,}736) = 25{,}20\,\mathrm{Nm/kg}$$

und die höchstzulässige gesamte Saughöhe, also die in m FlS zu messende, auf Wellenmitte bezogene höchszulässige Unterdruckhöhe

$$H_{s\,\max} = \frac{Y_{s\,\max}}{g} = \frac{25{,}20}{9{,}81} = 2{,}57\,\mathrm{m}.$$

In der Saugleitung entsteht ein spezifischer Energieverlust $Y_{vs} = 26{,}49\,\mathrm{Nm/kg}$. Somit ist nach Gl. (34,5)

$$Y_{s\,\mathrm{geo}\,\max} = Y_{s\,\max} - Y_{vs} - \frac{c_s^2}{2} = 25{,}20 - 26{,}49 - 2{,}78 = -4{,}07\,\mathrm{Nm/kg}$$

und

$$H_{s\,\mathrm{geo}\,\max} = Y_{s\,\mathrm{geo}\,\max}/g = -4{,}07/9{,}81 = -0{,}415\,\mathrm{m}.$$

Da $H_{s\,\mathrm{geo}\,\max}$ negativ ist, muß das Wasser der Pumpe zulaufen, und zwar muß der Saugwasserspiegel mindestens um

$$H_{z\,\mathrm{geo}\,\min} = 0{,}415\,\mathrm{m}$$

oberhalb der waagerechten Wellenachse stehen.

b) Kavitation

Im normalen Betriebszustand, also bei stoßfreiem Eintritt der Flüssigkeit in die Laufradkanäle, wird die zusätzliche Einbuße an spezifischer Saugarbeit — Y_H — und an Saughöhe — H_H — hervorgerufen durch den Schaufeldruck, d.h. den Druckunterschied zwischen Schaufelvorder- und -rückseite, der am Kanaleintritt mit einer

Druckabnahme verbunden ist, ferner durch die Drucksenkungen, welche die Querschnittsverengungen durch die Radnabe und die endliche Dicke der Schaufeln, die Strömung um die Schaufeleintrittskante, die ungleichmäßige Geschwindigkeitsverteilung längs dieser Kante sowie Eintrittskontraktion und Reibungswiderstände zur Folge haben.

Bei einem Strömungszustand, der von dem des stoßfreien Eintritts abweicht, also bei Teil- und besonders bei Überlast, tritt die zusätzliche Drucksenkung in erhöhtem Maße auf. Wird der Siededruck p_D erreicht, so reißt die Flüssigkeit auseinander. Es bilden sich dampferfüllte Hohlräume. Man bezeichnet diese Erscheinung als Hohlraumbildung oder Kavitation. Mit der Verdampfung ist ein Wärmeverbrauch verbunden, der aus dem Wärmeinhalt des Fördermittels gedeckt werden muß. Am Ort der Kavitation sind deshalb Siedetemperatur und Siededruck etwas geringer als in der zuströmenden Flüssigkeit.

Die Folgen der Dampfbildung sind eine Verengung der Durchflußquerschnitte und somit eine Verkleinerung des Volumenstroms, eine Störung der Durchflußströmung verbunden mit einer Abnahme der Förderhöhe und des Wirkungsgrades und schließlich eine Zerstörung des Werkstoffs, die mit mehr oder weniger starken Geräuschen oder auch unruhigem Lauf der Pumpe einhergeht.

Die Zerstörung des Werkstoffs hat ihre Ursache in einem plötzlichen Zusammenbrechen der Hohlräume als Folge des Druckanstiegs im weiteren Verlauf der Strömung. Die Beschädigungen finden sich also nicht an der Stelle des Auseinanderreißens der Flüssigkeit, sondern weiter unterhalb der Strömung. Das heftige Aufprallen der unelastischen Flüssigkeit auf die Wandungen hat die Wirkung mechanischer Schläge, so daß im Laufe der Zeit, mitunter innerhalb weniger Stunden, Anfressungen des Werkstoffs entstehen. Dieser nimmt nach längerer Einwirkung der Implosionen ein schwammartig zerklüftetes Aussehen an. Bei starker Kavitation kann die Dampfbildung im Laufrad bis zu den Leitschaufeln vordringen. In diesem Zustand entstehen an den Leitschaufelspitzen Dampfblasen, wenn die Saugseite (Rückseite) der Laufschaufeln an den Leitschaufeln vorbeistreicht. Sie brechen wieder zusammen, wenn die Druckseite (Vorderseite) der folgenden Schaufel sich nähert. Das Entstehen und Verschwinden der Dampfblasen an den Leitschaufelspitzen wechselt also periodisch mit der Frequenz: Drehzahl mal Schaufelzahl[1]. Während die Kavitation am Laufrad mit gewissen Schwankungen stationär ist, und die Kondensationsstellen, also die Anfressungen mehr oder weniger auseinander gezogen sind, werden bei den Leitschaufeln nur die Spitzen und ihre Umgebung angefressen. Bemerkenswert ist, daß die Leitschaufeln, falls die Kavitation bis zu diesen vordringt, infolge der hohen Frequenz der Schlagwirkungen weit stärker angegriffen werden als das Laufrad. Abb. 34.3 zeigt einen in dieser Weise zerstörten Leitschaufelkranz[2].

---

[1] Stiess, W.: Über die Entstehung von Kavitationsanfressungen am Leitapparat von Kreiselpumpen. VDI-Berichte 3 (1955) S. 81–83.

[2] Die Anwesenheit von Luft oder auch von anderen Gasen, die in gelöster Form im Wasser enthalten sind, führt zu einer weiteren Art der Hohlraumbildung. Nach dem Absorptionsgesetz von Henry ist das in einer Flüssigkeit bis zur Sättigung lösbare Gasvolumen bei unveränderter Temperatur für jeden Druck gleich groß. Es verringert sich mit zunehmender Temperatur. In einer Lösung von Luft in Wasser vergrößert sich durch Drucksenkung das gelöste Luftvolumen, so daß sich die zunächst ungesättigte Lösung der Sättigungsgrenze nähert. Wird letztere durch

(Fortsetzung S. 158)

Die rein mechanische Werkstoffzerstörung durch Kavitation ist vielfach noch mit einer Korrosion, einem elektrochemischen Angriff, verbunden. Das trifft bereits zu, wenn die Flüssigkeit nur sehr wenig aggressiv ist. Durch den Aufprall der Flüssigkeit beim Zusammenbruch der Kavitationsblasen werden ursprünglich vorhandene korrosionshemmende Schutzschichten zerstört und Neubildungen verhindert. Die Metalloberfläche wird also für den elektrochemischen Angriff ständig aktiviert, so daß die Korrosion ungewöhnlich schnell abläuft. Durch das Hinzutreten von Korrosionsbeanspruchungen können daher selbst bei schwach ausgebildeter Kavitation erhebliche Werkstoffbeschädigungen entstehen.

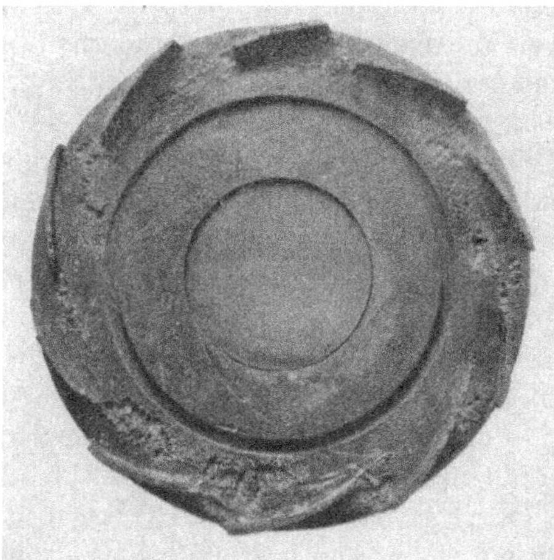

Abb. 34.3. Durch Kavitation zerstörter Leitschaufelkranz

Kavitation muß ihrer schädlichen Wirkungen wegen grundsätzlich vermieden werden. Es gibt aber Pumpenanlagen, die wegen hoher Drehzahl, großer Saughöhe oder geringer Zulaufhöhe (bei Heißwasserförderung) so nahe an der Kavitationsgrenze betrieben werden müssen, daß von vornherein mit dem Auftreten von Kavitation zu rechnen ist. In solchen Fällen ist es angebracht, für die gefährdeten Teile Werkstoffe mit möglichst großem Widerstandsvermögen gegen Kavitation zu verwenden. Im allgemeinen nimmt die Widerstandsfähigkeit mit der Härte der Werkstoffe zu. Außer der Härte sind aber für eine gute Kavitationsbeständigkeit noch eine

(Fortsetzung Fußnote 2 von S. 157)

weitere Druckabnahme überschritten, so scheidet sich das überschüssige Luftvolumen in Form von kleinen Blasen aus, wenn die dazu erforderliche Zeit vorhanden ist. Bei hohem Luftgehalt setzt die Luftausscheidung bereits vor der Dampfbildung, also vor der eigentlichen Kavitation ein. Da sich der Gesamtdruck einer Gasmischung nach Dalton aus den Teildrücken der Einzelgase zusammensetzt, beginnt die Kavitation bei Anwesenheit von Luft oder von anderen Gasen bereits bei einem höheren Druck als dem Dampfdruck des Wassers.

Die Hohlraumbildung durch Luftausscheidung hat nicht die schädlichen Auswirkungen der Dampfkavitation. Die ausgeschiedene Luft dämpft vielmehr den Aufprall der zusammenbrechenden Dampfblasen auf die Wandungen. Unter Ausnutzung dieser Wirkung wird dem Förderwasser bei vorhandener Kavitation mitunter Luft von außen zugeführt, um die Zerstörung des Werkstoffs zu vermindern.

Der natürliche Gehalt des Wassers an gelöster Luft hat auf das Kavitationsverhalten der Pumpe nur geringen Einfluß. Minderung der Förderhöhe und des Wirkungsgrades durch ausgeschiedene Luft machen sich erst bei hohem Luftgehalt bemerkbar.

Reihe weiterer Werkstoffeigenschaften erforderlich. Dazu zählen insbesondere ein hohes Verformungsvermögen, Gleichmäßigkeit der Gefügebestandteile, Feinkörnigkeit bei gleichartigem Korn, Druckeigenspannungen, glatte Oberfläche und hohe Korrosionsbeständigkeit.

Als geeignete Werkstoffe sind u.a. zu nennen: Hartmetalle, Chromstahl, Chromstahlguß, Chrom-Nickelstahl, Aluminiumbronze.

Weiche und mechanisch wenig feste Werkstoffe sowie solche mit ungleichartigem Gefüge, geringem Verformungsvermögen, Grobkörnigkeit bei gleichartigem Korn, Sprödigkeit, Zugeigenspannungen, rauher Oberfläche und schlechter Korrosionsbeständigkeit haben einen geringen Kavitationswiderstand. Hierher gehören Blei, Glas, Kunststoffe (Plexi-Glas, Bakelit u.a.), Grauguß mit Lamellargraphit.

c) Kavitationsfreier Arbeitsbereich

Allgemein läßt sich nur ein gewisser Arbeitsbereich der Pumpe, der von der Saughöhe H_s abhängt, kavitationsfrei halten, während sich bei Teillast und besonders bei Überlast Kavitation mit den genannten Begleiterscheinungen einstellt[1]. Im normalen Betriebszustand, also bei stoßfreiem Eintritt der Flüssigkeit in die Schaufelkanäle, liegt der Staupunkt der Strömung in der Mitte der Schaufeleintrittskante. Die Stelle geringsten Druckes befindet sich in einiger Entfernung davon stromabwärts auf der Saugseite (Rückseite) der Schaufel. Vergrößert sich der Volumenstrom und somit auch der Anströmwinkel β_0 unmittelbar vor der Eintrittskante, so wandert der Staupunkt auf die Saugseite der Schaufel, während die Stelle kleinsten Druckes auf die Druckseite (Vorderseite) der Schaufel gelangt. Gleichzeitig nimmt die Druckabsenkung infolge der vergrößerten Relativgeschwindigkeit zu. Das stete Absinken des Druckes mit der Zunahme des Volumenstroms hat zur Folge, daß bei großer Überlast und vorhandener Saughöhe stets Kavitation eintritt.

Verringert sich der Volumenstrom gegenüber dem Nennvolumenstrom, wird also der Anströmwinkel β_0 kleiner als der des stoßfreien Eintritts, so verlagert sich der Staupunkt nach der Druckseite der Schaufel. Der Ort kleinsten Druckes verbleibt auf der Saugseite, nähert sich aber der Schaufeleintrittskante. Obwohl die Relativgeschwindigkeit nunmehr verringert ist, ruft die falsche Anströmung der Schaufel (Verzögerungsstoß) eine zusätzliche Drucksenkung hervor. Sie fällt besonders groß aus, wenn sich die Strömung von der Schaufelwand ablöst. Es ist deshalb auch im Teillastbereich Kavitation zu beobachten.

Die durch Kavitation hervorgerufene Abnahme der Förderhöhe bzw. des Volumenstroms bei Teil- und Überlast wird an Hand der Abb. 34.4 anschaulich, in welcher die durch Versuch ermittelten Kennlinien einer Radialpumpe für unterschiedliche Saughöhen H_s dargestellt sind. Es handelt sich um eine einstufige Spiralgehäusepumpe geringer Schnelläufigkeit ($n_{qy} = 67{,}5 \cdot 10^{-3}$; $n_q = 22{,}5$) mit fliegend angeordnetem Laufrad und räumlich gekrümmten Laufschaufeln. Die Pumpe war saugseitig gegen Eindringen von Luft gut abgedichtet und förderte bei $n = 1495$ 1/min (24,92 1/s) reines, luftarmes Wasser, dessen Temperatur während der Versuche zwischen 16 und 18 °C schwankte. Der Luftdruck bewegte sich in den Grenzen von 762···767 Torr (1016···1023 mbar).

[1] Vgl. von der Nüll, W.: Untersuchungen am umlaufenden Kreiselpumpenrade, Diss. Techn. Hochschule Braunschweig 1935; ferner Dziallas, R.: Kavitationsbeobachtungen an radialen Kreiselpumpen mit räumlich gekrümmten Schaufeln. VDI-Z. 89 (1945) S. 41—45.

Die Abbildung läßt erkennen, daß sich die Q-H-Linien nur in bestimmten mittleren Volumenstrombereichen decken, im übrigen aber bei Überlast und Teillast mehr oder weniger voneinander abweichen. Meßbare Kavitationsfreiheit besteht für eine Kurve mit einer bestimmten Saughöhe H_s nur innerhalb des Volumenstrombereiches, in welchem sie sich mit derjenigen Kurve deckt, welcher eine kleinere Saughöhe zugeordnet ist. So erscheint z. B. die Q-H-Linie der Pumpe für $H_s = 4$ m nur innerhalb des Bereiches 4 — 4′ kavitationsfrei. Mit wachsender Saughöhe nimmt der kavitationsfreie Arbeitsbereich stetig ab. Er hat sich bei $H_s = 8$ m bereits auf das kleine Teilstück 8 — 8′ verringert. Für $H_s = 9$ m hat die Q-H-Kurve schließlich überhaupt keine Berührung mehr mit den übrigen Kurven, so daß hier die Pumpe bei stark verringerter Förderleistung ständig im Kavitationsgebiet arbeitet.

Im Teillastgebiet hat der Kurvenverlauf bei Eintritt der Kavitation für $H_s \gtreqless 4$ m eine Unstetigkeitsstelle. Die Förderhöhe sinkt plötzlich innerhalb eines kleinen labilen Bereiches, in welchem sich bei gleichem Q zwei verschiedene Förderhöhen einstellen können, um einen gewissen Betrag ab. Diese mitunter zu beobachtende Erscheinung hat ihre Ursache in einem Abreißen der Strömung von der Schaufelwand. Es entsteht ein dampferfüllter Totraum und als Folge davon ein Absinken der Förderhöhe und des Wirkungsgrades. Für $H_s > 4$ m weichen die Q-H-Linien im Teillastgebiet bei der vorliegenden Pumpe nur geringfügig voneinander ab.

Der Förderhöhenabfall nach Eintritt der Kavitation hat ein entsprechendes Absinken des Wirkungsgrades zur Folge. Das macht sich besonders im Überlastgebiet bemerkbar (Abb. 34.4). Im Teillastgebiet tritt die Wirkungsgradverschlechterung weniger deutlich in Erscheinung. Für $H_s = 6$, 7 und 8 m fallen hier die Meßpunkte so nahe zusammen, daß sie sich nur durch eine einzige Kurve verbinden lassen. Für $H_s = 9$ m wird der Verlauf der η-Kurve nicht nur durch die verringerte Förderhöhe, sondern auch durch eine über den ganzen Förderbereich ausgedehnte höhere Leistungsaufnahme bestimmt.

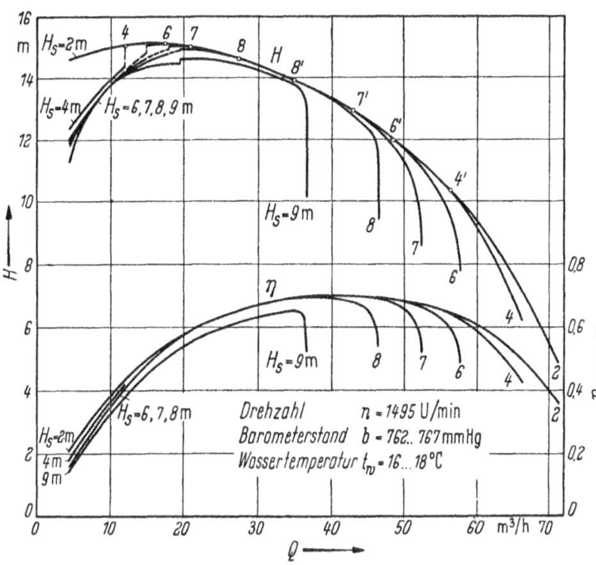

Abb. 34.4. Kennlinien einer einstufigen Spiralgehäusepumpe bei verschiedenen Saughöhen H_s

Die genaue Abgrenzung der in Abb. 34.4 durch Ziffern bezeichneten meßbaren kavitationsfreien Arbeitsbereiche für die verschiedenen Saughöhen H_s machte einen weiteren Versuch notwendig, der im folgenden — allerdings in bezug auf eine andere Pumpe — beschrieben ist. Es handelt sich um eine zweistufige Leitschaufelpumpe geringer Schnelläufigkeit und Leistung ($n_{qy} = 60 \cdot 10^{-3}$; $n_q = 20$) mit einfach gekrümmten Laufschaufeln. Die Ergebnisse sind in Abb. 34.5 niedergelegt. Dem Versuch liegt die Annahme zugrunde, daß die Pumpe so lange kavitationsfrei arbeitet, als sich bei wachsender Saughöhe, aber gleichbleibender Gesamtförderhöhe der Volumenstrom nicht verringert. Voraussetzung ist hierbei eine unveränderte Drehzahl und die Verhinderung jeglichen Lufteintritts in die Pumpe, also eine sorgfältige saugseitige Abdichtung der Versuchseinrichtung. Die Messungen beziehen sich auf reines, luftarmes Wasser von 12···13 °C, ferner auf einen Barometerstand von 763···765 Torr (1017···1020 mbar) und die Pumpendrehzahl $n = 2980$ 1/min (49,67 1/s). In der Abbildung ist der gemessene Volumenstrom Q für eine Anzahl Meßreihen mit jeweils gleichbleibender Gesamtförderhöhe H in Abhängigkeit von der im Saugstutzen der Pumpe eingestellten Saughöhe H_s aufgetragen. Es zeigt sich auch hier, daß die Saugfähigkeit der Pumpe, d.h. die Saughöhe H_s, bei welcher Kavitation durch Messung nicht festgestellt werden kann, für einen bestimmten Volumenstrom einen Größtwert erreicht, mit wachsendem und abnehmendem Volumenstrom aber absinkt. Besonders auffällig ist die schnelle Abnahme im Überlastgebiet. Nach Eintritt der Kavitation verringert sich der Volumenstrom mit wachsender Saughöhe in zunehmendem Maße, bis schließlich die Förderung ganz aufhört. Dieser Zustand stellt sich um so früher ein, je kleiner der Volumenstrom im kavitationsfreien Gebiet ist.

Die Pumpe hat ihre beste Saugfähigkeit nicht beim Volumenstrom des höchsten Gesamtwirkungsgrades, sondern bei einem größeren Volumenstrom[1]. Im Gegensatz dazu läßt Abb. 34.4 erkennen, daß die beste Saugfähigkeit der dort untersuchten Spiralgehäusepumpe bei einem kleineren Volumenstrom vorliegt. Wie weit und in welcher Richtung die Volumenströme der besten Saugfähigkeit und des höchsten Gesamtwirkungsgrades voneinander abweichen, hängt einmal von der Ausbildung des Laufradeintritts (Abschn. 34d), sodann aber auch von der Bemessung der Leitvorrichtung ab, welche die Größe des Volumenstroms und die Lage des Bestwirkungsgrades wesentlich mitbestimmt(Abschn. 14).[2]

[1] Die in Abb. 34.5 eingetragene Wirkungsgradkurve bezieht sich auf das kavitationsfreie Arbeitsgebiet der Pumpe.

[2] Für den Teillastbereich ist ferner die Art der Erzeugung der Saughöhe von Bedeutung Bei den Versuchen nach Abb. 34.4 u. 34.5 wurde die Saughöhe durch Drosselung mittels Saugschiebers erzeugt, wobei zum Ausgleich der hinter dem Schieber zunächst gestörten Strömung eine gerade Saugleitung ($l \approx 15\,d$) und ein Gleichrichter zwischen Drosselstelle und Pumpe eingeschaltet war. Bei dieser Anordnung tritt im Teillastbereich der untersuchten Spiralgehäusepumpe und auch der Leitschaufelpumpe nach Überschreitung einer gewissen Saughöhe Kavitation auf, während der mittlere Förderbereich noch kavitationsfrei ist. Das wird im allgemeinen nicht beobachtet, wenn die Saughöhe durch entsprechende Evakuierung eines geschlossenen Saugbehälters entsteht, und die gerade Saugleitung kurz und von störenden Einbauten frei ist. In diesem Fall bleibt die Drosselkurve im Teillastgebiet bis zu einer wesentlich größeren Saughöhe unverändert. Der Punkt bester Saugfähigkeit verschiebt sich nach kleineren Volumenströmen hin bis zur Nullförderung, so daß hier die Haltedruckhöhe ihren Kleinstwert erreicht. Die Ursache für das günstigere Verhalten der Pumpe im Teillastgebiet ist die größere Gleichmäßigkeit der Beaufschlagung der Laufradkanäle bei kleinem Volumenstrom. Ob außerdem die Entgasung des Förderwassers; also die Verringerung der Verdampfungskerne, einen Siedeverzug und somit eine Verzögerung des Kavitationsbeginns zur Folge hat, ist z.Z. noch ungeklärt.

Die in den Abb. 34.4 und 34.5 auf Grund von Druck- und Mengenmessungen als kavitationsfrei bezeichneten Arbeitsbereiche bedürfen insofern einer Berichtigung, als sichtbare Anzeichen beginnender Dampfbildung an der Schaufeleintrittskante bereits vorhanden sind, bevor sich eine meßbare Abnahme des Volumenstroms bzw. der Förderhöhe gegenüber dem kavitationsfreien Zustand eingestellt hat. Stroboskopische Beobachtungen von Minami, Kavaguchi und Homma[1] haben ergeben, daß die Dampfbildung schon bei einer Haltedruckhöhe H_{H_1} einsetzt, die z.T. wesentlich größer als H_H ist. Die Versuche wurden an einer Spiralgehäusepumpe mittlerer Schnelläufigkeit ($n_{qy} \approx 144 \cdot 10^{-3}$; $n_q \approx 48$) mit räumlich gekrümmten Laufschaufeln vorgenommen. Neben H_{H_1} und H_H wurde noch eine dritte Haltedruckhöhe H_{H_2} er-

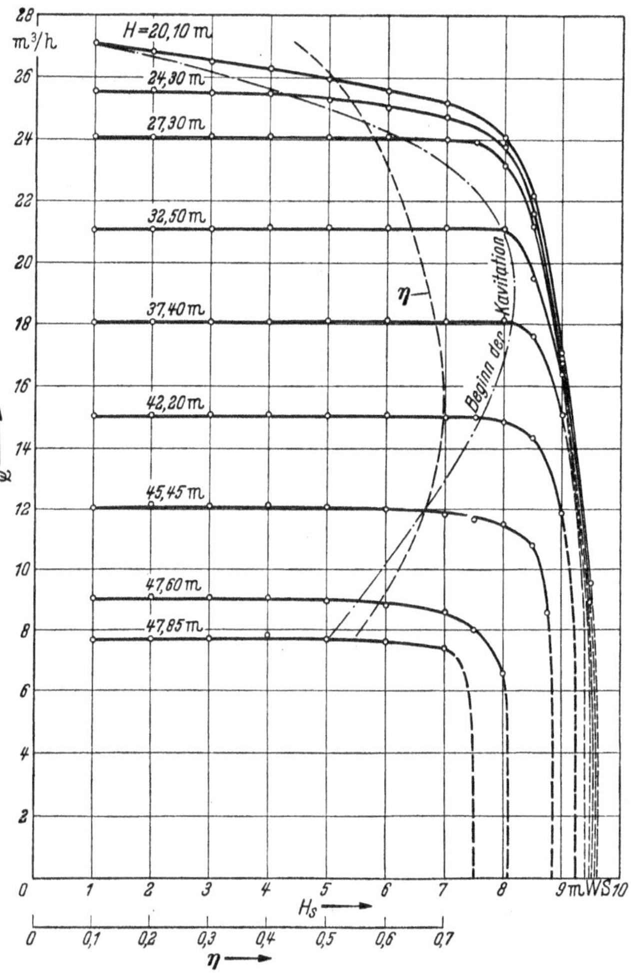

Abb. 34.5. Durch Messung ermitteltes kavitationsfreies Arbeitsfeld einer zweistufigen Kreiselpumpe mit Leitschaufeln (EDUR-Pumpenfabrik)

[1] Minami, Kavaguchi, Homma: Experimental Study on Cavitation in Centrifugal Pump Impellers. JSME (Japan Society of Mechanical Engineers) 3 (1960) Nr. 9, S. 19—29.

mittelt, die dem Zustand der vollständigen Kavitation entspricht, bei welcher also die Drosselkurve mehr oder weniger steil abzufallen beginnt. Abb. 34.6 gibt den Verlauf der drei Haltedruckhöhen in Abhängigkeit vom Volumenstrom der Pumpe wieder. Im Überlastbereich wurde die Dampfbildung auf der Druckseite, im Teillastbereich auf der Saugseite der Schaufeleintrittskante sichtbar. H_{H_1} hat seinen Kleinstwert und zugleich die kleinste Abweichung gegenüber H_H bei stoßfreiem Eintritt der Strömung in die Schaufelkanäle, wächst aber bei Teillast und besonders bei Überlast stark an. Im Teillastgebiet erreicht H_{H_1} bei dem „kritischen" Volumenstrom Q_K einen Höchstwert und nimmt mit kleiner werdendem Volumenstrom wieder ab.

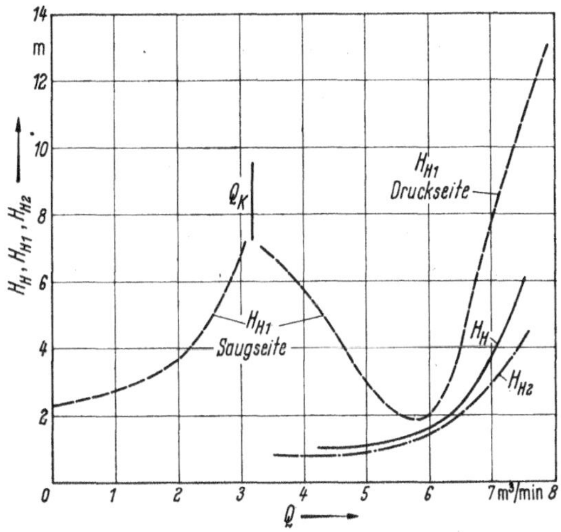

Abb. 34.6. Die Haltedruckhöhe H_{H1} der sichtbar werdenden Kavitation, die Haltedruckhöhe H_H des beginnenden Druckhöhenabfalls und die Haltedruckhöhe H_{H2} der voll ausgebildeten Kavitation in Abhängigkeit vom Volumenstrom

Im allgemeinen beginnt die Dampfbildung an der Stelle mit der höchsten Umfangsgeschwindigkeit (Punkt a, Abb. 34.1). Verringert sich der Volumenstrom bis auf Q_K, so reißt die Strömung bei a auf der Saugseite der Schaufel ab. Es entsteht der Ringwirbel B und ein Rückströmen des Wassers aus dem Laufrad (Abb. 33.5). Gleichzeitig wird das Totwasser des Wirbels in eine Rotationsbewegung um die Radachse versetzt. Die dabei auftretende Fliehkraft und das mit höherem Druck aus dem Laufrad rückströmende Wasser hat eine Druckzunahme in der Nähe des Punktes a zur Folge, so daß sich die Stelle des Kavitationsbeginns nach der Radnabe hin verschiebt. In dem durch das Totwasser des Ringwirbels verengten Eintrittsquerschnitt des Laufrades vergrößert sich die axiale Eintrittsgeschwindigkeit. Dadurch sowie durch den nun bestehenden Gleichdrall nähert sich die Anströmrichtung des Wassers der des stoßfreien Eintritts. Diese Erscheinungen treten um so mehr hervor, je weiter der Volumenstrom über Q_K hinaus abnimmt. Die Folge ist eine entprechende Verkleinerung von H_{H_1}.

Der (nicht vollständig angegebene) Verlauf von H_H läßt ein Ansteigen dieser Haltedruckhöhe im Teillastgebiet nicht erkennen, so daß hier die Drosselkurve trotz vorhandener Kavitation anscheinend nicht von der kavitationsfreien Kurve abweicht, wenn der für den Nennvolumenstrom notwendige Betrag von H_H nicht unterschritten wird.

Nach Abb. 34.6 erfordert die vollständige Vermeidung der Kavitation im Teil- und Überlastgebiet eine wesentlich größere Haltedruckhöhe als H_H. Da aber H_{H_1} nur optisch und daher im allgemeinen an der Pumpe nicht feststellbar ist, und da außerdem die Einhaltung eines so großen Abstandes des Saugstutzendrucks vom Dampfdruck zu sehr kleinen zulässigen Saughöhen bzw. zu übermäßig großen Zulaufhöhen führen würde, soll auch weiterhin für die Bestimmung des kavitationsfreien Zustandes die durch Messung feststellbare Haltedruckhöhe H_H maßgebend sein. Nachteile aus der Vernachlässigung von H_{H_1} sind bislang nicht bekannt geworden[1].

d) Saugzahl und Kavitationsbeiwert

Die rechnerische Vorausbestimmung der Halteenergie Y_H bzw. der Haltedruckhöhe H_H stößt heute noch auf große Schwierigkeiten. Einen Anhalt für die Berechnung liefert die Einführung des Begriffs der Saugzahl[2]. Geht man davon aus, daß die Abnahme der spezifischen Saugarbeit Y_H hervorgerufen wird durch die Zunahme der Relativgeschwindigkeit beim Eintritt in die Schaufelkanäle gegenüber der unbeeinflußten Geschwindigkeit w_0 vor der Saugkante der Schaufel sowie durch die Er-

---

[1] In der Praxis ist der Bezugspunkt für die Bestimmung der Haltedruckhöhe H_H nicht einheitlich festgelegt. H_H wird häufig für einen Zustand ermittelt, in welchem bereits eine gewisse Kavitation eingetreten ist, so daß die Förderhöhe bei gleichbleibendem Volumenstrom schon um einen bestimmten Betrag, im Grenzfall um etwa 3% gegenüber dem kavitationsfreien Zustand abgenommen hat. Eine solche willkürliche Festlegung der Kavitationsgrenze, die bei Verwendung geeigneter Werkstoffe im allgemeinen für die Pumpe noch keine Gefahr bedeutet, läßt die Haltedruckhöhe kleiner erscheinen, außerdem ergeben sich erfahrungsgemäß für die gleiche Pumpe je nach der Art des Fördermittels unterschiedliche Haltedruckhöhen. An sich ist die auf den physikalischen Beginn der Kavitation (die sichtbar werdende Kavitation) bezogene Haltedruckhöhe H_{H_1} in m FlS unabhängig vom Fördermittel und seiner Temperatur, also für die verschiedenen Flüssigkeiten die gleiche, wenn vom Einfluß der Viskosität abgesehen wird. Daß bei unterschiedlichen Fördermitteln die auf einen zugelassenen Förderhöhenabfall bezogenen Haltedruckhöhen voneinander abweichen, ist auf die speziellen Stoffeigenschaften, die Verdampfungs- und spezifische Wärme der Flüssigkeit sowie das spezifische Volumen des Dampfes und der Flüssigkeit zurückzuführen.

Geht man davon aus, daß der dreiprozentige Förderhöhenabfall bei dem betrachteten Volumenstrom jeweils durch die Bildung des gleichen sekundlichen Dampfvolumens an der Kavitationsstelle hervorgerufen wird, so erklären sich die unterschiedlichen Haltedruckhöhen der Flüssigkeiten daraus, daß die genannten Stoffeigenschaften jeweils andere Druckhöhenabsenkungen zur Erzeugung dieses Dampfvolumens erfordern. So zeigen bei Einhaltung des 3%-Kriteriums verflüssigte Kohlenwasserstoffgase kleinere Haltedruckhöhen als kaltes Wasser. Da die genannten Stoffgrößen von der Temperatur abhängig sind, hat auch diese Einfluß auf H_H. Für Wasser verringert sich deshalb die Haltedruckhöhe mit steigender Temperatur, wenn ein beschränkter, gleichbleibender Förderhöhenabfall zugelassen wird.

Nach DIN 1944 (Abnahmeversuche an Kreiselpumpen, 4. Ausgabe, Okt. 1968) ist die Haltedruckhöhe H_H der Pumpe die kleinste um die Verdampfungsdruckhöhe der Förderflüssigkeit verminderte Energiehöhe (Gesamtdruckhöhe) in Mitte Eintrittsquerschnitt, bei der die Pumpe mit der Nenndrehzahl, dem Nennvolumenstrom und der vorliegenden Förderflüssigkeit dauernd betrieben werden kann.

Offenbar wird hier ebenfalls eine gewisse Kavitation zugelassen, deren Betrag von der Beständigkeit des verwendeten Werkstoffs abhängt. Für die Bestimmung der Haltedruckhöhe der Pumpe erscheint diese Definition weniger geeignet als das obengenannte 3%-Kriterium.

[2] Pfleiderer, C.: Die Kavitationsgrenze bei Pumpen und Turbinen. VDI-Z. 92 (1950) Nr. 23, S. 629–635.

zeugung der Absolutgeschwindigkeit c_0 vor der Schaufel und die Überwindung der Reibung, so läßt sich unter Zuhilfenahme der Erfahrungszahlen λ_1 und λ_2 schreiben

$$Y_H = g\,H_H = \lambda_1 \frac{w_0^2}{2} + \lambda_2 \frac{c_0^2}{2}.$$

Das erste Glied der rechten Seite der Gleichung berücksichtigt demnach die Abnahme der Gesamtenergie, welche das Anwachsen der Relativgeschwindigkeit w_0 beim Eintritt der Flüssigkeit in die Schaufelkanäle zur Folge hat, während das zweite Glied die Abnahme der Gesamtenergie infolge Erzeugung der Absolutgeschwindigkeit c_0 einschließlich Reibungsverlust darstellt. Die größte Drucksenkung tritt offenbar an der Stelle a ein (Abb. 34.1), die bei der in den Saugmund vorgezogenen Schaufel bereits im zylindrischen Teil des Radeinlaufs liegt. Die weiteren Ausführungen sind daher auf diesen Punkt bezogen und auch für die Axialpumpe gültig.

Werden Volumenstrom, das Verengungsverhältnis des Eintrittsquerschnitts durch die Radnabe und die Drehzahl als festliegend angesehen, so läßt sich nachweisen, daß Y_H — von λ_1 und λ_2 abgesehen — eine Funktion des relativen Eintrittswinkel β_0 ist. Für einen bestimmten Winkel β_0, der von λ_1 und λ_2 abhängig ist, wird Y_H zum Kleinstwert. Dieser Bestwert des Relativwinkels errechnet sich für $\alpha_0 = 90°$ aus $\tan \beta_{0_b} = \sqrt{\frac{1}{2} \frac{\lambda_1}{\lambda_1 + \lambda_2}}$. Führt man als Mittelwerte $\lambda_1 = 0{,}3$ und $\lambda_2 = 1{,}2$ ein, so erhält man $\beta_{0_b} = 17°\,32'$. Für günstigere Einströmverhältnisse verringert sich der Bestwert β_{0_b}. Mit $\lambda_1 = 0{,}2$ und $\lambda_2 = 1{,}1$ erhält man beispielsweise $\beta_{0_b} = 15°\,30'$.

Es läßt sich ferner eine als Saugzahl S_y bezeichnete dimensionslose Kennzahl angeben, deren Größe ebenfalls von β_0 und den λ-Werten abhängt.

Zwischen der Halteenergie $Y_H = g\,H_H$ und der Saugzahl S_y besteht bei drallfreier Zuströmung, also $\alpha_0 = 90°$, die Beziehung

$$Y_H = g\,H_H = \left(\frac{n^2 Q'}{k S_y}\right)^{2/3}. \qquad (34,9)$$

Hierin bedeuten: Q' den um den Spaltverlust vermehrten Nennvolumenstrom in m^3/s, bei doppelströmigen Rädern für *eine* Radseite; n die sekundliche Drehzahl; $k = 1 - \left(\frac{d_n}{D_A}\right)^2$ den Verengungsfaktor des Eintrittsquerschnitts (D_A) durch die Radnabe (d_n). Man erhält Y_H in Nm/kg.

In ihrer ursprünglichen, auf das Technische Einheitensytem und die Haltedruckhöhe bezogenen Form lautet Gl. (34,9)

$$H_H = \left[\left(\frac{n}{100}\right)^2 \frac{Q'}{k S}\right]^{2/3}. \qquad (34,10)$$

wobei n die minutliche Drehzahl und S die zugehörige Saugzahl bezeichnen. Es besteht die Beziehung $S_y = 0{,}0904\,S$. Im Gegensatz zu S_y ist S nicht dimensionsfrei.

Die Gln. (34,9) und (34,10) gelten sowohl für Radial- als auch für Axialpumpen. Hinsichtlich der Saugfähigkeit der Pumpe ist die Saugzahl S_y bzw. S mit β_0 und den λ-Werten eine Kennzahl für die Güte der Konstruktion und Ausführung. Bei gleichbleibender Saugzahl nimmt die Saugfähigkeit mit wachsender Drehzahl und wachsendem Volumenstrom ab, während die in der Gleichung nicht erscheinende spezifische Förderarbeit bzw. die Förderhöhe ohne Einfluß bleibt.

Auf Grund von Versuchen an marktgängigen Pumpen sind nach Pfleiderer für den Punkt besten Wirkungsgrades und Wasser als Förderflüssigkeit folgende Saugzahlen ermittelt worden[1]:

Propeller mit drei Schaufeln	$S = 2{,}47$; $S_y = 0{,}223$
Radialrad mit einfach gekrümmten Schaufeln und schräger Saugkante	$S = 2{,}5$; $S_y = 0{,}226$
Radialrad mit einfach gekrümmten Schaufeln und achsparalleler Saugkante	$S = 2{,}35$; $S_y = 0{,}212$
Radialrad mit in den Saugmund vorgezogener Schaufeleintrittskante	$S = 2{,}9$; $S_y = 0{,}262$

Nach andern Versuchen[2] haben sich — besonders für große Maschinen und Sonderausführungen — erheblich größere Saugzahlen ergeben, woraus zu schließen ist, daß die Saugfähigkeit der Pumpe durch zweckmäßige Gestaltung und Anordnung des Laufrades verbessert werden kann. Günstig wirkt in diesem Sinne bei Radialpumpen axiale Einströmung, ein fliegend auf der Welle angeordneter Kreisel mit großem Eintrittsdurchmesser D_A, Vorziehen der räumlich gekrümmten Laufschaufeln in den Saugmund des Rades, Einbau eines Axialrades als Vorsatzläufer in den Saugstutzen, Verjüngung und sorgfältige Glättung der Schaufelanfänge, parallelwandige Ausführung des Laufrades bei Pumpen mit geringer Schnelläufigkeit, ferner ein leichter Gleichdrall der Eintrittsgeschwindigkeit, während ein Gegendrall die Saugfähigkeit stark vermindert.

Einfluß auf die Saugfähigkeit hat außerdem die Verengung des Laufradkanals durch die endliche Dicke der Laufschaufeln. Daraus erklärt sich die Beobachtung, daß eine Übertreibung des aus dem Geschwindigkeitsdiagramm ermittelten Eintrittswinkels β_1 vorteilhaft ist, was in einem gewissen Widerspruch mit der Theorie steht, nach welcher ein relativ kleiner Optimalwinkel β_{0_b} anzuwenden ist. Neben der Saugfähigkeit wird durch die Winkelübertreibung auch der Wirkungsgrad verbessert.

Allgemein ändert sich die Saugzahl gleichsinnig mit dem hydraulischen Wirkungsgrad, d.h. mit der Maschinengröße, so daß große Pumpen bessere Saugzahlen aufweisen als kleine. Hinzu kommt, daß bei kleinen Pumpen die Querschnittsverengung durch die Laufschaufeln, deren Stärke sich aus gießtechnischen Gründen nicht beliebig verringern läßt, besonders ins Gewicht fällt. Für Kleinpumpen mit gegossenen Kreiseln ergeben sich daher Saugzahlen, die unter den oben angeführten Werten liegen.

Nach Gl. (34,10) erhält man für die Saugzahl den Ausdruck

$$S = \frac{n^2}{10^4} \frac{Q'}{k H_H^{3/2}}.$$

Schreibt man diese Gleichung in der Form $10^4 Sk = \frac{n^2 Q'}{H_H^{3/2}}$ und zieht aus beiden Seiten die Wurzel, so folgt

$$10^2 \sqrt{Sk} = \frac{n\sqrt{Q'}}{H_H^{3/4}} = n_{qs}. \tag{34,11}$$

[1] Für zähe Flüssigkeiten vermindert sich die Saugfähigkeit der Pumpe.

[2] Krisam, F.: Neue Erkenntnisse im Kreiselpumpenbau. VDI-Z. 95 (1953) Nr. 11/12, S. 320 bis 326; ferner Rütschi, K.: Die Pfleiderer-Saugzahl als Gütegrad der Saugfähigkeit von Kreiselpumpen. Schweiz. Bauztg. 78 (1960) H. 12, S. 199—203.

Der Ausdruck für n_{qs} ist im englischen Sprachgebiet als Kennzeichnung der Saugfähigkeit im Gebrauch und wird wegen des gleichartigen Aufbaus mit dem Ausdruck für die spezifische Drehzahl im Technischen Einheitensystem als „suction specific speed" bezeichnet. Er ist wie die Saugzahl S nicht dimensionsfrei. Zwischen beiden Größen besteht die quadratische Beziehung

$$S = \frac{n_{qs}^2}{10^4\, k}.$$

Verändert man die Schreibweise der Gl. (34,9) in entsprechender Weise wie bei Gl. (34,10), so erhält man eine weitere dimensionslose Saugkennzahl

$$\sqrt{k S_y} = \frac{n \sqrt{Q'}}{Y_H^{3/4}} = n_{qsy}. \tag{34,12}$$

n_{qs} und n_{qsy} haben gegenüber S und S_y den Nachteil, daß sie die Veränderlichkeit der Querschnittsverengung des Saugmundes durch die Radnabe nicht berücksichtigen. Die vier Kennzahlen stehen untereinander in der Beziehung

$$S_y = \frac{n_{qsy}^2}{k} = 0{,}0904\, S = \frac{0{,}0904\, n_{qs}^2}{10^4\, k}. \tag{34,13}$$

Führen wir in Gl. (34,9) die spezifische Drehzahl $n_{qy} = n \dfrac{\sqrt{Q'}}{Y^{3/4}}$ ein, so ergibt sich

$$Y_H = Y \left(\frac{n_{qy}^2}{k\, S_y}\right)^{2/3} \tag{34,14}$$

oder

$$H_H = H \left(\frac{n_{qy}^2}{k\, S_y}\right)^{2/3},$$

wobei Y und H auf *eine* Stufe zu beziehen sind.

Nach Gl. (34,14) nimmt die Halteenergie mit wachsender spezifischer Förderarbeit und wachsender spezifischer Drehzahl zu. Große spezifische Stufenarbeiten liegen bei Kesselspeisepumpen, Wasserhaltungspumpen und Speicherpumpen vor, während hohe spezifische Drehzahlen für die Axialpumpen kennzeichnend sind. Pumpen dieser Bauarten können häufig nur mit großer spezifischer Zulaufenergie betrieben werden.

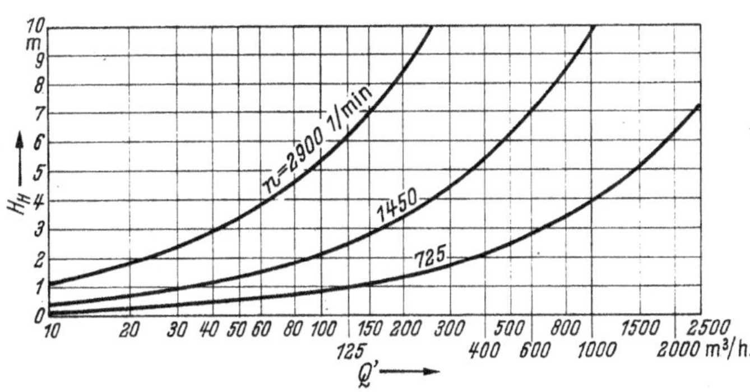

Abb. 34.7. Die Haltedruckhöhe in Abhängigkeit von Volumenstrom und Drehzahl nach Gl. (34.10) oder (34.9)

Der Quotient

$$\frac{Y_H}{Y} = \frac{H_H}{H} = \sigma = \left(\frac{n_{qy}^2}{k S_y}\right)^{2/3} \tag{34,15}$$

ergibt den Kavitationsbeiwert σ nach Thoma. Er ist u.a. von der spezifischen Drehzahl, also von der Radform abhängig.[1] Als Saugkennzahl ist σ insofern wenig geeignet, als hier zwei Größen ins Verhältnis gesetzt werden, die an sich nichts miteinander zu tun haben, da Y_H durch die Eigenschaften des Laufradeintritts, Y dagegen durch die Verhältnisse am Laufradaustritt bestimmt wird. Die in den Gln. (34,14 u. 34,15) zum Ausdruck kommende Abhängigkeit der Halteenergie von der spezifischen Förderarbeit besteht nur über die spezifische Drehzahl, ist aber in Wirklichkeit nicht vorhanden. Ersetzt man nämlich n_{q_y} durch $n\sqrt{Q'}/Y^{3/4}$, so erhält man nach Gl. (34,15)

$$\frac{Y_H}{Y} = \frac{1}{Y}\left(\frac{n^2 Q'}{k S_y}\right)^{2/3}.$$

Die Größe Y fällt heraus. Es ergibt sich wieder Gl. (34,9). Die spezifische Förderarbeit hat auf das Saugverhalten der Pumpe unmittelbar keinen Einfluß. Dieser besteht nur in Verbindung mit der spezifischen Drehzahl.

Abb. 34.7 veranschaulicht die Abhängigkeit der Haltedruckhöhe vom Volumenstrom und der Drehzahl nach Gl. (34,9) bzw. (34,10), jeweils bezogen auf den Nennvolumenstrom. Aus zeichnerischen Gründen hat die Abszisse eine logarithmische Teilung erhalten. Den Kurven liegen einströmige Pumpen mit der gleichbleibenden Saugzahl $S_y = 0{,}226$ bzw. $S = 2{,}5$ und dem Verengungsfaktor $k = 0{,}76$ zugrunde. Da die Saugzahl in Wirklichkeit keine Konstante ist, sondern von der Güte der Ausführung und Konstruktion sowie auch von der Größe der Pumpe abhängt, und der Verengungsfaktor mit dem Volumenstrom, der Drehzahl und der Stufenzahl veränderlich ist, so kommt der Abb. 34.7 nur qualitative Bedeutung zu. Sie läßt aber deutlich erkennen, daß zur Begrenzung der Haltedruckhöhe, also zur Einhaltung einer gewissen Saughöhe, die Pumpendrehzahl um so mehr gesenkt werden muß, je größer der Volumenstrom ist.

35. Die Regelung der Kreiselpumpe

Zweck der Regelung ist meistens die Anpassung des Volumenstromes der Pumpe an den Bedarf unter Angleichung der spezifischen Förderarbeit an die geänderte spezifische Energie des Widerstandes. Der besseren Anschaulichkeit wegen betrachten wir hier aber an Stelle der Energiewerte die entsprechenden Höhen, also die Förderhöhe der Pumpe und die ihr entgegenstehende Widerstandshöhe. Diese setzt sich im allgemeinen aus einem gleichbleibenden statischen Teil (H_{stat}) und einem veränderlichen dynamischen Teil (H_{dyn}) zusammen, der durch die Kennlinie der Rohrleitung bestimmt ist (Abb. 35.1). Bei dem Volumenstrom Q (Betriebspunkt B) stimmen Pumpenförderhöhe und Widerstandshöhe überein. Wird der Volumenstrom auf Q_1 verringert, so sinkt die Widerstandshöhe auf den Betrag H_1, während die Pumpe die größere Förderhöhe H_1' erzeugt. Der Gleichgewichtszustand kann dadurch herbei-

---

[1] Nach Versuchen von Krisam besteht neben der Abhängigkeit des Kavitationsbeiwertes von der spezifischen Drehzahl n_{qy} für kleine bis mittelgroße Pumpen noch ein starker Einfluß des Eintrittsdurchmessers D_A, des Volumenstroms Q und der Betriebsdrehzahl n. VDI-Z. 95 (1953) Nr. 11/12, S. 325/326.

geführt werden, daß die Höhendifferenz $H_1' - H_1$ durch Drosseln, d.h. weiteres Schließen des Druckschiebers, vernichtet wird.

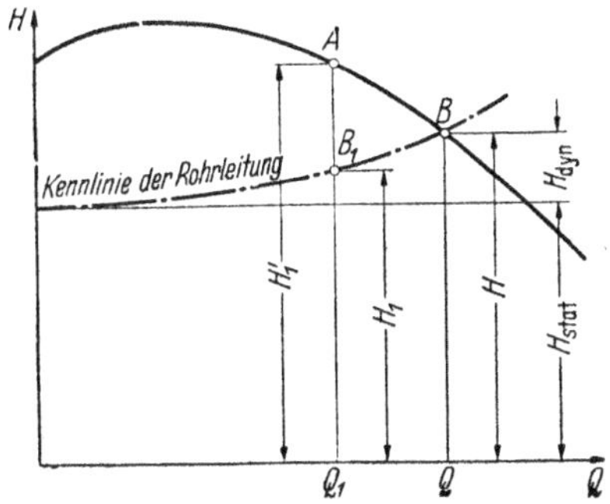

Abb. 35.1. Mengenregelung durch Drosselung

Die druckseitige Drosselung ist eine einfache, aber unwirtschaftliche Mengenregelung. Der durch die Druckhöhenminderung der Pumpe entstehende Verlust fällt um so größer aus, je steiler die Drosselkurve ist. Drosselregelung verlangt daher eine möglichst flach verlaufende Kennlinie, also die Anwendung des Leitrings oder des Spiralgehäuses.

Bei festliegender statischer Förderhöhe gestattet die Drosselregelung nur eine *Verkleinerung* des Volumenstromes. Sie ist ungeeignet bei Kreiselpumpen, deren Leistungsbedarf mit abnehmendem Volumenstrom ansteigt. Zu diesen gehören die Seitenkanalpumpe und die Pumpen großer Schnelläufigkeit, also in erster Linie die Propellerpumpe.

Eine weitere Möglichkeit der Mengenregelung besteht in der Anwendung drehbarer Leitschaufeln. Erfahrungsgemäß kann durch Verändern der Kanalweite a_4 (Abb. 14.3) der Volumenstrom der Radialpumpe in ziemlich weiten Grenzen variiert werden. Allerdings tritt auch hierbei — sofern die Drehzahl beibehalten wird — eine Minderung des Wirkungsgrades ein, weil die Drehschaufeln zwecks Angleichung der Förderhöhe an die Widerstandshöhe nicht auf stoßfreien Eintritt eingestellt werden dürfen. Ferner zeigt sich bei der Kreiselpumpe im Gegensatz zur Wasserturbine, wo sich diese Regelungsart gut bewährt hat, ein betrieblicher Nachteil. Durch die vorbeistreichenden Laufradschaufeln endlicher Dicke werden die Leitschaufeln pulsierend und außerdem unter falschem Winkel angeströmt, so daß sie bei der verhältnismäßig großen Wassergeschwindigkeit zum Vibrieren bzw. Flattern neigen[1]. Die Folgen sind ein vorzeitiger Verschleiß durch Ausschlagen der Gelenke und ein unruhiger Lauf der Pumpe.

Die mit der Leitschaufelverstellung verbundene Drosselung zur Angleichung der Förderhöhe an die Widerstandshöhe läßt sich vermeiden, wenn mit der Leitschaufelverstellung eine Drehzahländerung verbunden ist, die einen stoßfreien Eintritt der Flüssigkeit in die Leitkanäle ermöglicht.

Die Drehzahländerung ist allgemein eine geeignete Maßnahme zur Anpassung des Volumenstroms der Pumpe an den jeweiligen Bedarf. Im Kennfeld der Pumpe (Abb. 35.2) entspricht jeder Drehzahl eine andere Drosselkurve. Im kavitationsfreien

[1] Canaan, H. F.: Der heutige Stand des Wasserturbinenbaus. VDI-Z. 93 (1951) 1090.

Arbeitsgebiet sind alle Drosselkurven durch das Affinitätsgesetz aneinander gebunden. Da sich hiernach der Volumenstrom linear, die Förderhöhe quadratisch mit der Drehzahl ändert, liegen zugeordnete Punkte der verschiedenen Drosselkurven auf Parabeln, die ihren Scheitel im Koordinatenursprung haben. In allen Punkten einer solchen Parabel herrschen geometrisch ähnliche Geschwindigkeitsverhältnisse, weshalb sie in bezug auf die Anströmung der Schaufeleintrittskante auch als Parabeln gleichen Stoßzustandes bezeichnet werden.

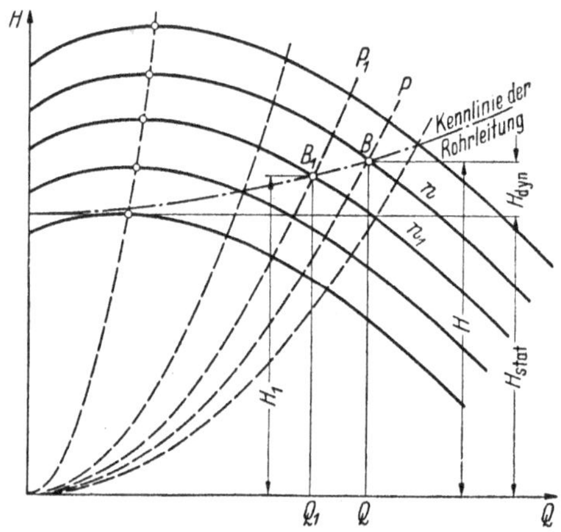

Abb. 35.2. Mengenregelung durch Drehzahländerung

B sei der Betriebspunkt stoßfreier Anströmung der Schaufeln mit dem Volumenstrom Q, der Förderhöhe H und der Drehzahl n. Durch Verringerung der Drehzahl auf n_1 wandert der Betriebspunkt auf der Kennlinie der Rohrleitung nach B_1 mit dem verringerten Volumenstrom Q_1 und der Förderhöhe H_1, die mit der von der Pumpe zu überwindenden Widerstandshöhe identisch ist. Ein Drosselverlust ist somit vermieden. Der Übergang von der Parabel P nach der Parabel P_1 ist lediglich mit einem gewissen Stoßverlust verbunden.

Die Regelung des Volumenstroms mittels der Pumpendrehzahl setzt eine Antriebsmaschine mit veränderlicher Drehzahl voraus, z.B. einen Gleichstrommotor. Bei unveränderlicher Drehzahl der Antriebsmaschine kann durch Schaltgetriebe oder auch stufenlos regelbare Getriebe Abhilfe geschaffen werden. Drehstrommotoren mit Kurzschlußläufer haben eine fast gleichbleibende Drehzahl. Jedoch ist auch bei Drehstrom eine verlust- und stufenlose Drehzahländerung durch Verwendung von Nebenschlußkommutatormotoren mit Läufer- oder Ständerspeisung möglich. Beim läufergespeisten Drehstrom-Nebenschlußmotor geschieht die Drehzahlregelung durch Verstellen der Kommutatorbürsten. Die Drehzahl des ständergespeisten Nebenschlußmotors läßt sich dadurch ändern, daß die stetig veränderliche Spannung eines Regeltransformators den Bürsten des Kommutators zugeführt wird.

Regelung des Volumenstroms ist ferner durch Verstellung der Laufschaufeln bei konstant gehaltener Drehzahl möglich. Von dieser Art der Mengenregelung wird bei Propellerpumpen (Kaplanpumpen) vielfach Gebrauch gemacht. Im Kennfeld der Propellerpumpe (Abb. 35.3) entspricht jedem Einstellwinkel γ eine besondere H- und η-Kurve. γ ist der Verstellwinkel gegenüber der Normallage des Schaufelprofils. Es zeigt sich, daß durch die Schaufelverstellung die Förderhöhe der Pumpe innerhalb eines weiten Förderbereichs der Rohrleitungskennlinie angepaßt werden kann. Die Einhüllende der Wirkungsgradkurven läßt zugleich erkennen, daß dabei ein guter Wirkunsgrad erreichbar ist.

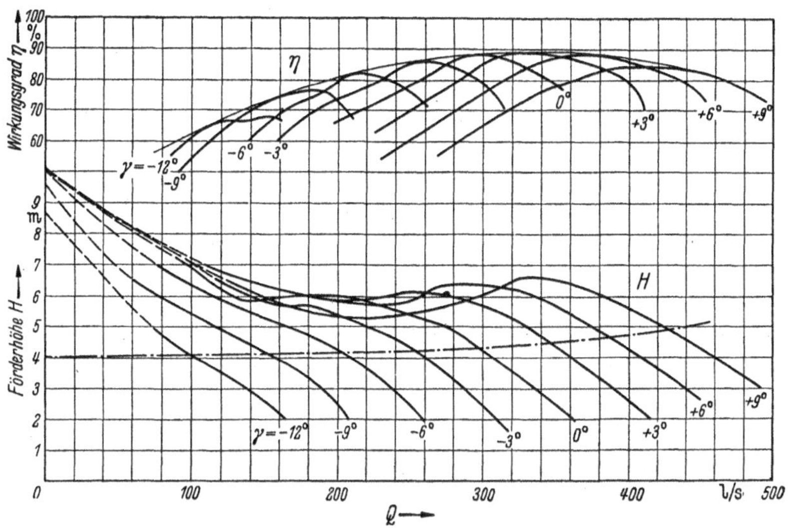

Abb. 35.3. Mengenregelung durch Laufschaufelverstellung (Escher Wyss)

Eine weitere, ebenfalls auf eine bestimmte Bauart beschränkte Regelungsart ist die Vordrallregelung[1], deren Wirkungsweise sich an Hand der Eulerschen Gleichung erklären läßt. Für endliche Schaufelzahl beträgt die theoretische Förderhöhe bezogen auf den Strömungszustand unmittelbar vor und unmittelbar hinter den Laufschaufeln $H_{th} = (u_2 c_3 \cos \alpha_3 - u_1 c_0 \cos \alpha_0)/g$. Hiernach ist die theoretische und somit auch die wirkliche Förderhöhe der Kreiselpumpe bei gleichbleibender Umfangsgeschwindigkeit u. a. von α_0, also dem Drall der zuströmenden Flüssigkeit abhängig. Für $\alpha_0 < 90°$ (Gleichdrall) ergibt sich eine Abnahme, für $\alpha_0 > 90°$ (Gegendrall) eine Zunahme der Förderhöhe. Längs der Rohrleitungskennlinie ändert sich gleichsinnig auch der Volumenstrom und die Leistungsaufnahme.

Die Vordrallregelung läßt allerdings eine Anpassung des Volumenstroms an den Bedarf in den praktisch notwendigen Grenzen nur bei Pumpen mit großer spezifischer Drehzahl (etwa $n_{qy} \gtreqless 300 \cdot 10^{-3}$; $n_q \gtreqless 100$) zu, ist also nur bei schnelläufigen, einstufigen Pumpen anwendbar. Besonders geeignet ist die Halbaxialpumpe. Das Kennfeld einer Schraubenpumpe mit Vordrallregelung ist aus Abb. 47.2 ersichtlich.

Der veränderliche Drall des Zustroms wird durch radial gerichtete Eintrittsleitschaufeln erzeugt, die in einigem Abstand vor dem Laufrad drehbar angeordnet sind. Leitschaufelwinkel und Zuströmwinkel α_0 stimmen nur für senkrechten Wassereintritt überein, während bei kleiner oder größer werdendem Zuströmwinkel der Leitschaufelwinkel in zunehmendem Maße unter- bzw. übertrieben werden muß. Die Verstellung der Leitschaufeln erfolgt über Zahnsegmente und einen den Einlauf

[1] Saalfeld, K.: Die Vordrallregelung von schnelläufigen Kreiselpumpen. BWK 11 (1959) Nr. 11, S. 521–527.

umfassenden Zahnkranz, der seinerseits durch eine Gelenkwelle von Hand oder elektrisch verdreht wird (Abb. 47.1).

Eine gewisse Ähnlichkeit mit der Vordrallregelung hat die Bypass-Drallregelung[1]. Sie eignet sich ebenfalls für schnelläufige Pumpen, insbesondere die Halbaxialpumpe. Hier wird aus dem Druckraum oder der Druckleitung ein Teil des Pumpenvolumenstroms abgezweigt und durch eine Zweigleitung (Bypass) über ein Regulierorgan vor den Saugtrichter der Pumpe zurückgeführt. Dabei tritt der Anzapfstrom durch feststehende, achsparallele Düsen aus, die vor dem Saugtrichter angeordnet und so ausgebildet sind, daß das in den Saugtrichter einströmende Ansaugwasser einen Gleichdrall erhält. Durch geeignete Formgebung der Düsen und ihres Anschlusses an die Wasserzuführung wird verhindert, daß sich bei fehlendem Düsenstrom im Saugtrichter eine Drallströmung ausbilden kann. Die Wirkung dieser Regelung beruht einmal darauf, daß sich nach Öffnen des Regulierschiebers in der Zweigleitung die auf den Nutzvolumenstrom bezogene Drosselkurve der Pumpe verändert, und zwar vermindert sich bei gleichbleibender Stellung des Schiebers in der Zweigleitung der Volumenstrom der ursprünglichen Drosselkurve jeweils um den mit der Wurzel aus der Förderhöhe veränderlichen Zweigstrom. Der Schnittpunkt der Rohrleitungskennlinie mit der geänderten Drosselkurve — der Betriebspunkt — verschiebt sich nach links. Somit verringert sich Förderhöhe und Nutzvolumenstrom.

Zum andern führt der Gleichdrall im Pumpensaugmund nach den Darlegungen über die Vordrallregelung zu einer weiteren Abnahme der genannten Größen.

Bezogen auf den Nutzvolumenstrom erhält man für jede Einstellung des Regulierschiebers in der Zweigleitung eine andere Drosselkurve. Das aus ihrer Summe gebildete Kennfeld ähnelt demjenigen, das sich bei der Vordrallregelung ergibt (Abb. 47.2). Allerdings ist nur eine Verkleinerung des Nutzvolumenstroms möglich. Außerdem nähern sich — im Gegensatz zur Vordrallregelung — die einzelnen Drosselkurven im Überlastgebiet um so mehr, je weiter die Förderhöhe absinkt. Die Ursache ist die Abnahme des Anzapfstromes mit der Förderhöhe. Im Überlastgebiet ist deshalb der Regelbereich gering, was aber praktisch kaum von Bedeutung ist.

Alle hier genannten Regelungsarten führen bei sinnvoller Anwendung zu einer Verringerung der Leistungsaufnahme, wenn sich der Betriebspunkt längs der Rohrleitungskennlinie (für den Nutzstrom) zu kleineren Volumenströmen hin bewegt. Die Leistungsersparnis ist zwar bei der Drosselregelung nur geringfügig, im übrigen aber, vor allem bei den Regelungen durch Drehzahländerung und Laufschaufelverstellung beachtlich. Dagegen hat eine Abweichung vom Nennvolumenstrom im allgemeinen eine Verschlechterung des Kavitationsverhaltens der Pumpe zur Folge. Das gilt bei abnehmendem Volumenstrom nicht für die Regelung durch Laufschaufelverstellung und nur in geringem Maße für die Regelung durch Drehzahländerung. Diese beiden Regelungsarten sowie die Vordrallregelung lassen auch eine *Vergrößerung* der Förderhöhe bei gleichbleibendem Volumenstrom zu. Eine derartige Verlegung des Betriebspunktes kann sich beispielsweise für die Kühlwasserpumpen in Kraftwerken ergeben, wenn in den Wintermonaten zwar genügende Frischwassermengen für den

[1] Faschallegg, E.; Jäger, L.: Regelung von Kreiselpumpen. Maschinenmarkt 76 (1970) Nr. 41, S. 890—894.

Kondensatorbetrieb zur Verfügung stehen, in heißen Sommermonaten aber infolge Wassermangel rückgekühltes Wasser verwendet werden muß, wenn also der Kühlturmbetrieb eine größere Pumpenförderhöhe verlangt.

36. Änderung der Pumpenleistung

Im praktischen Betrieb ergibt sich nicht selten die Notwendigkeit, die spezifische Förderarbeit, also die Förderhöhe einer in ihren Abmessungen bereits vorliegenden Radialpumpe unter Beibehaltung der Drehzahl geänderten Betriebsverhältnissen anzupassen. Es kann sich dabei sowohl um eine Vergrößerung als auch um eine Verkleinerung der Förderhöhe handeln. Eine *Vergrößerung* der Förderhöhe ist allerdings unter Verwendung der vorhandenen Bauteile nur in geringem Maße und nur bedingt möglich. Hat die Laufschaufel am Austrittsende noch ihre volle Wandstärke, so kann durch einseitiges Zuschärfen des Schaufelendes der Austrittswinkel und damit die Förderhöhe etwas vergrößert werden. Wesentlich wirksamer läßt sich eine *Verkleinerung* der Förderhöhe durch Ausdrehen bzw. Abdrehen des Laufrades durchführen, wenngleich auch hier mit Rücksicht auf den Wirkungsgrad je nach der Laufradform mehr oder weniger enge Grenzen gesetzt sind. Von dieser Möglichkeit der Förderhöhenänderung wird auch bei der serienmäßigen Herstellung von Kreiselpumpen weitgehend Gebrauch gemacht, um mit den gleichen Bauteilen einer Type einen möglichst großen Arbeitsbereich zu bestreichen.

Arbeitet die Pumpe mit einem Leitrad, so ist es vorteilhaft, nur die Laufschaufeln auszudrehen, die Seitenwände des Laufrades aber mit Rücksicht auf eine ungestörte Zuführung des Wassers zu den Leitkanälen stehen zu lassen. Sind Leitschaufeln nicht vorhanden, besteht also die Leitvorrichtung beispielsweise in einem Spiralgehäuse, so würden die unveränderten Seitenwände zwar auch eine bessere Wasserführung bewirken, die sich gegenüber den abgedrehten Wänden in einer größeren Förderhöhe ausdrückt. Trotzdem ist aber der Wirkungsgrad schlechter, weil sich der Leistungsaufwand durch die vermehrte Radseitenreibung stärker auswirkt als der Druckhöhengewinn durch die bessere Wasserführung. Bei Laufrädern, die in einem Spiralgehäuse ohne Leitschaufeln arbeiten, müssen daher auch die Seitenwände abgedreht werden.

Das Abdrehen des Laufrades vom Durchmesser D_2 auf den Durchmesser D_2' hat neben der Verkleinerung der Förderhöhe wegen der Verringerung der absoluten Austrittsgeschwindigkeit und des Austrittsquerschnitts (für gleichbleibende Austrittsbreite) auch eine Abnahme des Volumenstroms zur Folge. Bei der Bestimmung des neuen Durchmessers, dem die Förderhöhe H' und der Volumenstrom Q' entspricht, kann man für etwa gleichbleibenden Austrittswinkel β_2 und unveränderte Austrittsbreite b_2 des Laufrades näherungsweise davon ausgehen, daß sich Förderhöhe und Volumenstrom quadratisch mit dem Austrittsdurchmesser ändern. Das führt zu den Beziehungen

$$D_2'^2 : D_2^2 = H' : H = Q' : Q. \tag{36,1}$$

Die tatsächliche Förderleistung des auf dem Durchmesser D_2' abgedrehten Laufrades ist aber geringer als sich aus der vorstehenden Gleichung ergibt. Durch die Verkürzung der Schaufel wird nämlich das statische Moment des mittleren Stromfadens verkleinert, somit die Minderarbeit des Laufrades vergrößert. Dazu kommt bei entsprechender Schnelläufigkeit des Rades eine Verschlechterung der Wasserführung, also des hydraulischen Wirkungsgrades. Zur Erreichung der erwarteten Förderleistung muß also das Rad weniger stark abgedreht werden. Nach Rütschi[1] ist der Durchmesser D_2 nur um das Maß $\Delta D = k(D_2 - D_2')$ auf $D_2'' = D_2 - \Delta D$ zu verkleinern, wobei der Faktor k einen an zahlreichen Spiralgehäusepumpen unterschiedlicher Größe und Schnelläufigkeit ermittelten Berichtigungswert darstellt. Innerhalb des untersuchten Bereiches $0{,}8 \leqq \frac{D_2''}{D_2} \leqq 1$ ist k für die einzelne Pumpe im Gebiet des besten Wirkungsgrades nur wenig veränderlich. Eine Zusammenfassung sämtlicher im Bereich des besten Wirkungsgrades gemessener Berichtigungswerte ist aus Abb. 36.1 ersichtlich, und zwar in Abhängigkeit von der spezifischen Drehzahl n_{qy}. Die k-Werte streuen unabhängig von der Größe der Pumpe und dem Grad des Abdrehens in dem gezeichneten Rahmen. Hiernach nimmt der Berichtigungswert im allgemeinen mit wachsender spezifischer Drehzahl ab.

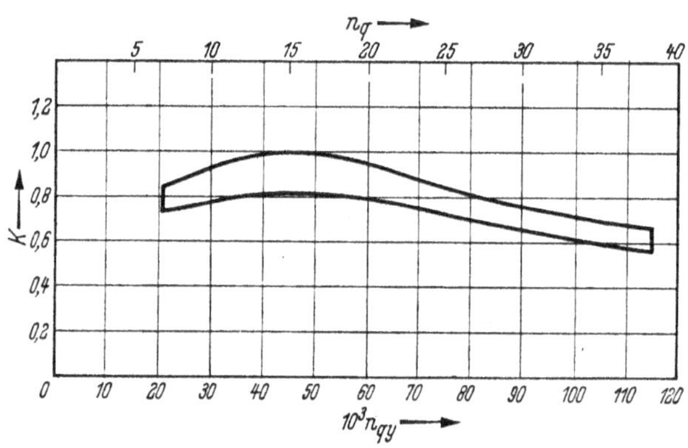

Abb. 36.1. Berichtigungswert k für das Abdrehen der Laufräder in Abhängigkeit von der spezifischen Drehzahl n_{q_y} (nach Rütschi)

Aus dem Vorhergehenden ergibt sich, daß eine exakte rechnerische Bestimmung des neuen Durchmessers nicht möglich ist. Das trifft besonders dann zu, wenn die mit dem Spiralgehäuse gewonnenen Ergebnisse auf eine andere Leitvorrichtung übertragen werden. Es ist deshalb zu empfehlen, das Laufrad zunächst auf einen etwas größeren als den errechneten Durchmesser ab- bzw. auszudrehen und nach erfolgter Erprobung den endgültigen Durchmesser festzulegen.

Wichtig ist das Verhalten des Pumpenwirkungsgrades η' nach dem Abdrehen des Laufrades. Abb. 36.2 läßt die verhältnismäßige Änderung des Bestwirkungsgrades η'/η in Abhängigkeit vom Grad der Durchmesserverkleinerung D_2''/D_2 und der spezifischen Drehzahl erkennen. Für Laufräder mit geringer Schnelläufigkeit bedeutet eine mäßige Verkleinerung des Raddurchmessers eine Verbesserung des Wirkungsgrades, weil sich die bei diesen Rädern beachtliche Radseitenreibung verkleinert. Gleichzeitig wird der Reibungsweg im Schaufelkanal verkürzt, ohne daß die Wasserführung beeinträchtigt wird. Erst bei stärkerem Abdrehen geht der Wirkungsgrad unter den ursprünglichen Wert zurück. Im Gegensatz dazu reagieren schnelläufige

[1] Rütschi, K.: Untersuchungen an Spiralgehäusepumpen verschiedener Schnelläufigkeit. Schweizer Arch. angew. Wiss. Techn. 17 (1951) S. 36–38.

Räder auf das Abdrehen sofort mit einer Abnahme des Wirkungsgrades als Folge der Verschlechterung der Wasserführung in den an sich kurzen Schaufelkanälen. Der Verringerung des Laufraddurchmessers sind hier also enge Grenzen gesetzt.

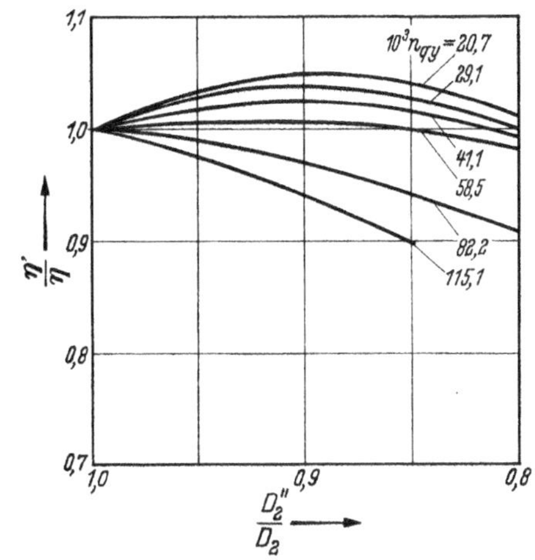

Abb. 36.2. Das Wirkungsgradverhältnis η'/η in Abhängigkeit vom Durchmesserverhältnis D_2''/D_2 und der spezifischen Drehzahl n_{q_y} (nach Rütschi)

Die Änderung des Wirkungsgrades nach schrittweise verkleinertem Laufraddurchmesser D_2 wird in den Abb. 36.3 und 36.4, welche die Kennlinien zweier Spiralgehäusepumpen wiedergeben, besonders anschaulich. Während für die langsamläufige Pumpe nach Abb. 36.3 ($n_{qy} = 42 \cdot 10^{-3}$; $n_q = 14$) der Bestwirkungsgrad mit der Verkleinerung des Raddurchmessers zunächst zunimmt, hat das Abdrehen bei der schnelläufigen Pumpe nach Abb. 36.4 ($n_{q_y} = 180 \cdot 10^{-3}$; $n_q = 60$) sofort eine Abnahme des Wirkungsgrades zur Folge.

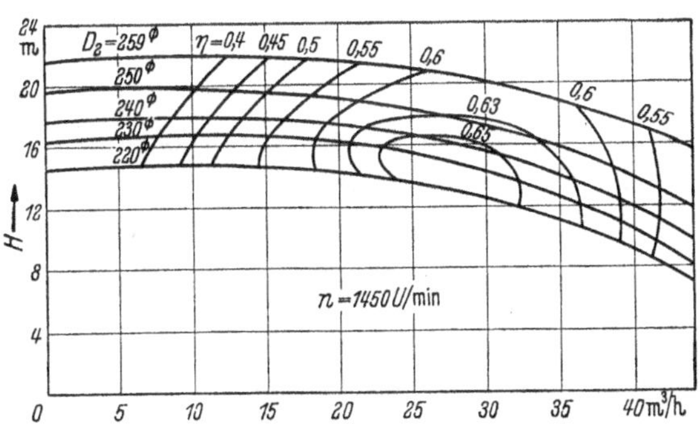

Abb. 36.3. Wirkungsgradänderung einer langsamläufigen Spiralgehäusepumpe ($n_{qy} = 42 \cdot 10^{-3}$; $n_q = 14$) nach schrittweise verkleinertem Raddurchmesser (KSB)

Neben der vorstehend behandelten dauernden Änderung der Pumpenleistung wird — ebenfalls unter Beibehaltung der Drehzahl — mitunter eine vorübergehende Verkleinerung der Förderleistung erforderlich. Dabei kann es sich darum handeln, die Förderhöhe für einen festgelegten Volumenstrom um einen bestimmten Betrag zu senken oder Volumenstrom und Leistungsaufnahme auf einen Höchstwert zu be-

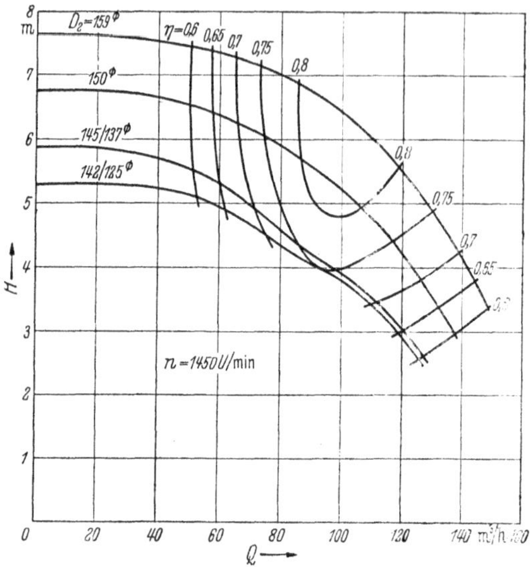

Abb. 36.4. Wirkungsgradänderung einer schnelläufigen Spiralgehäusepumpe ($n_{sy} = 180 \cdot 10^{-3}$; $n_q = 60$) nach schrittweise verkleinertem Raddurchmesser (KSB)

grenzen oder auch darum, die Steilheit der Drosselkurve zu vergrößern. Derartige Änderungen der Pumpenleistung lassen sich unter Inkaufnahme eines Energieverlustes mittels einer scharfkantigen Lochblende ermöglichen, die so in die Druckleitung eingebaut wird, daß die Flüssigkeit gegen die scharfe Kante der Blende strömt (Abb. 36.5). Der durch die Drosselwirkung der Blende verursachte Verlust an spezifischer Energie ΔY (Borda-Carnotscher-Verlust) ist mit Hilfe des Impulssatzes und der Energiegleichung errechenbar. Man erhält

$$\Delta Y = g\,\Delta H = \frac{c^2}{2}\left[\frac{1}{\mu}\left(\frac{D}{d_B}\right)^2 - 1\right]^2. \tag{36,2}$$

In dieser Gleichung bezeichnen ΔH den Druckhöhenverlust, c die mittlere Geschwindigkeit im Rohr, D den lichten Rohrdurchmesser, d_B den lichten Blendendurchmesser und μ die Kontraktionszahl. μ ist eine Funktion des Öffnungsverhältnisses $m = \left(\frac{d_B}{D}\right)^2$, bei kleinem Durchsatz auch der Reynoldsschen Zahl. Im Bereich der Unabhängigkeit von der *Re*-Zahl kann man für die Ausführung der Blende nach Abb. 36.5 etwa mit folgenden Zahlenwerten rechnen:

$m = \left(\frac{d_B}{D}\right)^2 =$	0,05	0,1	0,2	0,3	0,4	0,5	0,6
$\mu =$	0,60	0,60	0,61	0,625	0,64	0,655	0,675

Bei Verwendung von Grundeinheiten erscheint ΔY in der Einheit $m^2/s^2 = Nm/kg$. Löst man Gl. (36,2) nach d_B auf, so ergibt sich

$$d_B = \frac{D}{\sqrt{\mu\left(1 + \frac{\sqrt{2\Delta Y}}{c}\right)}} \tag{36,3}$$

Beispiel. Die in Abb. 36.5 dargestellten Kennlinien einer Kreiselpumpe (ausgezogene Kurven) sollen durch Einbau einer Lochblende in das Druckrohr ($D = 100$ mm Durchmesser) so geändert werden, daß sich die Förderhöhe beim Volumenstrom $Q = 50$ m³/h Wasser von $H = 55$ m auf $H = 45$ m verringert.

Beim Volumenstrom $Q = 50$ m³/h entsteht im Druckrohr eine mittlere Geschwindigkeit $c = 1{,}77$ m/s. Da das Öffnungsverhältnis noch unbekannt ist, schätzen wir die Kontraktionszahl zunächst zu $\mu = 0{,}60$. Damit errechnet sich nach Gl. (36,3) der Blendendurchmesser

$$d_B = \frac{D}{\sqrt{\mu\left(1 + \frac{\sqrt{2\Delta Y}}{c}\right)}} = \frac{0{,}1}{\sqrt{0{,}60\left(1 + \frac{\sqrt{2 \cdot 98{,}1}}{1{,}77}\right)}} = 0{,}04325 \text{ m}$$

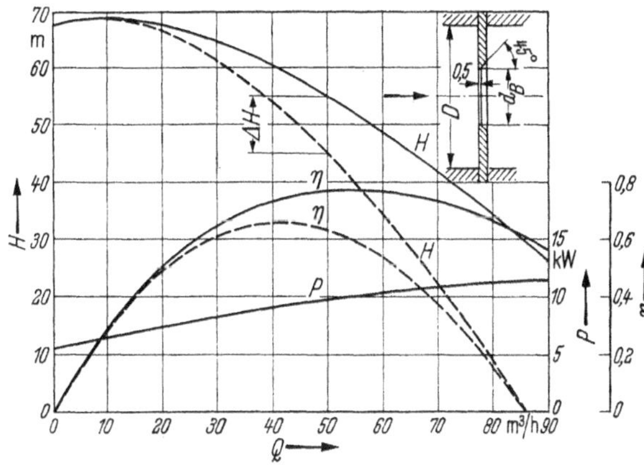

Abb. 36.5.
Änderung der Kennlinien einer Kreiselpumpe durch Einbau einer Lochblende in das Druckrohr

und das Öffnungsverhältnis $m = \left(\frac{d_B}{D}\right)^2 = 0{,}187$. Letzterem ist eine etwas größere Kontraktionszahl zugeordnet. Wir berichtigen den geschätzten Zahlenwert und erhalten mit $\mu = 0{,}61$

$$d_B = 0{,}0429 \text{ m} = 42{,}9 \text{ mm}.$$

Da sich der Verlust an Förderhöhe ΔH nach Gl. (36,2) proportional c^2, also auch proportional Q^2 ändert, läßt sich für gleichbleibende Kontraktionszahl die neue Drosselkurve leicht ermitteln. Die Kurve der Leistungsaufnahme erfährt keine Änderung, erstreckt sich jetzt aber nur über den verkleinerten Bereich des Volumenstroms. Die zugehörige Wirkungsgradkurve erhält man, wenn die Ordinaten der ursprünglichen Kurve im Verhältnis $(H - \Delta H)/H$ verkleinert werden.

Die geänderten Kennlinien sind gestrichelt in das Diagramm eingezeichnet.

37. Modellgesetze

Kreiselpumpen von sehr großer Leistung sind meistens Einzelkonstruktionen, für welche Erfahrungen mit vergleichbaren Maschinen nicht in ausreichendem Maße vorliegen. Der Herstellung in der Werkstatt gehen deshalb gewöhnlich Versuche mit einem verkleinerten Modell voraus, das der projektierten Großausführung hinsichtlich der wasserführenden Teile in allen Einzelheiten geometrisch ähnlich nachgebildet ist. Der Modellversuch läßt erkennen, inwieweit die Hauptpumpe den gestellten Forderungen genügen wird, und gibt dem Konstrukteur die Möglichkeit, bestehende Mängel ohne wesentliche Kosten zu beseitigen. Aber auch zur Gewinnung einer Typenreihe von unter sich geometrisch ähnlichen Pumpen lassen sich aus Versuchen an einer vorliegenden Pumpe Schlüsse auf die Kennlinien anderer Pumpen der Reihe mit größerer oder kleinerer Leistung ziehen[1].

Zur Aufstellung der zwischen Modell und Hauptausführung bestehenden Gesetzmäßigkeiten gehen wir von der auf die Nennleistung bezogenen spezifischen Drehzahl aus, die bei geometrisch ähnlichen Abmessungen und mechanisch ähnlichem Strömungszustand für beide Pumpen die gleiche ist. Versehen wir die auf das Modell bezogenen Größen mit dem Zeiger m, so gilt nach Gl. (7,5), Abschn. 7),

$$n_{qy} = n\sqrt{Q}/Y^{3/4} = n_m\sqrt{Q_m}/Y_m^{3/4}. \tag{37,1}$$

Daraus folgt zunächst als spezifische Förderarbeit der Hauptpumpe

$$Y = Y_m\left(\frac{n}{n_m}\right)^{4/3}\left(\frac{Q}{Q_m}\right)^{2/3}. \tag{37,2}$$

Der Volumenstrom Q ändert sich proportional mit dem Querschnitt und der Geschwindigkeit. Wegen der Ähnlichkeit der Ausführungen und der Geschwindigkeitsdreiecke kann ein beliebiger Querschnitt und eine beliebige Geschwindigkeit gewählt werden. Legen wir den aus dem Raddurchmesser D_2 gebildeten Kreisquerschnitt und die Umfangsgeschwindigkeit $u_2 = D_2\pi n$ zugrunde, so ist $Q \sim D_2^2 \cdot n D_2$. Damit ist auch

$$Y = Y_m\left(\frac{n}{n_m}\right)^2\left(\frac{D_2}{D_{2_m}}\right)^2. \tag{37,3}$$

Ferner ergibt sich aus Gl. (37,1) als Volumenstrom der Hauptausführung

$$Q = Q_m\left(\frac{n_m}{n}\right)^2\left(\frac{Y}{Y_m}\right)^{3/2}. \tag{37,4}$$

Da nun $Y \sim u_2^2 \sim D_2^2 n^2$, so ist auch

$$Q = Q_m\frac{n}{n_m}\left(\frac{D_2}{D_{2_m}}\right)^3 \tag{37,5}$$

oder mit $D_2^2 n^2 \sim Y$

$$Q = Q_m\sqrt{\frac{Y}{Y_m}}\left(\frac{D_2}{D_{2_m}}\right)^2. \tag{37,6}$$

Die Nutzleistung P_n ist bei gleichem Fördermittel proportional $Q\,Y$, also ist unter Benutzung der Gln. (37,3) und (37,5)

$$P_n = P_{n_m}\left(\frac{n}{n_m}\right)^3\left(\frac{D_2}{D_{2_m}}\right)^5 \tag{37,7}$$

[1] Rütschi, K.: Die Normung von Kreiselradmaschinen. Schweiz. Bauztg. 65 (1947) Nr. 4, S. 41–47.

oder mit $n^2 D_2^2 \sim Y$

$$P_n = P_{n_m} \left(\frac{Y}{Y_m}\right)^{3/2} \left(\frac{D_2}{D_{2_m}}\right)^2. \tag{37,8}$$

Da $Y = gH$, so kann an die Stelle des Verhältnisses Y/Y_m auch das Verhältnis H/H_m treten.

Mechanisch ähnliche Strömungsverhältnisse und somit gleiche Verlustzahlen und gleiche Eigenschaften der Kennlinien, wie sie den vorstehenden Gleichungen zugrunde liegen, sind aber nur zu erwarten, wenn beim Betrieb von Modell und Hauptausführung gleiche Reynoldssche Zahlen vorliegen, und wenn beide Maschinen kavitationsfrei arbeiten. Für die Bestimmung der Reynoldsschen Zahl $Re = c\, d/\nu$ wählt man als Längenabmessung gewöhnlich den Durchmesser D_2 des Laufrades und als Geschwindigkeit die Umfangsgeschwindigkeit u_2, so daß man $Re = u_2 D_2/\nu$ erhält. Statt dessen läßt sich auch mit $Re = n D_2^2/\nu$ oder unter Verwendung von $Y \sim n^2 D_2^2$ mit $Re = \sqrt{Y}\, D_2/\nu$ rechnen. Auch diese Ausdrücke sind dimensionslos, wenn n in U/s eingesetzt wird.

Ist die Hauptausführung erheblich größer als das Modell, so führt die Forderung nach gleicher Re-Zahl bei Verwendung des gleichen Fördermittels, also bei gleicher kinematischer Zähigkeit ν, zu einer undurchführbar großen Drehzahl des Modells mit einer entsprechend großen Halteenergie Y_H. In diesem Fall muß der Modellversuch mit einem verringerten Re_m-Wert vorgenommen werden. Als Folge davon verändern sich die Verlustzahlen und somit insbesondere der innere Wirkungsgrad $\eta_i = \eta/\eta_m$ (Abschn. 10) des Modells. Eine Berichtigung ist nur schätzungsweise möglich. Sie ist in zahlreichen „Aufwertungsformeln" versucht[1] worden. Wir beschränken uns hier auf die Formel von Pfleiderer

$$\frac{1 - \eta_i}{1 - \eta_{i_m}} = \left(\frac{Re_m}{Re}\right)^{\alpha}, \tag{37,9}$$

in welcher das Verhältnis der Verlustzahlen als Funktion des Verhältnisses der Re-Zahlen dargestellt ist. Das Fußzeichen m bezieht sich hier wieder auf das Modell.

Die geometrische Ähnlichkeit von Modell und Ausführung muß sich nun aber nicht nur auf die Abmessungen, sondern auch auf die Oberflächenrauhigkeit und auf die Spalte beziehen, was besonders bei kleinen Pumpen mit engen Kanälen von Bedeutung ist. Die beiden letztgenannten Forderungen lassen sich praktisch nicht verwirklichen. Sie betreffen das Größenverhältnis und den Größenbereich, also die absolute Größe von Modell und Hauptausführung. Beide kommen in Gl. (37,9) nicht zum Ausdruck. Diese Gleichung ist deshalb streng nur für den Fall anwendbar, daß die gleiche Pumpe bei einer anderen Re-Zahl betrieben wird.

Das Größenverhältnis und den Größenbereich von Modell und Hauptausführung berücksichtigen wir dadurch, daß wir den am Modell erhaltenen Wirkungsgrad η_{i_m} der relativen Rauhigkeit und den relativen Spaltweiten der Großausführung entsprechend aufwerten. Durch Multiplikation von η_{i_m} mit einem Faktor $\varphi > 1$ erhalten wir

$$\frac{1 - \eta_i}{1 - \varphi\eta_{i_m}} = \left(\frac{Re_m}{Re}\right)^{\alpha}. \tag{37,10}$$

---

[1] Pantell, K.: Aufwertungsformeln für Turbomaschinen. VDI-Z. 95 (1953) Nr. 4, S. 97–100.

φ ist offenbar nur von den Abmessungen der Pumpen, nicht aber von den Reynoldszahlen abhängig. Die von Rütschi angegebene Erfahrungszahl

$$\varphi = \frac{1 - 2{,}21/D_A^{3/2}}{1 - 2{,}21/D_{A_m}^{3/2}} {}^{1} \qquad (37{,}11)$$

berücksichtigt einmal das Größenverhältnis, also das Verhältnis der relativen Oberflächenrauhigkeiten und der relativen Spaltweiten von Modell und Hauptausführung, sodann aber auch den Größenbereich, d. h. die absolute Größe der zu vergleichenden Pumpen. Die kennzeichnenden Abmessungen sind die Durchmesser des Saugmundes der Räder D_A bzw. D_{A_m}, die in Gl. (37,11) in cm einzusetzen sind.

Der früher übliche Exponent $\alpha = 0{,}1$ kann nur als angenäherter Mittelwert gelten. Nach Versuchen von Rotzoll[2], die unter Verwendung von Medien mit unterschiedlicher Zähigkeit und mit verschiedener Drehzahl an der gleichen Pumpe vorgenommen wurden, ist er von der *Re*-Zahl abhängig. In der Darstellung der Funktion $\alpha_b = f(Re)$ nach Abb. 37.1 ist der Exponent α_b auf die Reynoldszahl $Re_b = u_2 D_2/\nu = 10^7$ bezogen, bei der ihr Einfluß auf η_i praktisch verschwindet. α_b ist mit Hilfe der Versuchskurve $\eta_i = f(Re)$ aus der Gl. (37,9) in der Weise ermittelt, daß in dieser

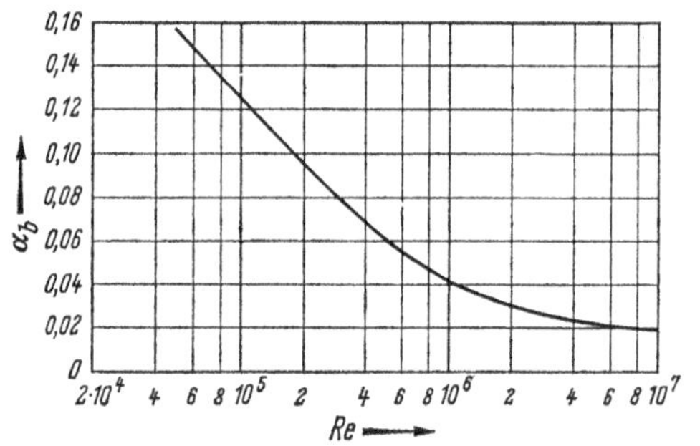

Abb. 37.1. Der Exponent α_b in Abhängigkeit von *Re* (nach Rotzoll)

stets $Re_m = Re_b = 10^7$ gesetzt ist. Die Wirkungsgradumrechnung ist deshalb nur über die Bezugsreynoldszahl $Re_b = u_2 D_2/\nu = 10^7$ möglich. Dabei muß der Exponent α_b für Re_m und Re gesondert bestimmt werden. Unter Verwendung von α_b gemäß Abb. 37.1 erhalten die Gln. (37,9) und (37,10) die Gestalt

$$\frac{1 - \eta_i}{1 - \eta_{i_m}} = \frac{(Re_m/10^7)^{\alpha_{b_m}}}{(Re/10^7)^{\alpha_b}} \qquad (37{,}12)$$

und

$$\frac{1 - \eta_i}{1 - \varphi\eta_{i_m}} = \frac{(Re_m/10^7)^{\alpha_{b_m}}}{(Re/10^7)^{\alpha_b}}. \qquad (37{,}13)$$

Nach Abb. 37.1 nimmt der Exponent α_b mit wachsender Reynoldszahl ab und wird schließlich sehr klein, so daß große *Re*-Zahlen auf η_i ohne Einfluß sind.

[1] Für den Aufwertungsfaktor φ fehlen noch hinreichende Versuchsergebnisse. Gl. (37,11) wurde auf Grund der im Bestpunkt vorhandenen hydraulischen Wirkungsgrade η_h ermittelt. Sie gilt deshalb für die Aufwertung des inneren Wirkungsgrades η_i streng nur, wenn das Verhältnis $\eta_i/\eta_h = \eta_l(1 - P_r/P_i)$ [Gl. (10,6)] für Modell und Hauptausführung gleich ist.

[2] Rotzoll, R.: Versuche an einer langsamläufigen Kreiselpumpe mit verschiedenen Reynoldszahlen. Konstruktion 10 (1958) H. 4, S. 121—130.

Die Anwendbarkeit der vorstehenden Aufwertungsformeln ist auf Betriebszustände in der Nähe des besten Wirkungsgrades und den Bereich $1/15 \leqq Re_m/Re \leqq 15$ beschränkt. Sie gelten für einstufige Pumpen.

Für $D_A = D_{A_m}$ geht Gl. (37,10) in Gl. (37,9) bzw. Gl. (37,13) in Gl. (37,12) über. Offenbar ergeben die Gln. (37,9) und (37,12) eine geringere Aufwertung des Wirkungsgrades η_i als die Gln. (37,10) und (37,13). Man muß deshalb zwei Arten von Aufwertungen unterscheiden, und zwar eine schwächere, wenn ein und dieselbe Pumpe bei einer höheren *Re*-Zahl betrieben wird, und eine stärkere, wenn geometrisch ähnliche, also Pumpen unterschiedlicher Größe miteinander verglichen werden. Im letzteren Fall ist nicht nur das Größenverhältnis, sondern auch der Größenbereich von Bedeutung. Beide sind im Faktor φ durch die Saugmunddurchmesser D_A und D_{A_m} gekennzeichnet. Nach Gl. (37,11) nimmt φ und somit die Aufwertung bei gleichem Größenverhältnis, aber wachsenden Abmessungen der zu vergleichenden Pumpen ab.

Neben dem Wirkungsgrad η_i und somit der inneren Leistungsaufnahme $P_i = P\eta_m$ ändern sich gegebenenfalls auch die spezifische Förderarbeit und der Volumenstrom, so daß die Gln. (37,3) und (37,5) zu schreiben sind

$$Y = \varepsilon_1 Y_m \left(\frac{n}{n_m}\right)^2 \left(\frac{D_2}{D_{2_m}}\right)^2 \tag{37,14}$$

und

$$Q = \varepsilon_2 Q_m \frac{n}{n_m} \left(\frac{D_2}{D_{2_m}}\right)^3 . \tag{37,15}$$

Die Faktoren ε_1 und ε_2 sollen die Verschiedenheit der *Re*-Zahlen sowie die Abweichungen von der Ähnlichkeit der Rauhigkeit und der Spalte berücksichtigen. Läßt man den Volumenstrom gem. Gl. (37,5) unverändert, setzt also $\varepsilon_2 = 1$, so ist nach Rütschi für eine Typenreihe geometrisch ähnlicher Pumpen von kleiner bis mittlerer Größe und geringer spezifischer Drehzahl bei Wasserförderung $\varepsilon_1 > 1$, falls $D_2 \cdot n > D_{2_m} \cdot n_m$ ist. Es ergibt sich also bei dem Volumenstrom nach Gl. (37,5) eine Vergrößerung der spezifischen Förderarbeit gegenüber Gl. (37,3). Im Gegensatz dazu führt nach Strscheletzky[1] der Übergang vom Modell zur Großausführung bei geringer Schnellläufigkeit und Wasserförderung zu $\varepsilon_1 < 1$. Es tritt eine kleine Verminderung der spezifischen Förderarbeit gegenüber Gl. (37,3) ein. Sie nimmt mit wachsender *Re*-Zahl der Großausführung zu. Im Bereich mittlerer Schnelläufigkeit von Modell und Großausführung ist die spezifische Förderarbeit von der *Re*-Zahl fast unabhängig ($\varepsilon_1 \approx 1$), während bei schnelläufigen Pumpen (Axialpumpen) die Vergrößerung der *Re*-Zahl eine Zunahme der spezifischen Förderarbeit ($\varepsilon_1 > 1$) zur Folge haben kann. Voraussetzung ist auch hier, daß an keiner Stelle der Flüssigkeitsströmung Kavitation auftritt.

Die angeführten Aufwertungsformeln bedürfen noch der weiteren Prüfung und der Berichtigung durch die Erfahrung.

38. Förderung zäher Flüssigkeiten. Beispiel

Die Druckverluste in den Lauf- und Leitkanälen der Kreiselpumpen sowie der Radreibungsverlust sind in hohem Maße von der Zähigkeit des Fördermittels ab-

[1] Strscheletzky, M.: Einfluß der Reynoldszahl auf die Drosselkurven von Kreiselpumpen. Voith Forsch. u. Konstr. H. 15 (1967), S. 6.1—6.9.

hängig. Die für Wasser ermittelten Kennlinien verlieren somit ihre Gültigkeit, wenn Flüssigkeiten mit abweichender Viskosität — z.B. Öle — gefördert werden sollen.

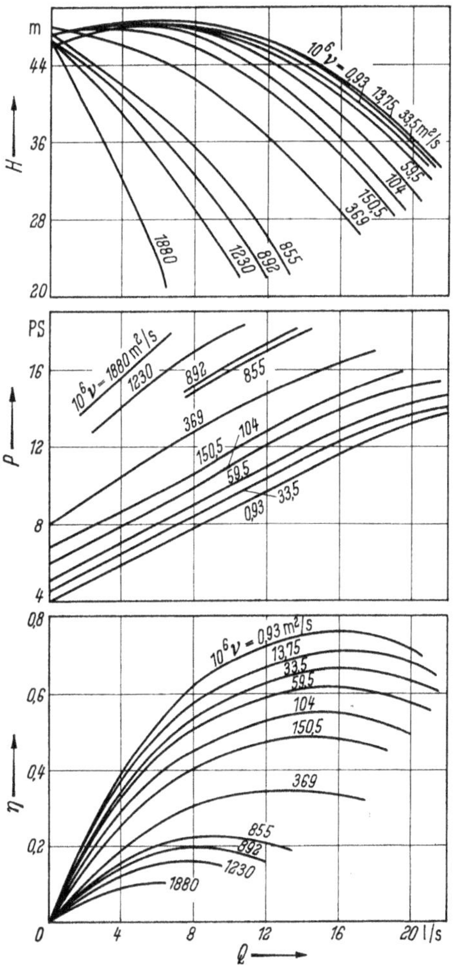

Abb. 38.1. Kennlinien einer langsamläufigen Spiralgehäusepumpe ($n_{q_y} = 66 \cdot 10^{-3}$; $n_q = 22$) bei Betrieb mit Fördermitteln von unterschiedlicher Viskosität (nach Ippen)

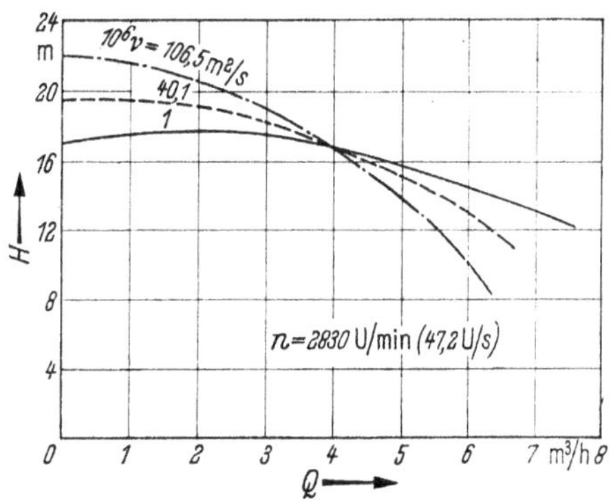

Abb. 38.2. Drosselkurven einer Kleinkreiselpumpe bei unterschiedlicher Zähigkeit des Fördermittels (EDUR-Pumpenfabrik)

Das Verhalten einer langsamläufigen Spiralgehäusepumpe, die mit Flüssigkeiten von sehr unterschiedlicher Zähigkeit betrieben wurde, geht aus Abb. 38.1 hervor. Für jeweils gleichbleibende kinematische Zähigkeit ν sind die durch Versuch ermittelten Drossel- und Wirkungsgradkurven sowie die Kurven des Leistungsbedarfs in einem gemeinsamen Schaubild zusammengestellt, aus welchem sich folgendes entnehmen läßt:

Die Förderhöhe und somit auch die spezifische Förderarbeit ist im Leerlaufpunkt (Nullförderung) von der Zähigkeit fast unabhängig. Sie verringert sich jedoch mit zunehmendem Volumenstrom gegenüber derjenigen von Wasser ($\nu = 0{,}93 \cdot 10^{-6}$ m²/s), und zwar um so stärker, je größer die Zähigkeit ist. Abweichend von dieser im allgemeinen zu beobachtenden Tendenz hat im vorliegenden Fall eine mäßige Zunahme der Zähigkeit ein geringes Ansteigen der Förderhöhe, also eine gegenteilige Wirkung zur Folge. Diese Erscheinung wird nur bei langsamläufigen Pumpen beobachtet. Offenbar wird in engen Kanälen der relative Kanalwirbel (Abschn. 5) durch vermehrte Zähigkeit geschwächt, die Austrittsablenkung der Laufradströmung also verringert und somit die Förderhöhe der Pumpe vergrößert. In einem gewissen Zähigkeitsbereich übertrifft hierbei der Zuwachs an Förderhöhe den ebenfalls erhöhten Reibungsverlust.

Der Leistungsbedarf nimmt mit wachsender Viskosität zu. Wie aus Abb. 38.1 ersichtlich, verlaufen die Leistungskurven angenähert äquidistant. Daraus läßt sich schließen, daß der höhere Leistungsbedarf hauptsächlich durch größere Radreibungsarbeit hervorgerufen wird, deren Betrag sich bei gleichbleibender Zähigkeit über den ganzen Fördermengenbereich hinweg nicht ändert.

Infolge der verringerten Förderhöhe und der vermehrten Leistungsaufnahme nimmt der Pumpenwirkungsgrad ab, wobei sich sein Bestwert mit wachsender Viskosität mehr und mehr zu kleineren Volumenströmun hin verschiebt, da mit der Abnahme der Förderhöhe zugleich eine Verringerung des Volumenstroms verbunden ist.

Eine Umrechnung der für Wasser gültigen Kennlinien in solche für andere Viskosität ist auf theoretischem Wege nicht möglich. Man ist stets auf Versuchsunterlagen angewiesen, die streng nur für die untersuchte Bauart Gültigkeit haben. Werden sie auf Pumpen anderer Konstruktion übertragen, so ist, wie die Erfahrung lehrt, mit mehr oder weniger großen Abweichungen zu rechnen, jedoch bleibt die Tendenz der Änderung gegenüber dem Betrieb mit Wasser im allgemeinen die gleiche.

Starke Abweichungen zeigen sich indes bei Kreiselpumpen für kleine Volumenströme, also solchen mit sehr schmalen Laufrädern. Abb. 38.2 gibt Drosselkurven einer einstufigen Leitschaufelpumpe mit offenem Kreisel und gleichbleibender Schaufelbreite von 4 mm wieder. Im Gegensatz zu dem bei großen Pumpen beobachteten Verhalten nimmt hier die Förderhöhe im Teillastgebiet zu, wenn die Zähigkeit wächst. Besonders auffällig sind die großen Förderhöhenunterschiede bei Nullförderung. Für einen mittleren Volumenstrom liefert die Pumpe bei jeder Zähigkeit des untersuchten Bereiches die gleiche Förderhöhe. Erst über jenen Volumenstrom hinaus hat wachsende Zähigkeit eine Abnahme der Förderhöhe zur Folge. Die Ursache der Abweichung dürfte auch hier in einer Schwächung des relativen Kanalwirbels zu suchen sein. Außerdem ist im Teillastgebiet offenbar ein starker Impulsaustausch wirksam.

Schließen wir Kleinpumpen der angeführten Art aus, so läßt sich die bei abweichender Zähigkeit zu erwartende Änderung der Kennlinien auf Grund von Versuchsunterlagen näherungsweise angeben.

Zur Bestimmung der neuen Kennwerte dienen Umrechnungszahlen, die mit der Reynoldsschen Zahl, also mit den Abmessungen bzw. der Förderleistung der Pumpe und mit der Zähigkeit des Fördermittels veränderlich sind. Man beschränkt sich dabei meistens auf die für den Punkt besten Wirkungsgrades gültigen Werte.

Derartige Umrechnungszahlen sind von Rotzoll[1] durch Versuche an einer Radial-

[1] Rotzoll, R.: Untersuchungen an einer langsamläufigen Kreiselpumpe bei verschiedenen Reynoldszahlen, Diss. Techn. Hochschule Braunschweig 1957; Auszug daraus in „Konstruktion“ 10 (1958) H. 4, S. 121–130.

pumpe (Spiralgehäusepumpe) mittlerer Leistung ermittelt und in Abhängigkeit von der Reynoldsschen Zahl $Re_u = u_2 D_2/\nu$ kurvenmäßig dargestellt worden. D_2 bezeichnet den äußeren Raddurchmesser, u_2 die zugehörige Umfangsgeschwindigkeit und ν die kinematische Zähigkeit. Für $Re_u = 10^7$ und darüber hinaus kann der Einfluß der Zähigkeit als vernachlässigbar klein angesehen werden. Diese Reynoldsszahl ist deshalb als Bezugsgröße für die Umrechnungszahlen zugrunde gelegt worden.

Die Versuche von Rotzoll beziehen sich auf eine einzelne Pumpe mit einer bebestimmten spezifischen Drehzahl. Erfahrungsgemäß hat nun aber die Schnelläufigkeit, besser gesagt die Größe des Volumenstroms, somit die Weite der Kanäle, die in Re_u nicht zum Ausdruck kommt, einen wesentlichen Einfluß auf die Änderung der Pumpenkennlinien. Will man die Ergebnisse von Rotzoll auch auf Pumpen unterschiedlicher Schnelläufigkeit ausdehnen, so ist es nach Untersuchungen von Rütschi[1] zweckmäßig, für die Reynoldszahl den Einlaufdurchmesser D_A und die axiale Eintrittsgeschwindigkeit c_A zu verwenden, also die Umrechnungszahl in Abhängigkeit von der Reynoldszahl $Re_{D_A} = D_A c_A/\nu$ anzugeben, welche die Größe des Volumenstroms berücksichtigt. Hierbei ist die axiale Eintrittsgeschwindigkeit aus $c_A = Q / \frac{D_A^2 \pi}{4}$, also ohne Berücksichtigung der Querschnittsverengung durch die Radnabe zu berechnen. An Hand der Daten der untersuchten Pumpe läßt sich Re_u in Re_{D_A} umrechnen. Es ergibt sich die einfache Beziehung

$$Re_{D_A} = \frac{1}{15} Re_u .$$

In Abb. 38.3 sind die auf Re_{D_A} und auf den Punkt besten Wirkungsgrades bezogenen Umrechnungszahlen k_P, k_H und k_Q von Rotzoll für die Leistungsaufnahme P, die Förderhöhe H und den Volumenstrom Q im Bereich $3{,}5 \cdot 10^3 \leqq Re_{D_A} \leqq 10^6$ wiedergegeben. Hierbei bezieht sich k_P streng genommen auf die innere Leistungsaufnahme der Pumpe unter Abzug der Reibungsverluste in den Lagern und Stopf-

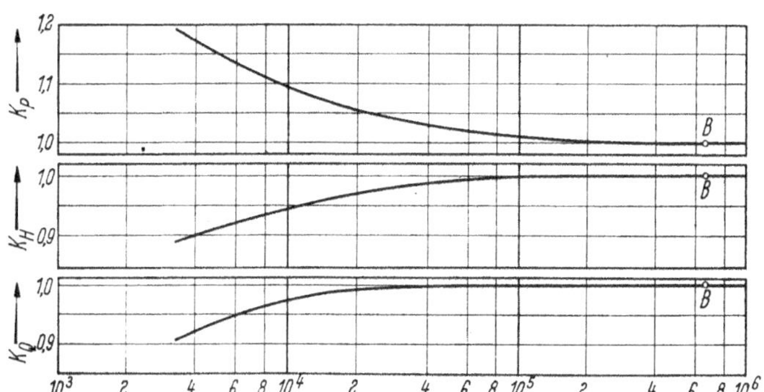

Abb. 38.3. Umrechnungsfaktoren für den Punkt besten Wirkungsgrades in Abhängigkeit von der Reynoldszahl (nach Rotzoll, auf Re_{D_A} umgerechnet)

[1] Rütschi, K.: Zur Wirkungsgradaufwertung von Strömungsmaschinen, Verhalten einer Einzelmaschine und einer Reihe von Maschinen verschiedener Größe. Schweiz. Bauztg. 76 (1958) H. 41, S. 603—606.

buchsen. Da diese im allgemeinen aber nur einen kleinen Bruchteil der gesamten Leistungsaufnahme ausmachen, kann k_P ohne merklichen Fehler auch für die Bestimmung der gesamten Leistungsaufnahme benutzt werden. Als Bezugsgröße tritt jetzt an die Stelle von $Re_u = 10^7$ der Wert $Re_{D_A} = 6{,}67 \cdot 10^5$ (Punkt B). Die Handhabung der Umrechnungszahlen ergibt sich aus folgendem:

Soll bei gleichbleibender Drehzahl von der Reynoldszahl $Re_{D_{A_1}}$ mit der Zähigkeit ν_1 auf die Reynoldszahl $Re_{D_{A_2}}$ mit der Zähigkeit ν_2 umgerechnet werden, so besteht für die Leistungsaufnahme die Beziehung

$$\frac{P_2}{P_1} = \frac{k_{P_2}\varrho_2}{k_{P_1}\varrho_1} \quad \text{oder} \quad P_2 = P_1 \frac{k_{P_2}\varrho_2}{k_{P_1}\varrho_1}. \tag{38,1}$$

Für die Umrechnung des Leistungsbedarfs ist also die mit der Art der Flüssigkeit veränderliche Dichte ϱ zu berücksichtigen.

Entsprechend ergibt sich für die Förderhöhe

$$H_2 = H_1 \frac{k_{H_2}}{k_{H_1}} \tag{38,2}$$

und für den Volumenstrom

$$Q_2 = Q_1 \frac{k_{Q_2}}{k_{Q_1}}. \tag{38,3}$$

Es ist aber im Auge zu behalten, daß die aus der Abb. 38.3 zu entnehmenden Zahlenwerte nur als Anhalt für die Umrechnung dienen können, weil verschiedenartige konstruktive Durchbildung der Pumpe erfahrungsgemäß Abweichungen in den k-Werten zur Folge hat.

Beispiel. Eine einströmige Spiralgehäusepumpe hat einen Einlaufdurchmesser $D_A = 150$ mm. Aus ihren für Wasser von 20 °C ($\varrho_1 = 998\ \text{kg/m}^3, \nu_1 = 1{,}01 \cdot 10^{-6}\ \text{m}^2/\text{s}$) und $n = 1450$ 1/min (24,17 1/s) ermittelten Kennlinien werden im Punkt besten Wirkungsgrades folgende Werte entnommen: $Q_1 = 200\ \text{m}^3/\text{h}$; $H_1 = 26$ m; $P_1 = 18{,}4$ kW; $\eta_1 = 0{,}769$.

Es sind die Pumpendaten im Bestpunkt für Förderung von Öl mit $\nu_2 = 95 \cdot 10^{-6}$ m²/s (12,4 E) und $\varrho_2 = 910\ \text{kg/m}^3$ zu bestimmen.

Mit $c_{A_1} = \dfrac{Q_1/3600}{D_A^2\,\pi/4} = 3{,}14$ m/s ist zunächst für Wasserförderung $Re_{D_{A_1}} = c_{A_1} D_A/\nu_1 = 4{,}66 \cdot 10^5$. Für diese Reynoldszahl haben nach Abb. 38.3 alle drei Zahlen den Wert 1,0.

Für Ölförderung ist Q_2 und somit c_{A_2} zunächst unbekannt. Wir schätzen deshalb $c_{A_2} = 3{,}0$ m/s und erhalten vorläufig $Re_{D_{A_2}} = c_{A_2} D_A/\nu_2 = 4{,}74 \cdot 10^3$. Damit folgt aus Abb. 38.3 $k_Q = 0{,}935$, somit ist berichtigt $c_{A_2} = 2{,}94$ m/s und $Re_{D_{A_2}} = 4{,}64 \cdot 10^3$. Für diesen Wert lesen wir ab $k_{P_2} = 1{,}156$; $k_{H_2} = 0{,}91$; $k_{Q_2} = 0{,}933$.

Es ergibt sich somit für Ölförderung im Punkt besten Wirkungsgrades

$$P_2 = 18{,}4 \cdot \frac{1{,}156 \cdot 910}{1{,}0 \cdot 998} = 19{,}39\ \text{kW}; \qquad H_2 = 26\,\frac{0{,}91}{1{,}0} = 23{,}66\ \text{m},$$

$$Q_2 = 200 \cdot \frac{0{,}933}{1{,}0} = 186{,}6\ \text{m}^3/\text{h}.$$

Daraus errechnet sich ein Wirkungsgrad $\eta_2 = 0{,}565$.

Neben dem Punkt besten Wirkungsgrades ist auf der Drosselkurve für Ölförderung noch der Leerlaufpunkt auf der H-Achse bekannt, der mit dem für Wasser gültigen annähernd übereinstimmt. Durch diese beiden Punkte läßt sich die mutmaßliche Drosselkurve für Ölförderung in Anlehnung an den Verlauf der Drosselkurve für Wasser in das vorhandene Diagramm einzeichnen.

Die Kurve der Leistungsaufnahme ist durch den Berechnungspunkt (Q_2, P_2) bestimmt. Sie verläuft vertikal äquidistant zur Leistungskurve für Wasser.

Ist eine Kreiselpumpe für Betrieb mit zäher Flüssigkeit zu entwerfen, so sind aus den gegebenen Betriebsdaten zunächst diejenigen Werte der Förderhöhe und des Volumenstroms zu bestimmen, die sich unter sonst gleichen Verhältnissen bei Betrieb mit kaltem Wasser einstellen würden. Auf Grund dieser Kennwerte werden die Abmessungen der Pumpe wie bei Betrieb mit Wasser errechnet.

Für zähe Flüssigkeiten trifft das Affinitätsgesetz (Abschn. 27) nur mit einer gewissen Annäherung zu. Allgemeingültige Angaben über die Größe der zu erwartenden Abweichungen sind nicht möglich. Versuche an Pumpen geringer Schnelläufigkeit mit zwei verschiedenen Drehzahlen haben ergeben, daß bei der höheren Drehzahl die gemessene Förderhöhe etwas größer und die Leistungsaufnahme geringer ist als der Umrechnungswert von der kleineren auf die größere Drehzahl nach dem Affinitätsgesetz. Somit ist der Wirkungsgrad bei der höheren Drehzahl besser. Die Ursache für dieses Verhalten liegt offenbar darin, daß die Reynoldszahl Re_{D_A} mit der Drehzahl wächst. Vergrößerung von Re_{D_A} hat nach Abb. 38.3 eine Zunahme der Umrechnungszahlen k_H und k_Q und eine Abnahme von k_P zur Folge. Außerdem unterliegt der mechanische Verlust nicht dem Affinitätsgesetz.

Für die Förderung sehr zäher Flüssigkeiten schlagen O. Sawatzki und M. Köhler[1] eine als „Reibungspumpe" bezeichnete Bauart vor, deren Arbeitsprinzip bereits vor langer Zeit von N. Tesla angegeben wurde. Kennzeichnendes Bauelement ist ein schaufelloses Laufrad. Es besteht aus einer Anzahl zueinander paralleler Kreisringscheiben, die in bestimmten, von der Zähigkeit der Flüssigkeit und der Pumpendrehzahl abhängigem Abstand durch Distanzstücke zentrisch miteinander verbunden sind. Die Förderung kommt dadurch zustande, daß die in den Spalten zwischen den Ringscheiben befindliche Flüssigkeit durch Reibungskräfte in Umfangsrichtung mitgenommen wird. Die dabei übertragene Arbeit hat wie beim beschaufelten Laufrad eine Erhöhung des Druckes und eine Zunahme der kinetischen Energie der Flüssigkeit zur Folge.

Die Reibungspumpe soll sich bei sehr zähen Fördermitteln und zweckmäßiger Auslegung hinsichtlich des Wirkungsgrades, der Geräuschbildung und des Kavitationsbeginns günstiger verhalten als eine Radialpumpe der herkömmlichen Bauart, die unter gleichen Förderverhältnissen arbeitet.

---

[1] Sawatzki, O.; Köhler, M.: Untersuchungen an einer Reibungspumpe. Maschinenmarkt 76 (1970) Nr. 61, S. 1373—1376; ferner Köhler, M.: Die Strömung durch das Spaltelement einer Reibungspumpe. Diss. TU Karlsruhe 1969.

E. Bauliche Einzelheiten

39. Laufräder

Bei der Radialpumpe, die hier allein betrachtet werden soll, ist das geschlossene Laufrad vorherrschend, wobei Radscheibe, Schaufeln und Deckscheibe *ein* Gußstück bilden (Abb. 7.1a). Im Hinblick auf Kleinhaltung der Flüssigkeitsreibung ist es wichtig, daß beim Guß eine möglichst glatte Oberfläche der Kanalwandungen entsteht, da diese der Bearbeitung nur in beschränktem Maße zugänglich sind. Äußerlich wird das Laufrad zur Verminderung der Radreibung meist allseitig bearbeitet. Bei sehr schmalen Rädern lassen die geringen Kernabmessungen den Guß als Ganzes nicht mehr zu. Deck- und Radscheibe, von denen eine die Laufschaufeln trägt, werden dann getrennt gegossen und nach Bearbeitung durch Nietung miteinander verbunden.

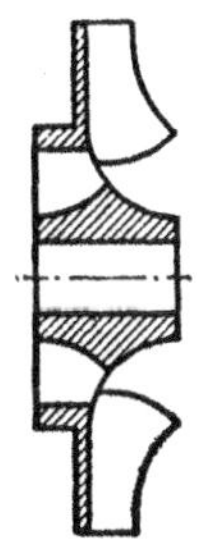

Abb. 39.1.
Halboffenes Laufrad

Neben der geschlossenen Bauform wird auch das halboffene Laufrad verwendet. Bei diesem ist die Deckscheibe fortgelassen (Abb. 39.1). Derartige Räder findet man bei Kleinpumpen, aber auch bei Niederdruckpumpen mit geringer Förderhöhe und großen Volumenströmen, z.B. Schraubenpumpen (Abb. 7.1c). Ein Vorteil dieser Ausführungsweise liegt darin, daß die Herstellungskosten geringer und die Schaufelkanäle der Bearbeitung besser zugänglich sind. Außerdem werden sie an der offenen Laufradseite durch eine bearbeitete Gehäusewandung abgeschlossen.

Dadurch verringert sich der Reibungsverlust, der zudem hier nicht durch die Relativgeschwindigkeit, sondern die Absolutgeschwindigkeit bestimmt wird, die bei schnelläufigen Rädern kleiner als die Relativgeschwindigkeit ist. Ferner verhindern die dicht an der Gehäusewand vorbeistreichenden Schaufeln die Ausbildung von Grenzschichtenansammlungen.

Nachteilig ist allerdings — namentlich bei schmalen Rädern —, daß durch den Spalt zwischen Schaufel und Gehäusewandung Flüssigkeit von der Vorder- nach der Rückseite der Schaufel abströmt, was nicht nur zu einem Mengenverlust, sondern auch zu einem Verlust an Druckhöhe führt und Spaltkavitation nach sich ziehen kann. Außerdem kann die Beherrschung des Achsschubes Schwierigkeiten bereiten, der bei Verzicht auf eine Ausgleichvorrichtung durch Aussparungen in der Radscheibe ausgeglichen oder ganz durch ein Axiallager aufgenommen werden muß.

Schließlich ist noch das offene Laufrad zu erwähnen, das allerdings nur bei Kleinpumpen eine Rolle spielt (Abb. 52.9 u. 52.19). Da beide Radseiten fehlen, sind die Schaufeln nur mit der Radnabe verbunden. Ein solcher Kreisel ist meistens frei von jedem Achsschub, so daß er mittels Gleitfeder auf der Welle befestigt werden kann und zwischen den angrenzenden Seitenwandungen mit geringem Spiel frei beweglich ist. Nachteilig sind der doppelseitige Spalt und die ungünstigen Einströmverhältnisse.

Die Befestigung der Laufräder auf der Welle erfolgt im allgemeinen durch zwei gegenüberliegende flache Paßfedern. Bei mehrstufigen Pumpen werden die Wellennuten von je zwei aufeinanderfolgenden Laufrädern um 90° versetzt.

Als Werkstoff dient bei nicht aggressivem, kaltem Wasser Gußeisen, vielfach jedoch, besonders bei größerer Umfangsgeschwindigkeit, zinkfreie Bronze. Eine Berechnung der Laufräder auf Festigkeit ist nicht erforderlich, solange sich die Umfangsgeschwindigkeit in mäßigen Grenzen ($u_2 < 50$ m/s) hält. Die Wandstärke wird dann im wesentlichen nach gießtechnischen und wirtschaftlichen Gesichtspunkten bestimmt. Sie ist bei Bronze geringer als bei Gußeisen. Für Heißwasser und angreifende Flüssigkeiten sind Sonderwerkstoffe zu verwenden (Abschn. 50 u. 54).

Um einen erschütterungsfreien Lauf zu gewährleisten, ist bei hoher Drehzahl eine sorgfältige Auswuchtung des Läufers erforderlich.

40. Welle

a) Allgemeines

Für nicht aggressives Fördermittel genügt als Werkstoff Flußstahl, etwa St 50. Vielfach wird jedoch die Welle bei Verwendung von Bronzerädern mit Schutzhülsen aus korrosionsbeständigem oder wenigstens rostsicherem Werkstoff versehen. Eine solche Maßnahme ist bei mehrstufigen Pumpen schon deshalb naheliegend, weil zur Einhaltung des gegenseitigen Abstandes der Laufräder Distanzbuchsen auf der Welle vorgesehen werden müssen, und die Stopfbuchsen ebenfalls einen Wellenschutz notwendig machen. Durch die Stopfbuchspackung wird die Welle im Laufe der Zeit abgenutzt, was sich nicht selten in einer starken Rillenbildung und einer zunehmenden Undichtigkeit der Stopfbuchse äußert. Werden die beiden Schutzhülsen für die Stopfbuchsen mit einem Gewindeansatz versehen, so läßt sich mit ihrer Hilfe der ganze Laufradsatz auf der Welle verschrauben. Der Drehsinn des Gewindes ist dabei so zu wählen, daß die Verschraubung durch die auftretende Reibung nicht gelöst werden kann (Abb. 49.1).

Läßt sich bei gas- oder säurehaltiger Förderflüssigkeit kein vollständiger Wellenschutz erreichen, so ist die ganze Welle aus korrosionsbeständigem Werkstoff herzustellen. Bewährt haben sich in dieser Hinsicht die nichtrostenden Chromstähle.

b) Bemessung der Welle unter Berücksichtigung der kritischen Drehzahl

Für die Bestimmung der Abmessungen der Welle einer Kreiselpumpe sind im allgemeinen drei Gesichtspunkte maßgebend:

1. muß die Welle die notwendigen Festigkeitseigenschaften aufweisen;
2. soll die elastische Durchbiegung des ruhenden Läufers einen bestimmten, erfahrungsgemäß festgelegten Betrag nicht überschreiten;
3. darf ein gewisser labiler Betriebszustand, der durch die sogenannte kritische Drehzahl gekennzeichnet ist, nicht in den Bereich der eigentlichen Betriebsdrehzahlen fallen oder in der Nähe derselben liegen.

Ist der letzteren Bedingung Genüge getan, so sind in den meisten Fällen die unter 1. und 2. genannten Forderungen gleichzeitig miterfüllt. Wir beschränken uns daher hier auf die Ermittlung der Lage der kritischen Drehzahl einer in ihren Abmessungen gegebenen oder vorerst angenommenen Welle.

α) Die kritische Drehzahl

Zur Erklärung des Wesens der kritischen Drehzahl betrachten wir zunächst eine masselos gedachte, senkrechte Welle, auf der eine Scheibe von der Masse m so befestigt ist, daß der Wellendurchstoßpunkt P um das Maß e vom Schwerpunkt S exzentrisch liegt (Abb. 40.1). Infolge der bei der Drehung auftretenden Fliehkräfte biegt sich die Welle um y durch, wobei die Scheibe lediglich eine Parallelverschiebung erfahren möge. Es entsteht die freie Fliehkraft

$$C = m(y + e)\,\omega^2 = m\,r\,\omega^2. \tag{40,1}$$

Diese löst ihrerseits in der Welle die elastische Gegenkraft

$$F = \alpha \cdot y = \alpha(r - e) \tag{40,2}$$

aus. Die Proportionalitätszahl α wird bei einer wirklichen Welle durch deren Abmessungen und Stoffeigenschaften bestimmt. Im rechtwinkligen Koordinatensystem (Abb. 40.2) ergeben die Funktionen $C = f(r)$ und $F = f(r)$ gerade Linien. Die Neigung der C-Geraden ist durch das Produkt $m\omega^2$, die der F-Geraden durch die Zahl α bestimmt. Der Schnittpunkt beider Geraden — z.B. A — liefert die dem Gleichgewichtszustand zugeordneten Größen ω und y. Mit wachsendem ω nimmt y ebenfalls zu. Wird die C-Gerade der F-Geraden parallel, so liegt der Schnittpunkt im Unendlichen, d.h. es ist überhaupt kein Gleichgewichtszustand zwischen der Fliehkraft und der elastischen Gegenkraft der Welle mehr möglich. Für diesen Zustand folgt aus der Ähnlichkeit der Dreiecke BGO und AGD

$$BG:AG = GO:GD \quad \text{oder} \quad C:F = r:y.$$

Die Verbindung dieser Gleichung mit den Gln. (40,1) und (40,2) liefert

$$m\,r\,\omega^2 : \alpha\,y = r:y$$

oder

$$m \cdot \omega^2 = \alpha, \quad \omega = \sqrt{\alpha/m} = \omega_k. \tag{40,3}$$

ω_k heißt kritische Winkelgeschwindigkeit. Ihr entspricht die kritische Drehzahl

$$n_k = \frac{\omega_k}{2\pi} = \frac{1}{2\pi}\sqrt{\frac{\alpha}{m}} \quad 1/\text{s}. \tag{40,4}$$

Ist G die Gewichtskraft in N, so folgt mit $m = G/g = G/9{,}81$ und unter Zusammenfassung der Konstanten

$$n_k \approx 0{,}5\sqrt{\frac{\alpha}{G}} \quad 1/\text{s}.$$

Der Vergleich mit Gl. (40,2) zeigt, daß der Quotient unter der Wurzel gleichbedeutend ist mit dem reziproken Wert der größten Durchbiegung f, welche die ruhende, waagerecht gelagerte Welle unter der Belastung G erleidet. Es läßt sich daher auch schreiben

$$n_k \approx 0{,}5/\sqrt{f} \quad 1/\text{s},$$

wenn f in m gemessen wird, oder

$$n_k \approx 5/\sqrt{f} \quad 1/\text{s}, \tag{40,5}$$

wenn man f, wie üblich, in cm einsetzt.

Wird die Winkelgeschwindigkeit über ω_k hinaus gesteigert, so kommen die C- und die F-Gerade wieder zum Schnitt (Punkt E, Abb. 40.2). Die Welle befindet sich wieder in einem stabilen Gleichgewichtszustand. Der Abstand r ist jetzt aber negativ, die Welle also nach der entgegengesetzten Seite ausgelenkt. Für $\omega = \infty$ wird $r = 0$, d.h. die Welle verbiegt sich nach Abb. 40.1 so, daß der vorher außerhalb der Drehachse befindliche Schwerpunkt nunmehr genau in der Drehachse liegt.

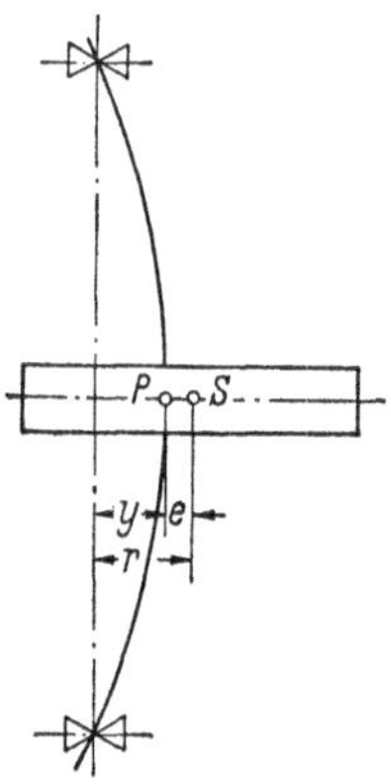

Abb. 40.1.
Masselose senkrechte Welle mit exzentrisch angeordneter Scheibe

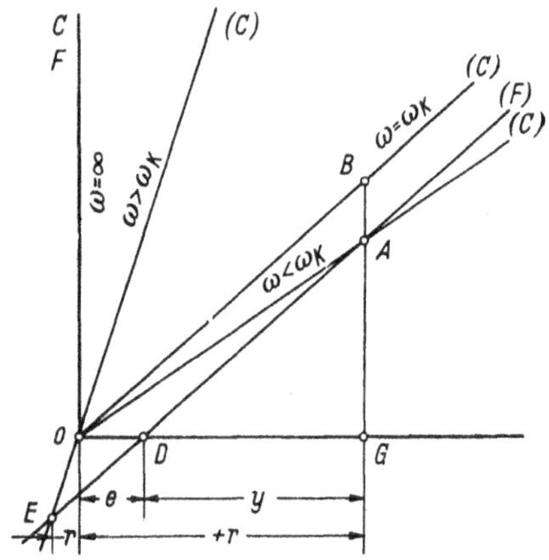

Abb. 40.2. Fliehkraft und elastische Gegenkraft in Abhängigkeit von der Schwerpunktsauslenkung

Ruhiger Lauf läßt sich daher sowohl unterhalb als auch oberhalb der kritischen Drehzahl erreichen, sofern man sich nur genügend weit von ihr entfernt. Diese Erkenntnis deckt sich gut mit den praktischen Erfahrungen an ausgeführten Wellen. Liegt die Betriebsdrehzahl unterhalb der kritischen, so spricht man von einer „starren" Welle, im anderen Falle nennt man sie „elastisch", obwohl diese Unterscheidungsweise weder zutreffend noch berechtigt ist. Je nach der Lage der Betriebsdrehzahl kann hiernach ein und dieselbe Welle einmal „starr", das andere Mal „elastisch" sein. Bei Kreiselpumpen findet man vielfach „starre" Wellen vor, weil die Durchbiegung der Welle mit Rücksicht auf den engen Dichtungsspalt an den Leitraddurchführungen klein gehalten werden muß.

Den bisherigen Betrachtungen liegt eine senkrechte Wellenanordnung zugrunde. Durch diese Maßnahme war es möglich, den Einfluß des Eigengewichtes auf die Wellendurchbiegung auszuschalten. Ist die Welle waagerecht angeordnet, so überlagert sich die durch die Fliehkraft verursachte Durchbiegung der Durchbiegung durch das Eigengewicht. Es läßt sich nachweisen, daß dadurch keine Änderung der kritischen Drehzahl eintritt. Eine gegebene Welle hat daher unter sonst gleichen Verhältnissen in jeder Lage die gleiche kritische Drehzahl.

Bei der Ableitung der Gl. (40,5) sind wir ferner davon ausgegangen, daß die Welle gewichtslos und nur mit einer Einzellast belastet sei. Diese Einschränkungen treffen praktisch nicht zu. Neben dem Eigengewicht wird die Pumpenwelle im allgemeinen durch mehrere Laufräder belastet. Hinzu kommt, daß die Radnaben und die Wellenschutzbuchsen nach einer gewissen Durchbiegung der Welle eine versteifende Wirkung auf diese ausüben. Ferner läuft die Welle in einem verhältnismäßig dichten

Medium, das die Lage der kritischen Drehzahl ebenfalls beeinflußt. Während des Betriebes entstehen in den Drosselspalten der Laufraddichtringe und der Leitradbuchsen hydrostatische Stützkräfte (Lomakin-Effekt) und bei zähen Flüssigkeiten auch zentrierende hydrodynamische Kräfte. Andererseits treten im Teil- und Überlastbetrieb mehr oder weniger große hydraulische Kräfte (Unwuchten) auf, die radial gerichtet sind und den Läufer aus seiner Mittenlage zu verdrängen suchen. Die Stützkräfte und die hydraulischen Kräfte beeinflussen die kritische Drehzahl in entgegengesetztem Sinn. Bleiben die Weiten der Drosselspalte innerhalb der üblichen Grenzen, so überwiegt im allgemeinen der Einfluß der Stützkräfte, was eine — mit der Belastung veränderliche — Erhöhung der kritischen Drehzahl zur Folge hat.

Sehen wir im folgenden von den durch das Fördermittel hervorgerufenen Einwirkungen auf die Welle ab, so kann Gl. (40,5) mit einer gewissen Berichtigung für manche praktische Fälle als hinreichend genau angesehen werden, wenn man schreibt

$$n_k \approx \frac{5}{\sqrt{f}} \cdot c \quad 1/\mathrm{s}. \tag{40,6}$$

Der Faktor c ist von der Belastungsart abhängig. Für die bei Kreiselpumpen vorliegende Massenverteilung kann $c = 1{,}06 \cdots 1{,}1$ gesetzt werden. c ist um so größer, je mehr sich die Massen von der Wellenmitte den Auflagern nähern.

Wegen der zahlreichen Einzellasten und des veränderlichen Wellenquerschnitts ist die Ermittlung der größten Durchbiegung f des ruhenden Läufers nur auf graphischem Wege durchführbar.

Neben der oben behandelten kritischen Drehzahl 1. Ordnung sind bei beliebiger Massenverteilung der Welle auch noch kritische Drehzahlen höherer Ordnung möglich. Diese treten aber in ihrer Bedeutung gegenüber der kritischen Drehzahl 1. Ordnung um so mehr zurück, je höher die Ordnungszahl ist. Sie brauchen meistens nicht beachtet zu werden.

β) Eigenschwingungszahl der ruhenden Welle und kritische Drehzahl

Erteilt man der ruhenden Scheibe auf der gewichtslos gedachten, beiderseits gelagerten Welle einen Impuls, so führt die Welle Eigenschwingungen mit der sekundlichen Schwingungszahl

$$n_e = \frac{1}{2\pi} \sqrt{\frac{\alpha}{m}}$$

aus. Der Vergleich mit Gl. (40,4) zeigt, daß die Ausdrücke für die Eigenschwingungszahl n_e und für die kritische Drehzahl n_k völlig gleichlautend sind. Zahlenmäßig sind also für diesen einfachen Fall Eigenschwingungszahl und kritische Drehzahl identisch. Physikalisch scheint aber zunächst bei der wirklichen Welle ein Unterschied zu bestehen. Bei der Eigenschwingung handelt es sich um einen ebenen Schwingungsvorgang mit wechselnder Beanspruchung der Welle, während nach dem Vorhergehenden eine Welle, die mit einer Drehzahl in der Nähe der kritischen umläuft, Kreisbewegungen um die Drehachse ausführt (Abb. 40.1) und demzufolge in bezug auf die Fliehkräfte einer ruhenden Belastung unterliegt. Solange die Drehzahl genügend weit unter- oder oberhalb der kritischen Drehzahl liegt, bestätigen stroboskopische Untersuchungen[1] die Kreisbewegung des Scheibenschwerpunktes. Ab-

[1] Brähmig: Unwuchten als Schwingungserreger und die Mittel ihrer Bekämpfung. Schiff u. Werft, 1944, H. 3/4, S. 27.

weichend hiervon sind jedoch im kritischen Zustand selbst ebene Biegungsschwingungen mit festliegender Schwingungsebene beobachtet worden. Diese Tatsache führt dazu, den kritischen Zustand als Resonanzerscheinung zwischen den Eigenschwingungen der Welle und den durch die Drehung verursachten Kreisschwingungen zu deuten. Die völlige Gleichheit der beiden Erscheinungen im kritischen Zustand ermöglicht es ferner, die kritische Drehzahl einer ausgeführten Welle lediglich durch Beobachtung der Biegeeigenschwingungszahl zu ermitteln.

Können sich die Laufräder schief stellen, so treten infolge der Kreiselkräfte der Räder Störungen auf, welche die Lage der kritischen Drehzahl beeinflussen. Bei Kreiselpumpen ist die Wirkung der Kreiselkräfte vernachlässigbar.

γ) Graphische Ermittlung der kritischen Drehzahl einer beliebig belasteten Welle von sprungweise veränderlichem Querschnitt

Für die Bestimmung der kritischen Drehzahl einer beliebig belasteten Pumpenwelle mit veränderlichem Querschnitt sind eine Reihe zeichnerischer Verfahren bekannt geworden, welche die gestellte Aufgabe mit mehr oder weniger großer Annäherung lösen[1]. Das einfachste Verfahren beruht auf der Anwendung der Gl. (40,6). Es handelt sich hierbei lediglich um die graphische Bestimmung der größten Durchbiegung der ruhenden, waagerecht gelagerten Welle infolge des Eigengewichtes und der Einzellasten. Der damit erzielbare Näherungsgrad ist für die meisten praktisch vorkommenden Fälle ausreichend. Ohne wesentliche Mehrarbeit kommt man zu einem genaueren Ergebnis, wenn man nach Kull[2] in Gl. (40,5) an Stelle der größten Wellendurchbiegung f eine „repräsentierende" Durchbiegung einführt, die sich berechnet aus

$$f_r = \frac{G_1 f_1^2 + G_2 f_2^2 + G_3 f_3^2 + \cdots}{G_1 f_1 + G_2 f_2 + G_3 f_3 \quad \cdots} = \frac{\Sigma(G \cdot f^2)}{\Sigma(G \cdot f)}. \qquad (40,7)$$

Hierin sind $G_1, G_2, G_3 \cdots$ die aus Eigengewicht und Einzellasten bestehenden Belastungen (Gewichtskräfte) der Welle und $f_1, f_2, f_3 \cdots$ die bei gleichzeitigem Wirken aller Lasten entstehenden Durchbiegungen (Abb. 40.3). Entsprechend der Wirkung der Fliehkräfte sind die Gewichtsbelastungen des überkragenden Wellenteils entgegen der Richtung der Schwerkraft anzubringen. Das Verfahren beruht also wie die Benutzung der Gl. (40,6) auf der Anwendung des Mohrschen Satzes zur Bestimmung der Durchbiegung von Trägern. Es soll im folgenden an einem Beispiel erläutert werden (Abb. 40.4):

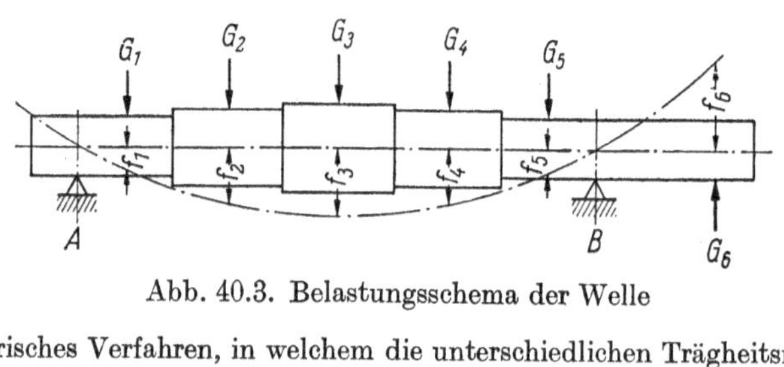

Abb. 40.3. Belastungsschema der Welle

[1] Ein rechnerisches Verfahren, in welchem die unterschiedlichen Trägheitsmomente der einzelnen Wellenabsätze durch ein mittleres Trägheitsmoment der Welle ersetzt werden, wird von W. Geipel angegeben: Rechnerisches Verfahren zur Ermittlung der biegekritischen Grundschwingung zweifach gelagerter Wellen. Konstruktion 13 (1961) H. 5, S. 199–201.

[2] Kull, G.: Neue Beiträge zum Kapitel: Kritische Drehzahlen schnell umlaufender Wellen. VDI-Z. 62 (1918) S. 249.

Nach Aufzeichnen der Welle in einem geeigneten Längenmaßstab $1:L$ ermittelt man zunächst die Gewichtskräfte der Laufräder sowie der zylindrischen Teilstücke der Welle der Größe und Lage nach (Einzellasten und Eigengewichte in Abb. 40.4)[1]. Entsteht auf diese Weise eine übergroße Zahl von Einzelkräften, so kann man einige dicht aufeinander folgende Kräfte zu resultierenden Belastungen G_1, G_2, $G_3 \cdots$ zusammenfassen. Diese werden in einem passend gewählten Kräftemaßstab $1:K$ zu einem Krafteck mit dem Polabstand H zusammengefügt. Nach Einzeichnen der Polstrahlen läßt sich in bekannter Weise das Seileck e mit der Schlußlinie s aufzeichnen.

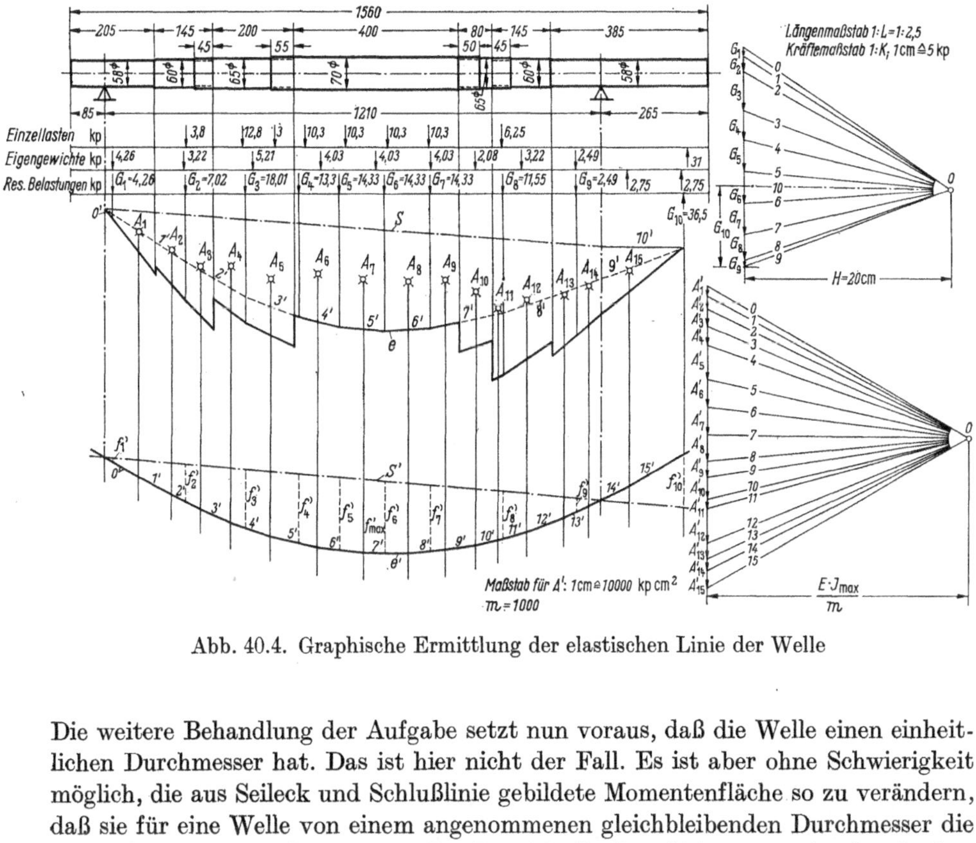

Abb. 40.4. Graphische Ermittlung der elastischen Linie der Welle

Die weitere Behandlung der Aufgabe setzt nun voraus, daß die Welle einen einheitlichen Durchmesser hat. Das ist hier nicht der Fall. Es ist aber ohne Schwierigkeit möglich, die aus Seileck und Schlußlinie gebildete Momentenfläche so zu verändern, daß sie für eine Welle von einem angenommenen gleichbleibenden Durchmesser die gleiche elastische Verformung ergibt. Da sich die Durchbiegung reziprok mit dem Trägheitsmoment des Wellenquerschnitts ändert, sind die Ordinaten der Momentenfläche — falls diese auf den größten Wellendurchmesser umgerechnet wird — im Verhältnis $\dfrac{J_{\max}}{J_x}$ zu vergrößern, wobei J_x das Trägheitsmoment des jeweiligen Wellenstückes ist. Die so gewonnene reduzierte Momentenfläche wird nun — unter Berücksichtigung des Flächenmaßstabes $1:L^2$ und des im Kräftemaßstab zu messenden Polabstandes H — als neue Belastung der Welle aufgefaßt.

[1] Im vorliegenden Beispiel ist für die Gewichtskräfte die in den vorhergehenden Auflagen verwendete Einheit kp beibehalten worden, weil die Einheit nur den Kräftemaßstab, nicht aber den Rechnungsgang beeinflußt.

Sind $A_1, A_2, A_3 \cdots$ in cm² die Inhalte der einzelnen Flächenstreifen, so errechnen sich die neuen im jeweiligen Flächenschwerpunkt angreifenden Wellenbelastungen zu $A'_1 = A_1 L^2 H K$ cm² kp; $A'_2 = A_2 L^2 H K$ cm² kp usw.

Nach Festsetzung eines neuen Kräftemaßstabes werden die reduzierten Flächenstreifen $A'_1, A'_2, A'_3 \cdots$ zu einem weiteren Krafteck mit dem Polabstand $E \cdot J_{max}$[1], der ebenfalls im gewählten Kräftemaßstab zu messen ist, zusammengefügt und die Polstrahlen gezogen. Aus zeichnerischen Gründen ist es notwendig, den Polabstand auf das Maß $\frac{E\,J_{max}}{m}$ zu verkleinern. Für m ist ein geeigneter Zahlenwert zu wählen.

Die nun zu zeichnende Seillinie e' entspricht der elastischen Linie der Welle bei der vorliegenden Belastung. Die senkrechten Abstände $f'_1, f'_2, f'_3 \cdots$ zwischen der Seillinie e' und der zugehörigen Schlußlinie s' sind die in einem bestimmten Maßstab gemessenen Durchbiegungen der Welle unterhalb der resultierenden Belastungen $G_1, G_2, G_3 \cdots$. Die wahren Durchbiegungen $f_1, f_2, f_3 \cdots$ erhält man durch Multiplikation der obigen Abstände mit dem Faktor $\frac{L}{m}$.

In dieser Weise ist im vorliegenden Beispiel die „repräsentierende" Durchbiegung der Welle zu $f_r = \frac{\Sigma(G f^2)}{\Sigma(G f)} = 0{,}0140$ cm ermittelt worden. Somit beträgt die kritische Drehzahl

$$n_k = 5/\sqrt{f_r} = 42{,}25 \text{ 1/s } (2536 \text{ 1/min}).$$

41. Stopfbuchsen

Für die Abdichtung der Durchtrittsstellen der Welle durch die Gehäusewandung dienen bei Kreiselpumpen (neben den anschließend behandelten Gleitringdichtungen) vielfach Packungsstopfbuchsen. Als Dichtungswerkstoffe kommen außer imprägnierten Geweben Baumwoll- oder Asbestzöpfe zur Anwendung, die in verschiedener Weise aus chemisch reinen Garnen geflochten und mit Fett oder Graphit imprägniert sind. Die Art des in den Gespinsten gespeicherten Schmiermittels richtet sich nach der chemischen Beschaffenheit und der Temperatur der zu fördernden Flüssigkeit, so daß für die verschiedenen Bedarfsfälle eine große Anzahl von Spezialpackungen zur Verfügung steht[2].

Seit einiger Zeit hat Polytetrafluoräthylen (Teflon) als Dichtungsstoff eine zunehmende Bedeutung erlangt. Dieses Kunstharz ist gegen fast alle Flüssigkeiten beständig, widersteht Temperaturen von $-200\,°C$ bis $+250\,°C$ und hat gute Gleiteigenschaften. Es wird in Form von Dispersionen als Tränkmittel für chemisch reine Weißasbest-, Blauasbest- und Baumwollgarne verwendet, sowie als reine, vorgeschrumpfte Teflonseide, aus der flexible Geflechte mit gleichmäßiger und verschleißfester Oberfläche hergestellt werden. Außerdem gibt es Geflechte, in denen Teflonseide mit Asbestgarnen kombiniert ist. Zur Unterstützung der Selbstschmierung werden manchen Teflongeflechten besondere Fettschmierstoffe oder auch Molybdändisulfid beigegeben, das sich als Trockenschmiermittel gut bewährt hat.

Die quadratisch geflochtenen Zöpfe werden stumpf oder schräg auf genaue Länge geschnitten und als Einzelringe mit versetzter Stoßfuge in die Stopfbuchse einge-

[1] E bezeichnet den Elastizitätsmodul des Wellenwerkstoffs in kp/cm².

[2] Martin Merkel K. G.

bracht (Abb. 41.1). Bei geringem oder mäßigem Druckunterschied genügen für die Abdichtung vier Ringe. Soll die Stopfbuchse gegen mehr als 5 bar abdichten, so ist eine größere Zahl Ringe erforderlich. Bei sehr großem Druckunterschied wird die Stopfbuchse zweckmäßig entlastet.

Die Stärke der Ringe ist vom Wellendurchmesser abhängig. Ist d der Durchmesser der Welle bzw. der Wellenschutzbuchse, so errechnet sich die Seite s des quadratischen Ringquerschnitts etwa aus

$$s = (1{,}4 \cdots 1{,}6)\sqrt{d}\,,^{1} \qquad (41{,}1)$$

wenn s und d in mm gemessen werden.

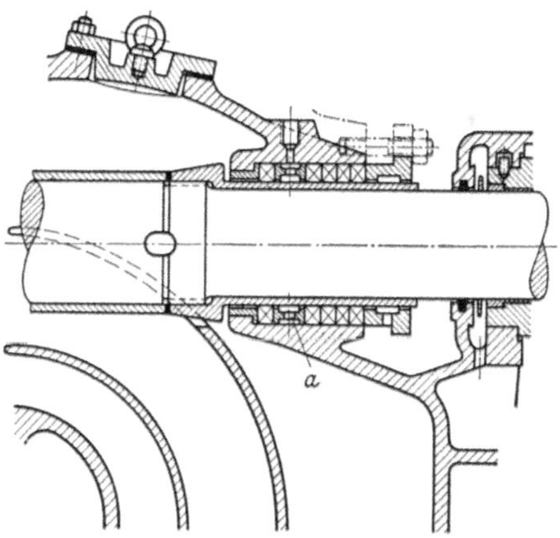

Abb. 41.1. Saugseitige Stopfbuchse (KSB, Frankenthal)

Für hohe Umfangsgeschwindigkeiten eignet sich eine aus Einzelringen bestehende Packung, in deren Gewebe Depots von Feststoffschmiermitteln aus graphitierter Kunstkohle oder aus Molybdändisulfid eingelagert sind. Diese Trockenschmiermittel verleihen der Packung gute Laufeigenschaften.

Kunstkohle ist mit Ausnahme von Flußsäure und konzentrierten oxydierenden Säuren gegen alle Chemikalien beständig. Mit dieser Einlage ist die Dichtung auch dort brauchbar, wo sie mit fettlösenden Flüssigkeiten in Berührung kommt.

Die Einzelringe dieser Dichtung sind geschlitzt und mit einem schrägen oder einem Stufenstoß versehen.

Wichtig ist in jedem Fall eine bleibende Schmierfähigkeit der Packung, da nur so ein vorzeitiger Verschleiß der Welle bzw. der Schutzbuchse verhindert werden kann. Um den Verlust an Schmierstoff klein zu halten, darf die Packung nur mäßig stark angezogen werden. Bei gleichartigen Packungsringen ist der unmittelbar an der Stopfbuchsbrille liegende Ring dem höchsten Anpreßdruck an die Wellenschutzbuchse ausgesetzt, was eine erhöhte örtliche Wärmeentwicklung zur Folge hat. Unter ihrem Einfluß wird bei starker Anpressung das Imprägnierungsmittel allmählich aus dem Gewebe des Ringes herausgedrückt und fortgeschwemmt. Verschleißerscheinungen an der Schutzbuchse in Gestalt von mehr oder weniger tiefen Rillen zeigen sich deshalb vorwiegend unmittelbar hinter der Stopfbuchsbrille.

---

[1] Die genormten vom Wellendurchmesser d abhängigen Packungsbreiten s sind DIN 3780 zu entnehmen.

Der im Betrieb eintretende Verlust an Schmierstoff macht von Zeit zu Zeit ein Nachziehen der Stopfbuchspackung notwendig. Das ist aber nur so lange zulässig, als noch genügend Schmiermittel in allen Ringen vorhanden ist. Trifft das nicht mehr zu, so ist die Packung vollständig zu erneuern.

Zur Abführung der Reibungswärme und zur Verminderung des Anpreßdruckes muß, auch wenn eine besondere Kühlung vorgesehen ist, ein gewisser Leckverlust in Kauf genommen werden. Die Stopfbuchse soll also im Betriebe stets tropfen.

Wesentlichen Einfluß auf die Lebensdauer der Packung hat das Laufverhalten der Welle. Wellenschwingungen bewirken eine fortwährende Verformung und Durchknetung der Packung. Dadurch wird der Imprägnierungsstoff aus dem Gewebe gelöst und ausgespült, so daß die Packung in kurzer Zeit unbrauchbar wird.

Die druckseitige Stopfbuchse steht zuweilen unter erheblichem Überdruck. Bei Verwendung einer Ausgleichscheibe zur Aufhebung des Achsschubes der Pumpe ist sie vielfach nahezu entlastet.

Die saugseitige Stopfbuchse hat im allgemeinen den unter Unterdruck stehenden Saugraum der Pumpe gegen die Außenluft abzudichten, also das Eindringen von Luft und somit das Abreißen des Volumenstroms zu verhindern. Dazu führt man dem Stopfbuchsring *a* Sperrwasser zu, das einer unter mäßigem Überdruck stehenden Stelle der Pumpe entnommen wird (Abb. 41.1).

Auch durch die saugseitige Stopfbuchse soll stets eine geringe Sperrwassermenge austreten. Sie liefert die Gewißheit, daß keine Luft in die Pumpe eindringt und sorgt gleichzeitig für die Kühlung der Stopfbuchse.

Ist die Laufradwandung einer einstufigen Pumpe zum Zwecke des Achsschubausgleichs durchbohrt, so pflanzt sich der saugseitig bestehende Unterdruck bis zur druckseitigen Stopfbuchse fort, die also dann ebenfalls mit Sperrwasser versorgt werden muß.

Bei axialem Wassereintritt mit fliegend angeordnetem Kreisel oder durch Verwendung eines eingebauten wasser- oder fettgeschmierten Gleitlagers kommt die saugseitige Stopfbuchse in Fortfall. Damit ist — vom erwähnten Sonderfall der einstufigen Pumpe abgesehen — die Gefahr des Eindringens von Luft praktisch beseitigt. Gleichzeitig wird durch axiale Wasserzuführung die Saugfähigkeit der Pumpe verbessert.

Besondere Aufmerksamkeit ist der Stopfbuchse zu widmen, wenn es sich um Förderung von Heißwasser handelt. Bei Wassertemperaturen über 100 °C würde ein Teil des Leckwassers verdampfen. Die Stopfbuchse würde also blasen, was vermieden werden muß. Außerdem hat Heißwasser eine auslaugende Wirkung. Heißwasserstopfbuchsen müssen daher gekühlt werden, wobei darauf zu achten ist, daß der Wärmefluß vom Gehäuse zur Stopfbuchse möglichst klein bleibt. Bei der in Abb. 41.2 dargestellten Heißwasserstopfbuchse liegt vor der eigentlichen Packung *d* eine Labyrinthdichtung *g*. Beide sind von dem Kühlmantel *i* und dem Kühlwasserraum *k* umgeben. Das Wasser tritt daher schon vorgekühlt zur Packung *d*. Dieser ist ein Druckring *e* vorgeschaltet, der die Aufgabe hat, das Packungsmaterial gleichmäßig zusammenzudrücken und an die Wellenschutzhülse *h* anzupressen. An der Stopfbuchsbrille *l* ist die Packung durch drei Lamellenringe *a*, *b* und *c* abgeschlossen. Sie sollen verhindern, daß Packungsmaterial durch den Spalt zwischen Stopfbuchsbrille und Wellenschutzbuchse herausgedrückt wird.

Bei der Heißwasserstopfbuchse nach Abb. 41.3 wird die Packung in anderer Weise gegen die Einwirkung hoher Temperaturen geschützt. Die Packung besteht hier aus einer Kombination von Weichmetallringen und textilen Packungsringen. Letztere bewirken die Dichtung, während die Weichmetallringe die Aufgabe haben, Wärme von der Welle an das gekühlte Stopfbuchsgehäuse abzuführen, ferner die textilen Fettpackungsringe zu kühlen und somit gegen Fettverluste zu schützen.

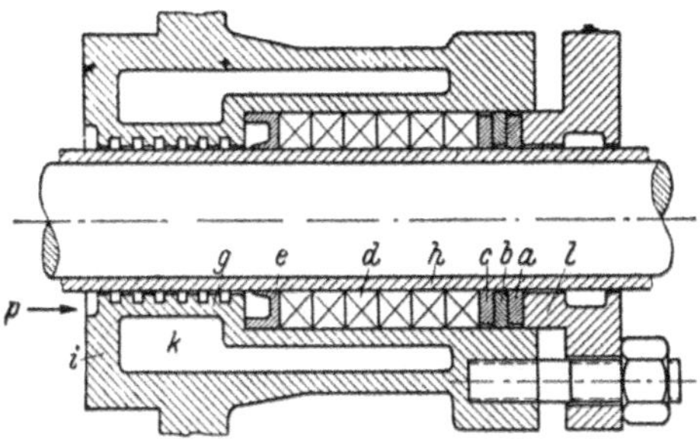

Abb. 41.2. Heißwasserstopfbuchse (Halberg)

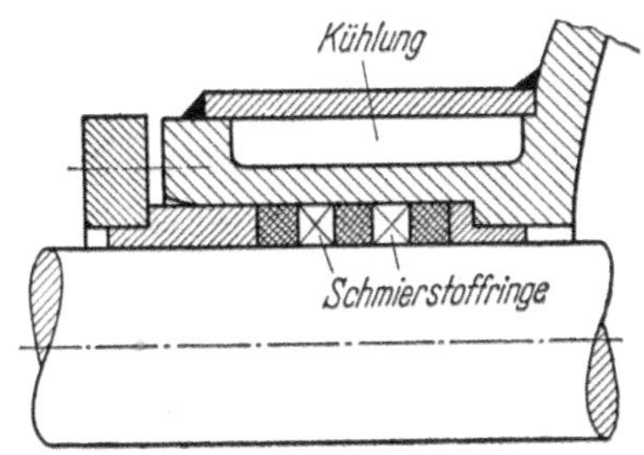

Abb. 41.3. Heißwasserstopfbuchse mit einer Kombination von Weichmetall- und textilen Packungsringen (Martin Merkel KG)

Für Gleitgeschwindigkeiten von 20 m/s und mehr, wie sie bei Kesselspeisepumpen großer Leistung auftreten, ist die Außenkühlung des Stopfbuchsgehäuses zur Abführung der entstehenden Reibungswärme allein nicht mehr ausreichend. Sie muß durch eine Innenkühlung der Schutzbuchse unter Verwendung von kaltem Kondensat ergänzt werden. Ferner ist eine gute Laufruhe der Welle und — bei hoher Speisewassertemperatur — eine Vorkühlung des Leckwassers erforderlich (Abb. 50.1).

42. Gleitringdichtungen

a) Wirkungsweise und betriebliches Verhalten

Neben den Stopfbuchsen der besprochenen Art werden — besonders für geringe oder mäßige Drücke — in zunehmendem Maße Gleitringdichtungen verwendet. Das Kennzeichen dieser Dichtungsart liegt darin, daß die bewegte, dem Verschleiß unterworfene Dichtfläche von der Wellenoberfläche weg in eine Fläche senkrecht zur Wellenachse gelegt ist. Die Abdichtung findet in einer feingeläppten Planfläche zwischen einem feststehenden sogenannten Gegenring (*1*) und einem rotierenden Gleitring (*2*) statt (Abb. 42.1), der durch die Federkraft F_f und durch die Druckkraft der Flüssigkeit F_h angedrückt wird. Die Gleitflächen beider Ringe müssen völlig eben sein und genau senkrecht zur Wellenachse stehen. Ihre Rauhtiefen dürfen 0,5⋯1 μm nicht überschreiten. Die Ringe müssen deshalb auf Präzisionsmaschinen gedreht, geschliffen und geläppt werden. Mit einer Dichtung dieser Art läßt sich das Austreten von Leckflüssigkeit praktisch verhindern.

Über das hydraulische und betriebliche Verhalten der Gleitringdichtungen geben die umfangreichen Untersuchungen von E. Mayer[1] Aufschluß.

[1] Mayer, E.: Belastete axiale Gleitringdichtungen für Flüssigkeiten. Diss. Techn. Hochschule Stuttgart 1959; Axiale Gleitringdichtungen, 5. Aufl., Düsseldorf: VDI-Verlag 1974.

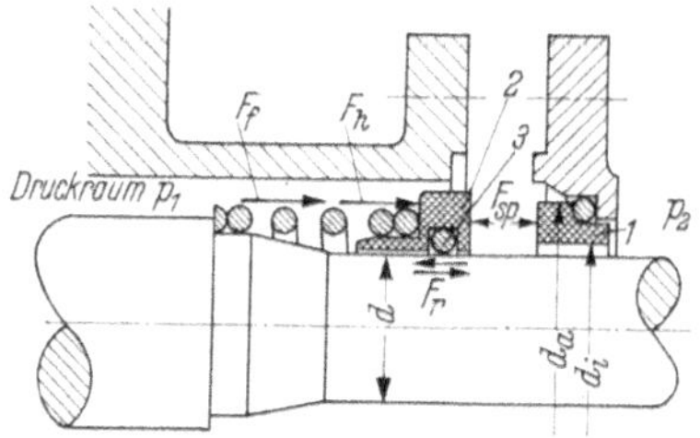

Abb. 42.1. Die an der Gleitringdichtung wirksamen Kräfte

In der Gleitringdichtung nach Abb. 42.1, in welcher Gegenring (*1*) und rotierender Gleitring (*2*) auseinandergezogen dargestellt sind, ist $A_h = (d_a^2 - d^2)\,\pi/4$ die vom Flüssigkeitsdruck p_1 beaufschlagte Fläche der Gleitringdichtung, $A = (d_a^2 - d_i^2)\,\pi/4$ die Gleitfläche, in welcher die Anpressung der Gleitringe erfolgt. Beide Flächen können gleich groß oder auch unterschiedlich sein. Ist $A_h \geqq A$, so liegt eine hydraulisch belastete Gleitfläche vor, ist dagegen $A_h < A$, so spricht man von einer hydraulisch entlasteten Gleitfläche. Das Verhältnis $k = A_h/A$ heißt „hydraulisches Belastungsverhältnis".

Auf die Stirnfläche des Gegenrings (*1*) wirkt die axiale Druckkraft $F_d = F_f + F_h - F_{sp} \pm F_r$. In dieser Gleichung bedeuten gemäß Abb. 42.1 F_f die Federkraft, F_h die hydraulische Belastungskraft, F_{sp} die Druckkraft der Flüssigkeit im Spalt und F_r die Reibungskraft des radialen Dichtelementes zwischen Welle und Gleitring (*2*), im vorliegenden Fall also des O-Ringes (*3*). F_r kann je nach der Vorpressung des Ringes, dem Betriebszustand, der Erwärmung u.a. seine Größe und Richtung ändern. Nach längerem Betrieb nimmt das Dichtelement infolge von Druckschwankungen und Maschinenvibration eine praktisch ausgeglichene Ruhelage ein, so daß dann F_r vernachlässigbar ist. Während des Betriebes besteht im allgemeinen zwischen den Gleitflächen Festkörperberührung, so daß ein eigentlicher Spalt — ein berührungsfreier Raum mit einer tragenden Flüssigkeitsschicht zwischen den Gleitflächen — nicht vorhanden ist. Trotzdem spricht man auch in diesem Fall von einem Spalt und einer gedachten Spaltweite h, die sich nach einer empirischen Formel aus den maximalen Rauhtiefen $R_{\max}$ der Gleitringe und dem Völligkeitsgrad $K = R_m/R_{\max}$ errehnet, und zwar ist

$$h = \frac{R_{\max_1}/K_1 + R_{\max_2}/K_2}{2},$$

gültig für den Bereich $0{,}67 \leqq K < 1$. R_m ist die mittlere Rauhtiefe. Der Index 1 bezieht sich auf den feststehenden, der Index 2 auf den rotierenden Gleitring.

Unter Vernachlässigung der Reibungskraft F_r beträgt der mittlere spezifische Anpreßdruck in der Stirnfläche des feststehenden Gegenringes, der Gleitdruck

$$p_g = \frac{F_d}{A} = \frac{F_f + F_h - F_{sp}}{A}. \tag{42,1}$$

Schreibt man $F_f = A \cdot p_f$, $F_{sp} = A \cdot p_{sp}$ und ferner $F_h = A_h \cdot p_1$, wobei p_1 den Flüssigkeitsdruck vor dem Spalt bezeichnet, so erhält man mit $A_h/A = k$

$$p_g = p_f + k\,p_1 - p_{sp}. \tag{42,2}$$

Die Druckkraft der Flüssigkeit im Spalt — F_{sp} — tritt nach Mayer nur unterbalb eines bestimmten Druckverhältnisses p_g/p_1 auf, das von der Spaltweite, also den

Rauhtiefen der Gleitringe, abhängt. Oberhalb dieses Druckverhältnisses wird die Flüssigkeit im Spalt drucklos, der Druck p_1 also unmittelbar hinter dem Eintritt der Flüssigkeit in den Spalt abgedrosselt. In diesem Fall geht Gl. (42,2) über in

$$p_g = p_f + k\,p_1. \qquad (42,3)$$

Das Druckverhältnis p_g/p_1 heißt „Belastungsverhältnis". Mit dem nach Gl. (42,3) ermittelten Gleitdruck ist der Grenzwert p_g/p_1, oberhalb dessen der Spalt drucklos wird, in Abb. 42.2 als Funktion der Spaltweite h dargestellt. Hiernach sind drei Bereiche zu unterscheiden:

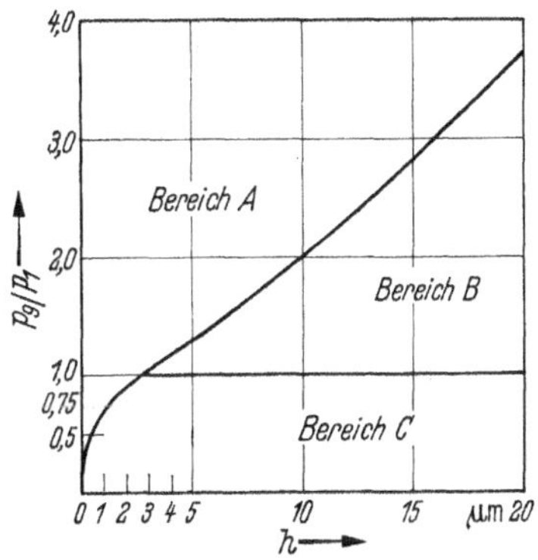

Abb. 42.2.
Grenzwerte p_g/p_1, oberhalb deren der Spalt drucklos wird (nach Mayer)

Bereich A ($p_{sp} \approx 0$). Bleibt die maximale Verwerfung der Gleitringe durch Druckkräfte oder infolge von Temperaturunterschieden gering, so herrscht im Bereich A der Zustand der Grenzreibung. Der zwischen den Gleitflächen befindliche Schmierfilm ist nur wenige Molekülschichten dick. Er weist keinen meßbaren Flüssigkeitsdruck auf und ist teilweise unterbrochen, so daß stellenweise Festkörperberührung eintritt. Der Druckabfall erfolgt unmittelbar an der Ringkante beim Flüssigkeitseintrittsdurchmesser d_a (Abb. 42.1). Die entstehende Reibung und somit auch der Verschleiß werden hauptsächlich durch die Schmierfähigkeit des Filmes und die Gleiteigenschaften der Werkstoffpaarung bestimmt. Völlige Dichtheit ist auch bei einer belasteten Dichtung, also bei druckloser Spaltflüssigkeit, nicht zu erreichen. Der Leckverlust ist allerdings bei entsprechender Ausführung so gering, daß er praktisch nicht bemerkt wird, besonders dann, wenn die Leckflüssigkeit nach dem Austritt in den dampfförmigen Zustand übergeht. Der Leckverlust errechnet sich für innen angeordnete Gleitringdichtungen und Durchströmung des Spaltes von außen nach innen zu

$$Q_L = [\pi\, d_a(p_1 - p_2)\, h^2 S]/p_g^2 \quad \mathrm{cm^3/s}. \qquad (42,4)$$

In dieser Gleichung bezeichnen: p_1 den Druck vor dem Gleitring, p_2 den Gegendruck, p_g den Gleitdruck, je in daN/cm^2, ferner d_a den Außendurchmesser des Gleitrings und h die Spaltweite, beide in cm. Praktische Ausführungen haben bei geeigneten Werkstoffpaarungen und sauberen Fördermedien eine mittlere Spaltweite $h = 0{,}2 \cdots 1{,}5\ \mu\mathrm{m} \mathrel{\hat{=}} (0{,}2 \cdots 1{,}5) \cdot 10^{-4}$ cm.

S ist der Spaltfaktor. Er hat die Einheit daN/cm^2 s und ist eine Funktion der mittleren Spaltgeschwindigkeit v_g, außerdem des Fliehkraftdrucks und des Abströmquerschnitts. Zahlenwerte des Spaltfaktors sind aus der nachstehenden Tabelle ersichtlich.

$v_g =$	1	1,5	2	3	4	5	6	7	8	9	10	15	m/s
$S =$	[0,13	0,6	1,4	4,05	8,15	13,9	20,5	28,8	36,7	46,5	55	110]	$\cdot\, 10^3$ daN/cm² s.

Wird die Dichtung in umgekehrter Richtung durchströmt, so vergrößert sich der Leckverlust etwa auf das Zehnfache.

Ein Einfluß der Viskosität des Fördermittels auf den Leckverlust konnte für $h < 50\,\mu$m nicht festgestellt werden. Ebenso erwies sich der Leckverlust im untersuchten Bereich $p_g = (0\cdots 20)\cdot 10^5\,\mathrm{N/m^2} = (0\cdots 20)$ bar als unabhängig vom Werkstoff der Gleitringe und der Breite der Dichtflächen. Breite Gleitringe sind allerdings nicht zu empfehlen, da sie sich leichter verwerfen als schmale Ringe. Die Folgen sind ungleichmäßige Abnutzung und Undichtigkeit.

Der Leckverlust läßt sich nicht nach den Gesetzen der laminaren Spaltströmung ermitteln.

Daß ohne nachweisbaren Spaltdruck p_{sp} ein Leckverlust auftritt, erklärt sich daraus, daß durch wechselseitiges Überdecken der winzigen, nicht zusammenhängenden Hohlräume beider Gleitringe Flüssigkeitsteilchen unter der Wirkung eines noch vorhandenen kleinen Restdruckes — vergrößert oder vermindert durch den Fliehkraftdruck — allmählich den Dichtspalt durchdringen.

Bereich B ($p_{sp} \leqq p_1$). Wachsen die Rauhtiefen, mithin auch der Spalt über ein gewisses vom Belastungsverhältnis p_g/p_1 abhängiges Maß hinaus, so reicht die elastische und plastische Verformung der Rauhheitsspitzen der Gleitflächen nicht aus, um den Dichtspalt zu schließen. Es bildet sich ein Spaltdruck p_{sp} aus, so daß die Gleitdruckbeziehung nunmehr gemäß Gl. (42,2) lautet

$$p_g = p_f + k p_1 - p_{\mathrm{sp}}.$$

Selbst für den Fall, daß der Spaltdruck p_{sp} den Eintrittsdruck p_1 erreicht, ist aber mit keinem Abheben der Dichtflächen zu rechnen. Im Dichtspalt liegt Mischreibung vor. Es kann sich bereits ein hydrodynamisch tragender Schmierfilm bilden, der jedoch stellenweise unterbrochen ist. Auf den Reibungsvorgang gewinnt daher die dynamische Zähigkeit der Spaltflüssigkeit Einfluß. Gleichzeitig sind aber auch die Gleiteigenschaften der Werkstoffe von Bedeutung. Infolge des Spaltdrucks und der vergrößerten Spaltweite wächst der Leckverlust. Er kann einige cm³/h betragen. Der Verschleiß ist im allgemeinen gering.

Bereich C ($p_{\mathrm{sp}} \leqq p_1$). Da das Belastungsverhältnis $p_g/p_1 < 1$ ist, wird die Gleitfläche vom Flüssigkeitsdruck teilweise entlastet. Der sich dadurch im Dichtspalt bildende Spaltdruck p_{sp} trägt einerseits zur Verringerung der Reibung bei, erhöht aber andererseits — besonders bei größeren Rauhtiefen — den Leckverlust. Im Dichtspalt herrscht ebenfalls Mischreibung, sofern kein Abheben der Gleitflächen eintritt.

Entlastete Gleitflächen neigen bei stark wechselnden Betriebszuständen (starke Änderungen von Druck, Temperatur und Drehzahl) zum Öffnen des Dichtspaltes. Diese Möglichkeit besteht besonders bei einem kleinen *hydraulischen* Belastungsverhältnis $k = A_h/A$. Es genügen dann unter Umständen bereits Dichtspaltverformungen oder Rauhtiefenvergrößerungen während des Betriebes, um die Dichtung durch Eindringen des Flüssigkeitsdruckes so weit zu entlasten, daß vollständiges Abheben der Dichtflächen eintritt. Die Gefahr der Dichtspaltöffnung ist um so geringer, je mehr sich das Belastungsverhältnis p_g/p_1 dem Wert 1 nähert[1]. Das praktisch ausgeführte *hydraulische* Belastungsverhältnis bewegt sich etwa in den Grenzen $k = A_h/A = 0{,}6 \cdots 0{,}9$.

Belastete Gleitflächen ($p_g/p_1 \geqq 1$) verlieren im allgemeinen den Gleitflächenkontakt nicht.

Wird eine Gleitringdichtung mit plangeläppten Gleitflächen in Betrieb genommen, so ändert sich die Spaltform augenblicklich. Durch das Auftreten axialer, radialer und anderer Kräfte sowie durch Temperaturunterschiede verwerfen sich die Ringe. Die Spaltfläche kann dadurch eine gewölbte oder kegelig geneigte Form annehmen mit Berührung am Innendurchmesser d_i oder am Außendurchmesser d_a. Bleiben die Betriebsbedingungen — Flüssigkeitsdruck, Gleitgeschwindigkeit, Temperatur usw. — für die Dichtung unverändert, so wird der Spalt bei einer geeigneten Werkstoffpaarung durch den eintretenden Verschleiß nach kürzerer oder längerer Zeit die ursprüngliche ebene Form wieder annehmen, sofern ein ausreichender Berührungsdruck vorhanden ist. Die benötigte Zeit kann einige Minuten, aber auch mehrere Wochen betragen. Sie hängt von der Größe der Verwerfung, dem Gleitdruck und der Verschleißfestigkeit des Werkstoffes ab.

Von großer Wichtigkeit ist die Lebensdauer der Gleitringdichtung. Belastete Dichtungen arbeiten im Bereich der Grenzreibung. Ursache des Verschleißes ist daher die Festkörperreibung der Gleitringe. Durch wachsenden Anpreßdruck p_g wird die Schmierflüssigkeit in zunehmendem Maße verdrängt. Das hat vielfach Verschleißzunahme, Vergrößerung der Rauhtiefen und somit der Spaltweite h zur Folge. Es kann aber auch ein Poliereffekt eintreten, der zu einer Verminderung der Rauhtiefen führt. Von wesentlichem Einfluß auf den Verschleiß ist ferner die Art und Reinheit der Flüssigkeit sowie die Werkstoffpaarung des Gleit- und Gegenrings. Bei der Auswahl der Werkstoffe ist daher ihre Kombination in der Gleitringdichtung unter Berücksichtigung des abzudichtenden Mediums von großer Wichtigkeit. Die Werkstoffpaarung muß neben Korrosionsbeständigkeit eine gute Verschleißfestigkeit aufweisen, darf nicht zur Riefenbildung oder zur Verschweißung neigen und soll bei guter Wärmeleitfähigkeit ein ausreichendes Notlaufvermögen haben.

Im Bereich der Mischreibung, besonders für $p_g/p_1 < 1$ ist unter sonst gleichen Verhältnissen der Verschleiß im allgemeinen geringer. Diesem Vorteil steht allerdings als Nachteil der größere Leckverlust gegenüber.

Eine elastische Lagerung des Gleit- und Gegenrings erhöht die Lebensdauer der Dichtung. Gleichzeitig ist damit eine Dämpfung eventuell auftretender Schwingungen und Vibrationen verbunden, welche die Dichtung in kurzer Zeit unbrauchbar machen können.

Neben der rein mechanischen Belastbarkeit hängt die Lebensdauer der Gleitringe auch von ihrer thermischen Belastbarkeit ab. Diese wird zunächst durch die zulässige Temperatureinsatzgrenze des Werkstoffs, d.h. die höchstzulässige Temperatur bestimmt, deren Überschreitung zur Zerstörung der Gleitfläche führt. Von größerer Bedeutung ist meistens die Siedetemperatur der zwischen den Gleitflächen befindlichen

---

[1] Da die Größe des Spaltdruckes im voraus nicht bestimmbar ist, bezieht sich das Belastungsverhältnis p_g/p_1 hier wie auch im folgenden auf einen Gleitdruck p_g, der nach Gl. (42,3), also ohne Berücksichtigung des Spaltdrucks, ermittelt ist. Das Belastungsverhältnis p_g/p_1 berücksichtigt neben dem *hydraulischen* Belastungsverhältnis k noch die Belastung durch die Federkraft. Es besteht die Beziehung $p_g/p_1 = k + p_f/p_1$.

Flüssigkeit. Bei Erreichen der Siedetemperatur verdampft die Schmierflüssigkeit, so daß die Grenz- bzw. Mischreibung — zumindest teilweise — in trockene Reibung übergeht, was mit einer erheblichen Verschleißzunahme und häufig mit einem völligen Versagen der Dichtung verbunden ist. Die Verdampfung der Flüssigkeit wird beschleunigt durch hohe Anpreßdrücke, große Reibungsziffern und niedrige Wärmeleitzahlen der Werkstoffe beider Gleitringe, sowie durch schlechte Ableitung der erzeugten Reibungswärme.[1]

Verdampfung der Schmierflüssigkeit muß unter allen Umständen vermieden werden. Bei großem Flüssigkeitsdruck ist deshalb eine Kühlung der Gleitringe, häufig außerdem noch eine Verkleinerung der druckbeaufschlagten Ringfläche, also hydraulische Entlastung der Gleitfläche notwendig.

Der Kraftbedarf der Gleitringdichtung ist im allgemeinen gering. Das Moment der Gleitflächenreibung errechnet sich zu

$$M_R = r_g A p_g f,$$

wobei p_g nach Gl. (42,3) zu ermitteln ist. Mit geringem Fehler kann der Gleitradius $r_g \approx (d_a + d_i)/4$ gesetzt werden. Der Reibungsbeiwert f ist von der Art der Reibung und den Gleiteigenschaften der Werkstoffpaarung abhängig. Er bewegt sich etwa in den Grenzen

$$f = 0{,}03 \cdots 0{,}15 \text{ bei Grenzreibung (Bereich } A\text{)},$$

$$f = 0{,}005 \cdots 0{,}03 \text{ bei Mischreibung (Bereiche } B \text{ u. } C\text{)}.$$

Damit errechnet sich der Leistungsbedarf der Gleitringdichtung unter alleiniger Berücksichtigung der Gleitflächenreibung zu

$$P_R = M_R \omega.$$

Man erhält P_R in W, wenn M_R in Nm eingesetzt wird.

b) Ausführungsbeispiele

Eine ungekühlte, außerhalb des Pumpenraumes angeordnete, belastete Gleitringdichtung ist aus Abb. 42.3 ersichtlich. Der mit der Welle rotierende Gleitring (*1*) ist in den Gehäusering (*2*) eingepreßt und wird durch kleine Schraubenfedern (*3*) an den feststehenden, aber elastisch gelagerten Gegenring (*4*) gedrückt. Zur Abstützung des Gleitringes gegenüber der Welle dient der geschlitzte Klemmring (*5*), der mittes der Inbusschrauben (*6*) so auf der Welle befestigt wird, daß von den Federn (*3*) eine Gleitflächenbelastung von etwa $(1 \cdots 2) \cdot 10^5$ N/m² $= (1 \cdots 2)$ daN/cm² $= (1 \cdots 2)$ bar erzeugt wird. Außer der Federkraft F_f wirkt auf die Gleitfläche noch eine hydraufische Belastungskraft F_h. Sie ist vom Flüssigkeitsdruck p_1 und der Aufschlagfläche $A_h = (d_h^2 - d_i^2)\,\pi/4$ abhängig. Letztere stimmt im vorliegenden Fall mit der Gleitfläche $A = (d_a^2 - d_i^2)\,\pi/4$ überein, so daß sich ein hydraulisches Belastungsverhältnis $k = 1$ und ein gesamtes Belastungsverhältnis $p_g/p_1 > 1$ ergibt, da dieses noch die Federkraft berücksichtigt. Die Übertragung der Drehbewegung der Welle erfolgt durch zwei Zylinderstifte (*7*). Die Abdichtung des Gleitringes (*1*) gegenüber der Welle übernimmt der mit dieser rotierende O-Ring (*8*), während die O-Ringe (*9*) und (*10*) den Gegenring gegenüber dem Pumpengehäuse abdichten.

[1] Eine tabellarische Zusammenstellung der technischen Kennwerte zahlreicher Werkstoffe für Gleit- und Gegenring findet sich bei Mayer, E.: Axiale Gleitringdichtungen. VDI-Verlag, Düsseldorf 1970.

Als Werkstoffe werden für den rotierenden Gleitring Kunstharz mit Graphitzusatz oder hochwertige Graphitkohle verwendet, für den Gegenring Gußeisen, bei korrodierenden Flüssigkeiten Bronze, Chromstahlguß, Chrom- und Chromnickelstahl. Die O-Ringe bestehen aus synthetischem Gummi, die Druckfedern aus Chromnickelstahl.

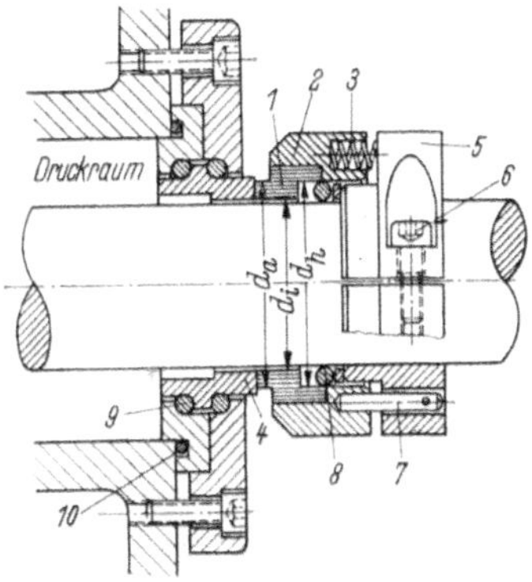

Abb. 42.3.
Ungekühlte, belastete Gleitringdichtung (Goetze)

Als Maß für die Beanspruchung der belasteten Gleitringdichtung kann das Produkt $p_g \cdot v_g$ gelten, wobei p_g den Gleitdruck nach Gl. (42,3) in bar und v_g die mittlere Gleitgeschwindigkeit in m/s bezeichnen. Da bei *ungekühlten*, nach Abb. 42.3 *belasteten* Gleitflächen stets mit einer eine gewisse Zeit andauernden trockenen Reibung und entsprechender Erwärmung gerechnet werden muß, dürfte für die vorliegende Werkstoffpaarung und Wasserförderung der Wert $p_g \cdot v_g = 16$ als obere Grenze anzusehen sein, mit einem höchsten Gleitdruck $p_g = 5$ bar $= 5$ daN/cm^2 und einer Wassertemperatur bis zu 100 °C.

Bei hohen Flüssigkeitsdrücken und Umfangsgeschwindigkeiten ist zur Vermeidung des Trockenlaufs durch Verdampfung der Spaltflüssigkeit eine Kühlung der Gleitringe erforderlich. Außerdem wird häufig der Gleitdruck durch hydraulische Entlastung herabgesetzt. Beide Gesichtspunkte sind bei der Gleitringdichtung nach Abb. 42.4 verwirklicht. Durch den Spalt (*1*) tritt aus dem Druckgehäuse der Pumpe eine geringe Menge Kühlflüssigkeit — etwa 5 l/min — in den Raum (*2*), umspült die Gleitringe und fließt durch die Bohrung (*3*) über ein Drosselorgan ab oder wird in den Saugraum zurückgeführt. Die druckbeaufschlagte Ringfläche A_h — begrenzt durch die Durchmesser d_a und d_i — ist gegenüber der Gleitfläche A verkleinert, so daß in dieser ein verringerter Gleitdruck entsteht.

Im Gegensatz zu Abb. 42.3 wird hier der Dichtungsspalt durch das Fördermittel von außen beaufschlagt, so daß die Fliehkraft der Spaltflüssigkeit dem Druck des Fördermittels entgegenwirkt. Das ist besonders bei Förderung von Flüssigkeiten mit kleinen Verunreinigungen von Bedeutung. Dem Bestreben sehr kleiner Fremdkörper, in den Spalt zwischen den Gleitringen einzudringen, wird dadurch ein gewisser Widerstand entgegengesetzt und damit die Gefahr der Beschädigung der Gleitflächen verringert. Außerdem nimmt der Leckverlust ab.

Der feste Gegenring (*4*) ist in den Gehäusedeckel (*5*) mittels der Dichtung (*6*) eingepreßt, die ihm infolge ihrer Elastizität die genaue Einstellung zum Gleitring (*7*) ermöglicht. Drehung des Gegenringes wird durch den Stift (*8*) verhindert. Der rotierende Gleitring ist auf der Wellenhülse (*9*) axial verschiebbar und wird durch die Feder (*10*) angedrückt. Letztere überträgt zugleich die Drehbewegung der Welle auf den Gleitring und ist dazu der Drehrichtung entsprechend gewunden. Die Feder ist hier der Einwirkung des Fördermittels ausgesetzt. Bei angreifenden Flüssigkeiten kann sie auch geschützt oder außerhalb der Dichtung so angeordnet werden, daß sie dem unmittelbaren Angriff der Förderflüssigkeit nicht ausgesetzt ist.[1]

Zur Abdichtung zwischen Welle, Wellenhülse und Gleitring sowie zwischen Gehäuse und Deckel dienen O-Ringe.

Als zusätzliche Sicherheitsmaßnahme für Dichtungen mit sehr schwierigen Betriebsverhältnissen wird noch ein Leckanschluß (in Abb. 42.4 strichpunktiert ge-

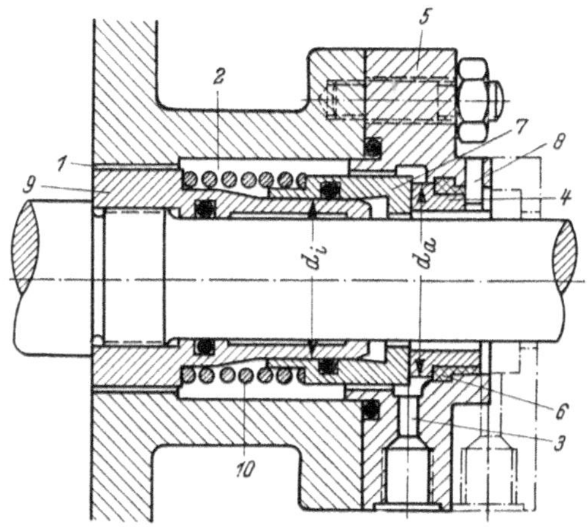

Abb. 42.4. Gekühlte Gleitringdichtung mit hydraulischer Entlastung (Flexibox)

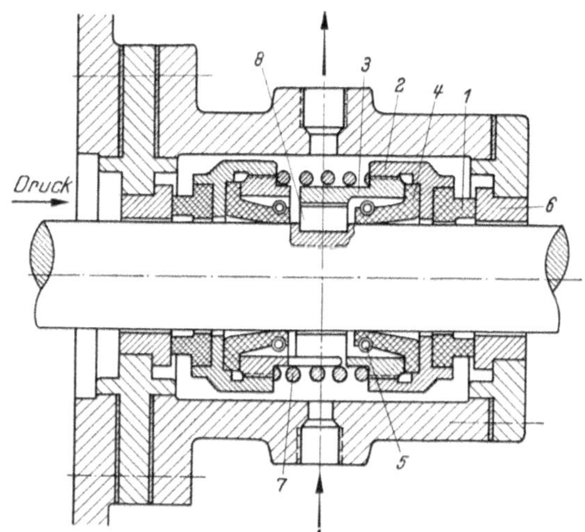

Abb. 42.5. Gleitringdichtung mit Sperrflüssigkeit (Huhn)

[1] Schaffer, R.: Gleitringdichtungen für Kreiselpumpen der chemischen Industrie. Chemie-Ingenieur-Technik 29 (1957) H. 4, S. 241–249.

zeichnet) vorgesehen, der mitunter durch eine besondere Vorstopfbuchse nach außen abgedichtet ist.

Für Temperaturen unter 100 °C wird bei dieser Ausführung als Werkstoff der Dichtungen synthetischer Gummi verwendet, der gegen eine große Anzahl ätzender Flüssigkeiten beständig ist. Wesentlich höheren Temperaturen — bis etwa 250 °C — widersteht Silikongummi, jedoch bleibt seine Verwendbarkeit auf eine kleinere Anzahl von Fördermitteln beschränkt. Nahezu alle Flüssigkeiten lassen sich durch Teflon abdichten, sofern die Temperatur der Dichtung 250 °C nicht übersteigt.

Als Werkstoffe für die beiden zusammen arbeitenden Gleitringe werden nichtrostender Stahl bzw. Kohle verwendet. Der rotierende Gleitring aus nichtrostendem Stahl erhält häufig eine stellitierte Lauffläche. Den Kohlenringen läßt sich Metall oder Kunstharz beimischen. Metallbeimischung verleiht dem Kohlering eine größere Widerstandsfähigkeit gegen mechanische Abnutzung. Im Vergleich zum Kohlering mit Kunstharzbeimischung ist er jedoch empfindlicher gegen chemische Einflüsse. Der Nachteil der Kunstharzbeimischung liegt darin, daß derartige Ringe nur für Temperaturen bis etwa 170 °C verwendet werden können.

Nach Angabe der Herstellerin genügen die *gekühlten* und *hydraulisch* teilweise *entlasteten* Dichtungen vorliegender Konstruktion ($p_g/p_1 < 1$) nahezu allen bei Kreiselpumpen auftretenden Anforderungen. Hierbei kann das Produkt $p_1 \cdot v_g$ aus dem Flüssigkeitsdruck p_1 an der Dichtung in bar und der mittleren Gleitgeschwindigkeit v_g in m/s je nach Auslegung und Fördermittel maximal etwa 350···500 betragen bei einem Flüssigkeitsdruck bis $p_1 = 45$ bar und mehr. Diese hohe Beanspruchung der entlasteten gekühlten Gleitringdichtung ist offenbar nur dadurch möglich, daß die Spaltflüssigkeit nicht drucklos ist.

Für *belastete gekühlte* Dichtungen üblicher Bauart ($p_g/p_1 \gtreqless 1$) beträgt die obere Grenze des Produktes aus Gleitdruck und mittlerer Gleitgeschwindigkeit etwa $p_g \cdot v_g = 36$ bar · m/s mit einem höchsten Gleitdruck $p_g = 7 \cdots 10$ bar.

Die Gleitringdichtung ist empfindlich gegen Flüssigkeiten mit schmirgelnden Bestandteilen. Bei derartigen Fördermitteln kann das Eindringen kleiner Fremdkörper in den Dichtungsspalt durch Anwendung einer unter erhöhtem Druck stehenden Sperrflüssigkeit verhindert werden (Abb. 42.5). Da diese sowohl nach der Pumpenseite als auch nach außen abzudichten ist, muß die Gleitringdichtung doppelt ausgeführt werden. In der Konstruktion nach Abb. 42.5 sind die aus Graphitkohle bestehenden Gleitringe (*1*) in die Panzerringe (*2*) eingepreßt, die ihrerseits durch die Gewinderinge (*3*) mit den Kunstgummimanschetten (*4*) verbunden sind. Letztere bewirken mittels der Schlauchfedern (*5*) und des Druckes der Sperrflüssigkeit die Abdichtung der rotierenden Teile gegenüber der Welle. Sie ermöglichen ferner die Einstellbarkeit der Gleitringe zu den aus nichtrostendem Stahl gefertigten Gegenringen (*6*). Zur Anpressung der Gleitflächen dient — abgesehen vom Flüssigkeitsdruck — die Druckfeder (*7*), während die Drehbewegung der Welle durch die Paßfeder (*8*) auf die rotierenden Teile übertragen wird. Die Dichtung eignet sich auch für Anlagen, bei denen abwechselnd Druck und Unterdruck auftritt. Die Sperrflüssigkeit dient gleichzeitig als Kühlmittel.

In einfach wirkenden Gleitringdichtungen der üblichen Bauart haben sich bei Flüssigkeiten mit feinen schmirgelnden Beimengungen gewisse Metallkarbide, die sich durch große Härte und Verschleißfestigkeit auszeichnen, als sehr widerstandsfähige Werkstoffe für Gleit- und Gegenring erwiesen. Aus Gründen der Herstellung werden sie meistens nicht in reiner Form, sondern mit Metallbindern, wie Nickel, Kobalt, Chromnickelstahl u.a. verwendet. Am häufigsten werden Wolframkarbide mit Kobaltbindern benutzt. Kobaltbinder sind jedoch gegen chemisch angreifende Flüssigkeiten nicht beständig.

Korrosionsbeständigkeit gegenüber fast allen Chemikalien weist neben großer Härte und Verschleißfestigkeit gesintertes Aluminiumoxyd (Al_2O_3) auf. Das von der Feldmühle AG unter der Bezeichnung SPK-Oxydkeramik E 23 hergestellte Material hat einen Reinheitsgrad von 99,7% und findet für den Gegenring Verwendung[1]. Als Werkstoff für den zugehörigen Gleitring eignen sich Phenolharze, denen Asbest, Graphit oder Gesteinsmehl beigemischt sind, ferner Polytetrafluoräthylen mit Zusätzen von Glasfasern, Graphit oder Molybdändisulfit und schließlich Hartkohle oder Elektrographit, die mit Kunstharzen, Glas u.a. imprägniert sind.

Diese Stoffe haben geringere Härte und Verschleißfestigkeit, jedoch ist die gemeinsame Verwendung von Oxydkeramik für Gleit- und Gegenring wegen des weniger guten Trockenlaufverhaltens dieser Kombination nur zweckmäßig, wenn eine ausreichende Schmierung sichergestellt ist.

c) Hydrodynamische Gleitringdichtungen

Die Verwendung der belasteten und teilweise entlasteten Gleitringdichtungen ist nur bis zu gewissen höchsten Drücken und Umfangsgeschwindigkeiten möglich, weil Wärmeerzeugung und Verschleiß zu groß werden und somit die Stabilität des Schmierfilms und die Betriebssicherheit gefährdet sind. Nach Mayer ist es nun möglich, durch besondere Maßnahmen die Ausbildung hydrodynamischer Druck- und Schmierfelder hervorzurufen, die eine sehr hohe Belastung der Dichtung zulassen. Bringt man z.B. in der Gleitfläche *eines* der beiden Gleitringe kleine, nicht durchlaufende radiale Nuten an (Abb. 42.6), so entstehen während des Betriebes durch die Reibungswärme und die unterschiedliche Temperaturverteilung Verwerfungen des Gleitringes. Die dadurch hervorgerufene Welligkeit der Gleitfläche ermöglicht den Aufbau von hydrodynamischen Druckfeldern. Die sich in den keilförmigen Spalten der Gleitfläche ausbildenden örtlich begrenzten Drücke können wesentlich über dem abzudichtenden Druck p_1 liegen. Sie verringern die Reibung und Temperatur. Für die Zahl und die Anordnung der Nuten sowie für das Nutenverhältnis c/b, wobei c die

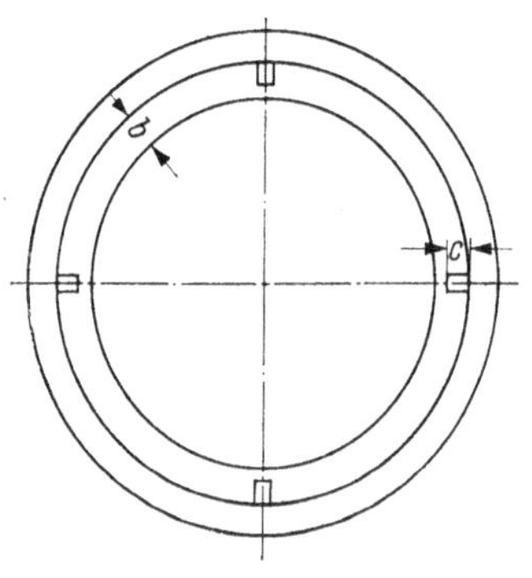

Abb. 42.6.
Gleitring zur Erzeugung hydrodynamischer Druck- und Schmierfelder

[1] Droscha, H.: Gleitringdichtungen mit oxydkeramischen Gegenringen. Konstruktion 20 (1968) H. 5, S. 189–191.

radiale Nutenlänge und b die Dichtbreite bedeutet, sind besondere Erfahrungswerte zu beachten. Für hydraulische Belastungsverhältnisse $k = 0{,}8$ bis $1{,}2$ muß nach Mayer das Nutenverhältnis der Gleichung

$$c/b \approx 0{,}4 \frac{p_g}{p_1} \approx 0{,}4\, k$$

genügen. Ein zu großes Nutenverhältnis vermehrt unter Bildung von kolkartigen Auswaschungen der Leckverlust erheblich, während ein zu kleiner Wert c/b die gewünschten Druck- und Schmierfelder nur ungenügend entstehen läßt.

Die Nutenzahl ist so zu bestimmen, daß der Nutenabstand auf dem Flüssigkeitseintrittskreis 5,5 bis 7,5 cm beträgt. Das Eindringen von Fremdkörpern in den Spalt wird erschwert, wenn die Nuten für Bewegung von innen nach außen im festehstenden, für umgekehrte Bewegungsrichtung im rotierenden Gleitring angeordnet werden.

Um ein Öffnen des Dichtungsspaltes zu verhindern, ist bei hydrodynamischen Dichtungen dieser Bauart das Belastungsverhältnis $p_g/p_1 > 0{,}8$ auszuführen.

Die erhebliche Verringerung der Reibung läßt eine Steigerung des Produktes aus Flüssigkeitsdruck und der mittleren Gleitgeschwindigkeit auf $p_1 \cdot v_g > 500$ zu, wobei $p_1 > 50$ bar und $v_g > 20$ m/s sein kann. Nachteilig sind die höheren Leckverluste und die größere Empfindlichkeit gegen fremdkörperhaltige Flüssigkeiten.

In einer anderen hydrodynamischen Gleitringdichtung[1] besteht der rotierende Gleitring aus Kupfer und hat eine rißverchromte Oberfläche. Als Gegenring dient metallgetränkte Kohle, die in einem Stützring eingeklebt ist. Das Entstehen hydrodynamischer Schmierfelder in der Gleitfläche dieser Dichtung erklärt sich daraus, daß der Flüssigkeitsfilm bei der Drehbewegung abwechselnd über Vertiefungen (Risse) und ebene Felder strömt, wobei die einzelnen Felder als winzige Staurandlager wirken. Derartige rißverchromte Gleitringe lieferten hervorragende Ergebnisse. Die Gleitflächen zeigten bei sehr geringem Leckverlust keinerlei Abnutzung.

Rißverchromungen mit den dazugehörigen Ätzverfahren erfordern eine besondere Technik. Im Netzwerk der Risse soll die Maschenweite etwa 0,5 bis 1 mm betragen.

43. Lager

Als Querlager sind sowohl Gleit- als auch Wälzlager im Gebrauch[2]. Letztere werden allerdings für Pumpen kleiner und mittlerer Leistung in zunehmendem Maße bevorzugt. Die Gründe hierfür sind zu suchen in dem geringen Reibungsverlust, den kleinen Abmessungen, der leichten Auswechselbarkeit und der Fähigkeit mancher Wälzlager, neben den radialen auch axiale Kräfte aufzunehmen.

Außenliegende Gleitlager werden bei kleinen und mittleren Leistungen mit Ringschmierung, bei großer Leistung mit Druckölschmierung und -kühlung ausgeführt (Abb. 46.4, 49.3, 50.1). Als Wälzlager kommen die verschiedenen Arten der Ring-Kugel- und Ring-Rollenlager zur Anwendung.

Innenlager, d.h. im Innern der Pumpe befindliche und vom Fördermittel umströmte Lager werden fast nur als Gleitlager ausgeführt. Derartige Lager findet man im Saugstutzen ein- und mehrstufiger Pumpen mit axialer Einströmung, bei Unter-

---

[1] Loch, E.: Hydrodynamische Gleitringdichtung. Konstruktion 20 (1968) Nr. 9, S. 364—367.

[2] Eine Zusammenstellung gebräuchlicher Lagerkonstruktionen findet sich bei M. Pekrun: Lagerungen in Kreiselpumpen. VDI-Berichte 36 (1959) S. 95—102.

wasserpumpen und auch in anderen Fällen. Als Schmiermittel dient Fett, das mittels einer Bohrung von außen zugeführt wird. Bei bestehendem Unterdruck ist Vorsorge zu treffen, daß durch die Fettbuchse keine Luft eindringen und das Fett abgesaugt werden kann. Ist bei Förderung von Reinwasser eine Berührung mit dem Schmiermittel nicht zulässig, so kann auch das Förderwasser selbst zur Lagerschmierung benutzt werden. An Stelle von Fett wird dem Lager Druckwasser zugeführt, das einer Stelle höheren Druckes entnommen oder durch ein besonderes Hilfsrädchen erzeugt wird. Als Lagerwerkstoffe haben sich bei Wasserschmierung und Förderung von Reinwasser Spezialbleibronzen in Zusammenarbeit mit Wellen aus nichtrostendem Stahl bewährt, deren Oberfläche gehärtet und geschliffen ist.

Bei verunreinigtem Wasser — etwa durch Sand — tritt eine vorzeitige Abnutzung von Lagerschale und Welle ein. In diesem Falle ist die Verwendung eines Gummilagers angezeigt, bei welchem die aus einem verhältnismäßig weichen Gummi bestehende Lagerschale in eine Rotgußbuchse einvulkanisiert ist. Die Gummischale ist mit Nuten versehen, die schraubengangförmig im Sinne der Umfangs- und Wasserbewegung verlaufen (Abb. 43.1). Die sich drehende Welle zieht das Wasser zum Teil aus den Nuten heraus, so daß sich zwischen Welle und Lagerschale ein dünner Wasserfilm bildet[1]. Sandteilchen, die mit dem Wasser zwischen Welle und Lagerschale geraten, drücken sich zunächst in den weichen Gummi ein, ohne die Welle anzugreifen, werden dann durch die Bewegung der Welle weiterbefördert und schließlich durch die Nuten wieder hinausgespült. Um bei Stillständen ein Anrosten der Welle zu vermeiden, ist es ratsam, die Welle an dieser Stelle mit einer Schutzhülse aus

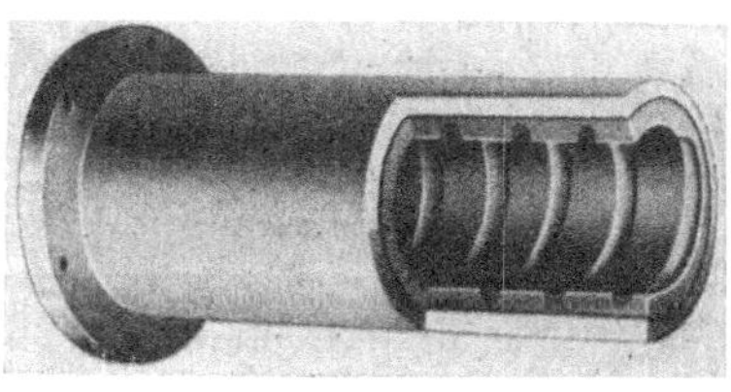

Abb. 43.1. Gummilager (Continental)

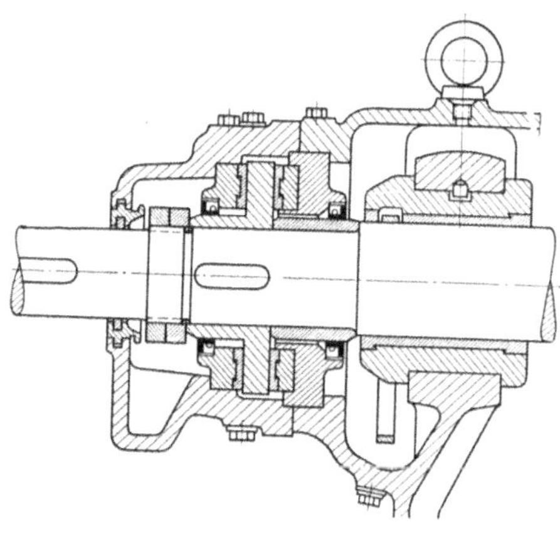

Abb. 43.2. Einringdrucklager (KSB, Frankenthal)

[1] Nach Untersuchungen von Pieper herrscht in belasteten Weichgummilagern mit Längs- und Schraubennuten Mischreibung. Insbesondere zeigt sich bei Schraubennutlagern in bestimmten Teilen der Pressungszone (Auflagefläche der Welle) eine ausgeprägte Mangelschmierung. Ursächlich dafür ist die Verformbarkeit des Gummis. Innerhalb der Pressungszone bildet sich an den Kanten der unter spitzem Winkel zur Umfangsrichtung liegenden Nuten ein Wulst, welcher den Schmierfilm abstreift. Dadurch gelangt nur eine unzureichende Flüssigkeitsmenge in die in Gleitrichtung hinter den Nuten befindlichen Teile der Pressungszone.

Flüssigkeitsreibung läßt sich in Gummilagern verwirklichen, wenn die Lager ohne störende Nuten als sogenannte glatte Lager ausgeführt werden. Pieper, H.: Untersuchungen an wassergeschmierten Weichgummilagern. Konstruktion 22 (1970) H. 5, S. 179—187.

Bronze zu überziehen. Der Lagerdruck darf 5 bar nicht überschreiten, auch muß das Lager stets vom Wasser benetzt sein, weil es andernfalls beim Anfahren wegen der großen Reibungszahl und der geringen Wärmeleitfähigkeit trockenen Gummis sofort zerstört würde.

Bei nicht vorhandenem oder unvollkommenem Ausgleich des Achsschubes — das letztere ist bei Fehlen einer Ausgleichvorrichtung mit Ausgleichscheibe immer anzunehmen — muß die Pumpe noch ein Längslager erhalten. Werden Kugellager als Querlager benutzt, so kann für kleinere oder mäßige Längskräfte eines der Lager, das dann als „Festlager" eingebaut wird, zur Aufnahme des Achsschubes dienen, während das andere in der Längsrichtung frei einstellbar bleibt. Will man ein besonderes Axiallager vorsehen, so ist die Verwendung eines Scheibenkugellagers nur bei mäßiger Drehzahl zu empfehlen, weil bei hoher Drehzahl leicht ein Festklemmen der Kugeln eintreten kann. In diesem Falle ist ein geeignetes Ringkugellager vorzuziehen.

Sehr große Axialkräfte, wie sie z. B. bei Pumpen großer Leistung oder bei Propellerpumpen vorkommen, werden durch ein Einringdrucklager (Michell-Lager) aufgenommen (Abb. 43.2).

44. Gehäuse

Für einstufige Pumpen ist das Spiralgehäuse vorherrschend, das bei einströmigem Laufrad ungeteilt ist und saugseitig oder auch beiderseitig durch angeflanschte Deckel abgeschlossen wird. Kleinere Gehäuse sind vielfach freitragend an dem kräftig gehaltenen Lagerbock angeflanscht, in welchem die Welle mit dem fliegend angeordneten Laufrad zweifach gelagert ist. In der genormten Ausführung nach DIN 24255 ruht das Gehäuse auf Füßen, während der Läufer in einem angeflanschten Lagerträger geführt wird (Abb. 46.1). Schwere Gehäuse werden immer durch Tragfüße unterstützt (Abb. 46.4). Vorteilhaft ist der axiale Anschluß der Saugleitung, der eine ungestörte Wasserzuströmung ermöglicht und daher die Saugfähigkeit der Pumpe begünstigt. Der Drehsinn der Spirale und somit auch die rechts- oder linksseitige Lage des Druckstutzens wird durch die Drehrichtung des Laufrades bestimmt. Soll das Gehäuse auch für geänderte Drehrichtung verwendbar sein, so muß es in bezug auf die zur Welle senkrechte Mittelebene symmetrisch ausgeführt werden (Abb. 46.4).

Der Durchmesser der angeschlossenen Rohrleitungen ergibt sich aus der zu wählenden Wassergeschwindigkeit[1]. Diese soll in der Saugleitung etwa 1,0···1,5 m/s, in der Druckleitung etwa 1,5···2,0 m/s betragen. Um übermäßige Druckverluste zu vermeiden, ist sie bei langen Leitungen kleiner anzusetzen als bei kurzen Leitungen. Wird der Gehäuseanschlußstutzen aus konstruktiven Gründen kleiner als der Rohrdurchmesser gehalten, so ist die Verbindung mit der Rohrleitung durch ein konisches Zwischenstück herzustellen. Dieses ist in horizontalen Saugleitungen exzentrisch auszubilden, so daß kein Luftsack entsteht.

Das ungeteilte Spiralgehäuse kann auch bei doppelströmigem Laufrad beibehalten werden. Der Wasserzufluß erfolgt dann durch beiderseits an die Gehäusedeckel angeschlossene Krümmer mit durchlaufender, außerhalb gelagerter Welle (Abb. 46.7) oder mittels eines einzigen Saugstutzens in der Weise, daß das Förderwasser beiderseitig um die Spirale zu den Saugöffnungen des Doppelkreisels geführt wird. Hier-

[1] Hierbei sind die genormten Nenndurchmesser gemäß DIN 2402 zu beachten.

bei ist allerdings eine Umlenkung des Wassers notwendig, die wegen der damit verbundenen Wirbelbildung eine Beeinträchtigung der Saugfähigkeit der Pumpe zur Folge hat.

Neben der Bauart des ungeteilten Gehäuses findet man mitunter beim doppelströmigen und regelmäßig beim vielströmigen Läufer das horizontal geteilte Gehäuse. Hierbei sind Saug- und Druckstutzen am Gehäuseunterteil angebracht (Abb. 46.8). Diese Bauweise hat den Vorteil, daß der Ausbau des Läufers die Abnahme der schweren Rohrleitungen nicht erforderlich macht. Nach Abheben des Gehäuseoberteils liegt der Läufer frei und kann nun ebenfalls herausgehoben werden.

Die bei den vielstufigen Pumpen früher gebräuchliche „Gehäusetype" wird heute in Deutschland nicht mehr gebaut[1]. Bei dieser sind die aus Lauf- und Leitrad bestehenden Stufen axial in ein gemeinsames Gehäuse eingesetzt. Ein Nachteil dieser Bauweise liegt vor allem darin, daß im Laufe der Zeit durch Ablagerungen eine Verwachsung der Einbauten mit dem Gehäuse eintritt, so daß der Ausbau der Leiträder nur unter großen Schwierigkeiten möglich ist.

An die Stelle der „Gehäusetype" ist die „Ringtype" oder „Gliedertype" getreten. Hier bilden die aus Leit- und Laufrad bestehenden Glieder getrennte Bauteile, die mit dem Saug- und dem Druckgehäuse durch kräftige Zuganker zusammengehalten werden (Abb. 49.1). Alle Teile sind sorgfältig zueinander zentriert und durch ölgetränkte Papierringe oder durch Rundgummiringe, die in Rillen oder Aussparungen liegen, nach außen abgedichtet. Bei sehr großen Drücken und hohen Temperaturen werden die Trennflächen ohne Verwendung eines Dichtungsmittels metallisch dichtend ausgeführt.

Im Hinblick auf die Saugfähigkeit der Pumpe ist dem saugseitigen Wasserzufluß besondere Aufmerksamkeit zu schenken. Da das Wasser im Sauggehäuse vor dem Eintritt in das erste Laufrad eine Umlenkung um 90° erfährt, ist der Saugraum des Sauggehäuses zur Erzielung einer möglichst gleichmäßigen Wasserverteilung groß zu halten und die Wasserzuführung zum Laufrad eventuell durch Eintrittsleitschaufeln zu verbessern.

Neben dem Vorzug der leichteren Demontage, des geringeren Gewichtes und des niedrigeren Preises hat die Gliederpumpe ganz erhebliche fabrikatorische Vorteile, weil sie lediglich durch Änderung der Gliederzahl, der Zuganker und der Welle eine Anpassung an die bei Wasserpumpen stark unterschiedlichen Druckverhältnisse gestattet, während bei der Gehäusetype jeweils ein anderes Gehäuse notwendig ist.

Als Werkstoff des Pumpengehäuses dient allgemein Gußeisen. Bei hohen Drücken und Temperaturen, wie sie bei Kesselspeisepumpen vorliegen, wird Chromstahlguß verwendet. Für Seewasser und leicht saure Flüssigkeiten hat sich Bronze bewährt. Sehr aggressive Flüssigkeiten erfordern jeweils geeignete Sonderwerkstoffe. Derartige Werkstoffe sind im Abschn. 54 aufgeführt.

An den Stufengehäusen sind Anschlußöffnungen für Entleerungs- und Belüftungshähne, am Saug- und Druckgehäuse außerdem Anschlüsse für Manometer sowie für einen Fülltrichter vorzusehen.

---

[1] Eine Ausnahme macht die bei hochbeanspruchten Kesselspeisepumpen angewandte, konstruktiv geänderte Mantelgehäusetype, die sich hier aus den besonders schwierigen Betriebsverhältnissen entwickelt hat (s. Abb. 50.2).

45. Achsschub und Achsschubausgleich

a) Radialpumpe

Der Spaltdruck einer Pumpenstufe $p'_p = \varrho Y'_p = \varrho g H'_p$ mit H'_p als Spaltdruckhöhe[1] ruft eine nach der Saugseite des Laufrades gerichtete axiale Schubkraft hervor, die beträchtliche Werte annehmen kann.

α) Geschlossenes Laufrad. Wir beziehen unsere Betrachtung auf den Auslegezustand der Pumpe und setzen voraus, daß der Spaltdruck beiderseits des Laufrades gleich und über dem Umfang unveränderlich ist, daß die Seitenräume A und B (Abb. 45.1)

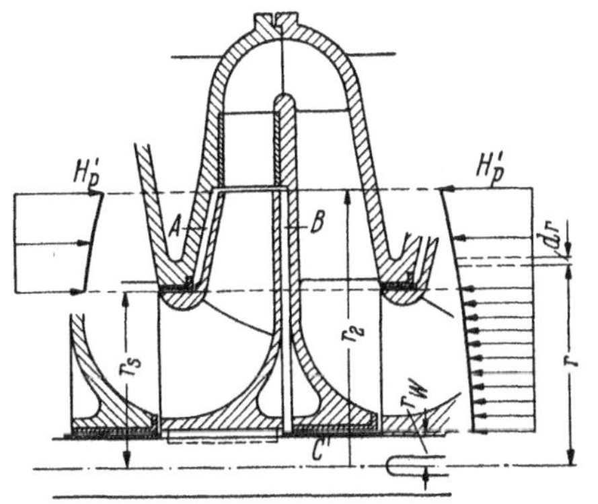

Abb. 45.1. Zur Ermittlung des Achsschubes eines radialen Laufrades

eine geringe axiale Breite haben und daß ihre radiale Erstreckung annähernd mit der des Laufrades übereinstimmt. Durch die Drehung des Rades wird die in den Seitenräumen befindliche Flüssigkeit in rotierende Bewegung versetzt, wobei wir zunächst annehmen, daß die Seitenräume A und B radial nicht durchströmt werden, und daß beide Flüssigkeitsringe wie starre Körper mit einer über dem Radius gleichbleibenden Winkelgeschwindigkeit ω_F umlaufen. Zusätzlich erhalte ω_F im saugseitigen Raum A das Fußzeichen S, im druckseitigen Raum B das Fußzeichen D. Die durch die Rotation der Flüssigkeit hervorgerufenen Fliehkräfte verändern die Druckverteilung in den Seitenräumen, und zwar nimmt der Druck vom Laufradumfang, wo gegenüber dem Radeintritt der Überdruck $p'_p = \varrho g H'_p = \varrho Y'_p$ vorhanden ist, nach der Radmitte hin ab. Im druckseitigen Raum B ändert sich der Druck zwischen dem Radumfang und einem beliebigen Kreis vom Radius r um

$$\Delta p = \frac{\varrho}{2}\, \omega_{FD}^2 (r_2^2 - r^2).$$

Somit beträgt der Überdruck auf dem Kreise mit dem Radius r, bezogen auf den Laufradeintritt

$$p' = \varrho g H'_p - \frac{\varrho}{2}\, \omega_{FD}^2 (r_2^2 - r^2) = \varrho \left[Y'_p - \frac{\omega_{FD}^2}{2} (r_2^2 - r^2) \right]. \qquad (45{,}1)$$

[1] Mit Benutzung des Reaktionsgrades $\mathfrak{r}$ nach Gl. (8,2) Abschn. 8 ist für den Nennvolumenstrom und $\alpha_0 = 90°$ $H'_p = \mathfrak{r} H' = \left(1 - \frac{c_{3u}}{2 u_2} \frac{\eta_{hL}}{\eta_h}\right) H' = \left(1 - \frac{g H'}{2 u_2^2} \frac{\eta_{hL}}{\eta_h^2}\right) H'$, wenn H' die Stufenförderhöhe bezeichnet.

Hiernach herrscht im Raum B (das gleiche gilt auch für den Raum A) eine parabolisch nach der Radmitte hin abnehmende Druckverteilung (Abb. 45.1). Mit dieser errechnet sich die druckseitige Schubkraft auf das Laufrad zu

$$S_1' = \int_{r_w}^{r_2} 2\pi r\, dr\, p' = 2\pi\varrho \int_{r_w}^{r_2} \left[Y_p' - \frac{\omega_{FD}^2}{2}(r_2^2 - r^2) \right] r\, dr .$$

Die Integration ergibt

$$S_1' = \pi(r_2^2 - r_w^2)\,\varrho \left[Y_p' - \frac{\omega_{FD}^2}{4}(r_2^2 - r_w^2) \right]. \qquad (45{,}2\text{a})$$

Entsprechend erhalten wir als saugseitige Schubkraft

$$S_1'' = \pi(r_2^2 - r_s^2)\,\varrho \left[Y_p' - \frac{\omega_{FS}^2}{4}(r_2^2 - r_s^2) \right] \qquad (45{,}2\text{b})$$

und als Achsschub eines geschlossenen Rades

$$S_1 = S_1' - S_1'' = \pi\varrho \left[(r_s^2 - r_w^2)\, Y_p' - \frac{\omega_{FD}^2}{4}(r_2^2 - r_w^2)^2 + \frac{\omega_{FS}^2}{4}(r_2^2 - r_s^2)^2 \right]. \qquad (45{,}2)$$

Man erhält in S_1 in N, wenn die Grundeinheiten m, kg und s verwendet werden.

Eine weitere, meistens erheblich kleinere Axialkraft entsteht durch die Umlenkung der in das Laufrad eintretenden Strömung aus der axialen in die radiale Richtung. Nach dem Impulssatz ist

$$S_2 = Q'\varrho\, c_A , \qquad (45{,}3)$$

wenn Q' den um den Spaltverlust vermehrten sekundlichen Volumenstrom und c_A die axiale Eintrittsgeschwindigkeit bezeichnen. S_1 und S_2 sind entgegengesetzt gerichtet. Somit ergibt sich als resultierende Schubkraft *einer* Stufe

$$S = S_1 - S_2 . \qquad (45{,}4)$$

β) Halboffenes Laufrad. Mitunter wird die saugseitige Deckscheibe des Kreisels fortgelassen, wobei die Schaufeln mit geringem axialem Spiel unmittelbar an der Gehäusewandung rotieren. Die druckseitige Schubkraft ergibt sich auch hier aus Gl. (45,2a). Der saugseitige Schub entsteht durch die Zunahme des spezifischen Druckes in den Laufradkanälen gegenüber dem Eintrittsdruck. Die Druckzunahme ist eine Folge der Arbeit der Fliehkraft und der Verlangsamung der Relativgeschwindigkeit. Unterstellt man, daß der spezifische Druck in den Laufradkanälen mit hinreichender Annäherung quadratisch mit dem Radius r auf den Spaltdruck p_p' anwächst, so läßt sich die Druckzunahme auf dem Kreis mit dem beliebigen Radius r gegenüber dem Eintrittsdruck auf dem Kreis mit dem Radius r_1 angeben durch

$$p' = p_p' \frac{r^2 - r_1^2}{r_2^2 - r_1^2} .$$

Damit folgt als saugseitige Axialkraft

$$S_1'' = \int_{r_1}^{r_2} 2\pi r\, dr\, p' = 2\pi \frac{p_p'}{r_2^2 - r_1^2} \int_{r_1}^{r_2} (r^2 - r_1^2)\, r\, dr .$$

Die Integration liefert

$$S_1'' = \frac{1}{2}\pi(r_2^2 - r_1^2)\, p_p' = \frac{1}{2}\pi(r_2^2 - r_1^2)\varrho Y_p' . \qquad (45{,}5)$$

Als Resultierende der beiden Teilkräfte erhält man

$$S_1 = S_1' - S_1'' = \pi\,(r_2^2 - r_w^2)\,\varrho\left[Y_p' - \frac{\omega_{FD}^2}{4}\,(r_2^2 - r_w^2)\right] - \frac{1}{2}\,\pi\,(r_2^2 - r_1^2)\,\varrho\,Y_p'. \qquad (45,6)$$

Schließlich ist noch die mit der saugseitigen Schubkraft gleichgerichtete Impulskraft S_2 nach Gl. (45,3) zu berücksicktigen.

Der Achsschub des halboffenen Rades ist größer als der des geschlossenen.

Die Gln. (45,2) und (45,6) wurden unter der Voraussetzung abgeleitet, daß der Spaltdruck längs des Laufradumfanges konstant und beiderseits gleich ist. Das letztere trifft häufig nicht zu. Gleichheit des Spaltdruckes längs des Umfangs kann bei der *einstufigen Spiralgehäusepumpe* nur für den Volumenstrom besten Wirkunsgrades angenommen werden. Im Teillastbereich nimmt der Spaltdruck bei *schmalen* Seitenräumen A und B — in Drehrichtung gesehen — von der Zunge nach dem Austritt der Spirale hin zu, im Überlastgebiet dagegen ab.[1]

Ferner wurde vorausgesetzt, daß die Seitenräume radial nicht durchströmt werden, und daß die in diesen befindlichen Flüssigkeiten wie starre Körper rotieren. Gleiche Winkelgeschwindigkeit über dem Radius liegt, wie der Versuch zeigt, für den Volumenstrom besten Wirkungsgrades mit guter Annäherung vor, wenn der Spaltdruck längs des Umfangs konstant ist, wenn ferner die Seitenräume genügend schmal sind und ihre radiale Erstreckung ungefähr gleich der des Laufrades ist. Außerdem dürfen sie nicht in radialer Richtung durchströmt werden. Es darf also kein Leckstrom in den Dichtspalten des Laufrades auftreten. In diesem Fall bleibt aber die Winkelgeschwindigkeit ω_F der Flüssigkeit im Bestpunkt auch bei schmalen Seitenräumen etwas hinter der früher üblichen Annahme $\omega_F = 0{,}5\,\omega$ zurück, und zwar ist $\omega_F \approx 0{,}45\,\omega$, wenn ω die Winkelgeschwindigkeit des Laufrades bezeichnet.

Im Bestpunkt bewirkt eine Verbreiterung des Seitenraumes eine Abnahme der Winkelgeschwindigkeit des Flüssigkeitsringes und eine Zunahme der axialen Teilkraft auf die betreffende Radseite. Andererseits führt eine Verkleinerung der Seitenbreite zu einer Abnahme der axialen Teilkraft. Unterschiedliche Breiten der Räume A und B beeinflussen daher den Achsschub zusätzlich.

Kommt zu der Rotationsbewegung im Seitenraum noch eine radiale Leckströmung hinzu, so kann der Flüssigkeitsring nicht mehr als starrer Körper angesehen werden.[2] Eine Leckströmung von außen nach innen vergrößert die Winkelgeschwindigkeit ω_F nach der Radachse hin. Die mit einem Drall $c_u \cdot r$ in den Seitenraum eintretenden Flüssigkeitsteilchen der Leckströmung bewegen sich in spiraligen Bahnen mit wachsender Winkelgeschwindigkeit zur Radnabe und wirken durch Impulsaustausch beschleunigend auf die umlaufende Flüssigkeit. ω_F nimmt um so mehr zu, je größer der Leckverlust ist. Außerdem entsteht am Radumfang ein Druckverlust durch Drosselung, der eine Druckabnahme im Seitenraum zur Folge hat. Beide Einflüsse verringern die Druckkraft auf die betreffende Radseite. Das Gesetz der quadratischen Druckänderung im Seitenraum gilt deshalb bei radialem Durchfluß nicht mehr. Um trotzdem die Schubkraft näherungsweise bestimmen zu können, ist es zweckmäßig, eine *mittlere*, über dem Radius als konstant gedachte Winkelgeschwin-

[1] Domm, U.; Zilling, H.: Über die Axialkräfte in einstufigen radialen Kreiselpumpen. KSB Tech. Berichte (1967) Heft 12, S. 16—23.

[2] Zilling, H.: Untersuchung des Axialschubs und der Strömungsvorgänge in den Radseitenräumen einer einstufigen radialen Kreiselpumpe mit Leitrad. Diss. TU Karlsruhe 1973.

digkeit zu benutzen, die den Einfluß des Druckverlustes durch Drosselung mit berücksichtigt. Sie kann für Durchfluß von außen nach innen bei schmalen Seitenräumen — mit dem Leckstrom wachsend — etwa zu $\omega_F = (0{,}55 \cdots 0{,}65)\,\omega$ angenommen werden. Durchfluß von außen nach innen liegt hauptsächlich auf der Saugseite vor, auf der Druckseite nur bei Laufrädern mit rückseitigem Dichtungsspalt und Durchbohrung der Radwand (Abb. 46.4).

Bei *mehrstufigen* Pumpen entsteht ein Leckstrom zwischen den Stufen (bei C, Abb. 45.1), der fast ohne Drall in den Raum B eindringt und von innen nach außen gerichtet ist. Er bewirkt neben dem Drosselverlust am Radumfang, der die druckseitige Schubkraft erhöht, eine *Abnahme* der Winkelgeschwindigkeit des Flüssigkeitsringes vom Radumfang zur Radnabe hin. Im allgemeinen ist jedoch der druckseitige Leckstrom klein und deshalb sein Einfluß auf die Schubkraft gering. In diesem Fall kann die *mittlere*, über dem Radius konstante Winkelgeschwindigkeit mit Berücksichtigung der Druckzunahme durch Drosselung etwa zu $\omega_F = (0{,}35 \cdots 0{,}4)\,\omega$ angenommen werden.

Schon geringe axiale Verschiebungen des Laufrades im Gehäuse vergrößern oder verkleinern den Achsschub je nach der Verschiebungsrichtung und der Lage des Betriebspunktes auf der Drosselkurve.

Herrscht bei fliegend angeordnetem Kreisel im Saugstutzen Unterdruck, so entsteht durch den auf den Wellenquerschnitt in der Stopfbuchse wirkenden Druckunterschied eine Axialkraft, die nach der Saugseite gerichtet ist, also den Achsschub vergrößert. Bei Überdruck im Saugstutzen ist die Kraftrichtung umgekehrt.

In besonders gelagerten Fällen kann auch ein dem Fördermittel beigemischtes, nicht gelöstes Gas erhöhten Achsschub verursachen[1].

Allgemein ist der Achsschub längs der Drosselkurve der Pumpe stark veränderlich. Bezogen auf den Nennvolumenstrom wächst er mit abnehmendem und verringert sich mit zunehmendem Volumenstrom.

Die vielen kaum erfaßbaren Einflüsse lassen eine exakte Vorausbestimmung des Achschubes schwierig erscheinen. Außerdem erreicht er bei Hochdruckpumpen vielfach eine solche Größe, daß er durch ein Axiallager nicht mehr aufgenommen werden kann. Aus diesen Gründen ist es geboten, durch besondere konstruktive Maßnahmen einen Ausgleich der axialen Schubkräfte herbeizuführen, so daß sich ihre vorherige Bestimmung erübrigt. Zur Aufhebung des Achsschubes bestehen für Radialpumpen folgende Möglichkeiten:

1. Entgegengesetzte Beaufschlagung je zweier Kreisel, also die Bildung von Doppelkreiseln, eine Maßnahme, die für doppelströmige Pumpen kennzeichnend ist (Abb. 46,6. 46.7, 49.3). Bei einströmigen, aber mehrstufigen Pumpen setzt die entgegengesetzte Beaufschlagung der Kreisel eine gerade Stufenzahl voraus und erfordert eine ziemlich komplizierte Wasserführung, weshalb diese Bauweise in Deutschland kaum noch ausgeführt wird (Abb. 49.5).

2. Herstellung gleicher Druckverhältnisse zu beiden Seiten des Laufrades. Zu diesem Zweck erhält die Rückseite des Rades einen Dichtungsspalt, dessen Abmessungen mit denen des auf der Vorderseite befindlichen Ringspaltes übereinstimmen. Außerdem wird die Radwand in der Krümmung durchbohrt (Abb. 46.1, 46.4). Diese Maß-

[1] Wunderlich, E.: Axialschubbeeinflussung durch Gasgehalt im Fördermedium. KSB Techn. Berichte, Heft 4, S. 13—15.

nahmen haben zur Folge, daß der Druck vom äußeren Umfang des Rades beiderseitig bis zu den Dichtungsspalten, also auf gleichen Flächen wirksam wird, während sich von dort bis zur Welle Druckunterschiede durch die durchbrochene Radwand ausgleichen.

3. Anordnung von Radialschaufeln geringer Breite b auf der Rückseite des Laufrades, eine Maßnahme, die sich auf einstufige Pumpen beschränkt (Abb. 45.2). Die Wirkung derartiger Rückenschaufeln beruht darauf, daß in dem von ihnen erfaßten Teil des Flüssigkeitsringes die Winkelgeschwindigkeit erhöht, die Druckabsenkung nach der Radachse hin also vergrößert und somit die rückseitige Schubkraft verringert wird. Unter gewissen Annahmen läßt sich die Rückschaufellänge so festlegen, daß saug- und druckseitig für den Volumenstrom besten Wirkungsgrades rechnerisch gleiche Schubkräfte entstehen, d.h. der Achsschub theoretisch aufgehoben wird. Das ist allerdings nur für den gewählten Betriebszustand zu erreichen, während in anderen Betriebspunkten — mit der Abweichung wachsend — ein Achsschub entsteht, der bei kleinerem Volumenstrom nach der Saugseite, bei größerem nach der Druckseite gerichtet ist.

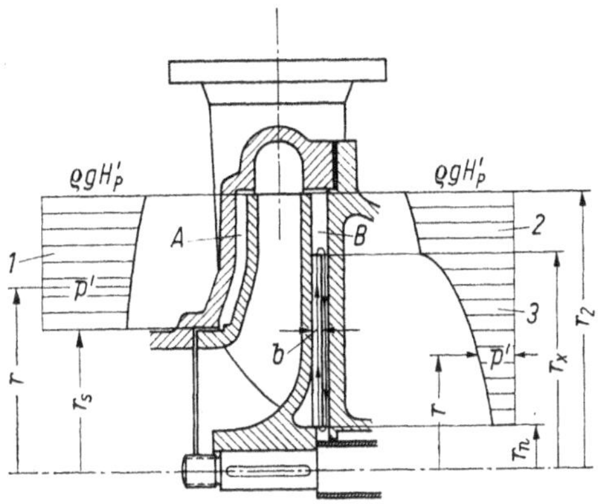

Abb. 45.2. Zur Wirkung der Rückenschaufeln

a) Saugseitige Schubkräfte. Setzt man voraus, daß die Flüssigkeit im Raum A wie ein starrer Körper mit einer dem Leckstrom entsprechenden *mittleren* Winkelgeschwindigkeit ω_{FS} rotiert, so ergibt sich die saugseitige Schubkraft aus Gl. (45,2b). Es ist

$$S' = \pi\,(r_2^2 - r_s^2)\,\varrho \left[Y'_p - \frac{\omega_{FS}^2}{4}\,(r_2^2 - r_s^2) \right]. \qquad (45{,}7)$$

Mit S' gleichgerichtet ist die axiale Impulskraft gem. Gl. (45,3). Bei fliegend angeordnetem Kreisel tritt eine weitere Schubkraft auf, die sich aus dem Über- oder Unterdruck im Saugstutzen und dem Wellenquerschnitt in der Stopfbuchse ergibt. Sie ist bei Überdruck ebenfalls mit S' gleichgerichtet. Diese Kräfte sind gegenüber den übrigen auszugleichenden Schubkräften im allgemeinen klein. Sie werden hier vernachlässigt, zumal die mittleren Winkelgeschwindigkeiten der Flüssigkeitsringe beiderseits des Laufrades nicht sicher angegeben werden können.

b) Druckseitige Schubkräfte. Wir gehen davon aus, daß die Rückenschaufeln an der Radnabe mit dem Radius r_n beginnen und auf dem Kreise mit dem unbekannten Radius r_x endigen.

Der den druckseitigen Seitenraum durchfließende *Leckverlust* ist wegen der Einstufigkeit der Pumpe gleich dem Stopfbuchsverlust und daher praktisch ohne Einfluß auf die Winkelgeschwindigkeit des Flüssigkeitsringes. Der rückschaufelfreie Raum B kann also als durchströmungsfrei angesehen werden.

Wir ersetzen in Gl. (45,7) r_s durch r_x sowie ω_{FS} durch ω_{FD} und erhalten als axiale Schubkraft auf die Ringfläche 2

$$S'' = \pi (r_2^2 - r_x^2) \varrho \left[Y_p' - \frac{\omega_{FD}^2}{4} (r_2^2 - r_x^2) \right]. \tag{45,8}$$

Für den von den Rückenschaufeln beeinflußten Teil des Seitenraumes gilt folgendes:

Im Betriebe wird die in den Rückschaufelkanälen befindliche Flüssigkeit nach außen gefördert, tritt auf dem Kreise vom Halbmesser r_x mit einem Drall $c_u \cdot r_x$ aus, wird umgelenkt und strömt in spiraligen Bahnen durch den Spalt zwischen den Rückenschaufeln und der Gehäusewandung nach der Radnabe zurück. Dabei wächst ihre Winkelgeschwindigkeit beträchtlich. Wegen dieser Veränderlichkeit von ω_F ist für diesen Teil des druckseitigen Seitenraumes nur eine angenäherte Berechnung der Schubkraft möglich, indem man wie beim radial durchströmten rückschaufellosen Seitenraum eine *mittlere* über dem Radius konstante Winkelgeschwindigkeit ω_{FR} des Flüssigkeitsringes zwischen den Schaufeln und der Gehäusewand zugrunde legt. Hat der Flüssigkeitsring nur eine geringe axiale Ausdehnung, so kann seine *mittlere* Winkelgeschwindigkeit für lange Rückenschaufeln etwa $\omega_{FR} = 0{,}8\,\omega$ gesetzt werden, wenn ω die Winkelgeschwindigkeit des Laufrades bezeichnet. ω_{FR} nimmt mit abnehmender Länge der Rückenschaufeln ebenfalls ab.

Unter Benutzung von ω_{FD} für den rückschaufelfreien Teil und des Mittelwertes ω_{FR} für den Rückschaufelteil des Seitenraumes ergibt sich als spezifischer Überdruck (bezogen auf den Eintrittsdruck) auf dem Kreise mit dem Radius r zwischen r_x und r_n

$$p' = \varrho \left[Y_p' - \frac{\omega_{FD}^2}{2} (r_2^2 - r_x^2) - \frac{\omega_{FR}^2}{2} (r_x^2 - r^2) \right]$$

und als axiale Schubkraft auf die Ringfläche 3

$$S''' = \int_{r_n}^{r_x} 2\pi r \, dr \, p' = 2\pi\varrho \int_{r_n}^{r_x} \left[Y_p' - \frac{\omega_{FD}^2}{2} (r_2^2 - r_x^2) - \frac{\omega_{FR}^2}{2} (r_x^2 - r^2) \right] r \, dr.$$

Die Integration führt zu dem Ergebnis

$$S''' = \pi (r_x^2 - r_n^2) \varrho \left[Y_p' - \frac{\omega_{FD}^2}{2} (r_2^2 - r_x^2) - \frac{\omega_{FR}^2}{4} (r_x^2 - r_n^2) \right]. \tag{45,9}$$

Der Ausgleich des Achsschubes erfordert $S' = S'' + S'''$, demnach

$$(r_2^2 - r_s^2) \left[Y_p' - \frac{\omega_{FS}^2}{4} (r_2^2 - r_s^2) \right] = (r_2^2 - r_x^2) \left[Y_p' - \frac{\omega_{FD}^2}{4} (r_2^2 - r_x^2) \right] + \cdots$$

$$+ (r_x^2 - r_n^2) \left[Y_p' - \frac{\omega_{FD}^2}{2} (r_2^2 - r_x^2) - \frac{\omega_{FR}^2}{4} (r_x^2 - r_n^2) \right]. \tag{45,10}$$

Da die Auflösung der Gl. (45,10) nach r_x zu einem unübersichtlichen Ausdruck führt, empfiehlt es sich, den gesuchten Radius in folgender Weise zu ermitteln:

Man errechnet für einige angenommene Radien $r_x < r_2$ die Zahlenwerte der rechten Seite der Gleichung und trägt sie als Funktion von r_x auf. Aus der sich ergebenden

Kurve läßt sich der gesuchte Radius r_x entnehmen, nachdem vorher der Zahlenwert der linken Seite der Gleichung bestimmt worden ist. Erhält man für die rechte Seite der Gleichung im gesamten Bereich $r_n \leqq r_x \leqq r_2$ größere Zahlenwerte als für die linke Seite, so ist ein völliger Achsschubausgleich nicht erreichbar.

Wegen der erhöhten Winkelgeschwindigkeit der Flüssigkeit im Spalt zwischen der Gehäusewand und den Rückenschaufeln vergrößern diese den Radreibungsverlust. Andererseits entlasten sie die druckseitige Stopfbuchse.

Die unter 1. bis 3. genannten Maßnahmen ergeben keinen völligen Ausgleich. In den Fällen 1. und 2. ist die für den Ausgleich erforderliche Gleichheit der mittleren Winkelgeschwindigkeiten der saug- und druckseitigen Flüssigkeitsringe im allgemeinen nicht vorhanden. Außerdem weisen die Dichtungsstellen der Laufräder selbst bei sorgfältiger Ausführung kleine Unterschiede auf und werden während des Betriebes möglicherweise ungleichmäßig abgenutzt, was unterschiedliche Drosselung und abweichende Durchströmung der Seitenräume zur Folge hat. Für die Ausführung nach 2. kommt hinzu, daß — abgesehen vom Einfluß der Impulskraft S_2 (Gl. (45,3)) — für den Durchtritt der Leckflüssigkeit durch die Bohrungen in der Laufradwand ein gewisser Druckunterschied notwendig ist, der eine nicht ausgeglichene Schubkraft nach der Saugseite hervorruft. Zur Kleinhaltung des Druckunterschiedes muß der Querschnitt der (4···8) Bohrungen in der Radwand entsprechend groß bemessen und die Eintrittskante der Bohrungen abgerundet werden.

Unausgeglichen ist auch die Schubkraft, die bei fliegend angeordnetem Kreisel und saugseitigem Unter- oder Überdruck auf den Wellenquerschnitt wirkt. Ferner trifft das Gesetz der parabolischen Druckänderung bei radialer Durchströmung der Flüssigkeitsringe nicht zu. Der Ausgleich nach 3. mit einer geschätzten über dem Radius gleichbleibenden mittleren Winkelgeschwindigkeit der Flüssigkeitsringe ist deshalb nur näherungsweise und außerdem nur für *einen* Betriebspunkt möglich.

Der noch verbleibende Restschub wird durch ein Axiallager aufgenommen. In der Regel dient dazu ein Ringrillenlager (Hochschulterlager, Abb. 46.1). Für Pumpen großer Leistung ist ein beiderseitig wirkendes Segmentdrucklager erforderlich (Abb. 43.2, 46.4, 49.3). Bei senkrechter Anordnung der Welle belastet das Gewicht des Läufers abzüglich Auftrieb das Axiallager zusätzlich, wenn Restschub und Schwerkraft gleichgerichtet sind. Für den Auslegezustand läßt sich im Ausgleich nach 2. das Lager teilweise dadurch entlasten, daß die Spaltdichtungsringe der Laufräder unterschiedliche Durchmesser erhalten.

Wegen der Unvollkommenheit des Achsschubausgleichs werden Rückenschaufeln nur bei einstufigen Pumpen angewendet. Aus dem gleichen Grunde beschränkt man die Ausführung mit beiderseitigen Dichtungsspalten und Durchbohrung der Laufradrückwand auf Pumpen, deren Förderhöhe 150 m nicht überschreitet. Darüber hinaus ist eine sichere Aufnahme des verbleibenden Restschubes durch Kugellager üblicher Abmessungen nicht mehr gegeben.

4. Anordnung einer für alle Laufräder gemeinsamen Entlastungsvorrichtung (Abb. 45.3). Die hinter der letzten Pumpenstufe auf der Welle angebrachte Scheibe S bildet mit der Gehäusewandung bzw. der mit dieser verbundenen Gegenscheibe den Raum a, der bei geschlossenem Spalt b annähernd unter dem Spaltdruck der letzten Stufe steht. Dadurch entsteht eine Druckkraft auf den Läufer, die dem Achsschub entgegenwirkt. Bei entsprechender Größe der Scheibe wird der Läufer nach links ver-

schoben, wodurch sich der Spalt *b* öffnet und der Überdruck im Raum *a* abnimmt. Da der Achsschub nach wie vor erhalten bleibt, wird sich der Läufer so einstellen, daß zwischen Achsschub und der auf die Scheibe wirkenden Gegenkraft Gleichgewicht herrscht.

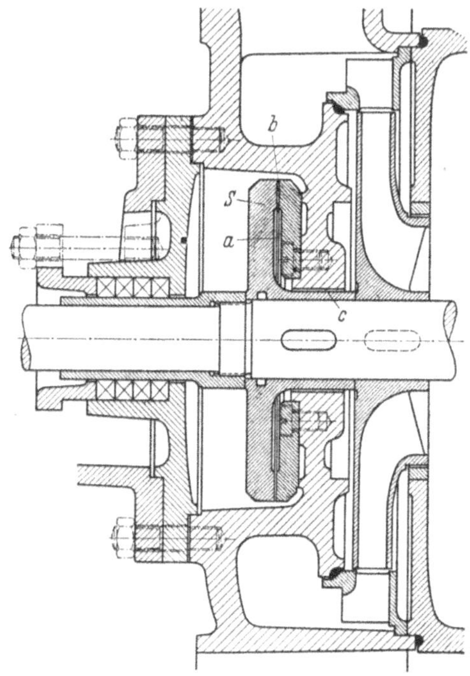

Abb. 45.3. Achsschubausgleichvorrichtung (KSB, Frankenthal)

Um die axiale Verschiebung des Läufers und den Wasserverlust klein zu halten, muß außer dem Spalt *b* der Scheibe *S* noch eine zweite Drosselstelle, und zwar vor dem Raum *a* vorgesehen werden, etwa in Gestalt des langen Zylinderspaltes *c*.

In der praktischen Ausführung weist die Ausgleichvorrichtung zahlreiche Varianten auf, je nach der Anzahl, Anordnung und Form der Drosselstellen. Der Grundgedanke ist aber in allen Fällen der gleiche. Um den Ausgleich mit Sicherheit zu erreichen, muß der innere Durchmesser der Ausgleichscheibe stets etwas größer als derjenige des saugseitigen Ringspaltes der Laufräder sein. Der Ausgleich ist jedoch nur dann möglich, wenn der Läufer freie axiale Beweglichkeit hat. Es darf also kein Spurlager eingebaut werden, das die freie Einstellbarkeit der Ausgleichscheibe verhindert. Durch die Anordnung einer Ausgleichscheibe wird die druckseitige Stopfbei freiem Abfluß des Leckwassers nahezu entlastet.

Im Laufe der Zeit tritt am Ringspalt der Ausgleichscheibe Abnutzung ein, die eine axiale Verschiebung des Läufers zur Folge hat. Mit Rücksicht auf mögliches Anschleifen der Räder und Kantenstoß des Wassers beim Eintritt in die Leiträder darf die axiale Verschiebung des Läufers ein gewisses Maß nicht überschreiten. Es ist deshalb zweckmäßig, das Wellenende mit einer Kontrollvorrichtung zu versehen, welche die eingetretene Verschiebung derselben erkennen läßt. Die Spaltflächen werden vielfach mit leicht auswechselbaren Schleißringen versehen.

Die Anwendung einer Ausgleichscheibe ist nur bei reinem Fördermittel möglich, weil Verunreinigungen — Sand oder Schlamm — zu starkem Verschleiß der Spalte und zu Störungen führen würden. Bei Förderung von Heißwasser kann es infolge der Drucksenkung im Spalt zu Dampfbildung kommen, wodurch der Verschleiß ebenfalls anwächst.

Senkrechte Anordnung der Welle macht für den An- und Auslauf der Pumpe, also für den Zustand, in welchem der Achsschubausgleich nicht wirksam ist, ein Axiallager zur Aufnahme des Läufergewichts erforderlich. Dadurch darf jedoch das für den Ausgleich notwendige axiale Spiel des Läufers nicht eingeengt werden. Das ist nur möglich, wenn der Achsschub nach oben gerichtet ist, wenn also die Pumpe von oben nach unten durchströmt wird. Nach Unwirksamwerden des Ausgleichs bewegt sich der Läufer nach abwärts. Der radiale Spalt an der Ausgleichscheibe vergrößert sich um einen durch das Axiallager einstellbaren Betrag, so daß ein Anstreifen an der Gegenscheibe nicht eintreten kann.

Für den Ausgleich sehr großer Axialkräfte, wie sie in Höchstdruck-Kesselspeisepumpen auftreten, wird vielfach eine kombinierte Entlastungsvorrichtung verwendet. Sie besteht aus einem Ausgleichkolben und einer Ausgleichscheibe (Abb. 50.1) Der Kolben gleicht den größten Teil des Axialschubes aus, während der Rest über den ganzen Lastbereich von der Ausgleichscheibe aufgenommen wird. Der Vorteil der kombinierten Entlastung liegt darin, daß sich der Spalt zwischen Ausgleichscheibe und Gegenscheibe wegen der geänderten Druckverteilung wesentlich vergrößert. Dadurch verringert sich die Gefahr des Anstreifens, es erhöht sich also die Betriebssicherheit.

Außer dieser selbsttätigen Entlastungsvorrichtung wird bei großen Schubkräften meistens noch ein außenliegendes, ölgeschmiertes Axiallager vorgesehen (Abb. 50.1), das im ungestörten Betriebszustand unbelastet bleibt. Es soll die Axialbewegung des Läufers begrenzen, insbesondere die Unterschreitung eines Minimalspaltes zwischen Ausgleich- und Gegenscheibe verhindern.

b) Axialpumpe

Der Achsschub der *Axialpumpe*, dem bei senkrechter Welle noch das Gewicht der rotierenden Teile abzüglich Auftrieb hinzuzurechnen ist, wird vollständig durch ein Axiallager aufgenommen. Für kleine Ausführungen genügt ein Wälzlager, für große Maschinen ist jedoch ein Segmentdrucklager mit Umlaufschmierung erforderlich.

Bei der Ermittlung des Achsschubes ist zu beachten, daß die Axialpumpe eine steile Drosselkurve hat und demzufolge der Spaltdruck des Teillastbereiches in Rechnung zu stellen ist. Da sich der Reaktionsgrad der normalen Bauart (Laufrad mit nachgeschaltetem Leitrad) bei entsprechender Schnelläufigkeit dem Wert 1 nähert, erscheint es angebracht, für diesen Fall den Achsschub aus der maximalen Förderhöhe und der vom Laufrad einschließlich Nabe bestrichenen Kreisringfläche zu berechnen, unter der Annahme, daß sich der Druck gleichmäßig über diese Fläche verteilt. Der so ermittelte etwas zu große Achsschub enthält einen gewissen Sicherheitszuschlag, der mit Rücksicht auf den unruhigen Lauf der Pumpe im Teillastgebiet erwünscht ist.

F. Ausführungsbeispiele

Die erheblichen Unterschiede in der Förderhöhe und im Volumenstrom, besonders in ihrem gegenseitigen Zusammenwirken, die unterschiedlichen betrieblichen Bedingungen sowie die in ihren Eigenschaften oft sehr stark voneinander abweichenden Fördermittel haben zu großer Vielgestaltigkeit der Kreiselpumpe in konstruktiver und werkstoffmäßiger Hinsicht geführt. Im Rahmen dieser Einführung können nur einige wenige Beispiele gebracht werden, die zwar als besonders typisch für bestimmte Bauarten gelten mögen, keineswegs aber den Anspruch erheben, in der Vielzahl der Gestaltungsmöglichkeiten die einzige Lösung zu sein.

Es sollen hier zunächst nur Pumpen normaler Bauart behandelt werden, d.h. solche, die zwar hinsichtlich Förderhöhe und Volumenstrom vielgestaltig, aber in bezug auf Konstruktion und Werkstoff von keinen einschneidenden äußeren Bedingungen abhängig sind und mit reinem kaltem Wasser betrieben werden, im Gegensatz zu solchen Pumpen, an die hinsichtlich der Betriebsweise, des Fördermittels oder des Werkstoffs besondere Anforderungen zu stellen sind.

46. Einstufige Radialpumpen

Als Leitvorrichtung einstufiger Pumpen dient meistens das Spiralgehäuse, das bei kleinen einströmigen Ausführungen entweder freitragend von einem Lagerbock gehalten wird oder mit seinen Füßen auf dem Grundrahmen ruht. Das Laufrad ist in der Regel fliegend angeordnet, wobei beide Wellenlager im Lagerbock oder in einem an das Gehäuse angeflanschten Lagerträger untergebracht sind. Neben dieser Ausführungsweise findet man vereinzelt auch noch eine beiderseits des Laufrades gelagerte Welle mit einem fett- oder wassergeschmierten Gleitlager im Saugstutzen. In beiden Fällen fließt das Wasser in der für die Saugfähigkeit der Pumpe günstigen axialen Richtung zu.

In der Ausführung nach Abb. 46.1 ist die Welle mit dem Kreisel (*1*) durch Wälzlager im Lagerträger (*2*) geführt, der über eine Laterne (*3*) mit dem Pumpengehäuse (*4*) verschraubt ist. Letzteres ruht mit seinen Füßen auf dem Grundrahmen. Außerdem stützt der Haltewinkel (*5*) den weit ausladenden Lagerträger auf dem Rahmen ab.

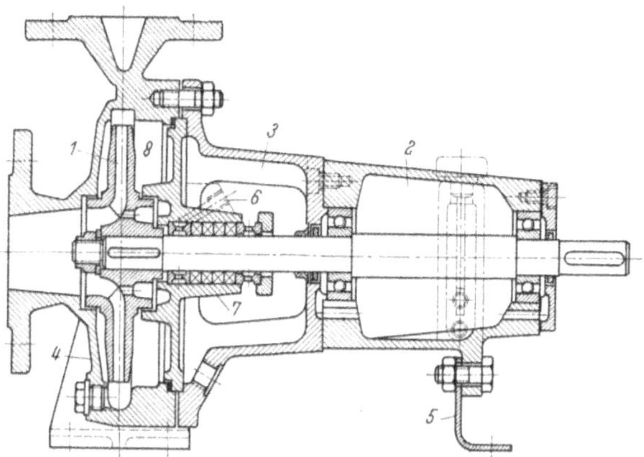

Abb. 46.1. Einstufige Spiralgehäusepumpe, Normpumpe gem. DIN 24255 (Ruhrpumpen)

Die beiderseits des Laufrades befindlichen Dichtungsspalte und die Bohrungen in der Radscheibe gegenüber der Saugöffnung gleichen den Achsschub im wesentlichen aus. Da ein völliger Ausgleich wegen des unsymmetrischen Einbaues des Laufrades, wegen vorhandener oder durch Abnutzung eintretender Ungleichheiten der Spalte und aus anderen Gründen nicht erreichbar ist, wird der Restschub durch die beiden Ringrillenlager aufgenommen, von denen das eine die Verschiebung des Läufers nach links, das andere nach rechts verhindert.

Infolge der axialen Einströmung kommt die saugseitige Stopfbuchse in Fortfall. Damit ist aber die Gefahr des Eindringens von Luft bei bestehender Saughöhe nicht beseitigt, weil sich der Unterdruck durch die Bohrungen der Laufradwandung bis zur druckseitigen Stopfbuchse (*7*) fortpflanzt. Diese ist deshalb noch durch Sperrwasser abzudichten. Es wird durch die Bohrung (*6*) und den Sperring zugeführt, der sich im vorliegenden Fall im Stopfbuchsengrund befindet. Eine solche Lage des Sperringes ist zweckmäßig, wenn das Förderwasser kleine schmirgelnde Festkörper enthält. Durch Zuführung von reinem, unter etwas höherem Druck stehenden Spülwasser wird das Eindringen der Festkörper in die Stopfbuchse verhindert.

Ist die Förderflüssigkeit frei von Festkörperteilchen, so werden dem Sperring laufradseitig ein oder zwei Packungsringe vorgeschaltet, um den Bedarf an Sperrwasser, das dann dem Raum (*8*) entnommen wird, möglichst klein zu halten.

Die parallelwandige Ausführung des Laufrades gestattet durch Verkleinern des Raddurchmessers eine Anpassung an kleinere Förderhöhen, ohne daß sich die Laufradbreite ändert[1]. Somit kann auch das Spiralgehäuse innerhalb gewisser Grenzen trotz Vergrößerung des Spaltes zwischen Laufrad und Spirale unverändert beibehalten werden.

Die in Abb. 46.1 dargestellte Spiralgehäusepumpe ist als Normpumpe nach DIN 24255 ausgeführt. Die Normung erstreckt sich auf Volumenstrom, Förderhöhe und die Einbaumaße der Pumpe, so daß aus verschiedenen Werkstätten stammende Pumpen gleicher Größe gegeneinander austauschbar sind. Der Arbeitsbereich der 29 genormten Pumpengrößen umfaßt bei $n =$ 1450 1/min (24,17 1/s) Nennvolumenströme von 6,3···315 m³/h und Nennförderhöhen von ∼5···∼50 m. Die Normpumpen können auch mit $n = 2900$ 1/min (48,33 1/s) betrieben werden, soweit der Nennvolumenstrom 250 m³/h und die Nennförderhöhe 80 m nicht überschreiten.

Für die Abmessungen sind Normzahlen nach DIN 323 und Normmaße nach DIN 3 verwendet worden. Der Abstufung des Volumenstroms liegt bis zur Druckstutzen-Nennweite $NW_D = 65$ der Sprungfaktor 2, darüber hinaus der Sprungfaktor 1,6 zugrunde, bis zur größten Nennweite $NW_D = 150$.

Die Förderhöhe hat innerhalb jeder Druckstutzen-Nennweite den einheitlichen Sprungfaktor 1,6, woraus sich für den Laufraddurchmesser ein Sprungfaktor von 1,26 ergibt. Beim Nennvolumenstrom einer Druckstutzen-Nennweite liefert also jeder Laufraddurchmesser eine etwa 1,6mal größere Förderhöhe als der vorhergehende. Zur Anpassung der Pumpenförderhöhe an die gewünschte Förderhöhe wird der Laufraddurchmesser innerhalb eines Stufensprungs entsprechend abgedreht. Mit der Förderhöhe ändert sich dadurch auch der Volumenstrom (Abschn. 36).

Das Streben nach Vereinfachung und Verbilligung der Konstruktion führte zum Zusammenbau von Pumpe und Antriebsmotor in einer geschlossenen Einheit (Abb. 46.2). Diese als Blockpumpe bezeichnete Bauform bedeutet eine beachtliche Einsparung an Raum und Gewicht. Die Blockpumpe eignet sich deshalb besonders für den Einbau in Geräte und engräumige Anlagen. Der Antriebsmotor ist unter Einfügung eines Zwischenstücks an das Pumpengehäuse angeflanscht, wobei die ver-

[1] Vgl. Abschn. 36.

längerte Motorwelle mit dem fliegend aufgesetzten Kreisel zugleich als Pumpenwelle dient. Außer dieser entfallen somit die Pumpenlager, die Kupplung sowie der Grundrahmen. Ferner erübrigt sich die Montage des Aggregates auf dem Rahmen und das Ausrichten der Wellen. Bei Überholungsarbeiten können Motor, Zwischenstück und Läufer nach Lösen der Gehäuseschrauben als Ganzes abgezogen werden, während das Gehäuse in der Rohrleitung verbleibt.

Den restlichen Achsschub des Laufrades nimmt das pumpenseitige Motorlager auf. Um den Antriebsmotor gegen Eindringen von Leckwasser zu schützen, ist an die Stelle der Stopfbuchse eine vom Förderwasser gekühlte Gleitringdichtung getreten.

Im allgemeinen wird das Aggregat mit den Motorfüßen auf dem Fundament verankert. Kleine Einheiten können auch ohne weitere Unterstützung mit waagerechter Läuferachse unmittelbar in die Rohrleitung eingebaut werden.

Abb. 46.3 zeigt eine Blockpumpe, deren Gehäuse speziell für den Einbau in Rohrleitungen ausgebildet ist. Saug- und Druckstutzen liegen mit ihren Achsen in einer Geraden. Die Pumpe läßt sich sowohl senkrecht als auch waagerecht in die Rohr-

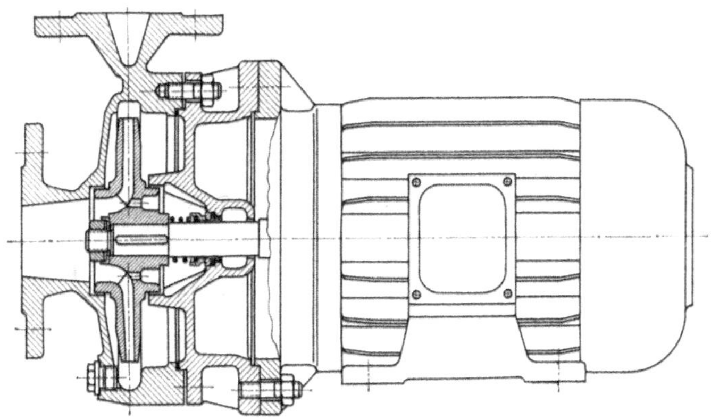

Abb. 46.2. Einstufige Spiralgehäuse-Blockpumpe (Ruhrpumpen)

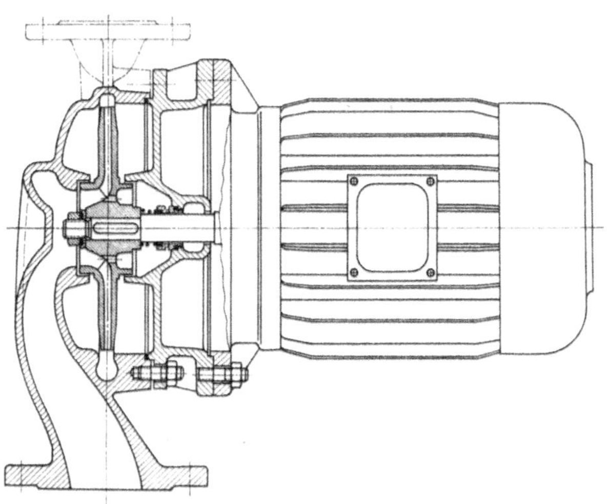

Abb. 46.3. Einstufige Spiralgehäuse-Blockpumpe, In-Line-Pumpe (Ruhrpumpen)

leitung einbauen, jedoch sollte eine Lage, in welcher sich der Motor unterhalb der Pumpe befindet, aus Sicherheitsgründen vermieden werden. Im übrigen entspricht die konstruktive Durchbildung dieser Bauform der Ausführung nach Abb. 46.2.

Für die drei Bauformen nach Abb. 46.1, 46.2 und 46.3 werden, soweit angängig, gleiche Bauelemente verwendet. Die Pumpen fördern im allgemeinen reines, kaltes Wasser, sind jedoch auch als Heißwasserpumpen bis zu einer Wassertemperatur von 140 °C einsetzbar, wenn die Werkstoffe der Stopfbuchspackung und der Gleitringe temperaturbeständig sind. Für die Ausführung nach Abb. 46.1 ist bei Überschreitung einer Wassertemperatur von 105 °C außerdem eine Kühlung der Stopfbuchse erforderlich.

Während die bisher behandelten Bauformen der Spiralgehäusepumpe im allgemeinen nur geringe bis mäßige Förderhöhen hervorbringen, kann die einstufige Pumpe bei entsprechend großem Volumenstrom aber auch als Hochdruckpumpe Verwendung finden.

Als Beispiel diene die aus Abb. 46.4 ersichtliche Wasserwerkspumpe, die bei 105 m Förderhöhe einen Volumenstrom von 1250 m³/h (0,347 m³/s) liefert. Da die alleinige Verwendung einer Spirale wegen der nur mittleren Schnelläufigkeit des Laufrades ($n_{qy} = 81 \cdot 10^{-3}$; $n_q = 27$) nicht zu dem bestmöglichen Wirkungsgrad führen würde, ist vor der Spirale noch ein Leitrad L eingebaut (Abb. 7.2). Der hohe, auf der Innenfläche der Spirale lastende Wasserdruck macht eine besondere Versteifung durch die Spannschaufeln S erforderlich. Das verhältnismäßig schwere, durch Tragfüße abgestützte Gehäuse ist symmetrisch zur Mittelebene ausgebildet, so daß es für jede

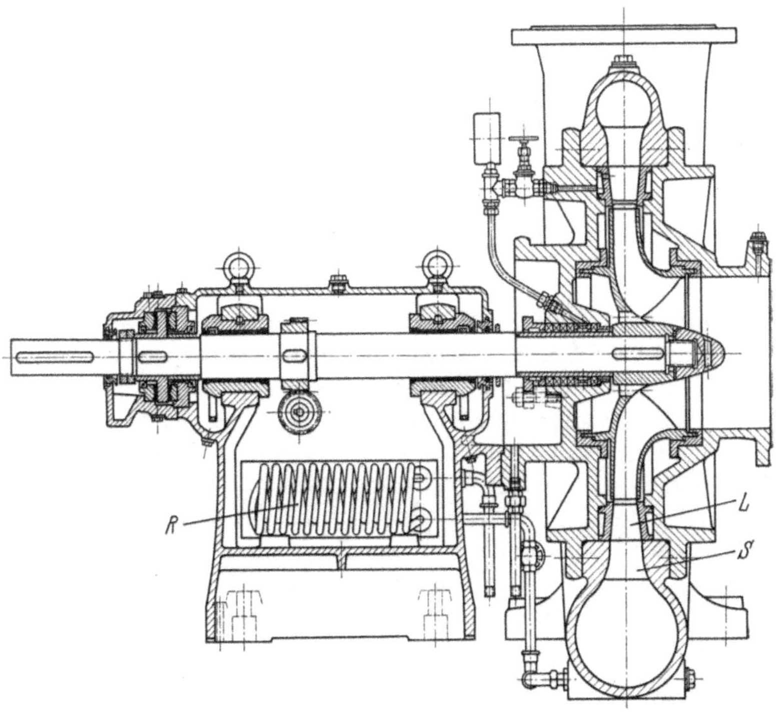

Abb. 46.4. Einstufige Wasserwerkspumpe (KSB Frankenthal)

Drehrichtung verwendbar ist. Der Achsschub wird auch hier durch beiderseits des Laufrades angebrachte Dichtungsspalte ausgeglichen, die zur Verminderung des Spaltwasserverlustes dreifach ausgeführt sind. Die Erfahrung lehrt, daß sich trotz sorgfältiger Ausführung der Dichtungsspalte infolge ungleicher Abnutzung und aus anderen Gründen erhebliche Achsdrücke einstellen können. Es ist deshalb noch ein beiderseitig wirkendes Einscheibendrucklager vorgesehen. Die Traglager sind als Gleitlager ausgeführt und werden wie das Axiallager mittels Drucköl geschmiert, das von einer seitlich am Lagerbock angebauten Zahnradölpumpe geliefert wird. Zur Rückkühlung des Öles dient die Rohrschlange *R*. Damit die Traglager auch während des Anfahrens und Abstellens der Pumpe hinreichend mit Öl versorgt werden, ist noch je ein Schmierring vorgesehen. Wegen der Durchbohrung der Laufradwandung muß die Stopfbuchse gegen Eindringen von Luft durch Sperrwasser gesichert werden, das zur Herabminderung des hohen Spaltdruckes über ein Drosselventil zugeführt wird.

Die Kennlinien dieser Pumpe sind aus Abb. 46.5 ersichtlich. Der stabile Charakter der Drosselkurve ist im wesentlichen auf das Vorziehen der Laufschaufeln in die Eintrittsöffnung des Laufrades zurückzuführen, während der bei flach verlaufender Wirkungsgradkkurve erreichte Bestwert des Wirkungsgrades von 85% hauptsächlich dem zwischengeschalteten Leitrad zuzuschreiben ist.

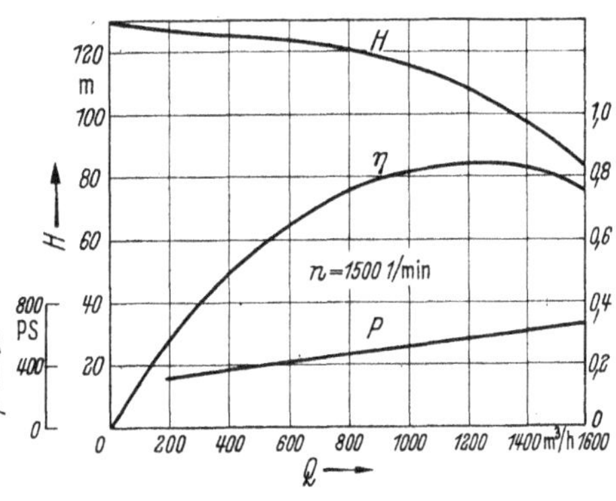

Abb. 46.5. Kennlinien der Wasserwerkspumpe nach Abb. 46.4 (KSB Frankenthal)

Vergrößerung der spezifischen Drehzahl ist im allgemeinen mit einer Verbesserung des Wirkungsgrades verbunden. Bei sehr großer spezifischer Drehzahl, also großen Volumenströmen und kleinen Förderhöhen geraten aber Eintritts- und Austrittsdurchmesser des Laufrades in ein ungünstiges Größenverhältnis. Zugleich erhöht sich mit wachsendem Eintrittsdurchmesser, also wachsender Umfangsgeschwindigkeit u_1, die relative Eintrittsgeschwindigkeit w_1, wodurch die Kavitationsempfindlichkeit vergrößert, die Saugfähigkeit der Pumpe daher vermindert wird. Aus diesen Gründen kann es angebracht sein, die spezifische Drehzahl zu verringern. Eine Möglichkeit dazu bietet die Herabsetzung der Betriebsdrehzahl. Soll letztere mit Rücksicht auf Kleinhaltung des Radreibungsverlustes beibehalten werden, so gibt die doppelströmige Ausbildung der Pumpe ein weiteres Mittel in die Hand, die spezifische Drehzahl zu verringern. Eine derartige Konstruktion geht aus Abb. 46.6 für eine Pumpe mittlerer Leistung hervor. Durch die Parallelschaltung zweier Laufräder wird der Volumenstrom je Laufrad auf die Hälfte herabgesetzt, die spezifische Drehzahl und der Eintrittsdurchmesser D_1 gehen daher auf das $\frac{1}{\sqrt{2}}$fache zurück. Als Folge davon verkleinert sich auch die relative Eintrittsgeschwindigkeit w_1 und damit die Kavitationsempfindlichkeit. Nachteilig kann jedoch die Umlenkung des Wassers vor dem Eintritt in den Kreisel werden, wenn sie mit Wirbelbildung und ungleichmäßiger Geschwindigkeitsverteilung im Radeinlauf verbunden ist und dadurch die Saugfähigkeit und Förderleistung der Pumpe herabsetzt. Man beachte daher den sehr weit gehaltenen Einlauf zum Kreisel in Abb. 46.6. Bei mäßiger Schnelläufigkeit wird die Pumpe zur Erzie-

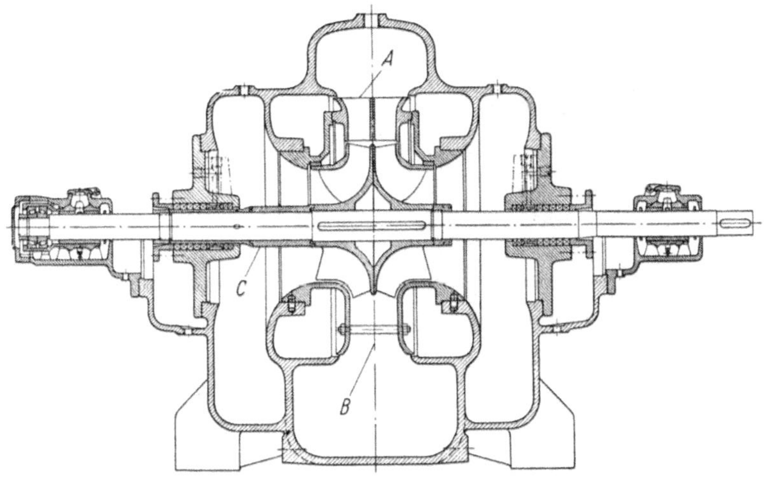

Abb. 46.6. Doppelströmige Niederdruckpumpe mittlerer Leistung (Balke)

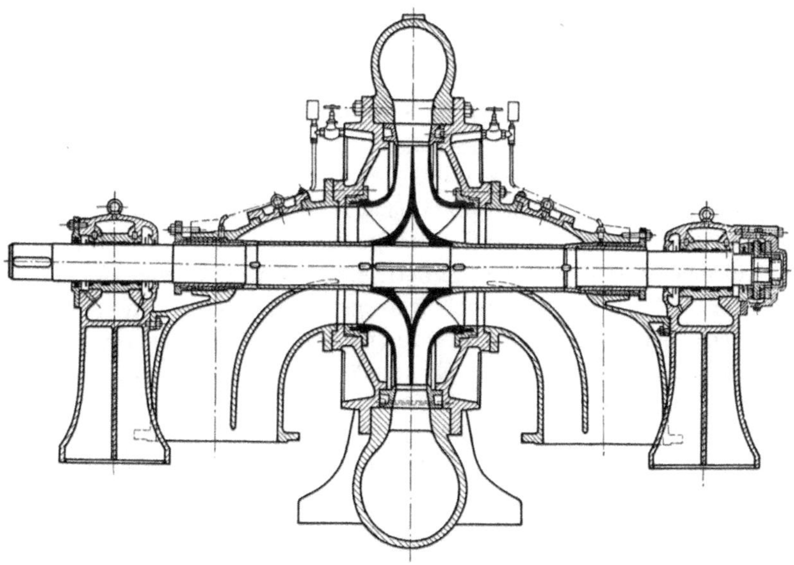

Abb. 46.7. Doppelströmige Wasserwerkspumpe großer Leistung (KSB Frankenthal)

lung eines günstigen Wirkungsgrades mit einem Leitrad ausgerüstet (Ausführung A), während sie bei größerer Schnelläufigkeit einen Leitring und ein halboffenes Laufrad erhält (Ausführung B). Mechanisch aggressive Flüssigkeiten machen die Anbringung eines Wellenschutzes innerhalb der Stopfbuchse notwendig (Ausführung C).

Beim doppelströmigen Kreisel ist der Achsschub theoretisch ausgeglichen. Praktisch ist aber immer ein Axiallager vorzusehen. Letzteres besteht bei der vorliegenden Konstruktion aus zwei Kegelrollenlagern, von denen — der zufälligen Richtung des Achsschubes entsprechend — das eine oder das andere zum Tragen kommt.

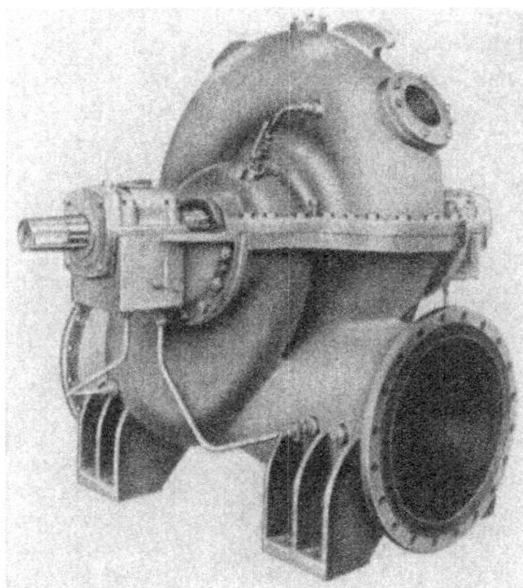

Abb. 46.8.
Doppelströmige Pumpe mit waagerecht geteiltem Gehäuse (KSB, Bremen)

Eine hydraulisch günstige Lösung der Wasserzuführung zum Doppelkreisel liegt bei der Konstruktion nach Abb. 46.7 vor, bei der an jede Laufradhälfte saugseitig ein Krümmer angeschlossen ist. Dadurch ist der zur Wirbelbildung und zu ungleichmäßiger Geschwindigkeitsverteilung neigende Ringraum vermieden. Zwar erfährt der Wasserstrom auch hier vor dem Eintritt ins Laufrad eine Umlenkung. Das ist aber in dieser Form unbedenklich, zumal durch den Einbau einer Führungsschaufel für eine möglichst gleichmäßige Geschwindigkeitsverteilung am Laufradeintritt gesorgt ist. Störend wirkt lediglich die Durchführung der Welle durch die Krümmer, die als unvermeidbar in Kauf genommen werden muß.

Im Gegensatz zu der Konstruktion nach Abb. 46.6 handelt es sich hier um eine große Wasserwerkspumpe, die bei $n = 850$ 1/min (14,17 1/s) $Q = 5\,500$ m³/h (1,53 m³/s) Wasser auf eine Höhe von 124 m fördert. Ihre spezifische Drehzahl beträgt $n_{qy} = 60 \cdot 10^{-3}$ ($n_q = 20$), bei der sie nach Angabe des Herstellers eine Saughöhe $H_s = 5{,}9$ m erreicht. Bei einströmiger Ausführung würde sich die spezifische Drehzahl auf $n_{qy} = 85 \cdot 10^{-3}$ ($n_q = 28$) erhöhen. Es könnte dann aber nur eine Saughöhe $H_s = 3{,}4$ m zugelassen werden.

In der Bauweise nach Abb. 46.7 ist das Spiralgehäuse einteilig und symmetrisch zur Mittelebene ausgeführt, so daß es für jede Drehrichtung verwendet werden kann. Neben dieser Gehäuseform findet man auch das waagerecht geteilte Gehäuse, bei dem Saug- und Druckstutzen im Gehäuseunterteil angeordnet sind (Abb. 46.6 u. 46.8). Auf die Vorzüge der waagerechten Gehäuseteilung bei Überholungsarbeiten ist bereits im Abschn. 44 hingewiesen worden.

47. Schraubenpumpen (Halbaxialpumpen)

Soll bei kleinen Förderhöhen aber großen Volumenströmen die einströmige Bauweise beibehalten werden, so muß man die Laufschaufel zur Erlangung einer hinreichend großen Schaufelfläche weit in den Laufradeintritt hineinziehen. Gleichzeitig bleibt die Umlenkung im Meridianschnitt kleiner als 90°. Die Laufradschaufel nimmt dadurch eine schraubenflächenähnlich gekrümmte Gestalt an. Derartige als Schraubenpumpen oder als Halbaxialpumpen bezeichnete Bauarten, die für geringe Förderhöhen von etwa 5···25 m Flüssigkeitssäule und bis zu Volumenströmen von mehreren 1 000 m^3/h geeignet sind, kommen mit senkrechter oder waagerechter Welle als Kühlwasserpumpen, Dockentleerungspumpen, Umwälzpumpen und für zahlreiche andere Zwecke zur Verwendung.

Eine Schraubenpumpe großer Leistung geht aus Abb. 47.1 hervor. Sie unterscheidet sich von der einstufigen Pumpe radialer Bauart vor allem durch die Ausbildung des Kreisels (*6*) und des Leitrades (*13*). Ersterer lenkt das Fördermittel in der Meridianebene um wesentlich weniger als 90° um und hat deshalb eine schrägliegende Austrittskante (Abschn. 16a). Er ist in der bei einstufigen Pumpen üblichen Weise fliegend angeordnet und in der geschlossenen Bauform ausgebildet. Trotz des geringen mittleren Laufraddurchmessers ist es auch hier möglich, den Achsschub durch beiderseitige Spaltdichtungsringe und Durchbohrung der Kreiselrückwand annähernd auszugleichen.

Das Leitrad (*13*), stellt einen im wesentlichen axial verlaufenden Ringkanal dar,

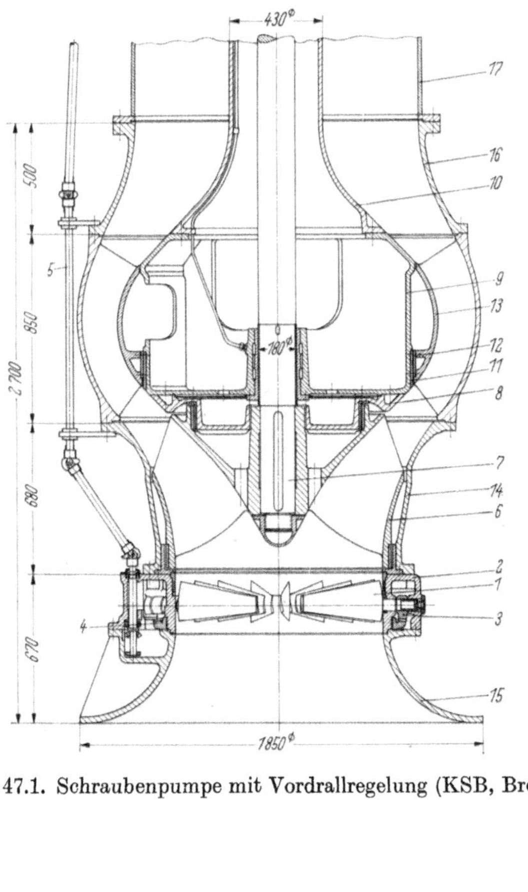

Abb. 47.1. Schraubenpumpe mit Vordrallregelung (KSB, Bremen)

in welchen — mit großem Abstand vom Laufradaustritt — einfach- oder doppeltgekrümmte Leitschaufeln eingegossen sind.

Konstruktiv bemerkenswert ist der Aufbau der Einzelteile der Pumpe. Die gesamten inneren Bauteile, bestehend aus dem Laufrad (*6*) mit der Welle (*7*), dem Dichtringträger (*8*), dem Lagerträger (*9*), dem Aufhängerohr (*10*) u. a. sind miteinander verbunden und werden mittels der Führungsringe (*11*) und (*12*) im Leitrad (*13*) zentrisch gehalten. Letzteres ist einerseits mit dem Dichtringstutzen (*14*), dem Reglergehäuse (*2*) und der Saugglocke (*15*), andererseits mit dem Leitradstutzen (*16*) und dem Druckrohr (*17*) verschraubt. Dabei sind die Einzelteile so bemessen, daß sich die zusammenhängenden inneren Bauteile bei Überholungsarbeiten als Ganzes aus den feststehenden äußeren Bauteilen herausziehen lassen, ohne daß wesentliche Nebenarbeiten — Ausbau von Rohrleitungen oder Gehäuseteilen — notwendig werden.

Eine Besonderheit ist die Vordrallregelung der Pumpe.

Bekanntlich ist die Drosselregelung für schnelläufige Kreiselpumpen wegen des steilen Verlaufs ihrer Drosselkurve und des großen Leistungsbedarfs im Teillastbereich unwirtschaftlich. Läßt die Antriebsmaschine eine Drehzahländerung nicht zu,

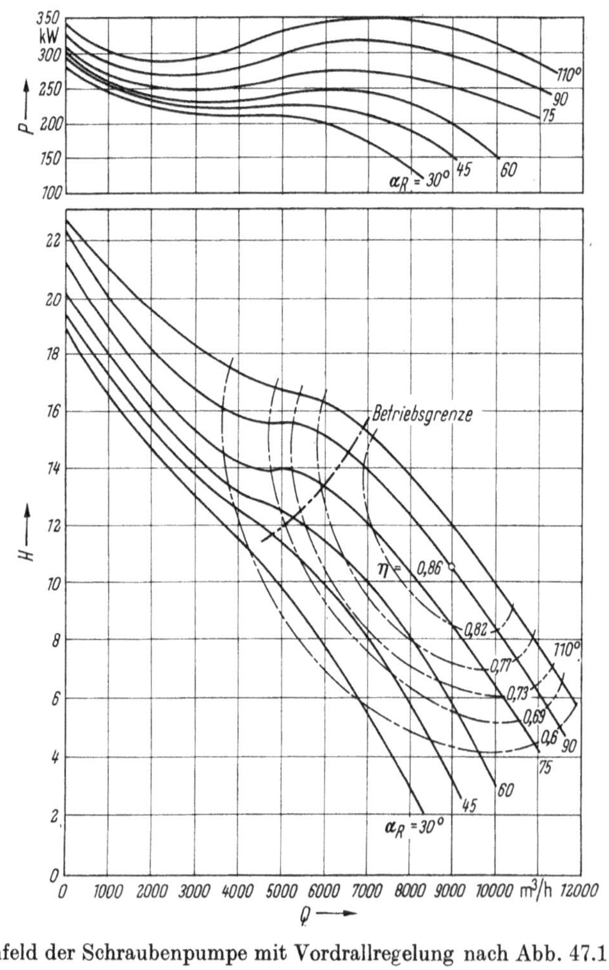

Abb. 47.2. Kennfeld der Schraubenpumpe mit Vordrallregelung nach Abb. 47.1 (KSB, Bremen)

so ist bei Schraubenpumpen von genügend hoher spezifischer Drehzahl die Vordrallregelung (Abschn. 35) am Platze, die der Regelung durch Drehzahländerung hinsichtlich der Leistungsersparnis annähernd gleichkommt. Bei dieser Regelungsart wird dem zum Laufrad strömenden Wasser durch einen Kranz radial und drehbar angeordneter Eintrittsleitschaufeln ein Gleich- oder Gegendrall erteilt, der eine Ab- oder Zunahme der spezifischen Förderarbeit und des Volumenstroms zur Folge hat.

In der Ausführung nach Abb. 47.1 sind die Zapfen der Leitschaufeln (*1*) im Reglergehäuse (*2*) zweifach und fliegend gelagert. Zwischen beiden Lagerstellen trägt der Zapfen ein Kegelradsegment (*3*), dessen Zähne in einen ebenfalls kegelverzahnten Verstellring (*4*) eingreifen. Zur Abdichtung der Durchführungsstellen der Leitschaufelzapfen gegen Wassereinbruch in das Reglergehäuse dienen O-Ringe. Außerdem sind die Hohlräume des Reglergehäuses mit Fett gefüllt und somit alle darin enthaltenen beweglichen Teile gut gegen Korrosion und Verschmutzung geschützt.

Der Verstellring (*4*) läßt sich mittels der seitlich des Pumpengehäuses geführten Kardanwelle (*5*) unter Zwischenschaltung eines — in der Abbildung nicht sichtbaren — Schneckengetriebes drehen, so daß alle Leitschaufeln gleichmäßig verstellt werden, Die Kardanwelle endet oben in einem Säulenständer und ist mit einem Handrad, oder auch noch mit einem fernbedienten Elektromotor verbunden. Die erforderlichen Verstellkräfte bleiben, da die Leitschaufeln nur schwach belastet sind, verhältnismäßig gering.

Abb. 47.2 gibt das Kennfeld der Pumpe wieder, deren spezifische Drehzahl $n_{qy} = 480 \cdot 10^{-3}$ ($n_q = 160$) beträgt. Diese errechnet sich aus der Betriebsdrehzahl $n = 585$ 1/min (9,75 1/s), dem Nennvolumenstrom $Q = 9000$ m³/h (2,5 m³/s) und der spezifischen Förderarbeit $Y = 102$ Nm/kg ($H = 10{,}4$ m). Von der Normalstellung der Leitschaufeln $\alpha_R = 90°$ (senkrechter Wassereintritt) ausgehend liefert jeder Stellwinkel α_R eine andere Drossel- und Leistungskurve. Das Kennfeld ähnelt demjenigen einer Pumpe mit Regelung durch Drehzahländerung. Wie diese führt auch die Vordrallregelung zu einer beträchtlichen Minderung der Leistungsaufnahme, wenn sich der Volumenstrom verringert.

48. Propellerpumpen (Axialpumpen)

Bei rein axialem Durchfluß nimmt das Laufrad die Gestalt eines Propellers an. Längs des Flügels eines solchen Rades ist die Umfangsgeschwindigkeit dem jeweiligen Abstand von der Drehachse proportional. Trotz der unterschiedlichen Umfangsgeschwindigkeiten muß die Druckerzeugung auf der ganzen Flügellänge konstant sein, weil anderenfalls schädliche Unterströmungen auftreten würden. Bestimmend für die Größe der erreichbaren Förderhöhe ist demnach der Flügelteil mit der kleinsten Umfangsgeschwindigkeit, d.h. der Durchmesser d_n der Propellernabe. Bezeichnet man den äußeren Durchmesser des Propellers mit D, so ist die bei festliegender größter Umfangsgeschwindigkeit erreichbare Förderhöhe offenbar eine Funktion des Durchmesserverhältnisses D/d_n, und zwar ist die Förderhöhe um so kleiner, je größer das Durchmesserverhältnis ist (s. auch Abschn. 23). Propellerpumpen mit großem Durchmesserverhältnis bringen daher nur sehr geringe Förderhöhen (etwa 1⋯2 m) hervor. Da sie andererseits große Volumenströme liefern, liegt ihre spezifische Drehzahl sehr hoch.

Mit abnehmendem Durchmesserverhältnis wächst die Förderhöhe, während sich die Schnelläufigkeit verringert. Die obere Grenze der Förderhöhe praktischer Ausführungen liegt bei etwa 10···15 m. Das Verwendungsgebiet der Propellerpumpe liegt also im Bereich größter Volumenströme bei sehr kleinen Förderhöhen. Sie eignet sich besonders als Be- und Entwässerungspumpe für Schöpfwerke, ferner als Kühlwasser- und Umwälzpumpe.

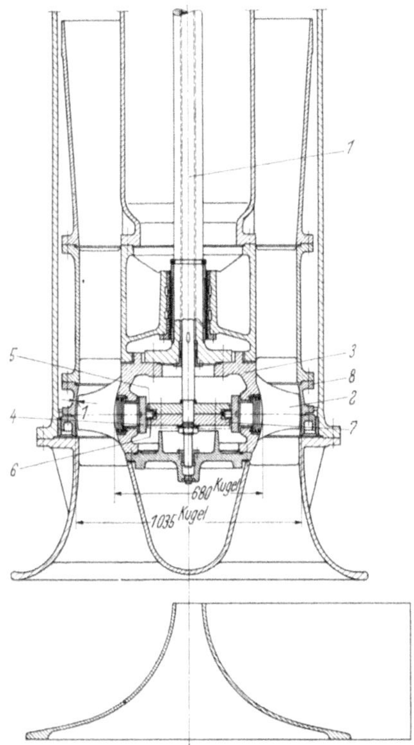

Abb. 48.1. Verstellpropellerpumpe (KSB, Bremen)

Eine Pumpe mit Verstellpropeller (auch als Kaplanpumpe bezeichnet) zeigt Abb. 48.1. Die Schaufelverstellung kommt dadurch zustande, daß die Axialbewegung der in der Hohlwelle geführten Verstellstange (*1*) mittels Kurbelschleife in eine Drehbewegung der Laufschaufeln umgewandelt wird. Die Stangenbewegung wird entweder von außen über eine Muffe eingeleitet oder durch einen in der Welle angeordneten hydraulisch oder elektrisch betriebenen Servomotor hervorgerufen.

In der vorliegenden Konstruktion sind die Laufschaufeln (*2*) mit ihren kräftig gehaltenen Füßen im Propellerkopf (*3*) drehbar gelagert. Gegen das Fußende der Schaufel ist eine Scheibe (*4*) geschraubt, auf der sich ein Kurbelzapfen (*5*) befindet. Dieser trägt einen Gleitstein (*6*), der bei einer Axialbewegung der Verstellstange (*1*) in einer Nut der zweiteiligen Verstellscheibe (*7*) gleitet. Der dabei vom Kurbelradius beschriebene Winkel ist der Schaufelverstellwinkel.

Die Lage der Drehachse der Laufschaufel muß so gewählt werden, daß das Drehmoment der resultierenden Schaufelkraft möglichst klein ausfällt. Je nach dem Drehsinn des Schaufelmomentes wird der Kurbelzapfen (*5*) auf der Scheibe (*4*) so angebracht, daß in der Verstellstange (*1*) Zugspannungen auftreten. Sie kann dann sehr schlank gehalten werden. Ferner wird das Axiallager entlastet, falls die Verstellkraft von außen auf die Stange wirkt.

Um Eindringen von Wasser in das Innere des Propellerkopfes zu verhindern, sind die Schaufelfüße durch O-Ringe abgedichtet. Außerdem wird der Propellerkopf mit Öl oder Fett gefüllt, so daß eine gute Schmierung aller beweglichen Teile sichergestellt ist.

Der etwa 1 mm breite Spalt zwischen dem äußeren Schaufelprofil und dem geteilten Schleißring (*8*) sowie zwischen dem inneren Profil und dem Propellerkopf bleibt bei der Schaufelverdrehung nur dann konstant, wenn die fraglichen Flächen wie in Abb. 48.1 nach konzentrischen Kugelflächen ausgebildet werden.

Die relativ kurzen Laufschaufeln ($D/d_n = 1{,}52$) lassen auf eine entsprechend große Druckzahl schließen. Die Förderhöhe der Pumpe dürfte zwischen 10 und 15 m liegen.

Propellerpumpen nach Abb. 48.1 tauchen in das Unterwasser ein, haben also keine Saughöhe.

Von großer Bedeutung ist die Ausbildung der Einlaufkammer, weil nur eine allseitig gleichmäßige und drallfreie Zuströmung der Flüssigkeit zum Laufrad einen einwandfreien Betrieb ermöglicht. Rotationsströmungen und ungleichmäßige Zuflußgeschwindigkeiten im Saugmund führen zu einer Abnahme der Leistungsabgabe, zu erhöhter Kavitationsgefahr, zu Laufunruhe, Vibration und Geräuschen. Bei Großausführungen gehen deshalb der Gestaltung der Saugkammer, insbesondere der Saugkammerrückwand, in der Regel Modellversuche voraus. Zur Vermeidung von lufteinsaugenden Wirbeln ist eine ausreichende Überdeckung der Einlaufdüse durch den Saugwasserspiegel notwendig. Läßt sich bei schwankendem Spiegel die erforderliche Überdeckung nicht dauernd verwirklichen, kann der Einbau eines Einlaufkegels und einer Fahne (Abb. 48.1) sowie eine Auskleidung der Saugkammerrückwand nützlich sein.

Schöpfwerke zur Entwässerung von Poldern hinter Seedeichen werden in der Anlage besonders einfach und damit wirtschaftlich vorteilhaft, wenn nicht nur die Pumpe, sondern auch der Antriebsmotor in das Förderwasser eintaucht. In diesem Fall empfiehlt sich eine waagerechte Anordnung des Aggregates (Abb. 48.2.) Pumpe und Motor werden in dem vor dem Deich befindlichen Einlaufbecken verankert. Die unter dem Deich hindurchführende gerade Druckleitung mündet in das seewärts gelegene Ausflußbecken und ist durch eine Rückschlagklappe und einen Absperrschieber gegen Rückströmen gesichert. Andererseits ist aber bei niedrigem Außenwasserstand und ausgeschaltetem Motor ein freier Ausfluß aus dem Polder unter Einsparung einer besonderen Auslaßschleuse möglich. Da Pumpe und Motor stets unter dem Wasserspiegel liegen, sind Maßnahmen zur Verhinderung einer Überflutung überflüssig. Außerdem entfällt das Pumpenhaus. Die Anlagekosten ermäßigen sich, und das Landschaftsbild erleidet keine Einbuße. Nachteilig ist allerdings, daß sich der Betriebszustand des Aggregates nicht unmittelbar beobachten läßt.

In der Ausführung nach Abb. 48.2 ist der zur Leistungsanpassung mit einstellbaren Schaufeln versehene Propeller (*1*) fliegend auf die Motorwelle aufgesetzt und läuft in dem zylindrischen Teil der Einlaufdüse (*2*), deren Innenwand an dieser Stelle zum Schutz gegen Erosion eine Auskleidung aus elastischem Kunststoff erhalten hat. Das Leitrad (*3*) ist dem Propeller nachgeschaltet. Der Antriebsmotor entspricht in der Bauart den bei Tauchpumpen verwendeten Naßläufermotoren (Abschn. 51b). Es

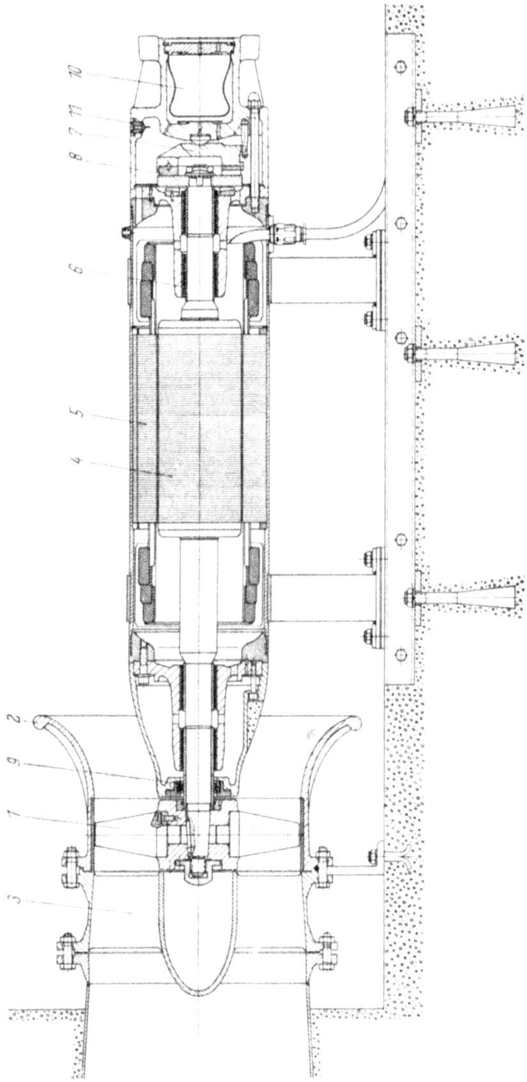

Abb. 48.2. Schöpfwerkspumpe mit Tauchmotor (Pleuger)

handelt sich also um einen Drehstrom-Kurzschlußmotor, dessen Inneres mit reinem Wasser aufgefüllt ist, so daß Rotor (*4*) und Stator (*5*) mit dem Wasser in unmittelbare Berührung kommen. Als Isolierung der Statorwicklung gegen die Einwirkung des Wassers werden die bewährten Kunststoffe Polyäthylen oder Polyvinylchlorid verwendet. Alle Metallteile des Motorinnern erhalten einen Korrosionsschutz aus einem eingebrannten Kunstharzlack, der stoß- und kratzfest ist und auch durch Seewasser nicht angegriffen wird.

Zur Führung des Rotors dienen wassergeschmierte Weichgummilager (*6*). Diese haben sich infolge ihrer Elastizität für die Aufnahme der Stöße, die bei ungleichförmig beaufschlagten Propellern entstehen, gut bewährt. Ihre verhältnismäßig große Länge ist durch die geringe Belastungsfähigkeit des Gummis bedingt. Unzulässige Kantenpressungen sind bei weichem Gummi als Lagerwerkstoff nicht zu erwarten.

Den erheblichen Achsschub des Propellers nimmt ein ebenfalls wassergeschmiertes Axiallager auf, dessen Gegenscheibe (*7*) durch ein Kalottenstück und eine Kugelpfanne einstellbar in zentrischer Lage gehalten sowie durch einen Zylinderstift gegen Drehung gesichert wird. Die Gleitscheibe (*8*) besteht aus Gummi oder aus einem anderen Kunststoff.

Während des Betriebes erwärmt sich das Füllwasser und kühlt sich in Betriebspausen wieder ab. Damit die dadurch auftretenden Volumenschwankungen keinen Flüssigkeitsaustausch zwischen dem Füllwasser und der Förderwasser hervorrufen, ist das Pumpengehäuse an der Durchführungsstelle der Welle durch Federringe (*9*) abgedichtet. Außerdem gleicht eine Atmungseinrichtung (*10*), die aus faulbeständigem Perbunan mit Gewebeeinlage hergestellt ist, die Volumenänderungen elastisch aus. Das Wasser innerhalb und außerhalb des Motorgehäuses befindet sich daher praktisch stets unter dem gleichen Druck.

Das Lippenventil (*11*) dient zum Auffüllen des Motors mit reinem Wasser. Es ist während des Betriebes durch einen Gewindestift geschlossen.

Die Pumpe fördert bei $n = 485$ 1/min (8,08 1/s) im Bestpunkt $Q = 11\,500\ \mathrm{m^3/h}$ (3,194 $\mathrm{m^3/s}$) auf eine Höhe $H = 3{,}55$ m. Sie benötigt dazu eine Leistungsaufnahme $P = 131$ kW, woraus sich ein Wirkungsgrad $\eta = 0{,}85$ errechnet. Ihre spezifische Drehzahl beträgt $n_{qy} = 1\,007 \cdot 10^{-3}$ ($n_q = 336$).

49. Mehrstufige Kreiselpumpen

Wird der Austrittsdurchmesser des Laufrades bei einstufiger Ausführung der Pumpe erheblich größer als das Zweifache des Eintrittsdurchmessers, und soll die Drehzahl beibehalten werden, so ist es angezeigt, die Pumpe mehrstufig auszuführen. Das hat eine Erhöhung der spezifischen Drehzahl, eine Verringerung der Radreibung und somit eine Verbesserung des Wirkungsgrades zur Folge. Da der Eintrittsdurchmesser vom Volumenstrom abhängig ist, wird demnach die Stufenzahl nicht nur durch die Förderhöhe, sondern auch durch den Volumenstrom bestimmt. Sie muß bei gleicher Förderhöhe um so größer sein, je kleiner der Volumenstrom ist.

Bei der mehrstufigen Pumpe nach Abb. 49.1 sind aus diesem Grunde trotz der mäßigen Förderhöhe von 52 m — bei einem Nennvolumenstrom von 70 $\mathrm{m^3/h}$ (0,0194 $\mathrm{m^3/s}$) — bereits drei Stufen ausgeführt. Die Bauweise entspricht der heute allgemein üblichen Ringtype. Sauggehäuse, Druckgehäuse und die dazwischen liegenden Stufengehäuse mit den Leitradeinsätzen werden durch kräftige außen liegende Bolzen zusammengehalten. Diese sind so zu bemessen und vorzuspannen, daß auch bei dem größten vorkommenden Innendruck noch eine ausreichende Anpressung der Berührungsflächen vorhanden ist. Das trifft im allgemeinen zu, wenn etwa das 1,25-fache der vom größten inneren Überdruck herrührenden Axialkraft als Belastungskraft zugrunde gelegt wird. Die Gehäuseteile werden in Ringflächen angepreßt, die sich metallisch berühren. Zur eigentlichen Abdichtung dienen O-Ringe. Auf diese Weise wird die Maßhaltigkeit in axialer Richtung durch das Dichtungsmaterial nicht beeinträchtigt und außerdem eine gute Abdichtung erzielt. Die Zahl der Bolzen richtet sich nach dem Umfang der abzudichtenden Ringfläche, ferner aber auch nach der Größe und gegenseitigen Lage des Saug- und Druckstutzens, deren lichter Querschnitt möglichst nicht durch die Bolzendurchführung verengt werden soll.

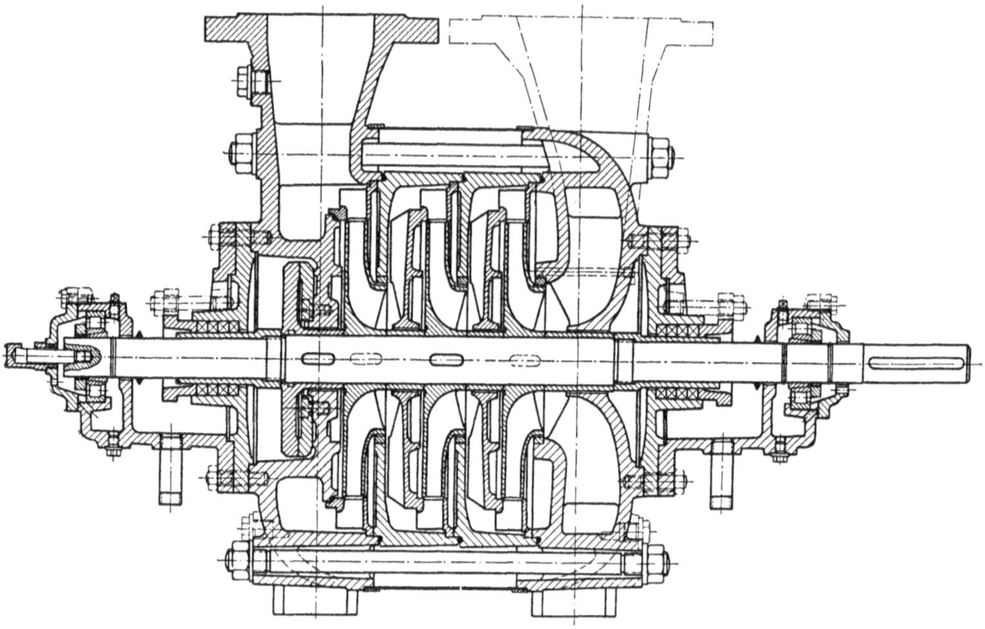

Abb. 49.1. Dreistufige Kreiselpumpe (KSB, Frankenthal)

Den Axialschub nimmt eine Entlastungsscheibe auf, die eine freie axiale Einstellbarkeit des Läufers erfordert. Die Wellenlager sind deshalb als Rollenlager ausgebildet. Für mäßige Förderhöhen ist bei mehrstufigen Pumpen auch die Einzelentlastung der Laufräder durch beiderseitigen Ringspalt und Durchbohrung der Laufradwandung gebräuchlich, wobei der restliche Axialschub durch ein Rillenlager aufgenommen wird. Bei großen Förderhöhen — etwa ab 150 m — ist jedoch die Betriebssicherheit dieser Entlastungsart in Frage gestellt, so daß dann die Entlastungsscheibe den Vorzug verdient.

Die Welle ist zwischen den Naben der Laufräder und der Entlastungsscheibe durch Distanzbuchsen, ferner innerhalb der Stopfbuchsen durch Gewindebuchsen mit Rechts- bzw. Linksgewinde gegen unmittelbare Berührung mit dem Fördermittel geschützt. Die Gewinde- und Distanzbuchsen sind aus Bronze gefertigt. Sie dienen ferner dazu, die Lage der Laufräder und der Ausgleichscheibe in axialer Richtung auf der Welle zu fixieren.

Die Kennlinien der Pumpe gehen aus Abb. 49.2 hervor. Die weit in den Laufradeintritt vorgezogenen, räumlich gekrümmten Schaufeln liefern eine im ganzen Bereich stabile Drosselkurve. Der Bestwert des Wirkungsgrades ist mit 77% im Hinblick auf die kleinen Abmessungen und die geringe spezifische Drehzahl $n_{qy} = 72 \cdot 10^{-3}$ ($n_q = 24$) recht günstig.

Abb. 49.3 zeigt eine zweistufige Wasserwerkspumpe großer Leistung mit doppelseitigem Wassereintritt. Der Nennvolumenstrom beträgt $Q = 2\,700\ \mathrm{m^3/h}$ ($0{,}75\ \mathrm{m^3/s}$) bei der Förderhöhe $H = 160$ m und der Drehzahl $n = 980$ 1/min (16,33 1/s). Infolge des großen Volumenstroms von $1\,350\ \mathrm{m^3/h}$ je Pumpenseite sind zur Erzeugung der verhältnismäßig großen Förderhöhe nur zwei Stufen erforderlich, deren Raddurchmesser aus konstruktiven Gründen unterschiedlich ausgeführt sind.

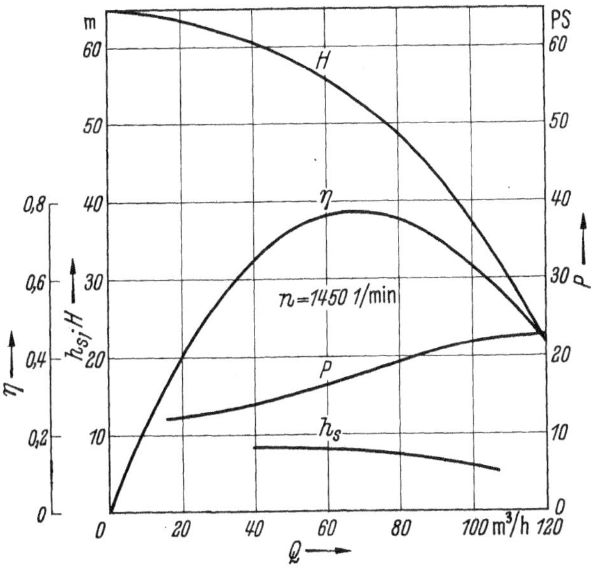

Abb. 49.2. Kennlinien der dreistufigen Pumpe nach Abb. 49.1 (KSB, Frankenthal)

Das Wasser wird dem Laufrad in der hydraulisch günstigen axialen Richtung zugeführt. Der vorgeschaltete Krümmer gibt allerdings Anlaß zu einer ungleichmäßigen Geschwindigkeitsverteilung über den Eintrittsquerschnitt. Er ist deshalb durch Einbau von Führungsschaufeln in drei Teilkrümmer zerlegt worden, von denen jeder kleinere Unterschiede in den Krümmungsverhältnissen der Strombahnen und demnach auch in der Geschwindigkeitsverteilung aufweist, als der Krümmer ohne Führungsschaufeln.

Zur Erreichung eines günstigen Wirkungsgrades ist im Hinblick auf die geringe spezifische Drehzahl $n_{qy} \approx 66 \cdot 10^{-3}$ ($n_q \approx 22$) neben der ersten auch die Spiralgehäusestufe mit Leitschaufeln ausgerüstet.

Theoretisch hat der doppelseitige Wassereintritt Achsschubausgleich zur Folge. Praktisch muß jedoch damit gerechnet werden, daß bei den verhältnismäßig großen Abmessungen der Räder durch ungleichmäßige Abnutzung der Laufradspalte und aus anderen Gründen beachtliche Axialkräfte auftreten können, deren Größe und Richtung im voraus nicht bekannt sind. Es ist deshalb ein beiderseitig wirkendes Einringdrucklager vorgesehen, das durch eine am linken Wellenende angebaute Zahnradpumpe mit Drucköl versorgt wird.

Die Traglager werden bei Pumpen dieser Größe allgemein als Gleitlager ausgeführt.

Die beiderseitigen Stopfbuchsen haben die unter Unterdruck stehenden Saugleitungen gegen den Außendruck abzudichten. Um das Eindringen von Luft zu verhindern, ist die Zuführung von Sperrwasser erforderlich, das der ersten Stufe über ein Regulierventil entnommen wird.

Die zugehörigen Kennlinien sind aus Abb. 49.4 ersichtlich. Die Pumpe zeichnet sich durch einen sehr guten Wirkungsgrad aus.

Eine bei deutschen Herstellern selten anzutreffende Ausführungsform einer mehrstufigen Hochdruckpumpe stellt die amerikanische Konstruktion nach Abb. 49.5 dar.

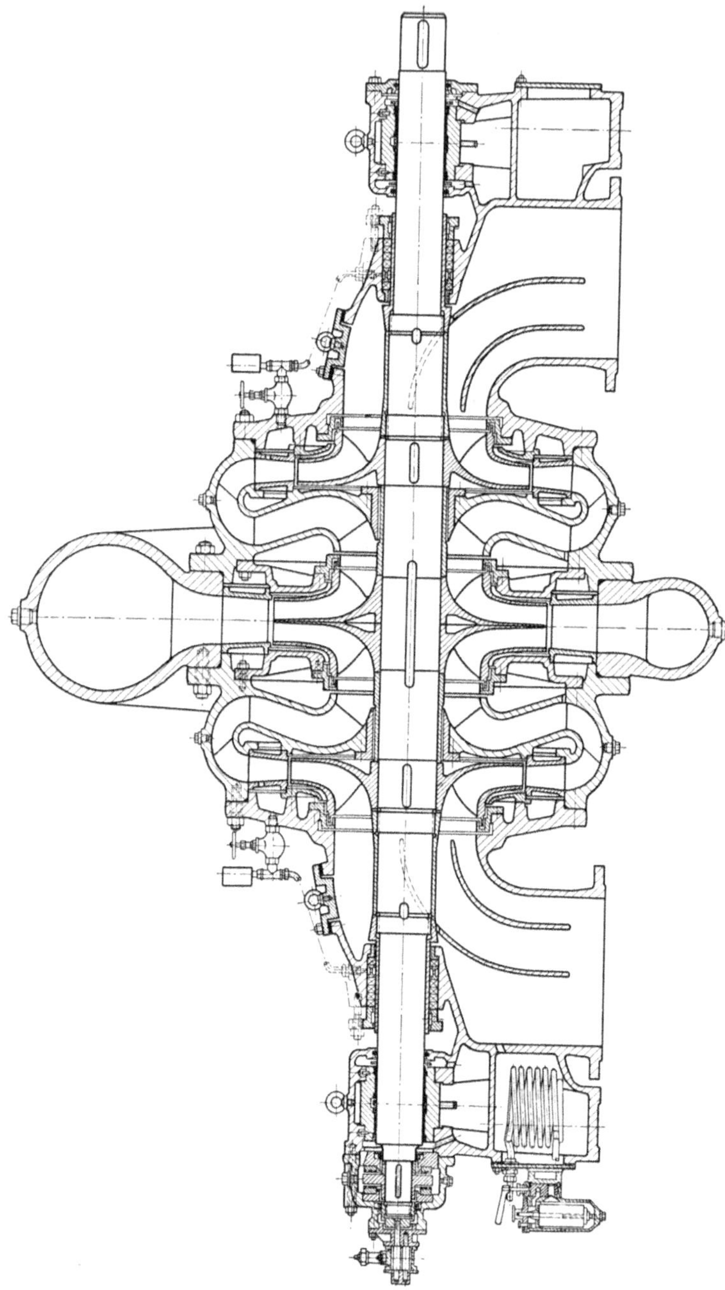

Abb. 49.3. Zweistufige Spiralgehäusepumpe mit Leiträdern und doppelseitigem Einlauf (KSB, Frankenthal)

Die mit $n = 3100$ 1/min (51,67 1/s) betriebene dreistufige Pumpe ist bestimmt für die Förderung von Öl durch Rohrleitungen von großer Länge (pipelines). Ihre Förderleistung beträgt 250 m³/h (0,0694 m³/s) Rohöl bei einem Druckhöhenunterschied von 350 m FlS. Aus dem Verwendungszweck sowie aus dem Streben nach großer Betriebs-

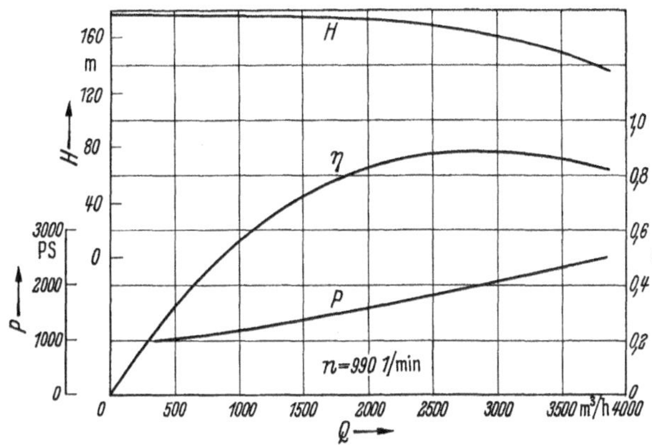

Abb. 49.4. Kennlinien der zweistufigen Spiralgehäusepumpe nach Abb. 49.3 (KSB, Frankenthal)

sicherheit der häufig im Freien aufgestellten Pumpe ergeben sich für die Konstruktion folgende Forderungen:

Weitgehende Aufhebung des Achsschubes, geringe Belastung der druckseitigen Wellenabdichtung, Vermeidung von Leitschaufeln, leichte Zugänglichkeit des Pumpeninnern sowie robuste Ausbildung aller Einzelteile.

Für den Ausgleich des Achsschubes ist die gegen Verschmutzungen des Fördermittels empfindliche Entlastungsscheibe grundsätzlich vermieden und durch entgegengesetzte Beaufschlagung der Laufräder ersetzt worden. Da eine solche Anordnung jedoch eine gerade Laufradzahl voraussetzt, ist bei dieser dreistufigen Pumpe die links liegende erste Stufe (*1*) doppelströmig ausgeführt. Die zweite Stufe (*2*) befindet sich im rechten Gehäuseteil, während die dritte Stufe (*3*) gegenströmig zur zweiten in der Pumpenmitte untergebracht ist. Diese Anordnung der Stufen hat neben der Aufhebung des Achsschubes den Vorteil, daß die druckseitige Wellenabdichtung nur unter dem Enddruck der ersten Stufe steht. Sie hat aber auch zur Folge, daß zwischen den aneinander grenzenden Eintrittsräumen (*4*) und (*5*) der ersten und der dritten Stufe ein großer Druckunterschied und ein entsprechender Spaltverlust auftritt, der allerdings durch die große Länge des Zylinderspaltes (*6*) herabgemindert wird. Sie verursacht ferner eine umständliche Führung des Fördermittels, die ein kompliziertes längsgeteiltes Gehäuse mit außen liegenden Umführungskrümmern (*7*) und (*8*) notwendig macht.

Als Leitvorrichtung sind für alle Stufen mit Rücksicht auf das häufig verschmutzte Fördergut Spiralen (*9*), (*10*) und (*11*) vorgesehen, die in der Umfangsrichtung gleichmäßig gegeneinander versetzt sind. Durch die am Umfang der Spirale entstehende Druckverteilung werden nämlich — hauptsächlich bei Teil- und Überlast — radial nach der Welle gerichtete Druckkräfte hervorgerufen, deren geometrische Summe sich durch entsprechende Versetzung der Spiralen praktisch zum Verschwinden bringen läßt. Da aber die Kräfte in verschiedenen Parallelebenen wirksam sind, verbleiben noch unausgeglichene Momente, welche die Welle auf Biegung beanspruchen. Die Welle (*12*) ist so kräftig gehalten, daß die elastische Verformung gering bleibt und die kritische Drehzahl erheblich über der Betriebsdrehzahl liegt. Als Lager dienen besonders schwere Kugellager (*13*) und (*14*), die außerdem paarweise oder doppelreihig ausgeführt sind. Sie werden durch automatische mit Förder- und Spritzringen

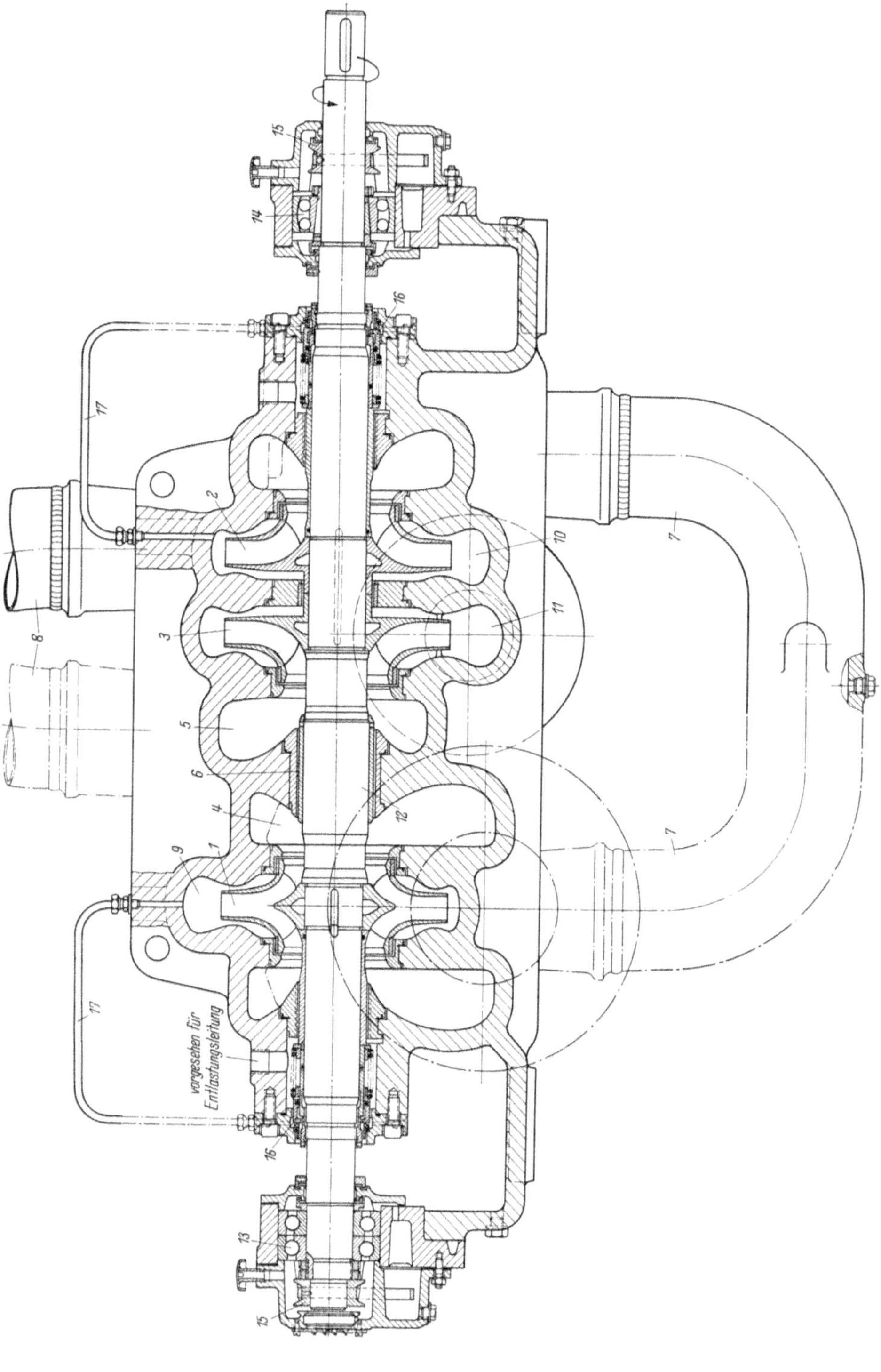

Abb. 49.5. Pipeline-Kreiselpumpe (Deutsche Worthington GmbH)

versehene Öler (*15*) geschmiert. Das Festlager (*13*) nimmt den restlichen Achsschub auf. Zur Abdichtung der Welle an den Durchtrittsstellen durch das Gehäuse sind an Stelle von Stopfbuchsen Gleitringdichtungen (*16*) verwendet, deren Gleitringe mittels der Leitungen (*17*) durch kleine Teilströme des Förderöles gekühlt werden. Derartige Dichtungen haben sich für Drücke bis zu $p_ü = 55$ bar vor der Dichtungsstelle bewährt.

Das sehr kräftig ausgeführte, für einen Prüfdruck von $p_ü = 125$ bar bemessene Gehäuse ist waagerecht geteilt. Saug- und Druckstutzen befinden sich im Gehäuseunterteil, so daß der Ausbau des Läufers ohne Entfernung von Rohrleitungen nur durch Abnahme des Oberteils möglich ist.

Durch besonders große Förderleistungen zeichnet sich die Speicherpumpe aus. Ihre Aufgabe besteht darin, Wasser, das in tiefer liegenden Einzugsgebieten anfällt, in höher gelegene natürliche oder künstliche Becken zu fördern, einesteils, um deren jahreszeitlich schwankenden der Kraftgewinnung dienenden Wasserinhalt zu ergänzen, andernteils, um im Verbundbetrieb von Wasser- und Dampfkraftwerken die Überschußenergie der letzteren zu Zeiten schwacher Belastung in Form gehobenen Wassers zu speichern, aus welchem die zeitweise auftretenden Lastspitzen gedeckt werden[1].

Bei den Speicherpumpen handelt es sich meistens um Einzelausführungen großer Abmessungen mit einer Leistungsaufnahme von vielen tausend Kilowatt. Der werkstattmäßigen Herstellung einer solchen Pumpe gehen deshalb stets Versuche mit einem verkleinerten Modell voraus, das der Großpumpe hinsichtlich der wasser-

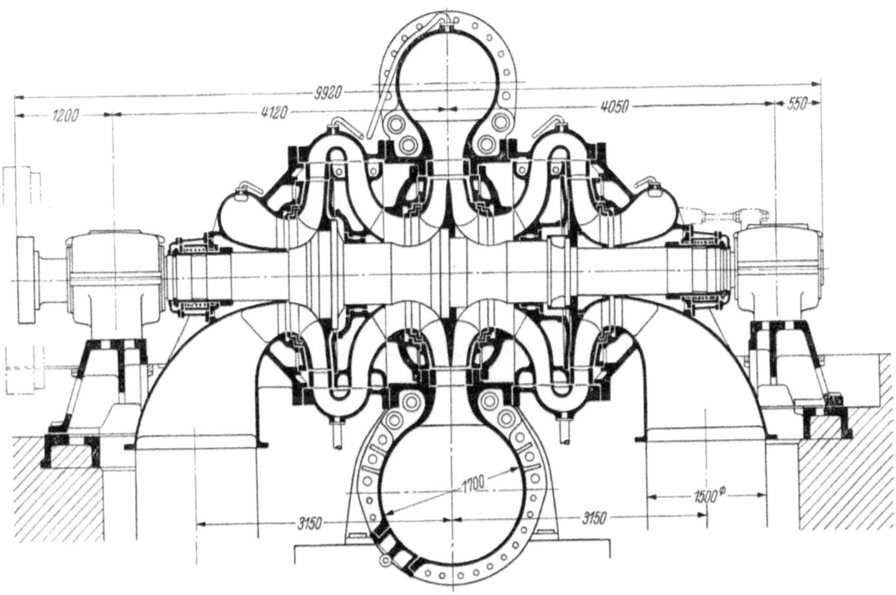

Abb. 49.6. Zweistufige, doppelströmige Pumpe des Speicherwerks Provvidenza (Escher Wyss)

[1] Siehe hierzu auch H. Obrist: Escher Wyss-Großspeicherpumpen. Schweiz. Bauztg. 80 (1962) H. 25, S. 445—450. Weitere Literaturangaben dortselbst. — Ferner Randegger, E.: Die Speicherpumpen. Escher Wyss-Mitteilungen 38 (1965) H. 1, S. 15—23.

führenden Teile in allen Einzelheiten geometrisch ähnlich nachgebildet ist (Abschn. 37). Der Modellversuch läßt erkennen, inwieweit die entworfene Großausführung den gestellten Bedingungen genügt. Er ermöglicht ferner, bestehende Mängel ohne nennenswerte Kosten zu beseitigen. Neben dem Volumenstrom und der Förderhöhe sind der Wirkungsgrad und die Kavitationseigenschaften von ausschlaggebender Bedeutung. Verbesserung des Wirkungsgrades führt bei dem sehr großen Leistungsbedarf der Pumpe zu einer beachtlichen Energieersparnis, Herabsetzung der Kavitationsgefahr zu einer Verringerung der Haltedruckhöhe, die hier wegen des großen Volumenstroms so beträchtlich ist, daß die Pumpe nur mit einer Zulaufhöhe arbeiten kann. Die Pumpe muß also unterhalb des niedrigsten Wasserspiegels aufgestellt werden, was die Baukosten um so mehr erhöht, je größer die erforderliche Zulaufhöhe ist. Verbesserung des Wirkungsgrades und der Kavitationseigenschaften bedingen zum Teil entgegengesetzte Maßnahmen.

Die zweistufige Speicherpumpe nach Abb. 49.6 ist zur Verringerung der Zulaufhöhe, die je nach der Höhe des Wasserspiegels zwischen 15 und 31 m schwankt, doppelströmig ausgeführt. Trotz der dadurch bedingten Herabsetzung der spezifischen Drehzahl hat der Abnahmeversuch den außerordentlich hohen Bestwert des Wirkungsgrades von 91% ergeben. Er entspricht einem Volumenstrom von 14,2 m^3/s, einer Förderhöhe von 276,5 m und einem Leistungsbedarf von 42320 kW. Die Drehzahl beträgt 450 1/min (7,5 1/s).

Die aus der Abbildung ersichtlichen großen Abmessungen der Pumpe machen aus transport- und gießereitechnischen Gründen eine mehrfache Unterteilung des Stahlgußgehäuses erforderlich. Konstruktiv bemerkenswert ist ferner die Befestigung der Laufräder auf der Welle. An Stelle der sonst üblichen Aufbringung mittels Nabe sind die Räder auf die Welle aufgeflanscht. Dadurch verkleinert sich der Einlaufdurchmesser der Laufräder, während sich die radiale Ausdehnung der Laufschaufeln vergrößert. Die Folge ist eine Verbesserung der Kavitationsverhältnisse am Laufradeintritt der ersten Stufe. Als Werkstoff für die Laufräder dient Mangan-Stahlguß.

G. Kreiselpumpen für Sonderzwecke

50. Heißwasserpumpen

Die bei der Heißwasserpumpe zu überwindenden Schwierigkeiten liegen besonders in der Beherrschung der Wärmedehnungen und des Achsschubes, in der Gestaltung der Stopfbuchse und der Vermeidung der Kavitation. Im Vordergrund der Bemühungen um einen störungsfreien Betrieb steht die Kleinhaltung der Verformungen durch ungleichmäßige Erwärmung. Kesselspeisepumpen für Höchstdruckkessel arbeiten mit Speisewassertemperaturen bis etwa 230 °C, Umwälzpumpen für den Betrieb von Zwangumlaufkesseln sind häufig noch wesentlich höheren Temperaturen ausgesetzt. Bei letzteren machen sich allerdings Wärmedehnungen wegen der einstufigen Bauweise in weit geringerem Maße als bei der vielstufigen Speisepumpe bemerkbar, die bei Höchstdrücken bis zu 15 Stufen aufweist.

a) Kesselspeisepumpen

Die Kesselspeisepumpe *älterer Bauart* muß vor der Inbetriebnahme durch einen schwachen Heißwasserstrom allmählich vorgewärmt werden, weil andernfalls zwischen Gehäuse und außenliegenden Zugankern Temperaturdifferenzen auftreten, die in den Zugankern unzulässig hohe Spannungen hervorrufen. Durch den Vorwärmstrom entstehen bei *ruhendem Läufer* — namentlich im Anfangsstadium der Erwärmung — zwischen dem oberen und dem unteren Gehäuseteil erhebliche Temperaturunterschiede, die zur Verkrümmung des Gehäuses, einer Absenkung der Lager und u.U. zu einem Festklemmen des Läufers führen, da das radiale Spiel in den Laufringspalten nur etwa 0,15 mm beträgt. Derartige Temperaturunterschiede treten auch beim Auskühlen der stillgesetzten Pumpe zwischen dem wärmeren Oberteil und dem kälteren Unterteil des Gehäuses auf. Eine einigermaßen gleichmäßige Erwärmung der *stillstehenden Pumpe* erfordert eine stundenlange Anwärmzeit, die vom betrieblichen und wirtschaftlichen Standpunkt aus unerwünscht ist. Eine Verkürzung der Anwärmzeit und eine wesentlich gleichmäßigere Erwärmung wird erreicht, wenn der Läufer mit einer geringen Drehzahl — etwa 180···300 1/min (3···5 1/s) — angetrieben wird. Man benutzt dazu einen kleinen Getriebemotor, der mit dem Pumpenläufer elektromagnetisch gekuppelt ist und bei Einschalten des Hauptmotors selbsttätig abgekuppelt wird.

Die mit der erforderlichen Anwärmzeit verbundenen Unzuträglichkeiten haben dazu geführt, die Kesselspeisepumpe so wärmeunempfindlich auszubilden, daß auch bei plötzlicher Erwärmung des Gehäuses keine unzulässig hohen Zusatzbeanspruchungen in den Zugankern und in den Dichtflächen der Gehäuseteile auftreten können, und außerdem bei ungleichmäßiger Auskühlung der Pumpe schädliche Verkrümmungen des Gehäuses vermieden werden. Zu diesem Zweck sind die Zuganker erheblich verstärkt worden, so daß sie vielfach als annähernd starr anzusehen sind. Für besonders harte Betriebsverhältnisse hat man gleichzeitig die Elastizität der Stufengehäuse in axialer Richtung durch konstruktive Änderungen und Verwendung von Sonderwerkstoffen mit niedrigem Elastizitätsmodul und hoher Festigkeit entsprechend vergrößert. Diese Maßnahmen haben es ermöglicht, die Kesselspeisepumpe ohne jegliche Vorwärmung unmittelbar aus dem halbwarmen oder kalten Zustand anzufahren[1].

Um Verlagerungen des Läufers durch Wärmedehnungen möglichst auszuschließen, wird das Pumpengehäuse in Achshöhe aufgehängt.

Mit der Erhöhung der Blockleistungen in Kraftwerken sind die Anforderungen an die Kesselspeisepumpe stetig gestiegen, so daß heute bereits Pumpen mit Masseströmen von 1000 t/h, Förderdrücken $p_ü = 300 \cdots 500$ bar und Antriebsleistungen von mehr als 12000 kW ausgeführt werden. Der bisher übliche Antrieb durch Drehstrommotor mit einer Drehzahl von etwa 2950 1/min (49,17 1/s) kann bei sehr hohem Förderdruck nicht mehr beibehalten werden, weil er zu zahlreichen Stufen, also einer großen Baulänge und einem entsprechend großen Läuferdurchgang führt, so daß sich eine radiale Berührung der umlaufenden und der feststehenden Pumpenteile nicht immer vermeiden läßt. Es erwies sich deshalb als notwendig, die Stufendrücke durch Erhöhung der Drehzahl zu vergrößern. Die hochtourige, durch Dampfturbine angetriebene Speisepumpe großer Leistung arbeitet mit $n = 4000 \cdots 5000$ 1/min (66,67··· 83,33 1/s) und erreicht Stufendrücke $p_ü = 40 \cdots 60$ bar. Infolge der verminderten Stufenzahl und der kleineren Baulänge kann sie so ausgeführt werden, daß die Durchbiegung des Läufers kleiner ist als das radiale Spiel zwischen den umlaufenden und den

[1] Lepique, H.: Speisepumpen für hohe Betriebstemperaturen. BWK 2 (1950) H. 8, S. 224ff.

feststehenden Teilen. Sie ist deshalb unempfindlicher als die vielstufige lange Pumpe und erfordert einen wesentlich geringeren Werkstoffaufwand. Diesen Vorteilen steht als Nachteil eine vergrößerte spezifische Halteenergie gegenüber.

Neben der Laufruhe kommt der Wellenabdichtung, dem Achsschubausgleich und dem Werkstoff besondere Beachtung zu. Die Vergrößerung der Drehzahl und gegebenenfalls auch des Wellendurchmessers hat eine Erhöhung der Gleitgeschwindigkeit in den Stopfbuchsen zur Folge. Packungsstopfbuchsen sind bei Gleitgeschwindigkeiten von mehr als 25 m/s nur verwendbar, wenn eine gute Laufruhe der Welle vorliegt und die Reibungswärme der Stopfbuchspackung sowie die Übertragungswärme aus dem Pumpenkörper durch Außenkühlung der Stopfbuchse und Kondensatinnenkühlung der Wellenschutzhülse abgeführt wird. Ebenso ist das vor der Packung stehende Speisewasser vorzukühlen.

Im allgemeinen bewähren sich bei hohen Gleitgeschwindigkeiten hydraulisch entlastete Gleitringdichtungen besser als Packungsstopfbuchsen. Allerdings muß auch hier für gute Kühlung gesorgt und außerdem verhindert werden, daß kleine Fremdkörper zwischen die Gleitringe geraten. Als Dichtungswerkstoffe haben sich für den umlaufenden Gleitring Wolframkarbid, für den Gegenring kunstharzgetränkte Kohle bewährt.

Für Gleitgeschwindigkeiten über 40 m/s ist eine berührungsfreie Wellenabdichtung (Schwimmringdichtung) zweckmäßig.

Außer der selbsttätigen Entlastungseinrichtung zum Ausgleich des Achsschubes wird heute vielfach noch ein außen liegendes ölgeschmiertes Axiallager vorgesehen, das bei richtiger Einstellung im Betriebe unbelastet mitläuft. Es soll die Axialbewegung des Läufers begrenzen, insbesondere die Unterschreitung eines Minimalspaltes zwischen Entlastungsscheibe und Gegenscheibe verhindern.

Die Hoch- und Höchstdruckspeisepumpe wird heute ausschließlich als Gliederpumpe mit Wasserdurchfluß in *einer* Richtung gebaut (Abb. 50.1). Die früher auch gebräuchliche Gehäusepumpe mit wechselweise entgegengesetzt beaufschlagten Laufrädern und in der Pumpenmitte liegendem Druckstutzen, wodurch ein Ausgleich des Achsschubes erzielt und die druckseitige Stopfbuchse vermieden wird, hat sich in Deutschland nicht behaupten können.

Die hohen Drücke und Temperaturen erfordern eine kräftige Ausführung der Bauteile unter Verwendung von Werkstoffen, die für Heißwasserbetrieb geeignet sind.

Bei alkalischem Wasser (pH $= 9 \cdots 9{,}5$) hat sich für das Gehäuse Stahlguß, für die Leiträder und die Dichtungsringe Gußeisen, für die Laufräder, die Entlastungseinrichtung und die Wellenschutzhülsen Chromstahlguß und für die Welle St 60 bewährt. Bei vollentsalztem Wasser[1] sind unlegierte Werkstoffe korrosionsanfällig. Sie

[1] Seit einer Reihe von Jahren ist man zur Verhinderung der Salzausscheidung in Dampfturbinenanlagen mehr und mehr dazu übergegangen, vollentsalztes Speisewasser zu verwenden, dessen pH-Wert zwischen 7 und 8,5 liegt. Als Folge davon traten bei unlegiertem Stahl bzw. Stahlguß und in geringerem Maße bei dem Gußeisen der Leiträder und Dichtungsringe an Stellen hoher Wassergeschwindigkeit Korrosionsschäden auf, die sich bei Verwendung alkalischen Wassers nicht gezeigt hatten. Dieses Verhalten ist zunächst nicht verständlich, weil vollentsalztes Wasser weniger aggressiv ist als alkalisches. Der Widerspruch klärt sich dadurch auf, daß alkalisches Wasser eine Schutzschicht aus Eisenhydroxyd bildet, das sich bei hoher Temperatur schnell in Eisenoxyd umwandelt. Dagegen bleibt bei vollentsalztem Wasser an Stellen hoher Wassergeschwindigkeit die Schutzschichtbildung aus, so daß es hier zur Korrosion kommt.

müssen in diesem Fall durch Chromstahlguß bzw. legierten Sonderstahl ersetzt werden.

Im Gegensatz zu der sonst üblichen „elastischen" Welle ist in der Ausführung nach Abb. 50.1 eine „starre" Welle (*1*) verwendet worden, was besagt, daß die kritische Drehzahl über der höchsten Betriebsdrehzahl liegt. Das ist für eine im Gleitdruckbetrieb arbeitende Kesselanlage wichtig, weil dabei die Pumpendrehzahl einen großen Regelbereich durchläuft. Die „starre" Welle führt ferner zu einem geringeren Durchhang, so daß die Spiele in den Dichtungsringen und -buchsen eng gehalten werden können, ohne daß im Stillstand Flächenberührung eintritt.

Um Verspannungen bei der Montage zu vermeiden, sind die Laufräder (*2*) mit geringem axialem Spiel auf die Welle aufgebracht. Sie stützen sich infolge des Axialschubes gegen den saugseitigen Wellenbund ab. Lage und Abstand der Räder sind durch Distanzbuchsen gesichert, die zwecks Einsparung von Dichtflächen unmittelbar an die Radnabe angegossen sind. Ihre Stirnflächen sind metallisch dichtend aufgeschliffen, wodurch der Austritt von Leckwasser und somit Auswaschungen verhindert werden.

Zur Herabsetzung der Kavitationsempfindlichkeit und zur Erzielung einer stabilen Drosselkurve sind die Laufradschaufeln weit in den Laufradeintritt vorgezogen.

Der Achsschub wird durch eine kombinierte Entlastung aufgehoben. Sie besteht aus einem Entlastungskolben (*3*) und einer Entlastungsscheibe (*4*). Der Entlastungskolben gleicht etwa 3/4 des Axialschubes aus, der bei Nennlast rund 540 kN beträgt. Der verbleibende Restschub wird über den ganzen Lastbereich von der Entlastungsscheibe aufgenommen. Der Vorteil der kombinierten Entlastung liegt darin, daß sich das Spiel zwischen Entlastungsscheibe (*4*) und Gegenscheibe (*5*) wesentlich vergrößert. Damit wächst die Betriebssicherheit. Die Gefahr des Ausdampfens unmittelbar hinter der Entlastungsscheibe wird durch einen weiteren Drosselspalt (*6*) und die anschließende Beruhigungskammer vermindert.

Die beiden Radiallager (*7*) sind als Mehrflächengleitlager ausgebildet, deren stählerne Lagerschalen mit Weißmetall ausgegossen sind. Außerdem ist ein mit dem druckseitigen Traglager kombiniertes Schublager vorgesehen. Es soll eine metallische Berührung zwischen Entlastungs- und Gegenscheibe verhindern und im Gefahrenfall den verbleibenden Restschub aufnehmen. Seine Einstellung erfordert besondere Genauigkeit, da es nach Möglichkeit unbelastet mitlaufen soll. Die mit der Welle umlaufenden Spurscheiben (*8*) bestehen aus gehärtetem Stahl, während die Tragringe (*9*) aus Bronze hergestellt und mit einer Weißmetallauflage versehen sind.

Zur Abdichtung der Welle gegenüber dem Gehäuse dienen Stopfbuchsen mit einer Spezialpackung aus Asbest und Teflon. Da die Gleitgeschwindigkeit der Welle etwa 35 m/s beträgt, ist mit einer beachtlichen Wärmeentwicklung zu rechnen. Hinzu kommt der Wärmefluß durch die Welle. Die Abführung der Wärme erfolgt durch Kühlung der Wellenschutzhülse (*10*) sowie des Stopfbuchseneinsatzes (*11*), dessen Oberfläche durch Rippen vergrößert ist.

Eine kleine Stopfbuchse (*12*) verhindert den Austritt des Kühlwassers am Wellenumfang.

Sämtliche Dichtflächen der Gehäuseteile, die nach außen abzudichten haben, sind unter Vermeidung eines besonderen Dichtungsmittels als geschliffene Flächen ausgeführt. Damit die metallische Dichtung gewährleistet ist, haben die Leiträder (*13*)

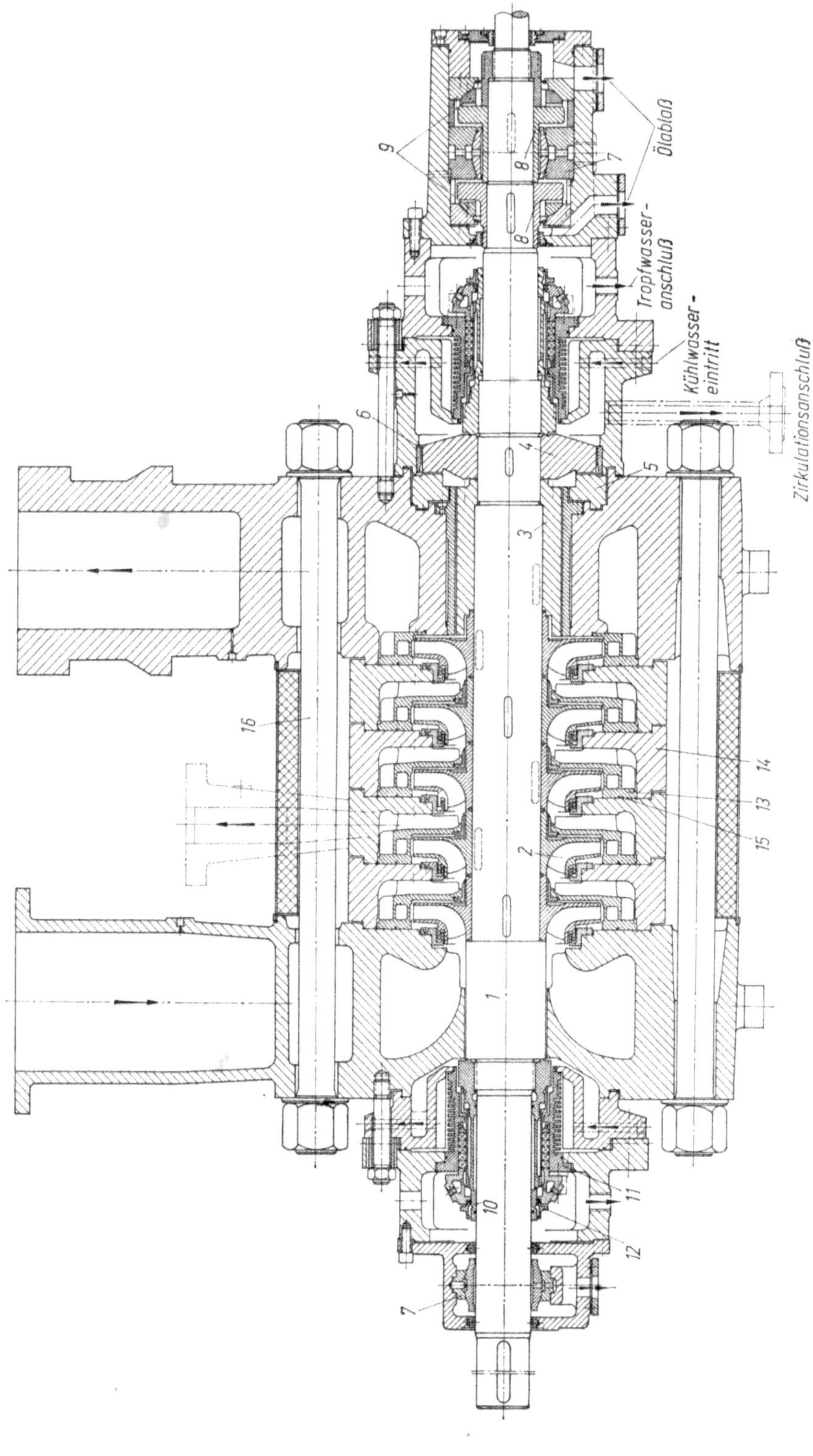

Abb. 50.1. Höchstdruckkesselspeisepumpe (Halberg)

in den Stufengehäusen (*14*) ein geringes axiales Spiel. Sie werden durch den auf sie einwirkenden Druckunterschied zur Saugseite gedrückt und sind durch Stifte gegen Drehung gesichert. Auswaschungen durch Leckströme zwischen den Auflageflächen werden durch eingelegte O-Ringe aus Perbunan (*15*) verhindert.

Die Zuganker (*16*) sind so dimensioniert, daß beim Anfahren Temperaturunterschiede bis zu 150 °C zwischen Gehäuse und Ankern ohne Gefahr für die Pumpe aufgenommen werden können. Sie bestehen aus Chrom-Molybdänstahl mit einer Streckgrenze $\geqq 90$ daN/mm².

Im übrigen sind an Werkstoffen verwendet:
Für Sauggehäuse, Druckgehäuse, Stopfbuchsgehäuse, Lauf- und Leiträder 14%iger Chromstahlguß;
für Stufengehäuse, Welle, Entlastungskolben, Entlastungsscheibe, Laufbuchsen 13%iger geschmiedeter Chromstahl;
für Dichtungsringe, Dichtungsbuchsen, Drosselbuchse 18%iger Chromguß;
für die Entlastungsgegenscheibe 18%iger geschmiedeter Chromstahl.

Im Auslegepunkt liefert die Pumpe einen Massestrom $M = 960$ t/h bei der Speisewassertemperatur $t_w = 150$ °C, dem Förderdruck $p_ü = 188$ bar und der Drehzahl $n = 4050$ 1/min (67,5 1/s). Ihre Leistungsaufnahme beträgt $P = 6600$ kW. Der Druck des zufließenden Speisewassers setzt sich aus dem Siededruck bei $t_w = 150$ °C und dem erforderlichen Haltedruck der Anlage zusammen.

Der Anpreßdruck der metallischen Dichtflächen der Stufengehäuse wird durch die Spannkräfte der außen liegenden Zuganker hervorgerufen. Während im Ruhezustand die Pressung in allen Dichtflächen gleich groß ist, tritt im Betriebe eine von Stufe zu Stufe fortschreitende Entlastung der Dichtflächen durch den wachsenden Innendruck ein, so daß in der ersten Stufe die größte, in der letzten die kleinste Flächenpressung vorhanden ist. Demgegenüber hat die Dichtfläche in der ersten Stufe gegen den kleinsten, die der letzten gegen den größten Druckunterschied abzudichten. Die Zahl und die Durchmesser der Zuganker sind unter Beachtung der beim Anfahren im kalten Zustand auftretenden Zusatzkräfte so zu bemessen, daß die Abdichtung auch in der am stärksten entlasteten letzten Stufe noch mit Sicherheit erreicht wird. Bei sehr hohem Pumpendruck kann die notwendige Anpressung der Dichtflächen nur nach vorheriger Erwärmung der Zuganker erzielt werden, was bei großer Länge der Anker erhebliche Schwierigkeiten macht.

Eine beachtliche Verminderung der Spannkräfte und somit auch des Durchmessers der Zuganker und der Breite der Dichtflächen läßt sich dadurch erreichen, daß man das Pumpengehäuse durch Einfügen eines Zwischenspannstückes in einen Hochdruck- und einen Niederdruckteil unterteilt. Eine solche als *Zwischendeckelpumpe* bezeichnete Bauart stellt also die unmittelbare Verbindung zweier Pumpen mit einem gemeinsamen Läufer dar[1]. Beide Pumpenteile sind durch das Spannstück (Zwischendeckel) getrennt, das für den Niederdruckteil den Druckdeckel, für den Hochdruckteil den Saugdeckel bildet.

Infolge der Unterteilung des Pumpendrucks verringern sich für beide Teile die Kräfte in den Zugankern und Dichtflächen, so daß diese bei geringerem Materialauf-

[1] Schwengler, W.: Die Zwischendeckelpumpe, eine neue konstruktive Lösung der Speisepumpen in Gliederbauart für höchste Drücke. KSB Technische Berichte, (1961), H. 2, S. 29—38.

wand kleinere Abmessungen erhalten. Das trifft besonders für den Niederdruckteil zu. In der praktischen Ausführung bilden die Zuganker des Hochdruck- und des Niederdruckteils je *ein* Stück, das im Durchmesser den Beanspruchungen entsprechend abgesetzt und mit Verschraubungen versehen ist.

Eine weitere, sehr wirksame Maßnahme zur Verminderung der Spannkräfte in den Zugankern bei sehr hohen Drücken und Temperaturen ist der Einbau der Gliederpumpe in ein druckfestes Mantelgehäuse[1] (Abb. 50.2).

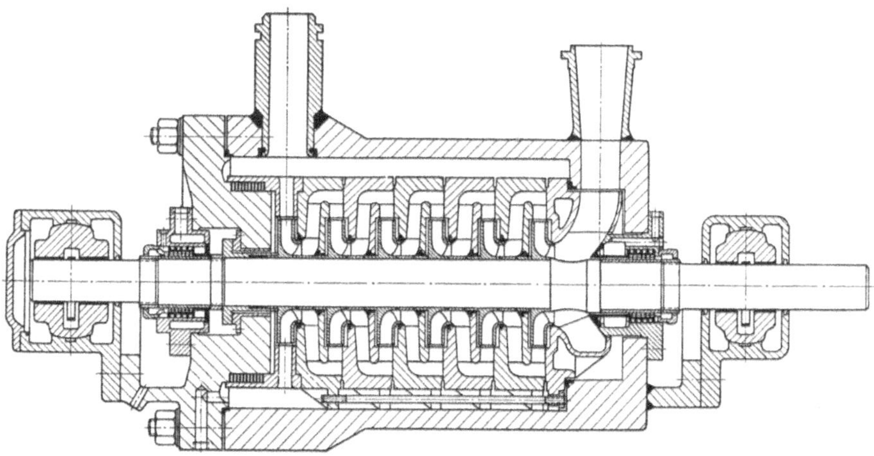

Abb. 50.2. Mantelgehäusepumpe (KSB, Frankenthal)

Daraus ergeben sich folgende Vorteile:

Das Förderwasser umspült die Stufengehäuse, so daß sich diese und die Zuganker gleichmäßig erwärmen. Die Anpressung der Dichtflächen der Stufengehäuse wird hauptsächlich durch den Enddruck der Pumpe hervorgerufen. Die Zuganker können daher schwach gehalten werden. Sie behindern außerdem die Stutzenanschlüsse nicht. Da zwischen Mantelgehäuse und Stufengehäusen der Pumpenenddruck herrscht, ist jetzt in der ersten Stufe gegen den größten, in der letzten gegen den kleinsten Druckunterschied abzudichten. Druckunterschied und Dichtflächenanpressung sind also ihrer Größe nach besser aufeinander abgestimmt. Nach außen ist nur eine einzige Dichtfläche vorhanden, an der die Anpressung durch Schraubenbolzen hervorgebracht werden muß, nämlich zwischen Mantelgehäuse und Deckel. Das Erwärmen der kurzen, hohl gebohrten Deckelschrauben durch Einführen elektrischer Heizstäbe bietet hier keine Schwierigkeit.

Diesen Vorteilen steht als Nachteil gegenüber, daß Undichtigkeiten zwischen den Stufengehäusen nicht ohne weiteres erkennbar sind. Sie machen sich erst bemerkbar, wenn ein meßbarer Leistungsabfall der Pumpe und starke Auswaschungen in den Dichtflächen eingetreten sind. Ferner ist der Aufwand an Werkstoff und Fertigungszeit erheblich größer, was ein entsprechendes Anwachsen der Gestehungskosten zur Folge hat. Man wird diese Bauart daher auf besonders schwierige Betriebsverhältnisse

[1] Honold, E.: Kesselspeisepumpen und Umwälzpumpen für hohe Drücke und Temperaturen. BWK 8 (1956) Nr. 11, S. 528ff.

beschränken. Im vorliegenden Fall fördert die Pumpe 275 t/h gegen einen Überdruck von 402 bar. Sie benötigt dazu eine Antriebsleistung von 4269 kW bei einer Drehzahl von 5060 1/min (84,33 1/s).

Nach Abschn. 34 muß die spezifische Gesamtenergie vor den Laufschaufeln der ersten Stufe einer Kreiselpumpe um einen bestimmten, mit dem Massestrom veränderlichen, Mindestbetrag Y_H größer sein als die zur Temperatur des zufließenden Fördermittels gehörige Energie des Dampfes p_D/ϱ. Es muß also auch der absolute Gesamtdruck vor den Laufschaufeln entsprechend größer sein, als der Siededruck der Flüssigkeit an dieser Stelle. Für die mit hoher Wassertemperatur arbeitende Kesselspeisepumpe folgt daraus, daß das Speisewasser der Pumpe zulaufen muß, und zwar mit einer Überdruckhöhe, deren theoretischer Mindestbetrag gleich der Haltedruckhöhe der Pumpe H_H ist. Die bei schwacher Belastung und Rückführung des heißen Entlastungswassers in den Saugstutzen eintretende Temperaturerhöhung erfordert aber — namentlich für Pumpen großer Leistung — stets eine größere Zulaufhöhe, also eine entsprechende Haltedruckhöhe der Anlage H_{HA}. Da die Zulaufhöhe durch die räumlichen Verhältnisse begrenzt ist, werden weitere Maßnahmen notwendig, um auch bei schwacher Belastung oder Nullförderung einen störungsfreien Betrieb zu ermöglichen[1].

Alle Verluste der Speisepumpe setzen sich in Wärme um. Die Wärme der inneren Verlustleistung, die den weitaus größten Teil des Gesamtverlustes ausmacht, teilt sich dem Speisewasser mit und erhöht dessen Temperatur. Unter Vernachlässigung des meist geringfügigen Anteils der durch Strahlung und Konvektion nach außen abgegebenen Wärme läßt sich die zwischen Saug- und Druckstutzen der Pumpe eingetretene Temperaturzunahme in grd errechnen aus $\Delta t = \frac{P_i - P_n}{c\,Q\,\varrho}$, wenn P_i die innere Leistung, P_n die Nutzleistung in W, c die spezifische Wärme in J/kg grd, Q den Volumenstrom in m³/s und ϱ die Dichte in kg/m³ bezeichnen. Mit $P_i = Q\,\varrho\,Y/\eta_i$ und $P_n = Q\,\varrho\,Y$ erhält man $\Delta t = \frac{Y}{c}\left(\frac{1}{\eta_i} - 1\right)$.

Bei sehr kleinem Volumenstrom geht der innere Wirkungsgrad η_i auf einen Bruchteil seines Höchstwertes zurück und wird für $Q = 0$ ebenfalls gleich Null. Die Folge ist, daß sich die Temperatur des Speisewassers bei schwacher Belastung gegenüber dem normalen Betriebszustand um so mehr erhöht, je kleiner der Volumenstrom ist. Bei Nullförderung müßte sie, wenn die Wärmeabstrahlung und die Änderung des Aggregatzustandes außer acht gelassen wird, theoretisch unendlich groß werden. Die höchste Temperatur innerhalb der Pumpe wird unmittelbar hinter der Entlastungsscheibe erreicht, wo zu der Erwärmung durch die inneren Reibungs- und Lässigkeitsverluste noch der Wärmewert der Arbeit hinzukommt, der sich aus der Reibung der Scheibe und aus der Entspannung des Entlastungswassers vom Spaltdruck der letzten Stufe auf einen Druck ergibt, der nur geringfügig über dem Eintrittsdruck liegt. Zur Vermeidung eines Wärmeverlustes wird das heiße Entlastungswasser in den Saugstutzen der Pumpe zurückgeführt. Hierbei kann die Temperatur des Gemisches aus Förder- und Entlastungswasser so weit ansteigen, daß die Summe aus dem zugehörigen Siededruck und dem Haltedruck der Pumpe H_H gleich dem Eintrittsdruck wird, der sich aus dem Zulaufdruck (Haltedruck der Anlage H_{HA}) und dem Siededruck des zufließenden Speisewassers zusammensetzt. In diesem Falle ist der kleinste Volumenstrom der Pumpe erreicht, bei welchem noch ein störungsfreier Betrieb möglich ist. Ein weiteres Absinken des Volumenstroms muß zur Dampfbildung in der ersten Stufe führen, also Kavitation mit den für die Speisepumpe gefährlichen Auswirkungen zur Folge haben. Abgesehen von der Erosion des Laufrades entstehen Vibrationen des Läufers, die ein Anstreifen in den engen Dichtungsspalten und schließlich ein Festfressen des Läufers nach sich ziehen können. Der kleinstmögliche Volumenstrom der Pumpe wächst mit der Temperatur des zufließenden Speisewassers. Erhöht sich z. B. die Temperatur des Gemisches aus Entlastungswasser und zufließendem Speisewasser um 10 °C, so wächst der Siededruck bei 100 °C Speisewassertemperatur um etwa 0,42 bar, bei 200 °C Speisewassertemperatur bereits um etwa 3,5 bar.

---

[1] Krisam, F.: Maßnahmen zum Schutz von Kreiselpumpen bei geringer Belastung. Energie 2 (1950) Nr. 11, S. 188—193; ferner Krisam, F.; Pekrun, M.: Schwachlastschutz bei Kreiselpumpen. KSB Techn. Berichte, Heft 9 (April 1965) S. 3—15.

Eine weitere gefährdete Stelle der Kesselspeisepumpe ist der Stufenspalt der Entlastungsscheibe. Dort herrscht, wie bereits erwähnt, die höchste Temperatur innerhalb der Pumpe. Obwohl auch der Entspannungsdruck geringfügig gegenüber dem Druck im Saugstutzen erhöht ist, kann trotzdem im Austrittsspalt der Entlastungsscheibe bei schwacher Belastung und hoher Speisewassertemperatur Dampfbildung eintreten. Die Dampfblasen stören den Austritt des Entlastungswassers und verringern dadurch die Schmierfähigkeit des in den Spalten befindlichen Flüssigkeitsfilmes, so daß es zu metallischer Berührung zwischen dem umlaufenden und dem feststehenden Teil kommen kann. Sie gelangen ferner mit dem Entlastungswasser in den Laufradeintritt der ersten Stufe, wo sie ebenfalls zu Störungen Anlaß geben können.

Aus dem Vorstehenden ergibt sich, daß der Teillastbetrieb der Kesselspeisepumpe nur bis zu einem Mindestvolumenstrom möglich ist, der von der Speisewassertemperatur und der Zulaufhöhe abhängt. Der Mindestvolumenstrom ist um so größer, je höher die Speisewassertemperatur ist und je kleiner der Unterschied zwischen Zulaufhöhe und Haltedruckhöhe der Pumpe, also je kleiner die Haltedruckhöhe der Anlage gewählt wird. Die Einhaltung des notwendigen Mindestvolumenstroms läßt sich durch Einbau eines Freilauf-Rückschlagventils in die Druckleitung ermöglichen, durch welches bei schwacher Belastung der Pumpe jeweils soviel Wasser in den Speisewasserbehälter zurückfließt, daß der erforderliche Mindestvolumenstrom nicht unterschritten wird. Andere Möglichkeiten des Schwachlastschutzes bestehen in der Rückführung des Entlastungswassers in den Speisewasserbehälter, ferner in einer Kühlung des Entlastungswassers, die entweder vor dem Zutritt zur Entlastungsscheibe oder nach dem Austritt aus derselben vorgenommen wird. Der Nachteil der Kühlung liegt darin, daß ein Wärmeverlust entsteht, wenn die in das Kühlwasser übergegangene Wärme nicht wieder nutzbar gemacht werden kann.

Eine weitere Folge der Temperaturerhöhung bei Schwachlast ist eine Änderung der Form der Drosselkurve, wenn man voraussetzt, daß der Pumpenenddruck nicht in Meter Heißwassersäule, sondern dem Kesseldruck entsprechend als manometrische Förderhöhe angegeben wird[1].

$H_{\text{man}} = \varrho H/\varrho_w$ mit $\varrho_w = 1\,\text{kg/dm}^3$ ist der Dichte ϱ des Speisewassers proportional, nimmt also mit steigender Speisewassertemperatur ab. Es ergibt sich somit für jede Zulauftemperatur eine andere Drosselkurve (Abb. 50.3). Innerhalb einer solchen Drosselkkurve muß die zusätzliche Erwärmung des Speisewassers im Schwachlastgebiet zu einer weiteren Drucksenkung führen, die sich bei gleicher Temperaturdifferenz zwischen eintretendem und austretendem Speisewasser um so mehr auswirkt, je höher die Temperatur des zufließenden Speisewassers ist. Als Folge davon kann die stabile Prüfstandkennlinie einer mit kaltem Wasser betriebenen Kesselspeisepumpe im Heißwasserbetrieb einen labilen Zweig aufweisen (Abb. 50.3). Hierbei verschiebt sich die Labilitätsgrenze mit wachsender Temperatur des zufließenden Speisewassers in den Bereich größerer Volumenströme. Diese im praktischen Betrieb häufiger beobachtete Erscheinung mag eine weitere Ursache darin haben, daß sich bei Heißwasser die Zähigkeit wesentlich verringert und somit die hydraulischen Verluste abnehmen. Das gilt besonders für den Bereich besten Wirkungsgrades, so daß sich hier die Drosselkurve stärker nach oben wölbt.

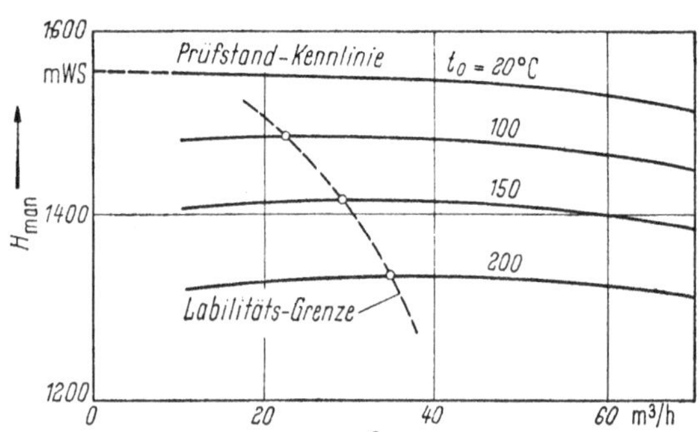

Abb. 50.3. Einfluß der Zulauftemperatur auf die Drosselkurve einer Kreiselpumpe (nach Odendahl)

[1] Odendahl, W.: Der Einfluß der Zulauftemperaturen auf die Stabilität von Kreiselpumpen-Kennlinien. Energie 10 (1958) Nr. 10, S. 398–400.

Pumpen mit labilem Zweig der Drosselkurve sind als Speisepumpen ungeeignet. Im Parallelbetrieb, der bei der Kesselspeisung aus Sicherheitsgründen immer möglich sein muß, geben sie Anlaß zu Pendelungen des Volumenstromes. Außerdem besteht ebenso wie im Einzelbetrieb die Gefahr starker Rohrleitungsschwingungen. Diese können besonders dann auftreten, wenn die Speiseleitung zur Aufnahme von Wärmedehnungen elastisch verlegt, also mit Rohrbogen versehen ist. Eine solche Rohrleitung hat die Eigenschaft eines Energiespeichers und führt bei labiler Kennlinie zu pulsierender Strömung.

Die im Heißwasserbetrieb entstehende Labilität der Drosselkurve läßt sich durch Verwendung eines besonderen Freilauf-Rückschlagventiles beseitigen, das unmittelbar hinter der Pumpe angeordnet wird. Es ist so ausgebildet, daß es nicht nur den Mindestvolumenstrom sichert, sondern auch durch veränderliche Drosselung in einem abgegrenzten Bereich wieder eine stabile Drosselkurve herstellt.

Die bisherigen Ausführungen über die Maßnahmen zur Vermeidung der Kavitation in der Kesselspeisepumpe gehen stillschweigend davon aus, daß sich Druck und Temperatur im Entgaser und Speisewasserbehälter während des Betriebes nicht ändern. Das trifft vielfach nicht zu. Zum Zwecke der Entgasung wird das Speisewasser im Entgaser (Mischvorwärmer) durch Dampf beheizt und befindet sich deshalb im Siedezustand. Entnimmt man den Heizdampf ungesteuert — im Gleitdruckbetrieb[1] — einer Turbinenstufe, so schwankt sein Druck mit der jeweiligen Belastung der Turbine, und zwar nimmt er mit abnehmender Belastung ebenfalls ab. Die Druckschwankungen des Anzapfdampfes wirken sich mit einer gewissen Verzögerung auch auf den Druck im Speisewasserbehälter aus. Gefährlich für die Kesselspeisepumpe ist eine schnelle Absenkung des Druckes. Sie entsteht bei Leistungsabfall der Turbine und wird u. U. noch dadurch erhöht, daß Kondensat mit niedrigerer Temperatur in den Speisewasserbehälter eingespeist wird.

Ist H_H die Haltedruckhöhe der Pumpe und H_{HA} diejenige der Anlage in m FlS, so beträgt die Sicherheitshöhe gegen Kavitation

$$H_x = H_{HA} - H_H = H_{z\text{geo}} - H_{vs} - H_H \quad \text{m FlS}.$$

In dieser Gleichung bezeichnet $H_{z\text{geo}}$ die geodätische Zulaufhöhe und H_{vs} in m FlS die Summe der Verlusthöhen und der Geschwindigkeitshöhe in der Zulaufleitung.

Fällt die ebenfalls in m FlS gemessene Siededruckhöhe H_D im Speisewasserbehälter schnell auf einen Betrag H'_D ab, so steht das vor dem ersten Laufrad der Kesselspeisepumpe befindliche Wasser zunächst noch unter der vorher dort herrschenden Temperatur und der zugehörigen Siededruckhöhe H''_D. Solange der Druckhöhenunterschied $H''_D - H'_D < H_x$ bleibt, arbeitet die Pumpe einwandfrei. Wird dagegen $H''_D - H'_D > H_x$, so kommt es in der Kesselspeisepumpe zur Dampfbildung (Kavitation). Die Folgen sind Vibrationen des Läufers, ein Anlaufen in den engen Drosselspalten und eine Beschädigung der Entlastungseinrichtung. Um das zu vermeiden, darf der Druckhöhenabfall $H''_D - H'_D$ den Betrag H_x nicht erreichen, bevor Speisewasser von geringerer Temperatur vom Behälter zur Pumpe gelangt ist. Es darf also die Geschwindigkeit der Druckhöhenabsenkung im Speisewasserbehälter einen bestimmten Betrag nicht überschreiten.

Die zulässige Druckhöhenabsenkungsgeschwindigkeit v_A wird hiernach durch die Sicherheitshöhe H_x und den Zeitraum Δt bestimmt, der für die Durchströmung der Zulaufleitung notwendig ist. Für gleichbleibende Durchflußgeschwindigkeit ist

$$v_A = \frac{H_x}{\Delta t} = \frac{H_{z\text{geo}} - H_{vs} - H_H}{V_l/Q},$$

wenn V_l den Rauminhalt der Rohrleitung und Q den Volumenstrom der Kesselspeisepumpe bezeichnen.

Die zulässige Druckabsenkungsgeschwindigkeit läßt sich erhöhen durch Vergrößern der geodätischen Zulaufhöhe $H_{z\text{geo}}$ in Verbindung mit zweckmäßiger Auslegung der Zulaufleitung (möglichst senkrecht verlaufende Leitung mit optimalem Rohrdurchmesser)[2]. Ein sehr wirksames

---

[1] Peter, F.: Der Gleitdruckbetrieb von thermischen Speisewasserentgasern. BBC-Nachrichten 44 (1959) H. 10/11, S. 429—437.

[2] Holzenberger, H.: Das Verhalten der Kesselspeisepumpe bei Druckabfall im Entgaser. KSB Technische Berichte, H. 9 (1965) S. 39—44; ferner Wollschlaeger, K.: Maßnahmen zur Verbesserung der zulässigen Druckabsenkungsgeschwindigkeit bei Kesselspeisepumpen. Energie 18 (1966), H. 1.

Mittel ist die Herabsetzung der Speisewassertemperatur am Pumpeneintritt durch Einspritzen kalten Kondensates kurz vor dem Einlaufstutzen der Pumpe.

Nach dem Vorhergehenden muß bei Förderung von Flüssigkeiten, die sich im Siedezustand befinden, der Zulaufdruck um einen gewissen Betrag größer sein als der der Flüssigkeitstemperatur zugehörige Dampfdruck. Der Kesselspeisepumpe muß also das Speisewasser zulaufen. Erfordern die betrieblichen Verhältnisse eine besonders große Zulaufhöhe, so erhält die Speisepumpe eine Vorpumpe (Zubringepumpe), bei deren Konstruktion das Hauptaugenmerk auf gute Saugfähigkeit gelegt wird. Mittel zur Verbesserung der Saugfähigkeit sind Einhaltung einer geringen spezifischen Drehzahl, Anwendung weiter Einlaufquerschnitte und Vorziehen der Laufradschaufeln in den Laufradeinlauf.

b) Umwälzpumpen

Eine andere Art der Heißwasserpumpen bilden die Pumpen zur Erzeugung des Zwangsumlaufs der Hochleistungskessel, z. B. beim La Mont-Verfahren. Die La Mont-Umwälzpumpen (Abb. 50.4) arbeiten häufig mit sehr hoher Wassertemperatur und entsprechend großem Eintrittsdruck (Kesseldruck), während der von der Pumpe erzeugte Druck nur etwa 2,5 bar beträgt. Da für die Erzeugung dieses Druckes *eine* Stufe ausreichend ist, wird das Laufrad fliegend angeordnet, wodurch gleichzeitig die saugseitige Stopfbuchse entfällt. Wichtig ist eine intensive Kühlung der druckseitigen Stopfbuchse. In der Ausführung nach Abb. 50.4 ist zugleich auch der Lagerstuhl gekühlt. Der Läufer wird in einem kräftigen Lagerbock durch Kugel-

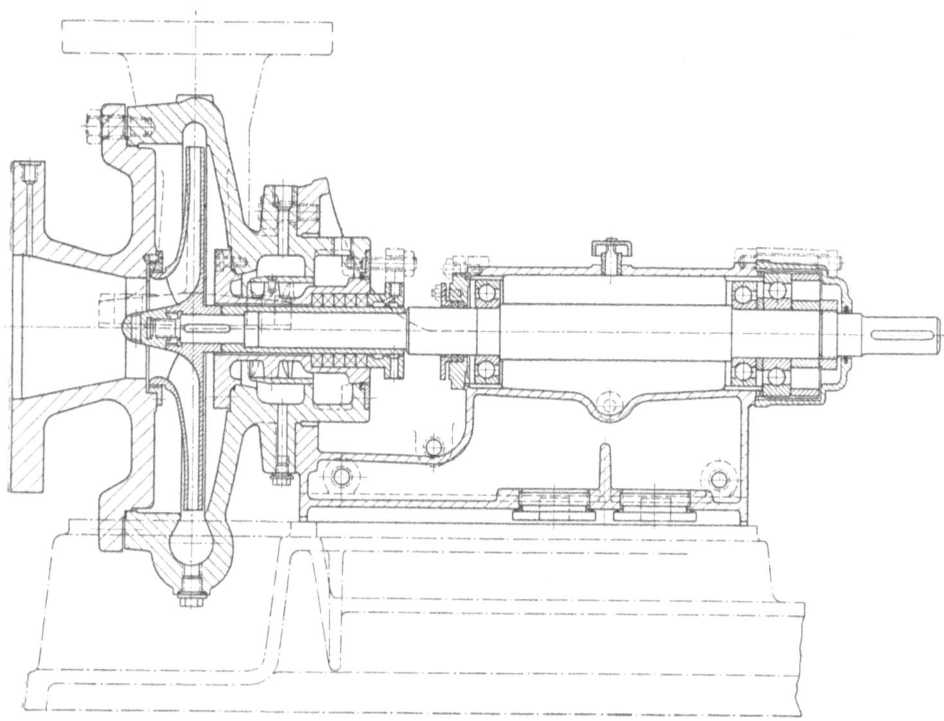

Abb. 50.4. La Mont-Umwälzpumpe (KSB, Frankenthal)

lager gehalten, die auf der Laufradseite durch eine besondere Stopfbuchse gegen Eindringen von Dampfschwaden und Wasser geschützt sind. Auf eine Druckentlastung des Laufrades durch beiderseitige Spaltdichtungen und Bohrungen in der rückwärtigen Laufradwand ist bei dieser Ausführung verzichtet worden, weil sie wegen des hohen Druckes des Umwälzwassers nicht zu dem gewünschten Erfolg führen würde. Die Größe des Achsschubes wird hier im wesentlichen durch den Zulaufdruck, d.h. den Kesseldruck + Druck der Zulaufhöhe bestimmt, der auf den Wellenquerschnitt in der Stopfbuchse wirkt und nach rechts gerichtet ist, ferner durch die beiderseits des Laufrades wirksamen und nach der Laufradachse hin annähernd parabolisch abnehmenden Drücke, deren Unterschied eine nach der Saugseite gerichtete Axialkraft hervorruft. Da beide Kräfte einander entgegengesetzt gerichtet sind, heben sie sich teilweise auf. Der restliche Achsschub wird von dem kräftigen rechts außen liegenden Ringrillenlager aufgenommen. Bei höheren Kesseldrücken — etwa ab $p_ü = 64 \cdots 80$ bar je nach Pumpengröße — erreicht der Achsschub einen solchen Betrag, daß er betriebssicher nur von einem Segmentdrucklager aufgenommen werden kann, das dann auch die Anordnung einer Ölpumpe und eines Ölkühlers für die Lagerversorgung notwendig macht. Außerdem werden die als Traglager eingebauten Wälzlager durch Gleitlager ersetzt.

Die Drehzahl der Pumpe beträgt 1450 1/min (24,17 1/s). Höhere Drehzahlen kommen für großen Kesseldruck mit Rücksicht auf die bei der Stopfbuchse zu erwartenden Schwierigkeiten und im Hinblick auf die Vermeidung der Kavitation nicht zur Anwendung. Nur bei kleinem Volumenstrom und mäßigem Kesseldruck findet man auch Ausführungen mit $n = 2900$ 1/min (48,33 1/s).

Mit einer Packungsstopfbuchse lassen sich Drücke bis etwa $p_ü = 120$ bar über einen längeren Zeitraum sicher beherrschen. Darüber hinaus ist es notwendig, der Packung eine Drosselstrecke vorzuschalten, welche die Stopfbuchse entlastet. Das dabei austretende Entspannungswasser kann aber häufig nicht in einen Behälter niederen Druckes geführt werden, so daß ein Wasserverlust entsteht. Aus diesem Grunde vermeidet die Konstruktion einer Hochdruckumwälzpumpe[1] nach Abb. 50.5 auch die druckseitige Stopfbuchse. Die Pumpe arbeitet also ohne jede Wellenabdichtung. Das wird ermöglicht durch Verwendung eines Naßläufermotors von der bei Tauchpumpen üblichen Bauart (Abschn. 5f). Die Innenteile des Motors, der ein druckfestes Gehäuse erhalten hat, stehen unter dem vollen Druck des Kesselwassers. Sie müssen aber — das gilt besonders für die Isolierung der Statorwicklung — vor der hohen Temperatur des Kesselwassers geschützt werden. Zu diesem Zweck grenzen Pumpe *a* und Motor nicht unmittelbar aneinander, sondern sind durch eine Wärmesperre *c* getrennt, deren Kühlkanäle *d* von Kühlwasser, das den Hochdruckkühler *k* bereits passiert hat, mit geringem Druck von $p_ü = 2 \cdots 4$ bar durchströmt werden. Zugleich verringern die mit ruhendem Wasser gefüllten Vorkammern *e* und die Isolierung *b* den Wärmefluß von der Pumpe zur Wärmesperre. Eine kleine am unteren Wellenende angeordnete Hilfspumpe *i* läßt ferner das unter dem Druck der Hauptpumpe stehende Füllwasser des Motors in geschlossenem Kreislauf durch den Motor sowie den außerhalb des Motors befindlichen Hochdruckkühler *k* zirkulieren und führt die im Motor entstehende und von der Pumpe noch übertretende Wärme ab.

---

[1] Frank, B.: Speisepumpen. BWK 8 (1956) Nr. 4, S. 168; ferner Honold, E.: Kesselspeisepumpen und Umwälzpumpen für hohe Drücke und Temperaturen. BWK 8 (1956) Nr. 11, S. 529f.

Im Spalt zwischen Wärmesperre und Welle steht das heiße Kesselwasser mit dem kalten Motorfüllwasser in Verbindung. Durch Anordnung des Motors unterhalb der Pumpe wird jedoch das Eindringen des spezifischen leichteren Kesselwassers in das Motorfüllwasser verhindert.

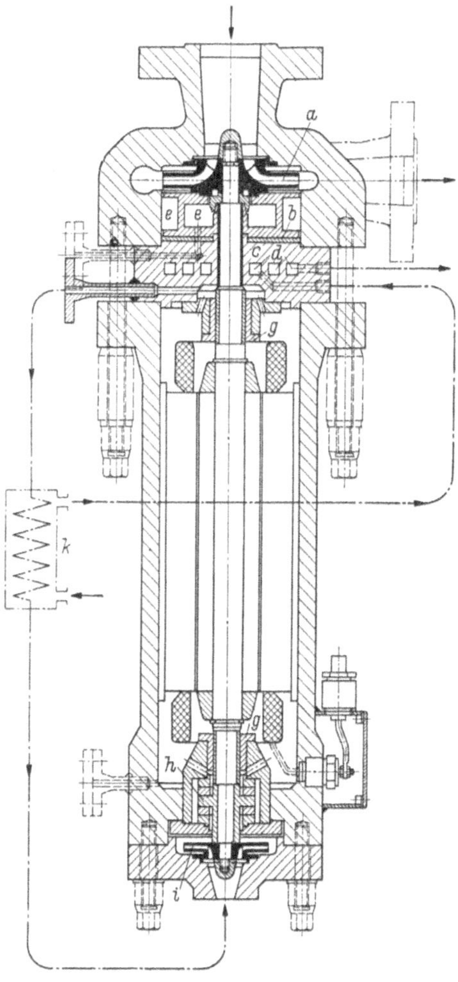

Abb. 50.5. Hochdruckumwälzpumpe ohne Stopfbuchse (KSB, Frankenthal)

Der Achsschub der Pumpe sowie das Gewicht der rotierenden Teile ist durch Anbringung von Spaltdichtungsringen am Pumpenlaufrad und Durchbohrung der Laufradrückwand fast aufgehoben. Den noch verbleibenden Restschub nimmt das beiderseitig wirkende wassergeschmierte Segmentdrucklager *h* auf, das sein Druckwasser von der Hilfspumpe erhält. Die Welle wird in zwei ebenfalls wassergeschmierten Gleitlagern *g* geführt.

Die Pumpe benötigt kein Fundament, sondern hängt frei in der Rohrleitung. Für Überholungsarbeiten läßt sich nach Lösen der Verbindungsschrauben zwischen Pumpen- und Motorgehäuse und nach Entfernen der Kühlwasserleitungen der Motor samt Wärmesperre und Laufrad nach unten herausziehen, während das Pumpengehäuse in der Rohrleitung verbleibt.

Die neuerdings konstruktiv geringfügig geänderte Bauart findet als stopfbuchslose Umwälzpumpe für Zwangumlaufkessel (La Mont-Kessel) Verwendung und wird auch für den Anfahr- und Schwachlastbetrieb von Zwangdurchlaufkesseln (Benson-Kesseln) eingesetzt[1], wobei die Pumpe über den Vorwärmer- und Verdampferteil im Umlauf jeweils soviel Wasser fördert, daß die Volumenströme aus Speisewasser und Umwälzwasser eine ausreichende Kühlung des Vorwärmer- und Verdampferteils des Kessels gewährleisten. Überschreitet die Dampfleistung die für den Betrieb des Benson-Kessels notwendige Mindestlast (etwa 25···40% der Kesselleistung), so kann die Umwälzpumpe abgeschaltet werden.

Die Ausführung nach Abb. 50.5 wird mit $n = 2950$ 1/min (49,17 1/s) betrieben. Für Benson-Kessel liegen die Volumenströme je nach Kesselgröße zwischen 50··· 250 m³/h (0,0139···0,0694 m³/s), die Förderhöhen zwischen 100 und 200 m bei Systemdrücken bis $p_{ü} = 250$ bar.

Die Umwälzung des Wassers in Heizungsanlagen stellt an die Kreiselpumpe hinsichtlich Geräuschbildung und Dichtheit nach außen hin besondere Anforderungen. Geräuscharmer Lauf verlangt die Anwendung mäßig hoher Drehzahlen, niedriger Strömungsgeschwindigkeiten und eines leitschaufellosen Ringraumes, völlige Dichtheit die Vermeidung von Stopfbuchsen oder Plandichtungen, da besonders die ersteren im Dauerbetrieb keine sichere Abdichtung gewährleisten.

Die Beseitigung des Wellendurchtritts nach außen führte zur Herstellung einer geschlossenen Einheit von Pumpe und Motor, derart, daß auch der Motorläufer im Wasser rotiert. Zwischen Rotor und Stator des Motors — als solcher ist der Drehstrom-Kurzschlußmotor oder der Einphasen-Wechselstrommotor mit Betriebskondensator verwendbar — befindet sich ein dünnwandiges, unmagnetisches Rohr aus Chromnickelstahl, das unter dem Druck des Betriebswassers steht, im übrigen aber die Statorwicklung gegen die Wassereinwirkung völlig abschließt. Diese früher auch

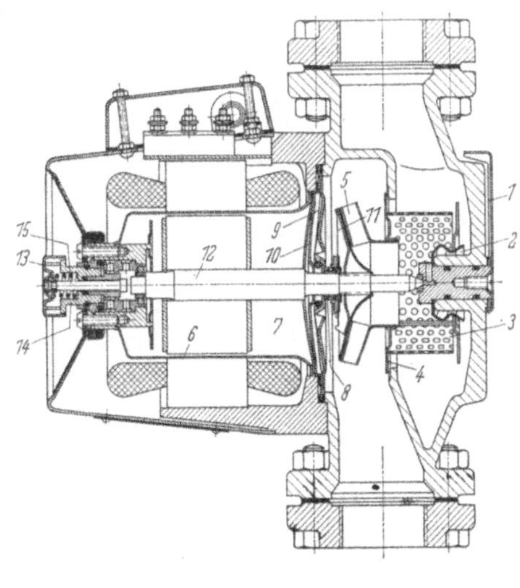

Abb. 50.6. Heizungsumwälzpumpe (Grundfoss)

[1] Goerke, H.: Umwälzpumpen für Zwangsdurchlaufkessel, KSB Techn. Berichte, Heft 6, 1963; ferner Energie 15 (1963) Heft 4.

bei Tauchmotorpumpen unter der Bezeichnung „Spaltrohrmotorpumpe“ gebräuchliche Bauweise hat sich heute bei Heizungsumwälzpumpen kleiner und mittlerer Leistung allgemein durchgesetzt.

Eine Ausführung dieser Art ist aus Abb. 50.6 ersichtlich. Die Pumpe wird unmittelbar in die Vorlaufleitung der Heizungsanlage eingebaut. Saug- und Druckstutzen sind deshalb gleichachsig angeordnet. Die zu überwindende Widerstandshöhe ist im allgemeinen gering. Sie beträgt häufig nur etwa 1···3 m WS, ist aber der Ausdehnung der Anlage entsprechend unterschiedlich und im vorhinein vielfach nicht genau zu bestimmen. Zur Anpassung an die jeweils gegebenen Druck- und Volumenverhältnisse sowie zur Vergrößerung des Einsatzbereiches wird deshalb die Pumpe reichlich bemessen, so daß häufig nur ein einstellbarer Teilstrom mit einer verringerten Förderhöhe für den Wärmetransport ausgenutzt wird, während der Reststrom innerhalb der Pumpe umläuft. In der Ausführung nach Abb. 50.6 wird durch Drehung des Hebels (*1*) mittels der Schraube (*2*) der Saugkorb (*3*) und die mit diesem verbundene Drosselscheibe (*4*) axial zum Kreisel (*5*) hin verschoben. Der sich dadurch am Umfang der Drosselscheibe bildende Spalt läßt unter gleichzeitiger Abnahme der Förderhöhe einen Teil des Volumenstroms ohne merkliches Geräusch von der Druck- zur Saugszite zurückströmen. Im Hinblick auf die geringe Leistungsaufnahme der Pumpe ist der damit verbundene Energieverlust praktisch ohne Bedeutung.

Vor der Inbetriebnahme wird der vom Spaltrohr (*6*) umschlossene Rotorraum (*7*) unter Zusatz eines Frostschutzmittels mit reinem Wasser gefüllt, das während des Betriebes vom Heizungswasser weitgehend getrennt bleibt. Zu diesem Zweck ist zwischen Kreisel und Rotorraum eine Gleitringdichtung (*8*) eingebaut, ferner eine Teflon-Membrane (*9*), die in Verbindung mit der durchbrochenen Federscheibe (*10*) bei Volumenänderungen der Spaltrohrfüllung einen Druckausgleich zwischen Rotorraum und Pumpenraum herbeiführt, so daß die Gleitringdichtung vom Wasserdruck praktisch entlastet ist. Zur Anpressung der aus Hartmetall bestehenden Gleitringe dient die dreiarmige Blattfeder (*11*).

Bemerkenswert ist die Ausbildung des Kreisels. Laufradscheibe, Deckscheibe, Schaufeln sowie das rückseitige Führungsstück sind aus Chromnickelstahlblech gepreßt und durch Punktschweißung miteinander verbunden. Die gleichfalls aus rostfreiem Stahl gefertigte Welle (*12*), auf welcher der Kreisel verschraubt ist, wird in wassergeschmierten Hartmetallagern geführt. Das saugseitige Lager ist zur Aufnahme des Achsschubes als Spitzenlager ausgebildet. Im motorseitigen Lager bestehen beide Laufflächen aus Hartmetall von unterschiedlicher Beschaffenheit.

Zur Prüfung der Drehrichtung des Motors dient eine Richtungsanzeige. Durch Hineindrücken der Kappe (*13*) der Handschraube (*14*) versetzt man den Stift (*15*) und dessen außenliegende Sichtscheibe in Drehung.

Durch Lösen der Handschraube (*14*) läßt sich der Rotorraum entlüften.

Heizungspumpen dieser Art dürfen mit Rücksicht auf die Lagerschmierung nicht trocken laufen.

51. Tiefbrunnenpumpen

Liegt der Brunnenwasserspiegel mehr als sechs bis sieben Meter unterhalb der Pumpenmitte (in Meereshöhe), so kann die Kreiselpumpe im allgemeinen die sich während des Betriebes einstellende gesamte Saughöhe nicht mehr überwinden oder das Wasser störungsfrei fördern. Entweder muß das Wasser der Pumpe durch eine besondere Vorrichtung bis auf die erreichbare Saughöhe zugedrückt, oder die Pumpenanlage in den Brunnen — im allgemeinen bis unter den Wasserspiegel — versenkt werden. Hierbei kann man sich darauf beschränken, nur die Pumpe im Brunnen anzuordnen, während der Antriebsmotor außerhalb des Brunnenschachtes verbleibt und die Antriebsleistung durch eine senkrechte Welle auf die Pumpe überträgt (Bohrloch-Wellenpumpe), oder es werden Pumpe und Motor als gemeinsames Aggregat unter den Brunnenwasserspiegel versenkt (Unterwassermotor-Pumpe). Verbleiben Pumpe und Motor außerhalb des Brunnens, so wird die Wasserförderung durch einen „Tiefsauger", d.h. einen Wasserstrahlapparat ermöglicht, der sein Treibwasser von der Pumpe selbst erhält (Tiefsauger-Pumpe).

a) Bohrlochwellenpumpe

Die Bauweise der Bohrlochpumpe wird weitgehend durch die Brunnenweite bestimmt. Zwischen dem Durchmesser des Brunnens und seiner Ergiebigkeit bei gleichbleibender Absenkung, d.h. gleichbleibendem Brunnenwasserspiegel, besteht eine bemerkenswerte Beziehung. Bis zu einem Durchmesser von 100 mm steigt die Ergiebigkeit sehr schnell an, während sie darüber hinaus in immer geringer werdendem Maße zunimmt. Oberhalb eines Durchmessers von 300 mm ist nur noch eine geringfügige Zunahme zu erreichen, es sei denn, daß der Brunnendurchmesser ganz erheblich vergrößert wird. Da die Baukosten des Brunnens mit dem Durchmesser zunehmen, gibt es einen wirtschaftlichen Bestwert der Brunnenweite, der nach Prinz[1] zwischen 200 und 250 mm liegt. Obwohl dieser Zahlenwert nicht als feststehende

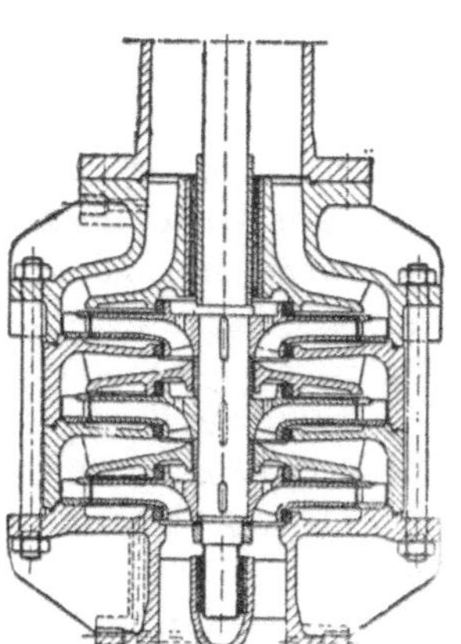

Abb. 51.1. Bohrloch-Wellenpumpe (radiale Bauart)

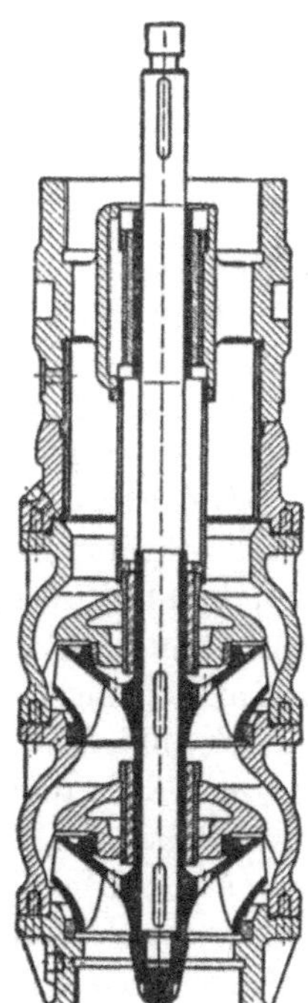

Abb. 51.2. Bohrloch-Wellenpumpe (halbaxiale Bauart)

[1] Prinz, E.: Handbuch der Hydrologie, Berlin 1923.

Norm angesehen werden kann, so geht doch daraus hervor, daß die Bohrlochpumpe in ihrer radialen Ausdehnung eng begrenzt ist. Kennzeichnend für die Bauart der Bohrlochpumpe ist daher die weitgehende Beschränkung des äußeren Gehäusedurchmessers. Die Gedrängtheit der Bauart kommt durch das Verhältnis D_a/D_2 zum Ausdruck, wobei D_a den äußeren Gehäusedurchmesser und D_2 den Laufraddurchmesser bezeichnet. Das Durchmesserverhältnis beträgt bei der radialen Bauart etwa 1,8 und kann bei äußerster Zusammendrängung auf etwa 1,65 verringert werden. (Abb. 51.1). Die halbaxiale Bauart ermöglicht eine weitere Verkleinerung des Durchmesserverhältnisses auf $D_a/D_2 = 1{,}35$ (Abb. 51.2). Das bedeutet bei gleichem Brunnendurchmesser, gleichem Volumenstrom und gleicher Drehzahl eine erhebliche Steigerung der Stufenförderhöhe bzw. eine Verringerung der Stufenzahl. Zugleich kann aber auch der Volumenstrom erhöht werden. Die halbaxiale Bauart erfordert allerdings eine größere Stufenbauhöhe, die einerseits bei Tiefbrunnenpumpen nicht nachteilig ist, andererseits aber den Einbau eines Gummilagers zwischen je zwei Stufen und damit eine sichere Wellenlagerung ermöglicht (Abb. 51.2).

Von wesentlicher Bedeutung für den erreichbaren Wirkungsgrad ist die Ausführung der Leitvorrichtung. Bei der radialen Bauart ist der Einbau eines getrennten Leitschaufelringes möglich, dessen zylindrische Leitschaufeln sich nachträglich glätten lassen, während die räumlich gekrümmten Schaufeln der halbaxialen Ausführung meist mit dem Gehäuse *ein* Gußstück bilden, der Nachbearbeitung unter Umständen schwer zugänglich sind und deshalb bei unsauberem Guß den Wirkungsgrad herabsetzen. Aus diesem Grunde ist die radiale Bauart überall da vorzuziehen, wo die Brunnenweite ihre Anwendung gestattet.

Das kleinste Durchmesserverhältnis $D_a/D_2 = 1{,}1$ liefert die Propellerpumpe mit rein axialem Wasserdurchfluß. Sie hat aber als Bohrlochpumpe wegen ihrer geringen Stufenförderhöhe bisher wenig Anwendung gefunden.

Betriebliche Schwierigkeiten ergeben sich bei sandhaltigem Wasser, so daß in manchen Fällen besondere Schutzmaßnahmen notwendig sind. Durch die Schleifwirkung des Sandes werden Lauf- und Leiträder mit der Zeit zernagt. Besonders gefährdet sind alle Flächen, die sich mit geringem Spiel gegeneinander bewegen oder aufeinander gleiten. Als Lagerwerkstoff hat sich bei sandhaltigem Wasser Weichgummi bewährt (Abb. 43.1). In das Lager eingedrungene Sandkörnchen drücken sich zunächst — ohne Schleifwirkung ausüben zu können — in den Gummi ein und werden später durch schraubenförmig gewundene Nuten mit dem als Schmiermittel dienenden Wasser ausgespült. Wichtig ist, daß Gummilager stets — auch im Stillstand — von Wasser umgeben sind, weil ein ausgetrocknetes Lager beim Anfahren der Pumpe wegen der großen Reibungszahl trockenen Gummis und wegen seiner geringen Wärmeleitfähigkeit augenblicklich zerstört würde. Da der einvulkanisierte Schwefel die Welle angreift, muß diese durch eine Bronzebuchse geschützt werden (Abb. 51.2).

Bei stark sandhaltigem Wasser werden Welle und Lager durch einen Stahlmantel geschützt (Abb. 51.2), in welchen reines Wasser zur Schmierung und Kühlung mit etwas höherem Druck als dem Förderdruck eingeführt wird.

Die Betriebssicherheit erfordert ferner einen völlig ruhigen und erschütterungsfreien Lauf der Welle. Der Abstand der Lager für die Wellenführung ist deshalb so kurz zu bemessen, daß die Betriebsdrehzahl mindestens 20% unter der kritischen Drehzahl liegt. Diese Forderung würde bei hohen Betriebsdrehzahlen zu sehr kurzen Wellensätzen bzw. zu zahlreichen Zwischenlagern oder sehr starken Wellen führen.

Man geht deshalb bei der Wellenpumpe selten über $n = 1500$ 1/min (25 1/s) hinaus. Die Anwendung überkritischer Wellen hat sich bei Bohrlochwellenpumpen nicht bewährt.

Die Gesamtanordnung einer Bohrlochwellenpumpe geht aus Abb. 51.3 hervor.

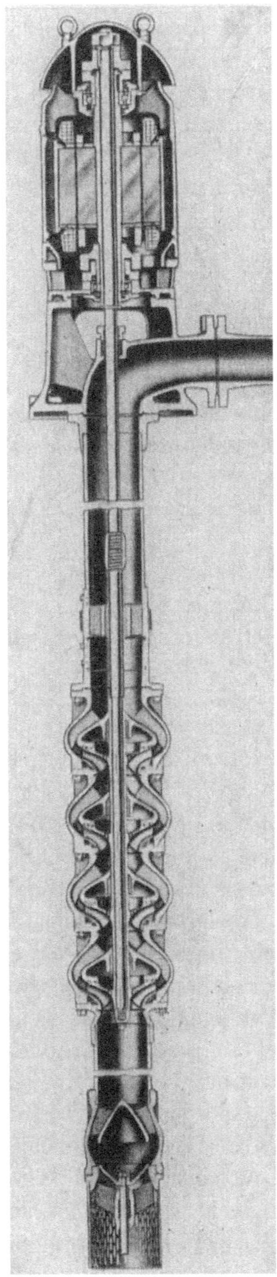

Abb. 51.3. Bohrloch-Wellenpumpe mit Steigleitung und Hohlwellenmotor (KSB, Frankenthal)

Der Pumpensatz hängt an der Steigrohrleitung und taucht bis unter den Ruhespiegel in das Brunnenwasser ein. Je nach der Absenkung des Wasserspiegels während der Förderung erhält die Pumpe noch eine 3···5 m lange Saugleitung, deren unteres Ende mit einem Saugkorb und einem Fußventil versehen ist. Die aus nahtlosen Rohren bestehende Steigleitung ist in einzelne Rohrsätze unterteilt, die gewöhnlich mittels Flanschen, in besonders engen Bohrlöchern aber auch durch Muffen miteinander verbunden werden. Die Verbindungselemente der Rohrsätze dienen zugleich zur Aufnahme der Führungslager für die Antriebswelle, die sich aus einer entsprechenden Anzahl von Teilstücken zusammensetzt. Das Steigrohr mündet oben in den Verteilerkopf mit der Stopfbuchsdurchführung für die Antriebswelle. Der Verteilerkopf ruht auf dem Pumpenfundament und dient als Auflager für den Antriebsmotor, der in Abb. 51.3 als Hohlwellenmotor ausgebildet ist. Bei dieser Bauart ist die Antriebswelle der Pumpe durch die Hohlwelle des Motors hindurchgeführt und am anderen Ende mit der Hohlwelle gekuppelt. Das Gewicht des Läufers, der Antriebswelle und gegebenenfalls auch der Achsschub werden von der Einstellmutter der Antriebswelle über die Kupplung auf das Axiallager des Motors übertragen, das also die gesamte Axiallast des Aggregates aufnimmt.

Die Verwendung eines Hohlwellenmotors an Stelle eines normalen Flanschmotors mit unterhalb desselben liegender Kupplung hat — abgesehen von der konstruktiven Vereinfachung des Antriebsteiles — den Vorteil der leichteren Montage. Durch Anziehen der Wellenmutter ist die genaue axiale Einstellung des Pumpenläufers auf einfache Weise möglich.

Steht elektrische Energie nicht zur Verfügung, so tritt an die Stelle des Hohlwellenmotors ein Antriebskopf mit Kegelradgetriebe, der die Verwendung eines Verbrennungsmotors oder einer anderen Kraftmaschine mit waagerechter Welle ermöglicht.

Die Bohrlochwellenpumpe eignet sich zur Wasserförderung aus geringen bis mäßigen Tiefen.

b) Unterwassermotorpumpe

Bei großer Tiefe des Wasserspiegels wird die Tiefbrunnenpumpe mit senkrechter Welle und über Flur stehendem Motor unwirtschaftlich, weil die zahlreichen Lagerstellen der Welle die Anlagekosten erhöhen, den Kraftverbrauch vergrößern und den Betrieb schwieriger gestalten. Das hat dazu geführt, den Motor in unmittelbarer Nähe der Pumpe im Brunnenschacht anzuordnen. Da wegen des oft sehr stark schwankenden Wasserspiegels im Brunnen mit einer Überflutung des Motors gerechnet werden muß, ist es naheliegend, Pumpe und Motor als eine Einheit auszubilden und diese unterhalb des abgesenkten Wasserspiegels einzubauen. Die Schwierigkeiten einer solchen Bauart liegen offensichtlich beim Motor, dessen Wicklungen vor der Einwirkung des Wassers geschützt sein müssen.

Die früher übliche Bauweise der völligen Abdichtung des Motors und Füllung des Motorinnern mit Luft, deren Druck dem äußeren Überdruck entspricht, oder die Ausbildung des Motors als Tauchglocke, gelten heute als überholt. Die mit der Lufterganzung — namentlich beim Ausbleiben des Stromes — verbundenen Schwierigkeiten haben dazu geführt, vom „trockenen" zum „halbnassen" und schließlich zum „nassen" Motor überzugehen.

Beim halbnassen Motor ist in den Spalt zwischen Motor und Stator ein dünnwandiges Rohr von 0,2···0,5 mm Stärke aus einer Chrom-Nickellegierung von hohem Leitwiderstand eingezogen und so mit dem Gehäuse verbunden, daß die Statorwicklung völlig eingekapselt ist. Der Rotor des hierbei zu verwendenden Drehstrommotors läuft als Kurzschlußläufer in der Flüssigkeit. Halbnasse Motoren dieser Art (Spaltrohrmotoren) werden für Tiefbrunnenpumpen in Deutschland nicht mehr verwendet. An ihre Stelle ist für kleinere Leistungen und enge Rohrbrunnen der halbnasse Gießharzmotor getreten, dessen Statorwicklung mit einem wasserdichten Gießharz umgossen ist. Häufig wird als zusätzliche Dichtung ein sehr dünnwandiges Spaltrohr von etwa 0,05 mm Stärke in die Bohrung eingezogen und im Bereich der Wickelköpfe mit dem Gießharz dicht vergossen.

Im nassen Motor kommt die Flüssigkeit in unmittelbare Nähe der spannungführenden Statorwicklung. Der Kurzschlußläufer rotiert wie beim Spaltrohrmotor in der Flüssigkeit.

Das zieht erhöhte Reibungsverluste nach sich und bedeutet eine gewisse Einbuße an Wirkungsgrad, ist aber elektrisch für den Motor ohne Bedeutung. Die Flüssigkeit kann reines Wasser oder auch Öl sein, das allerdings gegen das Brunnenwasser sorgfältig abzudichten ist. Ölgefüllte Unterwassermotoren sind besonders in Amerika entwickelt worden.

Während bei Ölfüllung des Motors keine besonderen Anforderungen an die Isolierung der spannungsführenden Teile entstehen, waren bei Wasserfüllung erhebliche Schwierigkeiten zu überwinden. Durch Schaffung neuer thermoplastischer Kunststoffe mit hoher elektrischer Durchschlagsfestigkeit und günstigen Eigenschaften hinsichtlich Quell- und Alterungserscheinungen ist es gelungen, die Statorwicklung praktisch sicher und dauerhaft auszuführen. Als solche Stoffe sind zu nennen: Polyäthylen, das für Isolierzwecke zur Erhöhung der mechanischen Unempfindlichkeit mit einem Überzug aus Polyamid (Nylon) versehen wird, und besonders Polyvinylchlorid (PVC). Der Isolationswiderstand des letzteren ist so groß, daß auch der Bau von nassen Motoren mit einer Spannung von 3 kV und darüber für große Leistungen möglich geworden ist.

Da das Förderwasser häufig Kohlensäure und andere aggressive Bestandteile enthält, sind die Eisenteile korrosionsgefährdet. Stator und Gußteile werden daher durch einen säurefesten Einbrennlack geschützt, während der Rotor einen Überzug aus nichtrostendem unmagnetischem Stahl erhält oder mit einer sehr dünnen durch Flammspritzen aufgetragenen Schutzschicht aus entsprechenden metallischen oder auch keramischen Werkstoffen versehen wird.

Wichtige mechanische Bauelemente der Unterwassermotoren sind die Lager. Für nasse Motoren hat sich nach früheren Versuchen mit Kugellagern aus rostfreiem Stahl das wassergeschmierte Gleitlager allgemein durchgesetzt. Als Lagerwerkstoffe haben sich Sonderbleibronzen in Verbindung mit Wellen oder Wellenhülsen aus gehärtetem und geschliffenem nichtrostendem Stahl bewährt.

Zur Aufnahme des Achsschubes benutzt man wassergeschmierte Segmentdrucklager mit sehr geringer Neigung der Segmentklötze (1:1 000). Wichtig für einwandfreies Arbeiten bei Wasserschmierung ist eine geringe spezifische Lagerbelastung. Als geeigneter Werkstoff für die Segmentklötze hat sich auch hier Sonderbleibronze oder eine besondere Kunststoffmasse in Zusammenarbeit mit nichtrostendem Stahl erwiesen. Die Wasserzirkulation durch die Lager wird nötigenfalls durch Anordnung von Hilfslaufrädchen gesichert.

Die einem mittleren Leistungsbereich angehörende dreistufige Ausführung nach Abb. 51.4 zeichnet sich durch eine im Durchmesser sehr gedrängte Bauweise aus, was in der halbaxialen Ausbildung der Pumpe und dem langgestreckten Motor zum Ausdruck kommt. Bemerkenswert ist der Einbau des Pumpenteils in das Mantelrohr (*1*). Er ist so vorgenommen, daß zwischen den Leiträdern (*2*) und dem Mantelrohr keine Berührung besteht. Zur Einhaltung der zentrischen Lage im Mantelrohr sind die Leiträder unter sich sowie im Grundring (*3*) und im Stutzengehäuse (*4*) zentriert, und diese wiederum in das Mantelrohr zentrisch eingepaßt. Dieser Einbauweise liegt die Erfahrung zugrunde, daß bei unmittelbarer Berührung der Leiträder mit dem Mantelrohr im Laufe der Zeit durch Ablagerungen und Korrosion eine Verwachsung dieser Teile eintritt, die einen späteren Ausbau erschwert, wenn nicht gar unmöglich macht.

Mit Rücksicht auf die Kleinhaltung der Einbaumaße sind die Leiträder am äußeren Umfang offen ausgeführt, wodurch einerseits ein Nacharbeiten der Leitschaufeln möglich wird, andererseits aber eine Verbindung zwischen je zwei benachbarten Leiträdern entsteht, so daß durch den Ringspalt (*5*) ein Rückströmen des Förderwassers eintreten kann. Der Spalt ist deshalb in jeder Stufe durch einen Manschettenring (*6*) aus einem alterungsbeständigen, elastischen Werkstoff abgedichtet.

Der nach abwärts gerichtete Achsschub des Pumpenläufers wird durch einen Ausgleichkolben (*7*) größtenteils aufgehoben. Den verbleibenden Restschub einschließlich des um den Auftrieb verminderten Gewichts der rotierenden Teile nimmt das Spurlager (*8*) auf.

Der Motor (*9*) wird vor dem Einbau der Pumpe mit reinem Wasser aufgefüllt. Gegen Eindringen von Sand und andern Verunreinigungen ist er durch eine Sandglocke (*10*) sowie eine Wellendichtung (*11*) geschützt. Druck- und Temperaturschwankungen rufen eine Volumenänderung des Füllwassers hervor, die in der Wellenabdichtung eine teils nach innen, teils nach außen gerichtete Wasserbewegung zur Folge haben kann. Gefährlich ist für den Motor nur das eindringende Wasser, das unter Umständen Sand und andere Verunreinigungen mitführt. Der Wasseraustausch durch die Wellenabdichtung wird hier durch eine Ausgleicheinrichtung (*12*) unterbunden, deren nachgiebige Gummimembran das Motorfüllwasser vom Brunnenwasser trennt.

Während in der Bauweise nach Abb. 51.4 ein Kolben den Achsschub aufhebt, wird in Abb. 51.5 der Ausgleich durch doppelströmige Ausführung des Läufers und entgegengesetzte Beaufschlagung der Laufräder herbeigeführt. Um auch das Gewicht der rotierenden Teile auszugleichen, ist der nach unten gerichtete Achsschub der unteren Hälfte des Pumpenläufers verkleinert worden, so daß eine Schubkraft nach oben entsteht. Das Laufrad der Endstufe des unteren Läuferteils ist mit beiderseitigen Spaltdichtungsringen und Bohrungen in der Laufradwandung versehen, die so bemessen sind, daß das um den Auftrieb verminderte Gewicht des Rotors praktisch aufgehoben wird. Der Motor hat deshalb in seinem unteren Teil nur eine einfache Spurscheibe, die hauptsächlich während des Stillstandes zum Tragen kommt.

Die Wellendurchführung des mit reinem Wasser aufgefüllten Motors ist durch eine Sandglocke und zwei einander abgekehrt eingesetzte Simmerringe, die eine Fettkammer einschließen, so abgedichtet, daß Wasser weder nach außen, noch von außen in das Motorinnere gelangen kann. Die während des Betriebes durch Erwärmung bzw. Abkühlung eintretende Volumenänderung wird auch hier durch eine Gummiblase ausgeglichen.

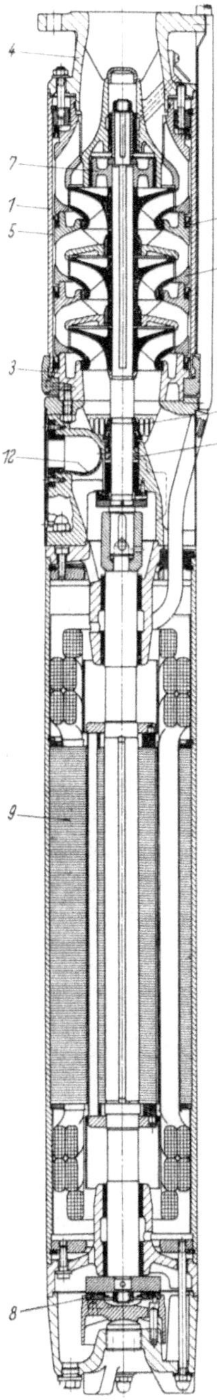

Abb. 51.4. Unterwassermotorpumpe mit nassem Motor (EMU)

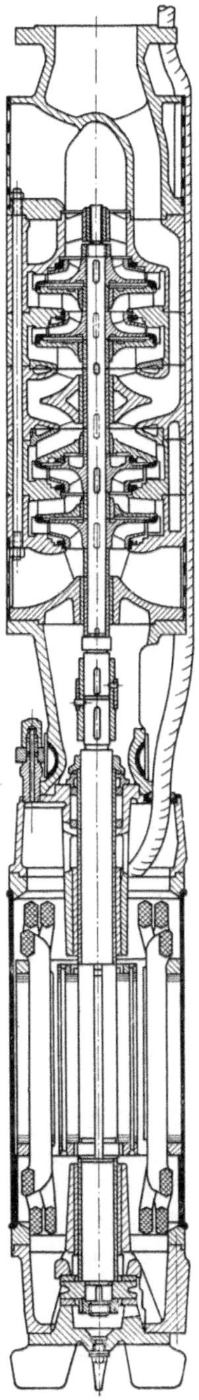

Abb. 51.5. Unterwassermotorpumpe mit nassem Motor (Ritz)

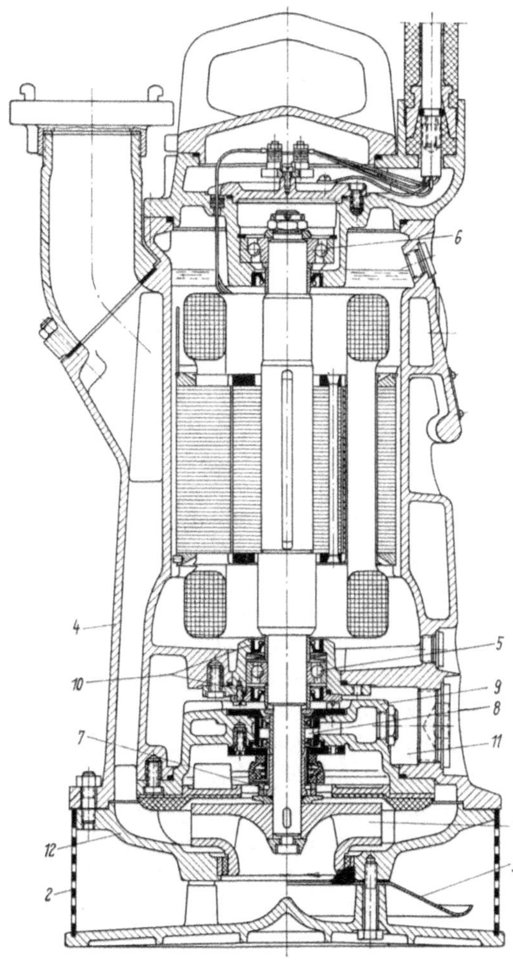

Abb. 51.6. Schmutzwasserpumpe mit Unterwassermotor (EMU)

Die konstruktive Durchbildung des Pumpenkörpers der Unterwassermotorpumpe unterscheidet sich grundsätzlich nicht von der der Bohrlochwellenpumpe. Im Gegensatz zu dieser werden aber Unterwassermotorpumpen zwecks Kleinhaltung der radialen Abmessungen und zur Erhöhung der Schnelläufigkeit bis zu Leistungen von 184 kW mit $n = 2950$ 1/min (49,17 1/s) betrieben. Darüber hinaus muß allerdings auch hier die Drehzahl auf 1480 1/min (24,67 1/s) herabgesetzt werden. Für diese Drehzahl wurden Tauchpumpensätze mit der *Motor*leistung von 1200 kW (Leistungsbedarf bei Nennlast 1000 kW), der Förderhöhe von 322 m und dem Volumenstrom von 900 m^3/h ausgeführt. Die Daten entsprechen einer doppelströmigen Unterwasserpumpe mit je 11 Stufen und einem Pumpenaußendurchmesser von 630 mm.[1]

Als Antriebsmaschinen dienen bei großen Leistungen Hochspannungsmotoren, und zwar hat sich im Leistungsbereich von 300 bis 800 kW eine Spannung von 3 kV, für Motoren größerer Leistung eine Spannung von 6 kV als wirtschaftlich erwiesen.

Das bisher größte doppelströmige Aggregat für $n = 1450$ 1/min (24,17 1/s) hat eine *Motor*leistung von 1600 kW bei $Q = 1500$ m^3/h und $H = 250$ m. Sein Außendurchmesser beträgt 680 mm, seine Gesamtlänge (Pumpe und Motor) 9,2 m, das Gesamtgewicht 12 t und die Betriebsspannung 6 kV.[2]

In anderer Ausführung werden Unterwassermotorpumpen auch zur Förderung von unreinem und schlammigem Wasser verwendet. Die in Abb. 51.6 dargestellte, transportable Pumpe dient zur Entleerung von Baugruben und Schächten, in welche sie bis zur Überflutung abgesenkt wird.

Der Kreisel (*1*) der unterhalb des Motors angeordneten einstufigen Pumpe ist in geringem Abstand von der Bodenplatte des Saugkorbes (*2*) unmittelbar auf die verlängerte Motorwelle aufgesetzt. Weitgehende Absenkung des Wasserspiegels wird durch einen an den Saugstutzen angeschlossenen Tiefsaugeteller (*3*) ermöglicht, der ein vorzeitiges Ansaugen von Luft durch den oberen Teil des Saugkorbes verhindert.

Der Innenraum des Motorgehäuses (*4*) ist mit Öl gefüllt. Zur Führung des Läufers können deshalb Wälzlager (*5* u. *6*) dienen, von denen das obere den Achsschub und das Gewicht des Rotors aufnimmt. Der Fettraum der Lager wird mit Rücksicht auf eine zuverlässige Schmierung des unteren radialen Dichtringes des Lagers (*5*) mit einem besonderen Ölfett gefüllt.

Wichtig ist eine sorgfältige Abdichtung der Wellendurchführung zwischen dem unter Druck stehenden Wasserraum der Pumpe und dem Ölraum des Motors. Es sind drei Dichtstellen vorgesehen:

Eine Vordichtung in Gestalt einer Plandichtung (*7*), deren Gleitringe wegen der Schleifwirkung des Fördermittels aus Hartmetall bestehen, ferner eine aus zwei radialen Dichtringen gebildete Hauptdichtung (*8*), die in das mit Öl gefüllte Dichtungsgehäuse (*9*) eingebaut ist, und schließlich die mit dem Lager (*5*) kombinierte untere Motorabdichtung (*10*). Sie besteht ebenfalls aus zwei radialen Dichtringen.

Der von außen zugängliche Kontrollraum (*11*) ermöglicht eine Überprüfung der Zuverlässigkeit der Dichtungsstellen.

Das Pumpengehäuse (*12*) und der Kreisel (*1*) werden aus Gußeisen hergestellt, während für das Motorgehäuse (*4*) Leichtmetall verwendet wird.

---

[1] Leineweber, L.: Unterwassermotor-Pumpen im Bergwerkseinsatz. KSB Techn. Berichte (1968) H. 13, S. 17–26.

[2] KSB Techn. Berichte (1971), H. 15, S. 49 u. 50.

Nach ihren Kennlinien fördert die Pumpe 60 m^3/h (0,0167 m^3/s) bei einer Förderhöhe von 13 m und einer Leistungsaufnahme des Motors von 5,5 kW. Ihre Drehzahl beträgt 2850 1/min (47,5 1/s).

c) Tiefsaugerpumpe

Bei geringer Brunnenweite (< 200 mm), kleinem bis mäßigem Volumenstrom und Spiegeltiefen bis etwa 40 m hat sich die Anwendung eines Tiefsaugers bewährt (Abb. 51.7). Hierbei handelt es sich um eine Wasserstrahlpumpe T (vgl. Abschn. 86), die im Brunnen unterhalb des abgesenkten Wasserspiegels eingebaut und durch eine Treibwasserleitung B sowie eine Steigeleitung D mit der über Flur aufgestellten Pumpe verbunden ist. Unterhalb des Tiefsaugers ist der Saugkorb S mit dem ein-

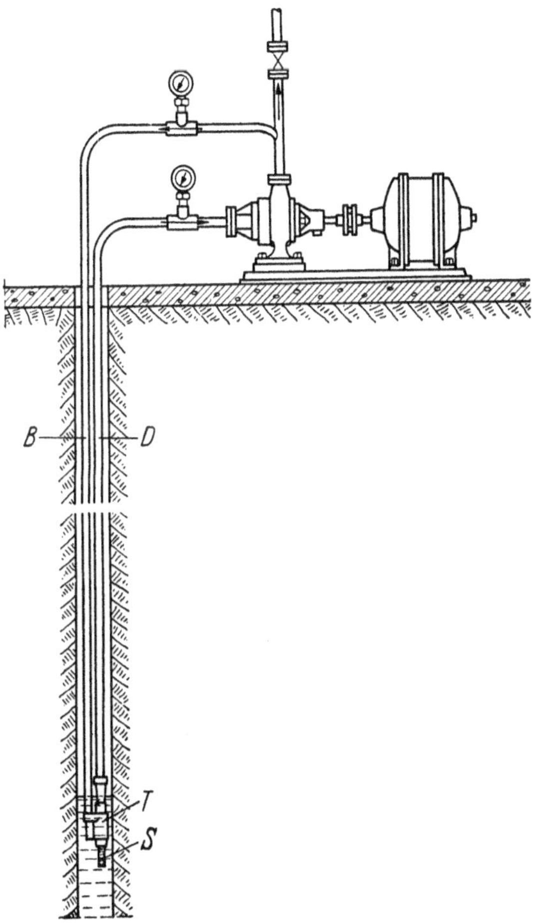

Abb. 51.7. Tiefsaugerpumpe (Wiegand)

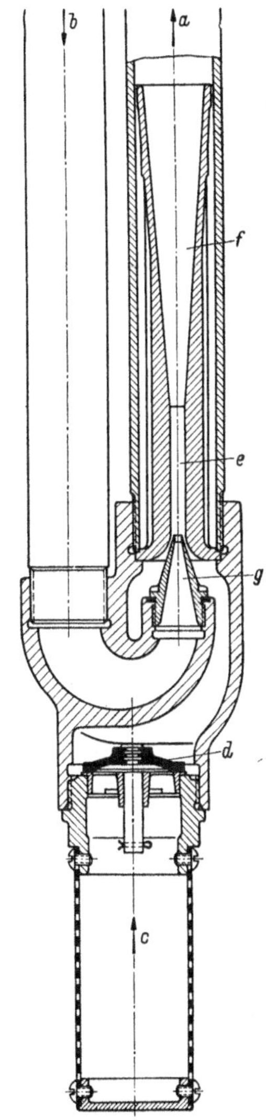

Abb. 51.8. Tiefsauger (Loewe)

gebauten Fußventil angeschlossen, welches das Auffüllen der Leitungen und der Pumpe vor der Inbetriebnahme ermöglichen und das Abreißen der Wassersäule bei Stillständen verhindern soll. Der Treibwasserstrom des Tiefsaugers bildet einen Teil des Volumenstroms der Kreiselpumpe, der fortgesetzt zwischen Pumpe und Tiefsauger zirkuliert. Der eigentliche Nutzwasserstrom ist demnach der Unterschied zwischen dem Gesamtvolumenstrom der Pumpe und dem Treibwasserstrom.

Die Arbeitsweise des Tiefsaugers geht aus Abb. 51.8 hervor. Bei *b* wird das Treibwasser zugeführt. Der aus der Treibdüse *g* austretende Treibstrom saugt den bei *c* aus dem Saugkorb über das Fußventil *d* zufließenden Nutzwasserstrom an und vermischt sich mit diesem in der nachfolgenden Mischdüse *e*. Der dabei stattfindende Geschwindigkeitsaustausch hat bereits in der Mischdüse eine Druckzunahme zur Folge, die in dem anschließenden Diffusor *f* eine weitere Steigerung erfährt. Bei *a* tritt der Gesamtstrom in die Steigeleitung. Durch richtige Bemessung des Treibwasserstromes muß die Drucksteigerung so weit getrieben werden, daß die Pumpe das Gemisch aus Treib- und Nutzwasser ansaugen kann. Das ist im allgemeinen der Fall, wenn für die Pumpe noch eine gesamte Saughöhe von etwa 6 m verbleibt.

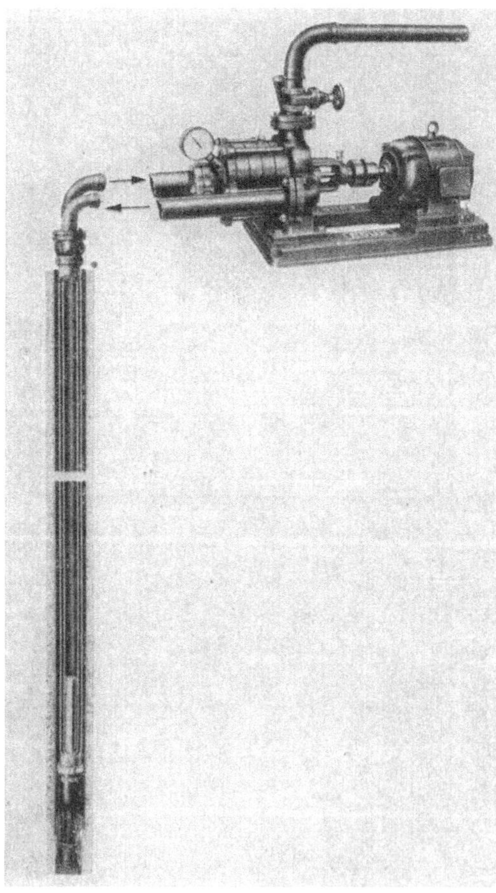

Abb. 51.9. Tiefsaugerpumpe mit ineinanderliegenden Rohren (EDUR-Pumpenfabrik)

Neben der Ausführung nach Abb. 51.7 mit nebeneinanderliegenden Rohren werden Treibwasser- und Steigeleitung in ihrem senkrechten Teil auch ineinander verlegt (Abb. 51.9). Das innere Rohr dient als Steigeleitung, während der Treibwasserstrom den Ringquerschnitt zwischen dem inneren und äußeren Rohr ausfüllt. Diese Anordnung führt zu einer Verringerung der Einbauweite des Tiefsaugers, so daß bei gleicher Brunnenweite größere Nutzwassermengen gefördert werden können. Außerdem bedeutet der Wassermantel um die Steigeleitung in ihrem oberen unter Unterdruck stehenden Teil eine Sicherung gegen das Eindringen von Luft durch Undichtigkeiten.

Die Ausführung des Pumpenteils einer Tiefsaugerpumpe mit senkrechter Welle und angeflanschtem Elektromotor geht aus Abb. 51.10 hervor. Der vom Tiefsauger kommende Gesamtvolumenstrom tritt durch die Steigeleitung *a* in die Pumpe. Nach der Druckerhöhung teilt er sich in den Treibwasserstrom, der durch die Treibwasserleitung *b* zum Tiefsauger zurückfließt, und den Nutzwasserstrom. Dieser passiert in der vorliegenden Ausführung, bevor er in den Druckkessel bzw. zur Verbrauchsstelle gelangt, ein einstellbares Luftdurchreißventil *c*. Es handelt sich hierbei um einen Wasserstrahlluftsauger, dessen Aufgabe darin besteht, das Förderwasser mit Luft anzureichern. Die Luftzumischung kann zur Ergänzung des Luftpolsters im Druckkessel dienen, oder auch in einer Enteisenungsanlage zur Abscheidung von Eisenverbindungen aus dem Förderwasser erforderlich sein.

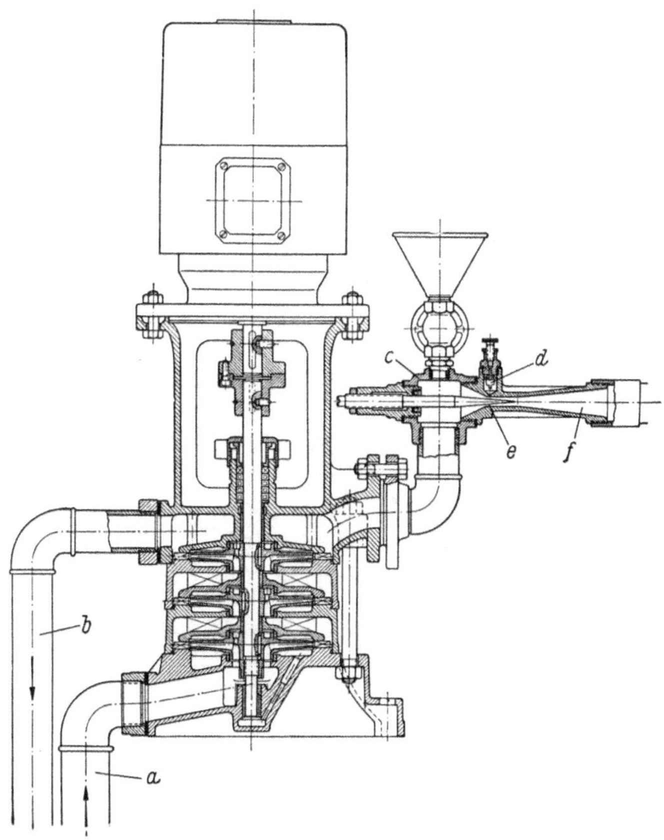

Abb. 51.10. Pumpenteil einer Tiefsaugerpumpe mit senkrechter Welle (Loewe)

Die Luft wird durch das Lippenventil *d* angesaugt. Damit das möglich ist, muß der Wasserdruck in der Düse *e* durch Umwandlung der Druckenergie in Geschwindigkeitsenergie bis unter den Atmosphärendruck gesenkt werden. Zur Wiedergewinnung des Druckes und zur Verdichtung der angesaugten Luft dient der Diffusor *f*. Da bei der zweifachen Energieumwandlung des Nutzwassers Verluste entstehen, und die Luftverdichtung einen Arbeitsaufwand erfordert, ist der Betrieb des Luftdurchreißventils mit einem Druckabfall verbunden.

Der Wirkungsgrad des Tiefsaugers hängt — abgesehen von andern Einflußgrößen — wesentlich von dem Druckhöhenverhältnis $\varepsilon = \dfrac{\text{Druckhöhe des Tiefsaugers}}{\text{Druckhöhe der Treibdüse}}$ ab (Abschn. 87). Die Druckhöhe der Treibdüse wird bestimmt durch die Druckhöhe im Druckstutzen der Pumpe, die Tiefe des Wasserspiegels unter dem Druckstutzen und die Druckhöhenverluste in der Rohrleitung zum Tiefsauger. Die Druckhöhe des Tiefsaugers ermittelt sich aus der Wasserspiegeltiefe, den Druckhöhenverlusten in der Steigeleitung und der Saughöhe der Pumpe. Der Wirkungsgrad erreicht seinen Höchstwert für $\varepsilon \approx 0{,}25$. Ein Beispiel der Tiefsaugerberechnung ist im Abschn. 89 durchgeführt.

Das Förderverhältnis der Tiefsaugerpumpe, d.h. das Verhältnis des verfügbaren Volumenstromes Q_v zum Gesamtvolumenstrom Q der Pumpe geht aus Abb. 51.11 hervor, in welcher konstante Verhältnisse Q_v/Q in Abhängigkeit von der Druckhöhe H_d im Druckstutzen der Pumpe und der Tiefe H_s[1] des abgesenkten Wasserspiegels im Brunnen aufgetragen sind. Der Kurvenschar liegt eine Pumpensaughöhe von 6 m zugrunde. Sie bezieht sich ferner auf die jeweils für die Auslegung des Tiefsaugers gültigen Verhältnisse, wobei angenommen ist, daß der Energie- bzw. Druckverlust in den Rohrleitungen zwischen Pumpe und Tiefsauger vernachlässigt werden kann.

Die Kurventafel Abb. 51.11 läßt erkennen, daß bei gleichbleibender Pumpendruckhöhe H_d der Nutzvolumenstrom der Tiefsaugerpumpe um so mehr zurückgeht, je größer die Wasserspiegeltiefe H_s ist. Andererseits wird der Nutzvolumenstrom bei

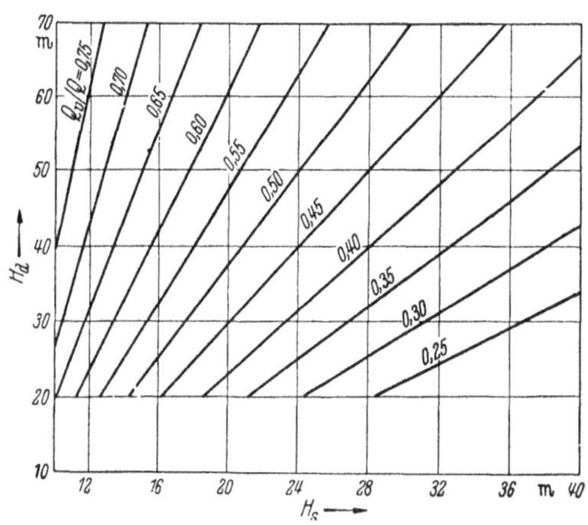

Abb. 51.11. Das Förderverhältnis Q_v/Q der Tiefsaugerpumpe

[1] H_s bedeutet hier den Höhenunterschied zwischen dem Wasserspiegel im Brunnen, der sich nach längerem Betrieb einstellt, und der Mittellinie der Pumpenwelle bei waagerechter bzw. dem höchsten Punkt der Laufschaufeleintrittskante bei senkrechter Anordnung der Welle.

gleichbleibender Wasserspiegeltiefe um so geringer, je mehr der Pumpendruck abnimmt. Damit ergibt sich hinsichtlich der Wasserspiegeltiefe eine vom Pumpendruck abhängige wirtschaftliche Grenze, bis zu welcher der Tiefsauger anwendbar ist. Es darf hierbei nicht übersehen werden, daß die Pumpe neben der im Druckstutzen gemessenen Druckhöhe auch noch den Höhenunterschied zwischen dem Saugwasserspiegel und der Pumpe, zuzüglich der Verlusthöhe, überwinden muß.

Da der Tiefsauger keinerlei bewegte Teile enthält, die Wartung von Pumpe und Motor aber jederzeit möglich ist, zeichnet sich die Tiefsaugerpumpe durch große Betriebssicherheit aus. Nachteiligen Einfluß hat der von Natur aus niedrige Wirkungsgrad des Tiefsaugers, der sich auf den Wirkungsgrad der Gesamtanlage um so mehr auswirkt, je größer der Anteil des Tiefsaugers an der Erzeugung der Gesamtförderhöhe ist.

52. Selbstansaugende Kreiselpumpen

Bei der Inbetriebnahme kann die Kreiselpumpe der normalen Bauart im Gegensatz zur Kolbenpumpe die Saugleitung und das Pumpeninnere nicht selbst entlüften. Unter Zuhilfenahme eines Fußventils muß vielmehr zunächst Saugleitung und Pumpe mit Wasser aufgefüllt oder anderweitig entlüftet werden. Für Pumpen, die sich im Dauerbetrieb befinden oder solchen, die auf einen Hochbehälter oder Druckkessel arbeiten, deren Saugleitung also auch bei Stillständen gefüllt bleibt, ist dieser Nachteil ohne Bedeutung. Es gibt aber auch Anlagen, die ein häufigeres Anfahren bei entleerter Saugleitung notwendig machen. Das trifft z.B. zu bei Lenzpumpen, Feuerlöschpumpen, Pumpen für Grundwasserabsenkung u.a.m. In diesen Fällen ist die Verwendung einer selbstansaugenden Pumpe angezeigt.

Bei den selbstansaugenden Pumpen haben wir zu unterscheiden zwischen solchen, die auf Grund ihrer Arbeitsweise unmittelbar selbstansaugend sind und solchen, die als normal gebaute Kreiselpumpen die Selbstsaugefähigkeit dadurch erhalten, daß sie mit einer Hilfseinrichtung zur Entlüftung der Pumpe versehen sind und daher als mittelbar selbstsansaugend bezeichnet werden können.

Voraussetzung für das Selbstsansaugen ist, daß die Flüssigkeitstemperatur genügend weit unter der Siedetemperatur liegt.

a) Unmittelbar selbstansaugende Pumpen

Der Ansaugevorgang beruht entweder auf einer *Verdrängung des Fördermittels*, hier also der Luft, oder auf der *Bildung eines Wasser-Luftgemisches*, etwa durch Anordnung einer Spüldüse im Laufradeinlauf oder -austritt, durch wechselnde Beaufschlagung der Radzellen mit Wasser und Luft u.a.m.

Alle unmittelbar selbstansaugenden Kreiselpumpen benötigen zur Entlüftung der Saugleitung eine Hilfsflüssigkeit, die beim Stillsetzen der Pumpe im Pumpengehäuse verbleiben muß. Saug- und Druckstutzen werden deshalb nach oben weisend angeordnet. Diese Maßnahme genügt aber allein nicht zur Sicherung der Hilfsflüssigkeit. Es muß außerdem dafür gesorgt werden, daß genügend große Räume im Pumpeninnern vorhanden sind, die beim Stillsetzen durch die Heberwirkung der zurückflutenden Saugsäule nicht entleert werden können.

Die bekanntesten Bauarten sind die Wasserring- und die Seitenkanalpumpe. Beide arbeiten bei Luftförderung nach dem Prinzip der Verdrängung.

α) *Wasserringpumpe*

Diese Bauart ist zwar als unmittelbar selbstansaugende Pumpe für die Flüssigkeitsförderung nur von untergeordneter Bedeutung, sie hat aber wegen ihrer guten Luftsaugefähigkeit als Entlüftungseinrichtung mittelbar selbstansaugender Pumpen, vor allem aber als Vakuumpumpe weite Verbreitung gefunden. Die Wasserringpumpe soll deshalb hauptsächlich unter dem Gesichtspunkt des Luftsaugens betrachtet werden.

Ein Kreisel mit radial gerichteten oder vorwärts gekrümmten Schaufeln ist exzentrisch in einem zylindrischen Gehäuse gelagert (Abb. 52.1).[1]

I. Luftförderung. Durch Fliehkraftwirkung entsteht bei der Drehung des Kreisels aus dem Wasserinhalt ein zylindrisch im Gehäuse liegender, allerdings nicht überall gleich starker Wasserring, der die Radzellen in radialer Richtung abschließt. Infolge der exzentrischen Lage des Kreisels dringen die Schaufeln bei der Drehung teils mehr teils weniger tief in den Wasserring ein, so daß sich die vom Wasser freien Zellenräume während einer Umdrehung vergrößern und wieder verkleinern. Durch den sichelförmigen Saugschlitz wird daher Luft in die Radzellen eingesaugt, nach deren Abschluß vom Saugschlitz bis zu einem gewissen Grade verdichtet und durch den Druckschlitz wieder hinausgedrückt.

1. Theoretischer Luftvolumenstrom. Innerhalb der Laufradzellen haben die Wasserteilchen bei genügend großer Schaufelzahl annähernd die Umfangsgeschwindigkeit der Laufradschaufeln, wenn diese radial verlaufen, und wenn jeweils gleiche Abstände von der Drehachse betrachtet werden. Im saugseitigen Bereich des Wasserrings (rechte Seite der Abb. 52.1) entfernen sich die Teilchen infolge der Wirkung der Fliehkräfte von der Radachse und werden deshalb in der Umfangsrichtung beschleunigt. Beim Eintritt in den sichelförmigen Raum zwischen Laufrad und Gehäuse erreicht ihre Umfangsgeschwindigkeit annähernd die der Schaufelenden $u_2 = r_2\,\omega$. Sie kann auf der Saugseite, wenn der Einfluß der Reibung unbeachtet bleibt, über jeden Querschnitt des sichelförmigen Ringteiles als gleich angesehen werden, weil sich der Druck auf die Innenfläche des Wasserrings saugseitig nicht ändert und der Impulsaustausch am Radumfang Unterschiede in der Austrittsgeschwindigkeit der Wasserteilchen ausgleicht. Eine Geschwindigkeitsverteilung nach konstantem Drall $c_u \cdot r =$

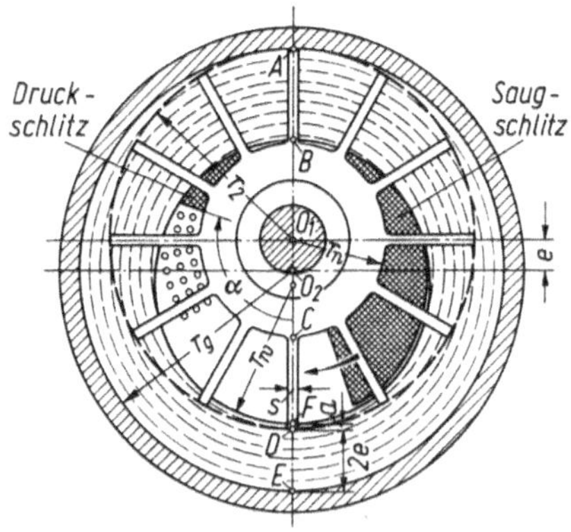

Abb. 52.1. Zur Wirkungsweise der Wasserringpumpe

[1] Mitunter erhält das Zylindergehäuse zur Erhöhung des Luftvolumenstroms noch gewisse Ausbuchtungen. Davon ist hier abgesehen.

const, die sich bei reibungsloser, freier Kreisströmung einstellt, liegt hier wegen der Energiezufuhr durch das Laufrad nicht vor.

Meistens sind die Schaufeln vorwärts gekrümmt (Abb. 52.6). Dadurch erhöht sich die Umfangsgeschwindigkeit der aus den Radzellen austretenden Wasserteilchen um die bei endlicher Schaufelzahl sich ergebende Umfangskomponente der relativen Austrittsgeschwindigkeit auf $u_2' = \varkappa\, r_2\, \omega$ mit $\varkappa > 1$. Berücksichtigt man gleichzeitig die Geschwindigkeitsabnahme durch Reibung, so kann für die mittlere Durchtrittsgeschwindigkeit im Querschnitt DE $\varkappa \approx 1$ gesetzt werden.

Nach dem Eintritt in die Pumpe sättigt sich die Ansaugeluft mit Wasserdampf infolge der innigen Berührung mit dem Betriebswasser. Sie ist also ein Gemisch aus trockener Luft und Wasserdampf, und zwar fällt der Dampfanteil um so größer aus, je kleiner der Ansaugedruck und je höher die Wassertemperatur ist. Das ist besonders bei Pumpen zu beachten, die aus hohem Vakuum saugen sollen.

Zur Ermittlung des theoretischen Luftvolumenstroms Q_{th} — bezogen auf den Ansaugezustand — gehen wir davon aus, daß die Schaufeln die Gehäuseinnenwand bei A berühren, und daß der Wasserring im Scheitelpunkt B an der Radnabe anliegt. Außerdem sollen die Schaufeln die Zellenräume seitlich dicht abschließen und zur Herbeiführung einer sicheren Trennung von Saug- und Druckseite bei D um das Maß a in den Wasserring eintauchen.

Q_{th} ist offenbar die Differenz der durch die Querschnitte CE und AB tretenden Volumenströme. Wir bezeichnen den äußeren Halbmesser des Kreisels mit r_2, den Halbmesser der Nabe mit r_n und den inneren Halbmesser des Gehäuses mit r_g. Die Strecke $O_1 O_2$, die Exzentrizität e, ist dann gleich $r_g - r_2$ und die größte radiale Ausdehnung des sichelförmigen Raumes $DE = 2\, r_g - 2\, r_2 = 2\, e$.

Die Querschnitte AB und CD sind gleich und werden mit der gleichen mittleren Geschwindigkeit $\omega(r_2 + r_n)/2$ durchströmt. Somit sind auch die durchtretenden Volumenströme Q' bzw. Q'' gleich, und zwar ist

$$Q' = Q'' = (r_2 - r_n)\, b\, \frac{r_2 + r_n}{2}\, \omega - q_{\text{Sch}} = \frac{1}{2}\, b\, \omega\, (r_2^2 - r_n^2) - q_{\text{Sch}}, \qquad (52{,}1)$$

wenn b die axiale Breite der Schaufeln bezeichnet. q_{Sch} berücksichtigt die durch den Rauminhalt der Schaufeln verursachte Verminderung des Volumenstroms. Der theoretische Luftvolumenstrom Q_{th} der Wasserringpumpe ist also gleich dem durch den Querschnitt DE des sichelförmigen Raumes fließenden Wasserstrom. Hier herrscht bei vorwärts gekrümmten Schaufeln die mittlere Wassergeschwindigkeit $u_2' = \varkappa\, r_2\, \omega$. Somit ist

$$Q_{\text{th}} = 2\,(r_g - r_2)\, b \varkappa r_2 \omega = 2 e b \varkappa r_2 \omega = 4 e b \varkappa r_2 \pi n. \qquad (52{,}2)$$

n bezeichnet die Drehzahl in der Zeiteinheit.

Da Gl. (52,2) den Nabendurchmesser r_n nicht enthält, hat dieser bei festliegenden Größen b, r_2, ω und e oder r_g auf den theoretischen Luftvolumenstrom keinen Einfluß. r_n ist also ohne Rückwirkung auf Q_{th} beliebig veränderbar, allerdings nur innerhalb gewisser Grenzen, und zwar wird die untere Grenze durch den kleinstmöglichen Nabenhalbmesser, die obere dadurch bestimmt, daß die Schaufelspitzen nicht mehr in den Wasserring eingreifen, weil seine Stärke mit wachsendem Nabendurchmesser abnimmt.

Liegen andererseits r_n und r_2 fest, so besteht auch für die Exzentrizität e und somit für r_g eine obere Grenze. Um die Lufträume der Saug- und Druckseite voneinander zu trennen, müssen die Schaufeln bei D um eine kleine Strecke a in den Wasserring eintauchen. Die Exzentrizität kann also nicht beliebig groß gewählt werden. Sie erreicht ihren Größtwert $e_{\max}$, wenn die Schaufelspitzen den Wasserring bei F eben noch berühren. In diesem Falle sind die durch die Querschnitte AB und FE fließenden Wasserströme Q' und Q_{th} gleich. Dabei ist zu beachten, daß der Querschnitt AB nicht nur vom Wasserstrom, sondern auch vom Schaufelvolumenstrom in Anspruch genommen wird. Die Bedingung $Q' = Q_{\text{th}}$ liefert unter Benutzung der Gln. (52,1) und (52,2)

$$2\,e_{\max}\,b\,\varkappa\,r_2\,\omega = \frac{1}{2}\,b\,\omega\,(r_2^2 - r_n^2) - q_{\text{Sch}}.$$

Mit der mittleren, *in Umfangsrichtung gemessenen* Schaufelstärke s, was bei vorwärts gekrümmten Schaufeln von Bedeutung ist, sowie mit der Drehzahl n in der Zeiteinheit und der Schaufelzahl z ergibt sich

$$q_{\text{Sch}} = b\,s\,(r_2 - r_n)\,n\,z = b\,s\,(r_2 - r_n)\,\frac{\omega}{2\pi}\,z.$$

Wir setzen diesen Ausdruck in die obige Gleichung ein und erhalten

$$2\,e_{\max}\,b\,\varkappa\,r_2\,\omega = \frac{1}{2}\,b\,\omega\,(r_2^2 - r_n^2) - b\,s\,(r_2 - r_n)\,\frac{\omega}{2\pi}\,z.$$

Daraus folgt

$$e_{\max} = \frac{1}{4\varkappa}\,\frac{r_2^2 - r_n^2}{r_2}\left[1 - \frac{s\,z}{(r_2 + r_n)\,\pi}\right]$$

oder mit dem Nabenverhältnis $r_n/r_2 = \nu$

$$e_{\max} = \frac{r_2}{4\varkappa}(1 - \nu^2)\left[1 - \frac{s\,z}{(1+\nu)\,r_2\,\pi}\right] = \frac{r_2}{4\varkappa}(1 - \nu^2)\,f. \qquad (52,3)$$

Der Faktor $f = 1 - \dfrac{s\,z}{(1+\nu)\,r_2\,\pi}$ berücksichtigt die Verkleinerung des Inhaltes der Radzellen durch die endliche Dicke der Schaufeln.

Die auszuführende Exzentrizität e ist um die Eintauchtiefe a kleiner als $e_{\max}$.

Das Laufrad erhält — mit der Pumpengröße steigend — $z = 12 \cdots 18$ Schaufeln.

Wie die Schaufelzahl hängt auch die Drehzahl von der Pumpengröße ab. $n = 2800$ 1/min (46,67 1/s) sind nur für kleine Pumpen anwendbar. Für mittlere Volumenströme findet man $n = 1450$ 1/min (24,17 1/s). Um brauchbare Radabmessungen zu erhalten, muß die Drehzahl um so mehr gesenkt werden, je größer der Luftvolumenstrom ist.

2. *Wirklicher Luftvolumenstrom*[1]. Der theoretische Luftvolumenstrom wird praktisch nicht erreicht. Er verringert sich durch Überström- und Undichtigkeitsverluste. Erstere entstehen dadurch, daß sich der Wasserring bei B nicht völlig an die Radnabe anlegt. Es verbleibt dann ein Restvolumen in den Radzellen, das zur Saugseite übergeschleust wird. Undichtigkeitsverluste treten an den seitlichen Steuerscheiben auf. Durch den Spalt zwischen Steuerscheibe und Schaufel entweicht ein Teil der verdichteten Luft von der Druck- zur Saugseite.

---

[1] In DIN 28400 als „Saugvermögen" bezeichnet.

Berücksichtigen wir diese Verluste durch einen volumetrischen Wirkungsgrad η_v, so ergibt sich als verbleibender Luftvolumenstrom, bezogen auf den Ansaugezustand,

$$Q_1 = Q_{\text{th}}\,\eta_v\,. \tag{52,4}$$

Bei Vakuumpumpen kann für Ansaugedrücke $p_1 = 500 \cdots 200$ Torr ($667 \cdots 267$ mbar) etwa mit $\eta_v = 0{,}9 \cdots 0{,}8$ gerechnet werden. Unterhalb 250 mbar verringert sich η_v mit dem Ansaugedruck in zunehmendem Maße.

Eine weitere Abnahme des Luftvolumenstroms entsteht dadurch, daß die Luft in den Radzellen Wasserdampf aufnimmt. Es bildet sich ein Gemisch von trockener Luft und Wasserdampf. Gehen wir davon aus, daß dabei Gemisch und Betriebswasser infolge der innigen Berührung die gleiche Temperatur annehmen, und der Wasserdampf den Sättigungszustand erreicht, so ist der absolute Druck der Mischung im Ansaugezustand — p_1 — die Summe des absoluten Teildrucks der Luft p_{1_L} und des absoluten Sattdampfdrucks p_D. Letzterer ist nur von der Temperatur des Wasserrings abhängig.

Denkt man sich Luft und Wasserdampf voneinander getrennt und den Luftanteil auf den Ansaugedruck der Mischung gebracht, so erhält man für isothermische Zustandsänderung als wirklichen Volumenstrom der trockenen Luft

$$Q_{1_L} = Q_1 \frac{p_{1_L}}{p_1} = Q_1 \frac{p_1 - p_D}{p_1} = Q_{\text{th}}\,\eta_v\,\varphi\,. \tag{52,5}$$

Der Faktor $\varphi = (p_1 - p_D)/p_1$ ist um so kleiner, je geringer der Ansaugedruck p_1 und je größer der Dampfdruck p_D ist. φ ist also besonders für Vakuumpumpen von Bedeutung. Im Arbeitsbereich des Luftverdichters, also bei atmosphärischem Ansaugdruck, hat φ nur geringen Einfluß auf den tatsächlichen Luftvolumenstrom. Wichtig ist in beiden Fällen eine niedrige Temperatur des Betriebswassers.

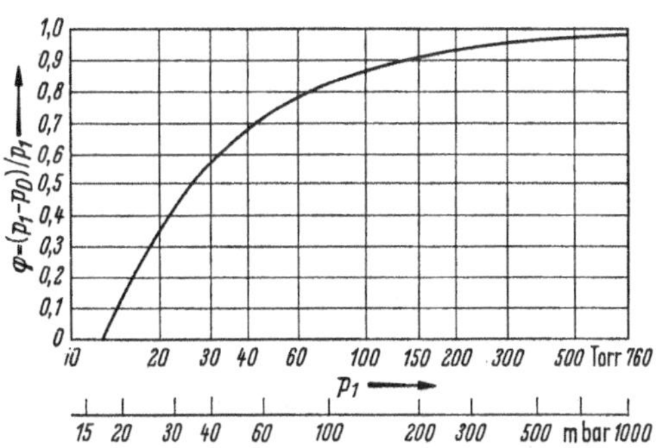

Abb. 52.2. Der Faktor $\varphi = (p_1 - p_D)/p_1$ in Abhängigkeit vom absoluten Ansaugedruck $p_1 \leqq 760$ Torr (1013 mbar), gültig für die Wassertemperatur $t_w = 15\,°\text{C}$

Abb. 52.2 gibt die Kurve der Funktion $\varphi = f(p_1)$ für $p_1 \leqq 760$ Torr (1013 mbar) wieder. Sie gilt für eine Wassertemperatur $t_w = 15\,°\text{C}$ und zeigt, daß der Wasserdampfanteil bei niedrigen Ansaugedrücken den auf den Ansaugedruck p_1 der Mischung bezogenen Volumenstrom Q_{1_L} der trockenen Luft beträchtlich herabsetzt.

Ansaugedrücke $p_1 < 30$ Torr (40 mbar) sollten allerdings ohne zusätzlichen Luftstrahler wegen des schlechten Pumpenwirkungsgrades in diesem Bereich und wegen der zu erwartenden Kavitation nicht angewendet werden.

3. Der Förderdruck. Nach dem Übertritt auf die Druckseite muß der Wasserring aus Kontinuitätsgründen mehr und mehr in die Laufradzellen zurückweichen, wodurch die in diesen eingeschlossene Luft annähernd isothermisch verdichtet wird. Da die Verdichtungsarbeit aus dem Energieinhalt des Wasserrings bestritten werden muß, verringert sich die Wassergeschwindigkeit im sichelförmigen Zwischenraum. Gleichzeitig nimmt die Stärke des Wasserrings zu. Aus der möglichen Energieabgabe des Wasserrings ergibt sich der erreichbare Druck. Auf Grund der Stetigkeits- und der Energiegleichung errechnet sich nach Pfleiderer, jedoch unter Beachtung des Daltonschen Gesetzes, das größte erreichbare Druckverhältnis aus

$$\left(\frac{p_{2_L}}{p_{1_L}}\right)_{\max} = \frac{2}{3}\left(\frac{\varrho\,\varkappa^2 u_2^2}{2\,p_{1_L}} + 1\right). \qquad (52,6)$$

p_{1_L} und p_{2_L} sind die absoluten Teildrücke der Luft in $\mathrm{N/m^2}$ am Ein- bzw. Austritt der Pumpe, $u_2 = r_2\,\omega$ die Umfangsgeschwindigkeit des Rades in m/s und ϱ die Dichte des Betriebswassers in $\mathrm{kg/m^3}$. $(p_{2_L}/p_{1_L})_{\max}$ ist unabhängig vom Nabenverhältnis ν und vom Schaufelfaktor f. Gleichung (52,6) setzt aber voraus, daß die Druckminderung infolge der endlichen Schaufelzahl durch den mit dem Impulsaustausch am Radumfang verbundenen Druckgewinn ausgeglichen wird. Sie läßt ferner den Druckverlust beim Ein- und Austritt der Luft, die Eintauchtiefe a der Schaufeln und die Undichtigkeitsverluste unberücksichtigt.

Nach Gl. (52,6) ändert sich das erreichbare Druckverhältnis bei veränderlichem Eintrittsdruck p_{1_L} nicht, wenn der Ausdruck $\varrho\,\varkappa^2 u_2^2/2\,p_{1_L}$ konstant gehalten wird. Somit erfordert das gleiche maximale Druckverhältnis bei höherem Eintrittsdruck p_{1_L} eine größere Umfangsgeschwindigkeit, was besonders für den Verdichter von Bedeutung ist. Die Bedingung $\varrho_n\,\varkappa^2 u_2^2/2\,p_{1_L} = \mathrm{const}$ entspricht dem Ähnlichkeitsgesetz von Engels. Es besagt, daß bei geometrisch ähnlichen Ausführungen alle Vorgänge der Verdichtung ähnlich verlaufen, wenn der genannte Ausdruck und das eingestellte Druckverhältnis ihren Wert nicht ändern. ϱ_n ist die Normdichte des Betriebswassers. Bei Anwendung des Gesetzes auf die gleiche Pumpe ändert sich der auf den Ansaugedruck bezogene Volumenstrom proportional $p_{1_L}^{1/2}$, die aufgenommene Leistung proportional $p_{1_L}^{3/2}$.

Als Größtwert des erreichbaren Druckes folgt aus Gl. (52,6)

$$p_{2_L\max} = \frac{1}{3}\left(\varrho\,\varkappa^2 u_2^2 + 2\,p_{1_L}\right) \quad \mathrm{N/m^2}. \qquad (52,6\mathrm{a})$$

Andererseits ist der Mindestwert der erforderlichen Umfangsgeschwindigkeit bei gegebenem Ein- und Austrittsdruck

$$u_{2\min} = \frac{1}{\varkappa}\sqrt{\frac{1}{\varrho}\left(3\,p_{2_L} - 2\,p_{1_L}\right)} = \frac{1}{\varkappa}\sqrt{\frac{p_{1_L}}{\varrho}\left(3\,\frac{p_{2_L}}{p_{1_L}} - 2\right)}. \qquad (52,7)$$

Zu den vorstehenden Gleichungen ist folgendes zu bemerken: Wird der Grenzwert $(p_{2_L}/p_{1_L})_{\max}$ nach Gl. (52,6) durch Erhöhung des Gegendrucks p_{2_L} bei gleichbleibendem Eintrittsdruck p_{1_L} (Verdichter) oder durch Senkung des Eintrittsdruckes bei unverändertem Gegendruck (Vakuumpumpe) überschritten, so müßte die Pumpe die Förderung wegen der zu kleinen kinetischen Energie im saugseitigen Teil des Wasserrings theoretisch einstellen. Praktisch trifft das jedoch nicht zu. Ist in einem solchen

Fall die Wasserringenergie zum restlosen Ausschieben der in den Radzellen befindlichen Luft nicht mehr ausreichend, so gleicht der Wasserring die fehlende Energie dadurch aus, daß er sich von der Radnabe (bei B, Abb. 52.1) ablöst und unter Einsparung von Ausschubarbeit einen Teil der verdichteten Luft von der Druck- zur Saugseite zurücktreten läßt. Durch die Expansion der übergeschleusten Luft erhöht sich die Geschwindigkeit im saugseitigen sichelförmigen Teil des Wasserrings, so daß nun eine größere Druckdifferenz überwunden werden kann. Gleichzeitig wird weniger Luft angesaugt. Die Förderung geht also mit vergrößertem Druckverhältnis und verringertem Volumenstrom weiter.

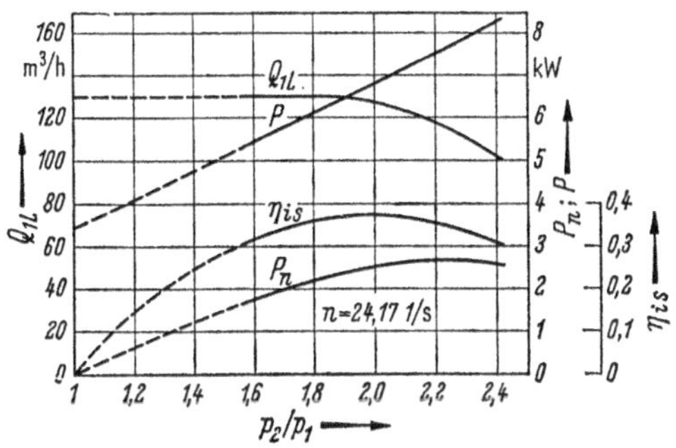

Abb. 52.3. Kennlinien eines einstufigen Wasserringluftverdichters, gültig für 15 °C Wassertemperatur und Verdichtung von trockener Luft bei 20 °C und 760 Torr (1013 mbar) Ansaugedruck

Am Beispiel eines einstufigen Wasserring-Luftverdichters zeigt Abb. 52.3 die Abnahme des Volumenstroms Q_{1_L} mit zunehmendem Druckverhältnis p_2/p_1. Entsprechend ist aus Abb. 52.4 für eine Wasserring-Vakuumpumpe der Verlauf des Volumenstroms Q_{1_L} über dem reziproken Druckverhältnis p_1/p_2 ersichtlich.

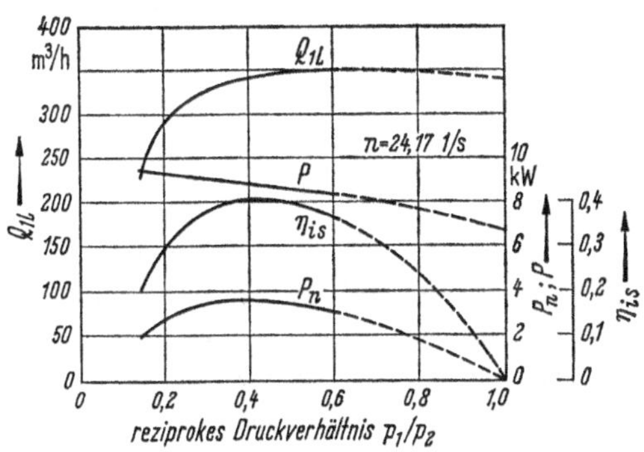

Abb. 52.4. Kennlinien einer einstufigen Wasserring-Vakuumpumpe, gültig für 15 °C Wassertemperatur und Absaugung von trockener Luft bei 20 °C und 760 Torr (1013 mbar) Austrittsdruck

Für das Druckverhältnis $p_{2_L}/p_{1_L} = 1$ erhält man nach Gl. (52,7) $u_{2\,\min} = \dfrac{1}{\varkappa}\sqrt{\dfrac{p_{1_L}}{\varrho}}$ als überhaupt kleinste Umfangsgeschwindigkeit des Kreisels, die also noch keine Druckänderung hervorruft. Schreibt man die Gleichung in der Form $\varrho(\varkappa\, u_{2\min})^2 = p_{1_L}$, so ist der Ausdruck $\varrho(\varkappa\, u_{2\min})^2$ N/m² der Impulsdruck der Strömung im saugseitigen sichelförmigen Raum des Wasserrings. Theoretisch muß hiernach der Impulsdruck den Ansaugedruck p_{1_L} überschreiten, damit eine Druckänderung eintritt. In Wirklichkeit trifft das nicht zu. Vielmehr stellt sich schon bei $u_{2\min} = \frac{1}{\varkappa}\sqrt{\frac{p_{1_L}}{\varrho}}$ und auch bei einer noch kleineren Umfangsgeschwindigkeit des Kreisels eine geringe Druckdifferenz und Förderung ein. Die Ursache dürfte wieder in dem oben geschilderten Selbsthilfeverhalten des Wasserrings zu suchen sein.

Von Bedeutung ist ferner, daß die Geschwindigkeit im druckseitigen sichelförmigen Raum des Wasserrings nur bis zu einem bestimmten Kleinstwert $c_{\min}$ abnehmen kann. Zur Ermittlung von $c_{\min}$ gehen wir näherungsweise davon aus, daß *der durch die Fliehkraft erzeugte Druck* längs jeden Stromfadens im sichelförmigen Raum des Wasserrings konstant ist. Dann sind die im druckseitigen sichelförmigen Raum in Stromrichtung bestehenden Druck- und Geschwindigkeitsänderungen nur von der Luftverdichtung abhängig. Somit ergibt sich zwischen $c_{\min}$, der eingetretenen Druckänderung und der zugehörigen kleinstmöglichen Geschwindigkeit im saugseitigen sichelförmigen Raum die Beziehung

$$\frac{c_{\min}^2}{2} + \frac{p_{2_L} + p_D - (p_{1_L} + p_D)}{\varrho} = \frac{\varkappa^2 u_{2\min}^2}{2} \quad \text{oder} \quad c_{\min}^2 = \varkappa^2 u_{2\min}^2 - \frac{2(p_{2_L} - p_{1_L})}{\varrho}.$$

Ersetzt man nach Gl. (52,7) $\varkappa^2 u_{2\min}^2$ durch $\frac{3p_{2_L} - 2p_{1_L}}{\varrho}$, so erhält man als theoretischen Kleinstwert

$$c_{\min} = \sqrt{\frac{p_{2_L}}{\varrho}} \quad \text{oder} \quad \varrho\, c_{\min}^2 = p_{2_L}. \tag{52,8}$$

Hiernach kann der Impulsdruck der Strömung $\varrho\, c_{\min}^2$ im druckseitigen sichelförmigen Raum bei der für das vorhandene Druckverhältnis p_{2_L}/p_{1_L} kleinstmöglichen Geschwindigkeit $\varkappa u_{2\min}$ nur bis auf den Gegendruck p_{2_L} abnehmen.

Für den Grenzfall $p_{2_L}/p_{1_L} = 1$ wird $c_{\min} = \sqrt{\frac{p_{2_L}}{\varrho}} = \sqrt{\frac{p_{1_L}}{\varrho}} = \varkappa u_{2\min}$, also gleich der für dieses Druckverhältnis theoretisch kleinstmöglichen Geschwindigkeit des Wasserrings. Dieser Zusammenhang ist zu erwarten, weil im sichelförmigen Raum des Wasserrings keine Geschwindigkeitsumwandlung stattfindet.

Schließlich folgt aus Gl. (52,7), daß für das gleiche Druckverhältnis die Vakuumpumpe wegen ihres geringeren Ansaugedruckes eine kleinere Umfangsgeschwindigkeit benötigt als der Verdichter.

4. Die Saug- und Drucköffnungen in den Steuerscheiben. Dem vorgeschriebenen Druckverhältnis p_{2_L}/p_{1_L} entspricht ein bestimmter Drehwinkel (Abb. 52.1), bei welchem der Ausschub und damit der Druckschlitz beginnen muß. Der Drehwinkel fällt offenbar um so größer aus, je weiter die Verdichtung getrieben wird. Unter den für Gl. (52,6) getroffenen Einschränkungen ergibt die Rechnung

$$\cos\alpha = 2\varkappa x\left[1 + \frac{1-\nu^2}{4} f\left(\frac{1}{\varkappa} - x\right)\right] - 1 \tag{52,9}$$

mit

$$x = \frac{1}{\frac{p_{2_L}}{p_{1_L}} \sqrt{\varkappa^2 - \frac{2\,p_{1_L}}{\varrho\, u_2^2}\left(\frac{p_{2_L}}{p_{1_L}} - 1\right)}} \quad \text{und} \quad f = 1 - \frac{s\,z}{(1+\nu)\, r_2\, \pi}.$$

Der Faktor f bringt den Einfluß der Schaufelzahl z und der in Umfangsrichtung gemessenen mittleren Schaufelstärke s zum Ausdruck.

Es zeigt sich, daß die Größe x und damit auch der Drehwinkel α nicht nur vom Druckverhältnis p_{2_L}/p_{1_L}, sondern auch von dem Ausdruck $2\,p_{1_L}/\varrho\, u_2^2$ abhängig ist, der dem Ähnlichkeitsgesetz von Engels entspricht. Das gleiche Druckverhältnis p_{2_L}/p_{1_L} erfordert nur dann den gleichen Drehwinkel α, wenn bei einer Änderung des Anfangsdrucks p_{1_L} der genannte Ausdruck gleich bleibt.

Für $\varkappa = 1$ und $\nu = 0{,}5$ geht Gl. (52,9) über in

$$\cos\alpha = 2\,x[1 + 0{,}1875 f(1 - x)] - 1. \tag{52,9a}$$

Diese Gleichung kann mit guter Annäherung auch bei etwas abweichenden ν-Werten benutzt werden.

Soll unter Beachtung von Gl. (52,6) die gleiche Pumpe für andere Druckverhältnisse Verwendung finden, so müßte streng genommen der Beginn der Drucköffnung entsprechend verlegt werden, was jeweils andere Steuerscheiben notwendig machen würde. Nach dem Vorgang der SSW ist es jedoch möglich, bei Vakuumpumpen gleicher Baugröße, aber verschiedenen Druckverhältnisses mit einer einzigen, besonders ausgebildeten Steuerscheibe auszukommen. Für Ansaugdrücke $p_1 \geqq 110$ Torr (146,7 mbar, $p_2/p_1 < 7$) wird die Drucköffnung für $p_1 = 110$ Torr als kleinsten Ansaugedruck ausgelegt. Um Überverdichtungen bei größeren Ansaugdrücken zu vermeiden, werden vor dem Beginn des sichelförmigen Druckschlitzes einige Bohrungen in der Steuerscheibe angebracht (Abb. 52.1). Das hinter der Steuerscheibe befindliche, unter dem Austrittsdruck p_2 stehende Wasser schließt die Bohrungen bis zu einem gewissen Grade ab, weil der Strömungswiderstand in den Bohrungen für Wasser wesentlich größer ist als für Luft. Diese tritt mit dem Wasser nur an den Stellen aus, an welchen der Luftdruck den Sperrwasserdruck überschreitet.

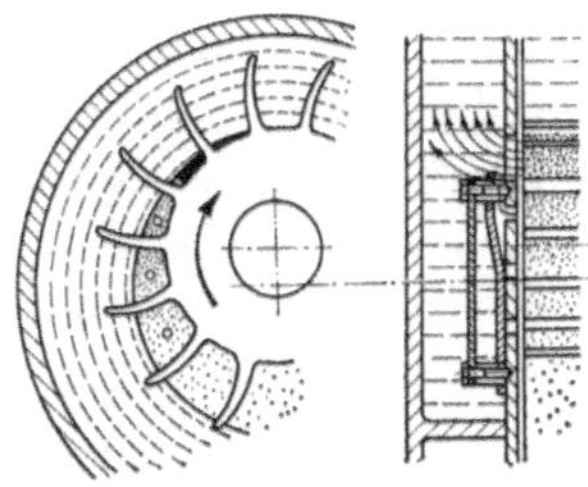

Abb. 52.5. Zur Wirkungsweise des Plattenventils (SSW)

Für $p_2/p_1 > 7$ ist diese Ausführung nicht mehr anwendbar, weil sich der angesaugte Luftvolumenstrom zu sehr verringert. In diesem Fall werden die Bohrungen bei verkürztem Druckschlitz mit einem selbsttätigen Plattenventil (Abb. 52.5) versehen, welches die Bohrungen dicht abschließt, den Wassereintritt verhindert und die Luft nur dort austreten läßt, wo der Gegendruck p_2 überschritten wird.

Die früher gebräuchlichen Kugelventile werden heute nicht mehr verwendet.

Allgemein hat die Anordnung von Bohrungen vor dem Druckschlitz oder eines Plattenventils noch den Vorteil, daß beim Anfahren der Pumpe, wenn also das Endvakuum noch nicht erreicht ist, Überverdichtungen und damit verbundene Erhöhungen des Kraftbedarfs vermieden werden.

Unter Verzicht auf die Verwendung von Plattenventilen wird die Vakuumpumpe für Druckverhältnisse $p_2/p_1 > 7$ mitunter zweistufig ausgeführt.

Für die Bemessung der Saugöffnung ist folgendes von Bedeutung:

Vor dem Beginn des Saugschlitzes unterschreitet der Druck in der Radzelle den im Saugstutzen herrschenden Druck, weil sich der Wasserring bereits von der Radnabe entfernt hat, bevor Luft angesaugt werden kann. Die Druckabnahme ist um so größer, je kleiner das zu überwindende Druckverhältnis p_2/p_1 ist. Bei höherem Vakuum wird mit diesem wachsend verdichtete Luft von der Druck- zur Saugseite übergeschleust, wodurch sich die Drucksenkung vor dem Saugschlitz verringert. Trotzdem ist es zur Beschränkung dieser Druckabnahme, die bei hohem Vakuum die Kavitationsgefahr vergrößert, zweckmäßig, den Abstand des Saugschlitzbeginns vom Nabenscheitel B (Abb. 52.1) möglichst klein zu halten, jedoch so, daß zur Trennung von Druck- und Saugseite der Abstand zwischen dem Druckschlitzende und dem Saugschlitzanfang etwa zwei Schaufelteilungen beträgt.

Im übrigen erstreckt sich die Saugöffnung fast über die ganze Saugseite.

Die radialen Begrenzungen des Saug- und Druckschlitzes werden durch die Radnabe und die freie Oberfläche des Wasserrings bestimmt, deren Projektion in Abb. 52.1 als Kreis mit dem Radius r_w dargestellt ist. Dieser stimmt mit dem wirklichen Verlauf nicht genau überein. Geht man davon aus, daß die Punkte B und F festliegen, so verläuft die Grenzlinie des Wasserrings auf der Saugseite ausschließlich außerhalb des genannten Kreises. Auf der Druckseite liegt sie anfänglich ebenfalls etwas außerhalb dieses Kreises, überschneidet ihn aber vor Erreichung des größtmöglichen Druckverhältnisses. Nach dem Verlauf der freien Oberfläche des Wasserrings muß die Außenkante des Druckschlitzes etwas vom Kreis mit dem Radius r_w nach der Radnabe hin verlegt werden.

Die nach Größe und Richtung über dem Umfang des Wasserrings veränderlichen Schaufeldrücke rufen eine Schrägstellung der Wasseroberfläche in den Radzellen hervor und haben Schwingungen des Wasserspiegels zur Folge. Hierdurch sowie durch die Frischwasserzufuhr wird die glatte Oberfläche des Wasserrings zerstört. Es bildet sich auf dieser ein Wasser-Luftgemisch.

Breite Laufräder erhalten mit Rücksicht auf eine möglichst verlustarme Zu- und Abführung der Luft eine Zwischenwand und beiderseitige Steuerscheiben (Abb. 52.6).

5. *Nutzleistung und Leistungsbedarf.* Während der Verdichtung ändert sich die Temperatur der Luft nur geringfügig. Die Nutzleistung kann deshalb der isothermischen Verdichtungsleistung

$$P_n = 2{,}303\, p_{1_L} Q_1 \lg \frac{p_{2_L}}{p_{1_L}} = 2{,}303\, p_1 Q_{1_L} \lg \frac{p_{2_L}}{p_{1_L}} \qquad (52{,}10)$$

gleichgesetzt werden. Q_1 ist der Volumenstrom der angesaugten mit Wasserdampf gesättigten Luft, Q_{1_L} der auf den Eintrittsdruck p_1 reduzierte Volumenstrom der trockenen Luft. p_{1_L} und p_{2_L} bezeichnen ihre Teildrücke. Mit den Einheiten m^3/s für den Volumenstrom und N/m^2 für den spezifischen Druck erhält man P_n in Watt.

Der Wasserdampf erfordert theoretisch keine Verdichtungsarbeit, da er während der Luftverdichtung bei gleichbleibendem Teildruck der Volumenabnahme entsprechend kondensiert, so daß nur das entstehende Kondensat verdrängt werden muß.

Die an der Kupplung zuzuführende Leistung ist um die in der Pumpe entstehenden Verluste größer als die Nutzleistung. Wir berücksichtigen sie durch den isothermischen Kupplungswirkungsgrad η_{is} und erhalten als Leistungsbedarf

$$P = 2{,}303\, p_{1_L} Q_1 \lg \frac{p_{2_L}}{p_{1_L}} \Big/ \eta_{is}. \tag{52,11}$$

Im Bestpunkt bewegt sich der Wirkungsgrad je nach der Größe des Volumenstroms etwa in den Grenzen

$$\eta_{is} = 0{,}25 \cdots 0{,}4.$$

Nach Gl. (52,10) wird die Nutzleistung für $p_{2_L} = p_{1_L}$ gleich Null. Das gleiche trifft für $p_1 = p_D$, also $p_{1_L} = 0$ zu, weil keine Luft mehr angesaugt wird, ein Grenzfall, der nur bei *Vakuumpumpen* denkbar ist. Zwischen beiden Grenzwerten liegt bei $p_{2_L}/p_{1_L} = e = 2{,}718$ ein Maximum der Nutzleistung. Abb. 52.4 zeigt am Beispiel einer ausgeführten Vakuumpumpe den Verlauf von P_n über dem reziproken Druckverhältniss p_1/p_2. Wegen der in der Pumpe auftretenden Verluste (Überström- und Undichtigkeitsverluste) wird die Nutzleistung in Wirklichkeit bereits bei $p_1 > p_D$ gleich Null.

Daß der effektive Leistungsbedarf P bei sinkender Nutzleistung P_n nicht ebenfalls ab-, sondern zunimmt, erklärt sich u. a. daraus, daß das Wasser, welches durch die dem Druckschlitz vorgelagerten Bohrungen während der Verdichtung in die Laufradzellen eindringt, vom Kreisel unter zusätzlichem Energieaufwand wieder hinausgedrückt werden muß. Wird durch Verwendung eines Plattenventils das Eindringen von Wasser verhindert, nimmt auch der effektive Leistungsbedarf mit sinkender Nutzleistung ab (Abb. 52.7b).

Beim *Luftverdichter*, also bei gleichbleibendem Ansaugedruck p_{1_L}, müßte die Nutzleistung mit wachsendem Druckverhältnis fortgesetzt steigen, wenn das gleiche auch für die Energie des Wasserrings zuträfe. Da diese aber begrenzt ist, verringert sich der Volumenstrom Q_{1_L} mit zunehmendem Druckverhältnis mehr und mehr, so daß P_n nach Erreichung eines Höchstwertes wieder abnimmt (Abb. 52.3).

6. *Berechnungsbeispiel.* Der Leistungsbedarf und die Hauptabmessungen einer einstufigen Wasserringvakuumpumpe sind zu berechnen. Temperatur des Betriebswassers $t_w = 15\,°\mathrm{C}$; anzusaugender Volumenstrom der trockenen Luft $Q_{1_L} = 250\,\mathrm{m^3/h} = 0{,}06944\,\mathrm{m^3/s}$, bezogen auf die Temperatur $t_L = 15\,°\mathrm{C}$ und den absoluten Ansaugedruck $p_1 = 220{,}7$ Torr $= 294{,}2$ mbar $= 0{,}2942 \cdot 10^5\,\mathrm{N/m^2} = 3{,}0$ mWS. Absoluter Enddruck der Verdichtung $p_2 = 809$ Torr $= 1079$ mbar $= 1{,}079 \cdot 10^5\,\mathrm{N/m^2} = 11{,}0$ mWS. Das Laufrad erhält vorwärts gekrümmte Schaufeln. Geschwindigkeitsbeiwert $\varkappa = 1$.

Der Teildruck der Luft beträgt im Ansaugezustand $p_{1_L} = p_1 - p_D = 220{,}7 - 12{,}8 = 207{,}9$ Torr $= 0{,}2772 \cdot 10^5\,\mathrm{N/m^2} = 2{,}83$ mWS, im Endzustand $p_{2_L} = 809 - 12{,}8 = 796{,}2$ Torr $= 1{,}062 \cdot 10^5\,\mathrm{N/m^2} = 10{,}83$ mWS.

Volumenstrom der gesättigten Luft im Ansaugezustand

$$Q_1 = Q_{1_L} \frac{p_1}{p_{1_L}} = 0{,}06944 \cdot \frac{0{,}2942 \cdot 10^5}{0{,}2772 \cdot 10^5} = 0{,}0737\ \mathrm{m^3/s}.$$

Mit diesen Werten sowie mit $\eta_{is} = 0{,}35$ errechnet sich nach Gl. (52,11) der Nennleistungsbedarf

$$P = 2{,}303\, p_{1_L} Q_1 \lg \frac{p_{2_L}}{p_{1_L}} \Big/ \eta_{is} = 2{,}303 \cdot 0{,}2772 \cdot 10^5 \cdot 0{,}0737 \lg \frac{1{,}062}{0{,}2772} \Big/ 0{,}35$$

$$= 7842\ \mathrm{W} = 7{,}842\ \mathrm{kW}.$$

Mit dem Beiwert $\varkappa = 1$ ist die kleinste für die Verdichtung erforderliche Umfangsgeschwindigkeit nach Gl. (52,7)

$$u_{2\min} = \frac{1}{\varkappa} \sqrt{\frac{1}{\varrho}(3\, p_{2_L} - 2\, p_{1_L})} = \sqrt{\frac{10^5}{10^3}(3 \cdot 1{,}062 - 2 \cdot 0{,}2772)} = 16{,}22\ \mathrm{m/s}.$$

Da Gl. (52,7) die Eintauchtiefe a, die endliche Schaufelzahl und andere, nicht erfaßbare Einflüsse unberücksichtigt läßt, erhöhen wir die Umfangsgeschwindigkeit auf $u_2 = 17{,}0$ m/s und erhalten mit der Drehzahl $n = 1450$ 1/min (24,17 1/s) einen Laufradhalbmesser

$$r_2 = \frac{u_2}{2\pi n} = \frac{17{,}0}{2\pi \cdot 24{,}17} = 0{,}112\ \mathrm{m} = 112\ \mathrm{mm},$$

ferner mit dem Nabenverhältnis $\nu = 0{,}5$ einen Nabenhalbmesser $r_n = 0{,}5 \cdot 112 = 56$ mm. Das Laufrad erhält $z = 14$ Schaufeln von der (in Umfangsrichtung gemessenen) mittleren Stärke $s = 6$ mm. Damit errechnet sich nach Gl. (52,3) als größte Exzentrizität

$$e_{\max} = \frac{r_2}{4\varkappa}(1 - \nu^2)\left[1 - \frac{s z}{(1 + \nu)\, r_2 \pi}\right] = \frac{112}{4} \cdot 0{,}75 \left(1 - \frac{6 \cdot 14}{1{,}5 \cdot 112 \cdot \pi}\right)$$

$$= 21 \cdot 0{,}8408 = 17{,}66\ \mathrm{mm}.$$

Bei dieser Exzentrizität würden die Schaufeln den Wasserring im Punkt D (Abb. 52.1) gerade berühren. Zur sicheren Trennung von Saug- und Druckseite verringern wir die Exzentrizität auf $e = 16$ mm und erhalten dadurch eine Eintauchtiefe $a = 2 \cdot 1{,}66 = 3{,}32$ mm. Berühren die Schaufeln die Gehäuseinnenwand bei A (Abb. 52.1), so ergibt sich ein lichter Gehäusehalbmesser $r_g = r_2 + e = 112 + 16 = 128$ mm. Für das betriebliche Verhalten und zur Geräuschminderung hat es sich als vorteilhaft erwiesen, einen Scheitelspalt x (Abb. 52.6) vorzusehen, wobei zu beachten ist, daß ein großer Spalt einen gewissen Druckausgleich zwischen Druck- und Saugseite verursacht und den Wasserring entsprechend vergrößert. Es sei hier $x = 1$ mm, mithin $r_g = 129$ mm.

Unter der Voraussetzung, daß der Spalt x keinen nennenswerten Einfluß auf Q_{th} hat, bestimmen wir die Radbreite nach Gl. (52,2) in Verbindung mit Gl. (52,4). Es ist

$$Q_{\mathrm{th}} = Q_1/\eta_v = 4 e b \varkappa r_2 \pi n.$$

Daraus folgt für $\eta_v = 0{,}85$ und $\varkappa = 1$ die Radbreite (ausschl. Zwischenwand)

$$b = \frac{Q_1}{4 e \varkappa r_2 \pi n \eta_v} = \frac{0{,}0737}{4 \cdot 0{,}016 \cdot 0{,}112 \cdot \pi \cdot 24{,}17 \cdot 0{,}85} = 0{,}1593\ \mathrm{m} \approx 160\ \mathrm{mm}.$$

Der Läufer erhält eine Zwischenwand und beiderseits Steuerscheiben mit einem Spiel von 0,2 mm zwischen diesen und dem Radkörper.

Den Drehwinkel α ermitteln wir nach Gl. (52,9a). Mit

$$x = \frac{1}{\frac{p_{2_L}}{p_{1_L}}\sqrt{1 - \frac{2 p_{1_L}}{\varrho u_2^2}\left(\frac{p_{2_L}}{p_{1_L}} - 1\right)}} = \frac{1}{3{,}831\sqrt{1 - \frac{2 \cdot 0{,}2772 \cdot 10^5}{1000 \cdot 17{,}0^2} \cdot 2{,}831}} = 0{,}386$$

und

$$f = 1 - \frac{s z}{(1 + \nu)\, r_2 \pi} = 1 - \frac{6 \cdot 14}{1{,}5 \cdot 112 \cdot \pi} = 0{,}8408$$

ist

$$\cos\alpha = 2 \cdot 0{,}386\,[1 + 0{,}1875 \cdot 0{,}8408(1 - 0{,}386)] - 1 = -0{,}1533 \text{ und } \alpha = 98{,}8°.$$

Bei diesem Drehwinkel – vom Halbmesser O_1D (Abb. 52.1) aus gerechnet – muß die Drucköffnung beginnen, wenn man die für Gl. (52,6) getroffenen und auch für Gl. (52,9a) gültigen Einschränkungen in Kauf nimmt.

Für die Ausbildung der beiderseitigen Saug- und Drucköffnungen gelten die Angaben des Unterabschnittes 4. Aus den dort angegebenen Gründen empfiehlt es sich, vor dem Beginn der Druckschlitze in den Steuerscheiben einige durch Sperrwasser beaufschlagte Bohrungen vorzusehen.

7. Ausführungsbeispiel. Der Aufbau einer einstufigen Wasserring-Vakuumpumpe geht aus Abb. 52.6 hervor. Der mit vorwärts gekrümmten Schaufeln versehene, exzentrisch im Gehäuse (*1*) rotierende Läufer (*2*) wird beiderseits durch die Steuerscheiben (*3*) begrenzt. Diese enthalten die Saugschlitze (*4*) und die Druckschlitze (*5*), welchen Bohrungen bzw. Plattenventile vorgelagert sind. Zur Abdichtung der mit Schonbuchsen versehenen Läuferwelle dienen Doppelstopfbuchsen (*6*), denen zur Sperrung und Kühlung Druckwasser zugeführt wird. Die beiderseits vorhandenen Wellenenden ermöglichen einen Rechts- oder Linkslauf der Pumpe. Das jeweils freie Wellenende wird durch eine Schutzhülse abgedeckt.

Während des Betriebes muß der Pumpe zur Ableitung der Verdichtungswärme, zur Ergänzung des Wasserrings und zur Abdichtung der Spalte beiderseits des Rades laufend kaltes Wasser zugeführt werden. Es gelangt durch den Anschluß (*7*) in die Kammern (*8*), von dort durch kleine Bohrungen an die Radnabe, dichtet die Zellen

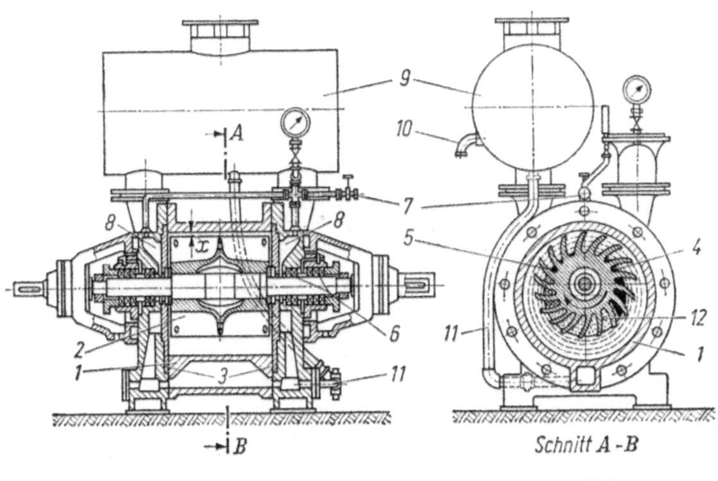

Abb. 52.6. Einstufige Wasserring-Vakuumpumpe (SSW)

seitlich ab und fließt in den Wasserring. Das in der verdichteten Luft enthaltene Wasser wird im Wasserabscheider (*9*) ausgeschieden, dessen Wasserspiegel durch einen Überlauf (*10*) auf gleicher Höhe gehalten wird. Zwecks Begrenzung des Wasserverbrauchs kann ein Teil des im Wasserabscheider anfallenden Wassers der Pumpe durch die Anschlußleitung (*11*) und die Bohrung (*12*) ungekühlt wieder zugeführt werden.

Vakuumpumpen dieser Art sind unter Verwendung von Druckschlitzen mit vorgelagerten Bohrungen bis etwa 110 Torr (147 mbar), unter Benutzung von Plattenventilen bis etwa 30 Torr (40 mbar) einsetzbar, wenn eine Betriebswassertemperatur $t_w \leqq 15\,°\mathrm{C}$ vorliegt. Bei kleineren Ansaugedrücken nimmt der Volumenstrom stark ab. Außerdem muß mit Kavitation gerechnet werden. Diesen Nachteilen kann man dadurch begegnen, daß man der Wasserringpumpe einen Luftstrahler als Zubringepumpe vorschaltet, dessen Druckstutzen unmittelbar mit dem Saugstutzen der Pumpe verbunden wird. Als Treibdruck dient der von der Vakuumpumpe erzeugte Druckunterschied, als Treibmittel atmosphärische Luft. Der unter der Einwirkung des Unterdrucks aus der Treibdüse austretende Strahl saugt aus der Vakuumleitung Luft an und verdichtet sie auf den für die Wasserringpumpe erforderlichen Ansaugedruck von 30···40 Torr (40···53 mbar). Auf diese Weise läßt sich der Druck in der Vakuumleitung bis auf etwa 8 Torr (10,7 mbar) erniedrigen. Das ist ohne Strahler bei der üblichen Wassertemperatur von 15 °C nicht möglich, weil sich das Wasser bei 12,8 Torr (17,1 mbar) bereits im Siedezustand befindet.

Der Einsatzbereich des Luftstrahlers bleibt allerdings auf $p_1 = 8 \cdots 30$ Torr (10,7···40 mbar) begrenzt. Bei höheren Ansaugedrücken ist der Betrieb der Pumpe ohne Luftstrahler wirtschaftlicher, weil der Energieverbrauch des Strahlers aus der Nutzleistung der Wasserringpumpe gedeckt werden muß.

Abb. 52.7 gibt die Kennlinien der Pumpe wieder. Sie beziehen sich auf die Wassertemperatur $t_w = 15\,°\mathrm{C}$ und den Gegendruck $p_2 = 760$ Torr (1013 mbar). Bereich *a*

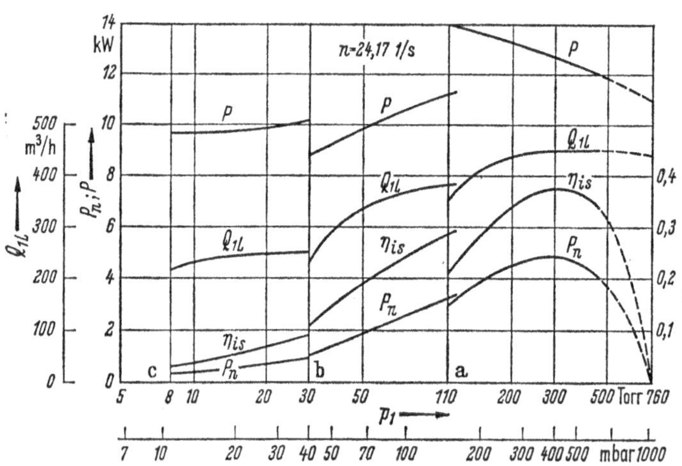

Abb. 52.7. Kennlinien einer einstufigen Wasserring-Vakuumpumpe, gültig für $t_w = 15\,°\mathrm{C}$ und Absaugung von trockener Luft bei 20 °C und 760 Torr (1013 mbar) Austrittsdruck, ermittelt nach Angaben von SSW

Bereich a: Steuerscheibe mit Bohrungen vor dem Druckschlitz. Bereich b: Steuerscheibe mit Plattenventil vor dem Druckschlitz. Bereich c: Ausführung wie unter b jedoch mit Luftstrahler entspricht der Normalausführung der Steuerscheibe mit Bohrungen vor dem Druckschlitz, Bereich *b* der Ausführung mit Plattenventil vor dem Druckschlitz, während Bereich *c* die Verhältnisse wie unter *b*, jedoch mit Verwendung eines Luftstrahlers wiedergibt.

Der maximale Betriebswasserverbrauch (Frisch- und Rücklaufwasser) beträgt für die Ausführung nach *a* (1,45 + 1,8) m³/h, für die Ausführungen nach *b* und *c* je (1,8 + 1,8) m³/h.

II. Wasserförderung. Wegen der Volumbeständigkeit des Fördermittels wirkt sich die druckseitige Querschnittsabnahme des sichelförmigen Raumes zwischen Gehäuse und Radkörper nachteilig aus. Mit dem Beginn der Querschnittsverkleinerung muß eine mit Drucksenkung verbundene Geschwindigkeitszunahme des Wasserrings eintreten, bis die Radzelle an den Druckschlitz gelangt ist. Erst danach kann die Druckzunahme einsetzen. Wasserförderung verlangt daher eine Vorverlegung des Druckschlitzes. Dadurch wird aber die Luftsaugefähigkeit der Pumpe herabgesetzt. Die Förderhöhe wird bei Wasserförderung weiter dadurch beeinträchtigt, daß das Förderwasser entgegen der Wirkung der Fliehkraft den Druckraum verlassen muß.

Die Wasserringpumpe arbeitet deshalb bei Wasserförderung mit einem geringen Wirkungsgrad. Aus diesem Grunde wird sie für Wasserförderung heute kaum noch ausgeführt. Da sie aber eine gute Luftsaugefähigkeit hat, findet sie als Entlüftungseinrichtung bei den mittelbar selbstansaugenden Kreiselpumpen vielfach Verwendung (Abb. 52.26). Als Hilfsflüssigkeit verträgt sie nur reines oder leicht getrübtes Wasser, weil Verunreinigungen zu vorzeitigem Verschleiß führen.

β) Seitenkanalpumpe

1. Wirkungsweise. Die selbstansaugende Seitenkanalpumpe ist von der Firma Siemen & Hinsch unter der Bezeichnung „Sihi-Pumpe“ entwickelt worden. Kennzeichnendes Bauelement ist wie bei der Wasserringpumpe ein offener parallelwandiger Kreisel mit radial gerichteten Schaufeln und einem geringen seitlichen Spiel gegenüber den Gehäusewandungen. Im Gegensatz zur ersteren ist aber der Kreisel zentrisch im Gehäuse gelagert (Abb. 52.9).

Luftförderung. Auch hier werden die Laufradzellen durch einen Wasserring am Radumfang abgeschlossen, der dem zu erzeugenden Druckunterschied standhalten muß. Während bei der Wasserringpumpe das Ansaugen und Ausschieben der Luft, also die Vergrößerung und Verkleinerung der Zelleninhalte, durch das verschieden

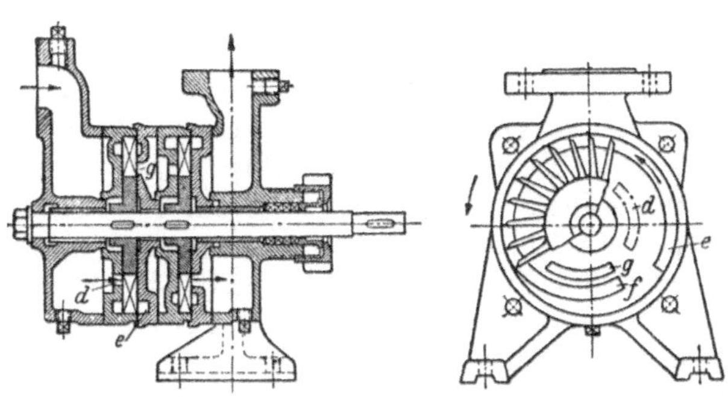

Abb. 52.9. Selbstansaugende Seitenkanalpumpe (Siemen & Hinsch)

tiefe Eintauchen der Schaufeln in den Wasserring erfolgt, wird diese Aufgabe hier durch einen oder zwei Seitenkanäle *e* übernommen, die an einer Stelle unterbrochen sind, also sich nahezu über den ganzen Umfang erstrecken. Die Tiefe der Seitenkanäle ist auf dem größten Teil ihrer Länge gleichbleibend, läuft aber am Anfang und Ende allmählich auf Null aus. Radial einwärts gegenüber dem Anfang des Seitenkanals liegt der Saugschlitz *d*, gegenüber seinem Ende *f* der Druckschlitz *g*. Gelangen nun bei der Drehung die Radzellen in den Bereich des Anfanges *e* des Seitenkanals, so wird durch die Fliehkraft ein Teil des zum Wasserring gehörenden Zelleninhaltes in den Seitenkanal gedrängt. Der Wasserring entfernt sich im Zellengrund von der Radnabe und saugt Luft durch den Saugschlitz *d* an. Der Saugvorgang ist beendet, wenn die Radzellen die größte Tiefe des Seitenkanals bzw. das Ende des Saugschlitzes erreicht haben. Da die Umfangsgeschwindigkeit des in den Seitenkanal ausgewichenen Wassers kleiner ist als die Geschwindigkeit des in den Laufradzellen verbliebenen Wassers, setzt eine später näher beschriebene Umlaufbewegung zwischen der Zellen- und der Kanalflüssigkeit ein, die in Strömungsrichtung längs des Kanals eine stetige Druckzunahme zur Folge hat. Dadurch tritt nun Wasser aus dem Seitenkanal in die Laufradzellen zurück und verdichtet die eingeschlossene Luft. Aus Gründen der Kontinuität verringert sich dabei die Umfangsgeschwindigkeit des Kanalinhaltes. Gelangen schließlich die Radzellen in den Bereich des Druckschlitzes *g* und an das Ende des Seitenkanals, so wird die verdichtete Luft durch das zwangsläufig aus dem Seitenkanal in die Radzellen strömende Wasser durch den Druckschlitz verdrängt. Die verdichtete Luft muß aus den Radzellen möglichst restlos entfernt werden, weil ein verbleibender Luftrest während des folgenden Ansaugens expandiert und das Ansaugevolumen verringert.

Durch die Einwärtsbewegung des Wassers zum Druckschlitz entgegen der Wirkung der Fliehkraft wird die von dieser bei der Auswärtsbewegung geleistete Arbeit wieder verbraucht. Trotzdem ist der im Seitenkanal strömende Wasserring in der Lage, einen Druckhöhenunterschied zwischen dem Saugschlitz *d* und dem Druckschlitz *g* zu erzeugen und aufrecht zu erhalten, der wesentlich größer ist als derjenige, der sich aus der Umfangsgeschwindigkeit des Wasserrings ergibt. Die Ursache ist die oben erwähnte Umlaufbewegung zwischen der Zellen- und der Kanalflüssigkeit, wodurch der letzteren fortgesetzt Energie aus den Laufradzellen zugeführt wird.

Wasserförderung. Um einen Einblick in die Vorgänge zu gewinnen, die sich zwischen den Laufradzellen und dem Seitenkanal abspielen, ist es im Hinblick auf die Kompliziertheit der tatsächlichen Strömungsverhältnisse angezeigt, von einer vereinfachten Darstellung auszugehen. Wir sehen dabei von einer zusätzlichen Druckerzeugung durch Fliehkraftwirkung zuächst ab und beschränken unsere Betrachtung auf einen Seitenkanal, der von Störungen durch den Wasserein- und -austritt frei ist. Der Querschnitt des Kanals sei halbkreisförmig und sein Radius klein gegenüber dem mittleren Radius r_m des Kanalringes (Abb. 52.10a).

Bei der Inbetriebnahme der Pumpe hat das mit den Laufradzellen rotierende Wasser eine höhere Umfangsgeschwindigkeit als das im Seitenkanal befindliche, dessen Geschwindigkeit anfänglich Null ist. Infolge der unterschiedlichen Fliehkräfte entstehen zwischen den Laufradzellen und dem Seitenkanal Druckunterschiede. So ist anfänglich die Druckzunahme von B nach A größer als die von D nach C (Abb. 52.10a). Die Druckunterschiede rufen zwischen den Laufradzellen und dem Seitenkanal eine Umlaufbewegung hervor, die sich mit der Durchflußströmung zu einer schraubenförmig gewundenen Bewegung zusammensetzt[1]. Ist die Beharrungsströmung voll ausgebildet, so wird das durch die Fliehkräfte verursachte Druckgefälle zur Aufrechterhaltung der Umlaufbewegung aufgebraucht, die Druckdifferenz zwischen den unmittelbar benachbarten Punkten A und C bzw. D und B daher verschwindend klein.

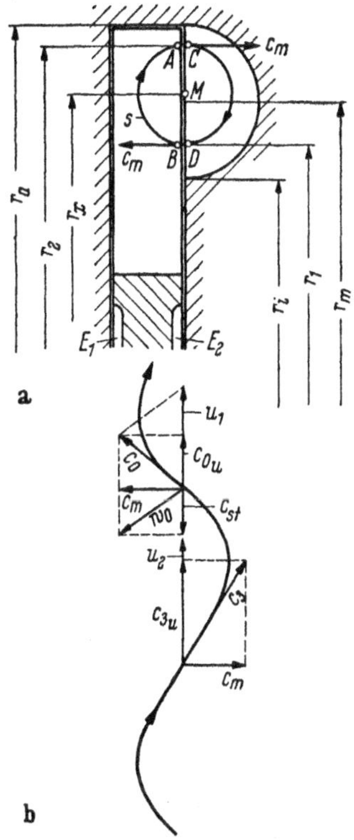

Abb. 52.10a u. b. Zur Wirkungsweise der Seitenkanalpumpe

In Abb. 52.10b ist die mittlere (wirksame) Bahn der umlaufenden Flüssigkeitsmasse mit gestreckter Achse der Schraubenlinie angedeutet, deren Zirkularprojektion im Aufriß (Abb. 52.10a) als in sich geschlossene Kurve s erscheint. Die in die Umfangsrichtung der Bahnkurve s fallende Geschwindigkeitskomponente der umlaufenden Masse werde als wirksame Meridiangeschwindigkeit c_m der Flüssigkeitsmasse angesehen. Dieser ist auf dem Halbmesser r_2 die Umfangsgeschwindigkeit u_2 und auf dem Halbmesser r_1 die Umfangsgeschwindigkeit u_1 zugeordnet. Die Durchflußgeschwindigkeit im Seitenkanal, deren über den Kanalquerschnitt gerechneter Mittelwert mit c'_Q bezeichnet werde, wird durch den Volumenstrom Q' der Pumpe bestimmt. Dieser setzt sich aus dem Nutzvolumenstrom Q und den Spaltverlusten zusammen. Nach unserer vereinfachten Darstellung verläßt nun das sekundlich umlaufende Flüssigkeitsvolumen — der Umlaufstrom U — oberhalb von M die Laufradzellen. Es hat dabei die wirksame Absolutgeschwindigkeit c_3 mit der Meridiankomponente c_m und der Umfangskomponente c_{3_u}, die für ebene Radialschaufeln mit $\gamma = 90°$ (Abb. 52.18a) kleiner als u_2 ist. Das austretende Wasser wird im Seitenkanal umgelenkt. Durch

[1] Ritter, C.: Über selbstansaugende Kreiselpumpen, Leipzig: Dr. M. Jänicke 1930; ferner H. Engels: Untersuchungen an Ringkanalpumpen (Seitenkanalpumpen), Diss. Techn. Hochschule Hannover 1940.

Impulswirkung verringert sich dabei die Umfangskomponente c_u des Umlaufstromes, während der Druck im Seitenkanal entsprechend wächst. Dieser Vorgang wird von der Unterbrechungsstelle des Seitenkanals erzwungen, gegen die sich die in Umfangsrichtung wirkende Druckkraft abstützt. Die Abnahme der Umfangskomponente und die Zunahme des Druckes bei der Umlenkung im Seitenkanal sind vom Volumenstrom Q' abhängig, und zwar sind beide um so größer, je kleiner Q' ist, d.h. je weniger die Wiedereintrittsstelle in das Laufrad in Umfangsrichtung verschoben ist.

Bei geschlossenem Druckschieber und fehlendem Spaltverlust tritt jedes Wasserteilchen in der gleichen Meridianebene wieder in das Laufrad ein, in welcher es die Laufradzelle verlassen hat. Wird der Druckschieber geöffnet, so ist die Eintrittsstelle um so mehr in Umfangsrichtung verschoben, je größer der Volumenstrom Q' ist. Unmittelbar vor dem Eintritt in das Laufrad hat das Wasser die wirksame Absolutgeschwindigkeit c_0 mit den Komponenten c_m und c_{0_u}. In den Radzellen wird es von neuem beschleunigt, worauf sich der geschilderte Vorgang wiederholt. Da die Umlenkung der Wasserteilchen im Seitenkanal während einer Umdrehung des Rades mehrmals eintritt, stellt sich eine erhebliche Drucksteigerung ein. Sie kann ein Vielfaches des Druckes betragen, der bei gleicher Umfangsgeschwindigkeit mit einer Kreiselpumpe normaler Bauart erzielbar ist. Gegenüber der Druckgewinnung durch Umwandlung der Umfangskomponente des Umlaufstroms tritt die bei selbstansaugenden Seitenkanalpumpen noch vorhandene Druckerzeugung durch Drallzunahme (Fliehkraftwirkung) ganz zurück, weil beim Überströmen des Wassers aus den Radzellen zum einwärts gelegenen Druckschlitz (Abb. 52.9), also entgegen der Wirkung der Fliehkraft, der vorher durch diese erzeugte Druck wieder verlorengeht. Neben dem Verlust an Druckhöhe hat die Einwärtsführung des Druckwassers bei selbstansaugenden Seitenkanalpumpen noch den Nachteil, daß spezifisch schwere Verunreinigungen, z.B. Sand, die mit dem Förderwasser in die Pumpe gelangen, sich längere Zeit in dem von den Schaufeln bestrichenen Ringraum aufhalten und vorzeitige Abnutzung bewirken können. Grundsätzlich sollen deshalb die selbstansaugenden Seitenkanalpumpen nur zur Förderung reiner oder getrübter Flüssigkeiten verwendet werden.

Die Empfindlichkeit gegen Verunreinigungen und der Druckverlust durch Einwärtsführung des Förderwassers kann vermindert bzw. vermieden werden, wenn das Druckwasser unmittelbar aus dem Seitenkanal nach außen abgeführt wird. Dadurch geht aber die Fähigkeit des Selbstansaugens, falls nicht besondere Vorkehrungen getroffen werden (Abb. 52.19), praktisch verloren. Das Gleiche ist der Fall, wenn auf die Druckerzeugung durch Fliehkraftwirkung ganz verzichtet wird, d.h. wenn der Saugstutzen unmittelbar an den Kanalanfang und der Druckstutzen unmittelbar an das Kanalende angeschlossen wird (Abb. 52.11).

2. Drosselkurve und Leistungsbedarf. Die rechnerische Vorausbestimmung der spezifischen Förderarbeit bzw. der Förderhöhe und des Leistungsbedarfs einer Seitenkanalpumpe ist allgemein nicht möglich, im Einzelfall nur näherungsweise unter Zuhilfenahme von Erfahrungswerten, die jeweils für eine bestimmte Bauart Gültigkeit haben. Der Grund dafür liegt vor allem darin, daß die Stärke des Umlaufstromes nicht bestimmbar ist. Sie ist abhängig von der Größe, der Formgebung und der Zahl der Seitenkanäle, von der Ausbildung und der Zahl der Laufradschaufeln, ferner von der Oberflächenrauhigkeit der vom Umlaufstrom berührten Teile. Einen wesentlichen Einfluß auf die Förderhöhe hat ferner — besonders bei Pumpen mit kleinen Volumenströmen — das axiale und radiale Spiel zwischen Laufrad und Leitradwandungen. Da der Druck im Seitenkanal von der Saug- zur Druckseite stetig zunimmt, stellt sich in den Räumen E_1 und E_2 (Abb. 52.10) ein mittlerer Druck ein. Über diese Räume fließt demnach fortgesetzt Flüssigkeit aus dem druckseitigen Teil des Seitenkanals in den saugseitigen.zurück. Ein weiterer wesentlicher Spaltverlust entsteht an der Unterbrechungsstelle des Seitenkanals, wo der Druckunterschied seinen Größtwert erreicht. Diese im voraus nicht bestimmbaren Mengenverluste ziehen ein entsprechendes Absinken der spezifischen Förderarbeit und der Förderhöhe nach sich.

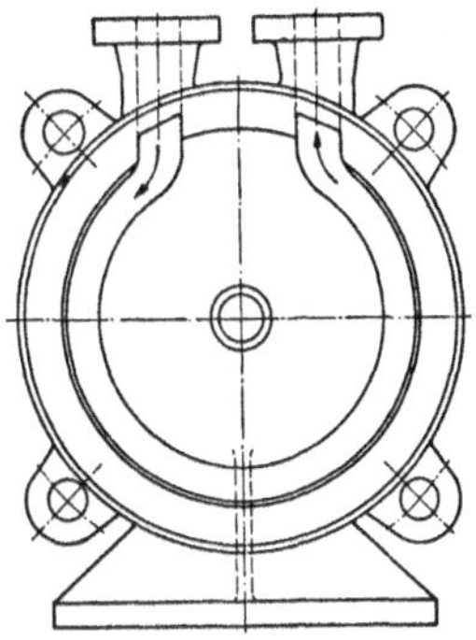

Abb. 52.11. Einstufige Seitenkanalpumpe mit unmittelbarem Anschluß des Wasserein- und -austritts an den Seitenkan al

Unter Ausschaltung der Druckerzeugung durch Fliehkraft — also bei einem Seitenkanal mit unmittelbarem Ein- und Austritt der Flüssigkeit — beruht die Druckerzeugung nach dem Vorhergehenden nur auf der Abnahme der Umfangskomponente bei der Umlenkung des Umlaufstromes U im Seitenkanal. Sie ist, da es sich um einen gekrümmten Kanal handelt, mit Hilfe des Drallsatzes bestimmbar. Bei seiner Anwendung setzen wir voraus, daß der Kanal kreisförmig um die Radachse verläuft und auf seiner ganzen Länge einen gleichbleibenden Querschnitt hat. Störungen des Umlaufstromes durch den Wasserein- und -austritt seien ausgeschlossen. Die wirksame Umfangskomponente c_{3_u} und die wirksame Meridiankomponente c_m, somit auch der Umlaufstrom U, bleiben während jedes Umlaufs konstant. Sie werden durch Reibung, Stoßwirkung, Spaltverluste, sowie durch die endliche Dicke und Zahl der Laufschaufeln nicht beeinflußt. Die Strömung sei also reibungsfrei, stationär und achsensymmetrisch. In jeder Meridianebene liegt dann das Zentrum M der Umlaufbewegung (Abb. 52.10a) auf dem Kreise mit dem Radius $r_x = \sqrt{(r_a^2 + r_i^2)/2}$, wie sich aus der Gleichheit der Flächen für das mit c_m eintretende und wieder austretende Flüssigkeitsvolumen ergibt.

Die Schubwirkung der Flüssigkeitsmasse des Umlaufstroms U in Umfangsrichtung errechnet sich aus der Dralländerung der wirksamen Umfangskomponenten c_{3_u} und c_{0_u} (Abb. 52.10b). Nach dem Drallsatz wirkt längs der mittleren Länge dl des Seitenkanals auf die sekundliche Masse $d\dot{m} = \varrho\, dU$ des Umlaufstroms das Drehmoment

$$dM = \varrho\, dU\,(r_2 c_{3_u} - r_1 c_{0_u})\,.$$

Die gleiche Größe hat auch das Reaktionsmoment, das bei fehlender Wandreibung von $d\dot{m}$ auf die Unterbrechungsstelle des Seitenkanals ausgeübt wird. Diesem Moment entspricht — auf Kanalmitte bezogen — in Umfangsrichtung die Schubkraft

$$dS = \varrho\, \frac{dU}{r_m}\,(r\ \ c_{3_u} - r_1 c_{0_u})$$

und die Zunahme des spezifischen Flächendrucks

$$dp = \frac{dS}{q} = \varrho \frac{dU}{q r_m} (r_2 c_{3_u} - r_1 c_{0_u}),$$

wenn q die Querschnittsfläche des Seitenkanals bezeichnet. Für gleichbleibende Meridiankomponente c_m, also für unveränderten Umlaufstrom, nimmt der Flächendruck längs des Kanals linear zu. Somit ergibt sich für die ganze Kanallänge l die Druckzunahme

$$p = \varrho \frac{U}{q r_m} (r_2 c_{3_u} - r_1 c_{0_u}) \tag{52,12}$$

und die spezifische Schaufelarbeit

$$\frac{p}{\varrho} = Y_{\text{Sch}} = g H_{\text{th}} = \frac{U}{q r_m} (r_2 c_{3_u} - r_1 c_{0_u}). \tag{52,13}$$

H_{th} ist die theoretische Förderhöhe der Pumpe. Setzt man die mittlere Durchflußgeschwindigkeit im Seitenkanal näherungsweise $c'_Q = Q'/q = (c_{3_u} + c_{0_u})/2$, so ist mit $c_{0_u} = 2Q'/q - c_{3_u}$

$$H_{\text{th}} = \frac{U}{g q r_m} \left[(r_1 + r_2) c_{3_u} - 2 r_1 \frac{Q'}{q} \right]. \tag{52,14}$$

Für unveränderliche Werte von U und c_{3_u} ergibt sich hiernach als $H_{\text{th}} - Q'$-Kurve im Koordinatensystem eine gerade Linie (Gerade ab, Abb. 52.12).

Die für eine wirkliche Flüssigkeit zu erwartende Drosselkurve stimmt indes mit der $H_{\text{th}} - Q'$-Geraden nicht überein. Zunächst verursachen die Reibung im Seitenkanal und in den angrenzenden Zu- und Abflußkanälen der Pumpe sowie die plötzlichen Geschwindigkeitsänderungen in diesen Kanälen einen Energieverlust mit einer Verlusthöhe, die sich mit $\Delta H_1 = \zeta_1 Q'^2$ anschreiben läßt. Diese Funktion ist in Abb. 52.12 als Parabel dargestellt. Ferner entsteht beim Wiedereintritt der Flüssigkeit in die Laufradzellen ein Schaufelstoß, der sich bei ebenen Schaufeln ($\gamma = 90°$, Abb. 52.18a) über den ganzen Förderbereich erstreckt und eine weitere Verlusthöhe verursacht. Die Stoßgeschwindigkeit c_{st} (Abb. 52.10) ist die Umfangskomponente der relativen Eintrittsgeschwindigkeit w_0 und folgt aus $c_{st} = c_{0_u} - u_1$. Da c_{0_u} mit sinkendem Volumenstrom abnimmt und schließlich negativ wird, liegt die

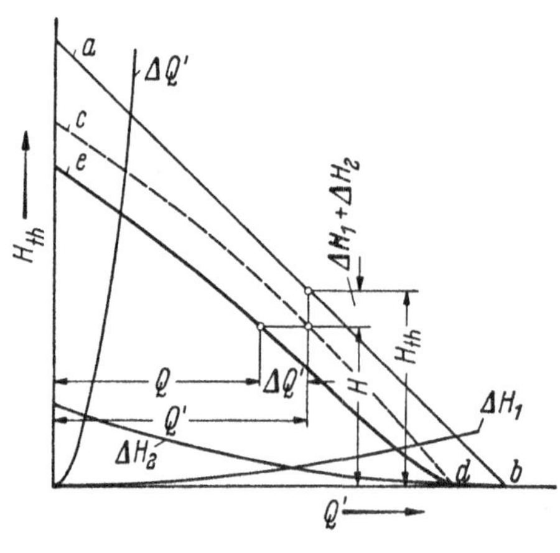

Abb. 52.12. Entstehung der Drosselkurve der Seitenkanalpumpe

größte Stoßgeschwindigkeit $c_{st_{max}}$ offenbar bei Nullförderung vor. Nimmt man näherungsweise an, daß zwischen Stoßgeschwindigkeit und Volumenstrom ein linearer Zusammenhang besteht, und daß c_{st} für $H_{th} = 0$, also für den größten Volumenstrom Q'_{max} verschwindet, so erhält man als Verlusthöhe den Ausdruck $\Delta H_2 = \zeta_2 (Q'_{max} - Q')^2$, der im Diagramm ebenfalls eine Parabel liefert. Durch Abzug der Summe $\Delta H_1 + \Delta H_2$ von den Ordinaten der Geraden $a\,b$ ergibt sich die gestrichelte Linie $c\,d$.

Schließlich entweicht ein Teil des Volumenstroms Q' unmittelbar durch den Spalt zwischen Laufrad und umgebender Wandung von der Druck- zur Saugseite des Seitenkanals. Dieser Spaltverlust ist von der Spaltweite und den bestehenden Druckunterschieden abhängig. Denkt man sich den Verlust auf die Unterbrechungsstelle des Seitenkanals, also auf die Stelle mit dem größten Druckunterschied vereinigt, so läßt er sich durch die Gleichung $\Delta Q' = \zeta_3 H^{1/2}$ angeben, die in Abb. 52.12 gleichfalls als Parabel erscheint. Nach Abzug von $\Delta Q'$ erhält man die Kurve $e\,d$ als qualitativ zu erwartende $Q - H$-Linie. Da diese unterhalb der Kurve $c\,d$ liegt, so zeigt sich, daß der Spaltverlust sich praktisch als ein Verlust an Förderhöhe auswirkt. Ein der Kurve $e\,d$ nahekommender Kennlinienverlauf läßt sich auch an ausgeführten Pumpen beobachten (Abb. 52.13)[1].

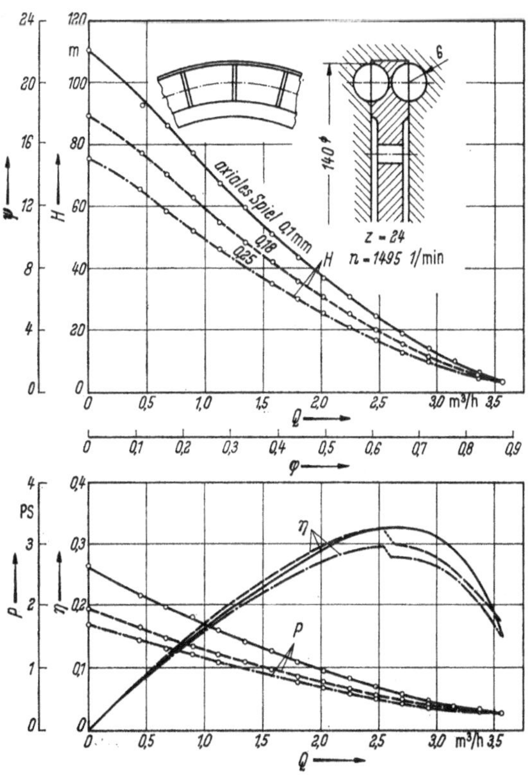

Abb. 52.13. Kennlinien einer einstufigen Seitenkanalpumpe mit unmittelbarem Anschluß der Saug- und Druckleitung an den Seitenkanal (EDUR-Pumpenfabrik)

[1] Ferner Engels, H.: Untersuchungen an Ringkanalpumpen (Seitenkanalpumpen), Diss. Techn. Hochschule Hannover 1940.

Nun kann aber weder der Umlaufstrom U noch die Umfangskomponente c_{3_u} für jeden Volumenstrom einer gegebenen Seitenkanalpumpe als konstant angesehen werden. Für ebene Radialschaufeln mit $\gamma = 90°$ (Abb. 52.18a) und sehr große Schaufelzahl ist c_{3_u} etwa gleich der Umfangsgeschwindigkeit u_2, für die praktisch üblichen Schaufelzahlen jedoch kleiner als u_2, weil der Schaufeldruck ein gewisses Rückströmen um die Schaufelkante zur Folge hat. Mit abnehmendem Q', also wachsender Förderhöhe, vergrößert sich der Schaufeldruck. Es ist deshalb zu erwarten, daß c_{3_u} mit sinkendem Volumenstrom abnimmt.

Die Größe der Meridiankomponente c_m und damit die Stärke des Umlaufstroms U wird durch die Reibungs- und Stoßwiderstände in den Laufradzellen und im Seitenkanal, besonders aber durch die Druckunterschiede zwischen den Laufradzellen und dem Seitenkanal bestimmt, die ja die Ursache für das Entstehen des Umlaufstromes sind. Die Druckunterschiede haben ihren Kleinstwert bei $Q_{\max}$ und vergrößern sich stetig mit abnehmendem Volumenstrom. Im gleichen Sinn muß sich auch der Umlaufstrom ändern, wenn die Reibungs- und Stoßwiderstände gewisse Grenzen nicht überschreiten. Diese Veränderlichkeit von c_{3_u} und U wird durch Messungen von Engels[1] an einer der Ausführung in Abb. 52.13 ähnlichen Seitenkanalpumpe mit besonders günstiger Führung des Umlaufstroms bestätigt. Während somit der Umlaufstrom U mit kleiner werdendem Volumenstrom zunimmt, verringert sich gleichzeitig die Umfangskomponente c_{3_u}. Die Änderungen ΔU und Δc_{3_u} beeinflussen demnach die Gestalt der Drosselkurve in gegensätzlichem Sinn. Überwiegt der Einfluß von ΔU, so entsteht eine Drosselkurve, deren Steilheit mit abnehmendem Volumenstrom wächst (Abb. 52.16).

Außer den genannten Ursachen können aber noch weitere Vorgänge auf die Gestalt der Drosselkurve einwirken. Die bisherigen Ausführungen über die Veränderlichkeit der Umfangskomponente c_{3_u} beziehen sich auf ein gegebenes Laufrad, also auf eine bestimmte Schaufelzahl. Ändert sich diese, so ergibt sich bei gleichbleibendem Raddurchmesser und unveränderter Umfangsgeschwindigkeit eine andere Umfangskomponente. Sie nimmt mit wachsender Schaufelzahl zu. Vergrößerung der Schaufelzahl läßt demnach auf eine größere Förderhöhe schließen. Abb. 52.14 gibt Versuchswerte von Schmiedchen[2] wieder, die an einer Pumpe mit ebenen Radialschaufeln ($\gamma = 90°$) und veränderlicher Schaufelzahl gewonnen wurden. An Stelle der Förderhöhe H und des Volumenstroms Q sind in der Abbildung die entsprechenden dimensionslosen Größen verwendet worden, und zwar die Druckzahl $\psi = 2Y/u_m^2 = 2gH/u_m^2$ und die Lieferzahl $\varphi = c_Q/u_m$. In beiden Fällen ist die Umfangsgeschwindigkeit auf die Kanalmitte bezogen. Die mittlere Geschwindigkeit c_Q errechnet sich aus $c_Q = Q/q$,[3] wobei Q den gemessenen (nutzbaren) Volumenstrom und q den Kanalquerschnitt bezeichnet.

Die Druckzahl ψ in Abb. 52.14 bezieht sich nur auf den mittleren, einen Bogen von 180° umfassenden Teil des Seitenkanals. Sie ist in Abhängigkeit von der Schaufelzahl z sowie der Lieferzahl φ als Parameter aufgetragen. Die Abbildung läßt erkennen, daß

---

[1] Siehe Fußnote 1, S. 287.

[2] Schmiedchen, W.: Untersuchungen über Kreiselpumpen mit seitlichem Ringkanal. Diss. Techn. Hochschule Dresden 1932.

[3] Die tatsächlich im Seitenakanal vorhandene mittlere Geschwindigkeit c_Q' ist größer als c_Q, und zwar um den Betrag Δc_Q, der dem Spaltverlust entspricht.

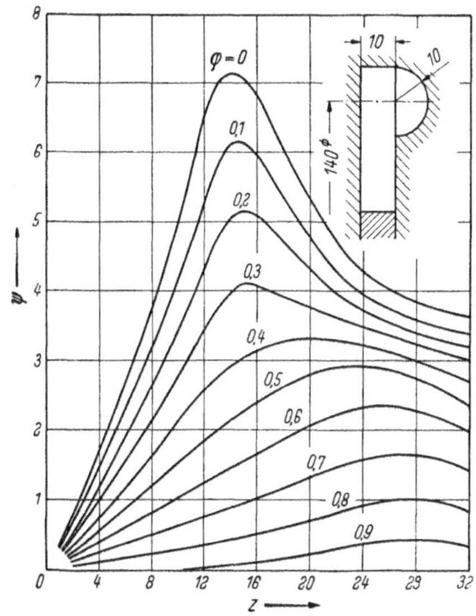

Abb. 52.14. Die Druckzahl ψ in Abhängigkeit von der Schaufelzahl z und der Lieferzahl φ (nach Schmiedchen)

die Druckzahl mit wachsender Schaufelzahl zunächst stetig zunimmt, wobei sich steile Drosselkurven (φ — ψ-Kurven) ergeben. Das trifft aber nur so lange zu, als die Schaufelzahl eine bestimmte Grenze nicht überschreitet. Wird sie darüber hinaus vergrößert, krümmt sich die Drosselkurve im Bereich kleiner Lieferzahlen mit der Schaufelzahl zunehmend nach unten hin ab, während die Druckzahl im übrigen Bereich noch ansteigt. Sehr große Schaufelzahl hat aber ein Absinken der Druckzahl über das ganze Arbeitsgebiet zur Folge.

Die Ursache für das Abbiegen der Drosselkurven im Teillastgebiet ist in der Schwächung des Umlaufstromes zu suchen, die durch einen verstärkten Schaufelstoß beim Wiedereintritt des Wassers in die Radzellen hervorgerufen wird. Die Stoßgeschwindigkeit c_{st} (Abb. 52.10) ist bei ebenen Radialschaufeln ($\gamma = 90°$) die negative Differenz zwischen der Umfangsgeschwindigkeit u_1 und der Umfangskomponente c_{0_u}. Da letztere mit sinkendem Volumenstrom gleichfalls abnimmt und schließlich in negative Werte übergeht, wächst c_{st} allgemein mit sinkendem Volumenstrom an. Bei kleiner Schaufelzahl, d.h. großem Schaufelabstand, bleibt der Einfluß des verstärkten Schaufelstoßes im Teillastgebiet offenbar gering, so daß eine Drosselkurve entsteht, die mit abnehmendem Volumenstrom stetig ansteigt (Abb. 52.14 u. 52.16). Große Schaufelzahl, also kleiner Schaufelabstand, hat aber im Gebiet kleiner Lieferzahlen anscheinend eine Abbremsung des Umlaufstroms zur Folge. Die Kennlinien der Förderhöhe und des Leistungsbedarfs erscheinen in diesem Gebiet daher mehr oder weniger nach unten gekrümmt (Abb. 52.14 u. 52.15), eine Eigenschaft, die zur Vermeidung übermäßig hoher Drücke und Leistungsaufnahmen bei geschlossenem Druckschieber häufig erwünscht ist.

Das Abbiegen der Kennlinien im Teillastgebiet beobachtet man in geringerem Maße bei einer Ausbildung der Laufradzellen nach Abb. 52.13, wodurch das Entstehen eines starken Umlaufstromes begünstigt wird.

Abb. 52.15 veranschaulicht die Kennlinien einer Pumpe mit radialer Zuführung des Wassers zu den Seitenkanälen und tangentialer Abführung, bei welcher also neben

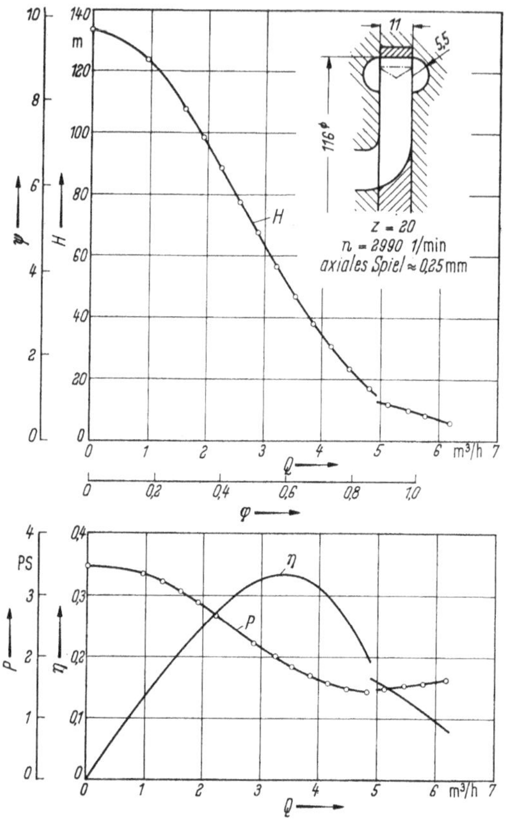

Abb. 52.15. Kennlinien einer einstufigen Seitenkanalpumpe mit radialer Zuführung des Wassers zu den Seitenkanälen und tangentialer Abführung des Förderwassers (EDUR-Pumpenfabrik)

der Umlenkung noch die Drallzunahme (Fliehkraftwirkung) zur Druckerzeugung herangezogen wird. Als Folge davon bestehen die Kennlinien aus zwei Teilen, die sprungartig ineinander übergehen. Für die schwach s-förmig gekrümmte Drosselkurve sind neben den Koordinaten H und Q noch die Druckzahl $\psi = 2Y/u_m^2 = 2gH/u_m^2$ und die Lieferzahl $\varphi = c_Q/u_m$ aufgetragen. Die Umfangsgeschwindigkeit ist auch hier wie in den anderen Abbildungen auf die Kanalmitte bezogen.

Bei großen Volumenströmen, also einer Lieferzahl $\varphi \geqq 1$, kann sich offenbar keine Umlaufströmung ausbilden. In diesem Bereich haben die Kennlinien — das gilt besonders für den Leistungsbedarf — den für langsamläufige Kreiselpumpen der normalen Bauart charakteristischen Verlauf. Erst wenn mit abnehmendem Volumenstrom die Durchflußgeschwindigkeit c_Q' um einen gewissen Betrag unter den Wert von u_m gesunken ist, d.h. wenn die erforderlichen Druckunterschiede zwischen den Laufradzellen und dem Seitenkanal entstehen, setzt die Umlaufströmung ein, was durch steilen Anstieg der Förderhöhe und des Leistungsbedarfs zum Ausdruck kommt. Abweichend vom Verhalten der langsamläufigen Kreiselpumpe der normalen Bauart erreicht der Leistungsbedarf an *der* Stelle seinen Größtwert, wo die größte Förderhöhe vorliegt, im allgemeinen also bei Nullförderung.

Während die Drossel- und Leistungskurve, nach Abb. 52.15 infolge größerer Schaufelzahl ($z = 20$), also kleinerer Teilung, in ihrem oberen Teil nach unten abgekrümmt sind, haben sie für die Ausführung nach Abb. 52.16 mit der kleineren Schaufelzahl $z = 12$ in diesem Teil einen geradlinig aufsteigenden Verlauf, was auf eine geringere Schwächung des Umlaufstromes schließen läßt.

Wie sehr die Förderhöhe der Seitenkanalpumpe vom Spaltverlust abhängig ist, geht aus Abb. 52.13 hervor, welche Versuchsergebnisse an einer Pumpe von kleiner Förderleistung wiedergibt. Eine geringe Vergrößerung des axialen Spiels des Laufrades hat hier bereits eine beträchtliche Einbuße an Förderhöhe zur Folge.

Aus den Druckzahlen ψ der drei in den Abb. 52.13, 52.15 und 52.16 dargestellten Bauarten geht aber andererseits hervor, daß mit einer Seitenkanalpumpe Förderhöhen erreicht werden können, welche die einer Kreiselpumpe der normalen Bauart um ein Vielfaches übertreffen.

Die Gültigkeit des Affinitätsgesetzes wurde im Drehzahlbereich $n = 1000$ bis 1440 1/min auch für die Seitenkanalpumpe nachgewiesen[1]. Abweichend davon ergaben Versuche an Seitenkanalpumpen, die mit $n = 2990$ 1/min betrieben wurden, bei einer Senkung der Drehzahl auf 1495 1/min für die verringerte Drehzahl etwas größere Förderhöhen als die Umrechnung nach dem Affinitätsgesetz.

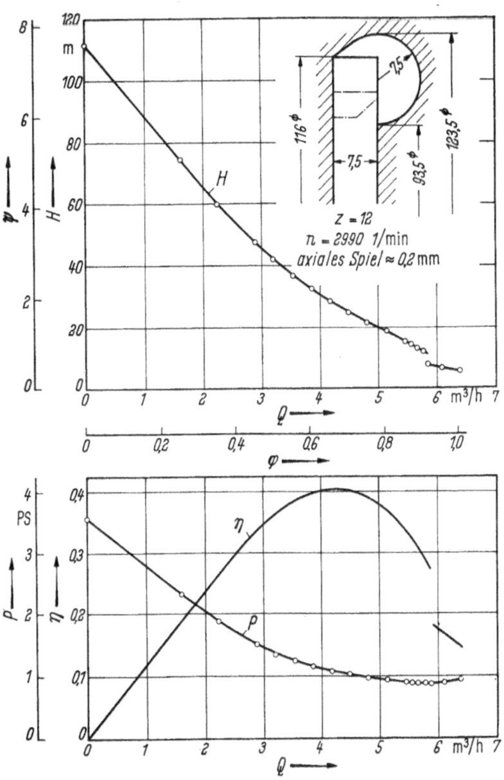

Abb. 52.16. Kennlinien einer einstufigen Seitenkanalpumpe mit radialer Zuführung und tangentialer Abführung des Förderwassers (EDUR-Pumpenfabrik)

[1] Ritter, C.: Zit. S. 282.

3. Der Wirkungsgrad. Die Verluste der Seitenkanalpumpe sind z.T. erheblich größer als die der Kreiselpumpe der normalen Bauart. Das gilt besonders für den Spaltverlust, der sich in einer Verkleinerung der Förderhöhe auswirkt. Der Wiedereintritt des Umlaufstromes in die Radzellen verursacht einen Schaufelstoß, welcher sich bei den üblichen Schaufelprofilen nach Abb. 52.18a über das ganze Arbeitsgebiet erstreckt, besonders aber im Teillastgebiet hervortritt. Ein zusätzlicher Verlust ergibt sich durch die Unterbrechungsstelle des Seitenkanals. Die Geschwindigkeitsenergie der Relativströmung in den Laufradkanälen wird hier bei jeder Umdrehung des Rades vernichtet und muß anschließend neu erzeugt werden.

Neben diesen Verlusten bestimmen die Einbußen durch Reibung und Querschnittsänderung in den Kanälen, ferner die mechanischen Verluste in den Lagern und Stopfbuchsen sowie die Radreibung den Gesamtwirkungsgrad $\eta = P_n/P$ als Verhältnis der Nutzleistung P_n zur aufgenommenen Leistung P.

Die Nutzleistung errechnet sich aus $P_n = Q\varrho Y$, wenn Q und Y die an der Pumpe gemessenen Werte des Volumenstroms und der spezifischen Förderarbeit bezeichnen. Mit dem hydraulischen Wirkungsgrad $\eta_h = Y/Y_{\text{Sch}}$ als Verhältnis der spezifischen Förderarbeit zur spezifischen Schaufelarbeit ist unter Benutzung von Gl. (52,13)

$$Y = Y_{\text{Sch}}\,\eta_h = \frac{U}{q\,r_m}(r_2 c_{3_u} - r_1 c_{0_u})\,\eta_h,$$

also

$$P_n = \frac{Q\,\varrho\,U}{q\,r_m}(r_2 c_{3_u} - r_1 c_{0_u})\,\eta_h.$$

Die an die sekundlich umlaufende Masse in Umfangsrichtung übertragene Kraft beträgt — auf Kanalmitte bezogen — nach Gl. (52,12)

$$F = p\,q = \varrho\frac{U}{r_m}(r_2 c_{3_u} - r_1 c_{0_u}).$$

Somit erhält man mit der für Kanalmitte gültigen Umfangsgeschwindigkeit u_m und unter Berücksichtigung des mechanischen und des Radreibungs-Verlustes durch den mechanischen Wirkungsgrad η_m als aufgenommene Leistung der Pumpe

$$P = \frac{\varrho\,U}{r_m}(r_2 c_{3_u} - r_1 c_{0_u})\frac{u_m}{\eta_m}.$$

Nunmehr ist

$$\eta = \frac{P_n}{P} = \frac{\dfrac{Q\,\varrho\,U}{q\,r_m}(r_2 c_{3_u} - r_1 c_{0_u})\,\eta_h}{\dfrac{\varrho\,U}{r_m}(r_2 c_{3_u} - r_1 c_{0_u})\dfrac{u_m}{\eta_m}} = \frac{c_Q}{u_m}\eta_h\,\eta_m = \varphi\,\eta_h\,\eta_m. \qquad (52,15)$$

Hiernach ist der Gesamtwirkungsgrad eine Funktion der Lieferzahl φ, was erstmals von Engels[1] nachgewiesen wurde. Setzt man $\eta_h = 1$ und $\eta_m = 1$, so ergibt sich ein Grenzwirkungsgrad, der nicht überschritten werden kann und durch $\eta_{gr} = \varphi$ gegeben ist. Da Gl. (52,15) keine konstruktiven Bedingungen enthält, ist sie allgemeingültig. Ihr unterliegen alle Seitenkanalpumpen ohne Rücksicht auf die konstruktive Durchbildung, sofern die Druckerzeugung ausschließlich im Seitenkanal erfolgt. Somit verlaufen die Wirkungsgradkurven aller Seitenkanalpumpen unterhalb der Gera-

[1] Zit. S. 287.

den $\eta_{gr} = \varphi$. Dieses Ergebnis wird nach Abb. 52.17 durch eine Reihe von Wirkungsgradkurven bestätigt, die an Seitenkanalpumpen verschiedener Bauart und Größe ermittelt wurden. Die Pumpen nach Kurve *1*, *2* und *4* sind reine Seitenkanalpumpen, während in der Pumpe nach Kurve *3* noch die Fliehkraft (Drallzunahme) mit einem kleinen Betrag an der Förderleistung beteiligt ist. Dadurch findet die im Überlastbereich weiter ausladende Kurve ihre Erklärung.

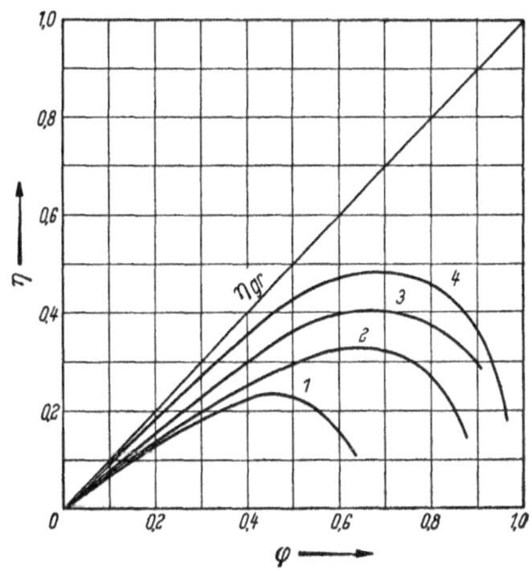

Abb. 52.17. An Seitenkanalpumpen verschiedener Bauart und Größe ermittelte Wirkungsgrade. Kurve 4 nach Engels

Gute Wirkungsgrade können offenbar nur bei entsprechend großer Lieferzahl erwartet werden, also in einem Arbeitsbereich, in welchem die Förderhöhe schon auf einen geringen Betrag abgenommen hat (Abb. 52.13). Die bei kleiner Lieferzahl vorhandene große Förderhöhe der Seitenkanalpumpe ist daher stets an einen geringen Wirkungsgrad gebunden. Allgemein lassen sich mit einer Seitenkanalpumpe, wie auch aus den Abb. 52.13, 52.15, 52.16 hervorgeht, nur mäßige Bestwirkungsgrade erzielen, was den durch die besondere Art der Energieübertragung im Lauf- und Leitrad entstehenden erheblichen Verlusten zuzuschreiben ist.

Nach Versuchen von Pfaff[1] ist ein von φ abhängiger Grenzwirkungsgrad nicht mehr vorhanden, wenn die Laufradbeschaufelung einen mit dieser umlaufenden ringförmigen Kern erhält, um den der Umlaufstrom rotiert, und wenn außerdem im inneren, der Radachse zugewandten Teil des Seitenkanals Leitschaufeln angeordnet werden. Die Wirkung des Leitgitters verlagert den Bestwirkungsgrad unter geringer Abnahme seines Betrages in ein Gebiet mit kleinerer Lieferzahl. Dabei verringert sich der Leistungsbedarf im Teillastgebiet wesentlich. Gleichzeitig nimmt aber auch die Druckzahl im gesamten Arbeitsbereich ab.

Der Einbau eines ringförmigen Kerns in die Beschaufelung des Laufrades und eines Leitgitters in den Seitenkanal erfordert einen verhältnismäßig großen Kanalquerschnitt. Dadurch ergibt sich ein entsprechend großer Volumenstrom, welcher das der Seitenkanalpumpe praktisch zukommende Arbeitsgebiet — kleine Volumenströme bei großen Förderhöhen — überschreitet.

[1] Pfaff, H.: Vergleichende Untersuchungen an Seitenkanalpumpen mit und ohne Leitrad, Diss. Techn. Hochschule Hannover 1960. Gekürzte Wiedergabe in „Konstruktion“ 13 (1961) H. 2, S. 57—66.

4. Hinweise für den Entwurf. Die Druckzahl der Seitenkanalpumpe ist mit der Ausbildung des Seitenkanals und des Laufrades sowie der Wasserzu- und -abführung in weiten Grenzen veränderlich. Entsprechend ändert sich auch der Umlaufstrom, der ja die Ursache des Druckanstiegs ist. Da es nicht möglich ist, eine Beziehung zwischen dem Umlaufstrom und der Ausbildung des hydraulischen Teils der Pumpe anzugeben, können ihre Abmessungen beim Entwurf nur näherungsweise unter Anlehnung an vorhandene Ausführungen bestimmt werden. Man geht dabei von der Druckzahl einer bekannten Vergleichsausführung aus, die auch hinsichtlich der Wasserzu- und -abführung mit der zu entwerfenden Pumpe übereinstimmt. Es ist also zu beachten, ob reine Seitenkanalwirkung vorliegt, oder ob zur Druckerzeugung neben der Umlenkung im Seitenkanal noch die Fliehkraftwirkung herangezogen wird. Nach Wahl der Drehzahl und des mittleren Raddurchmessers, der mit dem mittleren Durchmesser des Seitenkanalringes identisch sei, erhält man zunächst die mittlere Umfangsgeschwindigkeit u_m. Aus dieser und der vorher bestimmten Druckzahl ψ errechnet sich die spezifische Förderarbeit je Stufe $Y_{st} = \psi u_m^2/2$ bzw. die Stufenförderhöhe $H_{st} = \psi u_m^2/2g$. Sie liefern mit der Gesamtförderarbeit Y bzw. der Gesamtförderhöhe H die Stufenzahl $i = Y/Y_{st} = H/H_{st}$. Damit sich für i eine ganze Zahl ergibt, ist nachträglich eine Korrektur von u_m erforderlich.

Zur Wahl der Drehzahl und der Druckzahl ist folgendes zu sagen: Als Antriebsmaschine der Pumpe dient in der Regel ein Drehstrommotor. Bei ausgeführten Pumpen ist deshalb die Drehzahl $n = 1425$ 1/min (23,75 1/s) vorherrschend. Zur Verringerung der Abmessungen (Raddurchmesser und Stufenzahl) kann die Pumpe auch mit $n = 2850$ 1/min (47,5 1/s) betrieben werden. Man muß dann allerdings ein stärkeres Geräusch in Kauf nehmen, das häufig als störend empfunden wird.

Aus den Abb. 52.13, 52.15 und 52.16 geht hervor, daß die Druckzahl der Seitenkanalpumpe in hohem Maße von der Lieferzahl abhängig ist. Es ist naheliegend, ψ nach der Lieferzahl des besten Wirkungsgrades zu bestimmen, die je nach der Höhe des Wirkungsgrades etwa in dem Bereich $0{,}5 \leqq \varphi \leqq 0{,}7$ auftritt. Nun liegen aber in diesem Gebiet im allgemeinen relativ kleine Druckzahlen vor, die eine größere Stufenzahl bzw. größere Raddurchmesser erfordern. Da die Seitenkanalpumpe ihrem Wesen nach nur für kleine Volumenströme verwendet wird, so daß der Kraftbedarf häufig gegenüber einer einfachen und billigen Ausführung zurücktritt, kann es ratsam sein, für die Druckzahl unter Inkaufnahme eines gewissen Verlustes an Wirkungsgrad einen kleineren φ-Wert zugrunde zu legen.

Durch die Lieferzahl $\varphi = c_Q/u_m$ und u_m ist gleichzeitig die nutzbare mittlere Geschwindigkeit c_Q im Seitenkanal festgelegt. Der Querschnitt des Kanals ergibt sich aus dem vorgeschriebenen Volumenstrom Q und der Geschwindigkeit c_Q[1]. Dabei ist zu prüfen, ob der gewählte Raddurchmesser in einem geeigneten Größenverhältnis zum Kanalquerschnitt steht. Wichtig ist ferner die Querschnittsform. Grundsätzlich ist der Kanalquerschnitt unter Vermeidung von Toträumen so auszubilden, daß der Umlaufstrom einen möglichst geringen Widerstand findet. Als günstig hat sich ein glatter, halbkreisförmiger oder auch halbovaler Querschnitt erwiesen, wenn gleichzeitig ein möglichst störungsfreier Übertritt des Umlaufstromes in die Radzellen und aus den Zellen ermöglicht wird. Besonders vorteilhaft ist die Ausführung nach

[1] Die tatsächlich im Seitenkanal auftretende mittlere Geschwindigkeit c'_Q ist um den Spaltverlust größer als c_Q.

Abb. 52.13, wo nicht nur der Seitenkanal, sondern auch die Radzellen eine halbkreisförmige Begrenzung aufweisen. Hierbei tritt allerdings ein bedeutender Achsschub auf, der exzentrisch wirkt, und demnach die Welle auf Biegung beansprucht. Zur Aufhebung des Achsschubes muß der Kanal beiderseitig ausgeführt werden. Da die Druckerzeugung in beiden Kanälen jedoch nicht völlig gleich ist, verbleibt noch ein unbestimmbarer Restschub. Die Trennung der Radzellen durch die Mittelwand erschwert die Zu- und Abführung des Förderwassers, das beim offenen Kreisel durch die Radzellen von einem Seitenkanal zum andern hindurchtreten kann.

Im allgemeinen erhält das Laufrad einen Kranz radial angeordneter Schaufeln, die nötigenfalls außen von einem Versteifungsring gehalten werden (Abb. 52.15 u. 52.19). Die Schaufelbreite wird gleich der axialen Tiefe des Seitenkanals ausgeführt. Sie verdoppelt sich bei zwei Kanälen. Aus Herstellungsgründen ist die Vorderseite der Schaufel meistens eben und $\gamma = 90°$, die Rückseite jedoch in der aus Abb. 52.18a ersichtlichen Weise nach dem Rande hin auf etwa 1 mm Stärke abgeschrägt. Die Verjüngung der Schaufelkante vermindert den Eintrittsstoß. Wird das Wasser auf der dem Kanal gegenüberliegenden Seite zugeführt, oder werden zwei Seitenkanäle vorgesehen, so sind beide Schaufelkanten zuzuschärfen. Wesentlich günstiger ist eine vollständige Vorwärtskrümmung der Schaufel ($\gamma > 90°$, Abb. 52.18b), wodurch der Eintrittsstoß für einen bestimmten Volumenstrom praktisch vermieden werden kann.

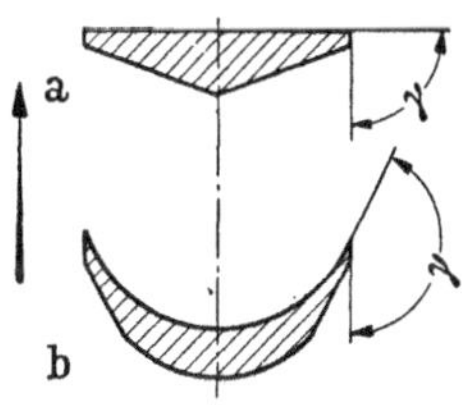

Abb. 52.18a u. b.
Schaufelquerschnitte

Die Schaufelzahl ist nach Schmiedchen so zu bestimmen, daß die auf Kanalmitte bezogene Teilung etwa gleich der radialen Kanalweite ist. Man vergleiche hierzu die Versuchsergebnisse nach Abb. 52.14.

Um den Verlust an Förderhöhe klein zu halten, ist das axiale und radiale Spiel des Laufrades möglichst zu beschränken. Als Richtwert kann ein Spiel von 0,2 mm gelten. Aus dem gleichen Grund soll die Länge der Kanalunterbrechung nicht zu klein ausgeführt werden. Sie muß stets größer als eine Schaufelteilung sein.

Da der Druck längs des Seitenkanals anwächst, entsteht eine radial gerichtete Kraft, welche die Welle auf Biegung beansprucht. Bei mehrstufigen Seitenkanalpumpen ist ein gewisser Ausgleich durch entsprechendes Versetzen der Ein- und Austrittsöffnungen möglich.

Offene Laufräder mit Schaufeln nach Abb. 52.18 erzeugen praktisch keinen Achsschub und werden deshalb meistens axial verschiebbar auf der Welle angeordnet.

γ) Ausführungsbeispiele unmittelbar selbstansaugender Pumpen

In der zweistufigen Seitenkanalpumpe nach Abb. 52.19 ist die Ausbildung der zweiten Stufe bemerkenswert. Etwa drei Viertel des Leitradumfangs sind nur für die Wasserförderung vorgesehen, während lediglich das letzte Viertel der Luftabsaugung dient. In diesem Teil ist an den eigentlichen Seitenkanal abc, der bei g in den Druckraum h mündet, ein schmaler, bei f allmählich auslaufender Seitenkanal def angeschlossen (s. auch Abb. 52.20). Auf der Gegenseite des Rades befindet sich in der Zwischenscheibe zur Verstärkung der Ausschubwirkung ein gleicher Kanal. Die trapezförmige Öffnung i steht mit dem Druckraum in Verbindung und hat die Aufgabe, Dichtungswasser in die Laufradzellen zu führen.

Bei *Luftförderung* tritt der Wasserstrom des Seitenkanals def bei f in die Radzellen zurück und verdrängt die an der Radnabe angesammelte Luft durch die Öffnung k in den Druckraum.

Bei *Wasserförderung* gelangt der weitaus größte Teil des Volumenstroms ohne Druckverlust unmittelbar in den Druckraum h, während nur ein kleiner Teil nach weiterer Drucksteigerung im Kanal def entgegen der Fliehkraft durch die Öffnung k hinausgedrückt wird. Zugleich wird in dieser Stufe durch den tangentialen Abfluß das Ansammeln von Fremdteilchen im Ringraum möglichst vermieden.

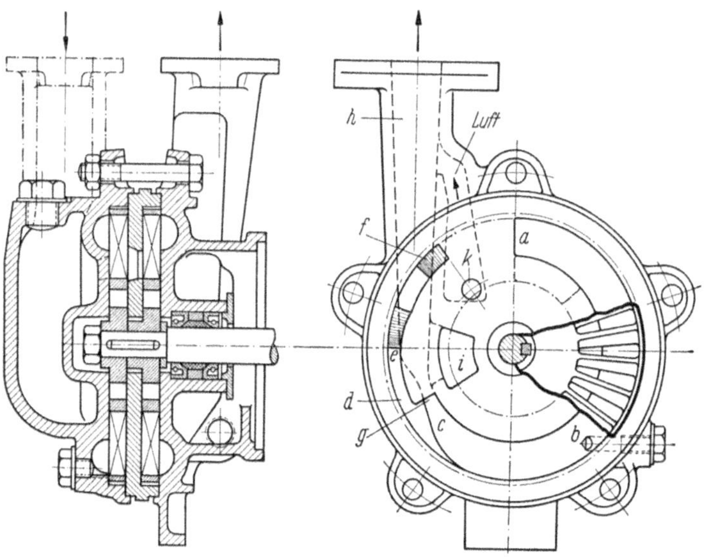

Abb. 52.19. Selbstansaugende Seitenkanalpumpe (SSW)

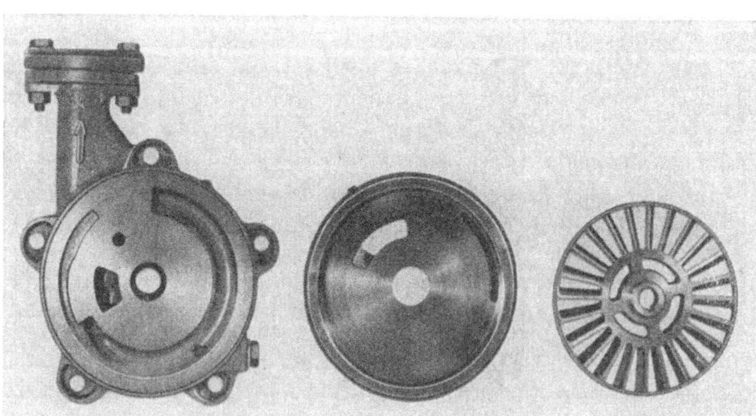

Abb. 52.20. Einzelteile der selbstansaugenden Pumpe nach Abb. 52.19

Im Gegensatz zu der sonst bei Pumpen dieser Art üblichen seitlichen Verschiebbarkeit sind die Kreisel auf der Welle arretiert und die Spiele zwischen Kreisel und Wandung vergrößert. Dadurch wird das Anlaufen der Kreisel an die Seitenwände verhindert und die Empfindlichkeit gegen Verunreinigungen vermindert, allerdings auf Kosten der Pumpenleistung.

In *neueren Ausführungen* ist zur Verbesserung der Wasserförderung der Nabendurchmesser des Laufrades bis auf den inneren Durchmesser des Seitenkanals vergrößert worden (Abb. 52.21), so daß die Schaufellänge mit der radialen Erstreckung des Seitenkanals übereinstimmt und die Saugöffnung (*1*) unmittelbar in den Seitenkanal einmündet. Durch diese Maßnahme hat sich der Vorgang der *Luftförderung* in gewisser Weise verändert. Bekanntlich muß während der Entlüftung der Sauglei-

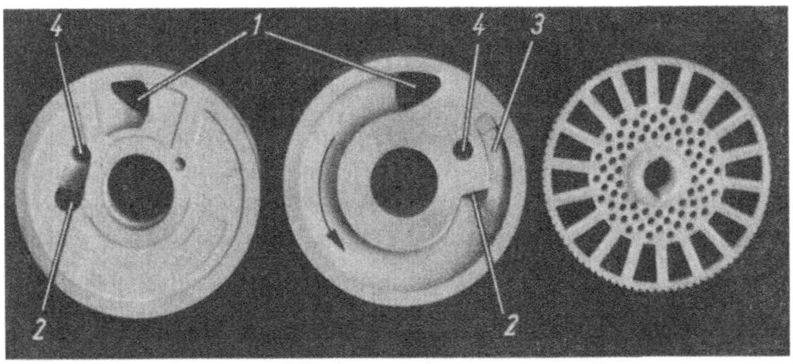

Abb. 52.21. Teile einer selbstansaugenden Seitenkanalpumpe mit gleicher radialer Erstreckung der Laufradschaufeln und des Seitenkanals (SSW)

tung der aus dem Inhalt des Seitenkanals und der Laufradzellen gebildete Wasserring, in welchem sich bei der Rotation des Kreisels die im Abschn. 52aβ geschilderte Umlaufströmung einstellt, den zwischen Druck- und Saugstutzen der Pumpe bestehenden Druckunterschied aufnehmen. Das ist bei dieser Ausführung nur möglich, wenn Luft und Hilfswasser miteinander vermischt sind. Es darf sich also im Grunde der Laufradzellen und am inneren Umfang des Seitenkanals keine Luft abscheiden, weil dadurch ein Druckausgleich zwischen der Saugöffnung (*1*) und der Austrittsöffnung (*2*) eintreten würde. Luftabscheidung ist auch nicht zu erwarten, da die Umlaufströmung den gesamten Inhalt der Radzellen und des Seitenkanals erfaßt.

Zur Veranschaulichung des Entlüftungsvorganges gehen wir davon aus, daß die mit luftarmem Wasser gefüllten Radzellen bei der Drehung des Laufrades an die Saugöffnung (*1*) und den Anfang des Seitenkanals gelangen. An dieser Stelle entweicht Wasser unter dem Einfluß der Fliehkraft aus den Zellenräumen und vermischt sich mit der Ansaugeluft. Die nun einsetzende Umlaufbewegung zwischen dem Seitenkanal und den Radzellen fördert das im Seitenkanal befindliche Gemisch unter Druckerhöhung und Verdichtung der Luft zum Kanalende. Dabei sind Luft und Wasser wegen der auftretenden Fliehkräfte nicht gleichmäßig vermischt, und zwar hat das Gemisch am äußeren Umfang des Seitenkanals den kleinsten Luftanteil. In den Luftsektor (*3*) tritt deshalb luftarmes Wasser ein. Es wird am Ende des Sektors in die Laufradzellen gedrückt und verdrängt das in diesen befindliche Gemisch mittels Wasserkolbenwirkung durch die Entlüftungsbohrung (*4*) in den Druckraum der Pumpe, wo sich die Luft ausscheidet. Das mitgerissene Wasser sowie zusätzliches Wasser, das die mit zunehmendem Unterdruck verbundene Abnahme des Volumens der verdichteten Luft ausgleicht, strömt durch einen Teil der Austrittsöffnung (*2*) in den Seitenkanal zurück.

Gleichzeitig findet an der Austrittsöffnung ein gewisser Austausch zwischen der Gemischströmung im Seitenkanal und dem luftarmen Wasser im Druckraum statt, in der Weise, daß durch einen Teil der Austrittsöffnung (*2*) ein Wasserluftgemisch in den Druckraum austritt, während durch den andern Teil Wasser in den Seitenkanal zurückströmt.

Die Empfindlichkeit der Seitenkanalpumpe gegen größere axiale Spalte zwischen dem Laufrad und den angrenzenden Gehäuseteilen, die sich besonders beim Luftsaugen bemerkbar macht, kann durch Zufuhr von Sperrwasser an der Radnabe wesentlich vermindert werden. Wichtig ist ferner, die Vergrößerung der Spalte im Betriebe durch Verwendung verschleißfester Werkstoffe zu beschränken. Als solche haben sich in der Ausführung nach Abb. 52.21 Azetalharz für das Laufrad und Keramik für die benachbarten Gehäuseteile bewährt.

Das der Seitenkanalpumpe eigentümliche helle, singende Geräusch wird wegen seiner Lautstärke und auch wegen der Tonhöhe vielfach als störend empfunden. Nach Untersuchungen der Firma Siemen & Hinsch kommen als Ursache der Geräuschbildung hauptsächlich die periodischen plötzlichen Änderungen der von der Strömung erfaßten Querschnitte und damit die Änderungen der Strömungsgeschwindigkeiten nach Größe und Richtung in Frage. In Durchflußrichtung gesehen (Abb. 52.22a)

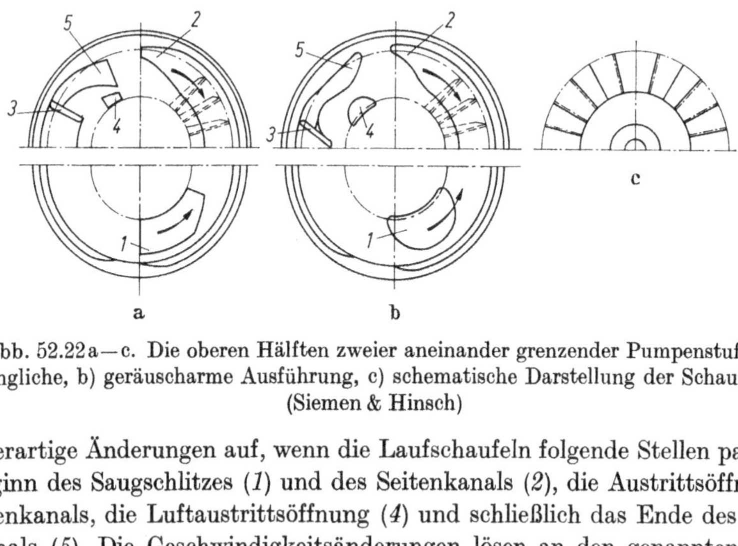

Abb. 52.22a—c. Die oberen Hälften zweier aneinander grenzender Pumpenstufen. a) ursprüngliche, b) geräuscharme Ausführung, c) schematische Darstellung der Schaufelteilung (Siemen & Hinsch)

treten derartige Änderungen auf, wenn die Laufschaufeln folgende Stellen passieren: Den Beginn des Saugschlitzes (*1*) und des Seitenkanals (*2*), die Austrittsöffnung (*3*) des Seitenkanals, die Luftaustrittsöffnung (*4*) und schließlich das Ende des Entlüftungskanals (*5*). Die Geschwindigkeitsänderungen lösen an den genannten Stellen Schwingungen aus, die sich überlagern. Frequenzmessungen ergaben, daß die Amplitudenspitzen bei einem Vielfachen des Produktes aus Schaufelzahl und Drehzahl auftreten.

Durch eine besondere Ausbildung des Seitenkanals und der Öffnungen sowie eine geänderte Anordnung der Laufradschaufeln wurde eine Verkleinerung der Schwingungsamplituden und eine Verringerung der Frequenz angestrebt.

In der bisher üblichen Bauweise der Seitenkanalpumpe verlaufen die Ein- und

Austrittskanten der Kanäle und Öffnungen radial, also in Richtung der Schaufelkante (Abb. 52.22a). Bei der geänderten Ausführung nach Abb. 52.22b sind sie gegenüber der Schaufelkante geneigt, so daß die rotierenden Laufradzellen weniger plötzlich mit den Kanälen und den Öffnungen verbunden werden. Außerdem ist der Beginn des Seitenkanals (*2*) und das Ende des Entlüftungskanals (*5*) über die äußere Kreisbahn der Schaufeln hinausgeführt. Diese Kanalteile sind also der unmittelbaren Einwirkung der Schaufeln entzogen. Sie laufen mit allmählich abnehmendem Querschnitt aus. In entsprechender Weise überschneidet der Saugschlitz (*1*) und die Luftaustrittsöffnung (*4*) die innere Kreisbahn der Schaufeln.

Schließlich ist der Schaufelabstand des Laufrades — die Teilung — veränderlich ausgeführt (Abb. 52.22c), jedoch so, daß die hydraulischen Verhältnisse und die Rotationssymmetrie keine Einbuße erleiden. Bei einer bestimmten Folge und Mindestgröße der Teilungsänderungen wird die ursprüngliche Grundschwingung mit der Frequenz — Schaufelzahl mal Drehzahl — in eine Vielzahl von Einzelschwingungen zerlegt, die sich zu einer Grundschwingung mit geringerer Schwingungszahl addieren.

Diese Maßnahmen machten es möglich, das Störgeräusch bei herabgesetzter Tonhöhe teilweise von etwa 80 Phon auf etwa 60 Phon zu verringern.

Eine nach dem *Prinzip der Gemischbildung* arbeitende selbstsansaugende Pumpe wird von der Hannibal-Pumpenfabrik hergestellt. Ihre Arbeitsweise beruht auf folgendem Grundgedanken:

In einer mit Wasser gefüllten, aber vom Saugbehälter durch eine wasserfreie Saugleitung getrennten Kreiselpumpe wird durch die Rotation des Kreisels der Wasserinhalt in die Leitvorrichtung, beispielsweise das Spiralgehäuse *c*, und in die Druckleitung gedrängt (Abb. 52.23). Am inneren Laufradumfang entsteht ein rotierender Wasserring, der den Druckunterschied zwischen Saug- und Druckseite der Pumpe aufnimmt, und dessen Stärke von diesem Druckunterschied abhängt. Das Innere des Laufrades ist mit Luft *a* aus der Saugleitung gefüllt. Infolge turbulenter Unterströmungen in den vom Wasserring eingenommenen Enden der Laufradkanäle besteht aber kein unmittelbarer Übergang zwischen Wasserring und Luft, sondern zwi-

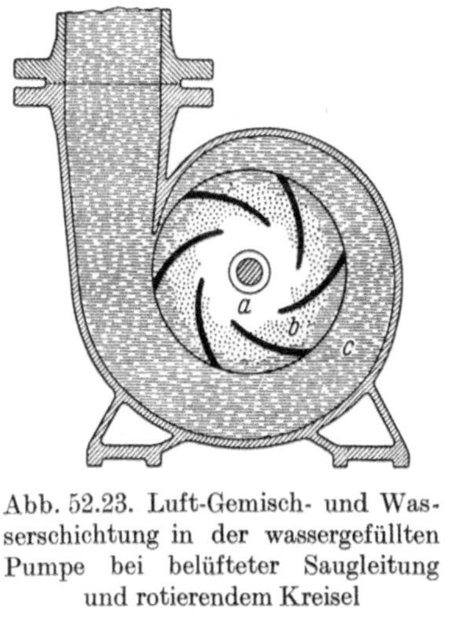

Abb. 52.23. Luft-Gemisch- und Wasserschichtung in der wassergefüllten Pumpe bei belüfteter Saugleitung und rotierendem Kreisel

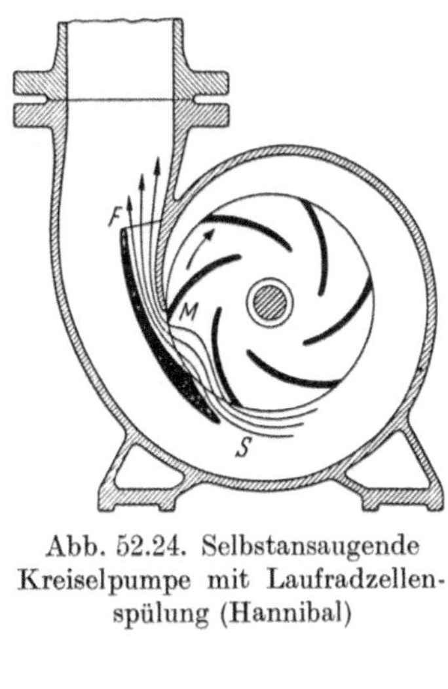

Abb. 52.24. Selbstansaugende Kreiselpumpe mit Laufradzellenspülung (Hannibal)

schen beiden liegt eine Zone *b*, die mit einem Wasser-Luftgemisch angefüllt ist. Luft, Gemisch und Wasser bilden eine stabile Schichtung, durch die ein Austreten von Luft aus dem Laufrad verhindert wird. Diese Schichtung wird nun durch einen vom Laufradumfang der Reihe nach in die Radzellen eingeführten Spülstrahl beseitigt (Abb. 52.24). Zu diesem Zweck ist am Laufradumfang, und zwar in der Nähe der Zunge des Spiralgehäuses, eine Führungsfläche *SF* angebracht, die in ihrem vorderen Teil die Aufgabe einer Düse, in dem anschließenden Teil die Aufgabe eines Diffusors zu erfüllen hat. Das durch die Schleppwirkung des Rades an seinem äußeren Umfang mitgenommene Wasser wird durch die „Düse" *S* in die gerade vorbeistreichende Radzelle *M* hineingedrückt, wo eine Vermischung mit dem dort befindlichen Wasser-Luftgemisch stattfindet. Infolge der in der Radzelle einsetzenden Beschleunigung wird das Gemisch sogleich wieder in den aus Leitblech und Zunge gebildeten diffusorartigen Kanal hinausgedrängt, wo sich seine Geschwindigkeit verringert. Die weitere Geschwindigkeitsabnahme im Druckstutzen hat eine Trennung von Luft und Wasser zur Folge. Während die Luft nach oben entweicht, sinkt das Wasser in den Pumpenraum zurück. Dieser Vorgang wiederholt sich in den einzelnen Radzellen so lange, bis die Luft aus dem Pumpeninnern entfernt ist und die Förderung beginnt[1].

Nach Angabe der Firma beträgt die mit dieser Pumpe erreichbare Saughöhe 4,5 bis 7,0 m, je nach der Art der Radform. Der Wirkungsgrad entspricht etwa dem nicht selbstansaugender Pumpen gleicher Größe und Bauart. Die Laufradzellenspülung eignet sich auch für verschmutzte Fördermittel und fast alle Laufradarten. Abb. 52.25 zeigt eine selbstansaugende Schmutzwasserpumpe dieser Art. Der saugseitig angebrachte kastenförmige Vorbau soll das Leerheben der Pumpe beim Stillsetzen verhüten, also die zum Ansaugen erforderliche Hilfsflüssigkeit zurückhalten.

Abb. 52.25. Selbstansaugende Schmutzwasserpumpe (Hannibal)

b) Mittelbar selbstansaugende Pumpen

Bei dieser zweiten Gruppe selbstansaugender Pumpen handelt es sich, wie bereits erwähnt, um Kreiselpumpen normaler Bauart, bei denen die Saugleitung durch eine

[1] Weitere Einblicke in die verschiedenen Bauarten der selbstansaugenden Kreiselpumpen mit Gemischbildung, in ihre Wirkungsweise und ihr Verhalten bei Luftförderung vermittelt die Dissertation von Welte, A.: Untersuchungen an selbstansaugenden Kreiselpumpen, Techn. Hochschule Hannover 1959.

besondere in die Pumpe eingebaute Hilfseinrichtung entlüftet wird. Als solche werden z.B. die Wasserringpumpe, die Seitenkanalpumpe und die Wasserstrahlpumpe verwendet. Die Hilfspumpe dient dann lediglich der Luftabsaugung, liegt daher in der Regel außerhalb des Volumenstroms der Hauptpumpe. Hat letztere die Förderung aufgenommen, so läuft die Hilfspumpe meistens ständig mit, um jederzeit eine etwa notwendig werdende Luftförderung aufnehmen zu können.

In Abb. 52.26 ist eine selbstsansaugende Pumpe dieser Art dargestellt. Als Entlüftungsvorrichtung dient eine Wasserringpumpe *L*, deren Saugraum durch das Entlüftungsrohr *E* über das Kugelventil *K* an den Saugstutzen der Hauptpumpe angeschlossen ist. Der Druckraum der Wasserringpumpe kann wahlweise über den Auspuffhahn *H* mit dem Auspuffrohr *A* oder mit einem in der Zeichnung nicht sichtbaren Rückführrohr verbunden werden, das in den Saugstutzen mündet. Das Auffüllen der Entlüftungspumpe erfolgt nach Entfernen der Flügelschraube *F* durch das Entlüftungsrohr *E*. Zur Sicherung des erforderlichen Betriebswassers der Luftpumpe wird in den angrenzenden Gehäuseteilen ein Wasservorrat gehalten und das Ablaufen des Luftpumpeninhaltes in das Pumpengehäuse durch eine zwischengeschaltete Stopfbuchse verhindert.

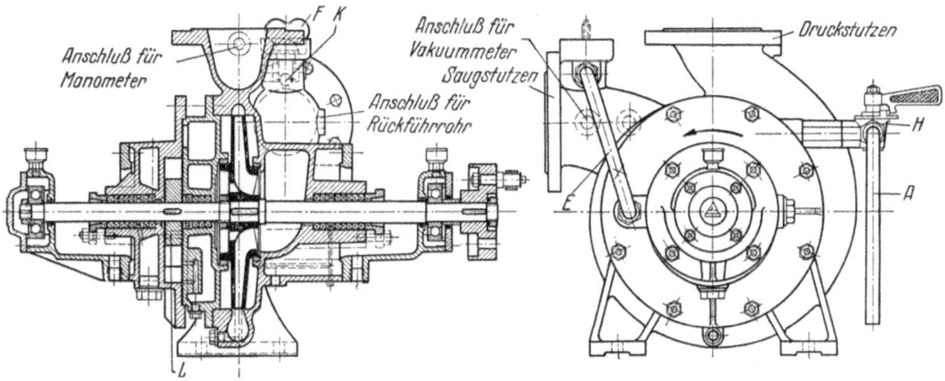

Abb. 52.26. Mittelbar selbstansaugende Kreiselpumpe (KSB, Bremen)

Bei Inbetriebnahme der Pumpe wird die Saugleitung durch die Wasserringpumpe entlüftet, wobei die geförderte Luft über den Auspuffhahn *H* und das Auspuffrohr *A* ins Freie entweicht. Während des Ansaugens sperrt ein Wasserring, den der Hauptkreisel aus dem im Pumpengehäuse verbliebenen Wasser erzeugt, die Saugleitung gegen die Druckleitung ab. Nach vollständiger Entlüftung der Saugleitung fördert die Luftpumpe Wasser, das nach Umstellen des Auspuffhahnes *H* in den Saugstutzen zurückläuft.

Ist das Wasser gashaltig oder die Saugleitung undicht, so fördert die Luftpumpe, um Betriebsstörungen zu vermeiden, ständig in die Auspuffleitung.

Die mehrstufige selbstansaugende Pumpe nach Abb. 52.27 hat als Luftsaugeeinrichtung eine Seitenkanalpumpe (Sihi-Pumpe). Abweichend von den Ausführungen nach Abb. 52.26 ist der Kreisel *L* der Luftpumpe dem ersten Kreisel *K* der Hauptpumpe parallelgeschaltet, also auch an der Flüssigkeitsförderung beteiligt. Die Luftstufe ist aber mit Rücksicht auf einen günstigen Gesamtwirkungsgrad der Pumpe so ausgelegt, daß sie bei Flüssigkeitsförderung nur einen geringen Kraftbedarf hat.

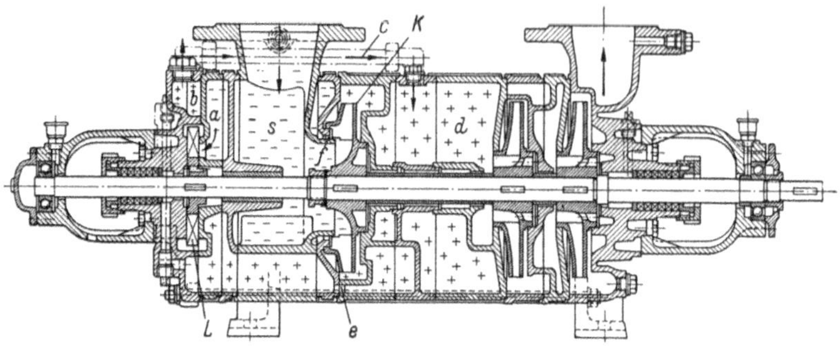

Abb. 52.27. Mehrstufige mittelbar selbstansaugende Kreiselpumpe (Siemen & Hinsch)

Beim Ansaugevorgang stehen die mit (—) bezeichneten Räume unter dem veränderlichen Ansaugedruck, während in den mit (+) bezeichneten der Enddruck des Luftrades *L*, also im allgemeinen ein geringer Überdruck, herrscht. Die Luft tritt aus dem Saugraum *s* und dem vorgelagerten Raum *a* in das Luftrad *L* ein, gelangt nach der Verdichtung in den Abscheideraum *b* und von dort durch die Umführungsleitung *c* in den Raum *d*. Mitgerissene Flüssigkeit wird hier ausgeschieden und fließt durch die Bohrung *e* in den Raum *b* zurück. Aus dem Raum *d* entweicht die geförderte Luft durch die nachfolgenden Kreisel zum Druckrohr.

Der zwischen dem Druckraum *d* und dem Saugraum *s* bestehende Druckunterschied muß durch den Kreisel *K* aufgenommen werden. Dieser erzeugt aus dem Flüssigkeitsvorrat der Pumpe einen Flüssigkeitsring, der die Absperrung der beiden Räume bewirkt. Nach erfolgter Entlüftung fördern Luftkreisel *L* und Hauptkreisel *K* Flüssigkeit in den Raum *d*.

Der ringförmige Schlitz *f* vor dem Kreisel *K* steht mit dem Saugraum *a* vor dem Luftrad *L* in Verbindung. Durch ihn werden Luft bzw. Gase, die sich während der Flüssigkeitsförderung im Raum *a* ausscheiden, durch den Kreisel *K* abgesaugt. Diese Maßnahme hat sich bei Förderung von leicht vergasenden Flüssigkeiten, für welche die Pumpe besonders geeignet ist, als vorteilhaft erwiesen.

Abb. 52.28 zeigt eine selbstsansaugende Pumpe, deren Ansaugeteil ohne Hilfsflüssigkeit arbeitet. Zur Entlüftung der Saugleitung dient die zwischen den Wellenlagern angeordnete Vakuumpumpe (*1*), die in ihrer Arbeitsweise der in Abb. 83.1 dargestellten Drehflügelpumpe entspricht. Sie kann die Saugleitung in kurzer Zeit bis zu einer Unterdruckhöhe von 9 m WS entlüften. Zur Verminderung der Reibung laufen alle Teile der Hilfspumpe im Ölbad. Während des Ansaugens gelangt die Luft aus der durch einen Wasserring vom Druckraum getrennten Saugleitung über den Raum (*2*) und die Vakuumleitung (*3*) zur Hilfspumpe, die sie verdichtet und ins Freie entläßt.

Nach Entlüftung der Saugleitung fördert die Hauptpumpe Druckflüssigkeit, welche durch die Abschaltleitung (*4*) in den Abschaltraum (*5*) eindringt und über die Membran (*6*) den Schaltkolben (*7*) nach Überwindung der Gegenkraft der Feder (*8*) in seine zentrische Nullage drückt. In dieser Stellung fördert die Vakuumpumpe nicht mehr, weil alle Arbeitsräume zwischen den Drehflügeln gleich groß sind. Die unbelasttete Laufbuchse (*9*) rotiert mit dem Drehkolben der Hilfspumpe, so daß an den Drehflügeln keine Reibung und Wärmeentwicklung auftritt.

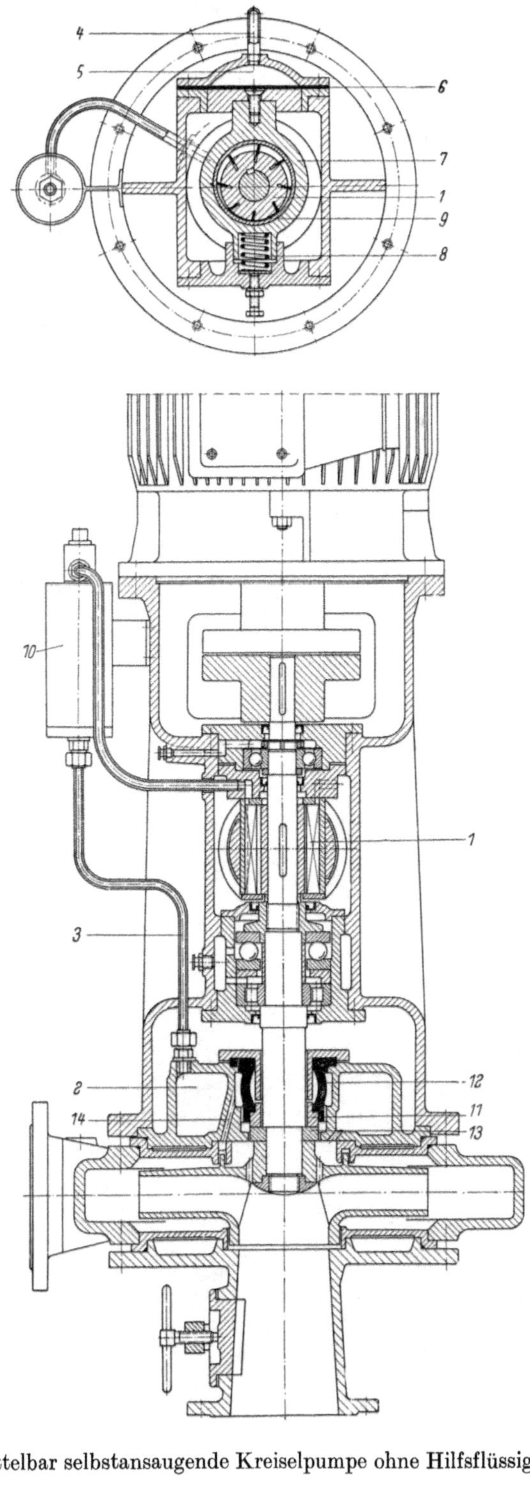

Abb. 52.28. Mittelbar selbstansaugende Kreiselpumpe ohne Hilfsflüssigkeit (Wernert)

Damit zu Beginn der Förderung der Hauptpumpe keine Flüssigkeit in die Hilfspumpe gelangt, ist der Vakuumraum (*2*) groß gehalten und nur durch eine enge Bohrung mit dem Hauptpumpenraum verbunden. Außerdem ist in die Vakuumleitung (*3*) ein Ventil (*10*) eingebaut, das einerseits den Zutritt von Förderflüssigkeit in die Hilfspumpe verhindert, andererseits bei leerlaufender Hilfspumpe die Vakuumleitung (*3*) gegen die Außenluft absperrt.

Zur Abdichtung des Pumpeninnern gegen den äußeren Luftdruck dient eine Gleitringdichtung, deren feststehender Ring (*11*) durch die elastische Stulpe (*12*) gegen den rotierenden Ring (*13*) gedrückt wird. Die Anpreßkraft der Stulpe wird erhöht durch den Druck der Förderflüssigkeit, der mittels der Bohrung (*14*) auf die Außenfläche der Stulpe einwirkt.

Die Pumpe ist sowohl in vertikaler als auch in horizontaler Lage verwendbar.

53. Schmutzwasser- und Dickstoffpumpen

Für Flüssigkeiten mit mehr oder weniger festen Beimengungen oder von breiiger Beschaffenheit, wie sie z.B. in Bergwerks- und Hüttenbetrieben oder in Zellstoff-, Zuckerfabriken u.a. vorliegen, können Kreiselpumpen mit beschaufelten Laufrädern meistens nicht verwendet werden. Insbesondere bleiben langfaserige Beimengungen an den Eintrittskanten der Schaufeln hängen und verursachen Verstopfung oder Verengungen der Schaufelkanäle. In diesen Fällen hat sich eine Sonderausführung des Laufrades bewährt, die als Schlauchrad oder Kanalrad bezeichnet wird. Abb. 53.1 zeigt Ausführungsformen eines solchen Rades, und zwar unter a) und b) ein Zwei-

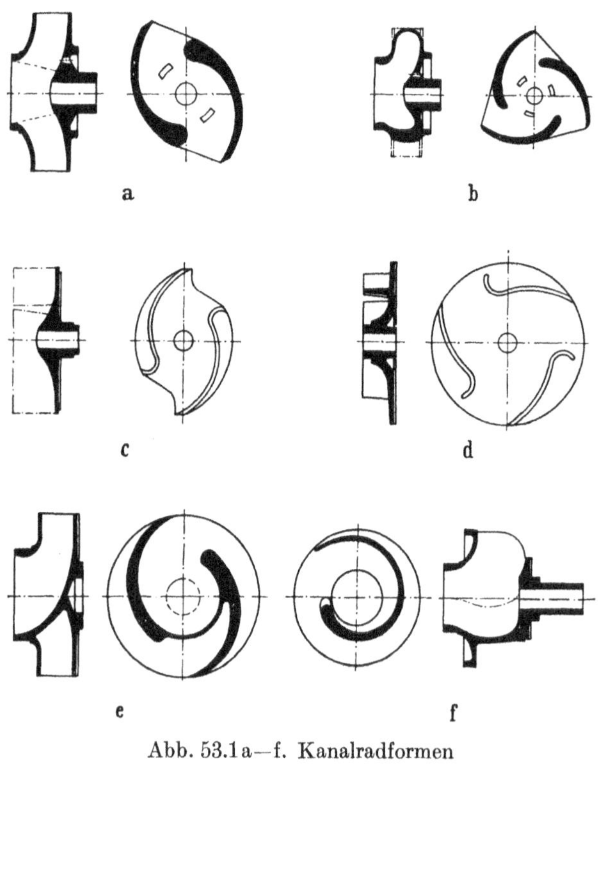

Abb. 53.1a—f. Kanalradformen

und ein Dreikanalrad der geschlossenen Bauart, unter c) und d) die gleichen Radformen in halboffener Ausführung. Abb. 53.1e stellt ein abgeschirmtes Einkanalrad und schließlich Abb. 53.1f ein Einschaufelrad dar, das sich besoners zur Förderung empfindlicher Güter eignet. Durch Vermeidung scharfer und vorspringender Kanten ist selbst faserigen Beimengungen keine Möglichkeit zum Anhaften gegeben.

Neben dem Laufrad müssen auch an die Leitvorrichtung und das Gehäuse besondere Anforderungen gestellt werden. Bei faserigen Beimengungen sind Leitschaufeln ganz zu vermeiden. In Abb. 53.2 ist selbst auf das Spiralgehäuse verzichtet, und zwar zugunsten eines einfachen Ringraumes, der keine Querschnittsverengungen aufweist und die Gefahr der Verstopfung herabsetzt. Trotzdem sind sowohl Saugstutzen als auch Gehäuse durch schnell abnehmbare Reinigungsdeckel zugänglich gemacht.

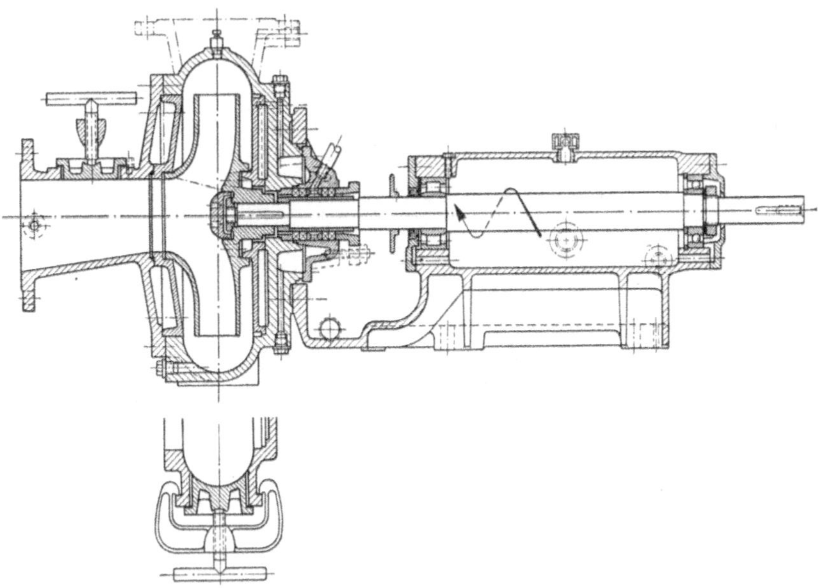

Abb. 53.2. Kanalradkreiselpumpe (KSB, Nürnberg)

Schleifende Beimengungen wie Asche, Schlacke, Kies usw. stellen besondere Anforderungen an den Werkstoff. In der vorliegenden Ausführung besteht das Schlauchrad aus einem verschleißfesten Gußeisen und läuft mit den Radhälsen zwischen auswechselbaren Schleißwänden aus dem gleichen Werkstoff. Die fliegende Anordnung des Rades vermeidet die saugseitige Stopfbuchse, ferner die Berührung der Welle mit dem Fördermittel, so daß ein Verschleiß der Welle und ein Umwickeln mit faserigen Bestandteilen nicht eintreten kann. Eine auswechselbare Buchse aus verschleißfestem Werkstoff schützt die Welle vor schneller Abnutzung in der Stopfbuchse. Um den Packungsraum ist ein Kühlmantel angeordnet, der bei Förderung von heißen Flüssigkeiten die Kühlung der Stopfbuchse ermöglicht.

Zur Lagerung der Welle dienen zwei Wälzlager mit großem Lagerabstand, von denen das rechtsliegende den restlichen Achsschub aufnimmt.

Das Kennfeld der Pumpe für veränderliche Raddurchmesser gibt Abb. 53.3 wieder. Beachtenswert ist der stabile Charakter der Q—H-Kurven.

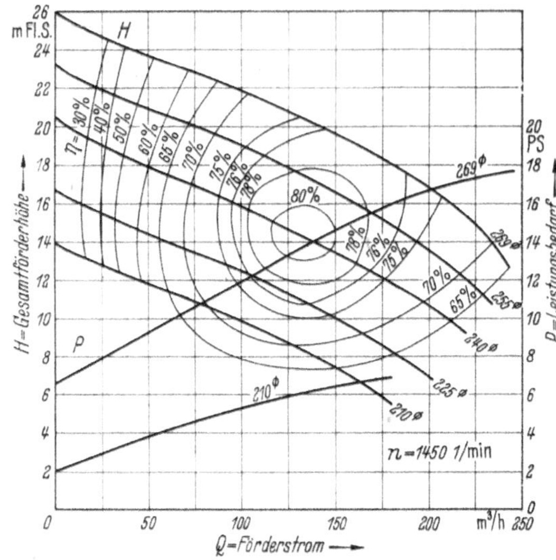

Abb. 53.3. Kennfeld der Kanalradpumpe nach Abb. 53.2 (KSB, Nürnberg)

Eine bemerkenswerte Konstruktion stellt die Einschaufelradkreiselpumpe nach Abb. 53.4 dar. Der Durchflußkanal des einschaufeligen Kreisels (Abb. 53.1f) hat auf der ganzen Länge einen gleichbleibenden Querschnitt von der Größe des Eintrittsstutzens. Er ist ferner so geformt, daß empfindliche Festkörper, z.B. Früchte, nicht nenneswert beschädigt werden können. Zur Spülung der Laufradspalte (*1*) und (*2*) kann in den zwischen diesen liegenden Raum (*3*) durch den Anschluß (*4*) reines Wasser eingeführt werden, falls das Fördermittel schmirgelnde Beimengungen enthält. Da der Laufraddurchmesser unveränderlich ist, läßt sich eine Anpassung an die jeweili-

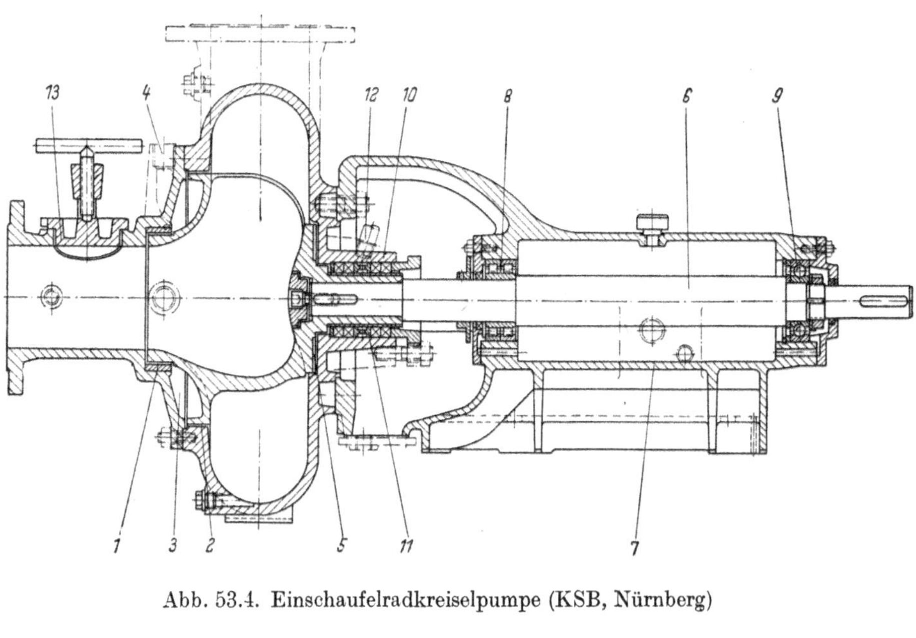

Abb. 53.4. Einschaufelradkreiselpumpe (KSB, Nürnberg)

gen Förderverhältnisse nur durch Drehzahländerung erreichen. Der Antrieb erfolgt deshalb über Keilriemen. Die Laufradrückseite ist mit Rückenschaufeln (*5*) versehen, welche die Aufgabe haben, den Achsschub aufzuheben und das Eindringen von Schmutz in den Stopfbuchsspalt zu verhindern. Da der Schaufelauftrieb des Einschaufelrades nicht ausgeglichen ist, entsteht eine synchron mit dem Rade umlaufende Radialkraft (hydraulische Unwucht), welche die Welle neben der außerdem vorhandenen mechanischen Unwucht zusätzlich auf Biegung beansprucht.

Mit Rücksicht darauf und wegen des Riemenzuges ist die Welle (*6*) besonders stark ausgebildet. Sie wird in einem kräftigen Lagerstuhl (*7*) durch Wälzlager (*8* u. *9*) mit großem Lagerabstand geführt. Das äußere Rillenlager nimmt zugleich den restlichen Achsschub auf. Die Stopfbuchse (*10*) enthält einen Sperrkammerring (*11*) sowie einen Anschluß (*12*) für Sperrflüssigkeit als weiteren Schutz gegen das Eindringen von Verunreinigungen. Saugstutzen und Gehäuse sind mit den üblichen Reinigungsöffnungen (*13*) versehen.

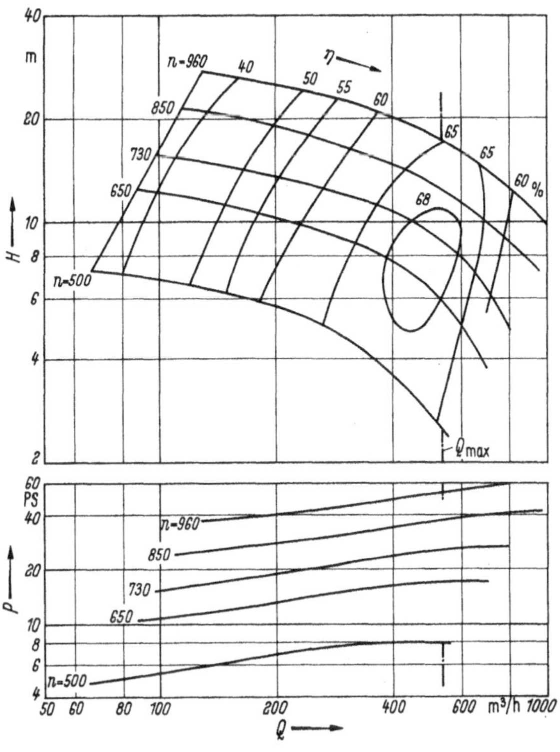

Abb. 53.5. Kennlinien einer Einschaufelradkreiselpumpe (KSB, Nürnberg)

Die Pumpe dient zur hydraulischen Förderung empfindlicher Güter, z.B. Rüben, Kartoffeln, Fische u.a. Sie eignet sich ferner für Fördermittel mit groben und langfaserigen Beimengungen.

Die Kennlinien einer Pumpe dieser Art für einen größten Festkörperdurchmesser des Fördergutes von 180 mm gehen aus Abb. 53.5 hervor. Sie gelten für Wasser mit der Dichte $\varrho = 1\,000\ \mathrm{kg/m^3}$.

Während die Beimengungen und Dickstoffe bei Pumpen der vorgenannten Art mit der Flüssigkeit die Laufradkanäle passieren, geht die Förderung der Pumpe nach Abb. 53.6 außerhalb des Laufrades im freien Flüssigkeitsstrom vor sich. Der halboffene Kreisel (*1*) hat radial gerichtete Schaufeln und ist seitlich in einer besonderen Kammer angeordnet. Seine Aufgabe besteht darin, die im Gehäuseringraum (*2*) befindliche Flüssigkeit in eine Rotationsbewegung zu versetzen, durch welche die Dickstoffe ohne wesentliche Berührung mit den Schaufeln vom Saug- zum Druckstutzen gelangen. Die Breite des Ringraumes ist gleich der Weite des Saug- und Druckstutzens, so daß selbst große Festkörper keine Verstopfung hervorrufen können. Diese als Freistrompumpe bezeichnete Bauart ist gegen Luft- und Gasbeimengungen unempfindlich und zeichnet sich durch einen ruhigen Lauf aus, weil infolge der achssymmetrischen Ausführung des Kreisels und der Kreiselkammer im Gegensatz zu manchen Kanalrädern keine unausgeglichenen Radialkräfte auftreten.

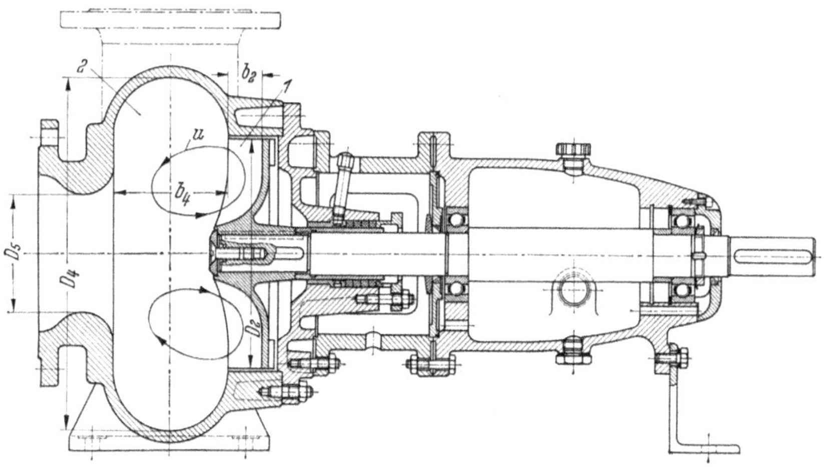

Abb. 53.6. Freistrompumpe (Egger)

Um einen Einblick in die Wirkungsweise der Pumpe zu erhalten, gehen wir davon aus, daß der Druckschieber der mit Flüssigkeit gefüllten Pumpe geschlossen ist. Bei der Inbetriebnahme hat die Flüssigkeit in den Laufradkanälen eine höhere Umfangsgeschwindigkeit als die im Gehäuseringraum (*2*) befindliche, deren Umfangsgeschwindigkeit ursprünglich Null ist. Während also im Gehäuseringraum – vom Schwerkrafteinfluß abgesehen – anfänglich keine Druckzunahme von innen nach außen vorhanden ist, steigt der Druck in den Laufradkanälen mit dem Abstand von der Drehachse annähernd parabolisch an. Die Druckunterschiede zwischen den seitlich offenen Laufradkanälen und dem Ringgehäuse rufen einen Umlaufstrom U hervor, dessen mittlere schraubenförmige Bahn in Abb. 53.6 als Zirkularprojektion angedeutet ist. Die Teilchen des Umlaufstromes treten mit einer Meridiankomponente c_m und einer Umfangskomponente c_u, die wegen der endlichen Schaufelzahl hinter der an der Austrittsstelle herrschenden Umfangsgeschwindigkeit des Kreisels zurückbleibt, in das Ringgehäuse ein. Durch Vermischung (Impulsaustausch) gibt der Umlaufstrom Energie an die Gehäuseflüssigkeit ab, so daß diese eine Rotationsgeschwindigkeit um die Radachse annimmt, die von Nebenbewegungen überlagert ist. Unter weiterer Energieabgabe tritt der Umlaufstrom aus Kontinuitätsgründen an einer der Radachse näher gelegenen Stelle in die Laufradkanäle zurück[1].

Ist der Beharrungszustand erreicht, so rotiert die der unmittelbaren Einwirkung des Kreisels ausgesetzte Gehäuseflüssigkeit mit annähernd gleicher Winkelgeschwindigkeit. Die Drehbewegung nähert sich also, wenn man den Umlaufstrom unbeachtet läßt, der eines echten Wirbels. Die radial außerhalb des Kreiselumfangs befindliche Gehäuseflüssigkeit wird durch Schleppwirkung mitgenommen. Infolge des Einflusses des Druckstutzens und der vorhandenen Nebenströmungen besteht allerdings, wie Druckmessungen zeigen, keine Axialsymmetrie der Gesamtströmung.

Die erzeugte Druckhöhe ergibt sich aus der Geschwindigkeit am Umfang des Ringraumes sowie aus der Druckhöhenzunahme durch Impulsaustausch.

Da keine Flüssigkeit gefördert wird, bleibt die Winkelgeschwindigkeit des Wirbels im Gehäuseringraum nur mäßig hinter der des Laufrades zurück. Die Druckdifferenzen und der Umlaufstrom zwischen Laufrad und Gehäuse sowie der Leistungsbedarf haben ihren Kleinstwert. Sieht man von den mechanischen Verlusten ab, so dient die aufgewendete Leistung nur zur Aufrechterhaltung der Wirbelströmung im Gehäuseringraum, also zur Deckung der Verluste, die im Kreisel und Gehäuse durch Flüssigkeitsreibung, Querschnitts- und Richtungsänderung, Stoß, Impulsaustausch und Radseitenreibung entstehen.

Wird der Druckschieber allmählich geöffnet, so überlagert sich der rotierenden Strömung im Gehäuse der Durchflußstrom Q, zu dessen Beschleunigung der Umlaufstrom U um so mehr anwachsen muß, je weiter der Schieber geöffnet wird. Zunahme des Umlaufstromes ist nur möglich, wenn die Druckunterschiede zwischen der in den Laufradkanälen und der im Gehäuseringraum strömenden Flüssigkeit zunehmen, wenn also die Winkelgeschwindigkeit des Wirbels gegenüber der des Laufrades abnimmt. Wachsender Umlaufstrom bedeutet eine Zunahme des Leistungsbedarfs. Verringerte Rotationsgeschwindigkeit im Pumpenringraum und zunehmende Durchflußgeschwindigkeit im Druckstutzen hat eine Abnahme der Förderhöhe zur Folge.

Hiernach führt eine Vergrößerung des Durchflußstromes zu einer Abnahme der Förderhöhe und einer Zunahme des Leistungsbedarfs. Es sind also Kennlinien zu erwarten, die denen einer Radialpumpe der herkömmlichen Bauart ähneln. Abb. 53.7 gibt Q—H-Linien der Freistrompumpe nach Abb. 53.6 wieder.

Der Vorgang der Energieübertragung vom Laufrad an das Fördermittel bedarf noch der weiteren Klärung durch den Versuch.

Wertvolle Einblicke in das *Betriebsverhalten* der Freistrompumpe liefern die Versuche von K. Rütschi.[2] Sie können ferner als Grundlage für eine zweckmäßige konstruktive Durchbildung der Pumpe dienen. Nach Rütschi ist die Druckzahl der Freistrompumpe bei gleichem Volumenstrom und gleichem Austrittswinkel β_2 der Laufschaufeln kleiner als die der Radialpumpe der herkömmlichen Bauart. Das ist ver-

---

[1] Der hier beschriebene Vorgang darf nicht mit der Arbeitsweise der Seitenkanalpumpe verwechselt werden, weil entscheidende Merkmale der Seitenkanalpumpe fehlen: Die partielle Beaufschlagung und die Unterbrechungsstelle des Seitenkanals, welche die Ursache für die bei dieser Pumpe erreichten hohen Druckzahlen sind. Die Druckzahl der Freistrompumpe ist wegen der mit Verlusten verbundenen mittelbaren Energieübertragung stets kleiner als die einer Radialpumpe herkömmlicher Bauart, wenn gleiche Austrittswinkel der Laufschaufeln und gleiche Volumenströme im Bestpunkt zugrunde gelegt werden.

[2] Rütschi, K.: Die Arbeitsweise der Freistrompumpe. Schweiz. Bauzeitung 86 (1968) H. 32.

ständlich, wenn man beachtet, daß die mittelbare Energieübertragung an das Fördermittel im Ringgehäuse mit Verlusten verbunden ist. Die Druckzahl beträgt — errechnet aus der Geschwindigkeit des Laufradumfangs — im Bestpunkt für $\beta_2 = 90°$ je nach der Pumpengröße etwa $\psi = 1{,}0 \cdots 1{,}15$. Aus Abb. 53.7 erhält man mit dem Laufraddurchmesser $D_2 = 0{,}425$ m für die verschiedenen Drehzahlen im Mittel den Wert $\psi = 1{,}14$.

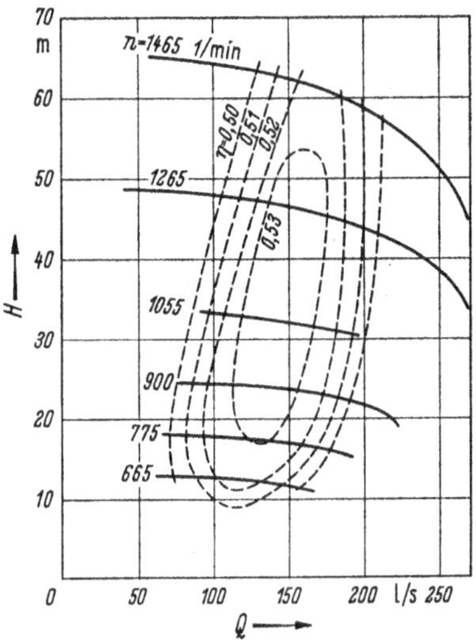

Abb. 53.7. Kennlinien der Freistrompumpe nach Abb. 53.6 bei Wasserförderung (Egger)

Der Wirkungsgrad erreicht — hauptsächlich wegen des mit dem Impulsaustausch verbundenen Verlustes — nicht die bei Radialpumpen mögliche Höhe. Sein Bestwert kann im Mittel etwa mit $\eta_{\text{opt}} = 0{,}5$ angesetzt werden, bei großen Einheiten etwas höher (Abb. 53.7).

Bezieht man den Kavitationsbeginn auf den Betriebspunkt kurz vor dem Steilabfall der Drosselkurve, so ergeben sich nach Rütschi im Bereich des besten Wirkungsgrades sehr kleine Haltedruckhöhen H_H und entsprechend große Saugzahlen S, die unter den äußeren Druck- und Temperaturverhältnissen des Versuchs Saughöhen bis zu $H_s \approx 9{,}9$ m ermöglichten. Leichte Kavitation trat allerdings schon bei $H_s = 6 \cdots 7$ m ein, die sich durch einen gewissen Förderhöhenabfall bemerkbar machte. In dem Zwischenbereich bis zur voll ausgebildeten Kavitation lief die Versuchspumpe aber geräusch- und erschütterungsfrei.

Für Flüssigkeiten mit geringer Zähigkeit befolgt die Freistrompumpe innerhalb gewisser Grenzen der Drehzahländerung das Affinitätsgesetz (Gl. (27,1), Abschn. 27). Durch Abdrehen des Laufrades ist ferner wie bei der Spiralgehäusepumpe eine Verminderung der Förderhöhe und des Volumenstroms möglich, ohne daß eine Änderung des Gehäuses notwendig wird.

Für die konstruktive Durchbildung der Pumpe läßt sich den Versuchen folgendes entnehmen:

Ausgangsgröße ist der Durchmesser D_s des Saugstutzens, der sich aus dem Volumenstrom Q und der zweckmäßig gewählten Sauggeschwindigkeit c_s ergibt. Letztere ist größer als bei Pumpen herkömmlicher Bauart. Nach Rütschi ergibt sich unter Verwendung von Gl. (12,5) bzw. (12,6)

$$c_s = c_A = A \sqrt[3]{n^2 Q} = A \sqrt{Y}\, n_{qy}^{2/3},$$

wobei $A = 1{,}5 \cdots 1{,}8$ zu setzen ist. Der Saugstutzen soll *ohne Einschnürung* mit gleichbleibendem Querschnitt und einer kleinen Abrundung in das Gehäuse übergehen, das mit Rücksicht auf freien Durchgang eine lichte Weite $b_4 = D_s$ erhält. Für die Saugleitung ist unter Zwischenschaltung eines konischen Übergangsstückes ein Durchmesser $D_s' > D_s$ vorzusehen.

In Ermangelung zuverlässiger Berechnungsunterlagen läßt sich der Laufraddurchmesser D_2 vorerst nur mit Hilfe der Druckzahl ermitteln, für die — mit der Pumpengröße wachsend — die obengenannten Zahlenwerte gelten.

Neben dem Durchmesser ist die Laufradbreite von Bedeutung. Es zeigte sich, daß zu schmale Räder, also verringerter Umlaufstrom, ein Absinken der Förderhöhe und des Volumenstromes der Pumpe zur Folge haben. Empfohlen wird eine Breite $b_2 = (0{,}25 \cdots 0{,}3)\, D_s$.

Wichtig sind ferner Form und Zahl der Laufschaufeln. Die Versuche lieferten Größtwerte der Förderhöhe und des Wirkungsgrades mit radial gerichteten Schaufeln und einer Schaufelzahl $z = 9 \cdots 12$.

Vorziehen des Laufrades in den Gehäuseringraum, also freier Austritt des Umlaufstromes in das Gehäuse, erhöht Druckzahl und Wirkungsgrad. Bei Verwendung einer Radkammer sollte deshalb deren radiale Begrenzung nicht zylindrisch, sondern *kegelig* ausgebildet werden.

Der lichte Durchmesser des Ringgehäuses ergibt sich aus $D_4 = D_2 + b_4$.

54. Säurefeste Kreiselpumpen. Chemiepumpen

Angreifende Flüssigkeiten machen die Anwendung besonderer Werkstoffe notwendig. Sie sind auf Grund der jeweiligen Eigenschaften der zu fördernden Säuren oder Laugen zu bestimmen, weil der einzelne Werkstoff im allgemeinen nur gegen bestimmte Flüssigkeiten genügend widerstandsfähig ist, wobei auch die Temperatur eine Rolle spielt. Als geeignete Werkstoffe dieser Art kommen u.a. in Frage: Chrom-Nickelstahl, Chrom-Nickel-Molybdänstahl, Titan, Hartblei, Gummi als Schutzüberzug über Gußeisen, Hastelloy (Legierungen von Nickel mit Eisen, Chrom, Molybdän, Silizium u.a. in unterschiedlichem Mischungsverhältnis), ferner hochprozentiger Siliziumguß. Dieser hat allerdings den Nachteil, daß er sehr spröde und äußerst empfindlich gegen Stöße ist und wegen seiner Härte nur durch Schleifen bearbeitet werden kann.

Bei geringen bis mäßigen Temperaturen des Fördermittels sind außerdem gewisse Kunststoffe verwendbar, und zwar Thermoplaste, wie Polyvinylchlorid, Polyäthylen, Polypropylen und Duroplaste wie Phenolharze, Polytetrafluoräthylen.

Als Werkstoffe, die gegen fast alle Säuren und Laugen genügend widerstandsfähig sind, haben sich Hartporzellan, Hartsteinzeug sowie reines gesintertes Aluminiumoxyd (Oxydkeramik) erwiesen.

Neben der Anwendung des geeigneten Werkstoffs ist das Hauptaugenmerk auf die konstruktive Durchbildung der Pumpe zu legen, die einerseits durch das Fördermittel, andererseits auch durch den Werkstoff vorgeschrieben ist. Ein besonders wichtiges Bauelement ist die Stopfbuchse bzw. die Gleitringdichtung, an deren Dichtheit wegen der Gefährlichkeit des Fördermittels hohe Anforderungen gestellt werden müssen. Durch fliegende Anordnung des Laufrades und axialen Flüssigkeitseintritt wird die saugseitige Stopfbuchse grundsätzlich vermieden. Diese Bauart wird auch bei höheren Drücken, die eine zweistufige Ausführung notwendig machen, beibehalten. Die druckseitige Stopfbuchse muß, um Dichtheit zu gewährleisten, entlastet werden. Dazu dient ein geschlossenes Hilfsförderrad, das unmittelbar an den Laufradrücken angegossen ist (Abb. 54.1 u. 54.2). Es saugt das zwischen den Wänden des Hilfsförderrades und des Gehäuses abfließende Fördergut durch den Ringspalt am Radeintritt ab und fördert es zum Austritt des Hauptkreisels zurück. Wegen der Verschiedenheit der Drosselkurven von Hauptkreisel und Hilfsförderrad sowie wegen der unterschiedlichen Lage der Betriebspunkte für beide Räder kann Gleichheit der Förderhöhen im allgemeinen nicht erreicht werden. Das Hilfsrad ist daher so auszulegen, daß in jedem Betriebszustand der Hauptpumpe vor der Stopfbuchse Unterdruck herrscht.

Eine andere Möglichkeit der Entlastung der druckseitigen Stopfbuchse besteht in der Verwendung von Rückenschaufeln (Abb. 54.3). Die einseitig offenen Schaufeln sind an die Laufradrückseite angegossen. Ihre bearbeiteten Stirnseiten bewegen sich mit geringem axialem Spiel gegenüber der ebenfalls bearbeiteten Gehäusewand. Sie haben eine ähnliche Wirkung wie das Hilfsförderrad.

Als Leitvorrichtung findet man bei einstufigen Säurepumpen ausschließlich das Spiralgehäuse oder den einfachen Ringraum. Beschaufelte Leiträder werden nicht angewendet.

Die konstruktive Ausbildung des Gehäuses ist dem verwendeten Werkstoff entsprechend sehr unterschiedlich. Schwer zu bearbeitende Werkstoffe erfordern möglichst einfache Formen mit wenig Dichtflächen. Bei Hartblei und Siliziumguß sind besondere Armierungen notwendig. Pumpen aus Hartporzellan und Hartsteinzeug erhalten wegen der Sprödigkeit dieser Stoffe ein Schutzgehäuse aus Gußeisen, das alle durch den inneren Überdruck und die Spannwirkung der Schrauben entstehenden Zugkräfte aufnimmt. Bei Verwendung von hochwertiger Oxydkeramik ist im allgemeinen eine einfachere Armierung ausreichend.

Kleine Kunststoffpumpen für geringe Drücke werden aus Thermoplasten[1], insbesondere Polyvinylchlorid und Polypropylen, gespritzt oder geschweißt, während die Gehäuse, Saug- und Druckdeckel größerer Pumpen aus Duroplasten (Phenolharzen) gepreßt oder aus dicken Platten herausgearbeitet werden. Kleine Pumpen erhalten keine Armierung. Bei größeren Einheiten spannt man die Gehäuse mit ihren Deckeln zwischen gußeiserne Stützflansche, in denen sich die Stiftschrauben für den Anschluß der Rohrleitungsflanschen befinden. Die Laufräder sind meist saugseitig offen. Sie werden in Formen gepreßt oder gespritzt. Metallische Einsätze ermöglichen eine sichere Befestigung auf der Welle. Als Wellenabdichtung dienen fast ausschließlich Gleitringe. Stopfbuchsen sind bei Verwendung von Wellenschutzhülsen aus Kunststoff nicht geeignet, weil letztere durch die entstehende Reibungswärme in kurzer Zeit zerstört würden.

Wegen der begrenzten thermischen Belastbarkeit der Kunststoffe ist Trockenlauf der Pumpen zu vermeiden.

---

[1] Technische Angaben über Thermoplaste finden sich bei Hiedel, H.; Novotny, R.: Anwendung von Kunststoffen im Pumpenbau. Masch.-Markt 76 (1970) Nr. 97, S. 2227–2230.

Abb. 54.1 stellt eine einstufige Säurepumpe aus einem hochprozentigen Siliziumguß dar, der unter den Bezeichnungen Noricid und Norichlor hergestellt wird. Noricid enthält etwa 15% Silizium. Es eignet sich zur Förderung von Schwefel- und Salpetersäure in jeder Konzentration, ferner von Phosphorsäure, organischen Säuren u.a.m. Norichlor weist neben dem Siliziumanteil von 15% noch besondere Legierungszusätze auf, welche die Korrosionsbeständigkeit erhöhen und diesen Werkstoff gegen weitere Säuren beständig machen. Wegen der Sprödigkeit und der außerordentlichen Härte des Siliziumgusses, die nur eine Bearbeitung durch Schleifen zuläßt, sind

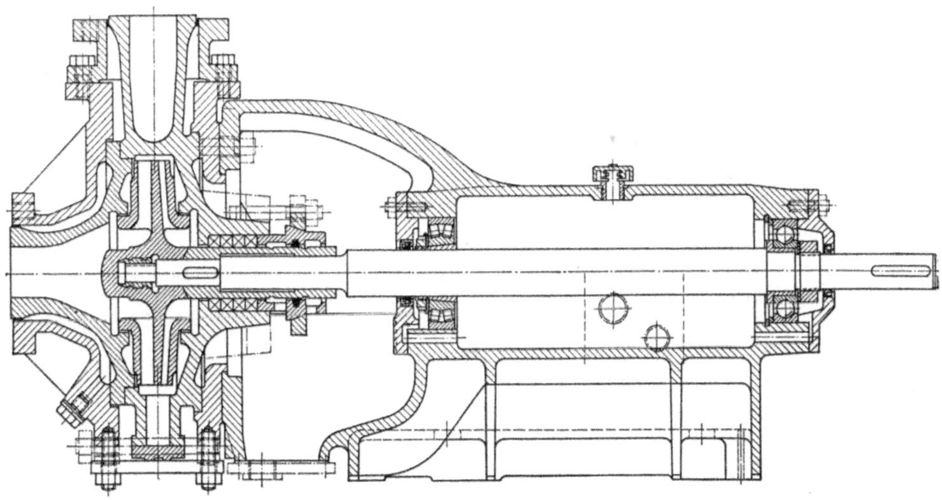

Abb. 54.1. Einstufige Säurepumpe (KSB, Nürnberg)

Pumpengehäuse und Saugdeckel von einem Schutzgehäuse aus Grauguß umgeben, welches alle von den Flanschverbindungen und den Rohrleitungen herrührenden Beanspruchungen aufnimmt. Die säurebeständigen Gehäuseteile sind an den Dichtflächen plan geschliffen und benötigen kein Dichtungsmaterial.

Das als Zweikanalrad ausgebildete, geschlossene Laufrad ist auf der Welle fliegend angeordnet und mit dieser ohne Verwendung einer Mutter — also unter Vermeidung einer Trennfuge — verschraubt. Auf seiner Rückseite befindet sich ein Hilfsförderrad, das vor der Stopfbuchse einen ständigen Unterdruck erzeugt, so daß während des Betriebes Fördergut nicht austreten kann.

Zur Abdichtung der Wellendurchführung in der Stopfbuchse dient eine geeignete Säurepackung, welche die Welle unter Zwischenschaltung einer auswechselbaren Schutzhülse umgibt. Sicherheitshalber ist für den Stillstand der Stopfbuchseneinsatz mit einem Tropfsäureablauf und einer Nachdichtung versehen. Durch Anbringen eines zweiten Dichtungsspaltes am Hilfsförderrad wird das Laufrad nahezu entlastet. Den restlichen Achsschub nimmt ein kräftiges Ringrillenlager auf.

Neben dem inneren Gehäuse sind alle mit der Förderflüssigkeit in Berührung kommenden Teile aus Siliziumguß hergestellt.

Abb. 54.2 gibt die Ausführung einer Säurepumpe in Hartblei wieder. Das Pumpengehäuse ist mittels des eingegossenen Stahlringes a, der dem Gehäuse zugleich eine erhöhte Festigkeit verleiht, am Lagerstuhl angeflanscht. Ebenso wird das Laufrad durch die eingegossene Buchse *b* versteift, die vor allem die sichere Befestigung auf der Welle ermöglichen soll. Auf der Laufradrückseite befindet sich auch hier ein Hilfsförderrad, das die Stopfbuchse völlig entlastet. Bemerkenswert an der vorliegenden Konstruktion ist ferner die selbsttätige Axialverschiebung des Läufers durch den Fliehkraftregler *d*. Während des Betriebes verschiebt der Regler den Läufer gegen den Druck der Feder *e* nach links, so daß sich zwischen der konischen Buchse *c* und der Stopfbuchspackung ein Luftspalt bildet und somit Reibung und Wärmeentwicklung in der Stopfbuchse nicht entstehen können. Das Austreten von Leckflüssigkeit

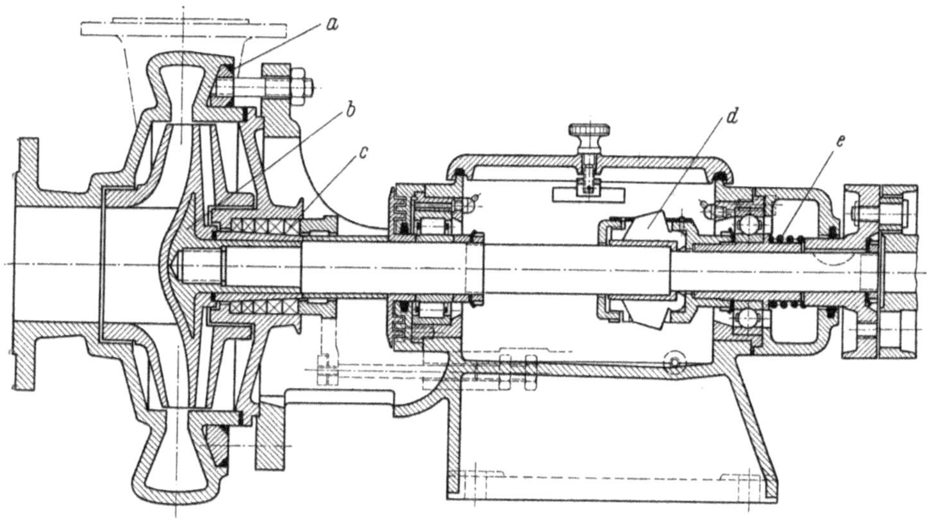

Abb. 54.2. Hartbleisäurepumpe (Bungartz)

wird durch das Hilfslaufrad verhindert, das die Spaltflüssigkeit nach dem Druckraum der Pumpe zurückfördert. Im Stillstand ist das Hilfsrad unwirksam, so daß dann der volle Flüssigkeitsdruck durch die Stopfbuchse aufgenommen werden muß. Sobald beim Stillsetzen der Pumpe die Drehzahl auf etwa 80···90% der normalen Drehzahl gesunken ist, gibt der Regler dem Druck der Feder nach. Die konische Buchse preßt sich an die Packung und dichtet gegen den nun wirksam werdenden Flüssigkeitsdruck ab.

Bei Verwendung von Porzellan und Steinzeug sind Pumpengehäuse und Pumpendeckel so zu gestalten, daß sie in einfacher Weise geformt werden können. Da diese Werkstoffe keine Zugkräfte übertragen können, werden Gehäuse und Deckel mittels einer säurefesten Masse in gußeiserne Schutzgehäuse eingebettet, welche die durch innere und äußere Kräfte entstehenden Beanspruchungen aufnehmen.

Bei der Steinzeugkreiselpumpe nach Abb. 54.3 sind sämtliche mit der Förderflüssigkeit in Berührung kommende Teile, also auch Laufrad mit Wellenstumpf, aus säurefestem Korundsteinzeug hergestellt. Infolge der geringen Wärmeleitfähigkeit dieses Werkstoffs muß die Wärmeentwicklung in der Stopfbuchse gering bleiben, was eine Druckabsenkung notwendig macht. Zu diesem Zweck ist das Laufrad mit

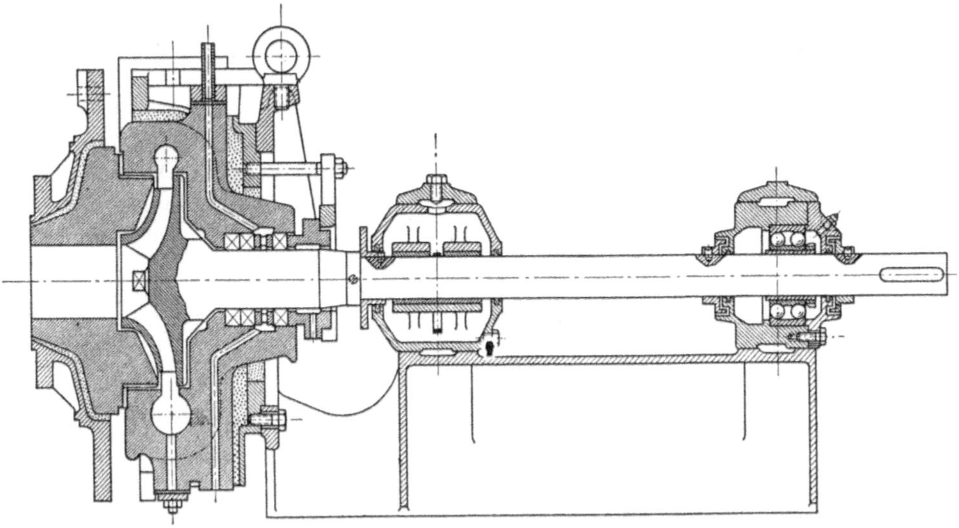

Abb. 54.3. Säurepumpe aus Korundsteinzeug (Deutsche Steinzeugwarenfabrik)

Rückenschaufeln versehen, die während des Betriebes die Stopfbuchse entlasten. Dazu muß der äußere Durchmesser des Rückschaufelringes etwas größer sein als der Laufraddurchmesser[1]. In den Packungsraum der Stopfbuchse ist ein ebenfalls aus Steinzeug bestehender Packungsring eingelegt, dem durch die in der Zeichnung erkennbare Bohrung Flüssigkeit zur Schmierung und Kühlung der Stopfbuchse zugeführt wird.

Stopfbuchsen und Gleitringdichtungen gewährleisten keine vollkommene Abdichtung des Pumpeninnern gegen die Außenluft. Im Stillstand der Pumpe wird auch die Entlastung dieser Dichtungselemente durch ein Hilfsförderrad oder durch Rückenschaufeln unwirksam. Zahlreiche Medien der chemischen Industrie erfordern aber einen zuverlässig dichten Abschluß des Pumpeninnern nach außen. Zu diesen gehören Fördermittel, die durch Einwirkung von Luft, Feuchtigkeit und andere Stoffe eine Veränderung erfahren, die sich beispielsweise in einer Verhärtung oder in einer Kristallisation äußert, ferner giftige, übelriechende, radioaktive oder explosive Medien und schließlich wertvolle Fördermittel, deren Leckverluste beachtliche Kosten verursachen würden.

Völlige Dichtheit nach außen ist nur zu erwarten, wenn die Wellendurchführung durch das Gehäuse vermieden wird. Das läßt sich z.B. dadurch erreichen, daß die Lager des Pumpenläufers und der pumpenseitige Kupplungsteil in das völlig abgeschlossene, mit der Förderflüssigkeit gefüllte Pumpengehäuse verlegt werden und das Motordrehmoment durch eine Magnetkupplung mit Permanentmagneten ohne Schlupf übertragen wird.

Eine häufig anzutreffende Lösung ist die Verwendung eines Spaltrohrmotors

---

[1] Zu beachten ist, daß der im allgemeinen nach der Saugseite des Laufrades gerichtete Achsschub durch die Verwendung von Rückenschaufeln abnimmt und bei langen Rückenschaufeln und kleinem Spalt seine Richtung umkehren kann. Außerdem wächst der Radreibungsverlust.

(Abb. 54.4), wie er bei Umwälzpumpen üblich ist und früher auch für Tauchpumpen benutzt wurde[1]. Unter Vermeidung einer Kupplung bilden hier Pumpen- und Motorwelle *ein* Stück, so daß auch der Rotor (*1*) des Motors — es handelt sich stets um einen Drehstrom-Kurzschlußmotor — in der Förderflüssigkeit umläuft. Die Statorwicklung (*2*) ist durch ein dünnwandiges Spaltrohr (*3*) vor der Einwirkung der Flüssigkeit geschützt. Es besteht aus einem unmagnetischen Chromnickelstahl von hohem Leitwiderstand und ist so mit dem Gehäuse verbunden, daß die Statorwicklung vollständig eingekapselt ist. In gleicher Weise wird auch der Motorläufer durch eine Umkleidung (*4*) gegen den Angriff der Flüssigkeit geschützt.

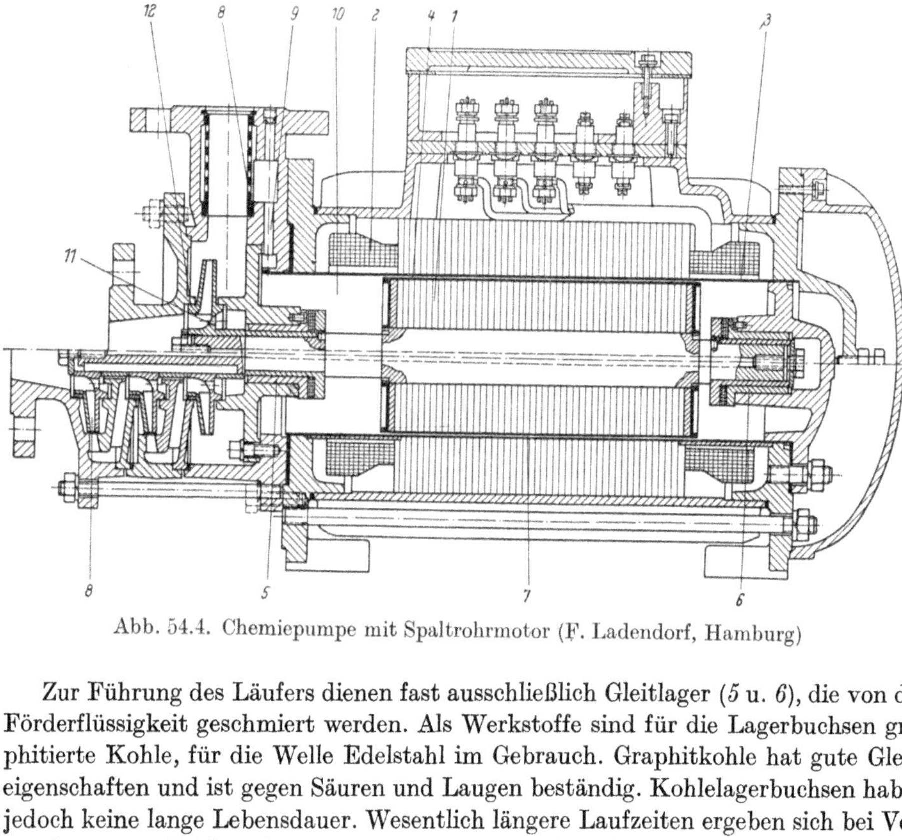

Abb. 54.4. Chemiepumpe mit Spaltrohrmotor (F. Ladendorf, Hamburg)

Zur Führung des Läufers dienen fast ausschließlich Gleitlager (*5* u. *6*), die von der Förderflüssigkeit geschmiert werden. Als Werkstoffe sind für die Lagerbuchsen graphitierte Kohle, für die Welle Edelstahl im Gebrauch. Graphitkohle hat gute Gleiteigenschaften und ist gegen Säuren und Laugen beständig. Kohlelagerbuchsen haben jedoch keine lange Lebensdauer. Wesentlich längere Laufzeiten ergeben sich bei Verwendung von Edelstahlbuchsen, wenn die tragende Oberfläche durch Diffusionsschwefelung (nach dem Sulf-Inuz-Verfahren) gleitbar gemacht ist. Es entsteht dadurch in einer Randschicht von etwa 0,03 mm Stärke eine Schwefel-Kohlenstoff-Verbindung mit dem Eisen.

Das Lagerspiel wird verhältnismäßig groß ausgeführt. Es beträgt maximal 0,2 mm. Das hat seinen Grund darin, daß die Lager im wesentlichen nur im Ruhezustand und

[1] Neumaier, R.: Stopfbuchslose Kreiselpumpen für den Einsatz in der chemischen Industrie. Maschinenmarkt 66 (1960) Nr. 5, 6, 8, ferner Middeldorf, F. J.: Konstruktionsmerkmale und Anwendungsmöglichkeiten von Chemiepumpen. Chem.-Ing.-Techn. 33 (1961) Nr. 1, S. 31—36, und Buschhorn, W.: Pumpen für verfahrenstechnische Betriebe. Chem.-Ing.-Techn. 33 (1961) Nr. 4, S. 237—243.

während des An- und Auslaufs der Pumpe zum Tragen kommen, daß jedoch im Betriebe der Rotor die Aufgabe der Lagerung übernimmt. In dem engen Spalt (*7*) zwischen Rotor und Spaltrohr entsteht infolge der Haftreibung des Fördermittels ein Flüssigkeitsring, der den Rotor zentrisch in der Flüssigkeit hält und gleichzeitig die Lager entlastet. Voraussetzung ist allerdings, daß alle in Frage kommenden Teile genau zueinander zentriert sind, andernfalls stellen sich in kurzer Zeit Lagerschäden ein.

Während des Betriebes müssen die Lager von einem stetigen Flüssigkeitsstrom durchspült werden. Dazu ist das Motorinnere vor der Inbetriebnahme völlig zu entlüften, weil sonst die Gefahr des Trockenlaufs für die Lager besteht. In Abb. 54.4, die eine Chemiepumpe in ein- und mehrstufiger Ausführung wiedergibt, tritt die Schmierflüssigkeit aus dem Druckstutzen durch das Filter (*8*) und die Bohrung (*9*) in den Raum (*10*). Von hier fließt ein Teil nach Passieren des Lagers (*5*) durch die Bohrungen (*11*) in den Saugmund des Laufrades, von wo er zum Druckstutzen zurückgefördert wird. Der Rest strömt durch den Rotorspalt (*7*) zum Lager (*6*), von diesem durch die Bohrung der Welle zum Saugraum und von dort ebenfalls zum Druckstutzen. Dieser ständig im Pumpen- und Motorinnern kreisende Flüssigkeitsstrom dient neben der Lagerschmierung und -kühlung auch der Abführung eines Teiles der Motorwärme.

Der Achsschub ist durch die beiderseitigen Spaltdichtungen (*12*) und die Bohrungen (*11*) des Laufrades im wesentlichen ausgeglichen. Den Restschub nehmen die seitlichen Laufflächen der Lagerschalen auf.

Die Werkstoffe der flüssigkeitsberührten Teile werden durch die jeweils vorliegenden Betriebsverhältnisse bestimmt.

II. Verdrängerpumpen

a) Hubkolbenpumpen

A. Bauarten und Wirkungsweise Theoretischer und wirklicher Volumenstrom

55. Einfach wirkende Pumpen

Die Wirkungsweise der Hubkolbenpumpe beruht auf der Verdrängung des Fördermittels, das im folgenden kurz als Wasser bezeichnet werde. Je nach der Art der Verdrängung durch Drücken oder Heben des Kolbens unterscheidet man Druck- und Hubpumpen.

Die *Druckpumpe* wird sowohl liegend als auch stehend ausgeführt. Bestimmend für diese Kennzeichnungsweise ist die Lage des Kolbens, der bei der einfach wirkenden Druckpumpe stets als Tauchkolben ausgebildet wird (Abb. 55.1). Der Pumpenzylinder Z, in welchem der durch eine Stopfbuchse abgedichtete Kolben K eine hin- und hergehende Bewegung ausführt, enthält in seinem oberen Teil das Druckventil DV und in seinem unteren das Saugventil SV. Außerhalb dieser Ventile ist nach oben die Druckleitung R_d, nach unten die Saugleitung R_s angeschlossen. Letztere endet mit einem Saugkorb, der die Aufgabe hat, Unreinigkeiten von der Pumpe fernzuhalten. Häufig befindet sich im Saugkorb ein Fußventil, welches das Auffüllen der Saugleitung ermöglichen soll.

Ist das Gehäuse und die Saugleitung mit Wasser gefüllt, so wird beim Hingang des Kolbens, d.h. bei der Bewegung nach der Kurbelwelle hin, vom Kolben der Raum $A \cdot s$ m^3 im Zylinder freigegeben, wenn A den Kolbenquerschnitt in m^2 und s den Kolbenhub in m bezeichnet. Infolge der Raumbeständigkeit des Wassers senkt sich sofort bei Beginn der Kolbenbewegung der Druck im Zylinder, so daß der Gleichgewichtszustand zwischen dem Druck im Zylinder, der Saugsäule und dem auf dem Brunnenwasserspiegel lastenden Atmosphärendruck p_A gestört wird. Das Saugventil öffnet sich. Gleichzeitig tritt ein dem vom Kolben freigegebenen Raum entsprechendes Wasservolumen durch die Saugleitung in den Zylinder. Ist der Kolben in seiner rechten Totlage angekommen, so schließt sich das Saugventil unter seinem Eigengewicht oder auch unter einem Federdruck. Diesen Vorgang, der nur durch die Wirkung des Atmosphärendruckes möglich ist, nennt man das Saugen der Pumpe.

Beim Rückgang des Kolbens öffnet sich das Druckventil. Der Kolben drückt das Wasservolumen $A \cdot s$ durch das Druckrohr in den Hochbehälter. Hat der Kolben die linke Totlage erreicht, so schließt sich das Druckventil. Diesen Vorgang bezeichnet man als das Drücken der Pumpe.

Bei *einer* Umdrehung der Kurbel oder *einem* Doppelhub fördert somit die einfach wirkende Druckpumpe das Volumen $A \cdot s$ m^3. Macht sie n Umdrehungen in der Sekunde, so beträgt der mittlere theoretische Volumenstrom in m^3/s

$$Q_{\text{th}} = A\,s\,n. \tag{55,1}$$

Der Kraftbedarf der einfach wirkenden Pumpe ist beim Saugen und Drücken meist sehr unterschiedlich, was eine ungünstige Beanspruchung der Antriebsmaschine zur

Folge hat. Zur besseren Verteilung des Kraftbedarfs und zur Erzielung eines gleichmäßigeren Volumenstroms ordnet man deshalb häufig zwei, drei oder mehr Kolben nebeneinander an, wobei die Kurbeln gleichmäßig gegeneinander versetzt werden. Derartige Mehrzylinderausführungen findet man besonders bei Pumpen für hohe Drücke.

Im allgemeinen unterscheidet sich die ausgeführte einfach wirkende Druckpumpe von der Darstellung nach Abb. 55.1 dadurch, daß sie nicht unmittelbar aus einem Wasserbehälter saugt und auch nicht unmittelbar in die Druckleitung drückt. Vielmehr ist zwischen Pumpe und Rohrleitung je ein Windkessel eingeschaltet, der ein ruhiges und einwandfreies Arbeiten der Pumpe ermöglichen soll (Abb. 55.2). Die Bedeutung des Windkessels für die Kolbenpumpe wird im Abschn. 63 näher behandelt.

Abb. 55.3 zeigt das Schema einer einfach wirkenden Druckpumpe in stehender Ausführung.

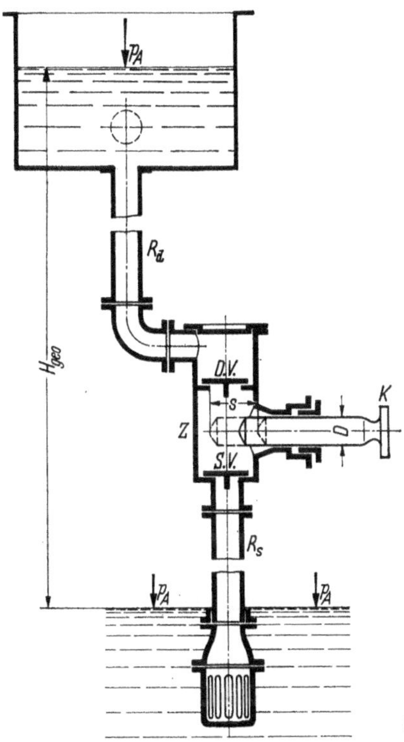

Abb. 55.1.
Einfach wirkende Druckpumpe

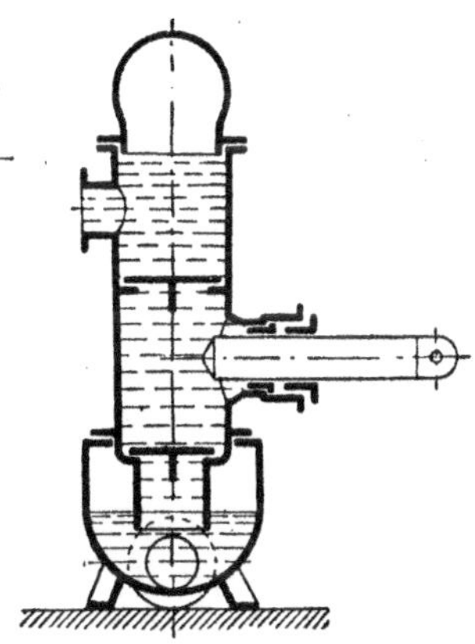

Abb. 55.2. Einfach wirkende Druckpumpe mit Windkesseln

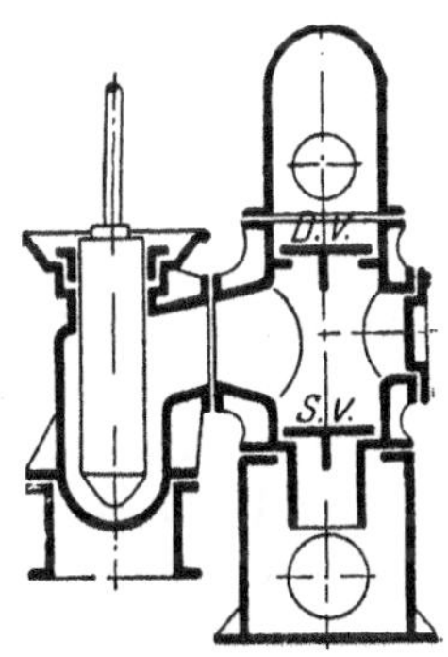

Abb. 55.3. Stehende, einfach wirkende Druckpumpe

Bei der *Hubpumpe* (Abb. 55.4) ist das Druckventil DV am Kolben K angebracht, der zu diesem Zweck als Scheibenkolben ausgebildet und mit Durchlässen versehen ist. Die Aufwärtsbewegung des Kolbens öffnet das Saugventil SV. Während der Kolben das Wasservolumen $A \cdot s$ ansaugt, wird gleichzeitig das über dem Kolben im Zylinder befindliche Volumen $(A - q)\,s$ in das Druckrohr gehoben, wobei q den Querschnitt der Kolbenstange bezeichnet.

Bei der Abwärtsbewegung tritt das im Zylinder unter dem Kolben befindliche Wasservolumen $A\,s$ durch das geöffnete Druckventil hindurch. Gleichzeitig wird über dem Kolben der Raum $(A - q)\,s$ frei, so daß das Volumen $A\,s - (A - q)\,s = q\,s$ in das Druckrohr verdrängt wird.

Die Pumpe fördert also bei einer Umdrehung das Volumen $(A - q)\,s + q\,s = A\,s$. Somit beträgt der theoretische Volumenstrom

$$Q_{\text{th}} = A\,s\,n. \tag{55,2}$$

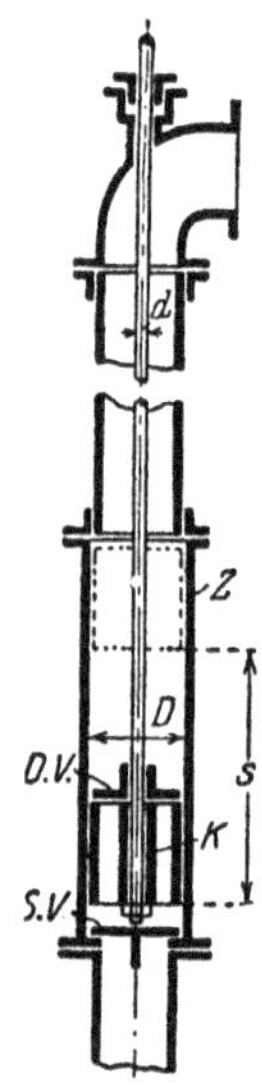

Abb. 55.4. Hubpumpe

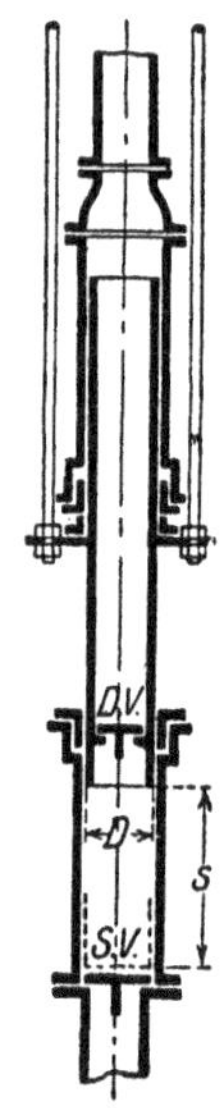

Abb. 55.5. Hubpumpe mit Rohrkolben

Da q im Verhältnis zu A klein ist, wird der größte Teil der Förderarbeit beim Heben geleistet. Die Hubpumpe kann daher unter Vernachlässigung von q als einfach wirkend angesehen werden. Sie findet besonders in Brunnen mit tiefliegendem Wasserspiegel Anwendung.

Bei Förderhöhen über 40 m wird die Abdichtung des Scheibenkolbens mangelhaft. In diesem Falle ist die Hubpumpe mit Rohrkolben und außen liegenden Stopfbuchsen am Platze (Abb. 55.5).

Die Arbeitsweise unterscheidet sich von der der Hubpumpe mit Scheibenkolben insoweit, als die Förderung nur während der Aufwärtsbewegung des Rohrkolbens stattfindet.

56. Doppelt wirkende Pumpen

Die Förderung größerer Wassermengen führt zur Anwendung der doppelt wirkenden Druckpumpe (Abb. 56.1 u. 56.2), deren Kolben meistens ebenfalls als Tauchkolben ausgebildet ist. Nur für mäßige Drücke ist auch der Scheibenkolben gebräuchlich. Infolge der Doppelförderung erhält die Pumpe zwei Saug- und zwei Druckventile. Liegende Pumpen sind häufig auch mit zwei Druckwindkesseln ausgerüstet, deren

Luft- und Wasserräume durch Ausgleichleitungen verbunden sind. Dagegen haben beide Kolbenseiten einen gemeinsamen Saugwindkessel.

Beim Hingang (Kolbenbewegung nach rechts) saugt der Kolben das Volumen $A\,s$ an und drückt das Volumen $(A - q)\,s$ in den Windkessel. Beim Rückgang wird $(A - q)\,s$ angesaugt und $A\,s$ gefördert. *Eine* Umdrehung der Pumpe liefert demnach das Volumen

$$(A - q)\,s + A\,s = (2\,A - q)\,s.$$

Somit ist

$$Q_{\text{th}} = (2\,A - q)\,s\,n. \qquad (56,1)$$

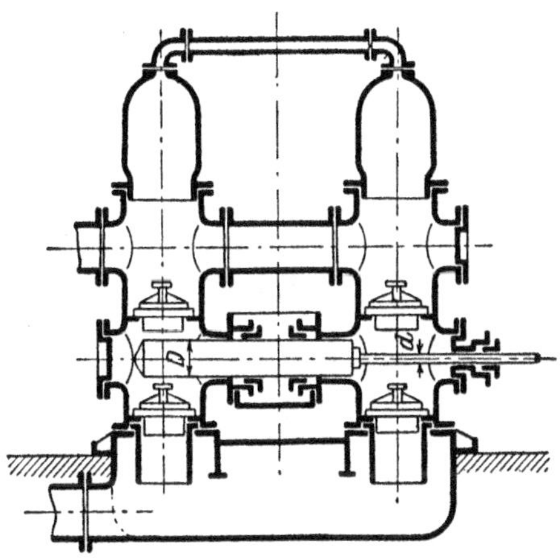

Abb. 56.1. Liegende, doppelt wirkende Pumpe mit Tauchkolben

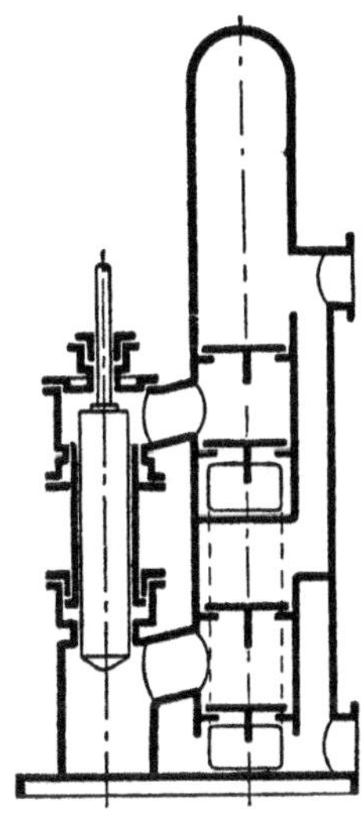

Abb. 56.2. Stehende, doppelt wirkende Pumpe

57. Differentialpumpen (Stufenkolbenpumpen)

Die Ungleichheit in der Wasserlieferung und im Kraftbedarf während des Hin- und Rückgangs des Kolbens der einfachwirkenden Pumpe kann bis zu einem gewissen Grade durch einen Stufenkolben ausgeglichen werden, der sowohl bei Druck- als auch bei Hubpumpen Anwendung findet. Eine solche als Differentialpumpe bezeichnete Ausführung zeigt Abb. 57.1.

Beim Hingang wird in den linksliegenden Zylinder das Volumen $A\,s$ eingesaugt und gleichzeitig aus dem rechtsliegenden die Raummenge $(A - q)\,s$ verdrängt. Beim Rückgang wird links das Volumen $A\,s$ durch das Druckventil hinausgeschoben, während im rechtsliegenden Zylinder der Raum $(A - q)\,s$ frei wird, so daß nur $A\,s - (A - q)\,s = q\,s$ in das Druckrohr gelangt. Bei *einer* Umdrehung wird also das Wasservolumen $(A - q)\,s + q\,s = A\,s$ verdrängt. Somit beträgt der theoretische Volumenstrom

$$Q_{\text{th}} = A\,s\,n. \qquad (57,1)$$

Der Stufenkolben saugt und drückt zugleich beim Hingang, während er beim Rückgang nur drückt. Wird $q = A/2$, so ist die Wasserlieferung für Hin- und Rückgang gleich groß. Der Querschnitt kann auch so gewählt werden, daß Hin- und Rückgang den gleichen Arbeitsbedarf erfordern[1]. Dann ist allerdings die Wasserlieferung unterschiedlich.

Die Differentialhubpumpe (Abb. 57.2) arbeitet in gleicher Weise. Der aufwärtsgehende Kolben hebt das Volumen $(A - q_1)\, s$ in das Druckrohr, während der nieder gehende Kolben die Raummenge $q_1\, s$ in das Druckrohr abfließen läßt. Der theoretische Volumenstrom ist demnach wieder

$$Q_{\text{th}} = A\, s\, n\,.$$

Für große Förderhöhen verwendet man Differentialhubpumpen mit Rohrkolben.

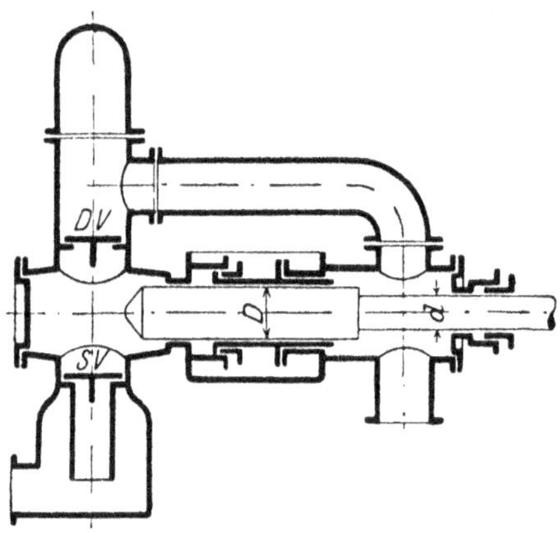

Abb. 57.1. Liegende Differentialpumpe

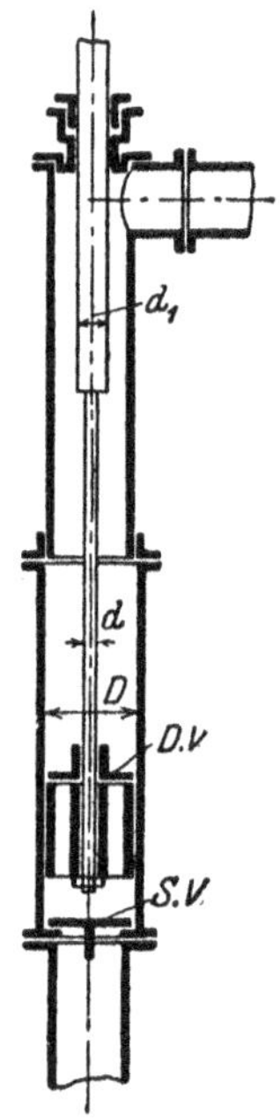

Abb. 57.2. Differentialhubpumpe

58. Der wirkliche Volumenstrom. Volumetrischer Wirkungsgrad oder Liefergrad

Der aus der Kolbenverdrängung errechnete theoretische Volumenstrom Q_{th} wird bei der ausgeführten Pumpe nicht erreicht. Der tatsächliche Volumenstrom Q ist stets kleiner als Q_{th}. Man bezeichnet das Verhältnis

$$\eta_l = \frac{Q}{Q_{\text{th}}}$$

als den volumetrischen Wirkungsgrad oder Liefergrad der Pumpe.

[1] Bezeichnen $H_s = H_{s\,\text{geo}} + H_{vs}$ die gesamte Saughöhe und $H_d = H_{d\,\text{geo}} + H_{vd}$ die gesamte Druckhöhe, also jeweils die geodätische Höhe zuzüglich Widerstandshöhe, bezogen auf die waagerechte Kolbenachse, so gilt für gleichen Arbeitsaufwand

$$[A\, s\, H_s + (A - q)\, s\, H_d]\, g\, \varrho = q\, s\, H_d\, g\, \varrho\,.$$

Daraus folgt

$$q = \frac{A}{2} \cdot \frac{H_s + H_d}{H_d} = \frac{A}{2}\left(1 + \frac{H_s}{H_d}\right).$$

Die Grenzen der Anwendbarkeit der Gleichung werden einmal dadurch kenntlich, daß für $H_d = H_s$, $q = A$, also $d = D$ wird, zum andern dadurch, daß bei negativem H_s, also bei Zulaufhöhe, q und damit der Stangendurchmesser zu klein ausfällt.

Die Verkleinerung des Volumenstroms kann hervorgerufen werden

1. durch Undichtigkeiten der unter Überdruck stehenden Dichtungsorgane (Ventile, Stopfbuchsen, Kolbendichtungen),

2. durch Eindringen von Luft in den Pumpenraum beim Saugvorgang (hervorgerufen durch Undichtigkeiten der Stopfbuchsen und anderer Teile, ferner durch Öffnen eines Schnüffelventils oder auch infolge großen Luft- (oder Gas-) Gehaltes des Förderwassers),

3. durch verspätetes Öffnen und Schließen der Ventile (infolge der Ventilverdrängung, großer Saughöhe, Bildung eines Luftsackes durch fehlerhafte Konstruktion),

4. durch die Elastizität des Fördermediums und des Pumpenwerkstoffs bei großen Drücken.

Bei guter Abdichtung und Förderung von gasarmem Wasser können Liefergrade $\eta_l = 0{,}93 \cdots 0{,}98$ erreicht werden, wobei die untere Grenze für kleine Pumpen gilt.

B. Berechnung der Hubkolbenpumpe

59. Volumenstromschwankungen und Kolbenbeschleunigungen einfach wirkender ein- und mehrzylindriger Pumpen

Die hubweise unterbrochene Förderung der Kolbenpumpe ohne Windkessel hat je nach der Zahl der parallel arbeitenden Zylinder gleicher Größe mehr oder weniger große Schwankungen des Volumenstroms in den angeschlossenen Rohrleitungen zur Folge. Maßgebend ist der Verlauf der resultierenden Kolbengeschwindigkeit c_r. Fassen wir zunächst die einfach wirkende *Einzylinderpumpe* ins Auge, so besteht bei Verwendung eines Geradschubkurbeltriebs zwischen der Kolbengeschwindigkeit c und dem von der jeweiligen Kolbentotlage aus gemessenen Kurbelwinkel α die Beziehung

$$c = r\,\omega \left(\sin\alpha \pm \frac{\lambda}{2} \sin 2\alpha\right). \qquad (59{,}1)$$

Hierin bezeichnen r den Kurbelradius, ω die Winkelgeschwindigkeit des Kurbelzapfens, $\lambda = r/l$ das Längenverhältnis und l die Schubstangenlänge. Das positive Vorzeichen in der Klammer gilt für den Hingang (Saughub), das negative für den Rückgang (Druckhub). c ist für $\alpha = 0°$ und $\alpha = 180°$, also in den Totlagen des Kolbens, gleich Null und erreicht, wenn man den Hingang betrachtet, kurz vor der Hubmitte den Größtwert. Für $\lambda = 0$ (unendlich lange Schubstange) wird

$$c = r\,\omega \sin\alpha. \qquad (59{,}2)$$

Die Kolbengeschwindigkeit ändert sich nach einer Sinuslinie. Eine derartige Kolbenbewegung, die auch als harmonische Bewegung bezeichnet wird, läßt sich durch Kolbenantrieb mittels einer Kurbelschleife oder eines Kreisnockens verwirklichen.

Der theoretische Volumenstrom der Pumpe ohne Windkessel ist der Kolbengeschwindigkeit proportional, also wie diese starken Schwankungen unterworfen. Sie vermindern sich, wenn z gleiche *einfach* wirkende Pumpen, deren Kurbeln jeweils um $360/z°$ gegeneinander versetzt sind, im Parallelbetrieb miteinander arbeiten. Durch Überlagerung der Geschwindigkeiten der einzelnen Kolben läßt sich eine resultierende Kolbengeschwindigkeit c_r ermitteln. In Abb. 59.1 ist der für den Saughub gültige Verlauf der Geschwindigkeit c des einzelnen Kolbens sowie die resultierende Kolbengeschwindigkeit c_r (stärker ausgezogen) über dem Kurbelwinkel $\alpha = 0° \cdots 360°$ aufgetragen, und zwar für $\lambda = 0$ und $\lambda = 0{,}225$. z ist die Zahl der Kolben. Die Amplitude der harmonischen Bewegung — ωr — ist jeweils gleich 1 gesetzt, so daß für den Einzelkolben nur die Funktionen $f(\alpha) = \sin\alpha$ und $f(\alpha) = \sin\alpha + (\lambda/2)\sin 2\alpha$ erscheinen.

Es zeigt sich, daß die einfach wirkende Zweizylinderpumpe hinsichtlich der Volumenstromschwankungen noch keinen Vorteil bringt. Dagegen hat die Anordnung von drei gleichen Zylindern bereits eine erhebliche Verbesserung zur Folge. Allgemein nehmen die Volumenstromschwankungen mitwachsender Zylinderzahl ab. Dabei verhalten sich Pumpen mit einer ungeraden Zylinderzahl günstiger als solche mit einer geraden Zylinderzahl. Die Vermehrung der Zylinder ist somit ein geeignetes Mittel, die Volumenstromschwankungen zu vermindern, wenn der Ausgleich nicht durch einen Windkessel herbeigeführt werden soll.

Mit der Erhöhung der Zylinderzahl nimmt der Einfluß des Längenverhältnisses λ auf den c_r-Verlauf mehr und mehr ab.

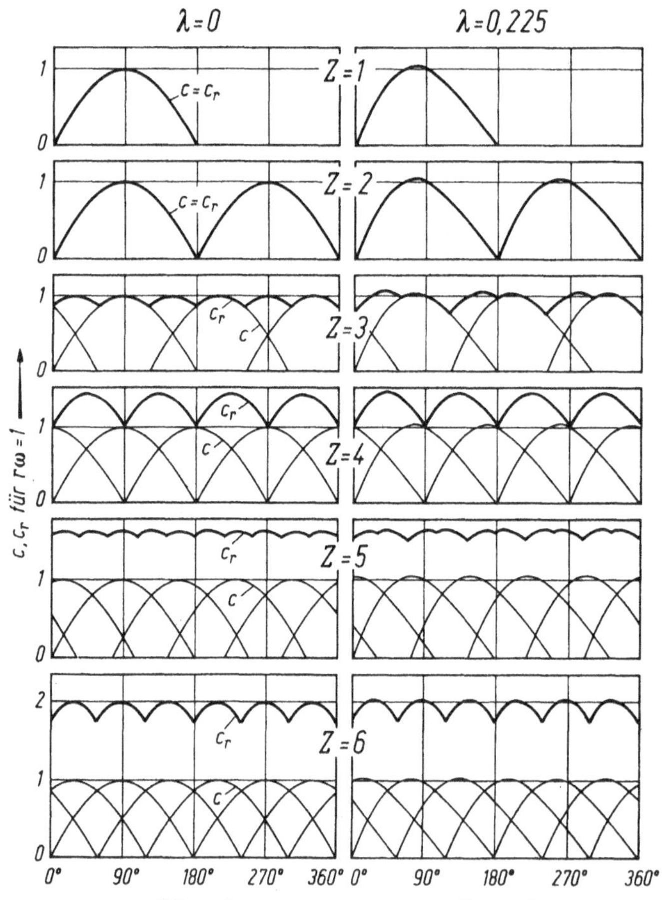

Abb. 59.1. Die Kolbengeschwindigkeit c der Einzylinderpumpe und die resultierende Kolbengeschwindigkeit c_r der Mehrzylinderpumpe während des Saughubes in Abhängigkeit vom Kurbelwinkel α für $\lambda = 0$ und $\lambda = 0{,}225$

Die oszillierende Bewegung des Kolbens hat zur Folge, daß dieser im ersten Hubteil beschleunigt, im zweiten dagegen verzögert wird. In Abhängigkeit vom Kurbelwinkel α errechnet sich die Kolbenbeschleunigung a aus

$$a = r\,\omega^2 (\cos\alpha \pm \lambda \cos 2\alpha), \tag{59,3}$$

wobei das positive Vorzeichen in der Klammer für den Saughub, das negative für den Druckhub gilt. Die harmonische Bewegung ($\lambda = 0$) liefert

$$a = r\,\omega^2 \cos\alpha. \tag{59,4}$$

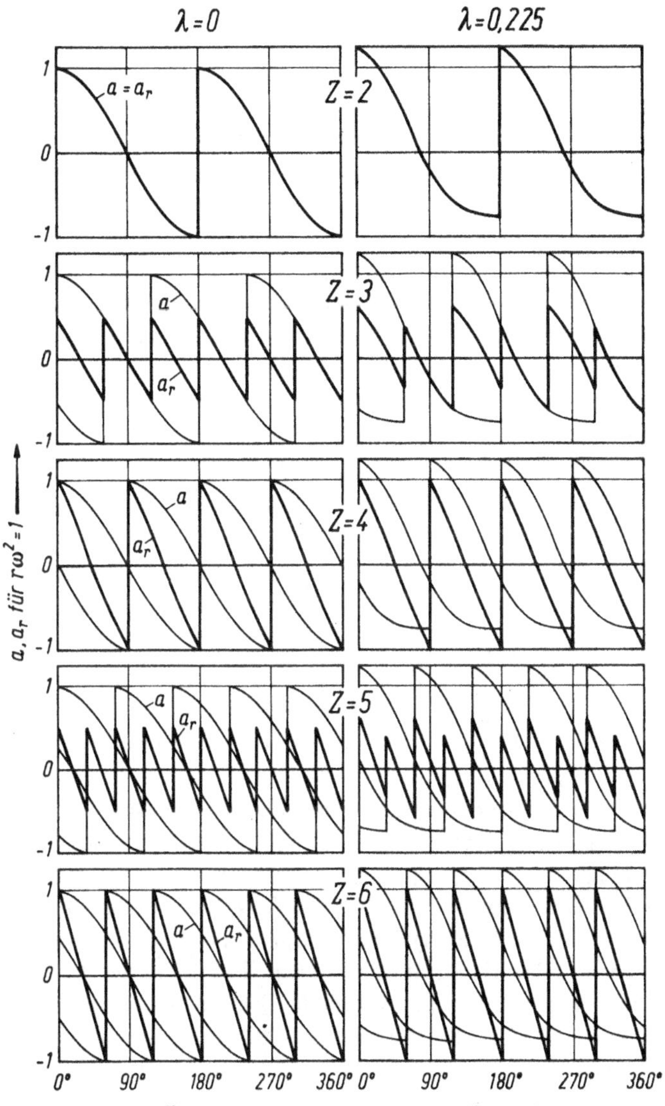

Abb. 59.2. Die Kolbenbeschleunigung a der Einzylinderpumpe und die resultierende Kolbenbeschleunigung a_r der Mehrzylinderpumpe während des Saughubes in Abhängigkeit vom Kurbelwinkel α für $\lambda = 0$ und $\lambda = 0{,}225$

Der Verlauf der Kolbenbeschleunigung a während des Saughubes der einfach wirkenden Einzylinderpumpe geht aus Abb. 59.2 hervor, und zwar für $\lambda = 0$ und $\lambda = 0{,}225$. Der Größtwert der Beschleunigung bei harmonischer Bewegung — $r\,\omega^2$ — ist gleich 1 gesetzt.

Für drei und mehr gleiche Zylinder überlagern sich die Beschleunigungen der Kolben. Die resultierenden Beschleunigungen a_r sind durch größere Strichstärke hervorgehoben. Man erkennt, daß sich bei ungeraden Zylinderzahlen die resultierende Beschleunigung a_r gegenüber a im Größtwert verringert, während bei geraden Zylinderzahlen Gleichheit besteht.

Die Beschleunigung der Flüssigkeitsmasse in der angeschlossenen Rohrleitung ist der Kolbenbeschleunigung proportional, wenn elastische Formänderungen ausgeschlossen werden. Sie ist also für die Sechszylinderpumpe bei gleichem Rohrquerschnitt trotz des sechsfachen Volumenstroms nicht größer als für die Einzylinderpumpe. Werden nun die Rohrquerschnitte der Ein- und der Sechszylinderpumpe so bemessen, daß in beiden Querschnitten die gleiche mittlere Geschwindigkeit herrscht, so gehen die Massenbeschleunigungen in der Rohrleitung der Sechszylinderpumpe und die von ihr ausgelösten Druckschwankungen auf den sechsten Teil zurück.

Als besonders günstig erweist sich eine Pumpe mit ungerader Zylinderzahl.

Es zeigt sich also auch hinsichtlich der Massenbeschleunigung der Vorteil der Mehrzylinderausführung. Sie ist am Platze, wenn aus besonderen Gründen auf einen Ausgleich durch Windkessel verzichtet werden muß.

In den Abb. 59.1 und 59.2 sind die Kolbengeschwindigkeit c und die Beschleunigung a in Abhängigkeit vom Kurbelwinkel α dargestellt. Sie lassen sich jedoch auch als Funktion des Kolbenweges x angeben. Zwischen diesem und dem Kurbelwinkel α besteht die Beziehung

$$x = r\left(1 - \cos\alpha \pm \frac{\lambda}{2}\sin^2\alpha\right). \tag{59,5}$$

Das positive Vorzeichen des dritten Gliedes in der Klammer gilt für den Saughub, das negative für den Druckhub des Kolbens. Bei harmonischer Kolbenbewegung ($\lambda = 0$) geht die Geschwindigkeitskurve $c = f(x)$ in eine Ellipse, die Beschleunigungskurve $a = f(x)$ in eine Gerade über, wie sich mit Hilfe der Gln. (59,1) und (59,5) bzw. (59,3) und (59,5) nachweisen läßt.

Nach dem Vorhergehenden werden die Volumenstromschwankungen und — bei gleicher mittlerer Strömungsgeschwindigkeit — auch die Beschleunigungen und Druckschwankungen in den Rohrleitungen um so kleiner, je größer die ungerade Zylinderzahl ist. Während sie also bei der Vielzylinderpumpe weitgehend zurücktreten, haben sie bei der Einzylinderpumpe ohne Dämpfung durch Windkessel sowohl saug- wie druckseitig einen erheblichen Einfluß auf den Pumpengang. Besonders nachteilig wirkt sich die fortwährende Beschleunigung und Verzögerung der Flüssigkeitsmasse aus. Ihre Bedeutung für das betriebliche Verhalten der einfach wirkenden Einzylinderpumpe soll im Zusammenhang mit anderen Einflußgrößen anschließend gezeigt werden.

60. Saugwirkung der einfach wirkenden Einzylinder-Tauchkolbenpumpe

a) Ohne Windkessel

Die höchsterreichbare geodätische spezifische Saugarbeit $Y_{s\,\mathrm{geo\,max}} = g H_{s\,\mathrm{geo\,max}}$ einer Hubkolbenpumpe wird bei offenem Saugbehälter bestimmt durch die vom atmosphärischen Luftdruck p_A herrührende spezifische Energie der Flüssigkeit p_A/ϱ, die dem Siededruck p_D entsprechende spezifische Energie p_D/ϱ, die spezifische Geschwindigkeitsenergie im Saugrohr $c_s^2/2$ und den spezifischen Energieverlust $Y_{vs}^* = g H_{vs}^*$, welcher durch die Widerstände in der Saugleitung hervorgerufen wird.

Hierbei hat der Druck die Einheit N/m², die spezifische Energie die Einheit Nm/kg, wenn ϱ die Dichte der Flüssigkeit in kg/m³ bezeichnet.

$H_{s\,\mathrm{geo}}$ ist die geodätische Saughöhe in m (Abb. 60.1), also der senkrechte Abstand des höchsten Punktes des Zylinderraumes (Dichtungsfläche des Druckventils) vom Flüssigkeitsspiegel im Saugbehälter. Das ist besonders bei doppelt wirkenden Pumpen stehender Bauart (Abb. 56.2) zu beachten. Hier befindet sich der höchste Punkt des Zylinderraumes unter dem oberen der beiden Druckventile. H_{vs}^* bezeichnet die dem Energieverlust Y_{vs}^* entsprechende Verlusthöhe in m.

Zwischen den genannten Größen besteht die Beziehung

$$Y_{s\,\mathrm{geo\,max}} + p_D/\varrho + Y_{vs}^* + c_s^2/2 = p_A/\varrho .$$

Daraus folgt

$$Y_{s\,\mathrm{geo\,max}} = g H_{s\,\mathrm{geo\,max}} = \frac{p_A - p_D}{\varrho} - \left(Y_{vs}^* + \frac{c_s^2}{2}\right).$$

Aus Sicherheitsgründen wird die *zulässige* geodätische spezifische Saugarbeit $Y_{s\,\mathrm{geo}} = g H_{s\,\mathrm{geo}}$ stets kleiner als $Y_{s\,\mathrm{geo\,max}}$ angesetzt.

Da die Geschwindigkeitsenergie nach jedem Kolbenhub vernichtet wird, stellt $c_s^2/2$ ebenfalls einen Verlust dar. Wir setzen deshalb $Y_{vs}^* + c_s^2/2 = Y_{vs}$ und erhalten

$$Y_{s\,\mathrm{geo\,max}} = g H_{s\,\mathrm{geo\,max}} = \frac{p_A - p_D}{\varrho} - Y_{vs}\,{}^{1}. \qquad (60,1)$$

Der spezifische Energieverlust $Y_{vs} = g H_{vs}$ setzt sich aus einer Reihe von Einzelwerten zusammen, die im folgenden näher bestimmt werden:

a) Für eine beliebige Kolbenstellung betrage die Geschwindigkeit im Saugrohr c_s m/s. Dieser entspricht die spezifische Energie

$$y_1 = g h_1 = c_s^2/2 \text{ in der Einheit } \mathrm{m^2/s^2} = \mathrm{Nm/kg}.$$

h_1 ist die Verlusthöhe in m.

b) Beim Durchfluß der Flüssigkeit durch die Saugleitung entstehen Energieverluste durch Rohrreibung. Dazu kommen noch Verluste durch Einzelwiderstände, die durch Richtungs- und Querschnittsänderungen in Krümmern, im Saugkorb und Fußventil, im Schieber u.a. hervorgerufen werden. Strenggenommen muß die Saugleitung bei der Berechnung in soviel Teile zerlegt werden, als Querschnitte vorhanden sind. Wir beschränken uns hier darauf, ein Rohr von dem unveränderlichen Querschnitt A_s und der Länge l_s anzunehmen, die den Weg des Fördermittels durch das Pumpengehäuse einschließt.

[1] Gl. (60,1) gilt sinngemäß auch, wenn p_A nicht der atmosphärische Luftdruck, sondern der absolute Druck auf den Flüssigkeitsspiegel in einem geschlossenen Saugbehälter ist.

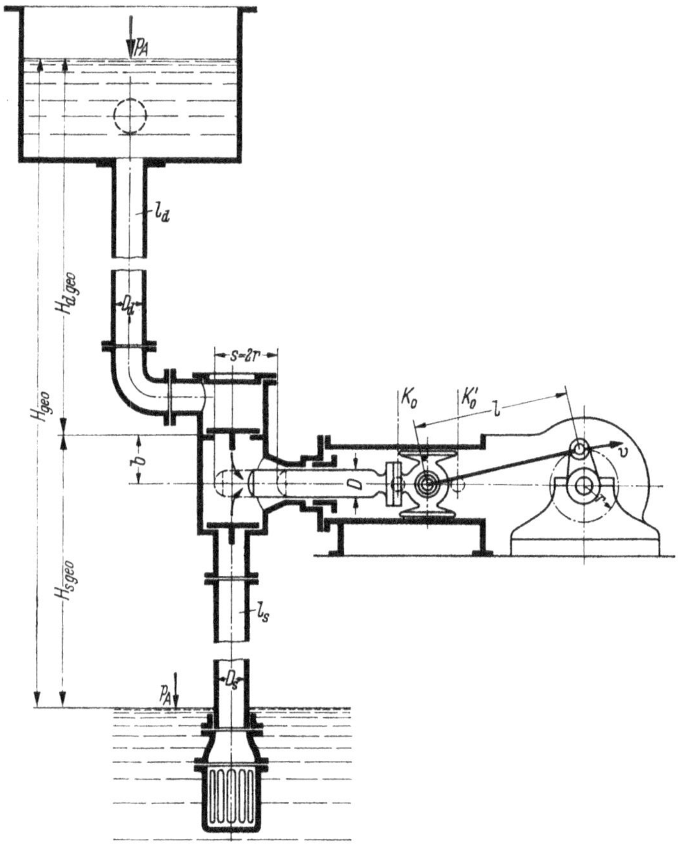

Abb. 60.1. Liegende, einfach wirkende Druckpumpe ohne Windkessel

Erfahrungsgemäß sind die Energieverluste durch Rohrreibung und Einzelwiderstände in rauhen Rohren der Geschwindigkeitsenergie proportional, so daß sich unter Zusammenfassung aller Verlustzahlen $\zeta_1 + \zeta_2 + \zeta_3 \cdots = \Sigma\,\zeta_s$ ergibt

$$y_2 = g\,h_2 = \Sigma\,\zeta_s\,c_s^2/2.$$

Die Geschwindigkeit c_s in der Saugleitung vom Querschnitt A_s entspricht der jeweiligen Kolbengeschwindigkeit c. Solange keine Trennung der Flüssigkeitssäule stattfindet, muß daher die Kontinuitätsbedingung $A_s\,c_s = A\,c$ erfüllt sein, wenn A der Kolbenquerschnitt ist, und die Flüssigkeit sowie die Bauteile als völlig unelastisch angesehen werden. Hieraus folgt $c_s = (A/A_s)\,c$ und somit

$$y_1 = g\,h_1 = \left(\frac{A}{A_s}\right)^2 \frac{c^2}{2}. \tag{60,2}$$

In gleicher Weise findet man

$$y_2 = g\,h_2 = \Sigma\,\zeta_s\left(\frac{A}{A_s}\right)^2 \frac{c^2}{2}. \tag{60,3}$$

y_1 und y_2 und ebenso auch h_1 und h_2 ändern sich wie das Quadrat der Kolbengeschwindigkeit. Sie sind zu Beginn und am Ende des Hubes gleich Null.

c) Zum Öffnen des Saugventils ist eine bestimmte spezifische Energie $y_3' = g h_3' = g h_{sv}'$ Nm/kg notwendig. Bei geöffnetem Ventil stellt sich ein kleinerer Durchgangsverlust $y_3 = g h_3 = g h_{sv}$ ein, der während der Hubbewegung des Kolbens näherungsweise als konstant angesehen werden kann.

d) Die in der Saugleitung von der Länge l_s m befindliche Flüssigkeitsmasse wird entsprechend der Kolbenbewegung fortgesetzt beschleunigt und verzögert. Ist a_s m/s² die augenblickliche Beschleunigung, so beträgt die Beschleunigungskraft je Flächeneinheit des Rohrquerschnitts in N/m²

$$p = l_s \varrho a_s$$ [1]

und die spezifische Beschleunigungsenergie in Nm/kg

$$p/\varrho = y_4 = g h_4 = l_s a_s .$$

Aus der Kontinuitätsbedingung folgt $A_s a_s = A a$ oder $a_s = \frac{A}{A_s} a$, wenn a die Kolbenbeschleunigung bezeichnet. Mit diesem Wert erhält man

$$y_4 = g h_4 = l_s \frac{A}{A_s} a . \qquad (60,4)$$

Die Energieänderung $y_4 = g h_4$ ist der Kolbenbeschleunigung proportional. Sie ist demnach in den Totlagen am größten und etwa in Hubmitte gleich Null. In der Totlage K_0 (Abb. 60.1) beträgt die Kolbenbeschleunigung gem. Gl. (59,3) $a_0 = r\omega^2(1+\lambda)$. Für die Totlage K_0' gilt $a_0' = r\omega^2(1-\lambda)$. Die größte Kolbenbeschleunigung tritt hiernach zu Beginn des Saughubes auf (Totlage K_0), wo sich daher auch die größte Abnahme der Druckenergie infolge Massenbeschleunigung einstellt. Es ist

$$y_{4_{\max}} = g h_{4_{\max}} = l_s \frac{A}{A_s} a_0 . \qquad (60,5)$$

Bei der doppelt wirkenden Pumpe (Abb. 56.1) liegt die größte Abnahme der Druckenergie ebenfalls im linken Totpunkt vor.

Aus den Einzelverlusten ergibt sich nunmehr als gesamter spezifischer Energieverlust in Nm/kg während des Saugens

$$Y_{vs} = \Sigma y = (1 + \Sigma \zeta_s) \left(\frac{A}{A_s}\right)^2 \frac{c^2}{2} + g h_{sv} + l_s \frac{A}{A_s} a . \qquad (60,6)$$

Den Verlusten an Druckenergie $y_1 \cdots y_4$, die sich während des Saughubes einer einfach wirkenden Druckpumpe ohne Windkessel einstellen, entsprechen die Verlusthöhen $h_1 \cdots h_4$. Für $g = g_n$ und den Fall der Wasserförderung sind diese in Abb. 60.2 am Beispiel einer liegenden Pumpe über der Hublänge s mit negativem Vorzeichen (nach unten) aufgetragen. Als Bezugsachse dient die Linie PP', die der Normhöhe $p_A/g_n\varrho$ des mittleren atmosphärischen Luftdrucks in m WS (4°C) entspricht. $h_1 + h_2$ liefert für $\lambda = 0$ eine unterhalb der Bezugsgeraden liegende parabelförmige Kurve. $h_3 = h_{sv}$ erscheint — abgesehen von h_{sv}' im linken Totpunkt — als Parallele zu PP'. Während auch diese Kurve unterhalb der Bezugsachse verläuft, wird letztere von der Höhenlinie für h_4 geschnitten, die hier unter der vereinfachenden Annahme einer unendlich langen Schubstange ($\lambda = 0$) als gerade Linie gezeichnet ist. h_4 ist also wie die Kolbenbeschleunigung teils positiv teils negativ.

[1] Der Einfachheit halber ist außer acht gelassen, daß die Flüssigkeitsmasse im Pumpenzylinder veränderlich und die Beschleunigung des Fördermittels in der Saugleitung, im Pumpengehäuse und im Pumpenzylinder unterschiedlich ist.

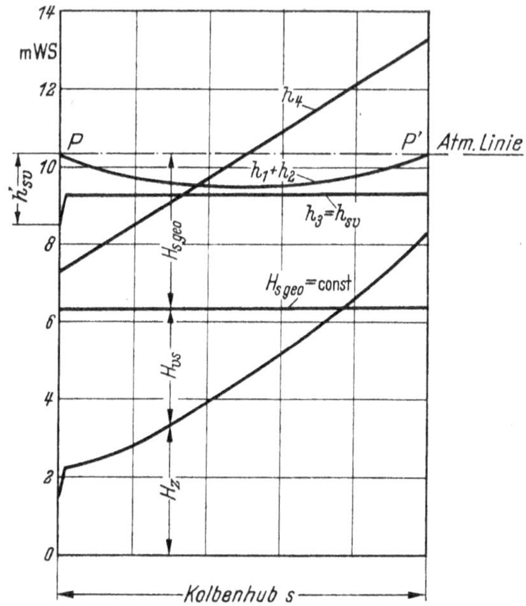

Abb. 60.2. Druckverhältnisse während des Saughubes einer liegenden, einfach wirkenden Wasserpumpe ohne Saugwindkessel

Trägt man nun von der Normhöhe $p_A/g_n\varrho = 10{,}33$ m WS (4 °C) des mittleren atmosphärischen Luftdrucks aus die geodätische Saughöhe $H_{s\,\mathrm{geo}}$ nach unten ab und in der gleichen Richtung von der Geraden $H_{s\,\mathrm{geo}} = \mathrm{const}$ aus für die verschiedenen Kolbenstellungen die Summe der Verlusthöhen $H_{vs} = \Sigma h$ unter Beachtung der Vorzeichen, so erhält man den Verlauf der absoluten Druckhöhe H_z, die während des Saugens im höchsten Punkt des Zylinderraumes herrscht. Die geringste Druckhöhe liegt infolge der Massenbeschleunigung zu Beginn des Saugens vor. In diesem Augenblick sind h_1 und h_2 gleich Null.

Somit gilt allgemein für den Beginn des Saughubes mit $p_A/g\varrho = H_A$ in m FlS

$$H_z = H_A - H_{s\,\mathrm{geo}} - h'_{sv} - \frac{l_s}{g}\,\frac{A}{A_s}\,a_0 \quad \mathrm{m\ FlS}. \tag{60,7}$$

Der wirkliche Verlauf der Kurve für H_z stimmt mit dem in Abb. 60.2 dargestellten nicht völlig überein. Zunächst verursacht die endliche Schubstangenlänge eine gewisse Abweichung. Im Augenblick der Öffnung des Saugenvtils bildet sich eine scharfe Drucksenkungsspitze. Diese tritt infolge der Elastizität der Pumpenraumwandungen und des Fördermittels sowie aus möglichen anderen Gründen (Gasgehalt der Flüssigkeit, Verdrängungsvolumen des Druckventils (Abschn. 64b), Undichtigkeit des Druckventils und der Stopfbuchse) nicht unmittelbar im Totpunkt, sondern später ein, so daß der Kolben bereits einen kleinen Weg zurückgelegt hat. Als weitere Folge des elastischen Verhaltens des Pumpenraumes und der Flüssigkeit entstehen Schwingungen. Sie lösen Druckschwankungen aus, die sich der H_z-Kurve überlagern.

Handelt es sich um Förderung geringviskoser Medien (z. B. Wasser), sind also die Massenkräfte ausschlaggebend, so stellt sich die größte Druckabsenkung in der Nähe der Kolbentotlage ein. Bei Förderung zäher Flüssigkeiten überwiegt der Einfluß der

Strömungswiderstände. Infolge der vergrößerten Verlusthöhe $h_1 + h_2$ (Abb. 60.2) biegt sich die H_z-Kurve stärker nach unten durch. Das Maximum der Druckabsenkung verlagert sich in Richtung des Kolbenhubes, während die Drucksenkungsspitze bei der Öffnung des Saugventils in Totpunktnähe verbleibt.

Wird $H_z = p_D/g\varrho = H_D$, so kommt es zur Dampfbildung (Kavitation) mit den bekannten Erscheinungen der Geräuschbildung, der Abnahme des Wirkungsgrades und der Werkstoffzerstörung. Im allgemeinen entstehen bereits vorher Dampfblasen im Ventilspalt während der Öffnung des Saugventils. Sie brechen kurz darauf wieder zusammen. Erst wenn bei geöffnetem Saugventil der Dampfdruck erreicht wird, setzt auch im Zylinderraum die Dampfbildung ein. Dabei kommt es gegen Ende des Saughubes wegen der Kolbenverzögerung in der zweiten Hubhälfte vielfach zu Druckstößen (Zusammenbrechen der Dampfblasen). Bleibt der Druckstoß am Hubende aus, so tritt der Zusammenbruch der Dampfblasen während des folgenden Druckhubes ein, was zu einer Verringerung des Volumenstroms und zu Ventilschlägen führt.

Wir geben im folgenden davon aus, daß während des Saugvorganges die Massenkräfte überwiegen, daß also die größte Druckabsenkung im Totpunkt oder zumindest in Totpunktnähe auftritt. Dann wird Kavitation vermieden, wenn gemäß Gl. (60,7)

$$H_A - H_D \gtreqless H_{s\,\text{geo}} + h'_{sv} + \frac{l_s}{g}\frac{A}{A_s}a_0 \qquad (60{,}8)$$

bleibt. Auf die spezifische Energie bezogen lautet diese Bedingung

$$\frac{p_A - p_D}{\varrho} \gtreqless Y_{s\,\text{geo}} + g h'_{sv} + l_s \frac{A}{A_s} a_0 . \qquad (60{,}9)$$

Sie ist vielfach nur zu erfüllen, wenn der Massenwiderstand der Saugsäule durch Vielzylinderausführung oder Anwendung eines Windkessels verkleinert wird.

b) Mit Windkessel

Beim Saughub wird die Flüssigkeit dem Saugwindkessel (Abb. 60.3) entnommen. Es wird daher nur die zwischen Saugwindkessel und Kolbenpumpe befindliche Flüssigkeitssäule der Kolbenbewegung entsprechend beschleunigt und verzögert. Da der Saugwindkessel unmittelbar unter dem Saugventil angeordnet ist, wird die Länge l'_s klein und damit der Beschleunigungswiderstand erheblich verringert. Bei genügend großem Luftinhalt des Windkessels ist die Geschwindigkeit in dem zum Windkessel führenden Saugrohr während des Betriebes annähernd unveränderlich. Sie soll für kurze Saugleitungen im Mittel etwa $c_s = 1$ m/s, für lange etwa $c_s = 0{,}5$ m/s betragen.

Während des Betriebes herrscht im Windkessel die spezifische Druckenergie (Abb. 60.3)

$$\frac{p_s}{\varrho} = \frac{p_A}{\varrho} - g H'_{s\,\text{geo}} - \frac{c_s^2}{2} - \Sigma\zeta_s \frac{c_s^2}{2} . \qquad (60{,}10)$$

Damit die Flüssigkeitssäule zu Beginn des Saughubes dem Kolben folgt, muß die Bedingung

$$\frac{p_s - p_D}{\varrho} \gtreqless g H''_{s\,\text{geo}} + g h'_{sv} + l'_s \frac{A}{A'_s} a_0 \,^{1} \qquad (60{,}11)$$

[1] Der Ausdruck $l'_s \frac{A}{A'_s} a_0$ gibt die tatsächlichen Verhältnisse nur näherungsweise wieder, weil die Querschnitte im Tauchrohr und im Pumpenraum unterschiedlich sind.

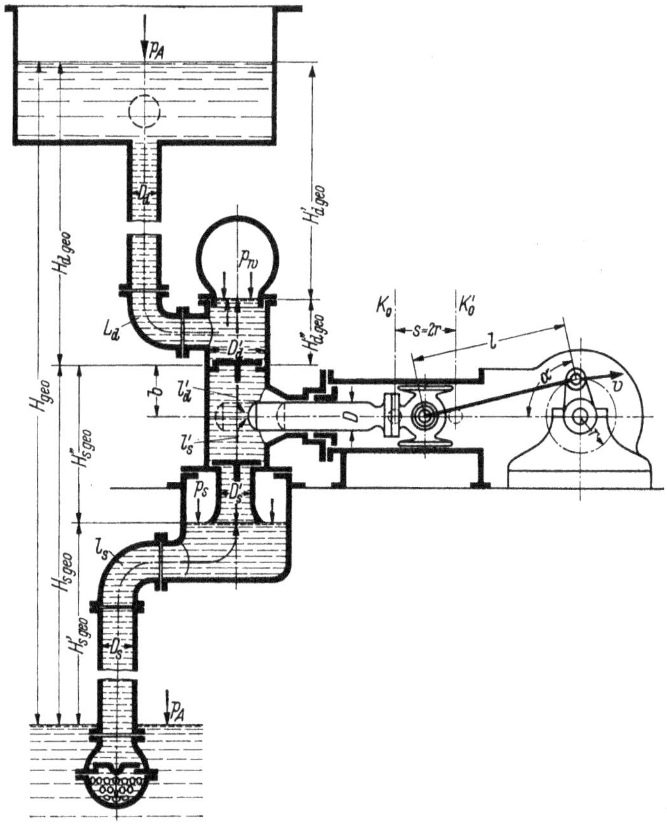

Abb. 60.3. Liegende, einfach wirkende Druckpumpe mit Windkessel

erfüllt werden. $A_s' = D_s'^2 \pi/4$ bezeichnet den lichten Tauchrohrquerschnitt (Abb. 60.3). Setzt man Gl. (60,10) in (60,11) ein, so folgt mit $H_{s\,\mathrm{geo}}' + H_{s\,\mathrm{geo}}'' = H_{s\,\mathrm{geo}} = Y_{s\,\mathrm{geo}}/g$

$$\frac{p_A - p_D}{\varrho} \gtreqless Y_{s\,\mathrm{geo}} + g h_{sv}' + l_s' \frac{A}{A_s'} a_0 + \frac{c_s^2}{2}(1 + \Sigma\zeta_s) \qquad (60{,}12)$$

und

$$\frac{p_A - p_D}{g\varrho} = H_A - H_D \gtreqless H_{s\,\mathrm{geo}} + h_{sv}' + \frac{l_s'}{g}\frac{A}{A_s'} a_0 + \frac{c_s^2}{2g}(1 + \Sigma\zeta_s). \qquad (60{,}13)$$

61. Die erreichbare geodätische Saughöhe. Die Haltedruckhöhe. Beispiel

Aus (60,12) bzw. (60,13) erhält man als Höchstwerte für Pumpen mit Saugwindkessel

$$Y_{s\,\mathrm{geo\,max}} = \frac{p_A - p_D}{\varrho} - \left[g h_{sv}' + l_s' \frac{A}{A_s'} a_0 + \frac{c_s^2}{2}(1 + \Sigma\zeta_s)\right]$$

und

$$H_{s\,\mathrm{geo\,max}} = H_A - H_D - \left[h_{sv}' + \frac{l_s'}{g}\frac{A}{A_s'} a_0 + \frac{c_s^2}{2g}(1 + \Sigma\zeta_s)\right]. \qquad (61{,}1)$$

Hiernach bestimmen — von der Fallbeschleunigung abgesehen — folgende Größen die erreichbare geodätische Saughöhe:

a) Der auf dem Flüssigkeitsspiegel im Saugbehälter lastende absolute Druck p_A, bei offenem Saugbehälter also der atmosphärische Luftdruck. Da dieser mit wachsender Höhe abnimmt, hat die Höhenlage des Aufstellungsortes Einfluß auf $H_{s\,\mathrm{geo\,max}}$ (S. 154).

b) Der Dampfdruck p_D, der seinerseits von der Temperatur des Fördermittels abhängt.

c) Die Dichte ϱ des Fördermittels.

d) Die Verlusthöhe (Öffnungswiderstand) h'_{sv} des Saugventils, die durch die Ventilkonstruktion bedingt ist.

e) Die Verlusthöhe (Beschleunigungswiderstand) $\dfrac{l'_s}{g}\,\dfrac{A}{A'_s}\,a_0$. Diese ist um so kleiner,

1. je kleiner l'_s ist; der Windkessel muß deshalb unmittelbar unter dem Pumpenraum angeordnet werden;

2. je größer A'_s ist; es sind also die Querschnitte des Windkesseltauchrohres, des Ventilkastens und des Zylinderraumes reichlich zu bemessen;

3. je kleiner a_0 ist; a_0 wächst linear mit dem Kolbenhub und quadratisch mit der Drehzahl. Kleine Kolbenbeschleunigung verlangt daher eine niedrige Drehzahl und eine kurzhubige Ausführung der Pumpe.

f) Die Verlusthöhe in der Saugleitung $(1 + \Sigma\zeta_s)\,c_s^2/2g$. Sie wächst linear mit der Summe der Verlustzahlen $\Sigma\zeta_s$, die neben Einzelwiderständen auch die Reibungslänge der Leitung berücksichtigt, ferner quadratisch mit der Durchflußgeschwindigkeit c_s. Lange Leitungen mit scharfen und häufigen Krümmungen sind deshalb zu vermeiden, außerdem müssen Saugrohr, Saugkorb und Fußventil große Durchgangsquerschnitte erhalten. Um die Bildung von Luftsäcken zu verhindern, soll das Saugrohr nach der Pumpe hin stetig ansteigen.

Wird $H_{s\,\mathrm{geo\,max}}$ nach Gl. (61,1) negativ, so geht die höchsterreichbare Saughöhe in eine Mindestzulaufhöhe über.

In Anpassung an die Ausdrucksweise bei Kreiselpumpen lassen sich die Abnahmen der spezifischen Energie der Flüssigkeit, die zu Beginn des Saughubes, also in Totpunktnähe K_0 infolge des Ventilwiderstandes und der Massenbeschleunigung in der Pumpe entstehen, unter der Bezeichnung „spezifische Halteenergie" Y_H zusammenfassen. Für die Hubkolbenpumpe mit Saugwindkessel, die hier allein betrachtet werde, handelt es sich um die Beträge $g\,h'_{sv}$ und $l'_s\,(A/A'_s)\,a_0$. Aus Gl. (61,1) ergibt sich

$$Y_H = g\,h'_{sv} + l'_s\,\frac{A}{A'_0}\,a_0 = \left[\frac{p_A}{\varrho} - Y_{s\,\mathrm{geo\,max}} - \frac{c_s^2}{2}\,(1 + \Sigma\zeta)\right] - \frac{p_D}{\varrho}. \qquad (61,2)$$

Hiernach ist die spezifische Halteenergie Y_H die kleinste, auf 1 kg Flüssigkeit bezogene Energiedifferenz, die während des Saugens in der Nähe der Kolbentotlage K_0 zwischen der spezifischen Energie der Flüssigkeit $p_A/\varrho - Y_{s\,\mathrm{geo\,max}} - \dfrac{c_s^2}{2}\,(1 + \Sigma\zeta_s)$, bezogen auf den höchsten Punkt der Saugsäule (Dichtungsfläche des Druckventils, Abb. 60.3) und der dem Dampfdruck der Flüssigkeit entsprechenden spezifischen

Energie p_D/ϱ mindestens vorhanden sein muß, um ein Abreißen, also Kavitation zu verhindern.

Der spezifischen Halteenergie entspricht die „Haltedruckhöhe“

$$H_H = h'_{sv} + \frac{l'_s}{g}\frac{A}{A'_s}a_0 = \left[H_A - H_{s\,\mathrm{geo\,max}} - \frac{c_s^2}{2g}(1 + \Sigma\zeta_s)\right] - H_D. \qquad (61,3)$$

Genauer ausgedrückt ist Y_H die spezifische Halteenergie der *Pumpe*, H_H die Haltedruckhöhe der *Pumpe*. Aus Sicherheitsgründen ist stets ein größerer über Y_H hinausgehender Energieüberschuß Y_{HA} und ein entsprechender Druckhöhenüberschuß H_{HA} vorzusehen, also $Y_{\mathrm{geo}} < Y_{\mathrm{geo\,max}}$ und $H_{s\,\mathrm{geo}} < H_{s\,\mathrm{geo\,max}}$ anzusetzen. Y_{HA} wird als spezifische Halteenergie der *Anlage*, H_{HA} als Haltedruckhöhe der *Anlage* bezeichnet.

Von dem im Abschn. 34a angegebenen Ausdruck für die spezifische Halteenergie der Kreiselpumpe unterscheidet sich das Y_H der Kolbenpumpe vor allem dadurch, daß sein maßgebender Höchstwert nur im linken Totpunkt oder in dessen Nähe auftritt, wenn — wie hier angenommen — die Massenkräfte gegenüber den Strömungswiderständen überwiegen. Y_H enthält außerdem die spezifische Geschwindigkeitsenergie im Pumpenraum nicht, da diese in der Totlage des Kolbens gleich Null ist.

Beispiel. Es ist die erreichbare geodätische Saughöhe für eine einfach wirkende Tauchkolbenpumpe mit Saugwindkessel (Abb. 60.3) zu bestimmen, die Wasser von $t_w = 20\,°\mathrm{C}$ aus einem offenen Behälter fördern soll. Der mittlere Luftdruck beträgt $p_A = 730\,\mathrm{Torr} = 0{,}973\,\mathrm{bar} = 0{,}973 \cdot 10^5\,\mathrm{N/m^2}$. Er entspricht für $g = 9{,}81\,\mathrm{m/s^2}$ etwa dem Druck einer Wassersäule von $H_A = 9{,}9\,\mathrm{m}$. Nach den örtlichen Verhältnissen sind in die Saugleitung zwei Krümmer einzubauen. Der Entwurf liefert folgende Abmessungen: $l_s = 16\,\mathrm{m}$, $l'_s = 0{,}53\,\mathrm{m}$, $D = 120\,\mathrm{mm}$, $s = 180\,\mathrm{mm}$, $\lambda = 1/5$, $n = 100\,1/\mathrm{min}$ ($1{,}667\,1/\mathrm{s}$).

Für die mittlere Wassertemperatur $t_w = 20\,°\mathrm{C}$ ergibt sich eine Dampfdruckhöhe $H_D = 0{,}24\,\mathrm{m\,WS}$. Der Öffnungswiderstand des Saugventils werde auf Grund ähnlicher Ausführungen auf $h'_{sv} = 1{,}5\,\mathrm{m\,WS}$ geschätzt. Mit $n = 1{,}667\,1/\mathrm{s}$ folgt

$$\omega = 2\pi n = 2\pi \cdot 1{,}667 = 10{,}47\,1/\mathrm{s}.$$

Die Kolbenbeschleunigung in der Totlage K_0 beträgt

$$a_0 = \frac{6}{5} r\omega^2 = \frac{6}{5} \cdot 0{,}09 \cdot 10{,}47^2 = 11{,}84\,\mathrm{m/s^2},$$

ferner der Kolbenquerschnitt

$$A = \frac{0{,}12^2 \cdot \pi}{4} = 0{,}0113\,\mathrm{m^2}.$$

Der Querschnitt des Tauchrohrs zwischen Windkessel und Saugventil ist durch die Ventilkonstruktion bestimmt zu

$$A'_s = \frac{0{,}14^2 \cdot \pi}{4} = 0{,}0154\,\mathrm{m^2}.$$

Mit diesen Werten erhält man

$$h_{4\,\mathrm{max}} = \frac{l'_s}{g}\frac{A}{A'_s}a_0 = \frac{0{,}53 \cdot 0{,}0113 \cdot 11{,}84}{9{,}81 \cdot 0{,}0154} = 0{,}47\,\mathrm{m\,WS},$$

ferner die Haltedruckhöhe der Pumpe

$$H_H = h'_{sv} + \frac{l'_s}{g}\frac{A}{A'_s}a_0 = 1{,}5 + 0{,}47 = 1{,}97 \text{ m WS}.$$

Die Wassergeschwindigkeit im Saugrohr werde zu $c_s = 0{,}7$ m/s gewählt. Dann ist mit

$$Q = A\,s\,n\,\eta_l = 0{,}0113 \cdot 0{,}18 \cdot 1{,}667 \cdot 0{,}98 = 0{,}003\,323 \text{ m}^3/\text{s},$$

$$A_s = \frac{Q}{c_s} = \frac{0{,}003\,323}{0{,}7} = 0{,}00475 \text{ m}^2$$

und $D_s = 0{,}078$ m; ausgeführt Nennweite 3″ ≙ 80 mm l. W., so daß die wirkliche Wassergeschwindigkeit

$$c_s = \frac{0{,}003\,323}{0{,}005\,03} = 0{,}66 \text{ m/s}$$

beträgt.

Die Summe der Verlustzahlen setzt sich wie folgt zusammen:
Verlustzahl der gestreckten Leitung

$$\zeta = \frac{\lambda l_s}{D_s}; \quad \text{mit} \quad \lambda = 0{,}03 \quad \text{ist} \quad \zeta = \frac{0{,}03 \cdot 16}{0{,}08} = 6;$$

Verlustzahl der beiden Krümmer für $r_m/D_s = 2$, $\zeta = 2 \cdot 0{,}2 = 0{,}4$; Verlustzahl des Saugkorbs $\zeta = 1{,}6$ und des Fußventils $\zeta = 3$.

Mit diesen Werten ergibt sich $\Sigma\zeta_s = 6 + 0{,}4 + 1{,}6 + 3 = 11$ und somit für $g = 9{,}81$ m/s²

$$\frac{c_s^2}{2g}(1 + \Sigma\zeta_s) = \frac{0{,}44 \cdot 12}{2 \cdot 9{,}81} = 0{,}27 \text{ m WS}.$$

Setzt man sämtliche Werte in (61,1) ein, so erhält man

$$H_{s\,\text{geo}\,\text{max}} = H_A - H_D - \left[H_H + \frac{c_s^2}{2g}(1 + \Sigma\zeta_s)\right]$$
$$= 9{,}9 - 0{,}24 - (1{,}97 + 0{,}27) = 7{,}42 \text{ m}.$$

Praktisch wird man aus Sicherheitsgründen nicht wesentlich über $H_{s\,\text{geo}} = 6$ m hinausgehen, also die Haltedruckhöhe der Anlage auf $H_{HA} = 3{,}2 \cdots 3{,}4$ m festlegen.

62. Druckwirkung einer einfach wirkenden Tauchkolbenpumpe

a) Ohne Windkessel

In der ersten Hälfte des Druckhubes wird die Flüssigkeitssäule durch den Tauchkolben beschleunigt. Der Bewegung wirken der Luftdruck p_A auf den Druckwasserspiegel, die Gewichtskraft der Flüssigkeitssäule und die Bewegungswiderstände entgegen.

Bezeichnet man die absolute spezifische Druckenergie in der Zylinderachse mit $Y'_{zm} = g\,H'_{zm}$ in der Einheit Nm/kg, so ist gemäß Abb. 60.1

$$Y'_{zm} = g\,H'_{zm} = p_A/\varrho + g\,(H_{d\,\text{geo}} + b) + Y_{vd},$$

wobei $H_{d\,\text{geo}}$ die geodätische Druckhöhe und $Y_{vd} = g\,H_{vd}$ die spezifischen Energieverluste in der Druckleitung bedeuten. Fördert die Pumpe in einen Druckkessel, so tritt an die Stelle des Luftdrucks p_A der absolute Kesseldruck in N/m².

Die spezifischen Verluste an Druckenergie Y_{vd} sind hier von der gleichen Art wie diejenigen in der Saugleitung. Durch Änderung der Fußzeichen erhält man daher aus Gl. (60,6)

$$Y_{vd} = (1 + \Sigma\zeta_d)\left(\frac{A}{A_d}\right)^2 \frac{c^2}{2} + g\,h_{dv} + l_d \frac{A}{A_d}\,a.$$

Unter den Einzelbeträgen von Y_{vd} hat im allgemeinen der durch den Massenwiderstand hervorgerufene Energieaufwand $l_d \frac{A}{A_d}\,a$ den größten Einfluß auf Y'_{zm}. Während der zweiten Hälfte des Druckhubes nimmt Y'_{zm} infolge der Kolbenverzögerung und infolge des Arbeitsvermögens der in Bewegung befindlichen Flüssigkeitsmasse ab. Die spezifische Energie im Pumpenzylinder kann so klein werden, daß sich das Saugventil öffnet und Mehrförderung stattfindet. Energiemäßig liegt darin jedoch kein Vorteil. Außerdem schließt das Druckventil nach Kolbenumkehr meist mit heftigem Schlag. An Stellen erhöhter Geschwindigkeit, z.B. an Krümmern, kann ferner die Flüssigkeitssäule abreißen, wenn die Verzögerung der Flüssigkeitsmasse durch Bewegungswiderstände kleiner ist als die Kolbenverzögerung. Bei Wiedervereinigung entsteht ein Druckstoß.

b) Mit Windkessel

Die schädliche Wirkung der Massenkräfte wird durch Anordnung eines Windkessels wesentlich vermindert. Um die Massenkräfte klein zu halten, wird der Windkessel so nahe wie möglich an das Druckventil herangebracht (Abb. 60.3). Beim Druckhub drückt der Tauchkolben die Flüssigkeit in den Windkessel, so daß nur die zwischen dem Tauchkolben und dem Windkessel befindliche Flüssigkeitssäule von der Länge l'_d beschleunigt und verzögert wird. Aus dem Windkessel strömt das Fördermittel mit annähernd unveränderlicher Geschwindigkeit in das Druckrohr. Ist c_d m/s die mittlere Geschwindigkeit der Flüssigkeit im Druckrohr, so beträgt die absolute spezifische Druckenergie im Druckwindkessel gemäß Abb. 60.3 — in der Einheit Nm/kg —

$$p_w/\varrho = p_A/\varrho + g\,H'_{d\,\text{geo}} + (1 + \Sigma\zeta_d)\frac{c_d^2}{2},$$

ferner die absolute spezifische Druckenergie in der Zylinderachse

$$Y'_{zm} = p_w/\varrho + g\,(H''_{d\,\text{geo}} + b) + Y'_{vd},$$

wobei $Y'_{vd} = g\,H'_{vd}$ die Summe der spezifischen Energieverluste bezeichnet, welche durch die Bewegung der Flüssigkeitssäule von der Länge l'_d entstehen. Aus beiden Gleichungen folgt, da $H''_{d\,\text{geo}} + H'_{d\,\text{geo}} = H_{d\,\text{geo}}$,

$$Y'_{zm} = p_A/\varrho + g\,(H_{d\,\text{geo}} + b) + (1 + \Sigma\zeta_d)\frac{c_d^2}{2} + Y'_{vd}.$$

Für den in Y'_{vd} enthaltenen Ventil- und Beschleunigungswiderstand sind wieder die gleichen Gesichtspunkte wie im Abschn. 61 aufgeführt maßgebend.

Die absolute Druckhöhe in der Zylinderachse errechnet sich mit $p_A/g\varrho = H_A$ aus

$$H'_{zm} = H_A + (H_{d\,\text{geo}} + b) + (1 + \Sigma\zeta_d)\frac{c_d^2}{2g} + H'_{vd}.$$

Der Druckhöhenverlust in der Rohrleitung, der ebenfalls von der Pumpe aufgebracht werden muß, wächst annähernd quadratisch mit der Geschwindigkeit c_d. Man wird diese daher bei langen Leitungen klein halten müssen. Übliche Werte sind für große Pumpen und lange Leitungen $c_d = 1{,}0$ m/s, für kleine Pumpen und kurze Leitungen $c_d = 1{,}5 \cdots 2{,}0$ m/s. Grundsätzlich ist aber auch hier der Rohrdurchmesser, wie allgemein bei Rohrleitungen, nach dem Gesichtspunkt der größten Wirtschaftlichkeit der Gesamtanlage zu bestimmen.

63. Wirkungsweise und Berechnung der Windkessel

a) Mit Rücksicht auf den Pumpengang. Beispiel

Durch Einschalten eines elastischen Zwischengliedes (Luftinhalt des Windkessels) wird die Rohrleitung so in zwei Teile zerlegt, daß nur die zwischen Windkessel und Pumpe befindliche Flüssigkeitssäule der Kolbenbewegung folgt, also beschleunigt und verzögert wird, während sich die Flüssigkeitssäule des übrigen Leitungsteils mit annähernd gleichbleibender Geschwindigkeit bewegt.

Dieser Vorgang soll mit Bezug auf den Saugwindkessel einer einfach wirkenden Pumpe (Abb. 60.3) mit dem Liefergrad $\eta_l = 1$ näher betrachtet werden.

Ist c die mit der Zeit t veränderliche Kolbengeschwindigkeit, so saugt der Tauchkolben während des Zeitteilchens dt das Volumen $dW = A\,c\,dt$ an. Für unendlich lange Schubstange ($\lambda = 0$) befolgt die Kolbengeschwindigkeit das Sinusgesetz $c = r\,\omega \sin\alpha$, wenn r den Kurbelradius, ω die unveränderliche Winkelgeschwindigkeit der Kurbel und α den Kurbelwinkel bezeichnet. Somit ist $dW = A\,r\,\omega \sin\alpha\,dt$ oder mit $\omega = d\alpha/dt$

$$dW = A\,r \sin\alpha\,d\alpha. \tag{63,1}$$

Hiernach läßt sich die Funktion $dW/d\alpha = f(\alpha)$ durch eine Sinuslinie darstellen (Abb. 63.1). Die zwischen dieser und der Abszissenachse liegende Fläche entspricht dem Volumen W während des Saughubes. Soll der Flüssigkeitsspiegel im Saugwindkessel zu Beginn jedes Saughubes der gleiche sein, so muß während einer Kurbelumdrehung das gleiche Volumen zufließen. Das Rechteck $A\,G\,H\,D$ muß daher gleich der Fläche $A\,F\,E$ sein. Bei B und C sind Zu- und Abfluß im Windkessel gleich. Von B bis C wird dem Windkessel mehr Flüssigkeit entnommen als ihm zufließt, der Spiegel sinkt und das Luftvolumen nimmt zu. Bei C erreicht es ein Maximum ($V_{\max}$). Von C bis H und von G bis B fließt dem Windkessel das zuviel entnommene Flüssigkeitsvolumen wieder zu, so daß der Spiegel steigt und das Luftvolumen bei B ein Minimum ist ($V_{\min}$). Die Fläche $B\,F\,C$ stellt also das fluktuierende Volumen dar, um das der Flüssigkeitsinhalt des Windkessels periodisch schwankt.

Ändert sich der Kurbelwinkel um $d\alpha$, so wird nach Gl. (63,1) das Volumen $dW = A\,r\,\sin\alpha\,d\alpha$ entnommen. Gleichzeitig fließt $dW' = A\,s\,d\alpha/2\pi = A\,r\,d\alpha/\pi$ zu. Der Unterschied zwischen Ab- und Zufluß während der Winkeländerung $d\alpha$ ist daher

$$dU = A\,r\left(\sin\alpha - \frac{1}{\pi}\right)d\alpha.$$

Bei B und C ist $dU = 0$, somit $\sin\alpha - 1/\pi = 0$ oder $\sin\alpha = 1/\pi$. Hieraus folgt $\alpha_1 = 18°\,34'$ und $\alpha_2 = 161°\,26'$. Durch Integration innerhalb dieser Grenzen erhält man

$$U = \int_{\alpha_1}^{\alpha_2} A\,r\left(\sin\alpha - \frac{1}{\pi}\right)d\alpha = A\,r\left[-\cos\alpha - \frac{\alpha}{\pi}\right]_{\alpha_1}^{\alpha_2} = 1{,}1\,A\,r = 0{,}55\,A\,s.$$ [1]

Das fluktuierende Flüssigkeitsvolumen U ist gleich der Schwankung des Luftvolumens $V_{max} - V_{min}$.

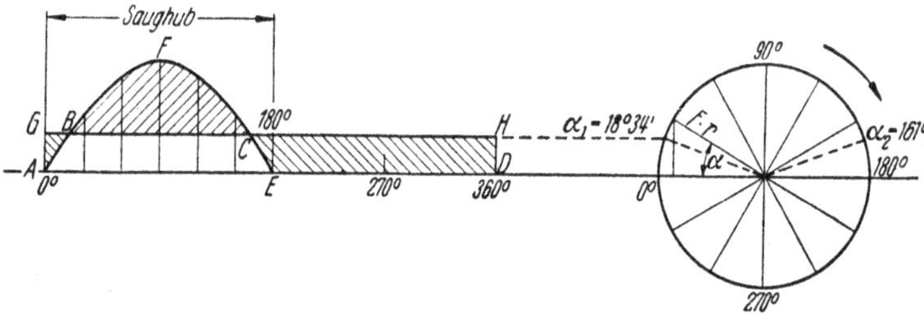

Abb. 63.1. Saugen der einfach wirkenden Pumpe

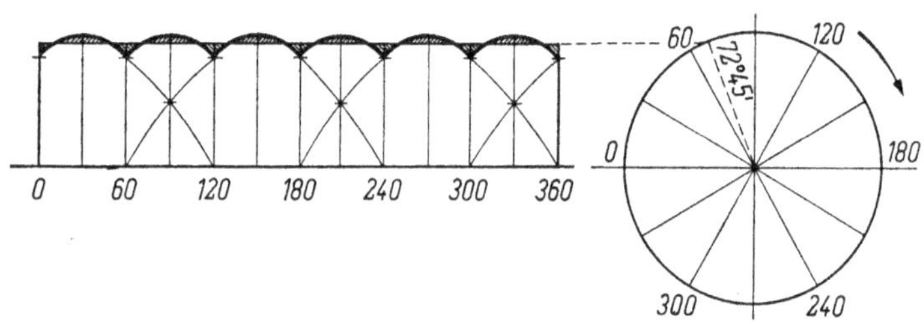

Abb. 63.2. Saugen der einfach wirkenden Drillingspumpe

Bei einer doppelt wirkenden Pumpe mit Umführungsgestänge verringert sich die Schwankung ($U = 0{,}21\,A\,s$).[1] Sie geht für eine doppelt wirkende Zwillingspumpe dieser Bauart, deren Kurbeln um 90° versetzt sind, auf $U = 0{,}042\,A\,s$[1] zurück. Noch günstiger verhält sich hinsichtlich der Volumenschwankung eine einfach wirkende Drillingspumpe mit um 120° versetzten Kurbeln (Abb. 63.2). Bei dieser beträgt das fluktuierende Flüssigkeitsvolumen nur $U = 0{,}009\,A\,s$[1]. Allgemein ist der Volumenstrom der einfach wirkenden Pumpe um so gleichmäßiger, je größer die ungerade Zylinderzahl ist (Abschn. 59).

Der hier beschriebene Vorgang gilt in gleicher Weise auch für den Druckwindkessel.

Die Schwankungen des Luft- und Flüssigkeitsvolumens rufen Änderungen des Windkesseldrucks hervor, deren Ausmaß gewisse Werte nicht überschreiten soll. Die zulässigen Grenzen der Druckschwankung p_{max} und p_{min} bringt man durch den Ungleichförmigkeitsgrad des Windkessels zum Ausdruck, indem man für den schwingungsfreien Zustand schreibt

$$\delta_{p_s} = \frac{p_{max} - p_{min}}{\frac{p_{max} + p_{min}}{2}} = \frac{p_{max} - p_{min}}{p_m} = \frac{H_{max} - H_{min}}{H_m}.$$

[1] Gültig für $\lambda = 0$.

p_m bezeichnet den mittleren absoluten Windkesseldruck in N/m², $H_m = p_m/g\varrho$ die entsprechende Druckhöhe in m. Die Verdichtung und Ausdehnung der Luft im Windkessel wird annähernd isothermisch erfolgen, so daß mit den Grenzen $V_{\max}$ und $V_{\min}$ des Luftvolumens $p_{\max} \cdot V_{\min} = p_{\min} \cdot V_{\max}$ gesetzt werden kann. Führt man $p_{\max} = p_{\min}\, V_{\max}/V_{\min}$ in die Gleichung für δ_{p_s} ein, so erhält man als „statischen" Ungleichförmigkeitsgrad den Ausdruck

$$\delta_{p_s} = \frac{p_{\min}\left(\dfrac{V_{\max}}{V_{\min}} - 1\right)}{\dfrac{p_{\min}}{2}\left(\dfrac{V_{\max}}{V_{\min}} + 1\right)} = \frac{V_{\max} - V_{\min}}{\dfrac{V_{\max} + V_{\min}}{2}} = \frac{V_{\max} - V_{\min}}{V_m} = \frac{U}{V_m}, \qquad (63,2)$$

worin V_m das mittlere Luftvolumen des Windkessels darstellt.[1]

Der Luftinhalt des Windkessels und die Flüssigkeitssäule in der Rohrleitung bilden ein schwingungsfähiges System. Als Folge davon sind die tatsächlichen Druck- und Volumenschwankungen im Windkessel größer als sich aus der obigen Rechnung ergibt. In demselben Maße ist auch der „dynamische" Ungleichförmigkeitsgrad δ_p des Windkessels vergrößert, und zwar ist

$$\delta_p = \delta_{p_s} \frac{1}{1 - q^2}.\ ^{2} \qquad (63,3)$$

Hierin bedeuten

δ_{p_s} den „statischen" Ungleichförmigkeitsgrad nach Gl. (63,2),

$$q = \frac{1}{\varkappa\,\omega}\sqrt{\frac{Y_m A_d}{l\, V_m}} \text{ das Verhältnis } \frac{\text{Eigenschwingungszahl der Wassersäule je Sek.}}{\text{Impulszahl der Pumpe je Sek}}, \qquad (63,4)$$

ferner ist $\varkappa$ die Zahl der Saug- bzw. Druckhübe je Umdrehung,

$Y_m = g\,H_m$ die mittlere spezifische Energie im Windkessel in Nm/kg, H_m die mittlere absolute Druckhöhe in m,

A_d die Querschnittsfläche der Rohrleitung in m²,

l die Länge der Rohrleitung in m.

Für $q = 0$, also unendlich kleine Eigenschwingungszahl der Flüssigkeitssäule, wird $\delta_p = \delta_{p_s}$, für $q = 1$ ist $\delta_p = \infty$. In diesem Fall ist nach Gl. (63,4) die Eigenschwingungszahl der Flüssigkeitssäule gleich der Impulszahl der Pumpe. Es liegt der Zustand der Resonanz vor. q muß daher stets unter diesem Wert bleiben, und zwar soll $q < 1/\sqrt{2}$ sein, weil es andernfalls zweckmäßiger sein würde, die Pumpe ohne Windkessel arbeiten zu lassen.

Die praktisch zu lösende Aufgabe liegt nun meistens nicht darin, aus einem gegebenen mittleren Luftvolumen V_m des Windkessels den dynamischen Ungleichförmigkeitsgrad δ_p zu ermitteln, sondern unter der Voraussetzung eines gewünschten

---

[1] In der Literatur werden für die Definition des Ungleichförmigkeitsgrades des Windkessels an Stelle der arithmetischen Mittelwerte $p_m = (p_{\max} + p_{\min})/2$ und $V_m = (V_{\max} + V_{\min})/2$ auch die geometrischen Mittelwerte $p_m = \sqrt{p_{\max}\, p_{\min}}$ und $V_m = \sqrt{V_{\max} V_{\min}}$ als Größen der isothermischen Zustandsänderung benutzt. Die Verwendung geometrischer Mittelwerte entspricht nicht der auch anderweitig üblichen Definition des Ungleichförmigkeitsgrades, z.B. bei Schwankungen der Geschwindigkeit, der Drehzahl und des Volumenstroms. Für die kleinen bei Windkesseln zulässigen Druck- und Volumenschwankungen sind die Unterschiede zwischen arithmetischen und geometrischen Mittelwerten allerdings sehr gering.

[2] Closterhalfen, A.: Windkessel an Kolbenpumpen. VDI-Z. 77 (1933) S. 1143.

Ungleichförmigkeitsgrades den erforderlichen mittleren Luftinhalt zu berechnen. Zu diesem Zweck führen wir in die Gl. (63,3) die Gln. (63,2) und (63,4) ein und erhalten

$$V_m = \frac{U}{\delta_p} + \frac{1}{\varkappa^2\,\omega^2} \cdot \frac{Y_m A_d}{l}. \tag{63,5}$$

Hiernach muß der Windkessel um so größer sein, je größer die mittlere spezifische Energie im Windkessel und der Querschnitt der Rohrleitung ist, ferner je weniger Saug- bzw. Druckhübe auf eine Umdrehung entfallen, je kleiner die Drehzahl und je kürzer die Rohrleitung ist. Auf der Druckseite liegt also Resonanzgefahr besonders bei großer Druckhöhe und kurzer Druckleitung vor.

Übliche Werte des Ungleichförmigkeitsgrades sind

$$\delta_p = \frac{1}{10} \text{ bis } \frac{1}{20} \text{ bei Saugwindkesseln,}$$

$$\delta_p = \frac{1}{20} \text{ bis } \frac{1}{100} \text{ bei Druckwindkesseln.}$$

Beispiel. Bestimmung der Größe des Druckwindkessels für eine doppelt wirkende Wasserpumpe mit folgenden Daten:

Durchmesser des Tauchkolbens $D = 0{,}275$ m; Durchmesser der Kolbenstange $d = 0{,}075$ m; Kolbenhub $s = 0{,}38$ m; Drehzahl $n = 100$ 1/min (1,667 1/s); mittlere absolute Druckhöhe im Windkessel $H_m = 100$ m ($Y_m = 981$ Nm/kg); lichter Durchmesser der Druckleitung $D_d = 0{,}3$ m; Länge der Druckleitung $l = 120$ m; Ungleichförmigkeitsgrad des Windkessels $\delta_p = 0{,}02$.

Die mittlere Kolbenfläche beträgt $A = \frac{D^2\pi}{4} - \frac{1}{2}\frac{d^2\pi}{4} = 0{,}0572$ m², ferner das fluktuierende Wasservolumen $U \approx 0{,}21 \cdot As \approx 0{,}00456$ m³, die Winkelgeschwindigkeit $\omega = 2\pi n = 10{,}48 \frac{1}{s}$ und die Querschnittsfläche der Druckleitung $A_d = \frac{D_d^2\pi}{4} = 0{,}0707$ m².

Nunmehr ist nach Gl. (63,5)

$$V_m = \frac{0{,}00456}{0{,}02} + \frac{1}{2^2 \cdot 10{,}48^2} \cdot \frac{981 \cdot 0{,}0707}{120} = 0{,}228 + 0{,}0013 = 0{,}2293 \text{ m}^3.$$

V_m ist der mittlere Luftinhalt des Windkessels. Da letzterer zum Teil mit Wasser gefüllt ist, muß der gesamte Inhalt entsprechend größer sein. Vergleichsweise wird das mittlere Luftvolumen als Vielfaches des Hubvolumens ausgedrückt. In unserem Falle ist $\frac{V_m}{As} = \frac{0{,}2293}{0{,}02173} = 10{,}56$.

Nach Gl. (63,4) beträgt die Verhältniszahl

$$q = \frac{1}{2 \cdot 10{,}48} \sqrt{\frac{981 \cdot 0{,}0707}{120 \cdot 0{,}2293}} = 0{,}0758.$$

q ist vom Grenzwert $\frac{1}{\sqrt{2}} = 0{,}707$ weit entfernt. Damit liegt auch die Eigenschwingungszahl erheblich unter der Impulszahl.

b) Mit Rücksicht auf das Anfahren der Pumpe. Beispiel

Bei der Ingangsetzung der Pumpe wird das geförderte Wasser zunächst vom Druckwindkessel aufgenommen, aus welchem es wegen der in der Druckleitung gespeicherten Wassermasse anfänglich träge mit zunehmender Geschwindigkeit abfließt. Ist die Druckleitung sehr lang, so kann dabei die zur Beschleunigung der Masse notwendige Druckhöhe im Windkessel so sehr ansteigen, daß es mit Rücksicht auf die Sicherheit des Betriebes geboten erscheint, das Luftvolumen des Windkessels über den aus Gl. (63,5) folgenden Betrag hinaus zu vergrößern.

Bei stillstehender Pumpe hat der Windkessel ein Luftvolumen V_0, welchem die *absolute* Druckhöhe $H_0 = H_A + H_{d\,\mathrm{geo}} = H_m - H_{vd}$ zugeordnet ist. H_m bezeichnet die *mittlere absolute* Druckhöhe während des Betriebes, H_{vd} die Verlusthöhe infolge der Wasserbewegung in der Druckleitung. Wird die Pumpe in Betrieb genommen, so wächst die Druckhöhe im Windkessel so lange an, bis der abfließende Volumenstrom gleich dem zufließenden geworden ist. In diesem Augenblick herrscht im Windkessel die größte *absolute* Druckhöhe $H_{\max}$. Sie ist größer als die mittlere Druckhöhe H_m, die sich nach einer gewissen Anlaufzeit einstellt. Infolge dieses Druckunterschiedes kommt es, bevor die ausgeglichene Mittellage des Wasserspiegels im Windkessel erreicht ist, zu periodischen Schwankungen des Spiegels und des Druckes.

Wird die größte im Windkessel zulässige Druckhöhe $H_{\max}$ vorgeschrieben, so errechnet sich nach Berg unter der Annahme, daß im Zeitpunkt des Anlassens bereits der volle Volumenstrom vorhanden ist, das für das Anfahren erforderliche, auf den Ruhezustand bezogene Luftvolumen aus

$$V_0 = \frac{l Q^2}{2 g H_0 A_d} \, \frac{1}{\left(\ln \frac{H_{\max}}{H_0} + \frac{H_0}{H_{\max}} - 1\right)}. \tag{63,6}$$

Es bezeichnen

Q den sekundlichen Volumenstrom, l die Länge der Druckleitung, A_d deren lichten Querschnitt.

In Gl. (63,6) ist der Einfluß der hydraulischen Widerstände in der Druckleitung nicht berücksichtigt, so daß der Anlauf ungedämpft ist. Die Gleichung liefert deshalb etwas zu geringe Werte. Das ist hier aber unbedenklich, weil das Windkesselvolumen V_K noch von einer Schätzung abhängt. Da der Kessel zum Teil mit Wasser gefüllt ist, und da während des Betriebes Druckluft vom Wasser absorbiert wird, ist das gesamte Kesselvolumen $V_K > V_0$ anzusetzen. Mit Rücksicht darauf, daß möglicherweise das Luftvolumen zeitweise verringert, der Wasserinhalt also vergrößert ist, empfiehlt es sich, mit einem Windkesselvolumen $V_K = (2{,}0 \cdots 2{,}5)\, V_0$ zu rechnen.

Bei langen Druckleitungen läßt sich ein Kessel in der für das Anfahren erforderlichen Größe meistens nicht mehr am Pumpenkörper unterbringen. Er wird dann als zusätzlicher Windkessel im Pumpenhaus aufgestellt.

Eine Berechnung des Windkessels mit Rücksicht auf das Ingangsetzen der Pumpe ist nur dann erforderlich, wenn die Länge der Druckleitung im Verhältnis zur Förderhöhe der Pumpe groß ist.

Beispiel. Ermittlung der Größe des Anfahrwindkessels einer Wasserpumpe für folgende Verhältnisse:

Volumenstrom $Q = 120\ \mathrm{m^3/h} = 0{,}0333\ \mathrm{m^3/s}$; Länge der Druckleitung $l = 2\,500$ m; lichter Durchmesser der Druckleitung $D_d = 200$ mm; absolute Druckhöhe im Kessel bei Stillstand der Pumpe $H_0 = H_A + H_{d\,geo} = 93$ m; Druckhöhenverlust in der Druckleitung $H_{vd} = 17$ m, also mittlere absolute Druckhöhe während des Betriebes $H_m = H_0 + H_{vd} = 110$ m; größte absolute Druckhöhe $H_{max} = 130$ m.

Mit $A_d = \frac{D_d^2 \pi}{4} = 0{,}03142\ \text{m}^2$ und $\ln \frac{H_{max}}{H_0} = 2{,}303 \lg \frac{130}{93} = 0{,}3351$ errechnet sich nach Gl. (63,6) das Luftvolumen beim Stillstand der Pumpe

$$V_0 = \frac{l Q^2}{2 g H_0 A_d} \cdot \frac{1}{\left(\ln \frac{H_{max}}{H_0} + \frac{H_0}{H_{max}} - 1\right)} = \frac{2500 \cdot 0{,}001109}{19{,}62 \cdot 93 \cdot 0{,}03142} \cdot \frac{1}{(0{,}3351 + 0{,}715 - 1)}$$

$$= 0{,}967\ \text{m}^3.$$

Der Anfahrwindkessel erhält ein Volumen

$$V_K = 2{,}07 V_0 = 2{,}0\ \text{m}^3.$$

64. Die Steuerung der Hubkolbenpumpen

Die intermittierende Förderung der Hubkolbenpumpe macht die Anordnung besonderer Steuerorgane notwendig, welche den Pumpenraum hubweise mit der Saug- oder Druckleitung verbinden bzw. diese Leitungen gegen den Pumpenraum abschließen. Die Betätigung der Steuerorgane kann abhängig vom Druck oder auch abhängig vom Kolbenweg erfolgen.

a) Wegabhängige Steuerung

Wegabhängige Steuerorgane sind die Schieber in ihren verschiedenen Ausführungsformen als Kolben-, Rohr-, Drehschieber u.a. Das zwangsläufige Öffnen und Schließen der Schieber ermöglicht eine exakte Festlegung der Öffnungs- und Schließzeiten und damit auch eine genaue Bemessung des Hubvolumens, was für das Dosieren von Flüssigkeiten wichtig ist. Die Schieber geben ferner verhältnismäßig große Querschnitte frei, so daß die Widerstände beim Eintritt der Flüssigkeit in den Zylinderraum und ebenso beim Austritt klein ausfallen. Die Schiebersteuerung eignet sich deshalb auch zur Förderung von zähen und breiigen Fördermitteln. Geringe saugseitige Widerstände beeinflussen schließlich das Kavitationsverhalten der Pumpe und den Füllungsgrad bei Flüssigkeiten mit Gaseinschlüssen in günstigem Sinn.

Eine mit Rohrschiebern ausgerüstete Hubkolbenpumpe großer Leistung ist in Abb. 78.2 dargestellt.

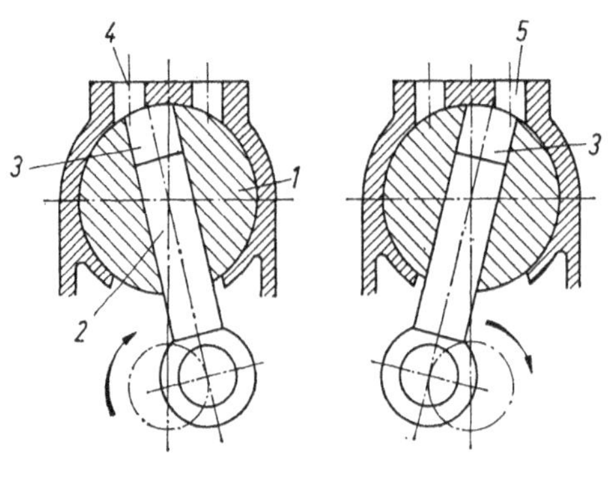

Abb. 64.1. Zylinderkörper als Schwingschieber (Walbersdorf)

Konstruktiv wird die Schiebersteuerung besonders einfach, wenn der Zylinderkörper oder der Pumpenkolben selbst als Schieber verwendet wird. Ein Beispiel der ersten Art liefert die Schwingschieberpumpe (Abb. 75.2), deren Arbeitsweise aus Abb. 64.1 ersichtlich ist. Während der Kurbeldrehung führt der Schieber (*1*) mit dem Kolben (*2*) eine schwingende Bewegung aus. Dadurch wird der Zylinderraum (*3*) während des Saughubes mit der Saugöffnung (*4*) und während des Druckhubes mit der Drucköffnung (*5*) verbunden.

In einem Beispiel der zweiten Art, der Steuerkolbenpumpe (Abb. 74.4), hat der Kolben (*1*) (Abb. 64.2) eine Längsbohrung (*2*) und mit dieser verbunden einen Ausschnitt (*3*), dessen Länge größer als der Kolbenhub ist. Während *eines* Doppelhubes führt der Kolben *eine* Umdrehung um seine Achse aus. Dadurch wird der Pumpenraum (*4*) abwechselnd mit dem Saugstutzen (*5*) und dem Druckstutzen (*6*) verbunden.

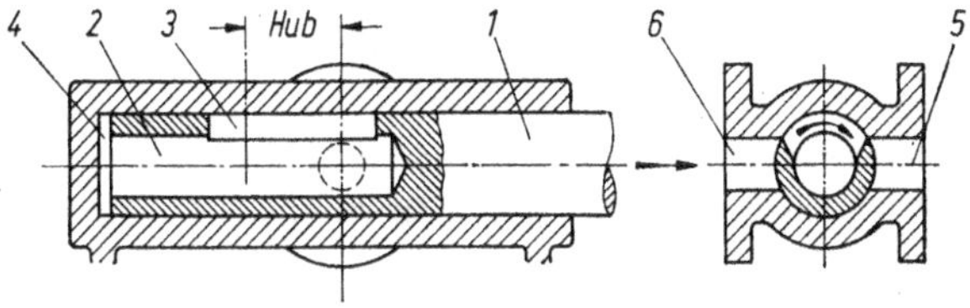

Abb. 64.2. Pumpenkolben als Drehschieber (Walbersdorf)

Eine bei Axial- und Radialkolbenpumpen anzutreffende wegabhängige Steuerung ist die Schlitzsteuerung, deren Wirkungsweise für die Axialkolbenpumpe aus Abb. 77.3 hervorgeht. Bei dieser vielzylindrigen Bauart dreht sich der Zylinderkörper mit den Kolben um seine Symmetrieachse gegenüber einem ebenen oder gewölbten Steuerspiegel (*1*) (Abb. 64.3), der mit einem Saugschlitz (*2*) und einem Druckschlitz (*3*) versehen ist. Während ein Zylinder (*4*) an dem Saugschlitz vorbeigleitet, führt der darin befindliche Kolben einen Saughub aus und saugt durch die im Zylinderboden befindliche Öffnung (*5*) Flüssigkeit an, die während des folgenden Druckhubes durch den Druckschlitz (*3*) wieder hinausgedrückt wird. In den Kolbentotpunkten ist die Verbindung des Zylinderraumes mit den Schlitzen und den zugehörigen Anschlußstutzen zum Zweck der Umsteuerung durch die Stege (*6*) und (*7*) kurzzeitig unterbrochen.

Bei der Radialkolbenpumpe (Abb. 77.4) liegen die Steuerschlitze auf einer Zylinderfläche.

Neben den aufgeführten Steuerungsarten mittels Schiebern findet man vereinzelt auch wegabhängig gesteuerte Klappenventile (Abb. 80.3, 12. Aufl.) und zwangsläufig gesteuerte Ventile.

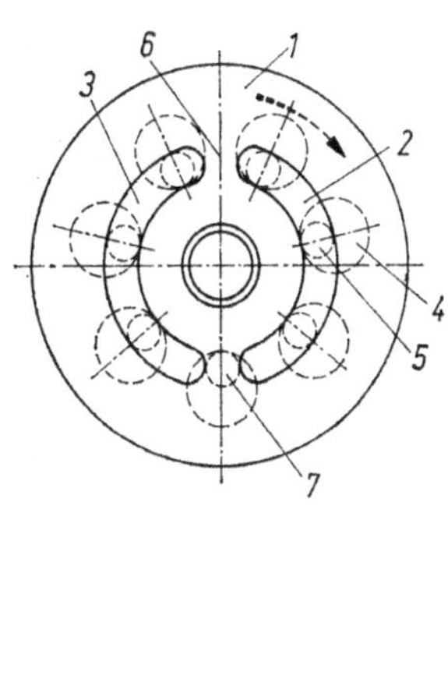

Abb. 64.3. Steuerspiegel

b) Druckabhängige Steuerung

Zur druckabhängigen Steuerung dienen in der Regel Hubventile, die unter der Einwirkung des Flüssigkeitsdruckes selbsttätig öffnen und bei Abnahme des Druckes infolge ihres Eigengewichtes oder einer Druckfeder selbsttätig schließen. Selten finden auch selbsttätige Klappenventile Verwendung.

Ihrer Bedeutung und ihrer Verbreitung wegen sollen die selbsttätigen Hubventile im folgenden eingehender behandelt werden.

α) Arbeitsweise des Hubventils

Die Berechnung der Abmessungen und der Belastung eines Hubventils setzt die Kenntnis seiner Arbeitsweise voraus. Es werden daher zunächst die Bewegungsverhältnisse des Hubventils (Abb. 64.4) unter vereinfachenden Annahmen betrachtet[1].

Wir vermerken dazu folgende Bezeichnungen:

c_1	= Geschwindigkeit der Flüssigkeit im Ventilsitz in m/s;
$q_1 = d_1^2\pi/4$	= Durchgangsquerschnitt im Ventilsitz in m²;
h	= Hub des Ventils in m;
$q = d^2\pi/4$	= Fläche des Ventils in m²;
$u = d\,\pi$	= äußerer Umfang des Ventils in m;
c_{sp}	= Spaltgeschwindigkeit, d.h. radial gerichtete Geschwindigkeit am Umfang des
	= Ventiltellers in m/s;
μ	= Kontraktionszahl;
A	= Querschnittsfläche des Kolbens in m²;
c	= Kolbengeschwindigkeit in m/s.

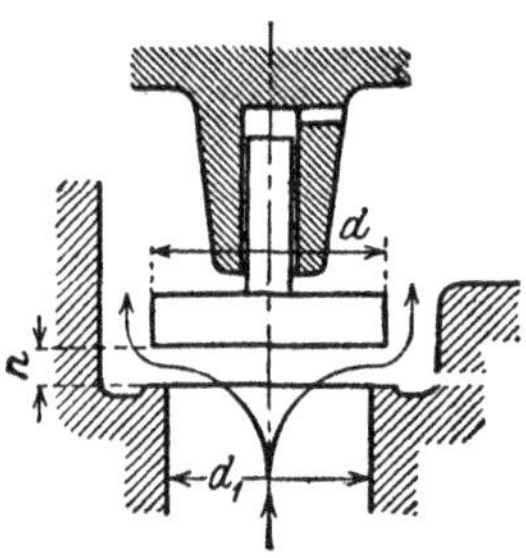

Abb. 64.4. Hubventil

Sieht man zunächst von der Eigenbewegung des Ventils ab, so folgt aus der Stetigkeitsgleichung für $\eta_l = 1$

$$\mu\,u\,h\,c_{sp} = q_1 c_1 = A\,c.$$

Für unendlich lange Schubstange ($\lambda = 0$) ist $c = r\,\omega \sin\alpha$, somit

$$\mu\,u\,h\,c_{sp} = A\,r\,\omega\sin\alpha$$

und

$$h = \frac{A\,r\,\omega\sin\alpha}{\mu\,u\,c_{sp}}. \qquad (64{,}1)$$

Die Spaltgeschwindigkeit c_{sp} ist durch die Ventilbelastung bestimmt, verursacht durch Eigengewicht, Federkraft, sowie die Massenbeschleunigung und den hydrau-

[1] Es sei hier von Reibungswiderständen und dem Einfluß der Ventilmasse, sowie von Luftansammlungen und Undichtigkeiten abgesehen, ferner sei $\lambda = 0$.

lischen und mechanischen Bewegungswiderstand des Ventils. Nimmt man c_{sp} und ebenso auch μ während des Ventilhubes als unveränderlich an, so ist der Ventilhub dem Sinus des Kurbelwinkels proportional (Abb. 64.5).

Die Ventilgeschwindigkeit ergibt sich als Ableitung des Hubes nach der Zeit zu

$$c_v = \frac{dh}{dt} = \frac{A\,r\,\omega}{\mu\,u\,c_{sp}} \cos\alpha\,\frac{d\alpha}{dt}; \quad \text{mit} \quad \frac{d\alpha}{dt} = \omega \quad \text{ist}$$

$$c_v = \frac{A\,r\,\omega^2}{\mu\,u\,c_{sp}} \cos\alpha\,. \tag{64,2}$$

Die Ventilgeschwindigkeit ist dem Kosinus des Kurbelwinkels verhältnisgleich (Abb. 64.6). Das Ventil hat beim Öffnen und Schließen seine größte Geschwindigkeit. Beim Schließen wird daher ein Schlag entstehen, wenn die zwischen Ventil und Sitz befindliche Flüssigkeitsschicht nicht bremsend wirken kann.

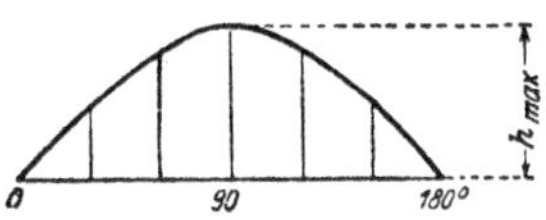

Abb. 64.5. Ventilhublinie

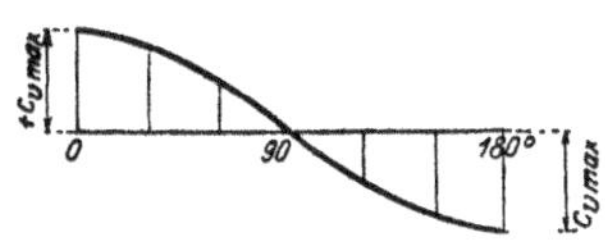

Abb. 64.6. Ventilgeschwindigkeitslinie

Die Ventilbeschleunigung folgt aus

$$a_v = \frac{dc_v}{dt} = -\frac{A\,r\,\omega^2}{\mu\,u\,c_{sp}} \sin\alpha\,\frac{d\alpha}{dt}\,,$$

oder

$$a_v = -\frac{A\,r\,\omega^3}{\mu\,u\,c_{sp}} \sin\alpha = -h\,\omega^2. \tag{64,3}$$

Die Ventilbeschleunigung ist negativ (Abb. 64.7), d.h. die Ventilbewegung ist beim Steigen (bei wachsendem h) verzögert, beim Sinken (bei abnehmendem h) beschleunigt.

Nach Gl. (64,2) hat das Ventil, wie bereits erwähnt, beim Öffnen und Schließen seine größte Geschwindigkeit. Da es sich vor dem Beginn des Öffnens in Ruhe befindet, muß es zunächst sehr stark positiv beschleunigt werden, bevor die negative Beschleunigung nach Gl. (64,3) (Verzögerung) einsetzt. Ferner kann die Ventilgeschwindigkeit beim Schließen nicht plötzlich von $c_{v\max}$ auf Null zurückgehen. Für den Augenblick des Öffnens und Schließens haben deshalb die Gln. (64,2) und (64,3) nur mathematische, aber keine praktische Gültigkeit.

Berücksichtigen wir nun auch die Eigenbewegung des Ventils, so erhalten wir

$$\mu\,u\,h\,c_{sp} = A\,c - q\,c_v. \tag{64,4}$$

Die Ventilgeschwindigkeit c_v ist beim Steigen des Ventils positiv, beim Sinken negativ einzusetzen. Beim Steigen wird der vom Ventil freigegebene Raum mit der aus dem Ventilsitz nachströmenden Flüssigkeit ausgefüllt. Beim Sinken verdrängt das Ventil ein bestimmtes Volumen, das durch den Spalt entweicht.

Führt man Gl. (64,2) in Gl. (64,4) ein, so erhält man

$$\mu\,u\,h\,c_{sp} = A\,r\,\omega\sin\alpha - q\,\frac{A\,r\,\omega^2}{\mu\,u\,c_{sp}} \cos\alpha\,. \tag{64,5}$$

Das durch den Spalt tretende Flüssigkeitsvolumen ist die Differenz bzw. Summe aus der Kolbenverdrängung und der Ventilverdrängung. Durch Summation der Sinuslinie für die Kolbenverdrängung und der Kosinuslinie für die Ventilverdrängung erhält man eine verschobene Sinuslinie, welche das Spaltvolumen darstellt (Abb. 64.8)[1]. Letztere ist aber zugleich auch die Ventilhublinie, wenn — wie vorausgesetzt — μ und c_{sp} konstant sind.

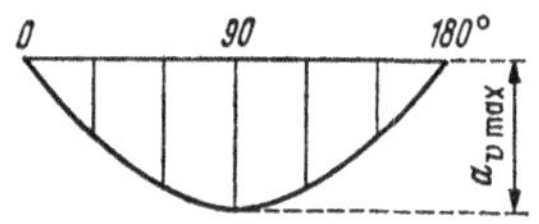

Abb. 64.7. Ventilbeschleunigungslinie

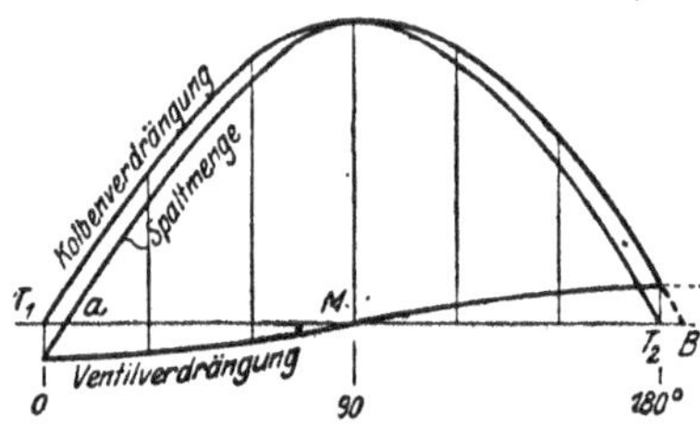

Abb. 64.8. Spaltvolumen mit Berücksichtigung der Ventilbewegung

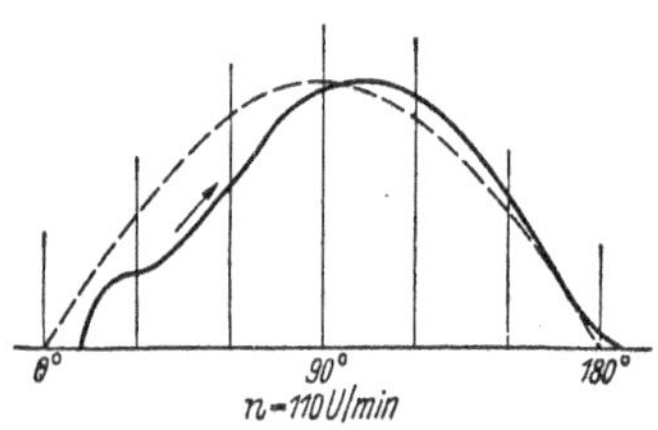

Abb. 64.9. Ventilerhebungskurve bei $n = 110$ 1/min (nach Berg)

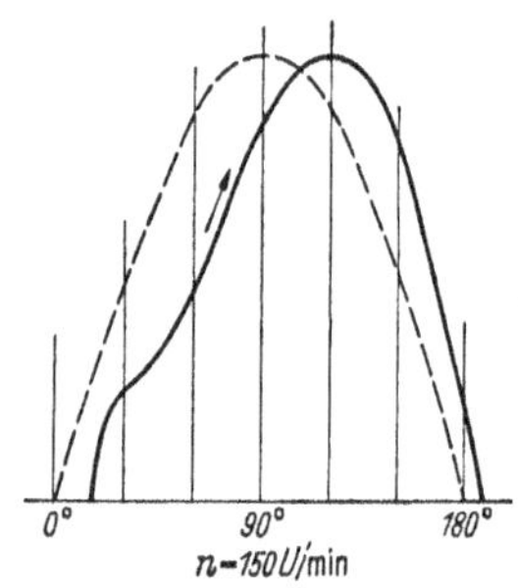

Abb. 64.10. Ventilerhebungskurve bei $n = 150$ 1/min (nach Berg)

Nach Abb. 64.8 öffnet das Ventil erst, nachdem die Kurbel von der Totlage T_1 den Kurbelwinkel $T_1 a$ zurückgelegt hat, und es ist noch h_0 m geöffnet, wenn sich die Kurbel bereits in der Totlage T_2 befindet. Es schließt sich erst, nachdem die Kurbel von der Totlage T_2 aus den Winkel $T_2 B$ beschrieben hat. Außerdem hat das Ventil bei einem Kurbelwinkel von 90° seinen größten Hub noch nicht erreicht. Das Öffnen des einen Ventils erfolgt erst, wenn sich das Gegenventil geschlossen hat. Schließt letzteres mit Verspätung, so wird auch das erstere mit entsprechender Verspätung öffnen.

Die tatsächliche Ventilerhebungskurve hat keinen sinusförmigen Verlauf (Abb. 64.9 u. 64.10). Zu Beginn des Saughubes hat sich das Druckventil noch nicht geschlossen. Das Saugventil kann sich erst öffnen, wenn der Druck im Pumpenraum so weit gesunken ist, daß der Öffnungswiderstand des Ventils überwunden werden kann. Der Kolben hat in diesem Augenblick bereits einen kleinen Weg zurückgelegt, der größer ausfällt, wenn der Zylinder noch Luftreste enthält. Die Öffnung geht nun aber wegen der schon bestehenden Kolbengeschwindigkeit schneller als nach der Sinuslinie vor sich. Ist der zu Beginn der Bewegung vorhandene Kraftüberschuß durch Reibungswiderstände und die wachsende Federkraft verbraucht, so nimmt die Ventilgeschwin-

[1] Nach Müller, O. H.: Das Pumpenventil, Leipzig: A. Felix 1900.

digkeit ab. In der Abb. 64.9 wird sie sogar gleich Null, so daß das Ventil einen Augenblick in gleicher Höhe bleibt. Mit zunehmender Geschwindigkeit der Flüssigkeit steigt dann die Erhebungskurve annähernd geradlinig bis zur höchsten Ventillage, die nicht in der Hubmitte, sondern später erreicht wird. Die Verspätung ist wegen der wirksamen Massenkräfte um so größer, je höher die Drehzahl der Pumpe ist. Gleichzeitig wächst auch der größte Ventilhub (Abb. 64.10).

Die Abwärtsbewegung geht infolge der in der Feder und in dem gehobenen Ventilgewicht aufgespeicherten Energie schneller als nach dem Sinusgesetz vor sich. Das Ventil hat am Ende des Kolbenhubes seinen Sitz noch nicht erreicht und schließt infolgedessen verspätet. Die Öffnungsverspätung ist größer als die Verspätung beim Ventilschluß.

Der beim Schließen des Ventils zu beobachtende Schlag wird durch die Ventilschlußgeschwindigkeit verursacht, die durch die Ventilverspätung und den möglicherweise dadurch hervorgerufenen Anprall der Flüssigkeitsmasse bestimmt wird. Einen Maßstab für die Größe der augenblicklich herrschenden Ventilgeschwindigkeit liefert die Neigung der Tangente an die Ventilerhebungskurve (Abb. 64.9 u. 64.10). Bei mäßiger Drehzahl bleibt die Ventilschlußgeschwindigkeit klein. Das Ventil setzt sich sanft auf den Sitz, weil die zwischen Ventil und Sitz befindliche Flüssigkeitsschicht bremsend wirkt (Abb. 64.9). Wird die Drehzahl erhöht, so nimmt der Ventilhub und die Verspätung der größten Ventilerhebung zu. Als Folge davon vergrößert sich die Hubhöhe in Kolbentotlage und die Ventilschlußgeschwindigkeit (Abb. 64.10). Es entsteht schließlich ein Ventilschlag, der beim Saugventil durch den Aufprall der nach Beginn des Druckhubes bereits in Bewegung befindlichen Flüssigkeitsmasse noch verstärkt wird. Durch den heftigen Ventilschlag werden die Dichtungsflächen schnell undicht. Außerdem können Brüche entstehen. Bei einer einwandfrei arbeitenden Pumpe darf der Ventilschlag in der Nähe der Pumpe nicht oder nur schwach hörbar sein. Der Versuch zeigt nun, daß die Ventilschlußgeschwindigkeit durch Vergrößerung der Spaltgeschwindigkeit, d.h. der Ventilbelastung verkleinert wird. Letztere muß durch Federkraft herbeigeführt werden, weil Gewichtsbelastung infolge Massenwirkung den Ventilhub vergrößern und damit den Ventilschluß verzögern würde. Das gilt besonders für schnellaufende Pumpen. Um hörbaren Ventilschlag zu vermeiden, muß deshalb die Vorspannung der Feder bei der Hubhöhe h_0 oder — was praktisch auf dasselbe hinausläuft — bei geschlossenem Ventil hinreichend groß gewählt werden.

Große Ventilbelastungen bringen allerdings auch Nachteile mit sich, und zwar wächst nicht nur der Durchgangswiderstand des Ventils, wodurch namentlich bei kleinen Förderhöhen der Pumpenwirkungsgrad herabgesetzt wird, sondern auch der Öffnungswiderstand, der verzögernd auf die Ventilöffnung einwirkt und außerdem die erreichbare Saughöhe verringert.

Nach Untersuchungen von Schweter[1] sind zur Heraufsetzung der „Schlaggrenze", d.h. der Drehzahl, bei der ein deutlicher Ventilschlag wahrnehmbar wird, unter Vermeidung der Vergrößerung der Federspannung folgende Maßnahmen geeignet:

völlig reibungsfreie Lenkfederführung (Abb. 73.10, 73.11, 73.12) an Stelle der Spindelführung des Ventils,

---

[1] Schweter, E.: Pumpen mit hoher Drehzahl, Berlin 1938, Selbstverlag.

Ausbildung des Ventilkörpers nach geringstem Formwiderstand bei möglichst kleiner Masse,

Kleinhaltung der Sitzflächen,

reichliche Bemessung des Spaltquerschnittes bei kleinem Ventilhub.

Hiernach kommt es neben der reibungsfreien Führung des Ventils besonders auf die Kleinhaltung des Ventilwiderstandes und der Masse an. Der Ventilkörper muß also nach strömungstechnischen Gesichtspunkten ausgebildet werden, eine Forderung, die bei den meisten im Gebrauch befindlichen Ventilbauarten nicht erfüllt ist.

Neben dem Ventilschlag beim Schließen der Ventile kann auch ein Öffnungsschlag des Druckventils entstehen, dessen Ursache in folgendem zu suchen ist:

Während des Saugvorganges bildet sich infolge des bestehenden Unterdrucks unterhalb des Druckventils ein flüssigkeitsfreier Raum, der mit Dampf und Luft erfüllt ist, die sich in geringer Menge während des Saugens aus der Flüssigkeit abscheidet. Nach Beginn des Druckhubes muß daher der Kolben erst eine bestimmte Strecke zurücklegen, um diesen Raum auszufüllen. Beim Zusammentreffen der Flüssigkeit mit der Unterseite des Druckventils entsteht ein mehr oder weniger heftiger Schlag. Die Stärke der Schlagwirkung ist abhängig vom Zeitpunkt des Zusammentreffens und den Widerständen, die der Öffnung des Ventils entgegenstehen. Das Öffnen des Druckventils erfolgt um so später, je größer die Saughöhe und der von der Ventilkonstruktion und der Drehzahl abhängige Widerstand des Saugventils ist. Heftiges Schlagen des Druckventils muß durch Verringerung der Drehzahl, besser durch Vergrößern des Saugventils gemildert werden. Meistens bestimmt nicht der Schlußschlag, sondern der Öffnungsschlag die Grenze ruhigen Ganges.

β) Berechnung des Hubventils normaler Bauart. Beispiel

Als Ausgangsgröße für die Berechnung von Ventilen normaler Bauart wählt man zweckmäßig die Widerstandshöhe, die durch die Belastung, die Formgebung und die Abmessungen des Ventils bestimmt wird. Bei ganz geöffnetem Ventil, also beim größten Ventilhub $h_{\max}$ ist das Ventil einen Augenblick in Ruhe, so daß keine Massenkräfte wirksam sind. In diesem Zustand besteht Gleichgewicht zwischen dem Strahldruck $S_{\max}$ der mit $c_{1\max}$ aus dem Ventilsitz austretenden Flüssigkeit und der Ventilbelastung $F_{\max} + G_w$, hervorgerufen durch die Federkraft $F_{\max}$ und die Gewichtskraft G_w des Ventilkörpers in der Flüssigkeit[1]. In der Einheit N ist nach dem Impulssatz $S_{\max} = \frac{\zeta_1}{2} \varrho q_1 c_{1\max}^2$, wobei ζ_1 eine dimensionslose Erfahrungszahl ist. Für den größten Ventilhub gilt daher

$$F_{\max} + G_w = \frac{\zeta_1}{2} \varrho q_1 c_{1\max}^2$$

Durch Division mit $\varrho_1 q_1$ folgt

$$\frac{F_{\max} + G_w}{\varrho q_1} = \zeta_1 \frac{c_{1\max}^2}{2} = y_v. \tag{64,6}$$

y_v bezeichnen wir als spezifische Ventilarbeit der Flüssigkeit infolge Federkraft und Eigengewicht. Ihre Einheit ist Nm/kg. Die spezifische Ventilarbeit y_v und die Ge-

[1] Wegen der Ventilverspätung fällt $h_{\max}$ nicht genau mit $c_{1\max}$ zusammen.

schwindigkeit der Flüssigkeit im Ventilsitz $c_{1_{\max}}$ bestimmen den Ventilhub $h_{\max}$ und die Widerstandshöhe h_v des Ventils.

Von L. Krauss[1] liegen sehr umfangreiche Versuche an einer Anzahl Ventile von unterschiedlicher Bauweise vor, in denen bei veränderlicher Ventilarbeit und Pumpendrehzahl, also auch veränderlicher Wassergeschwindigkeit im Ventilsitz die Zusammenhänge der genannten vier Größen ermittelt sind. Um das Verhalten der verschiedenen Ventile besser vergleichen zu können, ist hier allerdings an die Stelle von $h_{\max}$ die Verhältniszahl

$$x = \frac{\text{Größter Spaltquerschnitt}}{\text{Durchgangsquerschnitt im Ventilsitz}} = \frac{u\,h_{\max}}{q_1} \tag{64,7}$$

getreten, in welcher die Hubhöhe $h_{\max}$ enthalten ist. Ferner ist $c_{1_{\max}}$ durch die mittlere Wassergeschwindigkeit im Ventilsitz c_{1_m} ersetzt worden, die für $\lambda = 0$ gemäß

$c_{1_m} = \frac{2}{\pi}\, c_{1_{\max}}$ der Größtgeschwindigkeit proportional ist.

Ch. Bouché[2] hat die Beziehungen zwischen y_v, c_{1_m}, x und h_v für die untersuchten Ventile unter Heranziehung weiterer Versuchsergebnisse in Form von Kennlinien dargestellt und gefunden, daß die Kennlinien der untersuchten Ventile im Bereich niedriger c_{1_m}- und h_v-Werte gute Übereinstimmung zeigen und sich daher durch einheitliche Kennlinien ersetzen lassen, die als Grundlage für die Vorausberechnung von Hubventilen normaler Bauart dienen können (Abb. 64.11). Unter Benutzung dieser Kennlinien läßt sich die Ventilberechnung in folgender Weise durchführen:

Man wählt die zulässige Widerstandshöhe h_v sowie die mittlere Wassergeschwindigkeit im Ventilsitz c_{1_m} und erhält aus dem Diagramm die zugeordneten Werte für x und y_v, die zur Bestimmung der Querschnittsabmessungen und der Ventilfeder benutzt werden.

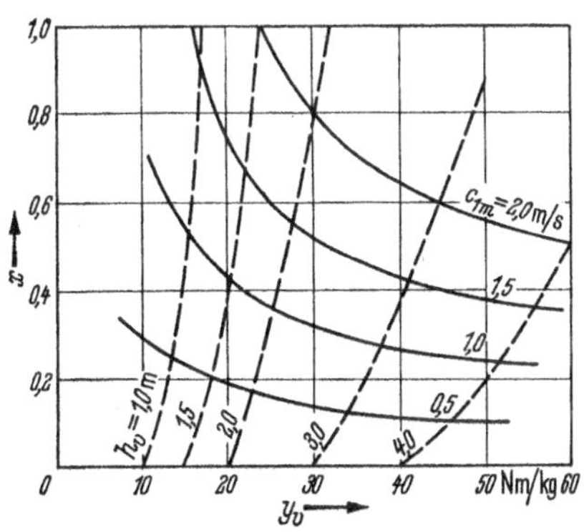

Abb. 64.11. Kennlinien des Hubventils normaler Bauart (nach Bouché)

Bestimmung der Querschnittsabmessungen

1. Tellerventil. Die freie Durchgangsfläche im Ventilsitz beträgt für die mittlere Kolbengeschwindigkeit c_m sowie bei Vernachlässigung am Ventilteller eventuell vor-

[1] Krauss, L.: Untersuchung selbsttätiger Pumpenventile und deren Einwirkung auf den Pumpengang. VDI-Forsch.-Heft 233.

[2] Bouché, Ch.: Kennlinien selbsttätiger Pumpenventile mit Federbelastung für Kolbenpumpen. Fördertechnik u. Frachtverkehr 26 (1934) S. 84—87.

handener Führungsrippen

$$q_1 = \frac{A\, c_m\, \eta_l}{c_{1_m}} = \frac{A\, 2\, s\, n\, \eta_l}{c_{1_m}} = \frac{d_1^2 \pi}{4}.$$

Hieraus errechnet sich d_1. Mit $q_1 = d_1^2 \pi/4$ und $u = d_1 \pi$ lautet Gl. (64,7)

$$x = \frac{d_1 \pi\, h_{\max}}{d_1^2 \pi/4} = \frac{4\, h_{\max}}{d_1};$$

daraus folgt

$$h_{\max} = x \frac{d_1}{4}. \tag{64,8}$$

Zu beachten ist, daß für kegelige, unter 45° geneigte Sitzflächen

$$h_{\max} = \frac{x}{\cos 45°} \frac{d_1}{4} \tag{64,9}$$

gesetzt werden muß.

Bei großen Wassermengen würde ein Tellerventil zu unzweckmäßigen Ventilabmessungen führen. Man kann dann entweder ein Gruppenventil anwenden, d.h. das Ventil in mehrere kleine Tellerventile mit gemeinsamem Ventilsitz (Abb. 73.8) aufteilen oder ein Ringventil ausführen (Abb. 64.12; 64.13).

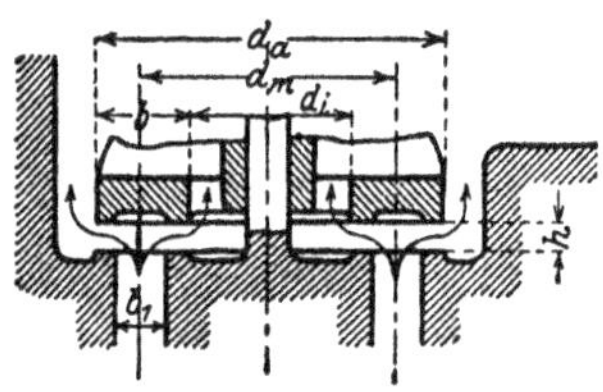

Abb. 64.12. Einspaltiges Ringventil

2. Einspaltiges Ringventil. Im Ventilsitz des einspaltigen Ringventils ist die freie Durchgangsfläche q_1 durch Rippen verkleinert. Wir berücksichtigen dies durch einen Verengungsfaktor σ und erhalten als Gesamtfläche mit den Bezeichnungen der Abb. 64.12

$$q_1' = \sigma\, q_1 = \sigma \frac{2\, A\, s\, n}{c_{1_m}} \eta_L = d_m \pi\, b_1, \tag{64,10}$$

wobei für mittlere Verhältnisse $\sigma = 1{,}1 \cdots 1{,}2$ gesetzt werden kann. Ferner ist nach Gl. (64,7) mit $u = 2\pi\, d_m/\sigma$ und $q_1 = d_m \pi\, b_1/\sigma$

$$x = \frac{2\pi\, d_m\, h_{\max}}{d_m \pi\, b_1} = \frac{2\, h_{\max}}{b_1}.$$

oder

$$b_1 = \frac{2\, h_{\max}}{x}. \tag{64,11}$$

Setzt man diesen Wert in Gl. (64,10) ein, so ist

$$d_m = \frac{q_1'\, x}{2\pi\, h_{\max}}. \tag{64,12}$$

$h_{\max}$ ist in zweckmäßiger Größe zu wählen.

3. Mehrspaltiges Ringventil. Wird der Durchmesser eines einspaltigen Ringventils unverhältnismäßig groß, so muß das Ventil mehrspaltig ausgeführt werden. An die Stelle von d_m tritt dann die Summe der mittleren Ringdurchmesser $d_1 + d_2 + d_3 + \cdots = \Sigma d_m$ (Abb. 64.13). Somit ist

$$\Sigma d_m = \frac{q_1' x}{2\pi h_{\max}}. \qquad (64,13)$$

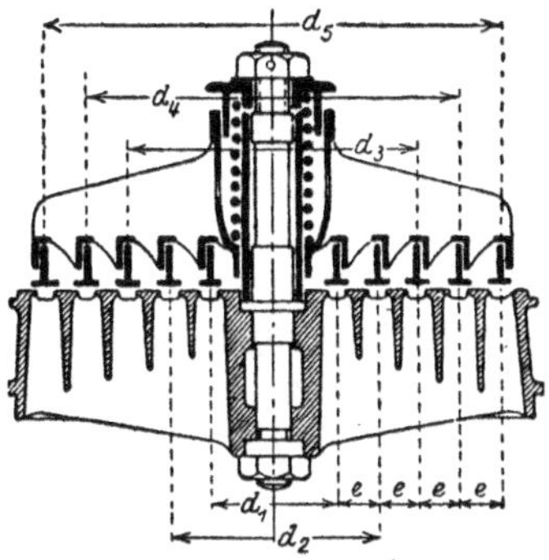

Abb. 64.13. Mehrspaltiges Ringventil

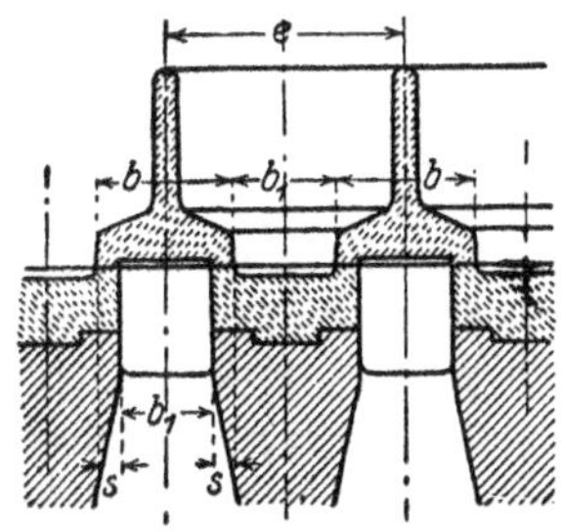

Abb. 64.14. Mehrspaltiges Ringventil

Die mittleren Durchmesser der einzelnen Ringe bilden eine arithmetische Reihe, in der jeder nachfolgende Durchmesser um den Betrag $2e$ größer ist als der vorhergehende (Abb. 64.13). Für z-Ringe beträgt das Summenglied

$$\Sigma d_m = \frac{z}{2}(d_1 + d_z) = z[d_1 + (z-1)e].$$

Daraus folgt die Zahl der Ringe

$$z = -\frac{1}{2}\left(\frac{d_1}{e} - 1\right) + \sqrt{\frac{\Sigma d_m}{e} + \frac{1}{4}\left(\frac{d_1}{e} - 1\right)^2}. \qquad (64,14)$$

Die untere Grenze von d_1 wird durch die Ventilspindel bzw. die Nabe des Ventilsitzes bestimmt. Für den Abstand e und die Sitzbreite s gilt gemäß Abb. 64.14 in Verbindung mit Gl. (64,11)

$$e = b_1 + b \geqq 2b_1 + 2s \geqq \frac{4h_{\max}}{x} + 2s. \qquad (64,15)$$

Die Rechnungsgrößen sind so gegeneinander abzustimmen, daß sich für z eine ganze Zahl ergibt.

Ventile normaler Bauart erhalten einen Hub $h_{\max} = 3 \cdots 10$ mm, wobei großen Drehzahlen kleine Werte $h_{\max}$ entsprechen und umgekehrt.

Bemessung der Ventilfeder

Nach Festlegung der Abmessungen kann das Ventil entworfen und das Gewicht G_w des Ventilkörpers in der Flüssigkeit, d.h. unter Berücksichtigung des Auftriebs, bestimmt werden. Nunmehr ist die größte Federkraft $F_{\max}$ berechenbar. Nach Gl. (64,6) ist in der Einheit N

$$F_{\max} = \varrho q_1 y_v - G_w. \qquad (64,16)$$

Um die Ventilschlußgeschwindigkeit beim Aufsetzen des Ventils auf den Sitz klein zu halten, also einen unzulässigen Ventilschlag zu vermeiden, muß bei geschlossenem Ventil noch eine Federkraft F_0 vorhanden sein, die etwa 30···60% der größten Federkraft, mitunter auch noch mehr beträgt. Durch $F_{\max}$, F_0 und $h_{\max}$ liegt die Federkonstante fest, so daß die Feder in bekannter Weise berechnet werden kann.

Beispiel. Für eine einfach wirkende Pumpe ist das Druckventil zu berechnen. Bekannt sind der Kolbendurchmesser $D = 130$ mm, der Kolbenhub $s = 160$ mm und die minutliche Drehzahl $n = 100$ 1/min (1,667 1/s). Das Fördermittel sei kaltes Wasser.

Wählen wir die Ventilwiderstandshöhe $h_v = 1{,}25$ m und die mittlere Wassergeschwindigkeit im Ventilsitz $c_{1_m} = 1{,}5$ m/s, so ist nach Abb. 64.11 $x = 0{,}76$ und $y_v = 19{,}3$ Nm/kg.

Mit dem Kolbenquerschnitt $A = \frac{\pi \cdot 0{,}13^2}{4} = 0{,}0133\ \text{m}^2$ und $\sigma = 1{,}16$ sowie $\eta_L = 0{,}97$ ergibt sich ein Gesamtdurchgangsquerschnitt im Ventilsitz

$$q_1' = \sigma \frac{A\, 2sn}{c_{1_m}} \eta_L = \frac{1{,}16 \cdot 0{,}0133 \cdot 2 \cdot 0{,}16 \cdot 1{,}667 \cdot 0{,}97}{1{,}5} = 0{,}00532\ \text{m}^2.$$

Für ein Tellerventil wäre hiernach $d_1 = 82{,}3$ mm; $h_{\max} = \frac{d_1}{4} x = 15{,}6$ mm.

Dieser Ventilhub ist zu groß, wir führen deshalb ein Ringventil aus. Mit $h_{\max} = 0{,}00536$ m ist nach Gl. (64,12) der mittlere Durchmesser

$$d_m = \frac{q_1' x}{2\pi h_{\max}} = \frac{0{,}00532 \cdot 0{,}76}{2 \cdot \pi \cdot 0{,}00536} = 0{,}12\ \text{m} \mathrel{\hat{=}} 120\ \text{mm}.$$

Ferner ist nach Gl. (64,11) $b_1 = \frac{2h_{\max}}{x} = \frac{2 \cdot 0{,}00536}{0{,}76} = 0{,}01411\ \text{m} \approx 14$ mm. Somit sind die lichten Durchmesser des Ventilsitzes $d_{1_a} = 134$ mm und $d_{1_i} = 106$ mm. Mit der Sitzbreite $s = 3$ mm folgt $b = 20$ mm; also betragen die Durchmesser des Ventilringes $d_a = 140$ mm und $d_i = 100$ mm.

Die größte Federkraft errechnet sich nach Gl. (64,16) aus

$$F_{\max} = \varrho q_1 y_v - G_w, \quad \text{wobei} \quad q_1 = q_1'/\sigma.$$

Nach dem Entwurf beträgt das Ventilgewicht $G = 11{,}0$ N, demnach ist $G_w = G\frac{g(\varrho_R - \varrho_W)}{g\varrho_R} = 11{,}0\frac{7{,}5}{8{,}5} = 9{,}7$ N[1] und $F_{\max} = 1000 \cdot 0{,}00459 \cdot 19{,}3 - 9{,}7 = 78{,}9$ N. Der Entwurf ergibt ferner einen mittleren Windungshalbmesser der Feder $r = 22$ mm, dem das Drehmoment $M = 78{,}9 \cdot 2{,}2 = 173{,}6$ Ncm, entspricht. Aus $M = \frac{1}{k_1}\frac{\pi d^3}{16}\tau_{t_{zul}}$ folgt für $\tau_{t_{zul}} = 2000\ \text{bar} = 2000\ \text{daN/cm}^2$ (2040 kp/cm²) und $k_1 = 1$ in erster Annäherung $d^3 = \frac{173{,}6 \cdot 16}{\pi \cdot 2000 \cdot 10} = 0{,}0442\ \text{cm}^3$; $d = 0{,}354\ \text{cm} = 3{,}54$ mm.

Mit $k_1 = 1 + \frac{5}{4}\left(\frac{d}{2r}\right) + \frac{7}{8}\left(\frac{d}{2r}\right)^2 = 1{,}106$ ist $d^3 = 44{,}2 \cdot 1{,}106 = 48{,}9\ \text{mm}^3$, also $d = 3{,}66$ mm. Die Feder wird mit $d = 4$ mm ausgeführt. Für die Federkonstante

[1] Mit $\varrho_R = 8{,}5\ \text{kg/dm}^3$ für Rotguß.

$C = 5{,}5$ daN/cm (5,6 kp/cm) beträgt die Federkraft bei geschlossenem Ventil $F_0 = F_{\max} - C h_{\max} = 78{,}9 - 55 \cdot 0{,}536 = 49{,}4$ N.

Zur Bestimmung der Windungszahl benutzen wir die Gleichung $f = k_2 \dfrac{64 n r^3 F_{\max}}{d^4 G}$.

Mit $\dfrac{F_{\max}}{f} = C$, $k_2 = 1 - \dfrac{3}{16}\left(\dfrac{d}{2r}\right)^2 \approx 1$ und $G = 716000$ daN/cm² (730000 kp/cm² für nichtrostenden Stahl) ist die Windungszahl

$$n = \frac{d^4 \cdot G}{k_2 \cdot 64 \cdot C \cdot r^3} = \frac{4^4 \cdot 10^{-4} \cdot 7{,}16 \cdot 10^6}{64 \cdot 55 \cdot 2{,}2^3} = \frac{256 \cdot 716}{64 \cdot 55 \cdot 10{,}648} = 4{,}89.$$

Ausgeführt werden $n = 5$ Windungen, was eine geringe Verkleinerung der Federkonstanten und eine entsprechende Vergrößerung von F_0 zur Folge hat.

65. Die spezifische Förderarbeit der Hubkolbenpumpe. Die Förderhöhe

Als spezifische Förderarbeit Y bezeichnen wir, wie bereits unter I B Abschn. 1 ausgeführt, den Zuwachs an potentieller und kinetischer Energie, den 1 kg der austretenden Flüssigkeit in der Pumpe erfahren hat, ausgedrückt in Nm/kg. Zur Ermittlung der spezifischen Förderarbeit einer *in Betrieb befindlichen Kolbenpumpe* dient gemäß Gl. (1,1), Abschn. 1, die Beziehung

$$Y = \frac{p_d - p_s}{\varrho} + g a + \frac{c_d^2 - c_s^2}{2}, \qquad (65{,}1)$$

wobei die Drücke und Geschwindigkeiten durch Messung bestimmt werden.

Um die Druckschwankungen während der Messung klein zu halten, werden die Instrumente für die Druckmessung an die Lufträume des Saug- und des Druckwindkessels angeschlossen. Es ist somit p_d der Überdruck im Luftraum des Druckwindkessels, p_s der Unter- oder Überdruck im Luftraum des Saugwindkessels (beide als Mittelwerte in N/m², p_s bei Unterdruck mit negativem Vorzeichen), ferner a in m der Höhenunterschied der Flüssigkeitsspiegel in den Windkesseln, ϱ die Dichte der Flüssigkeit in kg/m³. c_s und c_d sind die mittleren Geschwindigkeiten im Saug- bzw. Druckstutzen der Pumpe in m/s. Mit der Beziehung $Y = gH$ erhält man als Förderhöhe der Pumpe in m

$$H = \frac{p_d - p_s}{g \varrho} + a + \frac{c_d^2 - c_s^2}{2g}. \qquad (65{,}2)$$

Führt man die Drücke p_d und p_s in bar ein und rechnet mit ϱ in kg/dm³, so geht Gl. (65,2) für den Fall, daß g mit der Normfallbeschleunigung identisch ist, über in

$$H = \frac{p_d - p_s}{\varrho} 10{,}2 + a + \frac{c_d^2 - c_s^2}{2g} \quad \text{m}. \qquad (65{,}3)$$

Handelt es sich um kaltes Wasser, so ist mit $\varrho = 1$ kg/dm³

$$H = (p_d - p_s)\, 10{,}2 + a + \frac{c_d^2 - c_s^2}{2g}. \qquad (65{,}4)$$

Der Betrag $(c_d^2 - c_s^2)/2g$ wird wegen seiner Kleinheit meistens vernachlässigt.

Der Förderhöhe H entspricht für eine beliebige Flüssigkeit mit der Dichte ϱ kg/m³ nach Gl. (65,2) der spezifische Flächendruck

$$p = g\varrho H = p_d - p_s + g\varrho a + \varrho \frac{c_d^2 - c_s^2}{2} \quad \text{N/m}^2$$

oder

$$p = p_d - p_s + \left(g\varrho a + \varrho \frac{c_d^2 - c_s^2}{2}\right) 10^{-5} \quad \text{bar}, \tag{65,5}$$

wenn für p_d und p_s die Druckeinheit bar verwendet wird (1 bar = 10^5 N/m² = 1 daN/cm²).

Herrscht Unterdruck im Saugwindkessel, so erhält p_s ein negatives Vorzeichen. Ferner ist bei Verwendung der Druckeinheit at in den Gln. (65,3) und (65,4) der Zahlenfaktor 10,2 durch den Faktor 10 zu ersetzen.[1]

Beim *Entwurf einer Kolbenpumpe* ist die spezifische Förderarbeit und die Förderhöhe in anderer Weise zu ermitteln.

Fördert die Pumpe aus einem geschlossenen Saugbehälter mit dem Überdruck p' N/m² oder dem Unterdruck $-p'$ in einen ebenfalls geschlossenen Druckbehälter mit dem Überdruck p'' N/m², so bezeichnet man den Höhenunterschied der Flüssigkeitsspiegel in beiden Behältern als geodätische Förderhöhe H_{geo} m, ferner $Y_{\text{geo}} = gH_{\text{geo}}$ Nm/kg als spezifische geodätische Förderarbeit. Der Abstand des höchsten Punktes im Saugraum (Dichtungsfläche des Druckventils) vom Flüssigkeitsspiegel im Saugbehälter ist die geodätische Saughöhe $H_{s\,\text{geo}}$, der senkrechte Abstand dieses Punktes vom Flüssigkeitsspiegel im Hochbehälter die geodätische Druckhöhe $H_{d\,\text{geo}}$ (Abb. 60.3).

Durch Geschwindigkeitserzeugung und Strömungswiderstände entstehen in der Saug- und Druckleitung der Pumpe je kg Förderflüssigkeit Energieverluste $Y_v = gH_v$, die von der Pumpe aufzubringen sind. Unter Vernachlässigung der sehr kleinen Geschwindigkeiten in den Behältern ist somit die spezifische Förderarbeit in Nm/kg gemäß Gl. (1,9), Abschn. 1

$$Y = \frac{p'' - p'}{\varrho} + Y_{\text{geo}} + Y_v, \tag{65,6}$$

ferner die Förderhöhe in m

$$H = \frac{p'' - p'}{g\varrho} + H_{\text{geo}} + H_v, \tag{65,7}$$

oder unter Einführung von p in bar, ϱ in kg/dm³ und mit $g = g_n$

$$H = \frac{p'' - p'}{\varrho} 10{,}2 + H_{\text{geo}} + H_v \quad \text{m}. \tag{65,8}$$

Die Verlusthöhe H_v in den Rohrleitungen ist also den Druckunterschieden in den Behältern und der geodätischen Förderhöhe hinzuzurechnen, da sie auch von der Pumpe aufgebracht werden muß.

Für offene Behälter ergibt sich

$$H = H_{\text{geo}} + H_v. \tag{65,9}$$

Aus der Förderhöhe H erhält man für eine beliebige Flüssigkeit mit der Dichte ϱ kg/m³ nach Gl. (65,7) den spezifischen Flächendruck

$$p = g\varrho H = p'' - p' + g\varrho(H_{\text{geo}} + H_v) \quad \text{N/m}^2$$

[1] Mit den Druckeinheiten bar bzw. at sind die Gln. (65,3), (65,4), (65,5), (65,8) und (65,10) Zahlenwertgleichungen.

oder mit p'' und p' in bar

$$p = p'' - p' + g\varrho (H_{\text{geo}} + H_v) \cdot 10^{-5} \text{ bar}. \qquad (65,10)$$

Bei Unterdruck im Saugwindkessel ist p' mit negativem Vorzeichen einzusetzen. Ferner tritt in Gl. (65,8) an die Stelle des Zahlenfaktors 10,2 der Zahlenfaktor 10, wenn die Druckeinheit at benutzt wird.

Die von der Pumpe an 1 kg Flüssigkeit zu übertragende Arbeit — die spezifische Kolbenarbeit Y_K — ist um die in der Pumpe selbst auftretenden inneren Energieverluste größer als die spezifische Förderarbeit Y. Im gleichen Verhältnis ist auch die von der Pumpe zu leistende theoretische Förderhöhe H_{th} um die inneren Verlusthöhen H_{vp} größer als die Förderhöhe H. Die inneren Verlusthöhen werden hervorgerufen durch Reibung, Querschnittsänderung, Umlenkung und Beschleunigung des Fördermittels, besonders aber durch die Ventilwiderstände.

Über die von der Pumpe aufzubringenden Höhenverluste gibt das Indikatordiagramm Aufschluß, das bei luftfreiem Pumpenraum und richtig bemessenen Windkesseln im wesentlichen die Gestalt eines Rechtecks hat (Abb. 65.1). Es sei hier an-

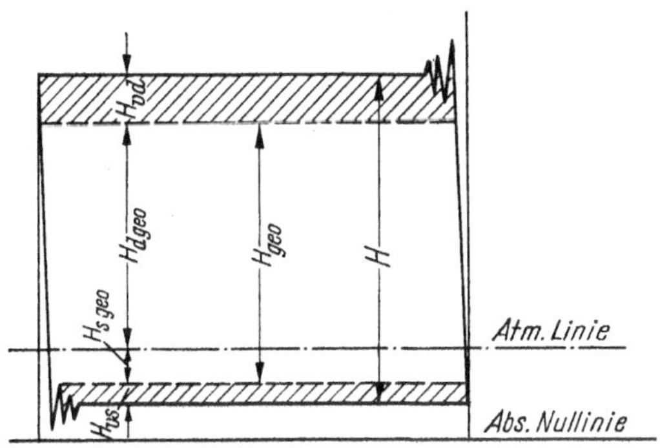

Abb. 65.1. Indikatordiagramm

genommen, daß Saug- und Druckbehälter offen sind, also unter dem atmosphärischen Luftdruck stehen. Trägt man im Diagramm von der atmosphärischen Linie ausgehend unter Berücksichtigung des Umrechnungsmaßstabes die geodätische Saughöhe $H_{s\,\text{geo}}$ nach unten und die geodätische Druckhöhe $H_{d\,\text{geo}}$ nach oben ab, so sind die Abstände zwischen den gestrichelten und den Diagrammlinien (Abb. 65.1) die saug- und druckseitigen Druckhöhenverluste H_{vs} und H_{vd}. Diese schließen sowohl die in der äußeren Leitung als auch die im Pumpeninnern entstehenden Verluste ein.

66. Wirkungsgrade und Kraftbedarf

Bei der Hubkolbenpumpe werden folgende Wirkungsgrade unterschieden:

a) Der hydraulische Wirkungsgrad η_h

Dieser berücksichtigt die spezifischen Verluste an Druckenergie, die in der Pumpe selbst entstehen. Die Energieverluste in der äußeren Rohrleitung scheiden also aus, weil sie lediglich von den Eigenschaften der Rohrleitung abhängen und der Pumpe nicht zur Last gelegt werden können. Es ist daher

$$\eta_h = \frac{\text{Spezifische Förderarbeit}}{\text{Spezifische Kolbenarbeit}} = \frac{Y}{Y_k} = \frac{Y}{Y + Y_{vp}} = \frac{H}{H + H_{vp}} = \frac{H}{H_{\text{th}}},$$

wenn unter $Y_{vp} = g H_{vp}$ der innere spezifische Energieverlust und unter H_{vp} die innere Verlusthöhe der Pumpe verstanden wird. Y_{vp} und H_{vp} werden hauptsächlich durch die Ventilwiderstände (Summe der Widerstände des Saug- und Druckventils) hervorgerufen, die bei gleichem Volumenstrom und gleicher Ventilgröße als annähernd konstant angenommen werden können. Aus der obigen Gleichung folgt somit, daß der hydraulische Wirkungsgrad im wesentlichen von der spezifischen Förderarbeit der Pumpe, also von dem erzeugten Druck abhängig ist. Er bewegt sich für Wasser etwa zwischen $\eta_h = 0{,}85$ bei niedrigen und $\eta_h = 0{,}98$ bei hohen Drücken.

b) Der volumetrische Wirkungsgrad oder Liefergrad η_l

Undichtigkeiten der Ventile, der Stopfbuchsen und des Kolbens, Luft im Pumpenraum sowie andere Ursachen haben zur Folge, daß, wie im Abschn. 58 bereits ausgeführt, das tatäschliche Fördervolumen kleiner ist als das theoretische. Das Verhältnis $\eta_l = \dfrac{\text{Tatsächlicher Volumenstrom}}{\text{Theoretischer Volumenstrom}} = \dfrac{Q}{Q_{\text{th}}}$ bezeichnet man als volumetrischen Wirkungsgrad oder Liefergrad. Er ist vom Zustand der Pumpe abhängig. Bei guter Abdichtung und Förderung gasarmer Flüssigkeit werden Liefergrade $\eta_l = 0{,}93$ bis 0,98 erreicht, wobei die untere Grenze für kleine Pumpen gilt.

c) Der indizierte Wirkungsgrad η_i

Ist keine Luft im Pumpenkörper vorhanden, so ist η_i das Produkt aus η_h und η_l. Somit ist

$$\eta_i = \eta_h \eta_l = \frac{Y Q}{(Y + Y_{vp})\, Q_{\text{th}}} = \frac{H Q}{(H + H_{vp})\, Q_{\text{th}}}$$

ein Leistungswirkungsgrad.

Allgemein gilt

$$\eta_i = \frac{P_n}{P_i} = \frac{\text{Nutzleistung in der gehobenen Flüssigkeit}}{\text{Indizierte Leistung der Pumpe}}.$$

P_i wird aus dem Indikatordiagramm ermittelt.

d) Der mechanische Wirkungsgrad η_m

Ein Teil der von der Pumpe aufgenommenen Leistung wird durch Reibung im Triebwerk, in den Stopfbuchsen und am Kolben aufgezehrt. Daraus folgt der mechanische Wirkungsgrad

$$\eta_m = \frac{\text{Indizierte Pumpenleistung}}{\text{Aufgenommene Pumpenleistung}} = \frac{P_i}{P}.$$

Zahlenmäßig ist für Pumpen mit Kurbeltrieb $\eta_m = 0{,}88 \cdots 0{,}95$. Der Wirkungsgrad ist von der Größe und der Bauart der Pumpe abhängig und im allgemeinen bei stehender Ausführung günstiger als bei liegender.

e) Der Gesamtwirkungsgrad η

Er erfaßt alle in der Pumpe entstehenden Verluste, und zwar ist

$$\eta = \eta_i \eta_m = \frac{P_n}{P_i} \frac{P_i}{P} = \frac{P_n}{P} = \frac{\text{Nutzleistung in der gehobenen Flüssigkeit}}{\text{Von der Pumpe aufgenommenen Leistung}}.$$

Wertmäßig ist bei Wasser etwa

$\eta = 0{,}7 \cdots 0{,}9$ für Pumpen mit Kurbeltrieb,

$\eta = 0{,}85 \cdots 0{,}95$ bei unmittelbarer Kupplung des Pumpenkolbens mit dem Kolben der Antriebsmaschine.

Die obere Grenze gilt für größere Förderhöhen und stehende Bauart.

Alle Zahlenangaben über die Wirkungsgrade gelten jeweils für den Betrieb im Auslegezustand der Pumpe.

Die Nutzleistung der Pumpe beträgt

$$P_n = Q \varrho Y \quad \mathrm{W} = \frac{Q \varrho Y}{1000} \quad \mathrm{kW} = \frac{Q \varrho Y}{736} \quad \mathrm{PS},$$

ferner die aufgenommene Leistung oder der Kraftbedarf

$$P = \frac{Q \varrho Y}{\eta} \quad \mathrm{W} = \frac{Q \varrho Y}{1000\,\eta} \quad \mathrm{kW} = \frac{Q \varrho Y}{736\,\eta} \quad \mathrm{PS}.^{1}$$

Hierin bezeichnen

Q den Volumenstrom in m^3/s,
$Y = gH$ die spezifische Förderarbeit in Nm/kg,
ϱ die Dichte der Förderflüssigkeit in kg/m^3.

Wird der Volumenstrom Q in m^3/h und die Dichte ϱ in kg/dm^3 gemessen, so gilt entsprechend

$$P = \frac{Q \varrho Y}{3{,}6\,\eta} \quad \mathrm{W} = \frac{Q \varrho Y}{3600\,\eta} \quad \mathrm{kW} = \frac{Q \varrho Y}{2648\,\eta} \quad \mathrm{PS}.$$

67. Bestimmung der Hauptabmessungen. Beispiel

Ausgangspunkt für die Berechnung sind die Verhältnisse, unter denen die Pumpe zu arbeiten hat. Im allgemeinen sind bekannt:

1. der tatsächliche Volumenstrom $Q = Q_{th} \eta_l$ in m^3/h;

2. die geodätische Förderhöhe H_{geo} in m sowie die Abmessungen der Rohrleitung einschließlich aller Einbauten, wie Krümmer, Schieber, Wärmeaustauscher usw., ferner die Druckhöhen im Saug- und Druckbehälter;

3. die Beschaffenheit und Temperatur des Fördermittels.

Zunächst ist die Höhenlage der Pumpe über dem abgesenkten Brunnenwasserspiegel bzw. dem niedrigsten Stand der Förderflüssigkeit festzulegen, wobei der auf dem Flüssigkeitsspiegel lastende Druck zu beachten ist. Die Höhenlage ist begrenzt durch die höchstzulässige geodätische Saughöhe der Pumpe. Aus den Abmessungen der Rohrleitungen und dem Volumenstrom ergibt sich sodann die Widerstandshöhe H_v, die zusammen mit der geodätischen Förderhöhe H_{geo} und den Druckhöhen im Saug- und Druckbehälter die von der Pumpe zu überwindende Gesamtförderhöhe H liefert.

---

[1] Bei der Auswahl der Antriebsmaschine ist zu beachten, daß das Betriebsmoment der Kolbenpumpe im Gegensatz zum Verhalten der Kreiselpumpe gewissen Schwankungen unterliegt. Sie sind bei der vielzylindrigen Pumpe relativ gering. Das maximale Betriebsmoment der einfach wirkenden Einzylinderpumpe liegt jedoch erheblich über dem mittleren Drehmoment. Das gilt besonders für den Anlauf der Pumpe gegen den vollen Betriebsdruck. Da die Haftreibung in den Stopfbuchsen, am Kolben bzw. an der Kolbenstange den Widerstand noch vergrößert, kann das Anlaufmoment auf ein Mehrfaches des mittleren Drehmomentes anwachsen. Der Anlauf ist deshalb häufig nur durch Druckentlastung möglich.

Die Bauart der Pumpe richtet sich nach dem Verwendungszweck (Wasserversorgung, Wasserhaltung, Preßwerk, Kühlanlage usw.).

Für den Fall der einfach wirkenden Einzylinderpumpe beträgt der theoretische Volumenstrom

$$Q_{\mathrm{th}} = \frac{Q}{\eta_l} = A\,s\,n = \frac{D^2\pi}{4}\,s\,n\,.$$

Hiernach ist Q_{th} abhängig vom Kolbendurchmesser D, dem Kolbenhub s und der Drehzahl n in der Zeiteinheit. Für die Wahl dieser drei Größen sind folgende Gesichtspunkte maßgebend:

Grundsätzlich arbeitet die Kolbenpumpe wegen der auftretenden Massenkräfte mit verhältnismäßig kleinen Drehzahlen. Dafür sind besonders die Verhältnisse auf der Saugseite bestimmend. Einzylinderpumpen ohne Saugwindkessel können nur mit kleiner Drehzahl und geringer Saughöhe betrieben werden. An ausgeführten Pumpen mit Saugwindkessel findet man Drehzahlen von $n = 50 \cdots 300$ 1/min (0,8⋯5 1/s), vereinzelt auch noch erheblich darüber. Je höher die Drehzahl gewählt wird, um so kleiner muß der Hub s ausgeführt werden, damit der für die Kolbenbeschleunigung maßgebliche Wert $r\,\omega^2$ oder das diesem Wert verhältnisgleiche Produkt $s\,n^2$ in zulässigen Grenzen bleibt. Nach Bouché[1] ist $s\,n^2 \approx 1{,}45$ als Maximalwert anzusehen, wobei s in Meter und n in U/s einzusetzen ist[2]. Bei kleiner Drehzahl ($n = 0{,}75 \cdots 1{,}17$ 1/s) findet man daher langhubige Pumpen mit $s \leqq 1{,}1$ m, während bei großer Drehzahl ($n > 1{,}67$ 1/s) kurzhubige Pumpen mit $s < 0{,}4$ m zur Ausführung kommen.

Innerhalb der oben angeführten Grenzen wird die Drehzahl mitunter durch die Antriebsmaschine bestimmt, z.B. bei Dampfmaschinenantrieb und unmittelbarer Kupplung der Kolbenstangen, oder bei unmittelbarem Antrieb mittels Drehstrommotors. Durch Anwendung eines Riemenvorgeleges[3] oder eines Zahnradgetriebes macht man vielfach die Drehzahl der Antriebsmaschine von der der Pumpe unabhängig, so daß beide Maschinen nach günstigsten Verhältnissen ausgelegt werden können.

Während das Hubverhältnis s/D nach dem Vorhergehenden einerseits durch die Bindung von s an n bestimmt wird, besteht andererseits aber auch noch eine Abhängigkeit von der spezifischen Förderarbeit, also dem zu erzeugenden Druck. Große Drücke verursachen große Triebwerkskräfte. Zu ihrer Begrenzung muß bei großem Pumpendruck der Kolbendurchmesser kleiner, das Hubverhältnis daher größer aus-

---

[1] Dubbels Taschenbuch für den Maschinenbau, Bd. II, 13. Aufl., Berlin, Heidelberg, New York: Springer 1970, S. 248.

[2] Die Verbesserung der Wirtschaftlichkeit der Kolbenpumpe durch Erhöhung der Drehzahl hat in neuerer Zeit vereinzelt zu Ausführungen mit wesentlich größeren Kennwerten $s\,n^2$ geführt. Die mit der Drehzahlerhöhung verbundenen Schwierigkeiten betreffen zunächst die Vermeidung der Kavitation. Das erfordert günstigere Zuströmverhältnisse zur Pumpe, Verringerung der Saughöhe oder auch Anwendung einer Zulaufhöhe. Von gleicher Wichtigkeit ist die Heraufsetzung der Schlaggrenze der Ventile, also die Verbesserung der Ventilkonstruktion, insbesondere die Verringerung des Ventilwiderstandes. Schließlich müssen die Dichtungsorgane den durch die größere Kolbengeschwindigkeit erhöhten Beanspruchungen gewachsen sein. Vgl. hierzu Schweter: Pumpen mit hoher Drehzahl, Berlin 1938, Selbstverlag, ferner Dettinger, W. W.: Die hydrodynamische und technologische Leistungsgrenze der Kolbenpumpen. Industrie-Anz. 88 (1966) Nr. 44, S. 923–929 u. Nr. 46, S. 968–973.

[3] Bei Riemenantrieb sind die Lastdrehzahlen nach DIN 112 zu beachten.

geführt werden als bei kleinem Pumpendruck. Verkleinerung des Kolbendurchmessers bedeutet unter Umständen eine Vermehrung der Kolbenzahl.

Nach Maßgabe der angeführten Gesichtspunkte findet man etwa $s/D = 0{,}5 \cdots 2{,}5$. Die Vergrößerung der Zahl der Pumpenzylinder ermöglicht eine Erhöhung der Drehzahl, wenn außerdem die zu Störungen neigenden Ventile durch Schieber ersetzt werden. Das trifft für die vielzylindrigen Axial- und Radialkolbenpumpen zu, die unter Verzicht auf Windkessel je nach der Größe des Volumenstroms mit $n = 375 \cdots 1500$ 1/min (6,25···25 1/s) betrieben werden (Abschn. 77).

Beispiel. Für die Förderung von 135 m³/h kalten Wassers und eine Förderhöhe $H = 80$ m ($Y = 785$ Nm/kg) ist eine Kolbenpumpe zu berechnen. Der Antrieb erfolgt mittels Riemenübertragung durch einen Dieselmotor. Drehzahl der Pumpe $n = 90$ 1/min (1,5 1/s).

Auf Grund der örtlichen Verhältnisse und der Nachprüfung der Saugfähigkeit werde die geodätische Saughöhe auf $H_{s\,\mathrm{geo}} = 5$ m festgelegt.

Für den sekundlichen Volumenstrom $Q = 135/3600 = 0{,}0375\ \mathrm{m^3/s}$, und den Gesamtwirkungsgrad $\eta = 0{,}85$ (ausschließlich Riemenübertragung) beträgt der Nennleistungsbedarf

$$P = \frac{Q\varrho Y}{\eta} = \frac{0{,}0375 \cdot 1000 \cdot 785}{0{,}85} = 34632\ \mathrm{W} = 34{,}632\ \mathrm{kW}.$$

Wegen der Größe des Volumenstroms wird eine doppelt wirkende Pumpe ausgeführt mit einem für beide Pumpenseiten gemeinschaftlichen Tauchkolben (Abb. 56.1). Mit $\eta_l = 0{,}98$ beträgt der theoretische Volumensstrom

$$Q_{\mathrm{th}} = \frac{Q}{\eta_l} = \frac{0{,}0375}{0{,}98} = 0{,}03827\ \mathrm{m^3/s}.$$

Unter Vernachlässigung der Querschnittsfläche der Kolbenstange ist vorläufig $Q_{\mathrm{th}} = 2\,A\,s\,n$. Wählen wir mit Rücksicht auf die Förderhöhe und die mäßig große Drehzahl $\frac{s}{D} = 1{,}8$ so ist

$$Q_{\mathrm{th}} = 2\frac{D^2\pi}{4}\,1{,}8\,D\,n = 0{,}9\,D^3\pi\,n; \quad D^3 = \frac{Q_{\mathrm{th}}}{0{,}9\pi n} = \frac{0{,}03827}{0{,}9 \cdot \pi \cdot 1{,}5} = 0{,}00903\ \mathrm{m^3};$$

$D = 0{,}208$ m. Damit wird $s = 1{,}8 \cdot 0{,}208 = 0{,}3744$ m. Es sei $s = 0{,}375$ m.

Auf Grund ähnlicher Ausführungen schätzen wir den Kolbenstangendurchmesser zu $d = 60$ mm. Die Richtigkeit der Schätzung ist nach Fertigstellung des Entwurfs, also nach Festlegung der Kolbenstangenlänge nachzuprüfen. Mit $s = 0{,}375$ m ist nun

$$Q_{\mathrm{th}} = (2A - q)\,s\,n; \quad \text{also} \quad 2\,A = \frac{Q_{\mathrm{th}}}{s\,n} + q = \frac{0{,}03827}{0{,}375 \cdot 1{,}5} + 0{,}00283 = 0{,}07087\ \mathrm{m^2}.$$

Hieraus folgt $D = 0{,}212\ \mathrm{m} \mathrel{\hat{=}} 212$ mm.

Die Nachprüfung ergibt $\frac{s}{D} = \frac{0{,}375}{0{,}212} = 1{,}77$, ferner $s\,n^2 = 0{,}375 \cdot 1{,}5^2 = 0{,}844$. Dieser Wert liegt unterhalb der zulässigen Höchstgrenze.

Legen wir für die Ventilberechnung eine Ventilwiderstandshöhe $h_v = 1$ m und eine mittlere Wassergeschwindigkeit im Ventilsitz $c_{1_m} = 1{,}25$ m/s zugrunde, so ergibt sich nach Abb. 64.11 ein Querschnittsverhältnis $x = 0{,}684$ und eine spezifische Ventilarbeit $y_v = 15{,}9$ Nm/kg. Der Gesamtquerschnitt im Ventilsitz errechnet sich nach Gl. (64,10) mit $\sigma = 1{,}135$ und $\eta_l = 0{,}98$ zu

$$q_1' = \sigma \cdot \frac{A\, 2 s n \eta_l}{c_{1_m}} = 1{,}135 \cdot \frac{0{,}0353 \cdot 2 \cdot 0{,}375 \cdot 1{,}5 \cdot 0{,}98}{1{,}25} = 0{,}0353 \text{ m}^2.$$

Dieser Querschnitt erfordert ein Gruppen- oder ein Ringventil. Entscheiden wir uns für das letztere, so ist mit $h_{\max} = 6$ mm gemäß Gl. (64,13)

$$\Sigma d_m = \frac{q_1' x}{2\pi h_{\max}} = \frac{0{,}0353 \cdot 0{,}684}{2\pi \cdot 0{,}006} = 0{,}640 \text{ m}.$$

Nach Gl. (64,15) soll der radiale Abstand der Ringe (Abb. 64.14)

$$e \geqq 2 b_1 + 2s \geqq \frac{4 h_{\max}}{x} + 2s \geqq \frac{4 \cdot 6}{0{,}684} + 6 \geqq 41{,}1 \text{ mm}$$

sein, wenn die Sitzbreite $s = 3$ mm angenommen wird.

Es sei $e = 50$ mm, ferner der mittlere Durchmesser des kleinsten Ringes $d_1 = 120$ mm. Dann sind nach Gl. (64,14)

$$z = -\frac{1}{2}\left(\frac{d_1}{e} - 1\right) + \sqrt{\frac{\Sigma d_m}{e} + \frac{1}{4}\left(\frac{d_1}{e} - 1\right)^2} = -0{,}7 + \sqrt{12{,}8 + 0{,}49} = 2{,}95 \text{ Ringe}$$

erforderlich. Ausgeführt werden $z = 3$ Ringe. Somit ist

$$d_1 = 120 \text{ mm}, \quad d_2 = 220 \text{ mm}, \quad d_3 = 320 \text{ mm},$$

also $\Sigma d_m = 660$ mm. Da dieser Wert von dem errechneten abweicht, verringert sich der größte Ventilhub auf $h_{\max} = 5{,}82$ mm. Nach Gl. (64,11) ist die Ringbreite im Ventilsitz

$$b_1 = \frac{2 h_{\max}}{x} = \frac{2 \cdot 5{,}82}{0{,}684} = 17 \text{ mm}$$

demnach die Breite des Ventilringes $b = b_1 + 2s = 17 + 6 = 23$ mm.

Die dem Wasserdruck ausgesetzte Fläche des Druckventils beträgt

$$q = \Sigma d_m \pi b = 0{,}66 \cdot \pi \cdot 0{,}023 = 0{,}0477 \text{ m}^2,$$

somit die Belastung durch den Wasserdruck

$$F = q \varrho g H^1 = q \varrho Y = 0{,}0477 \cdot 1000 \cdot 785 = 37\,445 \text{ N } (3817 \text{ kp});$$

ferner ist die Sitzfläche des Ventils

$$q_s = \Sigma d_m \pi\, 2s = 0{,}66 \cdot \pi \cdot 2 \cdot 0{,}003 = 0{,}0124 \text{ m}^2 = 124 \text{ cm}^2,$$

demnach die Flächenpressung

$$p = \frac{F}{q_s} = \frac{37\,445}{124} = 30{,}2 \cdot 10 \text{ N/cm}^2 = 30{,}2 \text{ daN/cm}^2 = 30{,}2 \text{ bar}.$$

Dieser Flächendruck ist für Bronze gering. Es muß aber mit einer gewissen Schlagwirkung beim Aufsetzen des Ventils gerechnet werden.

Die Ventilfeder wird unter Benutzung von Gl. (64,16) in ähnlicher Weise wie auf S. 352 gezeigt, berechnet.

Für die Bemessung der Windkessel kann nach Festlegung der Abmessungen der Rohrleitungen das auf S. 340 ausgeführte Beispiel herangezogen werden.

---

[1] Hierbei ist vernachlässigt, daß die manometrische Saughöhe nicht auf die ganze Fläche wirkt.

68. Wirkungsweise und Bemessung des Druckkessels

Der Druckkessel ist eine Abart des im Abschn. 63 behandelten Windkessels. Er hat die Aufgabe, Druckwasser zu speichern. Man findet ihn deshalb — unabhängig von der Bauart der Pumpe — bei Wasserversorgungsanlagen, und zwar solchen kleiner und mittlerer Leistung, während die Wasserspeicherung von Großanlagen ausschließlich dem Hochbehälter vorbehalten bleibt. Diesem gegenüber hat er den Vorzug daß seine Aufstellung von der verlangten Druckhöhe unabhängig ist. Letztere ist innerhalb ziemlich weiter Grenzen frei wählbar.

Der Druckkessel — häufig auch als Windkessel bezeichnet — ist ein meist senkrecht angeordneter zylindrischer Behälter (Abb. 68.1), dessen unterer Teil mit einer Zuflußöffnung A und einer Abflußöffnung B versehen ist. Durch Eintritt des Förderwassers der Pumpe bei A wird der Luftinhalt des Kessels allmählich verdichtet, bis

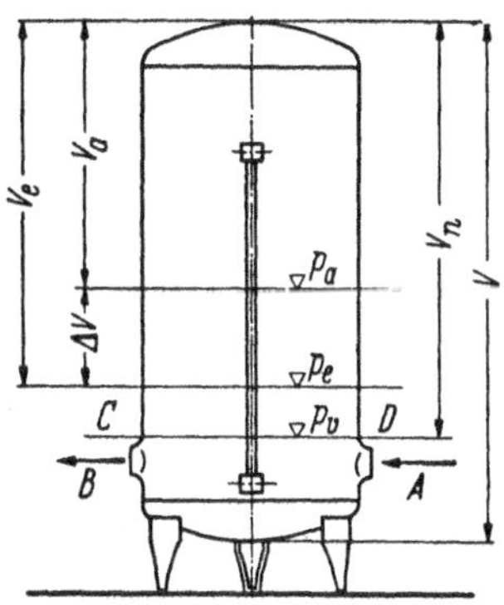

Abb. 68.1. Druckkessel

schließlich die gewünschte Höchstgrenze des Druckes, der abs. Ausschaltdruck p_a bar erreicht ist, und das Luftvolumen auf V_a m^3 abgenommen hat. Ein vom Luft- bzw. Wasserdruck beeinflußter Schalter setzt die Pumpe selbsttätig still. Infolge der Wasserentnahme (Abfluß bei B) verringert sich der Druck im Behälter unter gleichzeitiger Zunahme des Luftvolumens. Hat sich der Kesseldruck bis auf den zulässigen Kleinstwert, den abs. Einschaltdruck p_e bar, vermindert — wobei das Luftvolumen auf V_e angewachsen ist — schaltet sich die Pumpe selbsttätig wieder ein. Der Vorgang des Ein- und Ausschaltens der Pumpe wiederholt sich so lange, als Wasser aus dem Kessel entnommen wird. Es handelt sich beim Druckkessel also um einen Gefällespeicher, dessen Druck innerhalb vorgeschriebener Grenzen schwankt. Hierbei ändert sich der Wasserinhalt um das Volumen $\Delta V = V_e - V_a$ m^3. ΔV, das im folgenden kurz als Speichervolumen bezeichnet werde, stellt offenbar nur einen Bruchteil des gesamten Kesselvolumens V m^3 dar. Aus Gründen der Wirtschaftlichkeit ist man bestrebt, den Anteil des Speichervolumens an dem gesamten Kesselinhalt möglichst groß zu machen. Das läßt sich, wie nachfolgend gezeigt wird, durch eine Vorverdichtung der Behälterluft erreichen.

Mit Rücksicht auf die Lage der Zu- und Abflußöffnungen A und B ist es nicht möglich, den gesamten Kesselinhalt für den Speichervorgang auszunutzen. Der tiefste Wasserspiegel muß stets oberhalb dieser Öffnungen, etwa in der Linie $C\,D$ verbleiben, weil sonst Luft in die Entnahmeleitung eindringen würde. Der oberhalb dieser Linie liegende nutzbare Teil des Kesselvolumens werde mit V_n bezeichnet. Er stehe unter einem zunächst nicht näher festgelegten abs. Druck p_v bar, der größer als der Atmosphärendruck, aber kleiner als der Einschaltdruck ist. Sieht man die Zustandsänderungen der Kesselluft als isothermisch an, so gilt mit den Bezeichnungen der Abb. 68.1

$$\Delta V = V_e - V_a \tag{68,1}$$

und

$$p_v V_n = p_e V_e = p_a V_a. \tag{68,2}$$

Aus Gl. (68,2) folgt

$$V_e = V_n \frac{p_v}{p_e} \quad \text{und} \quad V_a = V_n \frac{p_v}{p_a}.$$ [1]

Setzt man die Ausdrücke für V_e und V_a in Gl. (68,1) ein, so ist

$$\Delta V = V_n \left(\frac{p_v}{p_e} - \frac{p_v}{p_a}\right)$$

oder

$$\Delta V = V_n \frac{p_a - p_e}{p_a} \frac{p_v}{p_e}.$$

Für die Größe des nutzbaren Kesselinhaltes V_n ist neben der Lage der Zu- und Abflußöffnungen noch der Umstand maßgebend, daß der unter höherem Druck stehende Wasserinhalt des Kessels Luft absorbiert. Als Folge davon steigt der Wasserspiegel trotz gleichbleibenden Druckes. Es ist deshalb von Zeit zu Zeit eine Luftergänzung notwendig, die bei kleinen Anlagen durch ein an der Pumpe angebrachtes Schnüffelventil erfolgen kann, bei großen Kesseln aber besser durch einen besonderen Luftverdichter vorgenommen wird. Innerhalb des Zeitraumes, in welchem keine Luftergänzung stattfindet, ist aber das nutzbare Kesselvolumen verringert. Wir berücksichtigen beide Einflüsse — die Lage der Öffnungen und die Luftabsorption — dadurch, daß wir setzen

$$V_n = \frac{3}{4} V.$$

Damit wird

$$\Delta V = \frac{3}{4} V \frac{p_a - p_e}{p_a} \frac{p_v}{p_e}. \tag{68,3}$$

Nach Gl. (68,3) ist das Speichervolumen vom gesamten Kesselinhalt, vom Einschalt- und Ausschaltdruck, sowie von der Vorverdichtung der Luft abhängig. Besonders groß ist der Einfluß der Vorverdichtung, wie sich aus folgendem ergibt:

Wird zunächst keine Vorverdichtung angenommen ($p_v = 1$ bar), so hat der Quotient p_v/p_e bei einem Einschaltdruck $p_e = 4$ bar den Wert $^1/_4$. Steigert man dagegen die Vorverdichtung bis auf den höchstmöglichen Betrag, nämlich den Einschaltdruck p_e, so ist der Quotient $p_v/p_e = 1$. Das Speichervolumen hat sich also in diesem Falle bei gleichem Kesselinhalt und Ausschaltdruck vervierfacht. Die Vorverdichtung fällt um so mehr ins Gewicht, je größer der Einschaltdruck ist. Man muß sie deshalb zweckmäßig immer bis zum Einschaltdruck treiben. Dann wird $V_e = V_n$ und Gl. (68,3) geht über in

$$\Delta V = \frac{3}{4} V \frac{p_a - p_e}{p_a}. \tag{68,4}$$

---

[1] Da die Drücke hier nur als Verhältnisgrößen vorkommen, kann an Stelle der Einheit N/m^2 auch die Einheit bar verwendet werden.

Andererseits ist für das erforderliche Speichervolumen ΔV offenbar die zulässige Schalthäufigkeit S (zulässige Zahl der Schaltungen je Stunde) sowie der größte stündliche Verbrauch W_{max} m³/h maßgebend. Mit dem letzteren muß der Pumpenvolumenstrom Q m³/h übereinstimmen, der während der Füllzeit als unveränderlich angesehen und bei der Kreiselpumpe nach ihrer Drosselkurve als Mittelwert zwischen der Ein- und Ausschaltgrenze bestimmt wird. Ist der Volumenstrom kleiner als der größte stündliche Verbrauch, so kann der Druck im Speicher so weit absinken, daß schließlich Luft in die Entnahmeleitung tritt, ist er größer, so erhöht sich die Schalthäufigkeit. Bei der Projektierung von Wasserversorgungsanlagen ist es mitunter schwierig, den größten stündlichen Verbrauch anzugeben. In diesem Fall möge als Anhalt dienen, daß W_{max} etwa $^1/_2 \cdots ^1/_3$ des mittleren Tagesverbrauchs beträgt. Das Verhältnis zwischen größtem stündlichen Verbrauch und mittlerem Tagesverbrauch nimmt mit wachsender Zahl der Zapfstellen ab, so daß bei großen Anlagen kleinere Werte als $^1/_3$ angezeigt sind.

Die Schalthäufigkeit S ist der reziproke Wert der Schaltzeit T_S, d.i. der Zeitraum zwischen zwei aufeinander folgenden Einschaltungen der Pumpe. T_S setzt sich aus der Füllzeit T_F und der Entleerungszeit T_E zusammen. Ist W m³/h der während der Entnahme gleichbleibende stündliche Verbrauch, so gilt

$$T_S = T_F + T_E = \frac{\Delta V}{Q - W} + \frac{\Delta V}{W} = \left(\frac{1}{1 - W/Q} + \frac{1}{W/Q}\right)\frac{\Delta V}{Q}\ \text{h}.$$

$\Delta V/Q = T_{F_0}$ ist die Füllzeit bei dem Verbrauch Null. Somit ist auch

$$T_S = \left(\frac{1}{1 - W/Q} + \frac{1}{W/Q}\right) T_{F_0}. \tag{68,5}$$

Nach Gl. (68,5) wird die Schaltzeit T_S für $W = 0$ und $Q = W$ unendlich. Zwischen beiden Grenzwerten muß also ein Minimum der Schaltzeit, mithin ein Maximum der Schalthäufigkeit liegen. Setzt man $dT_S/d(W/Q) = 0$, so ergibt sich, daß das Minimum der Schaltzeit für $W/Q = {}^1/_2$ eintritt, und zwar ist $T_{S\,min} = 4\,T_{F_0} = 4\Delta V/Q$, ferner $S_{max} = 1/T_{S\,min} = Q/4\Delta V$ h⁻¹. Ist die größtmögliche Schalthäufigkeit, die nach dem Vorhergehenden nur in dem Sonderfall $W = Q/2$ auftritt, mit der zulässigen Schalthäufigkeit S identisch, so gilt für das Speichervolumen

$$\Delta V = \frac{Q}{4S}. \tag{68,6}$$

Damit errechnet sich aus Gl. (68,4) das erforderliche Kesselvolumen in m³ zu

$$V = \frac{1}{3}\,\frac{Q}{S}\,\frac{p_a}{p_a - p_e}.^{1} \tag{68,7}$$

---

[1] Okolicsányi bezieht den Pumpenvolumenstrom Q auf den Ausschaltdruck p_a und den stündlichen Verbrauch W auf den Einschaltdruck p_e, also nicht auf gleichbleibende mittlere Verhältnisse. Es ergibt sich dadurch für die Auffüllung des Kessels durch Kreiselpumpen gemäß ihrer Drosselkurve eine kürzere Füllzeit und bei gleichbleibender Stellung der Zapfhähne während der Entnahme auch eine kürzere Entleerungszeit. Unter der Annahme, daß möglicherweise periodisch auftretende Schwankungen die Füll- und Entlerungszeit weiter verkürzen, rechnet O. mit einer kleinsten mittleren Schaltzeit $T_{S\,min} = 2{,}7\,T_{F_0}$ und erhält demzufolge mit $V_n = V/1{,}35$

$$V = \frac{1}{2}\,\frac{Q}{S}\,\frac{p_a}{p_a - p_e}.$$

Die Gleichung liefert ein größeres Kesselvolumen mit einem beachtlichen Sicherheitszuschlag. Vgl. VDI-Z. 75 (1931) Nr. 21, S. 657—660.

Gl. (68,7) liefert den Mindestwert des praktisch notwendigen Kesselinhaltes, der ein genaues Einhalten der Vorverdichtung ($p_v = p_e$), des Luftvolumens $V_e = V_n$ und der Druckgrenzen zur Voraussetzung hat.

Weiter ist vorausgesetzt, daß die Pumpe während der Kesselfüllung einen gleichbleibenden Volumenstrom liefert, eine Forderung, die praktisch nur von der Verdrängerpumpe erfüllt werden kann. Bei der Kreiselpumpe verringert sich gemäß ihrer Drosselkurve der Volumenstrom während der Förderung von Q_e beim Einschaltdruck p_e auf Q_a beim Ausschaltdruck p_a. Es liegt nahe, hier mit dem mittleren Volumenstrom $Q = (Q_e + Q_a)/2$ zu rechnen. Für ein gegebenes Kesselvolumen erhält man in diesem Falle eine gute Übereinstimmung zwischen der in Gl. (68,7) eingeführten und der gemessenen Schalthäufigkeit $S = S_{\max}$, solange $Q_a/Q_e > 0{,}5$ bleibt. Liegt indes eine große Druckdifferenz $p_a - p_e$ bei flach verlaufender Drosselkurve vor, so kann Q_a/Q_e sehr kleine Werte annehmen. Dadurch verringert sich die tatsächlich auftretende Schalthäufigkeit. Für kleine Werte Q_a/Q_e liefert demnach Gl. (68,7) zu große Druckkessel. Trotzdem kann sie auch im Bereich $Q_a/Q_e < 0{,}5$ mit guter Annäherung benutzt werden, wenn sie durch einen Berichtigungsfaktor $f = S_{\mathrm{eff}_{\max}}/S_{\max}$ erweitert wird[1], indem man schreibt

$$V = \frac{1}{3} f \frac{Q}{S} \frac{p_a}{p_a - p_e}. \qquad (68{,}8)$$

f ist hauptsächlich vom Förderverhältnis Q_a/Q_e, in geringem Maße auch von der Steilheit der Drosselkurve abhängig. Für eine mittlere Steilheit $p_0/p_e = 1{,}3$, wobei p_0 den absoluten Druck bei $Q = 0$ bezeichnet, erhält man etwa folgende Berichtigungszahlen

$Q_a/Q_e = 0$	0,05	0,1	0,15	0,2	0,25	0,3	0,35	0,4	0,45	0,5	0,6
$f \quad = 0$	0,32	0,53	0,70	0,81	0,87	0,91	0,94	0,96	0,98	0,99	1,0.

Die zulässige Schalthäufigkeit S (zulässige Zahl der Schaltungen in der Stunde) kann bei größeren Pumpwerken mit etwa 8···12, bei kleineren Anlagen mit 15···25 angenommen werden. Das Verhältnis der absoluten Druckgrenzen beträgt etwa $p_e/p_a = 0{,}6\cdots0{,}8$.

Beispiel. Für die Wasserversorgungsanlage einer Siedlung ist der Druckkessel zu bestimmen. Der mittlere Tagesbedarf beträgt 30 m³. Mit Rücksicht auf die unterschiedliche Höhenlage der Gebäude und die Druckverluste im Rohrnetz ist ein Mindestdruck $p_ü = 4{,}5$ bar im Druckkessel erforderlich.

Durch den Mindestdruck ist der absolute Einschaltdruck $p_e = 5{,}5$ bar festgelegt. Wählen wir den absoluten Ausschaltdruck $p_a = 7{,}0$ bar, so ergibt sich ein Verhältnis der absoluten Druckgrenzen $p_e/p_a = 5{,}5/7{,}0 = 0{,}786$. Auf Grund des mittleren Tagesbedarfs schätzen wir den größten stündlichen Verbrauch zu $W_{\max} = 12$ m³/h. Diesem Verbrauch muß der Volumenstrom Q der Pumpe entsprechen, der bei einer Kreiselpumpe der Mittelwert zwischen den Druckgrenzen p_e und p_a ist.[2] Die

[1] Lewinsky-Kesslitz, H. P.: Über die Windkesselberechnung bei Druckbehälteranlagen. KSB Techn. Berichte, Heft 10 (1965).

[2] Bei der Auswahl der erforderlichen Pumpe ist zu beachten, daß ihre Förderhöhe um den geodätischen Höhenunterschied zwischen dem abgesenkten Saugwasserspiegel und dem Druckkesselspiegel, ferner um den Druckhöhenverlust zwischen Saugkorb und Druckkessel größer sein muß als die dem jeweiligen Kesseldruck entsprechende Höhe. Diese zusätzliche Druckhöhe ist mit dem Volumenstrom veränderlich.

höchstzulässige stündliche Schalthäufigkeit wählen wir zu $S = 10$. Unter der Voraussetzung, daß die Vorverdichtung beim Luftvolumen V_n bis zum Einschaltdruck getrieben wird und daß bei Verwendung einer Kreiselpumpe $Q_a/Q_e > 0{,}5$ ist, errechnet sich mit den obigen Werten nach Gl. (68,7) ein Kesselvolumen

$$V = \frac{1}{3}\,\frac{Q}{S}\,\frac{p_a}{p_a - p_e} = \frac{1}{3}\,\frac{12}{10}\,\frac{7}{7 - 5{,}5} = 1{,}867\ \mathrm{m}^3.$$

Somit ist ein Druckkessel von 2000 l Inhalt für $p_ü = 6$ bar Betriebsdruck nach DIN 4810 zu verwenden. Dieser hat unter den vorliegenden Betriebsverhältnissen nach Gl. (68,4) ein Speichervolumen

$$\Delta V = \frac{3}{4}\,V\,\frac{p_a - p_e}{p_a} = \frac{3 \cdot 2}{4}\,\frac{1{,}5}{7} = 0{,}321\ \mathrm{m}^3.$$

Die allmähliche Absorption der Druckluft durch das Kesselwasser, die von Zeit zu Zeit eine Ergänzung der Druckluft notwendig macht, sowie andere Gründe haben in neuerer Zeit dazu geführt, in Druckkesseln für Druckerhöhungs- und Wasserversorgungsanlagen Druckluft und Wasser durch eine flexible Membrane voneinander zu trennen. In der hier betrachteten Ausführung hat die Membrane im unverformten Zustand die Gestalt und Größe der unteren Hälfte des zylindrischen Druckkessels und ist an ihrem Rande mit diesem gasdicht verbunden. Geeigneter Werkstoff ist der geruchlose Kunststoff Butyl, der die Reinheit und den Geschmack des Wassers nicht beeinflußt. Gleichzeitig wurde die Luft durch Stickstoff ersetzt und der Speicherraum mit einem Propylen-Mantel ausgekleidet. Eine Ergänzung des Druckgases ist nicht erforderlich. Der Anschlußstutzen für den Wasserzu- und -abfluß befindet sich in dieser Ausführung am Kesselboden.

Vor der Inbetriebnahme, also bei wasserfreiem Kessel, stehen Kessel und Membrane unter dem Vorverdichtungsdruck p_v. Die Membrane liegt allseitig am Kesselmantel und am Kesselboden an. Ist p_v mit dem Einschaltdruck p_e identisch, so läßt sich theoretisch der gesamte Kesselinhalt ausnutzen, da nun $V_n = V$ ist. In diesem Grenzfall vergrößert sich das Speichervolumen (Gl. (68,4)) auf

$$\Delta V = V\,\frac{p_a - p_e}{p_a},$$

während das erforderliche Kesselvolumen (Gl. (68,7)) auf

$$V = \frac{1}{4} \cdot \frac{Q}{S}\,\frac{p_a}{p_a - p_e}$$

zurückgeht. Praktisch bleibt man jedoch aus Sicherheitsgründen mit dem Vorverdichtungsdruck p_v etwas unterhalb von p_e, so daß der in Betrieb befindliche Kessel bei Erreichung des Einschaltdruckes noch nicht völlig entleert ist.

Die im Betriebe mehr oder weniger verformte Membrane wird durch den Kesseldruck nicht belastet, weil die beiderseitigen Drücke stets gleich sind.

C. Bauliche Einzelheiten

69. Pumpenkörper (Pumpenzylinder)

Die Gestaltung des Pumpenkörpers wird durch die Wasserführung[1], den zu verwendenden Werkstoff und durch die Beanspruchung auf inneren Überdruck bestimmt. Gute Wasserführung liegt vor, wenn das Wasser ohne wesentliche Richtungsänderung auf möglichst kurzem Wege vom Saugwindkessel zum Druckwindkessel gelangt (Abb. 69.1). Dabei ist wesentlich, daß sich kein Luftsack bilden kann (Abb. 69.2). Das Druckventil ist also an der höchsten Stelle des Pumpenzylinders in der Weise anzuordnen, daß die Gehäusewandung nach dem Ventil hin stetig ansteigt (Abb. 69.1). Dadurch wird erreicht, daß durch das Saugventil eingetretene Luft beim nächsten Druckhub wieder aus dem Gehäuse entfernt wird. Wichtig ist ferner, daß die Ventile leicht zugänglich sind.

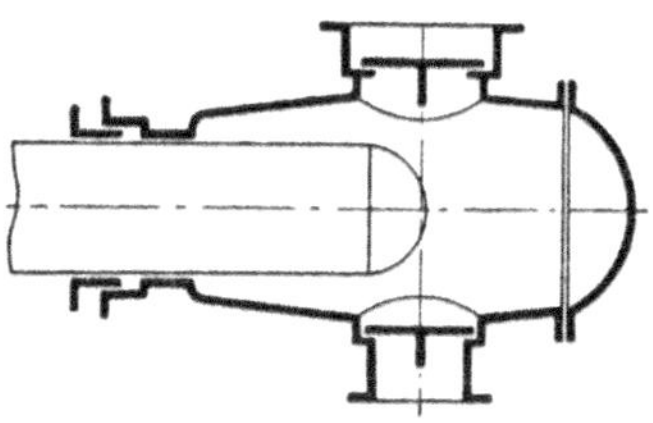

Abb. 69.1. Pumpenzylinder mit guter Wasserführung

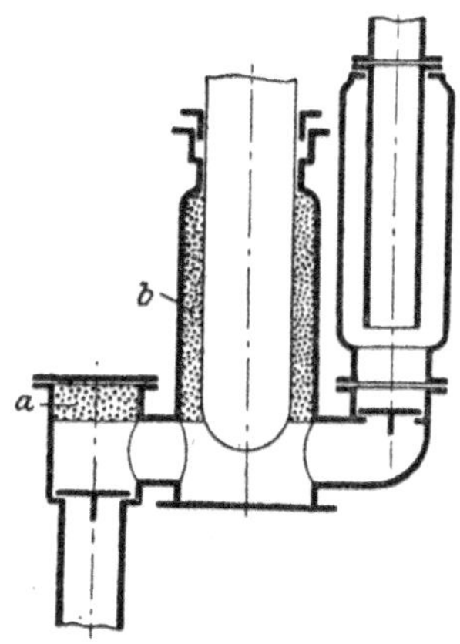

Abb. 69.2. Fehlerhafte Ausführung. Bei *a* und *b* Luftsäcke

Als Werkstoff dient vielfach Gußeisen, und zwar in Gestalt von Grauguß mit lamellarem Graphit oder — mit größerer Festigkeit und Dehnung — in Form von Sphäroguß, bei dem der Graphit kugelig ausgeschieden ist. Hohe Drücke und große Abmessungen erfordern die Verwendung von Stahlguß, weil Gußeisen hinsichtlich Festigkeit und Dichtheit (Durchschwitzen des Wassers) nicht ausreichend ist. Bei Preßpumpen, also Pumpen für sehr hohe Drücke, wird der Pumpenkörper durch Ausbohren eines vollen Stahlblocks hergestellt. Für schwache Säuren oder Seewasser hat sich Bronzeguß bewährt.

Aus Ersparnisgründen werden häufig nur bestimmte Teile aus diesem Werkstoff hergestellt, z.B. die Zylinderlaufbuchsen der Pumpen mit Scheibenkolben. Derartige Laufbuchseneinsätze findet man auch bei Pumpen, die nur selten benutzt werden, um das Anrosten der Laufflächen zu verhindern. Stark angreifende Säuren und Laugen erfordern Sonderwerkstoffe, wie Chrom-Nickelstahl, Chrom-Nickel-Molybdänstahl, Titan, Hartblei, Hartporzellan, Hartsteingut und Aluminiumoxyd (Oxydkeramik). Bewährt hat sich ferner ein Eisen-Siliziumguß mit etwa 15% Si.

[1] Im folgenden wird das Fördermittel vielfach kurz als Wasser bezeichnet.

Da jeder dieser Werkstoffe im allgemeinen nur gegen bestimmte Säuren und Laugen genügend widerstandsfähig ist, muß der Werkstoff dem Fördermittel entsprechend gewählt werden.

Chromnickel- und Chromnickel-Molybdänstahl sind gießbar. Sie können trotz ihrer Härte gedreht und gebohrt werden. Die Bearbeitung erfordert aber großen Zeitaufwand.

Eisensiliziumguß ist ein hochsäurebeständiger Werkstoff. Er ist allerdings sehr spröde und hat eine solche Härte, daß eine Bearbeitung nur durch Schleifen möglich ist. Die Zahl und Größe der zu bearbeitenden Flächen sind daher bei der Konstruktion auf ein Minimum zu beschränken. Für die Befestigungsschrauben müssen Schlitze eingegossen oder z. B. Deckel mittels Bügel und Druckschrauben befestigt werden.

Die Verwendung von Hartporzellan und Hartsteingut macht ein besonderes Schutzgehäuse aus Gußeisen notwendig, das alle durch den inneren Überdruck und die Spannwirkung der Schrauben entstehenden Zugkräfte aufnimmt.

Für die Wandstärke s des Pumpengehäuses sind einerseits gießtechnische Gesichtspunkte, andererseits die Forderungen der Festigkeit maßgebend. Bei Gußeisen kann die Wandstärke mit Rücksicht auf den Guß etwa betragen

$s = D/50 + 10$ mm, wenn der Zylinder stehend gegossen wird,

$s = D/40 + 12$ mm, wenn er liegend gegossen wird.

Entsprechend kann man für Stahlguß annehmen

$s = D/70 + 14$ mm für den stehend gegossenen Zylinder,

$s = D/60 + 16$ mm für den liegend gegossenen Zylinder.

D bezeichnet den inneren Durchmesser des Zylinders in mm.

Bei einfachen geometrischen Körpern ist eine Nachprüfung der auftretenden Spannungen auf Grund der für die Berechnung von Hohlkörpern gültigen Formeln möglich, auf die hier nur verwiesen werden kann[1]. Als zulässige Spannung sind für Gußeisen $\sigma_{zul} = 150 \cdots 250$ daN/cm^2 = $150 \cdots 250$ bar anzusetzen, wobei die obere Grenze nur für besonders günstige Verhältnisse und langsam laufende Pumpen gilt. Unter den gleichen Gesichtspunkten kann bei Stahlguß $\sigma_{zul} = 350 \cdots 550$ daN/cm^2 = $350 \cdots 550$ bar gesetzt werden.

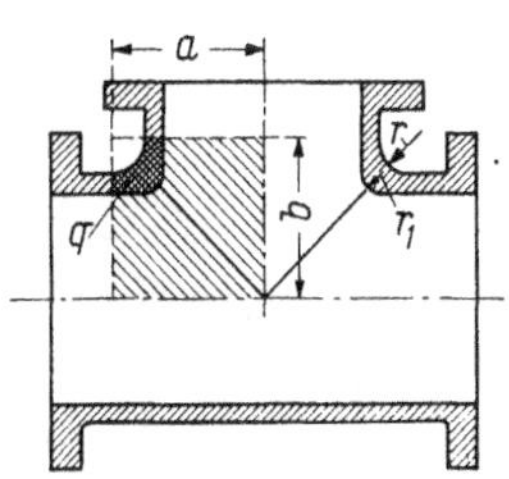

Abb. 69.3. Stutzenanschluß, verstärkte Ausrundung

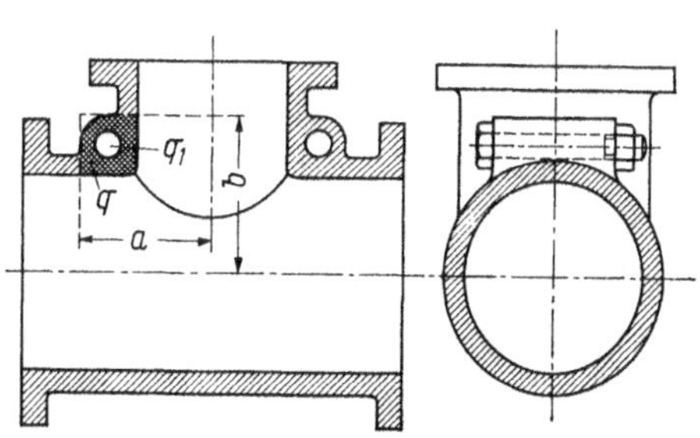

Abb. 69.4. Stutzenanschluß, Verstärkung durch Ankerschrauben

[1] Zum Beispiel Dubbels Taschenbuch für den Maschinenbau, 13. Aufl., Bd. I.

Durchbrechungen der Zylinderwandung durch Stutzen rufen eine Schwächung der Wandung hervor, die um so mehr ins Gewicht fällt, je größer die Stutzen sind. Der fehlende Werkstoff muß daher — wenigstens teilweise — anderweitig ersetzt werden. Für mäßige Drücke genügt eine starke Ausrundung unter gleichzeitiger Verstärkung der Wandung (Abb. 69.3). Man bestimmt den Querschnitt q dabei so, als ob er durch die auf die schraffierte Fläche wirkende Kraft belastet wäre. Bei hohen Drücken wird der gefährdete Querschnitt durch zwei unter starker Vorspannung stehende Ankerschrauben vom Querschnitt q_1 entlastet, die in angegossenen Augen untergebracht sind (Abb. 69.4). Inwieweit auch der Querschnitt q an der Kraftübertragung beteiligt ist, hängt von der gewählten Vorspannung ab.

Der Pumpenkörper wird mit einer Anzahl Armaturen ausgerüstet, für deren Anbringung Warzen vorgesehen werden müssen. Bei größeren Pumpen sind erforderlich:

Je ein Umlaufventil zur Verbindung des Druckrohres mit dem Pumpenraum und des Pumpenraumes mit dem Saugrohr (Abb. 69.5 u. 69.6). Durch das untere Ventil kann die Pumpe nach der Saugleitung hin entleert werden, falls das Fußventil sich lüften läßt oder ein solches nicht vorhanden ist. Das obere Ventil ermöglicht die Auffüllung des Pumpenraumes aus der Druckleitung. Für die Auffüllung vor der Inbetriebsetzung dient ein Fülltrichter mit Abschlußhahn. Ein im oberen Teil des Pumpenraumes angebrachtes Belüftungsventil gestattet die Luftzuführung bei der Entleerung der Pumpe, sowie die Entfernung der Luft bei der Auffüllung des Pumpenraumes.

Pumpen kleiner und mittlerer Leistung werden ferner mit einem Schnüffelventil versehen, das an den Saugraum der Pumpe angeschlossen ist (Abb. 69.7). Durch das kleine Rückschlagventil, das häufig federbelastet ist, wird bei jedem Saughub ein

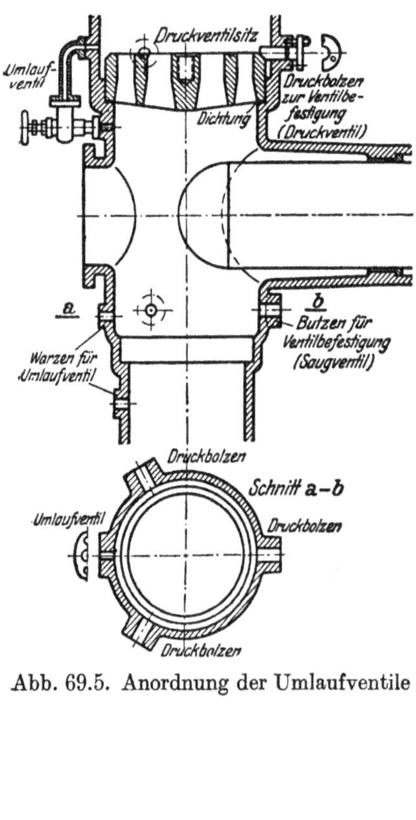

Abb. 69.5. Anordnung der Umlaufventile

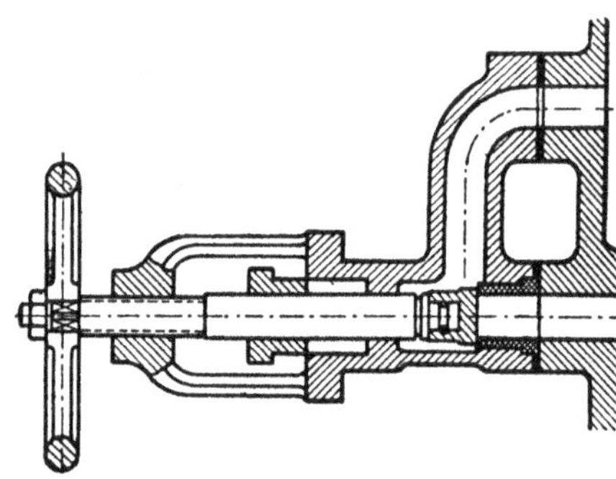

Abb. 69.6. Umlaufventil

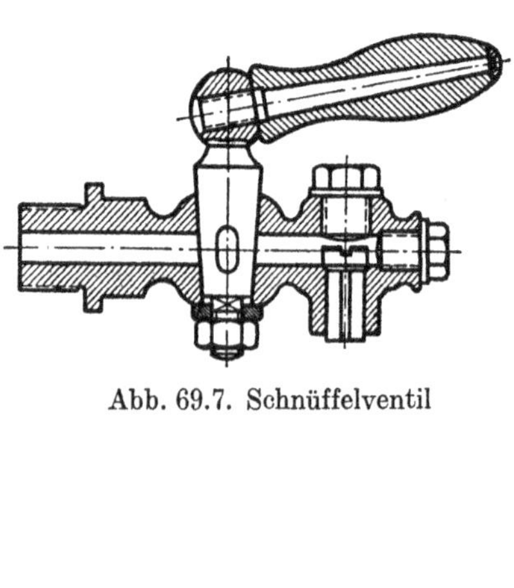

Abb. 69.7. Schnüffelventil

gewisses durch einen Regulierhahn einstellbares Luftvolumen angesaugt, das dazu dient, die im Druckwindkessel vom Wasser absorbierte Luft zu ersetzen. Vielfach wird statt des Rückschlagventils ein Gummilippenventil verwendet, dessen Ventilgehäuse zur Einstellung des erforderlichen Luftvolumens mit einer Regulier- und Abdichtschraube versehen ist (Abb. 69.8). Bei großen Pumpen und hohen Drücken

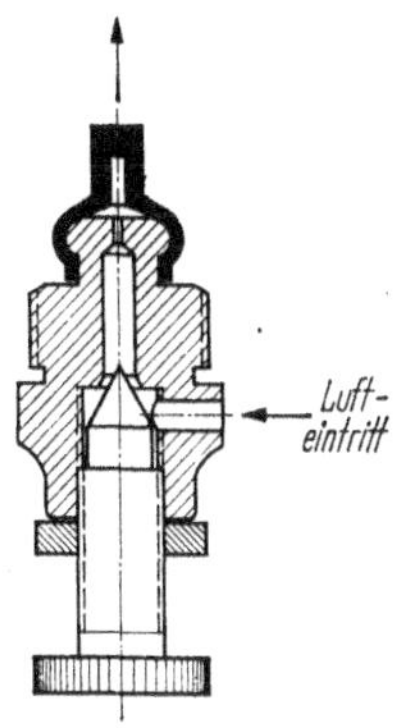

Abb. 69.8. Schnüffelventil (Loewe)

vermeidet man ein Schnüffelventil wegen der damit verbundenen Herabsetzung des volumetrischen Wirkungsgrades. An die Stelle des Schnüffelventils tritt dann ein kleiner Luftverdichter, der den Luftinhalt des Druckwindkessels unmittelbar ergänzt.

Ein Schnüffelventil ist nicht angebracht bei Kesselspeisepumpen, die entgastes Speisewasser fördern. Durch den Luftzutritt findet eine Anreicherung des Wassers mit Sauerstoff statt, der Kesselanfressungen zur Folge hat. Eine Berührung des Speisewassers mit Luft wird möglichst vermieden, wenn an Stelle des Druckwindkessels ein Schwimmerstoßdämpfer (Abb. 72.4) oder bei höheren Drücken ein Dampfstoßdämpfer (S. 416) verwendet wird.

Schließlich ist an den Druckraum der Pumpe noch ein Sicherheitsventil anzuschließen, das bei unzulässig großen Drücken oder Druckschwankungen in Tätigkeit tritt. Derartige Druckschwankungen können auftreten, wenn der Luftinhalt des Druckwindkessels zu klein geworden ist.

Bei manchen Ausführungen sind die Saug- und Druckventile unmittelbar im Pumpengehäuse untergebracht, in anderen Fällen ist ein besonderes Ventilgehäuse vorgesehen, das mit dem Pumpenzylinder verschraubt ist. Für die konstruktive Durchbildung sind die gleichen Gesichtspunkte wie beim Pumpenzylinder maßgebend.

70. Kolben

Es sind zwei Bauformen in Gebrauch: der Scheibenkolben und der Tauchkolben. Der erste wird im allgemeinen für kleine oder mittlere Drücke verwendet. Bei sehr großen Drücken findet man nur den Tauchkolben, weil die mit dem Scheibenkolben erzielbare Abdichtung nicht mehr ausreichend ist.

Die Dichtung liegt beim *Scheibenkolben* am Kolben selbst, so daß der Zylinder oder eine eingesetzte Laufbuchse auf der ganzen Länge bearbeitet werden muß. Als Werkstoff dient Gußeisen, Stahl oder Stahlguß. Bei angreifender Flüssigkeit wird der Kolben aus einem korrosionsbeständigen Werkstoff gefertigt oder mit einem Schutzüberzug versehen.

Die Art der Abdichtung gegenüber der Zylinderwandung richtet sich nach den Eigenschaften der Förderflüssigkeit. Bei etwas verschmutztem, z.B. sandhaltigem Wasser hat sich die Manschettendichtung bewährt. Für Hubpumpen, wo nur die obere Kolbenseite druckbelastet ist, genügt *eine* Manschette (Abb. 70.1). Dagegen sind bei Druckpumpen zwei Stulpen in spiegelbildlicher Anordnung für die Abdichtung nach beiden Richtungen vorzusehen (Abb. 70.2). Die Stulpen müssen gegen die zu verdrängende Flüssigkeit gerichtet sein. Lederdichtung ist nur für kaltes, nicht saures Wasser bei kleinen Kolbengeschwindigkeiten brauchbar. An Stelle von Leder werden heute formgepreßte Manschetten aus Baumwollgeweben verwendet, die mit Kunstkautschuk imprägniert sind (Abb. 70.3). Dieser Werkstoff ist formbeständiger und haltbarer als Leder.

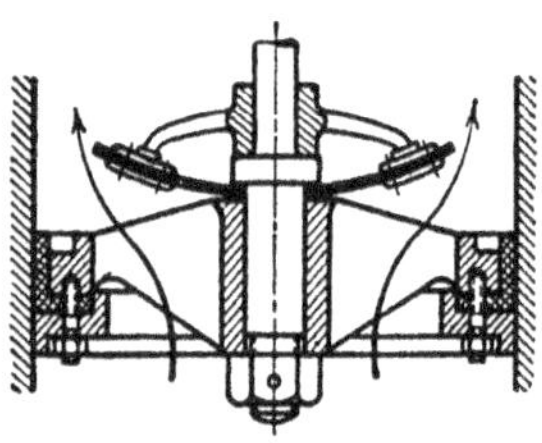

Abb. 70.1. Kolben mit Gummiklappe für eine Hubpumpe

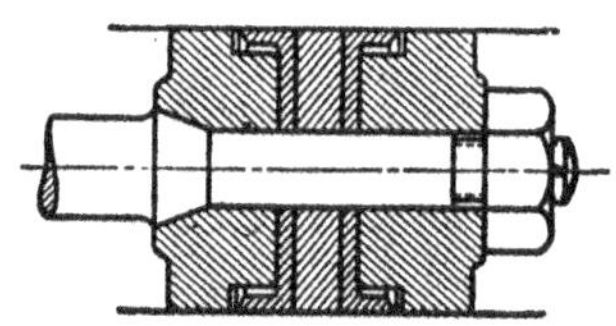

Abb. 70.2. Scheibenkolben mit Lederstulpdichtung

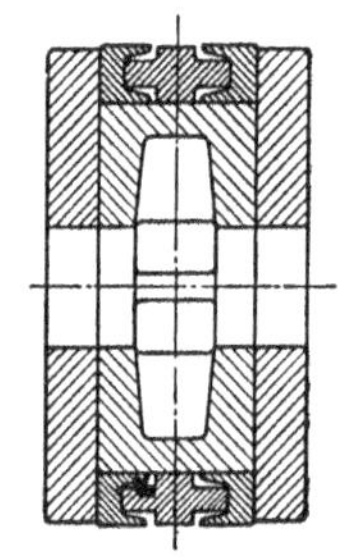

Abb. 70.3. Manschettenkolben für sandhaltiges Wasser (KSB)

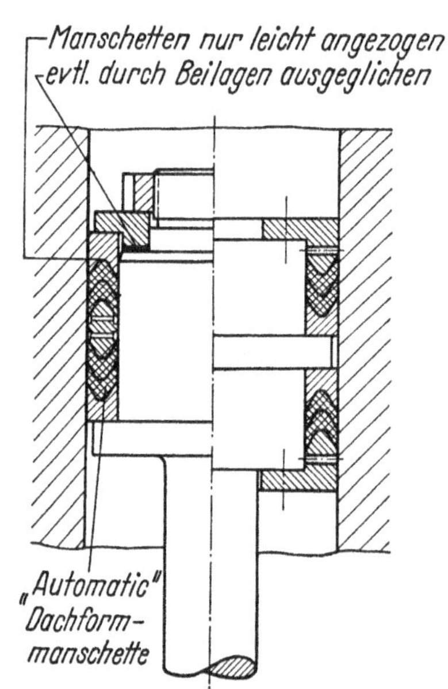

Abb. 70.4. Kolbenabdichtung durch „Automatic"-Dachformmanschetten (Martin Merkel KG)

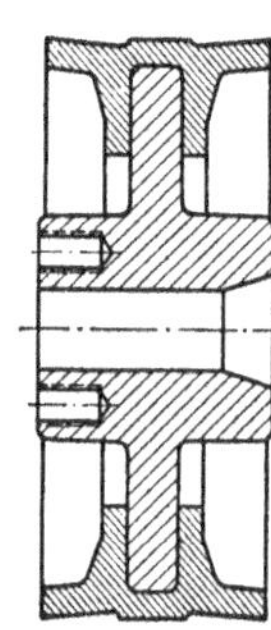

Abb. 70.5. Neobloc-Kolben (Loewe)

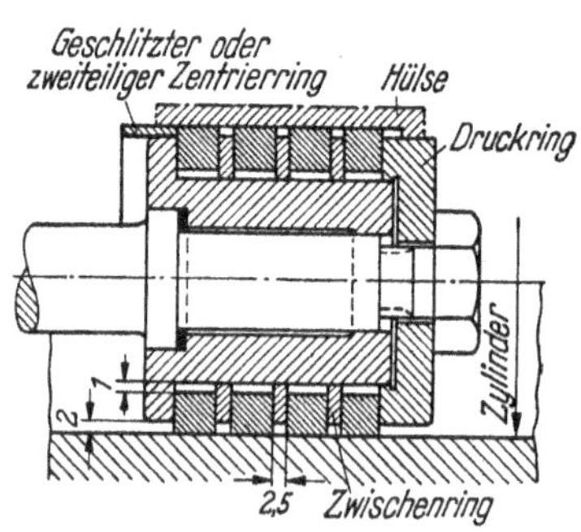

Abb. 70.6. Scheibenkolben mit „Canvas"-Ringen. Der obere Teil des Bildes zeigt die Montage, der untere den eingebauten Kolben (Martin Merkel KG)

Zwei Einbaubeispiele einer „Dachform“-Manschette aus dem gleichen Werkstoff zeigt Abb. 70.4. Die Manschetten werden hier durch Metallstützringe gehalten.

Der Scheibenkolben einer Kleinpumpe ist in Abb. 70.5 dargestellt. Auf einen leichten Metall- oder Stahlkern sind Manschetten aus Perbunan aufvulkanisiert, die für Flüssigkeitstemperaturen bis 100 °C geeignet und auch bei sandhaltigem Wasser genügend widerstandsfähig sind.

Für reine Fördermittel werden Kolbenringe in verschiedener Ausführung verwendet. In den Kolben nach Abb. 70.6 sind geschlitzte Kolbenringe, sog. „Canvas“-Ringe eingebaut, die aus feinen, mit Hartkautschukkunststoff imprägnierten Baumwollgewebelagen hergestellt sind. Kolbenringe dieser Art finden für Kesselspeisung bei Simplex- und Duplexpumpen Verwendung, da sie ebenfalls für Temperaturen bis 100 °C geeignet sind und im Heißwasser nur geringe Quellung zeigen.

Einen aus Gußeisen oder Stahlguß gefertigten Kolben für Kesselspeisepumpen, der mit einem Schweißbronzemantel überzogen ist, zeigt Abb. 70.7. Die Kolbenringe bestehen hier aus Kunstharzpreßstoff und sind in Einzelkammern untergebracht. Zur Erzielung einer größeren Anpressung werden hinter den geschlitzten Kolbenringen metallische Federringe eingebaut.

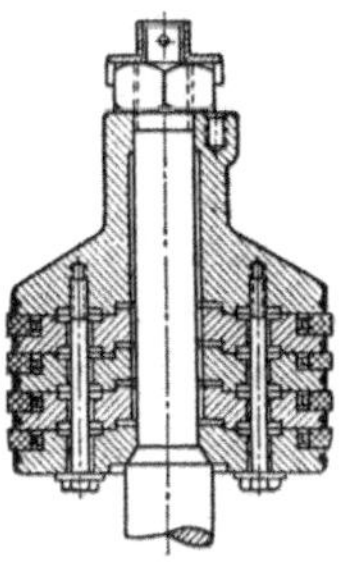

Abb. 70.7. Scheibenkolben mit Schweißbronzemantel und Ringen aus Kunstharzpreßstoff

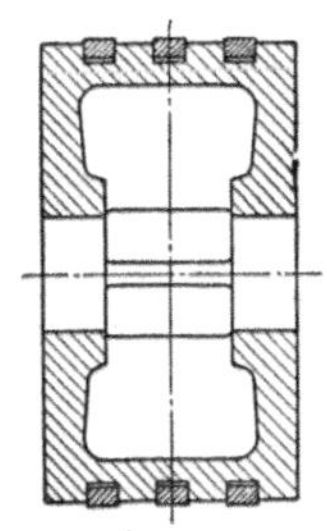

Abb. 70.8. Federringkolben (KSB)

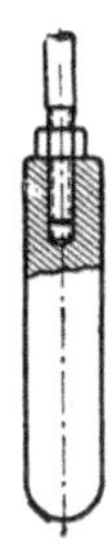

Abb. 70.9. Tauchkolben für hohe Drücke

Für nicht schleifende Fördermittel werden ferner selbstspannende Metallringe von der bei Dampf- oder Motorkolben üblichen Art benutzt. Abb. 70.8 gibt einen derartigen Federringkolben wieder, der zur Förderung von Benzin, Öl, Teer u. a. dient.

Während der Scheibenkolben die Zylinderwandung auf der ganzen Länge berührt, bewegt sich der *Tauchkolben* frei im Zylinder. Zur Anlage kommt es lediglich in der Stopfbuchsführung. Dadurch entfällt die Bearbeitung der Zylinderwandung. Statt dessen erhält aber der Tauchkolben eine entsprechende Länge, die stets größer als der Kolbenhub ist. Er wird auf seiner ganzen Länge geschliffen und vielfach hart verchromt. Zur Abdichtung dient eine außen liegende Stopfbuchse, deren betriebliches Verhalten jederzeit erkennbar ist. Wegen seiner guten Abdichtung eignet sich der Tauchkolben besonders für sehr hohe Drücke. Bei liegenden Pumpen bewirkt der Auftrieb des als Hohlzylinder ausgebildeten Tauchkolbens eine Entlastung der Führungsbuchse.

Als Werkstoff dient Gußeisen oder Stahl. Kolben mit kleinen Durchmessern werden massiv aus Stahl hergestellt (Abb. 70.9). Aggressive Flüssigkeiten machen einen Schutzüberzug aus korrosionsbeständigem Werkstoff notwendig, sofern nicht der Kolben ganz aus einem solchen Werkstoff gefertigt wird. Das Kolbenende erhält vielfach eine kugelartige oder parabolische Form (Abb. 70.10).

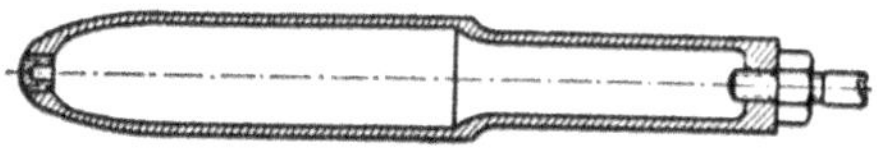

Abb. 70.10. Kolben einer Differentialpumpe

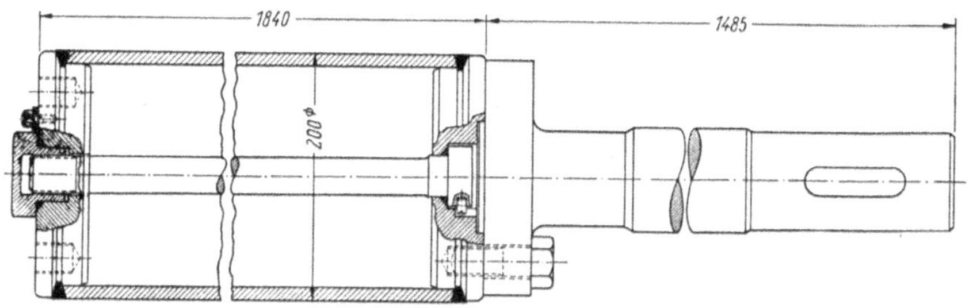

Abb. 70.11. Tauchkolben einer Pumpe großer Leistung (Masch.-Fabrik Eßlingen)

Der in Schweißkonstruktion ausgeführte Kolben einer Pumpe großer Leistung geht aus Abb. 70.11 hervor. Er ist auf seiner ganzen Länge geschliffen und zum Schutz gegen Korrosion und Abnutzung allseitig hart verchromt.

71. Stopfbuchsen

Die Stopfbuchsen sollen das Austreten von Flüssigkeit beim Druckhub und das Eintreten von Luft in das Pumpeninnere während des Saughubes verhindern. Ihre Bauteile sind die eigentliche Buchse mit der Grundbuchse, die Stopfbuchsbrille mit dem Brillenfutter und die Packung (Abb. 71.1). Je nach den vorliegenden Verhältnissen verwendet man Weichpackung, Manschettenpackung, plastisch verformbare Metallpackung und reine Metallpackung.[1]

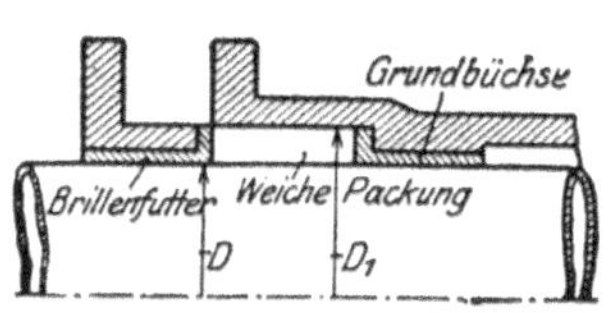

Abb. 71.1. Stopfbuchse mit weicher Packung

Die Weichpackung besteht aus quadratisch geflochtenen Baumwoll- und Asbestzöpfen, die mit Fett getränkt werden oder einen Zusatz von Graphit und andern Stoffen erhalten. Neben Geflechten werden auch Gewebe verwendet. Die Ausführung der Packung ist je nach der Art der Förderflüssigkeit, der Temperatur und dem Druck unterschiedlich, also dem jeweiligen Verwendungszweck besonders angepaßt.

---

[1] Die genormten, vom Stangendurchmesser D abhängigen Packungsbreiten $s = (D_1 - D)/2$ sind in DIN 3780 festgelegt.

Außer den genannten Werkstoffen hat in neuerer Zeit Polytetrafluoräthylen (Teflon) für Stopfbuchspackungen zunehmende Bedeutung erlangt. Dieses Kunstharz ist gegen fast alle Flüssigkeiten beständig, hat gute Gleiteigenschaften und widersteht Temperaturen von $-200\,^\circ C$ bis etwa $+250\,^\circ C$. Es wird in Form von Dispersionen als Tränkmittel von Asbest- und Baumwollgarnen verwendet, sowie als Seidenlitzen, aus denen flexible Geflechte mit verschleißfester Oberfläche hergestellt werden, teils unter Zumischung von Asbestgarnen. Zur Erhöhung der Gleitfähigkeit werden manchen Teflongeflechten besondere Fettschmierstoffe oder auch Molybdändisulfid beigegeben, das sich als Trockenschmiermittel gut bewährt hat. Die Zöpfe werden stumpf oder schräg auf genaue Länge geschnitten und als Einzelringe mit versetzter Stoßfuge in die Stopfbuchse eingebracht. Zur sicheren Abdichtung sind mindestens vier Ringe erforderlich. Weichpackungen werden haupstächlich für geringe und mittlere Drücke verwendet.

Die Stopfbuchse mit Manschetten- oder Lippendichtung eignet sich besonders für hohen Druck, da die Manschette selbstdichtend wirkt. Abb. 71.2 zeigt eine Stopfbuchse mit Lippenpackungsringen für eine Preßpumpe mit einem Betriebsdruck von 200 bar. Die Packungsringe bestehen aus starkem, mit Kunstkautschuk imprägniertem Riementuch und werden als geschlossene oder offene, schräg aufgeschnittene Ringe verwendet. Bei der Montage erhalten die Nuten eine Füllung aus wasser- oder ölbeständigem, graphithaltigem Fett.

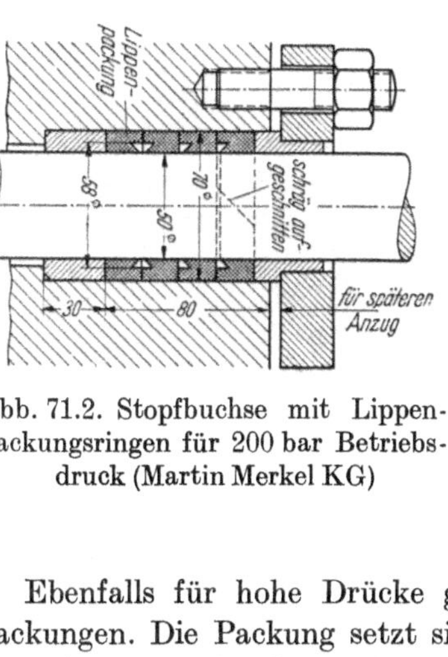

Abb. 71.2. Stopfbuchse mit Lippenpackungsringen für 200 bar Betriebsdruck (Martin Merkel KG)

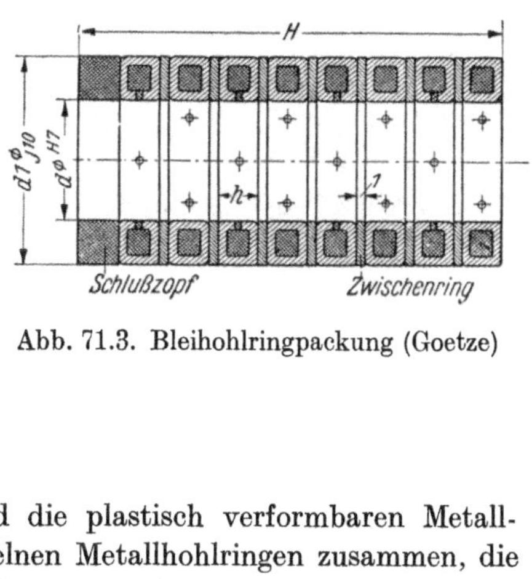

Abb. 71.3. Bleihohlringpackung (Goetze)

Ebenfalls für hohe Drücke geeignet sind die plastisch verformbaren Metallpackungen. Die Packung setzt sich aus einzelnen Metallhohlringen zusammen, die entweder ungeteilt oder auch zweiteilig ausgeführt sind (Abb. 71.3). Die Füllung der Ringe besteht aus Graphitschmierstoff, der durch kleine Öffnungen auf der Innenseite austreten kann. Als Metall wird für Pumpen Blei empfohlen. Die Zwischenscheiben bestehen aus Leder oder einem Kunststoff.

Reine Metallpackungen werden als Kegelpackungen oder Federringpackungen ausgeführt. Sie setzen sorgfältig bearbeitete und genau laufende Stangen voraus. Die Kegelpackungen bestehen aus inneren und äußeren konischen Dichtringen (Abb. 71.4). Die äußeren Ringe sind einteilig, die inneren geteilt oder geschlitzt. Durch die beim Anziehen der Brille entstehende Keilwirkung werden die inneren Ringe gegen die Kolbenstange gedrückt. Für die äußeren Ringe wird in der Regel Gußeisen, aber auch Bronze oder Weißmetall, für die inneren Ringe Weißmetall verwendet. Die labyrinthartigen Eindrehungen erhöhen die Wirkung der Packung.

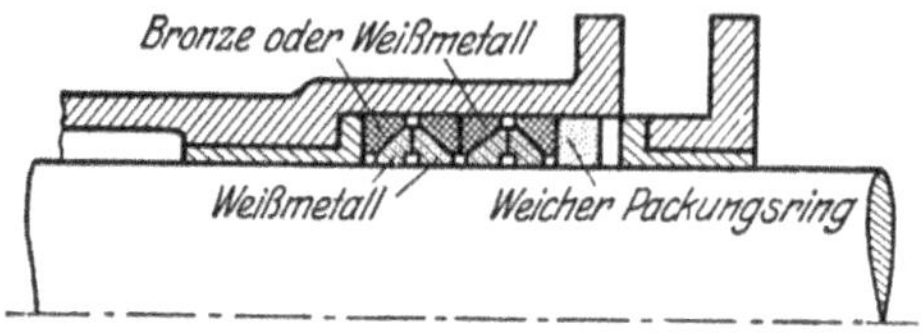

Abb. 71.4. Stopfbuchse mit Metallpackung (Kegelpackung)

Die Federringpackung setzt sich aus dreiteiligen Deckringen und sechsteiligen Packungsringen zusammen, deren plangeschliffene Stirnflächen ohne Spiel aufeinanderliegen (Abb. 71.5). Die Ringe sind paarweise in Kammern angeordnet und werden durch Schlauchfedern leicht zusammengedrückt. Die eigentliche Anpressung

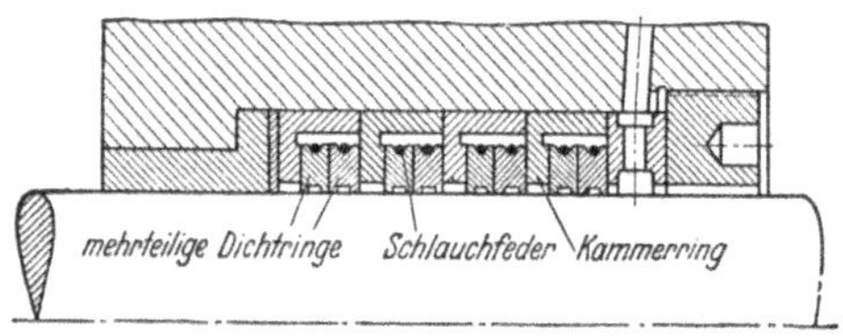

Abb. 71.5. Stopfbuchse mit Metallpackung (Federringpackung)

gegen die Kolbenstange erfolgt durch die hinter die Ringe tretende Flüssigkeit. Als Werkstoff dient in der Regel Gußeisen, das bei großer Verschleißfestigkeit gute Laufeigenschaften hat. In Sonderfällen werden die Ringe auch aus andern Werkstoffen gefertigt. Die Kammern bestehen ebenfalls aus Gußeisen.

Metallpackungen verlangen völlig reines, besonders sandfreies Wasser.

72. Windkessel

Grundsätzlich werden die Windkessel in unmittelbarer Nähe des Pumpenraumes angeordnet. Der Saugwindkessel besteht daher vielfach mit dem Pumpengehäuse aus *einem* Stück, oder er bildet den Unterbau, auf welchem der Pumpenkörper ruht. Doppelt wirkende Pumpen haben dann einen für beide Seiten gemeinsamen Saugwindkessel (Abb. 72.1). Der Luftraum des Windkessels wird bei größeren Pumpen dadurch geschaffen, daß ein Hängerohr (Tauchrohr, Saugtrichter) in den Saugwindkessel hineinragt.

Infolge des im Saugwindkessel herrschenden Unterdrucks scheidet sich ständig Luft aus dem Wasser aus, so daß der Wasserspiegel allmählich sinkt. Die überschüssige Luft muß durch die Pumpe wieder entfernt werden. Ein stoßweises Eindringen von Luft in das Tauchrohr würde den Gang der Pumpe empfindlich stören. Es sind deshalb am Eintauchende des Rohres kleine Bohrungen angebracht, durch welche die Luft bei jedem Saughub in kleinen Mengen von der Pumpe abgesaugt wird (Abb. 72.1). Dieselbe Wirkung wird auch durch zwei oder mehrere keilförmige Schlitze am unteren Ende des Trichterrohres erzielt.

Mit Rücksicht auf möglichst gleichmäßigen Wasserzufluß soll der höchste Punkt des Saugrohranschlußstutzens unterhalb der Mündung des Tauchrohres liegen. Ferner soll das eintretende Wasser in seiner Richtung abgelenkt werden, bevor es in das Tauchrohr gelangt. Die in Abb. 72.1 angedeuteten waagerechten Prallplatten dienen zur Beruhigung der Wasseroberfläche. Sie verhindern dadurch das Eindringen größerer Luftmengen in das Tauchrohr.

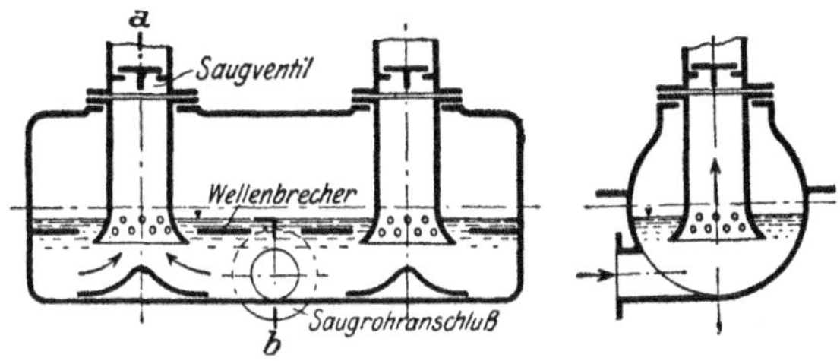

Abb. 72.1. Saugwindkessel einer doppelt wirkenden Pumpe

Der Druckwindkessel befindet sich unmittelbar oberhalb des Druckventils. Auch hier ist ein Richtungswechsel des abzuführenden Druckwassers vorteilhaft (Abb. 72.2). Bei doppelt wirkenden Pumpen erhält entweder jede Pumpenseite einen Druckwindkessel mit je einem Verbindungsrohr für die Luft- und Wasserräume (Abb. 56.1 u. 74.2), oder es wird ein für beide Seiten gemeinsamer Windkessel vorgesehen (Abb. 72.3).

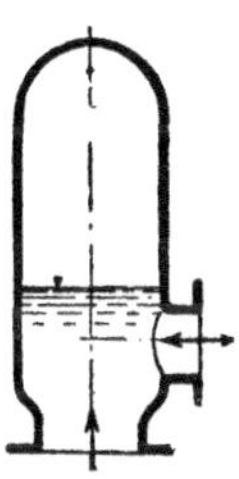

Abb. 72.2.
Druckwindkessel

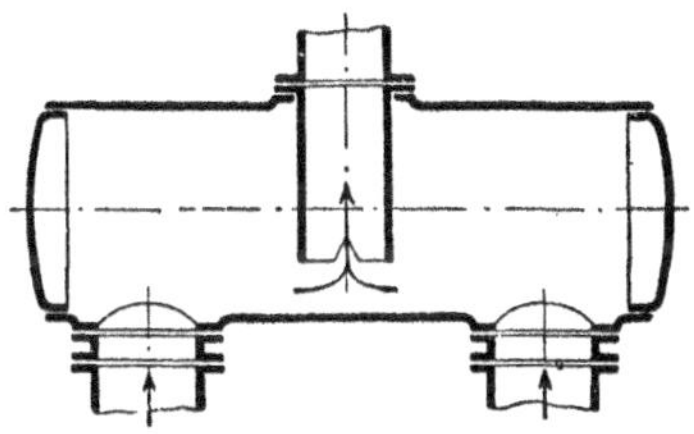

Abb. 72.3.
Gemeinsamer Druckwindkessel

In manchen Fällen ist es konstruktiv schwierig, den Windkessel in der erforderlichen Größe auf der Pumpe selbst unterzubringen. Man sieht dann einen kleineren Windkessel, eine Windhaube, über dem Druckventil vor und stellt einen großen Windkessel unmittelbar neben der Pumpe auf. Es können auch zwei oder mehrere Pumpen mit Windhauben einen gemeinsamen Hauptdruckwindkessel erhalten.

Im Gegensatz zum Saugwindkessel nimmt das Luftvolumen im Druckwindkessel infolge der größeren Absorptionsfähigkeit des Druckwassers fortgesetzt ab, und zwar um so mehr, je höher der Wasserdruck ist. Der Luftinhalt muß daher laufend ergänzt werden. Bei kleinen Pumpen mit geringer Förderhöhe dient dazu ein Schnüffelventil (Abb. 69.7 u. 69.8). Dieses läßt mit jedem Saughub ein einstellbares Luftvolumen in den Saugraum treten, das beim nächsten Druckhub mit dem Förderwasser in den Windkessel gelangt. Ein im Zylinder verbliebener Luftrest expandiert beim folgenden Saughub zunächst bis auf den Ansaugedruck, so daß das Saugventil mit Verspätung öffnet. Gleichzeitig tritt durch das Schnüffelventil weitere bis auf den Ansaugedruck entspannte Luft in den Zylinder. Die Folge ist eine Verringerung des Liefergrades der Pumpe. Das macht sich besonders bei großem Pumpendruck, großer Saughöhe und hoher Drehzahl bemerkbar. Für Drücke über 10 bar ist es deshalb — namentlich bei großen Pumpen — vorteilhaft, das Schnüffelventil durch einen besonderen Luftverdichter zu ersetzen. Da der Verdichter atmosphärische Luft ansaugt, also mit einem kleineren Verdichtungsverhältnis als der Pumpenkolben arbeitet, ermöglicht er neben der besseren Ausnutzung des Pumpenhubraumes auch eine Leistungsersparnis.

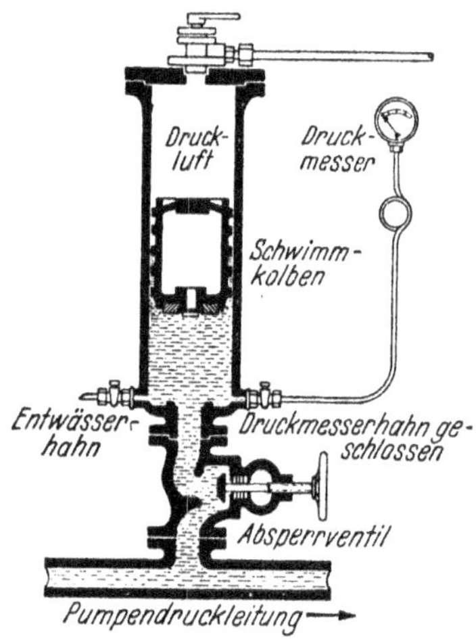

Abb. 72.4. Schwimmerstoßdämpfer (Knorr-Bremse AG)

In gewissen Fällen ist die Anreicherung des Förderwassers mit Luft unerwünscht, z. B. bei Kesselspeisepumpen, weil der mit dem Speisewasser in den Kessel gelangende Sauerstoff Anfressungen an den Kesselwandungen hervorruft. Der Windkessel der normalen Bauart wird dann vorteilhaft durch einen Schwimmerstoßdämpfer ersetzt (Abb. 72.4). Bei diesem liegt zwischen Druckluft und Wasser ein Schwimmkolben, der sich während des Betriebes etwa in halber Höhe des Zylinderraumes bewegt. Luft und Wasser berühren sich nur in einem kleinen Spalt rings um den Schwimmkolben. Durch die Prallrippen an der Mantelfläche des Schwimmkolbens wird jede Spritzwirkung, die die Luftaufnahme begünstigt, vermieden. Das in den Ringkammern befindliche Wasser ist luftgesättigt und nimmt daher keine weitere Luft auf. Der Übertritt von Druckluft an das Speisewasser wird somit möglichst unterbunden. Bei höheren Drücken ist, um den Übertritt von Luft an das Speisewasser ganz zu vermeiden, ein Dampfstoßdämpfer vorteilhaft (S. 416).

Bei nicht aggressiven Flüssigkeiten dient als Werkstoff für Saugwindkessel im allgemeinen Gußeisen, für Druckwindkessel je nach den Verhältnissen Gußeisen, Stahlguß oder Stahl.

73. Hubventile

Ein konstruktiv gut durchgebildetes Ventil soll folgende Forderungen erfüllen:

Die Masse des federbelasteten Ventilkörpers soll bei genügender Festigkeit möglichst klein sein, und zwar um so kleiner, je größer die minutliche Hubzahl ist.

Die Führung muß so lang sein, daß ein Ecken oder Klemmen des Ventils nicht eintreten kann. Besonders günstig ist völlig reibungsfreie Lenkfederführung.

Das Ventil soll ferner einen geringen Durchgangswiderstand verursachen, beim Ventilschluß möglichst geräuschlos aufsetzen und einen dichten Abschluß des Pumpenraumes herbeiführen.

Formänderungen des Ventilsitzes, welche die Dichtheit des Ventils beeinträchtigen, dürfen nicht eintreten.

Die Forderung nach geringer Ventilmasse bei hinreichender Festigkeit führt zur Anwendung hochwertiger Werkstoffe, die zugleich gegen die Einwirkung der Flüssigkeit genügend widerstandsfähig sind. Als solche haben sich Phosphorbronze, Rotguß und Chromstahlguß bewährt. Für kleine, gering belastete Ventile werden auch Leichtbaustoffe verwendet.

Die Dichtungsfläche soll mit Rücksicht auf den Öffnungswiderstand möglichst klein gehalten werden, wobei jedoch zu beachten ist, daß der zulässige Flächendruck auf die Sitzfläche nicht überschritten wird. Dieser beträgt

$p = 200$ bar $= 200$ daN/cm^2 für Phosphorbronze,
$p = 150$ bar $= 150$ daN/cm^2 für Rotguß und
$p = 30$ bar $= 30$ daN/cm^2 für Gummi und Leder als Dichtungsstoff.

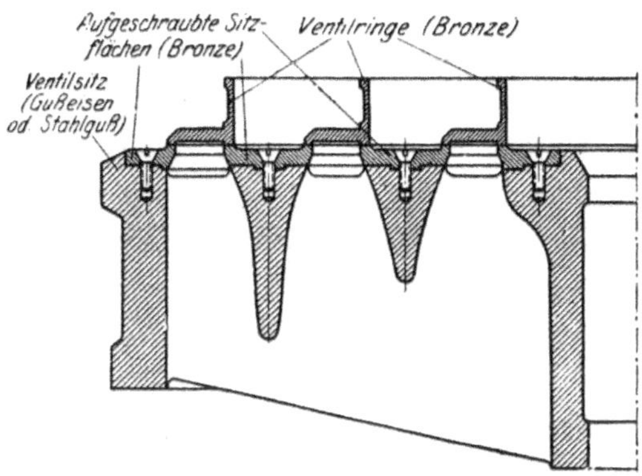

Abb. 73.1. Dreispaltiges Ringventil

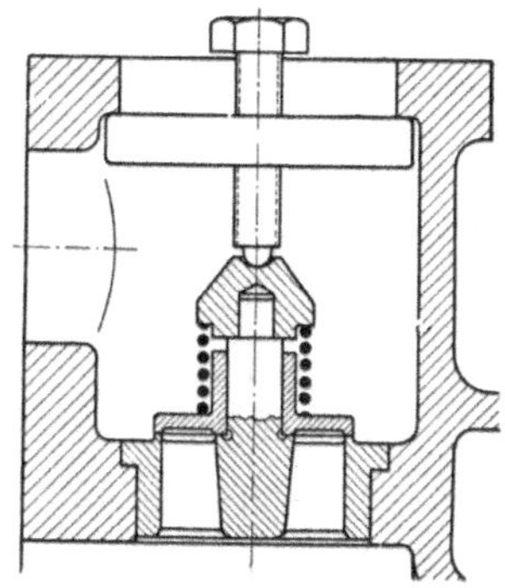

Abb. 73.2. Tellerringventil (Masch.-Fabrik Eßlingen)

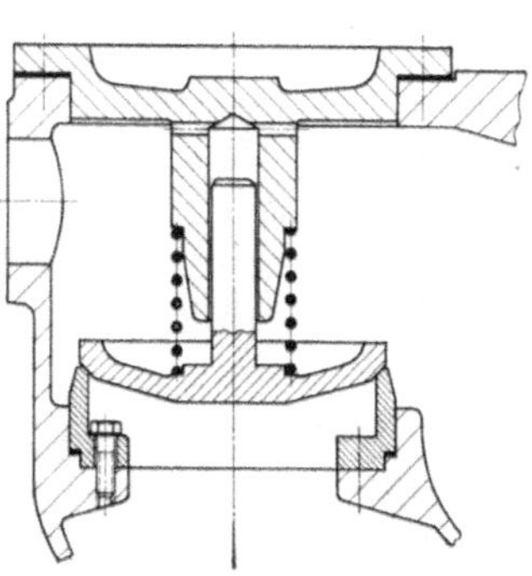

Abb. 73.3. Tellerventil (Kegel-Pilzventil) (Halberg)

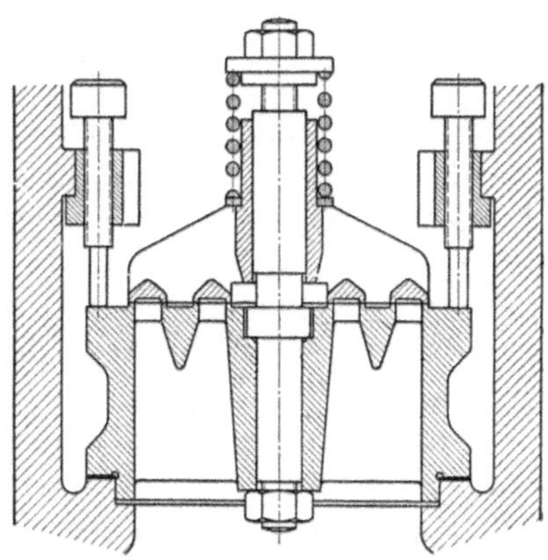

Abb. 73.4. Zweispaltiges Ringventil (Masch.-Fabrik Eßlingen)

Die Dichtungsfläche kann eben (Abb. 73.1, 73.2, 73.4) oder kegelförmig (Abb. 73.3, 73.5) ausgebildet sein. Kegelventile haben eine etwas geringere Ausflußzahl als Ventile mit ebenen Sitzflächen. Sie sind schwieriger zu schleifen und arbeiten weniger stoßfrei als letztere. Außerdem ist der nutzbare Ventilhub kleiner. Der Durchgangswiderstand von Ventilen mit ebenen Sitzflächen verringert sich, wenn man die freie Unterseite des Ventils nach oben wölbt (Abb. 73.12 u. 79.2).

Die metallische Sitzfläche des Ventiltellers ist nur für völlig reines Wasser anwendbar. Die Förderung von unreinen, sandigen oder schlammigen Flüssigkeiten erfordert eine weiche Dichtungsfläche des Ventiltellers (Gummi, Leder), wodurch zugleich ein weiches Aufsetzen des Ventils erzielt wird.

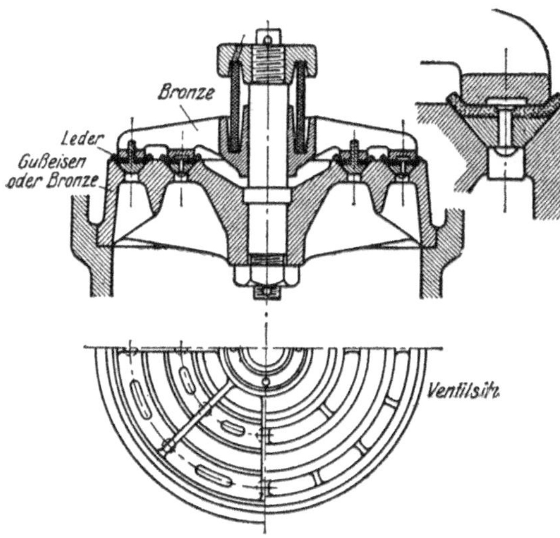

Abb. 73.5. Zweispaltiges Ringventil mit Lederdichtung

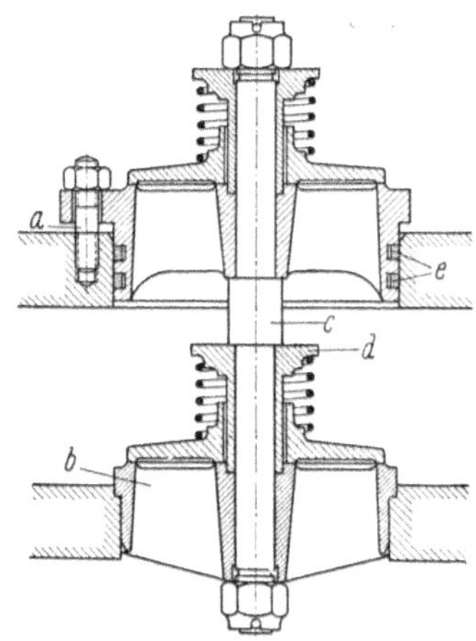

Abb. 73.6. Saug- und Druckventil einer Duplexpumpe (Weise & Monsky)

Für hohe Drücke ist die weiche Dichtung nicht geeignet. Es kann dann nach Abb. 73.5 bei unreinem kaltem Wasser eine kombinierte Leder- oder Gummi-Metalldichtung ausgeführt werden (Fernisdichtung). Hierbei übernehmen die unter dem Flüssigkeitsdruck stehenden Ränder der Leder- oder Gummiringe die Abdichtung, während die Metallringe die Druckkraft auf den Ventilsitz übertragen.

Als Werkstoff des Ventilsitzes dient für Wasserförderung vielfach ebenfalls Bronze. Große Abmessungen machen jedoch aus Ersparnisgründen die Verwendung von Gußeisen oder Stahlguß notwendig, wobei als Sitzfläche besondere Bronzeringe auf den Gußkörper aufgeschraubt werden (Abb. 73.1). Um Verformungen der Sitzflächen zu verhindern, müssen die radial verlaufenden Rippen kräftig ausgeführt werden.

Die Sitze kleiner Ventile werden in das Ventilgehäuse eingeschraubt oder mittels Spannbügel (Abb. 73.2) oder Spannsegmenten (Abb. 73.4) und Druckschrauben gehalten. Eine weitere Möglichkeit der Ventilbefestigung bei gleichachsiger Anordnung von Saug- und Druckventil geht aus Abb. 73.6 hervor. Durch die Schrauben *a* wird der Sitz *b* des Saugventils über die Spindel *c* und die Federtellerbuchse *d* auf die Dichtfläche gepreßt. Der mit der Ventilspindel ebenfalls fest verbundene Druckventilsitz bleibt in der Achsrichtung gegenüber dem Ventilgehäuse frei einstellbar und wird auf seiner äußeren Zylinderfläche durch die Federringe *e* abgedichtet. Große Ringventile und die Ventilplatten der Gruppenventile werden durch drei bis vier Druckbolzen (Abb. 73.7 u. 73.8) oder Druckschrauben (Abb. 73.9) von außen gegen die Dichtflächen des Ventilgehäuses gepreßt.

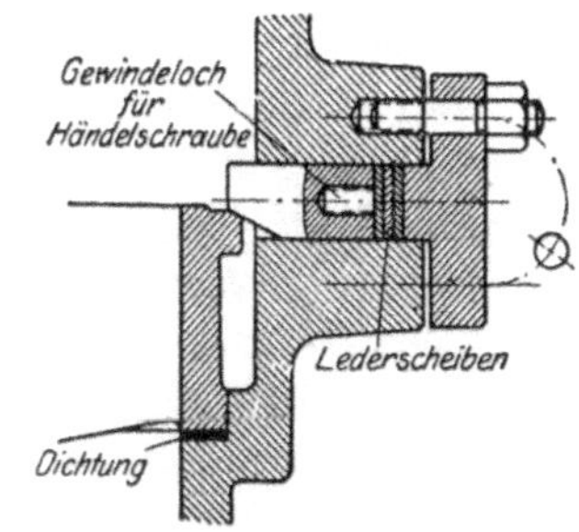

Abb. 73.7.
Ventilsitzbefestigung

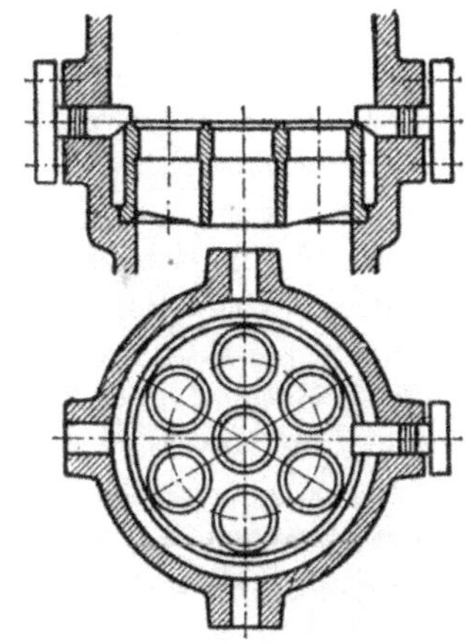

Abb. 73.8. Gruppenventilsitz

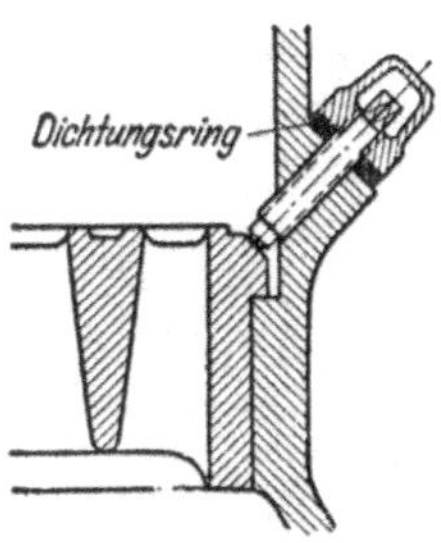

Abb. 73.9. Ventilsitzbefestigung

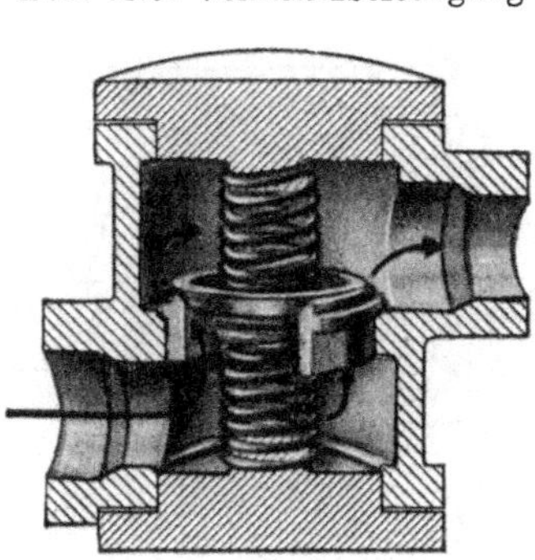

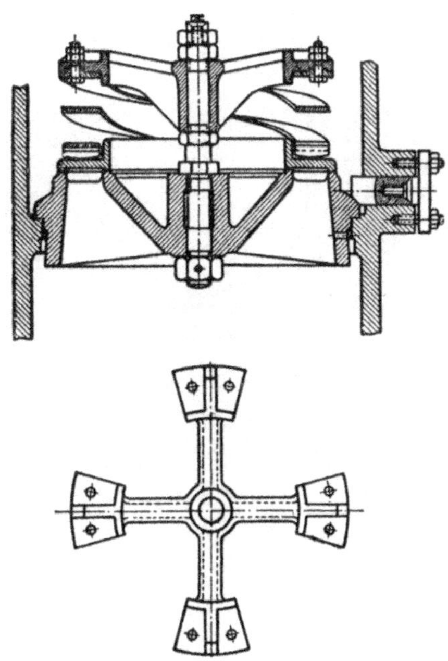

Abb. 73.10. Freischwingendes Lenkfederventil (Knorr-Bremse AG)

Abb. 73.11. Ringventil „Schoene“

Die Ventilspindel besteht aus einem korrosionsbeständigen Werkstoff und ist entweder in den Sitz eingeschraubt oder bei größeren Ausführungen mittels Konus und Mutter oder Bund und Mutter befestigt (Abb. 73.4 u. 73.5).

Die Belastungsfedern sind in der Regel zylindrisch oder kegelförmig gewundene Schraubenfedern. Vereinzelt sind auch Gummifedern in Gestalt eines Gummirohres (Abb. 73.5) oder Blattfedern verwendet worden (Abb. 73.11). Als Werkstoff von Metallfedern dient Bronze und rostfreier oder rostgeschützter Stahl.

Eine Sonderkonstruktion stellt das Lenkfederventil nach Abb. 73.10 dar. Dieses freischwingende Ventil hat keine mechanische Führung und daher auch keine Reibungswiderstände. Es ist besonders bei schlammhaltigen zähen Flüssigkeiten verwendbar und zeichnet sich in Kesselspeisepumpen durch Unempfindlichkeit gegen Kesselsteinansatz aus.

Ein weiteres Ventil mit Lenkfederführung ist das „Schoene"-Ringventil (Abb. 73.11). Die Blattfedern sind mit einem Ende an einen Federhalter angeschraubt und liegen mit dem andern auf dem Ventilring frei auf. Hierbei umfassen die Federn führend den Hals des Ventilrings. Im Betrieb macht das freie Ende der Federn eine kleine Drehbewegung. Unter der Einwirkung der durch die Drehung erzeugten Beschleunigungskräfte rutscht der Ventilring unter den Federenden weg, wodurch ein fortwährendes Einschleifen auf dem Ventilsitz hervorgerufen und auch bei unreinem Wasser eine dauerhafte Dichtheit erzielt wird. In der neueren Ausführung werden neben den Blattfedern mehrere kleine Schraubenfedern für die Ventilbelastung verwendet.

Im Zusammenhang mit dem Bestreben, die Pumpendrehzahl und damit die Schlaggrenze zu erhöhen, steht die Notwendigkeit der Verringerung des Ventilwiderstandes. Neben der Federbelastung, die zur Erreichung eines einwandfreien Pumpengangs nicht entbehrt werden kann, bestimmt die Ventilform den Ventilwiderstand.

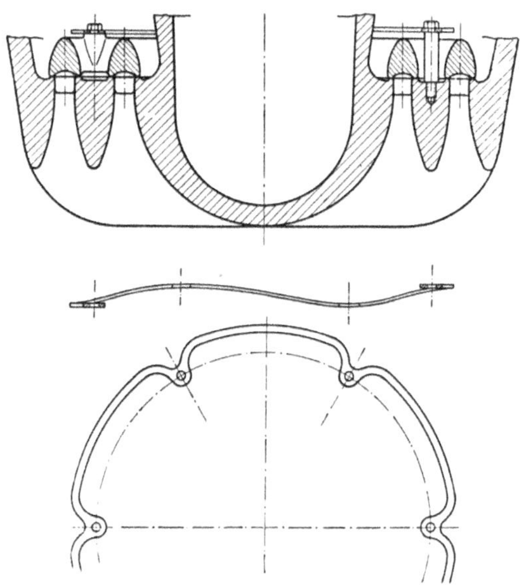

Abb. 73.12. Freischwingendes Ventil mit geringem Durchgangswiderstand (Schweter)

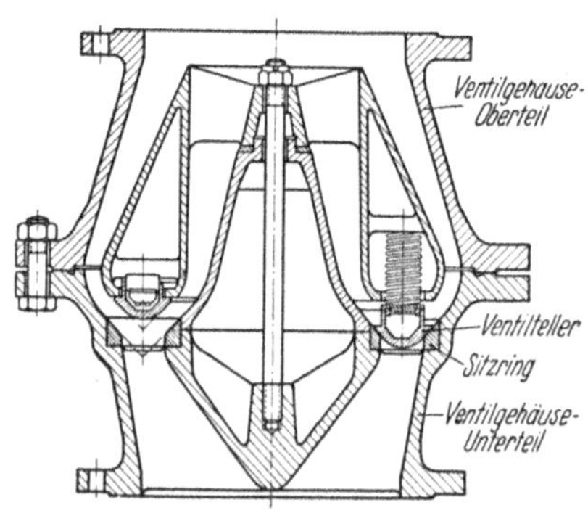

Abb. 73.13. Düsenrückschlagventil (Meer AG)

Eine beachtliche Verkleinerung des Ventilwiderstandes ist möglich durch Schaffung günstiger Strömungsverhältnisse um den Ventilkörper. Dieser Gedanke liegt der Ventilkonstruktion nach Schweter[1] (Abb. 73.12) zugrunde. Der Querschnitt des Ventilringes bildet ein Halboval mit wulstartigen Sitzflächen, deren Breite zur Herabsetzung des Öffnungswiderstandes sehr klein gehalten ist. Eine schlankere Querschnittsform würde zwar hydraulisch noch günstiger sein, gleichzeitig wäre aber damit eine Zunahme der Ventilmasse verbunden. Wegen des vergrößerten Querschnitts des Ventilringes gegenüber normalen Ausführungen ist der Ring aus Kunstharz hergestellt. Das Ventil ist freischwingend und hat eine völlig reibungsfreie Führung und Federung. Die Lenkfeder besteht aus einem gewellten elastischen Ring (Abb. 73.12), dessen sechs Befestigungsstellen je zur Hälfte abwechselnd mit dem Ventilring und dem Ventilsitz verbunden sind. Dadurch ergibt sich ein sehr kleiner Ventilhub, der durch den großen Durchmesser des Ventilrings ausgeglichen wird. Nach Angabe des Erfinders hat dieses Ventil weniger als den halben Durchgangswiderstand eines Ventils der üblichen Bauart.

Der gleiche Zweck, nämlich die Verringerung des Ventilwiderstandes, wird mit dem Düsenventil von Schoene verfolgt. Die konstruktive Durchbildung dieses Ventils entspricht etwa dem Düsenrückschlagventil nach Abb. 73.13. Durch düsenförmige Ausbildung der Spalte im Ventilsitz mit anschließendem diffusorartigem Kanalverlauf wird ein Teil der für die Erzeugung der Spaltgeschwindigkeit erforderlichen Druckhöhe zurückgewonnen. Zur Verringerung der bewegten Masse und zur Verhütung des „Hämmerns" sind die Diffusorwände nicht mit dem Ventilteller verbunden, nehmen daher an der Bewegung nicht teil. Der sehr leicht gehaltene Ventilteller wird durch Blattfedern (Lenker) reibungsfrei geführt, während das Schließen des Ventils durch schwache zylindrische Schraubenfedern bewirkt wird.

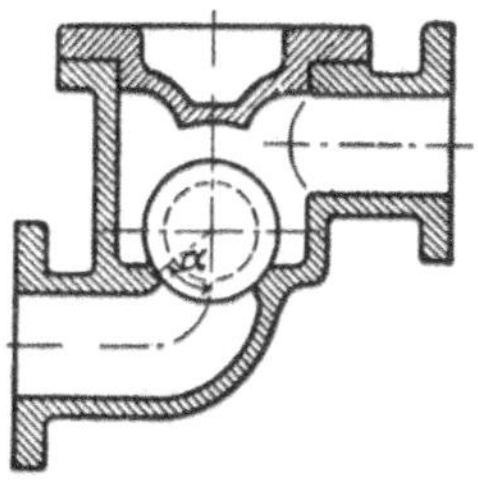

Abb. 73.14. Kugelventil

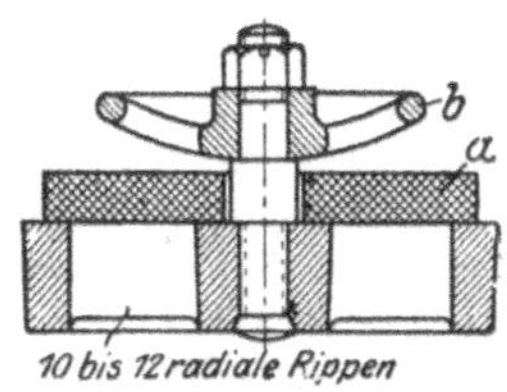

Abb. 73.15. Gummiklappenventil

Neben den federbelasteten Ventilen sind vereinzelt auch noch gewichtsbelastete Ventile im Gebrauch, allerdings nur für kleine Pumpen oder für Pumpen mit geringer Hubzahl. Abb. 73.14 zeigt ein Kugelventil, das besonders zur Förderung von dicken, schlammigen Flüssigkeiten Verwendung findet. Kleinere Kugeln werden voll aus Bronze oder Stahl, größere in Bronzehohlguß, Hartgummi und anderen Kunststoffen hergestellt. Die Kugelventile halten nicht völlig dicht, da sie nicht eingeschliffen werden können. Damit die Kugel sich nicht festklemmt, muß der Winkel α kleiner als 45° sein.

Als ein Mittelding zwischen gewichts- und federbelastetem Ventil kann das Gummiklappenventil (Abb. 73.15) aufgefaßt werden. Die Gummiplatte *a* legt sich nach der Öffnung muldenförmig an den Klappenfänger *b* an.

Gummiklappenventile werden für kaltes oder lauwarmes Wasser ebenfalls in Kleinpumpen verwendet. Sie zeichnen sich durch fast geräuschlosen Gang aus.

[1] Schweter, E.: Pumpen mit hoher Drehzahl, Berlin 1938, Selbstverlag.

D. Ausführungsbeispiele

Die Hubkolbenpumpe großer Leistung, die um die Jahrhundertwende als Wasserwerkspumpe oder als unterirdische Wasserhaltungspumpe noch eine bedeutende Rolle spielte, ist in den letzten Jahrzehnten mehr und mehr durch die Kreiselpumpe verdrängt worden. Die heutige Fabrikation beschränkt sich hauptsächlich auf Kolbenpumpen kleiner und mittlerer Förderleistung. In diesem Bereich ist die Kolbenpumpe der Kreiselpumpe hinsichtlich der Gestehungskosten nicht oder nur wenig unterlegen, während sie andererseits Eigenschaften aufweist, die sie vor der Kreiselpumpe auszeichnen. Dazu gehören

der gute Wirkungsgrad, das Selbstsansaugen, der fast geräuschlose Gang, die Fähigkeit, kleine Mengen bei höchsten Drücken zu fördern, die Eignung zur Förderung von Dickstoffen, ferner die Möglichkeit, genau bemessene Volumenströme zu liefern (Dosierpumpen) u.a.m.

Diesen Eigenschaften zufolge hat sich die Hubkolbenpumpe insbesondere in der Kleinwasserversorgung, in der chemischen Industrie, bei der Erzeugung von Druckwasser für den Betrieb hydraulischer Pressen, der Förderung von Öl und Dickstoffen und bei der Dampfkesselspeisung behauptet.

74. Einzylinderpumpen

Eine für selbsttätig arbeitende Hauswasserversorgungen geeignete schnellaufende Pumpe ist in Abb. 74.1 dargestellt. Sie ist doppelt wirkend und liegend ausgeführt, mit einem Volumenstrom von maximal 4 m^3/h und einer Förderhöhe von 80 m. Die verhältnismäßig hohe Drehzahl $n = 300$ 1/min (5 1/s) macht mit Rücksicht auf einen

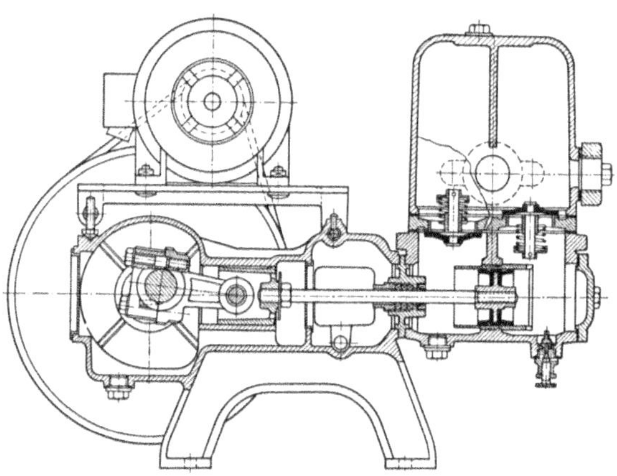

Abb. 74.1. Schnellaufende, doppelt wirkende „Wasserknecht“-Pumpe (Loewe)

geräuscharmen Gang ein kleines Hubverhältnis $s/D = 0{,}5$ sowie eine besondere Ausbildung der Ventile notwendig. Sie sind als Tellerventile ausgeführt. Ihre aus Perbunan bestehenden Tellerflächen werden durch einen Metallkern gestützt. Alle vier Ventile — je ein Saug- und Druckventil auf jeder Seite — sind in *einer* Ebene oberhalb des Kolbens angeordnet, so daß der Pumpenzylinder stets mit Wasser gefüllt bleibt. Dadurch wird das Selbtsansaugen während des Anfahrens — besonders gegen Druck — verbessert.

Saug- und Druckwindkessel befinden sich unmittelbar oberhalb der Ventile. Die Luftergänzung für den Druckwindkessel ermöglicht ein im rechten Teil des Zylinderraumes befindliches Schnüffelventil. Zur Druckbegrenzung dient ein — in der Abbildung nicht dargestellter — Druckstoppautomat, der bei Überschreitung eines eingestellten Druckes Druckwasser zum Saugraum überströmen läßt.

Der Scheibenkolben läuft in einer eingeschraubten Metallbuchse. Zu seiner Abdichtung dienen Perbunanmanschetten, die auf einen leichten Metallkern aufvulkanisiert sind.

Der Weichpackung der Stopfbuchse ist auf der Zylinderseite eine Dichtmanschette aus Perbunan vorgelagert. Letztere soll die Abdichtung gegen den inneren Überdruck bewirken, während die Stopfbuchspackung den Luftzutritt von außen verhindert. Das in der Weichpackung enthaltene Schmiermittel dient zugleich zur Schmierung des Dichtringes, so daß die Stopfbuchse lange Zeit ohne Wartung arbeiten kann.

Der Kurbeltrieb einschließlich des als Hohlzylinder ausgebildeten Kreuzkopfes läuft im Ölbad und ist allseitig öldicht gekapselt. Der Antrieb erfolgt über Keilriemen durch einen Elektromotor, der auf einer Wippe montiert ist. Diese ermöglicht in einfacher Weise die Nachstellung der Keilriemen auf die gewünschte Spannung.

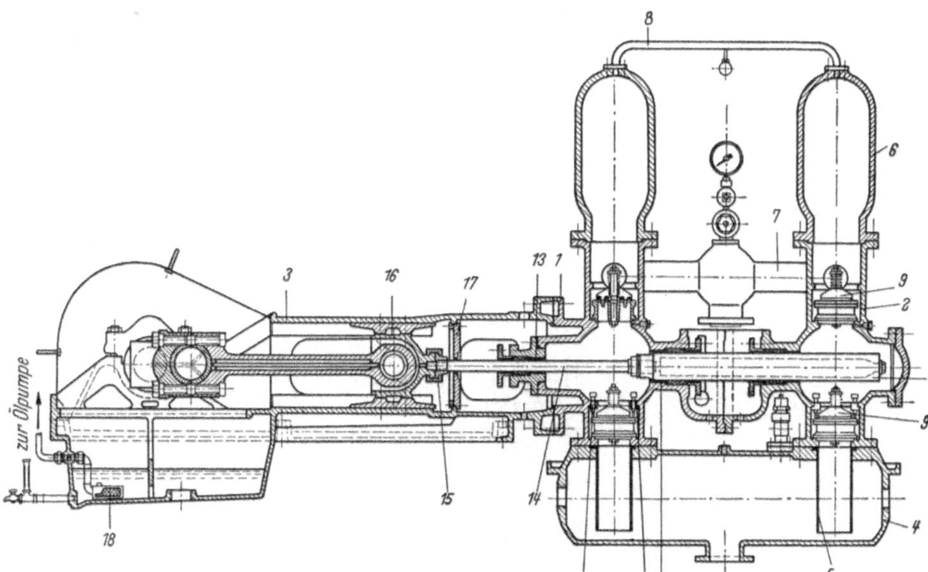

Abb. 74.2. Doppelt wirkende Pumpe (Masch.-Fabrik Eßlingen)

Eine Wasserversorgungspumpe größerer Leistung veranschaulicht Abb. 74.2. Sie ist ausgeführt für einen Volumenstrom von 18 l/s und eine Förderhöhe von 400 m. Die Drehzahl beträgt $n = 60$ 1/min (1 1/s), der Kraftbedarf 80,2 kW. Daraus errechnet sich ein Gesamtwirkungsgrad von 88%. Die doppeltwirkende liegende Bauart entspricht in ihrem Aufbau der Strichzeichnung Abb. 56.1. Vorderer (*1*) und hinterer Pumpenkörper (*2*) sind aus Herstellungsgründen getrennt ausgeführt und durch Schrauben miteinander verbunden. Der Pumpenkörper ist an den Rahmen (*3*) an-

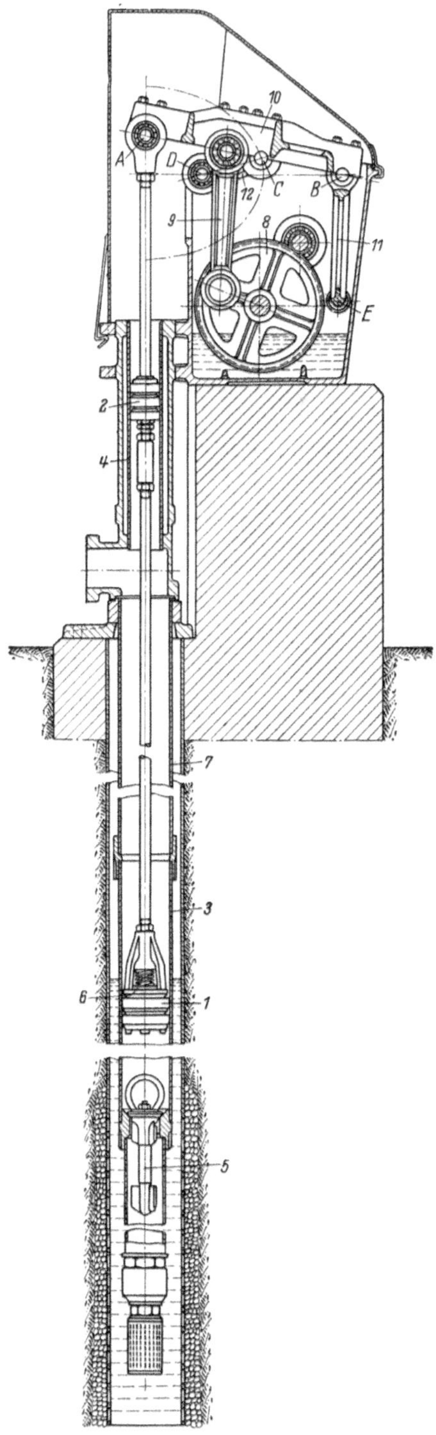

Abb. 74.3. Tiefbrunnen-Kolbenpumpe (F. Köster, Heide i. H.)

geflanscht und stützt sich gegen den für beide Pumpenseiten gemeinsamen Saugwindkessel (*4*) mit den Tauchrohren (*5*) ab.

Im Gegensatz dazu sind zwei getrennte Druckwindkessel (*6*) vorhanden, deren Wasserräume das Drucksammelstück (*7*), und deren Lufträume das Ausgleichrohr (*8*) miteinander verbindet. Die Saug- und Druckventile (*9*) sind als zweispaltige Ringventile ausgebildet. Zur Befestigung der Ventilsitze dienen Spannsegmente (*10*) und Halteschrauben (*11*). Der hohl ausgebildete, gußeiserne Tauchkolben (*12*) wird in den Grundbuchsen (*13*) der Stopfbuchsen geführt und ist mit der Kolbenstange (*14*) verschraubt, die ihrerseits mittels Schraubkupplung (*15*) mit dem Kreuzkopf (*16*) verbunden ist.

Das Eindringen von Wasser aus der Stopfbuchse in die Kreuzkopfgleitbahn bzw. das Kurbelgehäuse wird durch den Verschlußdeckel (*17*) verhindert, dessen Durchbruchstelle ein Simmerring gegen die Kolbenstange abdichtet. Zur Schmierung der Gleitlager und Gleitflächen dient Drucköl. Es wird den Lagerstellen der Kurbel und des Kreuzkopfes durch Bohrungen in der Kurbelwelle und der Schubstange zugedrückt. Das rückfließende Öl sammelt sich in der Kurbelwanne und wird von dort über das Ölfilter (*18*) von einer Ölpumpe den Schmierstellen erneut zugeführt.

Bei tiefliegendem Wasserspiegel — z.B. in Schächten oder Brunnen — muß die Pumpenanlage mit Rücksicht auf die begrenzte Saughöhe in geringer Höhe über dem Wasserspiegel, also im Brunnen selbst angeordnet werden. Unterliegt der Wasserspiegel größeren Schwankungen oder handelt es sich um einen Rohrbrunnen, also einen Brunnen mit kleinem Durchmesser, so verbleibt die Antriebsvorrichtung oberhalb desselben. Die Pumpe wird dann bis unter den Wasserspiegel versenkt und arbeitet als Hubpumpe mit langem, in den Brunnen hinabreichendem Zuggestänge. Die in Abb. 74.3 dargestellte Tiefbrunnenpumpe dieser Art entspricht im Aufbau und in der Arbeitsweise der Differentialhubpumpe nach Abb. 57.2, lediglich mit dem Unterschied, daß nicht nur der Arbeitskolben (*1*), sondern auch der Ausgleichkolben (*2*) als Scheibenkolben ausgebildet ist. Beide Kolben werden durch Chromledermanschetten gegenüber den Messinglaufbuchsen (*3*) und (*4*) abgedichtet. Für mittlere Hubhöhen genügen zwei Dichtungen, bei größeren Hubhöhen sind drei bis vier erforderlich. Die Durchmesser des Arbeits- und des Ausgleichkolbens sind unter Beachtung der Förderhöhen unter und über Flur sowie des Gestängegewichtes so abgestimmt, daß beim Aufwärts- und Abwärtsgang der Kolben etwa gleiche Kräfte entstehen. Ist keine ausreichende Förderhöhe über Flur vorhanden, so ist der Ausgleichkolben hinsichtlich des Kräfteausgleichs unwirksam. Er kann dann lediglich dazu dienen, gleiche Wasserlieferung beim Auf- und Abwärtsgang herzustellen. Der Kräfteausgleich muß durch ein an einem Hebel wirkendes Gegengewicht herbeigeführt werden.

Das mit langer Führungsstange und Leitflügeln versehene Saugventil (*5*) schließt durch sein Eigengewicht, während das im Arbeitskolben befindliche leichtere Druckventil (*6*) zum Zwecke schnelleren Ventilschlusses durch eine Feder belastet wird. Als Werkstoff für Kolben und Ventile dient Rotguß. An den Arbeitszylinder (*3*) schließt sich das Steigrohr (*7*) an. Sein Durchmesser wird zweckmäßig größer als der des Arbeitszylinders gehalten, damit der Arbeitskolben ohne Ausbau des Steigrohres nach oben herausgezogen werden kann, wenn eine Erneuerung der Ledermanschetten notwendig wird.

Zum Antrieb der Pumpe dient ein Elektromotor. Er treibt über einen Keilriementrieb und das im Ölbad laufende Pfeilradgetriebe (*8*) mittels der Schubstange (*9*) den Hebel (*10*) an. Dieser wird durch die Lenker (*11*) und (*12*) mit den festen Drehpunkten *E* und *D* so geführt, daß sich der Gelenkpunkt *A* der Kolbenstange und des Hebels auf einer senkrechten Geraden bewegt. Der Geradführung des Punktes *A* liegt mit Bezug auf Abb. 74.3 folgendes geometrisches Gesetz zugrunde: Wird die Gerade *AB* in einem rechtwinkligen Achsenkreuz so verschoben, daß sich der Punkt *A* auf der Ordinate, der Punkt *B* auf der Abszisse bewegt, so beschreibt der auf dieser Geraden liegende Punkt *C* eine Ellipse mit den Halbachsen *AC* und *B C*.

Wird also umgekehrt Punkt *C* auf der genannten Ellipse und Punkt *B* auf der Abszisse bewegt, so beschreibt der Punkt *A* eine zu dieser senkrechte Gerade. Bei der vorliegenden Konstruktion sind die Bedingungen der Geradführung zwar nicht streng, aber doch hinreichend genau erfüllt. Der Punkt *B* bewegt sich nicht auf einer Geraden, sondern auf dem Kreise mit dem Mittelpunkt *E*. Da der Ausschlag des Lenkers (*11*) jedoch sehr klein ist, bleibt die Abweichung von der Geraden unbedeutend. Ferner ist der vom Punkt *C* während der Hubbewegung beschriebene Teil der Ellipse durch deren Krümmungskreis in Hebelmittellage ersetzt. Die Länge *CD* des Lenkers (*12*) ist also so bestimmt, daß der um *D* beschriebene Kreisbogen möglichst wenig von der Ellipse abweicht.

Zur Verminderung der Reibung sind die Drehpunkte der Lenker und des Hebels mit kräftig bemessenen Kugellagern ausgerüstet.

Die Hubzahl der Tiefbrunnen-Kolbenpumpen ist wegen der großen zu beschleunigenden Massen verhältnismäßig gering. Sie ist um so kleiner, je größer die Wasserspiegeltiefe und der Volumenstrom ist. Im vorliegenden Fall werden maximal 30 Hübe je Minute (0,5 Hübe je Sekunde) erreicht bei einem größten Volumenstrom von 33 m^3/h und einer Gesamtförderhöhe von 60 m.

Abweichend von den bisher gezeigten Ausführungsbeispielen ventilgesteuerter Einzylinderpumpen arbeitet die Sonderkonstruktion nach Abb. 74.4 mit einer Schiebersteuerung, und zwar in der Weise, daß der Kolben nicht nur Verdränger, sondern zugleich auch Steuerorgan ist. Die Wirkungsweise der Steuerung dieser als „Steuerkolbenpumpe" bezeichneten Bauart ist bereits im Abschn. 64a erläutert worden.

Neben der hin- und hergehenden Bewegung führt der Kolben (*1*) (Abb. 74.4) während eines Doppelhubes eine volle Umdrehung um seine Achse aus. Dadurch wird der Zylinderraum (*2*) vermöge der Bohrung (*3*) und des Ausschnittes (*4*) des Kolbens während des Saughubes mit dem Saugstutzen (*5*) und während des Druckhubes mit dem Druckstutzen (*6*) verbunden. Dabei arbeiten die Steuerkanten, wie aus dem Schnitt *A*—*B* ersichtlich, ohne Überdeckung.

Die Überlagerung der Hubbewegung durch eine Drehbewegung ist mechanisch in folgender Weise verwirklicht:

Der zylindrische Kreuzkopf (*7*) wird von der Kurbelwelle über die Pleuelstange (*8*) und den Gabelzapfen (*9*) in Längsrichtung angetrieben. Er ist mittels der Kegelrollenlager (*10*) auf dem Gabelzapfen (*9*) drehbar gelagert und wird in der Zahnradbuchse (*11*) geführt, wobei die Feder (*12*) in der Nut dieser Buchse gleitet. Über einen — in der Abbildung nicht sichtbaren — Kegelradtrieb und einen Stirnradtrieb setzt die Kurbelwelle die Zahnradbuchse in Drehung, welche die Drehbewegung mittels der Feder auf den Kreuzkopf und von diesem weiter auf den Kolben überträgt.

In der vorliegenden Ausführung sind alle mit der Förderflüssigkeit in Berührung kommenden Teile, also Kolben (*1*), Zylinder (*13*) und die Stutzen (*5*) und (*6*) aus Porzellan hergestellt. Es ist deshalb für die Verbindung des Kolbens mit dem Kreuzkopf eine besondere Klemmvorrichtung (*14*) und zur Vermeidung von Querkräften ein Kardangelenk (*15*) erforderlich.

Der Kolben ist in die Zylinderbohrung dichtend eingepaßt.

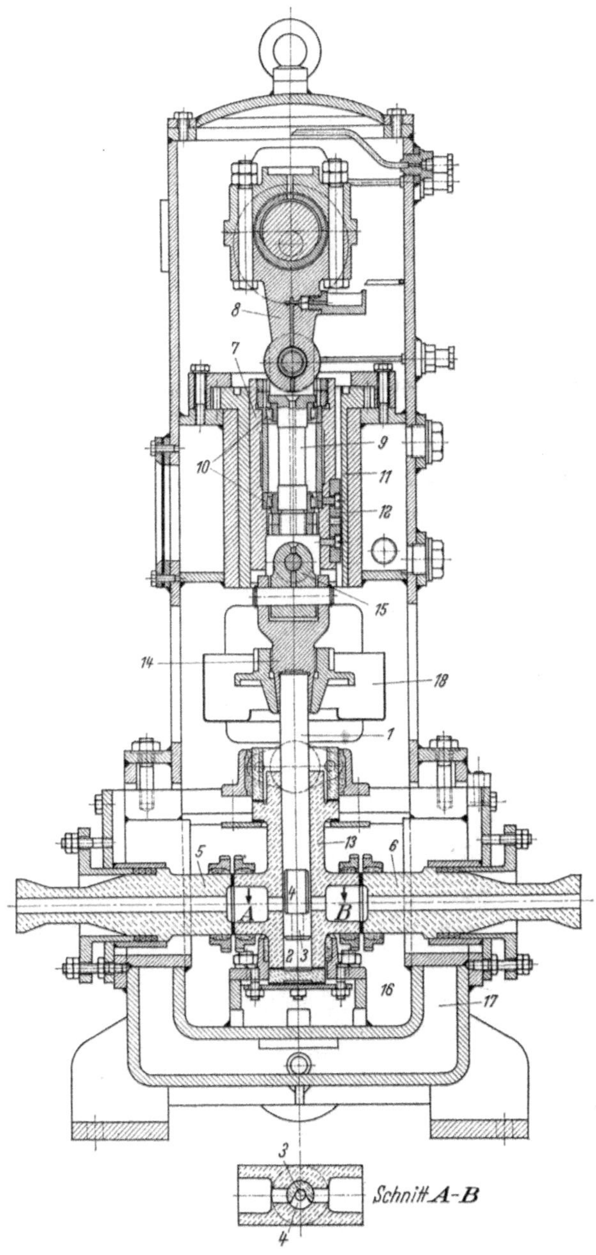

Abb. 74.4. Steuerkolbenpumpe (Walbersdorf)

Der Raum (*16*) enthält ein Wärmeträgeröl, das Zylinder und Stutzen allseitig umgibt und erwärmt. Es wird von dem doppelwandig ausgeführten Unterteil (*17*) des Pumpenständers aus durch Dampf beheizt.

Eine von der Kurbelwelle angetriebene Ölpumpe versorgt alle aufeinandergleitenden oder abwälzenden Triebwerksteile mit Schmieröl. Das überschüssige Lecköl sammelt sich in der Auffangschale (*18*), aus der es in einen Vorlagebehälter abfließt.

Die Pumpe wird mit Kolbendurchmessern $D = 22\cdots60$ mm und einem Hubverhältnis $s/D = 0{,}8$ für Betriebsdrücke bis zu $p_ü = 16$ bar ausgeführt. Sie eignet sich unter entsprechender Begrenzung der Drehzahl, deren Höchstwert $n = 300$ 1/min (5 1/s) beträgt, zum Fördern sowohl zäher als auch geringviskoser Medien, etwa ab 1 E. Als Dosierpumpe erreicht sie eine Dosiergenauigkeit von 99,5%.

Durch Ändern der Drehrichtung läßt sich der Volumenstrom umkehren.

In der Ausführung nach Abb. 74.5 ist an die Stelle des Kolbens eine Membran (*1*) getreten. Damit entfällt die gleitende Bewegung des Kolbens und der Kolbenstange in ihren mit der Förderflüssigkeit in Berührung kommenden Dichtungen und somit die Abnutzung dieser Teile. Außerdem wird durch völlig dichten Abschluß des Pumpenraumes gegen die Außenluft jeglicher Austritt von Leckflüssigkeit vermieden. Pumpen dieser Art eignen sich deshalb zur Förderung von Trüben und Schlämmen mit schmirgelnden Bestandteilen oder hohem Gehalt an Feststoffen, ferner zum Fördern aggressiver oder giftiger Medien.

Wegen der beschränkten Bewegungsmöglichkeit der Membran muß das Hubverhältnis s/D kleingehalten werden. Es hat hier den Wert $s/D = 100/380 = 0{,}263$, wenn

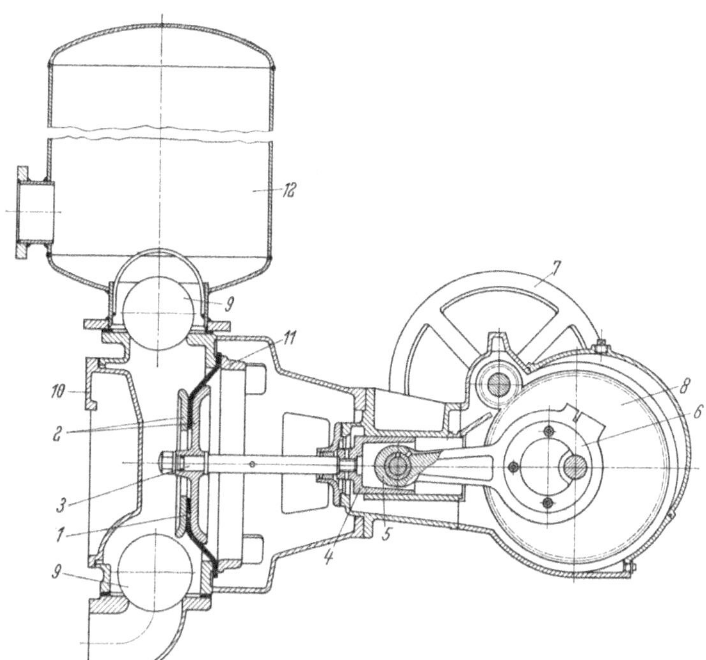

Abb. 74.5. Membranpumpe (Hammelrath & Schwenzer)

s den Hub und D den äußeren Einspanndurchmesser der Membran bezeichnet. Die senkrecht angeordnete Membran ist mittels Spannringen (*2*) mit der Kolbenstange (*3*) verbunden, die über den Kreuzkopf (*4*) und die Schubstange (*5*) von dem Exzenter (*6*) mit je 50 Saug- und Druckhüben/Minute angetrieben wird. Zur Herabsetzung der Motordrehzahl auf die zulässige Hubzahl dient der Keilriementrieb (*7*) sowie das schrägverzahnte Getriebe (*8*). Letzteres ist völlig gekapselt und läuft im Ölbad, das zugleich alle Lager- und Gleitstellen mit Öl versorgt. Als Ventile werden Gummikugeln (*9*) mit Eisenhohlkern verwendet. Sie bieten Feststoffen wenig Möglichkeit zum Anhaften. Fremdkörper, die sich trotzdem gelegentlich einklemmen, können nach Lösen des Reinigungsdeckels (*10*) leicht entfernt werden. Ebenso läßt sich eine schadhafte Membran durch Abschrauben des Spannrandes (*11*) in kurzer Zeit auswechseln.

Zur Vermeidung stoßweiser Förderung, die ein Schlagen des Druckschlauches zur Folge hat, ist ein Druckwindkessel (*12*) vorgesehen. Das Aggregat, bestehend aus Pumpe und Antriebsmotor, wird auf einem Fahrgestell montiert.

Die Kennlinien der Pumpe, die hier die Abhängigkeit des Volumenstroms Q von der Druckhöhe H_d im Druckwindkessel und der geodätischen Saughöhe $H_{s\,geo}$ als Parameter wiedergeben, gehen aus Abb. 74.6 hervor. Sie gelten für Förderung von reinem, kaltem Wasser bei $n = 50$ 1/min (0,833 1/s) und einer kurzen, weiten Saugleitung. Es zeigt sich, daß der Volumenstrom und somit auch der volumetrische Wirkungsgrad trotz der dicht schließenden Membran mit wachsender Druckhöhe, besonders aber mit zunehmender Saughöhe, erheblich zurückgeht. Setzt man voraus, daß auch die Ventile dicht schließen, so erscheint als Ursache zunächst der sehr große schädliche Raum, und zwar im Verhältnis zum Hubvolumen. Beim Saughub wird dadurch der Volumenanteil des sich ausscheidenden Gases und des expandierenden Gasrestes, der beim Druckhub im schädlichen Raum zurückgeblieben ist, relativ

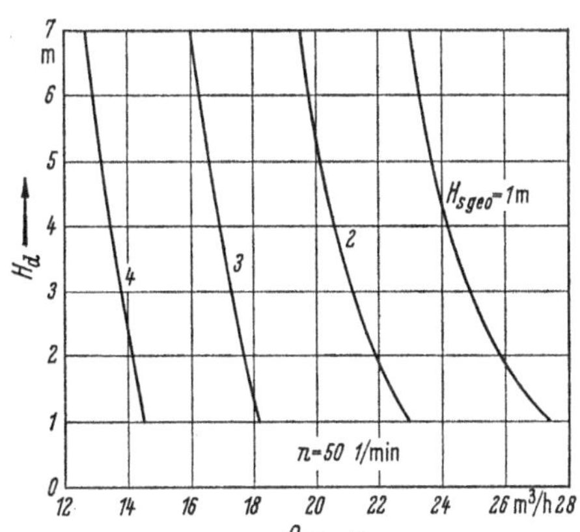

Abb. 74.6. Kennlinien der Membranpumpe nach Abb. 74.5 (Hammelrath & Schwenzer)

groß und nimmt mit der Saughöhe beträchtlich zu. Zum andern wird die Membran beim Saug- und Druckhub entgegengesetzt elastisch verformt, was ebenfalls auf eine Verminderung des Nutzvolumens hinwirkt. Die Volumenabnahme wächst mit dem aufzunehmenden Druckunterschied.

Als Werkstoff der Membran dient im vorliegenden Fall Gummi. Andere geeignete Werkstoffe sind: Perbunan, Vulkollan, Mipolam, Hypalon, Viton.

Die größte Förderhöhe (Saughöhe + Druckhöhe) der Pumpe beträgt 14 m. Für wesentlich größere Förderhöhen ist der unmittelbare Antrieb der Membran durch die Kolbenstange nicht mehr möglich. An seine Stelle tritt der hydraulische Antrieb mittels Druckwasser oder Drucköl, wodurch die Membran von Spannkräften völlig entlastet wird. Ein Beispiel dieses mittelbaren Antriebs liefert die Erdöltauchpumpe nach Abb. 80.3.

75. Mehrzylinderpumpen

Durch Parallelschalten mehrerer einfach wirkender Pumpen zu einer Einheit in der Weise, daß die Kurbeln um gleiche Winkel gegeneinander versetzt sind, ergibt sich nicht nur ein günstiger Verlauf des Drehmomentes an der Kurbelwelle, sondern auch eine ziemlich gleichmäßige Förderung.

Eine viel verwendete Pumpe dieser Bauart ist die Drillingspumpe, bei der drei einfach wirkende Pumpen mit einer Kurbelversetzung von 120° im Parallelbetrieb arbeiten. Die Förderung ist hier bereits so gleichmäßig (Abb. 59.1 u. 63.2), daß die Saug- und Druckwindkessel klein ausfallen und unter Umständen ganz fortgelassen werden können.

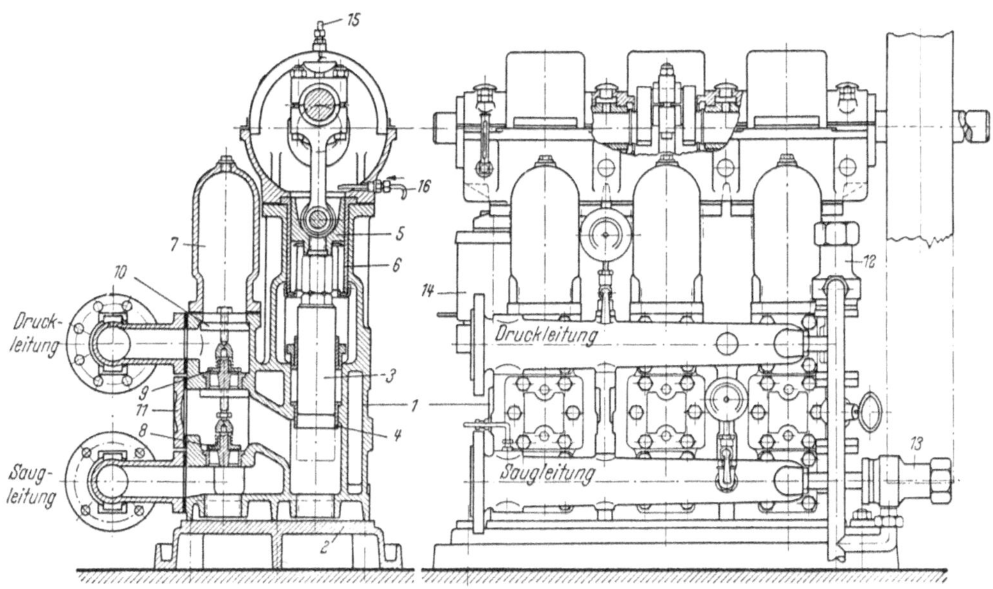

Abb. 75.1. Drillingspumpe (Masch.-Fabr. Eßlingen)

Die nach Abb. 75.1 stehend ausgeführte Pumpe hat einen Volumenstrom von 3,7 l/s bei einer Förderhöhe von 250 m. Entsprechend der Drehzahl $n = 175$ 1/min (2,92 1/s) ist das Hubverhältnis $s/D = 1{,}12$ klein gewählt. Der Kraftbedarf von 11,4 kW bei Wasserförderung läßt auf einen Wirkungsgrad von etwa 80% schließen, der in Anbetracht der vermehrten Lagerstellen und Gleitflächen und der relativ kleinen Leistung als günstig bezeichnet werden kann.

Der dreizylindrige Pumpenkörper (*1*) ist als Ganzes in *einem* Stück gegossen und mit der Grundplatte (*2*) verschraubt. Die drei Tauchkolben (*3*) werden jeweils durch die Grundbuchse (*4*) der Stopfbuchse und den Kreuzkopf (*5*) geführt, der seinerseits in der Einsatzbuchse (*6*) gleitet. Wegen der Drillingsanordnung können die Windhauben (*7*) klein gehalten werden. Als Saugwindkessel, für die das gleiche gilt, dienen die mit der Saugleitung verbundenen Hohlräume um die eigentlichen Pumpenzylinder.

Die Saug- und Druckventile (*8*) und (*9*) sind als Tellerringventile ausgebildet und liegen gleichachsig übereinander. Ihre Sitze sind durch Spannbügel (*10*) und Druckschrauben in der Weise befestigt, daß der Ausbau durch Abnahme der Deckel (*11*) bzw. der Windhauben in einfacher Weise möglich ist. Je eine gemeinsame Sammelleitung verbindet die drei Saug- und Druckräume. Sie sind durch die Sicherheitsventile (*12*) und (*13*) gegen Überlastung geschützt.

Die Kurbelwelle mit der fliegend aufgesetzten Antriebsscheibe läuft in vier Lagern mit Ringschmierung, während die Kurbel- und Kreuzkopfzapfen von der Schmierölpumpe (*14*) durch die Leitungen (*15*) und (*16*) mit Tropföl versorgt werden.

Die Drillingspumpe nach Abb. 75.2 hat als Besonderheit eine Schwingschiebersteuerung, deren Arbeitsweise und Eigenschaften bereits im Abschn. 64a erläutert worden sind. Der unmittelbar an den Kurbelzapfen angelenkte Kolben (*1*) ist in die Zylinderbohrung des Schwingschiebers (*2*) metallisch dichtend eingeläppt. Während jeder vollen Kurbeldrehung führt er einen Saug- und einen Druckhub aus und versetzt dabei den Schieber (*2*) in eine schwingende Bewegung, durch welche der Saug-

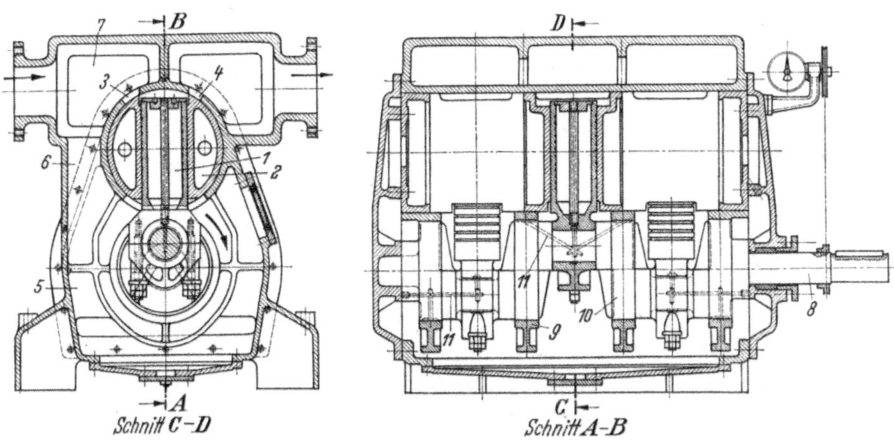

Abb. 75.2. Drillingspumpe mit Schwingschiebersteuerung (Walbersdorf)

schlitz (*3*) und der Druckschlitz (*4*) abwechselnd geöffnet und geschlossen werden. Wie aus der Abbildung ersichtlich, arbeiten die Steuerkanten ohne Überdeckung. Saug- und Druckschlitz werden also genau in den Kolbentotlagen geöffnet und wieder geschlossen. Dabei paßt sich der veränderliche Schlitzquerschnitt der Kolbengeschwindigkeit so an, daß sich die Durchflußgeschwindigkeit während des Kolbenhubes nur geringfügig ändert. Außerdem sind die Schlitzquerschnitte so groß bemessen, daß die Geschwindigkeit nur kleine Werte erreicht. Entsprechendes gilt für den Durchgangswiderstand. Es ergibt sich eine gleichmäßige Füllung der Zylinder.

Der mit dem Fördermedium gefüllte Kurbelraum (*5*) ist für jeden Zylinder durch einen halbkreisförmigen Kanal (*6*) mit dem kastenartig ausgebildeten Saugraum (*7*) verbunden. Dadurch wird beim Saughub ein dem Ansaugevolumen gleichgroßes Volumen aus dem Kurbelraum in den Saugraum verdrängt, was den Ansaugevorgang verbessern soll. Der nachfolgende Druckhub saugt das vorher verdrängte Volumen aus der Saugleitung wieder an. Die Pumpe saugt also gewissermaßen über den Kurbelraum aus der Saugleitung, so daß dieser unter dem Ansaugedruck steht. Infolge der Dreizylinderausführung bleiben die Druckschwankungen gering.

Die drei Kurbeln sind auch hier um 120° gegeneinander versetzt. In der Abbildung sind sie allerdings in Zirkularprojektion, d.h. in der Zeichenebene liegend, dargestellt.

Die Kurbelwelle (*8*) läuft in vier Traglagern (*9*) des Tunnel-Kurbelgehäuses. Da die Wangen (*10*) als Laufflächen ausgebildet sind, fällt der Lagerdurchmesser d relativ groß aus. Die Lagerlänge l kann deshalb kurz gehalten werden, so daß sich ein ungewöhnlich kleines Längenverhältnis $l/d = 0{,}24$ ergibt.

Zur Schmierung der Lager dient die Förderflüssigkeit. Sie wird während des Druckhubes durch das Kolbeninnere und die Bohrungen (*11*) in der Kurbelwelle den Schmierstellen zugeführt.

Die Pumpe ist für die Förderung von schmierfähigen Medien mit höherer Viskosität vorgesehen. Sie hat einen Kolbendurchmesser $D = 120$ mm, ein Hubverhältnis $s/D = 1$ und wird je nach der Zähigkeit des Mediums mit $n = 70 \cdots 180$ 1/min (1,17⋯3 1/s) betrieben. Der maximale Betriebsdruck beträgt $p_ü = 12$ bar.

Als Werkstoff wird für alle Gußteile einschließlich der Kurbelwelle Grauguß verwendet.

Bei der stehenden Pumpe nach Abb. 75.3 — eine amerikanische Konstruktion — sind fünf Kolben mit gleichmäßiger Kurbelversetzung parallelgeschaltet. Die Geschwindigkeitsschwankungen in der Saug- und Druckleitung sind hier so gering, daß sich Windkessel erübrigen. Mit dem Kolbendurchmesser $d = 89$ mm, dem Kolbenhub $s = 127$ mm und der beachtlich hohen Drehzahl $n = 360$ 1/min (6 1/s) liefert die Pumpe 22,5 l/s Flüssigkeit gegen einen Druck $p_ü = 46{,}2$ bar. Der Kraftbedarf beträgt bei Wasserförderung 124,5 kW, woraus sich ein Gesamtwirkungsgrad $\eta = 0{,}835$ errechnet.

Bemerkenswert an der vorliegenden Bauweise ist die völlige Trennung des Triebwerksteiles vom Pumpenteil unter Benutzung von Umführungsgestängen. Im Gegensatz zu Abb. 75.1 ist der Triebswerksteil unterhalb des Pumpenteils angeordnet. Durch die Verwendung getrennter Gehäuse für beide Teile soll verhindert werden, daß Förderflüssigkeit und etwa darin enthaltene Beimengungen in das Triebwerk gelangen, das Schmieröl verunreinigen und somit einen vorzeitigen Verschleiß der Gleitflächen hervorrufen. Ferner bietet diese Bauweise die Möglichkeit, ohne größeren Zeitaufwand an Ort und Stelle eine Auswechslung der Tauchkolben vorzunehmen. Der Einbau anderer Tauchkolben kann einesteils durch den normalen Verschleiß bedingt sein, andernteils sieht die vorliegende Konstruktion auch vor, die Pumpe gelegentlich für andere Förderverhältnisse, d.h. für höhere Drücke bei kleineren Volumenströmen oder auch für umgekehrt veränderte Betriebsverhältnisse und mit anderem Fördermittel einzusetzen. In diesem Falle sind lediglich Tauchkolben mit anderem Durchmesser und den zugehörigen Stopfbuchsenteilen zu verwenden. Das vom Kreuzkopf (*1*) zur Traverse (*2*) des Tauchkolbens (*3*) führende Gestänge (*4*)

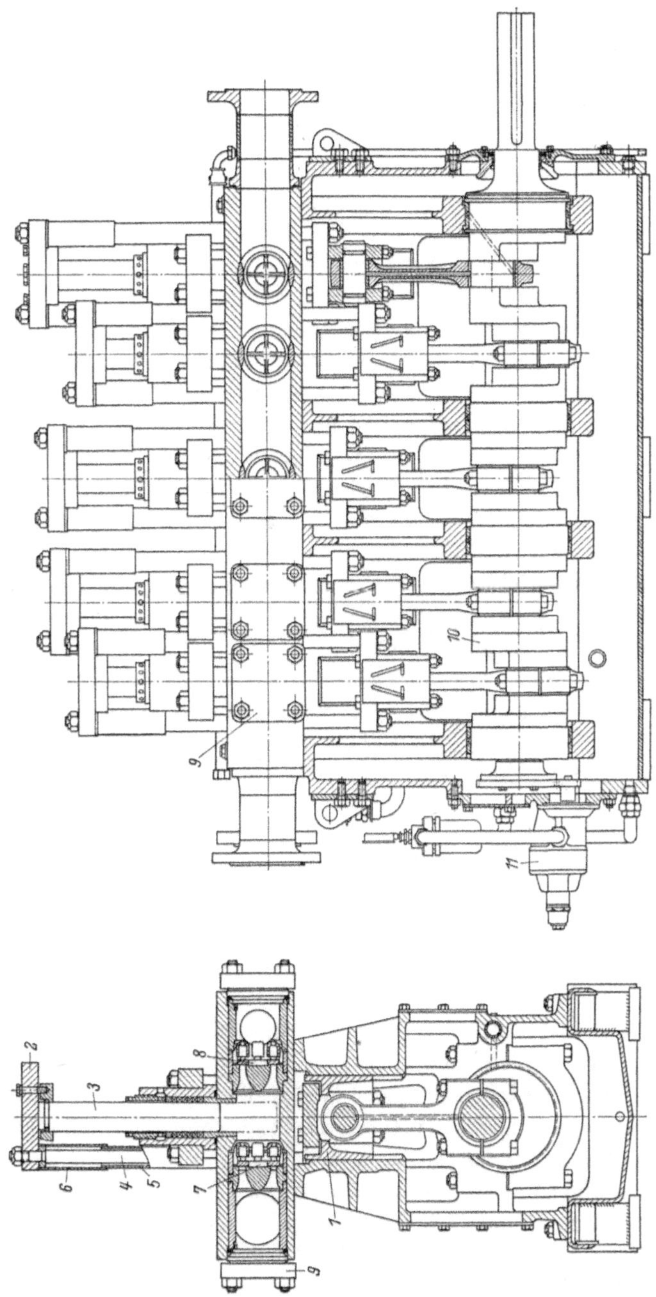

Abb. 75.3. Einfach wirkende fünfzylindrige Hochdruckpumpe mit Umführungsgestänge (Deutsche Worthington-Ges. Hamburg)

macht allerdings eine Durchbrechung der Gehäusewandung des Pumpen- und Triebwerksteiles notwendig. Die Durchbruchstellen sind aber durch ein feststehendes, die Zugstange (*4*) umschließendes Rohr (*5*) zuverlässig abgedichtet. Über letzteres schiebt sich bei der Kolbenbewegung teleskopartig ein zweites an der Traverse befestigtes Rohr (*6*), welches das Eindringen von Fremdkörpern in den Raum zwischen dem Rohr (*5*) und der Zugstange (*4*) verhindert. Die Saug- und Druckventile (*7*) und (*8*) sind waagerecht angeordnete, durch kleine Schraubenfedern belastete Ringventile. Der Ventilring wird durch die Ventilfedern geführt und schwebt im übrigen frei in der Flüssigkeit. Die gleichachsige Anordnung je zweier zusammen arbeitender Ventile gestattet einen möglichst störungsfreien Durchfluß des Fördermittels von der Saug- zur Druckseite. Einzeldeckel (*9*) machen jedes Ventil leicht zugänglich. Der vom Saug- und Druckventil, sowie vom Tauchkolben in seiner unteren Totlage eingeschlossene Raum, der sogenannte schädliche Raum, ist sehr kleingehalten, so daß die Pumpe auch bei gashaltigen Fördermitteln mit verhältnismäßig gutem volumetrischem Wirkungsgrad arbeitet.

Als Werkstoff dient für die Tauchkolben nichtrostender Stahl oder auch ein keramischer Stoff, für die Ventilsitze nichtrostender Stahl, während die Ventilringe aus Bakelit oder nichtrostendem Stahl hergestellt werden.

Die Kurbelwelle (*10*) ist vierfach gelagert. Hervorzuheben ist der große Lagerdurchmesser $d = 300$ mm sowie die geringe Lagerlänge $l = 80$ mm, so daß sich das sehr kleine Längenverhältnis $l/d = 0{,}267$ ergibt. Als Grund für diese Ausführungsweise wird die Verkürzung der Gesamtbaulänge der Pumpe angegeben, wodurch die Pumpe leichter und billiger wird. In diese Richtung weist auch die verschränkte Anordnung der Umführungsgestänge. Alle Gleitlager und Gleitflächen des Triebwerks werden durch Drucköl geschmiert, das von der durch die Kurbelwelle angetriebenen Zahnradpumpe (*11*) im Umlauf gefördert wird.

Neben der Erzeugung von Druckwasser für den Betrieb hydraulischer Pressen und andere industrielle Zwecke eignet sich die Pumpe auch zur Förderung von Flüssigkeiten mit höherer Viskosität und leichter Verschmutzung, z. B. Rohöl, sowie für gashaltige Flüssigkeiten.

76. Preßpumpen

Ein wichtiges Arbeitsgebiet der Hubkolbenpumpe ist die Erzeugung von Preßflüssigkeit zum Betrieb hydraulischer Pressen, zur Speisung von Preßwasser-Akkumulatoren und Höchstdruckkesseln, ferner für Umwandlungsprozesse in der chemischen Industrie u. a. m. Wegen der großen Drücke, die häufig mehrere hundert Bar betragen, kommt als Verdränger nur der Tauchkolben in Frage. Kleine Einheiten werden mit einem oder zwei, größere stets mit drei, mitunter auch mit mehr Tauchkolben ausgerüstet, wodurch eine besonders gleichmäßige Wasserförderung und ein stoßfreier Betrieb gewährleistet ist. Drillingspreßpumpen arbeiten mit verhältnismäßig großer Drehzahl. Für kleine Förderleistung liegt sie etwa bei $n = 350$ 1/min (5,83 1/s) und darüber. Mit zunehmendem Volumenstrom ist eine Herabsetzung der Drehzahl notwendig. Sie beträgt für Volumenströme von mehr als 60 m^3/h meistens weniger als 200 1/min (3,33 1/s). Druckwindkessel werden bei Preßpumpen nicht vorgesehen, weil einerseits die Luft bei dem hohen Druck sehr schnell vom Wasser absorbiert würde und ständig durch einen besonderen Verdichter ersetzt werden müßte, andererseits aber die Dreizylinderausführung bereits eine hinreichend gleichmäßige Wasserförderung ermöglicht.

Bei der Drillingspreßpumpe nach Abb. 76.1 (Volumenstrom 4,85 $m^3/h = 0{,}00135$ m^3/s auf $p_ü = 196$ bar bei $n = 260$ 1/min $= 4{,}33$ 1/s) besteht der eigentliche Pumpenkörper, in den auch die Ventile eingebaut sind, aus Stahl, das Triebwerksgestell

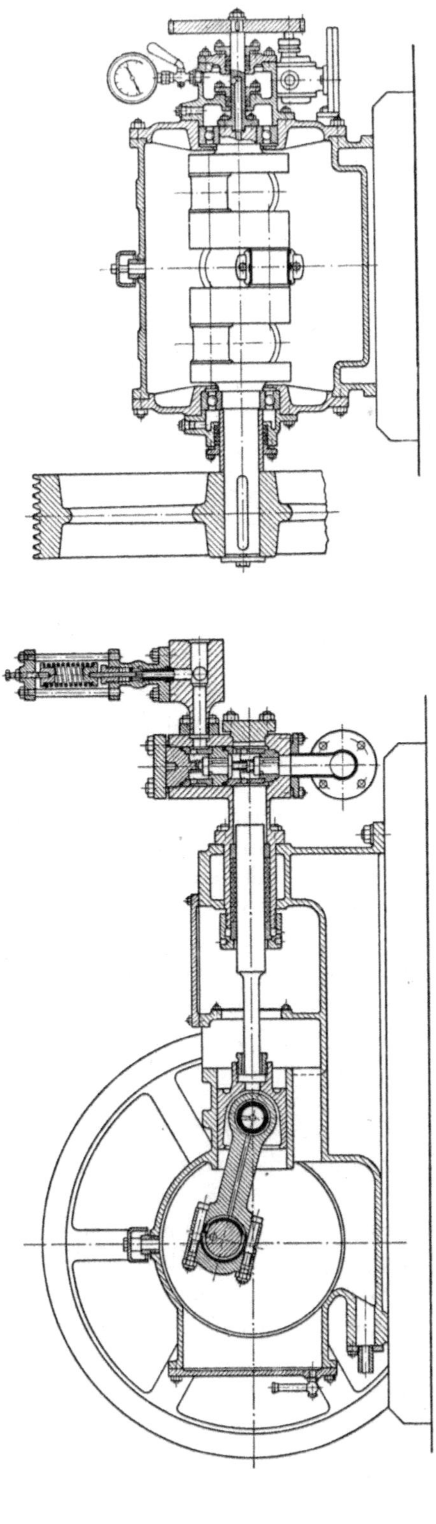

Abb. 76.1. Drillingspreßpumpe (Balke)

einschließlich Deckel sowie die Kreuzköpfe aus Gußeisen. Das Triebwerk ist mit Rücksicht auf die auftretenden erheblichen Beanspruchungen sehr kräftig ausgeführt. Die Kurbelwelle läuft in Wälzlagern. Alle Gleitlager und die Kreuzkopfbahn werden durch Preßöl geschmiert. Der aus Stahl gefertigte Tauchkolben ist an den Laufflächen gehärtet und geschliffen. Er wird durch eine außenliegende, nachstellbare lange Stopfbuchse abgedichtet, die mit einer für hohe Drücke geeigneten Spezialpackung versehen ist. Zur Führung des Kolbens dient eine auswechselbare Grundbuchse aus Bronze oder Gußeisen sowie ein Rundkreuzkopf. Als Saug- und Druckventile sind stählerne, federbelastete Tellerventile mit reichlichem Durchgangsquerschnitt verwendet, die sich nach Lösen der Schrauben des oberen Abschlußdeckels leicht ausbauen lassen.

Überschreitung des zulässigen Höchstdruckes wird durch ein Sicherheitsventil verhindert.

Zur Erreichung eines kleinen Ungleichförmigkeitsgrades, also eines gleichmäßigen Ganges, ist eine Schwungmasse erforderlich, die im vorliegenden Fall als verstärkter Kranz in der Keilriemenscheibe untergebracht ist.

Neben dem Antrieb durch Keilriemen oder Flachriemen mit Spannrolle wird auch Antrieb durch Elektromotor über ein Zahnradgetriebe oder durch direkt gekuppelten Getriebemotor angewendet.

Bei unmittelbarem Arbeiten einer Pumpe auf eine Presse ohne Akkumulator erhalten Füll- und Preßkolben verschieden große Durchmesser. Während des Füllens des Preßzylinders sind nur geringe Drücke erforderlich. Die Füllzeit kann daher durch Vergrößerung des Volumenstromes ohne Überlastung der Antriebsmaschine verkürzt werden. Zu diesem Zweck werden die Durchmesser der Füll- und Preßkolben abgestuft. Während des Füllens arbeiten sämtliche Kolben zusammen. Bei Überschreiten eines bestimmten eingestellten Druckes wird zunächst der größte Kolben durch selbsttätige Öffnung des zugehörigen Saugventils außer Betrieb gesetzt. Dasselbe geschieht bei weiterer Drucksteigerung mit dem zweiten Kolben, so daß schließlich nur noch der dritte Kolben bis zu dem ebenfalls durch Saugventilauslösung gesicherten Höchstdruck weiterarbeitet. Die Auslösung des Saugventils kommt dadurch zustande, daß ein durch eine einstellbare Feder belasteter Hilfskolben unter der Einwirkung des erzeugten Flüssigkeitsdruckes das Saugventil öffnet. Es bleibt so lange geöffnet, wie der Pumpendruck die eingestellte Druckgrenze überschreitet.

77. Pumpen mit stetig veränderlichem Kolbenhub

Im Gegensatz zur Kreiselpumpe, die durch Drosseln der Druckleitung, also Verändern des zu überwindenden Widerstandes eine Anpassung des Volumenstromes an den jeweiligen Verbrauch gestattet, behält die Kolbenpumpe den Förderstrom unabhängig vom Widerstand bei, wenn die Drehzahl sich nicht ändert. Läßt die Antriebsart eine Drehzahländerung nicht zu, so ist eine Regelung des Volumenstromes nur durch Änderung des Kolbenhubes möglich. Das ist beispielsweise durch Verwendung einer Exzenterscheibe zu erreichen, die mittels Gleitstein auf einer mit der Welle fest verbundenen Scheibe verstellbar ist, oder durch Verdrehung eines Relativexzenters auf einem Grundexzenter. Bei entsprechender Ausführung ist auf diese Weise eine stufenlose Hubverstellung während des Betriebes möglich. Ein weiteres Mittel der stufenlosen Veränderung des Kolbenhubes während des Betriebes liefert das Kipphebelsystem. Es beruht darauf, daß die Bewegung der Schubstange nicht unmittelbar, sondern unter Zwischenschaltung eines zweiarmigen Hebels auf den Kolben übertragen wird. Mit Hilfe von Gleitsteinen geht dabei die kreisförmig schwingende Bewegung des Hebeldruckpunktes an der Kolbenstange in die geradlinig hin- und hergehende des Kolbens über. Durch Verstellung des Hebeldrehpunktes mittels Gleitsteinen ist eine stetige Änderung des Kolbenhubes möglich. Bewegt sich dabei der Drehpunkt in Richtung *der* Hebellage, die der Kolbenlage im oberen Totpunkt entspricht, so bleibt der schädliche Raum für alle Hublängen unverändert, was bei Dosierpumpen von Bedeutung ist[1].

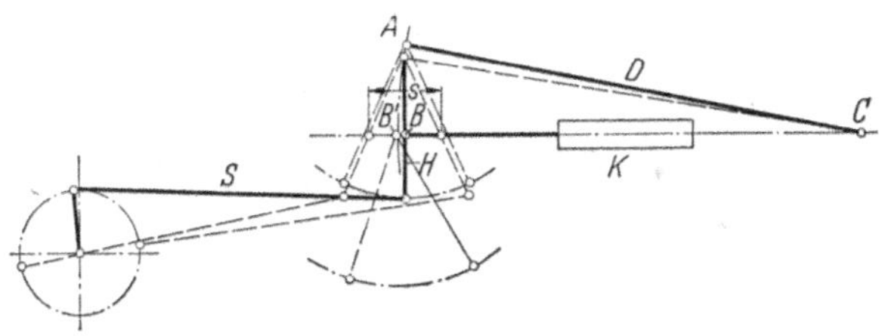

Abb. 77.1. Schwinghebelanordnung

Dem Kipphebelsystem ähnlich ist das Schwinghebelprinzip. Auch hier wird die Bewegung der Schubstange S mittels eines gabelförmigen, aber einarmigen Schwinghebels H auf den Kolben K übertragen (Abb. 77.1). Durch Verlagerung des Drehpunktes A des Schwinghebels gegenüber dem Angriffspunkt B der Kolbenstange läßt sich der Kolbenhub s gemäß der jeweiligen Größe der Strecke AB verändern. Die Überführung der kreisförmig schwingenden Bewegung des Hebelpunktes B in die geradlinige Bewegung der Kolbenstange geschieht in der Weise, daß der Drehpunkt A auf einer gabelförmigen Schwinge D angeordnet wird, die um den Punkt C beweglich ist. Für die höchste Lage des Punktes A erreicht die Pumpe das Maximum des Volumenstroms. Wird A nach B' verschoben, so ist die Förderung gleich Null, weil der Kolben sich nicht mehr bewegt.

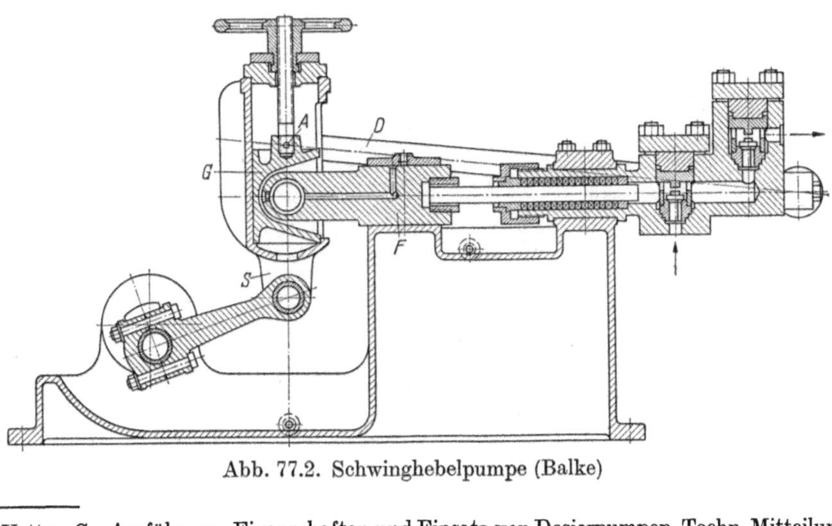

Abb. 77.2. Schwinghebelpumpe (Balke)

[1] Vetter, G.: Ausführung, Eigenschaften und Einsatz von Dosierpumpen. Techn. Mitteilungen 61 (1968) H. 5, S. 229–241.

Die Konstruktion einer derartigen Schwinghebelpumpe geht aus Abb. 77.2 hervor, hier als einfach wirkende Pumpe ausgeführt. Bei größeren Volumenströmen kommt die doppelt wirkende Pumpe mit Umführungsgestänge, unter Umständen in Zwillingsanordnung in Frage. Der Tauchkolben ist mit einem den Kreuzkopf ersetzenden Führungsstück F verbunden, dessen Ende mittels Gelenkbolzen den Gleitschuh G hält.

Der gabelförmige Schwinghebel S ist als Führungskörper für den Gleitschuh G ausgebildet und mit zwei den Drehpunkt A bildenden Zapfen versehen, an denen die Doppelschwinge D angelenkt ist. Die Verstellung des Drehpunktes A des Schwinghebels geht in der Weise vor sich, daß das Führungsgehäuse mittels Handrad und Spindel gegenüber dem Gleitschuh G verschoben wird.

Pumpen der vorgenannten Ausführungen sind — besonders bei Verwendung des Kipphebelsystems — wegen der stufenlosen Veränderlichkeit des Volumenstromes als Dosierpumpen für die chemische Industrie geeignet.

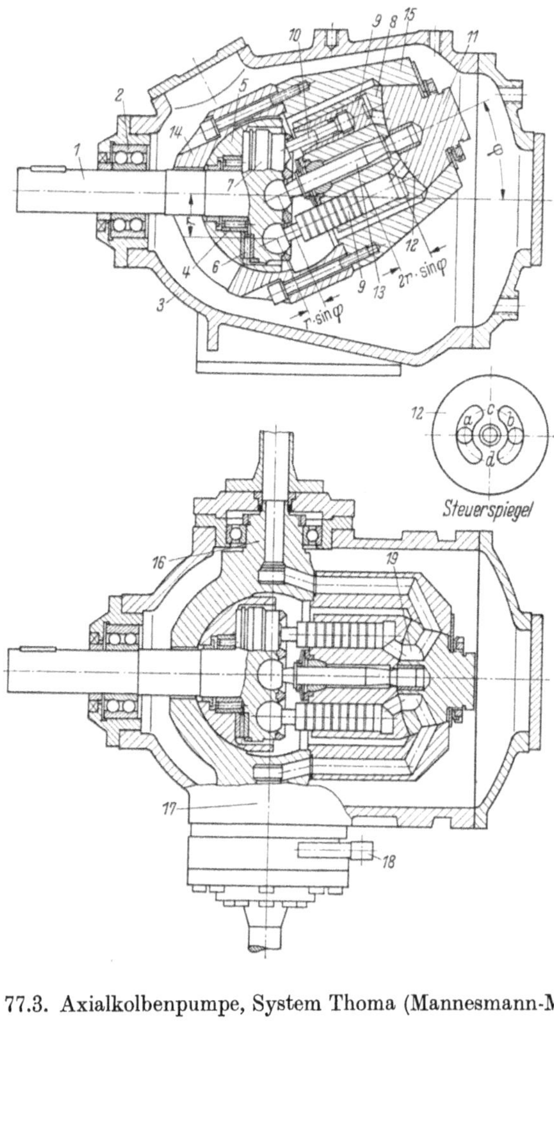

Abb. 77.3. Axialkolbenpumpe, System Thoma (Mannesmann-Meer AG)

Eine nach dem „System Thoma“ arbeitende und für Druckölerzeugung verwendete Pumpe mit stetig veränderlichem Hub ist aus Abb. 77.3 ersichtlich. Die Antriebswelle (*1*) wird radial durch das Kugellager (*2*) des Pumpengehäuses (*3*) und das Rollenlager (*4*) der Kalotte (*5*) sowie axial durch das Rollenlager (*6*) gehalten und bildet mit dem Triebflansch (*7*) *ein* Stück. Der Zylinderkörper (*8*) enthält sieben auf einem konzentrischen Kreise gleichmäßig verteilte Bohrungen, welche die Kolben (*9*) aufnehmen. Triebflansch und Kolben sind durch Kolbenstangen (*10*) mittels Kugelgelenken verbunden. Der Zylinderkörper (*9*) stützt sich in einer eingeschliffenen Kugelfläche gegen den Steuerkonus (*11*) mit dem Steuerspiegel (*12*) ab und wird zusätzlich durch den Mittelzapfen (*13*) geführt, der im Steuerkonus zentriert ist und durch ein Kugelgelenk in Mitte Triebflansch gehalten wird. Der Steuerkonus ist in das mit der Kugelwiege (*14*) verschraubte Zylindergehäuse (*15*) fest eingesetzt.

Die Verbindung des Triebflansches mit den Kolben durch die Kolbenstangen hat zur Folge, daß die Drehbewegung, der Antriebswelle auf den Zylinderkörper übertragen wird. Dabei legen sich die kräftig bemessenen Kolbenstangen an die entsprechend ausgebildeten Innenwände der Kolben an und übertragen das Drehmoment unter mäßiger Belastung der Berührungsflächen. Während die Lage der Welle im Pumpengehäuse (*3*) und in der Kalotte (*5*) unveränderlich ist, läßt sich der Zylinderkörper samt den damit verbundenen Teilen dank der Kugelfläche der Kugelwiege und der Kalotte um die Drehzapfen (*16*) und (*17*) schwenken. Fällt die Achse des Mittelzapfens (*13*) mit der der Antriebswelle zusammen, können die Kolben (*9*) bei der Drehung der Welle offenbar keine Hubbewegung ausführen. Wird dagegen die Kugelwiege mittels des Hebels (*18*) ausgeschwenkt, bilden also die Achsen der Welle und des Mittelzapfens einen Winkel φ miteinander, müssen die Kolben während jeder Umdrehung der Welle einen Saug- und einen Druckhub ausführen, dessen Größe vom Ausschwenkwinkel φ abhängt. Ist r der Halbmesser des Teilkreises auf dem Triebflansch, so errechnet sich der jeweilige Kolbenhub aus

$$h = 2\, r \sin \varphi .$$

Der auf die Nullage des Zylinderkörpers bezogene Ausschwenkwinkel ist in den Grenzen $-25° \leqq \varphi \leqq +25°$ veränderlich. Änderung des Ausschwenkwinkels vom positiven zum negativen Bereich durch die Nullage hat Bewegungsumkehr der Förderflüssigkeit zur Folge, die durch die Bohrungen der Drehzapfen (*16*) und (*17*) zu- bzw. abfließt.

Die Pumpe hat keine Ventile. Zur Verbindung der Hubräume mit der Saug- und Druckleitung dienen die Schlitze *a* und *b* im Steuerspiegel (*12*), die den Ölfluß durch die Kanäle (*19*) von der Saug- zur Druckseite steuern. In den Kolbentotpunkten ist die Verbindung zum Zweck der Umsteuerung für einen Augenblick durch die Stege *c* und *d* unterbrochen. Der plötzliche Druckwechsel erzeugt in den Zylinderräumen Druckstöße und Geräusche, die bei großen Druckunterschieden und Drehzahlen als störend empfunden werden. Durch Anordnung von geeignet bemessenen Dämpfungsschlitzen in den Stegen des Steuerspiegels läßt sich der Schallpegel der Geräusche wesentlich senken[1].

Durch den Öldruck in den einzelnen Zylindern wird der Zylinderkörper gegen den Steuerspiegel gepreßt. Da beide Flächen sorgfältig eingeschliffen sind, bleiben die

---

[1] Seelmann, H.: Geräuschuntersuchungen an Axialkolbenpumpen. VDI-Z. 116 (1974) Nr. 1, S. 31–34.

Leckölverluste gering. Sie unterstützen die Ausbildung eines tragfähigen Ölfilmes, so daß eine Abnutzung der gleitenden Flächen praktisch nicht eintritt. Durch geeignete Bohrungen wird auch den übrigen gleitenden Flächen, insbesondere der Kugelwiege und den Kugelgelenken Drucköl zugeführt.

Die Vielzahl der Zylinder hat eine sehr gleichmäßige Strömung in der Saug- und Druckleitung zur Folge, so daß Windkessel nicht erforderlich sind.

Nach dem Vorhergehenden gestattet die Pumpe nicht nur eine stetige Änderung des Volumenstromes, sondern durch Wechseln der Schwenkrichtung auch eine Bewegungsumkehr der Flüssigkeit. Die Schwenkeinrichtung wird entweder mittels Handrad und Spindel betätigt oder durch einen handgesteuerten Elektromotor oder auch mit Hilfe eines ölhydraulischen Servomotors, der den Steuerimpuls von einem Mengen- oder Leistungsregler erhält.

Im Dauerbetrieb arbeitet die Pumpe mit Drücken bis $p_{ü} = 150$ bar und darüber und erreicht je nach Größe maximale Volumenströme von $13{,}5 \cdots 160\ \mathrm{m^3/h}$ bei einem Bestwirkungsgrad von mehr als 90%. Die zugehörigen Drehzahlen liegen zwischen 375 und 1000 1/min (6,25 und 16,67 1/s), wobei dem größeren Volumenstrom die kleinere Drehzahl zugeordnet ist[1].

Anwendung findet die Pumpe besonders zum Betrieb ölhydraulischer Pressen. Durch hydraulische Kupplung zweier Pumpen, von denen die eine Drucköl erzeugt, die andere als Ölmotor arbeitet, läßt sich ein stufenlos regelbares Getriebe herstellen, das auch eine Bewegungsumkehr gestattet. Derartige Getriebe findet man bei Werkzeugmaschinen, Windwerken, Walzwerken u.a.m.

Die stetige Änderung des Volumenstroms sowie die Bewegungsumkehr des Förderöls ist auch bei radialer Anordnung der Zylinder möglich. In der Ausführung nach Abb. 77.4 — eine innen beaufschlagte Radialkolbenpumpe — enthält die Zylinderscheibe (*1*) fünfzehn radiale Bohrungen, in denen die Kolben (*2*) metallisch dichtend gleiten. Die Scheibe ist auf dem im Gehäuse fest eingespannten, durch Radialkräfte

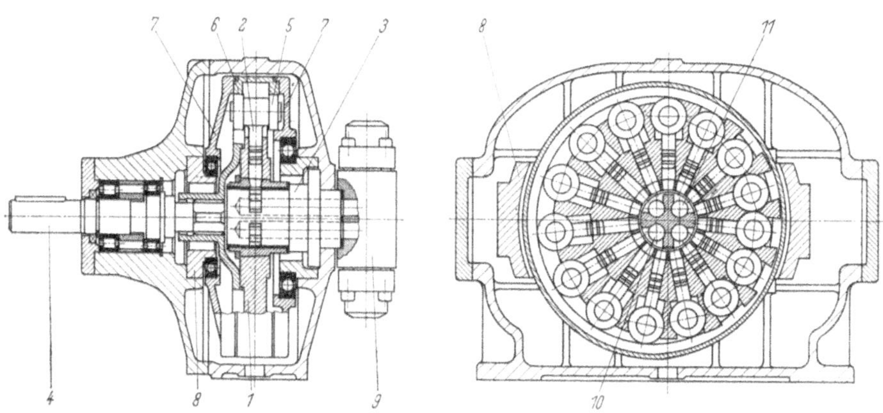

Abb. 77.4. Innenbeaufschlagte Radialkolbenpumpe (Hydromechanik, Kiel)

[1] Eine ausführliche Behandlung dieser Pumpe findet sich in der Dissertation von P. Bloch: Theoretische und experimentelle Untersuchungen an einem Flüssigkeitsübersetzungsgetriebe. Eidgenössische Techn. Hochschule Zürich, 1953.

hoch belasteten Zapfen (*3*) drehbar gelagert und wird von der mit dem Zapfen gleichachsig liegenden Antriebswelle (*4*) über einen Kupplungsflansch angetrieben. Die Pumpenkolben haben in der Zylinderscheibe eine kreuzkopfartige Führung und stützen sich mittels der Rollen (*5*) im Laufring (*6*) ab, der über seine seitlichen Deckel (*7*) in Kugellagern auf dem Schlitten (*8*) drehbar ist. Während des Betriebes drückt die Fliehkraft — druckseitig auch der Öldruck — die Rollen (*5*) an den Laufring (*6*) an, so daß dieser die Drehbewegung der Zylinderscheibe mitmacht. Nimmt dabei der waagerecht verschiebbare Schlitten (*8*) seine Mittelstellung ein, fällt also die Drehachse des Laufrings (*6*) mit der Achse des Zapfens (*3*) und der Antriebswelle (*4*) zusammen, so bleiben die Kolben gegenüber der Zylinderscheibe in Ruhe. Wird jedoch der Schlitten (*8*) um die veränderliche Exzentrizität e seitlich verschoben, so werden die Kolben durch den Laufring gezwungen, bei jeder Umdrehung der Zylinderscheibe einen Saug- und einen Druckhub von der Größe $2e$ auszuführen, woraus sich die Flüssigkeitsförderung ergibt. Da der Laufring mitrotiert, bleibt die Drehbewegung der Rollen zugunsten des mechanischen Wirkungsgrades gering.

Die Zu- und Abführung des Öles erfolgt über den Ölanschlußblock (*9*) und die Kanäle des Zapfens (*3*) in der Weise, daß der Saugraum (*10*) und der Druckraum (*11*) über je eine halbe Umdrehung hinweg mit den Pumpenzylindern verbunden wird. Beide Räume sind nur durch einen schmalen waagerechten Steg, der in den Totlagen der Kolben die Zylinderbohrungen während der Drehung kurzzeitig überdeckt, voneinander getrennt.

Die Vielzahl der Kolben gewährleistet einen sehr gleichmäßigen Volumenstrom. Verschieben des Schlittens in die Gegenexzentrizität hat bei gleichbleibender Drehrichtung der Welle eine Bewegungsumkehr des Ölstromes zur Folge.

Die Veränderung des Volumenstroms durch Verschieben des Schlittens kann mittels Handrad und Spindel[1] oder durch elektrische, pneumatische oder hydraulische Fernsteuerung vorgenommen werden. Zur Begrenzung des Arbeitsdruckes und der Leistungsaufnahme dienen Nullhub- und Leistungsregler.

Die Volumenströme der verschiedenen Baureihen bewegen sich etwa zwischen 0,65 und 115 m^3/h bei Betriebsdrücken $p_ü = 55 \cdots 180$ bar und einem mit der Leistung steigenden Wirkungsgrad von $89 \cdots 95\%$. Die Nenndrehzahl beträgt 1500 1/min (25 1/s), wird aber bei großen Volumenströmen durch ein angebautes Vorschaltgetriebe herabgesetzt.

Die Radialkolbenpumpe läßt sich wie die Axialkolbenpumpe auch als Ölmotor verwenden. Durch Verbindung zweier Maschinen, von denen die eine als Ölpumpe, die andere als Motor arbeitet, ergibt sich ein stufenlos regelbares Flüssigkeitsgetriebe.

77a. Pulsationsfreies Fördern mit Hubkolbenpumpen ohne Windkessel

Die Axial- und Radialkolbenpumpen nach Abb. 77.3 bzw. 77.4 liefern infolge der Vielzahl der Kolben ohne Anwendung von Windkesseln einen praktisch gleichförmigen, regelbaren Volumenstrom. Auf Grund ihrer Konstruktion und Arbeitsweise sind sie jedoch nur für die Förderung schmierfähiger Medien, insbesondere Öl, geeignet. Im speziellen Arbeitsbereich der Hubkolbenpumpe, d.h. für kleine Volumenströme bei hohen Drücken stellt sich mitunter die Aufgabe, auch wenig schmierfähige Flüssigkeiten unter Verzicht auf Windkessel möglichst pulsationsfrei und regelbar zu

[1] In Abb. 77.4 nicht dargestellt.

fördern. Das ist möglich durch Verwendung drehzahlgeregelter Vielzylinderpumpen in Reihenbauweise. Eine andere Möglichkeit besteht in der Herstellung einer gleichbleibenden Kolbengeschwindigkeit. Ein Beispiel dieser Art ist das System Gigling, eine neuartige Konstruktion, in welcher zur Herbeiführung der konstanten Kolbengeschwindigkeit ein hydrostatischer Antrieb benutzt wird. Das Verfahren erfordert neben der Drucköl liefernden Axialkolbenpumpe mindestens zwei Kolben, und zwar sowohl für die Pumpe als auch für den unmittelbaren Antrieb der Pumpenkolben (Abb. 77.5).

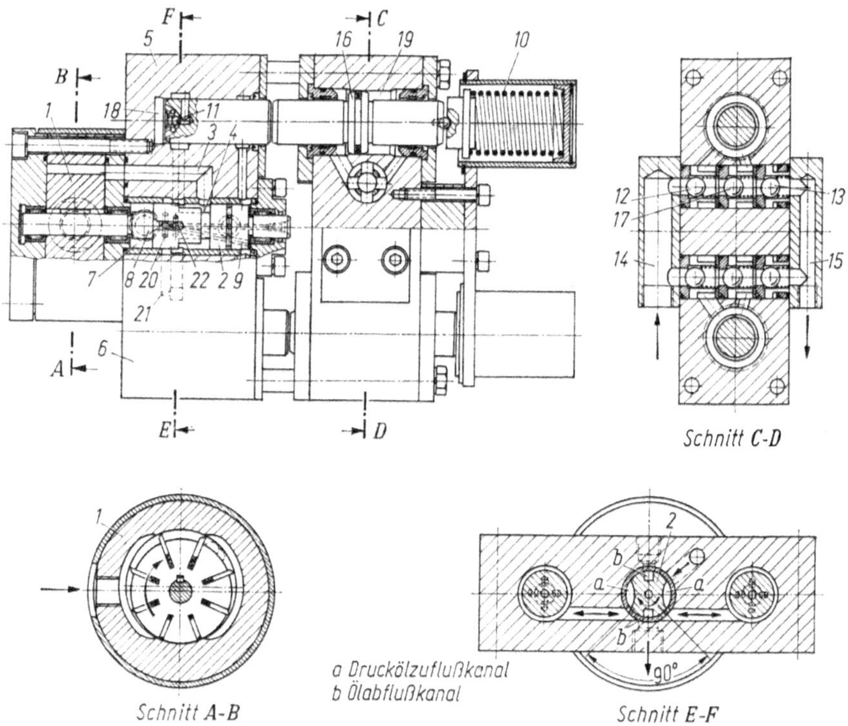

Abb. 77.5. Pulsationsfreie Zweikolben-Hubpumpe mit hydrostatischem Antrieb, System Gigling (H. Walter, Kiel)

a) Antriebsteil. Eine vielzylindrige, hubregelbare Axialkolbenpumpe, die von einem Elektromotor mit konstanter Drehzahl angetrieben wird, arbeitet in offenem Kreislauf und liefert einen praktisch gleichförmigen Druckölstrom. Dieser setzt den hydraulischen Verdrängermotor (*1*) und den unmittelbar damit verbundenen Drehschieber (*2*) in gleichförmige Drehung. Da der Ölmotor mit dem gesamten Druckölstrom beaufschlagt wird, ist die sekundliche Drehzahl des Drehschiebers dem jeweils von der Axialkolbenpumpe gelieferten Druckölstrom proportional. Vom Ölmotor tritt das Drucköl durch den Kanal (*3*) in den Raum (*4*) des Drehschiebers (*2*), der vermöge der Anordnung und Bemessung der Durchtrittskanäle (Schnitt $E-F$) die Beaufschlagung und Entleerung der Arbeitsräume der beiden Triebwerkszylinder (*5*) und (*6*) in der Weise regelt, daß der Arbeitshub des einen Antriebskolbens jeweils nach einem Schieberdrehwinkel von 90° auf den Arbeitshub des andern folgt, und daß zugleich die Summe der Geschwindigkeiten beider Kolben zu jedem Zeitpunkt, also auch beim Hubwechsel, unverändert bleibt.

Aus Abb. 77.6 ist der Verlauf der Kolbengeschwindigkeit c während des Arbeitshubes in Abhängigkeit vom Schieberdrehwinkel φ ersichtlich, und zwar die lineare Zunahme der Geschwindigkeit bei der Kolbenbeschleunigung (Schieberdrehwinkel φ_b), die gleichbleibende Kolbengeschwindigkeit im größten Teil des Hubes und die lineare Abnahme der Geschwindigkeit während der Verzögerung des Kolbens. Dabei überdecken sich die Geschwindigkeiten am Hubende des einen und am Hubanfang des anderen Kolbens so, daß die Summe der Geschwindigkeiten beider Kolben, die resultierende Geschwindigkeit c_r, bei jedem Drehwinkel des Schiebers konstant ist, was auch der Forderung der Kontinuität entspricht, weil sich der Druckölstrom der Axialkolbenpumpe nicht ändert.

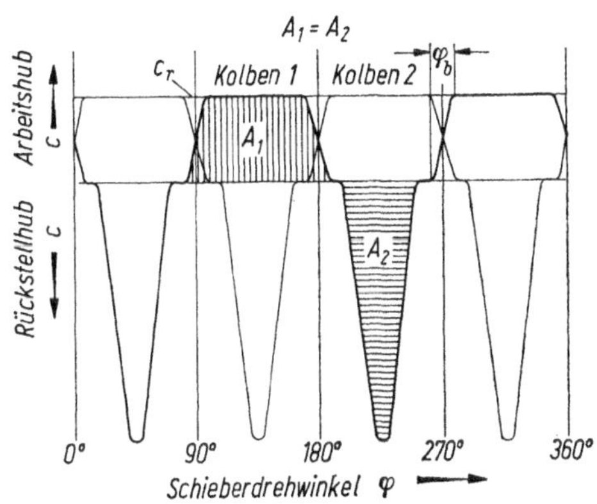

Abb. 77.6. Verlauf der Geschwindigkeit c der Triebwerkskolben beim Arbeits- und Rückstellhub sowie der resultierenden Geschwindigkeit c_r beim Arbeitshub als Funktion des Schieberdrehwinkels φ (H. Walter, Kiel)

Auf *eine* Umdrehung des Drehschiebers entfallen zwei Arbeitshübe jedes Antriebskolbens. Das nach dem Arbeitshub aus den Zylindern (*5*) und (*6*) durch die Kanäle des Gehäuses und des Drehschiebers abströmende Öl tritt durch den Raum (*7*) und den Anschluß (*8*) in den Ölbehälter zurück.

Die Bohrung (*9*) dient dem axialen Druckausgleich des Drehschiebers und der Abführung des Lecköls.

Den Rückstellhub bewirkt eine vorgespannte Schraubenfeder (*10*) mit flach verlaufender Kennlinie. Da sich die Arbeitshübe beider Kolben teilweise überdecken (Abb. 77.6), und außerdem für die später erwähnte Vorkompression und Vorentspannung der Flüssigkeiten ein bestimmer Drehwinkel des Schiebers benötigt wird, ist für den Rückstellhub nur ein relativ kleiner Drehwinkel verfügbar. Die rückläufige Kolbenbewegung geht deshalb mit größerer mittlerer Geschwindigkeit vor sich. Die Zeitdauer des Rückstellhubes wird einerseits durch den verfügbaren Schieberdrehwinkel, die jeweilige Größe des Ölvolumenstroms und die entgegenstehenden Widerstände, andererseits durch die Kraft der Rückstellfeder bestimmt. Die Feder wird deshalb so bemessen und vorgespannt, daß der Kolben auch bei der größten zulässigen sekundlichen Hubzahl seine Totlage mindestens in dem Zeitpunkt erreicht, in welchem der Drehschieber die Durchtrittsöffnung in der Schieberbuchse abschließt. Der Rückstellhub wird beendet, sobald der Treibkolben den vom Zylinder zum Drehschieber führenden Kanal überdeckt. Das kleine Rückschlagventil (*11*) dient der Einleitung des nachfolgenden Druckhubes.

Die hier vorliegende Ausführung läßt den Hub der Antriebs- und Pumpenkolben unverändert. Regelung des Druckölstromes hat somit eine Änderung der sekundlichen Hubzahl zur Folge. Andererseits ist es auch möglich, bei der Regelung die Hubzahl konstant zu halten und den Kolbenhub zu ändern. In diesem Fall wird der Drehschieber über ein Untersetzungsgetriebe unmittelbar vom Elektromotor der Axialkolbenpumpe angetrieben.

b) Pumpenteil. Als Steuerorgane der Pumpe — Saugventil (*12*) und Druckventil (*13*) — dienen federbelastete Kugelventile (Abb. 77.5). Die Förderflüssigkeit tritt über den Stutzen (*14*) ein und über den Stutzen (*15*) aus. Infolge der starren Verbindung von Treib- und Pumpenkolben ist auch für die Pumpe die resultierende Kolbengeschwindigkeit c_r während des Druckhubes konstant. Um zugleich einen pulsationsfreien Ansaugestrom zu erhalten, sind als Verdränger Scheibenkolben (*16*) verwendet worden. Beim Druckhub (Bewegung des Kolbens nach rechts) saugt gleichzeitig die andere Kolbenseite über das Saugventil (*12*) Fördergut an, das bei der rückläufigen Kolbenbewegung über das federbelastete Zwischenventil (*17*) von der Saug- zur Druckseite befördert wird. Da das Ansaugen während des Druckhubes erfolgt, ist auch der Volumenstrom in der Saugleitung pulsationsfrei.

Ausreichende Pulsationsfreiheit des Volumenstroms und des Druckes in der Saug- und Druckleitung der Pumpe kann aber bei hohen Drücken wegen der elastischen Verformbarkeit der Flüssigkeiten und Werkstoffe nur erreicht werden, wenn die in den Räumen (*18*) vor dem Treibkolben und (*19*) hinter dem Scheibenkolben befindlichen Flüssigkeiten (Treiböl- und Fördermedium) vor Beginn des Druckhubes komprimiert werden. Das für die Vorkompression benötigte Drucköl wird einem unter einem Vorspanndruck stehenden Blasenspeicher entnommen, der von der Axialkolbenpumpe über ein Drosselorgan stetig mit geringem Zufluß gespeist wird. Die Vorkompression wird vom Drehschieber gesteuert. Die zwischen diesem und dem Blasenspeicher bestehende Verbindung hat im Schieber für jeden Triebwerksteil eine Austrittsöffnung (*20*), die kurz vor dem Beginn des Druckhubes den schmalen Schlitz (*21*) der Öffnung in der Schieberbuchse überfährt. Das dabei stoßartig austretende Drucköl komprimiert das Ölvolumen im Raum (*18*) und bewirkt gleichzeitig eine kleine ruckartige Vorbewegung des Treibkolbens nach rechts, so daß auch die Förderflüssigkeit im Raum (*19*) hinter dem Scheibenkolben verdichtet wird. Die Vorkompression wird wirksam, sobald der Öldruck den Vorspanndruck im Blasenspeicher überschreitet, sobald dieser also speicherfähig wird.

Abb. 77.7 zeigt den zeitlichen Verlauf des sprungweise veränderten Förderdrucks der Pumpe mit und ohne Vorkompression. Der Vorspanndruck im Blasenspeicher beträgt hier etwa 55 bar.

Zur Einleitung des Rückstellhubes ist eine Vorentspannung des Drucköls notwendig. Dazu stellt der Drehschieber unmittelbar vor dem Beginn des Rückstellhubes durch eine Öffnung (*22*) für jeden Triebwerksteil eine Verbindung zwischen dem Drucköl und dem entspannten Öl im Raum (*7*) her.

Ein ölseitig angeordnetes Überströmventil verhindert das Auftreten unzulässig hoher Drücke auf der Pumpenseite.

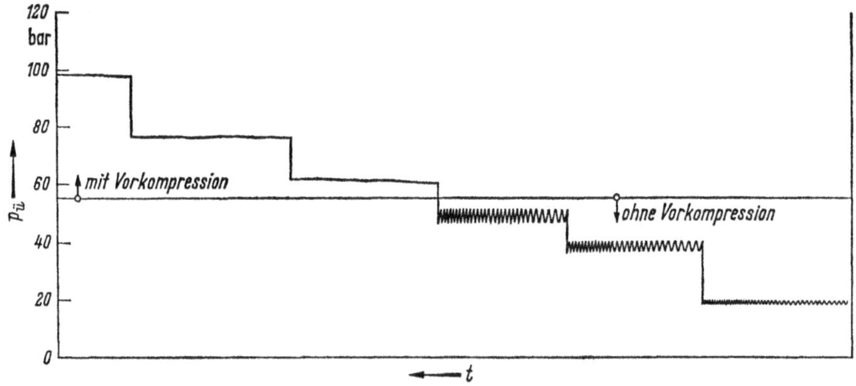

Abb. 77.7. Zeitlicher Verlauf des sprungweise veränderten Förderdrucks mit und ohne Vorkompression (H. Walter, Kiel)

Die Zweikolben-Pumpe nach Abb. 77.5 hat einen maximalen Volumenstrom der Förderflüssigkeit $Q = 500$ l/h, der im Verhältnis 10:1 stufenlos regelbar ist. Sie führt dabei je Kolben $z_1 = 400$ 1/min Druckhübe aus mit einem Hub $s = 16$ mm. Der Förderdruck beträgt im Dauerbetrieb $p_ü = 100$ bar, kurzzeitig bis 140 bar.

Zweikolben-Pumpen dieser Bauart sind wegen der kinematisch bedingten kurzen Zeitdauer der Kolbenbeschleunigung nur für Volumenströme <100 l/min vorgesehen. Darüber hinaus kommt eine Vierkolbenkinematik zur Anwendung[1].

78. Schnellaufende Hubkolbenpumpen

Angesichts der fortschreitenden Verdrängung der Hubkolbenpumpe durch die schnellaufende Kreiselpumpe hat es nicht an Versuchen gefehlt, neben der vielzylindrigen Axial- und Radialkolbenpumpe auch die einzylindrige Pumpe mit höherer Drehzahl zu betreiben und damit ihre Wirtschaftlichkeit zu verbessern. Die Schwierigkeiten liegen hierbei in der Beherrschung der Massenkräfte, und zwar in bezug auf die Erhaltung einer gewissen Saughöhe, besonders aber im Hinblick auf die Vermeidung des Ventilschlages, was auf eine Verbesserung der Ventile oder ihren Ersatz durch Schieber hinausläuft.

Abb. 78.1 gibt das Schnittbild einer kleinen, sehr schnell laufenden Versuchspumpe von Schweter[2] wieder, die durch einen Elektromotor mit $n = 1500$ 1/min (25 1/s) unmittelbar angetrieben wird. Zur Begrenzung der Massenkräfte ist der Kolbenhub klein gehalten. Alle hin- und hergehenden Teile sind in Leichtmetall ausgeführt. Das Schwergewicht der Konstruktion liegt aber in der Ausbildung der Ventile, bei denen die zur Erreichung hoher Drehzahlen zu beachtenden Gesichtspunkte weitgehend verwirklicht sind. Als solche kommen in Frage:

Stehende Anordnung der Ventile mit völlig reibungsfreier Lenkfederführung und Federung, geringer Formwiderstand des Ventilkörpers bei möglichst kleiner Masse, kleiner Ventilhub mit entsprechend großer Spaltlänge, geringe Breite der Sitzflächen zur Herbeiführung eines kleinen Öffnungswiderstandes.

---

[1] Gigling, K.: Pulsationsfreies Fördern durch hydrostatische Antriebe. Masch.-Markt 80 (1974) H. 36, S. 685–688.

[2] Schweter, E.: Pumpen mit hoher Drehzahl, Berlin 1938, Selbstverlag.

Diese Forderungen machen Ventile mit sehr großem Durchmesser notwendig. Ihre Unterbringung ist hier in der Weise gelöst, daß sie zentrisch um den Tauchkolben angeordnet sind. Die Ventilringe bestehen aus Kunstharz. Durch Anwendung dieses Werkstoffs kann ihre Masse trotz des relativ großen Querschnitts klein gehalten werden (vgl. Abb. 73.12).

Nach Angabe des Erfinders konnte die Pumpe ohne Schwierigkeiten mit mehr als $n = 1600$ 1/min (26,67 1/s) betrieben werden.

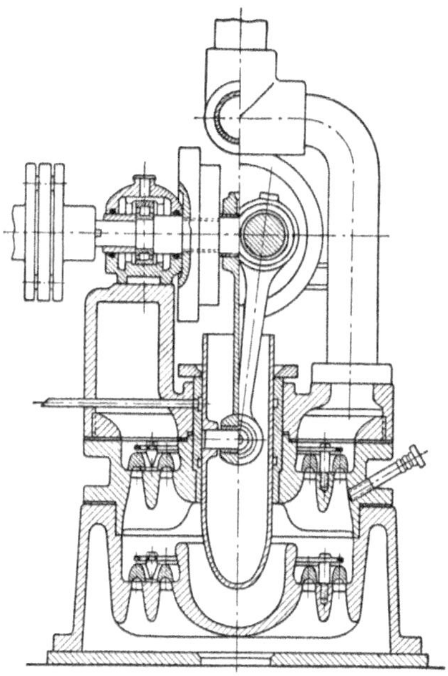

Abb. 78.1. Schnellaufende Kolbenpumpe mit unmittelbarem Antrieb; $n = 1500$ 1/min (25 1/s) (Schweter)

Ein weiteres Beispiel, die Wirtschaftlichkeit der Kolbenpumpe auch bei sehr großem Volumenstrom durch Erhöhung der Drehzahl und beste Energieausnutzung zu heben, liefert die Dampfpumpmaschine von Schoene (Abb. 78.2).

Die einzylindrige, doppelt wirkende Wasserwerkspumpe liefert 1800 m^3/h bei einer Förderhöhe von 110 m und bei $n = 188$ 1/min (3,13 1/s). Sie wird von einer Einzylinder-Dampfmaschine angetrieben, die im Verbundbetrieb mit einer Abdampf-Getriebeturbine gekuppelt ist. Der Frischdampfdruck beträgt $p_ü = 38$ bar, die Temperatur 450°C. Dampf- und Pumpenkolben sind unter Zwischenschaltung eines Kurbeltriebwerks und eines Schwungrades starr miteinander verbunden, wodurch ein hoher mechanischer Wirkungsgrad erzielt wird. Das gesamte Förderwasser dient als Kühlwasser für die Kondensation und durchströmt vor dem Eintritt in den Saugstutzen der Pumpe den Oberflächenkondensator der Abdampfturbine.

Bemerkenswert an der vorliegenden Konstruktion ist der Ersatz der kostspieligen und zu Störungen neigenden Ventile durch eine Schiebersteuerung. Die beiderseitigen Saug- und Druckvorgänge werden durch zwei fest miteinander verbundene, also *ein* Stück bildende große Rohrschieber gesteuert, die von der Kurbelwelle aus angetrieben werden, sowie durch je einen ebenfalls als Rohrschieber ausgebildeten Hilfsschieber für jede Pumpenseite. Der große Rohrschieber, der den Pumpenkolben zentrisch umgibt, muß zu Beginn der Saugperiode den Saugkanal bereits geöffnet haben, damit die Drucksenkung zu diesem Zeitpunkt in mäßigen Grenzen bleibt und die Saughöhe der Pumpe nicht zu sehr beeinträchtigt wird. Der Schieber muß daher den Saugkanal schon vor der Kolbentotlage, also vor Beendigung des Druckhubes öffnen. Gleichzeitig schließt er die Verbindung zum Druckkanal ab. Damit in diesem Augenblick kein unzulässiger Druckanstieg im Zylinder stattfindet, hat der (in Abb. 78.2 nicht dargestellte) Hilfsschieber bereits eine Verbindung zwischen Druck- und Saugraum hergestellt, durch die ein kleiner Teil des Volumenstroms nach dem Saugraum entweicht. Der entstehende Verlust beträgt etwa 1%. Wegen des großen Druckunterschiedes von Saug- und Druckseite können die von den Hilfsschiebern zu steuernden Querschnitte ziemlich klein gehalten werden. Die Hubbewegung des Hilfsschiebers, die durch eine vom Kreuzkopf angetriebene Nockenscheibe erfolgt, kann durch Handverstellung der jeweiligen Drehzahl angepaßt werden. Die Hilfsschieber müssen um so weiter öffnen, je höher die Drehzahl der Pumpe ist.

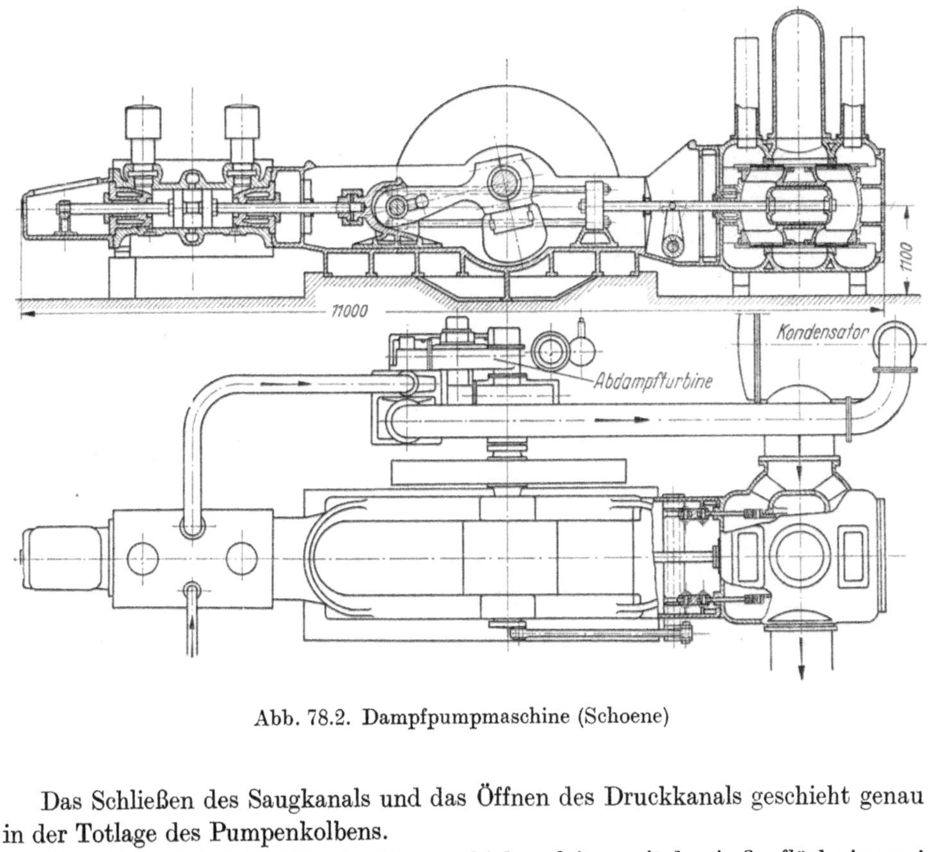

Abb. 78.2. Dampfpumpmaschine (Schoene)

Das Schließen des Saugkanals und das Öffnen des Druckkanals geschieht genau in der Totlage des Pumpenkolbens.

Die beiden *ein* Stück bildenden Hauptschieber gleiten mit der Außenfläche in zwei Dichtungen zwischen den beiden kurbel- und deckelseitigen Saugräumen und dem Druckraum in der Mitte. Diese Dichtungen bestehen aus Gummi und werden durch den zwischen Druck- und Saugraum bestehenden Druckunterschied gegen die Außenflächen der Schieber gedrückt, ohne einen nennenswerten Reibungswiderstand bei der Schieberbewegung zu verursachen.

Durch die Verwendung von Schiebern, an Stelle von Ventilen, läßt sich bei dieser großen Pumpenleistung eine wesentlich höhere Drehzahl verwirklichen, als das bei Verwendung von Ventilen möglich wäre. Außerdem arbeitet die Pumpe ohne Ventilschlag, die Wasserwege sind einfacher und die Durchflußquerschnitte größer, so daß die inneren Druckverluste kleiner ausfallen und die Saugfähigkeit der Pumpe verbessert wird.

Bei voller Belastung beträgt die Nutzarbeit der Maschine mehr als 687 kJ ($687 \cdot 10^3$ Nm) je kg Dampf von dem angegebenen Zustand. Der Volumenstrom kann durch Änderung der Drehzahl weitgehend dem Bedarf angepaßt werden.

79. Schwungradlose Hubkolbenpumpen (Dampfpumpen)

Steht Dampf als Treibmittel zur Verfügung, so läßt sich durch unmittelbare Kupplung von Dampf- und Pumpenzylinder unter Fortfall des Kurbeltriebs und des Schwungrades eine wesentliche Vereinfachung des Pumpenaggregates und eine Verkleinerung des Raumbedarfs herbeiführen. Derartige unter der Bezeichnung Simplex- und Duplexpumpen bekannt gewordene Konstruktionen haben ihrem Wesen entsprechend vor allem als Kesselspeisepumpen, ferner für Wasserversorgung und Ölförderung Eingang gefunden.

Die *Duplexpumpe* hat zwei Dampf- und zwei Pumpenzylinder in Zwillingsanordnung. Je ein Dampf- und ein Pumpenkolben haben eine gemeinsame Kolbenstange (Abb. 79.1a), die in der Achsrichtung frei beweglich ist. Um die Hubbewegung zu begrenzen, also das Anschlagen des Dampfkolbens an die Zylinderdeckel zu vermeiden, münden die Ausströmkanäle (*1*) — die zugleich auch Einströmkanäle sind — in einem bestimmten Abstand von den Deckeln in den Dampfzylinder (*2*) ein. Bei der Bewegung gegen das Hubende überdeckt der Dampfkolben (*3*) den Ausströmkanal (*1*) und verhindert dadurch den weiteren Dampfaustritt. Der fortschreitende Kolben verdichtet nun den eingeschlossenen Dampf und kommt dadurch zum Stillstand, ohne den Zylinderdeckel zu berühren. Im Totpunkt entsteht eine kurze Pause in der Kolbenbewegung, die ein sanftes Schließen des Pumpenventils ermöglicht. Zur Einleitung der rückläufigen Kolbenbewegung dient ein kleines Pufferventil (*4*) (Abb. 79.1b), das den Dampfaustritt aus dem Zylinder während der Verdichtung verhindert, aber am Hubende den vom Schieber gesteuerten Dampf vor den Kolben treten läßt.

Da der Widerstand des Pumpenkolbens während des ganzen Hubes nahezu gleich ist, arbeiten Duplexpumpen in der Regel mit voller Füllung der Dampfzylinder.

In der Ausführung nach Abb. 79.1a wird die Pumpe mit Heißdampf von 300 °C und einem Überdruck von 10 bar betrieben. Zur Dampfsteuerung dienen Kolbenschieber (*5*). Die Kolbenstange des einen Zylinders steuert über den einarmigen Hebel (*7*/*8*) bzw. über den zweiarmigen Hebel (*6*/*9*) (Abb. 79.1b), die im Steuerbock (*10*) ihre Drehachse haben, jeweils den Dampfschieber des andern, und zwar setzt jeder Kolben den andern in Bewegung, bevor er selbst zum Stillstand gekommen ist. Die Dampfschieber (*5*) haben gegenüber den Schieberstangen ein gewisses axiales Spiel. Das hat zur Folge, daß der Kolben des einen Zylinders bei seiner Bewegung aus der Totlage den ebenfalls in der Totlage befindlichen Schieber des andern Zylinders erst nach Zurücklegung einer bestimmten Wegstrecke mitnimmt. Dadurch sowie durch die Schieberüberdeckung ergibt sich eine Verschiebung des Beginns der Arbeitshübe beider Kolben um eine halbe Hublänge.

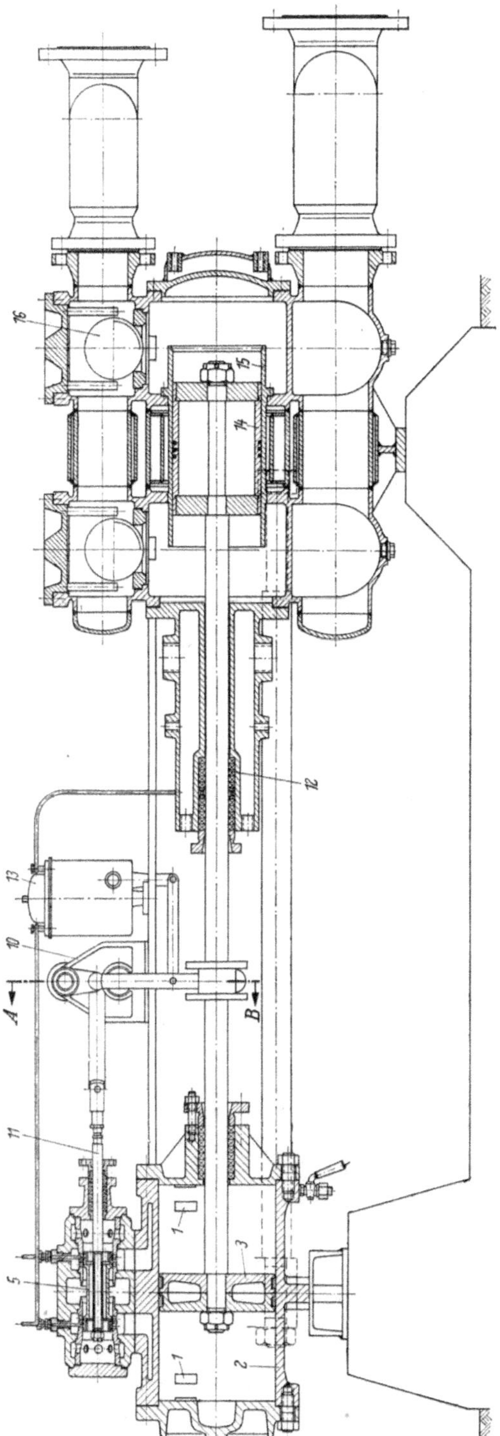

Abb. 79.1a. Duplexpumpe (Halberg)

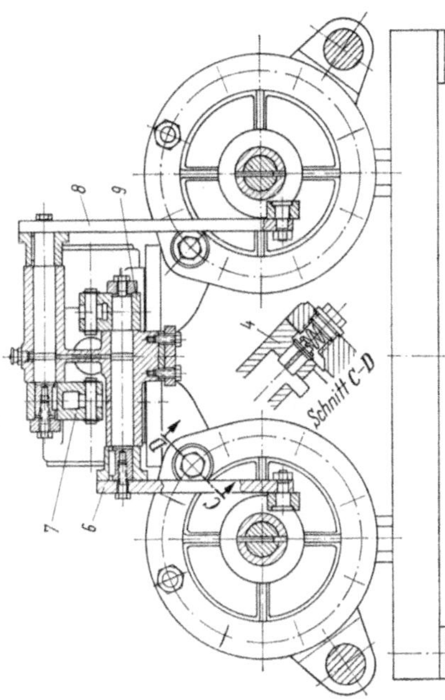

Abb. 79.1b. Duplexpumpe (Halberg)

Während des Hubes wächst die Kolbengeschwindigkeit. Sie ist also in der zweiten Hubhälfte größer als in der ersten. Daraus erklärt sich die bereits erwähnte kurze Unterbrechung der Kolbenbewegung in den Totlagen.

Zur Schmierung der Schieber (*5*), der Kolben (*3*) und der pumpenseitigen Stopfbuchsen (*12*) dient der vom Hebel (*6*), angetriebene Öler (*13*).

Die Duplexpumpe nach Abb. 79.1 ist zur Förderung von Bitumen bestimmt, dessen Viskosität bei 150°C 150···160 E beträgt und dessen Temperatur zwischen 120 und 200°C schwankt. Sie fördert minimal 20 m^3/h, maximal 40 m^3/h bei einem Druck $p_{ü} = 8{,}0$ bar. Dabei führt sie 13 bzw. 27 Doppelhübe je Minute aus.

Mit Rücksicht auf den vorliegenden Sonderfall ist der Pumpenteil in Schweißkonstruktion und zur Anwärmung teilweise doppelwandig ausgeführt. Der durch selbstspannende Kolbenringe abgedichtete und aus Stahl gefertigte Pumpenkolben

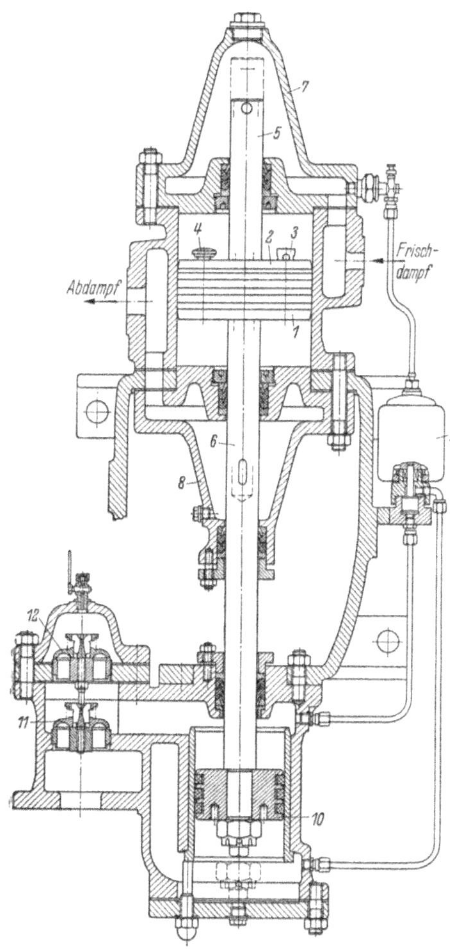

Abb. 79.2. Stehende Simplex-Dampfpumpe, System Schirrmacher (Wolff jr., Bochum). Die Schnittflächen links und rechts der Pumpenachse bilden am Pumpenmodell einen Winkel von 90°

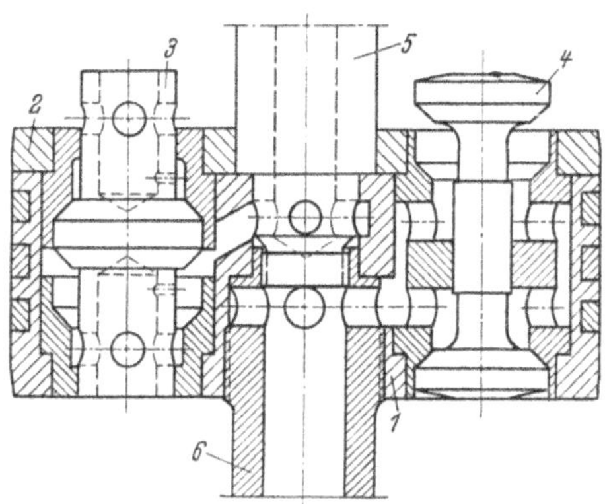

Abb. 79.3. Dampfkolben mit Schirrmacher-Steuerung (Wolff jr., Bochum)

(*14*) ist als Scheibenkolben ausgebildet und bewegt sich in einer Laufbuchse (*15*) aus Sonderguß. Als Saug- und Druckventile — in der Abbildung sind nur die Druckventile sichtbar — dienen gewichtsbelastete Kugelventile (*16*), die sich für zähe Fördermittel und geringe Hubzahl als sehr geeignet erwiesen haben. Sie sind wie die zugehörigen Sitze aus Chromstahl hergestellt. Für Flüssigkeiten mit geringer Viskosität kommen federbelastete Teller- und Ringventile zur Anwendung, wodurch gleichzeitig eine Erhöhung der Hubzahl auf 40···50, bei kaltem Wasser auf 100 Doppelhübe in der Minute möglich ist.

Die hier vorliegende geringe Hubzahl macht die Verwendung eines Saug- und Druckwindkessels überflüssig.

Die *Simplexpumpe* hat nur einen Dampf- und einen Pumpenzylinder mit einer gemeinsamen Kolbenstange. Die Steuerung erfolgt meist indirekt. Von der Kolbenstange oder vom Kolben wird ein kleiner Hilfsdampfschieber betätigt, der seinerseits mittels eines durch Dampf bewegten Kolbens den Hauptschieber steuert.

Im Gegensatz zu dieser Steuerungsart vermeidet die Konstruktion einer stehenden Simplexpumpe nach Abb. 79.2 (System Schirrmacher) eine Vorsteuerung und vereinfacht den Steuervorgang wesentlich. Kennzeichnend für die hier verwendete „Schirrmacher-Steuerung" ist die Anordnung der Steuerorgane im Dampfkolben (Abb. 79.3), der zu diesem Zweck aus zwei Teilen zusammengesetzt ist, dem Hauptkolben (*1*) und dem mit diesem verschraubten Deckel (*2*). In den Kolben sind mit ihren Sitzen zwei als Gleitventile ausgebildete Steuerschieber eingebaut, der Einlaßschieber (*3*) und der Auslaßschieber (*4*). Die Zu- und Abführung des Arbeitsdampfes erfolgt über die Dampfhauben (*7*) bzw. (*8*) (Abb. 79.2) durch die hohl gebohrten Teile (*5*) und (*6*) der Kolbenstange, die im Dampfkolben zentrisch miteinander verschraubt und zugleich mit diesem verbunden sind.

Wird das Dampfeintrittsventil geöffnet, so gleiten die Schieber infolge der Einwirkung des Dampfes auf die durch Schieberteller und Schieberschaft gebildeten Flächen in die obere oder die untere Endstellung. Gehen wir davon aus, daß sich die Pumpe in Betrieb befindet, und die Schieber die in Abb. 79.3 gezeichnete Endlage einnehmen, so strömt Frischdampf aus der Zudampfhaube (*7*) durch den Stangenteil (*5*) und den Einlaßschieber (*3*) unter den Dampfkolben, so daß sich dieser nach oben bewegt. Gleichzeitig entweicht der oberhalb des Kolbens befindliche Dampf über das Auslaßventil (*4*) durch den Stangenteil (*6*) zur Abdampfhaube (*8*) und von dort ins Freie. Berühren die Schieber bei der weiteren Aufwärtsbewegung des Dampfkolbens den oberen Zylinderdeckel, so werden sie relativ zum Dampfkolben nach unten verschoben. Nach einer gewissen Verschiebung wird zunächst die Dampfzufuhr in den unteren Zylinderteil und gleichzeitig der Dampfaustritt aus dem oberen Zylinderteil beendet. Bei weiterer Schieberbewegung werden die Schieber durch den Arbeitsdampf plötzlich in die andere Endlage gedrückt. Als Folge davon tritt nun Frischdampf in den oberen Zylinderteil, während der Abdampf aus dem unteren Zylinderteil entweicht. Der Dampfkolben bewegt sich in umgekehrter Richtung. Am Hubende wiederholt sich das Steuerungsspiel.

Die als Kegelflächen ausgebildeten Sitzflächen gewährleisten eine gute Abdichtung der Schieber in ihren Endanschlägen, so daß sich die Steuerung auch für höhere Betriebsdrücke eignet. Der Mindestdruck, bei dem sie noch einwandfrei arbeitet, beträgt $p_{ü} = 3$ bar.

Ein Einstellen der Steuerung ist nicht erforderlich. Vorteilhaft ist ferner, daß durch die Anordnung der Schieber im Dampfkolben die Dampfkanäle zwischen Schieber und Dampfzylinder entfallen und somit die schädlichen Räume und Flächen auf ein Kleinstmaß verringert sind. Dafür muß allerdings ein vermehrter Reibungsverlust durch zwei zusätzliche Stopfbuchsen in Kauf genommen werden.

Zur Schmierung des Dampfkolbens und der eingebauten Steuerschieber dient eine vom Fördermittel angetriebene Ölpumpe (*9*). Die Stopfbuchspackung besteht aus verschleißfesten Manschetten.

Der Pumpenteil entspricht der bei Dampfpumpen üblichen Bauweise. Der je nach dem Fördermittel mit „Canvas"-Ringen (Abschn. 70) oder selbstspannenden Kolbenringen abgedichtete Scheibenkolben (*10*) bewegt sich in einer Rotgußlaufbuchse. Die ebenfalls aus Rotguß gefertigten Saug- und Druckventile (*11* und *12*) sind als federbelastete Ringventile ausgebildet und leicht zugänglich in einem besonderen Ventilgehäuse vor dem Pumpenzylinder untergebracht. Windkessel sind nicht vorhanden, weil die schnelle Umsteuerung in den Endlagen des Dampfkolbens einen ziemlich gleichmäßigen Volumenstrom ermöglicht.

Die Pumpe wird in mehreren Größen gebaut und ist für einen größten Massestrom von 20 t/h vorgesehen. Sie macht normal 33 Doppelhübe in der Minute. Diese Hubzahl läßt sich auf mehr als das Doppelte steigern und bis auf etwa 3 Doppelhübe je Minute herunterregeln, so daß der Massestrom dem jeweiligen Bedarf feinfühlig angepaßt werden kann. Der größte Pumpendruck beträgt $p_ü = 40$ bar bei 90 °C Wassertemperatur und einem Dampfdruck $p_ü = 32$ bar.

Der große Dampfverbrauch der mit voller Füllung arbeitenden Dampfpumpen hat sowohl bei Duplex- als auch besonders bei Simplexpumpen zur Anwendung der Verbundwirkung geführt, welche die Ausnutzung der Dehnungsarbeit des Dampfes gestattet. Die konstruktive Ausführung einer Simplexverbundpumpe, die zur Kesselspeisung dient, geht aus Abb. 79.4 hervor.

Antriebsteil. Hochdruck- und Niederdruckdampfzylinder liegen in Tandemanordnung senkrecht über dem Pumpenzylinder. Beide Dampfzylinder arbeiten mit voller Füllung. Es erhält jedoch nur der Hochdruckzylinder Frischdampf, während der Niederdruckzylinder mit dem expandierenden Arbeitsdampf des Hochdruckzylinders beaufschlagt wird. Bei der Abwärtsbewegung der Kolben tritt beispielsweise in den oberen Teil des Hochdruckzylinders Frischdampf (Abb. 79.4). Der untere Teil ist ohne Zwischenschaltung eines Aufnehmers mit dem oberen Teil des Niederdruckzylinders verbunden. In beiden expandiert der von der Aufwärtsbewegung herrührende Arbeitsdampf des Hochdruckzylinders. Der untere Teil des Niederdruckzylinders stößt den entspannten Arbeitsdampf der voraufgegangenen Aufwärtsbewegung aus.

Zur Beaufschlagung und Entleerung der Dampfzylinder dient eine „Tolkien-Steuerung" (Abb. 79.5 u. 79.6). Auch bei dieser Steuerung ist weder ein Übertragungsgestänge noch eine sonstige Vorsteuerung vorhanden. Der Steuerungsvorgang wird vielmehr durch unmittelbare Einwirkung des Arbeitsdampfes des Hochdruckzylinders auf den Schieber eingeleitet und durch Frischdampf beendet.

Die Steuerung besteht aus dem Hauptschieber S_1, dem Hilfsschieber S_2, den Steuerbuchsen b_1 und b_2 sowie dem diese Teile umgebenden Gehäuse. Die Bohrung o des Hauptschiebers, der als Differentialkolben ausgebildet ist, dient zusammen mit den Öffnungen o_1 und o_2 der Zuführung des Frischdampfes zum oberen Teil H_0 des

Hochdruckzylinders. Ringförmige Aussparungen des Schiebers bilden mit der Schieberbuchse b_1 die Muschel m_1 und die Verteilkammern r_1, r_2 und r_3. Letztere steuern die Dampfzufuhr zum Hochdruckzylinder, von diesem zum Niederdruckzylinder und schließlich zum Auspuff. Alle Ringkammern sind durch Kolbenringe gegeneinander abgedichtet. Beiderseits des Hauptschiebers schließen sich die Hauptsteuerkammern A und B an, deren axiale Ausdehnung mit der Schieberlage veränderlich ist und im Größtwert dem Schieberspiel entspricht. Der mit einer Muschel m_2 versehene Hilfsschieber S_2 liegt gleichachsig zum Hauptschieber. Er ist mit diesem durch den Bolzen h lose gekuppelt und macht die Bewegung des Hauptschiebers teilweise mit. Seine Aufgabe besteht darin, die Hauptsteuerkammer B zum Zwecke der Schieberbewegung mit Dampf zu beaufschlagen und zu entspannen, ferner die Triebkraft im zweiten Teil des Schieberweges nach links zu verringern und den Hauptschieber in seiner linken Endlage durch Einführung von Frischdampf in die Hilfssteuerkammer C kraftschlüssig festzuhalten. Durch entsprechende Bemessung der Abströmkanäle findet gegen Hubende eine Dampfverdichtung in den Steuerkammern statt, so daß die Schieberbewegung gedämpft wird und die Steuerung weich und geräuschlos arbeitet. Der für das Schieberspiel benötigte Dampf arbeitet wie der Maschinendampf im Verbundsystem. Er tritt also nicht ins Freie, sondern wird dem Niederdruckdampfzylinder zur weiteren Arbeitsleistung zugeführt.

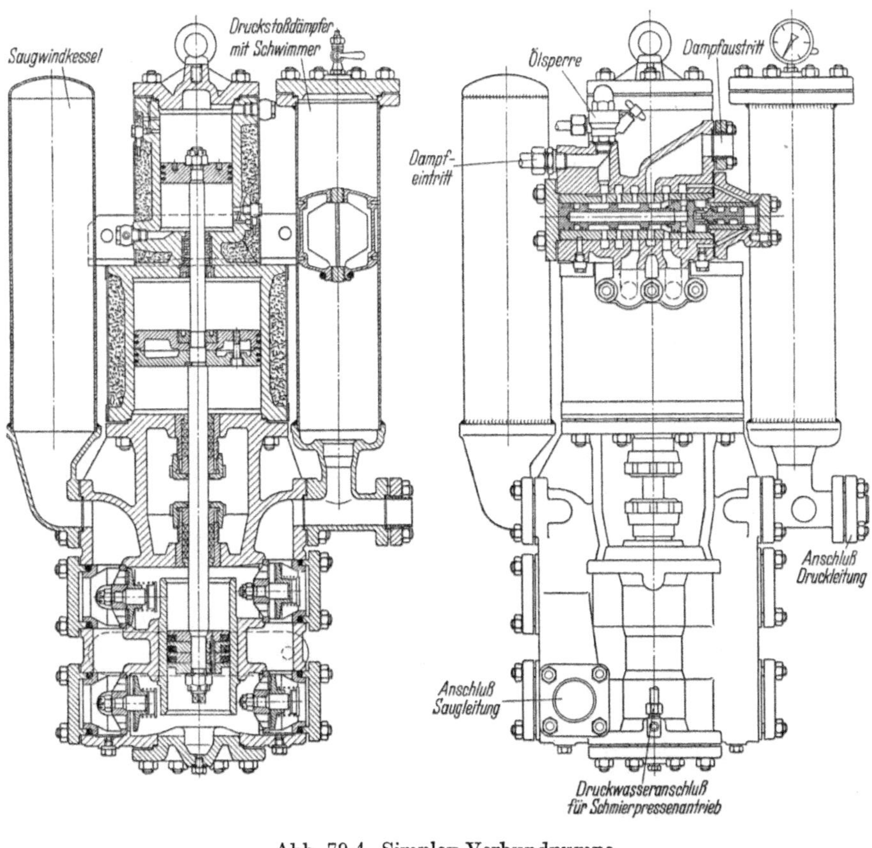

Abb. 79.4. Simplex-Verbundpumpe

Bei der Abwärtsbewegung der Dampfkolben (Stellung I, Abb. 79.5) befindet sich der Hauptschieber in seiner linken Endstellung. Die Hauptsteuerkammer A ist durch die Leitung *1*, die Muschel m_1 und die Bohrung *6* mit dem Zwischendampf verbunden und steht unter dessen Druck. In der Hauptsteuerkammer B herrscht vermöge der Verteilkammer r_3 und der Leitungen a_1, a_3 und *5* sowie der Muschel m_2 und der Bohrung *7* der gleiche Druck, ferner in der Verteilkammer r_2 der Austrittsdruck, während sich in der Hilfssteuerkammer C über die Bohrungen o_1, o, o_2 und *3* der Frischdampfdruck eingestellt hat. Der Hauptschieber wird also in der linken Endlage festgehalten.

Bei dieser Schieberstellung strömt der Frischdampf vom Dampfeintritt durch die Verteilkammer r_1, die Bohrungen o_1, o, o_2 und die Leitung a_2 in den Hochdruckoberteil H_0. Aus dem Hochdruckunterteil H_u tritt der Dampf des vorhergehenden Arbeitshubes durch die Leitung a_1, die Verteilkammer r_3 und die Leitung a_3 in den Niedruckoberteil N_0, während der entspannte Arbeitsdampf des Niederdruckunterteils N_u durch die Leitung a_4 und die Verteilkammer r_2 zum Auspuff entweicht.

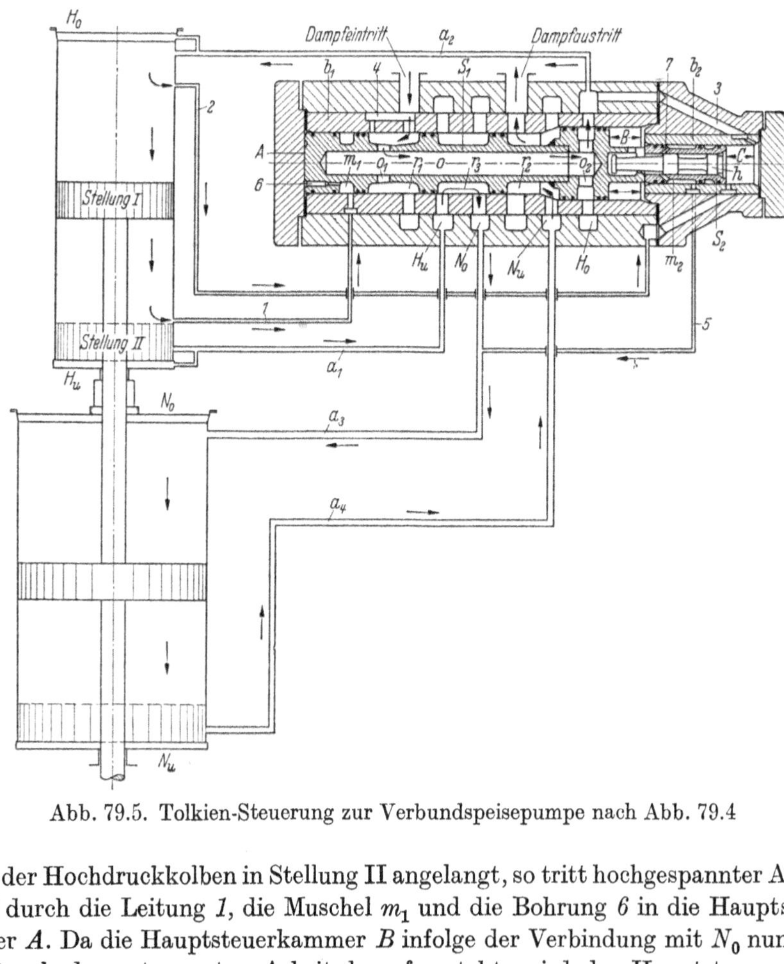

Abb. 79.5. Tolkien-Steuerung zur Verbundspeisepumpe nach Abb. 79.4

Ist der Hochdruckkolben in Stellung II angelangt, so tritt hochgespannter Arbeitsdampf durch die Leitung *1*, die Muschel m_1 und die Bohrung *6* in die Hauptsteuerkammer A. Da die Hauptsteuerkammer B infolge der Verbindung mit N_0 nun unter dem Druck des entspannten Arbeitsdampfes steht, wird der Hauptsteuerschieber unter Mitnahme des Hilfsschiebers nach rechts getrieben (Abb. 79.6). Im zweiten Teil des Schieberhubes, der den Dampfwechsel im Hochdruck- und Niederdruckzylinder einleitet, tritt Frischdampf durch den Kanal *4*, die Muschel m_1 und die Bohrung *6* in die Hauptsteuerkammer *A* ein. Ferner werden die Steuerkammern *B* und *C* sowie die Verteilkammer r_2 durch die Leitungen *2* bzw. a_2 mit dem Zwischendampf verbunden. Der Hauptschieber wird also in seiner rechten Endlage festgehalten.

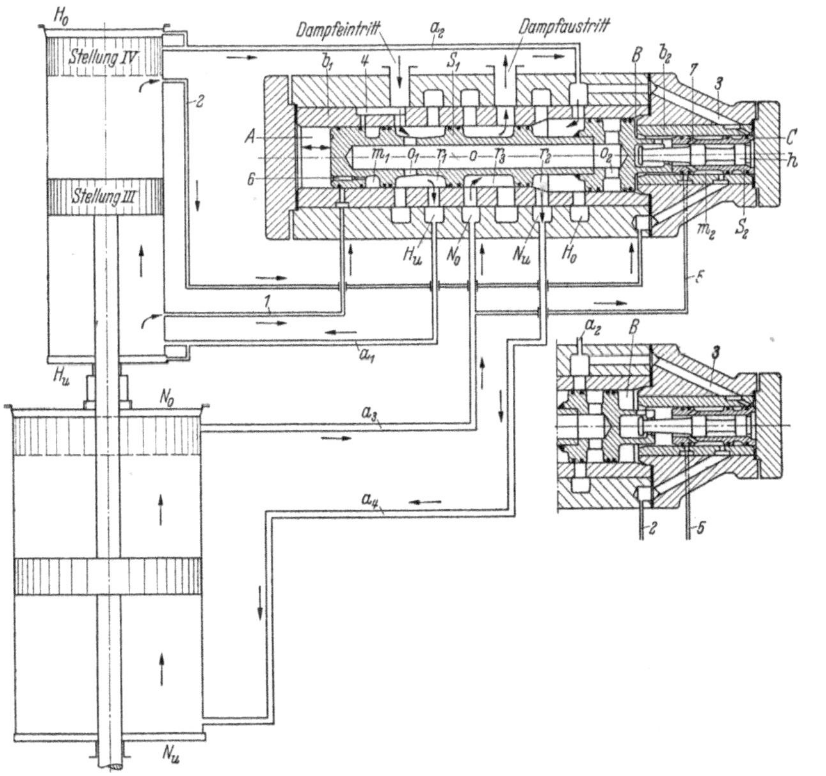

Abb. 79.6. Tolkien-Steuerung zur Verbundspeisepumpe nach Abb. 79.4

Es strömt nun Frischdampf durch die Verteilkammer r_1 und die Leitung a_1 in den unteren Teil H_u des Hochdruckzylinders. Der oberhalb des Hochdruckkolbens befindliche Dampf expandiert durch die Leitung a_2, die Verteilkammer r_2 und die Leitung a_4 in den unteren Teil N_u des Niederdruckzylinders. Gleichzeitig entweicht der entspannte Dampf aus dem oberen Teil N_0 durch die Leitung a_3 und die Verteilkammer r_3 zum Auspuff. Die Dampfkolben bewegen sich daher nach oben (Stellung III). Nach Überschleifen der Bohrung für die Leitung *2* durch den Hochdruckkolben (Stellung IV) wird der Hauptschieber wieder in die linke Endstellung gedrückt, was Bewegungsumkehr der Dampfkolben zur Folge hat.

Pumpenteil. Der aus Bronze oder Chromstahlguß gefertigte Wasserkolben ist vierteilig ausgeführt, so daß die Kolbenringe, für die ein im Heißwasserbetrieb bewährter Werkstoff verwendet wird, leicht einzusetzen sind. Pumpenkolben und Dampfkolben sind auf einer gemeinsamen Kolbenstange aus rostfreiem Stahl verschraubt, die während des Betriebes leichte Drehbewegungen ausführen kann. Dadurch wird einseitiger Verschleiß vermieden. Zur Verbesserung der Laufeigenschaften ist der Pumpenzylinder mit einer auswechselbaren Buchse aus Schleuderbronze oder Chromstahlguß versehen. Die Saug- und Druckventile sind einzeln und leicht zugänglich angeordnet. Als Werkstoff für Sitz und Ventilkörper dient Chromstahlguß oder Sonderbronze.

Saug- und Druckwindkessel befinden sich beiderseits des Pumpenkörpers. Für Drücke bis etwa $p_{ü} = 25$ bar wird der Druckwindkessel als Schwimmerstoßdämpfer ausgeführt (Abschn. 72), der über dem Schwimmkolben ein Polster aus Luft oder Stickstoff enthält. Bei höheren Drücken ist, um den Übertritt von Luft in das Speisewasser ganz zu vermeiden, ein Dampfstoßdämpfer vorteilhaft. Die Stoßdämpfung kommt dadurch zustande, daß Frischdampf eine im Windkessel angeordnete Heizschlange durchströmt und ein Dampfpolster erzeugt. Voraussetzung ist, daß die Dampftemperatur genügend hoch, d.h. mindestens 80 °C über der zum Druck in der Speiseleitung gehörigen Sattdampftemperatur liegt.

Bei gut entgastem und vorgewärmtem Speisewasser wird saugseitig ein abdampfbeheizter Saugstoßdämpfer verwendet.

Speisepumpen dieser Bauart eignen sich für Drücke bis $p_{ü} = 60$ bar und Wassertemperaturen bis 110 °C, wobei Masseströme bis 35 t/h erreicht werden.

80. Erdölpumpen

Für die Förderung von Erdöl aus großen Tiefen ist heute meistens noch die einfach wirkende Hubpumpe mit langem Gestänge im Gebrauch.

Aus Abb. 80.1 ist die Anordnung der Hubpumpe mit Antrieb durch Elektromotor ersichtlich. In das Bohrloch wird ein langes Stahlrohr versenkt, dessen unteres Ende den eigentlichen Pumpenzylinder mit dem Kugelfußventil trägt.

Der lange, hohle Hubkolben (Abb. 80.2) ist mit fünf gegen die Ölsäule abdichtenden Ledermanschetten und einem Kugelventil versehen. Die große Zahl der Dichtungsmanschetten verbürgt selbst bei völlig mit Sand durchsetztem Öl eine zuverlässige Kolbenabdichtung. Etwa in die Dichtung eindringender Sand drückt sich in das weiche Leder ein, wodurch eine Riefenbildung im Zylinder weitgehend verhindert wird. Die Hubbewegung erfolgt über einen in einem Bockgestell gelagerten zweiarmigen Schwinghebel, der auf der Antriebsseite ein Gegengewicht zum Ausgleich der Belastung durch das Pumpengestänge trägt. Häufig wird jedoch der Ausgleich durch je zwei Schwungmassen herbeigeführt, die in einer bestimmten Winkelfolge an jeder der beiden Kurbelscheiben für die Treibstangen des Schwinghebels angebracht sind.

Die Pumpe macht nur 12···25 Hübe in der Minute. Zur Herabsetzung der wesentlich größeren Motordrehzahl ist daher ein mehrfaches Zahnradvorgelege oder ein Schneckengetriebe erforderlich.

Neben den Gestängepumpen ist in neuerer Zeit auch eine gestängelose, ebenfalls nach dem Prinzip der Verdrängung arbeitende Tauchpumpe entwickelt worden, für welche also die fortgesetzte Beschleunigung und Verzögerung der großen Gestängemassen in Wegfall kommt. Die Ausführung dieser Pumpe zeigt Abb. 80.3. Der Antriebsmotor (*2*) nimmt den unteren Teil der etwa 2,8 m langen Pumpe ein. Er überträgt sein Drehmoment mittels des Kegelradgetriebes (*3*) auf die Exzenterwelle (*4*). Diese betätigt den federbelasteten Arbeitskolben (*5*), dessen Hubbewegung mittels

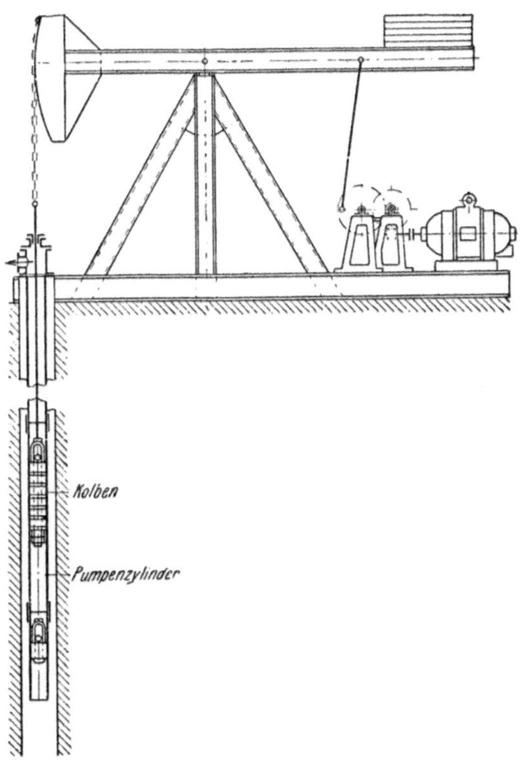

Abb. 80.1. Anordnung einer Erdölpumpe

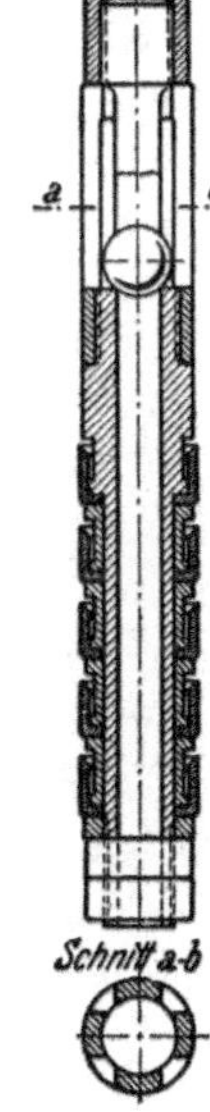

Abb. 80.2. Kolben einer Erdölpumpe (Tiefbohr AG)

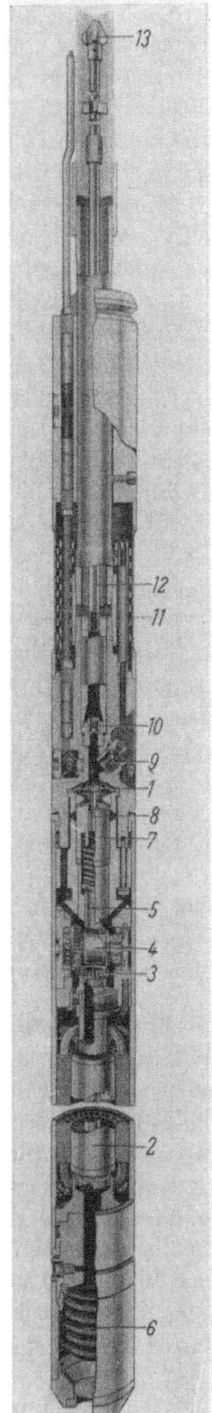

Abb. 80.3. Erdöltauchpumpe (Pleuger)

Drucköl auf die Membrane (*1*) übertragen wird. Letztere führt bei einem Hub von nur 6 mm 700 Hübe je Minute (11,67 Hübe je Sekunde) aus. Die mittelbare hydraulische Übertragung der Kolbenarbeit entlastet die Membrane vom Druck des Förderöles. Die gesamten Hohlräume zwischen der Membrane und dem Motor, welcher unten durch einen Druckausgleichsbalg (*6*) abgedichtet wird, sind luftfrei mit einem Spezialöl gefüllt, das vom Fördermittel völlig getrennt bleibt, und dessen Viskosität bei allen vorkommenden Temperaturen nahezu unverändert ist. Die Einhaltung der normalen Mittellage, um welche die aus Kunststoff bestehende Membrane schwingt, wird durch die Steuervorrichtung (*7*) bewirkt. Verringert sich beispielsweise das Ölvolumen zwischen Membrane und Arbeitskolben, etwa infolge eines Leckverlustes, oder vergrößert es sich infolge Wärmeausdehnung, schwingt also die Membrane nicht mehr um ihre normale Mittellage, so gibt der mit ihr verbundene Steuerkolben (*8*) auf der einen oder der andern Seite eine Bohrung frei, durch welche Öl über ein kleines Rückschlagventil aus dem Motorraum zufließen bzw. nach diesem abfließen kann. Dadurch wird die normale Mittellage wiederhergestellt.

Oberhalb der Membrane befindet sich das Saugventil (*9*) und das Druckventil (*10*). Beide Ventile sind als federbelastete Kugelventile ausgebildet. Durch die Schwingungsbewegung der Membrane wird das Förderöl, nachdem es das Schlitzfilter (*11*) passiert hat, angesaugt und in das Steigrohr gedrückt.

Um feinkörnige Beimengungen des Erdöls, die sich bei längerem Stillstand aus dem Steigrohr in der Pumpe absetzen können, vom Druckventil fernzuhalten, ist über diesem ein etwa drei Meter langes Abscheiderohr (*12*) eingebaut, das an seinem oberen Ende eine Abschirmkappe (*13*) trägt.

Die Pumpe wird durch einen Drehstrommotor angetrieben. Regelung des Volumenstroms ist möglich durch einen Frequenzumformer, dessen Regelbereich bei einer Netzfrequenz von 50 Hz zwischen 35 und 70 Hz liegt. Das Fördervolumen beträgt 10 m^3/Tag bei einer Förderdruckdifferenz von 100 bar. Es läßt sich durch Einbau eines größeren Arbeitskolbens auf 20 m^3 je Tag steigern, wenn die Förderdruckdifferenz auf 30 bar ermäßigt wird. Die Pumpe ist bis zu einer Viskosität von 40 E und einer höchsten Temperatur des Erdöls von 70 °C verwendbar.

Frühere Versuche mit elektrisch oder durch Preßluft angetriebenen Bohrloch-Kreiselpumpen haben nicht befriedigt, weil die Sandbeimengungen im Erdöl, teils auch der Gasgehalt einen vorzeitigen Verschleiß der schnellaufenden Kreiselpumpe zur Folge hatten. Die in den letzten Jahren erhobene Forderung nach großen Volumenströmen ist allerdings nur mit der Kreiselpumpe zu erfüllen. Die Firma Pleuger hat deshalb ihre bisher nur für Wasserförderung eingesetzten vielstufigen Tauchmotorpumpen für die Erdölförderung unter Beachtung der hierfür geltenden besonderen Bedingungen weiter entwickelt. Kreiselpumpen dieser Art erreichen Volumenströme von 100 bis 300 m^3/Tag bei einer Förderdruckdifferenz von 50 bis 58 bar. Zur Erzeugung einer Druckdifferenz von 58 bar sind bei $Q = 120\ m^3/\text{Tag}$, $n = 2800\ 1/\text{min}$ (46,67 1/s) und einem Gehäuseaußendurchmesser von 139 mm 80 Stufen erforderlich.

b) Pumpen mit umlaufendem Verdränger

Pumpen dieser Art unterscheiden sich von den Pumpen mit Hubkolben besonders dadurch, daß sie einen ziemlich kontinuierlichen Flüssigkeitsstrom erzeugen. Die fortgesetzt wechselnde Beschleunigung und Verzögerung der Flüssigkeitsmasse kommt hier also in Fortfall, so daß sich Windkessel und Ventile erübrigen. Da außerdem das Kurbeltriebwerk entfällt, wird der konstruktive Aufbau verhältnismäßig einfach. Die Zahl der Bauarten dieser unter der Sammelbezeichnung „Drehkolbenpumpen“ oder „Kapselpumpen“ bekannten Pumpengattung, die im Laufe der Jahre sowohl für Flüssigkeiten als auch für Gase mit mehr oder weniger gutem Erfolg zur Anwendung gekommen sind, ist außerordentlich groß[1]. Wir beschränken uns hier auf einige typische und bewährte Bauarten zur Förderung von Flüssigkeiten, die aber unter sich jeweils wieder mehrere Varianten aufweisen können.

81. Zahnradpumpen

a) Wirkungsweise, betriebliche und konstruktive Merkmale

Die bekannteste Ausführung der genannten Pumpenart ist die Zahnradpumpe, die als Kühlwasser- und Druckölpumpe, als Schmierölpumpe für Motoren, Turbinen, Werkzeugmaschinen sowie für andere Zwecke vielseitige Verwendung findet (Abb. 81.1). Der Fördervorgang ergibt sich aus folgendem:

Auf der Saugseite füllen sich die Zahnlücken der beiden miteinander kämmenden Zahnräder mit der vom Saugstutzen entgegen der Drehrichtung der Räder zuströmenden Flüssigkeit, die nach Absperrung durch die umschließenden Gehäusewan-

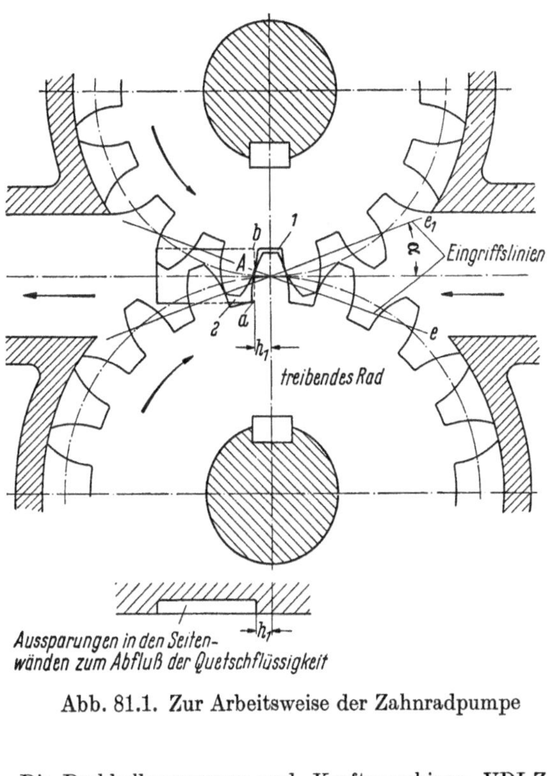

Abb. 81.1. Zur Arbeitsweise der Zahnradpumpe

[1] Tänzler, H. U.: Die Drehkolbenpumpen und -Kraftmaschinen. VDI-Z. 91 (1949) Nr. 10, S. 239–246.

dungen zur Druckseite mitgenommen wird. Dort treffen die aus beiden Rädern ankommenden Flüssigkeitsmengen aufeinander. Der größte Teil wird in den Druckstutzen der Pumpe verdrängt, ein kleinerer Teil tritt in den Saugraum zurück. Die früher vertretene Auffassung, daß die Flüssigkeit durch die in die Zahnlücken eindringenden Zähne des Gegenrades in den Druckraum verdrängt wird, ist nicht zutreffend. Vielmehr hat die Zahnstärke, also die Größe des Flankenspiels, auf den Volumenstrom keinen Einfluß. Es vergrößert sich zwar der in den Saugraum zurückweichende Flüssigkeitsteil mit zunehmendem Flankenspiel, um den gleichen Betrag wächst aber der Zuförderteil der entsprechend vergrößerten Zahnlücken. Die Trennung des Druckraumes vom Saugraum geschieht durch die Flanken der im Eingriff befindlichen Zähne sowie durch die Wandungen des Gehäuses, welche die Stirnseiten und den Umfang der Räder mit geringem Spiel umschließen. Da die Zähne gleichzeitig an mehreren Stellen im Eingriff sein können, bildet sich zwischen Saug- und Druckseite in einer oder in zwei durch Flankenspiel miteinander verbundenen Zahnlücken ein abgeschlossener Raum, der Quetschraum, dessen Inhalt sich während der Drehung der Räder bis zu einem Minimum verkleinert. Eine Quetschung der eingeschlossenen Flüssigkeit hat Energieverluste zur Folge und kann bei geringen Spielen zur Beschädigung der Pumpe führen. Es muß deshalb der Abfluß des verdrängbaren Teiles der eingeschlossenen Flüssigkeit ermöglicht werden, was sich durch eine Aussparung in den seitlichen Wandungsflächen der Pumpe erreichen läßt (Abb. 81.1). Dabei ist der Abstand h_1 der Kante ab von der Verbindungslinie der Radmitten so zu bestimmen, daß die verdrängbare Quetschflüssigkeit in den Druckraum der Pumpe entweicht.

Voraussetzung für gutes Arbeiten ist ferner, daß der Überdeckungsgrad der Verzahnung >1 ist, daß die Zähne sehr genau gefräst und geschliffen werden und eine harte Oberfläche aufweisen. Entsprechende Forderungen sind an die Maßhaltigkeit und die Oberflächengüte des ganzen Radkörpers sowie der Gehäusewandungen zu stellen, an denen eine Abdichtung gegenüber den Rädern erfolgen soll. Außerdem muß das Radial- und Axialspiel zwischen den Zahnrädern und den Gehäusewandungen unter Beachtung der möglichen Veränderung durch Wärmedehnungen und der Verformung durch Druckkräfte genau eingehalten werden. Dünnflüssige Fördermittel erfordern ein möglichst geringes Spiel, weil andernfalls die Lässigkeitsverluste zu groß werden. Bei zähen Flüssigkeiten ist ein größeres Spiel angebracht, wodurch sich zwar der Liefergrad etwas verschlechtert, gleichzeitig aber die Reibungsverluste merklich zurückgehen.

Das geringe Spiel zwischen den Zahnrädern und der Gehäusewandung führt weiter zu der Forderung, die Zahnradpumpe nur für solche Fördermittel zu verwenden, die keine schleifenden Bestandteile oder andere grobe Verunreinigungen enthalten.

Als Lager findet man sowohl Wälz- als auch Gleitlager, die bei Förderung von Öl vom Fördermittel geschmiert werden. Ist das Fördergut für die Schmierung ungeeignet, so werden die Lager unter Zwischenschaltung von Stopfbuchsen außerhalb des Pumpengehäuses angeordnet. Bei sehr zähem Fördermittel erhält das Gehäuse einen Heizmantel.

Schnellaufende Pumpen können die Saugleitung bis zu einer Höhe von etwa 7 m selbständig entlüften. Zwecks Entlastung der Stopfbuchse wird der Raum vor derselben mit der Saugleitung verbunden. Dadurch ist zugleich die Drehrichtung der Pumpe festgelegt.

Im allgemeinen kommt die Zahnradpumpe nur für Drücke von einigen Bar in

Frage, jedoch lassen sich auch Drücke von 100 bar und darüber in *einer* Stufe verwirklichen. Gegen Überlastung wird die Pumpe durch ein Überströmventil gesichert, welches bei überhöhtem Druck einen Teil der geförderten Flüssigkeit in den Saugraum zurücktreten läßt und dadurch den Druck im Druckstutzen begrenzt.

Als Werkstoffe dienen für das Gehäuse Gußeisen, für die Zahnräder gehärteter und geschliffener Stahl. Angreifende Flüssigkeiten machen die Anwendung korrosionsbeständiger Werkstoffe notwendig.

An die Stelle der Geradverzahnung tritt mitunter eine Schrägverzahnung oder eine Pfeilverzahnung, die eine größere Laufruhe ermöglichen. Schrägverzahnung verringert allerdings unter sonst gleichen Verhältnissen den theoretischen Volumenstrom und vergrößert den Ungleichförmigkeitsgrad[1]. Sie ist nur für Niederdruckpumpen geeignet, weil sich die Räder infolge des auftretenden Achsschubes entgegengesetzt jeweils an *eine* Seitenwand anlegen. Dadurch vergrößern sich der mechanische und der Spalt-Verlust.

Die in der Herstellung schwierigere und teurere Pfeilverzahnung beschränkt sich im allgemeinen auf Niederdruckpumpen mit großem Volumenstrom.

Neben der meist anzutreffenden Ausführung mit zwei außen verzahnten Rädern werden auch Pumpen mit drei Rädern hergestellt. Ferner finden sich Konstruktionen mit einem innen verzahnten Rad und einem oder mehreren außen verzahnten Rädern. Die Innen-Zahnradpumpe weist einen kleinen Ungleichförmigkeitsgrad, also eine geringe Pulsation des Volumenstroms auf und zeichnet sich durch eine relativ geräuscharme Förderung aus.

b) Berechnungsgrundlagen

Der theoretische Volumenstrom einer Zahnradpumpe mit zwei außen geradverzahnten Rädern und DIN-Evolventengeradverzahnung beträgt nach Hagen[2]

$$Q_{1_{\mathrm{th}}} = m^2 \pi \left[2z + \left(1 + \frac{z}{z'}\right)\left(1 - \frac{\pi^2}{48}\cos^2\alpha\right)\right] b\, n. \tag{81,1}$$

Es bezeichnen: m den Modul; z die Zähnezahl des treibenden Rades, z' die des getriebenen Rades; α den Eingriffswinkel; b die Radbreite; n die Drehzahl in der Zeiteinheit. Man erhält $Q_{1_{\mathrm{th}}}$ in l/s, wenn m und b in dm eingesetzt werden und n auf die Sekunde bezogen wird.

Gl. (81,1) liefert den größtmöglichen Volumenstrom. Er setzt voraus, daß die Pumpe ohne Spiele, insbesondere auch die Zähne ohne Flankenspiel arbeiten und die verdrängbare Quetschflüssigkeit restlos dem Druckraum zugeführt wird. Bei fehlendem Flankenspiel entsteht während des Eingriffs in jeder Zahnlücke ein Quetschraum. In Abb. 81.1 hat der Quetschraum *1* gerade sein Minimum erreicht, so daß die Verdrängung in den Druckraum beendet ist. Die Kante ab der Aussparung muß daher durch den Punkt A der Eingriffslinie e verlaufen. Das ist der Fall, wenn ihr Abstand von der Verbindungslinie der Radmitten $h_1 = \frac{1}{4}\pi\, m \cos^2\alpha$ beträgt[3].

[1] Siehe Fußnote S. 426.

[2] Hagen, K.: Volumenverhältnisse, Wirkungsgrade und Druckschwankungen in Zahnradpumpen, Diss. Techn. Hochschule Stuttgart 1958.

[3] Dieser Abstand ist nach Versuchen von Hagen zweckmäßig auch dann einzuhalten, wenn zwar ein Flankenspiel vorhanden ist, dieses aber nur etwa 30 µm beträgt.

Besteht ein Flankenspiel, so errechnet sich der theoretische Volumenstrom nach Hagen aus

$$Q_{2_{\text{th}}} = m^2 \pi \left[2z + \left(1 + \frac{z}{z'}\right)\left(1 - \frac{\pi^2}{12}\cos^2\alpha\right)\right] b\,n. \tag{81,2}$$

Die Quetschräume *1* und *2* vereinigen sich zu einem zusammenhängenden Quetschraum, der aber nur so lange besteht, als gleichzeitig zwei Eingriffsstellen vorhanden sind. Während der Drehung der Räder verkleinert sich der Raum *2*, dagegen nimmt der Raum *1* zu. Die Förderung der Quetschflüssigkeit in den Druckraum ist nur möglich bis zu dem Zustand, in welchem der gemeinsame Raum sein Minimum erreicht hat. Dieser Zustand tritt offenbar früher als bei spielfreien Flanken ein. Es ist deshalb der Abstand der Kante ab zu vergrößern, und zwar auf $h_2 = 2h_1$. Da nun nur ein Teil der ohne Flankenspiel verdrängbaren Quetschflüssigkeit gefördert wird, ist $Q_{2_{\text{th}}} < Q_{1_{\text{th}}}$, was auch durch Gl. (81,2) zum Ausdruck kommt.

Für den Fall, daß beide Räder gleiche Zähnezahl haben, ermittelt Molly[1] für eine beliebige Evolventenverzahnung mit beliebigem Flankenspiel den theoretischen Volumenstrom auf sehr anschauliche Weise zu

$$Q_{\text{th}} = \frac{\pi}{2}\left(d_k^2 - c^2 - d_g^2\frac{\pi^2}{3z^2}\right) b\,n. \tag{81,3}$$

In Gl. (81,3) bezeichnen: d_k den Durchmesser der Kopfkreise, d_g den Durchmesser der Grundkreise der Räder und c ihren Achsabstand. Setzt man gemäß DIN 867 $d_k = d_t + 2m = m(z+2)$ mit d_t als Teilkreisdurchmesser, ferner $d_g = d_t \cos\alpha = z\,m\cos\alpha$ und $c = d_t = z\,m$, so erhält man nach kurzer Zwischenrechnung

$$Q_{\text{th}} = m^2\pi\left(2z + 2 - \frac{1}{6}\pi^2\cos^2\alpha\right) b\,n. \tag{81,4}$$

Diese Gleichung ist mit Gl. (81,2) identisch, sofern dort $z' = z$ gesetzt wird.

Mit dem Kopfkreisdurchmesser d_k läßt sich Gl. (81,4) auch schreiben

$$\begin{aligned} Q_{\text{th}} &= m^2\left(2z + 2 - \frac{1}{6}\pi^2\cos^2\alpha\right)\frac{b}{d_k}\,d_k\,\pi\,n \\ &= m^2\left(2z + 2 - \frac{1}{6}\pi^2\cos^2\alpha\right)\frac{b}{d_k}\,u_k, \end{aligned} \tag{81,5}$$

wobei u_k die Umfangsgeschwindigkeit auf dem Kopfkreise bezeichnet. Hiernach bestimmen folgende Größen den theoretischen Volumenstrom:

Die Umfangsgeschwindigkeit u_k, das Breitenverhältnis b/d_k, die Zähnezahl z, der Modul m und der Eingriffswinkel α.

Die anwendbare Umfangsgeschwindigkeit ist u.a. von der kinematischen Zähigkeit des Fördermittels abhängig. An praktisch ausgeführten Pumpen findet man etwa folgende Höchstwerte:

Für

$$\nu = 2\,\text{cSt} = 2\cdot 10^{-6}\,\text{m}^2/\text{s}\ (\approx 1{,}12\,\text{E}) : u_k = 16\,\text{m/s};$$

für

$$\nu = 10\,\text{cSt} = 10\cdot 10^{-6}\,\text{m}^2/\text{s}\ (\approx 1{,}83\,\text{E}) : u_k = 10\,\text{m/s};$$

---

[1] Molly, H.: Die Zahnradpumpe mit evolventischen Zähnen. Ölhydraulik und Pneumatik 1958, H. 1, S. 24—26.

für

$$\nu = 100\,\text{cSt} = 100 \cdot 10^{-6}\,\text{m}^2/\text{s}\,(\approx 13{,}15\,\text{E}): u_k = 6\,\text{m/s};$$

für

$$\nu = 200\,\text{cSt} = 200 \cdot 10^{-6}\,\text{m}^2/\text{s}\,(\approx 26{,}3\,\text{E}): u_k = 5\,\text{m/s};$$

Bei der Festlegung der Umfangsgeschwindigkeit ist neben der Zähigkeit des Fördermittels auch der Pumpendruck zu beachten, wie später noch gezeigt wird.

Ein großes Breitenverhältnis b/d_k verringert den Spaltverlust, führt aber zu dünnen Wellen und zu unzulässig hohen Flächendrücken in den Lagern. Das Breitenverhältnis muß deshalb um so kleiner sein, je größer der Pumpendruck ist. Als praktische Richtwerte gelten für Niederdruckpumpen $b/d_k = 2{,}0 \cdots 0{,}8$, für Mitteldruckpumpen $b/d_k = 0{,}8 \cdots 0{,}5$, während für Hochdruckpumpen (bis 160 bar) b/d_k auf $0{,}5 \cdots 0{,}2$ zurückgeht.

Bei gleichen äußeren Abmessungen und gleicher Drehzahl vergrößert abnehmende Zähnezahl und entsprechend zunehmender Modul den theoretischen Volumenstrom, gleichzeitig wachsen aber der Spaltverlust und die Volumenstromschwankungen. Ferner nimmt der Überdeckungsgrad ab. Mit dem genormten Eingriffswinkel $\alpha = 20°$ werden im allgemeinen — mit dem Förderdruck wachsend — $z = 14 \cdots 25$ Zähne ausgeführt. Nach Wahl der aufgeführten Größen erhält man den Modul m für einen gegebenen Volumenstrom Q_{th} aus Gl. (81,5). Hierbei sind die Einflußgrößen so abzustimmen, daß sich für m ein genormter Wert nach DIN 780 ergibt.

Die zugehörige Drehzahl folgt aus

$$n = \frac{u_k}{d_k \pi} = \frac{u_k}{m(z+2)\pi}.$$

Häufig ist die Drehzahl durch die Antriebsmaschine vorgeschrieben. Dann gilt mit $u_k = m(z+2)\pi n$

$$m^3 = \frac{Q_{\text{th}}}{\pi n (z+2)\left(2z + 2 - \frac{1}{6}\pi^2 \cos^2\alpha\right)\frac{b}{d_k}}. \tag{81,6}$$

Die willkürliche Festsetzung der Drehzahl macht eine Überprüfung der Umfangsgeschwindigkeit u_k notwendig.

Der wirkliche Volumenstrom ist kleiner als der theoretische, weil ein Teil der verdrängbaren Flüssigkeit über die Stirnseiten und den Umfang der Räder sowie über die im Eingriff befindlichen Zahnflanken und als Quetschflüssigkeit in den Saugraum zurückfließt oder auch über die Lager und über Bohrungen nach außen tritt. Es ist

$$Q = Q_{\text{th}}\,\eta_l$$

mit η_l als Liefergrad oder volumetrischem Wirkungsgrad. Aus Abb. 81.2 sind Versuchswerte von η_l — bezogen auf $Q_{1_{\text{th}}}$ — in Abhängigkeit vom Förderdruck mit der Drehzahl und der Viskosität des Fördermittels (Voltol-Gleitöl) als Parameter ersichtlich[1]. Den von Hagen durchgeführten Versuchen liegt eine Pumpe mit folgenden Abmessungen zugrunde: Eingriffswinkel $\alpha = 20°$; Modul $m = 2$ mm; Zähnezahl des treibenden Rades $z = 21$, des getriebenen Rades $z' = 15$; Radbreite $b = 25$ mm;

[1] In den Abbn. 81.2, 81.3, 81.4, 81.7, 81.9, 83.2, 84.5 und 84.12 ist entsprechend den Angaben der beim Versuch verwendeten Meßinstrumente die Druckeinheit atü beibehalten worden.

Flankenspiel 30 μm; Axialspiel 20 μm; Radialspiel 30···50 μm. Die Abbildung läßt erkennen, daß sich die Volumenverluste bei dieser Ausführung nur über wenige Prozent erstrecken. Sie nehmen zu mit wachsendem Druck, ferner mit abnehmender Viskosität und Drehzahl.

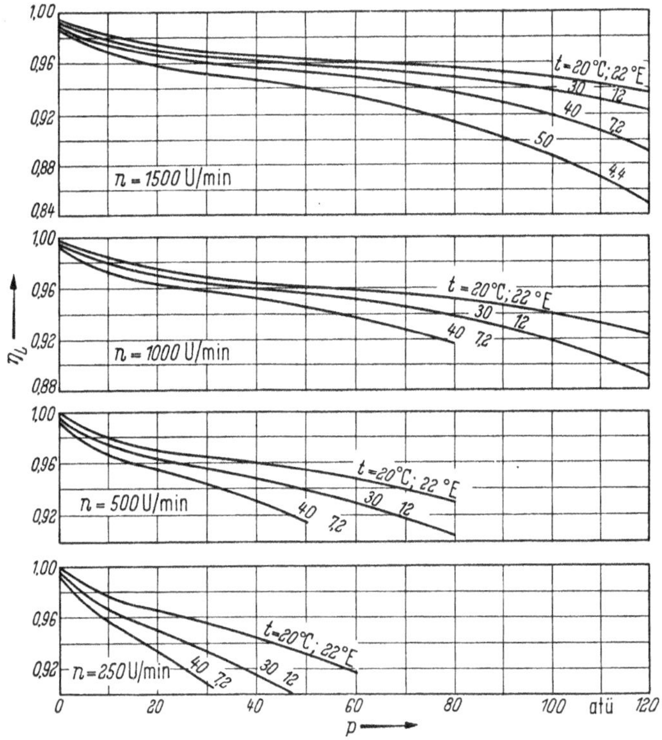

Abb. 81.2. Der Liefergrad η_l in Abhängigkeit vom Förderdruck sowie von der Drehzahl und der Viskosität als Parameter (nach Hagen)

Wesentlich anders verhält sich — unter den gleichen Voraussetzungen — der Gesamtwirkungsgrad $\eta = P_n/P$ als Verhältnis der Nutzleistung zur aufgenommenen Leistung. Er berücksichtigt neben den Mengenverlusten noch die mechanischen und die Strömungs-Verluste in der Pumpe. Nach Abb. 81.3 erreicht er seinen Bestwert, der bei dieser kleinen Ausführung in sehr beachtlicher Höhe liegt, für $n = 1\,500$ 1/min (25 1/s) erst bei großen Drücken, und zwar um so später, je zähflüssiger das Fördergut ist. Geringe Drücke führen bei der hohen Drehzahl $n = 1\,500$ 1/min (25 1/s) nur zu mäßigen Gesamtwirkungsgraden, was auf einen relativ großen Energieverlust in der Pumpe schließen läßt. Die mit geringer Geschwindigkeit in den Saugraum der Pumpe eintretende Flüssigkeit wird plötzlich von den mit hoher Geschwindigkeit umlaufenden Zahnrädern erfaßt und muß in der kurzen, für die Füllung der Zahnlücken verfügbaren Zeit auf die Umfangsgeschwindigkeit der Räder beschleunigt werden. Auf der Druckseite prallen die aus den Zahnlücken beider Räder ankommenden Flüssigkeitsteile aufeinander, wobei ihre kinetische Energie größtenteils wieder vernichtet wird. Nach Abb. 81.4 lassen sich gute Gesamtwirkungsgrade für geringe Betriebsdrücke nur mit entsprechend niedrigen Drehzahlen erreichen. Bei geringem Betriebsdruck muß der Energieverlust in der Pumpe und somit die Umfangsgeschwindigkeit der Zahnräder offenbar klein gehalten werden. Das dürfte um so mehr zutreffen, je zähflüssiger das Fördermittel ist. Herabsetzung der Drehzahl zieht aber eine Vergrößerung der Abmessungen und der Gestehungskosten nach sich.

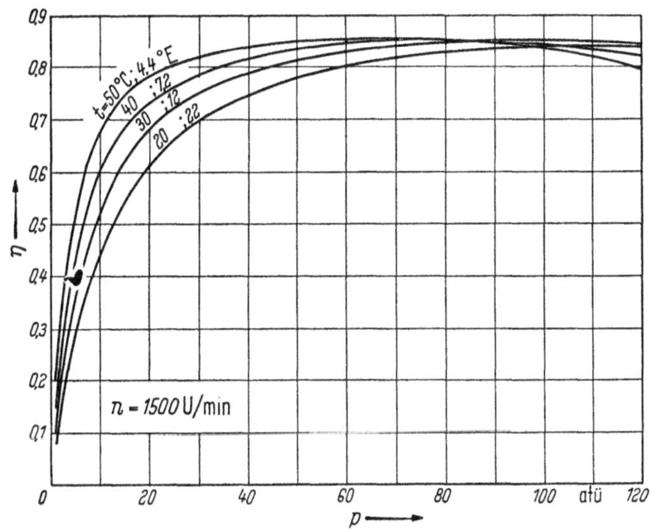

Abb. 81.3. Der Gesamtwirkungsgrad η in Abhängigkeit vom Förderdruck und von der Viskosität bei gleichbleibender Drehzahl (nach Hagen)

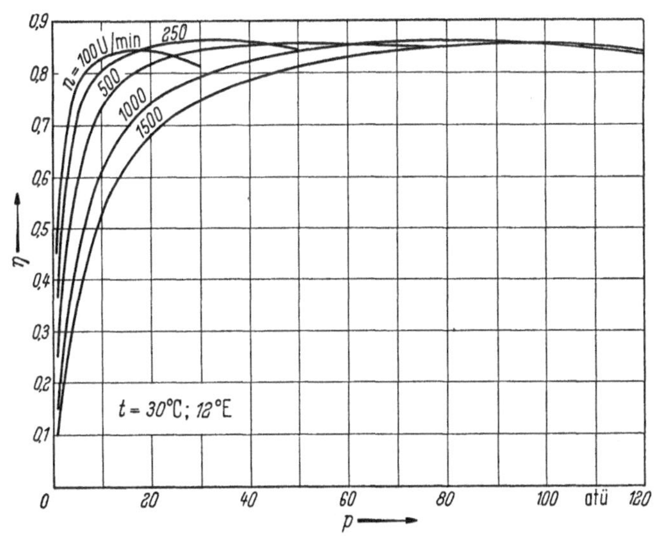

Abb. 81.4. Der Gesamtwirkungsgrad η in Abhängigkeit vom Förderdruck und von der Drehzahl bei gleichbleibender Zähflüssigkeit (nach Hagen)

Die Verdrängung der durch die Zahnlücken geförderten Flüssigkeit geht nicht gleichförmig vor sich, sondern ist mit gewissen Schwankungen verbunden. Trägt man den theoretischen Volumenstrom über der Zeit oder über dem Grundkreisumfang auf, so ergibt sich eine aus Parabelbögen bestehende Volumenstromlinie (Abb. 81.5). Bei vorhandenem Flankenspiel erstreckt sich der Parabelbogen über je eine Grundkreisteilung. Die Größe der Förderschwankung pflegt man durch den Ungleichförmigkeitsgrad $\delta = (Q_{\text{th}_{\max}} - Q_{\text{th}_{\min}})/Q_{\text{th}_m}$ auszudrücken, wobei Q_{th_m} den mittleren theoretischen Volumenstrom bezeichnet. Nach Molly errechnet sich der Ungleichförmigkeitsgrad für eine beliebige Evolventenverzahnung mit Flankenspiel, außen geradverzahnten Rädern und gleichen Zähnezahlen der Räder aus

$$\delta_2 = 1 \Big/ \left(\frac{z^2}{\pi^2} \frac{d_k^2 - c^2}{d_g^2} - \frac{1}{3}\right). \tag{81,7}$$

Für eine Evolventenverzahnung nach DIN 867 erhält man mit $d_k = m(z + 2)$, $d_g = zm \cos\alpha$ und $c = mz$

$$\delta_2 = 1 \Big/ \left(\frac{4z + 4}{\pi^2 \cos^2\alpha} - \frac{1}{3}\right). \tag{81,8}$$

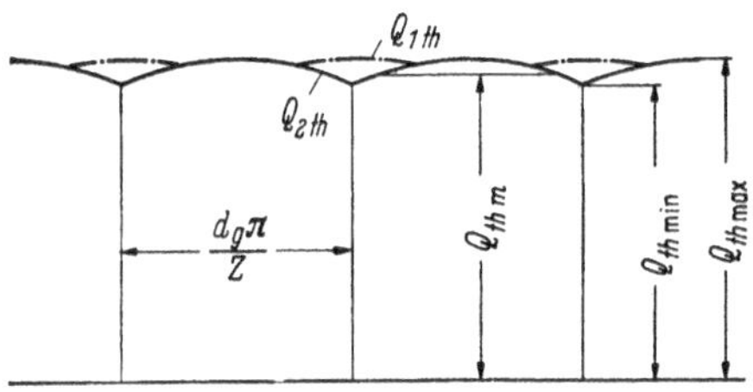

Abb. 81.5. Theoretische Volumenstromlinie

Handelt es sich um eine DIN-Evolventenverzahnung ohne Flankenspiel, so verdoppelt sich die Frequenz der Schwankungen (strichpunktierte Linie in Abb. 81.5). Die Rechnung ergibt in diesem Fall

$$\delta_1 = 1 \Big/ 4\left(\frac{4z + 4}{\pi^2 \cos^2\alpha} - \frac{1}{12}\right). \tag{81,9}$$

Der Ungleichförmigkeitsgrad verringert sich auf weniger als ein Viertel.[1]

Allgemein nimmt die Förderschwankung ab mit wachsender Zähnezahl und zunehmendem Eingriffswinkel. Um einen Einblick in die Größe der theoretischen Volumenschwankung zu erhalten, werde δ für eine Pumpe mit je 14 Zähnen und einem Eingriffswinkel von 20° ermittelt. Es ergibt sich zunächst für eine Verzahnung mit Flankenspiel nach Gl. (81,8) $\delta_2 = 0{,}1526$. Ohne Flankenspiel erhält man nach Gl. (81,9) $\delta_1 = 0{,}0368$.

Die Förderschwankungen rufen Druckänderungen hervor, die theoretisch dem Ungleichförmigkeitsgrad proportional sind und den Volumenschwankungen ähnlich verlaufen. Die tatsächlich gemessenen Druckschwankungen zeigen nach Versuchen von Hagen Abweichungen, da sie durch mehrere örtliche Vorgänge beeinflußt werden. Bei geringer Drehzahl hat die über der Zeit aufgetragene Druckschwankung

[1] Den Einfluß abweichender Evolventenverzahnungen auf Hubvolumen und Ungleichförmigkeitsgrad hinsichtlich Kopfhöhe, Zähnezahlen, Eingriffswinkel, Profilverschiebung und Schrägungswinkel behandelt Willekens, F. A. A.: Instantanes Fördervolumen, geometrisches Hubvolumen und Ungleichförmigkeitsgrad von Zahnradpumpen. Ind.-Anz. 93 (1971) Nr. 26, S. 549—554.

angenähert Sinusform, geht aber mit wachsender Drehzahl zunehmend in einen flatternden Verlauf über. Die Amplituden der Druckschwankungen nehmen mit wachsendem Druck zu. Liegen Zähnezahl, Eingriffswinkel und Druck fest, so erreichen sie ihren Kleinstwert bei möglichst vollständiger Förderung der Quetschflüssigkeit in den Druckraum, also bei möglichst geringem Flankenspiel.

c) Ausführungsbeispiele

Abb. 81.6 zeigt eine schnellaufende Ölpumpe für mittlere Druckhöhe und großen Volumenstrom. Die Welle und die Achse laufen in Gleitlagern, welche durch das Fördermittel geschmiert werden. Da die Stopfbuchse unter dem Druck der Saugleitung steht, ist sie nahezu entlastet, sofern der Ansaugedruck nicht wesentlich vom äußeren Luftdruck abweicht. Das gleiche gilt für die Stirnseiten der Welle. Der Druckausgleich wird hier und bei der Achse durch die Bohrung in der Achse herbeigeführt.

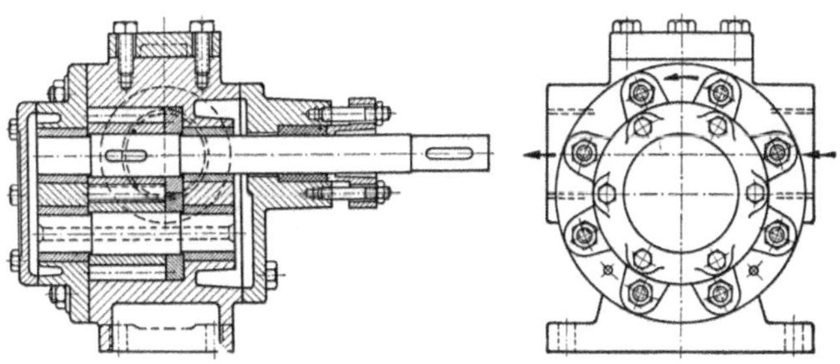

Abb. 81.6. Zahnradpumpe (Kracht)

Die Kennlinien der Pumpe sind aus Abb. 81.7 ersichtlich. Der Volumenstrom nimmt mit wachsendem Pumpendruck nur geringfügig ab. Bei dem vorgesehenen Höchstdruck von 15 atü (14,72 bar Überdruck) hat die Pumpe wegen der relativ hohen Drehzahl von 1450 1/min (24,17 1/s) ihren Bestwirkungsgrad noch nicht erreicht.

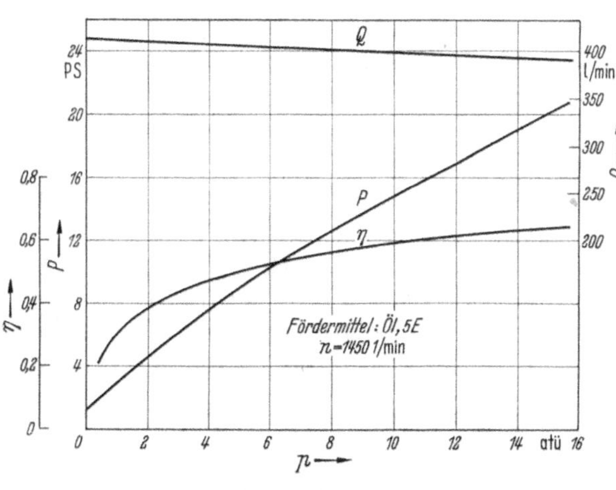

Abb. 81.7. Kennlinien der Zahnradpumpe nach Abb. 81.6 (Kracht)

Eine Hochdruckpumpe, die der Druckölerzeugung in Erdbaumaschinen dient, gibt Abb. 81.8 wieder.

Der zu erzeugende sehr hohe Druck erfordert zur Begrenzung der Lässigkeitsverluste die Einhaltung sehr geringer Spiele. Die Zahnflanken sind deshalb sorgfältig geschliffen und alle Undichtigkeitsspalte soweit wie möglich verkleinert. Eine Besonderheit weist der Axialspalt zwischen den Zahnrädern und den Gehäusewänden auf, der sich vermöge eines hydraulischen Ausgleichs bei jedem Pumpendruck auf seinen

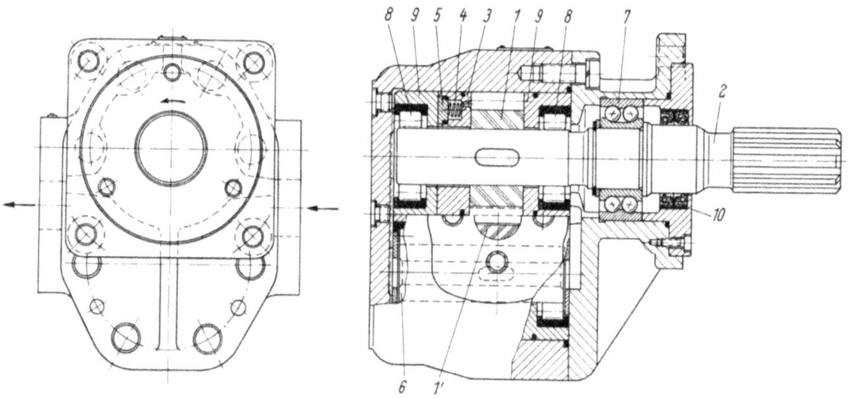

Abb. 81.8. Hochdruckzahnradpumpe (Kracht)

Kleinstwert einstellt. Zu diesem Zweck sind die Zahnräder (*1*) und (*1'*) auf der Welle (*2*) bzw. Achse (*6*) sowie die beiden Druckringe (*3*) in den Gehäusebohrungen axial verschiebbar angeordnet. Die Druckringe besitzen je zwei Druckkammern (*4*), die durch federbelastete, mit Dichtungen versehene Kolben (*5*) abgeschlossen sind. Die Druckkammern stehen durch Bohrungen mit dem Druckraum der Pumpe in Verbindung. Dadurch werden die Druckringe (*3*) mit einer dem jeweiligen Pumpendruck verhältnisgleichen Kraft gegen die Zahnräder gedrückt, so daß sich der Axialspalt bei jedem Flüssigkeitsdruck auf sein Minimum einstellt. Das setzt voraus, daß die von jedem Druckring auf das betreffende Zahnrad ausgeübte resultierende Axialkraft etwas größer ist als die resultierende axiale Gegenkraft der Flüssigkeit. Um das Entstehen eines die Lager belastenden Kräftepaares zu verhindern, müssen Kraft und Gegenkraft eine gemeinsame Wirkungslinie haben. Dabei ist von Bedeutung, daß der Flüssigkeitsdruck längs des Radumfangs von der Saug- zur Druckseite zunimmt[1].

Zur Verringerung der Reibung und zur Erhöhung der Lebensdauer sind die beiderseits mit den Zahnrädern in Berührung stehenden Teile aus einer hochwertigen Bleibronze gefertigt.

Die Achse (*6*) des angetriebenen Zahnrades ist in der Längsrichtung durchbohrt. Dadurch wird ein Ausgleich der auf die Stirnflächen der Achse wirkenden Druckkräfte und ein Abfluß des Lecköles zum Saugraum möglich. Herrscht in diesem annähernd atmosphärischer Druck, so ist auch die Antriebswelle (*2*) praktisch entlastet. Ein andernfalls verbleibender Restschub sowie axiale und radiale vom Antrieb her-

[1] Über weitere konstruktive Lösungen der Kompensation des Axial- und auch des Radialspaltes berichten Strózniak, K.; Stryczek, St.: Zahnradpumpen — Konstruktive Gestaltung der Spaltkompensation. Ölhydr. u. Pneum. 13 (1969) Nr. 3, S. 102—107.

rührende Kräfte werden von dem zweireihigen Schrägkugellager (*7*) aufgenommen. Die auf der Welle verschiebbaren Zahnräder sind somit von äußeren in Achsrichtung wirkenden Kräften entlastet.

Zur eigentlichen Lagerung, d.h. zur Aufnahme der durch den Öldruck hervorgerufenen Kräfte, dienen vier kräftige Rollenlager (*8*), die in starren Lagereinsätzen (*9*) untergebracht sind.

Zur Abdichtung der Wellendurchführung durch das Gehäuse genügen, da nur eine geringe Druckdifferenz aufzunehmen ist, zwei einander abgekehrt eingesetzte Dichtringe (*10*).

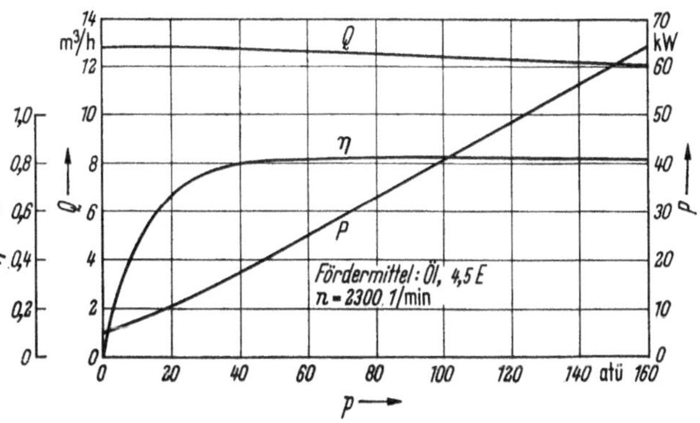

Abb. 81.9. Kennlinien der Zahnradpumpe nach Abb. 81.8 (Kracht)

Nach ihren Kennlinien (Abb. 81.9) ist die Pumpe in der Lage, in *einer* Stufe Drücke von mehr als 100 atü (98,1 bar Überdruck) zu erzeugen. Sie zeichnet sich dabei durch einen guten, über einen weiten Förderbereich fast gleichbleibenden Wirkungsgrad aus.

82. Drehkolbenpumpen (Kreiskolbenpumpen)

Die Arbeitsweise dieser Bauart ähnelt derjenigen der Zahnradpumpe. Während jedoch bei der Zahnradpumpe die Zahnflanken der Verdränger aufeinander abwälzen, wird bei der Drehkolbenpumpe nach Abb. 82.1 die gegenseitige Berührung der Kolbenflanken vermieden. Das Stirnradpaar (*1*) treibt die beiden Läufer (*2*, *3*) gegenläufig mit gleicher Winkelgeschwindigkeit an. Jeder Läufer hat zwei Kolben (*4*), welche Teile eines Kreisrings von rechteckigem Querschnitt sind. Sie bewegen sich im Gehäuse (*5*) mit geringem axialem und radialem Spiel. Die Abdichtung zwischen den Läufern geschieht in der Weise, daß die Außenfläche eines Kolbens jeweils in eine Aussparung eines der beiden Gehäusekerne eingreift, so daß der Saugraum (*6*) vom Druckraum (*7*) ständig getrennt bleibt. Auf der Saugseite füllen sich die Räume zwischen den Drehkolben mit der vom Saugstutzen entgegen der Drehrichtung der Läufer zuströmenden Flüssigkeit, die nach Absperrung durch die umschließenden Gehäusewandungen zur Druckseite mitgenommen wird. Die aus beiden Läufern wechselweise ankommenden Flüssigkeitsmengen werden bis auf ein kleines Restvolumen in den Druckraum verdrängt. Beim Übergang der Kolben von der Druck- zur Saugseite bildet sich zwischen ihren Flanken ein abgeschlossener, geringfügig veränderlicher

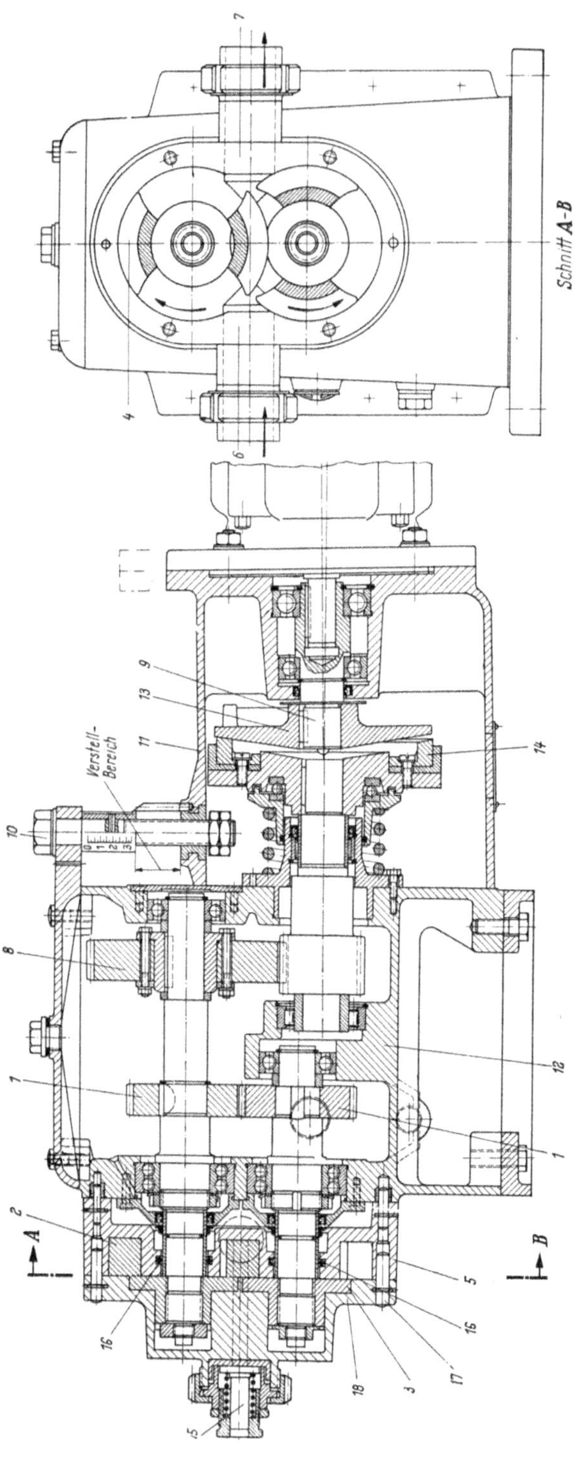

Abb. 82.1. Zwillingsdrehkolbenpumpe (Stamp)

Raum, dessen Flüssigkeitsinhalt bei der weiteren Kolbendrehung größtenteils in den Saugraum zurückgeführt wird. Dabei entweicht die Quetschflüssigkeit, falls nicht seitliche Überströmtaschen zum Druckraum vorgesehen werden, durch die Dichtungsspalte.

Es entsteht ein annähernd gleichförmiger Volumenstrom, der allerdings gewisse periodische Druckschwankungen aufweist.

Die Pumpe wird nach Maßgabe der Zähflüssigkeit des Fördermittels und der Pumpenleistung mit $n = 200 \cdots 570$ 1/min (3,33⋯9,5 1/s) betrieben. Je zähflüssiger das Medium ist, um so niedriger muß die Drehzahl gewählt werden. Ist sie bei zähflüssigem Fördergut überhöht, sind also Drehzahl und Fließgeschwindigkeit nicht aufeinander abgestimmt, so werden die Kolbenzwischenräume beim Saugvorgang nicht völlig ausgefüllt. Es kommt zur Hohlraumbildung (Kavitation), die sich in verringertem Volumenstrom, in Klopfgeräuschen und Werkstoffzerstörungen äußert.

Da die Drehzahl des Antriebsmotors über der Pumpendrehzahl liegt, ist ein Untersetzungsgetriebe (*8*) vorgesehen. Zur weiteren Anpassung der Pumpendrehzahl an die Eigenschaften des Fördermittels sowie an den gewünschten Volumenstrom dient das Reibradgetriebe (*9*). Durch Drehen der Einstellspindel (*10*) läßt sich das in einer festen Führung gleitende Reibradgehäuse (*11*) gegenüber dem Getriebegehäuse (*12*) verschieben. Dadurch kommt das als flacher Kegel ausgebildete Reibrad (*13*) mit dem Reibkranz (*14*) auf einem anderen Durchmesser zum Eingriff. Proportional zu diesem Durchmesser ändert sich die Drehzahl der Pumpe. Die Übertragung der Antriebsleistung mittels Reibrad bedeutet zugleich eine nachgiebige Kupplung zwischen Motor und Pumpe. Um Beschädigungen des Reibkranzes zu vermeiden, darf die Verstellung der Spindel (*10*) nur bei laufendem Motor vorgenommen werden.

Übermäßiger Druckanstieg in der Pumpe wird durch das Überströmventil (*15*) verhindert, das bei Erreichung eines einstellbaren Höchstdruckes Flüssigkeit von der Druck- zur Saugseite zurückfließen läßt. Zur Abdichtung der Pumpenwellen gegenüber dem Triebwerk dienen O-Ringe (*16*), die in eine rechteckige Nut eingelegt sind. Sie gewährleisten bei mäßigen Drehzahlen, wie sie hier vorliegen, eine äußerst einfache und zuverlässige Abdichtung. Da die Pumpe vielfach in Lebensmittelbetrieben Verwendung findet, ist auf eine bequeme Reinigungsmöglichkeit des Pumpeninnern Wert gelegt. Der durch Kegelstifte (*17*) zentrisch gesicherte Pumpendeckel (*18*) läßt sich nach Lösen einiger Flügelschrauben abziehen. Danach können auch Läufer und Gehäuse abgenommen und gereinigt werden.

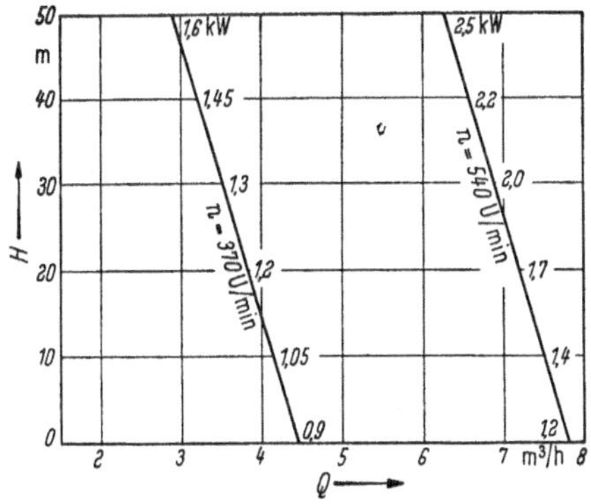

Abb. 82.2. Kennlinien der Zwillingsdrehkolbenpumpe nach Abb. 82.1 (Stamp)

Als Fördermittel kommen neben reinen Flüssigkeiten verschiedener Art (insbesondere Milch) auch zähes Fördergut mit pastenartiger Beschaffenheit ohne Festkörper und schmirgelnde Bestandteile in Frage. Diesem Verwendungszweck entsprechend werden Pumpengehäuse und -deckel aus Chromnickelstahl, die Läufer aus einer abweichenden Nickellegierung hergestellt. Die Pumpe hat eine gute Saugfähigkeit. Eine Auffüllung vor der Inbetriebsetzung ist im allgemeinen nicht erforderlich.

Die Kennlinien der Pumpe, d.h. die Abhängigkeit des Volumenstroms von der Förderhöhe und der Drehzahl sind aus Abb. 82.2 ersichtlich. Das Diagramm enthält die Kurven für die beiden Grenzdrehzahlen, innerhalb deren die Betriebsdrehzahl stufenlos regelbar ist. Einigen Kurvenpunkten sind die Leistungsaufnahmen in kW — gemessen an den Klemmen des Motors — beigeschrieben. Die Zahlenangaben enthalten also auch den Wirkungsgrad des Motors und den Kraftbedarf des Untersetzungsgetriebes. Das Diagramm gilt für Flüssigkeiten mit geringer Viskosität.

Ist d_a der Außendurchmesser, d_i der Innendurchmesser, b die axiale Breite der Drehkolben und n die Drehzahl in der Zeiteinheit, so errechnet sich der theoretische Volumenstrom aus

$$Q_{\text{th}} = \frac{\pi}{4} (d_a^2 - d_i^2)\, b\, n. \tag{82,1}$$

Gl. (82,1) setzt voraus, daß eine ständige Abdichtung zwischen Saug- und Druckraum vorhanden ist.

Der wirkliche Volumenstrom Q ist u. U. beträchtlich kleiner als Q_{th}, und zwar um den Rückstrom, der durch die Spalte zwischen den drehenden und feststehenden Teilen tritt. Die Größe der Spalte hängt von den Betriebsbedingungen ab. Zunächst ist die Formänderung (Durchbiegung) der Läufer infolge des Förderdruckes zu beachten, sodann die unterschiedliche Längendehnung der Kolben und des Gehäuses bei hohen Temperaturen. Ferner ist die Zähflüssigkeit des Fördermittels von Bedeutung. Geringe Viskosität erfordert enge Spalte. Dagegen ist es bei zähflüssigen Medien vorteilhaft, die Spaltweiten zu vergrößern. Dadurch wächst zwar der Rückstromverlust, gleichzeitig nehmen aber Reibung und Leistungsbedarf um soviel ab, daß sich der Gesamtwirkungsgrad verbessert.

Berücksichtigen wir den Rückstromverlust durch den Liefergrad η_l, so ergibt sich als wirklicher Volumenstrom

$$Q = Q_{\text{th}}\, \eta_l. \tag{82,2}$$

Bei gegebenen Spaltweiten verringert sich η_l mit zunehmender Förderhöhe (Abb. 82.2), ferner mit abnehmender Viskosität des Fördermittels und mit sinkender Drehzahl.

Wegen der sehr unterschiedlichen Einflüsse schwankt der Liefergrad in ziemlich weiten Grenzen, so daß allgemein gültige Angaben nicht möglich sind.

Der Rückstrom durch den Spalt — vornehmlich zwischen Kolben und Gehäusekern — ist infolge auftretender Übergeschwindigkeiten mit einer Druckabsenkung verbunden, die bei großer Saughöhe Spaltkavitation hervorrufen kann.

83. Drehflügelpumpen (Zellenpumpen)

Kennzeichnendes Bauelement der Drehflügelpumpe ist ein zylindrischer Körper (*1*) mit radialen Schlitzen, in denen flache Schieber (Flügel) (*2*) schließend gleiten (Abb. 83.1). In der vorliegenden Ausführung bildet der Zylinder mit der Antriebswelle *ein* Stück. Seitlich werden Zylinder und Flügel mit sehr geringem Spiel von den Steuerscheiben (*3*) und (*4*) eingeschlossen. Die Steuerscheibe (*3*) enthält je zwei diametral gegenüberliegende Saug- und Druckschlitze (*6*) und (*5*), die Steuerscheibe (*4*) zwei gegenüberliegende Saugschlitze. Radial wird der Arbeitsraum durch den Hubring (*7*) abgeschlossen. Die senkrechte Projektion seiner Innenfläche bildet im Seitenbild der Abb. 83.1 die Hubkurve (*8*). Diese besteht aus zwei inneren und zwei äußeren konzentrischen Kreisbögen sowie aus vier Kurven (*9*), welche den stetigen Übergang zwischen den inneren und äußeren Kreisbögen herstellen und die Hubbewegung der Flügel bestimmen.

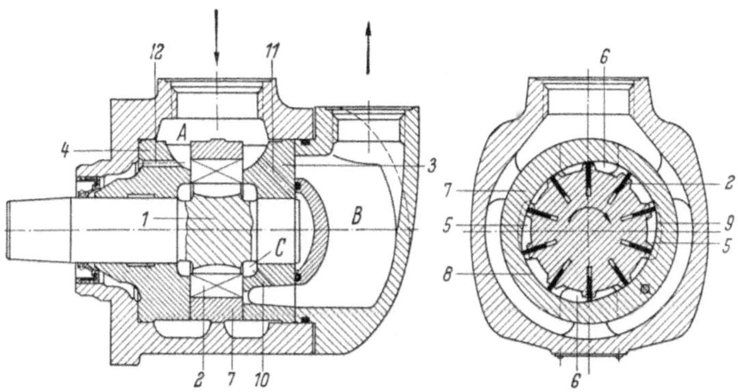

Abb. 83.1. Drehflügelpumpe (Tewes)

Während der Drehung des Rotors legen sich die Flügel infolge der Fliehkraft und des Flüssigkeitsdruckes an die Innenfläche des Hubringes an. Dadurch vergrößert sich der Zellenraum zwischen zwei Flügeln, wenn die Zelle an einem Saugschlitz vorbeiläuft, er verkleinert sich, wenn sie einen Druckschlitz passiert. Vergrößerung des Zellenraumes hat Ansaugen, Verkleinerung Ausschub des Fördermittels zur Folge. Die zwischen den Saug- und Druckschlitzen gelegenen Teile der Hubkurve sind konzentrische Kreisbögen, so daß sich hier der Zellenraum nicht ändert. Dadurch wird ein Quetschen der Flüssigkeit beim Übergang der Zelle vom Saug- zum Druckschlitz verhindert. Es entsteht eine praktisch gleichförmige Strömung vom Saugraum *A* zum Druckraum *B*.

Ist r_a der größere, r_i der kleinere Halbmesser der Kreisbögen auf der Innenfläche des Hubringes, b seine Breite, z die Zahl, s die Stärke der Flügel und n die Drehzahl in der Zeiteinheit, so erhält man, da jede Zelle während *einer* Umdrehung zweimal gefüllt wird, als theoretischen Volumenstrom

$$Q_{\text{th}} = 2[\pi(r_a^2 - r_i^2) - (r_a - r_i)\,s z]\,b n$$
$$= 2(r_a - r_i)[\pi(r_a + r_i) - s z]\,b n .$$

Als Fördermittel wird für die Bauart nach Abb. 83.1 nur Öl verwendet. Für mäßige Drücke genügt eine Betriebsviskosität von $\nu = 30 \cdot 10^{-6}$ m^2/s ($\approx$ 4 E), während für hohe Drücke mindestens $\nu = 75 \cdot 10^{-6}$ m^2/s ($\approx$ 10 E) empfohlen werden. Wichtig ist eine gute Schmierfähigkeit mit Rücksicht auf die zwischen den Flügeln und der Hubfläche entstehende Reibung. Durch die Bohrung (*10*) ist der Ringraum *C* mit dem Druckraum *B* verbunden, so daß die Flügel mit dem vollen Öldruck gegen die Gleitbahn gedrückt werden. Bis zu einer gewissen Belastungsgrenze, die von der Ölqualität und der Oberflächengüte abhängt, besteht zwischen den Flügelköpfen und der Gleitfläche reine Flüssigkeitsreibung. Wird durch Steigerung des Öldrucks die Tragfähigkeit des Ölfilms überschritten, so bildet sich in steigendem Maße Mischreibung aus. Zur Herabsetzung des damit verbundenen Verschleißes ist es zweckmäßig, bei großen Drücken eine hervorragende Oberflächengüte herzustellen und Öl mit sogenannten „EP" (Extreme Pressure)-Zusätzen zu verwenden, die infolge ihrer guten Metalladhäsionskraft eine hohe Festigkeit des Ölfilms gewährleisten. Mit derartigen Ölen können je nach der Viskosität Dauerhöchstdrücke $p_ü = 60$ bis ~ 100 bar erreicht werden. Die höchstzulässige Öltemperatur wird mit 90 °C angegeben.

Die Welle läuft in reichlich bemessenen Gleitlagern, welche vom Ringraum C mit Drucköl versorgt werden. Das aus den Lagern abfließende Öl gelangt durch die Bohrungen (*11*) und (*12*) in den Saugraum A. Infolge der diametralen Anordnung der Saug- und Druckschlitze ist die Welle von inneren Ölkräften weitgehend entlastet.

Die Pumpe wird normal mit $n = 1000 \cdots 3000$ 1/min (16,67$\cdots$50 1/s) betrieben. Ihre Drehzahl ist von der Viskosität und dem Druck des Förderöles abhängig. Sie nimmt mit steigender Viskosität und wachsendem Öldruck ab. Die Drehrichtung des Rotors wird durch die Anordnung der Hubkurve bestimmt. Sie läßt sich durch Wenden des Hubringes (spiegelbildliche Anordnung der Hubkurve) umkehren. Für gewöhnlich sind Saug- und Druckanschluß senkrecht nach oben gerichtet. Der Sauganschluß kann aber auch nach unten weisend angeordnet werden. Im übrigen arbeitet die Pumpe in jeder räumlichen Lage. Sie hat eine gute Saugfähigkeit.

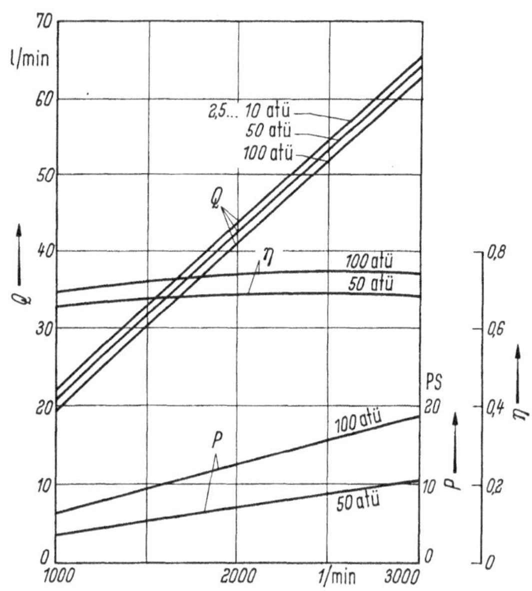

Abb. 83.2. Kennlinien der Drehflügelpumpe nach Abb. 83.1 (Tewes)

Abb. 83.2 gibt die Kennlinien der Ausführung nach Abb. 83.1 wieder. Sie gelten für den Betrieb mit Öl der Klassifikation SAE 20 bei 40 °C. Hiernach sind Volumenstrom und Leistungsbedarf in weiten Grenzen der minutlichen Drehzahl proportional.

Wachsender Öldruck verringert den volumetrischen Wirkungsgrad der Pumpe nur geringfügig.

Als Werkstoffe werden für den Rotor Sphäroguß, für die Steuerscheiben Perlitguß und für den Hubring gehärteter Spezialguß verwendet. Die Flügel bestehen aus gehärtetem Werkzeugstahl.

Das Anwendungsgebiet der Drehflügelpumpe nach Abb. 83.1, die sich durch sehr kleine Abmessungen auszeichnet, erstreckt sich auf alle Zweige der Druckölförderung mit Volumenströmen bis 5000 l/h für den Betrieb von Werkzeugmaschinen, Pressen, Bremsen, Hubwerken, Kraftverstärkern u.a.m.

84. Schraubenspindelpumpen

In der Schraubenspindelpumpe nach Abb. 84.1 wird das Fördermittel durch zwei eingängige, gegenläufige Spindeln verdrängt, die doppelt wirkend ausgeführt und durch ein im Ölbad laufendes Stirnräderpaar miteinander gekuppelt sind. Die beiden Spindeln, von denen die eine angetrieben, die andere durch die Zahnradkupplung mitgenommen wird, können ein Flach- oder Trapezgewinde erhalten, da das Drehmoment nicht über die Gewindeflanken auf die Nebenspindel übertragen wird. Andernfalls sind die Profile der Flanken nach den Verzahnungsgesetzen für Stirnräder als Evolventen oder Zykloiden auszubilden. Die Spindeln werden vom Pumpengehäuse umschlossen und greifen mit geringem Flankenspiel ineinander. Dadurch

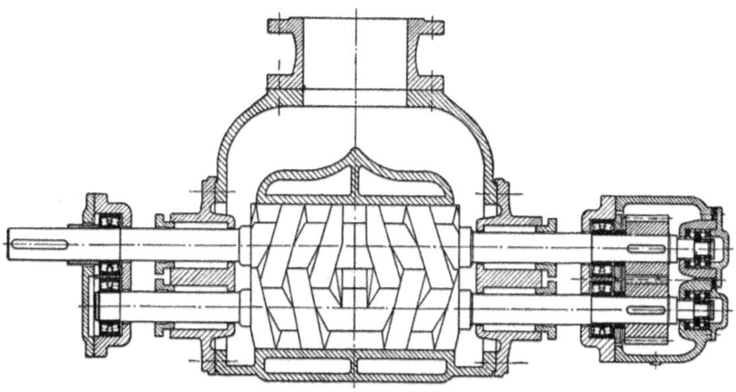

Abb. 84.1. Schraubenspindelpumpe (Bornemann)

grenzen sie in den Gangnuten Förderkammern ab, die bei unveränderter Drehzahl gleichförmig mit dem Drehwinkel in axialer Richtung fortschreiten. Da die Summe ihrer Querschnitte für jeden Achsnormalschnitt konstant ist, liefert die Pumpe einen gleichförmigen Volumenstrom. Jede Spindel ist mit einem Rechts- und einem Linksgewinde versehen, so daß die durch den Saugstutzen zu beiden Seiten der Spindeln axial hinzutretende Flüssigkeit bei der Rotation nach der Spindelmitte und von dort in den Druckstutzen verdrängt wird. Infolge der beiderseitigen Beaufschlagung wird innerhalb der Pumpe ein Druckausgleich erzielt. Es können also theoretisch keine axialen Kräfte auftreten. Trotzdem sind neben den als Wälzlager ausgebildeten Traglagern noch Axiallager vorhanden, deren Aufgabe darin besteht, die axiale Stellung der Spindeln zueinander zu justieren. Man will damit eine unmittelbare metallische Berührung der Gewindeflanken und den daraus entstehenden mechanischen Verschleiß verhüten.

Da das Drehmoment nicht über die Gewindeflanken von der Hauptspindel auf die Nebenspindel übertragen wird, und da außerdem die Förderkammern die Spindeln ganz umschließen, treten theoretisch auch keine radialen Kräfte zwischen den Spindeln auf. Die Pumpe ist selbstansaugend und eignet sich zur Förderung von Wasser, Säften, Ölen und anderen nicht schleifenden Fördermitteln. Ihre Drehzahl ist wie die der Zahnradpumpen weitgehend von der Zähflüssigkeit des Fördermittels abhängig. Mit der Normaldrehzahl von 1450 1/min (24,17 1/s) geht man praktisch nur bis $\nu = 11{,}4 \cdot 10^{-4}\ \mathrm{m^2/s}$ (150 E), weil andernfalls der Wirkungsgrad zu gering wird. Unter Einhaltung eines noch vertretbaren Wirkungsgrades von 45% lassen sich $n = 960$ 1/min (16 1/s) bis etwa $\nu = 114 \cdot 10^{-4}\ \mathrm{m^2/s}$ (1500 E) anwenden, während darüber hinaus die Drehzahl auf 720 1/min (12 1/s) und gegebenenfalls noch weiter gesenkt werden muß.

Die Mengenregelung geschieht durch Drehzahländerung mittels polumschaltbarer Elektromotoren, durch Schaltgetriebe oder stufenlos regelbare Getriebe. Zwischen $n = 1000$ und 1500 1/min (16,67 und 25 1/s) ist der Volumenstrom etwa der Drehzahl proportional. Außerdem ist eine den Druck beeinflussende Mengenregelung durch handbetätigten Umlauf möglich. Hierbei kreist ein einstellbarer Teil des Gesamtvolumenstroms in der Pumpe, ohne nach außen zu gelangen.

Zur Druckbegrenzung dient ein einstellbares, federbelastetes Umlaufventil. Es ist so bemessen, daß bei versehentlich geschlossenem Druckschieber der volle Volumenstrom umlaufen kann.

Das Gehäuse wird aus Grauguß, Bronze oder Stahlguß gefertigt, für die auf die Welle aufgezogenen Förderschrauben wird Schleuderguß, Bronze oder Stahl verwendet. Der größte Volumenstrom dieser Bauart liegt bei 400 m³/h, der größte Förderdruck bei 25 bar Überdruck.

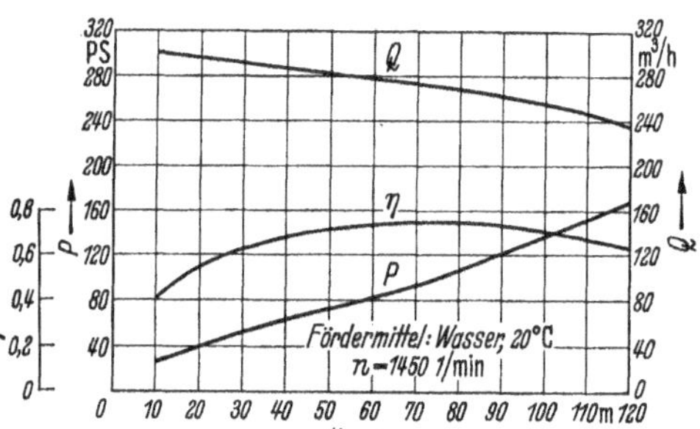

Abb. 84.2. Kennlinien der Schraubenspindelpumpe nach Abb. 84.1 (Bornemann)

Der Wirkungsgrad der Spindelpumpe ist weitgehend von den Spaltverlusten und der Zähflüssigkeit abhängig. Geringe Viskosität erfordert enge Spalte. Dagegen ist es bei zähflüssigen Medien vorteilhaft, die Spaltweiten zu vergrößern. Das hat zwar eine gewisse Verschlechterung des volumetrischen Wirkungsgrades zur Folge, gleichzeitig gehen aber die Reibungsverluste und der Kraftbedarf merklich zurück.

Das Verhalten der Pumpe in hydraulischer Hinsicht geht aus ihren Kennlinien (Abb. 84.2) hervor.

Bei schmierfähigen Fördermitteln, insbesondere Öl, kann die Lagerung der Spindeln in das Gehäuse verlegt werden. Damit fallen die Stopfbuchsen — abgesehen von der Gehäusedurchführung der Hauptspindel — fort. In der einströmigen Ausführung einer Niederdruck-Schraubenspindelpumpe nach Abb. 84.3 sind außerdem Gleitlager an die Stelle der Wälzlager getreten. Eine zweigängige Hauptspindel (*1*) kämmt mit einer dreigängigen Nebenspindel (*2*) und fördert mit dieser Öl aus dem Saugraum *S* in den Druckraum *D*. Die Nebenspindel wird über die Flanken der Hauptspindel angetrieben. Letztere sind nach einer Evolvente, die Flanken der Nebenspindel nach einer Zykloide ausgebildet. Zur Sicherung der gegenseitigen axialen Lage sind auf beiden Spindeln Wellenbunde (*W*) angebracht.

Abb. 84.3. Niederdruck-Schraubenspindelpumpe (Leistritz)

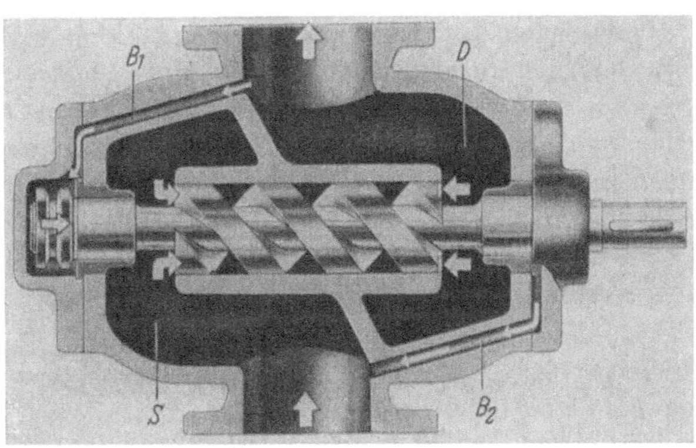

Abb. 84.4. Horizontalschnitt durch die Schraubenspindelpumpe nach Abb. 84.3 (Leistritz)

Im Saug- und Druckraum lasten auf den Gewindekämmen der beiden Spindeln unterschiedliche Öldrücke, so daß ein nach dem Saugraum gerichteter Axialschub entsteht. Diese Schubkraft wird durch entsprechende Bemessung der Lagerzapfen bis auf einen Restbetrag hydraulisch ausgeglichen. Die Bohrung (B_1) der Abb. 84.4, die einen Horizontalschnitt durch die Hauptspindel wiedergibt, läßt Drucköl auf die Stirnflächen der beiden linksliegenden Lagerzapfen treten, während sich infolge der

Bohrung (B_2) hinter dem rechten Lagerzapfen der Nebenspindel der Ansaugedruck einstellt. Den verbleibenden restlichen Achsschub, sowie den durch den Antrieb und — bei vertikaler Anordnung — durch das Spindelgewicht verursachten Schub, nimmt das im vorderen Gehäusedeckel eingebaute Rillenkugellager (*3*) auf (Abb. 84.3). Neben den größtenteils ausgeglichenen Längskräften entstehen durch den Antrieb der Nebenspindel über die Gewindeflanken noch Querkräfte, die eine elastische Durchbiegung der Läufer zur Folge haben.

Der zwischen beiden Seiten der Gleitlager bestehende Druckunterschied stellt eine hinreichende Ölversorgung der Spindelzapfen sicher. Zur Abdichtung der nach außen führenden Antriebsspindel dienen zwei einander abgekehrt eingesetzte Dichtringe (*4*), die eine Fettkammer einschließen.

Das Sicherheitsventil (*5*) schützt die Pumpe vor Überlastung. Überschreitet der Gegendruck eine fest eingestellte Druckgrenze, so öffnet sich das Ventil und läßt einen Teil des Volumenstroms in den Saugraum zurücktreten. Bei ganz geschlossenem Druckschieber läuft der gesamte Volumenstrom unter gleichzeitiger Druckerhöhung um 15 bis 20% im Kurzschluß um. Längerer Betrieb mit geschlossenem Druckschieber ist aber zu vermeiden, weil sich die Temperatur des Öles unzulässig erhöht. In besonderen Fällen wird das Sicherheitsventil mit einer Handregelung (*6*) versehen, die das Öffnen des Ventils durch Eingriff von außen ermöglicht. Diese Maßnahme ist zu Beginn des Fördervorganges angebracht, wenn Öl von höherer Viskosität gefördert werden soll. Durch Öffnen des Ventils während des Anfahrens wird eine Überlastung des Motors vermieden.

Die Drehzahl entspricht etwa den für Abb. 84.1 angegebenen Werten.

Nach erstmaliger Auffüllung mit Förderflüssigkeit ist die Pumpe in horizontaler Bauart selbstansaugend. Die erreichbare vakuummetrische Saughöhe ist von der Viskosität des Fördermittels, der Drehzahl und Spindelsteigung abhängig. Sie beträgt für luftfreie Fördermedien von $\nu = 75 \cdot 10^{-6}\,\text{m}^2/\text{s}$ ($\approx$ 10 E) bei $n = 1450$ 1/min (24,17 1/s) und 150 mm Spindelsteigung etwa 6 m, nimmt aber mit wachsenden Werten der Zähigkeit, der Drehzahl und der Spindelsteigung stetig ab. Zur Erhaltung einer gewissen Saugfähigkeit und zur Vermeidung der Kavitation muß die Drehzahl um so mehr gesenkt werden, je zähflüssiger das Öl ist. Kavitation hat einen schnellen Abfall des Volumenstroms zur Folge und ist mit starken Erschütterungen und Geräuschen verbunden.

Die Pumpe ist in Normalausführung für Öltemperaturen bis 80°C, in Sonderausführung bis 150°C einsatzfähig. Werkstoffmäßig entspricht sie etwa der Konstruktion nach Abb. 84.1.

Für große Volumenströme — über 250 m³/h — wird die Pumpe mit fünf Spindeln, einer Haupt- und vier Nebenspindeln, ausgeführt.

Die größten Überdrücke betragen bei der Niederdruckpumpe (Abb. 84.3) 10 bar, für Mitteldruck 35 bar, für Hochdruck 80 bar und nähern sich bei der Höchstdruckpumpe 200 bar. Mit der Erhöhung des Druckes nimmt der Volumenstrom entsprechend ab.

Hoher Förderdruck macht eine Verkleinerung der Spindelsteigung notwendig, weil die Zahl der dichtenden Förderkammern vergrößert werden muß. In diesem Falle ist die Übertragung des Drehmomentes auf die Nebenspindel wegen der hohen spezifischen Flächenpressung und der dadurch bedingten Reibung nicht mehr über die Spindelflanken möglich. Sie erfolgt durch ein Ritzelpaar mit Schrägverzahnung, welches zugleich die axiale Fixierung der Spindeln übernimmt. Dabei haben die Spindeln keine Flankenberührung.

Dünnflüssige Fördermittel gestatten – unter Beachtung der Formänderung – die Einhaltung geringer Spalte, so daß die Lässigkeitsverluste klein bleiben und der Wirkungsgrad entsprechend hoch ausfällt. Abb. 84.5 gibt die Kennlinien einer Mitteldruckpumpe für $n = 1450$ 1/min (24,17 1/s) und Medien mit geringer bzw. mittlerer Zähigkeit wieder.

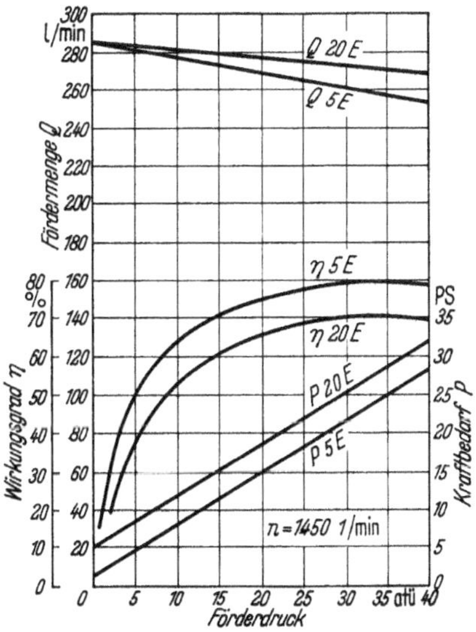

Abb. 84.5. Kennlinien einer Mitteldruck-Schraubenspindelpumpe (Leistritz)

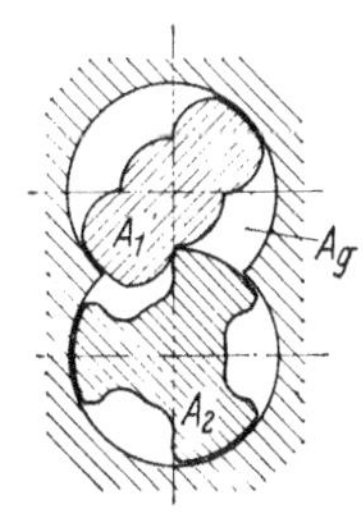

Abb. 84.6. Schnittflächen der Haupt- und Nebenspindel

Der theoretische Volumenstrom, also der Volumenstrom bei spielfreiem, verlustlosem Gang der Pumpe errechnet sich folgendermaßen:

Jeder senkrecht zu den Spindelachsen gelegte Schnitt ergibt für jede der beiden Spindeln jeweils gleiche Schnittflächen A_1 bzw. A_2 (Abb. 84.6), so daß der zwischen dem 8förmigen Gehäusequerschnitt A_g und den Spindelschnittflächen liegende freie Querschnitt auf der ganzen Spindellänge

$$A = A_g - (A_1 + A_2)$$

beträgt.

Innerhalb *einer* Ganghöhe h der Hauptspindel wird somit bei Flüssigkeitsförderung ein Volumen $V = A \cdot h$ eingeschlossen, das während *einer* Umdrehung der Hauptspindel axial verdrängt wird. Für n Umdrehungen in der Zeiteinheit folgt daraus der theoretische Volumenstrom

$$Q_{\text{th}} = A\,h\,n. \tag{84,1}$$

Der freie Querschnitt A ist nach Aufzeichnen der Spindelschnittflächen durch Planimetrieren zu bestimmen. Es ist anschaulich, A als Teil der Spindelfläche $d_a^2 \pi/4$ anzugeben, wobei d_a den äußeren Spindeldurchmesser bezeichnet. Bei der Schraubenspindelpumpe nach Abb. 84.3 ist $A = 0{,}688\, d_a^2 \pi/4$ [1].

---

[1] Nach Angabe der Firma Leistritz.

Die Exzenterschneckenpumpe (Abb. 84.7) hat nur *eine* Spindel. Ein schraubenförmig gewundener Rotor (*1*) von kreisförmigem Querschnitt führt in einem feststehenden Teil mit einem ebenfalls schraubenförmig gewundenen Hohlraum von

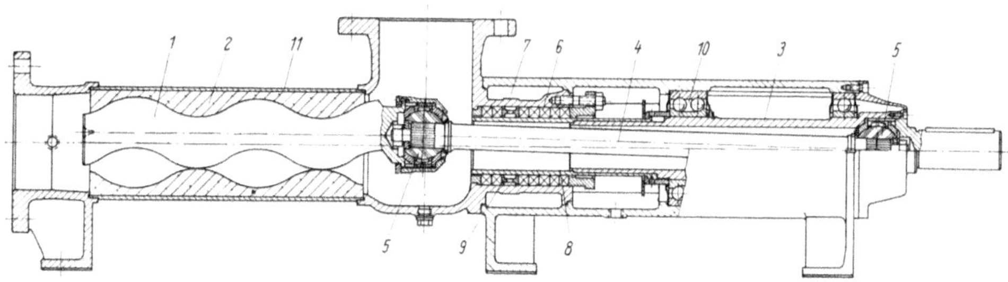

Abb. 84.7. Exzenterschneckenpumpe (Mohno-Pumpe, Netzsch)

länglichem Querschnitt und doppelter Ganghöhe, dem Stator (*2*), eine drehende Bewegung aus, der eine zweite gegenläufige Kreisbewegung der Rotorachse überlagert ist. Hierbei schreiten die zwischen Rotor und innerer Statorwandung verbleibenden abgeschlossenen Hohlräume in axialer Richtung fort. Die dadurch hervorgerufene Sauge- und Verdrängungswirkung läßt bei Flüssigkeitsförderung einen kontinuierlichen Volumenstrom entstehen.

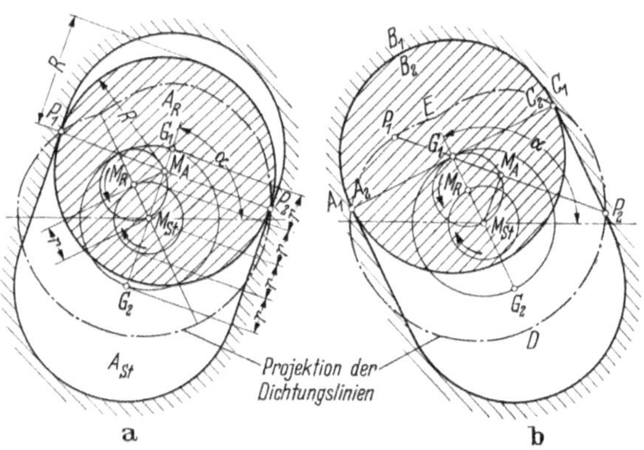

Abb. 84.8a u. b. Querschnitte durch Rotor und Stator der Mohno-Pumpe

Abb. 84.8a zeigt einen Querschnitt durch Rotor und Stator senkrecht zur Pumpenachse. A_R ist die Schnittfläche des Rotors, A_{St} die Schnittfläche des Statorhohlraumes, deren Symmetrieachse G_1G_2 an der Schnittstelle um den Winkel α gegen die Horizontale geneigt ist. M_R ist der Durchstoßpunkt der Rotorachse, M_{St} derjenige der Statorachse. Der Rotor wird erzeugt, wenn die Fläche A_R mit gleichförmiger Geschwindigkeit in Achsrichtung parallel verschoben wird und gleichzeitig der Flächenmittelpunkt M_A mit gleichförmiger Winkelgeschwindigkeit um M_R rotiert. Der Hohlraum des Stators hat die doppelte Ganghöhe des Rotors und A_{St} als erzeugende Fläche, deren Schwerpunkt M_{St} sich während der Drehung der Fläche gleichförmig auf der Statorachse bewegt.

In dem willkürlich gewählten Querschnitt nach Abb. 84.8a, in welchem die Symmetrieachse G_1G_2 des Statorquerschnitts mit der Horizontalen den Winkel α bildet, kann sich der Mittelpunkt M_A von A_R offenbar nur längs dieser Geraden bewegen. Es muß also die drehende Bewegung des Rotors um die in M_R senkrecht zur Zeichenebene stehende Rotorachse in eine geradlinig hin- und hergehende umgewandelt werden, wobei sich freilich der Winkel α zwischen der Richtungsgeraden G_1G_2 und der Horizontalen von Schnittfläche zu Schnittfläche ändert. Die geradlinige Bewegung wird dadurch möglich, daß die Rotorachse neben der Eigendrehung des Rotors zusätzlich eine Kreisbewegung um die Statorachse mit dem Halbmesser $r = M_RM_{St} = M_AM_R$ ausführt, und zwar mit der negativen Winkelgeschwindigkeit der Rotorbewegung. Während *einer* Umdrehung des Rotors wird die Gerade G_1G_2 vom Flächenmittelpunkt M_A zweimal durchlaufen.

In jeder Schnittfläche berühren sich Rotor und Stator in zwei einander gegenüberliegenden Punkten, P_1 und P_2 in Abb. 84.8a. Denken wir uns den Rotor zunächst *stillstehend,* so liefert die ununterbrochene Aufeinanderfolge der Berührungspunkte in den einzelnen Schnittflächen je eine Raumkurve, durch welche der Rotor den Statorhohlraum abdichtet[1]. In der Projektion auf eine zur Pumpenachse senkrechte Ebene erscheinen die beiden Linien als eine einzige in sich geschlossene Kurve (Abb. 84.8a u. b). Wir betrachten nun zwei um eine Rotorganghöhe voneinander entfernte Schnittebenen, in denen die Rotorschnittfläche A_R genau die Endlage in der Statorfläche A_{St} einnimmt (Abb. 84.8b), und kennzeichnen alle in der ersten Ebene liegenden Punkte durch den Zeiger *1,* ferner die Punkte in der um eine Rotorganghöhe darunter liegenden Ebene mit dem Zeiger *2* (Abb. 84.8b). Dann sind die Projektionen der dichtenden Raumkurven dargestellt durch C_1DA_2 und A_1EC_2. In der Endlage des Rotorquerschnitts A_R bilden auch die Halbkreise $A_1B_1C_1$ bzw. $A_2B_2C_2$ dichtende Linien zwischen Rotor und Stator. Sie verbinden jeweils die Anfangs- und Endpunkte der Dichtungslinien zwischen beiden Ebenen, so daß innerhalb einer Rotorganghöhe die geschlossene Raumkurve $A_1B_1C_1DA_2B_2C_2EA_1$ als abdichtende Linie zwischen Rotor und Stator entsteht. Zwei derartige aufeinander folgende Raumkurven schließen innerhalb einer Statorganghöhe ein bestimmtes Flüssigkeitsvolumen zwischen Stator und Rotor dichtend ab.

Dreht sich der Rotor, so bleibt die Gestalt der Dichtungslinie erhalten. Letztere verändert aber ihre Lage, und zwar macht sie bei jeder Umdrehung des Rotors auch einen Umlauf um die Statorachse, jedoch in entgegengesetztem Richtungssinn. Gleichzeitig verschiebt sie sich in der Achsrichtung um eine Statorganghöhe. Somit wird die von ihr zwischen Rotor und innerer Statorwandung eingeschlossene Flüssigkeit von der Saug- und Druckseite verdrängt, woraus sich die Flüssigkeitsförderung ergibt.

Da die Rotorachse im Betrieb den Mantel eines Zylinders beschreibt, kann der Rotor nicht unmittelbar mit der Antriebswelle (*3*) verbunden werden. Zur Übertragung der Drehbewegung dient eine in der hohlen Antriebswelle angeordnete Kuppelstange (*4*), deren Enden mit allseitig beweglichen Gelenken (*5*) versehen sind. Sie übertragen die Drehbewegung mittels einer Spezialverzahnung von der Antriebswelle auf den Rotor. Hierbei beschreibt die Achse der Kuppelstange die Mantelfläche eines Kegels.

---

[1] In jeder Schnittfläche liegen die Berührungspunkte auf den Senkrechten, die im Schnittpunkt des Kreises vom Radius r um M_R mit der unter dem jeweiligen Neigungswinkel α stehenden Geraden G_1G_2 nach beiden Seiten auf dieser errichtet werden, und zwar im Abstand R vom Schnittpunkt.

Die Stopfbuchse (*6*) ist von einem Mantel (*7*) umgeben, der zur Kühlung oder zur Beheizung dient. Da das Fördergut vielfach schmirgelnde Bestandteile enthält, ist der Stopfbuchsendurchgang der Antriebswelle als auswechselbare Schleißbuchse (*8*) ausgebildet. Zur Herabsetzung des Verschleißes kann der Stopfbuchse außerdem durch den Ring (*9*) gefilterte und unter höherem Druck stehende Förderflüssigkeit zugeführt werden. An Stelle der Stopfbuchspackung läßt sich auch eine einfach oder doppelt wirkende Gleitringdichtung einbauen. Der durch die Förderwirkung entstehende Achsschub wird von kräftigen Ringrillenlagern (*10*) aufgenommen.

Der Drehsinn der Pumpe ist — von der Antriebsseite aus gesehen — im allgemeinen dem Uhrzeigersinn entgegengesetzt. Bei dieser Drehrichtung liegt die Saugseite vor der Stopfbuchse. Soll bei hohem Unterdruck auf der Saugseite jegliches Eindringen von Luft durch die Stopfbuchse verhindert werden, so läßt sich die Richtung des Volumenstromes durch Änderung der Drehrichtung umkehren.

Die Pumpe saugt dünnflüssige, zähe sowie feststoff- oder faserhaltige Medien ohne Hilfseinrichtung an. Bei Wasser beträgt ihre größte Saughöhe etwa 9 m. Die Drehzahl kann für kleine Baugrößen und reine, dünnflüssige Fördermittel $n = 3000$ 1/min (50 1/s) erreichen, muß aber bei zähflüssigen und verunreinigten Medien erheblich gesenkt werden. Sie liegt dann in der Regel niedriger als $n = 1000$ 1/min (16,67 1/s). Die einstufige Ausführung überwindet Förderhöhen bis zu 50 m WS. Der Volumenstrom variiert der Pumpengröße entsprechend in sehr weiten Grenzen. Als Fördermittel eignen sich neben dünnflüssigen auch breiige und zähe Medien sowie Flüssigkeiten mit sandigen und anderen feinkörnigen oder faserigen Beimengungen.

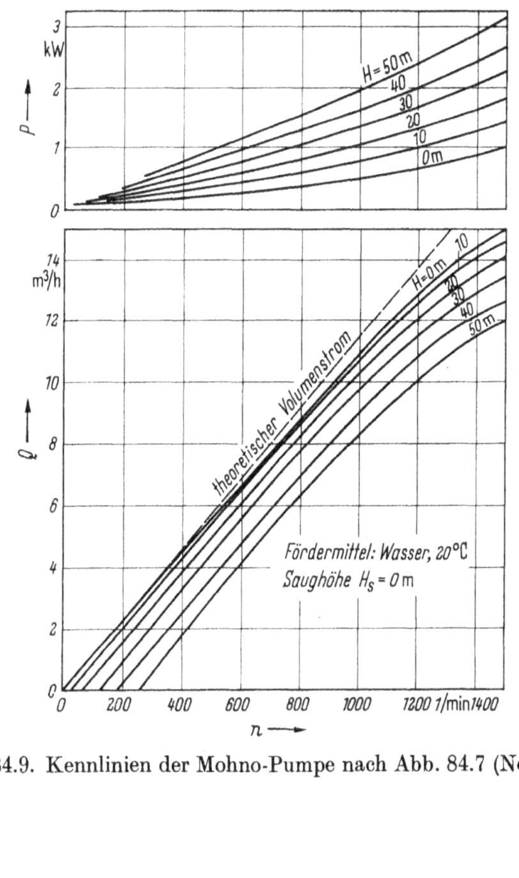

Abb. 84.9. Kennlinien der Mohno-Pumpe nach Abb. 84.7 (Netzsch)

Die Werkstoffe richten sich nach der Art des Fördermittels. Das Gehäuse wird aus Grauguß — evtl. mit Hartgummiauskleidung —, aus zinkfreier Bronze oder aus säurebeständigem Stahlguß hergestellt. Für den Rotor wird Chrom-Chromnickel- und Chromnickelmolybdänstahl oder eine säurefeste Nickelmolybdänlegierung verwendet. Als Werkstoff für den Stator, der durch vier in der Zeichnung nicht sichtbare Spannschrauben gehalten wird, dient natürlicher oder synthetischer Gummi in verschiedenen Härtegraden. Er wird in ein Rohr (*11*) (Abb. 84.7) einvulkanisiert. Flüssigkeiten mit kleinen, scharfkantigen Beimengungen erhalten einen Stator aus weichem Gummi, in den sich Festkörperteilchen vorübergehend eindrücken können, ohne den Rotor anzugreifen. Neben Gummi werden weitere chemisch und mechanisch widerstandsfähige elastische Kunststoffe verwendet wie Vulkollan, Hypalon, Silikonkautschuk u.a.m.

Enthält die Flüssigkeit keine schmirgelnden Bestandteile, und hat sie eine gewisse Schmierfähigkeit, so kann der Stator auch aus unelastischen Werkstoffen hergestellt werden. Als solche kommen u.a. zinkfreie Bronze, Chromnickel- oder Chromnickelmolybdänstahl in Frage.

Die Pumpe darf — besonders bei Verwendung von Gummi als Statorwerkstoff — nicht trocken laufen, weil die hohe Reibungszahl und die geringe Wärmeleitfähigkeit trockenen Gummis sofort zur Beschädigung des Stators führen würde. Zur Verminderung der Viskosität des Fördermittels kann der Stator mit einem Heizmantel umgeben werden.

Abb. 84.9 gibt die Abhängigkeit des Volumenstromes sowie der Leistungsaufnahme von der Drehzahl und der Förderhöhe bei Wasserförderung für die Pumpe nach Abb. 84.8 wieder[1]. Aus dem Diagramm läßt sich folgendes entnehmen:

Bei gleichbleibender Drehzahl verringert sich der Volumenstrom, wenn die Förderhöhe wächst. Die Förderung beginnt erst bei einer Mindestdrehzahl, die mit der Förderhöhe zunimmt. Der Volumenstrom ist der Drehzahl nur annähernd proportional.

Der theoretische Volumenstrom ergibt sich aus folgendem:

Während *einer* Umdrehung des Rotors verdrängt dieser den Flüssigkeitsinhalt des freien Raumes zwischen Stator und Rotor auf der Länge der Statorganghöhe in axialer Richtung und saugt gleichzeitig ein gleiches Volumen an. Ist A_{St} die Fläche des Statorquerschnitts, A_R diejenige des Rotorquerschnitts (Abb. 84.8) und h_{St} die Statorganghöhe, so folgt als verdrängtes Flüssigkeitsvolumen

$$q_{\text{th}} = (A_{St} - A_R)\, h_{St}.$$

Für n Umdrehungen in der Zeiteinheit beträgt demnach der theoretische Volumenstrom

$$Q_{\text{th}} = (A_{St} - A_R)\, h_{St}\, n.$$

Nach Abb. 84.8a ist nun $A_{St} - A_R = 4\, r \cdot 2\, R$. Mit diesen Größen ergibt sich

$$Q_{\text{th}} = 8\, r\, R\, h_{St}\, n. \tag{84,2}$$

Man erhält Q_{th} in l/s, wenn man als Längeneinheit das Dezimeter wählt und die Drehzahl auf die Sekunde bezieht.

Die Förderung der bisher behandelten ein- und mehrspindeligen Schraubenpumpen beruht auf dem Prinzip der Verdrängung der Flüssigkeit. Die einspindelige

[1] Die Leistungsangaben enthalten einen Sicherheitszuschlag von 10%.

Pumpe nach Abb. 84.11 entspricht offenbar nicht dieser Arbeitsweise, da der Gewindegang Saug- und Druckstutzen unmittelbar miteinander verbindet. Es sind also die für die Verdrängung notwendigen abgeschlossenen Gewindekammern nicht vorhanden. Trotzdem ist auch mit dieser Bauart eine Förderung gegen Druck möglich, wenn Medien mit genügend großer Zähigkeit verwendet und die Gewindekanäle zweckmäßig ausgebildet werden. Die Arbeitsweise der Pumpe ergibt sich aus folgender Betrachtung:

Eine ein- oder mehrgängige Schraubenspindel mit rechteckigen Gewindegängen sei in einem Gehäuse gelagert und werde von diesem mit geringem radialem Spiel a umschlossen. Abb. 84.10a zeigt einen Teil eines Gewindeganges im Radialschnitt, Abb. 84.10b seine Abwicklung im Grundriß. Die Spindel drehe sich in einer zähen

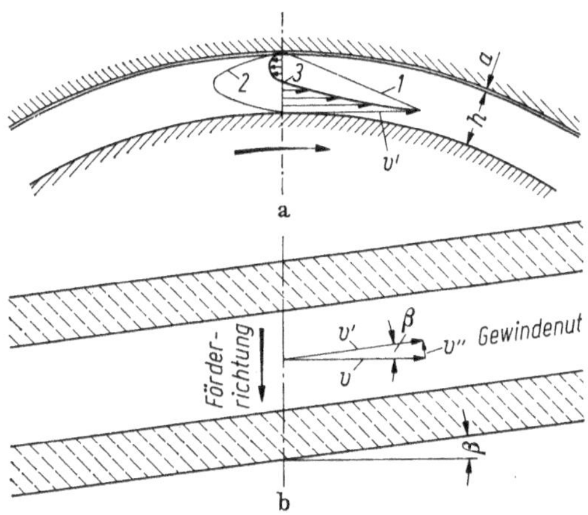

Abb. 84.10. Strömungsverhältnisse im Gewindegang

Newtonschen Flüssigkeit. Fassen wir den mittleren von den Gewindeflanken nicht beeinflußten Teil der Gewindenut ins Auge, so nimmt die unmittelbar am Spindelschaft haftende Flüssigkeit die in die Gangrichtung fallende Komponente v' der Umfangsgeschwindigkeit v des Schaftes an (Abb. 84.10b). während die an der Gehäusewandung befindliche in Ruhe verharrt. Infolge der Haftwirkung entsteht in der Gewindenut eine Schleppströmung (Couette-Strömung), die bei drucklosem Durchfluß im mittleren Teil der Gewindenut eine linear verlaufende Geschwindigkeitsverteilung aufweist (Linie 1, Abb. 84.10a).

Im allgemeinen ist jedoch gegen einen Druck zu fördern, der in der Nut eine entgegengesetzt gerichtete laminare Reibungsströmung (Poiseulle-Strömung) hervorruft. Es stellt sich im mittleren Teil der Nut eine über die Tiefe $a + h$ relativ zur rotierenden Spindel parabolisch verlaufende Geschwindigkeitsverteilung ein (Kurve 2). Aus beiden Strömungen ergibt sich die resultierende Geschwindigkeitsverteilung nach Kurve 3, welcher der Volumenstrom Q_s entspricht.

Die Abbildung läßt erkennen, daß es in der Nähe der Gehäusewandung zu einem Rückströmen kommt, das je nach dem zu überwindenden Druck mehr oder weniger groß ist. Bei geschlossenem Druckschieber ist das rückfließende Volumen gleich dem in Drehrichtung strömenden.

Wie in der Gewindenut entsteht auch in dem Spalt zwischen dem Gewindesteg und der Gehäusewandung eine laminare Schlepp- und Rückströmung, welche einen entsprechenden Teilstrom Q_s' zur Folge haben.

Der Gesamtstrom $Q_s + Q_s'$ *eines* Gewindeganges wird durch Verluste vermindert. Zunächst ruft die senkrecht zum Gewindegang liegende Komponente v'' (Abb. 84.10b) eine Schleppströmung über den Gewindesteg hervor, die von der Druck- zur Saugseite gerichtet ist. Ihr entspricht der Verluststrom Q_v. Ferner bewirkt der längs des Gewindeganges linear anwachsende Druck ein Rückströmen von Flüssigkeit quer über den Steg, was zu einem weiteren Verluststrom Q_v' führt. Somit beträgt der resultierende Volumenstrom *eines* Gewindeganges

$$Q = Q_s + Q_s' - Q_v - Q_v'.$$

Die Verluste Q_v und Q_v' erstrecken sich nur auf die offene Steglänge am Ende des Gewindes (Druckseite), weil im übrigen an jeder Stegstelle der Abstrom von der einen Stegseite gleich dem Zustrom zur anderen Seite ist.

Die rechnerische Behandlung der Pumpe mit Flach- und Spitzgewinde hat Frössel durchgeführt[1], worauf hier wegen des Umfanges nur verwiesen werden kann. Die aufgestellten Formeln gelten für die laminare Strömungsform Newtonscher Flüssigkeiten, also für geringe Re-Zahl, d.h. kleine Gangtiefe, mäßige Umfangsgeschwindigkeit und hinreichend große kinematische Zähigkeit.

In der Ausführung nach Abb. 84.11 hat die Spindel (*1*) ein eingängiges Trapezgewinde. Sie wird ohne besondere Traglager mit geringem radialem Spiel im Gehäuse (*2*) geführt. Nach erstmaliger Auffüllung und Inbetriebnahme der Pumpe bewegt sich das Fördermittel mit der durch den Drehsinn der Spindel und des Gewindeganges festgelegten Förderrichtung vom Saugstutzen (*3*) zum Druckstutzen (*4*). Der durch

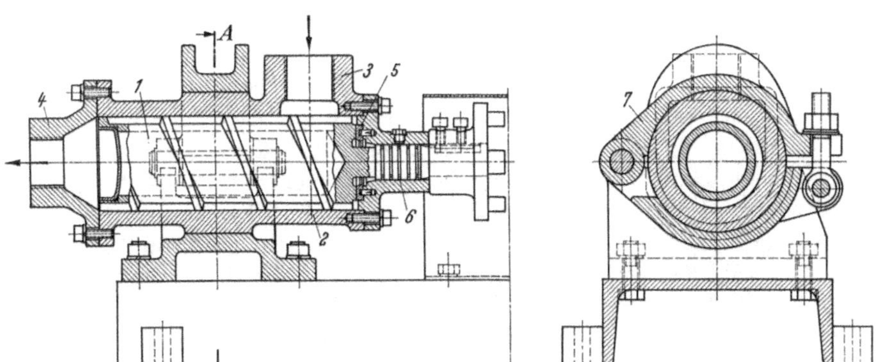

Abb. 84.11. Einspindelschraubenpumpe (Walbersdorf)

den Förderdruck entstehende, nach der Saugseite gerichtete Achsschub der Spindel wird durch die Druckscheibe (*5*) aufgenommen. Sie ist auf ihrer Stirnseite zur Erzeugung eines hydrodynamisch tragenden Flüssigkeitsfilmes mit keilförmigen Ausneh-

[1] Frössel, W.: Fördergewinde als Flüssigkeitspumpe. Konstruktion 19 (1967) H. 5, S. 161–167, ferner Untersuchung von Gewindewellendichtungen. Konstruktion 18 (1966) H. 4, S. 152–159.

mungen versehen. Für die Abdichtung der Spindel nach außen, die im vorliegenden Fall nur auf der Saugseite erforderlich ist, sind Kolbenringe (*6*) vorgesehen. Zwecks Reinigung kann der gesamte Pumpenkörper nach Lösen des Klappbügels (*7*) und der Stutzenverschraubungen aus seiner Lagerung herausgenommen werden.

Als Fördermittel eignen sich hochviskose Medien mit dynamischen Zähigkeiten von etwa $\eta = (1 \cdots 50)$ Pas [(10···500) P], insbesondere Kunststoffschmelzen.

Infolge der inneren Reibung geht ein großer Teil der zugeführten Leistung in Wärme über, die notfalls zur Konstanthaltung der Zähigkeit durch Kühlung abgeführt werden muß. Der Wirkungsgrad der Pumpe ist deshalb niedrig. Er liegt im Mittel bei etwa 8···10%. Eine weitere Folge der geringen Energieausnutzung ist eine Begrenzung der hydraulischen Nutzleistung. Sie soll im allgemeinen 600 W nicht überschreiten.

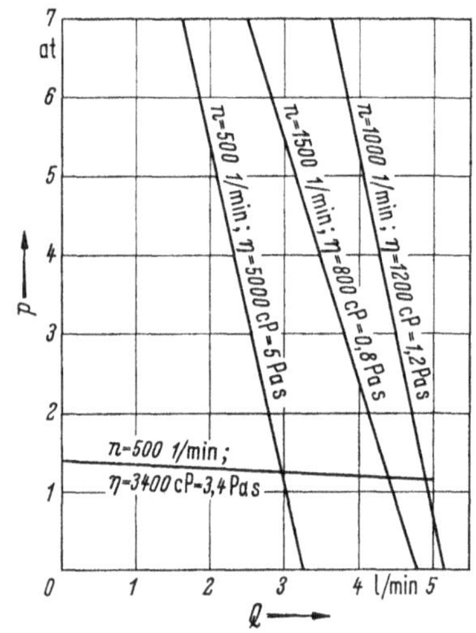

Abb. 84.12. Kennlinien von Einspindelschraubenpumpen (Walbersdorf)

Die Charakteristik (Q—p-Linie) der Pumpe ist eine Gerade; p bezeichnet den erzeugten Druckunterschied. Aus Abb. 84.12 sind einige Kennlinien ersichtlich. Einfluß auf den Druckunterschied und die Steilheit der Kennlinie haben die dynamische Zähigkeit η des Mediums, die Umfangsgeschwindigkeit der Spindel, die Querschnittsform und -größe des Gewindeganges, seine Länge und Steigung sowie die Zahl der Gänge. Die flache Kennlinie der Abb. 84.12 entspricht einem tief geschnittenen, rechteckigen, eingängigen Gewindekanal, während die steilen Kennlinien von Förderspindeln mit dreieckigem Gewindeprofil und mehrgängiger Ausführung stammen.

III. Strahlpumpen

85. Allgemeines

Neben den Förderarten durch Verdrängung, durch Arbeitsübertragung mittels eines Schaufelrades sowie durch Schleppwirkung bestehen noch andere Möglichkeiten der Förderung von Flüssigkeiten, z. B. durch Impulsaustausch. Diese Art der Energieübertragung liegt der Arbeitsweise der Strahlpumpen zugrunde.

Während die Energieübertragung der beiden erstgenannten Arbeitsweisen mit verhältnismäßig gutem Nutzeffekt möglich ist, trifft das bei der Förderung durch Impulsaustausch nicht zu. Abgesehen von sonstigen Verlusten infolge Reibung, Umsetzung von Geschwindigkeit in Druck u.a. entsteht bei der Vermischung des schneller strömenden Treibmittels mit dem langsamer strömenden Fördermittel eine recht beträchtliche Einbuße an Arbeitsvermögen, die auch als „Stoßverlust" bezeichnet wird. Dieser letztgenannte Verlust ist als solcher unvermeidbar. Er läßt sich zwar durch zweckmäßige Wahl der Geschwindigkeiten herabmindern, bestimmt aber den Wirkungsgrad der Energieübertragung weitgehend.

Die Grundlage für die Berechnung der Strahlpumpen bildet der Impulssatz. Sofern Treib- und Fördermittel den gleichen Aggregatzustand haben, liegen theoretische Abhandlungen[1] vor, welche die Bestimmung der zweckmäßigen Geschwindigkeiten und erforderlichen Querschnitte ermöglichen. Ihre Ergebnisse werden durch eingehende Versuche des Verfassers voll bestätigt. Daneben ist in neuerer Zeit ein Berechnungsverfahren bekannt geworden, das sich auf umfangreiche experimentelle Untersuchungen stützt und im wesentlichen die Bemessung von Wasserstrahlpumpen großer Leistung zum Ziel hat[2].

Sind Treib- und Fördermittel von verschiedenem Aggregatzustand, so stehen der Berechnung heute noch erhebliche Schwierigkeiten entgegen. In diesem Falle stützt sich die Bemessung der Strahlpumpen hauptsächlich auf empirisch gewonnene Erkenntnisse.

---

[1] Flügel, G.: Berechnung von Strahlapparaten. VDI-Forsch.-Heft 395; ferner: Berechnung von Strahlapparaten ,VDI-Z. 1939, S. 1065—1069. — Einen Sonderfall mit Luft als Treib- und Fördermittel behandelt die Arbeit von Rotta, J.: Ejektorpumpen mit extrem hohem Durchsatzverhältnis.

[2] Schulz, F.; Fasol, K. H.: Wasserstrahlpumpen zur Förderung von Flüssigkeiten, Wien: Springer 1958. Ferner ist zu nennen die Dissertation von G. Bauer, Techn. Hochschule Stuttgart 1965: Auslegung von Strahlapparaten für beliebige Medien.

A. Wasserstrahlpumpen

86. Arbeitsweise und Berechnung

Der Betrieb der Wasserstrahlpumpe ist an das Vorhandensein von Druckwasser als Treibmittel gebunden. Als Fördermittel kommen sowohl Flüssigkeiten als auch Gase, besonders Luft, in Frage. Letztere scheiden hier, weil außerhalb unserer Betrachtung liegend, aus. Die folgenden Ausführungen beziehen sich auf Wasser als Fördermittel mit der Dichte des Treibwassers[1].

Anwendung finden die Wasserstrahlpumpen beim Auspumpen von Baugruben, überschwemmten Kellern, Kanalbauten, Tiefbauten u.a.m. Ein sehr verbreitetes und wichtiges Anwendungsgebiet hat die Wasserstrahlpumpe unter der Bezeichnung „Tiefsauger" bei Tiefbrunnen gefunden. Die ihr hierbei zufallende Aufgabe ist bereits im Abschn. 51c behandelt worden.

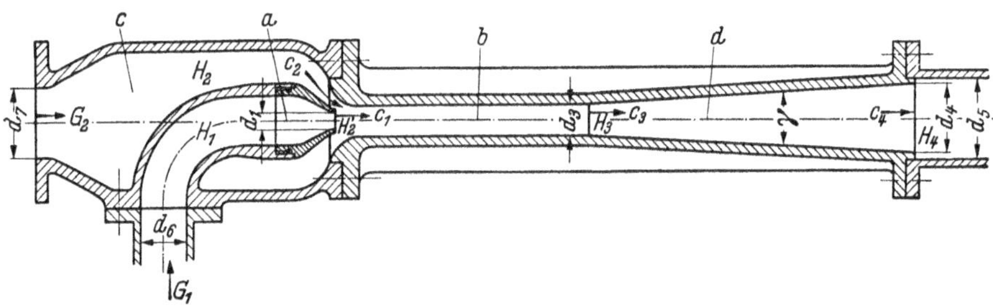

Abb. 86.1. Wasserstrahlpumpe für Wasserförderung

Die Arbeitsweise der Wasserstrahlpumpe ist sehr einfach. Aus der Treibdüse *a* (Abb. 86.1) strömt das Treibwasser mit großer Geschwindigkeit in die Mischdüse *b*, wo es sich mit dem aus dem Saugraum *c* angesaugten Förderwasser mischt und dabei einen Teil seiner Bewegungsenergie an letzteres überträgt. Der Geschwindigkeitsaustausch in der Mischdüse ist im allgemeinen mit einer Drucksteigerung verbunden. Die weitere Druckerhöhung bis auf den Enddruck vollzieht sich in dem anschließenden Diffusor *d* durch Geschwindigkeitsumwandlung.

In Übereinstimmung von Theorie und Versuch hat der Impulsaustausch in der Mischdüse bereits eine beachtliche Drucksteigerung zur Folge, wenn die Mischdüse nach bestem Wirkungsgrad der Strahlpumpe bemessen wird. Im Zusammenhang damit hat sich gezeigt, daß die Zulaufgeschwindigkeit des Förderwassers in der Mischdüsenmündung verhältnismäßig groß gewählt werden muß. Dadurch entsteht zwar eine merkliche Drucksenkung in der Mischdüsenmündung, die im weiteren Verlauf der Strömung wieder ausgeglichen werden muß. Gleichzeitig werden aber die „Stoßverluste" beim Geschwindigkeitsaustausch so verringert, daß der gesamte Druckanstieg in der Pumpe beachtlich erhöht, also der Wirkungsgrad entsprechend verbessert wird.

[1] Für andere Flüssigkeiten gelten die gleichen Überlegungen, jedoch ist die unterschiedliche Dichte von Treib- und Fördermittel zu beachten. Dadurch erhalten die Gleichungen zum Teil eine andere Form.

Für die Berechnung gehen wir von einer waagerecht angeordneten Pumpe aus und führende folgende Bezeichnungen ein (Abb. 86.1):

H_1	absolute Druckhöhe vor der Treibdüsenmündung in m,
H_2	absolute Druckhöhe im Saugraum c in m,
H_2'	absolute Druckhöhe in der Treib- bzw. Mischdüsenmündung in m,
H_3	absolute Druckhöhe am Ende der Mischdüse in m,
H_4	absolute Druckhöhe am Diffusoraustritt in m,
$\varepsilon = \dfrac{H_4 - H_2}{H_1 - H_2}$	Druckhöhenverhältnis,
$A_1 = d_1^2\,\pi/4$	Querschnitt des Treibstrahles in m²,
A_2	Querschnitt des Saugstrahles in m²,
$A_3 = d_3^2\,\pi/4$	Austrittsquerschnitt der Mischdüse in m²,
$c_1 = \varphi_1\sqrt{2g(H_1 - H_2')}$	Austrittsgeschwindigkeit des Treibstrahles in m/s,
$c_2 = \varphi_2\sqrt{2g(H_2 - H_2')}$	Ansaugegeschwindigkeit des Förderwassers in m/s,
$c_0 = \varphi_1\sqrt{2g(H_1 - H_2)}$	Geschwindigkeit in der Treibdüse bei dem Druckhöhengefälle $H_1 - H_2$ in m/s,
c_3	ausgeglichene Geschwindigkeit des Gemisches beim Eintritt in den Diffusor in m/s,
c_4	Geschwindigkeit beim Austritt aus dem Diffusor in m/s,
$x = c_2/c_0;\ y = c_3/c_0$	Verhältniswerte der Geschwindigkeiten,
$\dot M_1 = \varrho\, Q_1$	Massestrom des Treibwassers in kg/s,
$\dot M_2 = \varrho\, Q_2$	Massestrom des Förderwassers in kg/s,
$m = \dot M_1/\dot M_2$	verhältnismäßiger Treibwasserverbrauch,
ϱ	Dichte des Treib- und Förderwassers in kg/m³,
W	Reibungswiderstand an der Mischdüsenwandung in N,
λ	Reibungsbeiwert,
ζ	Widerstandszahl,
η_M	Wirkungsgrad der Mischdüse,
η_d	Wirkungsgrad des Diffusors,
η	Wirkungsgrad der Wasserstrahlpumpe.

Nach dem Vorhergehenden setzt sich die gesamte in der Wasserstrahlpumpe erzeugte Druckhöhensteigerung zusammen aus dem Druckhöhenzuwachs in der Mischdüse, der Druckhöhensteigerung im Diffusor und der Druckhöhensenkung in der Mischdüsenmündung infolge der Zuflußgeschwindigkeit des Förderwassers. Es ist also

$$H_4 - H_2 = (H_3 - H_2') + (H_4 - H_3) - (H_2 - H_2')^{1}. \tag{86,1}$$

Die Druckhöhenzunahme in der als zylindrisch angenommenen Mischdüse ermitteln wir mit Hilfe des Impulssatzes[2]. Danach ist

$$\dot M_1 c_1 + \dot M_2 c_2 - (\dot M_1 + \dot M_2)\, c_3 = A_3 (H_3 - H_2')\, g\varrho + W,$$

wenn unter der zusätzlichen Kraft W der Reibungswiderstand an der Innenwand der Mischdüse verstanden wird. Hieraus folgt die Druckhöhenzunahme

$$H_3 - H_2' = \frac{1}{A_3\, g\,\varrho}\left[\dot M_1 c_1 + \dot M_2 c_2 - (\dot M_1 + \dot M_2)\left(c_3 + \frac{W}{\dot M_1 + \dot M_2}\right)\right]. \tag{86,2}$$

[1] Der besseren Anschaulichkeit wegen ist hier an Stelle der spezifischen Druckenergie $Y = gH$ die Druckhöhe H bezogen auf die konstante örtliche Fallbeschleunigung $g = 9{,}81$ m/s² verwendet worden.

[2] Impulssatz: Die Änderung des Impulses (der Bewegungsgröße) in der Zeiteinheit ist gleich der Summe der an der Masse angreifenden Kräfte.

Der Reibungswiderstand W ist von der Oberfläche der Mischdüse und der Durchflußgeschwindigkeit abhängig. Für die zylindrische Mischdüse mit dem Durchmesser d_3 und der reduzierten Länge l_r, die kleiner als die Länge des zylindrischen Teiles ist, gilt

$$W = \lambda\, d_3\, \pi\, l_r\, \varrho \frac{c_3^2}{2}. \tag{86,3}$$

λ ist der Reibungsbeiwert. Die Annahme einer verkleinerten Mischdüsenlänge soll berücksichtigen, daß die Wassergeschwindigkeit an der Wandung erst im Verlauf der Strömung auf die ausgeglichene Austrittsgeschwindigkeit c_3 anwächst. Aus der Kontinuitätsbedingung folgt weiter

$$\dot{M}_1 + \dot{M}_2 = c_3 \frac{d_3^2\, \pi}{4} \varrho. \tag{86,4}$$

Dividiert man Gl. (86,3) durch Gl. (86,4), so erhält man

$$\frac{W}{\dot{M}_1 + \dot{M}_2} = 4\lambda \frac{l_r}{d_3} \frac{c_3}{2} = \frac{\zeta}{2} c_3, \tag{86,5}$$

wenn $4\lambda \frac{l_r}{d_3}$ einer Widerstandszahl ζ gleichgesetzt wird. Unter Benutzung von Gl. (86,5) schreibt sich Gl. (86,2)

$$H_3 - H_2' = \frac{1}{A_3\, g\, \varrho}\left[\dot{M}_1 c_1 + \dot{M}_2 c_2 - (\dot{M}_1 + \dot{M}_2)\, c_3 \left(1 + \frac{\zeta}{2}\right)\right]$$

oder mit

$$A_3 = \frac{\dot{M}_1 + \dot{M}_2}{\varrho\, c_3}$$

$$H_3 - H_2' = \frac{c_3}{g\,(\dot{M}_1 + \dot{M}_2)}\left[\dot{M}_1 c_1 + \dot{M}_2 c_2 - (\dot{M}_1 + \dot{M}_2)\, c_3 \left(1 + \frac{\zeta}{2}\right)\right]$$

und mit $\dot{M}_1/\dot{M}_2 = m$

$$H_3 - H_2' = \frac{c_3}{g\,(1+m)}\left[m\, c_1 + c_2 - (1+m)\, c_3 \left(1 + \frac{\zeta}{2}\right)\right]. \tag{86,6}$$

Die Druckhöhenzunahme im Diffusor ermitteln wir mit Hilfe der Energiegleichung. Es ist

$$H_4 - H_3 = \frac{1}{2g}(c_3^2 - c_4^2)\, \eta_d,$$

wenn η_d den Diffusorwirkungsgrad bezeichnet. Die Austrittsgeschwindigkeit c_4 ist im allgemeinen klein und kann praktisch vernachlässigt werden. Dann wird

$$H_4 - H_3 = \frac{c_3^2}{2g} \eta_d. \tag{86,7}$$

Als Druckhöhenabnahme infolge der Zuflußgeschwindigkeit des Förderwassers ergibt sich mit dem Düsenbeiwert φ_2

$$H_2 - H_2' = \frac{c_2^2}{\varphi_2^2\, 2g}. \tag{86,8}$$

Somit beträgt die gesamte Druckhöhenzunahme in der Strahlpumpe

$$H_4 - H_2 = \frac{c_3}{g(1+m)}\left[m\,c_1 + c_2 - (1+m)\,c_3\left(1+\frac{\zeta}{2}\right)\right] + \frac{c_3^2}{2g}\eta_d - \frac{c_2^2}{\varphi_2^2\,2g}. \tag{86,9}$$

Zur Vereinfachung der Berechnung empfiehlt es sich, nicht nur die Massen, sondern auch die Geschwindigkeiten und die Druckhöhen durch Verhältniszahlen auszudrücken, womit dann alle veränderlichen Größen dimensionslos werden. Zu diesem Zweck setzen wir

$$H_1 - H_2 = \frac{c_0^2}{\varphi_1^2\,2g}. \tag{86,10}$$

c_0 ist hiernach die Geschwindigkeit, die bei dem Druckhöhengefälle $H_1 - H_2$, also ohne Berücksichtigung der Drucksenkung durch die Zuflußgeschwindigkeit c_2 in der Treibdüsenmündung entstehen würde, φ_1 der Düsenbeiwert der Treibdüse. Durch Division der Gl. (86,9) mit Gl. (86,10) erhält man

$$\frac{H_4 - H_2}{H_1 - H_2} = \varepsilon = \frac{2\varphi_1^2}{1+m}\,\frac{c_3}{c_0}\left[m\frac{c_1}{c_0} + \frac{c_2}{c_0} - \frac{c_3}{c_0}(1+m)\left(1+\frac{\zeta}{2}\right)\right]$$
$$+ \frac{c_3^2}{c_0^2}\varphi_1^2\eta_d - \frac{c_2^2}{c_0^2}\,\frac{\varphi_1^2}{\varphi_2^2}.$$

Nach der Energiegleichung ist

$$\frac{1}{\varphi_1^2}\,\frac{c_1^2}{2} = \frac{1}{\varphi_1^2}\,\frac{c_0^2}{2} + \frac{1}{\varphi_2^2}\,\frac{c_2^2}{2}$$

oder

$$c_1 = \sqrt{c_0^2 + \frac{\varphi_1^2}{\varphi_2^2}c_2^2} = c_0\sqrt{1 + \frac{\varphi_1^2}{\varphi_2^2}\left(\frac{c_2}{c_0}\right)^2}.$$

Setzen wir ferner die Geschwindigkeitsverhältnisse

$$\frac{c_2}{c_0} = x \quad \text{und} \quad \frac{c_3}{c_0} = y,$$

so ist

$$\varepsilon = \frac{2\varphi_1^2}{1+m}\,y\left[m\sqrt{1+\left(\frac{\varphi_1}{\varphi_2}x\right)^2} + x - y(1+m)\left(1+\frac{\zeta}{2}\right)\right] + y^2\varphi_1^2\eta_d - \frac{\varphi_1^2}{\varphi_2^2}x^2.$$

Die Auflösung dieser Gleichung nach m ergibt

$$m = \frac{\left[\dfrac{\varepsilon}{\varphi_1^2} + y^2(2+\zeta-\eta_d) + \left(\dfrac{x}{\varphi_2}\right)^2\right] - 2xy}{2y\sqrt{1+\left(\dfrac{\varphi_1}{\varphi_2}x\right)^2} - \left[\dfrac{\varepsilon}{\varphi_1^2} + y^2(2+\zeta-\eta_d) + \left(\dfrac{x}{\varphi_2}\right)^2\right]}$$
$$= \frac{K - 2xy}{2y\sqrt{1+\left(\dfrac{\varphi_1}{\varphi_2}x\right)^2} - K} \tag{86,11}$$

wenn der Ausdruck in der eckigen Klammer mit K bezeichnet wird. Gl. (86,11) ist die Haupt- und Ausgangsgleichung für die Berechnung der Wasserstrahlpumpe. Hiernach wird der verhältnismäßige Treibwasserverbrauch m — abgesehen von den Verlustzahlen φ_1, φ_2, ζ und η_d — durch das Druckhöhenverhältnis ε und die Geschwindigkeitsverhältnisse x und y bestimmt. Die Verlustzahlen sind von der Güte und Zweckmäßigkeit der Ausführung sowie von der Größe der Strahlpumpe abhängig. Das Druckhöhenverhältnis ε hat nach Gl. (86,11) einen erheblichen Einfluß auf den verhältnismäßigen Treibwasserverbrauch, und zwar nimmt m mit wachsendem ε in immer stärkerem Maße zu, bis die Förderung schließlich ganz aufhört. Für ein bestimmtes Druckhöhenverhältnis ergibt sich — wie später noch gezeigt werden wird — ein Bestwert des Wirkungsgrades. Vielfach ist ε jedoch durch die verlangte Förderhöhe und die vorhandene Treibwasserdruckhöhe vorgeschrieben. Für jeden Wert ε ist aber der verhältnismäßige Treibwasserverbrauch und damit auch der Wirkungsgrad der Strahlpumpe von der Größe der Geschwindigkeitsverhältnisse x und y abhängig. Einem bestimmten Wertepaar x und y entspricht bei gegebenen Verlustzahlen ein Kleinstbetrag des Treibwasserverbrauchs und ein Höchstwert des Wirkungsgrades.

Die Bestimmung des günstigsten Wertepaares x und y erfordert großen Zeitaufwand. Man kann dabei so vorgehen, daß man für ein vorliegendes Druckhöhenverhältnis und gegebene Verlustzahlen zunächst einen Wert $x < 0{,}4$ annimmt und bei unverändertem x nach Gl. (86,11) den verhältnismäßigen Treibwasserverbrauch m für veränderliche Werte von y errechnet. Trägt man m als Funktion von y auf, so erhält man eine Kurve, die für einen bestimmten y-Wert ein Minimum aufweist. In gleicher Weise ist für andere x-Werte zu verfahren. Legt man an die so entstandene Kurvenschar die Hüllkurve, so ist aus dieser der absolute Kleinstwert des verhältnismäßigen Treibwasserverbrauchs und somit das günstigste Wertepaar x und y für den vorliegenden Betriebsfall zu entnehmen. In dieser Weise ermittelte günstigste Wertepaare sind in Abb. 86.2 über dem Druckhöhenverhältnis ε aufgetragen. Sie gelten für die angeschriebenen Verlustzahlen.

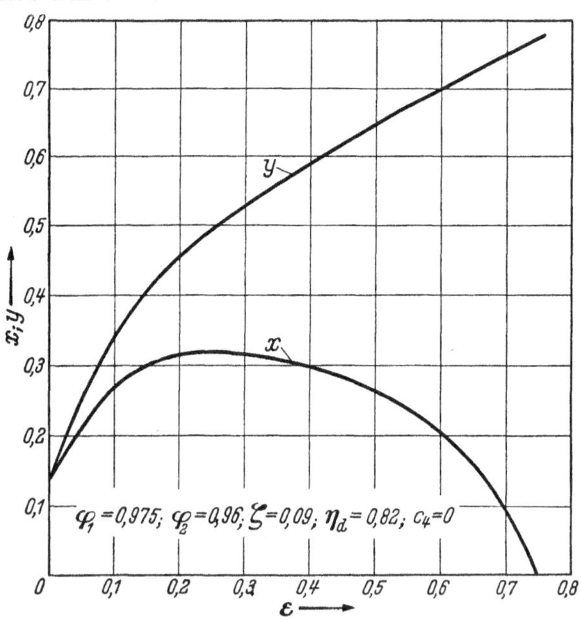

Abb. 86.2. Die Geschwindigkeitsverhältnisse $x = c_2/c_0$ und $y = c_3/c_0$ für kleinsten Treibwasserverbrauch in Abhängigkeit vom Druckhöhenverhältnis $\varepsilon = (H_4 - H_2)/(H_1 - H_2)$

Die Kenntnis von x und y ermöglicht neben der Ermittlung des günstigsten Treibwasserverbrauchs nach Gl. (86,11) auch die Bestimmung der Geschwindigkeiten

$$c_1 = \sqrt{1 + \left(\frac{\varphi_1}{\varphi_2} x\right)^2}\, c_0, \quad c_2 = x\, c_0 \quad \text{und} \quad c_3 = y\, c_0, \tag{86,12}$$

nachdem vorher c_0 nach Gl. (86,10) errechnet ist.

Aus der für den praktischen Gebrauch feiner unterteilten Abb. 86.3 läßt sich in den meistens vorkommenden Grenzen $\varepsilon = 0{,}05 \cdots 0{,}5$ außer x und y auch das Geschwindigkeitsverhältnis $\sqrt{1 + \left(\frac{x\varphi_1}{\varphi_2}\right)^2} = c_1/c_0$ sowie der günstigste verhältnismäßige Treibwasserverbrauch $m = \dot{M}_1/\dot{M}_2$ entnehmen, sofern die angeschriebenen Verlustzahlen verwendet werden.

Es zeigt sich, daß der verhältnismäßige Treibwasserverbrauch mit zunehmendem Druckhöhenverhältnis schnell anwächst. Für $x = 0$, also $\dot{M}_2 = 0$, wird m schließlich unendlich groß. Das tritt im vorliegenden Fall für $\varepsilon = 0{,}748$ ein.

Mit Hilfe der Geschwindigkeiten c_1, c_2 und c_3 sowie des aus m errechneten Massestroms $\dot{M}_1$ bzw. $\dot{M}_2$ erhält man ferner die wichtigen Querschnitte

$$A_1 = \frac{\dot{M}_1}{c_1 \varrho}, \quad A_2 = \frac{\dot{M}_2}{c_2 \varrho} \quad \text{und} \quad A_3 = \frac{\dot{M}_1 + \dot{M}_2}{c_3 \varrho}. \tag{86,13}$$

Hierbei ergibt sich die auffallende Tatsache, daß in jedem Falle $A_1 + A_2 = A_3$ wird. Das heißt also, daß die Mischdüse bei Auslegung der Strahlpumpe nach bestem Wirkungsgrad eine zylindrische Form erhalten, die Treibdüse daher unmittelbar in die Mischdüse einmünden muß (Abb. 86.1). Das bei Wasserstrahlpumpen vielfach anzutreffende Einlaufmundstück mit allmählicher Querschnittsabnahme bis auf den engsten (Austritts-)Querschnitt der Mischdüse ist demnach nicht zweckmäßig. Die Mischdüsenmündung erhält lediglich eine Ausrundung mit dem Radius $r \approx d_3$ für den kontraktionsfreien Eintritt des Förderwassers.

Wichtig ist ferner die Länge der Mischdüse, über die der Impulssatz keine Auskunft gibt. Eine zu kurze Mischdüse führt infolge ungenügender Durchmischung von Treib- und Förderstrom weder in der Düse selbst noch im Diffusor zu dem erwarteten Druckanstieg, eine zu lange hat unnötige Reibungsverluste zur Folge. Die günstigsten Verhältnisse liegen bei einer mäßig langen Mischdüse vor, deren Länge etwa mit $l_3 = 8\, d_3$ angegeben werden kann.

Für die Formgebung der Treibdüse ist von Bedeutung, daß die Querschnittsverjüngung zwar stetig, aber auf möglichst kurzem Wege bei völlig glatter Wandung vor sich geht, da nur so der Reibungsverlust klein gehalten werden kann (Abb. 86.1). Lange, kegelig ausgebildete Treibdüsen arbeiten nur mit mäßigem Wirkungsgrad. Die Forderung, daß die Treibdüse ohne ein besonderes Einlaufstück in die Mischdüse einmünden soll, macht eine geringe Wandstärke an der Treibdüsenmündung notwendig. Günstige Verhältnisse ergeben sich, wenn die Treibdüse ein wenig in die Mischdüsenausrundung hineinragt (Abb. 86.4), jedoch so, daß zwischen Treibdüsenmündung und Beginn des zylindrischen Teils der Mischdüse noch ein Zwischenraum von $a = (0{,}7 \cdots 0{,}8)\, d_3$ verbleibt.

Aus Abb. 86.4 ist das Ergebnis eines Versuchs an einer Wasserstrahlpumpe kleiner Leistung ersichtlich, bei welchem die Treibdüsenmündung der Mischdüse schrittweise genähert wurde. Um

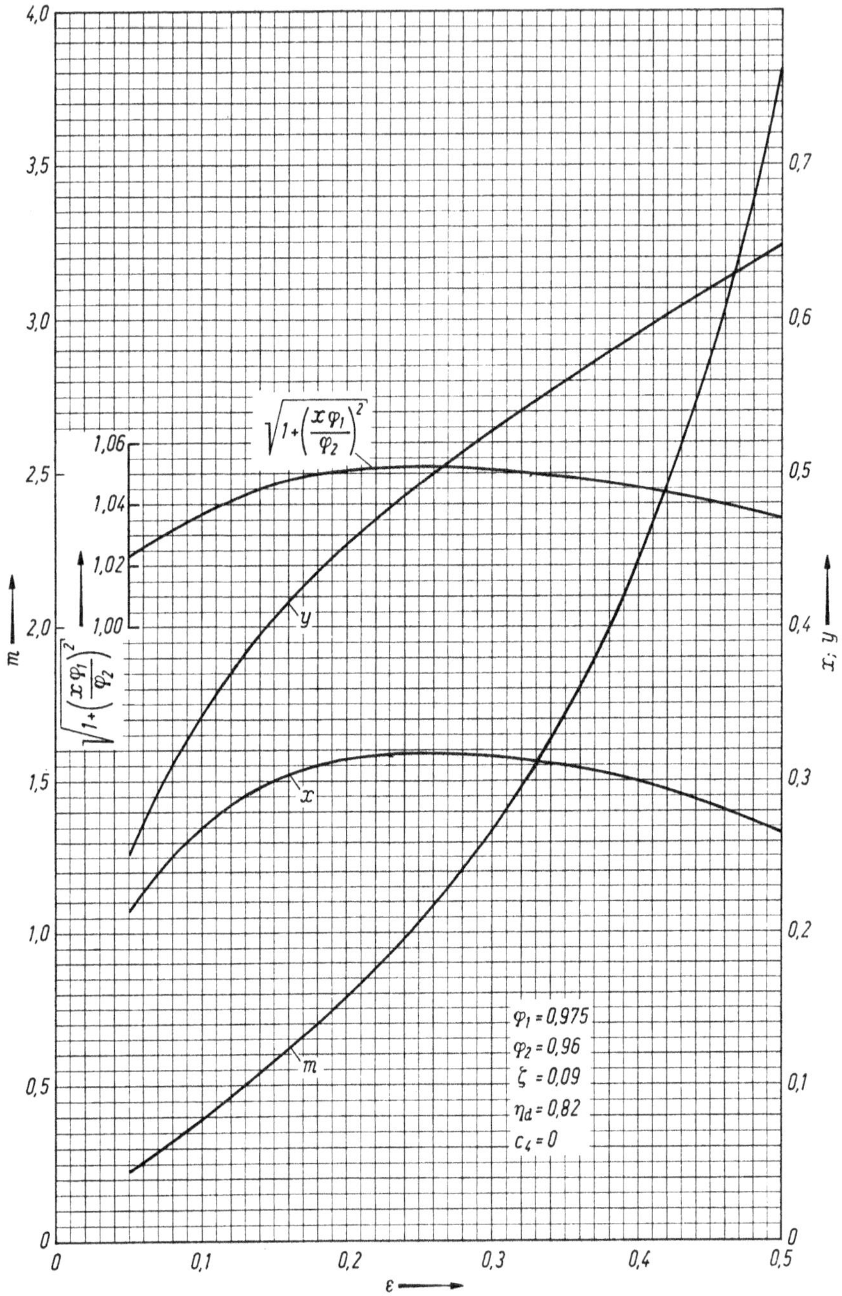

Abb. 86.3. Die Geschwindigkeitsverhältnisse $x = c_2/c_0$, $y = c_3/c_0$ und $\sqrt{1+\left(\frac{x\varphi_1}{\varphi_2}\right)^2} = c_1/c_0$ sowie der kleinste verhältnismäßige Treibwasserverbrauch $m = \dot{M}_1/\dot{M}_2$ in Abhängigkeit vom Druckhöhenverhältnis $\varepsilon = (H_4 - H_2)/(H_1 - H_2)$

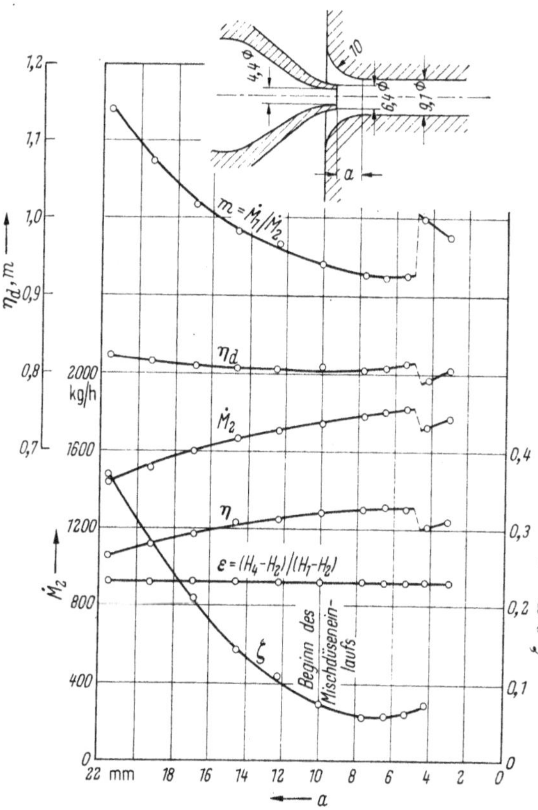

Abb. 86.4. Einfluß des Treibdüsenabstandes a vom zylindrischen Teil der Mischdüse bei gleichbleibendem Druckverhältnis ε (EDUR-Pumpenfabrik)

vergleichbare Meßwerte zu erhalten, wurde das Druckhöhenverhältnis $\varepsilon = (H_4 - H_2)/(H_1 - H_2)$ für jede Düsenstellung konstant gehalten. Nach der Abbildung wächst der geförderte Massestrom $\dot{M}_2$ und ebenso der Wirkungsgrad η der Strahlpumpe, wenn sich der Abstand a der Treibdüsenmündung vom zylindrischen Teil der Mischdüse verringert. Gleichzeitig nimmt der Reibungsbeiwert ζ der Mischdüse ab. Der Diffusorwirkungsgrad η_d ändert sich nur geringfügig. Günstigste Verhältnisse werden im vorliegenden Fall bei einem Abstand $a = 6 \cdots 7$ mm erreicht. Zu weites Einführen der Treibdüse in den Mischdüseneinlauf wirkt sich nachteilig aus. Der Kurvenverlauf wird schließlich unstetig, was offenbar auf die Querschnittsverengung zurückzuführen ist, welche durch die endliche Stärke der Treibdüsenwandung hervorgerufen wird.

Im übrigen müssen beide Düsen genau zentrisch zueinander liegen, also eine gemeinsame Achse haben, da nur eine völlig achsensymmetrische Einströmung des Fördermittels Bestwerte des Wirkungsgrades erwarten läßt. Aus dem gleichen Grunde ist bei seitlicher Zuführung des Förderwassers zum Saugraum die Zuflußgeschwindigkeit klein und der Saugraum selbst groß zu halten.

Im Gegensatz zur Treibdüse wird der Diffusor als schlanker Kegel unter Einhaltung eines bestimmten Kegelwinkels ausgebildet. Ein großer Kegelwinkel würde hier infolge der verzögerten Strömung und der Wandreibung zu einer fortschreitenden Verstärkung der Grenzschicht und zur Ablösung der Strömung von der Wandung mit Bewegungsumkehr in Wandnähe führen und damit den Druckanstieg wesentlich herabsetzen. Ein zu schlanker Kegel vergrößert den Reibungsweg und hat bei entsprechender Länge schließlich ebenfalls Ablösung zur Folge. Die günstigsten Verhältnisse liegen offenbar dann vor, wenn man bei mäßiger Kegellänge den Kegelwinkel so groß bemißt, daß die Ablösung noch mit Sicherheit vermieden wird. Das trifft bei den hier vorliegenden Verhältnissen für einen Kegelwinkel $\gamma = 7\cdots9^\circ$ zu. Voraussetzung dafür ist die Kleinhaltung der Wandreibung, also die Herstellung einer völlig glatten Wandung. Da sich die Geschwindigkeitsumwandlung noch über den Endquerschnitt des Diffusors hinaus fortsetzt, ist es vorteilhaft, an den Diffusor noch eine gerade Rohrstrecke anzuschließen. In diesem Falle ist es zulässig, den Diffusor etwas zu verkürzen, so daß sein Endquerschnitt sprungartig in den Rohrquerschnitt übergeht (Abb. 86.1). Mit dem Querschnittssprung ist eine weitergehende Umwandlung von Geschwindigkeitsenergie in Druckenergie durch Impulsaustausch verbunden, deren Wirkungsgrad η vom Querschnittsverhältnis abhängt. Es ist mit den Bezeichnungen der Abb. 86.1

$$\eta = \frac{2}{1 + \left(\frac{d_5}{d_4}\right)^2}. \tag{86,14}$$

Bei sorgfältiger Ausführung der Düsen und des Diffusors kann etwa mit folgenden Verlustzahlen gerechnet werden: $\varphi_1 = 0{,}96\cdots0{,}98$; $\varphi_2 = 0{,}95\cdots0{,}97$; $\zeta = 0{,}07\cdots0{,}1$; $\eta_d = 0{,}8\cdots0{,}85$. Hierbei sind die oberen Grenzwerte von φ_1, φ_2, η_d und der untere Grenzwert von ζ großen Querschnittsabmessungen der Strahlpumpe zugeordnet.

87. Der Wirkungsgrad

Der Gesamtwirkungsgrad wird auch bei der Wasserstrahlpumpe durch das Verhältnis der Nutzleistung zur aufgewendeten Leistung bestimmt. Es ist daher

$$\eta = \frac{g\dot{M}_2 (H_4 - H_2)}{g\dot{M}_1 (H_1 - H_4)} = \frac{H_4 - H_2}{m(H_1 - H_4)}, \tag{87,1}$$

wenn die Austrittsenergie der Pumpe vernachlässigt wird. Obwohl für die Berechnung der aufgewendeten Leistung nur das Druckhöhengefälle $H_1 - H_4$ in Frage kommt, enthält der Wirkungsgrad auch die Verluste, die in der Treibdüse bei der Druckhöhensenkung von H_4 auf H_2' und bei der Wiedergewinnung dieser Druckhöhe in der Mischdüse bzw. im Diffusor entstehen, soweit sich diese Energieumwandlungen auf den Massestrom $\dot{M}_1$ beziehen. Setzt man $H_1 - H_4 = (H_1 - H_2) - (H_4 - H_2)$, so ist

$$\eta = \frac{H_4 - H_2}{m[(H_1 - H_2) - (H_4 - H_2)]},$$

oder nach Division von Zähler und Nenner mit $H_1 - H_2$

$$\eta = \frac{\varepsilon}{m(1 - \varepsilon)}, \tag{87,2}$$

Hiernach wird der Wirkungsgrad der Wasserstrahlpumpe durch das Druckhöhenverhältnis und den verhältnismäßigen Treibwasserverbrauch bestimmt, der seinerseits auch vom Druckhöhenverhältnis abhängig ist. Abb. 87.1 gibt den Verlauf der Wirkungsgradkurve $\eta = f(\varepsilon)$ wieder, die für die angeschriebenen Verlustzahlen gül-

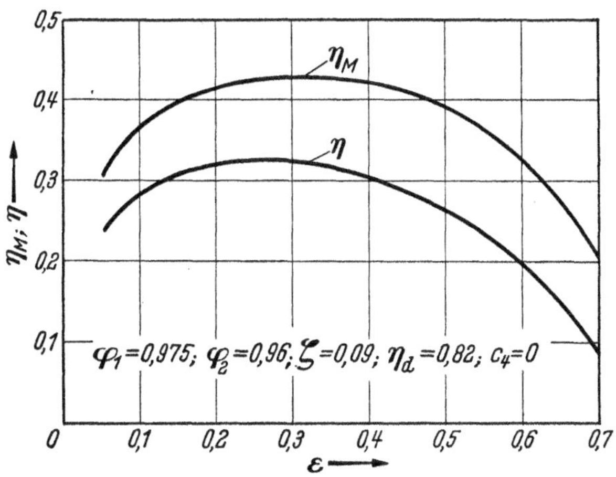

Abb. 87.1. Gesamtwirkungsgrad η und Mischdüsenwirkungsgrad η_M in Abhängigkeit vom Druckhöhenverhältnis $\varepsilon = (H_4 - H_2)/(H_1 - H_2)$

tig ist. Der Höchstwert des Wirkungsgrades läßt sich stets nur bei einem bestimmten Druckhöhenverhältnis erzielen, das im vorliegenden Falle bei $\varepsilon = 0{,}25\cdots0{,}275$ liegt.

Überraschend ist der geringe Absolutbetrag des Wirkungsgrades, der — wie bereits eingangs erwähnt — hauptsächlich den bei dem Impulsaustausch zwischen Treib- und Fördermittel in der Mischdüse auftretenden Verlusten zuzuschreiben ist. Durch Herausnahme der Treibdüsen- und Diffusorverluste ist es auf verhältnismäßig einfache Weise möglich, aus dem Gesamtwirkungsgrad η den Mischdüsenwirkungsgrad η_M zu ermitteln.

Unter Vernachlässigung der Austrittsgeschwindigkeit c_4 errechnet sich der Diffusorverlust zu

$$H_{vd} = (1 - \eta_d)\frac{c_3^2}{2g} = (1 - \eta_d)\, y^2 \frac{c_0^2}{2g} = (1 - \eta_d)\, y^2 \varphi_1^2 (H_1 - H_2).$$

Führen wir diesen Wert durch entsprechende Vergrößerung der Förderhöhe $H_4 - H_2$ bzw. Verminderung der Treibdruckhöhe $H_1 - H_4$ in Gl. (87,1) ein, so ist zunächst

$$\eta' = \frac{(H_4 - H_2) + (1 - \eta_d)\, y^2 \varphi_1^2 (H_1 - H_2)}{m\,[(H_1 - H_4) - (1 - \eta_d)\, y^2 \varphi_1^2 (H_1 - H_2)]}$$
$$= \frac{(H_4 - H_2) + (1 - \eta_d)\, y^2 \varphi_1^2 (H_1 - H_2)}{m\,[(H_1 - H_2) - (H_4 - H_2) - (1 - \eta_d)\, y^2 \varphi_1^2 (H_1 - H_2)]}.$$

Durch Division von Zähler und Nenner mit $H_1 - H_2$ folgt

$$\eta' = \frac{\dfrac{H_4 - H_2}{H_1 - H_2} + (1 - \eta_d)\, y^2 \varphi_1^2}{m\left[1 - \dfrac{H_4 - H_2}{H_1 - H_2} - (1 - \eta_d)\, y^2 \varphi_1^2\right]} = \frac{\varepsilon + (1 - \eta_d)\, y^2 \varphi_1^2}{m\,[1 - \varepsilon - (1 - \eta_d)\, y^2 \varphi_1^2]}. \qquad (87{,}3)$$

η' enthält neben dem Mischdüsenverlust auch noch den Verlust in der Treibdüse. Letzterer kann dadurch ausgeschieden werden, daß in Gl. (87,3) an die Stelle des gemessenen Treibdüsengefälles $H_1 - H_2$ das wirksame Gefälle $(H_1 - H_2)\,\varphi_1^2$ gesetzt wird. Damit ergibt sich als Mischdüsenwirkungsgrad

$$\eta_M = \frac{\frac{\varepsilon}{\varphi_1^2} + (1 - \eta_d)\, y^2 \varphi_1^2}{m\left[1 - \frac{\varepsilon}{\varphi_1^2} - (1 - \eta_d)\, y^2 \varphi_1^2\right]}. \tag{87,4}$$

η_M ist ebenfalls eine Funktion von ε und m und als solche für die gleichen Verlustzahlen in Abb. 87.1 dargestellt. Der erreichte Höchstwert $\eta_{M_{max}} = 0{,}43$ läßt erkennen, daß die Ursache für den niedrigen Gesamtwirkungsgrad im wesentlichen in den Mischdüsenverlusten zu suchen ist. Da diese hauptsächlich durch die an sich unvermeidlichen „Stoßverluste" bei dem Geschwindigkeitsaustausch zwischen Treib- und Förderwasser hervorgerufen werden, sind die Aussichten für eine wesentliche Verbesserung des Mischdüsenwirkungsgrades gering.

88. Die erreichbare Saughöhe. Kavitation

Die Wasserstrahlpumpe ist unter gewissen Bedingungen saugfähig. Die Ursache der Saugfähigkeit ist bei offenem Saugbehälter der äußere Luftdruck, der in Meereshöhe im Mittel dem Druck einer Wassersäule von 10,33 m Höhe und 4 °C Temperatur entspricht. Die wirklich erreichbare Saughöhe bleibt aber stets erheblich unter diesem Wert. Vermindernd wirken die Druckhöhenverluste in der Saugleitung, die von der Temperatur abhängige Siededruckhöhe des Wassers, ferner die Druckhöhensenkung, welche durch die Strömungsverhältnisse in der Mischdüse, insbesondere durch die Zuflußgeschwindigkeit c_2 des Förderwassers in dem ringförmigen Querschnitt des Mischdüseneinlaufs hervorgerufen wird. In Anlehnung an die bei Kreiselpumpen übliche Bezeichnungsweise sei H_A die Luftdruckhöhe, $H_{s\,\mathrm{geo}}$ die geodätische Saughöhe, d.h. der Höhenunterschied zwischen Mischdüseneinlauf und Saugwasserspiegel, H_{vs} die Summe aller Widerstandshöhen in der Saugleitung einschließlich des Druckhöhenverlustes durch Erzeugung der Durchflußgeschwindigkeit und H_D die Siededruckhöhe des Wassers, wobei alle Größen in m WS zu messen sind. Dann gilt zunächst

$$H_A = H_{s\,\mathrm{geo}_{max}} + H_D + H_{vs} + \frac{c_2^2}{\varphi_2^2\, 2g}.$$

Daraus folgt die erreichbare Saughöhe in m

$$H_{s\,\mathrm{geo}_{max}} = H_A - H_D - H_{vs} - \frac{c_2^2}{\varphi_2^2\, 2g}.$$

Setzt man nach Gl. (86,12) $c_2 = x\, c_0 = x\, \varphi_1 \sqrt{2g\,(H_1 - H_2)}$, so ist

$$H_{s\,\mathrm{geo}_{max}} = H_A - H_D - H_{vs} - (x\,\varphi_1/\varphi_2)^2\,(H_1 - H_2). \tag{88,1}$$

Für die gesamte Saughöhe $H_{s\,max} = H_{s\,\mathrm{geo}_{max}} + H_{vs}$ gilt

$$H_{s\,max} = H_A - H_D - (x\,\varphi_1/\varphi_2)^2\,(H_1 - H_2). \tag{88,2}$$

Nach Gl. (88,2) ist die erreichbare Saughöhe in erheblichem Maße von der Druckhöhensenkung in der Mischdüsenmündung $\dfrac{c_2^2}{\varphi_2^2\, 2g}$ und diese wiederum von der Druckhöhe des Treibwassers abhängig. Das trifft besonders dann zu, wenn — wie im vorliegenden Falle — zur Verringerung der Mischdüsenverluste, also zur Erreichung der bestmöglichen Energieausnutzung, die Zulaufgeschwindigkeit c_2 und somit die Verhältniszahl x groß gewählt wird. Die wirkliche Druckhöhensenkung in der Mischdüse wird aber durch das letzte Glied der Gl. (88,2) noch nicht vollständig erfaßt. Nach Versuchen von Schulz und Fasol[1] stellt sich die größte Drucksenkung nicht in dem ringförmigen Saugquerschnitt der Mischdüse, sondern in der Querschnittsmitte des Treibstrahls, also im Gebiet der größten Geschwindigkeit ein. Das Druckminimum liegt etwa im Anfangsquerschnitt des zylindrischen Teils der Mischdüse. Sinkt hier der Druck bis auf den Siededruck, der bei kaltem Wasser etwa 0,1···0,2 m WS beträgt, so beginnt das Wasser zu verdampfen. Es entstehen Dampfblasen, die wieder zusammenstürzen, sobald sie mit der Strömung in ein Gebiet höheren Druckes gelangen. Die Dampfbildung findet zunächst nur in der Mitte des Mischdüsenquerschnitts statt, während die Wandungen nicht davon berührt werden. Ihr Beginn zeigt sich durch ein leichtes, unregelmäßiges Prasseln an. Bei fortschreitender Kavitation — etwa durch Verringerung des Gegendrucks H_4 — erstreckt sich die Dampfbildung weiter in die Mischdüse hinein, ohne daß der Fördervorgang dadurch gestört wird. Der Massestrom nimmt der Senkung des Gegendrucks entsprechend zunächst noch zu. Außerdem wird meistens ein Ansteigen des Wirkungsgrades beobachtet, eine Erscheinung, die sich auch bei Kreiselpumpen und Wasserturbinen zeigt und als Folge der verringerten Zähigkeit des Fördermittels gedeutet wird. Erreicht die Dampfbildung schließlich das Ende der Mischdüse, so wird auch die Mischdüsenwandung von ihr erfaßt. Von diesem Zustand an bleibt der Massestrom trotz weiterer Senkung des Gegendrucks unverändert, während der Wirkungsgrad schnell absinkt. Das prasselnde Geräusch geht in ein kontinuierliches Knattern über, das häufig von Erschütterungen des Strahlapparates begleitet ist. Eine weitere Folge ist die allmähliche Zerstörung der Mischdüsenwandung.

Hiernach liegt zwischen dem Kavitationsbeginn und der voll ausgebildeten Kavitation ein Arbeitsgebiet, in welchem die Wasserstrahlpumpe noch arbeitsfähig bleibt und auch praktisch keine Zerstörungen zeigt, weil sich die Dampfbildung auf den inneren Teil des Mischdüsenstrahls beschränkt.

Andererseits geht aber aus dem Gesagten hervor, daß die wirkliche Druckhöhensenkung in der Mischdüse größer ist, als sich aus Gl. (88,2) ergibt. Demzufolge setzt auch die Kavitation früher ein, so daß sich die erreichbare Saughöhe verringert. Man kommt den wirklichen Verhältnissen näher, wenn man nach Schulz und Fasol mit Gültigkeit für kaltes Wasser eine Kavitationszahl $\sigma = H_2/(H_1 - H_2)$ einführt und deren kritische Werte σ_k für den Beginn der Kavitation und σ_k' für die voll ausgebildete Kavitation versuchsmäßig ermittelt. H_2 bedeutet hier wie bisher die absolute Druckhöhe im Saugraum der Strahlpumpe, H_1 die absolute Druckhöhe vor der Treibdüsenmündung. Mit der kritischen Kavitationszahl σ_k bzw. σ_k' ist H_{2_k} bzw. H_{2_k}' die absolute Druckhöhe, die im Saugraum der Pumpe mindestens vorhanden sein muß, um den Beginn der Kavitation bzw. deren volle Ausbildung zu verhindern. Im ersten Falle muß also die Bedingung $\sigma_k (H_1 - H_2) = H_{2_k} \leqq H_2$, im zweiten die Bedingung $\sigma_k' (H_1 - H_2) = H_{2_k}' \leqq H_2$ erfüllt sein. Mit der absoluten Druckhöhe $H_{2_k} = \sigma_k(H_1 - H_2)$, die also die Druckhöhensenkung in der Mischdüse und die geringe Dampfdruckhöhe

[1] Schulz, F.; Fasol, K. H.: Wasserstrahlpumpen zur Förderung von Flüssigkeiten, Springer: Wien 1958.

kalten Wassers einschließt, schreibt sich Gl. (88,2)

$$H_{s_{\max}} = H_A - \sigma_k (H_1 - H_2). \tag{88,3}$$

Zahlentafel 7 gibt kritische Kavitationszahlen σ_k und σ'_k in Abhängigkeit vom Druckhöhenverhältnis ε wieder. Sie gelten für Auslegung der Pumpe nach bestem Wirkungsgrad und sind für kaltes Wasser an einem Strahlapparat mit $d_3 = 101$ mm ∅ ermittelt.

Zahlentafel 7. Kritische Kavitationszahlen

ε = 0,05	0,1	0,15	0,2	0,25	0,3	0,35	0,4	0,45
σ_k = 0,24	0,23	0,24	0,25	0,27	0,29	0,32	0,35	0,39
σ'_k = 0,09	0,13	0,14	0,15	0,15	0,14	0,13	0,11	0,09

Nach den obigen Ausführungen bleibt die Wasserstrahlpumpe auch dann noch betriebsfähig, wenn die Rechnung eine Kavitationszahl $\sigma = H_2/(H_1 - H_2)$ ergibt, die zwischen σ_k und σ'_k liegt. Andererseits läßt Gl. (88,3) erkennen, daß von der Pumpe bei großer Treibdruckhöhe keine Saugfähigkeit mehr erwartet werden kann. In vielen Fällen müssen sogar Maßnahmen ergriffen werden, welche die Kavitation verhindern. Das ist im allgemeinen möglich durch Anwendung einer Zulaufhöhe für das Förderwasser oder durch Verringerung der Zulaufgeschwindigkeit c_2, also der Verhältniszahl x. Die letztgenannte Maßnahme zieht allerdings eine Verschlechterung des Wirkungsgrades nach sich und sollte deshalb nur da angewendet werden, wo ein Tieferlegen des Strahlers nicht möglich ist. Wird in einem solchen Falle die Austrittsgeschwindigkeit c_3 aus der Mischdüse, also die Verhältniszahl y nicht geändert, so muß der vergrößerte Eintrittsquerschnitt der Mischdüse unter Einschaltung eines Einlaufmundstücks allmählich in den zylindrischen Austrittsteil übergehen. Will man dagegen die fabrikatorisch einfache zylindrische Form der Mischdüse beibehalten, so ist auch die Austrittsgeschwindigkeit c_3 zu verkleinern. Für die zylindrische Mischdüsenform folgt aus der Kontinuitätsbedingung

$$\frac{\dot M_1 + \dot M_2}{c_3 \varrho} = \frac{\dot M_1}{c_1 \varrho} + \frac{\dot M_2}{c_2 \varrho}$$

oder

$$\frac{1+m}{y} = \frac{m}{\sqrt{1 + \left(\frac{x\varphi_1}{\varphi_2}\right)^2}} + \frac{1}{x}.$$

Somit ist

$$y = \frac{1+m}{\dfrac{m}{\sqrt{1 + \left(\frac{x\varphi_1}{\varphi_2}\right)^2}} + \dfrac{1}{x}}. \tag{88,4}$$

Bei gegebenem x enthält Gl. (88,4) die beiden Unbekannten y und m, für deren Bestimmung noch Gl. (86,11) zur Verfügung steht. Wegen der komplizierten Zusammenhänge findet man die Lösung am einfachsten durch Probieren, indem man zu dem verkleinerten Wert x zunächst einen ebenfalls verkleinerten Wert y annimmt und m nach Gl. (86,11) errechnet. Die angenommenen Verhältniszahlen x und y sowie der

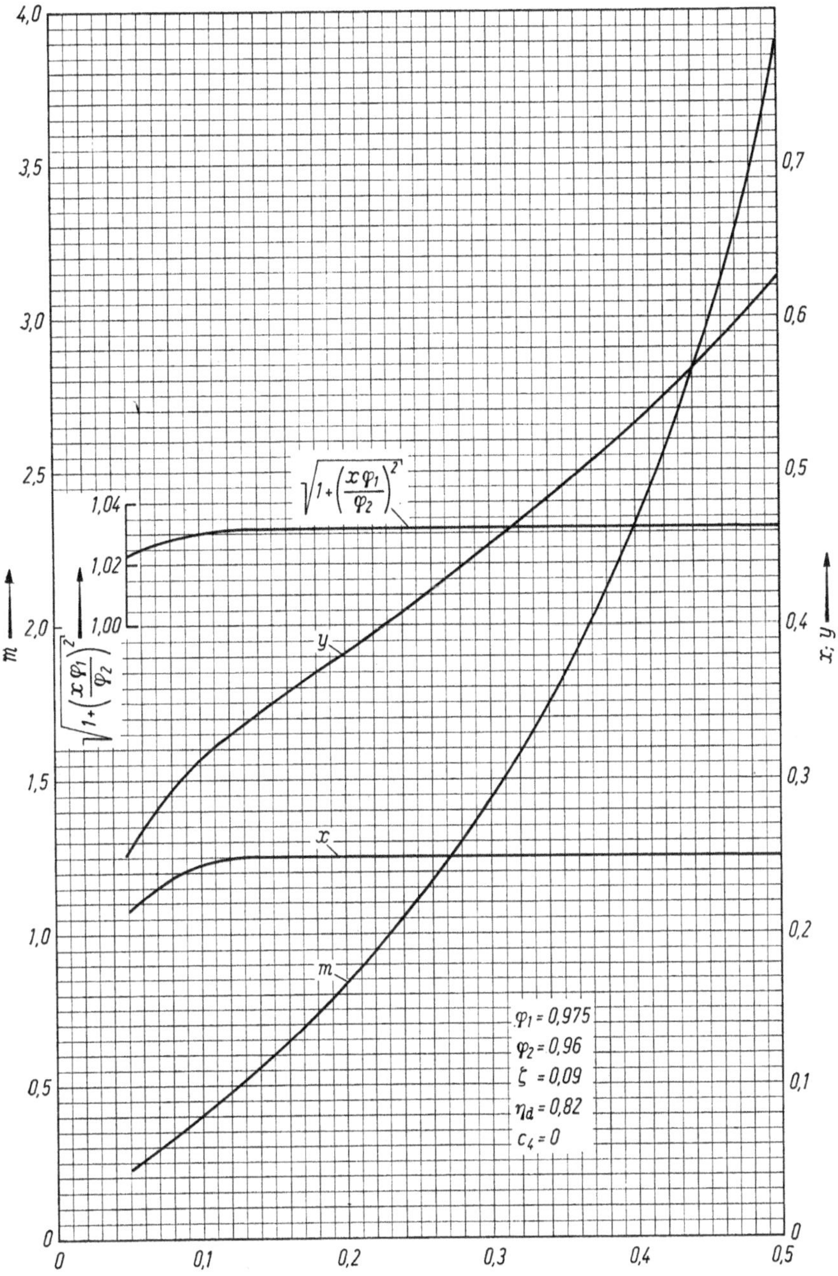

Abb. 88.1. Die Geschwindigkeitsverhältnisse $x = c_2/c_0$, $y = c_3/c_0$ und $\sqrt{1+\left(\frac{x\varphi_1}{\varphi_2}\right)^2} = c_1/c_0$ sowie der verhältnismäßige Treibwasserverbrauch $m = \dot{M}_1/\dot{M}_2$ bei verringerter Zulaufgeschwindigkeit c_2 in Abhängigkeit vom Druckhöhenverhältnis $\varepsilon = (H_4 - H_2)/(H_1 - H_2)$

errechnete Wert m müssen Gl. (88,4) erfüllen, was sich nach wiederholter Durchrechnung mit entsprechend geändertem y leicht erreichen läßt. Ist x die ursprüngliche, x_1 die in mäßigen Grenzen verkleinerte Verhältniszahl, so verringert sich die kritische Kavitationszahl näherungsweise auf $\sigma_{k_1} = \sigma_k (x_1/x)^2$.

Abb. 88.1 gibt die für verringerte Zulaufgeschwindigkeit c_2 errechnete Beziehung zwischen x und y in Abhängigkeit von ε bei zylindrischer Mischdüsenform wieder. Die gewählte x-Kurve verläuft im wesentlichen parallel zur Abszisse und ist so bestimmt, daß sie nur im Ausgangspunkt bei $\varepsilon = 0{,}05$ die für kleinsten Treibwasserverbrauch gültige x-Linie nach Abb. 86.3 trifft, im Bereich $0{,}05 \leqq \varepsilon \leqq 0{,}5$ aber unterhalb dieser verbleibt. Neben den Kurven für x und y sind auch diejenigen für das Geschwindigkeitsverhältnis $\sqrt{1 + (x\varphi_1/\varphi_2)^2} = c_1/c_0$ und den verhältnismäßigen Treibwasserstrom $m = \dot{M}_1/\dot{M}_2$ eingetragen. Da die verwendeten Verlustzahlen mit denen der Abb. 86.3 (für günstigsten Treibwasserverbrauch) übereinstimmen, ist ein unmittelbarer Vergleich der m-Werte möglich. Man erkennt, daß eine Verringerung von x zu einer Vergrößerung des verhältnismäßigen Treibwasserverbrauchs und gemäß Gl. (87,2) auch zu einer Verschlechterung des Wirkungsgrades führt. Das trifft hier besonders für den mittleren Teil der m-Kurve zu, in welchem die x-Werte beider Diagramme die größten Unterschiede aufweisen.

89. Berechnungsbeispiele

1. Eine Wasserstrahlpumpe soll stündlich $\dot{M}_2 = 12\,000$ kg Wasser auf eine manometrische Höhe $H = 10$ m WS heben. Treib- und Förderwasser haben im Mittel eine Temperatur von 10°C. Infolge der Anordnung der Pumpe oberhalb des Saugwasserspiegels (Saughöhe) sowie der Widerstände in der Saugleitung entsteht im Saugraum c der Pumpe (Abb. 86.1) eine Druckhöhenabnahme $H_s = H_{s\,\mathrm{geo}} + H_{vs} = 1{,}5$ m WS. Die Druckhöhe des Treibwassers vor der Düse beträgt $H_1 = 38$ m WS (Überdruck). Die inneren Abmessungen der Pumpe, der Wirkungsgrad und die Kavitationszahl sind zu bestimmen.

a) Der Treibwasserverbrauch. Legen wir einen mittleren Luftdruck von 0,981 bar zugrunde, der dem Druck einer Wassersäule von 10 m Höhe entspricht, so ergeben sich — bezogen auf die Höhenlage der Treibdüsenmündung — folgende absolute Druckhöhen:

$$\begin{aligned} &\text{Vor der Treibdüse } H_1 = 10 + 38 = 48\,\mathrm{m\,WS},\\ &\text{im Saugraum } H_2 = 10 - 1{,}5 = 8{,}5\,\mathrm{m\,WS},\\ &\text{im Diffusoraustritt } H_4 = 10 - 1{,}5 + 10 = 18{,}5\,\mathrm{m\,WS}. \end{aligned}$$

Somit ist das Druckhöhenverhältnis

$$\varepsilon = \frac{H_4 - H_2}{H_1 - H_2} = \frac{18{,}5 - 8{,}5}{48 - 8{,}5} = 0{,}2532.$$

Unter Vernachlässigung von c_4 ist für $\varphi_1 = 0{,}975$, $\varphi_2 = 0{,}96$, $\zeta = 0{,}09$ und $\eta_d = 0{,}82$ nach Abb. 86.3 $x = 0{,}318$ und $y = 0{,}4952$. Mit diesen Werten errechnet sich der verhältnismäßige Treibwasserverbrauch nach Gl. (86,11) aus

$$m = \frac{K - 2xy}{2y\sqrt{1 + \left(\frac{\varphi_1}{\varphi_2}x\right)^2} - K}.$$

Mit

$$K = \frac{\varepsilon}{\varphi_1^2} + y^2(2 + \zeta - \eta_d) + \left(\frac{x}{\varphi_2}\right)^2 = \frac{0{,}2532}{0{,}975^2} + 0{,}2452 \cdot 1{,}27 + \left(\frac{0{,}318}{0{,}96}\right)^2 = 0{,}6875$$

ist

$$m = \frac{0{,}6875 - 2 \cdot 0{,}318 \cdot 0{,}4952}{2 \cdot 0{,}4952 \sqrt{1 + \left(\frac{0{,}975}{0{,}96} \cdot 0{,}318\right)^2} - 0{,}6875} = 1{,}055$$ [1]

und der absolute Treibwasserverbrauch $\dot{M}_1 = m\dot{M}_2 = 1{,}055 \cdot 12000 = 12660$ kg/h $\triangleq 3{,}517$ kg/s.

b) Die Geschwindigkeiten. Aus dem Treibdüsengefälle $H_1 - H_2 = 48 - 8{,}5 = 39{,}5$ m ergibt sich zunächst als Rechnungsgröße die Geschwindigkeit

$$c_0 = \varphi_1 \sqrt{2g(H_1 - H_2)} = 0{,}975 \sqrt{19{,}62 \cdot 39{,}5} = 27{,}14 \text{ m/s}.$$

Daraus folgt nach Gl. (86,12)

$$c_1 = \sqrt{1 + \left(\frac{\varphi_1}{\varphi_2} x\right)^2}\, c_0 = \sqrt{1 + \left(\frac{0{,}975}{0{,}96}\, 0{,}318\right)^2} \cdot 27{,}14 = 28{,}52 \text{ m/s},$$

ferner

$$c_2 = x\, c_0 = 0{,}318 \cdot 27{,}14 = 8{,}63 \text{ m/s}$$

und

$$c_3 = y\, c_0 = 0{,}4952 \cdot 27{,}14 = 13{,}44 \text{ m/s}.$$

Die Wassergeschwindigkeit im Austrittsquerschnitt des Diffusors wählen wir $c_4 \leqq 2{,}5$ m/s, die Geschwindigkeit in der anschließenden Rohrleitung $c_5 = 1{,}0$ bis 1,5 m/s.

c) Die Querschnitte. Nach Gl. (86,13) ist der Austrittsquerschnitt der Treibdüse

$$A_1 = \frac{\dot{M}_1}{c_1 \varrho} = \frac{3{,}517}{28{,}52 \cdot 1000} = 0{,}0001233 \text{ m}^2 \triangleq 123{,}3 \text{ mm}^2,$$

somit der Austrittsdurchmesser der Treibdüse $d_1 = 12{,}5$ mm, ferner der Querschnitt des Saugstrahles

$$A_2 = \frac{\dot{M}_2}{c_2 \varrho} = \frac{3{,}333}{8{,}63 \cdot 1000} = 0{,}0003862 \text{ m}^2 \triangleq 386{,}2 \text{ mm}^2$$

und der Austrittsquerschnitt der Mischdüse

$$A_3 = \frac{\dot{M}_1 + \dot{M}_2}{c_3 \varrho} = \frac{6{,}850}{13{,}44 \cdot 1000} = 0{,}0005097 \text{ m}^2 \triangleq 509{,}7 \text{ mm}^2,$$

mithin der Austrittsdurchmesser der Mischdüse $d_3 = 25{,}5$ mm.

Ist $c_4 = 2{,}1$ m/s die Austrittsgeschwindigkeit aus dem Diffusor, so errechnet sich der zugehörige Querschnitt zu

$$A_4 = \frac{\dot{M}_1 + \dot{M}_2}{c_4 \varrho} = \frac{6{,}850}{2{,}1 \cdot 1000} = 0{,}003262 \text{ m}^2 \triangleq 3262 \text{ mm}^2,$$

[1] Dieses Ergebnis ist auch aus der für die gleichen Verlustzahlen errechneten m-Kurve der Abb. 86.3 ablesbar.

welchem der Durchmesser $d_4 = 64{,}4\,\text{mm} \approx 65\,\text{mm}$ entspricht. Für die anschließende Rohrleitung muß ein genormter Durchmesser verwendet werden. Es sei $d_5 = 3'' \triangleq 80\,\text{mm}$. Damit beträgt hier die Wassergeschwindigkeit

$$c_5 = \frac{\dot{M}_1 + \dot{M}_2}{A_5 \varrho} = \frac{6{,}850}{0{,}00503 \cdot 1000} = 1{,}36\,\text{m/s}.$$

Der durch den Querschnittssprung verursachte Druckhöhenverlust ist sehr gering, weil sich nach Gl. (86,14) etwa 80% des Unterschiedes der Geschwindigkeitshöhen noch durch Impulsaustausch in Druckhöhe umwandeln.

Die Zuführungsleitung für das Treibwasser erhält einen Durchmesser $d_6 = 2'' \triangleq 53\,\text{mm}$, so daß eine Wassergeschwindigkeit

$$c_6 = \frac{\dot{M}_1}{A_6 \varrho} = \frac{3{,}517}{0{,}00221 \cdot 1000} = 1{,}59\,\text{m/s}$$

entsteht.

Die Saugleitung (Zuführungsleitung des Förderwassers zum Saugraum), wird im Hinblick auf die Kleinhaltung der Verluste und eine möglichst symmetrische Zuströmung zur Mischdüse mit $d_7 = 2^1/_2{}'' \triangleq 68\,\text{mm}$ verhältnismäßig groß ausgeführt, wodurch sich nur eine Geschwindigkeit

$$c_7 = \frac{\dot{M}_2}{A_7 \varrho} = \frac{3{,}333}{0{,}00363 \cdot 1000} = 0{,}92\,\text{m/s}$$

ergibt.

d) Die Längenabmessungen. Der zylindrische Teil der Mischdüse (ausschließlich der Einlaufausrundung) erhält eine Länge

$$l_3 \approx 8\,d_3 \approx 8 \cdot 25{,}5 = 200\,\text{mm}.$$

Die Länge l_4 des anschließenden Diffusors wird durch den Kegelwinkel γ bestimmt. Es sei $\gamma = 7°$. Dann ist zunächst $\tan\frac{\gamma}{2} = \frac{d_4 - d_3}{2\,l_4}$, somit

$$l_4 = \frac{d_4 - d_3}{2\tan\frac{\gamma}{2}} = \frac{65 - 25{,}5}{2 \cdot 0{,}0612} = 323\,\text{mm}.$$

e) Der Wirkungsgrad. Nach Gl. (87,2) ist

$$\eta = \frac{\varepsilon}{m\,(1 - \varepsilon)} = \frac{0{,}2532}{1{,}055 \cdot 0{,}7468} = 0{,}3214.$$

f) Die Kavitationszahl. Es ist $\sigma = \frac{H_2}{H_1 - H_2} = \frac{8{,}5}{48 - 8{,}5} = 0{,}215$. Unter der Voraussetzung, daß Zahlentafel 7 (S. 460) auch für kleine Mischdüsendurchmesser gültig ist, beginnt die Kavitation für $\varepsilon = 0{,}2532$ bei $\sigma_k = 0{,}27$. Sie ist voll ausgebildet bei $\sigma_k' = 0{,}15$. Da σ zwischen den beiden Grenzwerten liegt, arbeitet die Pumpe bereits im Kavitationsgebiet, ist aber durchaus betriebsfähig. Soll die Kavitation ganz vermieden werden, so muß das Förderwasser mit einer Überdruckhöhe von etwa 0,7 m WS in den Saugraum eintreten, was durch Tieferlegen der Strahlpumpe zu erreichen ist.

2. Berechnung der Hauptabmessungen des Tiefsaugers einer Tiefbrunnenpumpe (Abschn. 51, Abb. 51.8). Tiefe des abgesenkten Wasserspiegels[1] im Brunnen $e_s =$ 18 m; Massestrom der Kreiselpumpe $\dot{M} = Q\varrho = 12\,000$ kg/h $\triangleq$ 3,333 kg/s; zugehörige Förderhöhe $H = 46$ m als Summe der zulässigen Saughöhe $H_s = 6$ m und der Druckhöhe $H_d = 40$ m; waagerechte Länge der Treibwasser- und der Steigeleitung $l = 7$ m; beide Leitungen enthalten je einen 90°-Krümmer; Anordnung der Treibdüsenmündung 2 m unter dem abgesenkten Wasserspiegel im Brunnen, also Überdruckhöhe im Saugraum des Tiefsaugers $H_2 = 2$ m.

Wir bestimmen zunächst den Druckhöhenverlust in der Steigeleitung. Bei einem Massestrom der Pumpe $\dot{M} = 3{,}333$ kg/s und einem lichten Rohrdurchmesser $d_{St} =$ 2″ $\triangleq$ 53 mm herrscht in dieser eine mittlere Geschwindigkeit

$$c_{St} = \frac{\dot{M}}{\varrho\, d_{St}^2 \pi/4} = \frac{3{,}333}{1000 \cdot 0{,}00221} = 1{,}51 \text{ m/s};$$

gesamte Länge der Steigeleitung $l_{St} = l + e_s + 2 = 7 + 18 + 2 = 27$ m; Rohrreibungsbeiwert der gestreckten Leitung

$$\zeta_r = \lambda \frac{l_{St}}{d_{St}} = 0{,}03 \frac{27}{0{,}053} = 15{,}3;$$

Verlustbeiwert des Krümmers

$$\zeta_k = 0{,}2 \text{ (für } r_m/d_{St} = 2).$$

Somit entsteht in der Steigeleitung der Druckhöhenverlust

$$H_{v_{St}} = (1 + \Sigma\zeta) \frac{c_{St}^2}{2g} = 16{,}5 \frac{1{,}51^2}{19{,}62} = 1{,}92 \text{ m}.$$

Ein weiterer Druckhöhenverlust wird durch das umittelbar unter dem Tiefsauger befindliche Fußventil und den Saugkorb verursacht (Abb. 51.8). Da diese jedoch nur vom Nutzwasser durchströmt werden, ist der Verlust bei weit gehaltenen Durchgangsquerschnitten und kleiner Ventilbelastung gering. Er werde hier vernachlässigt.

Der Druckhöhenverlust H_{v_T} in der Treibwasserleitung muß zunächst geschätzt werden, weil der Treibwasserstrom noch unbekannt ist. Es sei $H_{v_T} = 1{,}5$ m.

Nunmehr ergeben sich — bezogen auf die Höhenlage der Treibdüsenmündung — folgende *Überdruckhöhen*:

im Diffusoraustritt $H_4 = e_s + H_2 + H_{v_{St}} - H_s = 18 + 2 + 1{,}92 - 6 = 15{,}92$ m,

vor der Treibdüse $H_1 = H_d + e_s + H_2 - H_{v_T} = 40 + 18 + 2 - 1{,}5 = 58{,}5$ m.

Damit errechnet sich als vorläufiges Druckhöhenverhältnis

$$\varepsilon = \frac{H_4 - H_2}{H_1 - H_2} = \frac{15{,}92 - 2}{58{,}5 - 2} = 0{,}246.$$

[1] Als abgesenkt wird der Wasserspiegel bezeichnet, der sich nach längerem Betriebe einstellt. e_s (in Abb. 51.11 identisch mit H_s) ist demnach der Höhenunterschied zwischen diesem und der Mittellinie der Pumpenwelle bei waagerechter, bzw. dem höchsten Punkt der Schaufeleintrittskante bei senkrechter Anordnung der Welle.

Hierfür entnehmen wir aus Abb. 86.3 als kleinsten verhältnismäßigen Treibwasserverbrauch mit den dort angegebenen Beiwerten

$$m = \dot{M}_1/\dot{M}_2 = 1{,}015$$

und erhalten mit $\dot{M}_2 = \dot{M} - \dot{M}_1$ als Treibwasserverbrauch

$$\dot{M}_1 = \frac{m}{1+m}\dot{M} = \frac{1{,}015}{2{,}015} \cdot 12000 = 6045 \text{ kg/h} \mathrel{\hat{=}} 1{,}68 \text{ kg/s}.$$

Der angenommene Druckhöhenverlust in der Treibwasserleitung läßt sich jetzt nachprüfen. Wir wählen einen lichten Rohrdurchmesser $d_T = 1^1/_2{}'' \mathrel{\hat{=}} 42$ mm und erhalten als mittlere Wassergeschwindigkeit

$$c_T = \frac{\dot{M}_1}{\varrho\, d_T^2 \pi/4} = \frac{1{,}68}{1000 \cdot 0{,}001385} = 1{,}21 \text{ m/s}.$$

Ferner ist

$$\zeta_r = \lambda \frac{l_T}{d_T} = 0{,}03 \frac{27}{0{,}042} = 19{,}3 \quad \text{und} \quad \zeta_k = 0{,}2,$$

also der Druckhöhenverlust in der Treibwasserleitung

$$H_{v_T} = (1 + \Sigma\zeta)\frac{c_T^2}{2g} = 20{,}5 \frac{1{,}46}{19{,}62} = 1{,}53 \text{ m}.$$

Die Abweichung von dem angenommenen Wert ist so gering, daß sich eine Wiederholung der Rechnung erübrigt. Es folgt somit als Massestrom des Nutzwassers

$$\dot{M}_2 = \dot{M} - \dot{M}_1 = 12000 - 6045 = 5955 \text{ kg/h}.$$

Für das nun als endgültig anzusehende Druckhöhenverhältnis $\varepsilon = 0{,}246$ entnehmen wir aus Abb. 86.3

$$\sqrt{1 + \left(x \frac{\varphi_1}{\varphi_2}\right)^2} = 1{,}052; \quad x = 0{,}318; \quad y = 0{,}4905$$

und erhalten mit

$$c_0 = \varphi_1 \sqrt{2g(H_1 - H_2)} = 0{,}975 \sqrt{19{,}62 \cdot 56{,}5} = 32{,}46 \text{ m/s}$$

$$c_1 = \sqrt{1 + \left(x \frac{\varphi_1}{\varphi_2}\right)^2}\, c_0 = 1{,}052 \cdot 32{,}46 = 34{,}15 \text{ m/s},$$

$$c_2 = x\, c_0 = 0{,}318 \cdot 32{,}46 = 10{,}32 \text{ m/s}$$

und

$$c_3 = y\, c_0 = 0{,}4905 \cdot 32{,}46 = 15{,}92 \text{ m/s}.$$

Damit ergeben sich als wichtige Abmessungen des Tiefsaugers folgende Querschnitte und Durchmesser:

Austrittsquerschnitt der Treibdüse

$$A_1 = \frac{\dot{M}_1}{c_1 \varrho} = \frac{1{,}68}{34{,}15 \cdot 1000} = 0{,}0000492 \text{ m}^2 \mathrel{\hat{=}} 49{,}2 \text{ mm}^2,$$

Austrittsdurchmesser der Treibdüse $d_1 = 7{,}9$ mm;

Querschnitt des Saugstrahles

$$A_2 = \frac{\dot{M}_2}{c_2 \varrho} = \frac{1{,}654}{10{,}32 \cdot 1000} = 0{,}0001603 \text{ m}^2 \mathrel{\hat{=}} 160{,}3 \text{ mm}^2;$$

Austrittsquerschnitt der Mischdüse

$$A_3 = \frac{\dot{M}}{c_3 \varrho} = \frac{3,333}{15,92 \cdot 1000} = 0,0002094\ \text{m}^2 \mathrel{\hat{=}} 209,4\ \text{mm}^2;$$

Austrittsdurchmesser der Mischdüse $d_3 = 16,3$ mm.

Der zylindrische Teil der Mischdüse (ohne Einlaufausrundung) erhält eine Länge

$$l_3 \approx 8 d_3 \approx 8 \cdot 16,3 = 130\ \text{mm}.$$

Der Einlauf der Mischdüse wird mit $r \approx d_3 = 16$ mm ausgerundet. In die Ausrundung ragt die Treibdüsenmündung um soviel hinein, daß ihr Abstand vom Beginn des zylindrischen Teiles der Mischdüse $a \approx 0,75 d_3 = 12$ mm beträgt (Abb. 86.4).

Mischdüse und anschließender Diffusor werden von dem Steigerohr umschlossen (Abb. 51.8), dessen lichter Durchmesser $d_{St} = 2''$ (53 mm) beträgt. Den lichten Austrittsdurchmesser des Diffusors legen wir zu $d_4 = 40$ mm fest, so daß sein Endquerschnitt sprungartig in den Querschnitt der Steigeleitung übergeht. Wir vermeiden dadurch eine übergroße Länge des Diffusors, die zur Ablösung der Strömung führen kann. Der durch den Querschnittssprung entstehende Druckhöhenverlust ist sehr gering, weil die Differenz der Geschwindigkeitsenergien am Diffusorende und im Steigrohr klein ist und diese bei dem vorliegenden Querschnittsverhältnis noch zu 72,6% (Gl. (86,14)) durch Impulswirkung in Druckenergie umgesetzt wird.

Mit dem Kegelwinkel $\gamma = 7°$ erhält der Diffusor eine Länge

$$l_4 = \frac{d_4 - d_3}{2 \tan(\gamma/2)} = \frac{40 - 16,3}{2 \cdot 0,0612} = 194\ \text{mm}.$$

Der Wirkungsgrad beträgt nach Gl. (87,2)

$$\eta = \frac{\varepsilon}{m(1-\varepsilon)} = \frac{0,246}{1,015 \cdot 0,754} = 0,3214.$$

Unter Verwendung *absoluter* Druckhöhen und bei einem Barometerstand von 981 mbar, der dem Druck einer Wassersäule von 10 m Höhe entspricht, ergibt sich die Kavitationszahl

$$\sigma = \frac{H_2}{H_1 - H_2} = \frac{12}{68,5 - 12} = 0,2124.$$

Nach Zahlentafel 7 liegt σ für $\varepsilon = 0,246$ innerhalb der kritischen Kavitationszahlen $\sigma_K = 0,27$ und $\sigma'_K = 0,15$. Hiernach tritt, falls die Zahlentafel auch für kleine Mischdüsendurchmesser als gültig angesehen werden kann, in der Mitte des Mischdüseneinlaufs bereits Kavitation auf, die aber keine nachteiligen Auswirkungen hat und deshalb praktisch ohne Bedeutung ist. Allgemein ist Vermeidung der Kavitation möglich durch Vergrößerung der Zulaufhöhe H_2. Wirksamer ist jedoch die Verkleinerung des Geschwindigkeitsverhältnisses x, also der Zulaufgeschwindigkeit c_2 nach Abb. 88.1, was kleinere kritische Kavitationszahlen σ_K und σ'_K zur Folge hat. Damit ist allerdings eine Abnahme des Nutzwasserstroms und des Wirkungsgrades verbunden.

90. Verhalten der Wasserstrahlpumpe bei Änderung des Betriebszustandes

Unveränderliche Druckverhältnisse sind im Betrieb der Wasserstrahlpumpe im allgemeinen nicht anzutreffen. Vielfach unterliegen Treibdruckhöhe und Förderhöhe gewissen Schwankungen, die Änderungen der Masseströme des Treib- und Förderwassers nach sich ziehen. Das trifft beispielsweise in erheblichem Maße zu, wenn die Strahlpumpe als Tiefsauger verwendet wird, und zwar in Verbindung mit einer Kreiselpumpe, die auf einen Druckkessel arbeitet. Während des Füllens steigt dabei mit dem Kesseldruck nicht nur der Treibdruck, sondern auch der Förderdruck des Tiefsaugers fortgesetzt an, gleichzeitig nimmt sein nutzbarer Massestrom ab, während der Treibwasserverbrauch wächst.

Abgesehen von diesen durch den praktischen Betrieb bedingten Abweichungen vom Auslegezustand beeinflussen auch willkürliche Änderungen der Betriebsverhältnisse das Verhalten der Wasserstrahlpumpe.

Jede Änderung einer Betriebsgröße hat auch eine Änderung aller anderen Betriebswerte zur Folge. Das Gesetz der Änderung wird hierbei, wenn von einer gewissen Veränderlichkeit der Verlustzahlen abgesehen wird, allein durch die Kontinuitätsgleichung bestimmt.

Unter Vernachlässigung von c_4 beträgt die Druckhöhenzunahme in der Wasserstrahlpumpe nach Gl. (86,9)

$$H_4 - H_2 = \frac{c_3}{g}\left[\frac{m}{m+1}c_1 + \frac{c_2}{m+1} - c_3\left(1+\frac{\zeta}{2}\right)\right] + \frac{c_3^2}{2g}\eta_d - \frac{c_2^2}{\varphi_2^2\,2g}. \quad (90,1)$$

In dieser Gleichung ist nach der Kontinuitätsbedingung

$$c_1 = \frac{\dot M_1}{A_1\,\varrho}; \quad c_2 = \frac{\dot M_2}{A_2\,\varrho}; \quad c_3 = \frac{\dot M_1 + \dot M_2}{A_3\,\varrho}. \quad (90,2)$$

Ferner gilt nach Früherem $\dot M_1/\dot M_2 = m$, mithin $\dot M_1 = m\,\dot M_2$.

Setzt man den Ausdruck für $\dot M_1$ in die Gln. (90,2) und diese wiederum in Gl. (90,1) ein, so ergibt sich

$$\begin{aligned} H_4 - H_2 &= \frac{\dot M_2(m+1)}{g\varrho A_3}\left[\frac{m^2}{m+1}\frac{\dot M_2}{A_1\varrho} + \frac{\dot M_2}{A_2\varrho(m+1)} - \frac{\dot M_2(m+1)}{A_3\varrho}\left(1+\frac{\zeta}{2}\right)\right] \\ &\quad + \frac{\dot M_2^2(m+1)^2}{2gA_3^2\varrho^2}\eta_d - \frac{\dot M_2^2}{2g\varphi_2^2A_2^2\varrho^2} \\ &= \frac{\dot M_2^2}{g\varrho^2A_3}\left[\frac{m^2}{A_1} + \frac{1}{A_2} - \frac{(m+1)^2}{A_3}\left(1+\frac{\zeta}{2}\right) + \frac{(m+1)^2}{2A_3}\eta_d - \frac{A_3}{2A_2^2\varphi_2^2}\right] \\ &= \frac{\dot M_2^2}{2g\varrho^2A_3}\left[\frac{2m^2}{A_1} + \frac{1}{A_2}\left(2 - \frac{A_3}{A_2\varphi_2^2}\right) - \frac{(m+1)^2}{A_3}(2+\zeta-\eta_d)\right]. \end{aligned} \quad (90,3)$$

Das Druckhöhengefälle $H_1 - H_2$ — bezogen auf den Saugraum der Pumpe — errechnet sich aus dem gesamten Druckhöhengefälle in der Treibdüse $H_1 - H_2'$ und der Druckhöhensenkung $H_2 - H_2'$ im Mischdüseneinlauf infolge der Zuflußgeschwindigkeit des Förderwassers. Es ist

$$\begin{aligned} H_1 - H_2 &= (H_1 - H_2') - (H_2 - H_2') = \frac{c_1^2}{\varphi_1^2\,2g} - \frac{c_2^2}{\varphi_2^2\,2g} \\ &= \frac{\dot M_2^2}{2g\varrho^2}\left(\frac{m^2}{A_1^2\varphi_1^2} - \frac{1}{A_2^2\varphi_2^2}\right). \end{aligned} \quad (90,4)$$

Durch Division von Gl. (90,3) durch Gl. (90,4) folgt

$$\frac{H_4 - H_2}{H_1 - H_2} = \varepsilon = \frac{\dfrac{2\,m^2}{A_1} + \dfrac{1}{A_2}\left(2 - \dfrac{A_3}{A_2\varphi_2^2}\right) - \dfrac{(m+1)^2}{A_3}(2 + \zeta - \eta_d)}{A_3\left(\dfrac{m^2}{A_1^2\varphi_1^2} - \dfrac{1}{A_2^2\varphi_2^2}\right)}. \tag{90,5}$$

Gl. (90,5) liefert für eine gegebene, in ihren Abmessungen festliegende Wasserstrahlpumpe die Beziehung zwischen dem Druckhöhenverhältnis $\varepsilon = (H_4 - H_2)/(H_1 - H_2)$ und dem verhältnismäßigen Treibwasserverbrauch $m = \dot{M}_1/\dot{M}_2$ bei Änderung des Betriebszustandes.

Die Auflösung der Gl. (90,5) nach m ergibt

$$m = \frac{a\,b}{2\,b/A_1 - a\,b - \varepsilon\,A_3} + \sqrt{\frac{b}{c}\cdot\frac{a\,c + A_3(1-\varepsilon) - 2\,c/A_2}{2\,b/A_1 - a\,b - \varepsilon A_3} + \left(\frac{a\,b}{2\,b/A_1 - a\,b - \varepsilon\,A_3}\right)^2}, \tag{90,6}$$

wenn zur Abkürzung $\dfrac{2 + \zeta - \eta_d}{A_3} = a$, $A_1^2\varphi_1^2 = b$ und $A_2^2\varphi_2^2 = c$ gesetzt wird.

Nach Gl. (90,6) nimmt der verhältnismäßige Treibwasserverbrauch m mit wachsendem Druckhöhenverhältnis ε zu und wird schließlich unendlich groß. Das ist der Fall, wenn der Nenner $2\,b/A_1 - a\,b - \varepsilon A_3 = 0$ wird, also für

$$\varepsilon = \frac{2\,b/A_1 - a\,b}{A_3} = \varphi_1^2\left[2\frac{A_1}{A_3} - \left(\frac{A_1}{A_3}\right)^2(2 + \zeta - \eta_d)\right]. \tag{90,7}$$

Bei diesem Größtwert des Druckhöhenverhältnisses stellt die Wasserstrahlpumpe die Förderung ein.

Der Kleinstwert $\varepsilon = 0$ liefert gemäß Gl. (90,6) den verhältnismäßigen Treibwasserverbrauch

$$m = \frac{1}{2/(a\,A_1) - 1} + \sqrt{\frac{a + A_3/c - 2/A_2}{2/A_1 - a} + \left(\frac{1}{2/(a\,A_1) - 1}\right)^2}. \tag{90,8}$$

Der Massestrom $\dot{M}_2$ des Förderwassers erreicht in diesem Betriebszustand seinen größtmöglichen Wert, gleichzeitig geht die Förderhöhe der Strahlpumpe auf Null zurück.

Die zu jedem Wertepaar ε und m gehörigen Masseströme des Treib- und Förderwassers ermitteln wir aus dem Druckhöhengefälle $H_1 - H_2$. Aus Gl. (90,4) folgt für den Massestrom des Förderwassers

$$\dot{M}_2 = \varrho\sqrt{\frac{2\,g\,(H_1 - H_2)}{\dfrac{m^2}{\varphi_1^2 A_1^2} - \dfrac{1}{\varphi_2^2 A_2^2}}}. \tag{90,9}$$

Mit $\dot{M}_1 = \dot{M}_2 m$ erhalten wir als Massestrom des Treibwassers

$$\dot{M}_1 = \varrho\sqrt{\frac{2\,g\,(H_1 - H_2)}{\dfrac{1}{\varphi_1^2 A_1^2} - \dfrac{1}{m^2\varphi_2^2 A_2^2}}}. \tag{90,10}$$

Der Wirkungsgrad der Strahlpumpe im geänderten Betriebszustand ergibt sich nach Gl. (87,2) zu

$$\eta = \frac{\varepsilon}{m(1-\varepsilon)}.$$

Er ist für die Betriebsgrenzen $\varepsilon = 0$ und $m = \infty$ gleich Null.

Schließlich ist noch die Druckhöhenabnahme im Mischdüseneinlauf von Bedeutung. Sie wird durch die Zuflußgeschwindigkeit des Förderwassers bestimmt. Es ist

$$H_2 - H_2' = \frac{c_2^2}{\varphi_2^2\, 2g} = \frac{\dot{M}_2^2}{\varphi_2^2\, 2g\varrho^2 A_2^2}. \tag{90,11}$$

Zu beachten ist, daß die nach Gl. (90,11) für gleichmäßige Geschwindigkeitsverteilung im ringförmigen Saugquerschnitt A_2 der Mischdüse ermittelte Druckhöhenabnahme kleiner ist als der Höchstbetrag der in der Strahlpumpe wirklich auftretenden Druckabsenkung. Dieser stellt sich nach Abschn. 88 nicht im Querschnitt A_2, sondern in der Querschnittsmitte des Treibstrahles, also im Gebiet der größten Geschwindigkeit ein. Gl. (90,11) liefert aber einen Anhalt für das Ausmaß der Kavitatsionsgefährdung, die ein vergrößerter Massestrom $\dot{M}_2$ mit sich bringt.

Die vorstehend aufgestellten Gleichungen beschreiben den Verlauf der Kennlinien der Wasserstrahlpumpe. An Hand dieser Gleichungen wurden die Kennlinien der im Abschn. 89 als Beispiel 1 berechneten Strahlpumpe ermittelt und in Abb. 90.1 in Abhängigkeit vom geförderten Massestrom $\dot{M}_2$ dargestellt. Im einzelnen sind aufgetragen:

Das Druckhöhenverhältnis $\varepsilon = (H_4 - H_2)/(H_1 - H_2)$ sowie der verhältnismäßige Treibwasserverbrauch $m = \dot{M}_1/\dot{M}_2$ nach Gl. (90,5) in Verbindung mit Gl. (90,6), die Förderhöhe der Strahlpumpe $H_4 - H_2$ (ermittelt aus dem Druckhöhenverhältnis ε), der Wirkungsgrad η nach Gl. (87,2) und die Druckhöhenabnahme im Mischdüseneinlauf $H_2 - H_2'$ nach Gl. (90,11), letztere mit negativem Vorzeichen. Dem als Abszisse verwendeten Massestrom $\dot{M}_2$ liegt Gl. (90,9) zugrunde.

Die übrigen Berechnungsunterlagen, die Querschnitte A_1, A_2, A_3, die Verlustzahlen φ_1, φ_2, ζ, η_d sowie die über den ganzen Förderbereich gleichbleibende Treibhöhendifferenz $H_1 - H_2$ sind dem genannten Beispiel entnommen.

Aus Abb. 90.1 ergibt sich folgendes:

Für Nullförderung, also $\dot{M}_2 = 0$ wird $m = \infty$. Gleichzeitig erreichen ε und somit auch $H_4 - H_2$ ihre Größtwerte. Da jegliche Förderung fehlt, ist $\eta = 0$.

Der größte Massestrom $\dot{M}_2$ liegt bei $\varepsilon = 0$ vor. Das bedeutet, daß gleichzeitig $H_4 - H_2$ und auch η gleich Null sein müssen. In diesen Betriebszustand nimmt m einen Kleinstwert an.

Die Druckhöhenabnahme im Mischdüseneinlauf $H_2 - H_2'$ ändert sich quadratisch mit dem Massestrom $\dot{M}_2$ und nimmt deshalb im Überlastgebiet beträchtliche Werte an. Hier ist also mit Kavitation und den sich daraus für den Kennlinienverlauf ergebenden Folgen zu rechnen, falls nicht eine entsprechende Zulaufhöhe zur Verfügung steht. Dabei ist im Auge zu behalten, daß die Druckhöhenabsenkung in der Querschnittsmitte des Treibstrahles die Rechnungswerte $H_2 - H_2'$ noch übertrifft (Abschn. 88).

Für die Berechnung sind die Verlustzahlen über den ganzen Arbeitsbereich der Strahlpumpe hinweg als konstant angenommen worden. Das ist nur für einen begrenzten Bereich zulässig. Bei kleinem, besonders aber bei sehr großem Durchsatz

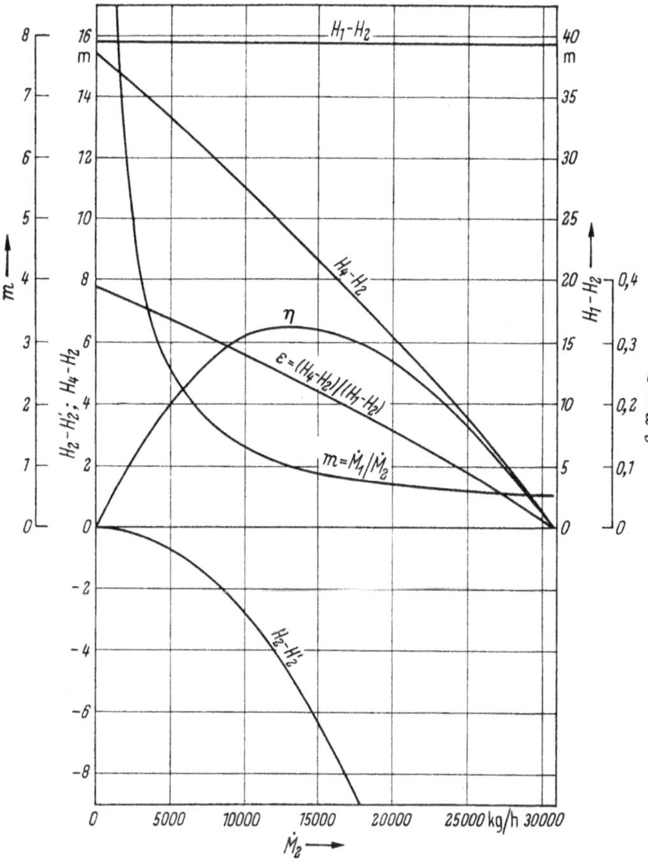

Abb. 90.1. Berechnete Kennlinien der Wasserstrahlpumpe nach Abschn. 89

ist mit Abweichungen zu rechnen. Während sich die Beiwerte φ_1 und φ_2 nur wenig ändern, können sich ζ und η_d merklich verschlechtern. Besonders unsicher ist das Verhalten des Diffusors bei sehr großem Durchsatz. Hier ist unter Umständen die Vermischung von Treib- und Förderwasser beim Eintritt in den Diffusor noch nicht beendet. Die für den Auslegezustand richtig bemessene Mischdüsenlänge ist also für den Überlastbetrieb zu kurz. Das trifft vor allem für Strahlpumpen mit kleinem Druckhöhenverhältnis zu. Unvollständige Vermischung setzt den Diffusorwirkungsgrad herab.

Aus den angegebenen Gründen führt die Rechnung bei größerer Entfernung vom Auslegepunkt zu Abweichungen vom tatsächlichen Verlauf der Kennlinien. Das gilt vor allem für das Überlastgebiet.

Abb. 90.2 gibt Versuchswerte wieder, die an einer kleinen Wasserstrahlpumpe innerhalb eines begrenzten Förderbereiches um den Auslegepunkt ermittelt wurden. Außer den bereits in Abb. 90.1 enthaltenen Größen ist auch der Druckhöhenanstieg in der Mischdüse $H_3 - H_2'$ sowie die Druckhöhenzunahme im Diffusor $H_4 - H_3$ gemessen worden. Aus den Meßwerten sind ferner die Widerstandszahl ζ und der Diffusorwirkungsgrad η_d errechnet. Innerhalb des untersuchten Förderbereiches sind diese beiden Verlustzahlen praktisch konstant. Mit $\zeta = 0{,}075$, $\eta_d = 0{,}81$ und den ebenfalls

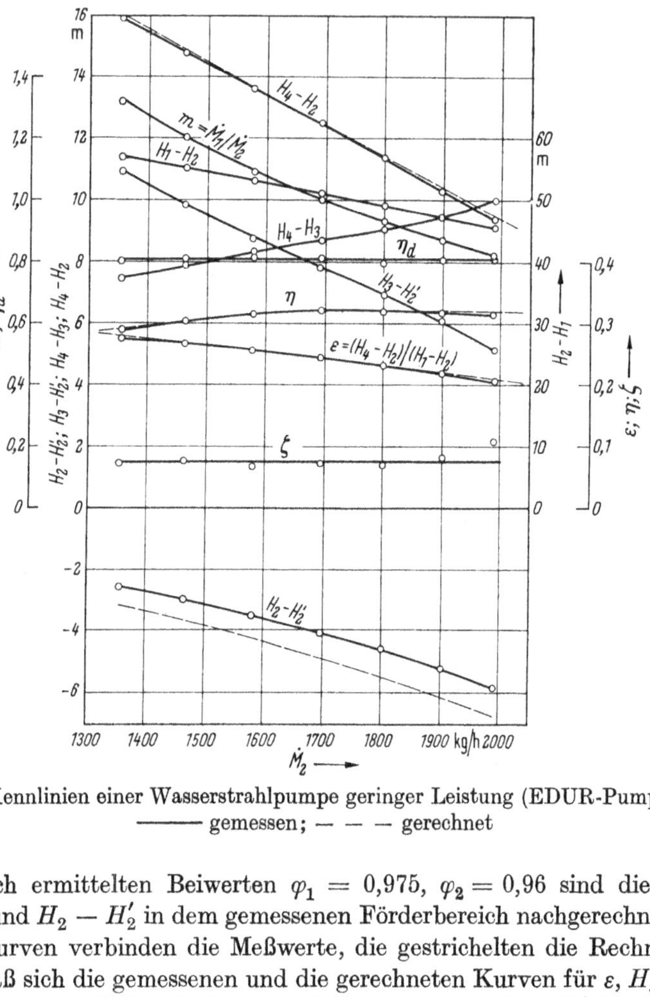

Abb. 90.2. Kennlinien einer Wasserstrahlpumpe geringer Leistung (EDUR-Pumpenfabrik)
——— gemessen; — — — gerechnet

durch Versuch ermittelten Beiwerten $\varphi_1 = 0{,}975$, $\varphi_2 = 0{,}96$ sind die Größen ε, $H_4 - H_2$, η und $H_2 - H_2'$ in dem gemessenen Förderbereich nachgerechnet. Die ausgezogenen Kurven verbinden die Meßwerte, die gestrichelten die Rechnungswerte. Man sieht, daß sich die gemessenen und die gerechneten Kurven für ε, $H_4 - H_2$ und η fast genau decken, lediglich die Druckhöhenabnahme $H_2 - H_2'$ im Mischdüseneinlauf — hier ebenfalls mit negativem Vorzeichen — ergibt rechnerisch merklich größere Werte. Das erklärt sich daraus, daß beim Versuch die Treibdüsenmündung nicht unmittelbar an die Mischdüse anschloß, sondern mit Rücksicht auf ihre endliche Wandstärke in einem Abstand $a = 6$ mm vor dem Beginn des zylindrischen Teiles der Mischdüse (Abb. 86.4) lag, die Meßstelle aber 2 mm dahinter, so daß hier bereits ein gewisser Druckanstieg eingetreten war. Im übrigen ist der Verlauf beider Kurven durchaus gleichartig.

B. Dampfstrahlpumpen (Injektoren)

91. Wirkungsweise und bauliche Ausführung

An Stelle von Wasser kann auch Dampf als Treibmittel zur Wasserförderung benutzt werden. Derartige als Injektoren bezeichnete Strahlpumpen werden zur Kesselspeisung verwendet. Der andersartige Aggregatzustand von Treib- und Fördermittel hat beim Injektor sowohl in konstruktiver als auch in betrieblicher Hinsicht wesentliche Unterschiede gegenüber der Wasserstrahlpumpe zur Folge. Die geringe Dichte des Wasserdampfes und die Umwandlung seines Wärmegefälles in Bewegungsenergie führt zu sehr großen Dampfgeschwindigkeiten, die einerseits zwar erhebliche „Stoßverluste" verursachen, andererseits aber dem angesaugten Speisewasser eine solche Geschwindigkeit erteilen, daß der Druck des Fördermittels über den des Treibmittels hinaus gesteigert werden kann, was bei der Wasserstrahlpumpe nicht möglich ist. Der Arbeitsdampf kann daher dem Kessel entnommen werden, zu dessen Speisung der Injektor dienen soll.

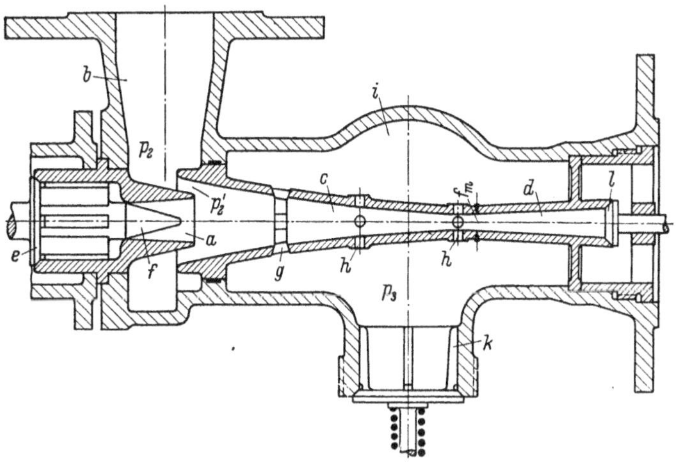

Abb. 91.1. Dampfstrahlpumpe (Injektor)

Der Förderyorgang spielt sich in großen Zügen etwa in folgender Weise ab (Abb. 91.1):

Der mit großer Geschwindigkeit aus der Dampfdüse *a* austretende Dampfstrahl saugt aus dem Raum *b* Förderwasser an und mischt sich mit diesem in der Mischdüse *c*, wobei er durch Impulsaustausch einen Teil seiner Strömungsenergie an das Fördermittel überträgt und gleichzeitig zu Wasser kondensiert. Die Geschwindigkeitsenergie des aus der Mischdüse austretenden Gemisches wird in dem anschließenden Diffusor *d* in Druckenergie umgewandelt. Dieser der Wirkungsweise der Wasserstrahlpumpe durchaus ähnliche Vorgang weist jedoch eine Reihe von Besonderheiten auf, die auf die Konstruktion des Injektors von entscheidender Bedeutung sind.

In der Dampfdüse *a* erstreckt sich die Expansion des Dampfes stets über den kritischen Druck hinaus. Zur vollen Umwandlung des Wärmegefälles in Geschwindigkeitsenergie muß die Dampfdüse daher als erweiterte Düse, als sogenannte Lavaldüse ausgebildet werden. Bestimmend für das ausströmende Dampfgewicht ist neben dem Anfangsdruck und dem Anfangsvolumen der engste Querschnitt der Düse, der zum Zwecke des Anlassens und der Regulierung des Injektors durch eine axial verschiebbare, mit dem Dampfventil *e* verbundene Nadel *f* verändert werden kann. Die höchste Dampfgeschwindigkeit wird jedoch bei gleichbleibenden Druck- und Volumenverhältnissen stets nur für eine bestimmte Nadellage erreicht, während in allen andern Stellungen durch unvollständige oder übersteigerte Expansion des Dampfes zusätzliche Verluste auftreten.

Abweichend von der Wasserstrahlpumpe verjüngt sich die Mischdüse c des Injektors auf ihrer ganzen Länge als Folge der fortschreitenden Abnahme des spezifischen Volumens des Gemisches durch die Kondensation des Wasserdampfes. Die Kondensation tritt nicht plötzlich ein, sondern zieht sich über die ganze Länge der Mischdüse hin. Versuche lassen erkennen, daß sie selbst im Austrittsquerschnitt f_m der Mischdüse noch nicht beendet ist[1]. Die Unsicherheit über das Ausmaß der Dampfkondensation im Endquerschnitt der Mischdüse, das sich mit jeder Änderung der äußeren Betriebsbedingungen ebenfalls ändert, ist die Ursache dafür, daß dieser für das betriebssichere Verhalten des Injektors wichtige Querschnitt nur empirisch ermittelt werden kann. Welch geringe Mengen unkondensierten Dampfes genügen, um erhebliche Änderungen des spezifischen Volumens und damit des Querschnitts f_m herbeizuführen, geht z.B. daraus hervor, daß ein Dampfgehalt von etwa 0,06% Masseteilen in einem gegebenen Fall das spezifische Volumen bereits auf das Doppelte gegenüber dem reinen Wasservolumen erhöht[2]. Nur bei richtig bemessenem Endquerschnitt kann unter Einhaltung des verlangten Massestroms die Geschwindigkeit entstehen, die zu dem für die Kesselspeisung erforderlichen Druck führt.

Der Eigenart der Arbeitsweise des Injektors entsprechend findet — im Gegensatz zur Wasserstrahlpumpe — im normalen Betriebszustand in der Mischdüse keine Drucksteigerung statt. Vielmehr geht der Impulsaustausch und die Kondensation des Wasserdampfes bei einem Unterdruck vor sich, so daß die gesamte Druckerhöhung lediglich durch Geschwindigkeitsumwandlung im Diffusor erfolgt.

Abweichend von der Ausführung der Wasserstrahlpumpe ist ferner die Mischdüsenwandung bei dem hier betrachteten „offenen“ Injektor etwa nach dem 1. Drittel ihrer Länge durch Schlitze g unterbrochen. Außerdem sind weiter unterhalb der Strömung, besonders an der Übergangsstelle zwischen Mischdüse und Diffusor, Bohrungen h angebracht. Die Schlitze und Bohrungen stehen mit dem „Schlabberraum“ i in Verbindung, der durch ein nach außen öffnendes, federbelastetes Tellerventil k gegen die äußere Atmosphäre abgeschlossen ist. Die Anbringung von Durchbrüchen in der Mischdüsenwandung ist eine Maßnahme, die das Anlassen des Injektors ermöglichen und seine Betriebssicherheit erhöhen soll. Beim allmählichen Öffnen der Dampfdüse reicht die zunächst schwache Energie des Dampfstrahles nicht aus, um das angesaugte Wasser auf den entgegenstehenden Kesseldruck zu bringen. Die Folge ist ein Druckstau in der Mischdüse, so daß zu Anfang alles, nach Öffnen des Rückschlagventils l zum Kessel um so weniger Wasser durch die Öffnungen in den Schlabberraum und von dort ins Freie entweicht, je weiter die Dampfdüse geöffnet wird. Bei richtig eingestellter Nadel verschwindet der Druckstau in der Mischdüse, so daß alles angesaugte Wasser in den Kessel gefördert wird. Gleichzeitig entsteht im Schlabberraum ein Unterdruck, das Ventil schließt sich und verhindert das Eindringen von Luft in das Förderwasser.

Für die Gestaltung des Diffusors gelten die gleichen Gesichtspunkte wie bei der Wasserstrahlpumpe. Wegen der fortschreitenden Verkleinerung des spezifischen Volumens infolge der Kondensation und Verdichtung des Dampfgehaltes fällt jedoch die Länge und der Kegelwinkel des Diffusors verhältnismäßig klein aus.

---

[1] Michel, Ph.: Injektoren. VDI-Z. 50 (1906) S. 1944ff.; ferner Schrauff, G.: Untersuchungen über den Arbeitsvorgang im Injektor. VDI-Z. 53 (1909) S. 768ff.

[2] Schrauff, G.: Siehe vorstehend genannten Aufsatz.

92. Der Wirkungsgrad

Im Gegensatz zur Wasserstrahlpumpe erreicht das Treibmittel in der erweiterten Dampfdüse eine sehr große Geschwindigkeit, die je nach den Druck- und Temperaturverhältnissen des Dampfes 800···1000 m/s betragen kann. Beim Aufprallen des mit Überschallgeschwindigkeit strömenden Dampfes auf das nur mit geringer Geschwindigkeit zufließende Förderwasser entstehen sehr große Verluste, verbunden mit einem Verdichtungsstoß. Einschließlich der weiteren Verluste in der Mischdüse und im Diffusor fällt daher die eigentliche Nutzleistung sehr klein aus, so daß der Wirkungsgrad des Injektors — als Fördereinrichtung für sich betrachtet — nur wenige Prozent beträgt[1]. Die Verwendung eines Injektors zur Wasserförderung ist deshalb nur da zweckmäßig, wo die Nutzbarmachung der mit seinem Betrieb verbundenen großen Wärmeverluste möglich ist. Das trifft bei der Dampfkesselspeisung zu. Vom wärmewirtschaftlichen Standpunkt aus gesehen wird der Injektor in diesem Fall von keiner andern Pumpe übertroffen. Abgesehen von den durch Konvektion und Strahlung nach außen tretenden Verlusten kehrt die gesamte dem Kessel entnommene Wärme wieder in diesen zurück. Der Wirkungsgrad des Injektors im engeren Sinne ist bei der Kesselspeisung also ohne Belang. Wesentlich ist lediglich seine Betriebssicherheit, d.h. sein störungsfreier Arbeitsbereich, der dann von Bedeutung ist, wenn in den äußeren Betriebsverhältnissen Änderungen eintreten.

93. Betriebliches Verhalten

In jedem Dampfkesselbetrieb ergeben sich mehr oder weniger große Abweichungen von dem Betriebszustand, für welchen der Injektor ausgelegt ist. Änderungen unterliegen der Ansaugedruck und die Ansaugetemperatur des Speisewassers, der Gegendruck am Diffusoraustritt, ferner der Druck bzw. die sekundlich ausströmende Masse des Treibdampfes. Gewisse Schwankungen dieser Größen muß der Injektor überwinden können, ohne zu versagen oder den Kesselbetrieb durch ungenügende Wasserlieferung zu gefährden. Ein Injektor ist um so betriebssicherer, je größer der Bereich ist, in welchem er bei Änderung der äußeren Betriebsbedingungen einwandfrei arbeitet. Die Grenzen dieses Bereiches werden bei der oben behandelten „offenen“ Bauart nach Abb. 91.1 dadurch kenntlich, daß durch das Schlabberventil Wasser auszufließen beginnt.

Im kavitationsfreien Arbeitsbereich, der hier ausschließlich betrachtet werde, wird der angesaugte Massestrom des Speisewassers durch den ringförmigen Eintrittsquerschnitt in die Mischdüse und das Druckgefälle $p_2 - p_2'$ bestimmt, das sich zwischen dem Saugraum b (Abb. 91.1) und dem genannten Eintrittsquerschnitt einstellt. Der absolute Druck p_2 im Saugraum b ergibt sich aus dem Luftdruck, der geodätischen Saughöhe $H_{s\,\text{geo}}$ und dem Druckverlust H_{vs} in der Saugleitung. Über die Größe von p_2' läßt sich folgendes sagen:

---

[1] Nach neueren Erkenntnissen kann die Schallgeschwindigkeit eines Wasser-Dampf-Gemisches, wie es im Diffusor infolge der unvollständigen Kondensation des Wasserdampfes vorliegt, sehr kleine Werte annehmen, so daß sich das Gemisch mit Überschallgeschwindigkeit bewegt. Wahrscheinlich kommt es daher auch im Diffusor zu einem Verdichtungsstoß, der eine weitere Ursache für den sehr geringen Wirkungsgrad des Injektors sein dürfte. Vgl. hierzu Pfleiderer, C.: Überschallströmungen von hoher Machzahl bei kleinen Strömungsgeschwindigkeiten. VDI-Z. 99 (1957) Nr. 30, S. 1535/1536.

In der Einmündung der Dampfdüse in die Mischdüse bildet sich ein konzentrisch geschichteter Strahl, dessen Kern im wesentlichen aus Dampf und dessen Mantel aus Wasser besteht. Da eine sofortige Kondensation des Dampfes nicht stattfindet, ist p_2' nicht mit dem von der Mischungstemperatur abhängigen Siededruck identisch, der sich als Mindestwert ergeben würde. Für den Druck p_2' ist vielmehr neben der Temperatur des eintretenden Speisewassers der Druck im Endquerschnitt der Dampfdüse maßgebend. Letzterer ist, da eine Lavaldüse mit veränderlichem Querschnittsverhältnis vorliegt, wiederum vom Dampfeintrittsdruck und der Nadellage abhängig. Sehen wir von der schwer erfaßbaren Einwirkung der Dampfdüse ab, indem wir annehmen, daß Dampfdruck und Nadellage unverändert bleiben, so wird das Druckgefälle $p_2 - p_2'$ und somit der angesaugte Massestrom bei gleichbleibendem Luftdruck durch die Saughöhe $H_s = H_{s\,\mathrm{geo}} + H_{vs}$ und die Temperatur des Speisewassers beeinflußt. Zunehmende Saughöhe und steigende Speisewassertemperatur verringern das Druckgefälle $p_2 - p_2'$ und damit den Ansaugestrom des Injektors. Die Folge ist ein Ansteigen der Temperatur des Gemisches. Wächst der Druck in der Mischdüse durch die Erhöhung des Siededrucks über den Atmosphärendruck, so beginnt der Injektor Wasser durch das Schlabberventil abzusondern.

Abnehmende Saughöhe, die schließlich in eine Zulaufhöhe übergehen kann, und sinkende Ansaugetemperatur führt zu einer Vergrößerung des Druckgefälles $p_2 - p_2'$ und des zufließenden Wasserstroms. Solange die nutzbare Energie des Dampfstrahles für die Förderung ausreicht, erhöht sich der Massestrom des Speisewassers entsprechend. Trifft das nicht mehr zu, so steigt der Druck p_3 im Schlabberraum i bis über den Atmosphärendruck, wobei ein Teil des angesaugten Wassers durch das Schlabberventil nach außen tritt.

Hiernach wird die Grenze einwandfreien Arbeitens des Injektors entweder dadurch bestimmt, daß der Injektor zu wenig bzw. zu warmes Wasser ansaugt, was ein Anwachsen des Siededrucks in der Mischdüse auf den Atmosphärendruck zur Folge hat, oder dadurch, daß er zuviel Wasser ansaugt, für dessen Förderung die nutzbare Energie des Treibstrahls nicht mehr ausreicht.

Im allgemeinen arbeitet der Injektor auch bei abfließendem Schlabberwasser noch weiter. Neben der verringerten Förderleistung entsteht gleichzeitig aber ein Wärmeverlust.

Die bei kaltem Wasser erreichbare größte Saughöhe der Bauart nach Abb. 91.1 beträgt etwa $H_s = 3$ m. Die höchstzulässige Ansaugetemperatur dürfte bei 50°C liegen, wenn gleichzeitig keine Saughöhe zu überwinden ist.

Läßt man den Gegendruck — etwa durch Betätigung des Drosselventils einer ins Freie führenden Druckleitung — allmählich von geringen Beträgen bis auf die für die Kesselspeisung erforderliche Höhe anwachsen, so bleibt der geförderte Massestrom unverändert[1]. In diesem Bereich übt also der Gegendruck keinen Einfluß auf den Massestrom aus. Dieser ist vielmehr nur von den Druck- und Querschnittsverhältnissen im Mischdüseneintritt abhängig. Da die mit dem Dampf zugeführte kinetische Energie auch bei geringem Gegendruck die gleiche ist, so setzt sich der zur Gewinnung eines höheren Druckes nicht verwendete Teil in Wärme um, die sich dem Förderwasser mitteilt und dessen Temperatur erhöht. Die Temperaturerhöhung ist allerdings so gering, daß sie sich praktisch kaum feststellen läßt. Die Unabhängigkeit des ge-

---

[1] Schrauff, G.: Vgl. S. 474.

förderten Massestroms vom Gegendruck steht in völligem Gegensatz zum Verhalten der Wasserstrahlpumpe, die eine Zunahme des Gegendrucks sofort mit einer entsprechenden Verkleinerung des Nutzwasserstroms beantwortet. Allerdings gilt die Konstanz des Massestroms beim Injektor nur bis zu einem Höchstwert des Gegendrucks. Er ist überschritten, wenn die nutzbare Energie des Dampfstrahls nicht mehr ausreicht, um das angesaugte Wasser gegen den vorhandenen Druck zu fördern. Die dann in der Mischdüse eintretende Drucksteigerung läßt soviel Wasser durch das Schlabberventil abfließen, daß der Rest des angesaugten Wassers gegen den bestehenden Druck gefördert werden kann. Der Injektor arbeitet also mit verminderter Förderleistung weiter, ohne daß eine Rückwirkung auf den Ansaugevorgang stattfindet. Wird der überhöhte Gegendruck auf den zulässigen Wert zurückgeführt, so schließt sich das Schlabberventil und der Injektor arbeitet wieder normal.

Als ein Mangel wird die sehr beschränkte Regelfähigkeit der Wasserförderung angesehen, die eine ununterbrochene, der jeweiligen Kesselbelastung angepaßte Speisung nicht zuläßt. Eine geringfügige Regelung ist durch Änderung des Dampfdrucks bzw. des Dampfstromes möglich. Wirksamer ist die Saugdrosselung, wenn die Druck- und Temperaturverhältnisse auf der Saugseite eine solche zulassen. Ein weiterer Nachteil liegt darin, daß sich der Injektor zur Speisung von stärker vorgewärmtem Wasser nicht eignet.

94. Ausführungsbeispiele

Der Restarting-Injektor der Firma Körting (Abb. 94.1) entspricht in Aufbau und Arbeitsweise dem in Abb. 91.1 dargestellten „offenen" Injektor. Er findet zur Speisung von Dampfkesseln aller Systeme Verwendung und wird für Dampfspannungen $p_ü = 2 \cdots 15$ bar gebaut. Bei einer Ansaugetemperatur des Speisewassers von 20 bis 25 °C überwindet er eine Saughöhe $H_s = 3$ m, während bei 40 °C noch 2 m Saughöhe erreichbar sind. Die auf $p_ü = 8$ bar Dampfdruck, 2 m Saughöhe und 20 °C Wassertemperatur bezogenen Grundleistungen (Volumenströme) dieser Bauart bewegen sich je nach der Größe des Injektors zwischen 750 und 12500 l/h. Bei geändertem Betriebszustand weichen die tatsächlichen Leistungen hiervon nach unten oder auch nach oben ab.

Der Restarting-Injektor ist unempfindlich gegen Eindringen von Luft und saugt selbsttätig wieder an, wenn die Wassersäule im Saugrohr durch Luftzutritt abgerissen ist.

Nach dem Prinzip des „geschlossenen" Injektors arbeitet der von Körting gebaute Universal-Injektor, bei welchem zwei in ihrer Wirkung unterschiedliche Düsensätze hintereinandergeschaltet sind (Abb. 94.2). Der schwache Dampfstrahl der Dampfdüse V saugt zunächst das Förderwasser an und bringt es in der Düse F auf einen geringen Überdruck. Sodann wird das Wasser von dem starken Dampfstrahl der Düse V_1 angesaugt, der den Druck in der Düse F_1 auf die für die Kesselspeisung erforderliche Höhe vergrößert. Die Unterteilung der Förderung auf zwei Einzelvorgänge, nämlich das Ansaugen und die Erzeugung des Speisedrucks hat folgende Auswirkungen:

Der schwache Dampfstrahl der Dampfdüse V erhöht die Temperatur des Gemisches in der Düse F nur geringfügig. Es läßt sich daher die Saugfähigkeit für niedrige Ansaugtemperatur verbessern, so daß bei 20 °C eine Saughöhe $H_s = 6$ m ver-

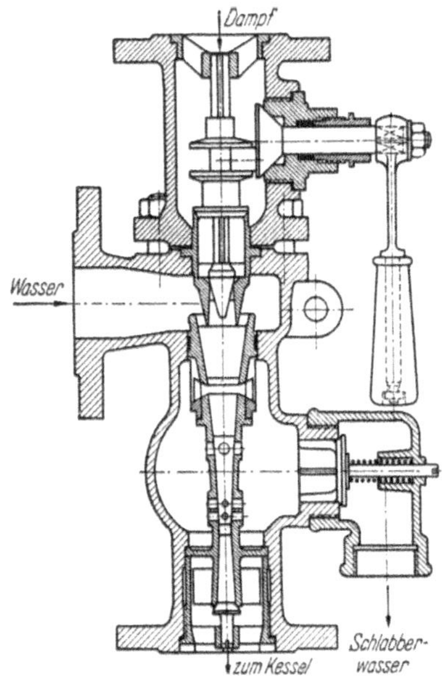

Abb. 94.1. Restarting-Injektor (Körting)

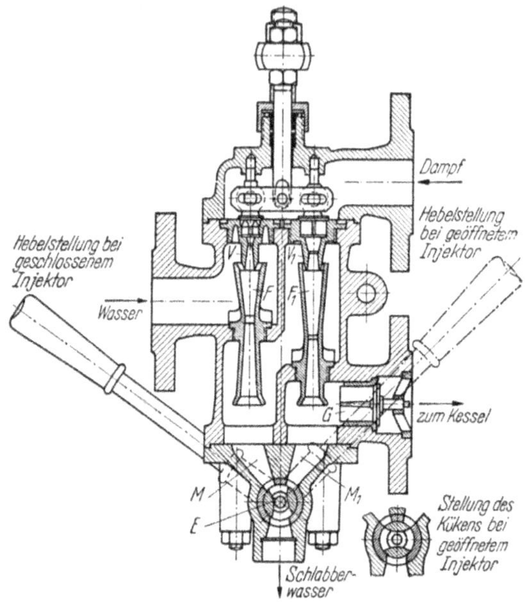

Abb. 94.2. Universal-Injektor (Körting)

wirklicht werden kann. Andererseits ist aber auch die Möglichkeit gegeben, wärmeres Speisewasser zu fördern. Bei einer Zulaufhöhe von 1,5 m ist eine Ansaugetemperatur von 65 °C erreichbar. In diesem Falle verläßt das Speisewasser den zweiten Düsensatz mit etwa 115 °C, während bei einem offenen Injektor die Temperatur des Gemisches nicht über 100 °C ansteigen kann, ohne das Schlabberwasser abfließt.

Der Mischraum des in Betrieb befindlichen Injektors ist gegen die Außenluft völlig abgeschlossen. Es kann daher keine für den Kessel schädliche Luft eindringen.

Die beiden hintereinandergeschalteten Düsensätze werden durch einen einzigen Handhebel bedient. Eine geringe Bewegung des letzteren nach rechts öffnet das Dampfventil der kleinen links liegenden Dampfdüse V, deren Dampfstrahl das Speise-

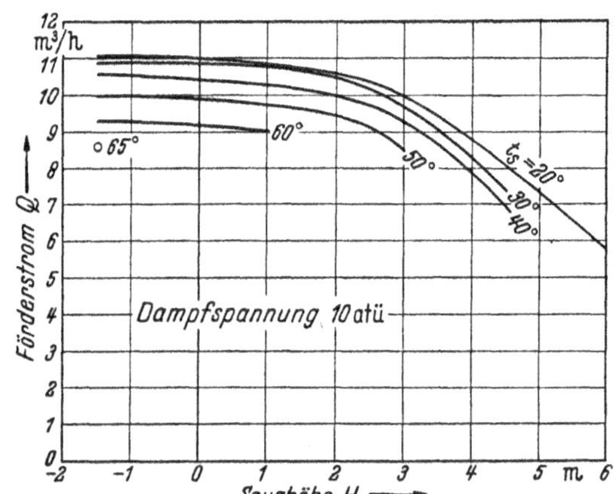

Abb. 94.3. Leistungskurven des Körting-Universalinjektors Nr. 13

wasser ansaugt. Es wird anfangs mit einem geringen Überdruck durch den Kanal M ins Freie getrieben. Durch weitere Fortbewegung des Handhebels wird der Kanal M abgeschlossen, so daß nun das Wasser in die Düse F_1 des zweiten Düsensatzes eintritt. Gleichzeitig beginnt das Ventil der großen Dampfdüse V_1 zu öffnen, während das Förderwasser des zweiten Düsensatzes durch den jetzt geöffneten Kanal M_1 abfließt. Bei ganz geöffnetem Ventil der Dampfdüse V_1 setzt die Förderung zum Kessel über das Rückschlagventil G ein. In diesem Zustand sind die Kanäle M und M_1 durch den Hahn E abgeschlossen. Das Abstellen des Injektors geschieht durch schnelles Zurückdrehen des Handhebels in seine Anfangsstellung und Schließen des Dampfventils.

Die Grundleistungen (Volumenströme) des Universal-Injektors liegen zwischen 600 und 14000 l/h. Abb. 94.3 gibt Leistungskurven der Größe 13 mit der Grundleistung 10000 l/h für eine Dampfspannung von 10 atü (9,81 bar Überdruck) wieder. Es zeigt sich, daß der Volumenstrom mit wachsender Saughöhe und steigender Wassertemperatur abnimmt. Große Saughöhen sind nur bei niedriger Wassertemperatur erreichbar. Steigende Ansaugetemperatur macht eine fortschreitende Verkleinerung der Saughöhe erforderlich, wobei diese schließlich in eine Zulaufhöhe übergeht.

IV. Druckluftwasserheber (Luftmischheber)

Eine weitere Möglichkeit der Flüssigkeitsförderung ergibt sich durch Zumischen von Druckluft zum Fördermittel. Nach diesem Prinzip arbeitende Flüssigkeitsheber sind unter der Bezeichnung „Mammutpumpen" bekannt geworden.

95. Wirkungsweise

Die in ihrem Aufbau sehr einfache Konstruktion (Abb. 95.1) besteht aus dem senkrecht angeordneten Steigrohr S, dem Luftrohr R, der beide Teile verbindenden Mischkammer M sowie einer Luftverdichteranlage als Zubehör. Das Steigrohr ist teilweise in die Förderflüssigkeit eingetaucht, so daß sich seine Gesamtlänge l aus der Eintauchtiefe T und der Förderhöhe H_{geo} zusammensetzt. Während des Betriebes tritt durch das Luftrohr Druckluft mit einem der Tauchtiefe entsprechenden Druck in die Mischkammer und gelangt durch kleine Bohrungen in das Steigrohr.

Es ist üblich, bei Wasserförderung die Flüssigkeit im Steigrohr als Wasser-Luft-gemisch zu bezeichnen, obwohl von einem homogenen Gemisch keine Rede sein kann. Die Luft bildet vielmehr im Steigrohr mehr oder weniger große Blasen, die mit einer größeren Geschwindigkeit als das Wasser aufsteigen, und zwar ist die mittlere Luft-

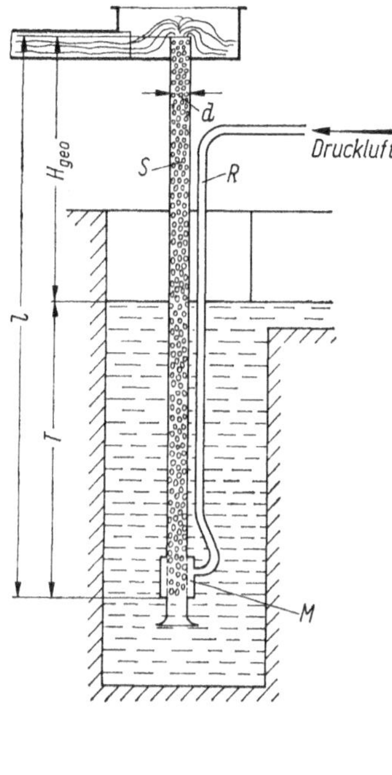

Abb. 95.1.
Druckluftwasserheber

geschwindigkeit am Steigrohraustritt ein Mehrfaches der dort herrschenden Wassergeschwindigkeit[1]. Die Schleppwirkung der während des Aufstiegs expandierenden Luftblasen fördert die Flüssigkeit nach oben und bringt sie schließlich zum Ausfließen.

Von wesentlicher Bedeutung für die Wirtschaftlichkeit der Mammutpumpe ist der Verbrauch an Druckluft im Verhältnis zur Fördermasse und Förderhöhe. Einen Einblick in die Zusammenhänge zwischen Luftverbrauch und Wasserlieferung gibt Abb. 95.2, welche die Versuchsergebnisse an einer Pumpe mit $l = 42$ m Länge und $d = 100$ mm lichtem Durchmesser des Steigrohres wiedergibt[2]. Der Massestrom des Förderwassers $\dot{M}_w$ ist in Abhängigkeit vom Massestrom der zugeführten Druckluft $\dot{M}_L$, beide in der Einheit kg/s, für verschiedene Eintauchverhältnisse

$$\varepsilon = \frac{T}{H_{\text{geo}}} = \frac{\text{Eintauchtiefe}}{\text{Förderhöhe}}$$

aufgetragen. Aus der Abbildung läßt sich folgendes entnehmen:

1. Die Förderung tritt erst ein, wenn das Wasser im Steigrohr mit einer bestimmten Luftmasse durchsetzt ist, die mit wachsendem Eintauchverhältnis abnimmt. Diese Erscheinung ist ohne weiteres verständlich, weil sich die Gemischsäule zunächst bilden und bis zum oberen Rohrende ansteigen muß, bevor die Förderung beginnt.

2. Für gleichbleibenden Massestrom der Luft nimmt der geförderte Massestrom des Wassers mit abnehmendem Eintauchverhältnis ebenfalls ab. Geringe Eintauchtiefe bei großer Förderhöhe bedingt daher einen unwirtschaftlichen Betrieb und sollte nur in besonders gelagerten Fällen verwendet werden. Zweckmäßige Eintauchverhältnisse sind $1 \leqq \varepsilon \leqq 3$.

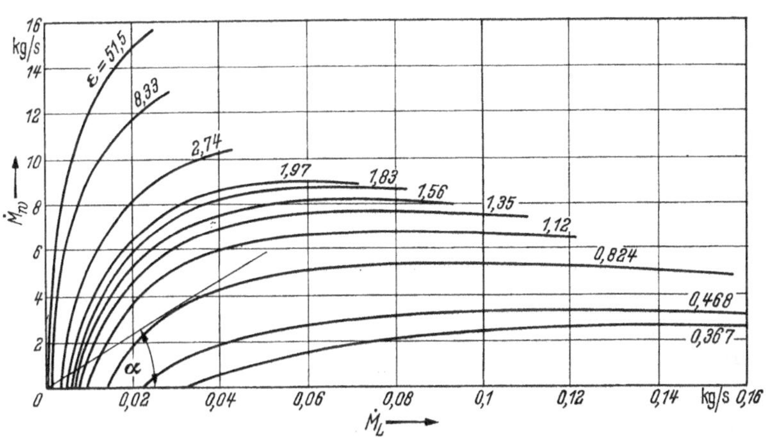

Abb. 95.2. Der Massenstrom des Förderwassers $\dot{M}_w$ in Abhängigkeit vom Massestrom der zugeführten Druckluft $\dot{M}_L$ für konstante Eintauchverhältnisse (nach Pickert)

[1] Eine eingehende Behandlung der Vorgänge im Steigrohr findet sich bei Behringer, H.: Die Flüssigkeitsförderung nach dem Prinzip der Mammutpumpe. Diss. Techn. Hochschule Karlsruhe 1930.

[2] Pickert, F.: Wirkungsgrad und Berechnungsgrundlagen von Druckluftwasserhebern, Diss. Techn. Hochschule Berlin 1931. Dort weitere Literaturangaben.

3. Für ein konstantes Eintauchverhältnis ε wächst der Massestrom des Wassers mit zunehmendem Massestrom der Luft zunächst bis zu einem Höchstwert an, um dann bei weiterer Luftzuführung wieder abzusinken. Es ist also nutzlos, die Luftzufuhr über ein gewisses Maß zu steigern. Anzustreben ist, mit möglichst kleiner Luftmasse eine möglichst große Wassermasse zu fördern, d.h. die „spezifische" Luftmasse $m_{L_{sp}} = \dot{M}_L/\dot{M}_w$ so klein wie möglich zu halten. Der Kleinstwert für $m_{L_{sp}}$ liegt vor in dem Punkt, in welchem die vom Koordinatenursprung gezogene Tangente die Kurve $\dot{M}_w = f(\dot{M}_L)$ berührt. In diesem Falle ist $\cot\alpha = \dot{M}_L/\dot{M}_w = m_{L_{sp}}$ ein Minimum (Abb. 95.2).

Der praktisch brauchbare Betriebsbereich liegt zwischen dem Tangentenberührungspunkt und dem Kurvenmaximum. Außerhalb dieses Bereiches kann es zu pulsierender Förderung bzw. zur Bildung von Luftkolben kommen.

Abb. 95.1 gibt die Anordnung des Druckluftwasserhebers in offener Ausführung wieder, bei welcher das Fördermittel aus einem mit Zufluß versehenen Schacht entnommen wird. Daneben ist — besonders zur Förderung von Feststoffen — die geschlossene Bauform gebräuchlich. Hier wird das Fördergut der Mischkammer durch eine Rohrleitung aus einem Behälter zugeführt.

Der Druck der vom Luftverdichter zu liefernden Druckluft ergibt sich aus dem der Eintauchtiefe entsprechenden Druck, den Druckverlusten in der zur Mischkammer führenden Druckleitung und den Verlusten in der Mischkammer, für den Anfahrzustand vermehrt um den Druckhöhenunterschied zwischen dem Ruhespiegel im Schacht und dem während des Betriebes abgesenkten Wasserspiegel.

Der Vorteil des Druckluftwasserhebers liegt in der Vermeidung bewegter Teile, die der Abnutzung unterliegen und zu Störungen Anlaß geben können. Er eignet sich deshalb besonders für Flüssigkeiten, die grobe Verunreinigungen enthalten, ferner zur Förderung von Feststoffen wie Asche, Schlacke, Kies, Sand sowie von empfindlichem Fördergut wie Obst, Gemüse, Kartoffeln, Fische, welche die Anlage mit dem Wasser praktisch unbeschädigt passieren. Die Förderung derartiger Feststoffe verlangt einen bestimmten Mindestwert des Mischungsverhältnisses von Wassermasse zu Feststoffmasse, der je nach der Art und der Größe der Feststoffe etwa 5:1 bis 25:1 beträgt.

96. Die Geschwindigkeitsverhältnisse im Steigrohr

Während der Aufwärtsbewegung des Wassers und der Luft im Steigrohr sinkt der Druck, so daß die Luft expandiert. Hierbei nimmt sie Wärme aus dem Wasser auf. Da der Wärmeinhalt des Wassers jedoch wesentlich größer als der der Luft ist, bleibt die Abkühlung geringfügig. Die Zustandsänderung der Luft kann daher als isotherm angenommen werden. Nach Versuchen von Hoefer[1] ändert sich die Dichte des Gemisches im Steigrohr mit praktisch hinreichender Annäherung nach einem Geradliniengesetz. Daraus folgt, daß der von der Luft beanspruchte Querschnittsteil des Steigrohres annähernd linear von unten nach oben zunimmt, während sich der vom Wasser eingenommene Querschnittsteil entsprechend verringert. Somit nimmt die Wassergeschwindigkeit von unten nach oben zu. Die Luftgeschwindigkeit ist am Aus-

[1] Hoefer, K.: Untersuchungen über die Strömungsvorgänge im Steigrohr eines Druckluftwasserhebers. Diss. Berlin 1912.

trittsende des Steigrohres ebenfalls größer als an der Eintrittsstelle. Zwischen beiden Grenzwerten liegt aber ein Minimum der Luftgeschwindigkeit.

Wesentlichen Einfluß auf die Wirtschaftlichkeit der Anlage haben die Geschwindigkeitsverhältnisse am Steigrohraustritt. Die dort herrschende *mittlere Wassergeschwindigkeit* beträgt

$$c_{w_0} = \frac{\dot{M}_w}{A_w \varrho_w} \text{ m/s}, \tag{96,1}$$

wenn $\dot{M}_w$ in kg/s den Massestrom des Wassers, A_w in m² den vom Wasser eingenommenen Querschnittsteil des Steigrohres und ϱ_w in kg/m³ die Dichte des Wassers bezeichnen. c_{w_0} soll mit Rücksicht auf den Wirkungsgrad 2 m/s nicht wesentlich überschreiten. Entsprechend ergibt sich als *mittlere Luftgeschwindigkeit* im Steigrohraustritt

$$c_{L_0} = \frac{\dot{M}_L}{A_L \varrho_{L_0}} \text{ m/s} \tag{96,2}$$

mit den Bezeichnungen: $\dot{M}_L$ = Massestrom der zugeführten Luft in kg/s; A_L = anteilmäßiger Querschnittsteil der Luft in m²; ϱ_{L_0} = Dichte der Luft im Steigrohraustritt in kg/m³. c_{L_0} ist stets größer als c_{w_0}. Der Differenzbetrag $c_{L_0} - c_{w_0}$, die Relativluftgeschwindigkeit w_{L_0}, bestimmt im wesentlichen den Wirkungsgrad der Pumpe. Je größer die Relativluftgeschwindigkeit ist, um so mehr Luft wird verbraucht, um so kleiner ist der Wirkungsgrad.

Bei gegebenem Eintauchverhältnis $\varepsilon = T/H_{\text{geo}}$ ist der erreichbare Bestwert der Relativluftgeschwindigkeit abhängig von der Länge und dem Durchmesser des Steigrohres, ferner von der konstruktiven Ausbildung der Mischkammer, von der Größe der Luftblasen und von der Art und Korngröße der in der Flüssigkeit enthaltenen Feststoffe, die mit der Flüssigkeit gefördert werden müssen. Wegen der zahlreichen Einflüsse ist die Berechnung des Druckluftwasserhebers nur näherungsweise und nur in Anlehnung an Meßergebnisse möglich, die an vergleichbaren Anlagen gewonnen sind. Eine Berechnungsweise, welche den Wirkungsgrad als Grundlage benutzt, findet sich im folgenden Abschnitt.

97. Wirkungsgrad und Auslegung

Geht man vom Energieinhalt der Druckluft aus, so errechnet sich die aufgewendete Leistung bei isothermischer Zustandsänderung aus

$$P_{L_{is}} = \frac{2{,}303\, p_A \dot{M}_L}{\varrho_{L_0}} \lg \frac{p_u}{p_A}.$$

Mit der Nutzleistung $P_{w_n} = \dot{M}_w Y_{\text{geo}}$ ergibt sich als Wirkungsgrad des Luftdruckwasserhebers

$$\eta = \frac{P_{w_n}}{P_{L_{is}}} = 0{,}4343 \frac{\dot{M}_w}{\dot{M}_L} \frac{Y_{\text{geo}} \varrho_{L_0}}{p_A \lg (p_u/p_A)}. \tag{97,1}$$

Es bedeuten: $Y_{\text{geo}} = g H_{\text{geo}}$ in Nm/kg die geodätische spezifische Förderarbeit der Pumpe, p_A den absoluten atmosphärischen Luftdruck und p_u den absoluten Druck in der Eintauchtiefe T, beide Drücke in N/m².

Der Wirkungsgrad wird bestimmt durch die Verluste, welche die Strömung des Wassers und der Luft im Steigrohr sowie die Strömung der Luft durch das Wasser verursachen. Dabei handelt es sich zunächst um Druckhöhenverluste, die infolge Geschwindigkeitserzeugung und Reibung entstehen. Man kann sie durch einen Druckhöhen- oder hydraulischen Wirkungsgrad η_h zum Ausdruck bringen. Von wesentlich größerem Einfluß sind die Verluste, die durch den Luftverbrauch hervorgerufen werden. Es ist bereits eingangs darauf hingewiesen worden, daß im Steigrohr kein homogenes Wasser-Luftgemisch vorliegt, in welchem Luft- und Wasserteilchen gleiche Geschwindigkeit haben. Die zugeführte Luft bildet vielmehr im Wasser größere und kleinere Blasen, die mit einer größeren als der Wassergeschwindigkeit strömen. Das hat einen höheren Luftverbrauch als bei einem homogenen Gemisch zur Folge. Durch die erhöhte Luftgeschwindigkeit entsteht also ein Verlust an Druckluft, den man nach Pickert[1] durch einen Schlupfwirkungsgrad η_s berücksichtigen kann. Ist c_{w_0} die mittlere Wassergeschwindigkeit und c_{L_0} die mittlere Luftgeschwindigkeit im Steigrohraustritt, so läßt sich der Schlupfwirkungsgrad ausdrücken durch

$$\eta_s = \frac{c_{w_0}}{c_{L_0}}. \tag{97,2}$$

Mit η_h und η_s schreibt sich der Pumpenwirkungsgrad

$$\eta = \eta_h \eta_s = \eta_h \frac{c_{w_0}}{c_{L_0}}. \tag{97,3}$$

Versuche zeigen, daß die Relativluftgeschwindigkeit $w_{L_0} = c_{L_0} - c_{w_0}$ in engen Rohren kleiner ist als in weiten, so daß der Schlupfwirkungsgrad in engen Rohren größer ausfällt. Dadurch wird verständlich, daß Pumpen mit kleinem Rohrdurchmesser, also kleiner Leistung, mitunter einen besseren Gesamtwirkungsgrad aufweisen als solche mit größerem Durchmesser, obwohl bei letzteren der Druckhöhenverlust geringer ist.

Allgemein wird der Pumpenwirkungsgrad weitgehend durch den Schlupfwirkungsgrad bestimmt. Für $1 < \varepsilon < 3$ liegen Bestwerte des Schlupfwirkungsgrades bei $\eta_s = 0{,}5$, des Pumpenwirkungsgrades bei $\eta = 0{,}46$. Hiernach erreicht der hydraulische Wirkungsgrad η_h ziemlich hohe Werte.

Die genannten Wirkungsgrade beziehen sich auf die Energieausnutzung der Druckluft, die in einer besonderen Verdichteranlage erzeugt werden muß. Für die Beurteilung der Wirtschaftlichkeit der Gesamtanlage ist noch der Wirkungsgrad des Luftverdichters einschließlich des Rohrleitungsverlustes zu berücksichtigen.

Der Wirkungsgrad nach Gl. (97,1) kann als Grundlage für eine angenäherte Berechnung des Druckluftwasserhebers benutzt werden, wenn Zahlenwerte zur Verfügung stehen, die versuchsmäßig an vergleichbaren Anlagen ermittelt worden sind. In Gl. (97,1) sind im allgemeinen von vornherein bekannt:

Der Massestrom der Flüssigkeit $\dot{M}_w$, die geodätische Förderhöhe $H_{\text{geo}} = Y_{\text{geo}}/g$, die Dichte der Luft im Steigrohraustritt ϱ_{L_0} und der absolute atmosphärische Luftdruck p_A.

Das Eintauchverhältnis $\varepsilon = T/H_{\text{geo}}$, also die in p_u enthaltene Eintauchtiefe T ist nach wirtschaftlichen Gesichtspunkten zu wählen. Ein großes Eintauchverhältnis

[1] Pickert, F.: Vgl. S. 481.

verringert den Energieaufwand für die Druckluft und somit die Betriebskosten, gleichzeitig vergrößern sich aber die Anlagekosten und der Kapitaldienst. Günstige Werte des Eintauchverhältnisses liegen im Bereich $1 < \varepsilon < 3$.

Führen wir nun in Gl. (97,1) einen Wirkungsgrad ein, der sich als Mittelwert an vergleichbaren Pumpen (hinsichtlich der Konstruktion der Mischkammer, des Eintauchverhältnisses, des Fördermittels und der Rohrleitungsmaße) ergeben hat, so erhalten wir als erforderlichen Massestrom der Luft

$$\dot{M}_L = 0{,}4343 \frac{\dot{M}_w}{\eta} \frac{Y_{\text{geo}} \varrho_{L_0}}{p_A \lg (p_u/p_A)}. \tag{97,4}$$

Zur Bestimmung des Steigrohrquerschnitts A benutzen wir Gl. (97,3). Die mittlere Wassergeschwindigkeit im Steigrohraustritt c_{w_0} soll mit Rücksicht auf geringen Reibungsverlust im Steigrohr 2 m/s nicht wesentlich überschreiten. Legen wir c_{w_0} und η_h fest, so ist infolge $\eta_s = \eta/\eta_h = c_{w_0}/c_{L_0}$ auch die mittlere Luftgeschwindigkeit im Steigrohraustritt $c_{L_0} = c_{w_0}/\eta_s$ bestimmt. Mit den jetzt bekannten Größen $\dot{M}_w$, $\dot{M}_L$, c_{w_0}, c_{L_0}, ϱ_w und ϱ_{L_0} folgt gem. den Gln. (96,1) und (96,2) der lichte Steigrohrquerschnitt aus

$$A = A_w + A_L = \frac{\dot{M}_w}{c_{w_0} \varrho_w} + \frac{\dot{M}_L}{c_{L_0} \varrho_{L_0}}. \tag{97,5}$$

Bei Förderung von Feststoffen ist ϱ_w die mittlere Dichte des Wasser-Feststoffgemisches.

98. Berechnungsbeispiel

Der Luftbedarf und der Steigrohrdurchmesser eines Druckluftwasserhebers sind für folgende Verhältnisse zu ermitteln: Massestrom der Flüssigkeit (sand- und kieshaltiges Wasser) $\dot{M}_w = 180$ t/h; geodätische Förderhöhe bei freiem Ausfluß $H_{\text{geo}} = 8$ m ($Y_{\text{geo}} = g H_{\text{geo}} = 78{,}48$ Nm/kg); Eintauchtiefe $T = 12$ m, also $\varepsilon = T/H_{\text{geo}} = 1{,}5$ (T und H_{geo} bezogen auf den während des Betriebes abgesenkten Wasserspiegel im Schacht); mittlere Wassertemperatur 15 °C; mittlerer Druck der Außenluft 735,56 Torr $\triangleq$ 10 m WS $\triangleq$ 0,981 bar; Wirkungsgrad vergleichbarer Pumpen im Mittel $\eta = 0{,}42$.

Mit $\dot{M}_w = 50$ kg/s; $\varrho_{L_0} = 1{,}179$ kg/m³ für gesättigte Luft von 15 °C und 0,981 bar; $\varrho_w = 1050$ kg/m³ als mittlere Dichte des Wasser-Feststoffgemisches; $p_A = 0{,}981 \cdot 10^5$ N/m² und $p_u = p_A + g \varrho_w T = 2{,}217 \cdot 10^5$ N/m² beträgt der notwendige Massestrom der Luft nach Gl. (97,4)

$$\dot{M}_L = 0{,}4343 \frac{\dot{M}_w}{\eta} \frac{Y_{\text{geo}} \varrho_{L_0}}{p_A \lg (p_u/p_A)} = 0{,}4343 \frac{50}{0{,}42} \cdot \frac{78{,}48 \cdot 1{,}179}{0{,}981 \cdot 10^5 \cdot \lg 2{,}26} = 0{,}1377 \text{ kg/s}.$$

Wählen wir als mittlere Wassergeschwindigkeit im Steigrohraustritt $c_{w_0} = 2$ m/s und stellen, da die Wassergeschwindigkeit nach der Eintrittsstelle hin abnimmt und das Steigrohr kurz ist, $\eta_h = 0{,}95$ in Rechnung, so ist der Schlupfwirkungsgrad

$$\eta_s = \eta/\eta_h = 0{,}42/0{,}95 = 0{,}442$$

und die mittlere Luftgeschwindigkeit im Steigrohraustritt

$$c_{L_0} = c_{w_0}/\eta_s = 2/0{,}442 = 4{,}52\ \mathrm{m/s}.$$

Damit ergibt sich der Austrittsquerschnitt (Gl. (97,5))

$$A = \frac{\dot{M}_w}{c_{w_0}\varrho_w} + \frac{\dot{M}_L}{c_{L_0}\varrho_{L_0}} = \frac{50}{2\cdot 1050} + \frac{0{,}1377}{4{,}52\cdot 1{,}179} = 0{,}04965\ \mathrm{m}^2$$

und der lichte Steigrohrdurchmesser $d = 0{,}2514$ m. Ausgeführt wird $d = 250$ mm, wodurch sich c_{w_0} und c_{L_0} geringfügig erhöhen.

V. Stoßheber (hydraulischer Widder)

99. Arbeitsweise und konstruktive Durchbildung

Der Stoßheber oder hydraulische Widder ist eine Vorrichtung, bei welcher die aus einem geringen Gefälle erzeugte kinetische Energie des Treibwassers benutzt wird, um einen Teil desselben mittels Stoßwirkung auf eine größere Höhe zu fördern. Anordnung und Wirkungsweise gehen aus Abb. 99.1 hervor. An das Gehäuse A des Widders ist einerseits die Treibwasserleitung L_T, andererseits der Windkessel B mit der Steigleitung L_s angeschlossen. Außerdem sind zwei Ventile vorhanden, das Druckventil C — ein selbsttätiges Tellerventil — und das Stoß- oder Sperrventil D. Letzteres wird verschiedenartig ausgebildet. In Abb. 99.1 handelt es sich um ein gewichtsbelastetes Tellerventil mit senkrecht nach oben weisender Spindel, das in seiner unteren Grenzlage dem Wasser freien Durchtritt läßt, während es in der oberen Grenzlage das Gehäuse nach außen hin abdichtet.

Zur Erläuterung der Wirkungsweise des Stoßhebers gehen wir davon aus, daß sich das Sperrventil D des in Betrieb befindlichen Widders aus einem später noch zu begründenden Anlaß öffnet, also seine untere Grenzlage einnimmt. Es strömt nun Treibwasser aus, wobei die ganze Wassermasse in der Treibleitung L_T in Bewegung gerät. Durch Umlenkung des Wassers im Gehäuse des Sperrventils D entsteht eine Druckkraft auf den Ventilteller, die etwa quadratisch mit der Strömungsgeschwindigkeit anwächst. Überwindet der Strömungsdruck das Eigengewicht des Ventilkörpers, so wird dieser stark beschleunigt und das Ventil nahezu schlagartig geschlossen. Die plötzliche Verzögerung der in Bewegung befindlichen Wassermasse führt zu einer Druckerhöhung im Pumpengehäuse. Das Druckventil öffnet sich, und ein Teil des bewegten Wassers tritt in den Windkessel, von dem es zur Verbrauchsstelle abfließt. Ist die kinetische Energie der Wassermasse durch die Förderung aufgezehrt, so kommt das Wasser für einen Augenblick zur Ruhe. Infolge der Elastizität der Treibrohrleitung und der Treibwassersäule schwingt letztere nach dem Abklingen des Förderstoßes ein wenig gegen die Strömungsrichtung zurück. Dadurch entsteht im Pumpengehäuse ein Unterdruck. Als Folge davon öffnet sich das Sperrventil, worauf sich der beschriebene Vorgang wiederholt.

Die konstruktive Durchbildung eines Widders in verbesserter Ausführung ist aus Abb. 99.2 ersichtlich. Der Kegel des Sperrventils (*1*) hat eine strömungstechnisch günstige Form erhalten und ist an tiefster Stelle angeordnet. Durch letztere Maßnahme wird es möglich, die gesamte Gefällshöhe auszunutzen, was besonders bei kleinem Gefälle von Bedeutung ist. Die Abflußöffnungen des Sperrventils tauchen in einen Wasserbehälter ein, so daß ein Umherspritzen des abfließenden Treibwassers vermieden wird. Eine außen liegende Blattfeder (*2*) gleicht das Gewicht des Sperrventilkegels aus. Durch mehr oder weniger starkes Anspannen der Feder läßt sich der Förderstrom des Widders dem zeitlich veränderlichen Treibwasserstrom anpassen. Das Druckventil (*3*) ist federbelastet.

Bei größeren Druckhöhen wird der Luftinhalt des Windkessels (*4*) allmählich vom Druckwasser absorbiert, so daß der Kessel schließlich unwirksam wird. Um das zu verhindern, ist an dem Raum vor dem Druckventil ein Schnüffelventil (*5*) angebracht. Es läßt bei der Drucksenkung während des Zurückschwingens der Treibwassersäule ein kleines Luftvolumen eintreten, das mit dem Förderwasser in den Windkessel gelangt und dessen Luftinhalt laufend ergänzt. Übermäßige Luftansammlung im Windkessel wird durch das Tropfventil (*6*) verhindert.

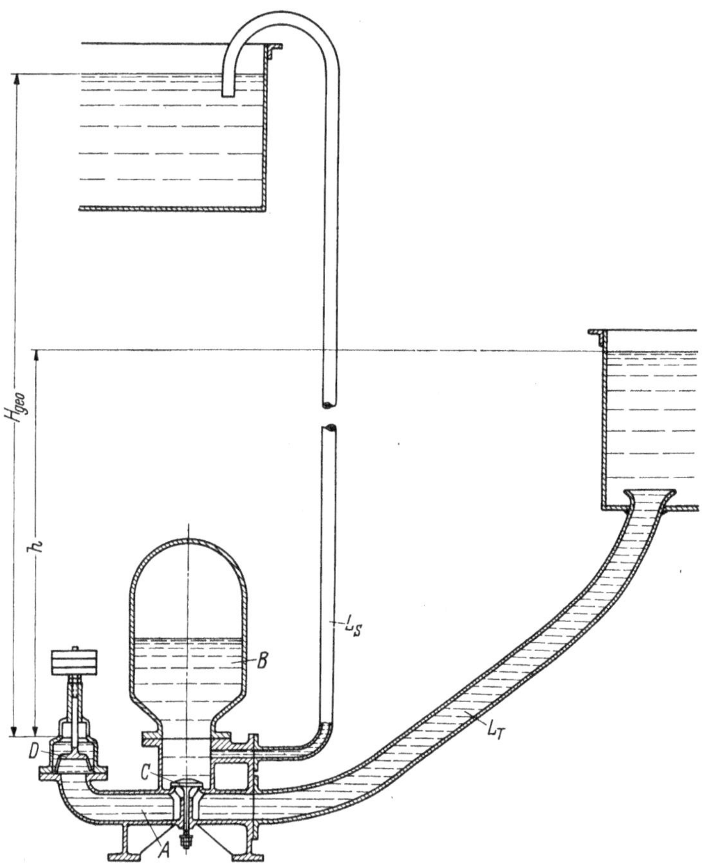

Abb. 99.1. Hydraulischer Widder

Die Treibrohrleitung soll, um zusätzliche Widerstände und möglicherweise auftretende Kavitation zu vermeiden, in gerader Linie verlegt und aus dem Treibwasser-Sammelschacht an möglichst tiefer Stelle herausgeführt werden. Die Treibrohrleitung steht dann unter der statischen Druckhöhe des Sammelschachtes, wodurch einer unzulässigen, zur Dampfbildung führenden Druckabsenkung im strömenden Treibwasser begegnet wird. In dieser Hinsicht erweist es sich als günstig, wenn die Treibrohrleitung nach unten durchhängend verlegt wird. Völlig untauglich ist eine Treibrohrleitung, welche sich über die durch Treibwasserspiegel und Widderausfluß gegebene Gefällegerade erhebt, also nach oben durchgebogen ist. Von Bedeutung ist ferner die Neigung der Leitung, besser gesagt, die Neigung der Gefällegeraden.

Eine zu flach verlaufende Treibwasserleitung hat einen trägen Gang des Widders zur Folge, während bei einer sehr steilen Leitung die Schläge so schnell aufeinander folgen, daß der Widder nicht mit Sicherheit weiterarbeitet. Praktisch bewährt haben sich Neigungen von 1:9 vis 1:4[1]. Die Treibwasserleitung erhält — ebenso wie die Steigleitung — unmittelbar vor dem Widder einen Absperrschieber.

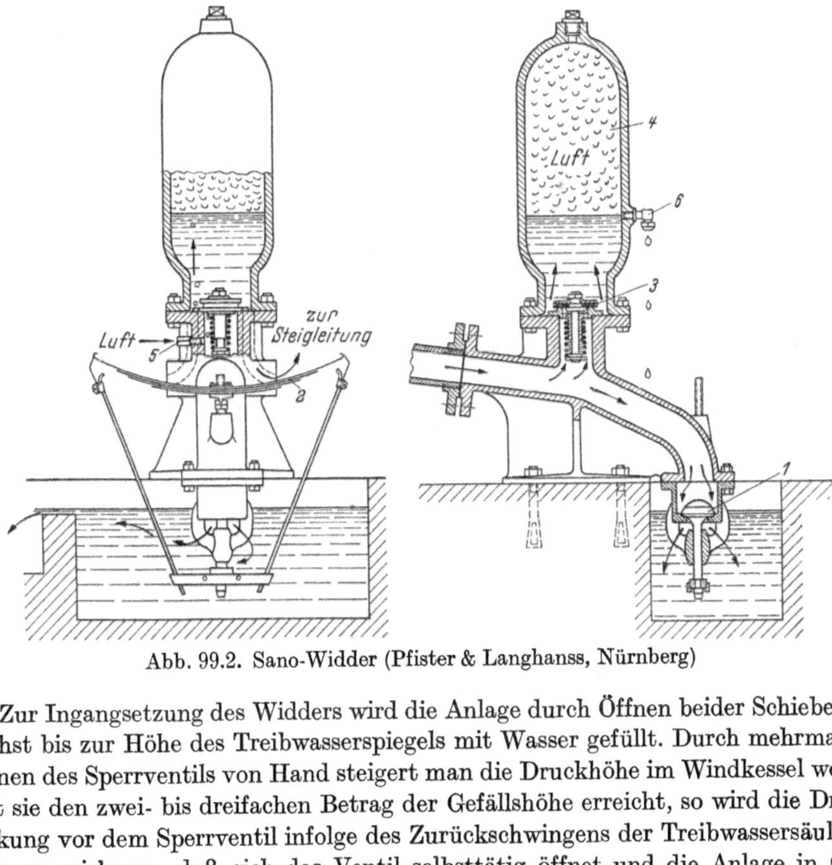

Abb. 99.2. Sano-Widder (Pfister & Langhanss, Nürnberg)

Zur Ingangsetzung des Widders wird die Anlage durch Öffnen beider Schieber zunächst bis zur Höhe des Treibwasserspiegels mit Wasser gefüllt. Durch mehrmaliges Öffnen des Sperrventils von Hand steigert man die Druckhöhe im Windkessel weiter. Hat sie den zwei- bis dreifachen Betrag der Gefällshöhe erreicht, so wird die Drucksenkung vor dem Sperrventil infolge des Zurückschwingens der Treibwassersäule bereits so wirksam, daß sich das Ventil selbsttätig öffnet und die Anlage in Gang kommt.

100. Wirkungsgrad und anteilmäßiger Nutzwasserstrom

Der Wirkungsgrad des Widders hängt von dem Förderhöhenverhältnis $\varepsilon = (H_{geo} + H_{v_d})/h$ ab, wobei H_{geo} die geodätische Förderhöhe, H_{v_d} den Druckhöhenverlust in der Steigleitung und h die Gefällshöhe des Treibwassers bezeichnen (Abb. 99.1).[2]

[1] Nach Angabe der Firma Pfister & Langhanss, Nürnberg.

[2] In der Praxis ist es üblich, für die Berechnung des Wirkungsgrades des Widders das Förderhöhenverhältnis $\varepsilon = (H_{geo} + H_{v_d})/h$ zu verwenden. Richtiger ist es, mit $\varepsilon = (H_{geo} - h + H_{v_d})/h$ zu rechnen, weil sich das Nutzwasser ursprünglich bereits auf der Höhe h befindet. Für die Bestimmung der Nutzleistung kommt deshalb nur die zusätzliche Druckhöhensteigerung $H_{geo} - h + H_{v_d}$ in Betracht.

Daneben ist auch die Größe und Güte der Ausführung von Bedeutung. Wachsendes Förderhöhenverhältnis hat im allgemeinen eine Abnahme des Wirkungsgrades zur Folge. Ebenso nimmt auch der anteilmäßige Nutzwasserstrom mit steigendem Förderhöhenverhältnis ab. Bezeichnen Q_n den Nutzwasser- und Q den Treibwasserstrom, so ist der anteilmäßige Nutzwasserstrom

$$\varphi = \frac{Q_n}{Q} = \frac{h}{H_{\text{geo}} + H_{v_d}} \eta = \frac{\eta}{\varepsilon}.$$

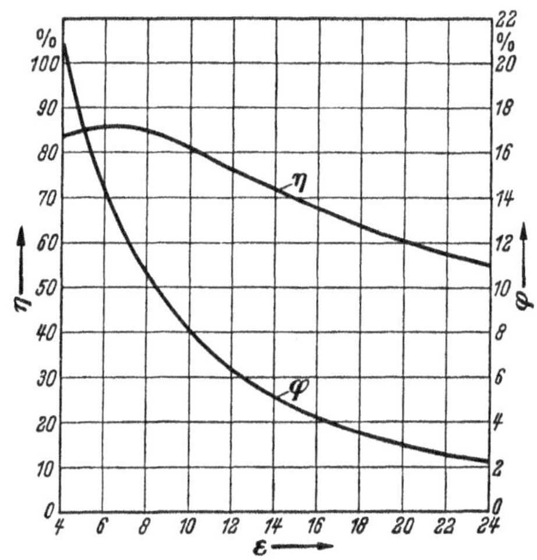

Abb. 100.1. Der Wirkungsgrad η und der anteilmäßige Nutzwasserstrom $\varphi = Q_n/Q$ in Abhängigkeit vom Druckhöhenverhältnis $\varepsilon = (H_{\text{geo}} + H_{v_d})/h$ für einen lichten Treibrohrdurchmesser $d_T = 100$ mm des Widders nach Abb. 99.2 (nach Pfister & Langhanss, Nürnberg)

Abb. 100.1 gibt η und φ als Funktion des Druckhöhenverhältnisses ε für den Widder nach Abb. 99.2 wieder. Die Kurven beziehen sich auf eine Ausführung mit einem Treibrohrdurchmesser von 100 mm, entsprechend einem Treibwasserstrom von 7,5 bis 15 m^3/h. Hiernach arbeitet der Widder bei kleinen und mittleren Förderhöhenverhältnissen mit Wirkungsgraden, die denen einer Kolbenpumpe gleicher Nutzleistung nicht nachstehen. Da er keine Antriebsmaschine benötigt, sind seine Betriebskosten gering. Er findet Verwendung zur Förderung von Wasser nach hochgelegenen Gebäuden oder für Bewässerungszwecke, wenn Treibwasser mit geringem Gefälle aus einer Quelle oder einem Bach im Überfluß zur Verfügung steht.

Ausgeführte Widder arbeiten mit Treibwasserströmen von 1···40 m^3/h, mit Gefällshöhen von 1...30 m und Förderhöhen bis 300 m.

Schrifttum

A. Bücher; B. Forschungsarbeiten, Dissertationen und andere Abhandlungen; C. Zeitschriftenaufsätze

I. Grundlagen aus dem Gebiet der Strömungslehre

A.

Prandtl, L.: Führer durch die Strömungslehre, 6. Aufl., Braunschweig: Vieweg 1965.
Eck, B.: Technische Strömungslehre, 7. Aufl., Berlin, Heidelberg, New York: Springer 1966.
Schlichting, H.: Grenzschichttheorie, 5. Aufl., Karlsruhe: G. Braun 1965.
Kaufmann, W.: Technische Hydro- und Aeromechanik, 3. Aufl., Berlin, Göttingen, Heidelberg: Springer 1963.
Scholz, N.: Aerodynamik der Schaufelgitter, Bd. I: Grundlagen, Karlsruhe: G. Braun 1965.
Kirbach, H.: Taschenbuch Hydraulik in Industriebetrieben, Stuttgart: Frankh'sche Verlagshandlung 1961.
Truckenbrodt, E.: Strömungsmechanik, Berlin, Heidelberg, New York: Springer 1968.
Tietjens, O.: Strömungslehre, Bd. I: Hydro- und Aerostatik. Bewegung der idealen Flüssigkeit, Berlin, Göttingen, Heidelberg: Springer 1960, — Bd. II: Bewegung der Flüssigkeiten und Gase, Berlin, Heidelberg, New York: Springer 1970.
Richter, H.: Rohrhydraulik, 5. Aufl., Berlin, Heidelberg, New York: Springer 1971.
Hutarew, G.: Einführung in die Technische Hydraulik, 2. Aufl., Berlin, Heidelberg, New York: Springer 1973.
Becker, E.: Technische Strömungslehre, 3. Aufl., Stuttgart: G. Teubner 1974.
Jogwich, A.: Strömungslehre, Essen: W. Giradet 1974.
Hütte, des Ingenieurs Taschenbuch, Bd. I, 29. Aufl., Berlin 1971.
Dubbels Taschenbuch für den Maschinenbau, Bd. I, 13. Aufl., Berichtigter Neudruck, Berlin, Heidelberg, New York: Springer 1974.

B.

Ergebnisse der Aerodynamischen Versuchsanstalt Göttingen, I. bis IV. Lieferung München u. Berlin: R. Oldenbourg 1935.
Scholz, N.: Strömungsuntersuchungen an Schaufelgittern. VDI-Forsch.-Heft 442.
Kaufmann, K.: Grenzschichtbeeinflussung bei Diffusoren von Strömungsmaschinen. Diss., veröffentlicht in Voith, Forsch. u. Konstr. 1957, H. 2.
Dobner, E.: Über den Strömungswiderstand in einem rotierenden Kanal. Diss. TH Darmstadt 1959.
Schröder, H. J.: Die reibungsbehaftete Strömung durch eine Sammelspirale beliebigen Querschnitts. Forsch. Ing.-Wes. 25 (1959) Nr. 6, S. 182—189.
Broeker, E.: Zur theoretischen Strömungsleistung radialer Schaufelgitter. Forsch. Ing.-Wes. 26 (1960) Nr. 2, S. 62—67.
Kraemer, K.: Flügelprofile im kritischen Reynoldszahlbereich. Forsch. Ing.-Wes. 27 (1961) Nr. 2, S. 33—46.
Lein, G.: Graphische Druckstoßberechnung für kurze Rohrleitungen. Voith, Forsch. u. Konstr. Nr. 9 (1962), S. 5.1—5.7.
Schlichting, H.: Dreidimensionale Grenzschichten. DFL-Bericht 195 der Deutschen Forsch.-Anstalt für Luft- u. Raumfahrt, Braunschweig 1962.
Silberring, L.: Die Stabilität der Strömung viskoser Flüssigkeiten. Forsch. Ing.-Wes. 30 (1964) Nr. 1, S. 29 u. 30.
Schulz-Grunow, F.: Mechanismus der Turbulenzentstehung. Forsch. Ing.-Wes. 30 (1964) Nr. 4, S. 109—122.

Strscheletzky, M.: Gleichgewichtsformen einer aus zwei Teilströmungen bestehenden inkompressiblen Drallströmung in einem geraden langen zylindrischen Rotationshohlraum. Voith, Forsch. u. Konstr. Nr. 12 (1964), S. 4.1—4.17.
— Zur Berechnung von Tragflügeln und Beschaufelungen nach der Prandtlschen Theorie der tragenden Wirbel. Forsch. Ing-Wes. 35 (1969) Nr. 1, S. 24—29.
— Wirkung und Steuerung der Sekundärströmung in hydraulischen Maschinen. Voith, Forsch. u. Konstr. (1969) Nr. 19, S. 6.1—6.8.
— Kinetisches Gleichgewicht der Innenströmungen inkompressibler Flüssigkeiten. Fortschr.-Ber. VDI-Z. Reihe 7, Nr. 21.
Heckl, M.: Strömungsgeräusche. Fortschr.-Ber. VDI-Z. Reihe 7, Nr. 20.
Tepliczki, L.: Zur Berechnung von Wirbelkernhalbmessern in rotationssymmetrischen Drallströmungen. Forsch. Ing.-Wes. 36 (1970) Nr. 3, S. 74—78.
Numachi, Fukusoburo: Druckverteilung an Flügeln im wasserdurchströmten Gitterverband. Teil 1: Verzögerte Gitterströmung. Forsch. Ing-Wes. 37 (1971) Nr. 1, S. 1—12.
Stampa, B.: Experimentelle Untersuchungen an axial durchströmten Ringspalten. Diss. TU Braunschweig 1971.
Emsmann, S.: Experimentelle Ermittlung der Geschwindigkeitsverteilung in einer oszillierenden turbulenten Rohrströmung. Diss. TU Berlin 1973.

C.

Weinig, F.: Verwendung der Ergebnisse von Tragflügelmessungen bei der Berechnung von Tragflügeln und Turbomaschinen. VDI-Z. 80 (1936), S. 299 u. 300.
Weissinger, I.: Neuere Entwicklungen in der Tragflügeltheorie bei inkompressibler Strömung. Z. Flugwiss. 4 (1956) Nr. 7, S. 225—236.
Günther, P.; Magyar, F.: Über Strömungen in Umlenkkanälen. Masch.- Bau u. Wärmewirtsch. 12 (1957) Nr. 4, S. 93—96.
Winternitz, F. A. L.: Die Rolle der Eintrittsgrenzschicht in der Druckrückgewinnung, der Energieumsetzung und den Verlusten in geraden konischen Diffusoren. Masch.-Bau u. Wärmewirtsch. 12 (1957) Nr. 7/8, S. 219—224.
Isay, W. H.: Zur Berechnung der Strömung durch axiale Schaufelgitter. Z. angew. Math. Mech. 37 (1957) Nr. 9/10, S. 321—335.
Pfleiderer, C.: Überschallströmungen von hoher Machzahl bei kleinen Strömungsgeschwindigkeiten. VDI-Z. 99 (1957) Nr. 30, S. 1535—1536.
Keller, A.: Kavitation und Tropfenschlag. Schweiz. Arch. angew. Wiss. Techn. 23 (1957) Nr. 11, S. 346—361.
Isay, W. H.: Berechnungsergebnisse der radialen Gitterströmung. Z. angew. Math. Mech. 38 (1958) Nr. 5/6, S. 209—220.
Krüger, H.: Ein Verfahren zur Druckverteilungsrechnung an geraden und radialen Schaufelgittern. Ing.-Arch. 26 (1958) Nr. 4, S. 242—267.
Grass, G.; Lütt, E.: Einfluß der Oberflächenrauhigkeit auf den Strömungswiderstand in engen Rohren. Chem.-Ing.-Tech. 30 (1958) Nr. 7, S. 447—449.
Breh, K.; Marcinowski, H.: Dimensionslose Kennzahlen für Strömungsmaschinen. BWK 12 (1960) Nr. 3, S. 103—105.
Scholz, N.: Berechnung des laminaren und turbulenten Druckabfalls im Kreisrohreinlauf. Chem.-Ing.-Techn. 32 (1960) Nr. 6, S. 404—408.
Lewinski-Kesslitz, H. P.: Über die Druckstoßbildung in Pumpen-Druckleitungen. Öst. Ing.-Z. 4 (1961) Nr. 3, S. 82—89.
Wintergast, E.: Methoden zur unmittelbaren Durchflußmessung. VDI-Z. 103 (1961) Nr. 24, S. 1201—1208.
Wagenbreth, H.: Durchflußgleichung und Ähnlichkeitsgesetze der Schwebekörper-Durchflußmesser. BWK 14 (1962) Nr. 1, S. 13 u. 14.
Gallant, H.: Untersuchung über Kavitationsblasen. Öst. Ing.-Z. 5 (1962) Nr. 3, S. 74—83.
Lewinski-Kesslitz, H. P.: Über die Projektierung von Druckrohrleitungen im Hinblick auf die Druckstoßgefahr. Öst. Ing.-Z. 5 (1962) Nr. 12, S. 397—403.
Michalke, A.; Schade, H.: Zur Stabilität von freien Grenzschichten. Ing.-Arch. 32 (1963) Nr. 1, S. 1—23.

Parr, O.: Untersuchungen der dreidimensionalen Grenzschichten an rotierenden Drehkörpern bei axialer Anströmung. Ing.-Arch. 32 (1963) Nr. 6, S. 393—413.
Kneule, F.; Weinspach, P. M.: Suspendierung fester Körper in Flüssigkeiten. Chem.-Ing.-Tech. 35 (1963) Nr. 10, S. 371—376.
Strscheletzky, M.: Über Gleichgewichtsformen der freien Begrenzungen von Strömungen inkompressibler Flüssigkeiten. VDI-Z. 106 (1964) Teil 1: Nr. 9, S. 359—364; Teil 2: Nr. 10, S. 393—397.
Wiegand, H.; Piltz, H.-H.: Zur Werkstoffzerstörung durch Kavitation. Motortech. Z. 25 (1964) Nr. 6, S. 227—232.
— Über das Zusammenwirken von Kavitation und Korrosion. Werkstoffe u. Korrosion 15 (1964) Nr. 3, S. 212—220.
Farnholz, H.: Halbempirische Gesetze zur Berechnung turbulenter Grenzschichten nach der Methode der Integralbedingungen. Ing.-Arch. 33 (1964) Nr. 6, S. 384—395.
Czibere, T.: Über die Berechnung der Schaufelprofile und der Strömung um Schaufeln von Strömungsmaschinen. Ing.-Arch. 33 (1964) Nr. 4, S. 215—230.
Schicht, H. H.: Zweiphasenströmungen in Rohrleitungen. Chem.-Ing.-Techn. 37 (1965) Nr. 3, S. 245—250.
Ziegler, G.: Beitrag zum Ähnlichkeitsproblem bei Kavitationsmodellversuchen. Elektrotechn. u. Masch.-Bau 83 (1966) Nr. 7, S. 422—430.
Eskande, L.: Bemerkungen zum Druckstoß beim plötzlichen Schließen einer Druckleitung. Wasserwirtsch. 56 (1966) Nr. 9, S. 425—429.
Schulmeister, R.: Über den Einfluß der Wasserbeschaffenheit auf die Werkstoffzerstörung durch Kavitation und Korrosion. Metalloberfläche 21 (1967) Nr. 3, S. 68—73.
Engel, F. V. A.: Untersuchung pulsierender Strömungsvorgänge mittels dimensionsloser Kenngrößen. BWK 21 (1969) Nr. 7, S. 382—383.
Hitzelberger, H.: Berechnung der Druckstöße in hydraulischen Systemen. BBC-Nachr. 57 (1975) Nr. 8/9, S. 470—473.

II. Kreiselpumpen

A.

Pfleiderer, C.: Die Kreiselpumpen für Flüssigkeiten und Gase, 5. Aufl., Berlin, Göttingen, Heidelberg: Springer 1961.
Pfleiderer, C.; Petermann, H.: Strömungsmaschinen, 4. Aufl., Berlin, Heidelberg, New York: Springer 1972.
Betz, A.: Einführung in die Theorie der Strömungsmaschinen, Karlsruhe: G. Braun 1958.
Nüll-Garve, V. D.: Kreiselpumpen und -verdichter, 2. Aufl., Stuttgart: B. G. Teubner 1957.
Adolph, M.: Strömungsmaschinen. Turbinen, Kreiselpumpen und Verdichter, 2. Aufl., Berlin, Heidelberg, New York: Springer 1965.
Schulz, W.; Punga, F.: Unterwasserpumpen, Berlin: VDI-Verlag 1944.
Stepanoff, A. J.: Radial- und Axialpumpen. Deutsche Übersetzung der 2. Aufl. von A. Haltmeier, Berlin, Göttingen, Heidelberg: Springer 1959.
Traupel, W.: Die Theorie der Strömung durch Radialmaschinen, Karlsruhe: G. Braun 1962.
Goerke, H.: Pumpenanlagen, Teil 1 u. 2, München: Hanser 1965.
Leuschner, G.: Kleines Pumpenhandbuch für Chemie und Technik, Weinheim/Bergstr. Verlag Chemie GmbH 1967.
de Kováts, A.; Desmur, G.: Pumpen, Ventilatoren, Kompressoren. Deutsche Übersetzung der 2. Aufl. von P. Hergt u. H. Zilling, Karlsruhe: G. Braun 1968.
Pohlenz, W.: Pumpen für Flüssigkeiten, Berlin: VEB-Verlag 1975, 2. Aufl.
Petermann, H.: Einführung in die Strömungsmaschinen (Hochschultext), Berlin, Heidelberg, New York: Springer 1974.
Hütte, des Ingenieurs Taschenbuch, Bd. IIA, 28. Aufl., Berlin: Ernst & Sohn 1954.
Dubbels Taschenbuch für den Maschinenbau, Bd. II, 13.Aufl., bericht. Neudruck, Berlin, Heidelberg, New York: Springer 1974.

Abnahmeversuche an Kreiselpumpen (VDI-Kreiselpumpenregeln) DIN 1944, Berlin 30 u. Köln: Beuth-Vertrieb GmbH 1968.
Mayer, E.: Axiale Geitringdichtungen, 5. Aufl., Düsseldorf: VDI-Verlag 1974.
Klein, Schanzlin & Becker A. G.: Kreiselpumpen-Lexikon, Frankenthal (Pfalz) 1974.

B.

Schulz, W.: Das Förderhöhenverhältnis der Kreiselpumpen für die ideale und wirkliche Flüssigkeit, VDI-Forsch.-Heft 307.
Schrader, H.: Messungen an Leitschaufeln von Kreiselpumpen, Würzburg-Aumühle: Konrad Triltsch 1939.
Broer, F.: Strömung im Pumpenspiralgehäuse. Diss. TH Hannover 1939.
Kranz, H.: Strömung in Spiralgehäusen. VDI-Forsch.-Heft 370, S. 11ff.
Dziallas, R.: Untersuchungen an einer Kreiselpumpe mit labiler Kennlinie, Berlin: VDI-Verlag 1940.
Kretschmer, R.: Das Breitenverhältnis radialer Pumpenschaufeln mit kleiner radialer Erstreckung. Diss. TH Braunschweig 1950.
Hansson, H.: Zum Kavitationsproblem. VDI-Ber. 3 (1955), S. 77—81.
Stiess, W.: Über die Entstehung von Kavitationsanfressungen am Leitapparat von Kreiselpumpen. VDI-Ber. 3 (1955), S. 81—83.
Holzenberger, K.: Experimentelle Untersuchung der Winkelübertreibung an ruhenden Axialgittern. Diss. TH Braunschweig 1956.
Rotzoll, R.: Untersuchungen an einer langsamläufigen Kreiselpumpe bei verschiedenen *Re*-Zahlen. Diss. TH Braunschweig 1957.
Touchy, W.: Beitrag zur Berechnung des Geschwindigkeitsfeldes in axial und halbaxial beaufschlagten Strömungsmaschinen geringer Schaufelzahl mit Berücksichtigung des Wandeinflusses. Diss. Karlsruhe 1958.
Pekrun, M.: Lagerungen in Kreiselpumpen. VDI-Ber. 36 (1959).
Scheer, W.: Untersuchungen und Beobachtungen über die Arbeitsweise von Axialpumpen unter besonderer Berücksichtigung des Teillastbereiches. Diss. TH Braunschweig 1959.
Bühning, P. G.: Über das Verhalten von extrem schnelläufigen Axialmaschinen. VDI-Forsch.-Heft 468.
Graumann, K.: Untersuchungen über Kavitation an einer Kreiselpumpe. Diss. TH Darmstadt 1958.
Welte, A.: Untersuchungen an selbstansaugenden Kreiselpumpen. Diss. TH Hannover 1959.
Möhle, H.: Untersuchungen über den Einfluß des Abstandes zwischen Lauf- und Leitrad auf das Betriebsverhalten von einstufigen axialen Strömungsmaschinen. Diss. TH Braunschweig 1960.
Schmitt, W.: Über den Einfluß des Radeintritts auf die Kavitation an Kreiselpumpen. Diss. TH Darmstadt 1961.
Honold, E.: Korrosionserscheinungen an Kreiselpumpen. KSB Techn. Ber. Nr. 4 (1962), S. 16—21.
Schwengler, W.: Die Zwischendeckelpumpe, eine neue konstruktive Lösung für Speisepumpen in Gliederbauart für höchste Drücke. KSB Techn. Ber. H. 2 (1961), S. 29—38.
Schanz, R.: Zur Entwicklung der Tauchpumpenmotoren. KSB Techn. Ber. H. 3 (1961), S. 19—25.
Domm, U.: Strömungsuntersuchungen an umlaufenden Radialrädern. KSB Techn. Ber. H. 5 (1963), S. 3—13.
Goerke, H.: Umwälzpumpen für Zwangumlaufkessel. KSB Techn. Ber. H. 6 (1963), S. 22—28.
Domm, U.; Hergt, P.: Die Energieverteilung in drei Radialrädern verschiedener Breite. KSB Techn. Ber. H. 6 (1963), S. 12—21.
Saalfeld, K.: Vergleichende Darstellung der Regelung von Pumpen durch Vordrall und durch Laufschaufelverstellung. KSB Techn. Ber. H. 7 (1964), S. 22—31.
Buschhorn, W.: Korrosion und Konstruktion. KSB Techn. Ber. H. 8 (1964), S. 36—43.
Brand, F. L.: Das thermodynamische Verfahren zur Messung des Wirkungsgrades von Wasserturbinen und Pumpen. VDI-Ber. 75 (1964), S. 37—42.
Schiele, O.; Handwerker, T.: Druckschwankungsprobleme beim Einsatz von Unterwasserpumpen-Aggregaten. VDI-Ber. 75 (1964), S. 37—42.
Vielhaber, K.: Untersuchungen an schaufellosen Leitringen. VDI-Ber. 75 (1964), S. 71—81.

Domm, U.; Dernedde, R.: Über eine Auswahlregel für die Lauf- und Leitschaufelzahl von Kreiselpumpen. KSB Techn. Ber. H. 9 (1965), S. 21—23.
Krisam, F.; Pekrun, M.: Schwachlastschutz bei Kreiselpumpen. KSB Techn. Ber. H. 9 (1965), S. 3—15.
Kettner, P.: Strömung in der Spirale radialer Strömungs-Arbeitsmaschinen. Diss. TH Karlsruhe 1965.
Aschenbrenner, A.: Untersuchungen über den Einfluß des Abstandes zwischen Lauf- und Leitrad auf das Betriebsverhalten einstufiger Axialpumpen-Beschaufelungen. Diss. TH Braunschweig 1965.
Randegger, E.: Die Speicherpumpen. Escher Wyss-Mitt. 38 (1965) H. 1, S. 15—23.
Briechle: Flüssigkeitsringpumpen. Diss. TH Hannover 1941.
Struck, W.: Untersuchungen an Wasserringpumpen. Diss. TH Hannover 1952.
Beckmann, W.: Das Förderverhalten von Wasserring-Vakuumpumpen bei Förderung von Dampf-Luft-Gemischen. Diss. TH Stuttgart 1965.
Suter, P.: Darstellung der Pumpencharakteristik für Druckstoßberechnungen. Techn. Rdsch. Sulzer Forsch.-H. (1966), S. 45—48.
Schöneberger, W.: Untersuchungen über Kavitation an radialen Kreiselpumpenrädern. Diss. TH Darmstadt 1966.
Domm, U.; Dernedde, R.; Handwerker, T.: Der Einfluß der Stufenabdichtung auf die kritische Drehzahl von Kesselspeisepumpen. VDI-Ber. Bd. 113, Düsseldorf: VDI-Verlag 1967.
Strscheletzky, M.: Einfluß der Reynoldszahl auf die Drosselkurve von Kreiselpumpen. Voith, Forsch. u. Konstr., Sonderheft Turbinenbau Nr. 15 (1967), S. 6.1—6.9.
Domm, U.; Zilling, H.: Über die Axialkräfte in einstufigen radialen Kreiselpumpen. KSB Techn. Ber. H. 12 (1967), S. 16—23.
Born, D.: Umwälzpumpen im Primärkreislauf von Kernkraftanlagen. KSB Techn. Ber. H. 12 (1967), S. 37—46.
Vollmer, H.-J.: Der Stoffaustausch bei Förderung CO_2-haltiger Luft mit Wasserringpumpen. Diss. TU Stuttgart 1968.
Hergt, P.; Benner, H.: Visuelle Untersuchung der Strömung im Leitrad einer Radialpumpe. KSB Techn. Ber. H. 14 (1969), S. 26—33.
Stache, A.: Untersuchungen des Axialschubes einer langsamläufigen Kreiselpumpe. Diss. TU Braunschweig 1969.
Bergen, J.: Untersuchungen an einer Kreiselpumpe mit verstellbarem Spiralgehäuse. Diss. TU Braunschweig 1969.
Kähler, M.: Die Strömung durch das Spaltelement einer Reibungspumpe. Diss. TU Braunschweig 1969.
Schweickert, H.: Strömung und Druckverlust im Spiralgehäuse einer Kreiselpumpe. Diss. TU Karlsruhe 1970.
Hergt, P.; Krieger, P.: Hydraulische Kräfte und Momente, die auf den Läufer von Spiralgehäusepumpen einwirken. KSB Techn. Ber. H. 16 (1973), S. 10—16.
— Radialkräfte in Leitradpumpen. KSB Techn. Ber. H. 16 (1973), S. 32—39.
Meier-Grotrian, J.: Untersuchungen der Radialkraft auf das Laufrad einer Kreiselpumpe bei verschiedenen Spiralgehäuseformen. Diss. TU Braunschweig 1973.
Zilling, H.: Untersuchung des Axialschubes und der Strömungsvorgänge in den Seitenräumen einer einstufigen radialen Kreiselpumpe mit Leitrad. Diss. TU Karlsruhe 1974.
Weber, I.; Pini, G. C.: Erosionskorrosionsprobleme bei hohen Strömungsgeschwindigkeiten in Pumpen. Techn. Rdsch. Sulzer, Sonderheft „Achema 76", S. 35—42.

C.

Dziallas, R.: Kavitationsbeobachtungen an radialen Kreiselpumpen mit räumlich gekrümmten Schaufeln. VDI-Z. 89 (1945), S. 41ff.
Lepique, H.: Speisepumpen für hohe Betriebstemperaturen. BWK 2 (1950) Nr. 8, S. 224ff.
Krisam, F.: Die Grenzen der Verwendbarkeit von Kreiselpumpen. Die Technik 3 (1948), S. 305ff.
Pfleiderer, C.: Die Kavitationsgrenze bei Pumpen und Turbinen. VDI-Ber. 92 (1950) Nr. 23, S. 629ff.

Rütschi, K.: Untersuchungen an Spiralgehäusepumpen verschiedener Schnelläufigkeit. Schweiz. Arch. angew. Wiss. Techn. 17 (1951), S. 36—38.
Krisam, F.: Einfluß der Leitvorrichtung auf die Kennlinien von Kreiselpumpen. VDI-Z. 94 (1952), S. 319—322.
— Neue Erkenntnisse im Kreiselpumpenbau. VDI-Z. 95 (1953), S. 320—326.
Freier, W.: Korrosion und Werkstoffe im Säurepumpenbau. Die Technik 9 (1953) Nr. 9, S. 597.
Büttner, F.: Elektrische Antriebe drehzahlgeregelter Pumpen. BBC-Nachr. 37 (1956) Nr. 3, S. 88—103.
Schaffer, R.: Gleitringdichtungen für Kreiselpumpen der chemischen Industrie. Chem.-Ing.-Techn. 29 (1957) Nr. 4, S. 241—242.
Petermann, H.: Über die Förderhöhe von Axialpumpen bei geänderter Laufschaufelzahl. VDI-Z. 99 (1957) Nr. 4, S. 139ff.
Weinrich, H.: Konstruktion und Anwendungsgebiete von Verstellpropellerpumpen. Energie u. Techn. 9 (1957) Nr. 12, S. 363ff.
Agena, H.: Elektromagnetische Pumpen für flüssige Metalle. Atomkernergie 3 (1958) Nr. 7, S. 249—255.
Petermann, H.: Der Sekundäreinfluß des Spaltverlustes bei radialen Kreiselpumpen und Verdichtern mit Deckscheibe. VDI-Z. 101 (1959) Nr. 11, S. 430—432.
Gerber, H.: Modellversuche und Abnahmeversuche am Modell hydraulischer Maschinen. Bull. Schweiz. Elektrotechn. Ver. 50 (1959) Nr. 10, S. 469—471.
Strub, R. A.: Studien und Versuche über Pumpen-Turbinen-Umkehrmaschinen. Techn. Rdsch. Sulzer 41 (1959) Nr. 2, S. 87—94.
Rütschi, K.: Zur Wirkungsgradaufwertung von Strömungsmaschinen. Schweiz. Bauztg. 76 (1958) Nr. 41, S. 603—606.
Roosen, R.: Einstufige Hochdruck-Schleuderpumpen. VDI-Z. 101 (1959) Nr. 2, S. 63ff.
Saalfeld, K.: Die Vordrallregelung von schnelläufigen Kreiselpumpen. BWK 11 (1959) Nr. 11, S. 521—527.
Scheer, W.: Untersuchungen und Beobachtungen über die Arbeitsweise von Axialpumpen unter besonderer Berücksichtigung des Teillastbereichs. BWK 11 (1959) Nr. 11, S. 503—511.
Sack, M.: Über die thermodynamische Methode zur Bestimmung der Wellenleistung und des Wirkungsgrades von Hochdruck-Speisepumpen. BWK 11 (1959) Nr. 11, S. 511—516.
Medici, M.: Forschung auf dem Gebiet der Pumpen-Turbinen-Umkehrmaschinen. VDI-Z. 102 (1960) Nr. 2, S. 59—62.
Weinig, F. S.: Die Berücksichtigung der endlichen Schaufelzahl bei der Berechnung der Strömungsmaschinen nach der Stromfadentheorie. Schiff u. Hafen 12 (1960) Nr. 9, S. 771—776.
Middeldorf, F. I.: Konstruktionsmerkmale und Anwendungsmöglichkeiten von Chemiepumpen. Chem.-Ing.-Techn. 33 (1961) Nr. 1, S. 31—36.
Buschhorn, W.: Pumpen für verfahrenstechnische Betriebe. Chem.-Ing.-Techn. 33 (1961) Nr. 4, S. 237—243.
Petermann, H.: Der Strömungsverlauf in und hinter Schaufelkanälen von radialen Kreiselpumpen und Verdichtern. VDI-Z. 103 (1961) Nr. 17, S. 748—752.
Tognola, S.: Weiterentwicklung von Hochdruck-Speicherpumpen. Escher Wyss-Mitt. 33 (1960) Nr. 1/2/3, S. 58—66.
Graumann, K.: Untersuchungen über Kavitation an einer Kreiselpumpe. Konstr. 13 (1961) Nr. 9, S. 337—345.
Hutarew, G.: Die Wirkungsgradmessung an Wasserwerkspumpen mit Förderhöhen über 100 m nach dem thermodynamischen Meßverfahren. Gas- u. Wasserf. 103 (1962) Nr. 6, S. 129—130.
Cojocaru, L.: Die Spaltrohrmotorpumpe und ihre Anwendung in der Kälteindustrie. Kältetechn. 14 (1962) Nr. 4, S. 110—112.
Obrist, H.: Escher Wyss-Großspeicherpumpen. Schweiz. Bauztg. 80 (1962) Nr. 25, S. 445—450.
— Speicherpumpen. Escher Wyss-Mitt. 35 (1962) Nr. 1, S. 3—26.
Domm, U.: Strömungsuntersuchungen an umlaufenden Radialrädern. BWK 14 (1962) Nr. 9, S. 419—426.
Backs, H.: Pumpen zur Förderung heißer, radioaktiv verseuchter organischer Flüssigkeiten. Kerntechn. 4 (1962) Nr. 9, S. 398—401.
Cojocaru, L.: Spaltrohrmotor-Pumpen für Hochtemperatur-Heizanlagen in der chemischen Industrie. Chem.-Ing.-Techn. 34 (1962) Nr. 12, S. 821—824.

Goerke, H.: Umwälzpumpen für Zwangdurchlaufkessel. Energie 15 (1963) Nr. 4, S. 129—134.
Rákóczy, T.: Strömungstechnische Untersuchungen von Zentrifugalpumpen zur Erdölförderung. Heiz.-Lüft.-Haustechn. 14 (1963) Nr. 5, S. 149—154.
Felsch, K. O.: Die Voraussage des Betriebsverhaltens von Strömungsmaschinen auf Grund von Modellversuchen. Masch.-Markt 69 (1963) Nr. 75, S. 19—30.
zur Mühlen, H.: Über Heizungsumwälzpumpen. Gesundh.-Ing. 84 (1963) Nr. 10, S. 295—300.
Grünendiek, W.: Versuche zur Wirkungsgradumrechnung bei Kesselspeisepumpen. BWK 15 (1963) Nr. 4, S. 557—561.
Holzenberger, K.: Kesselspeisepumpen. BWK 17 (1965) Nr. 4, S. 192—194.
Brachwitz, W.: Wirtschaftlichkeitsvergleich drehzahlgeregelter Kesselspeisepumpen mit Elektroantrieb. Elektr.-Wirtsch. 64 (1965) Nr. 23, S. 636—641.
Fikelscher, K.: Ein kritischer Vergleich der Verstellpropeller- und der Drallregelung bei Kühlwasserpumpen. VDI-Z. 108 (1966) Nr. 19, S. 813—815.
Aschenbrenner, A.: Untersuchungen über den Einfluß des Abstandes zwischen Lauf- und Leitrad auf das Betriebsverhalten einstufiger Axialpumpen-Beschaufelungen. Konstr. 18 (1966) Nr. 8, S. 336—345.
Rütschi, K.: Stopfbuchslose Pumpen für Kernkraftwerke. Schweiz. Bauztg. 84 (1966) Nr. 36, S. 629—631.
Cordes, G.: Eine einfache Lösung für das Bestimmen des radialen Druckgradienten in axialen Turbomaschinen. VDI-Z. 109 (1967) Nr. 15, S. 685—691.
Sockel, H.: Abströmung hinter Schaufelgittern. BWK 19 (1967) Nr. 8, S. 393—395.
Trutnowski, K.: Die Wirkungsweise von Weichpackungsstopfbuchsen. Konstr. 20 (1968) Nr. 6, S. 220—224.
Müller, K. H.: Weichpackungsstopfbuchsen mit ausgeglichener Anpressung. Konstr. 20 (1968) Nr. 6, S. 224—226.
Droscha, H.: Gleitringdichtungen mit oxydkeramischen Gegenringen. Konstr. 20 (1968) Nr. 5, S. 189—191.
Vollmer, H. J.: Stoffaustausch in Wasserringpumpen. Masch.-Markt 74 (1968) Nr. 64, S. 1273—1275.
Loch, E.: Hydrodynamische Gleitringdichtung. Konstr. 20 (1968) Nr. 9, S. 364—367.
Bednar, J.: Kühlsysteme von Packungsstopfbuchsen von Kesselspeisepumpen. Pompes, Pumps, Pumpen Nr. 25 (1968).
Rütschi, K.: Die Arbeitsweise von Freistrompumpen. Schweiz. Bauztg. 86 (1968) Nr. 32, S. 575—582.
Pekrun, M.: Wirkungsgrade und Verlustzahlen bei Kreiselpumpen. Techn. Mitt. 61 (1968) Nr. 5, S. 210—215.
Borel, L.: Dimensionslose Kennzahlen für Turbomaschinen. Schweiz. Bauztg. 86 (1968) Nr. 10, S. 151—159.
Richter, H.: Entwicklungsstand der Kesselspeisepumpen. VDI-Z. 111 (1969) Nr. 3, S. 147—152.
Gaffal, K.: Primär-Kühlmittelpumpen in Kernkraftwerken. VDI-Z. 111 (1969) Nr. 13, S. 823—828.
Kongehl, B.: Umwälzpumpen in Fernheizanlagen. Heiz.-Lüft.-Haustechn. 20 (1969) Nr. 7, S. 268—270.
Honold, E.: Hauptkühlmittelpumpen in Kernkraftwerken. BWK 21 (1969) Nr. 10, S. 522—526.
Wiedenroth, W.: Zur Förderung von Sand und Kies durch Rohrleitungen und Kreiselpumpen. Konstr. 21 (1969) Nr. 10, S. 399—405.
Pfisterer, E.: Wasserkraft- und Pumpspeicher-Werke. BWK 21 (1969) Nr. 2, S. 74—78.
Roth, W.: Biegekritische Drehzahlen bei Berücksichtigung der Torsionselastizität der Welle. Antriebstechn. 8 (1969) Nr. 8, S. 297—300.
Pieper, H.: Untersuchungen an wassergeschmierten Weichgummilagern. Konstr. 22 (1970) Nr. 5, S. 179—187.
Faschalleg, E.; Jäger, L.: Regelung von Kreiselpumpen. Masch.-Markt 76 (1970) Nr. 41, S. 890—894.
Stech, P.; Stipp, H. J.: Umwälzpumpen für flüssigmetallgekühlte Kernreaktoren. Konstr. 22 (1970) Nr. 6, S. 205—208.
Bláha, J.: Optimale spezifische Drehzahlen von Propellerpumpen. Masch.-Markt 76 (1970) Nr. 61, S. 1384—1388.

Tylmann, J.: Zentrifugalpumpen für Abwasserförderung. Techn. Rdsch. Sulzer 52 (1970) Nr. 1, S. 53–58.
Hiedl, H.; Novotny, R.: Anwendung von Kunststoffen im Pumpenbau. Masch.-Markt 76 (1970) Nr. 97, S. 2227–2230.
Bláha, J.: Die Saugfähigkeit von Propellerpumpen. Masch.-Markt 76 (1970) Nr. 97, S. 2231–2236.
Bergen, J.: Entwurf von Spiralgehäusen mit Hilfsdiagrammen für das Drallsatzverfahren. BWK 22 (1970) Nr. 11, S. 512–518.
Thomae, H.; Stucki, R.: Axialschub bei mehrstufigen Radialpumpen. Techn. Rdsch. Sulzer 52 (1970) Nr, 3, S. 185–190.
Verba, A.; Szabó, A.: Einfluß der Viskosität auf die Pumpenkennlinien. VDI-Z. 113 (1971) Nr. 14, S. 1090–1095.
Petermann, H.; Pekrun, M.: Spaltverlust und Achsschub bei radialen Kreiselpumpen. VDI-Z. 114 (1972) Nr. 8, S. 571–575.
Sommer, H.: Umwälzpumpen für Thermalöle. VDI-Z. 114 (1972) Nr. 8, S. 578–580.
Lennemann, E.: Sekundärströmungen in umlaufenden Kreiselrädern. BWK 24 (1972) Nr. 7, S. 263–268.
Wissenroth, K.: Stopfbuchspackungen mit ungewöhnlich großer Lebensdauer. VDI-Z. 117 (1975) Nr. 5, S. 223–226.
Jarausch, R.; Albrecht, H.; Saxena, S. V.: Festigkeitsuntersuchungen und -berechnungen an Pumpen-Spiralgehäusen. Ind.-Anz. 97 (1975) Nr. 47, S. 977–981.
Pàlffy, S.; Rütschi, K.: Die Strömung im Spiralgehäuse einstufiger Zentrifugalpumpen. Schweiz. Bauztg. 93 (1975) Nr. 34, S. 521–526.
Becker, B.: Abdichtung rotierender Wellen durch Radialwellendichtringe. VDI-Z. 118 (1976) Nr. 5, S. 225–228.
Ebertshäuser, H.: Entwicklungen im Kunststoff-Maschinenbau. Teil 1: Ölhydr. u. Pneum. 20 (1976) Nr. 1, S. 37–45; Teil 2: Nr. 2, S. 97–104.

III. Verdrängerpumpen

A.

Berg, H.: Die Kolbenpumpen, 3. Aufl., Berlin: Springer 1926.
Ritter, C.: Flüssigkeitspumpen, 5. Aufl., München: R. Oldenbourg 1953.
Schweter, E.: Pumpen mit hoher Drehzahl, Berlin: Selbstverlag 1938.
Grün, K.: Dampfkesselspeisepumpen, Wien: Springer 1934.
Stiess, W.: Pumpen-Atlas, Teil I, Verdrängerpumpen und -motoren, Ludwigsburg: A. G. T.-Verlag, G. Thum 1966.
Leuschner, G.: Kleines Pumpenhandbuch für Chemie und Technik, Weinheim/Bergstr.: Verlag Chemie GmbH 1967.
Pohlenz, W.: Pumpen für Flüssigkeiten, Berlin: BEB-Verlag 1975, 2. Aufl.
Hütte, des Ingenieurs Taschenbuch, Bd. IIA, 28. Aufl., Berlin: Ernst & Sohn 1958.
Dubbels Taschenbuch für den Maschinenbau, Bd. II, 13. Aufl., berichtigter Neudruck, Berlin, Heidelberg, New York: Springer 1974.

B.

Gramberg, A.: Wirkungsweise und Bedeutung der Windkessel. VDI-Forsch.-H. 129 und VDI-Z. 1911, S. 842ff.
Krauss, H.: Untersuchung selbsttätiger Pumpenventile und deren Einwirkung auf den Pumpengang. VDI-Forsch.-H. 233.
Bloch, P.: Theoretische und experimentelle Untersuchungen an einem Flüssigkeits-Übersetzungsgetriebe. Diss. Eidg. TH Zürich 1953.
Hagen, K.: Volumenverhältnisse, Wirkungsgrade und Druckschwankungen in Zahnradpumpen. Diss. TH Stuttgart 1958.
Mahrenholtz, O.: Ein Beitrag zum Förderprinzip periodisch arbeitender, ventilloser Pumpen. Forsch. Ing.-Wes. 29 (1963) Nr. 2, S. 47–56 u. Nr. 3, S. 73–81.

Brangs, E.: Über die Auslegung von Axialkolbenpumpen mit ebenem Steuerspiegel. Diss. TH Aachen 1965.
Hammelberg, F. W.: Läuferprofile, Läuferkräfte und Leistungen von Schraubenpumpen. VDI-Forsch.-H. 527 (1968).
Hamacher, H.: Kennfeldberechnungen von Rootspumpen. Diss. TU Aachen 1970.
Titscher, K.-H.: Untersuchungen von Einflüssen auf den Druckverlauf in einem Zylinder einer Hochdruck-Hydraulik-Axialkolbenpumpe. Diss. TU Aachen 1970.

C.

Closterhalfen, A.: Windkessel an Kolbenpumpen. VDI-Z. 77 (1933), S. 1143ff.
Bouché, C.: Kennlinien selbsttätiger Pumpenventile mit Federbelastung für Kolbenpumpen. Fördertechn. u. Frachtverk. 26 (1934), S. 84—87.
Tänzler, H. U.: Die Drehkolbenpumpen und -kraftmaschinen. VDI-Z. 91 (1949), S. 239ff.
Nagath, W.: Kolbenpumpen. VDI-Z. 98 (1956) Nr. 26, S. 1577—1582.
Bretschneider, H.: Hydrostatisches Getriebe und seine Anwendung. Konstr. 11 (1959) Nr. 4, S. 142—146.
— Hydraulikpumpen. Konstr. 11 (1959) Nr. 4, S. 163.
Dettinger, W.: Wirkungsgrad und Druckverlust in hydraulischen Anlagen. Ölhydr. u. Pneum. 3 (1959) Nr. 2, S. 33—37.
Libenow, W.: Berührungsdichtungen an bewegten Maschinenteilen. Konstr. 11 (1959) Nr. 11, S. 433—449.
Molly, H.: Die Zahnradpumpe mit evolventischen Zähnen. Ölhydr. u. Pneum. 2 (1958) Nr. 1, S. 24—26.
Müller, K. H.: Leckverluste und Reibung elastischer Dichtungen an hin- und herbewegten Kolbenstangen. Konstr. 15 (1963) Nr. 4, S. 149—157.
Dettinger, W. W.: Zur Thermodynamik der Gemischförderung bei Kolbenpumpen. Konstr. 15 (1963) Nr. 4, S. 130—141.
Schlösser, W. M. J.; Hilbrands, J. W.: Das theoretische Hubvolumen von Verdrängerpumpen. Ölhydr. u. Pneum. 7 (1963) Nr. 4, S. 133—138.
Vetter, G.: Genauigkeit von Dosier-Kolbenpumpen. Chem.-Ing.-Techn. 35 (1963) Nr. 4, S. 267—272.
Grabow, G.: Bewegungsverhältnisse direkt wirkender Dampfpumpen. Konstr. 15 (1963) Nr. 11, S. 449—452.
Heumann, H.: Die wichtigsten Bauformen und Grundlagen der Berechnung hydraulischer Kolbenpumpen und -motoren axialer Bauart. Maschinenbautechn. 12 (1963) Nr. 10, S. 521—526 u. Nr. 11, S. 573—578.
Schösser, W. M. J.; Hilbrands, J. W.: Der volumetrische Wirkungsgrad von Verdrängerpumpen. Ölhydr. u. Pneum. 7 (1963) Nr. 12, S. 469—476.
Wowries, E.: Der theoretische Förderstrom regelbarer Flügelzellenpumpen. Ölhydr. u. Pneum. 8 (1964) Nr. 2, S. 64—66.
Wiegner, D.: Axialkolbenpumpen mit hydraulischer Entlastung für hohe Betriebsdrücke. Ölhydraulik u. Pneum. 8 (1964) Nr. 2, S. 64—66.
Ott, M.: Mengenregelung bei Axial- und Radialkolbenpumpen. Ölhydr. u. Pneum. 9 (1965) Nr. 2, S. 49—50.
Schlösser, W. M. J.; Hilbrands, J. W.: Über den hydraulisch-mechanischen Wirkungsgrad von Verdrängerpumpen. Ölhydr. u. Pneum. 9 (1965) Nr. 9, S. 333—338.
Stumpmeier, F.: Vorteile und Grenzen der Förderstromumkehr verstellbarer Axialkolbenpumpen beim Reversierbetrieb. Ölhydr. u. Pneum. 9 (1965) Nr.9, S. 338—343.
Ott, M.: Mengenregelung bei Axial- und Radialkolbenpumpen mit Taumelscheiben- oder Nockenantrieb. Ölhydr. u. Pneum. 10 (1966) Nr. 1, S. 15—18.
Jung, R.: Neuartige Hochdruck-Innenzahnradpumpe. VDI-Z. 108 (1966) Nr. 12, S. 516—519.
Dettinger, W. W.: Die hydrodynamische und technologische Leistungsgrenze der Kolbenpumpen. Ind.-Anz. 88 (1966) Nr. 44, S. 923—929 u. Nr. 46, S. 968—973.
Vetter, G.; Böhm, O.: Ausführung, Eigenschaften und Anwendung stopfbuchsloser Dosierpumpen. Chem.-Ing.-Techn. 39 (1967) Nr. 8, S. 449—457.
Lang, C. M.: Lippendichtungen in der Ölhydraulik. Masch.-Markt 73 (1967) Nr. 96, S. 2002—2013

Kremer, R.: Betonpumpen. Konstruktionsmerkmale, Arbeitsprinzipien, Einsatzmöglichkeiten und -voraussetzungen, Zubehör. Bauing. 43 (1968) Nr. 4, S. 133—139.
Schlösser, W. M. J.: Über den Gesamtwirkungsgrad von Verdrängerpumpen. Ölhydr. u. Pneum. 12 (1968) Nr. 10, S. 415—420.
Vetter, G.; Fritsch, H.: Untersuchungen zur Kavitation bei oszillierenden Verdrängerpumpen. Chem.-Ing.-Techn. 41 (1969) Nr. 5 u. 6, S. 271—278 und VDI-Ber. 121 (1968), S. 43—50.
Vetter, G.: Ausführung, Eigenschaften und Einsatz von Dosierpumpen. Techn. Mitt. 61 (1968) Nr. 5, S. 229—241.
Neumaier, R.: Kreiskolbenpumpen zur Förderung hochviskoser Medien. Techn. Mitt. 61 (1968) Nr. 5, S. 241—252.
Strozniak, K.; Stryczek, S.: Zahnradpumpen — konstruktive Gestaltung der Spaltkompensation. Ölhydr. u. Pneum. 13 (1969) Nr. 3, S. 102—108.
Vetter, G.; Hessenberger, R.; Holzäpfel, E.: Ausführung und Anwendung von Dosierpumpen in der Kerntechnik. Kerntechn. 11 (1969) Nr. 9/10, S. 577—589.
Himmler, K. R.: Zur Frage der Geräuschminderung von Hydraulikpumpen. Ölhydr. u. Pneum. 14 (1970) Nr. 4, S. 137—141.
Willekens, F. A. A.: Instantanes Fördervolumen, geometrisches Hubvolumen und Ungleichförmigkeitsgrad von Zahnradpumpen. Ind.-Anz. 93 (1971) Nr. 26, S. 549—554.
Strozniak, K.; Stryczek, S.: Verdrängerpumpen in hydrostatischen Antrieben. Vergleich, Beurteilung und Einsatzmöglichkeiten. Ölhydr. u. Pneum. 15 (1971) Nr. 6, S. 261—265.
Molly, H.: Die Axialkolben-Mehrzellenmaschinen in der Hydrostatik. VDI-Z. 114 (1972) Nr. 2, S. 113—120, Nr. 5, S. 330—335 und Nr. 11, S. 816—824.
Seelmann, H.: Geräuschuntersuchungen an Axialkolbenpumpen. VDI-Z. 116 (1974) Nr. 1, S. 31—34.
Gutbrod, W.: Experimentelle Bestimmung von Druckpulsation und Druckverlauf in Zahnradpumpen. Ind.-Anz. 96 (1974) Nr. 103, S. 2311—2312.
Hoffmann, D.: Wirkungsgrad und Pulsation verschiedener Zahnradpumpenarten und ihr Einfluß auf den Einsatzbereich. Ölhydr. u. Pneum. 18 (1974) Nr. 8, S. 601—605.
Bräuer, R.: Betrachtungen zum Leistungsbedarf oszillierender Verdrängerpumpen. Verfahr.-Techn. 8 (1974) Nr. 5, S. 131—134.
Langosch, O.: Bauformen der Flügelzellenpumpen für hydrostatische Antriebe. Hansa 111 (1974) Nr. 6, S. 465—469.
Gutbrod, W.: Druckpulsation von Außen- und Innenzahnradpumpen und deren Auswirkungen auf das Pumpengeräusch. Ölhydr. u. Pneum. 19 (1975) Nr. 4, S. 250—252, 255—257.
Sartotos, Th.: Neue, stufenlos regelbare doppeltwirkende Flügelzellenpumpe für hohen Druck und hohe Drehzahl. Ölhydr. u. Pneum. 19 (1975) Nr. 3, S. 153—158.
Morlok, J.: Der Verdrängungsvorgang im Quetschbereich von Zahnradpumpen. Ind.-Anz. 97 (1975) Nr. 99, S. 2104—2105.
Müller, H. W.; Kassing, W.; Würtemberger, D.: Möglichkeiten der Geräuschminderung bei Axialkolbenpumpen. Ölhydr. u. Pneum. 20 (1976) Nr. 1, S. 27—33.

IV. Strahlpumpen und andere Bauarten

A.

Schulz, F.; Fasol, K. H.: Wasserstrahlpumpen zur Förderung von Flüssigkeiten. Wien: Springer 1958.
Weydanz, W.: Die Vorgänge in Strahlapparaten. Beihefte zur Zeitschrift für die gesamte Kälteindustrie, Heft 8.
Hartmann, K.; Knocke, I. O.: Die Pumpen, 3. Aufl. von H. Berg, Berlin: Springer 1906.

B.

Flügel, G.: Berechnung von Strahlapparaten. VDI-Forsch.-Heft 395.
Viktorin, K.: Untersuchung turbulenter Mischvorgänge. Forsch. Ing.-Wes. 12 (1941), S. 16ff.
Rotta, J.: Ejektorpumpen mit extrem hohem Durchsatzverhältnis. Forsch. Ing.-Wes. 23 (1957) Nr. 4, S. 157—167.

Hoefer, K.: Untersuchungen über die Strömungsvorgänge im Steigrohr eines Druckluftwasserhebers. Diss. Berlin 1912.
Behringer, H.: Die Flüssigkeitsförderung nach dem Prinzip der Mammutpumpe. Diss. TH Karlsruhe 1930.
Pickert, F.: Wirkungsgrad und Berechnungsgrundlagen von Druckluftwasserhebern. Diss. TH Berlin 1931.
Jung, R.: Die Berechnung und Anwendung der Strahlgebläse. VDI-Forsch.-Heft 479.
Bauer, B.: Auslegung von Strahlapparaten für beliebige Medien. Diss. TH Stuttgart 1965.

C.

Michel, P.: Injektoren. VDI-Z. 50 (1906), S. 1944ff.
Schrauff, G.: Untersuchungen über den Arbeitsvorgang im Injektor. VDI-Z. 53 (1909), S. 768ff.
Schmidt, P.: Erdölförderung durch Strahlapparat. VDI-Z. 76 (1932), S. 1301.
Wuest, W.: Turbulente Mischungsvorgänge in zylindrischen und kegeligen Fangdüsen. VDI-Z. 92 (1960), S. 1000ff.
Fügel, G.: Berechnung von Strahlapparaten. VDI-Z. 83 (1939), S. 1065—1069.
Vogel, R.: Über die Auslegung von Strahlapparaten. Maschinenbautechn. 4 (1955), S. 525.
— Anwendungsmöglichkeiten von Strahlapparaten. Maschinenbautechn. 5 (1956), S. 247.
— Theoretische und experimentelle Untersuchungen an Strahlapparaten. Maschinenbautechn. 5 (1956), S. 619.
Schupp, F.: Neue Strahlsauger für Kondensationsanlagen. BWK 8 (1956), S. 576—579.
Schulz, F.; Fasol, K. H.: Zur Frage der Anwendung von Strahlapparaten. Österr. Wasserwirtsch. 9 (1957), S. 6.
Steinwender, A.: Die Wasserstrahlpumpe und ihre Dimensionierung. Gas- u. Wasserfach 99 (1958) Nr. 48, S. 1228—1231.
Schupp, F.: Regelbare Mehrfach-Strahlsauger. VDI-Z. 101 (1959) Nr. 34, S. 1630—1635.
Lutz, O.; Riester, E.: Über die Auslegung zweistufiger Heißwasserejektoren. Z. Flugwiss. 7 (1959) Nr. 12, S. 350—355.
Lorenz, H.: Theorie des hydraulischen Widders. VDI-Z. 54 (1910), S. 88—90.
Pickert, F.: Einfluß der Rohrreibung auf die Wasserförderung von Druckluftwasserhebern. VDI-Z. 76 (1932), S. 638—639.
Götz, H.: Die Berechnung des Kennfeldes von Strahlapparaten. Öst. Ing.-Z. 7 (1964) Nr. 10, S. 341—344.
Frössel, W.: Fördergewinde als Flüssigkeitspumpe. Konstr. 19 (1967) Nr. 5, S. 161—167.
Hintaye, A. N.: Ein Beitrag zur Berechnung der Kennlinien von Strahlpumpen. Öst. Ing.-Z. 12 (1969) Nr. 6, S. 200—208.
Tedder, W.: Flüssigkeitsförderung mit Schneckenpumpen. VDI-Z. 118 (1976) Nr. 5, S. 219—224.

Sachverzeichnis

721/7/77

GPSR Compliance

The European Union's (EU) General Product Safety Regulation (GPSR) is a set of rules that requires consumer products to be safe and our obligations to ensure this.

If you have any concerns about our products, you can contact us on ProductSafety@springernature.com

In case Publisher is established outside the EU, the EU authorized representative is:

Springer Nature Customer Service Center GmbH
Europaplatz 3
69115 Heidelberg, Germany

Batch number: 10704763

Printed by Printforce, the Netherlands